오직 스터디 카페 멤버에게만
주어지는 특별 혜택!

이기적 스터디 카페

이기적 스터디 카페

합격까지 모든 순간 이기적과 함께!

이기적 365 EVENT

QR코드를 찍어 이벤트에 참여하고 푸짐한 선물 받아가세요!

1 기출문제 복원하기

이기적 책으로 공부하고 시험을 봤다면 7일 내로 문제를 제보해 주세요!

2 합격 후기 작성하기

당신만의 특별한 합격 스토리와 노하우를 전해 주세요!

3 온라인 서점 리뷰 남기기

온라인 서점에서 책을 구매하고 평점과 리뷰를 남겨 주세요!

4 정오표 이벤트 참여하기

더 완벽한 이기적이 될 수 있게 수험서의 오류를 제보해 주세요!

※ 이벤트별 혜택은 변경될 수 있으므로 자세한 내용은 해당 QR을 참고해 주세요.

합격을 위한 기적 같은 선물
또기적 합격자료집

혼자 공부하기 외롭다면?
온라인 스터디 참여

모든 궁금증 바로 해결!
전문가와 1:1 질문답변

1년 내내 진행되는
이기적 365 이벤트

도서 증정 & 상품까지!
우수 서평단 도전

간편하게 한눈에
시험 일정 확인

기출 복원 EVENT

기적의 적중률, 여러분의 참여로 완성됩니다

1. 이기적 수험서로 공부하고 시험에 응시했다면 누구나 참여 가능
2. 응시일로부터 7일 이내 복원 문제만 인정(수험표 첨부 필수!)
3. 중복, 누락, 허위 문제는 당첨 대상에서 제외

※ 이벤트별 혜택은 변경될 수 있으므로 자세한 내용은 해당 QR을 참고해 주세요.

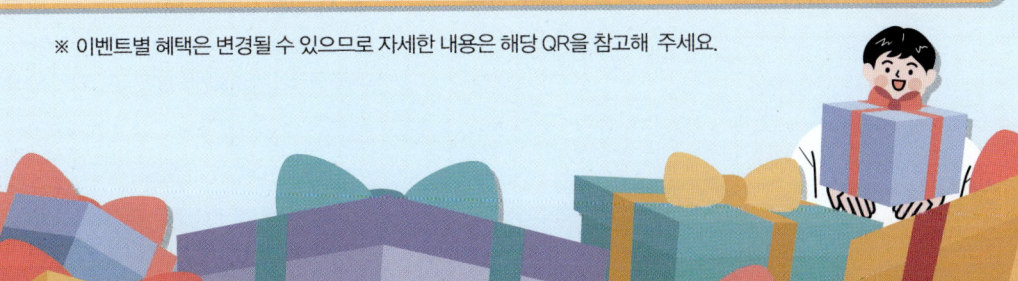

도서 인증하면 고퀄리티 강의가 따라온다!
100% 무료 강의

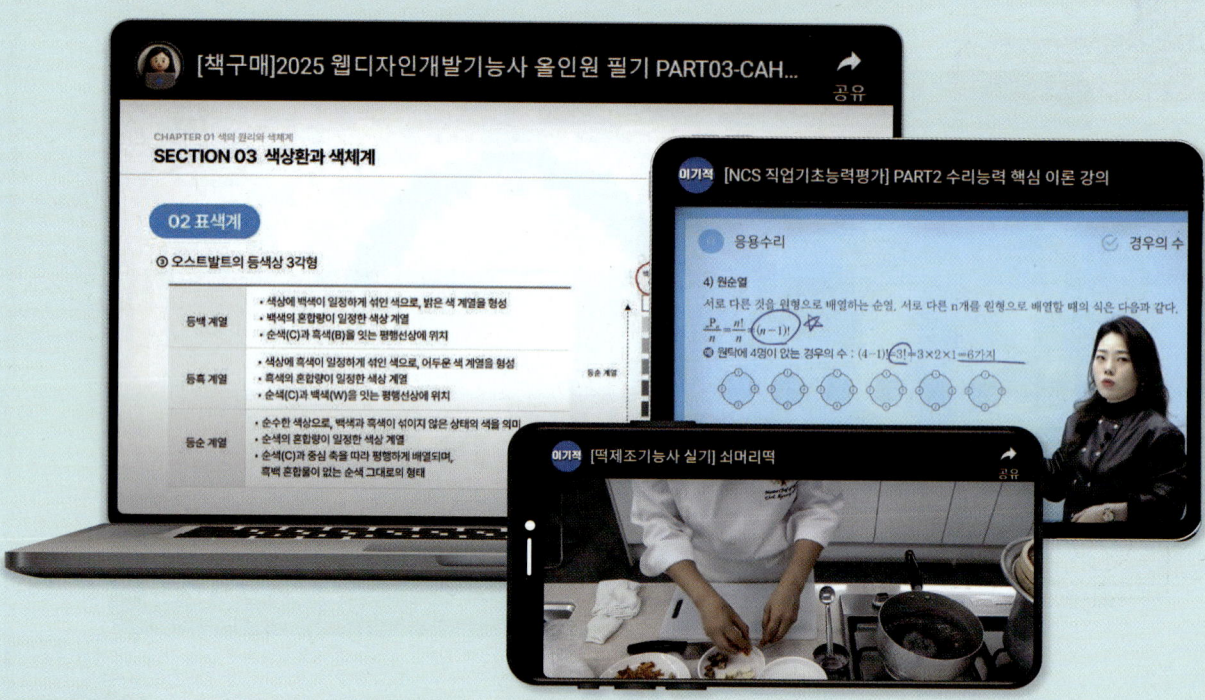

이용방법

STEP 1

이기적 홈페이지
(https://license.
youngjin.com/) 접속

STEP 2
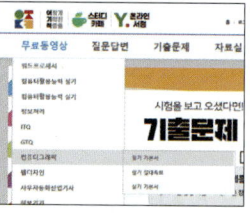
무료 동영상
게시판에서 도서와
동일한 메뉴 선택

STEP 3
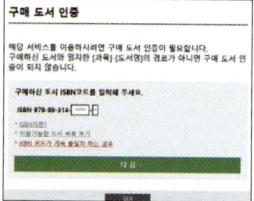
책 바코드 아래의
ISBN 코드와
도서 인증 정답 입력

STEP 4

이기적 수험서와
동영상 강의로
학습 효율 UP!

※ 도서별 동영상 제공 범위는 상이하며, 도서 내 차례에서 확인할 수 있습니다.

◀ 이기적 홈페이지 바로가기

영진닷컴 이기적

합격을 위해 모두 드려요.
이기적 합격 솔루션!
이기적이 여러분을 위해 준비했어요

기초부터 응용·심화까지, 이론 + 기출 + 핵심요약

초시생이라 아무것도 몰라서, 맞춤형화장품조제관리사 준비가 처음이라 걱정되시나요?
개념부터 예시까지 상세히 알려드려요. 이기적만 믿고 따라오세요.

저자가 직접 알려 주는, 무료 동영상 강의

혼자서 준비하시기 힘드시나요?
기본 개념부터 기출 문제까지 핵심만 짚어 주는 강의로 이기적 한 권이면 충분합니다.

무엇이든 물어보세요, 이기적인 Q&A

이기적은 여러분과 시험의 처음부터 끝까지 함께 합니다.
언제나 어디서나, 이기적 스터디 카페에 질문을 올리면 상세히 답변해 드립니다.

또 본 개념이 기적처럼 시험에, 또기적 합격자료집

책만으로는 부족하다면, 또기적 합격자료집으로 마무리해 보세요.
구매인증만 하면 여러분 두 손에 이기적만의 합격 한 권이 당일배송됩니다.

※ 〈2026 이기적 맞춤형화장품조제관리사 필기 기본서〉를 구매하고 인증한 회원에게만 드리는 자료입니다.

◀ 모든 혜택 한 번에 보기

정오표 바로가기 ▶

또, 드릴게요! 이기적이 준비한 선물
또기적 합격자료집

1 시험에 관한 A to Z 합격 비법서
책에 다 담지 못한 혜택은 또기적 합격자료집에서 확인

2 편리하고 똑똑한 디지털 자료
PC · 태블릿 · 스마트폰으로 언제든 열람하고 필요한 부분만 출력 가능

3 초보자, 독학러 필수 신청
혼자서도 충분한 학습 플랜과 수험생 맞춤 구성으로 한 번에 합격

※ 도서 구매 시 추가로 증정되는 PDF용 자료이며 실제 도서가 아닙니다.

◀ 또기적 합격자료집 받으러 가기

이렇게
기막힌
적중률

맞춤형화장품
조제관리사

이론서+기출문제 **기본서**

"이" 한 권으로 합격의 "기적"을 경험하세요!

출제빈도에 따라 분류하였습니다.
- 상 : 반드시 보고 가야 하는 이론
- 중 : 보편적으로 다루어지는 이론
- 하 : 알고 가면 좋은 이론

▶ 표시된 부분은 동영상 강의가 제공됩니다.
도서 상단의 QR코드로 접속하여 시청하세요.

▶ 제공하는 동영상은 유튜브 채널 '이기적 영진닷컴'에서도 시청하실 수 있습니다.

PART 01 핵심이론 X 예시문제

CHAPTER 01 화장품법의 이해
- 상 SECTION 01 화장품법 — 20
- 상 SECTION 02 개인정보보호법 — 40

CHAPTER 02 화장품 제조 및 품질관리
- 상 SECTION 01 화장품 원료의 종류와 특성 — 52
- 상 SECTION 02 화장품의 기능과 품질 — 83
- 상 SECTION 03 화장품 사용제한 원료 — 89
- 상 SECTION 04 화장품 관리 — 102
- 상 SECTION 05 위해 사례 판단 및 보고 — 108

CHAPTER 03 유통화장품 안전관리
- 상 SECTION 01 작업장의 위생관리 — 116
- 상 SECTION 02 작업자의 위생관리 — 131
- 상 SECTION 03 설비 및 기구관리 — 135
- 상 SECTION 04 내용물 및 원료관리 — 145
- 상 SECTION 05 포장재의 관리 — 157

CHAPTER 04 맞춤형화장품의 이해
- 상 SECTION 01 맞춤형화장품 개요 — 166
- 상 SECTION 02 피부 및 모발의 생리구조 — 179
- 상 SECTION 03 관능평가 — 193
- 중 SECTION 04 제품 상담 — 196
- 상 SECTION 05 제품 안내 — 198
- 상 SECTION 06 혼합 및 소분 — 211
- 상 SECTION 07 충진 및 포장 — 222
- 중 SECTION 08 재고 관리 — 228

PART 02 최신 기출문제

최신 기출문제 01회	232
최신 기출문제 02회	273
최신 기출문제 03회	299
최신 기출문제 04회	333
최신 기출문제 05회	365

PART 03 최종 모의고사

최종 모의고사 01회	394
최종 모의고사 02회	418
최종 모의고사 03회	449
최종 모의고사 04회	484
최종 모의고사 05회	519
정답 & 해설	550

부록 BONUS 또기적 합격자료집

- 시험장 스케치 + 실전 Q&A
- 스터디 플래너(4주 완성 플랜, 먼슬리 플래너, 데일리 플래너)
- 핵심요약(오회독 기록장, 단원 겉핥기, 개념지도, 핵심요약.zip, 스피드체크OX, 빈틈을 메우는 빈칸)
- 저자 직강! 유튜브 무료 동영상 강의

※ 참여 방법 : '이기적 스터디 카페' 검색 → 이기적 스터디카페(cafe.naver.com/yjbooks) 접속 → '구매 인증 PDF 증정' 게시판 → 구매 인증 → 메일로 자료 받기

이 책의 구성

STEP 1 핵심 키워드 & 학습도구

현직자의 눈으로
핵심만 간추린 이론

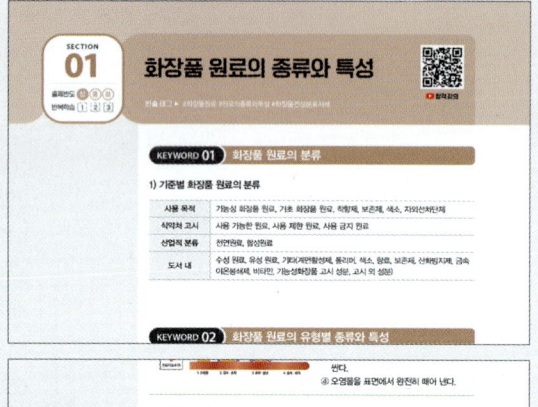

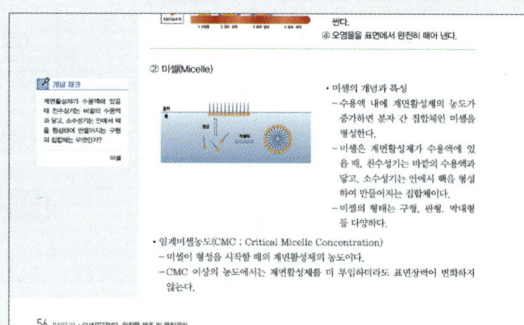

- 학습 전 출제빈도와 빈출태그 확인
- QR 코드로 저자직강 합격 강의 수강
- 다양한 학습도구로 학습 능률 향상
- 개념체크로 예시문항까지 섭렵

STEP 2 최신 기출문제 5회

해답과 함께 보는
최신 기출문제

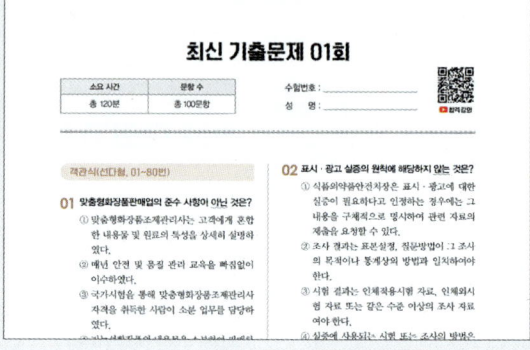

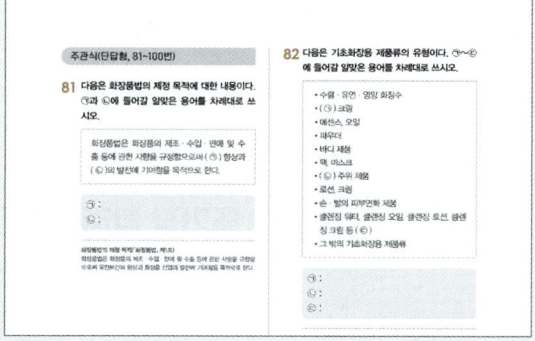

- 저자가 손수 복원한 2025년 최신 기출 1회분
- 저자의 노하우가 담긴 과년도 기출 4회분
- 오답의 이유를 알려 주고, 정답을 보충하는 해설
- 정답과 해설의 분리로 효율적인 학습

STEP 3 최종 모의고사 5회

 **BONUS** 또기적 합격자료집

해답과 따로 보는
최종 모의고사

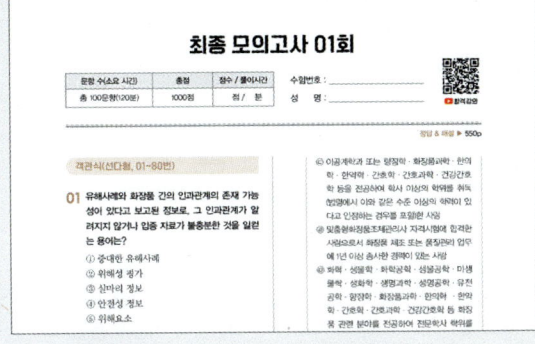

도서 구매자 특별 제공
핵심요약집 포켓북

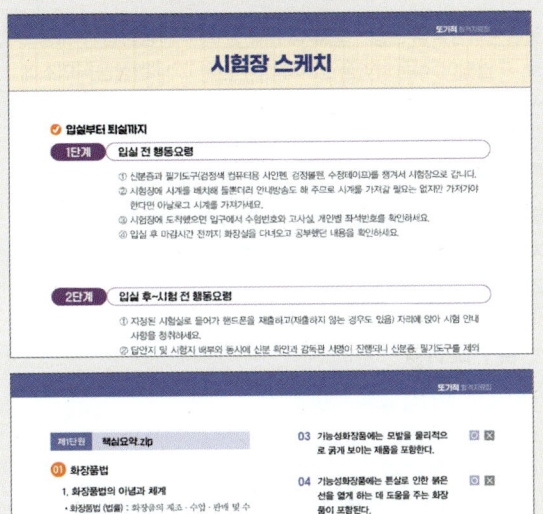

- ⊙ 혼자서도 실제 시험처럼 실력 다지기
- ⊙ 한 권에 5회분으로 풍부한 분량 수록
- ⊙ 빠른 채점과 정확한 해설
- ⊙ 읽기 쉬운 해설로 개념 보충 가능

- ⊙ 플래너로 계획적인 수험 대비
- ⊙ 단원소개+개념지도+핵심요약+확인문제
- ⊙ 언제나 어디서나 간편하게 학습
- ⊙ PDF 파일 하나로 여러 장 사용 가능

시험의 모든 것

시험 알아보기

● **시행처 및 주무부처**
- 시행처 : 대한상공회의소
- 주무부처 : 식품의약품안전처

시행처 자격 소개 영상

● **자격개요**

맞춤형화장품의 혼합·소분 업무에 필요한, 화장품법의 개정으로 도입되어 식품의약품안전처가 주관하고 대한상공회의소에서 시행하는 국가자격시험

● **필요성**

맞춤형화장품판매업을 운영하기 위해 해당 자격증을 취득한 자를 매장마다 1인 이상 배치해야 하고, 조제관리사에 의해 제조(혼합·소분) 행위가 이루어져야 함

● **업무범위**
- 맞춤형 화장품 조제·판매
- 화장품 성분 및 배합 관리
- 위생·안전 관리
- 고객 상담 및 맞춤 추천
- 매장·제조시설 내 관리 업무

● **시험 방식**

응시 자격	남녀노소 제한 없이 누구나 응시 가능
등급	단일등급
시험 형식	• PBT(Paper Based Test) 시험 • 검정색 사인펜(OMR카드의 객관식 답안 마킹과 검정색 볼펜(주관식 답안 기입)을 필히 지참하여야 함 • 수정 시 수정테이프를 사용할 수 있음
시험 시간	• 입실 마감시간(시험 시작시간) : 09:00 • 필기 시험시간 : 09:15~11:15(120분)
주의사항	• 기출문제 비공개 • 해답 비공개 • 시험지 반출 불가

출제 기준

● **적용기간**
- 대한상공회의소 자격평가사업단에서 2023년 발표한 출제기준표입니다.
- 출제기준이 유지되는 기간과 새 출제기준이 발표되는 시기는 일치치 않으며, 공식 홈페이지에서만 발표되니 수시로 접속하여 확인하시기 바랍니다.

출제 기준 상세보기

● **과목별 기준**

제1과목 화장품법의 이해	• 총점 : 100점 • 출제 형태 : 선다형 7문항, 단답형 3문항 • 평가 요소 : 화장품법, 개인정보보호법
제2과목 화장품 제조 및 품질관리	• 총점 : 250점 • 출제 형태 : 선다형 20문항, 단답형 5문항 • 평가 요소 : 화장품 원료의 종류와 특성 및 제품의 제조관리, 화장품의 기능과 품질, 화장품 사용제한 원료, 화장품 관리, 위해사례 판단 및 보고
제3과목 유통 화장품 안전관리	• 총점 : 250점 • 출제 형태 : 선다형 25문항 • 평가 요소 : 작업장 위생관리, 작업자 위생관리, 설비 및 기구 관리, 원료 및 내용물의 관리, 포장재의 관리
제4과목 맞춤형 화장품의 이해	• 총점 : 400점 • 출제 형태 : 선다형 28문항, 단답형 12문항 • 평가 요소 : 맞춤형화장품 개요, 피부 및 모발 생리구조, 관능평가 방법과 절차, 제품 상담, 제품 안내, 혼합 및 소분, 충진 및 포장

접수 및 응시

● 원서 접수
대한상공회의소 자격평가사업단 홈페이지에서 접수

● 2025년 시험일정(연 2회)

회차	9회 (25년 1회)	10회 (25년 2회)
시행지역	서울, 부산, 대구, 광주, 인천, 울산, 대전, 제주	
원서접수	05.01 ~ 05.07	08.28 ~ 09.03
시험일자	05.24	09.20
발표일자	06.24	10.21

※ 더 자세한 사항은 대한상공회의소 자격평가사업단 홈페이지(https://license.korcham.net)를 참고하여 주세요.

● 응시료
100,000원(접수수수료 1,200원 포함)

● 합격 기준과 과락

시험과목	총점 기준	과목별 과락점수
제1과목	총점 1,000점 중 600점 이상	40점 미만
제2과목		100점 미만
제3과목		100점 미만
제4과목		160점 미만

※ 전 과목 총점(1,000점)의 60%(600점) 이상을 득점하고 각 과목 만점의 40% 이상을 득점한 자입니다.

합격 발표

● 합격 발표
대한상공회의소 홈페이지에서 상시 검정 시험일 다음날 오전 10:00 이후 발표

● 자격증 발급
- 휴대할 수 있는 카드 형태의 자격증 발급(신청자)
- 취득(합격)확인서를 필요로 하는 경우 취득(합격)확인서 발급
- 인터넷(license.korcham.net)을 통해 자격증 발급 신청 가능
- 자격증 신청 기간은 따로 없으며 신청 후 10~15일 후 수령 가능

● 자격 특전
화장품 책임판매관리자 자격기준 충족 : 맞춤형화장품조제관리사 자격시험 합격 시 별도의 경력 요건 없이 화장품 책임 판매 관리자 자격기준 충족(「화장품법 시행규칙」 제8조3의 4)

고사장 및 시험 관련 문의
- 시행처 : 대한상공회의소
- license.korcham.net

📞 02-2102-3600

시험 출제 경향

- 맞춤형화장품조제관리사 시험의 8회분의 기출문제를 철저히 분석한 빅데이터를 바탕으로 지금까지의 출제 비중을 파악했습니다. 출제 경향 및 출제 비중을 바탕으로 시험에 대비하시기를 바랍니다.
- 과목별로 출제 경향을 분석하고, 섹션별로 출제 비중에 따라 상 > 중 > 하 로 약물을 달아 두었습니다.
  상 : 반드시 보고 가야 하는 이론   중 : 보편적으로 다루어지는 이론   하 : 알고 가면 좋은 이론

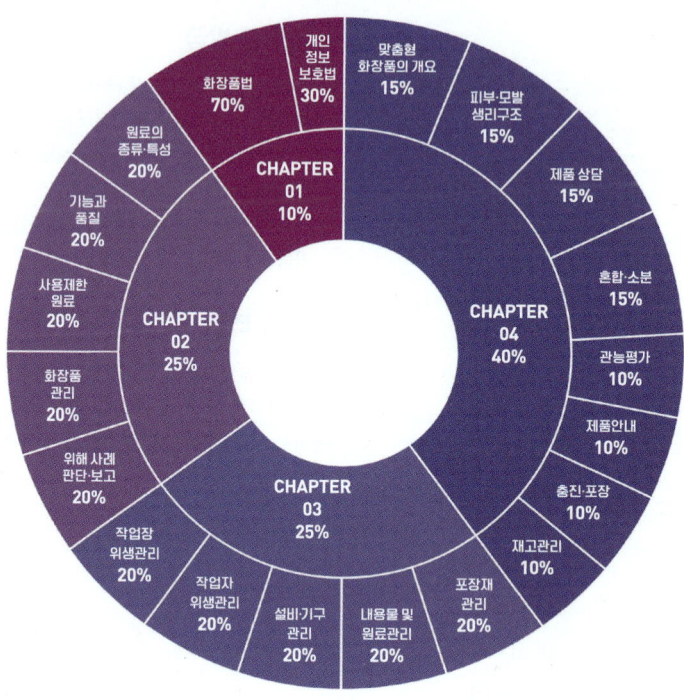

시험 총평

- 맞춤형화장품 조제관리사 자격시험은 2020년부터 시작되어 현재까지 총 8회 시행되었습니다.
- 회차별로 출제 경향에 일부 변동이 있었지만, 전반적으로 위와 같은 과목별 출제 비중과 경향을 보였습니다.
- 초기에는 새로운 제도 도입으로 인해 시험 난도가 비교적 높았으나, 회차를 거듭하면서 수험생들의 준비 수준이 향상되어 합격률이 점차 안정화되는 경향을 보이고 있습니다.
- 특히, 자격과 시험명에 걸맞게 '맞춤형화장품의 이해' 과목의 비중이 높아 해당 과목에 대한 철저한 준비가 필요합니다.

CHAPTER 01 화장품법의 이해   10문항

주로 화장품법의 정의, 유형, 영업종류, 품질요소, 표시·광고 및 안전성 등에 관한 법령과 제도를 이해하는 문제들이 출제됩니다.

01 화장품법   70%
02 개인정보보호법   30%

CHAPTER 02 화장품 제조 및 품질관리

25문항

주로 화장품의 제조 과정, 품질관리, 원료의 사용기준 등에 대한 이해를 평가하는 문제가 출제됩니다.

- 01 화장품 원료의 종류와 특성 — 20%
- 02 화장품의 기능과 품질 — 20%
- 03 화장품 사용제한 원료 — 20%
- 04 화장품 관리 — 20%
- 05 위해 사례 판단 및 보고 — 20%

CHAPTER 03 유통화장품 안전관리

25문항

주로 유통 중인 화장품의 안전성, 표시·광고, 부작용 사례 및 대응 방안 등에 관한 문제가 출제됩니다.

- 01 작업장의 위생관리 — 20%
- 02 작업자의 위생관리 — 20%
- 03 설비 및 기구관리 — 20%
- 04 내용물 및 원료관리 — 20%
- 05 포장재의 관리 — 20%

CHAPTER 04 맞춤형화장품의 이해

40문항

맞춤형화장품의 개념, 조제 과정, 소비자 상담 및 관리 등에 관한 문제가 다수 출제됩니다.

- 01 맞춤형화장품 개요 — 15%
- 02 피부 및 모발의 생리구조 — 15%
- 03 관능평가 — 10%
- 04 제품 상담 — 15%
- 05 제품 안내 — 10%
- 06 혼합 및 소분 — 15%
- 07 충진 및 포장 — 10%
- 08 재고 관리 — 10%

Q 자격증을 취득하면 학점을 취득한 것으로 인정되나요?

A '맞춤형화장품조제관리사' 자격은 별도의 학점으로 인정되지 않습니다.
※ 학점인정 등에 관한 법률 제7조 제2항 제4호 및 제27차 자격 학점 인정기준 고시(2024.12.16.)를 따름

Q 자격 시험 준비는 어떻게 해야 하나요?

A
- 현재 주무부처인 식품의약품안전처와 운영기관인 대한상공회의소 모두, 별도의 교육을 진행하고 있지는 않습니다.
- 참고 교재로는 '맞춤형화장품조제관리사 교수학습가이드'가 있습니다만, 출제기준 및 출제내용 등에 대한 참고 자료로서의 기능만 합니다.
- 본 시험은 예시문항만 제공하며, 문제은행식 출제방식을 따르고 있어 기출문제는 별도로 제공하지 않습니다.
- 면제 대상이나 면제 과목 등 면제요건이 없는 시험이라, 화장품 관련 학위 소지자라도 시험에 반드시 응시하여 자격을 취득하여야 합니다.

Q 자격 유지를 위한 수수료 또는 교육이 있나요?

A
- 자격 유지를 위한 수수료 또는 교육은 없습니다.
- 다만, 맞춤형화장품 판매장에 근무하고 있는 맞춤형화장품조제관리사는 화장품의 안전성 확보 및 품질관리에 관한 교육을 매년 받아야 합니다.
※ 대한화장품협회 법정교육과정 참고(https://edu.helpcosmetic.or.kr/main.do, 02-785-7984)

Q 자격증은 언제 신청할 수 있고, 언제쯤 도착하나요?

A
- 온라인 자격증 발급 신청은 연중 상시 가능하며, 무료로 발급해 드립니다. 발급대상자 확인을 거쳐 즉시 발급이 가능합니다.
- 승인여부는 합격자 발표 이후 60일 내로 조회할 수 있습니다.
  - 심사서류 제출기한 : 합격자 발표 이후 30일 내
  - 승인기한 : 심사서류 제출마감일 이후 30일 내

Q 신청한 자격증은 언제쯤 도착하나요?

A
- 오프라인 자격증은 매 시험 합격자 발표 및 자격심사 승인 이후 1달간 별도로 발급신청 접수를 받을 예정이며, 배송은 1주 내외 정도 소요됩니다.
- 배송료는 5,000원입니다.

Q 합격률이 많이 낮다고 하던데, 최근 5회차의 합격률은 어떻게 되나요?

A

연도	회차	응시자(명)	합격자(명)	합격률(%)
2023	7	2,484	554	22.3
2022	6	2,316	577	24.9
	5	2,448	577	23.6
2021	4	3,475	465	13.4
	3	4,453	314	7.1
*		15,176(총계)	2,487(총계)	18.26(평균)

Q 맞춤형화장품조제관리사 자격증이 쓸모가 있나요?

A
- 맞춤형화장품판매업을 운영하기 위해 해당 자격증을 취득한 자를 매장마다 1인 이상 배치해야 하고, 조제관리사에 의해 제조(혼합·소분) 행위가 이루어져야 합니다.
- 맞춤형화장품판매업자는 자격증 취득 의무가 없으나, 맞춤형화장품판매업을 운영하기 위해서는 자격증을 취득한 맞춤형화장품조제관리사를 맞춤형화장품 판매장마다 1인 이상 두어야 하고 조제관리사에 의해 혼합·소분 행위가 행해져야 합니다.
- 맞춤형화장품판매업자가 맞춤형화장품조제관리사를 겸임할 수 있습니다. 다만, 겸임할 경우 맞춤형화장품판매업자가 맞춤형화장품조제관리사 자격증을 반드시 취득하여야 합니다.
- 책임판매관리자와 조제관리사의 겸직에 대한 별도의 제한 규정을 두고 있지 않다만, 조제관리사의 업무 특성상 판매장에서 상시 근무를 하여야 하고 판매장에서 혼합·소분을 수행해야 하므로 겸직은 어려울 것으로 판단됩니다.

Q 업계에서는 어떻게 활용하고 있나요?

A

뷰티산업 종사자	• 맞춤형화장품 조제관리사의 자격증 취득을 목적으로 기초 직무역량 함양을 평가하는 데 활용합니다. • 실무에 적용 가능한 피부 진단 및 처방 경험을 쌓는 데 활용합니다.
화장품 개발자 및 연구원	맞춤형화장품 조제관리사의 직무를 정확히 이해하고 뷰티 분야의 새로운 시장성 및 제품 개발에 대한 아이디어를 얻는 데 활용합니다.
화장품 직무 교육 강사	보다 정확한 화장품 이론을 다질 수 있으며, 뷰티 상담 관련 자격과 함께 활용하면 보다 전문적이고 과학적인 상담이 가능합니다.
화장품 기획자	조제관리사의 자격증 취득을 목적으로 기초 직무역량을 함양하고 나아가 실무에 적용 가능한 아이디어를 얻는 데 활용합니다.

저자의 말

비전공자도, 초심자도 쉽게 이해할 수 있도록, 단번에 합격할 수 있도록 쉽게 풀어 썼습니다.

"시작이 반입니다!"

처음 자격증을 준비하던 때를 떠올려 봅니다. 제대로 된 교재도, 문제집도 거의 없던 시절이라 이론서 한 권에 의지해 공부를 시작했죠. 기출문제도 별로 없으니, 그냥 '기본부터 단단히 쌓자'는 마음으로 하루하루 책장을 넘겼습니다. 두 달 정도 공부하고 시험장에 들어갔는데, 첫 문제부터 생전 처음 보는 낯선 말들에 머리가 하얘졌어요. '아… 비전공자인 나한테는 이 자격증이 무리였나?' 싶었죠. 그런데 조금씩 정신을 가다듬고 문제를 풀다 보니, 어렴풋이 기억나는 내용도 나오고, '그래, 만점은 아니어도 되잖아!' 하는 여유가 생기더라고요. 그렇게 마음을 다잡고 끝까지 풀었고, 결국 한 번에 합격할 수 있었습니다. 이 책은 그런 저의 리얼한 경험을 담아 만든 수험서예요. 어디서부터 시작해야 할지 막막한 분들, 공부할 시간이 많지 않은 분들, '비전공자인 내가 과연 될까?' 하는 분들에게 꼭 도움이 되길 바라며, 최대한 쉽고 간단하게, 실용적으로 구성했습니다. 30대 주부인 저도 해냈습니다. 여러분도 충분히 해낼 수 있어요.
그러니 걱정보다는 시작! 같이 한 걸음씩 걸어가요.

"여보! 나 합격했어!"

합격자 발표 날, 믿기지 않는 마음에 몇 번이고 명단을 다시 확인했습니다. 오랜 경력단절 후 다시 공부를 시작하는 일이 얼마나 큰 용기가 필요한 일인지, 저희는 너무나 잘 압니다. 현실의 무게에 주저하면서도, '다시 한번 도전해보자'는 마음으로 책을 펼쳤던 그날을 기억합니다. 이 책은 그런 저의 기록입니다. 공부를 시작할 때 가장 막막했던 것, 처음 접하는 용어들에 당황했던 기억, 정보를 찾기 위해 헤맸던 밤들, 그리고 시험이 가까워질수록 느꼈던 압박감과 두려움까지. 이 모든 과정을 지나며, '나만 어려운 게 아니구나', '이럴 땐 이렇게 하면 되는구나' 하고 깨달았던 노하우를 이 책 안에 정리했습니다. 특히 비전공자, 초시생, 혼자 공부를 시작하는 분들이 가장 궁금해할 부분들을 중심으로 구성했습니다. 복잡한 법령은 최대한 쉽게 풀었고, 생소한 개념은 그림과 예시로 설명했습니다. 기출의 흐름을 반영한 핵심 요약과 학습 팁, 실제 공부하면서 '여기는 꼭 잡고 가야 해!' 했던 포인트도 빠짐없이 담았습니다. 저는 이왕 시작한 거, 꼭 합격하자는 마음으로 공부했습니다. 공부는 혼자 하지만, 그 길은 혼자가 아닙니다. 이 책을 통해 여러분이 조금 더 수월하고 덜 외롭게, 그러나 더 똑똑하게 공부할 수 있기를 바랍니다.
저도 해냈습니다. 여러분도 해낼 수 있습니다.

"시작은 아주 단순한 호기심이었습니다."

그동안 자격증이라곤 운전면허뿐이었고, 화장품에 대한 지식이 많은 편도 아니었습니다. 그러던 중 '누구나 딸 수 있는 자격증'이라는 말을 듣고, 가볍게 교재를 구입했죠. 하지만 책을 펼치는 순간 생각보다 낯설고 어려운 용어들이 쏟아져 나왔습니다. 심지어 관련 법까지 공부해야 한다는 걸 알게 된 뒤엔, '과연 내가 이걸 끝까지 해낼 수 있을까?' 하는 걱정이 앞섰습니다. 그러나 막연한 불안감보다 중요한 것은 시작한 뒤 무엇을 어떻게 공부하느냐였습니다. 시간을 많이 투자한다고 해서 반드시 합격으로 이어지지는 않고, 무작정 외우기보다 핵심을 이해하고 구조를 파악하는 공부가 훨씬 효율적이라는 걸 알게 되었습니다. 이 책은 그런 경험에서 출발했습니다. 처음 접하는 분들도 낯설지 않도록, 기초부터 차근차근 쌓아갈 수 있도록 구성했습니다. 단순한 정보 전달에 그치지 않고, 실제 공부 흐름에 맞춰 체계적인 학습 경로를 제시하고자 했습니다. 화려한 배경이나 전공 지식이 없어도 괜찮습니다. 저처럼 기초가 없던 분들도 이 책을 따라 하나씩 쌓아간다면 충분히 합격할 수 있습니다.

이 책이 그 든든한 첫걸음이 되어드리기를 바랍니다.

저자 *서윤애, 이현아, 정은혜*

서윤애
- 맞춤형화장품조제관리사
- 주식회사 유엘비 화장품 책임판매관리자
- 유튜브 '아맞따' 강사
- 성균관대학교 사범대학 컴퓨터교육과, 영어영문학과 졸업

이현아
- 맞춤형화장품조제관리사
- 유튜브 '아맞따' 강사
- 한양대학교 경영대학 경영학부 졸업

정은혜
- 맞춤형화장품조제관리사
- 주식회사 유엘비 맞춤형화장품조제관리사 교육팀
- 유튜브 '아맞따' 강사

PART

01

핵심이론 X 예시문항

CHAPTER 01

화장품법의 이해

학습 목표

- 「화장품법」의 제정 배경과 체계를 이해하고, 화장품의 정의, 유형, 영업 종류와 등록·신고 요건, 영업자별 관리 및 준수사항을 설명할 수 있다.
- 화장품의 품질 요소(안전성, 안정성, 유효성) 확보 방법, 포장·표시·광고 규정, 제조·수입·판매 금지 사항, 감독·처분·벌칙 등에 대해 설명할 수 있다.
- 「개인정보보호법」의 개념과 보호 대상(일반 개인정보, 민감정보, 고유식별정보)을 이해하고, 고객의 개인정보 수집·이용·제공·위탁 시 준수사항을 설명할 수 있다.
- 개인정보 보관·폐기·비밀보장·유출방지 및 고객의 권리 보호 조치, 영상정보처리기기 설치·운영 방법을 설명할 수 있다.

SECTION 01 화장품법
SECTION 02 개인정보보호법

SECTION 01 화장품법

빈출 태그 ▶ #화장품법 #화장품유형 #영업별특징

KEYWORD 01 화장품법의 이념과 목적, 화장품 유형별 특징

1) 화장품법의 목적
- 화장품의 특성에 부합되는 관리와 화장품 산업의 경쟁력 배양을 위한 제도로서 마련되었다.
- 1999년 9월 약사법에서 분리되어 2000년 7월부터 시행되었다.
- 현재 식품의약품안전처가 관리·감독하고 있다.

> **선생님의 노하우**
> 화장품법을 만들게 된 목적을 숙지하고 주관식에서는 법령에서 사용하는 정확한 표현을 요구하니 표현들에 유의하면서 공부하세요.

2) 화장품법의 입법취지

구분	법령 체계	제정 목적
화장품법	법률 (국회)	화장품의 제조·수입·판매 및 수출 등에 관한 사항을 규정함으로써 국민 보건 향상과 화장품 산업의 발전에 기여함을 목적으로 한다.
화장품법 시행령	명령 (대통령)	화장품법에서 위임된 사항과 그 시행에 필요한 사항을 규정함을 목적으로 한다.
화장품법 시행규칙	규칙 (총리)	화장품법 및 같은 법 시행령에서 위임된 사항과 그 시행에 필요한 사항을 규정하는 것을 목적으로 한다.
식약처 고시	행정규칙 (식약처)	기능성화장품 기준 및 시험 방법, 어린이 보호 포장 대상 공산품의 안전기준 등을 고시하는 것을 목적으로 한다.

+ 더 알기 TIP

우리나라 법령의 체계

단계	법령의 체계		규율의 종류
1단계	헌법		헌법
2단계	법률		법률
	법률 혹은 명령		조약, 국제법규
3단계	명령		대통령령
			국회규칙, 대법원규칙, 헌법재판소규칙, 중앙선거관리위원회규칙
4단계			총리령·부령
5단계	조례	자치 법규	지방자치단체의 조례와 규칙
	규칙		
	—	행정 규칙	• 지시문서 : 훈령(규정), 지시, 예규(지침, 요령), 일일명령 • 고시, 공고

KEYWORD 02 화장품법의 개념과 유형

1) 화장품의 정의 및 유형

종류	정의 및 유형

화장품	• 인체를 청결·미화하여 매력을 더하고 용모를 밝게 변화시키거나 피부·모발의 건강을 유지 또는 증진하기 위하여 인체에 바르고 문지르거나 뿌리는 등 이와 유사한 방법으로 사용되는 물품으로서, 인체에 대한 작용이 경미한 것
	• 「약사법」 제2조 제4호의 의약품에 해당하는 물품은 제외
	  – 대한민국약전에 실린 물품 중 의약외품이 아닌 것
	  – 사람이나 동물의 질병을 진단·치료·경감·처치 또는 예방할 목적으로 사용하는 물품 중 기구·기계 또는 장치가 아닌 것
	  – 사람이나 동물의 구조와 기능에 약리학적 영향을 줄 목적으로 사용하는 물품 중 기구·기계 또는 장치가 아닌 것

영유아 또는 어린이 사용 화장품	영유아(3세 이하), 어린이(4세 이상~13세 이하)가 사용할 수 있는 화장품
천연화장품	• 동식물 및 그 유래 원료 등을 함유한 화장품으로서 식품의약품안전처장이 정하는 기준에 맞는 화장품 ※ 식품의약품안전처장이 정하는 기준 – 천연(물 + 천연 원료 + 천연 유래 원료)재료의 함량이 전체 제품의 95% 이상일 것

유기농 화장품	• 유기농 원료, 동식물 및 그 유래 원료 등을 함유한 화장품으로서 식품의약품안전처장이 정하는 기준에 맞는 화장품
	※ 식품의약품안전처장이 정하는 기준
	  – 유기농 함량이 전체 제품에서 10% 이상
	  – 유기농 함량을 포함한 천연 함량이 전체 제품의 95% 이상

맞춤형 화장품	• 제조 또는 수입된 화장품의 내용물에 다른 화장품의 내용물이나 식품의약품안전처장이 정하는 원료를 추가하여 혼합한 화장품 • 제조 또는 수입된 화장품의 내용물을 소분한 화장품(고형 비누 등 총리령으로 정하는 화장품의 내용물을 단순 소분한 화장품은 제외)

기능성 화장품	• 화장품 중에서 다음의 어느 하나에 해당되는 것으로서 총리령으로 정한 11가지 효능, 효과에 대한 심사를 완료한 화장품
	  – 피부에 멜라닌 색소가 침착하는 것을 방지하여 기미·주근깨 등의 생성을 억제함으로써 피부의 미백에 도움을 주는 기능을 가진 화장품
	  – 피부에 침착된 멜라닌 색소의 색을 엷게 하여 피부의 미백에 도움을 주는 기능을 가진 화장품
	  – 피부에 탄력을 주어 피부의 주름을 완화 또는 개선하는 기능을 가진 화장품
	  – 강한 햇볕을 방지하여 피부를 곱게 태워 주는 기능을 가진 화장품
	  – 자외선을 차단 또는 산란시켜 자외선으로부터 피부를 보호하는 기능을 가진 화장품
	  – 모발의 색상을 변화[탈염(脫染)·탈색(脫色)을 포함]시키는 기능을 가진 화장품(일시적으로 모발의 색상을 변화시키는 제품은 제외)
	  – 체모를 제거하는 기능을 가진 화장품(물리적으로 체모를 제거하는 제품은 제외)
	  – 탈모 증상의 완화에 도움을 주는 화장품(코팅 등 물리적으로 모발을 굵게 보이게 하는 제품은 제외)
	  – 여드름성 피부를 완화하는 데 도움을 주는 화장품(인체 세정용 제품류로 한정)
	  – 피부장벽의 기능을 회복하여 가려움 등의 개선에 도움을 주는 화장품
	  – 튼살로 인한 붉은 선을 엷게 하는 데 도움을 주는 화장품

선생님의 노하우

화장품은 사용 목적이나 범위, 방법에 따라 정의가 다르니 꼭 외워 두세요.

어린이용 화장품

영유아와 어린이를 아울러서 '어린이'라는 용어를 사용하는 '만 13세 이하 어린이용 제품'이라는 유형은 없다.

개념 체크

다음 중 기능성 화장품에 대한 설명으로 옳지 않은 것은?
① 피부에 탄력을 주어 피부의 주름을 완화 또는 개선하는 기능을 가진 화장품
② 피부에 침착된 멜라닌 색소의 색을 엷게 하여 피부의 미백에 도움을 주는 기능을 가진 화장품
③ 일시적으로 모발의 색상을 변화시키는 화장품
④ 강한 햇볕을 방지하여 피부를 곱게 태워 주는 기능을 가진 화장품
⑤ 자외선을 차단 또는 산란시켜 자외선으로부터 피부를 보호하는 기능을 가진 화장품

③

피부장벽

피부의 가장 바깥쪽에 존재하는 각질층의 표피이다.

선생님의 노하우

탈모, 여드름, 피부장벽, 튼살과 관련된 화장품에는 의약품이 아니라는 문구를 표시해야 해요. 화장품과 의약품은 엄연히 다르다는 걸 기억해 주세요.

2) 화장품의 유형과 특성

① 화장품의 유형

- 목욕용 제품류
- 기초화장용 제품류
- 손발톱용 제품류
- 면도용 제품류
- 방향용 제품류
- 인체 세정용 제품류
- 눈화장용 제품류
- 두발용 제품류
- 체모제거용 제품류
- 영유아용 제품류
- 색조화장용 제품류
- 두발염색용 제품류
- 체취방지용 제품류

② 화장품의 유형별 특성

목욕용 제품류	개념	목욕 시 욕조에 투입하거나 직접 사람에게 사용하여 피부의 청결, 유연, 청정 또는 몸에 향취를 주기 위하여 사용되는 것을 목적으로 하는 제품
	유형	• 목욕용 오일·정제·캡슐 • 버블배스 • 목욕용 소금류 • 그 밖의 목욕용 제품류
인체 세정용 제품류	개념	주로 물 등의 액체를 이용하여 물리적으로 씻음으로 피부를 청결하게 유지하기 위해 사용되는 화장품
	유형	• 폼 클렌저 • 액체비누 및 화장비누(고체 형태 세안비누) • 물휴지 • 보디 클렌저 • 외음부 세정제 • 그 밖의 인체 세정용 제품류
영유아용 제품류	개념	3세 이하 영유아를 대상으로 하는 로션, 샴푸, 린스 등의 화장품
	유형	• 영유아용 샴푸, 린스 • 영유아 인체 세정용 제품 • 영유아 목욕용 제품 • 영유아용 로션·크림·오일
기초화장용 제품류	개념	피부에 청정, 보습 및 유연효과를 주며, 피부의 거칠어짐을 방지하고 건강하게 유지하는 역할을 하는 화장품
	유형	• 클렌징 워터, 클렌징 오일, 클렌징 로션, 클렌징 크림 등 메이크업 리무버 • 수렴·유연·영양 화장수 • 에센스, 오일 • 로션, 크림 • 보디 제품 • 손·발의 피부연화 제품 • 마사지 크림 • 마스크 팩 • 파우더 • 그 밖의 기초화장용 제품류
눈화장용 제품류	개념	눈썹, 눈꺼풀, 속눈썹 등의 눈 주위에 미화·청결을 위해 사용되는 화장품
	유형	• 아이브로펜슬 • 아이섀도 • 아이메이크업 리무버 • 아이라이너 • 마스카라 • 그 밖의 눈화장용 제품류
색조화장용 제품류	개념	얼굴, 입술 등의 피부에 색 및 질감 효과를 주거나 피부의 결점을 가려 줌으로써 보완·수정하여 미적 효과를 목적으로 하는 제품
	유형	• 볼연지(볼터치) • 리퀴드·크림·케이크 파운데이션 • 메이크업 픽서티브 • 립글로스, 립밤 • 그 밖의 색조화장용 제품류 • 페이스 파우더, 페이스 케이크 • 메이크업 베이스 • 립스틱, 립라이너 • 보디페인팅, 페이스페인팅, 분장용 제품

> **선생님의 노하우**
> 물휴지의 범위에 식당에서 사용하는 포장된 물티슈와 의료기관 등에서 시체를 닦는 용도로 사용되는 물휴지는 포함되지 않아요.

> **선생님의 노하우**
> 아이메이크업 리무버는 클렌징 용도로 사용되지만 기초화장용 제품은 아니에요.

구분		내용
손발톱용 제품류	개념	손·발톱의 미화와 청결 등을 위하여 사용되는 화장품
	유형	• 베이스코트, 언더코트 • 네일 크림·로션·에센스 • 네일 폴리시·네일 에나멜의 리무버 • 네일 폴리시, 네일 에나멜 • 탑코트 • 그 밖의 손발톱용 제품류
두발용 제품류	개념	두피나 모발 등의 보습이나 청결 관리를 위하여 사용하는 제품
	유형	• 샴푸·린스 • 헤어 토닉 • 헤어 그루밍에이드 • 헤어 스프레이·무스·왁스·젤 • **흑채** • 헤어 스트레이트너 • 헤어 컨디셔너 • 헤어 크림·로션 • 헤어 오일 • 포마드 • 퍼머넌트 웨이브 • 그 밖의 두발용 제품류
두발염색용 제품류	개념	두발의 색을 변화시키거나(염모), 탈색시키는(탈염) 제품
	유형	• 헤어 틴트 • 염모제 • 그 밖의 두발염색용 제품류 • 헤어 컬러스프레이 • 탈염·탈색용 제품(기능성 화장품)
면도용 제품류	개념	여성과 남성의 면도를 용이하게 하는 화장품
	유형	• 프리셰이브 로션 • 셰이빙 폼 • 그 밖의 면도용 제품류 • 애프터셰이브 로션 • 셰이빙 크림
체모제거용 제품류	개념	체모를 제거하는 데 사용되는 것을 목적으로 하는 제품
	유형	• 제모제 (기능성 화장품) • **제모왁스** • 그 밖의 체모제거용 제품류
체취방지용 제품류	개념	체취를 덮어 주기 위한 목적으로 사용되는 화장품
	유형	• 데오도런트 • 그 밖의 체취방지용 제품류
방향용 제품류	개념	방향 효과를 주기 위하여 사용되는 것을 목적으로 하는 제품
	유형	• 향수 • 콜로뉴(콜롱) • 그 밖의 방향용 제품류 • 향낭 • 분말향

> **개념 체크**
>
> 다음 중 두발의 색을 변화시키거나(염모) 탈색시키는(탈염) 제품을 모두 고른 것은?
> ① 헤어 컨디셔너(Hair Conditioners)
> ② 헤어 토닉(Hair Tonics)
> ③ 헤어 그루밍 에이드(Hair Grooming Aids)
> ④ 헤어 틴트(Hair Tints)
> ⑤ 헤어 컬러스프레이(Hair Color Sprays)
>
> ④, ⑤

> **선생님의 노하우**
>
> 흑채, 화장비누, 제모왁스도 화장품에 포함된다는 것을 기억하세요. 공산품에서 화장품으로 변경된 품목들이에요.

KEYWORD 03 영업의 종류별 세부 사항

1) 화장품법에 따른 영업의 종류

「화장품법 시행령」 제2조의2(영업의 세부 종류와 범위)에 명시된 화장품 영업의 종류 및 범위는 다음과 같다.

구분	범위
화장품 제조업	화장품의 전부 또는 일부를 제조(2차 포장 또는 표시만의 공정 제외)하는 영업 • 화장품을 직접 제조하는 영업 • 화장품 제조를 위탁받아 제조하는 영업 • 화장품을 포장(1차 포장만 해당)하는 영업
화장품 책임 판매업	취급하는 화장품의 품질 및 안전 등을 관리하면서 이를 유통·판매하거나 수입 대행형 거래를 목적으로 알선·수여하는 영업 • 화장품제조업자가 화장품을 직접 제조하여 유통·판매하는 영업 • 화장품제조업자에게 위탁하여 제조된 화장품을 유통·판매하는 영업 • 수입된 화장품을 유통·판매하는 영업 • 수입 대행형 거래(전자상거래만 해당)를 목적으로 화장품을 알선·수여하는 영업
맞춤형 화장품 판매업	맞춤형화장품을 판매하는 영업 • 제조 또는 수입된 화장품의 내용물에 다른 화장품의 내용물이나 식품의약품안전처장이 정하여 고시하는 원료를 추가하여 혼합한 화장품을 판매하는 영업 • 제조 또는 수입된 화장품의 내용물을 소분한 화장품을 판매하는 영업

> **선생님의 노하우**
>
> 화장품제조업, 화장품책임판매업, 맞춤형화장품판매업의 모든 내용은 아주 세세한 것까지 다 외우셔야 해요. 화장품을 만드는 사람들은 소비자에게 직접적인 영향을 많이 끼칠 수 있기 때문에 법의 내용 및 적용 절차가 엄격하답니다.

2) 화장품법에 따른 영업의 등록과 신고

① 영업의 종류에 따른 등록 및 신고의 결격 사유

사유	화장품 제조업	화장품 책임 판매업	맞춤형 화장품판매업
정신질환자 (전문의가 적합하다고 인정하는 사람 제외)	○	×	×
마약류 중독자	○	×	×
피성년후견인 또는 파산선고	○	○	○
「화장품법」 또는 「보건범죄 단속에 관한 특별조치법」을 위반하여 금고 이상의 형의 • 실형이나 집행 유예의 선고를 받은 자 • 집행의 유예 기간에 있는 자 • 집행이 종료된 (것으로 보는) 자 • 집행이 면제되지 않은 자	○	○	○
등록 취소 또는 영업소 폐쇄 기간 1년 미만	○	○	○

+ 더 알기 TIP

맞춤형화장품조제관리사의 결격 사유
- 정신질환자(전문의가 적합하다고 인정하는 사람은 제외)
- 피성년후견인
- 마약류 중독자
- 「화장품법」, 「보건범죄 단속에 관한 특별조치법」을 위반하여 금고 이상의 형을 선고받고 집행이 끝나지 않았거나 그 집행을 받지 않기로 확정되지 않은 자
- 맞춤형화장품조제관리사의 자격이 취소된 날부터 3년이 지나지 않은 자

② 영업의 종류에 따른 등록 및 신고
- 등록 및 신고

등록 및 신고는 관할 지역 지방식품의약품안전청장에게 하며, 서류는 실물 및 전자문서로 제출할 수 있다.

절차	종류	필요 서류
등록	화장품 제조업	• 등록 신청서 • 사업자등록증 사본, 법인 등기사항증명서(법인인 경우) • 대표자의 의사 진단서('정신보건법 제3조 제1호에 따른 정신질환자 및 마약이나 그 밖의 유독물질의 중독자가 아님을 증명함'이라는 문구가 들어가는 의사 진단서) • 시설명세서(건축물관리대장, 임대차 계약서, 화장품 제조 시설 및 시험 시설 내역서, 시설의 평면도) • 제조 또는 시험 위수탁 계약서 사본 1부
	화장품 책임 판매업	• 등록 신청서 • 사업자등록증 사본, 법인 등기사항증명서(법인인 경우만 해당) • 책임판매관리자의 자격을 확인할 수 있는 서류 • 화장품의 품질관리 및 책임판매 후 안전관리에 적합한 기준에 관한 규정(책임판매 후 안전관리기준 매뉴얼, 품질관리기준 매뉴얼) • 품질관리 시험 위수탁 계약서 사본
신고	맞춤형 화장품 판매업	• 맞춤형화장품판매업 신고서 • 맞춤형화장품조제관리사 자격증 사본 – 맞춤형화장품조제관리사가 2명 이상인 경우 : 대표 1명만 자격증을 제출함 • 등기사항증명서(법인의 경우) • 맞춤형화장품의 혼합 또는 소분에 사용되는 내용물 및 원료를 제공하는 책임판매업자와 체결한 계약서 사본(책임판매업자와 맞춤형화장품판매업자가 동일한 경우 계약서 생략 가능) • 소비자 피해 보상을 위한 보험계약서 사본 ※ 신고 제외 대상 : 소분 판매를 목적으로 제조 또는 수입된 화장 비누(고체 형태의 세안용 비누)의 내용물을 단순 소분하여 판매하는 경우

개념 체크

화장품제조업자 또는 화장품책임판매업자의 변경신고의 경우 제출해야 할 서류가 아닌 것은?
① 상속의 경우에는 가족관계 증명서
② 시설의 명세서
③ 양도·양수의 경우에는 이를 증명하는 서류
④ 정신질환자가 아님을 증명하는 의사진단서
⑤ 마약류의 중독자가 아님을 증명하는 의사진단서

한시적으로 같은 영업을 하려는 경우의 필요 서류
맞춤형화장품판매업 신고필증 사본과 맞춤형화장품조제관리사 자격증 사본을 첨부하여 제출해야 한다.

맞춤형화장품판매업 신고 시 주의사항
- 업체의 대표는 매년 관련 교육을 이수해야 한다.
- 총리령으로 규정하는 시설 기준을 준수해야 한다.

+ 더 알기 TIP

화장품제조업의 등록을 위한 시설 기준
- 제조작업을 위한 다음 시설을 갖춘 작업소
  - 쥐·해충 및 먼지 등을 막을 수 있는 시설
  - 작업대 등 제조에 필요한 시설 및 기구
  - 가루가 날리는 작업실은 가루를 제거하는 시설
- 원료·자재 및 제품을 보관하는 보관소
- 원료·자재 및 제품의 품질검사를 위한 시험실 및 품질검사에 필요한 시설 및 기구
- 시설 기준의 면제 사유
  - 일부 공정만 제조하는 경우 및 품질검사를 위탁하는 경우는 해당 공정에 필요한 시설 및 기구만 있어도 가능
  - 화장품 외 물품 제조도 가능(단, 제품 상호 간 오염의 우려가 있으면 안 됨)

+ 더 알기 TIP

화장품책임판매업의 등록
화장품책임판매업을 등록하려는 자는 화장품의 <u>품질관리 및 책임판매 후 안전관리</u>에 관한 기준을 갖추어야 하며, 이를 관리할 수 있는 관리자(<u>책임판매관리자</u>)를 두어야 한다.

★ **화장품 관련 분야**
화학, 생물학, 화학공학, 생물공학, 미생물학, 생화학, 생명과학, 생명공학, 유전공학, 향장학, 화장품과학, 한의학, 한약학, 간호학, 간호과학, 건강간호학 등

소규모사업장의 경우
상시 근로자 수가 10명 이하인 화장품책임판매업을 경영하는 화장품책임판매업자가 책임판매관리자 자격 기준에 해당하는 경우에는 책임판매관리자의 직무를 수행할 수 있고, 책임판매관리자를 둔 것으로 본다.

자격 기준	면허	의사 또는 약사
	학사 이상의 학위 취득	이공계 학과 또는 향장학·화장품과학·한의학·한약학·간호학·간호과학·건강간호학 등을 전공하여 학사 이상의 학위를 취득한 사람
	전문대학	화장품 관련 분야★를 전공하여 전문학사 학위를 취득한 후, 화장품 제조 또는 품질관리 업무에 1년 이상 종사한 경력이 있는 사람
	그 외	• 맞춤형화장품조제관리사 자격시험에 합격한 사람 • 화장품 제조 또는 품질관리 업무에 2년 이상 종사한 경력이 있는 사람 • 식품의약품안전처장이 정하는 고시하는 전문 교육과정을 이수한 사람
관리자의 상세 업무	품질관리 업무	• 품질관리 업무를 총괄한다. • 품질관리 업무가 적정하고 원활하게 수행되는 것을 확인한다. • 품질관리 업무의 수행을 위하여 필요하다고 인정할 때에는 화장품책임판매업자에게 문서로 보고한다. • 품질관리 업무 시 필요에 따라 화장품제조업자, 맞춤형화장품판매업자 등 그 밖의 관계자에게 문서로 연락하거나 지시한다. • 품질관리에 관한 기록 및 화장품제조업자의 관리에 관한 기록을 작성하고 이를 해당 제품의 제조일(수입의 경우 수입일)부터 3년간 보관한다.
	책임판매 후 안전관리업무	• 안전확보 업무를 총괄한다. • 안전확보 업무가 적정하고 원활하게 수행되는 것을 확인하여 기록·보관한다. • 안전확보 업무의 수행을 위하여 필요하다고 인정할 때에는 화장품책임판매업자에게 문서로 보고한 후 보관한다.

 개념 체크

책임판매관리자의 업무가 아닌 것은?
① 품질관리 업무를 총괄할 것
② 품질관리 업무가 적정하고 원활하게 수행되는 것을 확인할 것
③ 품질관리 업무 절차서를 작성·보관할 것
④ 품질관리 업무의 수행을 위하여 필요하다고 인정할 때에는 화장품책임판매업자에게 문서로 보고할 것
⑤ 품질관리 업무 시 필요에 따라 화장품제조업자, 맞춤형화장품판매업자 등 그 밖의 관계자에게 문서로 연락하거나 지시할 것

③

• 등록 및 신고대장의 포함사항

화장품제조업 등록대장	• 등록번호 및 등록연월일 • 화장품제조업자(화장품제조업을 등록한 자)의 성명 및 주민등록번호 또는 외국인등록번호(법인인 경우에는 대표자의 성명 및 주민등록번호 등) • 화장품제조업자의 상호(법인인 경우에는 법인의 명칭) • 제조소의 소재지 • 제조 유형
화장품책임판매업 등록대장	• 등록번호 및 등록연월일 • 화장품책임판매업자(화장품책임판매업을 등록한 자)의 성명 및 주민등록번호(법인인 경우에는 대표자의 성명 및 주민등록번호 등) • 화장품책임판매업자의 상호(법인인 경우에는 법인의 명칭) • 화장품책임판매업소의 소재지 • 책임판매관리자의 성명 및 주민등록번호 등 • 책임판매 유형
맞춤형화장품판매업 신고대장	• 신고번호 및 신고연월일 • 맞춤형화장품판매업자의 성명 및 주민등록번호(법인인 경우에는 대표자의 성명 및 주민등록번호 등) • 맞춤형화장품판매업자의 상호 및 소재지 • 맞춤형화장품판매업소의 상호 및 소재지 • 맞춤형화장품조제관리사의 성명, 주민등록번호 및 자격증 번호 • 영업의 기간(맞춤형화장품판매업자가 판매업소로 신고한 소재지 외의 장소에서 1개월의 범위에서 한시적으로 같은 영업을 하려는 경우만 해당)

• 변경 등록 및 신고

화장품제조업자 또는 화장품책임판매업자는 변경 사유가 발생한 날로부터 30일(행정구역 개편으로 인한 소재지 변경은 90일) 이내에 해당 서류를 지방식품의약품안전청장에게 제출해야 하며, 맞춤형화장품판매업자는 변경 신고를 하려면 관련 서류를 제출해야 한다.

절차	종류	변경 사유
등록	화장품 제조업	• 화장품제조업자의 변경(법인은 대표자 변경) • 화장품제조업자의 상호 변경(법인은 법인의 명칭 변경) • 제조소의 소재지 변경 • 제조 유형 변경
	화장품 책임 판매업	• 화장품책임판매업자의 변경(법인은 대표자 변경) • 화장품책임판매업자의 상호 변경(법인은 법인의 명칭 변경) • 화장품책임판매업소의 소재지 변경 • 책임판매관리자의 변경 • 책임판매 유형 변경
신고	맞춤형 화장품 판매업	• 맞춤형화장품판매업자의 변경 • 맞춤형화장품판매업소의 상호 변경 • 맞춤형화장품판매업소의 소재지 변경 • 맞춤형화장품조제관리사의 변경

- 영업의 폐업 · 휴업 신고

사유	• 폐업 또는 휴업하려는 경우 • 휴업 후 그 업을 재개하려는 경우
제출 서류	• 화장품제조업 등록필증 • 화장품책임판매업 등록필증 또는 맞춤형화장품판매업 신고필증(폐업 또는 휴업의 경우에만 해당) • 폐업 · 휴업 신고서
제출처	• 지방식품의약품안전청장 → 식품의약품안전처장은 폐업 및 휴업 신고를 받은 날부터 7일 이내에 신고 수리 여부를 신고인에게 통지해야 한다.
신고 제외 사항	휴업 기간이 1개월 미만이거나 그 기간에 휴업하였다가 영업을 재개하는 경우는 제외한다.

- 영업의 승계

영업자의 지위 승계	영업자의 사망 또는 영업 양도, 법인 영업자의 합병의 경우 상속인, 영업을 양수한 자 또는 합병 후 존속 법인이나 설립되는 법인이 영업자의 의무 및 지위를 승계한다.
행정제재 처분 효과의 승계	• 행정제재처분 기간이 끝난 날부터 1년간 해당 영업자의 지위를 승계한 자에게 승계한다. • 행정제재처분 진행 중에는 영업자의 지위를 승계한 자에 대해 절차를 계속 진행(단, 승계자가 처분, 위반 사실을 알지 못하였음을 증명하는 경우는 제외)한다.

③ 영업자의 의무사항

- 식품의약품안전처장은 국민 건강상 위해를 방지하기 위하여 필요한 경우 영업자에게 화장품 관련 법령 및 제도(화장품의 안전성 확보 및 품질관리에 관한 내용을 포함)에 관한 교육을 받을 것을 명할 수 있다.
- 교육을 받아야 하는 자가 둘 이상의 장소에서 화장품 영업을 하는 경우 총리령으로 정하는 자를 책임자로 지정하여 교육받게 할 수 있다.
- 업종별 영업자의 의무사항

화장품 제조업	제조와 관련된 기록 · 시설 · 기구 등 관리 방법, 원료 · 자재 · 완제품 등에 대한 시험 · 검사 · 검정 실시 방법 및 의무에 관한 사항을 준수하여야 한다.
화장품 책임 판매업	• 품질관리 기준, 책임판매 후 안전관리 기준, 품질검사 방법 및 실시 의무, 안전성 · 유효성 관련 정보사항 등의 보고 및 안전대책 마련 의무에 관한 사항을 준수하여야 한다. • 생산실적 또는 수입실적(매년 2월 말까지), 화장품의 제조과정에 사용된 원료의 목록 등을 유통 · 판매 전에 식품의약품안전처장에게 보고하여야 한다. • 책임판매관리자는 화장품 안전성 확보 및 품질관리 교육(4시간 이상 8시간 이하)을 매년 이수하여야 한다.
맞춤형 화장품 판매업	• 판매장 시설 · 기구의 관리 방법, 혼합 · 소분 안전관리 기준의 준수 의무, 혼합 · 소분되는 내용물 및 원료에 대한 설명 의무에 관한 사항을 준수하여야 한다. • 맞춤형화장품조제관리사는 화장품 안전성 확보 및 품질관리 교육을 매년 이수하여야 한다. • 맞춤형화장품에 사용된 모든 원료의 목록을 매년 1회 식품의약품안전처장에게 보고하여야 한다.

KEYWORD 04 　행정처분, 벌칙 및 과태료

1) 양벌규정(兩罰規定)

개념	어떤 위법행위가 이루어진 경우에 행위자를 벌할 뿐만 아니라 그 행위자와 일정한 관계가 있는 타인(자연인 또는 법인)에 대해서도 형을 과하도록 정한 규정이다.
특징	• 쉽게 얘기해서 **행위자와 관계자 둘(兩) 다에게 벌(罰)을 주겠다는 규정(規定)**이다. • 법인의 대표자나 법인 또는 개인의 대리인, 사용인, 그 밖의 종업원이 그 법인 또는 개인의 업무에 관하여 위반행위를 하면 그 행위자를 벌하는 것 외에 그 법인 또는 개인에게도 해당 조문의 벌금형을 과한다. • 다만, 법인 또는 개인이 그 위반행위를 방지하기 위하여 해당 업무에 관하여 상당한 주의와 감독을 게을리하지 아니한 경우에는 그러하지 아니하다.

2) 행정처분

① 일반기준

위반 행위가 둘 이상인 경우	• 각각의 처분 기준이 다른 경우에는 그중 **처분 기준이 무거운 것**을 따른다. • 단, 둘 이상의 처분 기준이 업무정지인 경우에는 무거운 처분의 업무정지 기간에 가벼운 처분의 업무정지 기간의 2분의 1까지 더하여 처분할 수 있으며, 이 경우 그 **최대 기간은 12개월**로 한다. • 업무정지와 품목 업무정지에 해당하는 경우에는 그 업무정지 기간이 품목정지 기간보다 길거나 같을 때에는 업무정지 처분을 하고, 업무정지 기간이 품목정지 기간보다 짧을 때에는 업무정지 처분과 품목 업무정지 처분을 병과한다.
반복하여 같은 위반 행위를 한 경우	• 최근 1년간 같은 위반행위로 행정처분을 받은 경우 　- 기준의 적용일은 최근에 실제 행정처분의 효력이 발생한 날과 다시 같은 위반 행위에 적발한 날을 기준으로 한다. 　- 다만, 품목 업무정지의 경우 품목이 다를 때는 이 기준을 적용하지 않는다. • 행정처분 절차가 진행되는 기간 중에 반복하여 같은 위반행위를 한 경우 　- 진행 중인 사항의 행정처분 기준의 2분의 1씩을 더하여 처분하며, 그 **최대 기간은 12개월**로 한다. • 같은 위반행위의 횟수가 **3차 이상인 경우**에는 과징금 부과 대상에서 제외한다.
처분을 2분의 1까지 감경할 수 있는 경우	• 처분을 2분의 1까지 감경하거나 면제 　- 국민보건, 수요·공급, 그 밖에 공익상 필요하다고 인정된 경우 　- 해당 위반사항에 관하여 검사로부터 기소유예의 처분을 받거나 법원으로부터 선고유예의 판결을 받은 경우 　- 광고주의 의사와 관계없이 광고회사 또는 광고매체에서 무단 광고한 경우 • 처분을 2분의 1까지 감경 　- 기능성화장품으로서 그 효능·효과를 나타내는 원료의 함량 미달의 원인이 유통 중 보관 상태 불량 등으로 인한 성분의 변화 때문이라고 인정된 경우 　- 비병원성 일반 세균에 오염된 경우로서 인체에 직접적인 위해가 없으며, 유통 중 보관 상태 불량에 의한 오염으로 인정된 경우
그 외의 사항	• 화장품제조업자가 등록한 소재지에 그 시설이 전혀 없는 경우 등록을 취소한다. • 수입대행형 거래를 목적으로 화장품을 알선·수여하는 화장품책임판매업을 등록한 자에 대하여 개별 기준을 적용하는 경우 '**판매금지는 수입대행금지**'로, '**판매업무정지는 수입대행 업무정지**'로 본다.

> **선생님의 노하우**
> 행정처분의 각 항목은 객관식 문제로 자주 출제돼요.

② 개별기준

• 등록 취소

맞춤형화장품판매업자가 시설기준을 갖추지 아니하게 된 경우 식품의약품안전처장은 영업소 폐쇄를 명하거나 품목의 제조 · 수입 및 판매의 금지를 명하거나 1년의 범위에서 기간을 정하여 그 업무의 전부 또는 일부에 대한 정지를 명할 수 있다.

위반 횟수	사유
1차 위반	• 화장품제조업, 화장품책임판매업의 등록이나 맞춤형화장품판매업의 결격 사유 어느 하나에 해당하는 경우 • 업무정지 기간 중에 해당 업무를 한 경우(광고 업무에 한정하여 정지를 명한 경우 제외)
3차 위반	• 화장품제조업자가 제조 또는 품질검사에 필요한 시설 및 기구의 전부가 없는 경우 • 심사를 받지 않거나 거짓으로 보고하고 기능성화장품을 판매한 경우
4차 위반 이상	• 화장품 책임판매업소의 소재지 변경 • 제조소의 소재지 변경 • 국민보건에 위해를 끼쳤거나 끼칠 우려가 있는 화장품을 제조 · 수입한 경우 • 검사 · 질문 · 수거 등을 거부하거나 방해한 경우 • 시정명령 · 검사명령 · 개수명령 · 회수명령 · 폐기명령 또는 공표명령 등을 이행하지 않은 경우 • 식품의약품안전처장이 고시한 화장품의 제조 등에 사용할 수 없는 원료를 사용한 화장품 • 회수계획을 보고하지 않거나 거짓으로 보고한 경우 • 회수 대상 화장품을 회수하지 않거나 회수하는 데에 필요한 조치를 하지 않은 경우 • 품질관리 업무 절차서를 작성하지 않거나 거짓으로 작성한 경우

> **선생님의 노하우**
>
> 영업금지 기준과 판매금지 기준을 꼭 숙지하세요. 영업금지는 대부분 화장품 품질 자체의 문제로 소비자에게 해가 되는 경우라고 외우시면 되겠죠.

• 영업금지와 판매금지

영업 금지	• 다음에 해당하는 화장품을 판매(수입대행형 거래를 목적으로 하는 알선 · 수여를 포함)하거나 판매할 목적으로 제조 · 수입 · 보관 또는 진열을 금지한다. – 화장품법에 따른 심사를 받지 아니하거나 보고서를 제출하지 아니한 기능성화장품 – 전부 또는 일부가 변패(變敗)된 화장품 – 병원미생물에 오염된 화장품 – 이물이 혼입되었거나 부착된 것 – 화장품에 사용할 수 없는 원료를 사용하였거나 유통화장품 안전관리 기준에 적합하지 아니한 화장품 – 코뿔소 뿔 또는 호랑이 뼈와 그 추출물을 사용한 화장품 – 보건위생상 위해가 발생할 우려가 있는 비위생적인 조건에서 제조되었거나 화장품법에 따른 시설기준에 적합하지 아니한 시설에서 제조된 것 – 용기나 포장이 불량하여 해당 화장품이 보건위생상 위해를 발생할 우려가 있는 것 – 사용기한 또는 개봉 후 사용기간(병행 표기된 제조연월일을 포함)을 위조 · 변조한 화장품 – 식품의 형태 · 냄새 · 색깔 · 크기 · 용기 및 포장 등을 모방하여 섭취 등 식품으로 오용될 우려가 있는 화장품

판매 금지	• 다음에 해당하는 화장품을 판매하거나 판매할 목적으로 보관 또는 진열을 금지한다.
	  – 등록을 하지 않은 자가 제조한 화장품 또는 제조·수입하여 유통·판매한 화장품
	  – 신고하지 않은 자가 판매한 맞춤형화장품
	  – 맞춤형화장품조제관리사를 두지 않고 판매한 맞춤형화장품
	  – 화장품의 기재사항, 가격표시, 기재·표시상의 주의를 위반하여 화장품 또는 의약품으로 잘못 인식할 우려가 있게 기재·표시된 화장품
	  – 판매의 목적이 아닌 제품의 홍보·판매 촉진 등을 위해 미리 소비자가 시험·사용하도록 제조 또는 수입된 화장품(소비자에게 판매하는 화장품에 한함)
	  – 화장품의 포장 및 기재·표시사항을 훼손(맞춤형화장품 판매를 위해 필요한 경우는 제외) 또는 위조·변조한 화장품
	  – 화장품의 용기에 담은 내용물을 나누어 판매하는 행위(맞춤형화장품조제관리사를 통하여 판매하는 맞춤형화장품판매업자 및 소분 판매를 목적으로 제조된 화장품의 판매자는 제외)
	  – 화장품책임판매업자 및 맞춤형화장품판매업자는 동물실험을 실시한 화장품 또는 원료를 사용하여 제조 또는 수입한 화장품은 유통·판매 금지

➕ 더 알기 TIP

제외사항
- 보존제, 색소, 자외선차단제 등 특별히 사용상의 제한이 필요한 원료에 대하여 그 사용 기준을 지정하거나 국민보건상 위해(危害) 우려가 제기되는 화장품 원료 등에 대한 위해 평가를 하기 위하여 필요한 경우
- 동물대체시험법(동물을 사용하지 않는 실험 방법, 사용하더라도 그 사용되는 동물의 개체수를 감소하거나 고통을 경감시킬 수 있는 실험 방법으로서 식품의약품안전처장이 인정한 것이 존재하지 않아 동물실험이 필요한 경우
- 화장품 수출을 위하여 수출 상대국의 법령에 따라 동물실험이 필요한 경우
- 수입하려는 상대국의 법령에 따라 제품 개발에 동물실험이 필요한 경우
- 다른 법령에 따라 동물실험을 실시하여 개발된 원료를 화장품의 제조 등에 사용하는 경우
- 그 밖에 동물실험을 대체할 수 있는 실험을 실시하기 곤란한 경우로서 식품의약품안전처장이 정하는 경우

3) 벌칙 및 과태료

① 벌칙

3년 이하의 징역 또는 3천만 원 이하의 벌금 (병과 가능)	• 화장품제조업 또는 화장품책임판매업에 필요한 등록과 변경사항 등록을 위반한 자 • 맞춤형화장품판매업에 필요한 신고, 신고와 변경사항 신고를 위반한 자 • 기능성화장품에 대한 심사나 보고서 제출하거나 이에 대한 변경을 위반한 자 • 등록하지 않은 자가 제조한 화장품 또는 제조·수입하여 유통·판매한 자 • 맞춤형화장품판매업을 신고하지 않고 맞춤형화장품을 판매한 자 • 영업금지 조항을 위반한 자 • 천연화장품 및 유기농화장품을 거짓이나 부정한 방법으로 인증받은 자 • 천연화장품 및 유기농 화장품에 대한 인증을 받지 않고 인증표시나 유사한 표시를 한 자 • 화장품 포장 및 기재·표시사항을 훼손(맞춤형화장품 판매를 위하여 필요한 경우 제외), 위조·변조한 자

> **📌 선생님의 노하우**
> 벌칙과 과태료 부분은 항목이 적은 것부터 많은 것 순으로 외우세요. 특히 100만 원과 50만 원 항목은 문제에 많이 나와요.

개념 체크

화장품법상 200만 원 이하의 벌금에 해당하는 경우가 <u>아닌</u> 것은?

① 인증의 유효기간이 경과한 화장품에 대하여 인증 표시를 한 자
② 화장품의 1차 포장 또는 2차 포장에 총리령으로 정하는 바에 따른 기재·표시사항을 위반한 자
③ 1차 포장에 표시의무항목을 표시하지 않은 자
④ 기능성 화장품에 대해 제출한 보고서나 심사받은 사항을 변경할 때 변경 심사를 받지 않은 자
⑤ 화장품을 회수하거나 회수하는 데 필요한 조치를 하려는 영업자는 회수계획을 식품의약품안전처장에게 미리 보고하여야 하는데 이를 위반한 자

④

구분	내용
1년 이하의 징역 또는 1천만 원 이하의 벌금 (병과 가능)	• 영유아 또는 어린이 사용 화장품임을 표시·광고하기 위한 안전과 품질 입증 자료 작성·보관을 위반한 자 • 안전용기·포장의 기준을 위반한 자 • 의약품으로 잘못 인식할 수 있게 표시 또는 광고를 한 자 • 기능성화장품으로 잘못 인식할 수 있거나 안전성·유효성 심사 결과와 다른 내용의 표시·광고를 한 자 • 화장품의 기재사항, 가격표시, 기재·표시상의 주의를 위반한 화장품 또는 의약품으로 잘못 인식할 수 있게 기재·표시된 화장품을 판매한 자 • 천연화장품 또는 유기농화장품으로 잘못 인식할 우려가 있는 표시·광고를 한 자 • 소비자를 속이거나 소비자가 잘못 인식하도록 할 우려가 있는 표시·광고를 하거나 판매한 자 • 판매 목적이 아닌 제품의 홍보·판매 촉진 등을 위해 미리 소비자가 시험·사용하도록 제조 또는 수입된 화장품을 판매하거나 판매할 목적으로 보관·진열한 자 • 화장품의 용기에 담은 내용물을 나누어 판매한 자(맞춤형화장품조제관리사를 통해 판매하는 맞춤형화장품판매업자는 제외) • 실증 자료 제출 요청을 받고도 제출하지 않은 채 계속 표시·광고를 하여 내린 중지명령을 따르지 않은 자 • 맞춤형화장품조제관리사 자격증을 양수하거나 대여하는 자
200만 원 이하의 벌금	• 영업자의 의무사항을 위반한 자 　- 화장품제조업자 : 화장품의 제조와 관련된 기록·시설·기구 등 관리 방법, 원료·자재·완제품 등에 대한 시험·검사·검정 실시 방법 및 의무 등을 준수해야 함 　- 화장품책임판매업자 : 화장품의 품질 관리 기준, 책임 판매 후 안전 관리 기준, 품질 검사 방법 및 실시 의무, 안전성·유효성 관련 정보 사항 등의 보고 및 안전 대책 마련 의무 등을 준수해야 함 　- 맞춤형화장품판매업자 : 맞춤형화장품 판매장 시설·기구의 관리 방법, 혼합·소분 안전 관리 기준의 준수 의무, 혼합·소분 되는 내용물 및 원료에 대한 설명 의무 등을 준수해야 함 • 위해 화장품의 회수 및 회수 계획 보고를 위반한 자 • 1, 2차 포장에 기재해야 되는 사항을 위반한 자(가격 표시 제외) • 천연, 유기농 화장품 인증 유효기간(3년)이 지났으나 인증 표시를 계속 표시한 자 • 식품의약품안전처장이 인정한 보고와 검사, 시정·검사·개수·회수·폐기 명령을 위반하거나 관계 공무원의 검사·수거 또는 처분을 거부·방해하거나 기피한 자

② 과태료

구분	내용
100만 원 이하	• 맞춤형화장품조제관리사가 아닌 자가 맞춤형화장품조제관리사 또는 이와 유사한 명칭을 사용한 자 • 기능성 화장품에 대해 제출한 보고서나 심사받은 사항을 변경할 때 변경 심사를 받지 않은 자 • 보고와 검사 등의 명령을 위반하여 보고하지 않은 자 • 동물 실험을 실시한 화장품 또는 원료를 사용하여 제조(위탁 제조 포함) 또는 수입한 화장품을 유통·판매한 자
50만 원 이하	• 화장품의 생산 실적 또는 수입 실적 또는 화장품 원료의 목록 등을 보고하지 않은 자 • 책임 판매 관리자 및 맞춤형화장품조제관리사가 매년 화장품의 안전성 확보 및 품질 관리에 관한 교육을 받지 않은 경우 • 폐업 신고를 하지 않은 자 • 화장품의 판매 가격을 표시하지 않은 자 • 맞춤형화장품 원료의 목록을 보고하지 않은 자 • 식품의약품안전처장이 필요 시 영업자에게 화장품 관련 법령 및 제도에 관한 교육을 명할 시 그 명령을 위반한 자

➕ **더 알기 TIP**

지방식품의약품안전청의 업무
- 화장품제조업 또는 화장품책임판매업의 등록 및 변경등록
- 맞춤형화장품판매업의 신고 및 변경신고의 수리
- 화장품제조업자, 화장품책임판매업자 및 맞춤형화장품판매업자에 대한 교육명령
- 회수계획 보고의 접수 및 회수에 따른 행정처분의 감경·면제
- 영업자의 폐업·휴업·영업재개 등 신고의 수리
- 표시·광고 내용의 실증 등에 관한 업무
- 보고명령·출입·검사·질문 및 수거
- 소비자화장품안전관리감시원의 위촉·해촉 및 교육
- 다음 사항에 따른 시정명령
  - 화장품제조업, 화장품책임판매업 영업 등록에 따른 변경등록을 하지 않은 경우
  - 맞춤형화장품판매업 신고에 따른 변경신고를 하지 않은 경우
  - 영업자가 화장품관련 법령 및 제도에 관한 교육명령을 위반한 경우
  - 영업자가 폐업 또는 휴업신고나 휴업 후 재개신고를 하지 않은 경우
- 검사명령
- 개수명령 및 시설의 전부 또는 일부의 사용금지 명령
- 회수·폐기 등의 명령, 회수계획 보고의 접수와 폐기 또는 그 밖에 필요한 처분
- 공표명령, 위반사실의 공표
- 등록의 취소, 영업소의 폐쇄명령, 품목의 제조·수입 및 판매의 금지 명령, 업무의 전부 또는 일부에 대한 정지 명령
- 청문
- 과징금 및 과태료의 부과·징수
- 등록필증·신고필증의 재교부

과징금 미납자에 대한 처분
과징금 납부의 의무자가 납부기한까지 과징금을 내지 않으면, 기한이 지난 후 15일 이내에 독촉장을 발급해야 하며, 납부기한은 독촉장을 발급하는 날부터 10일 이내로 한다.

KEYWORD 05 화장품의 품질요소와 심사

1) 화장품 품질요소

① 안전성(安全性, Safety)

개념과 특성	• 개념 : 피부 및 신체에 대한 안전을 보장하는 성질
	• 특성
	  – 생체에 얼마나 '안전한가'하는 정도를 나타내는 성질이다.
	  – 화장품은 장기간 피부에 사용하는 제품이기에 안전성이 중요하며 피부 자극, 감작성, 이상 반응 등을 최소화하기 위해 안전성 확보가 필요하다.

안전성에 관한 자료 (빈출)	• 단회 투여 독성 시험 자료　　• 1차 피부 자극 시험 자료 • 안점막 또는 그 밖의 점막 자극 시험 자료　• 피부 감작성 시험 자료 • 광감작성 시험 자료　　• 광독성 시험 자료 • 인체 첩포 시험 ★ 자료

🅕 **선생님의 노하우**
화장품 품질요소는 4단원에서도 자세히 다뤄요. 연계해서 공부하세요. 품질요소별 시험방법들을 꼭 외우세요.

★ **첩포 시험(貼布試驗)**
첩포 시험은 약물을 묻힌 작은 직물 조각(布) 피부에 붙여서(貼) 그 반응을 관찰하는 시험(試驗)입니다. 익히 알고 있는 '패치 테스트(Patch Test)'죠.

안전성 정보 보고	• 개념 : 화장품 제조판매업자가 수집한 안전성 정보를 식품의약품안전처에 정기적으로 보고하는 것
	• 방법
	  – 의사, 약사, 간호사, 판매자, 소비자 또는 관련 단체 등의 장은 화장품 사용 중 발생하였거나 알게 된 유해 사례 등 안전성 정보를 식품의약품안전처장 또는 화장품책임 판매업자에게 식품의약품안전처 홈페이지, 전화, 우편, 팩스, 정보통신망을 이용하여 보고할 수 있다.
	  – 화장품 책임 판매업자가 안전성 정보를 알았을 때는 15일 이내, 정기 보고는 매 반기 종료 후 1개월 이내에 식품의약품안전처장에게 보고한다.
	• 예외대상 : 상시 근로자 수가 2인 이하로서 직접 제조한 화장비누만을 판매하는 화장품책임판매업자

② 안정성(安定性, Stability)

개념과 특성	• 개념 : 다양한 물리 · 화학적 조건에서 화장품 성분이 일정한 상태를 유지하는 성질
	• 특성 : 다양한 물리 · 화학적 조건에서 다음에 대한 사항이 없어야 함
	  – 물리적 변화 : 분리, 침전, 응집, 겔화, 휘발, 고화, 연화, 균열 등
	  – 화학적 변화 : 변색, 변취, 오염, 결정 석출 등
	  – 미생물 오염

시험방법	• 장기 보존 시험 : 화장품의 저장 조건에서 사용기한 설정을 위해 장기간에 걸쳐 물리적 · 화학적 · 미생물학적 안정성 및 용기 적합성을 확인하는 시험 • 가속 시험 : 장기보존시험의 저장 조건을 벗어난 단기간의 가속조건이 물리적 · 화학적 · 미생물학적 안정성 및 용기 적합성에 미치는 영향을 평가하기 위한 시험 • 가혹 시험 : 온도 편차, 극한 조건, 기계 · 물리적 시험, 광안정성의 가혹 조건에서 화장품의 분해과정 및 분해산물 등을 확인하기 위한 시험 • 개봉 후 안정성 시험 : 화장품 사용 시 일어날 수 있는 오염 등을 고려해 사용기한을 설정하기 위해 장기간에 걸쳐 물리 · 화학적, 미생물학적 안정성 및 용기 적합성을 확인하는 시험

화장품 안정성 시험 자료의 보관	• 안정성 시험 자료는 최종 제조된 제품의 사용 기한이 만료되는 날부터 1년간 보존해야 한다.
	• 보관 의무 대상 : 다음의 성분을 0.5% 이상 함유하는 제품
	  – 레티놀(비타민 A) 및 그 유도체
	  – 아스코빅애시드(비타민 C) 및 그 유도체
	  – 토코페롤(비타민 E)
	  – 과산화화합물
	  – 효소

③ 유효성(有效性, Efficacy)

개념과 특성	• 개념 : 화장품을 사용함으로써 피부에 직 · 간접적으로 유도되는 물리적, 화학적, 생물학적, 심리적 효과
	• 특성
	  – 피부의 미백에 도움, 피부의 주름개선에 도움, 자외선으로부터 피부를 보호하는 데에 도움, 피부 탄력 개선, 피부 세정, 유연 등의 유형이 있다.
	  – 화장품에는 사용 목적에 적합한 기능이 있어야 하지만, 이것이 안전성보다 우선될 수 없다.

유효성 또는 기능에 관한 자료	• 효력시험 자료 • 인체적용시험 자료 • 염모효력시험 자료(탈염 · 탈색을 포함하여 모발의 색상을 변화시키는 기능이 있는 화장품에 한하며, 일시적으로 모발의 색상을 변화시키는 제품은 제외함)

일반 화장품의 유효성 평가 방법	• 보습효과 : 경피수분손실량(TEWL ; Transepidermal Water Loss)을 측정하여 평가 • 수렴효과 : 혈액의 단백질 응고 변화량을 측정하여 평가

④ 사용성(使用性, Usability)
화장품에는 사용자의 기호에 따라 향, 색, 발림성, 흡수성, 편리함 등이 수반되어야 한다.

2) 기능성화장품의 심사 및 실태조사

① 기능성화장품의 심사(화장품법 제4조 제1항)
- 법적 근거 : 기능성화장품으로 인정받아 판매 등을 하려는 기관은 품목별로 안전성 및 유효성에 관하여 식품의약품안전처장의 심사를 받거나 식품의약품안전처장에게 보고서를 제출하여야 함
- 기능성화장품의 심사를 위한 제출 범위
  - 기원 및 개발 경위에 관한 자료 : 언제, 어디서, 누가, 무엇으로부터 추출, 분리 또는 합성하였고 발견의 근원이 된 것은 무엇이며, 기초시험, 인체적용시험 등에 들어간 것은 언제, 어디서였는지, 국내외 인정허가 현황 및 사용 현황은 어떠한지 등을 알 수 있는 자료
  - 안전성에 관한 자료 : 과학적인 타당성이 인정되는 경우에는 구체적인 근거 자료를 첨부하여 일부 자료를 생략할 수 있음
  - 유효성 또는 기능에 관한 자료 : 모발의 색상을 변화시키는 기능을 가진 화장품은 염모효력시험자료만 제출함
  - 자외선 차단지수(SPF), 내수성 자외선 차단지수(SPE) 및 자외선 A 차단등급(PA) 설정의 근거 자료 : 강한 햇볕을 방지하며 피부를 곱게 태워 주는 기능을 가진 화장품, 자외선을 차단 또는 산란시켜 자외선으로 피부를 보호하는 기능을 가진 화장품에 경우만 해당함
  - 기준 및 시험 방법에 관한 자료

② 실태조사의 실시(화장품법 제4조의2 제2항)
- 법적 근거 : 식품의약품안전처장은 기능성 화장품의 심사, 유효성, 효능, 효과에 따른 실태 조사를 5년마다 실시하여야 함
- 조사에 포함되어야 하는 사항
  - 제품별 안전성 자료의 작성 및 보관 현황
  - 소비자의 사용실태
  - 사용 후 이상사례의 현황 및 조치 결과
  - 영유아 또는 어린이 사용 화장품에 대한 표시·광고의 현황 및 추세
  - 영유아 또는 어린이 사용 화장품의 유통 현황 및 추세
  - 그 밖에 식품의약품안전처장이 필요하다고 인정하는 사항

KEYWORD 06 | 화장품의 사후관리와 영업자의 준수사항

1) 감시를 통한 화장품의 사후관리 기준

종류	내용
정기감시	정기적인 지도 및 점검(연1회)
수시감시	필요하다고 판단되는 경우 즉시 점검(연중)
기획감시	사전예방적 안전관리를 위한 대응 감시(연중)
품질감시(수거감시)	지속적인 수거 검사(연간)

2) 소비자화장품안전관리감시원(= 소비자화장품감시원)

위촉	위촉	식품의약품안전처장 또는 지방식품의약품안전청장이 위촉할 수 있다.
	자격	• 화장품 안전관리를 위하여 화장품업 단체 또는 등록한 소비자단체의 임직원 중 해당 단체의 장이 추천한 사람이나 화장품 안전관리에 관한 지식이 있는 사람 • 책임판매관리자의 자격 기준 중 어느 하나에 해당하는 사람 • 식품의약품안전처장이 정하여 고시하는 교육과정을 마친 사람
	임기	2년으로 하되, 연임할 수 있다.
활동	직무	• 유통 중인 화장품이 표시 기준에 맞지 아니하거나 부당한 표시 또는 광고를 한 화장품인 경우 관할 행정관청에 신고하거나 그에 관한 자료를 제공한다. - 관계 공무원이 하는 출입 · 검사 · 질문 · 수거의 지원 - 관계 공무원의 물품 회수 · 폐기 등의 업무 지원 - 행정처분의 이행 여부 확인 등의 업무 지원 - 안전 사용과 관련된 홍보 등의 업무
	교육	• 식품의약품안전처장 또는 지방식품의약품안전청장은 소비자화장품감시원이 직무를 수행하기 전에 그 직무에 관한 교육을 실시한다. • 식품의약품안전처장 또는 지방식품의약품안전청장은 반기마다 화장품 관계법령 및 위해 화장품 식별 등에 관한 교육을 실시한다.
	수당	식품의약품안전처장 또는 지방식품의약품안전청장은 소비자화장품감시원의 활동을 지원하기 위해 예산의 범위에서 수당 등을 지급한다.
해촉		• 해당 소비자화장품감시원을 추천한 단체에서 퇴직하거나 해임된 경우 • 직무와 관련하여 부정한 행위를 하거나 권한을 남용한 경우 • 질병이나 부상 등의 사유로 직무 수행이 어렵게 된 경우

3) 영업자의 준수 사항

화장품 제조업	• 품질 관리 기준에 따른 화장품 책임 판매업자의 지도·감독 및 요청에 따를 것 • 제조 관리 기준서, 제품 표준서, 제조 관리 기록서 및 품질 관리 기록서를 작성·보관할 것 • 보건 위생상 위해가 없도록 제조소, 시설 및 기구를 위생적으로 관리하고 오염되지 않도록 할 것 • 화장품 제조에 필요한 시설, 기구에 대해 정기적으로 점검, 관리·유지할 것 • 작업소에는 위해가 발생할 염려가 있는 물건은 두지 않고, 국민 보건 및 환경에 유해한 물질이 유출되거나 방출되지 않도록 할 것 • 품질 관리를 위하여 필요한 사항을 화장품 책임 판매업자에게 제출할 것(단, 화장품 제조업자와 화장품 책임 판매업자가 동일하거나 화장품 제조업자가 제품을 설계, 개발, 생산하는 방식이라 영업 비밀에 해당하는 경우는 예외) • 원료 및 자재의 입고부터 완제품의 출고까지 필요한 시험·검사 또는 검정을 할 것 • 제조 또는 품질 검사를 위탁하는 경우 제조 또는 품질 검사가 적절하게 이루어지고 있는지 수탁자에 대한 관리, 감독을 철저히 하고, 그에 관한 기록을 받아 유지·관리할 것

화장품 책임 판매업	• 품질 관리 기준을 준수할 것
	• 책임 판매 후 안전 관리 기준을 준수할 것
	• 제조업자로부터 받은 제품 표준서 및 품질 관리 기록서를 보관할 것
	• 수입한 화장품에 대하여 아래 내용을 적거나 첨부한 수입 관리 기록서를 작성·보관할 것
	  – 제품명 또는 국내에서 판매하려는 명칭
	  – 원료 성분의 규격 및 함량
	  – 제조국, 제조 회사명 및 제조 회사의 소재지
	  – 기능성 화장품 심사 결과 통지서 사본
	  – 제조 및 판매 증명서
	  – 한글로 작성된 제품 설명서 견본
	  – 최초 수입 연월일 (통관 연월일)
	  – 제조 번호별 수입 연월일 및 수입량
	  – 제조 번호별 품질 검사 연월일 및 결과
	  – 판매처, 판매 연월일 및 판매량
	• 제조 번호별로 품질 검사를 철저히 한 후 유통할 것
	  – 화장품 제조업자와 화장품 책임 판매업자가 동일할 때 허가된 기관에 품질 검사를 위탁해 제조 번호별 품질 검사 결과가 있으면 품질 검사를 대체할 수 있음
	  – 제조국 제조 회사의 품질 관리 기준이 국가 간 상호 인증되거나 우수 화장품 제조 관리 기준 이상일 경우 제조국 제조 회사의 품질 검사 시험 성적서로 갈음하며, 현지 실사를 신청함
	• 화장품의 제조를 위탁하거나 허가된 기관에 위탁 검사를 진행할 경우 제조 또는 품질 검사가 적절한지, 수탁자에 대한 관리, 감독 및 제조, 품질 관리에 관한 기록을 받아 유지·관리하고, 최종 제품의 품질 관리를 철저히 할 것
	• 수입 화장품을 유통 판매하는 화장품 책임 판매업자의 경우 수출, 수입 요령을 준수하고 전자 무역 문서로 표준 통관 예정 보고를 할 것
	• 제품과 관련해 국민 보건에 직접 영향을 미칠 수 있는 안전성, 유효성에 관한 자료 및 정보는 보고하고 안전 대책을 마련할 것
	• 다음 성분을 0.5% 이상 함유하는 제품은 안정성 시험 자료를 최종 제조된 제품의 사용 기한이 만료되는 날부터 1년간 보존할 것
	  – 레티놀(비타민 A) 및 그 유도체
	  – 아스코빅애시드(비타민 C) 및 그 유도체
	  – 토코페롤 (비타민 E)
	  – 과산화화합물
	  – 효소

> **선생님의 노하우**
>
> 제조업자는 화장품을 만드는 사람, 책임판매업자는 화장품을 파는 사람, 맞춤형화장품조제관리사는 화장품을 혼합·소분하는 사람이라고 단순하게 생각하시면 각 준수사항을 외우기 쉬우실 거예요.

맞춤형 화장품 판매업	• 맞춤형화장품 판매장 시설·기구를 정기적으로 점검하여 보건 위생상 위해가 없도록 관리할 것 • 혼합·소분 안전관리 기준을 준수할 것 　– 혼합·소분 전에 사용되는 내용물 또는 원료에 대한 품질 성적서를 확인할 것 　– 혼합·소분 전에 손을 소독하거나 세정할 것(다만, 혼합·소분 시 일회용 장갑을 착용하는 경우에는 그렇지 않음) 　– 혼합·소분 전에 제품을 담을 포장 용기의 오염 여부를 확인할 것 　– 혼합·소분에 사용되는 장비 또는 기구 등은 사용 전에 그 위생 상태를 점검하고, 사용 후에는 오염이 없도록 세척할 것 　– 그 밖에 위의 사항과 유사한 것으로서 혼합·소분의 안전을 위해 식품의약품안전처장이 정하여 고시하는 사항을 준수할 것 • 다음 사항이 포함된 맞춤형화장품 판매 내역서(전자 문서로 된 판매 내역서를 포함)를 작성·보관할 것 　– 제조 번호 　– 사용 기한 또는 개봉 후 사용기간 　– 판매 일자 및 판매량 • 맞춤형화장품 판매 시 다음 각 목의 사항을 소비자에게 설명할 것 　– 혼합·소분에 사용된 내용물·원료의 내용 및 특성 　– 맞춤형화장품 사용 시의 주의사항 • 맞춤형화장품 사용과 관련된 부작용 발생사례에 대해서는 지체 없이 식품의약품안전처장에게 보고할 것

필수용어.Zip SECTION 01 화장품법

1차 포장	화장품 제조 시 내용물과 직접 접촉하는 포장
2차 포장	1차 포장을 포함하는 하나 이상의 포장으로, 보호재 및 표시(첨부 문서 포함) 등의 목적을 가진 포장
품질관리	화장품 책임판매 시 제품의 품질을 보장하기 위해 실시하는 활동으로, 제조업자 및 제조 관련 업무(시험 및 검사 포함)를 관리·감독하고, 시장 출하와 품질 유지에 필요한 사항을 관리하는 업무
시장출하	화장품 책임판매업자가 직접 제조(위탁 제조 및 검사 포함)하거나 수입한 화장품을 판매 목적으로 출하하는 것
안전관리 정보	화장품의 품질, 안전성, 유효성 및 적절한 사용을 위한 정보
안전확보 업무	화장품 책임판매 후 안전관리 과정에서 정보 수집, 검토 및 결과에 따른 조치를 수행하는 업무
안전성	피부에 자극이나 알레르기, 독성이 없어야 함
안정성	보관 중 변질, 변색, 변취, 미생물 오염이 발생하지 않아야 함
유효성	메이크업, 세정, 보습, 노화 방지, 미백, 자외선 차단 등 기능적 효과를 제공해야 함
사용성	사용하기 쉽고 피부에 잘 흡수되어야 함
유해성	사람의 건강이나 환경에 악영향을 미칠 수 있는 물질의 특성(독성)
위해성	인체 적용 제품에서 유해 요소에 노출될 경우 발생할 수 있는 피해 정도

위해화장품	안전성 문제가 보고된 화장품
위해요소	인체 건강에 해로울 수 있는 화학적, 생물학적, 물리적 요인
위해성평가	위해 요소에 노출될 경우 인체에 미칠 영향을 과학적으로 예측하는 과정(위험성 확인, 위험성 결정, 노출 평가, 위해도 결정 포함)
위해사례	위해 화장품으로 보고된 사례 또는 화장품 사용 후 안전성 문제가 보고된 사례
유해사례	화장품 사용 중 발생한 원치 않는 징후·증상 또는 질병으로, 반드시 해당 화장품과 인과관계를 가져야 하는 것은 아님 ※ **중대한 유해사례** • 사망을 초래하거나 생명을 위협하는 경우 • 입원 또는 입원 기간 연장이 필요한 경우 • 지속적 또는 중대한 장애나 기능 저하를 초래하는 경우 • 선천적 기형 또는 이상을 초래하는 경우 • 그 외 의학적으로 중요한 상황
실마리 정보	유해 사례와 화장품 간의 인과관계 가능성이 있으나, 입증 자료가 부족하거나 확인되지 않은 정보
안전성 정보	화장품과 관련하여 국민 건강에 영향을 미칠 수 있는 안전성·유효성 관련 새로운 자료 및 유해 사례 정보
감작(感作)	항원성 물질이나 외부 자극에 의해 신체가 과민 반응하는 상태
광감작	빛을 통해 화학물질이 알레르기 유발 물질로 변해 신체가 과민 반응하는 상태
사용기한	화장품이 제조된 날부터 적절한 보관 상태에서 품질을 유지하며 소비자가 안전하게 사용할 수 있는 최소한의 기한
수탁자	특정 회사나 조직을 대신하여 업무를 수행하는 회사 또는 외부 조직

SECTION 02 개인정보보호법

출제빈도 상 중 하
반복학습 1 2 3

빈출 태그 ▶ #개인정보보호원칙 #정보주체의권리 #영상정보처리기기

KEYWORD 01 개인정보보호법의 이념과 개인정보보호의 원칙

1) 개인정보보호법의 제정 목적
개인정보의 처리 및 보호에 관한 사항을 정함으로써 개인의 자유와 권리를 보호하고, 개인의 존엄과 가치를 구현함을 목적으로 한다.

2) 개인정보보호 원칙
- 처리 목적을 명확히 하고, 목적에 필요한 최소한의 개인정보만을 적법하고 정당하게 수집한다.
- 처리 목적에 필요한 범위 내에서 적합하게 개인정보 처리, 목적 외로 활용을 금지한다.
- 처리 목적에 필요한 범위 내에서 개인정보의 정확성, 완전성, 최신성을 보장한다.
- 개인정보의 처리 방법 및 종류에 따라 정보주체의 권리가 침해받을 가능성, 위험 정도를 고려하여 안전하게 관리한다.
- 개인정보 처리 방침 등 개인정보 처리 사항 공개 및 열람 청구권 등 정보주체의 권리를 보장한다.
- 사생활 침해를 최소화하는 방법으로 개인정보를 처리한다.
- 개인정보를 익명 또는 가명으로 처리하여도 개인정보 수집 목적을 달성할 수 있다면, 익명 처리가 가능한 경우에는 익명에 의하여, 익명 처리로 목적을 달성할 수 없는 경우에는 가명에 의하여 처리한다.
- 개인정보 처리자의 책임과 의무 준수, 정보주체의 신뢰성 확보를 위해 노력한다.

3) 정보주체의 6대 권리
① 개인정보의 처리에 관한 정보를 제공받을 권리
② 개인정보의 처리에 관한 동의 여부, 동의 범위를 선택 · 결정할 권리
③ 개인정보의 처리 여부를 확인하고 개인정보 열람을 요구할 권리
④ 개인정보의 처리 정지, 정정, 삭제 및 파기를 요구할 권리
⑤ 개인정보의 처리로 인한 피해를 신속 · 공정하게 구제받을 권리
⑥ 완전히 자동화된 개인정보 처리에 따른 결정을 거부하거나 그에 대한 설명 등을 요구할 권리

선생님의 노하우

고객의 어떤 정보를 입력하든 개인정보보호법에 근거해서 입력하여야 합니다.

개인정보에 해당하지 않는 정보
- 사망한 자의 정보
- 법인이나 단체에 관한 정보
- 개인사업자의 상호명, 사업장주소, 사업자번호, 납세액 등 사업체 운영과 관련된 정보

선생님의 노하우

정보주체의 6대 권리 키워드들을 기억하시면 좋겠죠. '제공, 동의, 열람, 삭제, 구제, 거부'

KEYWORD 02) 고객관리 시 개인정보의 수집과 처리

1) 개인정보의 수집과 처리

① 개인정보 수집이 가능한 경우
- 정보주체의 동의를 받은 경우(만 14세 미만 아동은 법정대리인의 동의 필요)
- 법률에 특별한 규정이 있거나 법령상 의무를 준수하기 위해 불가피한 경우
- 공공기관이 법령 등에 의해 업무를 수행하기 위해 불가피한 경우
- 정보주체와의 계약 체결 및 이행을 위해 불가피한 경우
- 정보주체 또는 법정대리인이 의사표시를 할 수 없는 상태이거나 주소불명 등으로 사전 동의를 받을 수 없는 경우로서 정보주체 또는 제3자의 명백히 급박한 생명, 신체, 재산의 이익을 위해 필요하다고 인정되는 경우
- 개인정보처리자의 이익 달성에 필요한 경우로서 명백하게 정보주체의 권리보다 우선하는 경우(개인정보처리자의 정당한 이익과 상당한 관련이 있고 합리적인 범위를 초과하지 않는 경우에 한함)
- 친목 도모 단체의 운영을 위한 경우

② 수집·이용 동의를 받을 경우 정보주체에게 고지해야 할 사항
- 개인정보의 수집, 이용 목적(목적과 다른 용도로 사용할 수 없음)
- 수집하려는 개인정보 항목(최소한의 정보만 수집)
- 개인정보의 보유 및 이용 기간
- 동의를 거부할 권리가 있다는 사실, 동의 거부로 불이익이 있는 경우 그 불이익의 내용

③ 동의의 방법
- 가입신청서 등 서면에 직접 서명·날인한다.
- 홈페이지 가입 시 '동의' 버튼을 클릭한다.
- 구두로 동의의 의사를 표시한다.

④ 정보통신서비스 제공자가 동의 없이 이용자의 개인정보를 수집·이용 가능한 경우
- 정보통신서비스 제공에 관한 계약을 이행하기 위하여 필요한 개인정보로서 경제적·기술적인 사유로 통상적인 동의를 받는 것이 뚜렷하게 곤란한 경우
- 정보통신서비스의 제공에 따른 요금 정산을 위하여 필요한 경우
- 다른 법률에 특별한 규정이 있는 경우

⑤ 정보주체의 동의 없이 개인정보를 이용 또는 제공하는 경우 고려해야 할 사항
- 당초 수집 목적과 관련성이 있는지 여부
- 개인정보를 수집한 정황 또는 처리 관행에 비추어 볼 때 개인정보의 추가적인 이용 또는 제공에 대한 예측 가능성이 있는지 여부
- 정보주체의 이익을 부당하게 침해하는지 여부
- 가명처리 또는 암호화 등 안전성 확보에 필요한 조치를 하였는지 여부

> **개념 체크**
>
> 고객정보 입력 시 고객에게 고지하고 동의를 받아야 하는 경우가 아닌 것은?
> ① 고객과의 면담 예약 장소 및 시간
> ② 개인정보를 제공받는 자의 개인정보 이용목적
> ③ 개인정보의 수집·이용목적
> ④ 개인정보의 보유 및 이용기간
> ⑤ 동의를 거부할 권리가 있다는 사실 및 동의 거부에 따른 불이익이 있는 경우에는 그 불이익의 내용을 안내해야 한다.
>
>

> **선생님의 노하우**
> 개인정보의 제3자 제공에 관한 항목은 당사자의 신변의 문제가 생겼거나 공공의 이익을 위해서 가능하다고 생각하면 돼요.

⑥ 개인정보를 목적 외 용도로 사용하거나 제3자에게 제공하는 경우
- 정보주체의 별도 동의를 받은 경우
- 다른 법률에 특별한 규정이 있는 경우
- 정보주체 또는 법정대리인이 의사표시를 할 수 없는 상태이거나, 사전 동의를 받을 수 없는 경우로서, 명백히 정보주체 또는 제3자의 급박한 생명·신체·재산의 이익을 위해 필요한 경우
- 개인정보를 목적 외로 이용하거나 제3자에게 제공하지 않으면 다른 법률에서 정하는 소관업무 수행이 불가한 경우로 개인정보보호위원회의 심의·의결을 거친 경우
- 조약, 국제협정 이행을 위해 외국 정부, 국제기구에 제공이 필요한 경우
- 범죄 수사 및 공소 제기·유지에 필요한 경우
- 법원의 재판 업무 수행에 필요한 경우
- 형 및 감호, 보호처분 집행에 필요한 경우

➕ **더 알기 TIP**

개인정보의 취급자별 업무처리의 범위

항목	제공 가능 여부		
	개인정보 처리자	정보통신 서비스 제공자	공공기관
정보주체로부터 별도의 동의를 받은 경우	○	○	○
다른 법률에 특별한 규정이 있는 경우	○	○	○
정보주체 또는 그 법정대리인이 의사표시를 할 수 없는 상태에 있거나, 주소불명 등으로 사전 동의를 받을 수 없는 경우로서, 명백히 정보주체 또는 제3자의 급박한 생명·신체·재산의 이익을 위하여 필요하다고 인정되는 경우	○	×	○
개인정보를 목적 외의 용도로 이용하거나 이를 제3자에게 제공하지 아니하면 다른 법률에서 정하는 소관 업무를 수행할 수 없는 경우로서 보호위원회의 심의·의결을 거친 경우	×	×	○
조약, 그 밖의 국제협정의 이행을 위하여 외국정부 또는 국제기구에 제공하기 위하여 필요한 경우	×	×	○
범죄의 수사와 공소의 제기 및 유지를 위하여 필요한 경우	×	×	○
법원의 재판업무 수행을 위하여 필요한 경우	×	×	○
형 및 감호, 보호처분의 집행을 위하여 필요한 경우	×	×	○

개인정보의 제3자 제공 시 주의사항
- 개인정보 수기문서를 전달하거나, 시스템 접속 권한을 허용하여 열람·복사가 가능하게 한 경우도 제3자 제공에 해당한다.
- 위반 시 5년 이하의 징역 또는 5천만 원 이하의 벌금에 처한다.

⑦ 개인정보 처리에 대한 서면 동의 시 중요한 내용의 표시 방법
- 글씨 크기는 최소한 9포인트 이상이어야 하고, 다른 내용보다 20% 이상 크게 작성하여야 한다.
- 글씨의 색깔, 굵기, 밑줄 등을 통해 그 내용을 명확히 표시하여야 한다.
- 동의 사항이 많아 내용이 명확히 구분되기 어려운 경우 중요한 내용은 별도로 구분하여 표시하여야 한다.

 개념 체크

빈칸에 들어갈 알맞은 말을 쓰시오.

> 개인정보 수집의 서면 동의 시 중요한 내용을 표시할 때 글씨 크기는 최소한 (　　)이어야 하고, 다른 내용보다 (　　) 크게 작성해야 한다.

9포인트 이상, 20% 이상

2) 개인정보보호법에 근거한 고객정보관리 및 상담

① 데이터관리 요령
- 고객 정보 입력 및 고객 관리는 개인정보보호법의 규정 사항에 따라야 한다.
- 고객 데이터는 주기적으로 백업하고, 접근 권한을 가진 자만 접근을 허용한다.
- 고객 데이터가 손상되지 않도록 물리적 보호 및 해킹 방어 프로그램, 백신 프로그램을 주기적으로 백업하고 점검하여야 한다.
- 고객 데이터 폐기 시에는 복구 또는 재생되지 않도록 영구 삭제하여야 한다.

② 개인정보보호 인증의 기준 및 방법
- 개인정보보호의 인증을 받으려는 자는 다음 사항이 포함된 개인정보보호 인증 신청서(전자문서 포함)를 개인정보보호 인증 전문기관에 제출하여야 한다.
- 인증 대상 개인정보 처리 시스템의 목록
- 개인정보보호 관리 체계를 수립, 운영하는 방법과 절차
- 개인정보보호 관리 체계 및 보호 대책 구현과 관련된 문서 목록

③ 개인정보보호법에 근거한 고객상담
- 고객의 개인정보의 수집 · 이용 목적에 대해 안내하여야 한다.
- 수집하려는 개인정보의 항목에 대해 안내하여야 한다.
- 개인정보의 보유 및 이용 기간에 대해 안내하여야 한다.
- 동의를 거부할 권리가 있다는 사실 및 동의 거부에 따른 불이익이 있는 경우에는 그 불이익의 내용에 대하여 안내하여야 한다.
- 고객정보 수집 시에는 고객의 동의를 받아야 한다.
- 개인정보는 필수 정보만 수집하고, 보유기간 만료 시 즉시 파기하여야 한다.

④ 개인정보의 처리 제한
- 민감정보와 고유식별정보 처리는 개인정보 처리 동의 외 별도의 동의를 받은 경우, 법령에서 허용하는 경우를 제외하고는 처리가 제한되며, 개인정보처리자는 정보가 분실 · 유출되지 않도록 안전성을 확보하여야 한다.
- 개인정보처리자 또는 개인정보를 처리하였던 자는 다음 행위를 하여서는 안 된다.
  - 거짓이나 그 밖의 부정한 수단이나 방법으로 개인정보를 취득하거나 처리에 관한 동의를 받는 행위
  - 업무상 알게 된 개인정보를 누설하거나 권한 없이 다른 사람이 이용하도록 제공하는 행위

 개념 체크

빈칸에 들어갈 알맞은 말을 쓰시오.

> 개인정보보호법에서 개인정보의 처리제한 항목으로 고객의 (　　), 고유식별정보, 주민등록번호의 처리를 제한하고 있다.

민감정보

- 정당한 권한 없이 또는 허용된 권한을 초과하여 다른 사람의 개인정보를 훼손, 멸실, 변경, 위조 또는 유출하는 행위

⑤ 위탁과 양도에 따른 개인정보 처리
- 개인정보처리자가 제3자에게 개인정보의 처리업무를 위탁할 때에는 문서에 의해야 한다.
- 개인정보의 처리 업무를 위탁한 경우, 위탁하는 업무의 내용과 개인정보 처리 업무를 위탁받아 처리하는 자(이하 '수탁자')를 정보주체가 언제든지 쉽게 확인할 수 있도록 공개하여야 한다.
- 개인정보처리자가 홍보·마케팅업무를 위탁하는 경우, 그 내용과 수탁자를 정보주체에게 알려야 한다.
- 영업양도 등에 따른 개인정보 이전 제한
  - 개인정보처리자가 영업양도·합병 등으로 고객 개인정보를 영업양수자에게 이전할 경우, 미리 정보주체에게 그 사실을 알려야 한다.
  - 개인정보를 이전받은 영업양수자는 영업양도자가 그 사실을 알리지 않았을 경우, 정보주체에게 개인정보 이전사실을 알려야 한다.
  - 영업양수자는 이전 받은 개인정보를 본래 목적으로만 이용하거나 제3자에게 제공할 수 있다.

⑥ 개인정보의 안전성 확보 조치
- 개인정보의 안전한 처리를 위한 내부 관리계획의 수립·시행
- 개인정보에 대한 접근 통제 및 접근 권한의 제한 조치
- 개인정보를 안전하게 저장·전송할 수 있는 암호화 기술의 적용, 이에 상응하는 조치
- 개인정보 침해 사고 발생에 대응하기 위한 접속기록의 보관 및 위조, 변조 방지를 위한 조치
- 개인정보에 대한 보안프로그램의 설치 및 갱신
- 개인정보의 안전한 보관을 위한 보관시설의 마련 또는 잠금 장치의 설치 등 물리적 조치

⑦ 영상정보처리기기의 설치 및 운영(CCTV)
- 영상정보처리기기설치·운영 안내
  - 영상정보처리기기를 설치·운영하는 자는 정보주체가 쉽게 인식할 수 있도록 설치 목적 및 장소, 촬영 범위 및 시간, 관리책임자 성명 및 연락처가 기재된 안내판을 설치하는 등 필요한 조치를 하여야 한다.
  - 영상정보처리기기의 임의조작 및 녹음을 하여서는 안 된다.
  - 개인정보 안전성 확보에 필요한 조치를 시행하여야 한다.
  - 영상정보처리기기의 운영 및 관리 방침을 마련하여야 한다.
  - 영상정보처리기기의 설치·운영에 관한 사무는 위탁이 가능하다.

> **개념 체크**
>
> 다음 중 개인정보의 안전성 확보 조치 기준으로 적절하지 않은 것은?
> ① 개인정보에 대한 접근 통제 및 접근 권한의 제한 조치
> ② 개인정보에 대한 보안프로그램의 설치 및 갱신
> ③ 개인정보의 안전한 처리를 위한 내부 관리계획의 수립·시행
> ④ 개인정보의 안전한 보관을 위한 보관시설의 마련 또는 잠금 장치의 설치 등 물리적 조치
> ⑤ 개인정보에 대한 외부접속 프로그램의 설치 및 갱신
>
> ⑤

> **선생님의 노하우**
>
> CCTV는 소리가 녹음되지 않아야 해요.

- 영상정보처리기기설치의 허용
  - 법령에서 구체적으로 허용하고 있는 경우
  - 범죄의 예방 및 수사를 위하여 필요한 경우
  - 시설안전 및 화재 예방을 위하여 필요한 경우
  - 교통단속을 위하여 필요한 경우
  - 교통정보의 수집, 분석 및 제공을 위하여 필요한 경우

⑧ 개인정보 파기
- 개인정보처리자는 보유기간의 경과, 개인정보의 처리 목적 달성 등 그 개인정보가 불필요하게 되었을 때에는 지체 없이 그 개인정보를 파기하여야 한다.
  - 파기할 때에는 개인정보가 복구 또는 재생되지 않도록 조치하여야 한다.
  - 단, 다른 법령에 따라 보존하여야 하는 경우에는 그에 따라 보존하여야 하며, 해당 개인정보 또는 개인정보파일을 다른 개인정보와 분리하여 저장·관리하여야 한다.
- 정보통신서비스 제공자는 정보통신서비스를 1년의 기간 동안 이용하지 아니하는 이용자의 개인정보를 보호하기 위하여 개인정보의 파기 등 필요한 조치를 취한다.
  - 다만, 그 기간에 대하여 다른 법령 또는 이용자의 요청에 따라 달리 정한 경우에는 그에 따라야 한다.

KEYWORD 03) 개인정보의 유출과 대응

1) 개인정보 유출 통지 및 신고

개인정보가 유출되었을 경우 개인정보처리자는 다음의 내용을 바로 알리고 피해 확산 방지를 위한 노력을 하여야 한다.
- 유출된 개인정보의 항목
- 유출 시점과 경위
- 피해 최소화를 위해 정보주체가 조처할 수 있는 방법
- 개인정보처리자의 대응 조치 및 피해 구제 절차
- 피해가 발생한 경우 신고 접수가 가능한 담당 부서 및 연락처

2) 사고의 규모별 대응법

1명 이상의 정보 유출 시	정보주체에게 유출 내용을 지체 없이 통지해야 한다.
1천 명 이상의 정보 유출 시	• 정보주체에게 유출 내용을 지체 없이 통지해야 한다. • 인터넷 홈페이지 7일 이상 게재(홈페이지가 없을 경우 사업장 등의 보기 쉬운 장소에 7일 이상 게시)해야 한다. • 유출 내용에 따른 통지 및 조치 결과를 지체 없이 개인정보보호위원회 또는 대통령령으로 정하는 전문기관(한국인터넷진흥원)에 신고해야 한다.

KEYWORD 04 처벌 규정

1) 과태료

① 5천만 원 이하
- 개인정보의 수집과 이용의 범위를 위반하여 개인정보를 수집한 자
- 만 14세 미만의 아동의 개인정보 처리를 위해 법정대리인의 동의를 받지 않은 자
- 개인의 사생활을 현저히 침해할 우려가 있는 장소의 내부를 볼 수 있도록 영상정보처리기기를 설치·운영한 자

② 3천만 원 이하
- 개인정보의 수집·이용에 대한 동의, 개인정보의 제공 동의, 개인정보의 원래 목적 외 이용 및 제3자에게 제공 동의, 업무 위탁의 경우 그 내용과 수탁자에 대한 통지 등 정보주체에게 알려야 할 사항을 알리지 않은 자
- 정보주체가 선택적 동의 사항 또는 필요한 최소한의 정보 외 수집 동의를 하지 않는다고 재화 또는 서비스 제공을 거부한 자
- 정보주체 이외로부터 수집한 개인정보를 처리할 때 정보주체의 요구가 있거나 대통령령의 기준에 해당하는 경우 출처, 목적, 정지 요구의 권리가 있다는 사실을 알리지 않은 자
- 보유기간 경과, 처리 목적 달성, 기간 만료 등 개인정보가 불필요하게 되었을 때 개인정보를 파기하지 않은 자
- 주민등록번호 처리의 제한 법령을 위반하여 주민등록번호를 처리한 자
- 주민등록번호가 분실·도난·유출·위조·변조 또는 훼손되지 않도록 암호화 조치를 하지 않은 자
- 홈페이지로 회원 가입을 할 때 주민등록번호를 사용하지 않고 가입할 수 있는 방법을 제공하지 않은 자
- 민감정보, 고유식별번호, 개인정보, 가명정보 등을 처리할 때 안전성 확보에 필요한 조치를 하지 않은 자
- 예외 경우를 제외하고 공개된 장소에 영상정보처리기기를 설치·운영한 자
- 특정 개인을 알아볼 수 있는 정보가 생성되었는데도 이용을 중지하지 않거나 회수·파기하지 않은 자
- 개인정보보호 인증을 받지 않고 거짓으로 인증의 내용을 표시하거나 홍보한 자
- 개인정보 유출 시 정보주체에게 유출 항목, 시점과 경위, 피해 최소화 방법, 구제 절차 등을 알리지 않은 자
- 1천 명 이상의 개인정보 유출 시 조치 결과를 신고하지 않은 자
- 자신의 개인정보에 대한 열람을 요구하였을 때 제한하거나 거절한 자
- 정보주체가 개인정보의 정정·삭제 등 필요한 조치를 요구하였을 때 이를 하지 않은 자
- 정보주체의 요구를 따르지 않고 처리가 정지된 개인정보 파기 등의 필요한 조치를 하지 않은 자

개념 체크

다음 중 개인정보보호법상 3천만 원 이하의 과태료 부과대상자는?
① 개인정보보호 인증을 받지 않고 거짓으로 인증의 내용을 표시하거나 홍보한 자
② 개인정보를 분리하여 저장·관리하지 아니한 자
③ 개인정보보호책임자를 지정하지 아니한 자
④ 개인정보의 수집과 이용의 범위를 위반하여 개인정보를 수집한 자
⑤ 정보주체에게 개인정보의 이전 사실을 알리지 않은 자

①

- 최소한의 개인정보 이외의 개인정보를 제공하지 않는다는 이유로 서비스의 제공을 거부한 자
- 개인정보 유출 등의 통지를 위반하여 이용자·보호위원회 및 전문기관에 통지·신고하지 않거나 정당한 사유 없이 24시간을 경과하여 통지·신고한 자
- 개인정보 유출 등의 통지를 하지 않은 정당한 사유를 보호위원회에 소명하지 않거나 거짓으로 한 자
- 개인정보의 동의 철회·열람·정정 방법을 제공하지 않은 자
- 제공 동의 철회 시 지체 없이 개인정보를 복구·재생할 수 없도록 파기하는 등 필요한 조치를 하지 않은 정보통신서비스 제공자 등
- 개인정보의 이용내역을 주기적으로 이용자에게 통지하지 않은 자
- 동의를 받아 개인정보를 국외로 이전하는 경우 필요한 보호조치를 하지 않은 자
- 개인정보가 침해되었다고 판단할 상당한 근거가 있고 방치 시 회복하기 어려운 피해가 발생할 경우에 필요한 시정명령을 따르지 않은 자

③ 2천만 원 이하
- 개인정보처리자의 고의, 중대한 과실로 개인정보가 분실·도난·유출·위조·변조·훼손된 경우 손해배상책임의 이행을 위하여 보험 또는 공제 가입, 준비금 적립 등 필요한 조치를 하지 않은 자
- 국내에 주소, 영업소가 없는 정보통신서비스의 제공자가 국내대리인을 지정하지 않은 경우
- 이용자의 개인정보를 국외에 제공할 때 이전되는 항목, 국가, 일시, 방법, 이전받는 자의 성명 등을 공개하거나 이용자에게 알리지 않고 이용자의 개인정보를 국외에 처리위탁·보관한 자

④ 1천만 원 이하
- 개인정보를 파기하지 않고 보존해야 하는 경우 개인정보를 분리하여 저장·관리하지 않은 자
- 개인정보 처리에 대하여 정보주체가 내용을 명확하게 인지하도록 한 규정을 위반하여 동의를 받은 자
- 영상정보처리기기를 설치·운영 시 안내판 설치 등 필요한 조치를 하지 않은 자
- 개인정보의 처리 업무 위탁 시 수행 목적, 처리 금지에 관한 사항, 기술적·관리적 보호조치에 관한 사항, 개인정보의 안전한 관리를 위하여 정한 사항 등이 포함된 문서에 의하지 않은 자
- 위탁하는 업무의 내용과 수탁자를 공개하지 않은 자
- 정보주체에게 개인정보의 이전 사실을 알리지 않은 자
- 가명정보의 처리 내용을 관리하기 위한 기록을 작성하여 보관하지 않은 자
- 개인정보 처리방침을 정하지 않거나 이를 공개하지 않은 자
- 개인정보보호책임자를 지정하지 않은 자
- 개인정보의 열람, 정정 또는 삭제에 대한 결과, 처리정지의 사유 등 정보주체에게 알려야 할 사항을 알리지 않은 자

- 보호위원회가 요구하는 관계 물품·서류 등 자료를 제출하지 않거나 거짓으로 제출한 자
- 보호위원회가 요구하는 자료를 제출하지 않거나 법 위반과 관련 있는 관계인에 대한 검사를 위한 공무원의 출입·검사를 거부·방해 또는 기피한 자

2) 벌칙

① 10년 이하의 징역 또는 1억 원 이하의 벌금
- 공공기관의 개인정보 처리업무 방해를 목적으로 개인정보를 변경·말소하여 업무 수행에 지장을 초래한 자
- 거짓이나 그외 부정한 수단, 방법으로 다른 사람이 처리하고 있는 개인정보를 취득하여 영리 또는 부정한 목적으로 제3자에게 제공·알선·교사한 자

② 5년 이하의 징역 또는 5천만 원 이하의 벌금
- 정보주체의 동의를 받지 않고 제3자에게 개인정보를 제공한 자
- 제3자에게 제공한 자 및 그 사정을 알면서도 영리 또는 부정한 목적으로 개인정보를 제공받은 자
- 정보주체에게 별도 동의를 받지 않고 민감정보, 고유식별정보를 처리한 자
- 특정 개인을 알아보기 위한 목적으로 가명정보를 처리한 자

③ 3년 이하의 징역 또는 3천만 원 이하의 벌금
- 영상정보처리기기의 설치 목적과 다른 목적으로 영상정보처리기기를 임의로 조작하거나 녹음한 자
- 거짓이나 부정한 수단·방법으로 개인정보를 취득하거나 사정을 알면서 영리 또는 부정한 목적으로 개인정보를 제공받은 자
- 직무상 알게 된 비밀을 누설하거나 목적 외에 이용한 자

④ 2년 이하의 징역 또는 2천만 원 이하의 벌금
- 안전성 확보에 필요한 조치를 하지 않아 개인정보를 분실·도난·유출·위변조·훼손당한 자
- 정정, 삭제가 필요한 경우 조치를 하지 않고 계속 이용하거나 제3자에게 제공한 자

SECTION 02 개인정보보호법

개인정보	• 살아 있는 개인에 관한 정보 　- 성명, 주민등록번호 및 영상 등을 통해 특정 개인을 알아볼 수 있는 정보 　- 해당 정보만으로는 특정 개인을 식별할 수 없지만, 다른 정보와 결합하면 쉽게 식별할 수 있는 정보(결합 가능성을 고려하여 판단) 　- 위 정보를 가명처리하여 원래 상태로 복원할 수 없도록 한 정보(= 가명정보)
가명처리	개인정보의 일부를 삭제하거나 대체하여 추가 정보 없이는 특정 개인을 알아볼 수 없도록 하는 처리 방식
처리	• 처리 행위 : 개인정보의 수집, 생성, 연계, 연동, 기록, 저장, 보유, 가공, 편집, 검색, 출력, 정정, 복구, 이용, 제공, 공개, 파기 등 모든 유사한 행위 • 처리 행위가 아닌 것 : 다른 사람이 처리하는 개인정보를 단순 전달, 전송, 통과시키는 행위
정보주체	처리되는 개인정보를 통해 식별할 수 있는 사람
개인정보파일	개인정보를 검색할 수 있도록 체계적으로 배열한 집합물
개인정보 처리자	• 개인정보처리자 : 업무를 목적으로 개인정보파일을 운영하기 위해 개인정보를 직접 또는 타인을 통해 처리하는 기관, 법인, 단체, 개인 • 개인정보처리자가 아닌 경우 : 업무 목적이 아닌 경우
개인정보 취급자	개인정보처리자의 지휘·감독을 받아 개인정보를 처리하는 임직원, 파견근로자, 시간제 근로자 등
정보통신 서비스제공자	• 전기통신사업자 • 전기통신사업자의 전기통신역무를 이용하여 영리 목적으로 정보를 제공하거나 매개하는 자 • 영리 목적으로 홈페이지 운영 등 온라인 서비스를 제공하는 자
민감정보	• 사상·신념, 노동조합·정당 가입·탈퇴, 정치적 견해, 건강, 성생활 등에 관한 정보 • 그 외 정보주체의 사생활을 침해할 우려가 있는 개인정보로 대통령령이 정하는 정보(유전자 검사 결과, 범죄경력자료, 생체정보, 인종·민족 정보 등)
고유식별정보	특정 개인을 구별하기 위해 부여된 식별정보(주민등록번호, 여권번호, 운전면허번호, 외국인등록번호)
공공기관	국회, 법원, 헌법재판소, 중앙선거관리위원회 등 국가기관 및 대통령령으로 정하는 공공기관
영상정보 처리기기	일정 공간에 지속적으로 설치되어 사람 또는 사물의 영상을 촬영·전송하는 장치(대통령령으로 정하는 장치 포함)
과학적 연구	기술 개발 및 실증, 기초·응용 연구, 민간 투자 연구 등 과학적 방법을 적용한 연구

MEMO

CHAPTER 02

화장품 제조 및 품질관리

> **학습 목표**

- 화장품 원료와 성분의 종류, 특성, 기본 조건, 법적 규제 및 안전성 평가를 설명할 수 있으며, 원료의 취급·보관 방법과 사용 제한 기준을 적용할 수 있다.
- 화장품 제조공정, 계면화학 원리(가용화, 유화, 분산) 및 공정별 특성을 이해하고, 품질관리 기준서(제품표준서, 제조관리기준서 등)의 세부 사항을 해석하여 적절성을 판단할 수 있다.
- 기초·색조·두발·세정·방향·기능성 화장품 등 세부 유형별 특성을 구분하고, 사용법·보관법·주의사항을 설정 및 설명할 수 있다.
- 화장품 용기·포장·표시 기준, 미생물 오염 및 환경모니터링, 위해 여부 판단 및 부작용 관리(안전성 정보관리 규정, 위해평가 방법 등)를 적용할 수 있다.
- 화장품과 유사한 타 법령 적용 제품을 구분하고, 특성 및 제도적 차이를 설명할 수 있다.

SECTION 01 화장품 원료의 종류와 특성
SECTION 02 화장품의 기능과 품질
SECTION 03 화장품 사용제한 원료
SECTION 04 화장품 관리
SECTION 05 위해 사례 판단 및 보고

SECTION 01 화장품 원료의 종류와 특성

출제빈도 상 중 하
반복학습 1 2 3

빈출 태그 ▶ #화장품원료 #원료의종류와특성 #화장품전성분표시제

▶합격 강의

KEYWORD 01 화장품 원료의 분류

1) 기준별 화장품 원료의 분류

사용 목적	기능성 화장품 원료, 기초 화장품 원료, 착향제, 보존제, 색소, 자외선차단제
식약처 고시	사용 가능한 원료, 사용 제한 원료, 사용 금지 원료
산업적 분류	천연원료, 합성원료
도서 내	수성 원료, 유성 원료, 기타(계면활성제, 폴리머, 색소, 향료, 보존제, 산화방지제, 금속이온봉쇄제, 비타민, 기능성화장품 고시 성분, 고시 외 성분)

> **선생님의 노하우**
> 수성, 유성, 계면활성제, 고분자화합물, 비타민, 색소의 특징과 종류들을 꼭꼭 외우세요.

KEYWORD 02 화장품 원료의 유형별 종류와 특성

1) 수성 원료
① 개념 : 물에 녹는 성질(친수성)을 띠는 원료
② 기본적인 수성 원료

	개념과 특성	• 무색투명 · 무미 · 무취의 원료로, 화장품 제조에서 가장 중요한 것 중 하나이다. • 물에 함유된 이온, 고체 입자, 미생물, 유기물 및 용해된 기체 등의 모든 불순물을 이온교환수지로 여과한 물을 지칭한다.
정제수	관리 방법	• 오염 · 부패 · 변질되지 않고 무색투명 · 무미 · 무취의 상태를 띠게 해야 한다. • 금속이온이 없는 고순도의 물을 사용하되, 만약을 대비하여 제품 내 금속이온 봉쇄제(EDTA 등)를 첨가한다.
에틸알코올 (C_2H_5OH)	개념과 특성	• 에탄올, 알코올로도 부르는 유기용매이다. • 물에 녹지 않는 비극성 물질(향료, 색소, 유기안료 등)을 녹이며, 식물 추출물을 추출할 때 용매로 사용한다. • 무색, 특이취, 휘발성의 특성이 있다.
	용법	• 청정 · 살균 · 수렴 효과가 있어 주로 여드름용 제품, 수렴화장수(아스트린젠트), 헤어토닉 등의 성분으로 사용된다. • 비극성을 띠는 유기용매여서 향수, 네일 제품의 가용화제, 기포방지제, 점도감소제, 유화 보조 및 안정제 등의 성분으로 사용된다. • 술을 만드는 데 사용할 수 없도록 변성제(프로필렌글라이콜, 뷰틸알코올)을 첨가하여 만든 변성 에탄올을 사용한다.

아이소프로필 알코올 (C_3H_8O)	개념과 특성	• 에탄올과 같은 무색·특이취의 액체로 'IPA'라고도 불린다. • 휘발성과 인화성이 있다.
	용법	• 수렴제, 보존제, 기포방지제, 점도감소제 등으로 사용된다. • 점막에 자극을 줄 수 있어, 눈과 입술 주위는 피해서 사용해야 한다.

③ 보습제로 사용되는 원료

• 보습제의 개념과 재료적 특성

개념	피부가 건조해지지 않도록 수분을 공급하거나 수분의 증발을 방지해 촉촉함을 유지하는 약제이다.
재료적 특성	분자구조 내에 하이드록시기(–OH)★를 2개 이상 가지고 있는 유기화합물이다.

★ 하이드록시기
하이드록시기는 극성을 띠는 원자단이다. 수소(水素)와 산소(酸素)로 구성되어 있다는 특성에서 착안하여 '수산기(水酸基)'라고도 부른다.

• 보습제의 원료별 특성

글리세린 [$C_3H_5(OH)_3$]	• 탄소수가 3이고, –OH기를 3개 가지고 있는 3가 알코올이다. • 글리세롤(Glycerol)이라고도 불린다. • 조해성이 있어 대기 중의 수분을 흡수한다. • 독성·자극성·알러지성이 없으나, 고농도로 사용할 경우 피부 내부의 수분을 흡수하여 피부에 자극을 줄 수 있다.
뷰틸렌 글라이콜 ($C_4H_{10}O_2$)	• 1,3-뷰틸렌글라이콜 또는 1,3-BG로 통용된다. • 글리세린과 함께 주로 사용되는 보습제이다. • 물에 잘 녹는다. • 글리세린에 비해 끈적임이 적고 가벼운 사용감과 항균성을 가지고 있다. • 고농도에서 피부에 자극을 일으킬 수 있다.
프로필렌 글라이콜	• 탄소수는 3이지만 –OH기를 2개 가진 2가 알코올이다. • 발효 억제 효과의 수준이 알코올과 동등하다. • 보습제, 피부컨디셔닝제, 착향제, 용제, 점도감소제 등에 사용한다.

2) 유성 원료

① 개념 : 물에 녹지 않는 특성(소수성) 또는 기름에 녹는 특성(친유성)을 띠는 원료
② 오일류(유지류)

구분	유형		내용
천연 오일	식물성 오일	특성	• 식물의 씨나 잎, 열매 등에서 추출한 오일이다. • 비극성을 띠어 피부 표면에 소수성 피막을 형성하므로, 수분 증발을 억제해 밀폐제로 사용한다. • 피부 친화도가 높아 제품의 사용감 향상의 목적으로 사용한다. • 건성 및 노화 피부에 사용한다. • 안정성이 낮아 쉽게 산패된다.
		종류	• 로즈힙 오일 • 아보카도 오일 • 올리브 오일 • 포도씨 오일 • 티트리잎 오일 • 동백 오일 • 윗점 오일(밀의 배아) • 피마자씨 오일 • 코코넛 오일 • 아르간 오일 • 스위트 아몬드 오일 • 호호바 오일

동물성 오일	특성	• 동물의 내장이나 피하조직에서 추출한 오일이다. • 안정성이 낮아 쉽게 산패된다. • 피부 친화도가 높으나, 독특한 향취와 무거운 사용감으로 인해 화장품 원료로 널리 이용되지는 않는다.
	종류	• 밍크 오일 • 마유 • 난황 오일 • 스쿠알렌 • 에뮤 오일
광물성 오일	특성	• 주로 광물질(석유 등)에서 추출하며 탄화수소를 주성분으로 하는 오일이다. • 색과 냄새가 없어 다른 오일과 혼합하여 사용할 수 있다. • 안정성이 높아 쉽게 산패되지 않는다. • 유분감이 강하여 피부 호흡을 방해할 수 있다.
	종류	• 미네랄 오일 • 아이소파라핀 • 파라핀 • 아이소헥사데칸 • 바세린(페트롤라툼)
합성 오일 (실리콘 오일)	특성	• 실록산 결합(Si—O—Si)을 가지는 유기규소화합물의 총칭이다. • 무색투명하고, 냄새가 거의 없다. • 퍼짐성이 좋아 화장품에 실크(Silk)처럼 가볍고 매끄러운 감촉을 부여한다. • 피부를 유연하고 매끄럽게 하고, 표면에 윤이 나게 한다. • 기포를 잘 제거하여 소포제로 쓰인다.
	종류	• 사이클로메티콘 • 사이클로테트라실록세인 • 다이메티콘 • 사이클로펜타실록세인 • 에틸트라이실록세인

③ 왁스류

- 개념과 재료적 특성
  - 고급 지방산과 고급 1, 2가 알코올이 결합된 에스터이다.
  - 고형화제로 제품의 안정성이나 기능성을 향상하는 데 사용한다.
  - 경도가 높고 녹는점이 높아 친유성 제품의 보조 유화제나 경화제로 사용한다.
  - 피부 또는 모발에 광택(윤)을 내고 수분이 증발하는 것을 방지한다.
- 종류과 그 특성

구분	종류	내용
식물성 왁스	카나우바 왁스	브라질의 카나우바 야자나무 잎에서 추출한 왁스이다.
	칸델릴라 왁스	멕시코의 칸델릴라 야자나무에서 추출한 왁스이다.
	코코아 버터	코코아콩에서 추출한 식물성 지방이다.
동물성 왁스	라놀린	• 양의 털에서 추출한 천연 왁스이다. • 사람의 피지와 화학적으로 유사성이 높다.
	비즈왁스(밀랍)	꿀벌이 만드는 천연 왁스이다.
광물성 왁스	오조케라이트	광물(셰일)이나 석유에서 유래된 탄화수소 성분의 왁스이다.

개념 체크

〈보기〉의 설명에 해당하는 원료는?

- 고급 지방산과 고급 1, 2가 알코올이 결합된 에스터화합물
- 제품의 점도 및 강도를 높여 줌
- 피부나 모발에 광택을 부여함

① 왁스류
② 탄화수소류
③ 동물성 오일
④ 실리콘 오일
⑤ 고분자화합물

①

④ 합성원료

구분	종류	특징
고급 지방산	• 라우릭애시드 • 미리스틱애시드 • 스테아릭애시드 • 올레익애시드 • 팔미틱애시드 • 아이소스테아릭애시드	• 탄소수가 12개 이상인 긴 사슬 지방산으로, R-COOH 구조를 띠며, 주로 지방의 가수분해를 통해 얻어진다. • 천연 유지나 밀랍 등에 에스터 형태로 존재하며, 세정제, 유화제, 분산제, 점도 조절제, 연화제 등 다양한 용도로 사용된다. • 에멀전 안정화 및 유화제 역할을 수행하여 화장품의 제형 안정성에 기여한다. • 피부에 영양과 유분을 공급해 결을 부드럽게 하는 보습·유연 효과도 있다. • 화장품 및 퍼스널 케어 제품의 핵심 성분으로 널리 활용된다.
고급 알코올	• 세틸알코올 • 스테아릴알코올 • 베헤닐알코올 • 옥틸도데칸올 • 아이소스테아릴알코올	• 탄소수가 6개 이상인 R-OH 구조의 화합물이다. • 피지 성분과 유사한 구조를 가져 피부 침투성이 좋고 모든 피부에 사용 가능하다. • 크림과 로션의 질감을 개선하고, 점도 조절 및 유화 안정화를 위한 유화 보조제로 활용된다. • 피부에 자극이 적고 부드러운 감촉을 제공하는 장점이 있다. • 유화 안정성을 높여 제품의 제형 유지에 도움을 준다. • 감촉 향상과 제형 보완을 위한 기능성 원료로 널리 사용된다.
에스터류	• 이소프로필미리스테이트 • 카프릴릭/카프릭트리글리세라이드 • 세틸미리스테이트 • 트리글리세라이드 • 토코페릴아세테이트	• 지방산(R-COOH)과 알코올(R-OH)의 탈수축합반응으로 생성되는 화합물이다. • 피부에 쉽게 흡수되고 피부 유연성과 보습 효과가 뛰어나 다양한 피부 제품에 활용된다. • 제품의 사용감을 향상시키며, 피부의 유연성을 높이는 기능성 원료로 작용한다. • 향료 및 활성 성분의 전달을 도와 효능 성분의 흡수를 촉진한다. • 용해제로도 사용되어 제형 안정성과 성분 혼합에 기여한다.

3) 계면활성제

① 계면활성제의 개념과 구조

• 계면과 계면활성제

계면	두 개의 서로 다른 상이 접하고 있는 경계면(접촉면)
계면활성제	• 계면에 흡착하여 계면의 성질을 바꾸거나 계면의 자유에너지를 낮추어 표면장력을 줄이는 물질이다. • 쉽게 말해 두 물질 간의 경계면의 이학적 성질을 변화시켜서 반응이 더 잘 일어나도록(활성화) 하는 물질이다.

> **선생님의 노하우**
>
> 계면활성제가 나쁘다는 오해를 풀어야 해요. 계면활성제가 있어야 화장품을 만들 수 있기 때문에 화장품 조제 과정에서 계면활성제의 역할은 매우 중요하답니다. 계면활성제의 정의와 종류, 특성들은 시험에 매번 나오는 부분이에요.

- 계면활성제의 구조

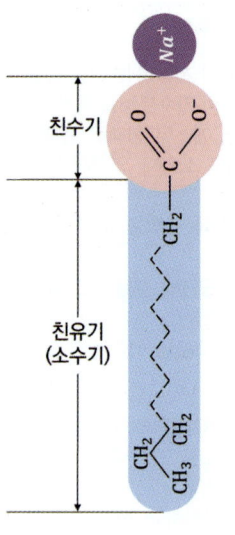

- 구조적 특성 : 한 분자 내에 극성을 띠는 친수성기와 비극성을 띠는 친유성기(소수성기)가 함께 존재함
  → 성질이 다른 두 물질을 잘 섞이게 하므로 재료의 특성과 용도에 따라 유화제, 가용화제(용해 보조제), 분산제, 세정제 등의 다양한 이름으로 불린다.
- 친수성 : 물과 친한 성질로, 극성을 띠는 물질과 잘 섞임
- 친유성(소수성) : 기름과는 친하지만 물과는 소원한 성질로 비극성을 띠는 물질과 잘 섞임

더 알기 TIP

계면활성제가 기름때를 지우는 기전

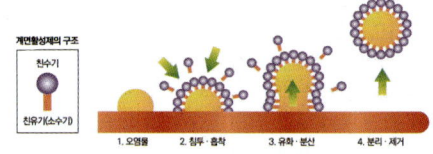

① 오염물이 표면에 붙어 있다.
② 친유기가 오염물에 침투하거나 오염물에 흡착된다.
③ 유화 작용과 분산 작용으로 오염물을 감싼다.
④ 오염물을 표면에서 완전히 떼어 낸다.

② 미셀(Micelle)

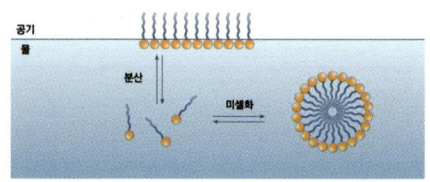

- 미셀의 개념과 특성
  - 수용액 내에 계면활성제의 농도가 증가하면 분자 간 집합체인 미셀을 형성한다.
  - 미셀은 계면활성제가 수용액에 있을 때, 친수성기는 바깥의 수용액과 닿고, 소수성기는 안에서 핵을 형성하여 만들어지는 집합체이다.
  - 미셀의 형태는 구형, 판형, 막대형 등 다양하다.

- 임계미셀농도(CMC ; Critical Micelle Concentration)
  - 미셀이 형성을 시작할 때의 계면활성제의 농도이다.
  - CMC 이상의 농도에서는 계면활성제를 더 투입하더라도 표면장력이 변화하지 않는다.

> **개념 체크**
> 계면활성제가 수용액에 있을 때 친수성기는 바깥의 수용액과 닿고, 소수성기는 안에서 핵을 형성하여 만들어지는 구형의 집합체는 무엇인가?
>
> 미셀

③ 친수성-친유성 밸런스(HLB ; Hydrophile Lipophile Balance)
- 계면활성제의 친수성과 친유성 비율을 수치화하여 상대적 세기를 나타내는 척도이다.

산식	수치별 용도		
$HLB = \dfrac{친수기\ 분자량}{분자량} \times 20$ ※ HLB 값이 높을수록 친수성, 낮을수록 친유성을 띰	HLB값	용도	친수성 ↕ 소수성
	15~18	가용화제	
	13~15	세정제	
	8~18	O/W 유화제	
	7~9	침투 습윤	
	4~6	W/O 유화제	
	14~3	소포제	

④ 계면활성제의 분류

- 양이온성 계면활성제(Cationic Surfactant)

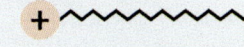
양이온성 계면활성제

특성	• 물에 용해될 때 친수기가 양이온으로 해리되며, 양이온이 있어 양전하를 띤다. • 양이온이 있어 정전기를 방지하는 효과가 있다. • 자극이 강하며, 살균·소독 효과가 있다. • 모발과 섬유를 유연하게 한다.
종류	• 폴리쿼터늄 - 10 • 폴리쿼터늄 - 18 • 알킬디메틸암모늄클로라이드 • 세트리모늄클로라이드
용도	헤어 린스, 헤어 트리트먼트, 섬유유연제 및 대전 방지제

- 음이온성 계면활성제(Anionic Surfactant)

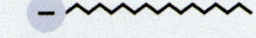
음이온성 계면활성제

특성	• 물에 용해될 때 친수기가 음이온으로 해리되며, 음이온이 있어 음전하를 띤다. • 거품을 형성한다. • 세정력이 강하다.
종류	• 소듐라우릴설페이트(SLS) • 소듐라우레스설페이트(SLES) • 암모늄라우릴설페이트(ALS) • 암모늄라우레스설페이트(ALES) • 티이에이-도데실벤젠설포네이트 • 페르프루오로옥탄설포네이트 • 알킬벤젠설포네이트 • 소듐라우레스-3카복실레이트
용도	비누, 샴푸, 세안제(클렌징폼)

- 양쪽성 계면활성제(Amphoteric Surfactant)

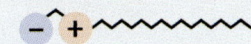
양쪽성 계면활성제

특성	• 한 분자 내에 양이온과 음이온이 동시에 있어 양전하·음전하를 모두 띤다. • 용액의 액성에 따라 산성일 때는 양이온성, 알칼리성일 때는 음이온성으로 활성화된다. • 세정력이 온화(중간 정도)하나, 살균력이 강하다. • 피부에 자극이 적고, 독성이 약하다. • 발포성이 강하고, 유연 작용이 있다.

종류	• 코카미도프로필베타인 • 아이소스테아라미도프로필베타인 • 코카미도프로필베타인	• 라우라미도프로필베타인 • 디소듐코코암포디아세테이트 • 하이드로제네이티드레시틴
용도	유아용 제품, 민감성 피부용, 저자극 제품, 윤활제, 증점제, 발포제	

비이온성 계면활성제

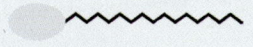

- 비이온성 계면활성제(Nonionic Surfactant)

특성	• 이온성을 띠는 친수기를 갖는 대신, 분자 내에 여러 개의 극성기(하이드록시기, 에틸렌옥사이드 등)이 있어 친수성을 띤다. • 전하를 띠지 않는다. • 발포성이 좋지 않다. • 유화 작용을 한다. • 낮은 농도에서도 활성을 나타낸다. • 자극이 적어 피부 안전성이 높다.	
종류	• 세틸알코올 • 스테아릴알코올 • 폴리소르베이트20	• 소르비탄라우레이트 • 소르비탄팔미테이트 • 소르비탄세스퀴올리에이트
용도	기초 화장품, 세정제, 유화제, 가용화제, 분산제, 습윤제	

> **선생님의 노하우**
>
> • **자극성이 높은 순서**
> 양이온성 > 음이온성 > 양쪽성 > 비이온성
> • **세정력이 높은 순서**
> 음이온성 > 양쪽성 > 양이온성 > 비이온성
>
> 세정력은 음이온, 자극성은 양이온이 제일 강하다고 외우시면 됩니다.
> 순서상, 음이온성과 양쪽성은 항상 붙어 다니고요, 비이온성은 어느 것이든 꼴찌를 차지합니다.

더 알기 TIP

천연 계면활성제

특성	천연물질 또는 동식물에서 유래되거나 추출한 계면활성제이다.	
종류	• 레시틴(계란, 콩) • 사포닌(인삼, 홍삼, 더덕) • 라우릴글루코사이드	• 세테아릴올리베이트 • 소르비탄올리베이트코코베타인

⑤ 계면활성제와 화장품의 제조 기술

- 가용화(Solubilization)

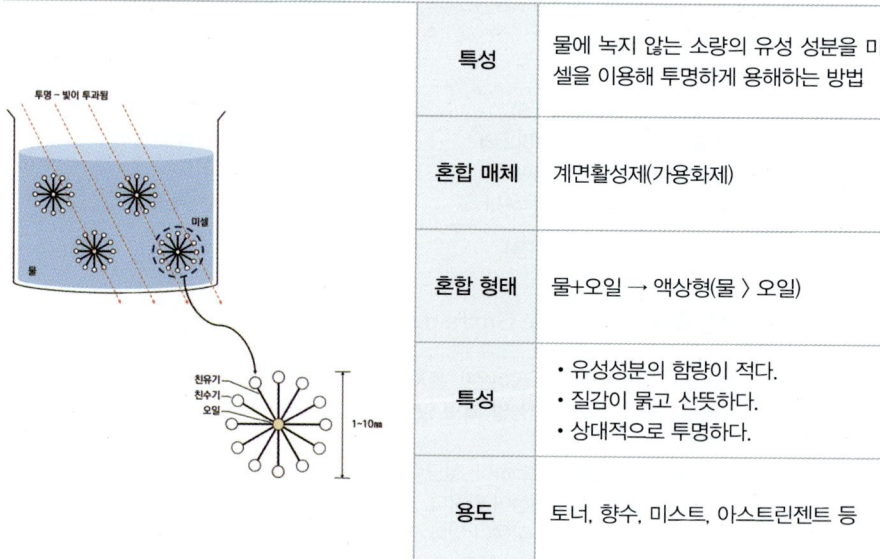

특성	물에 녹지 않는 소량의 유성 성분을 미셀을 이용해 투명하게 용해하는 방법
혼합 매체	계면활성제(가용화제)
혼합 형태	물+오일 → 액상형(물 > 오일)
특성	• 유성성분의 함량이 적다. • 질감이 묽고 산뜻하다. • 상대적으로 투명하다.
용도	토너, 향수, 미스트, 아스트린젠트 등

- 유화(Emulsion)

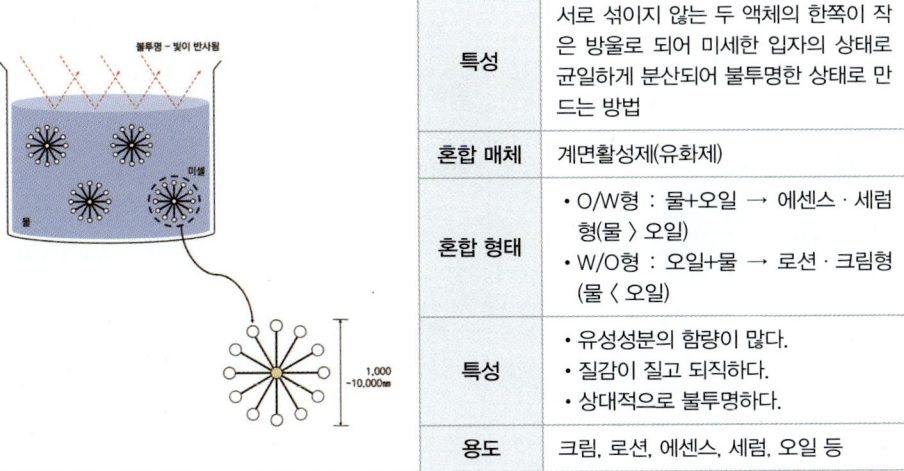

특성	서로 섞이지 않는 두 액체의 한쪽이 작은 방울로 되어 미세한 입자의 상태로 균일하게 분산되어 불투명한 상태로 만드는 방법
혼합 매체	계면활성제(유화제)
혼합 형태	• O/W형 : 물+오일 → 에센스·세럼형(물 > 오일) • W/O형 : 오일+물 → 로션·크림형(물 < 오일)
특성	• 유성성분의 함량이 많다. • 질감이 질고 되직하다. • 상대적으로 불투명하다.
용도	크림, 로션, 에센스, 세럼, 오일 등

> **유화액 형태의 판별**
> 외관, 색소, 희석, 전기전도도를 통해 판별할 수 있다.

➕ 더 알기 TIP

유화의 다양한 방식

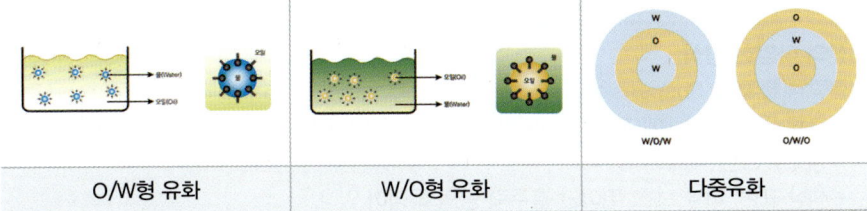

| O/W형 유화 | W/O형 유화 | 다중유화 |

다중유화(다상유화)
- 개념 : 기존의 유화법에서 Oil 또는 Water 과정을 한 단계 더 거치는 과정
- W/O/W(Water in Oil in Water)
  - 물 속에 기름이 분산되고, 그 안에 다시 물이 분산되는 방식이다.
  - 수용성 유화제와 친유성 유화제를 함께 사용한다.
  - 수분과 유분을 동시에 함유하여 보습력과 유분감이 좋다.
- O/W/O(Oil in Water in Oil)
  - 기름 속에 물이 분산되고, 그 안에 다시 기름이 분산되는 방식이다.
  - 친유성 유화제가 사용된다.
  - 유분감과 보습력이 좋다.

- 분산(Dispersion)

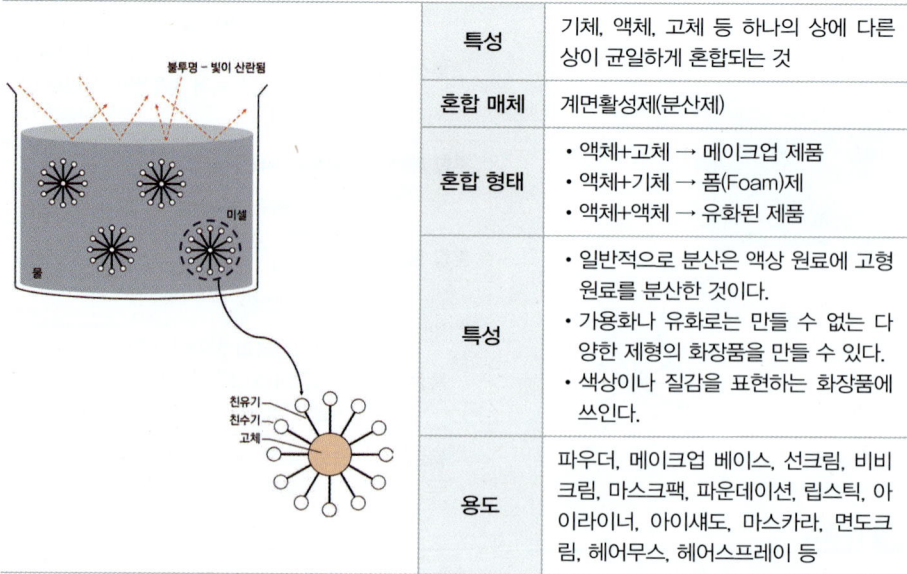

특성	기체, 액체, 고체 등 하나의 상에 다른 상이 균일하게 혼합되는 것
혼합 매체	계면활성제(분산제)
혼합 형태	• 액체+고체 → 메이크업 제품 • 액체+기체 → 폼(Foam)제 • 액체+액체 → 유화된 제품
특성	• 일반적으로 분산은 액상 원료에 고형 원료를 분산한 것이다. • 가용화나 유화로는 만들 수 없는 다양한 제형의 화장품을 만들 수 있다. • 색상이나 질감을 표현하는 화장품에 쓰인다.
용도	파우더, 메이크업 베이스, 선크림, 비비크림, 마스크팩, 파운데이션, 립스틱, 아이라이너, 아이섀도, 마스카라, 면도크림, 헤어무스, 헤어스프레이 등

> **더 알기** TIP
>
> **분산의 다양한 방식**
> - 현탁액(懸濁液, Suspension)
>   - 고체 입자가 액체에 고루 분산되어 섞여 있는 것이 맨눈 또는 현미경으로 또렷이 보일 정도로 흐린 액체이다.
>   - 색상 표현, 피부 보호, 뛰어난 흡수력 등의 특징이 있다.
>   - 예 파우더, 선크림, 마스크팩, 파운데이션, 립스틱, 아이섀도 등
> - 콜로이드(Colloid)
>   - 어떤 물질이 미세한 입자로 기체·액체·고체 속에 분산된 상태에 있는 혼합물의 일종으로, 완전히 섞이진 않았지만 그렇다고 쉽게 분리되지도 않는 혼합물이다.
>   - 투명함, 부드러운 감촉, 뛰어난 흡수 등의 특징이 있다.
>   - 예 면도크림, 헤어스프레이 등

4) 고분자화합물(폴리머)

① 개념과 특성
- 분자량이 보통 10,000 이상인 거대한 화합물을 말한다.
- 주로 수용성 물질로 미생물에 대한 오염도가 높다.

② 사용 목적 및 종류

구분	사용 목적	종류
점증제	• 화장품의 점도를 높이는 화합물이다. • 수용성 고분자 물질 제품의 사용감과 안정성을 향상하기 위해 사용한다.	• 천연 : 구아검, 아라비아검, 로커스트빈검, 카라기난, 전분, 텍스트란 • 반합성 : 메틸셀룰로스, 에틸셀룰로스, 카복시, 메틸셀룰로스 • 합성 : 카복시비닐폴리머(카보머)

> **개념 체크**
>
> 주로 수용성 물질로 미생물에 대한 오염도가 높아서 점증제와 피막형성제로 사용되며, 분자량이 10,000 이상인 거대한 화합물은 무엇인가?
>
> 폴리머

피막형성제 (밀폐제)	• 피막을 형성할 때 이용되는 화합물이다. • 피부 및 모발의 피막을 형성하여 수분 증발 억제, 광택 및 갈라짐 방지, 사용감 향상 등을 위해 사용한다. • 네일 에나멜, 헤어스프레이 등에 사용한다.	• 폴리비닐알코올 • 폴리비닐피롤리돈 • 니트로셀룰로스

5) 색소

① 개념
- 화장품이나 피부에 색을 부여하거나, 자외선 방어를 목적으로 사용되는 원료이다.
- 사용 기준이 지정·고시된 색소만 사용하여야 한다.

② 재료적 특성에 따른 분류

구분		설명

유기
합성색소
(타르색소)
	염료	• 물·오일·알코올에 녹는 색소로, 화장품 기제 중 용해된 상태로 존재하는 색소 물질이다.
		• 피부에 잘 침투되기 때문에 착색되기는 쉬우나 외부의 빛 또는 열에 의해 분해·변형되기 쉽다.
		• 종류
		  - 수용성 염료 : 화장수, 로션 샴푸 등의 착색에 사용
		  - 유용성 염료 : 유성 화장품의 착색에 사용

	레이크	• 타르색소를 화학적 작용에 의하여 확산시킨 색소(수용성 염료에 불용성 금속염이 결합된 유형)이다. 타르색소의 나트륨, 칼륨, 알루미늄, 바륨, 칼슘, 스트론튬 또는 지르코늄염을 기질에 확산시켜 만듦
	유기안료	• 물, 오일 등의 용매에 용해되지 않는 유색 분말의 안료이다. • 레이크보다 착색력, 내광성이 높다.
무기안료	백색안료	• 하얗게 나타낼 목적으로 사용하는 안료이다. • 피부의 특정 부분을 커버할 목적으로도 사용한다. • 특정한 파장의 빛을 흡수하는 것이 아니라 빛을 산란시켜 흰색으로 보이게 한다. • 굴절률이 높은 물질이 산란 정도가 높아 흰색을 잘 나타낸다. 이산화타이타늄(타이타늄디옥사이드), 산화아연(징크옥사이드)
	착색안료	• 색상을 부여하여 색조를 조정해 주는 역할을 하는 안료이다. • 색이 선명하지는 않으나 빛과 열에 강하여 변색이 잘되지 않는다. 산화철(적색, 황색, 흑색)

> **개념 체크**
> 타르색소를 기질에 흡착, 공침 또는 단순한 혼합이 아닌 화학적 결합에 의해 확산시킨 색소를 무엇이라 하는가?
> 레이크

③ 사용 기준에 따른 분류

구분	색소
사용상 제한이 없음	• 청색 : 1호, 2호, 201호, 204호, 205호 • 녹색 : 3호, 201호, 202호 • 황색 : 4호, 5호, 201호, 202호 • 적색 : 40호, 201호, 202호, 220호, 226호, 227호, 228호, 230호 • 자색 : 201호

★ 등색(橙色)
등색은 귤이나 오렌지의 껍질처럼 붉은색을 띤 노란색, 주황색이다.

사용 금지	영유아용 제품, 13세 이하 어린이용 제품	적색 : 2호, 102호
	점막	등색★ : 401호
	눈 주위	• 황색 : 203호 • 적색 : 103호, 104호, 218호, 223호 • 등색 : 201호, 205호
	눈 주위 및 입술	• 청색 : 404호 • 녹색 : 204호, 401호 • 황색 : 202호, 204호, 401호, 403호 • 적색 : 205호, 206호, 207호, 208호, 219호, 225호, 405호, 504호 • 자색 : 401호 • 등색 : 206호, 207호
	화장비누 외	• 피그먼트 적색 5호 • 피그먼트 자색 23호 • 피그먼트 녹색 7호

6) 향료

① 개념
향료는 제품의 향을 부여하고 특이취를 억제하기 위해 사용되는 원료이다.

② 유형과 특징

구분		특징
천연 향료	식물성	• 식물의 꽃, 과실, 껍질, 뿌리 등에서 추출한 향료이다. • 냉각압착법, 수증기 증류법, 용매추출법(앱솔루트공법), 냉침법, 온침법, 초임계추출법 등으로 추출한다. 예 라벤더 오일, 자스민 오일, 일랑일랑 오일 등
	동물성	• 동물의 피지선 등에서 채취한 향료이다. 예 사향, 영묘향, 해리향, 용연향 등
조합향료		천연향료와 합성향료를 목적에 따라 조합한 향료이다.
합성향료		• 관능기의 종류(알데하이드, 케톤, 아세탈 등)에 따라 합성한 향료이다. 예 플로럴(자스민, 로즈), 시프레, 우디, 알데하이드 등

③ 향수의 종류와 특성

종류	부향률(%)	지속력(시간)	알코올 순도(%)	특징
퍼퓸	10~25	6~7	99.5	• 향 지속력이 최고로 길다. • 농도가 진해 소량 사용에도 효과가 오래간다.
오 드 퍼퓸	10~15	4~6	85~90	• 퍼퓸보다 약간 연하고 묽다. • 데일리용으로도 사용하기 무난하다.

오 드 투알레트	5~10	3~4	80~85	• 향수와 오 드 퍼퓸의 중간 농도이다. • 향이나 질감이 가볍고 산뜻하다.
오 드 콜로뉴	3~5	2~3	75~85	• 향이 연하고 빠르게 사라진다. • 상쾌한 느낌을 주어서 리프레시용으로 적당하다.
샤워 콜로뉴	1~3	1~2	–	• 향이 아주 연하고 가볍다. • 목욕 후나 수시로 사용하기 적합하다.

④ 부향률과 노트
• 부향률(賦香率)

개념	부향률은 향수에서 중요한 역할을 하는 향료의 '원액'에 매겨진 비율이다.
특징	• 일반적으로 향수나 디퓨저는 향료와 에탄올을 혼합하여 만드는데, 이때 주성분인 '향료'의 비율이 얼마냐에 따라 발향력과 지속력이 달라진다. • 부향률이 높으면 향이 오래 지속되나, 잔향이 강해 다른 향과 섞이거나 좋지 않은 느낌을 줄 수 있다. • 부향률이 낮으면 은은한 향과 분위기를 낼 수 있으나, 향이 오래 지속되지 않으므로 장소나 분위기, 날씨에 따라 방향 화장품을 달리 사용해야 한다.

• 노트(Note)

구분	톱 노트 (Top Note)	미들 노트 (Middle Note)	베이스 노트 (Base Note)
특징	• 향수를 뿌린 직후 가장 먼저 느껴지는 향이다. • 향수의 첫인상을 결정한다.	• 톱 노트가 사라진 후 나타나는 향이다. • 향수의 핵심적인 향기를 담고 있다.	• 향수의 마지막 단계에 남는 향이다. • 향수의 전체적인 분위기와 깊이를 더한다.
지속성	• 분자량이 작고 휘발성이 강한 향료로 구성되어 있다. • 10분~1시간 정도 짧게 지속된다.	• 톱 노트보다 지속력이 강하다. • 30분~2시간 정도 지속된다.	• 가장 지속력이 강하다. • 몇 시간에서 하루 종일 은은하게 남는다.
대표적인 향료	• 시트러스 : 레몬, 오렌지 등 • 허브 : 민트, 라벤더 등 • 그린 : 풀, 잎, 줄기 등	• 플로럴 : 장미, 재스민 등 • 프루티 : 사과, 복숭아 등 • 스파이시 : 시나몬, 카르다몸 등	• 우디 : 샌달우드, 시더우드 등 • 앰버 : 따뜻하고 달콤한 향 • 머스크 : 부드럽고 파우더리한 향

7) 보존제
① 보존제의 개념과 사용 목적

개념	화장품의 변질을 방지하여 원상태를 보존케 할 목적으로 사용하는 약제이다.
사용 목적	• 화장품 내 미생물의 증식으로 일어나는 부패균 발육을 억제·살균한다. • 생화학적 항균 효과를 향상하고, 보존제 총사용량을 줄인다.

> **개념 체크**
>
> 화장품 내 미생물의 증식으로 일어나는 부패균 발육을 억제하고 살균하는 작용을 하는 것으로 파라벤, 페녹시에탄올이 대표적인 성분인 것은?
>
> 보존제

② 보존제가 갖추어야 할 조건
- 「화장품 안전 기준 등에 관한 규정」별표 2에 지정·고시된 보존제 성분이어야 한다.
- 여러 종류의 미생물과 넓은 온도 및 pH 범위에서 방부 효과가 있어야 한다(일반적으로 보존제는 pH가 낮은 제형에서 효과가 있음).
- 화장품에 부정적인 영향을 주어서는 안 되며, 잘 용해되어야 한다.
- 보존제 사용으로 인한 유효 성분의 효과가 저하되면 안 된다.
- 피부나 점막에 대한 자극이 없고 안전해야 한다.
- 생산이 쉽고 경제적이어야 한다.
- 미생물이 존재하는 물에서는 충분한 농도를 유지할 수 있도록 오일과 물의 분배계수가 적절해야 한다.

③ 보존제의 종류와 특성

성분명	사용한도	비고
메틸이소치아졸리논	• 사용 후 씻어내는 제품에 0.0015% • 단, 메틸클로로이소치아졸리논과 메틸이소치아졸리논 혼합물과 병행하여 사용치 못한다.	기타 제품에는 사용해서는 안 된다.
메틸클로로이소치아졸리논과 메틸이소치아졸리논 혼합물 (염화마그네슘과 질산마그네슘 포함)	• 사용 후 씻어내는 제품에 0.0015% • 단, 혼합물로서 메틸클로로이소치아졸리논과 메틸이소치아졸리논의 비는 3:1이다.	기타 제품에는 사용해서는 안 된다.
아이오도프로피닐뷰틸카바메이트 (IPBC)	• 사용 후 씻어내는 제품에 0.02% • 사용 후 씻어내지 않는 제품에 0.01% • 다만, 데오드런트에 배합할 경우에는 0.0075%이다.	• 입술에 사용되는 제품, 에어로졸(스프레이에 한함) 제품, 보디 로션 및 보디 크림에는 사용해서는 안 된다. • 영유아용 제품류 또는 만 13세 이하 어린이가 사용할 수 있음을 특정하여 표시하는 제품에는 사용해서는 안 된다(목욕용 제품, 샤워젤류 및 샴푸류는 제외).
p-클로로-m-크레졸	0.04%	점막에 사용되는 제품에는 사용해서는 안 된다.
4,4-디메틸-1,3-옥사졸리딘 (디메틸옥사졸리딘)	• 0.05% • 다만, 제품의 pH는 6을 넘어야 한다.	–
알킬이소퀴놀리늄브로마이드	사용 후 씻어내지 않는 제품에 0.05%	–

성분	사용한도	비고
클로로펜 (2-벤질-4-클로로페놀)	0.05%	-
폴리(1-헥사메틸렌바이구아니드) 에이치씨엘		에어로졸(스프레이에 한함) 제품에는 사용에는 사용해서는 안 된다.
세틸피리디늄클로라이드	0.08%	-
글루타랄(펜탄-1,5-디알)	0.1%	에어로졸(스프레이에 한함) 제품에는 사용해서는 안 된다.
벤제토늄클로라이드		점막에 사용되는 제품에는 사용해서는 안 된다.
2-브로모-2-나이트로프로 판-1,3-디올(브로노폴)		아민류나 아마이드류를 함유하고 있는 제품에는 사용해서는 안 된다.
브로모클로로펜 (6,6-디브로모-4,4-디클로 로-2,2'-메틸렌-디페놀)		-
이소프로필메틸페놀 (이소프로필크레졸,o-시멘-5-올)		-
디브로모헥사미딘 및 그 염류 (이세티오네이트 포함)	디브로모헥사미딘으로서 0.1%	-
벤잘코늄클로라이드, 브로마이드 및 사카리네이트	• 사용 후 씻어내는 제품에 벤잘코늄클로라이드로서 0.1% • 기타 제품에 벤잘코늄클로라이드로서 0.05%	-
5-브로모-5-나이트로-1,3- 디옥산	• 사용 후 씻어내는 제품에 0.1% • 다만, 아민류나 아마이드류를 함유하고 있는 제품에는 사용해서는 안 된다.	기타 제품에는 사용해서는 안 된다.
소듐아이오데이트	사용 후 씻어내는 제품에 0.1%	기타 제품에는 사용해서는 안 된다.
알킬(C12-C22)트리메틸암모늄 브로마이드 및 클로라이드 (브로민화세트리모늄 포함)	두발용 제품류를 제외한 화장품에 0.1%	-
클로헥시딘, 그 디글루코네이트, 디아세테이트 및 디하이드로클로라이드	• 점막에 사용하지 않고 씻어내는 제품에 클로헥시딘으로서 0.1% • 기타 제품에 클로헥시딘으로서 0.05%	• 향이 연하고 빠르게 사라진다. • 상쾌한 느낌을 주어서 리프레시용으로 적당하다.
헥세티딘	사용 후 씻어내는 제품에 0.1%	기타 제품에는 사용해서는 안 된다.

성분명	사용한도	비고
헥사미딘 [1,6-디(4-아미디노페녹시) -n-헥산] 및 그 염류 (이세티오네이트 및 p-하이드록시벤조에이트)	헥사미딘으로서 0.1%	-
2, 4-디클로로벤질알코올		-
3, 4-디클로로벤질알코올	0.15%	-
메텐아민(헥사메틸렌테트라아민)		-
벤질헤미포르말	사용 후 씻어내는 제품에 0.15%	기타 제품에는 사용해서는 안 된다.
비페닐-2-올(o-페닐페놀) 및 그 염류	페놀로서 0.15%	기타 제품에는 사용해서는 안 된다.
엠디엠하이단토인		-
쿼터늄-15 (메텐아민3- 클로로알릴클로라이드)	0.2%	-
무기설파이트 및 하이드로젠설파이트류	유리 SO_2로 0.2%	-
운데실레닉애시드 및 그 염류 및 모노에탄올아마이드	사용 후 씻어내는 제품에 산으로서 0.2%	기타 제품에는 사용해서는 안 된다.
트리클로카반 (트리클로카바닐리드)	• 0.2% • 다만, 원료 중 3,3',4,4'-테트라클로로아조벤젠은 1ppm 미만, 3,3',4,4'-테트라클로로아족시벤젠은 1ppm 미만으로 함유하여야 한다.	-
알킬디아미노에틸글라이신하이드로클로라이드용액(30%)		-
클로페네신(3-(p-클로로페녹시)-프로판-1,2-디올)	0.3%	-
테트라브로모-o-크레졸		-
트리클로산	사용 후 씻어내는 인체 세정용 제품류, 데오도런트(스프레이 제품 제외), 페이스 파우더, 피부결점을 감추기 위해 국소적으로 사용하는 파운데이션(예 블레미시컨실러)에 0.3%	기타 제품에는 사용해서는 안 된다.
에틸라우로일알지네이트 하이드로클로라이드	0.4%	입술에 사용되는 제품 및 에어로졸(스프레이에 한함) 제품에는 사용해서는 안 된다.
p-하이드록시벤조익애시드, 그 염류 및 에스터류 (다만, 에스터류 중 페닐은 제외)	• 단일성분일 경우 산으로서 0.4% • 혼합사용의 경우 산으로서 0.8%	-

성분명	사용한도	비고
디아졸리디닐우레아 [N-(하이드록시메틸)-N- (디하이드록시메틸-1,3- 디옥소-2,5-이미다졸리디닐-4)- N'-(하이드록시메틸)우레아]	0.5%	-
소듐하이드록시 메틸아미노아세테이트 (소듐하이드록시메틸글리시네이트)	-	-
클로로부탄올	-	에어로졸(스프레이에 한함) 제품에는 사용해서는 안 된다.
클로로자이레놀	-	-
피리딘-2-올 1-옥사이드	-	-
벤조익애시드, 그 염류 및 에스터류	• 산으로서 0.5% • 다만, 벤조익애시드 및 그 소듐염은 사용 후 씻어내는 제품에는 산으로서 2.5%	-
살리실릭애시드 및 그 염류	살리실릭애시드로서 0.5%	영유아용 제품류 또는 만 13세 이하 어린이가 사용할 수 있음을 특정하여 표시하는 제품에는 사용해서는 안 된다(다만, 샴푸는 제외함).
징크피리티온	사용 후 씻어내는 제품에 0.5%	기타 제품에는 사용해서는 안 된다.
클림바졸 [1-(4-클로로페녹시)-1-(1H-이미다졸릴)-3,3-디메틸-2-부타논]	두발용 제품에 0.5%	기타 제품에는 사용해서는 안 된다.
포믹애시드 및 소듐포메이트	포믹애시드로서 0.5%	-
데하이드로아세틱애시드 (3-아세틸-6-메틸피란-2,4(3H)-디온) 및 그 염류	데하이드로아세틱애시드로서 0.6%	에어로졸(스프레이에 한함) 제품에는 사용하여서는 안 된다.
디엠디엠하이단토인 [1,3-비스(하이드록시메틸)-5,5-디메틸이미다졸리딘-2,4-디온]	0.6%	-
소르빅애시드(헥사-2,4-디에노익애시드) 및 그 염류	소르빅애시드로서 0.6%	-
이미다졸리디닐우레아 [3,3'-비스(1-하이드록시메틸-2,5-디옥소이미다졸리딘-4-일)-1,1'메틸렌디우레아]	0.6%	-
보레이트류 (소듐보레이트, 테트라보레이트)	밀납, 백납의 유화의 목적으로 사용 시 0.76% (이 경우, 밀랍·백랍 배합량의 ½을 초과할 수 없음)	기타 제품에는 사용해서는 안 된다.

프로피오닉애시드 및 그 염류	프로피오닉애시드로서 0.9%	-
벤질알코올	• 1.0% • 다만, 두발 염색용 제품류에 용제로 사용할 경우에는 10%	-
페녹시에탄올	1.0%	-
페녹시이소프로판올 (1-페녹시프로판-2-올)	사용 후 씻어내는 제품에 1.0%	기타 제품에는 사용해서는 안 된다.
피록톤올아민 [1-하이드록시-4-메틸-6 (2,4,4-트리메틸펜틸)2-피리돈 및 그 모노에탄올아민염]	• 사용 후 씻어내는 제품에 1.0% • 기타 제품에 0.5%	-
소듐라우로일사코시네이트	사용 후 씻어내는 제품에 허용	기타 제품에는 사용해서는 안 된다.

④ 미생물 오염의 종류 및 생육 조건
• 미생물 오염의 종류

1차 오염	공장에서 제조 시 발생하는 오염이다.
2차 오염	소비자의 사용 중 발생하는 미생물 오염이다.

• 미생물 생육 조건

구분	세균	진균	
	박테리아	효모	곰팡이
생육온도(°C)	25~37	25~30	25~30
영양소	단백질, 아미노산, 동물성 식품	당질, 식물성 식품	전분, 식물성 식품
생육 pH 범위	약산성-약알카리성	산성	산성
공기 요구성	대부분 호기성	호기성~혐기성	호기성
주요 생성물	아민, 암모니아, 산류, 탄산가스	알코올, 산류, 탄산가스	산류
대표적인 오염균	황색포도상구균, 대장균, 녹농균	효모, 칸디다균	푸른곰팡이, 맥아곰팡이

8) 산화방지제
① 개념과 특성

개념	화장품 내 유지의 산화를 방지하고 화장품의 품질을 일정하게 유지하기 위하여 첨가하는 약제이다.
특성	• 피부에 유해한 자유 라디칼의 생성을 억제하여 피부를 보호한다. • 화장품의 변질, 변색, 냄새 발생 등을 방지하여 제품 품질을 유지한다.

② 종류 및 특징

구분	특징
토코페롤 (비타민E)	• 오일류의 변질을 막기 위한 천연 항산화제이다. • 불안정하여 토코페릴아세테이트의 형태로 사용한다.
BHT (디뷰틸하이드록시톨루엔)	• 무색의 결정성 분말 형태로, 유기용매에 녹는다. • 유성성분 및 향수와 같은 알코올 함유 제품의 향, 색 등의 변질을 막기 위해 사용한다. • 내열성과 내광성이 우수하다. • 민감한 피부의 경우 알러지를 유발한다.
BHA	• 무백색 결정성 분말 • 유성성분에 대해 산화방지 효과가 있다. • 열에는 안정적이나 빛에 의해 변질되어 착색을 유발한다. • 민감한 피부의 경우 알러지를 유발한다.
자몽씨추출물(GES)	• 식품과 화장품에 널리 사용되는 산화방지제이다. • 천연방부제 역할도 한다.

9) 금속이온봉쇄제

① 개념과 특성

구분	특징
개념	• 화장품의 내의 금속이온이 활성화되어 품질이 저하되는 것을 방지하기 위하여 첨가하는 약제이다. • 킬레이트제(Chelating Agent)라고도 부른다.
특성	• 화장품에 포함된 철, 구리 등의 이온과 결합하여 금속이온이 산화촉진제로 작용하는 것을 방지한다. • 금속으로 인해 화장품이 변질(변색, 냄새 발생 등)되는 것을 방지하여 제품의 안정성을 향상한다. • 금속이온으로 유발될 수 있는 피부 자극 및 알레르기 반응을 억제한다.

② 종류 및 특징

구분	특징
디소듐이디티에이	• 백색의 결정성 분말로, 금속이온에 의한 침전을 방지한다. • 물에는 용해되지만 에탄올에는 용해되지 않는다. • 산화와 변색을 방지한다. • 화장품의 투명도를 유지한다.
소듐시트레이트	• 시트릭애시드의 소듐염이다. • 무색 또는 백색의 결정성 분말이다. • 금속이온으로 인한 침전과 산화를 방지한다. • pH 완충제, pH 조절제 등으로 사용한다.
파이틱애시드	• 식물의 씨앗에 함유된 천연 금속이온봉쇄제이다. • 금속이온과 결합해 침전하기 때문에 안정성의 문제가 발생하므로 화장품에 대부분 사용되지 않는다.

10) 비타민

① 개념과 특성

개념	미량으로도 생명과 건강 유지에 필수적인 영양소이다.
특성	• 대부분 체내에서 합성되지 않아 식품이나 의약품으로 섭취하여야 한다. • 수용성 비타민(B군, C)과 지용성 비타민(A, D, E, K)으로 구분한다. • 지용성 비타민은 독성이 있어 과다하게 섭취하여서는 안 되며, 수용성 비타민도 소변으로 배출된다고 하여서 과다하게 섭취하여서는 안 된다.

② 수용성 비타민의 종류 및 특성

> **선생님의 노하우**
> 각 비타민의 화학적 별칭도 꼭 외우세요.

구분	특성
비타민 B1 (티아민)	• 신경계의 기능과 관련 있어, 향신경성 비타민으로 불린다. • 민감성 피부의 저항력을 높이고 피부가 건조하여 갈라지는 것을 예방한다. • 결핍증 : 각기병, 식욕 감퇴, 피로감, 말초신경병증, 심장 기능 저하
비타민 B2 (리보플라빈)	• 항피부염성 비타민이라고 불린다. • 혈액순환, 구강의 건강에 관여한다. • 여드름 진정 작용, 습진 예방, 보습, 탄력감 부여 등의 효과가 있다.
비타민 B3 (나이아신)	• 미백 기능성 원료로 사용된다. • 콜레스테롤 수치 개선에 도움을 준다. • 결핍증 : 구토, 설사, 피부염(펠라그라), 치매 유사 증상, 우울증
비타민 B5 (판토텐산)	• 기능성 성분으로 고시되어 있다. • 화장품의 성분으로 기능성 성분을 표시할 때는 덱스판테놀로 표기한다. • DL-판테놀과 D-판테놀이 있음 • 보습제, 진정제, 육모제 등에 사용한다.
비타민 B6 (피리독신)	• 단백질 대사, 적혈구 생성에 관여한다. • 면역 기능 향상, 스트레스 해소에 도움을 준다. • 생리통 완화에 효과적이다. • 결핍증 : 피로감, 우울증, 면역력 저하, 빈혈
비타민 B7 (비오틴)	• 지방, 단백질, 탄수화물 대사에 관여한다. • 모발과 피부, 손발톱 건강 유지에 필수적이다.
비타민 B9 (엽산)	• 세포 분열과 성장에 필수적이다. • 태아의 신경관 형성에 중요한 역할을 한다. • 빈혈 예방과 치료에 효과적이다.
비타민 B12 (코발라민)	• 적혈구 생성, DNA 합성에 관여한다. • 신경계 기능 유지에 필요하다. • 피로 개선, 기억력 향상에 도움을 준다.
비타민 C (아스코브산)	• 미백, 항산화 효과가 우수하여, 미백 기능성 화장품 고시 원료로 쓰인다.. • 콜라겐 합성에 관여하여 진피 세포 재생에 도움을 준다. • 구조적으로 불안정하여 저장 환경(산도, 열, 빛, 산소, 수분 등) 및 가공 과정에서 쉽게 변질된다. • 결핍 : 괴혈병(잇몸 출혈), 멍, 피로감, 면역력 저하
비타민 P (플라보노이드)	• 감귤류 색소인 플라본류를 총칭하는 화합물이다. • 모세혈관의 강화 및 혈행 개선의 효과가 있다. • 콜라겐을 만드는 비타민 C의 기능을 보강한다.

> **선생님의 노하우**
> 비타민 P와 F는 실존하는 '비타민'은 아니에요. 하지만 영양학이나 화장품 분야에서 특정한 생리활성을 가진 플라보노이드 계열 성분을 묶어서 비타민 P, 특정 지방산을 묶어서 비타민 F라고 부르기도 한답니다.

③ 지용성 비타민의 종류 및 특성

구분	특성
비타민 A (레티놀)	• 피부 상피조직의 물질대사에 관여한다. • 각질화 과정을 정상화하여 피부 재생에 도움을 준다. • 노화 방지에 효과적이다. • 광알러지로 인해 밤에 사용되는 주름개선 제품에 사용된다. • 결핍증 : 야맹증, 피부 건조, 면역력 저하
비타민 D (칼시페롤)	• 칼슘과 인의 대사에 관여하여 뼈와 치아 구성에 영향을 준다. • 피부 성장과 발달, 보습에 관여한다. • 결핍증 : 골연화증, 골다공증
비타민 E (토코페롤)	• 밀의 배아에서 주로 얻으며 산소에 노출되면 쉽게 변색된다. • 오일류의 변질을 막기 위한 항산화제, 체내 산화를 방지하는 항산화제로 작용한다. • 노화 방지와 조직 재생, 체내의 면역 체계에도 관여한다. • 토코페릴아세테이트 유도체가 주로 사용된다. • 결핍증 : 신경계 이상, 생식계 이상, 빈혈 등
비타민 F	• 피부 장벽 유지, 수분 손실예방, 피부 보습에 도움을 준다. • 리놀산, 리놀렌산, 아라키돈산이 해당된다.
비타민 K	• 모세혈관 벽을 튼튼하게 하여, 혈액 응고에 필수적이다. • 피부염과 습진에 효과적이다. • 필로퀴논, 메나퀴논, 메나디온이 있다. • 결핍증 : 출혈 경향 증가

> **선생님의 노하우**
>
> 토코페롤처럼 하나의 원료가 여러 가지 역할을 하는 경우들이 많아요. 묶어서 정리해서 외우시는 것도 방법이에요.

11) 기능성 화장품 고시 성분

① 자외선차단제

• 개념과 기능

개념	햇빛이나 기계에서 비롯되는 자외선으로부터 피부를 보호하기 위해 피부 위에 바르는 성분이다.
기능	• 강한 햇볕을 방지하여 피부를 곱게 태운다. • 자외선을 차단 또는 산란시켜 자외선으로부터 피부를 보호한다.

• 조건
 – 자외선차단제는 사용 기준이 지정·고시된 원료만 사용할 수 있다.
 – 제품의 변색 방지를 목적으로 그 사용 농도가 0.5% 미만인 것은 자외선차단제품으로 인정하지 않는다.
 – 자외선차단지수(SPF) 10 이하 제품의 경우 자료 제출에서 면제된다(단, 효능·효과를 기재·표시할 수 없음).

- 자외선차단지수의 유형과 표시방법

SPF	개념과 특성	• Sun Protection Factor • UVB를 차단하는 정도를 나타내는 지수이다. – SPF 1은 약 10~15분 정도의 UVB 차단 효과를 의미한다. – 50 이상의 제품은 SPF 50+로 표시한다.
	산식	$SPF = \dfrac{\text{제품을 바른 피부의 최소 홍반량}}{\text{제품을 바르지 않은 피부의 최소 홍반량}}$
	MED (최소 홍반량)	• Minimum Erythema Dose • UVB를 사람의 피부에 조사한 후 16~24시간의 범위 내에 조사 전 영역에 홍반을 나타낼 수 있는 최소한의 자외선 조사량이다.
	표기	• 측정 결과에 근거하여 평균값(소수점 이하 절사)으로부터 20% 이하 범위 내 정수(예 SPF 평균값이 23'일 경우 19~23 범위 정수로 표시)로 표시하되, SPF 50 이상은 'SPF50+'로 표시한다. • 내수성·지속내수성은 측정 결과에 근거하여 내수성비 신뢰구간이 50% 이상일 때, '내수성' 또는 '지속내수성'으로 표시한다.
PA	개념과 특성	• Protection Factor of UVA • UVB를 차단하는 정도를 나타내는 지수이다. – 2 이상 4 미만 : PA+(차단 효과 낮음) – 4 이상 8 미만 : PA++(차단 효과 보통) – 8 이상 16 미만 : PA+++(차단 효과 높음) – 16 이상 : PA++++(차단 효과 매우 높음)
	산식	$PA = \dfrac{\text{제품을 바른 피부의 최소지속형즉시흑화량}}{\text{제품을 바르지 않은 피부의 최소지속형즉시흑화량}}$
	MPPD (최소지속형 즉시흑화량)	• Minimal Persistent Pigment darkening Dose • UVA를 사람의 피부에 조사한 후 2~24시간의 범위 내에 조사 전 영역에 희미한 흑화가 인식되는 최소 자외선 조사량이다.
	표기	• 측정 결과에 근거하여 자외선차단 효과 측정 방법 및 기준에 따라 표시한다. • 내수성·지속내수성은 측정 결과에 근거하여 내수성비 신뢰구간이 50% 이상일 때, '내수성' 또는 '지속내수성'으로 표시한다.

- 자외선차단의 기전과 자외선차단제의 유형
  - 자외선차단의 기전

물리적 차단	화학적 차단
피부 표면에서 자외선을 물리적으로 반사 및 산란시켜 차단하는 방식이다.	자외선을 흡수하여 열에너지로 전환하여 차단하는 방식이다.

- 차단방법별 차단제의 유형

분류	성분명	최대 함량
화학적 차단제	드로메트리졸	1.0%
	벤조페논-8	3.0%
	4-메틸벤질리덴캠퍼	4.0%
	페닐벤즈이미다졸설포닉애시드	
	벤조페논-3	5.0%
	벤조페논-4	
	에틸헥실살리실레이트	
	에틸헥실트리아존	
	디갈로일트리올리에이트	
	멘틸안트라닐레이트	
	부틸메톡시디벤조일메탄	
	시녹세이트	
	에틸헥실메톡시신나메이트	7.5%
	에틸헥실디메틸파바	8.0%
	옥토크릴렌	10%
	호모살레이트	
	이소아밀-p-메톡시신나메이트	
	비스-에틸헥실옥시페놀메톡시페닐트리아진	
	디에틸헥실부타미도트리아존	
	폴리실리콘-15(디메치코디에틸벤잘말로네이트)	
	메틸렌비스-벤조트리아졸릴테트라메틸부틸페놀	
	디에틸아미노하이드록시벤조일헥실벤조에이트	
	테레프탈릴리덴디캠퍼설포닉애시드 및 그 염류	산으로 10%
	디소듐페닐디벤즈이미다졸테트라설포네이트	
	드로메트리졸트리실록산	15%
물리적 차단제	징크옥사이드	25%
	티타늄디옥사이드	

※ 제품의 변색 방지를 목적을 그 사용 농도가 0.5% 미만인 것은 자외선 차단 제품으로 인정하지 않는다.

> **선생님의 노하우**
> 함량이 낮은 순에서 높은 순으로 정리해 놓았어요. 물리적차단제는 두 개밖에 안되니 외우기 쉽죠?

> **개념 체크**
> 자외선 차단 성분과 최대 함량의 연결이 옳지 않은 것은?
> ① 옥토크릴렌 - 10%
> ② 에틸헥실메톡시신나메이트 - 5.0%
> ③ 벤조페논-4 - 5.0%
> ④ 시녹세이트 - 5.0%
> ⑤ 디에틸헥실부타미도트리아존 - 10%
>
> ②

② 피부 미백 제재
- 개념과 기능

개념	피부의 멜라닌 색소의 작용과 농도를 조절하여 색상을 밝게 하거나 하얗게 하는 성분이다.
기능	• 피부에 멜라닌 색소가 침착하는 것을 방지하여 기미·주근깨 등의 생성을 억제함으로써 피부의 미백에 도움을 준다. • 피부에 침착된 멜라닌 색소의 색을 엷게 하여 피부의 미백에 도움을 준다.

- 피부 미백의 기전

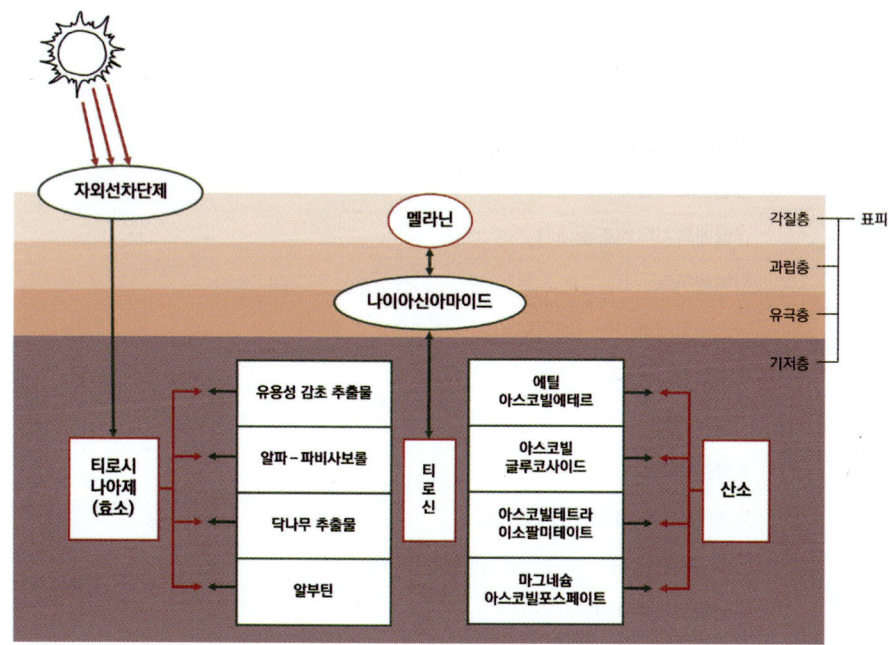

> **선생님의 노하우**
> 미백성분 작용 원리에 따라 나가지씩 나눠서 함량이 낮은 순으로 외우세요.

- 기전별 미백성분의 종류

역할	성분명	최대 함량
티로시나아제 활성 억제	유용성 감초 추출물	0.05%
	알파-비사보롤	0.5%
	닥나무 추출물	2.0%
	알부틴	2.0~5.0%
티로신의 산화 억제 (비타민C 유도체)	에틸아스코빌에테르	1.0~2.0%
	아스코빌글루코사이드	2.0%
	아스코빌테트라이소팔미테이트	2.0%
	마그네슘아스코빌포스페이트	2.0%
멜라닌 이동 억제	나이아신아마이드	2.0~5.0%

③ 주름 개선 성분
- 개념 : 피부에 탄력을 주어 피부의 주름을 완화 또는 개선하는 성분
- 성분의 종류와 최대 함량

성분명	최대 함량	비고
아데노신	0.04%	
폴리에톡실레이티드레틴아마이드	0.05%~0.2%	–
레티놀	2,500IU/g	
레티닐팔미테이트	10,000IU/g	

④ 체모 제거 성분
- 개념 : 체모를 제거하는 성분(단, 물리적으로 체모를 제거하는 제품은 제외)
- 성분의 종류와 최대 함량

성분명	최대 함량	비고
티오글라이콜산 80%	산으로서 3.0~4.5%	pH 범위는 7.0 이상 12.7 미만이어야 한다.

⑤ 여드름성 피부 완화 성분
- 개념 : 여드름성 피부를 완화하는 데 도움을 주는 성분(단, 인체 세정용 제품류로 한정)
- 성분의 종류와 최대 함량

성분명	최대 함량	비고
살리실릭애시드(살리실산)	0.5%	–

⑥ 탈모 증상 완화 성분
- 개념 : 탈모 증상의 완화에 도움을 주는 성분(단, 코팅 등 물리적으로 모발을 굵어 보이게 하는 제품은 제외)
- 성분의 종류와 최대 함량

성분명	최대 함량	비고
덱스판테놀		
비오틴		
L-멘톨	–	–
징크피리티온		
징크피리티온액(50%)		

> **선생님의 노하우**
> 탈모 증상 완화 성분은 최대 함량이 없으니 성분명만 외우세요.

⑦ 염모제
- 개념 : 모발의 색상을 변화[탈염(脫染)·탈색(脫色)을 포함]시키는 성분(단, 일시적으로 모발의 색상을 변화시키는 제품은 제외)
- 성분의 종류와 농도 상한

성분명	사용 시 농도 상한(%)	비고
디소듐이디티에이	산화염모제에 1.5%	기타 제품에는 사용해서는 안 된다.
니트로-p-페닐렌디아민	산화염모제에 3.0%	
염산 m-페닐렌디아민	산화염모제에 0.5%	
염산 p-페닐렌디아민	산화염모제에 3.3%	
염산 하이드록시프로필비스(N-하이드록시에틸-p-페닐렌디아민)	산화염모제에 0.4%	
m-페닐렌디아민	산화염모제에 1.0%	
p-페닐렌디아민	산화염모제에 2.0%	
N-페닐-p-페닐렌디아민 및 그 염류	산화염모제에 N-페닐-p-페닐렌디아민으로서 2.0%	
황산 p-니트로-o-페닐렌디아민	산화염모제에 2.0%	
황산 m-페닐렌디아민	산화염모제에 3.0%	
황산 p-페닐렌디아민	산화염모제에 3.8%	
황산 N,N-비스(2-하이드록시에틸)-p-페닐렌디아민	산화염모제에 2.9%	
황산 o-클로로-p-페닐렌디아민	산화염모제에 1.5%	
2-메틸-5-하이드록시에틸아미노페놀	산화염모제에 0.5%	
m-아미노페놀	산화염모제에 2.0%	
o-아미노페놀	산화염모제에 3.0%	
p-아미노페놀	산화염모제에 0.9%	
p-메틸아미노페놀 및 그 염류	산화염모제에 황산염으로서 0.68%	
황산 m-아미노페놀	산화염모제에 2.0%	
황산 o-아미노페놀	산화염모제에 3.0%	
황산 p-아미노페놀	산화염모제에 1.3%	
염산 2,4-디아미노페녹시에탄올	산화염모제에 0.5%	
2,6-디아미노피리딘	산화염모제에 0.15%	
염산 2,4-디아미노페놀	산화염모제에 0.5%	
황산 1-하이드록시에틸-4,5-디아미노피라졸	산화염모제에 3.0%	
염산 톨루엔-2,5-디아민	산화염모제에 3.2%	
톨루엔-2,5-디아민	산화염모제에 2.0%	

> **선생님의 노하우**
> 공통으로 들어간 단어들을 그룹으로 정리해 놨어요. 그룹화시켜서 암기하세요. 영어단어 외우듯이 단어장을 만드는 것이 도움이 되실거예요.

황산 톨루엔-2,5-디아민	산화염모제에 3.6%
황산 2-아미노-5-니트로페놀	산화염모제에 1.5%
2-아미노-4-니트로페놀	산화염모제에 2.5%
2-아미노-5-니트로페놀	산화염모제에 1.5%
2-아미노-3-하이드록시피리딘	산화염모제에 1.0%
4-아미노-m-크레솔	산화염모제에 1.5%
5-아미노-o-크레솔	산화염모제에 1.0%
5-아미노-6-클로로-o-크레솔	• 산화염모제에 1.0% • 비산화염모제에 0.5%
황산 5-아미노-o-크레솔	산화염모제에 4.5%
피크라민산	산화염모제에 0.6%
피크라민산 나트륨	산화염모제에 0.6%
1,5-디하이드록시나프탈렌	산화염모제에 0.5%
하이드록시벤조모르포린	산화염모제에 1.0%
6-하이드록시인돌	산화염모제에 0.5%
1-나프톨(α-나프톨)	산화염모제에 2.0%
2-메틸레조시놀	산화염모제에 0.5%
카테콜(피로카테콜)	산화염모제에 1.5%
피로갈롤	염모제에 2.0%
레조시놀	산화염모제에 2.0%
몰식자산	산화염모제에 4.0%
과붕산나트륨, 과붕산나트륨일수화물, 과산화수소수, 과탄산나트륨	염모제(탈염·탈색 포함)에서 과산화수소로서 12.0%

12) 고시 외 기타 성분

① 보습

구분	특징
소듐하이알루로네이트	• 하이알루론산의 하나이다. • 고분자 보습제로 자신의 무게보다 1,000배 이상의 수분을 흡수한다.
세라마이드	• 손실 시 피부가 거칠어지고 부스럼, 가려움 등의 증상이 나타난다. • 표피 각질층의 지질막 성분 중 하나로 수분 증발을 억제한다.
소르비톨	• 폴리알코올의 하나이다. • 물에 잘 용해된다. • 보습제, 컨디셔닝제로 배합되며, 피부를 촉촉하고 부드럽게 한다.

② 노화 방지 및 탄력

구분	특징
콜라겐	• 피부 진피 내에 존재하며 세포조직 간의 결합을 형성하고 피부의 골조를 지탱한다. • 주름, 탄력, 피부 유연성에 관여한다.
엘라스틴	• 몸속 조직이 확장되거나 수축될 때 모양을 계속 유지하게 한다. • 피부 진피 내에 존재하며 피부 탄력에 관여한다.
뮤신	• 점막에서 분비하는 점액질로 콘드로이틴 황산을 함유하고 있다. • 피부 노화를 늦추는 데 도움을 준다. 예 달팽이크림
태반 추출물	• 소, 돼지, 양 등의 태반을 저온 동결 건조한 것이다. • 인체에 유효한 성분(단백질, 비타민, 무기질 등)을 함유하고 있다. • 피부 재생과 보습에 관여한다.

③ 진정

구분	특징
알로에베라 추출물	• 알로에베라 전초에서 추출하며 피부 컨디셔닝제로 배합한다. • 피부 진정효과가 우수하다. • 청량한 느낌과 수분을 제공한다.
병풀 추출물	• 센텔라 아시아티카의 전초에서 추출하며 피부 컨디셔닝제, 피부 진정제로 사용한다. • 주요 성분으로 마데카소사이드, 마데카식애시드 등이 있다.

KEYWORD 03 화장품 원료 및 성분의 표시

1) 화장품전성분표시제의 개념과 목적

개념	화장품에 사용된 모든 원료와 성분을 표기하는 제도이다.
목적	• 소비자의 알 권리를 보장하기 위함이다. • 부작용 발생 시, 원인을 규명하기 위함이다. • 화장품 제조 시, 보다 안전한 소재를 사용하도록 유도하기 위함이다.

2) 표시 방법

표기 원칙	• 원칙 : 화장품 제조에 사용된 모든 물질을 화장품 용기 및 포장에 한글로 표시함 • 글자 크기 : 5포인트 이상 • 표시 순서 : 사용된 함량이 많은 것부터 기재 · 표기
표기 방식	• 함량이 많은 것부터 기재 · 표기하되, 1.0% 이하로 사용된 성분, 착향제 또는 착색제는 순서에 상관없이 기재 · 표기할 수 있다. • 혼합 원료는 개별 성분의 명칭으로 기재 · 표기한다.

	• 색조화장용, 눈화장용, 두발염색용, 손발톱용 제품류의 호수별 착색제가 다르게 사용된 경우 '± 또는 +/−'의 표시 다음에 사용된 모든 착색제 성분을 함께 기재·표시한다. • 착향제는 '향료'로 표기하고, 향 중 알레르기 유발 성분은 해당 성분의 명칭을 기재·표기한다. • 산도(pH) 조절 목적으로 사용되는 성분은 그 성분을 표시하는 대신 중화 반응에 따른 생성물로 기재·표기할 수 있고, 비누화 반응을 거치는 성분은 비누화 반응에 따른 생성물로 기재·표기할 수 있다. • 성분을 기재·표시하는 것이 영업자의 정당한 이익을 현저히 침해할 우려가 있을 때는 식품의약품안전처장에게 그 근거 자료를 제출하고, 인정하는 경우 '기타 성분'으로 기재·표기할 수 있다.
표기할 내용 (빈출)	• 식품의약품안전처장이 정하는 바코드(단, 15mL 이하 또는 15g 이하인 제품의 용기 또는 포장이나 견본품, 시공품 등 비매품 생략 가능) • 기능성 화장품의 경우 심사받거나 보고한 효능·효과, 용법·용량 • 성분명을 제품 명칭의 일부로 사용한 경우 그 성분명과 함량(방향 제품 제외) • 인체세포·조직 배양액이 들어간 경우 함량 • 천연·유기농으로 표시, 광고하는 경우 해당 원료의 함량 • 수입 화장품의 경우 제조국 명칭, 제조회사명, 소재지 • 기능성 화장품의 경우 '질병의 예방 및 치료를 위한 의약품이 아님'이라는 문구
보존제의 함량 표시	• 다음의 제품류를 표시·광고하려는 경우에 전 성분 보존제의 함량을 표시·기재하여야 한다. – 영유아용(3세 이하의 어린이용) 제품류 – 어린이용(4세 이상~13세 이하 어린이용) 제품류
바코드	• 표시 대상 : 국내에서 제조되거나 수입되어 국내에 유통되는 모든 화장품(기능성화장품을 포함함)을 대상으로 함 • 표시 의무자 : 국내에서 화장품을 유통·판매하고자 하는 화장품책임판매업자 • 표시 방법 – 화장품책임판매업자 등은 화장품 품목별·포장단위별로 개개의 용기 또는 포장에 바코드의 종류 및 구성체계 등의 규정에 의한 바코드 심벌을 표시한다. – 바코드를 표시할 때 바코드의 인쇄 크기, 색상 및 위치는 규정에 맞춰 표시한다. – 다만, 용기포장의 디자인에 따라 판독이 가능하도록 바코드의 인쇄 크기와 색상을 자율적으로 정할 수 있다. – 화장품바코드 표시는 유통단계에서 쉽게 훼손되거나 지워지지 않도록 해야 한다.

➕ 더 알기 TIP

화장품코드와 바코드

• 화장품코드
개개의 화장품을 식별하기 위해 고유하게 설정된 번호로서 국가식별코드, 화장품제조업자 등의 식별코드, 품목코드 및 검증번호(Check Digit)를 포함한 12코드 또는 13자리의 숫자이다.

• 바코드
화장품코드를 포함한 숫자나 문자 등의 데이터를 일정한 약속에 의해 컴퓨터에 자동으로 입력하기 위한 다음 중 하나의 여백 및 광학적문자판독(OCR ; Opical Character Recognion) 폰트의 글자로 구성되어 정보를 표현하는 수단으로서, 스캐너가 읽을 수 있도록 인쇄된 심벌(마크)이다.

3) 표시의 예외 사항

기재·표시의 생략이 가능한 성분	• 제조 과정 중 제거되어 최종 제품에 남아 있지 않은 성분(예 휘발성 용매) • 안정화제, 보존제 등 원료 자체에 들어 있는 부수 성분으로 그 효과가 나타나게 하는 양보다 적은 양이 들어 있는 성분 • 내용량이 10㎖ 초과 50㎖ 이하 또는 중량이 10g 초과 50g 이하인 화장품에 들어 있는 성분 • 단, 타르색소, 금박, 샴푸와 린스에 들어 있는 인산염의 종류, 과일산(AHA), 기능성 화장품의 효능, 효과가 나타나게 하는 원료, 식품의약품안전처장이 사용 한도를 고시한 원료는 제외한다.
전 성분 표시의 생략이 가능한 경우	• 50㎖(g) 이하의 포장일 경우 • 견본품, 비매품 등 판매 목적이 아닌 경우 • 단, 전 성분 정보를 즉시 제공할 수 있는 전화번호, 홈페이지 주소 또는 전 성분 정보를 기재한 책자 등을 매장에 비치해야 한다.
바코드의 생략이 가능한 경우	내용량이 15㎖ 이하 또는 15g 이하인 제품의 용기 또는 포장이나 견본품, 시공품 등 비매품

필수용어.Zip SECTION 01 화장품 원료의 종류와 특성

수성 원료

극성(Polar)	화학 결합에서 전자의 분포가 특정 원자로 치우친 상태
용제	다른 물질을 녹이는 역할을 하는 액체
수렴제	피부를 조이는 느낌과 아린감을 부여하는 성분
보존제	미생물의 번식을 억제하는 데 사용되는 물질
가용화제	(= 계면활성제, 용해 보조제) 난용성 물질을 용매에 녹이는 데 도움을 주는 성분
청결제	(= 체취 방지제) 세척과 냄새 제거를 통해 청량감을 유지하는 역할을 하는 물질
보습제(폴리올)	피부의 수분 유지를 돕는 성분으로, 분자 구조 내에 극성인 하이드록시기(–OH)를 두 개 이상 포함하는 유기 화합물
습윤제	피부에 도포 시 주변 수분을 흡수하여 보습을 유지하는 역할을 하는 물질(대표적으로 글리세린이 있음)
피부컨디셔닝제	(= 수분 차단제) 피부에 막을 형성하여 수분 증발을 방지하는 성분(대표적으로 바셀린이 있음)
연화제(유연제)	탈락하는 각질 세포 사이의 틈을 메우는 역할을 하는 물질
장벽 대체제	각질층 내에서 각질세포 간 지질 성분으로 작용하는 물질(세라마이드, 콜레스테롤, 지방산 등)
동결 방지제	저온에서 물질이 어는 것을 방지하는 성분

유성 원료

비극성 (Nonpolar)	(= 무극성) 전자의 치우침이 없는 상태로, 탄화수소 화합물이 대표적
친유성 (Lipophilic)	소수성(Hydrophobic) 물질로 물에 녹지 않고 기름에 녹는 성질
오일	액체 상태의 비극성 화합물을 통칭하며, 원료의 출처에 따라 식물성, 동물성, 광물성 오일로 구분됨
실리콘	실록산 결합(-Si-O-Si-)을 포함하는 유기 규소 화합물
왁스(Wax)	고급 지방산과 고급 알코올이 결합된 에스터 화합물로, 상온에서 고체 상태를 유지하는 특성
지방산	지질(Lipid)의 구성 성분으로, 탄화수소 사슬 끝에 카복실산(-COOH) 구조를 가진 물질
고급 지방산	탄화수소 사슬이 긴 지방산을 의미
고급 알코올	한 분자에 탄소를 6개 이상 가진 알코올
밀폐제	(= 피막 형성제, 필름 형성제) 피부에 오일막을 형성하여 수분 증발을 방지하는 물질
사용감 향상제	(= 피부컨디셔닝제, 유연제) 퍼짐성을 높여 피부를 매끄럽게 하는 성분
소포제	(= 기포방지제) 기포 형성을 억제하거나 제거하는 역할을 하는 물질
광택제	제품에 광택을 부여하는 성분
경도 조절제	기초 및 색조 화장품의 경도를 조절하는 성분
유화 안정제	(= 보조 유화제) 유화제의 성능을 보완하는 역할을 하는 성분
계면활성제	한 분자 내에 극성(친수성)과 비극성(소수성) 부분이 함께 존재하는 물질

계면활성제

양쪽성 계면활성제	산성 환경에서는 양이온성, 알칼리성 환경에서는 음이온성으로 작용하는 계면활성제
유화제	물과 기름을 혼합하는 데 사용되는 계면활성제
W/O	(= Water in Oil Type) 오일 속에 물이 분산된 형태
O/W	(= Oil in Water Type) 물 속에 오일이 분산된 형태
다상 유화	(= 다중 유화) 기존 유화 방식에서 Oil 또는 Water 단계를 한 번 더 거친 방식 (예
가용화제	(= 계면활성제, 용해 보조제) 난용성 물질을 용해시키는 데 사용되는 계면활성제
분산제	안료 등을 균일하게 분산시키는 역할을 하는 계면활성제
세정제	세정 기능을 목적으로 사용되는 계면활성제

고분자 화합물

점도 조절제	화장품의 점도를 조절하고 사용감을 향상시키기 위해 첨가하는 물질(천연 고분자, 반합성 천연 고분자, 합성 고분자로 구분됨)
밀폐제	(= 피막 형성제, 필름 형성제) 고분자로 필름 막을 형성하여 화장품에 적용하는 성분

색소

색소	화장품이나 피부에 색을 부여하는 것을 주요 목적으로 하는 물질
타르색소	콜타르 또는 그 중간생성물에서 유래했거나 유기 합성으로 얻어진 색소 및 그 레이크, 염, 희석제와의 혼합물
레이크	타르색소의 나트륨, 칼륨, 알루미늄, 바륨, 칼슘, 스트론튬 또는 지르코늄 염을 기질에 흡착하거나 화학적 결합을 통해 확산시킨 색소
순색소	중간체, 희석제, 기질 등이 포함되지 않은 순수한 색소
기질	레이크 제조 시 순색소를 확산시키는 데 사용되는 물질(알루미나, 이산화타이타늄, 산화아연, 탤크 등)
희석제	색소를 보다 쉽게 사용할 수 있도록 혼합하는 성분(화장품 안전 기준에서 규정한 원료만 사용 가능)
눈 주위	눈썹, 눈꺼풀, 속눈썹, 안구 주변 뼈 능선 등을 포함하는 부위
법정 색소	화장품 사용 시 안전성이 확인된 색소만을 사용하도록 허가된 색소
염료	물이나 유기 용매에 분자 단위로 용해되어 발색하는 유기 분자 형태의 색소
안료	물이나 유기 용매에 녹지 않고 입자 형태로 분산되어 발색하는 광물질 기반 색소
유기 안료	합성 과정에서 물과 유기 용매에 녹지 않는 성질을 갖도록 제조된 안료
전연성	가공이 쉬운 성질

SECTION 02 화장품의 기능과 품질

출제빈도 상 중 하
반복학습 1 2 3

빈출 태그 ▶ #화장품효과 #맞춤형화장품 #CGMP

KEYWORD 01 화장품 유형별 효과

1) 맞춤형화장품이 아닌 화장품의 효과

세정용 화장품	역할	• 피부에서 분비되는 피지와 땀, 먼지, 각질, 메이크업 잔여물 등을 제거한다. • 세정을 통하여 청결을 유지하게 하고, 상쾌함을 느끼게 한다.
	종류	• 안면 : 클렌징 워터, 오일, 로션, 크림, 티슈, 화장비누, 폼클렌징, 페이셜스크럽 • 두발 : 샴푸, 린스, 컨디셔너 • 안면을 제외한 신체 : 보디 워시, 손세정제 등
기초 화장품	역할	• 피부의 거칠어짐을 방지하고 살결을 가다듬어 피부를 부드럽게 한다. • 매끄럽고 부드러운, 윤택한 피부를 유지하게 한다. • 피부를 청정하게 하고 보호한다. • 피부에 수분과 영양분을 공급한다. • 피부를 수렴하여 탄력을 증진한다.
	종류	화장수, 유액(로션), 에센스(세럼), 크림류, 팩 등
색조 화장품	역할	• 피부색이나 질감을 균일하게 정돈한다. • 피부의 번들거림과 결점을 커버한다. • 피부가 거칠어지는 것을 방지한다. • 피부색을 조절하여 밝게 하고, 피부에 광택과 투명감을 부여한다. • 화장이 오래 지속되게 한다. • 색채를 통해 입체감과 분장 효과를 부여한다.
	종류	• 결점의 보완 : 메이크업 베이스 제품(파운데이션, 쿠션, 비비크림, 컨실러, 파우더류 등) • 화장물의 지속성 : 메이크업 픽서(티브) • 입체감과 분장효과 : 색조 메이크업 제품(아이브로펜슬, 아이라이너, 아이섀도, 마스카라, 볼터치, 립스틱, 립틴트 등)
네일 화장품	역할	• 손톱을 색감과 광택을 주어 아름답게 하기 위하여 사용한다. • 손톱의 수분과 유분을 보충하여 손톱을 보호하고 건강하게 보존한다. • 큐티클층과 손·발톱 주변의 피부를 유연하게 한다. • 손톱의 화장물을 제거한다.
	종류	베이스코트, 네일 에나멜(네일 폴리시), 코트제, 네일 보강제, 네일크림(액상, 로션), 네일 에나멜 리무버 등
기능성 화장품	역할	• 피부에 멜라닌 색소가 침착하는 것을 방지하여 기미, 주근깨 등의 생성을 억제함으로써 피부의 미백에 도움을 준다. • 피부에 침착된 멜라닌 색소의 색을 엷게 하여 피부의 미백에 도움을 준다. • 피부에 탄력을 주어 피부의 주름을 완화 또는 개선한다. • 강한 햇볕을 방지하여 피부를 곱게 태워 준다. • 자외선을 차단 또는 산란시켜 자외선으로부터 피부를 보호한다.

		• 모발의 색상을 바꾼다(탈염·탈색 포함하며, 일시적으로 모발의 색상을 변화시키는 제품은 제외). • 체모를 제거한다(물리적으로 체모를 제거하는 제품은 제외). • 탈모 증상에 완화에 도움을 준다(코팅 등 물리적으로 모발을 굵어 보이게 하는 제품은 제외). • 여드름성 피부 완화(인체 세정용 제품류로 한정) • 피부장벽의 기능을 회복하여 가려움 등을 개선하는 데 도움을 준다. • 튼살로 인한 붉은 선을 엷게 하는 데 도움을 준다.
	종류	• 미백 화장품 • 주름 개선 화장품 • 자외선차단제 • 제모 화장품 • 피부 문제 해결 : 여드름 화장품, 튼살 크림 등
두발 화장품	역할	• 두발과 두피의 피지, 땀, 각질 등 오염 물질을 제거하여 청결하고 건강하게 유지한다. • 두발을 물리적으로 원하는 형태로 만드는 기능(스타일링)과 형태를 고정하는 기능이 있다. • 두발에 유분, 광택, 유연성 등을 부여한다. • 두발 손상을 방지하고 손상된 두발을 회복시킨다. • 30~70% 에탄올 함유로 살균, 청량감, 쾌적함을 부여하고 비듬, 가려움을 제거하기 위하여 사용하여 탈모 증상 완화에 도움을 준다. • 두발 케라틴 속의 시스틴결합(-S-S-)을 환원제로 부분적으로 절단한 다음 산화제로 재결합하여 두발에 웨이브를 만들기 위하여 사용하며, 두발을 일정한 형태로 유지한다. • 두발의 색상을 바꾼다. • 손발이나 팔다리, 겨드랑이 등의 털을 제거한다.

	종류	• 세정제 : 샴푸, 린스
		• 정발제★ : 헤어 오일, 포마드, 헤어 크림 및 로션, 헤어 스프레이, 헤어 젤, 헤어 무스, 헤어 왁스
		• 헤어 트리트먼트제 : 헤어 컨디셔너
		• 양모제(육모제) : 헤어 세럼, 헤어 토닉, 두피 케어 에센스, 스캘프 트리트먼트제
		• 퍼머넌트 웨이브 용제
		  - 제1제(환원제) : 티오글라이콜릭애시드, 시스테인
		  - 알칼리제 : 암모니아, 모노에탄올아민
		  - 제2제(산화제) : 브로민산염, 과산화수소
		• 염모제 : 일시적 염모제, 반영구 염모제, 영구 염모제, 헤어 블리치★
		• 제모제
		  - 물리적 제모제 : 제모 왁스, 제모 젤, 테이프
		  - 화학적 제모제 : 제모 크림

★ 정발제(整髮劑)
정발제는 머리카락(髮)을 매만져 다듬는(整) 데 사용하는 약제(劑)이다. 쉽게 말해서 뻗치거나 뜬 머리카락을 가라앉히거나 여러 모양으로 바꾸어 정리하고 싶을 때 사용하는 약제라는 뜻이다.

발모제 vs. 양모제
발모제는 머리카락을 새로이 자라게(발생) 하는 것이고, 양모제는 있는 머리카락을 튼튼하게 잘 자라게(양육) 하는 것이다. 양모제는 이러한 특성 때문에 '육모제'로 불리기도 한다.

★ 헤어 블리치
익히 알고 있는 '브릿지'가 헤어 블리치이다.

KEYWORD 02 맞춤형화장품의 구성과 품질

1) 판매 가능한 맞춤형화장품 구성

① 맞춤형화장품의 의미

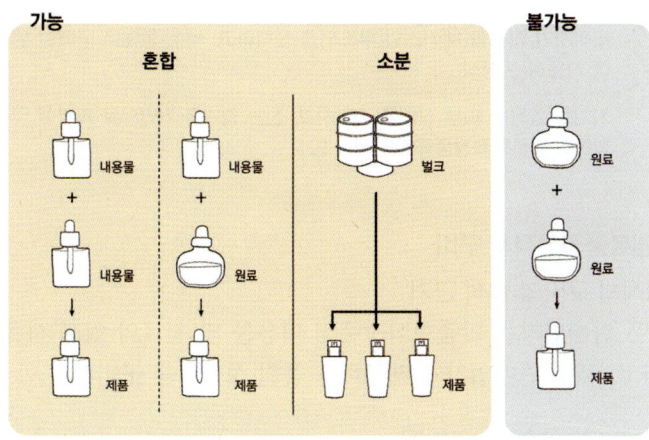

- 제조 또는 수입된 화장품의 내용물에 다른 화장품의 내용물이나 식품의약품안전 처장이 정하는 원료를 추가하여 혼합한 화장품
- 제조 또는 수입된 화장품의 내용물을 소분한 화장품(화장비누★ 등 화장품의 내용물을 단순 소분한 화장품은 제외)

★ 화장비누
익히 알고 있는 고체 비누이다.

② 맞춤형화장품의 내용물 범위

- 내용물 범위에 해당하지 않는 것
  - 맞춤형화장품 원료와 내용물의 관계 원료
  - 원료와 원료를 혼합하는 것 : 맞춤형화장품의 혼합이 아닌 '화장품 제조 행위'
- 내용물 범위에 해당하는 것

범위	• 유통화장품 안전관리 기준에 적합한 것
	• 맞춤형화장품의 혼합에 사용할 목적으로 화장품책임판매업자로부터 제공받은 것
	  – 벌크제품 : 충전(1차 포장) 이전의 제조 단계까지 끝난 화장품
	  – 반제품 : 원료 혼합 등의 제조 공정 단계를 거친 것으로 벌크제품이 되기 위하여 추가 제조 공정이 필요한 화장품
	※ 반제품의 경우, 최종 맞춤형화장품이 '사용 제한이 필요한 원료 사용 기준'에 따라 사용 제한 원료를 함유하지 않아야 한다.

혼합 가능 원료	• 원료 : 개인 맞춤형으로 추가되는 색소, 향, 기능성 원료 등이 해당되며 이를 위한 원료의 조합(혼합 원료)도 허용함 • 보존제 : 원료의 품질 유지를 위해 원료에 포함되는 경우
혼합 불가능 원료	• 「화장품 안전기준 등에 관한 규정」[별표 1]의 「화장품에 사용할 수 없는 원료」 • 「화장품 안전기준 등에 관한 규정」[별표 2]의 「화장품에 사용상의 제한이 필요한 원료」 • 식품의약품안전처장이 고시한 기능성 화장품의 효능·효과를 나타내는 원료 ※ 다만, 맞춤형화장품 판매업자에게 원료를 공급하는 화장품 책임 판매업자가 화장품법 제4조에 따라 해당 원료를 포함하여 기능성 화장품에 대한 심사를 받거나 보고서를 제출한 경우는 제외한다.

📌 개념 체크

원료 혼합 등의 제조공정 단계를 거친 것으로 벌크제품이 되기 위해 추가 제조 공정이 필요한 화장품을 무엇이라 하는가?

반제품

③ 맞춤형화장품의 유형

현장 혼합형	소비자가 매장에서 피부 상태를 진단·상담을 받은 뒤 피부에 맞는 제품을 현장에서 조제하는 방식
공장 제조 배송형	소비자가 매장에서 피부 상태를 진단·상담을 받은 뒤 피부에 맞는 제품을 현장에서 조제하는 방식
DIY 키트형	소비자가 화장품 베이스와 부스터를 선택하고, 세트 형태로 구매한 뒤 직접 혼합하여 사용하는 방식
디바이스형	기기를 활용해 피부 상태를 진단하고, 진단 결과를 기반으로 피부에 맞는 원료를 혼합하여 맞춤형화장품을 제공하는 방식

2) 내용물 및 원료품질성적서 구비

① 원료품질성적서 구비의 법적 근거
- 맞춤형화장품 판매업자는 맞춤형화장품의 내용물 및 원료의 입고 시 품질관리 여부를 확인하고, 책임 판매업자가 제공하는 품질 성적서를 구비해야 한다.

> **화장품법 제5조 제1항(영업자의 의무 등)**
> 화장품제조업자는 화장품의 제조와 관련된 기록·시설·기구 등 관리 방법, 원료·자재·완제품 등에 대한 시험·검사·검정 실시 방법 및 의무 등에 관하여 총리령으로 정하는 사항을 준수하여야 한다.
>
> **화장품법 시행규칙 제11조 제1항(화장품제조업자의 준수사항 등)**
> - 화장품 제조업자가 준수하여야 할 사항은 다음과 같다.
>   - 제2호 : 제조관리기준서·제품표준서·제조관리기록서 및 품질관리기록서(전자문서 형식을 포함한다)를 작성·보관할 것
>   - 제6호 가목 : 품질관리를 위하여 필요한 사항을 화장품책임판매업자에게 제출해야 하나, 화장품제조업자와 화장품책임판매업자가 동일한 경우에는 제출하지 아니할 수 있음

- 우수화장품 제조 및 품질관리기준(CGMP)의 4대 기준서
  - 제품표준서   - 제조관리기준서
  - 품질관리기준서   - 제조위생관리기준서

② 품질관리기준서

- 제품명
- 제조번호 또는 관리번호, 제조연월일
- 시험지시번호, 지시자 및 지시연월일
- 시험 항목 및 시험 기준
  - 시험 검체 채취 방법 및 채취 시 주의 사항과 채취 시 오염 방지 대책
  - 시험시설 및 시험기구의 점검(장비의 교정 및 성능 점검 방법)
  - 안정성 시험
  - 완제품 등 보관용 검체의 관리

- 제조위생관리기준서 포함사항
  - 작업원의 건강관리 및 건강상태의 파악, 조치 방법
  - 작업원의 수세, 소독 방법 등 위생에 관한 사항
  - 작업복장의 규제, 세탁방법 및 착용규정
  - 작업실 등의 청소(필요한 경우 소독 포함) 방법 및 청소 주기
  - 청소 상태의 평가 방법
  - 제조시설의 세척 및 평가

개념 체크

우수화장품 제조 및 품질관리 기준서가 **아닌** 것은?
① 제조위생관리기준서
② 제조관리기준서
③ 제품표준서
④ 원료시험성적서
⑤ 품질관리기준서

④

선생님의 노하우

CGMP는 3단원에서 자세하게 다뤄요. 식품의약품안전처 홈페이지에서 열람할 수 있으니까 한번 보시는 것도 도움이 되실 거예요.

- 표준품 및 시약의 관리
- 위탁 시험 또는 위탁 제조하는 경우 검체의 송부 방법 및 시험 결과의 판정 방법
- 그 밖에 필요한 사항
- 그 밖의 필요한 사항

③ 원료품질성적서
- 원료명(원료 제품명)
- 제조자명 및 공급자명
- 수령일자(입고일자)
- 제조번호 또는 관리번호
- 제조일자
- 보관방법
- 사용기한
- 시험항목, 시험기준, 시험방법, 시험결과
- 적합 판정 및 판정일자

④ 원료의 COA(Certificate of Analysis)
- 원료 규격에 따른 시험 결과를 기록한 것이다.
- 성상, 색상, 냄새, pH, 중금속, 미생물 등 품질에 관련된 시험 항목과 그 시험 방법을 기재해야 한다.
- 보관 조건, 유통기한, 포장 단위, INCI명 등의 정보가 함께 기재되거나 별도의 라벨로 제공돼야 한다.
- 화장품 원료가 입고될 때 원료의 품질 확인을 위한 자료로 첨부해야 한다.
- 물리 화학적 물성과 성상, 중금속, 미생물에 관한 정보를 기재해야 한다.
- 자가 품질기준에 따라 원료의 적합성을 판단하여 표준품으로 보관해야 한다.

⑤ 원료에 대한 품질검사성적서
- 물질안전보건자료(MSDS ; Material Safety Data Sheet)
  - 화학물질을 제조·수입·취급하는 업자가 유해성 평가 결과를 작성하는 것으로 '제품 취급 설명서'로 기능하는 것이다.
  - 화학물질명, 물리·화학적 성질, 유해성, 위험성, 폭발성, 화재 발생 시 방재 요령, 환경에 미치는 영향 등을 기록한 서류이다.
  - 화장품 원료를 구입하면 그에 따른 제품 취급 설명서에 성분, 명칭, 조성, 약효 및 효능, 취급 시 주의사항, 응급 조치 요령, 취급 방법 등이 설명돼 있다.
- 원자재 용기 및 시험기록서
  - 원자재 공급자가 정한 제품명
  - 수령일자
  - 원자재 공급자명
  - 공급자가 부여한 제조번호 또는 관리번호

⑥ 원료의 물질 안전 보건 자료(GHS ; Globally Harmonized System of Classification and Labelling of Chemicals)
- GHS란 화학물질 분류 및 표시에 대한 국제적으로 통일된 분류 기준이다.
- 화학물질의 분류 기준에 따라 유해 위험성을 분류하고 통일된 형태의 경고 표지 및 MSDS로 정보를 전달하는 방법이다.

- 화학물질의 중복시험 및 평가를 방지하고 국제 교역의 편리를 도모한다.
- 경고 표지의 방식 차이로 인한 안전과 건강의 위험을 방지한다.

⑦ 원료품질성적서의 인정 기준
- 제조업체의 원료에 대한 자가품질검사 또는 공인검사기관 성적서
- 제조판매업체의 원료에 대한 자가품질검사 또는 공인검사기관 성적서
- 원료업체의 원료에 대한 공인검사기관 성적서
- 원료업체의 원료에 대한 자가품질검사 시험성적서 중 대한화장품협회의 '원료공급자의 검사결과 신뢰 기준 자율규약' 기준에 적합한 것

➕ 더 알기 TIP

시험에 나오는, 실제로도 일어나는 '맞춤형화장품의 구성·범위 및 구비 문서' 위반 사례
- 판매업자 A씨는 기능성 화장품 심사를 받지 않은 미백 원료를 일반 내용물에 추가하여 판매하였다. 상담 고객에게 효과를 강조하면서도 관련 심사 또는 보고가 필요하다는 사실을 알지 못하였다.
- 판매업자 B씨는 원료만을 혼합해 맞춤형화장품으로 판매하였다. 내용물이 아닌 색소, 향, 기능성 원료만 조합한 상태로 완제품처럼 조제·충진하여 고객에게 제공하였다.
- 판매원 C씨는 맞춤형화장품으로 화장비누를 소분하여 판매하였고, 이를 합법적인 맞춤형화장품이라 안내하였다.
- 매장은 입고된 기능성 원료에 대한 원료품질성적서 없이 바로 혼합 작업에 사용하였다. 별도 확인 없이 공급처의 구두 설명만으로 품질 이상이 없다고 판단하였다.
- DIY 키트형 제품을 판매하면서, 소비자가 직접 원료를 혼합하는 방식으로 안내하였다. 조제관리사가 조제하는 것이 아닌, 고객이 집에서 혼합해 사용하는 구조였지만 이를 맞춤형화장품으로 판매하였다.
- 판매업자 D씨는 반제품 상태에서 기능성 원료가 들어간 원료를 섞어 조제하였다. 이 반제품은 기능성 성분의 심사 범위를 벗어나 있었으나, 별도 확인 없이 사용하였다.
- 고객 불만 사례가 접수된 내용물(변질 의심됨)을 내용물로 계속 사용하였다. 유통기한이 임박한 제품이었지만 외관상 큰 이상이 없어 문제없다고 판단하였다.
- 조제관리사 E씨는 혼합 후 완제품의 품질기준서나 시험기록서를 작성하지 않았다. 관련 문서가 필요하다는 사실을 인지하지 못한 채 조제만 완료하고 바로 판매하였다.
- 판매업소는 원료 공급업체로부터 받은 시험성적서를 보관하였지만, 성적서에 시험항목이나 시험방법이 누락돼 있었음에도 이를 확인하지 않고 품질자료로 인정하였다.
- 판매원 F씨는 원료 입고 당시 MSDS나 GHS 자료가 첨부되지 않았음에도 원료를 바로 사용하였다. 해당 원료의 화학적 위험성에 대해 검토하지 않았고, 별도 주의 표시도 없었다.

SECTION 03 화장품 사용제한 원료

출제빈도 상 중 하
반복학습 1 2 3

빈출 태그 ▶ #화장품원료특성 #사용제한 #사용금지 #알레르기유발성분

▶ 합격 강의

KEYWORD 01 사용금지 원료와 사용제한 원료 빈출

1) 사용금지 원료
화장품에 사용할 수 없는 원료는 「화장품 안전 기준 등에 관한 규정」별표 1 등에서 규정하고 있다.

- 나프탈렌
- 니코틴
- 니트로메탄
- 돼지폐 추출물
- 메틸렌글라이콜
- 메탄올
- HICC, 아트라놀, 클로로아트라놀
- 영국 및 북아일랜드산 소 유래 성분
- 에스트로겐
- 이부프로펜피코놀
- 인태반 유래 물질
- 천수국꽃 추출물 또는 오일(향료 포함)
- 클로로아세타마이드
- 페닐살리실레이트
- 페닐파라벤
- 하이드로퀴논
- 항히스타민제
- 리도카인
- 미세플라스틱(세정, 각질 제거 등의 제품에 남아 있는 5㎜ 크기 이하의 고체플라스틱)
- 아세토페논, 폼알데하이드, 사이클로헥실아민, 메탄올 및 초산의 반응물
- 하이드록시아이소헥실 3—사이클로헥센 카보스알데하이드(HICC)

> **선생님의 노하우**
> 금지 원료는 의약품에 사용되거나 독성이 있는 성분들이겠죠. 모르는 원료들을 하나하나 검색해 보시면 원료를 알아가는 재미를 느끼실 수 있어요.

2) 사용제한 원료
① 사용제한 원료에 대한 조치
식품의약품안전처장은 보존제, 색소, 자외선차단제 등과 같이 특별히 사용상의 제한이 필요한 원료에 대하여는 그 사용 기준을 지정하고 고시하여야 한다.

② 사용제한 원료의 종류 및 사용 한도
- 보존제
- 자외선차단성분
- 염모제 성분
- 염류
  - 양이온염 : 소듐(나트륨), 포타슘(칼륨), 칼슘, 마그네슘, 암모늄, 에탄올아민 등
  - 음이온염 : 클로라이드, 브로마이드, 설페이트, 아세테이트 등
  - 양쪽성 염 : 베타인 등
- 에스터류 : 메틸, 에틸, 프로필, 이소프로필, 뷰틸, 이소뷰틸, 페닐

- 기타 사용제한 원료

원료명	사용한도	비고
폴리아크릴아마이드류	• 사용 후 씻어내지 않는 보디 화장품에 잔류 아크릴아마이드로서 0.00001% • 기타 제품에 잔류 아크릴아마이드로서 0.00005%	-
알에이치(또는 에스에이치)올리고펩타이드-1 (상피세포성장인자)	0.001%	-
감광소 • 101호(플라토닌) • 201호(쿼터늄-73) • 301호(쿼터늄-51) • 401호(쿼터늄-45) • 기타 감광소		-
메틸옥틴카보네이트 (메틸논-2-이노에이트)	0.002%	메틸 2-옥티노에이트와 병용 시 최종 제품에서 두 성분의 합이 0.01%
메틸헵타디에논		-
알릴헵틴카보네이트		2-알키노익애시드 에스터(예 메틸헵틴카보네이트)을 함유하고 있는 제품에는 사용해서는 안 된다.
트랜스-2-헥세날		-
글라이옥살		-
메틸 2-옥티노에이트 (메틸헵틴카보네이트)	0.01%	메틸옥틴카보네이트와 병용 시 최종 제품에서 두 성분의 합은 0.01%, 메틸옥틴카보네이트는 0.002%여야 한다.
프로필리덴프탈라이드		-
2-헥실리덴사이클로펜타논	0.06%	-
만수국꽃 추출물 또는 오일	• 사용 후 씻어내는 제품에 0.1% • 사용 후 씻어내지 않는 제품에 0.01%	• 원료 중 알파 테프티에닐(테르티오펜) 함량은 0.35% 이하여야 한다. • 자외선 차단 제품 또는 자외선을 이용한 태닝(천연 또는 인공)을 목적으로 하는 제품에는 사용해서는 안 된다. • '만수국꽃 추출물 또는 오일'과 '만수국아재비꽃 추출물 또는 오일'을 혼합 사용 시 '사용 후 씻어내는 제품'에 0.1%, '사용 후 씻어내지 않는 제품'에 0.01%를 초과하지 않아야 한다.

원료명	사용한도	비고
만수국아재비꽃 추출물 또는 오일	0.1%	-
아밀시클로펜테논		-
아세틸헥사메틸테트라린	• 사용 후 씻어내지 않는 제품 0.1% • 다만, 하이드로알코올성 제품에 배합할 경우 1.0%, 순수 향료 제품에 배합할 경우 2.5%, 방향 크림에 배합할 경우 0.5% • 사용 후 씻어내는 제품 0.2%	
이소베르가메이트	0.1%	-
페릴알데하이드		-
3-메틸논-2-엔니트릴	0.2%	-
p-메틸하이드로신나믹 알데하이드		-
소듐나이트라이트		2급, 3급 아민 또는 기타 니트로사민형성물질을 함유하고 있는 제품에는 사용
클로라민T		-
아밀비닐카르비닐아세테이트	0.3%	-
트리클로산	사용 후 씻어내는 제품류에 0.3%	기능성 화장품의 유효 성분으로 사용하는 경우에 한하며 기타 제품에는 사용해서는 안 된다.
쿠민 열매 오일 및 추출물	사용 후 씻어내지 않는 제품에 쿠민 오일로서 0.4%	-
페루발삼 추출물 및 증류물	0.4%	-
메톡시디시클로펜타디엔카르복스 알데하이드	0.5%	-
이소사이클로제라니올		-
퀴닌 및 그 염류	• 샴푸에 퀴닌염으로서 0.5% • 헤어 로션에 퀴닌염으로서 0.2%	기타 제품에는 사용해서는 안 된다.
4-tert-뷰틸디하이드로신남 알데하이드	0.6%	-
소합향나무 발삼오일 및 추출물		-
오포파낙스		-
콤미포르에리트리아엠글러검 추출물 및 오일 80%		-
풍나무 발삼 오일 및 추출물		-

성분명	사용한도	비고
무기설파이트 및 하이드로젠설파이트류	산화염모제에서 유리 SO_2로 0.67%	기타 제품에는 사용해서는 안 된다.
에틸라우로일알지네이트 하이드로클로라이드	비듬 및 가려움을 덜어 주고 씻어내는 제품(샴푸)에 0.8%	기타 제품에는 사용해서는 안 된다.
건강틴크, 고추틴크, 칸타리스틴크(가뢰틴크)	1.0%	-
수용성 징크 염류 (징크 4-하이드록시벤젠설포네이트, 징크피리치온 제외)	징크로서 1.0%	-
알란토인클로로하이드록시 알루미늄(알클록사)	1.0%	-
징크피리치온	비듬 및 가려움을 덜어 주고 씻어내는 제품(샴푸, 린스) 및 탈모 증상의 완화에 도움을 주는 화장품에 총 징크피리치온으로서 1.0%	기타 제품에는 사용해서는 안 된다.
디아미노피리미딘옥사이드 (2,4-디아미노-피리미딘-3-옥사이드)	두발용 제품류에 1.5%	기타 제품에는 사용해서는 안 된다.
에티드로닉애시드 및 그 염류 (1-하이드록시에틸리덴-디-포스포닉애시드 및 그 염류)	• 두발용 제품류 및 두발염색용 제품류에 산으로서 1.5% • 인체 세정용 제품류에 산으로서 0.2%	기타 제품에는 사용해서는 안 된다.
트리클로카반 (트리클로카바닐리드)	사용 후 씻어내는 제품류에 1.5%	기능성화장품의 유효성분으로 사용하는 경우에 한하며 기타 제품에는 사용해서는 안 된다.
라우레스-8, 9 및 10	2.0%	-
레조시놀	• 산화염모제에 용법·용량에 따른 혼합물의 염모 성분으로서 2.0% • 기타 제품에 0.1%	-
1,3-비스(하이드록시메틸) 이미다졸리딘-2-치온	• 두발용 제품류 및 손발톱용 제품류에 2.0% • 다만, 에어로졸(스프레이에 한함) 제품에는 사용해서는 안 된다.	기타 제품에는 사용해서는 안 된다.
살리실릭애시드 및 그 염류	• 인체 세정용 제품류에 살리실릭애시드로서 2.0% • 사용 후 씻어내는 두발용 제품류에 살리실릭애시드로서 3.0%	• 영유아용 제품류 또는 만 13세 이하 어린이가 사용할 수 있음을 특정하여 표시하는 제품에는 사용해서는 안 된다 (다만, 샴푸는 제외). • 기능성 화장품의 유효 성분으로 사용하는 경우에 한하며 기타 제품에는 사용해서는 안 된다.

원료명	사용한도	비고
아세틸헥사메틸인단	사용 후 씻어내지 않는 제품에 2.0%	-
징크페놀설포네이트		
세트리모늄 클로라이드, 스테아트리모늄 클로라이드	단일 성분 또는 혼합 사용의 합으로서 • 사용 후 씻어내는 두발용 제품류 및 두발 염색용 제품류에 2.5% • 사용 후 씻어내지 않는 두발용 제품류 및 두발 염색용 제품류에 1.0%	-
트리알킬아민, 트리알칸올아민 및 그 염류	사용 후 씻어내지 않는 제품에 2.5%	-
과산화수소 및 과산화수소 생성 물질	• 두발용 제품류에 과산화수소로서 3.0% • 손톱 경화용 제품에 과산화수소로서 2.0%	기타 제품에는 사용해서는 안 된다.
시스테인, 아세틸시스테인 및 그 염류	퍼머넌트 웨이브용 제품에 시스테인으로서 3.0~7.5%	• 가온 2욕식 퍼머넌트 웨이브용 제품의 경우에는 시스테인으로서 1.5~5.5%, 안정제로서 티오글라이콜릭 애시드 1.0%를 배합할 수 있다. • 첨가하는 티오글라이콜릭 애시드의 양을 최대한 1.0%로 했을 때 주성분인 시스테인의 양은 6.5%를 초과할 수 없다.
알칼리금속의 염소산염	3.0%	-
실버나이트레이트	속눈썹 및 눈썹 착색용도의 제품에 4.0%	기타 제품에는 사용해서는 안 된다.
리튬하이드록사이드	• 헤어 스트레이트너 제품에 4.5% • 제모제에서 pH 조정 목적으로 사용되는 경우 최종 제품의 pH는 12.7 이하	기타 제품에는 사용해서는 안 된다.
베헨트리모늄 클로라이드	단일 성분 또는 세트리모늄 클로라이드, 스테아트리모늄 클로라이드와 혼합 사용의 합으로서 • 사용 후 씻어내는 두발용 제품류 및 두발 염색용 제품류에 5.0% • 사용 후 씻어내지 않는 두발용 제품류 및 두발 염색용 제품류에 3.0%	세트리모늄 클로라이드 또는 스테아트리모늄 클로라이드와 혼합 사용하는 경우, 세트리모늄 클로라이드 및 스테아트리모늄 클로라이드의 합은 '사용 후 씻어내지 않는 두발용 제품류'에 1.0% 이하, '사용 후 씻어내는 두발용 제품류 및 두발 염색용 제품류'에 2.5% 이하여야 한다.
옥살릭애시드, 그 에스터류 및 알칼리 염류	두발용 제품류에 5.0%	기타 제품에는 사용해서는 안 된다.

성분명	사용한도	비고
포타슘하이드록사이드 또는 소듐하이드록사이드	• 손톱표피의 용해 목적일 경우 5.0%, pH조정 목적으로 사용되고 최종 제품이 제5조 제5항에 pH기준이 정하여 있지 아니한 경우에도 최종 제품의 pH는 11 이하 • 제모제에서 pH조정 목적으로 사용되는 경우 최종 제품의 pH는 12.7 이하	–
암모니아	6.0%	–
칼슘하이드록사이드	• 헤어 스트레이트너 제품에 7.0% • 제모제에서 pH조정 목적으로 사용되는 경우 최종 제품의 pH는 12.7 이하	기타 제품에는 사용해서는 안 된다.
우레아	10.0%	–
티오글라이콜릭애시드, 그 염류 및 에스터류	• 퍼머넌트 웨이브용 및 헤어 스트레이트너 제품에 티오글라이콜릭 애시드로서 11.0% • 제모용 제품에 티오글라이콜릭 애시드로서 5.0% • 염모제에 티오글라이콜릭 애시드로서 1.0% • 사용 후 씻어내는 두발용 제품류에 2.0%	가온 2욕식 헤어 스트레이트너 제품의 경우에는 티오글라이콜릭애시드로서 5.0%, 티오글라이콜릭애시드 및 그 염류를 주성분으로 하고 제1제 사용 시 조제하는 발열 2욕식 퍼머넌트 웨이브용 제품의 경우 티오글라이콜릭애시드로서 19.0%에 해당하는 양이어야 한다.
에탄올·붕사·라우릴황산나트륨 (4:1:1)혼합물	외음부 세정제에 12.0%	기타 제품에는 사용해서는 안 된다.
비타민E(토코페롤)	20.0%	–
톨루엔	손발톱용 제품류에 25.0%	기타 제품에는 사용해서는 안 된다.
로즈 케톤-3	0.02%	–
로즈 케톤-4		–
로즈 케톤-5		–
α-다마스콘(시스-로즈 케톤-1)		–
시스-로즈 케톤-2		–
트랜스-로즈 케톤-1		–
트랜스-로즈 케톤-2		–
트랜스-로즈 케톤-3		–
트랜스-로즈 케톤-5		–

성분	사용한도	비고
머스크자일렌	• 향수류 • 향료원액을 8% 초과하여 함유하는 제품에는 1.0 % • 향료원액을 8% 이하로 함유하는 제품에 0.4 % • 기타 제품에 0.03 %	–
머스크케톤	• 향수류 • 향료원액을 8% 초과하여 함유하는 제품에는 1.4 % • 향료원액을 8% 이하로 함유하는 제품에 0.56 % • 기타 제품에 0.042 %	–
땅콩 오일, 추출물 및 유도체	–	원료 중 땅콩단백질의 최대 농도는 0.5ppm을 초과하지 않아야 한다.
하이드롤라이즈드밀단백질	–	원료 중 펩타이드의 최대 평균 분자량은 3.5kDa이하여야 한다.

KEYWORD 02 | 알레르기 유발 성분

1) 착향제(향료) 성분 중 알레르기 유발 물질

신남알(Cinnamal)	• 신남알	• 아밀신남알	• 헥실신남알
벤질(Benzyl)	• 벤질알코올 • 벤질살리실레이트	• 벤질신나메이트 • 벤질벤조에이트	
신나밀알코올 (Cinnamyl Alcohol)	• 신나밀알코올	• 아밀신나밀알코올	
시트르(Citr–)	• 시트랄	• 시트로넬올	• 하이드록시시트로넬알
유제놀(Eugenol)	• 유제놀	• 아이소유제놀	
메틸(Methyl)	• 메틸2-옥티노에이트	• 뷰틸페닐메틸프로피오날	• 알파–아이소메틸아이오논
리–	• 리날룰	• 리모넨	
나무이끼	• 나무이끼추출물	• 참나무이끼추출물	
기타	• 제라니올 • 아니스알코올	• 파네솔 • 쿠마린	

> **선생님의 노하우**
> 고객의 안전과 관련된 내용들은 시험에 아주 출제가 많이 돼요. 알레르기 유발 물질은 외우기 쉽게 공통 명칭들로 묶어 놨어요.

> **선생님의 노하우**
> 원래 법령과 다른 곳에서 메틸은 '메칠'이라고 표기하고 있습니다. 이는 일본어 표기 'メチル(메치루)'에 이끌린 표기로, 정확한 우리말 표기는 '메틸'이므로 전체적으로 통일해 두었습니다.

2) 알레르기 유발 성분의 표기

표기	• 착향제는 "향료"로 표시할 수 있으나, 착향제 구성 성분 중 식품의약품안전처장이 고시한 알레르기 유발 성분의 경우(해당 25종) "향료"로 표시할 수 없고, 추가로 해당 성분의 명칭을 기재하여야 한다.

	• 사용 후 씻어내는 제품에는 **0.01% 초과**, 사용 후 씻어내지 않는 제품에는 **0.001% 초과** 함유하는 경우에 알레르기 유발 성분을 표시한다. • 내용량이 **10㎖(g) 초과 50㎖(g) 이하**인 소용량 화장품은 표시·기재의 면적이 부족할 경우 생략 가능하다(단, 홈페이지 등에서 확인할 수 있도록 해야 함). • 소용량의 화장품일지라도 표시 면적이 충분할 경우에는 해당 알레르기 유발 성분을 표시해야 한다. • 책임판매업자 홈페이지, 온라인 판매처 사이트에서도 전 성분 표시사항에 향료 중 알레르기 유발 성분을 표시해야 한다. • 천연 오일 또는 식물 추출물이 착향의 목적으로 사용되었거나 착향제의 특성이 있는 경우 알레르기 유발 성분을 표시·기재해야 한다.
비율의 계산	• 해당 알레르기 유발 성분이 제품의 내용량에서 차지하는 함량의 비율로 계산한다. [문제] 다음의 보디 로션(250g)에 '리모넨'이 0.05g 함유되어 있을 때, 리모넨의 함량을 몇 %로 표기해야 하는가? [풀이] $$\frac{\text{성분의 함량}}{\text{제품의 내용량}} \times 100 = \frac{0.05g}{250g} \times 100$$ $$= \frac{5}{25000} \times 100$$ $$= \frac{2}{100}$$ $$= 2\%$$ [정답] 2%

> **선생님의 노하우**
> 계산 문제들이 시험에 자주 출제됩니다. 수식들을 잘 외워 두세요.

3) 알레르기 유발 성분의 표기법의 변화

현행		개선		
정제수, 티타늄디옥사이드, 글리세린, 1,2-헥산다이올, 향료 일반성분	알레르기 유발 성분인 시트랄, 쿠마린이 포함된 경우	제1안	정제수, 티타늄디옥사이드, 글리세린, 1,2-헥산다이올, 향료, 시트랄, 쿠마린	○
		제2안	정제수, 티타늄디옥사이드, 글리세린, 1,2-헥산다이올, 시트랄, 향료, 쿠마린	○
		제3안	[함량 순으로 기재] 정제수, 티타늄디옥사이드, 글리세린, 시트랄, 1,2-헥산다이올, 향료, 쿠마린	○
		제4안	[향료끼리 묶어서 기재] 정제수, 티타늄디옥사이드, 글리세린, 1,2-헥산다이올, 향료(시트랄, 쿠마린)	×
		제5안	[알레르기 유발 성분을 별도 기재] 정제수, 티타늄디옥사이드, 글리세린, 1,2-헥산다이올, 향료, 시트랄, 쿠마린 (알레르기 유발 성분)	×

KEYWORD 03 천연화장품과 유기농화장품

1) 천연화장품 및 유기농화장품의 조성
① 원료와 조성

천연화장품	유기농화장품
천연화장품은 중량 기준으로 천연 성분의 함량이 전체 제품의 95% 이상이어야 한다.	• 유기농화장품은 중량 기준으로 유기농 성분의 함량이 전체 제품의 10% 이상이어야 한다. • 유기농 함량을 포함한 천연 성분의 함량이 전체 제품의 95% 이상으로 구성되어야 한다.

② 천연 및 유기농 성분의 함량 계산법
- 천연 성분의 함량 계산 방법

> 천연 함량 비율(%) = 물 비율 + 천연 원료 비율 + 천연 유래 원료 비율

- 유기농 성분의 함량 계산 방법

원칙	유기농 인증 원료의 경우 해당 원료의 유기농 성분의 함량으로 계산한다.
예외	• 유기농 함량 확인이 불가능한 경우 유기농 함량 비율 계산 방법 　– 물, 미네랄 또는 미네랄 유래 원료는 유기농 함량 비율 계산에 포함하지 않는다(물은 제품에 직접 함유 또는 혼합 원료의 구성요소일 수 있음). 　– 유기농 원물만 사용하거나 유기농 용매를 사용하여 유기농 원물을 추출한 경우 해당 원료의 유기농 성분의 함량 비율은 100%로 계산한다. • 수용성 추출물 원료의 유기농 함량 비율 계산 방법 　– 1단계 : 비율 = $\dfrac{\text{신선한 유기농 원물}}{(\text{추출물} - \text{용매})}$ 　– 2단계 : $\left\{ \dfrac{\text{비율} \times (\text{추출물} - \text{용매})}{\text{추출물}} + \dfrac{\text{유기농 원물}}{\text{추출물}} \right\} \times 100$ • 비수용성 추출물 원료의 유기농 함량 비율 계산 방법 　$\left\{ \dfrac{(\text{신선 또는 건조 유기농 원물} + \text{사용하는 유기농 용매})}{(\text{신선 또는 건조 원물} + \text{사용하는 총 용매})} \right\} \times 100$ • 물로만 추출한 원료의 경우 　$\dfrac{\text{신선한 유기농 원물}}{\text{추출물}} \times 100$ • 신선한 원물로 복원하기 위해서는 실제 건조 비율을 사용하거나(이 경우 증빙 자료 필요) 다음의 일정 비율을 곱해야 한다. 　– 나무, 껍질, 씨앗, 견과류, 뿌리 → 1:2.5 　– 잎, 꽃, 지상부 → 1:4.5 　– 과일(예 살구, 포도 등) → 1:5 　– 물이 많은 과일(예 오렌지, 파인애플 등) → 1:8

2) 천연화장품 및 유기농화장품의 원료 기준

① 제조에 사용할 수 있는 원료

• 천연 원료 및 천연유래 원료

천연화장품	천연화장품	유기농화장품
• 유기농 원료 • 식물 원료 • 동물성 원료 • 미네랄 원료	• 유기농 유래 원료 • 식물 유래 원료 • 동물성 유래 원료 • 미네랄 유래 원료물(정제수)	물(정제수)

• 허용 기타 원료 및 허용 합성 원료

공정	방법
자연에서 대체하기 곤란한 기타 원료 및 합성 원료	자연에서 대체하기 곤란한 기타 원료 및 합성 원료는 5% 이내에서 사용할 수 있다. • 벤조익애시드 및 그 염류 • 데나토늄벤조에이트 • 벤질알코올 • 3급 뷰틸알코올 • 살리실릭애시드 및 그 염류 • 기타 변성제(프탈레이트류 제외) • 소르빅애시드 및 그 염류 • 이소프로필알코올 • 디하이드로 아세틸애시드 및 그 염류 • 테트라소듐글루타메이트디아세테이트
석유화학 부분	석유화학 부분은 2%를 초과해서 사용할 수 없다. • 디알킬카보네이트 • 두발·수염 제품에 한하는 원료 • 알킬아미도프로필베타인 ㅡ 식물성 폴리머—하이드록시프로 • 알킬메틸글루카미드 필트리모늄클로라이드 • 알킬알포아세테이트/디아세테이트 ㅡ 디알킬디모늄클로라이드 • 알킬글루코사이드카르복실레이트 ㅡ 알킬디모늄하이드록시프로필하이 • 카르복시메틸—식물 폴리머 드로라이즈드식물성단백질
기타 원료	앱솔루트, 콘크리트, 레지노이드는 천연화장품에만 허용된다. • 베타인 • 라놀린 • 카라기난 • 피토스테롤 • 레시틴 및 그 유도체 • 글라이코스핑고리피드 및 글라이코 • 토코페롤 리피드 • 토코트리에놀 • 잔탄검 • 오리자놀 • 알킬베타인 • 안나토 • 카로티노이드/잔토필

> **개념 체크**
>
> 천연화장품 및 유기농화장품에 5%까지 사용할 수 있는 원료로 적절하지 <u>않은</u> 것은?
> ① 3급 뷰틸알코올
> ② 이소프로필알코올
> ③ 알킬메틸글루카미드
> ④ 살리실릭애시드 및 그 염류
> ⑤ 벤조익애시드 및 그 염류
>
> ③

② 오염 물질

• 제조에 사용하는 원료는 다음의 오염 물질에 의해 오염되어서는 안 된다.

- 중금속
- 방향족 탄화수소
- 농약
- 다이옥신 및 폴리염화비페닐
- 방사성 물질
- 유전자변형 생물체
- 곰팡이 독소
- 의약 잔류물
- 질산염
- 니트로사민

3) 제조 공정에서의 주의점
① 물리적 공정

공정	방법
공통 사항	공정 시 물이나 자연에서 유래한 천연용매로 추출하여야 한다.
흡수/흡착, 탈색/탈취, 여과	비활성 지지체를 사용하여야 한다.
탈색	벤토나이트, 숯가루, 표백토, 과산화수소, 오존을 사용하여야 한다.
탈테르펜	증기 또는 자연적으로 얻어지는 용매를 사용하여야 한다.
증류 또는 추출	자연적으로 얻어지는 용매(물, CO_2 등)를 사용하여야 한다.
멸균	열처리, 가스처리(O_2, N_2, Ar, He, O_3, CO_2 등), 광선처리(UV, IR, Microwave)를 하여야 한다.
달임	뿌리, 열매 등 단단한 부위를 우려내야 한다.
우려냄	꽃, 잎 등 연약한 부위를 우려내야 한다.
매서레이션	정제수나 오일에 담가 부드럽게 하여야 한다.
기타	분쇄, 원심분리, 상층액분리, 건조, 탈고무·탈유, 동결건조, 혼합, 삼출, 압력, 체로 거르기, 냉동, 결정화, 압착, 초음파, 진공, 로스팅

② 화학적·생물학적 공정

유의 사항	• 석유화학 용제의 사용 시 반드시 최종적으로 모두 회수되거나 제거되어야 한다. • 방향족, 알콕실레이트화, 할로겐화, 니트로젠 또는 황(DMSO 예외) 유래 용제는 사용이 불가하다.
공정의 종류	• 알킬화　　　　　• 황화 • 수화　　　　　　• 에스터화/에스터결합전이반응/에스터교환 • 회화　　　　　　• 아마이드형성 • 수소화　　　　　• 양쪽성물질의 제조공정(아마이드, 4기화반응) • 탄화　　　　　　• 응축/부가 • 중화　　　　　　• 생명공학기술/자연발효 • 복합화　　　　　• 이온교환 • 산화/환원　　　　• 가수분해 • 비누화　　　　　• 오존분해 • 에테르화

③ 금지되는 공정

- 탈색·탈취
- 방사선 조사
- 설폰화
- 수은화합물을 사용하는 처리
- 폼알데하이드를 사용하는 처리
- 유전자변형 원료 배합
- 니트로스아민류 배합 및 생성
- 에틸렌옥사이드, 프로필렌옥사이드 또는 다른 알켄옥사이드를 사용하는 처리
- 일면 또는 다면의 외형 또는 내부 구조를 가지도록 의도적으로 만들어진 불용성이거나 생체지속적인 1~100㎚ 크기의 물질 배합
- 공기, 산소, 질소, 이산화탄소, 아르곤 가스 외의 분사제 사용

④ 천연화장품 및 유기농화장품의 용기와 포장
- 다음의 재료는 천연화장품·유기농화장품의 용기와 포장에 사용해서는 안 된다.
  - 폴리염화비닐(PVC ; Polyvinyl Chloride)
  - 폴리스티렌폼(Polystyrene Foam)

4) 제조 공정 이후의 사항

① 자료의 보존 및 재검토
- 보존 : 제조일(수입일의 경우 통관일)로부터 3년 또는 사용 기한 경과 후 1년 중 긴 기간 동안 보존하여야 함
- 재검토 및 개선 : 2020년 1월 1일 기준으로 3년이 되는 시점(매 3년째의 12월 31일까지를 말함)마다 타당성 검토 및 개선 조치를 하여야 함

② 천연화장품 및 유기농화장품에 대한 인증
- 화장품제조업자, 화장품책임판매업자 또는 총리령으로 정하는 대학, 연구소 등은 식품의약품안전처장에게 인증을 신청한다.
- 거짓이나 부정한 방법으로 인증받았거나 인증 기준에 부적합한 경우 인증을 취소하여야 한다.
- 인증의 유효기간은 인증을 받은 날로부터 3년이다.
- 인증의 유효기간을 연장받으려는 자는 유효기간 만료 90일 전에 연장 신청하여야 한다.

필수용어.Zip SECTION 03 화장품 사용제한 원료

유기농 원료

유기농 원료	• 「친환경농어업 육성 및 유기식품 등의 관리·지원에 관한 법률」에 따라 인증된 유기농 수산물 또는 해당 법률에서 허용하는 물리적 공정을 거쳐 가공된 원료 • 미국, 유럽연합, 일본 등 외국 정부가 정한 기준에 따라 인증기관에서 유기농 수산물로 인정받거나, 해당 법률에서 허용하는 물리적 공정을 통해 가공된 원료 • 국제유기농업운동연맹(IFOAM)에 등록된 인증기관에서 유기농 원료로 인증받거나, 해당 법률에서 허용하는 물리적 공정을 거쳐 가공된 원료
식물 원료	식물(해조류 같은 해양식물, 버섯과 같은 균사체 포함) 자체를 가공하지 않거나, 해당 법률에서 허용하는 물리적 공정을 거쳐 가공된 화장품 원료
동물성 원료 (동물에서 생산된 원료)	동물 자체(세포, 조직, 장기 제외)에서 자연적으로 생성된 물질을 가공하지 않거나, 해당 법률에서 허용하는 물리적 공정을 거쳐 가공한 계란, 우유, 우유 단백질 등의 화장품 원료
미네랄 원료	지질학적 작용으로 자연적으로 생성된 물질을 해당 법률에서 허용하는 물리적 공정을 통해 가공한 화장품 원료(단, 화석 연료 기원의 물질은 제외)

유래 원료의 분류

유기농 유래 원료	유기농 원료를 해당 법률에서 허용하는 화학적 또는 생물학적 공정을 거쳐 가공한 원료
식물 유래 원료	식물 원료를 해당 법률에서 허용하는 화학적 또는 생물학적 공정을 거쳐 가공한 원료
동물성 유래 원료	동물성 원료를 해당 법률에서 허용하는 화학적 또는 생물학적 공정을 거쳐 가공한 원료
미네랄 유래 원료	미네랄 원료를 해당 법률에서 허용하는 화학적 또는 생물학적 공정을 거쳐 가공한 원료

천연 원료의 분류

천연 원료	유기농 원료, 식물 원료, 동물성 원료, 미네랄 원료를 포함하는 원료
천연 유래 원료	유기농 유래 원료, 식물 유래 원료, 동물성 유래 원료, 미네랄 유래 원료를 포함하는 원료

SECTION 04 화장품 관리

빈출 태그 ▶ #취급방법 #보관방법 #주의사항

> **선생님의 노하우**
> 화장품 관리 부분은 선다형 문제로 자주 출제돼요.

KEYWORD 01 화장품의 취급과 보관

1) 화장품의 취급 방법

- 완제품은 적절한 조건에서 보관하여야 한다.
- 보관 기한을 설정하고, 주기적으로 재고를 점검하여야 한다.
- 완제품은 바닥과 벽에 닿지 않도록 하고, 특별한 사유가 없는 한 선입선출에 의하여 출고될 수 있도록 보관하여야 한다.
- 원자재, 시험 중인 제품 및 부적합품은 각각 구획된 장소에서 보관하여야 한다(다만, 서로 혼동을 일으킬 우려가 없는 시스템에 의하여 보관되는 경우는 제외).
- 설정된 보관 기한이 지나면 사용의 적절성을 결정하기 위해 재평가 시스템을 확립하여야 하며, 동 시스템을 통해 보관 기한이 경과한 경우 사용하지 않도록 규정한다.
- 완제품은 시험 결과 적합 판정과 품질보증부서 책임자가 출고 승인한 것만을 출고한다.

2) 화장품의 보관 방법

- 적당한 조명, 온·습도, 정렬된 통로 및 보관 구역 등의 적절한 보관 조건에 보관하여야 한다.
- 불출된 완제품, 검사 중인 화장품, 불합격 판정을 받은 완제품의 각각의 상태에 따라 지정된 물리적 장소에 보관하거나 미리 정해진 자동 적재 위치에 저장되어야 한다.
- 팔레트에 적재된 모든 재료(또는 기타 용기 형태)의 표시사항
  - 명칭 또는 확인 코드
  - 제조번호
  - 제품의 품질을 유지하기 위해 필요한 경우, 보관 조건
  - 불출 상태

> **더 알기 TIP**
> **수동 시스템과 전산화 시스템의 요건**
> - 재질 및 제품의 관리와 보관은 쉽게 확인할 수 있는 방식이어야 한다.
> - 재질 및 제품의 수령과 철회는 적절히 허가하여야 한다.
> - 유통된 제품은 추적이 용이하여야 한다.
> - 재고 회전 시 선입선출 방식으로 사용 및 유통된다.

KEYWORD 02 화장품의 사용

1) 화장품의 사용 방법

- 화장품은 사용하기 직전에 개봉하고, 개봉한 제품은 가능한 한 빨리 사용한다.
- 화장품을 사용할 때는 반드시 깨끗한 손이나 작은 도구를 이용하며, 사용 후 항상 뚜껑을 바르게 닫는다.
- 직사광선을 피하고 서늘하고 그늘지며, 건조한 곳(건조한 냉암소)에 보관한다.
- 화장품에 습기가 차거나 다른 물질이 섞이지 않도록 주의한다.
- 화장(품)에 사용되는 도구, 화장품 및 도구의 보관 장소는 항상 청결을 유지한다.
- 화장품의 적정 보관 온도는 11~15℃이다.
- 사용 기한이 표시된 제품은 표시 기간 내에 사용하고, 내용물에 이상이 생겼을 경우에는 사용을 금지한다.
- 눈 및 입술에 감염증이 생긴 경우에는, 화장을 피하고, 알레르기 반응이나 피부 자극이 발생하면 즉시 사용을 중지하고, 중지 후에도 이상 반응이 계속된다면 꼭 전문의와 상담한다.
- 매니큐어, 마스카라, 리퀴드 아이라이너 등은 공기가 들어가면 쉽게 굳으므로 펌핑을 자제하여야 한다.

➕ 더 알기 TIP

내용물에 이상이 생긴 경우
- 변색 : 내용물의 색상이 변하였을 때
- 이취 · 변취 : 내용물에서 불쾌한 냄새가 날 때
- 층 분리 : 내용물의 층이 분리되었을 때

2) 화장품 사용 시의 주의사항

① 공통사항

- 화장품 사용 시 또는 사용 후 직사광선에 의하여 사용 부위에 붉은 반점, 부어오름 또는 가려움증 등의 이상 증상이나 부작용이 있는 경우 전문의 등과 상담할 것
- 상처가 있는 부위 등에는 사용을 자제할 것
- 보관 및 취급 시 주의사항
  - 어린이의 손에 닿지 않는 곳에 보관할 것
  - 직사광선을 피해서 보관할 것

② 개별사항

구분	사용 시 주의사항
미세한 알갱이가 함유된 스크럽 세안제	알갱이가 눈에 들어갔을 경우 물로 씻어내고, 이상이 있는 경우 전문의와 상담할 것
팩	눈 주위를 피하여 사용할 것

선생님의 노하우

공통 주의사항은 모든 화장품에 들어가야 하는 주의사항이에요. 주의사항을 공부하실 때는 가지고 있는 화장품들을 실제로 살펴보시는 것이 기억하는 데 도움이 돼요.

개념 체크

다음 빈칸에 들어갈 내용을 쓰시오.

- 화장품 사용 시 또는 사용 후 ( )에 의하여 사용 부위에 붉은 반점, 부어 오름 또는 가려움증 등의 이상 증상이나 부작용이 있는 경우 전문의 등과 상담할 것
- 상처가 있는 부위 등에는 사용을 자제할 것
- 보관 및 취급 시 주의사항으로 ( )의 손에 닿지 않는 곳에 보관하고, ( )을(를) 피하여 보관할 것

직사광선, 어린이, 직사광선

구분	주의사항
두발용, 두발염색용 및 눈화장용 제품류	눈에 들어갔을 때에는 즉시 씻어낼 것
모발용 샴푸	• 눈에 들어갔을 때 즉시 씻어낼 것 • 사용 후 물로 씻어내지 않으면 탈모, 탈색의 원인이 됨
퍼머넌트 웨이브 제품 및 헤어 스트레이트너 제품	• 모발 외 부위에 약액이 묻지 않도록 하고 얼굴 등에 묻었을 때 즉시 물로 씻어내고, 용법·용량을 지키고, 가능하면 시험적으로 사용하여 볼 것 • 특이체질, 생리 또는 출산 전후이거나 질환이 있는 사람 등은 사용을 피할 것 • 15℃ 이하의 어두운 장소에 보관하고, 개봉한 제품은 7일 이내에 사용할 것 • 제2단계 퍼머액 중 주성분이 과산화수소인 제품은 모발색이 검정에서 갈색으로 변할 수 있으므로 유의하여 사용할 것 • 머리카락 손상 등을 피하기 위하여 용법·용량을 지켜야 하며, 가능하면 국소 부위에 시험적으로 사용하여 볼 것 • 개봉한 제품은 7일 이내에 사용할 것(에어로졸 제품이나 사용 중 공기유입이 차단되는 용기는 표시하지 아니함)
외음부 세정제	• 정해진 용법과 용량을 준수할 것 • 3세 이하 영유아, 임신 중, 분만 직전인 경우에는 사용하지 말 것 • 프로필렌글라이콜을 함유하고 있으므로 이 성분에 과민하거나 알레르기 병력이 있는 사람은 신중히 사용할 것
손·발의 피부 연화 제품	• 눈·코·입 등에 닿지 않도록 주의하여 사용할 것 • 프로필렌글라이콜을 함유하고 있으므로 이 성분에 과민하거나 알레르기 병력이 있는 사람은 신중히 사용할 것
체취방지용 제품	털을 제거한 직후에는 사용하지 말 것
고압가스를 사용하는 에어로졸 제품	• 같은 부위에 연속 3초 이상 분사하지 말 것(무스의 경우 제외) • 인체에서 20cm 이상 떨어져서 사용할 것(무스의 경우 제외) • 눈 주위 또는 점막 등에 분사하지 말 것 • 자외선차단제의 경우 얼굴에 직접 분사하지 말고 손에 덜어 얼굴에 바를 것(무스의 경우 제외) • 분사가스는 직접 흡입하지 않도록 주의할 것(무스의 경우 제외) • 보관 및 취급 시 주의사항 　- 기온이 40℃ 이상의 장소 또는 밀폐된 실내에서 사용 후 반드시 환기를 할 것 　- 불꽃 길이 시험에 의한 화염이 인지되지 않는 것으로서 가연성 기체를 사용하지 않는 제품 : 기온이 40℃ 이상의 장소 및 밀폐 장소에 보관하지 말고, 사용 후 남은 가스가 없도록 하고, 소각처리를 하지 말 것 　- 가연성 기체를 사용하는 제품 : 화기 부근(난로, 풍로 등) 또는 화기를 사용하고 있는 실내와 불꽃을 향하여 사용하지 말고, 소각처리를 하지 말 것
고압가스를 사용하지 않는 분무형 자외선차단제	얼굴에 직접 분사하지 말고 손에 덜어 얼굴에 바를 것

알파-하이드록시애시드 (AHA) 함유 제품	• 햇빛에 대한 피부의 감수성을 증가시킬 수 있으므로 자외선차단제를 함께 사용할 것(씻어내는 제품 및 두발용 제품은 제외) • 일부에 시험 사용하여 피부 이상을 확인할 것 • 고농도의 AHA는 부작용 발생 우려가 있으므로 전문의 등에게 상담할 것(AHA 성분이 10%를 초과하여 함유되어 있거나 산도가 pH 3.5 미만인 제품만 표시) • 저농도(0.5% 이하)의 AHA 성분을 함유한 제품은 예외임
염모제 (산화염모제와 비산화염모제)	• 다음에 해당하는 자는 사용 후 피부나 신체가 과민 상태로 되거나 피부 이상 반응(부종, 염증 등)이 일어나거나, 현재의 증상이 악화될 가능이 있으므로 사용을 금할 것 　- '과황산염'의 함유로 인하여 사용 중 또는 직후 몸이 붓거나 구역, 구토 등 속이 좋지 않았던 자 　- 염모제 사용 후 피부 이상 반응, 발진, 발적, 가려움, 구역, 구토 등의 경험이 있었던 자 　- 패치 테스트의 결과 이상이 발생한 경험이 있는 자 　- 두피·얼굴·목덜미에 상처, 피부병(부스럼 등)이 있는 자, 특이체질·신장 질환·혈액 질환·생리 중 또는 임신 중인 자, 임신할 가능성이 있는 자 　- 출산 후나 병증·병후의 회복 중인 자, 그 밖의 신체 이상이 있는 자 　- 미열·나른함(권태감)·두근거림(심계항진)·호흡 곤란의 증상, 코피 등의 출혈이 잦고, 생리나 그 밖의 사유로 출혈이 멈추기 어려운 증상이 있는 자 　- 프로필렌글라이콜이 함유된 제품으로 알레르기를 일으킬 수 있는 자는 사용 전 의사 또는 약사와 상의할 것 • 염모제 사용 전의 주의 　- 염색 2일 전 매회 반드시 패치 테스트를 실시할 것 　- 두발 외의 부분(눈썹 및 속눈썹 등)과, 면도 직후 사용을 금할 것 　- 염모 전후 1주간은 파마, 웨이브(퍼머넌트 웨이브)를 금할 것 • 염모 시의 주의 　- 사용 중 목욕이나 머리를 적시면 눈에 들어갈 수 있으므로 주의할 것 　- 눈에 들어갔을 경우 미지근한 물로 15분 이상 씻어내고, 곧바로 안과 전문의의 진찰을 받을 것(임의로 안약 사용 금지) • 염모 후의 주의 　- 사용 후 피부 이상 증상이 발생한 경우 피부과 전문의의 진찰을 받을 것 　- 속이 안 좋아지는 등 신체 이상을 느낄 시 전문의에게 상담할 것 • 보관 및 취급상의 주의 　- 혼합한 염모액을 밀폐된 용기에 보존하지 말고, 사용 후 잔액은 반드시 바로 버릴 것 　- 용기를 버릴 때는 반드시 뚜껑을 열어서 버릴 것 　- 사용 후 혼합하지 않은 액은 직사광선과 공기의 접촉을 피하여 서늘한 곳에 보관할 것
제모제 (티오글라이콜릭애시드 함유 제품에만 표시함)	• 사용금지 　- 생리 전후, 산전, 산후, 병후의 환자 　- 얼굴, 상처, 부스럼, 습진, 짓무름, 기타의 염증, 반점 또는 자극이 있는 피부 　- 유사 제품에 부작용이 나타난 적이 있는 피부 　- 약한 피부 또는 남성의 수염 부위 • 땀발생억제제(Antiperspirant), 향수, 수렴로션(Astringeni Lotion)은 이 제품 사용 후 24시간 후에 사용할 것

- 부종, 홍반, 가려움, 피부염(발진, 알레르기, 광과민반응, 중증의 화상 및 수포 등의 증상이 나타날 수 있으므로 이러한 경우 이 제품의 사용을 즉각 중지하고 의사 또는 약사와 상의할 것
- 그 밖의 사용 시 주의사항
  - 사용 중 따가운 느낌, 불쾌감, 자극이 발생할 경우 즉시 닦아내어 제거하고 찬물로 씻으며, 불쾌감이나 자극이 지속될 경우 의사 또는 약사와 상의할 것
  - 자극감이 나타날 수 있으므로 매일 사용하지 말 것
  - 이 제품의 사용 전후에 비누를 사용하면 자극감이 나타날 수 있으므로 주의하고, 외용으로만 사용할 것
  - 눈 또는 점막에 닿았을 경우 미지근한 물로 씻어내고 붕산수(농도 약 2%)로 헹굴 것
  - 10분 이상 피부에 방치하거나 피부에서 건조시키지 말 것
  - 깨끗이 제거되지 않은 경우 2~3일의 간격을 두고 사용할 것

※ 그 밖에 화장품의 안전정보와 관련하여 기재·표시하도록 식품의약품안전처장이 정하여 고시하는 사용할 때의 주의사항을 기재·표시한다.

③ 화장품의 함유 성분별 사용 시 주의사항 표시 문구

구분	사용 시 주의사항
과산화수소 및 과산화수소 생성 물질 함유 제품	눈에 접촉을 피하고 눈에 들어갔을 때는 즉시 씻어낼 것
벤잘코늄클로라이드, 벤잘코늄브로마이드 및 벤잘코늄사카리네이트 함유 제품	
실버나이트레이트 함유 제품	
스테아린산아연 함유 제품(기초화장용 제품류 중 파우더 제품에 한함)	사용 시 흡입하지 않도록 주의할 것
살리실릭애시드 및 그 염류 함유 제품(샴푸 등 사용 후 바로 씻어내는 제품 제외)	3세 이하 어린이에게는 사용하지 말 것
아이오도프로피닐뷰틸카바메이트(IPBC) 함유 제품(목욕용 제품, 샴푸류 및 보디 클렌저 제외)	
알루미늄 및 그 염류 함유 제품(체취 방지용 제품류에 한함)	신장 질환이 있는 사람은 사용 전에 의사, 약사, 한의사와 상의할 것
알부틴 2% 이상 함유 제품	알부틴은 「인체 적용 시험 자료」에서 구진과 경미한 가려움이 보고된 예가 있음
카민 함유 제품	카민 성분에 과민하거나 알레르기가 있는 사람은 신중히 사용할 것
코치닐 추출물 함유 제품	코치닐 추출물 성분에 과민하거나 알레르기가 있는 사람은 신중히 사용할 것
폼알데하이드가 0.05% 이상 검출된 제품	폼알데하이드 성분에 과민한 사람은 신중히 사용할 것

폴리에톡실레이티드레틴아마이드를 0.2% 이상 함유하는 제품	폴리에톡실레이티드 레틴아마이드는 「인체 적용 시험 자료」에서 경미한 발적, 피부 건조, 화끈감, 가려움, 구진이 보고된 예가 있음
뷰틸파라벤, 프로필파라벤, 이소뷰틸파라벤 또는 이소프로필파라벤 함유 제품 [영유아용 제품류 및 기초화장용 제품류(3세 이하 어린이가 사용하는 제품) 중 사용 후 씻어내지 않는 제품에 한함]	3세 이하 어린이의 기저귀가 닿는 부위에는 사용하지 말 것

필수용어.Zip SECTION 04 화장품 관리

원료	벌크 제품 제조 시 투입되거나 포함되는 물질
원자재	화장품 제조에 사용되는 원료 및 자재
완제품	제품의 포장 및 첨부 문서 표기 등의 공정을 포함하여, 출하를 위한 모든 제조 과정이 완료된 화장품
재작업	적합 판정 기준을 벗어난 완제품, 벌크 제품 또는 반제품을 재처리하여 품질이 적합한 범위에 들도록 하는 작업
품질보증	제품이 적합 판정 기준을 충족할 것이라는 신뢰를 제공하기 위해 수행되는 모든 계획적이고 체계적인 활동
사용기한	화장품이 제조된 날로부터 적절한 보관 상태에서 제품의 고유 특성을 유지하며, 소비자가 안전하게 사용할 수 있는 최소한의 기간
패치 테스트 (첩포 시험)	테스트액을 피부에 바른 후 30분 및 48시간 후 총 2회에 걸쳐 이상 반응을 확인하는 방법

SECTION 05 위해 사례 판단 및 보고

빈출 태그 ▶ #위해평가 #위해성등급

KEYWORD 01 위해 평가의 개념과 절차

1) 위해성 평가의 개념과 시행목적

개념	인체가 화장품에 존재하는 위해요소에 노출되었을 때 발생 가능한 유해한 영향과 발생확률을 과학적으로 예측하는 과정이다.
시행목적	인체에 직접 적용되는 제품에 존재하는 위해요소가 인체에 노출되었을 때 발생할 수 있는 위해성을 종합적으로 평가하고, 안전관리를 위한 사항을 규정함으로써 국민 건강을 보호, 증진하는 것을 목적으로 한다.

> **개념 체크**
> 비의도적 오염 물질에 대한 위해성 평가 단계 중 '인체가 위해 요소에 노출되어 있는 정도를 산출'하는 단계는?
> 노출 평가

2) 위해 평가 단계

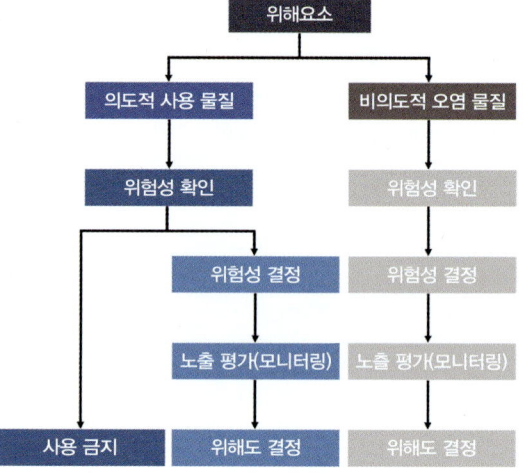

① 위험성 확인 : 위해 요소의 인체 내 독성 등을 확인
② 위험성 결정 : 인체가 위해 요소에 노출되었을 경우 유해한 영향이 나타나지 않는 것으로 판단되는 인체 노출 안전 기준을 설정
③ 노출 평가 : 인체가 위해 요소에 노출되어 있는 정도를 산출
④ 위해도 결정 : 위해 요소가 인체에 미치는 위해성을 종합적으로 판단

※ 화장품 사용으로 인한 평가 대상 물질의 노출로 위해 영향을 야기할 가능성은 안전역(MOS ; Margin of Safety)으로 나타낸다.

➕ 더 알기 TIP

안전역의 산출

$$\text{안전역(MOS)} = \frac{\text{최대무독성량(NOAEL)}}{\text{전신노출량(SED)}}$$

* NOAEL(No Observed Adverse Effect Level) = 무독성량, 인체에 유해한 영향을 미치지 않는 최대 투여량
* SED(Systemic Exposure Dosage) = 전신노출량
* 일반적으로 안전역을 계산한 값이 100 이상이면 위해 영향이 발생할 가능성이 낮다고 판정할 수 있다.

3) 위해 평가 필요성 검토

위해 평가가 필요한 경우	위해 평가가 불필요한 경우
• 위해성에 근거하여 사용 금지 기준을 설정할 경우 • 안전 구역을 근거로 사용 한도를 설정할 경우 (살균보존 성분 등) • 비의도적 오염 물질의 기준을 설정할 경우 • 현 사용 한도 성분의 기준 적절성을 확인할 경우 • 위해 관리 우선순위를 설정할 경우 • 화장품 안전 이슈 성분의 잠재적 위해성을 확인할 경우 • 인체 위해의 유의한 증거가 없음을 검증할 경우	• 불법으로 고의로 유해 물질을 화장품에 혼입한 경우 • 안전성, 유효성이 입증되어 기허가된 기능성화장품 • 위험에 대한 충분한 정보가 부족한 경우

4) 위해 사례 보고
① 안전성 정보의 관리 체계

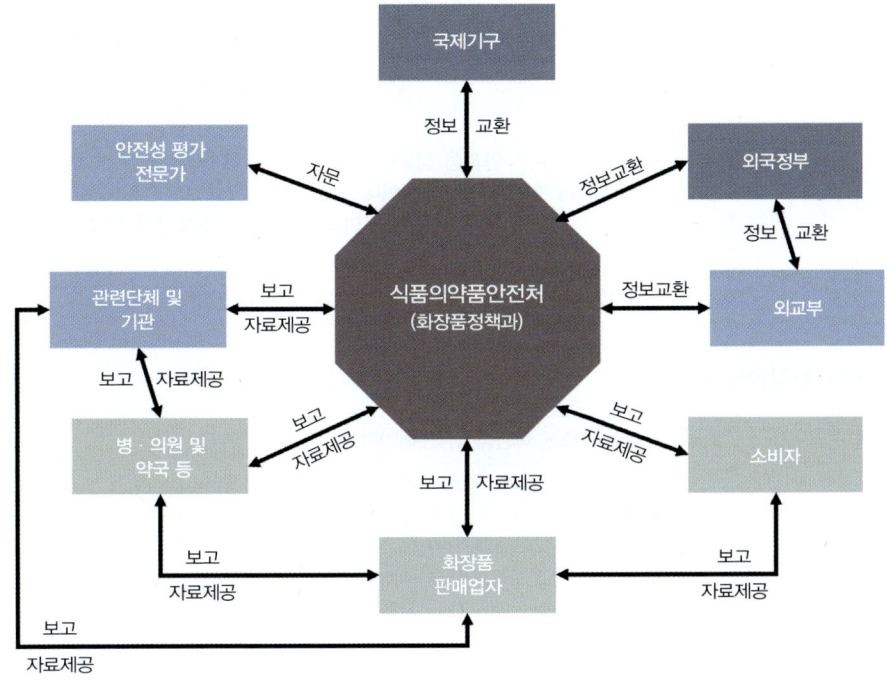

주체	역할
소비자	화장품 사용 중 부작용 등 위해 사례를 식품의약품안전처에 직접 보고한다.
화장품 판매업자	소비자 위해 사례 발생 시 보고 의무가 있으며, 식약처의 자료 요청에 협조한다.
병·의원 및 약국 등	환자에게 나타난 화장품 관련 위해 사례를 보고하고 관련 자료를 식약처에 제공한다.
관련단체 및 기관	수집된 위해 사례를 식약처에 보고하고, 필요한 경우 자료를 제공한다.
안전성 평가 전문가	위해 사례에 대해 전문적 자문을 제공하여 안전성 평가에 기여한다.
국제기구	해외 화장품 위해 사례 등 안전성 정보를 식약처와 상호 교환한다.
외국정부	자국 내 화장품 위해 사례나 규제 정보 등을 식약처와 교환한다.
외교부	외국 정부와의 정보 교환 창구 역할을 수행한다.
식품의약품안전처	위해 사례를 수집·평가·대응하고, 필요한 정보를 각 주체에 공유 및 통보한다.

② 안전성 정보의 보고

구분	보고	신속보고	정기보고
주체	의사, 약사, 간호사, 판매자, 소비자, 관련 단체의 장	화장품책임판매업자	화장품책임판매업자
내용	화장품의 사용 중 발생하였거나 알게 된 유해 사례 등 안전성 정보의 경우	• 중대한 유해 사례, 판매 중지나 회수에 준하는 외국 정부의 조치 • 이와 관련해 식품의약품안전처장이 보고를 지시한 경우	• 신속 보고되지 않은 화장품의 경우 • 정기보고의 경우 상시 근로자 수가 2인 이하로서 직접 제조한 화장 비누만을 판매하는 화장품책임 판매업자는 해당 안전성 정보를 보고하지 아니할 수 있음
보고 대상 및 기한	식품의약품안전처장 또는 화장품책임판매업자에게 보고	안전성 정보를 알게 된 날부터 15일 이내 식품의약품안전처장에게 보고	매 반기 종료 후 1개월 이내 (7월 또는 익년 1월)에 식품의약품안전처장에게 보고
방법	• 식품의약품안전처 홈페이지를 통해 보고 • 우편, 팩스, 정보통신망 등으로 보고(정기보고의 경우 전자파일과 함께 보고)		

③ 위해 화장품의 회수

회수의무자	화장품제조업자 또는 화장품책임판매업자

회수계획	• 해당 화장품에 대해 즉시 판매 중지 등 필요한 조치를 하여야 한다.
	• 회수 대상 화장품이라는 사실을 안 날로부터 5일 이내 아래 서류와 함께 회수 계획서를 지방 식품의약품안전청장에게 제출하여야 한다.
	  – 해당 품목의 제조, 수입 기록서 사본
	  – 판매처별 판매량, 판매일 등의 기록
	  – 회수 사유를 적은 서류

회수 계획 통보	방문, 우편, 전화, 전보, 전자우편, 팩스 또는 언론매체를 통한 공고 등 통보 사실을 입증할 수 있는 자료는 회수 종료일로부터 2년간 보관하여야 한다.

회수완료	• 회수 완료 후 지방식품의약품안전청장에게 아래 서류를 제출하여야 한다.
	  – 회수확인서 사본
	  – 폐기확인서 사본 (폐기한 경우에만 해당)
	  – 평가보고서 사본

폐기 처리	• 폐기 신청서를 제출하여야 한다. • 관계 공무원의 참관하에 처리하여야 한다. • 폐기 확인서를 2년간 보관하여야 한다.

위해화장품의 공표	• 공표 명령을 받은 영업자는 지체 없이 발생 사실 또는 아래 사항을 전국을 보급 지역으로 하는 1개 이상의 일반 일간 신문 및 해당 영업자의 인터넷 홈페이지에 게재하여야 한다.
	• 그와 더불어 식품의약품안전처의 인터넷 홈페이지에 게재할 것을 요청하여야 한다(단, 위해성 등급 다 등급의 경우 일반 일간 신문에의 게재 생략 가능).
	  – 화장품을 회수한다는 내용의 표제
	  – 회수 대상 화장품의 제조 번호
	  – 제품명
	  – 사용 기한 또는 개봉 후 사용 기간
	  – 회수 사유
	  – 회수 방법
	  – 회수하는 영업자의 명칭
	  – 회수하는 영업자의 전화번호, 주소, 그 밖에 회수에 필요한 사항

공표 결과	• 지방식품의약품안전청장에게 아래 사항을 통보하여야 한다.
	  – 공표일 – 공표 횟수
	  – 공표 매체 – 공표문 사본 또는 내용

행정처분의 경감 · 면제	• 회수계획량의 일정 부분을 회수하느냐에 따라, 어떤 행정처분을 기준으로 하느냐에 따라 면제되거나 경감의 범위가 결정된다.

구분		회수계획량		
		$\frac{4}{5}$ 이상 회수	$\frac{1}{3}$ 이상 회수	$\frac{1}{4}$ 이상 $\frac{1}{3}$ 미만 회수
행정처분 기준	등록 취소	행정처분 면제	업무 정지 2개월 이상 6개월 이하 범위에서 처분	업무 정지 3개월 이상 6개월 이하 범위에서 처분
	업무 정지		정지 처분 기간의 3분의 2 이하의 범위에서 경감	정지 처분 기간의 2분의 1 이하의 범위에서 경감
	품목의 제조 · 수입 · 판매 업무 정지			

KEYWORD 02 위해성 등급

1) 가등급

기준	화장품의 사용으로 인하여 인체 건강에 미치는 위해 영향이 크거나 중대한 경우
구분	• 사용할 수 없는 원료를 사용한 경우 • 사용 기준이 지정 · 고시된 원료 이외 보존제, 색소, 자외선차단제 등을 사용한 경우
회수기간	회수를 시작한 날부터 15일 이내에 회수하여야 한다.

2) 나등급

기준	화장품의 사용으로 인하여 인체 건강에 미치는 위해 영향이 크지 않거나 일시적인 경우
구분	• 안전용기 포장 등에 위반 • 유통화장품 안전관리기준에 적합하지 않은 경우(기능성 화장품의 기능성을 나타나게 하는 주원료 함량이 기준치에 부적합한 경우는 제외)
회수기간	회수를 시작한 날부터 30일 이내에 회수하여야 한다.

3) 다등급

기준	• 화장품 사용으로 인하여 인체 건강에 미치는 위해 영향은 없으나 유효성이 입증되지 않은 경우 • 화장품 사용으로 인하여 인체 건강에 미치는 위해 영향은 없으나 제품의 변질, 용기 · 포장의 훼손 등으로 유효성에 문제가 있는 경우
구분	• 전부 또는 일부가 변패된 경우 • 병원 미생물에 오염된 경우 • 이물이 혼입되었거나 부착되어 보건 위생상 위해를 발생할 우려가 있는 경우 • 유통 화장품 안전 관리 기준에 적합하지 않은 경우(기능성 화장품의 주 원료 함량이 부적합한 경우) • 화장품의 사용 기한 또는 개봉 후 사용 기간(병행 표시된 경우 제조 연월일 포함)을 위조 · 변조한 경우 • 그 밖에 화장품 제조업자 및 책임 판매업자 스스로 국민 보건에 위해를 끼칠 우려가 있어 회수가 필요하다고 판단되는 경우 • 화장품 제조업 또는 화장품 책임 판매업 등록을 하지 아니한 자가 제조한 화장품 또는 제조 · 수입하여 유통 · 판매한 화장품 • 화장품 제조업 또는 화장품 책임 신고를 하지 아니한 자가 판매한 맞춤형화장품 • 맞춤형화장품 조제 관리사를 두지 아니하고 판매한 맞춤형화장품 • 화장품의 기재 사항, 가격 표시, 기재 · 표시상의 주의에 위반되는 화장품 또는 의약품으로 잘못 인식할 우려가 있게 기재 · 표시된 화장품 • 판매의 목적이 아닌 제품의 홍보 · 판매 촉진 등을 위하여 미리 소비자가 시험, 사용하도록 제조 또는 수입된 화장품(소비자에게 판매하는 화장품에 한함) • 화장품의 포장 및 기재 · 표시 사항을 훼손(맞춤형화장품 판매를 위하여 필요한 경우는 제외) 또는 위조 · 변조한 것
회수기간	회수를 시작한 날부터 30일 이내에 회수해야 한다.

개념 체크

다음 중 위해성 등급이 <u>다른</u> 하나는?
① 돼지폐 추출물
② 메틸렌글라이콜
③ 디옥산
④ 옥틸도데칸올
⑤ 니트로벤젠

④

➕ 더 알기 TIP

위해성 등급, 이렇게 외우지 마라!

① [헷갈리는 이유] 대충 '가나다'순이겠지?
가나다순으로 중요도가 높다는 대체적인 맥락은 맞지만, 단순히 '가등급 = 심각, 다등급 = 별 것 아님'이라고 외우면 함정에 빠지기 쉽다. 심각해 보여도 절차 위반이면 다등급일 수 있다.

② [3단계 판단 루틴] 이건 가·나·다 중 어느 것?

순서	판단 질문	핵심키워드	등급
1단계	인체에 실제로, 직접적인 위해를 끼쳤나?	[건강 위협] 독성 원료, 유해물질, 금지 성분·원료, 지정 외 보존제·색소	가등급
2단계	심각하진 않지만 법규 위반 사항인가?	[내용물은 정상, 포장·절차 미비] 기준치 미달, 용기 및 포장, 유통관리, 관리기준	나등급
3단계	자격과 신고의 문제거나 위생상 불량인가?	[유효성과 규범상 미비] 내용물 변패, 이물 혼입, 사용기한 위조, 표시 위반, 미신고·무신고·무자격 판매	다등급

필수용어.Zip SECTION 05 위해 사례 판단 및 보고

위해 요소	화장품에 포함되어 인체 건강에 유해한 영향을 미칠 수 있는 화학적, 물리적, 미생물적 요인
위해 평가	인체가 화장품 속 위해 요소에 노출될 경우 발생할 수 있는 유해 영향과 그 발생 확률을 과학적으로 예측하는 과정으로, '위험성 확인 – 위험성 결정 – 노출 평가 – 위해도 결정'의 단계를 포함함
통합 위해성 평가	인체 적용 제품 내 위해 요소가 다양한 매체와 경로를 통해 인체에 미치는 영향을 종합적으로 평가하는 과정
위험성 확인	위해 요소가 인체 내 독성을 유발할 가능성이 있는지를 과학적으로 확인하는 과정
위험성 결정	동물 독성 자료 및 인체 독성 자료 등을 바탕으로 위해 요소의 인체 노출 허용량 등을 정량적 또는 정성적으로 산출하는 과정
노출 평가	화장품 사용을 통해 노출되는 위해 요소의 수준을 정량적 또는 정성적으로 분석하여 인체 노출 수준을 산출하는 과정
위해도 결정	위험성 확인, 위험성 결정 및 노출 평가 결과를 바탕으로 위해도를 산출하고, 현재 노출 수준이 건강에 미치는 유해 영향의 가능성을 판단하는 과정
인체 노출 허용량	화장품 및 생활환경을 통해 위해 요소에 노출되었을 때, 현재의 과학적 기준으로 볼 때 유해 영향이 발생하지 않는다고 판단되는 인체 노출 안전 기준
위해지수	위해 요소의 일일 평균 노출량을 인체 노출 허용량으로 나눈 값
안전역	화장품 내 위해 요소의 최대 무독성 용량을 일일 인체 노출량으로 나눈 값
독성	인체 적용 제품(섭취, 투여, 접촉, 흡입 등을 통해 인체에 영향을 줄 수 있는 제품)에 포함된 위해 요소가 인체에 유해한 영향을 미치는 고유한 성질
위해성	인체 적용 제품 속 위해 요소에 노출될 경우, 인체 건강에 미치는 위험 정도

MEMO

CHAPTER 03

유통화장품 안전관리

학습 목표

- 위생 기준과 유지 방법, 세제·소독제 사용법 등을 이해하고, 청결한 작업장 상태를 구현·유지·관리할 수 있다.
- 작업자의 위생 기준, 세정·소독 방법, 복장 기준 등을 설명하고, 위생 상태를 점검·관리할 수 있다.
- 설비·기구의 위생 기준, 재질 특성, 오염 제거 및 유지·폐기 기준을 설명하고 기록 관리할 수 있다.
- 원료·내용물의 입고, 보관, 출고, 폐기, 사용기한 및 변질 판정 기준을 이해하고 적용할 수 있다.
- 포장재의 입고, 보관, 출고, 폐기 및 품질 특성에 따른 변질 여부를 판단하고 절차를 설명할 수 있다.

SECTION 01 작업장의 위생관리
SECTION 02 작업자의 위생관리
SECTION 03 설비 및 기구관리
SECTION 04 내용물 및 원료관리
SECTION 05 포장재의 관리

SECTION 01 작업장의 위생관리

출제빈도 상 중 하
반복학습 1 2 3

빈출 태그 ▶ #작업장의위생기준 #설비세척 #청정도등급 #세정제 #소독제

합격 강의

> **선생님의 노하우**
> 이 부분부터는 화장품 공장에 현장 실습 왔다고 생각하고 공부해 보세요.

KEYWORD 01 작업장의 위생 기준

1) 작업장의 시설 상태

- 제조하는 화장품의 종류·제형에 따라 구획·구분하여 교차 오염이 없어야 한다.
- 바닥, 벽, 천장은 가능한 한 청소하기 쉽도록 표면이 매끄러워야 하고, 세척제 및 소독제 등과 같은 화학약품에 내식성(부식에 견딜 수 있는 성질)이 있어야 한다.
- 환기가 잘되고 외부와 연결된 창문은 가능한 한 열리지 않도록 하여야 한다.
- 수세실과 화장실은 접근이 쉬워야 하나 생산 구역과 분리되어 있어야 한다.
- 작업장 전체에 적절한 조명을 설치하고 파손될 경우를 대비하여 제품 보호 조치를 마련하여야 한다.
- 환기 시설을 갖추어 제품 오염을 방지하고 적절한 온·습도를 유지하여야 한다.
- 제조 구역별 청소 및 위생 관리 절차에 따라 효능이 입증된 세척제 및 소독제를 사용하여야 한다.
- 제품의 품질에 영향을 주지 않는 소모품을 사용하여야 한다.

2) 작업장의 위생 기준

- 곤충, 해충이나 쥐를 막을 수 있는 대책을 마련하고 정기적인 점검·확인을 하여야 한다.
- 제조, 관리 및 보관 구역 내의 바닥, 벽, 천장 및 창문은 항상 청결한 상태를 유지하여야 한다.
- 제조 시설이나 설비의 세척에 사용되는 세제 또는 세척제는 효능이 입증된 것을 사용하고, 잔류하거나 표면에 이상을 초래하여서는 안 된다.
- 제조 시설이나 설비는 적절한 방법으로 청소하여야 하며, 필요한 경우 위생 관리 프로그램을 운영하여야 한다.

3) 작업장별 시설 준수사항

보관 구역	• 통로는 적절하게 설계되어야 하며, 사람과 물건이 이동하는 구역으로서 사람과 물건의 이동에 불편함을 초래하거나 교차 오염의 위험이 없어야 한다. • 손상된 팔레트는 수거하여 수선 또는 폐기하여야 한다. • 매일 바닥의 폐기물을 치워야 한다. • 동물이나 해충이 침입하기 쉬운 환경은 개선되어야 한다. • 용기(저장조 등)는 닫아서 깨끗하고 정돈된 방법으로 보관하여야 한다.

> **개념 체크**
>
> 작업장별 시설 준수사항으로 옳지 <u>않은</u> 것은?
> ① 원료 보관소와 칭량실은 구획되어야 한다.
> ② 보관 구역은 격일로 바닥의 폐기물을 치워야 한다.
> ③ 제조 구역에서 흘린 것은 신속히 청소하여야 한다.
> ④ 포장 구역에서 사용하지 않는 기구는 깨끗하게 보관되어야 한다.
>
> ②

원료 취급 구역	• 원료 보관소와 칭량실은 구획되어야 한다. • 엎지르거나 흐르는 것을 방지하고, 즉각적으로 치우는 시스템과 절차들이 시행되어야 한다. • 바닥은 깨끗하고 부스러기가 없는 상태를 유지하여야 한다. • 모든 드럼의 윗부분은 이송 전 또는 칭량 구역에서 개봉 전에 검사하고 깨끗하게 하여야 하며, 실제 칭량한 원료인 경우를 제외하고 적합하게 뚜껑을 덮어 놓아야 한다. • 원료의 포장이 훼손된 경우에는 봉인하거나 즉시 별도의 저장조에 보관한 후 품질상의 처분 결정을 취한 다음 격리하여야 한다.
제조 구역	• 모든 도구와 기구는 청소 및 위생 처리 후 정해진 지역에 정돈 방법에 따라 보관하고, 호스는 사용 후 완전히 건조하여 바닥에 닿지 않도록 정리하여 보관하여야 한다. • 제조 구역에서 흘린 것은 신속히 청소하여야 한다. • 폐기물(여과지, 개스킷, 폐지, 플라스틱 봉지)은 주기적으로 버려 장기간 모아 놓거나 쌓아 두지 않아야 한다. • 표면은 청소하기 용이한 재질로 설계되어야 한다. • 탱크의 바깥 면들은 정기적으로 청소하여야 한다. • 모든 배관이 사용될 수 있도록 우수한 정비 상태로 유지하여야 한다. • 페인트를 칠한 지역은 우수한 정비 상태로 유지되어야 하며, 벗겨진 칠은 보수되어야 한다.
포장 구역	• 제품의 교차 오염을 방지할 수 있도록 설계하고, 질서를 무너뜨리는 다른 재료가 있어서는 안 된다. • 사용하지 않는 부품, 제품 또는 폐기물의 제거를 쉽게 할 수 있어야 한다. • 폐기물 저장통은 필요하다면 청소 및 위생 처리되어야 한다. • 사용하지 않는 기구는 깨끗하게 보관되어야 한다. • 제품의 교차 오염을 방지할 수 있도록 설계되어야 한다.

➕ 더 알기 TIP

CGMP(우수화장품 제조 및 품질관리 기준)

① CGMP의 개념
- 품질이 보장된 우수한 화장품을 제조, 공급하기 위한 제조 및 품질관리에 관한 기준이다.
- 직원, 시설, 장비 및 원자재, 반제품, 완제품 등의 취급과 실시 방법이다.

② CGMP의 시행 목적
- 전반적으로 발생할 수 있는 위험과 잠재적인 문제를 감소시켜 소비자보호 및 국민 보건 향상에 기여한다.
- 생산성의 향상을 꾀한다.

③ CGMP 3대 요소
- 인위적인 과오의 최소화
- 고도의 품질관리체계 확립
- 미생물오염 및 교차오염으로 인한 품질저하 방지

④ CGMP의 예

- 바닥, 벽, 천장 등에 관한 기준 : 천장, 벽, 바닥이 접하는 부분은 틈이 없어야 하고 먼지 등 이물질이 쌓이지 않도록 둥글게 처리되어야 한다.

※ 출처 : 식품의약품안전처 CGMP 해설서

> 🚩 **선생님의 노하우**
> CGMP해설서를 처음부터 끝까지 꼭 읽어 보세요.

KEYWORD 02 작업장의 위생 상태

1) 청정도 등급 및 관리 기준

등급	대상시설	작업실	관리 기준	청정 공기순환	구비조건
1	청정도 엄격관리	Clean Bench	낙하균 10개/hr 또는 부유균 20개/m^3	20회/hr 이상 또는 차압관리	• Pre-filter • Med-filter • HEPA-filter • Clean Bench/Booth • 온도 조절
2	화장품 내용물이 노출되는 작업실	• 제조실 • 성형실 • 충전실 • 내용물 보관소 • 원료 칭량실 • 미생물 실험실	낙하균 30개/hr 또는 부유균 200개/m^3	10회/hr 이상 또는 차압관리	• Pre-filter • Med-filter • HEPA-filter(필요시) • 분진 발생실 주변 양압·제진 시설
3	화장품 내용물이 노출되지 않는 곳	포장실	갱의 후, 포장재의 외부 청소 후 반입	차압관리	• Pre-filter • 온도 조절
4	일반 작업실 (내용물 완전 폐색)	• 포장재보관소 • 완제품보관소 • 관리품보관소 • 원료보관소 • 갱의실(탈의실) • 일반 실험실	–	환기장치 (온도 조절)	환기(온도 조절)

작업장구의 착용과 보관
- 1, 2, 3등급 시설에서 작업할 경우 작업복, 작업모, 작업화를 착용해야 한다.
- 이미 포장(1차 포장)된 완제품을 세트 포장하기 위한 경우 완제품보관소의 등급 이상으로 관리한다.

선생님의 노하우
- 공기는 압력이 높은 곳에서 낮은 곳으로 이동해요.
- 청정도 수준이 높은 구역의 압력을 청정도 수준이 낮은 구역의 압력보다 높게 설정해요. 그러면 청정도가 낮은 구역에서 높은 구역으로 공기가 흐르지 않게 되어 오염 물질이 이동하지 못하죠.
- 일반적으로 실압을 4등급 < 3등급 < 2등급으로 해요.

2) 작업장의 낙하균 측정법(Koch 측정법)

① 원리와 특성

개념	• 낙하균 측정법 : Koch법이라고도 하며, 실내외를 불문하고 대상 작업장에서 오염된 부유 미생물을 직접 평판 배지 위에 일정 시간 자연 낙하시켜 측정하는 방법 • 낙하균 : 단위 시간에 배지 위에 떨어지는 균
원리	한천 평판 배지를 일정 시간 노출시켜 미생물이 배지에 떨어지도록 한 후, 배양하여 증식된 집락수를 측정하고 단위 시간당의 생균수로 산출하는 방법이다.
특성	• 장점 : 별도의 장비 없이 언제 어디서나 쉽게 수행할 수 있는 간편하고 실용적인 방법임 • 단점 : 공기 중의 전체 미생물을 측정할 수 없음

② 사용 도구

기구	• 배양 접시 : 내부 지름 9cm인 샬레 • 낙하균 측정용 배지 : 배양 접시에 멸균된 배지(세균용, 진균용)를 각각 부어 굳힌 것
배지 (培地)	• 개념 : 미생물, 식물, 세포에 필요한 영양소가 포함되어 있는 액체나 고체 • 세균용 배지 : 대두카제인 소화 한천배지★(Tryptic Soy Agar) • 진균용 배지 : 사부로포도당 한천배지(Sabouraud Dextrose Agar) 또는 포테이토덱스트로즈 한천배지(Potato Dextrose Agar)에 배지 100ml당 클로람페니콜 50mg을 넣음

★ **한천배지**
액체 배지에 한천(우뭇가사리)를 넣어 고형화한 것이다.

③ 방법

측정 위치	• 일반적으로 작은 방을 측정하는 경우에는 약 5개소에서 측정한다. • 비교적 큰 방일 경우에는 측정소를 늘린다. • 방 이외의 격벽 구획이 명확하지 않은 장소(복도, 통로 등)에서는 공기의 진입, 유통 정체 등의 상태를 고려하여 전체 환경을 대표한다고 생각되는 장소를 선택한다. • 측정하려는 방의 크기와 구조에 더 유의하여야 하나, 5개소 이하로 측정하면 올바른 평가를 얻기가 어렵고 측정 위치는 벽에서 30㎝ 떨어진 곳이 좋다. • 측정 높이는 바닥에서 측정하는 것이 원칙이지만 부득이한 경우 바닥으로부터 20~30㎝ 높은 위치에서 측정하는 경우도 있다.
노출 시간	• 노출 시간은 공기 중 부유 미생물의 양에 따라 결정되며, 1시간 이상 노출하면 배지의 성능이 저하될 수 있으므로 예비 시험을 통해 적절한 노출 시간을 설정하는 것이 바람직하다. – 청정도가 높은 시설(예 무균실 또는 준무균실) : 30분 이상 노출 – 청정도가 낮고 오염도가 높은 시설(예 원료 보관실, 복도, 포장실, 창고) : 측정 시간 단축
과정	• 낙하균을 측정할 장소에서 적절한 측정 위치를 선정하고 노출 시간을 결정한다. • 선정된 측정 위치마다 세균용 배지와 진균용 배지를 1개씩 놓고 배양접시의 뚜껑을 열어 배지에 낙하균이 떨어지도록 한다. • 위치별로 정해진 노출시간이 지나면, 배양접시의 뚜껑을 닫아 배양기에서 배양하는데, 일반적으로 아래의 방법을 따른다. – 세균용 배지 : 30~35℃, 48시간 이상 배양 – 진균용 배지 : 20~25℃, 5일 이상 배양 • 배양 과정에서 확산균의 증식으로 인해 균수를 정확히 측정할 수 없는 경우가 발생할 수 있으므로, 매일 관찰하며 균수의 변동을 기록한다. • 배양 종료 후 세균 및 진균의 평판마다 집락수를 측정하고, 사용한 배양접시 수로 나누어 평균 집락수를 구하고 단위시간당 집락수를 산출하여 균수로 한다.

3) 작업장의 공기 조절의 요소와 설비

① 공기 조화의 개념과 4대 요소

• 개념

실내 또는 일정한 공간의 공기를 사용 목적에 적합하도록 인위적으로 적당한 상태로 조정하는 것이다.

• 4대 요소와 대응 설비

4대 요소	청정도	실내온도	습도	기류
대응 설비	공기정화기	열교환기	가습기	송풍기

② 공기조화장치(공조기)
• 공기조화장치는 청정 등급을 유지하는 데 필수적이고 중요하므로, 성능이 유지되고 있는지를 주기적으로 점검하고 기록한다.
• 화장품에 가장 적합한 공기 조절 방식은 중앙 제어 방식(센트럴 방식)이다.
• 공기의 온·습도, 공중 미립자, 풍량 및 풍향, 기류를 하나로 이어진 도관을 사용하여 제어한다.

📌 개념 체크

작업장의 공기 조절 4대 요소가 아닌 것은?
① 청정도
② 실내온도
③ 습도
④ 산소농도

➕ 더 알기 TIP

표준 공기조화장치와 간이 공기조화장치

구분	표준 공기조화장치 (AHU ; Air Handling Unit)	간이 공기조화장치 (FFU ; Fan Filter Unit, ACCU ; Air Cooling, Control Unit)
기능	가습 · 제습, 냉난방, 공기 여과, 급 · 배기	공기 여과, 급 · 배기
특징	• 건축 시부터 설계에 반영한다. • 중앙제어 방식이라 관리가 용이하다. • 실내 소음이 없다. • 설비비가 비싸다.	• 기존 건물에 시공할 수 있다. • 실별 조건에 맞게 제작할 수 있다. • 실내 소음이 발생한다. • 설비비가 저렴하다.

③ 화장품 제조에 사용할 수 있는 에어 필터의 종류
- 작업장에는 중성능 필터의 설치를 권장한다.
- 고도의 환경 관리가 필요하면 고성능 필터인 H/F필터를 설치한다.

P/F (Pre-filter)	제원	• 압력 손실 : 9mmAq 이하 • 필터 입자 : 5㎛
	특징	• Hepa Filter, Medium Filter 등의 전처리용으로 사용한다. • 세제로 세척 후 3~4회 정도 재사용한다. • 대기 중 먼지 등 인체에 해를 미치는 미립자(10~30㎛)를 제거한다. • 압력 손실이 적고, 효율이 높다. • 필터 입자가 커서 큰 먼지를 잘 걸러낸다. • 취급(두께 조정, 재단, 교환 등)하기 쉽다. • Bag Type은 처리용량을 4배 이상 높일 수 있다.
M/F (Medium Filter)	제원	• 압력 손실 : 16mmAq 이하 • 필터 입자 : 0.5㎛ • 프레임 재질 : P/Board나 G/Steel 등 • 필터 재질 : 유리섬유
	특징	• HEPA Filter의 전처리용으로 사용한다. • 무정밀기계공업의 무균실 등에서 Hepa Filter의 전처리용으로 사용한다. • B/D 공기 정화, 산업 공장 등에서 사용한다. • 포집효율 95%를 보증하는 중고성능의 필터이다. • 공기정화, 산업공장 등에서 최종 필터로 사용한다.
H/F (HEPA Filter)★	제원	• 압력 손실 : 24mmAq 이하 • 필터 입자 : 0.3㎛ • 재질 : 유리섬유
	특징	• 반도체 공장, 병원, 의약품, 식품 공장, 제조 공장 등에서 사용한다. • 최고 250℃의 범위에서 0.3㎛ 입자를 99.97% 이상의 수준으로 장시간 포집할 수 있다. • Bag Type은 수명이 길고 먼지 보유용량이 크다. • Bag Type은 포집효율이 높고 압력 손실이 적다.

★ 헤파필터(HEPA Filter)
High Efficiency Particulate Air의 약어로, 고능률 공기 여과 장치를 뜻한다.

KEYWORD 03 　작업장의 위생 유지관리 활동

1) 유지관리 기준
- 건물, 시설 및 주요 설비는 정기적으로 점검하여 화장품의 제조 및 품질관리에 지장이 없도록 하여야 한다.
- 결함 발생 및 정비 중인 설비는 적절한 방법으로 표시하고, 고장 등 사용이 불가할 경우 표시하여야 한다.
- 세척한 설비는 다음 사용 시까지 오염되지 않도록 관리하여야 한다.
- 제품의 품질에 영향을 줄 수 있는 검사, 측정, 시험 장비 및 자동화 장치는 계획을 수립하여 정기적으로 교정 및 성능 점검을 하고 기록하여야 한다.
- 유지관리 작업이 제품의 품질에 영향을 주어서는 안 된다.
- 모든 제조 관련 설비는 승인된 자만이 접근·사용하여야 한다.

2) 유지관리 주요사항
- 예방의 차원에서 실시하여야 한다.
- 설비마다 절차서를 작성하여야 한다.
- 연간 계획을 가지고 실행하여야 한다.
- 책임 내용이 명확하여야 한다.
- 유지하는 기준은 절차서에 포함하여야 한다.
- 점검용 체크 리스트를 사용하면 편리하다.

➕ 더 알기 TIP
체크리스트에 포함되어야 할 점검항목
- 외관 검사 : 더러움, 녹, 이상 소음, 이취
- 작동 점검 : 스위치, 연동성
- 기능 측정 : 회전수, 전압, 투과율, 감도
- 청소 : 내·외부 표면
- 부품교환 및 개선 : 제품 품질에 영향을 미치는 일이 확인되면 적극적으로 개선하여야 함

🎯 개념 체크
작업장의 위생 유지관리 점검 항목 중 외관 검사에 해당하는 것은?
① 이취
② 회전수
③ 연동성
④ 감도

①

3) 곤충, 해충이나 쥐를 막을 수 있는 대책

 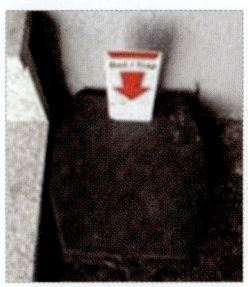 

| 기본 원칙 | • 유해생물의 출입구와 유인 요소(좋아하는 것)를 조사하여 제거·차단한다.
• 유해생물의 발견 시, 즉각 구제한다. |

세부 사항	• 출입구의 봉쇄
	  - 벽, 천장, 창문, 파이프 구멍에 틈이 없도록 할 것
	  - 배기구, 흡기구에 필터를 달 것
	  - 개방할 수 있는 창문을 만들지 않을 것
	  - 문 하부에는 스커트를 설치할 것
	  - 폐수구에 트랩을 달 것
	  - 실내압을 외부보다 높게 할 것(공기조화장치)
	• 유인 요소의 차단
	  - 창문은 차광하고 야간에 빛이 새어 나가지 않게 할 것
	  - 골판지, 나무 부스러기를 방치하지 않을 것(벌레의 집이 됨)
	  - 청소와 정리 정돈

4) 청소 방법과 위생 처리

청소, 세척, 소독
• 청소
 - 주위를 청소하고 정리정돈을 하는 것
 - 시설, 설비를 청결하게 하는 것
 - 청소는 매일, 작업 종료 후에 작업소별, 보관소별로 실시할 것
• 세척
 - 설비의 내부의 잔여물이나 이물질을 씻어내는 것
 - 세척은 매일, 작업 후에 실시할 것
• 소독
 - 시설, 설비, 도구 표면의 병원체를 사멸시키는 것
 - 모든 작업장은 월 1회 이상 전체 소독을 실시할 것

- 공조 시스템에 사용된 필터는 규정에 따라 청소되거나 교체되어야 한다.
- 물질 또는 제품 필터들은 규정에 따라 청소되거나 교체되어야 한다.
- 물 또는 제품의 유출이 있는 곳과 고인 곳 그리고 파손된 용기는 지체 없이 청소 또는 제거되어야 한다.
- 제조공정 또는 포장과 관련되는 지역에서의 청소와 관련된 활동이 기류에 의한 오염을 유발하여 제품 품질에 위해를 끼칠 것 같은 경우에는 작업을 하여서는 안 된다.
- 청소에 사용되는 용구, 진공청소기 등은 정돈된 방법으로 깨끗하고 건조된 상태의 지정 장소에 보관되어야 한다.
- 오물이 묻은 걸레는 사용 후에 버리거나 세탁하여야 한다.
- 오물이 묻은 유니폼은 세탁될 때까지 적당한 컨테이너에 보관되어야 한다.
- 제조공정과 포장에 사용한 설비 그리고 도구들은 세척하여야 한다.
- 적절한 때에 도구들은 계획과 절차에 따라 위생적으로 처리되어야 하고 기록되어야 한다.
- 적절한 방법으로 보관되어야 하고 청결을 보증하기 위하여 사용 전 검사되어야 한다(청소 완료 표시서).
- 제조공정과 포장 지역에서 재료의 운송을 위해 사용된 기구는 필요할 때 청소되고 위생적으로 처리되어야 하며 작업은 적절하게 기록되어야 한다.
- 제조공장을 청결하고 정돈된 상태로 유지하기 위하여 필요할 때 청소를 실시하여야 하며, 해당 업무를 수행하는 모든 사람은 적절한 교육을 받아야 한다.
- 천장, 머리 위의 파이프 등 기타 작업은 필요할 때 모니터링하여 청소되어야 한다.
- 제품이나 원료가 노출되는 제조 공정, 포장 및 보관 구역에서 이루어지는 공사 또는 유지관리보수 작업은 제품 오염을 방지할 수 있도록 적절하게 관리되어야 한다.
- 제조공장의 한 부분에서 다른 부분으로 먼지 이물 등이 옮겨가는 것을 방지하기 위하여 주의하여야 한다.

KEYWORD 04 작업장별 청소방법

작업장	준수사항
칭량실	• 수시 및 작업 종료 후 작업대, 바닥, 원료용기, 칭량기기, 벽 등 이물질이나 먼지 등을 부직포, 걸레 등을 이용하여 청소한다. • 해당 직원 이외의 사람에 대하여 출입을 통제한다.
제조실	• 작업 종료 후 혹은 일과 종료 후 바닥, 벽, 작업대, 창틀 등에 묻은 이물질, 내용물 및 원료 잔유물 등을 위생수건, 걸레 등을 이용하여 제거한다. • 일반 용수와 세제를 바닥에 흘린 후 세척솔 등을 이용하여 닦아낸다. • 일반 용수(필요시 위생수건 등)를 이용하여 세제 성분이 잔존하지 않도록 깨끗이 세척한 후 물끌개(스퀴지), 걸레 등을 이용하여 물기를 제거한다. • 작업실 내에 설치되어 있는 배수로와 배수구는 월 1회 락스로 소독한 후 내용물 잔류물, 기타 이물 등을 완전히 제거하여 깨끗이 청소한다. • 환경균 측정 결과 부적합이 나오거나 기타 필요한 경우에 소독을 실시한다. • 청소 후에는 작업실 내의 물기를 완전히 제거하고 배수구 뚜껑을 꼭 닫는다. • 소독 시에는 제조기계, 기구류 등을 완전히 밀봉하여 먼지, 이물, 소독 액제가 오염되지 않도록 한다.
반제품 보관소	• 저장 반제품의 품질 저하를 방지하기 위하여 제품의 특성에 따라 적절한 온·습도 관리 기준을 설정하여 유지하고 수시로 점검하여 이상발생 시 해당 부서장에게 보고하고 품질관리부로 통보하여 조치를 받는다. • 반제품 보관소는 수시 및 일과 종료 후 바닥, 저장용기의 외부표면 등을 위생 수건 등을 이용하여 청소하고 주기적으로 대청소를 하여 항상 위생적으로 유지한다. • 해당 직원 이외의 사람에 대하여 출입을 통제한다. • 대청소를 제외하고는 물청소를 금지하며 부득이하게 물청소를 실시하였을 경우 즉시 물기를 완전히 제거하여 유지한다. • 내용물 저장통은 항상 밀봉하여 환경균, 먼지 등에 오염되지 않도록 한다.
세척실	• 저장통, 충전기계 등의 세척 후 수시로 바닥에 잔존하는 이물질을 완전히 제거하고 세척수로 바닥을 세척한다. • 배수로에 내용물 및 세제 잔유물 등이 잔존하지 않도록 관리한다. • 청소, 배수 후에는 바닥의 물기를 완전히 제거하고 배수로 이물을 제거하고 청소를 실시한다.
충전실, 포장실	• 바닥, 작업대 등은 수시 및 정기적으로 청소하여 공정 중 혹은 공정 간 오염을 방지한다. • 작업 중 자재, 내용물 저장통, 완제품 등의 이동 시 먼지, 이물 등을 제거하여 설비 혹은 생산 중인 제품에 오염이 발생하지 않도록 한다.
원료 보관소	• 입고 장소 및 각 저장통은 작업 후 걸레로 쓸어내고, 오염물 유출 시 물걸레로 제거한다. • 바닥, 벽면, 보관용 적재대, 저장통 주위를 청소하고 물걸레로 오염물을 제거한다. • 필요시 연성 세제 또는 락스를 이용하여 오염물을 제거한다. • 위험물 창고는 작업 후 빗자루로 쓸어내고, 필요시 물걸레로 오염물을 제거한다.
원자재 및 제품 보관소	작업 후 걸레로 청소한 후 바닥, 벽 등의 먼지를 제거한다.
화장실	• 바닥에 남아 있는 이물을 완전히 제거한 후, 소독제로 바닥을 깨끗이 세척한다. • 배수로에 내용물이나 세제 잔여물 등이 남지 않도록 철저히 관리한다. • 손 세정제 및 핸드 타월이 부족하지 않도록 관리한다. • 청소, 배수 후에는 바닥의 물기를 완전히 제거한다.

KEYWORD 05 세제의 종류와 용법

1) 작업장 청소 주기 및 사용세제

구역	청소 주기	사용 세제	점검 방법
원료창고	작업 후(수시)	상수	육안
원료창고	1회/월	상수	육안
칭량실	작업 후	상수, 70% 에탄올	육안
칭량실	1회/월	중성세제, 70% 에탄올	육안
제조실, 충전실, 반제품 보관실 및 미생물 실험실	수시(최소 1회/월)	중성세제, 70% 에탄올	육안
제조실, 충전실, 반제품 보관실 및 미생물 실험실	1회/월	중성세제, 70% 에탄올	육안

원료보관소의 청소
연성 세제나 락스로 오염물을 제거한다.

화장실의 청소
바닥의 남아 있는 이물질을 완전히 제거한 다음, 소독제로 바닥을 청소한다.

➕ 더 알기 TIP

구체적인 세척 판정기준
- 상수 사용 시
  - 천으로 문질러 부착물을 확인한다.
  - 린스액을 화학 분석한다.
- 계면활성제 사용 시
  - UV로 멸균시킨 마른 수건으로 물기를 제거한 후 pH페이퍼를 이용하여 세제의 잔류 여부를 확인한다.
  - 잔류물 확인 시 흰색 또는 검은색의 무진포로 문질러 천 표면의 잔류물 유무를 육안으로 확인한다.

2) 세제의 개념과 요구 조건

개념	바람직하지 않은 오염물질(때나 표면에 붙은 이물질 등)을 씻어 내는 데 쓰는 물질
요구 조건	• 세정력이 우수할 것 　- 잘 헹궈져야 할 것 • 세정 후 표면에 잔류물이 없을 것 • 거품이 적당히 일 것 • 안전하게 보관(저장)할 수 있을 것 • 사용하기 편리하고 유용할 것 • 표면을 보호할 것 　- 기구 및 장치의 재질을 부식시키지 말아야 할 것 • 사용 및 계량이 편리할 것 • 인체 및 환경에 안전할 것

🎯 개념 체크

세정제의 요구 조건이 **아닌** 것은?
① 표면 보호
② 소량의 기포 형성
③ 인체 및 환경 안전성
④ 충분한 저장 안정성

②

3) 세제의 용법

공통	• 세제명, 사용한 기구, 날짜, 시간, 담당자명을 기록하여야 한다. • 세제가 잔존하지 않도록 수압을 이용하여 잘 세척하여야 한다.
다목적 세제	• 산도(pH)가 중성에서 약알칼리성 사이의 다목적 세제는 물과 상용성이 있는 모든 표면에 적용할 수 있는 범용 제품이다. • 가정에서는 손으로 직접 사용하지만, 작업장에서는 고압장치, 기포 발생기와 같은 보조 장치나 기구와 함께 사용한다.

연마 세제	· 연마 세제는 기계적으로 저항성이 있는 물질에 한정적으로 사용한다. · 연마 세제는 희석하지 않고 아주 소량의 물만 사용하여 직접 표면에 적용한 후, 충분히 헹궈야 한다. · 연마 세제는 가정에서는 손으로 직접 사용하지만, 작업장에서는 바닥 연마기, 고압장치, 기포 발생기와 같은 보조 장치나 기구와 함께 사용한다.

4) 세제 구성 성분의 특징 빈출

주요성분	특성	대표적 성분
계면 활성제	· 비이온, 음이온, 양이온성 계면활성제 등으로 나뉜다. · 세정제의 주요 성분이다. · 다양한 이물을 제거한다.	· 비누(Soap) · 알킬벤젠설포네이트(ABS) · 알칸설포네이트(SAS) · 알파올레핀설포네이트(AOS) · 알킬설페이트(AS) · 알킬에톡시레이트(AE) · 지방산알칸올아미드(FAA) · 알킬베테인(AB) · 알킬설포베테인(ASB)
살균제	· 미생물을 살균한다. · 양이온성 계면활성제 등이 있다.	· 4급 암모늄 화합물 · 양이온성계면활성제 · 알코올류 · 산화물 · 알데하이드류 · 페놀유도체
금속이온 봉쇄제	· 세정 효과를 향상한다. · 입자 오염에 효과적이다.	· 소듐트리포스페이트(Sodium Triphosphate) · 소듐사이트레이트(Sodium Citrate) · 소듐글루코네이트(Sodium Gluconate)
유기 폴리머	· 세정효과를 강화한다. · 세정제의 잔류성을 강화한다.	· 셀룰로스 유도체(Cellulose derivative) · 폴리올(Polyol)
용제	계면활성제의 세정 효과를 향상한다.	· 알코올(Alcohol) · 글라이콜(Glycol) · 벤질알코올(Benzyl Alcohol)
연마제	기계적으로 표면의 이물질을 제거하는 데 도움을 준다.	· 탄산칼슘 · 클레이(점토) · 석영
표백 성분	· 표면을 살균한다. · 색상을 개선한다.	· 활성염소 · 활성염소 생성물

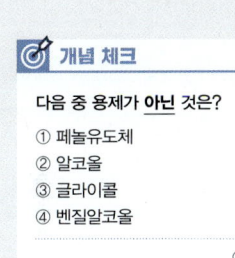

개념 체크

다음 중 용제가 아닌 것은?
① 페놀유도체
② 알코올
③ 글라이콜
④ 벤질알코올

①

KEYWORD 06 작업장 소독

1) 작업장의 소독
- 70% 에탄올 수용액 등의 소독액을 사용한다.
- 매일 실시하는 것 원칙이며, 월 1회 이상 전체 소독을 실시한다.
- 제조 설비를 반·출입하거나, 수리한 후에는 수시로 소독한다.

2) 소독제의 개념과 요구 조건

개념	병원미생물을 사멸시키기 위해 인체의 피부, 점막의 표면이나 기구, 환경의 소독을 목적으로 사용하는 물질이다.
요구 조건	• 사용하는 동안 활성을 유지해야 한다. • 경제적이고 쉽게 이용할 수 있어야 한다. • 제품이나 설비와 반응하지 않아야 한다. • 사용 농도에서 독성이 없어야 한다. • 항균의 스펙트럼이 넓어야 한다. • 불쾌한 냄새가 남지 않아야 한다. • 소독 전에 존재하던 미생물을 최소한 99.9% 이상 사멸시켜야 한다. • 5분 이내의 짧은 처리에도 효과를 나타내야 한다.

> **개념 체크**
>
> 이상적인 소독제의 조건으로 옳지 않은 것은?
> ① 경제적이며 쉽게 이용할 수 있어야 한다.
> ② 제품이나 설비에 반응하지 않아야 한다.
> ③ 안전성과 세정력이 우수하여야 한다.
> ④ 사용하는 동안 활성을 유지하여야 한다.
>
> ③

3) 소독제의 선택

재료적 특성	• 물에 대한 용해성 및 사용 방법의 간편성 • 적용 방법(분무, 침적, 걸레질 등) • 부식성 및 소독제의 향취 • pH, 온도, 사용하는 물리적 환경 요인이 약제에 미치는 영향 • 잔류성 및 잔류하여 제품에 혼입될 가능성
작용 대상	• 항균 스펙트럼의 범위 • 대상 미생물의 종류와 수 • 내성균의 출현 빈도 • 미생물 사멸에 필요한 작용 시간, 작용의 지속성 • 적용 장치의 종류, 설치 장소 및 사용하는 표면의 상태
사회적 영향	• 종업원의 안전성 고려 • 법 규제 및 소요 비용

4) 소독제의 효과에 영향을 주는 요인

생물학적 요인	• 미생물의 종류, 상태, 균수 • 미생물의 성상, 약제에 대한 저항성, 약제 자화성 등의 유무 • 미생물의 분포, 부착, 부유 상태 • 균에 대한 접촉 시간(작용 시간) 및 접촉 온도
화학적 요인	• 사용 약제의 종류나 사용 농도, 액성(pH) 등 • 다른 사용 약제와의 상호작용 • 단백질 등의 유기물이나 금속 이온의 존재 • 흡착성, 분해성

환경적 요인	• 실내 온·습도 • 작업자의 숙련도

5) 소독제의 보관과 취급

보관	• 소독액을 조제해 보관할 때는 기밀 용기에 소독액 명칭, 제조일자, 사용기한, 제조자 등을 표기하여야 한다. • 보관함을 별도로 설치하여 관리하여야 한다. • 수시로 소독해야 하는 장소에는 별도로 비치하여 필요 시 소독이 가능하도록 하여야 한다.
취급	• 소독제에 의한 미생물 내성이 발생할 수 있으므로 소독약은 주기적으로 변경하여 사용하는 것이 바람직하다. • 알코올은 인화성 물질이므로 화재 발생에 주의한다(가연성으로 인한 화기 주의). • 스팀이나 직열 사용 시 고온이므로 인체에 직접 닿지 않게 장비를 갖춘다. • 화학적 소독제 또한 인체에 해로울 수 있으므로 반드시 보호구를 착용한다. • 사용되는 소독제의 MSDS★를 구비한다. • 소독 시에는 소독 중임을 나타내는 표지판을 출입구에 부착한다. • 눈에 보이지 않는 곳이나 소독을 실시하기에 힘든 곳 등에 유의하여 진행한다. • 물청소 후에는 물기를 반드시 제거하고 청소도구는 사용 후 세척하여 건조하거나 소독한 후 보관한다.

★ MSDS(Material Safety Data Sheet)
물질안전보건자료로, 화학물질을 안전하게 사용하고 관리하기 위하여 필요한 정보를 기재한 문서이다.

6) 소독의 유형과 소독제의 종류

① 물리적 소독

구분	증기소독	온수소독	직열소독
종류	100℃ 증기(30분)	• 70~80℃ 온수(2시간) • 80~100℃ 온수(30분)	전기 가열 테이프 (다른 방법과 병행하여 사용)
장점	• 사용하기 편리하다. • 생물막을 파괴하는 데 효과적이다.	• 사용하기 편리하다. • 긴 파이프에도 사용할 수 있다. • 다른 물질을 부식시키지 않는다. • 출구 모니터링이 간단하다.	다루기 어려운 설비나 파이프에 효과적이다.
단점	• 보일러나 파이프에 잔류물 남는다. • 소독 시간이 길다. • 장치의 가장 먼 곳까지 고온을 유지하여야 해서 에너지 소모량이 많다. • 습기가 다량 발생한다.	• 소독시간이 길다. • 에너지 소모량이 많다. • 습기가 다량 발생한다. • 많은 양의 물이 필요하다.	일반적인 소독 방법이 아니다.

> **선생님의 노하우**
> 물리적 소독은 빛과 열, 에너지를 사용하는 소독, 화학적 소독은 약품을 사용하는 소독입니다.

➕ 더 알기 TIP

물리적 소독법의 종류
- 가열법(열에 의한 소독)
  - 건열법 : 화염멸균법, 소각법, 직접건열멸균법
  - 습열법 : 자비소독법, 고압증기멸균법, 저온소독법, 증기소독법, 간헐멸균법
- 무가열법(열에 의하지 않는 소독)
  - 빛에 의한 소독 : 일광소독법, 자외선살균법, 방사선살균법
  - 파동에 의한 소독 : 초음파살균법
  - 여과에 의한 소독 : 세균여과법

② 화학적 소독

종류	특징
에탄올 (70% 수용액)	• 도구, 손 소독 등 다양하게 활용할 수 있다. • 조제 후 1주일 내 사용하여야 한다. • 적용 시 살균 효과가 빨리 나타나나, 지속성이 떨어진다. • 장기적인 사용 시 피부를 건조하게 만들거나 자극을 줄 수 있다.
크레졸수 (3% 수용액)	• 강력한 항균 효과를 요구하는 환경(바닥 등)에서 소독제나 방부제로 많이 활용된다. • 항균 스펙트럼이 넓어(녹농균, 결핵균, 일반세균에 효과가 있음) 경제적이다. • 물에 잘 녹지 않으며, 자극적인 냄새가 난다. • 원액이 피부에 닿으면 짓무름이나 자극을 일으킬 수 있다.
차아염소산나트륨액 (50ppm 락스)	• 당일 제조하여 사용하고, 전량 폐기하여야 한다. • 살균력이 강하고, 소독효과가 빠르게 나타나지만 잔류성과 부식성이 있다. • 자극적인 냄새가 나고, 가성★이 있어 피부나 눈에 자극을 줄 수 있다. • 적은 양으로 여러 용도로 사용할 수 있어 경제적이다.
페놀수 (3% 수용액)	• 조제 후 1주일 내로 사용하여야 한다. • 고온에서 효과가 좋고, 살균력이 강하다. • 독성과 부식성 있어서 사용 시 주의하여야 한다.
벤잘코늄 클로라이드	• 10%를 20배 희석하여 사용한다. • 사용하기 간편하다. • 넓은 범위에 걸친 방부 효과가 있다. • 양이온성 계면활성제로, 알레르기를 유발할 수 있다.
글루콘산 클로르헥시딘	• 5%를 10배 희석하여 사용한다. • 살균 효과와 항진균 효과가 탁월하다. • 피부에 대한 소독 효과가 있으나, 심각한 알레르기 반응을 유발할 수 있다.

★ 가성(苛性)
동식물의 세포 조직이나 여러 가지 물질을 깎아 내거나 삭게 하는 성질이다. 쉽게 말해 살갗에 닿았을 때 살을 녹여 따갑고 매운 느낌(苛)이 들게 하는 성질(性)을 말한다.

7) 항균활성에 대한 중화제

- 검체 중 보존제 등의 항균활성으로 인해 증식이 저해되는 경우(검액에서 회수한 균수가 대조액에서 회수한 균수의 1/2 미만인 경우)에는 결과의 유효성을 확보하기 위하여 총호기성생균수 시험법을 변경하여야 한다.
- 항균활성을 중화하기 위하여 희석 및 중화제를 사용할 수 있다.

화장품 중 미생물 발육저지물질	항균성을 중화시킬 수 있는 중화제	
페놀 화합물 (파라벤, 페녹시에탄올, 페닐에탄올 등 아닐리드)	• 레시틴 • 폴리소르베이트80 • 지방알코올의 에틸렌 옥사이드 축합물(Condensate) • 비이온성 계면활성제	
• 4급 암모늄 화합물 • 양이온성 계면활성제	• 레시틴 • 사포닌 • 지방알코올의 에틸렌 옥사이드 축합물	• 폴리소르베이트80 • 도데실 황산나트륨
• 알데하이드 • 폼알데하이드-유리 제제	• 글리신 • 히스티딘	
산화 화합물	티오황산나트륨	
• 이소치아졸리논 • 이미다졸	• 레시틴 • 사포닌 • 아민 • 황산염	• 메르캅탄 • 아황산수소나트륨 • 티오글라이콜산나트륨
비구아니드	• 레시틴 • 사포닌 • 폴리소르베이트80	
• 금속염(Cu, Zn, Hg) • 유기-수은 화합물	• 아황산수소나트륨 • L-시스테인-SH 화합물 • 티오글라이콜산	

> **선생님의 노하우**
>
> 암기 포인트를 딱 두 가지 정도 드립니다.
> • 레시틴, 사포닌, 폴리소르베이트80은 대부분 물질에 사용 가능한 범용 중화제로 기억해 두면 편함
> • 산화제는 티오황산나트륨, 알데하이드는 글리신·히스티딘, 중금속계는 SH기 화합물로 고정

> **개념 체크**
>
> 화장품 중 미생물 발육저지물질로서 '비구아니드'의 항균성을 중화할 수 있는 중화제를 쓰시오(단, 3가지를 모두 쓸 것).
>
> 레시틴, 사포닌, 폴리소르베이트80

더 알기 TIP

항균성의 중화

① 항균성 중화의 필요성
• 화장품 원료 중 보존제·항균물질이 남아 있는 상태에서 미생물 시험을 하면, 시험균의 증식이 억제되어 실제로 있는 균이 잘 자라지 않아 위음성 가능성이 높아지고, 그에 따라 회수율이 낮아진다.
• 따라서 시험에서 신뢰도 확보를 위해 중화제 사용 또는 적절한 희석이 필요하다.

② 시험 및 실무에서 주의할 점
• 중화제를 사용하면 오히려 미생물의 성장에 영향을 줄 수도 있다.
  - 중화제 자체의 독성과 성장 저해 여부를 사전에 확인하여야 한다.
  - 보통은 Growth Promotion Test나 중화 효과 검증시험(Neutralization Validation)을 실시한다.
• 희석도 항균성 중화의 한 방법이지만, 너무 희석하면 미생물 검출 감도가 떨어진다.
  - 중화제 사용이 신뢰성이 더욱 높은 방법이다.

SECTION 01 작업장의 위생관리

위생관리	대상물의 표면에 존재하는 바람직하지 않은 미생물 등의 오염물을 감소시키기 위하여 수행하는 작업
생산시설	화장품을 생산하는 설비와 기기가 포함된 건물로, 작업실, 내부 통로, 갱의실, 손 씻는 시설 등을 포함하며, 원료, 포장재, 완제품, 설비 및 기기를 외부 환경 변화로부터 보호하는 공간
구획	벽, 칸막이, 에어커튼 등을 이용하여 공간을 나누어 교차 오염 또는 외부 오염 물질의 혼입을 방지할 수 있는 상태
구분	선, 줄, 그물망, 칸막이 또는 충분한 간격을 두어 혼동이나 착오가 발생하지 않도록 구별된 상태
분리	벽으로 완전히 구분된 별도의 장소로, 공기 조화 장치가 별도로 설치되어 공기가 완전히 차단된 상태
소모품	청소, 위생 처리 및 유지 작업 시 사용되는 물품
청소	물리·화학적 방법과 시간을 활용하여 청정도를 유지하는 작업으로, 표면의 눈에 보이는 먼지를 제거하여 외관을 깨끗하게 유지하는 과정
유지관리	건물과 설비가 적절한 작업 환경을 유지할 수 있도록 정기적, 비정기적으로 지원하고 검증하는 작업
제조	원료 칭량부터 혼합, 충전(1차 포장), 2차 포장, 표시 등의 일련의 작업을 포함하는 과정
오염	제품에서 화학적, 물리적, 미생물학적 문제 또는 이들이 조합되어 발생하는 바람직하지 않은 문제
교차오염	오염 방지를 위해 공간의 '시간 차'를 두거나, 사람이 대차와 교차하는 경우 '유효 폭'을 충분히 확보하여야 하는 상태
교정(較正)	• 측정기의 정확도를 유지하기 위하여 피시험 장치의 측정값을 일정한 기준과 비교(比較)하여 정확(正確)하게 조정하는 작업 • 규정된 조건에서 측정 기기 또는 측정 시스템이 표시하는 값과 표준 기기의 참값을 비교하여 오차가 허용 범위 내에 있는지 확인하고, 범위를 벗어난 경우 이를 조정하는 과정
제조소	화장품을 제조하는 장소
건물	제품, 원료 및 포장재의 수령, 보관, 제조, 관리 및 출하를 위한 물리적 장소로, 건축물 및 보조 건축물을 포함하는 개념

SECTION 02 작업자의 위생관리

출제빈도 상 중 하
반복학습 1 2 3

빈출 태그 ▶ #직원의위생기준 #세제의종류 #위생규칙

KEYWORD 01 작업장 내 직원의 위생 기준

1) 직원의 위생 기준
- 모든 직원은 작업장 내 위생관리 기준 및 절차를 준수하도록 교육·훈련한다.
  - 신규 직원은 위생 교육을, 기존 직원은 정기적 교육을 실시하여야 한다.
  - 직원의 위생관리 기준 및 절차에 대한 사항은 아래와 같다.

> 복장·건강 상태, 제품 오염 방지, 손 씻기, 작업 중 주의사항, 방문객 및 교육 훈련을 받지 않은 직원 위생관리 등

- 직원은 화장품의 오염 방지를 위해 작업소 및 보관소 내의 규정된 작업복을 착용하여야 하며, 음식물 등을 반입하여서는 안 된다.
- 의약품을 포함한 개인 물품은 별도의 지역에 보관하여야 하며, 음식 및 음료 섭취, 흡연 등은 제조 및 보관 지역과 분리된 곳에서 하여야 한다.
- 피부에 외상이 있거나 질병에 걸린 직원은 건강 상태가 양호하여지거나 품질에 영향을 주지 않는다는 의사의 소견이 있기 전까지 화장품과 직접 접촉되지 않도록 격리하여야 한다.
- 제조 구역별 접근 권한이 없는 작업원 및 방문객은 가능한 한 제조·관리 및 보관 구역 내에 들어가지 않도록 하고, 불가피한 경우 사전에 직원 위생에 대한 교육 및 복장 규정에 따르도록 하여야 한다.
  - 방문객과 훈련받지 않은 직원이 제조·관리 및 보관 구역으로 들어갈 경우 반드시 안내자와 동행하여야 하며, 그들이 제조·관리 및 보관 구역으로 들어갈 것을 반드시 기록하여야 한다.

2) 혼합·소분 시 위생관리 규정
- 혼합·소분 전 사용되는 내용물 또는 원료의 품질관리가 선행되어야 한다.
  - 다만, 책임판매업자에게서 내용물과 원료를 모두 제공받는 경우 책임판매업자의 품질검사 성적서로 대체 가능하다.
- 혼합·소분 전에 손을 소독하거나 세정하여야 한다.
  - 다만, 혼합·소분 시 일회용 장갑을 착용하는 경우에는 예외이다.
- 혼합·소분 전에 혼합·소분된 제품을 담을 포장용기의 오염 여부를 확인하여야 한다.
- 혼합·소분에 사용되는 장비 또는 기구 등은 사용 전에 그 위생 상태를 점검하고, 사용 후에는 오염이 없도록 세척하여야 한다.
- 그 밖에 혼합·소분의 안전을 위해 식품의약품안전처장이 정하여 고시하는 사항을 준수하여야 한다.

> **개념 체크**
>
> 작업자가 받는 정기적 교육의 내용으로 옳지 **않은** 것은?
>
> ① 손 씻기
> ② 영양상태 관리
> ③ 건강상태 관리
> ④ 방문객 및 교육 훈련을 받지 않은 직원의 위생관리
>
> ②

KEYWORD 02 작업자 위생 유지를 위한 세제의 종류 및 사용법

1) 손세정제

설명	사용법	종류
• 손 표면에 묻은 이물질을 씻거나 닦아내는 데 쓰는 물질이다. • 주로 일반 비누를 사용한다.	• 작업장 입실 전, 작업 중 손이 오염되었을 때, 화장실 이용 후에 사용한다. • 흐르는 물에 비누를 사용하여 세척한다. • 종이타월, 드라이어를 이용하여 손을 건조한다.	• 액상 비누 • 고체형 손비누

> **선생님의 노하우**
> 손소독제와 손세정제의 차이를 잘 기억해 두세요.

2) 올바른 손 세정의 절차

 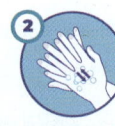 

- 1단계 : 손바닥과 손바닥을 마주 대고 문지름
- 2단계 : 손등과 손바닥을 마주 대고 문지름
- 3단계 : 손바닥을 마주 대고 손깍지를 끼고 문지름
- 4단계 : 손가락을 마주 잡고 문지름
- 5단계 : 엄지손가락을 다른 편 손바닥으로 돌리면서 문지름
- 6단계 : 손가락을 반대편 손바닥에 놓고 문지르며 손톱 밑을 깨끗하게 함

KEYWORD 03 작업자 소독을 위한 소독제의 종류 및 사용법

1) 손소독제

설명	사용법	종류
• 1차 알코올이 단백질 변성과 지질 용해 작용으로 병원체와 오염물을 제거한다. • 물 없이도 손 소독이 가능하며, 의약외품으로 분류된다.	• 손이 마른 상태에서 손소독제를 모든 표면에 다 덮을 수 있도록 충분히 적용한다. • 손의 모든 표면이 마를 때까지 문지른다.	알코올, 클로르헥시딘디글루코네이트, 헥사클로로펜, 아이오도퍼, 트리클로산 등

2) 소독제의 종류 및 특징

종류	설명	사용 농도
알코올	단백질 변성기전으로 소독 및 살균한다.	70~80%
클로르헥시딘	양이온 항균제이며, 세포질막을 파괴하는 방법으로 소독한다.	0.5%~4.0%
헥사클로로펜	세포벽을 파괴하는 방법으로 소독한다.	3.0%
아이오도퍼	세포 단백질 합성을 저해하고, 세포막을 변성하는 방법으로 소독한다.	0.5%~10%

> **개념 체크**
> 작업자의 소독의 위한 소독제의 종류로 옳지 **않은** 것은?
> ① 고체형 비누
> ② 알코올
> ③ 아이오도퍼
> ④ 클로르헥시딘
>
> ①

3) 작업자의 소독제 사용법

- 깨끗한 흐르는 물에 손을 적신 후 비누를 충분히 사용하여 손을 세정하는데, 이때 너무 뜨거운 물을 사용하면 피부염 발생 위험이 높아지므로 미지근한 물을 사용하는 것이 좋다.
- 손의 모든 표면에 비누액이 접촉하도록 15초 이상 문지르고 손가락 끝과 엄지손가락 및 손가락 사이사이를 주의 깊게 문지른다.
- 물로 헹군 후 손이 재오염되지 않도록 일회용 타올로 건조시킨다.
- 수도꼭지를 잠글 때는 사용한 타올을 이용하여 잠근다.
- 타올은 반복 사용하지 않으며 여러 사람이 함께 사용하지도 않는다.
- 손이 마른 상태에서 손소독제를 모든 표면을 다 덮을 수 있도록 충분히 도포한다.
- 손의 모든 표면에 소독제가 골고루 접촉되도록 특히 손끝과 엄지손가락 및 손가락 사이사이를 주의 깊게 문지른다.
- 손의 모든 표면이 마를 때까지 문지른다.

🎯 개념 체크

작업자 소독을 위한 소독제 사용법으로 **틀린** 것은?
① 알코올은 50~60% 농도로 사용한다.
② 클로르헥시딘은 주로 0.5%~4.0% 농도로 사용한다.
③ 헥사클로로펜은 주로 3.0% 농도로 사용한다.
④ 아이오도퍼는 주로 0.5%~10% 농도로 사용한다.

①

➕ 더 알기 TIP

손세정 vs. 손소독

구분	손 세정	손 소독
목적	오염물 제거	세균 · 바이러스 제거
방법	비누칠을 한 후 물로 세척	알코올 등의 소독제를 사용
사용 시기	손에 먼지 · 이물질이 있을 때	겉보기에 깨끗하지만 감염의 우려가 있을 때
유의점	손가락 사이 · 손톱 밑까지 꼼꼼히	마른 손에 골고루 문질러 건조까지

KEYWORD 04 작업자 위생관리를 위한 복장

1) 구역별 복장 기준

▲ 제조실, 칭량실, 충전실, 포장실

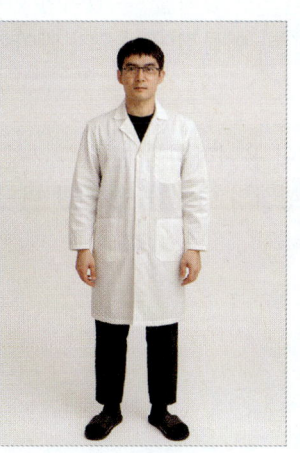
▲ 실험실

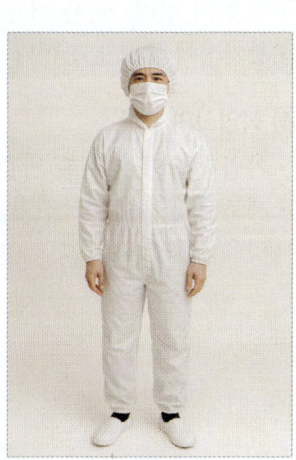
▲ 방문객의 복장

작업실 상주자
- 작업실 입실 전 탈의실에서 작업복 착용 후 입실한다.
- 제조소 이외의 구역으로 외출, 이동 시 탈의실에서 작업복 탈의 후 외출한다.

작업복 관리
- 1인 2벌 지급이 원칙이다.
- 주2회 세탁해야 하고 하절기에는 그 횟수를 늘린다.
- 작업복 청결 상태는 작업전 생산부서 관리자가 확인한다.

개념 체크

작업자의 작업 복장 기준 중 실험실 복장으로 적절한 것은?

① 실험복
② 작업복
③ 위생모
④ 보호안경

구분	제조실	칭량실	충전실	포장실	실험실
작업복	○ (방진복)	○ (방진복)	○ (방진복)	○	-
위생모/작업모	○	○	○	○	-
작업화/안전화	○	○ (안전화)	○ (안전화)	○ (안전화)	-
실험복	-	-	-	-	○
마스크	필요시	필요시	필요시	-	-
슬리퍼	-	-	-	-	○
보안경	필요시	필요시	-	-	-

2) 작업복의 기준

- 청정도에 맞는 적절한 작업복, 모자와 신발을 착용하고 필요할 경우는 마스크와 장갑을 착용한다.
  - 작업복은 목적과 오염도에 따라 세탁 및 소독해야 한다.
  - 작업 전에 복장 점검을 실시한 다음 적절하지 않을 경우 시정하여야 한다.
- 땀의 흡수 및 방출이 용이하고 가벼워야 한다.
- 보온성이 적당하여 작업에 불편이 없어야 한다.
- 내구성이 우수하여야 한다.
- 작업환경에 적합하고 청결하여야 한다.
- 작업 시 보풀이 일거나 먼지가 붙지 않아야 하며, 세탁하기 쉬워야 한다.
- 착용 시 내의가 노출되지 않아야 하며 내의로 단추 및 기모가 있는 의류는 착용하지 않는다.

작업모(위생모, 무진모)의 착용
- 밖으로 머리카락이 나오지 않게 쓴다.
- 귀고리나 피어싱을 제거하고 귀까지 덮어 쓴다.

3) 작업모의 기준

- 가볍고 착용감이 좋아야 한다.
- 착용이 용이하고 착용 후 머리카락 형태가 원형을 유지하여야 한다.
- 착용 시 머리카락을 전체적으로 감싸줄 수 있어야 한다.
- 통기성이 좋고 분진이나 기타 이물질이 나오지 않아야 한다.

4) 작업화의 기준

- 가볍고 땀의 흡수 및 방출이 용이하여야 한다.
- 제조실 근무자는 등산화 형식의 안전화 및 신발 바닥이 우레탄 코팅이 되어 있는 것을 사용한다.

SECTION 03 설비 및 기구관리

출제빈도 상 중 하
반복학습 1 2 3

빈출 태그 ▶ #설비·기구의위생기준 #위생상태판정 #설비기구의특징 #설비기구의재질

KEYWORD 01 설비·기구의 위생 기준 설정

1) 제조 및 품질관리에 필요한 설비의 위생 기준
- 사용 목적에 적합하고, 청소가 가능하며, 필요한 경우 위생의 유지관리가 가능하여야 함(자동화 시스템을 도입한 경우도 같음)
- 사용하지 않는 연결 호스와 부속품은 청소 등 위생적으로 관리하여 먼지, 얼룩 또는 다른 오염으로부터 보호하고, 건조한 상태를 유지할 것
- 배수가 잘되도록 설계·설치하며, 제품 및 소독제와 화학반응을 일으키지 않을 것
- 설비 등의 위치는 원자재나 직원의 이동으로 제품의 품질에 영향을 주지 않으면서 제품의 오염을 방지할 것
- 용기는 먼지나 수분으로부터 내용물을 보호할 것
- 배관 및 배수관을 설치하며 배수관은 역류하지 않고 청결을 유지할 것
- 천장 주위의 대들보, 파이프, 덕트 등은 가급적 노출되지 않게 설계하고 파이프는 벽에 닿지 않게 할 것
- 소모품은 제품의 품질에 영향을 주지 않도록 할 것

> **선생님의 노하우**
> 먼지와 수분으로부터 설비와 기구를 완벽하게 차단한다고 생각하고 내용을 읽어 보세요.

2) 설비 세척의 원칙
- 위험성이 없는 용제로 세척하며, 분해할 수 있는 설비는 분해하여서 세척한다.
- 세제는 가능한 한 사용하지 않는다.
- 물 세척과 증기 세척이 좋다.
- 브러시 등으로 문질러 지우는 것을 고려한다.
- 세척 후에는 반드시 판정하며, 판정 후의 설비는 건조·밀폐하여서 보존한다.
- 세척의 유효기간을 설정한다.
- 설비 세척에는 세제 사용을 권하지 않는다.
  - 설비 내벽에 남기 쉽다.
  - 표면에 남아 있는 세척제는 제품이나 설비 작동에 악영향을 미친다.
  - 세제가 남아 있지 않다는 것을 증명하려면 고도의 화학적인 분석이 필요하다.

> **선생님의 노하우**
> 설비 세척에는 물 세척과 증기 세척을 추천하고 세제는 비추천해요.

3) 세척 대상 설비
- 설비, 배관, 용기, 호스, 부속품
- 단단한 표면(용기 내부), 부드러운 표면(호스)
- 큰 설비, 작은 설비
- 세척하기 어려운 설비, 세척하기 쉬운 설비

4) 세척 및 소독 방법의 선택

- 세척 방법에 제1선택지, 제2선택지, 심한 더러움 시의 대안을 마련하여 세척 대책이 되는 설비의 상태에 맞게 세척 방법을 선택한다.
- 유화기 등의 일반적인 제조설비는 "물+브러시" 세척이 제1선택지이다.
- 지우기 어려운 잔류물에는 에탄올 등 유기용제의 사용이 필요하다.
- 분해할 수 있는 부분은 분해하여 세척한다.
- 호스와 여과천 등은 제품마다 전용품을 준비한다.

5) 설비 세척제의 유형과 세척 대상물질

① 세척 대상 물질
- 화학 물질(원료, 혼합물), 미립자, 미생물
- 같은 제품 – 다른 제품
- 쉽게 분해되는 물질 – 안정된 물질
- 녹는 물질 – 녹지 않는 물질
- 검출하기 어려운 물질 – 쉽게 검출할 수 있는 물질

② 오염물질의 유형별 세척제

세척제의 유형		오염물질	특징
무기산과 약산성 세척제 (pH 0.2~5.5)	• 강산 : 염산, 황산 • 약산 : 인산, 초산, 구연산	• 무기염, • 수용성 금속 혼합물	• 산성에 녹는 물질에 효과적이다. • 금속 산화물 제거에 효과적이다. • 취급하기 어렵다. • 독성 및 환경 문제가 발생할 수 있다.
중성 세척제 (pH 5.5~8.5)	약한 계면활성제 용액(알코올과 같은 수용성 용매를 포함할 수 있음)	• 기름때 • 작은 입자	• 용해나 유화에 의해 오염물을 제거한다. • 독성이 낮다. • 부식성이 있다.
약알칼리성 세척제, 알칼리성 세척제 (pH 8.5~12.5)	• 수산화암모늄 • 탄산나트륨 • 인산나트륨	• 기름 • 지방입자	알칼리는 비누화 반응과 가수분해 반응을 촉진한다.
부식성 알칼리 세척제 (pH 12.5~14)	• 수산화나트륨 • 수산화칼륨 • 규산나트륨	찌든 기름때	• 오염물을 가수분해하여 제거한다. • 독성과 부식성이 있다.

6) 제조 시설의 세척 평가

- 책임자 지정
- 세척 방법과 세척에 사용되는 약품 및 기구
- 이전 작업 표시 제거 방법
- 작업 전 청소 상태 확인 방법
- 세척 및 소독 계획
- 제조시설의 분해 및 조립 방법
- 청소 상태 유지 방법

KEYWORD 02 설비·기구의 위생 상태 판정

판정 방법	방법 및 순서
육안 판정	※ 장소는 미리 정해 놓고 판정 결과를 기록서에 기재한다. ① 세척 육안 판정 자격자를 선임한다. • 생산 책임자가 작업자의 교육 훈련 이력과 경험 연수를 토대로 선임한다. • 새로 판정 자격자를 선임할 때는 전임자가 경험으로 얻은 노하우를 전수한다. ② 각각의 설비에 맞는 소도구(손전등, 지시봉, 거울)를 준비한다. ③ 육안 판정의 장소는 미리 정해 놓고 판정 결과 기록서에 기재한다.
닦아내기 판정	※ 흰 천이나 검은 천으로 설비 내부의 표면을 닦아내고, 천 표면의 잔류물 유무로 세척 결과를 판정한다. ① 닦아 내는 천의 종류 결정, 천은 무진포(無塵布)가 선호된다. ② 판정 자격자를 선임한다.
린스 정량법	※ 호스나 틈새의 세척 판정에 적합하며, 수치로 결과를 확인할 수 있다. ① 린스액을 선정하여 설비를 세척한다. ② 린스액의 현탁도를 확인하고, 필요 시 다음 중에서 적절한 방법을 선택하여 정량하고, 결과를 기록한다. • 린스액의 최적 정량을 위하여 HPLC법을 이용한다. • 잔존물의 유무를 판정하기 위해서 박층크로마토그래피법을 이용한다. • 린스액 중의 총 유기 탄소를 총유기탄소 측정기로 측정한다. • UV를 흡수하는 물질이 남아 있는지 확인한다(분리된 화합물이 무색일 경우, 자외선을 쬐어 주면 색이 나타나서 육안으로 확인 가능).
표면균 측정법 - 면봉 시험법	※ 면봉으로 검체 구역을 문지른 후 희석액에 담가 채취된 미생물 희석하여 배양한 후, 검출된 미생물 수를 계산한다. ① 포일로 싼 면봉과 멸균액을 고압 멸균기에 멸균한다(121℃, 20분). ② 검증하고자 하는 설비를 선택한다. ③ 면봉으로 일정 크기의 면적 표면을 문지른다(보통 24~30㎠). ④ 검체 채취 후 검체가 묻어 있는 면봉을 적절한 희석액(멸균된 생리 식염수 또는 완충 용액)에 담가 채취된 미생물을 희석한다. ⑤ 미생물이 희석된 ④의 희석액 1㎖를 취해 한천 평판 배지에 바르거나 배지를 부어 미생물 배양 조건에 맞춰 배양한다. ⑥ 배양 후 검출된 집락 수를 세어 희석 배율을 곱해 면봉 1개당 검출되는 미생물 수를 계산한다(CFU/면봉 개수).
표면균 측정법 - 콘택트 플레이트법	※ 콘택트 플레이트에 검체를 채취하여 배양한 후 CFU수를 측정하여 기록한다. ① 콘택트 플레이트에 직접 또는 부착된 라벨에 표면 균, 채취 날짜, 검체 채취 위치, 검체 채취자에 대한 정보를 기록한다. ② 한손으로 콘택트 플레이트 뚜껑을 열고 다른 한손으로 표면 균을 채취하고자 하는 위치에 배지가 고르게 접촉하도록 가볍게 눌렀다가 떼어 낸 후 뚜껑을 덮는다. ③ 검체 채취가 완료된 콘택트 플레이트를 테이프로 봉하여 열리지 않도록 하여 오염을 방지한다. ④ 검체 채취가 완료된 표면을 70% 에탄올로 소독하여 배지에 잔류물이 없도록 한다. ⑤ 미생물 배양 조건에 맞추어 배양한다. ⑥ 배양 후 CFU 수를 측정한다.

> **선생님의 노하우**
> 세척 후에는 반드시 판정을 실시하여야 해요.

무진포(無塵布)

천의 색은 전회 제조물 종류로 정하는데 보통 흰색이나 검은 천으로 한다.

린스(Rinse)

'헹군다'는 뜻으로, 린스액을 호스나 틈새에 통과시켜 헹군 후에 회수된 용액을 분석하는 것이다. 잔존 물질이 린스액에 용해된다는 전제하에 실시하지만, 린스액에 녹지 않는 불용물도 있을 수 있어서 신뢰도가 떨어진다.

더 알기 TIP

크로마토그래피

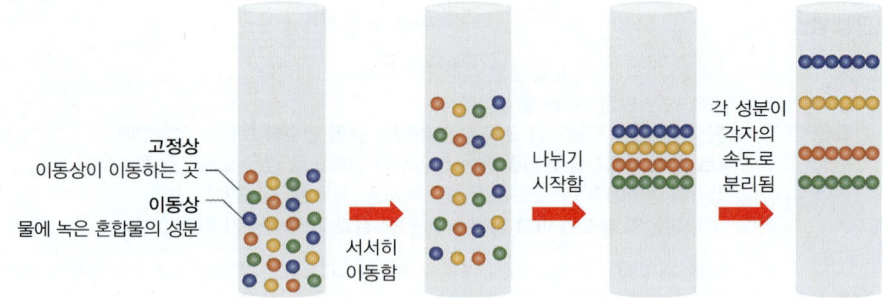

- 개념 : 미량의 색소 물질의 혼합물 분석법의 하나로, 흡착제를 채운 수직으로 된 유리관을 통해 혼합물을 이동하게 하여, 혼합물의 각 성분의 흡착성이나 이동 속도의 차를 이용하여 각각을 분리하는 방법
- 원리 : 물질의 특성인 용해도를 이용함
- 유형 : 이동상이 기체이면 기체크로마토그래피, 액체면 액체크로마토그래피를 사용함
- 사례 : 검정펜에 어떤 색이 섞인지 알고 싶을 때
  - 검정색 싸인펜 잉크가 묻은 종이에 물을 떨어뜨렸을 때, 빨강, 파랑, 노랑 색소가 서로 다른 거리로 퍼지는데, 이는 색소마다 고정상(종이)에 붙는 힘이 달라서 이동상(물)을 따라 움직이는 속도가 달라지기 때문이다. 그래서 섞인 색이 무엇인지 알 수 있다.

KEYWORD 03 설비·기구의 구성과 재질

1) 탱크

탱크

이것저것 담아도 품질에 영향을 주지 않는 만능용기, 큰 용기다.

선생님의 노하우

여기에 원료도 보관하고, 만들던 화장품도 담고, 완성된 화장품도 담고 하는 거예요.

개념	공정 단계 및 완성된 제형화(포뮬레이션) 과정에서 공정 중인 또는 보관용 원료를 저장하기 위해 사용되는 용기이다.
구성요건	• 가열과 냉각을 수행하거나 압력과 진공 조작을 할 수 있도록 만들어질 수 있다. • 탱크는 적절한 커버를 갖추고, 청소와 유지관리를 쉽게 할 수 있어야 한다. • 온도/압력 범위가 조작 전반과 모든 공정 단계의 제품에 적합하여야 한다. • 제품에 해로운 영향을 미쳐서는 안 된다. • 제품과의 반응으로 부식되거나 분해를 초래하는 반응이 있어서는 안 된다. • 제품 제조 과정, 설비 세척, 유지관리에 사용되는 동안 다른 물질이 스며들어서는 안 된다. • 세제 및 소독제와 반응하여서는 안 된다. • 용접, 나사, 나사못, 용구 등을 포함하는 설비 부품들 사이에 전기 화학반응을 최소화하여야 한다.
재질	• 스테인리스 스틸은 탱크의 제품에 접촉하는 표면 물질을 일반적으로 선호한다. • 주로 스테인리스 #304나, 부식에 강한 스테인리스 #316을 선호한다.

특성	· 미생물학적으로 민감하지 않은 물질 또는 제품에는, 유리로 안을 댄 강화 유리 섬유 폴리에스터와 플라스틱으로 안을 댄 탱크를 사용할 수 있다. · 퍼옥사이드 같은 민감한 물질 또는 제품은, 탱크 제작 전문가 또는 물질 공급자와 함께 탱크의 구성 물질과 생산하고자 하는 내용물이 서로 적용 가능한지에 대해 상의해야 한다. · 기계로 만들고 광을 낸 표면을 선호한다. · 주형 물질(Cast Material) 또는 거친 표면은 제품이 뭉치게 되어 깨끗하게 청소하기 어렵다. · 미생물 또는 교차 오염 문제를 일으킬 수 있으므로 주형 물질은 화장품에 추천되지 않는다. · 모든 용접 및 결합 부위는 가능한 한 매끄러우며 평면을 유지하여야 한다. · 외부 표면의 코팅은 제품에 대해 저항력(Product-resistant)이 있어야 한다.

2) 펌프

개념	· 다양한 점도의 액체를 한 지점에서 다른 지점으로 이동시키거나 제품을 혼합(재순환 또는 균질화)하기 위하여 사용하는 장치이다. · 시험의 수치는 특히 매우 민감한 에멀전에서 중요한데, 이는 펌프의 기계적인 작동이 에멀전의 분해를 가속화하여 불안전한 제품을 만들어 내기 때문이다.
구성요건	모터, 개스킷(Gasket), 패킹(Packing), 윤활제로 구성된다.
재질	· 재질은 해당 환경에서의 내식성, 내열성, 내마모성 등을 고려하여 선택하여야 한다. · 하우징과 날개차(임펠러)는 닳기 쉬우므로 다른 재질로 만들어야 한다.
특성	· 펌프 종류는 미생물학적인 오염을 방지하기 위해서 원하는 속도, 펌프될 물질의 점성, 수송 단계 필요 조건, 그리고 청소·위생관리(세척·위생관리)의 용이성에 따라 선택하여야 한다. - 터보형(원심식, 사류식, 축류식), 용적형(왕복식, 회전식), 특수형이 있다. · 펌핑(작업)의 기계적인 동작으로 에너지를 펌핑된 물질에 가하게 된다. · 에너지는 펌프된 물질에 따라 그 물질의 물리적 성질의 변화를 일으킬 수 있다. · 펌프 종류의 최종 선택은 펌핑 테스트를 통해 물성에 끼치는 영향을 완전히 해석하여 확증한 후에 선택(매우 민감한 에멀전에서 중요)하여야 한다.

펌프

펌프의 개스킷

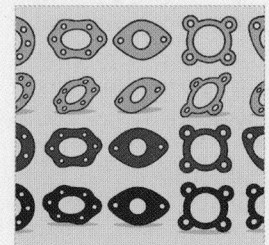

개스킷은 펌프할 물질이 새지 않게 틈새를 메우는 부품이다.

3) 혼합과 교반 장치

개념	제품의 균일성과 희망하는 물리적 성상을 얻기 위해 사용하는 장치이다.
구성요건	· 장치 설계는 기계적으로 회전된 날의 간단한 형태로부터 정교한 제분기(Mill)와 균질화기(Homogenizer)까지 있다. · 혼합기는 제품에 영향을 미치며 많은 경우에 제품의 안정성에 영향을 미친다. · 안정적으로 의도된 결과를 생산하는 믹서를 고르는 것이 매우 중요하다. · 믹서를 고르는 방법 중 일반적인 접근은 실제 생산 크기의 뱃치 생산 전에 시험적인 정률증가(Scaleup) 기준을 사용하는 뱃치들을 제조하는 것이다.
재질	· 전기화학적인 반응을 피하기 위해서 믹서의 재질이 믹서를 설치할 모든 젖은 부분이 탱크와 공존할 수 있는지를 확인해야 한다. · 대부분의 믹서는 봉인(Seal)과 개스킷에 의해서 제품과의 접촉으로부터 분리되어 있도록 내부 패킹과 윤활제를 사용한다.
특성	혼합기를 작동시키는 사람은 회전하는 샤프트와 잠재적인 위험 요소를 고려하여 안전하게 작동하는 방법을 훈련받아야 한다.

혼합기와 교반기

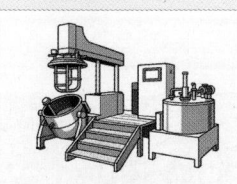

혼합기와 교반기는 쉽게 생각하면 믹서기 같은 것이다. 둘은 원료가 잘 섞이게 해 주는 장치이다. 참고로 혼합(混合)은 '섞어서 합침', 교반(攪拌)은 '휘저어서 섞음'을 의미한다.

> **더 알기 TIP**
>
> **정률증가(定律增加, Scaleup)**
> - 어떠한 물질이 늘어난 비율만큼 수반되는 물질도 함께, 같은 비율만큼 늘어나는 것이다.
> - 믹서를 사용할 때 비율대로 재료를 조금씩 섞어서 원하는 물성이 나오는지 잘 섞이는지 확인해 봐야 하는데, 우리가 요리할 때 물 100㎖, 간장 100㎖, 고추장 100㎖가 필요하다고 하면 먼저 각 재료를 100분의 1 비율로 1㎖씩 섞어 본 다음 양을 늘려가는 것과 같은 이치이다.

4) 호스

개념	화장품 생산 작업에 훌륭한 유연성을 제공하기 때문에 한 위치에서 다른 위치로 제품의 전달을 위해 화장품 산업에서 광범위하게 사용되는 장치이다.
재질	• 강화된 식품등급의 고무 또는 네오프렌, (강화된) Tygon, 폴리에틸렌 또는 폴리프로필렌, 나일론 등이 쓰인다. • 호스 부속품과 호스의 재질은 장치가 작동되는 전반적인 온도와 압력의 범위에 적합하여야 하고 제품에 적합한 제재로 건조되어야 한다. • 호스 구조는 위생적인 측면이 고려되어야 한다.
특성	호스 설계와 선택은 적용 시의 사용 온도와 압력의 범위를 고려하여야 한다.

5) 필터 · 여과기(스트레이너) · 체

> **선생님의 노하우**
> 필터, 여과기, 체는 요새 많이 쓰시는 공기청정기에 필터가 여러 개 들어 있지요. 공기 중 미세먼지를 거르기 위해서요. 같은 원리입니다.

개념	화장품 원료와 완제품에서 원하는 입자크기나 덩어리 모양으로 파쇄하기 위하여, 불순물을 제거하기 위하여, 현탁액에서 초과물질을 제거하기 위하여 사용되는 장치이다.
구성요건	• 원치 않는 불순물을 제거하기 위해서 체와 필터의 사용 시 불순물이 아닌 성분을 제거하여야 한다. • 설비는 여과공정 동안 여과된 제품의 검체 채취가 용이하도록 설계되어야 한다.
재질	• 화장품과 반응하지 않는 재질(스테인리스 스틸과 비반응성 섬유)이 사용된다. • 원료와 처방에 대해 스테인리스 #316은 제품의 제조를 위해 선호된다. • 여과 매체(예 체, 여과 백, 카트리지 그리고 필터 보조물)는 효율성, 청소의 용이성, 처분의 용이성 그리고 제품에 적합성에 전체 시스템의 성능에 의해 선택하여 평가하여야 한다.
특성	시스템 설계는 모든 여과 조건에서 생기는 최고 압력들을 고려하여야 한다.

6) 이송 파이프

이송 파이프

개념	제품을 한 위치에서 다른 위치로 운반하는 데 사용되는 장치이다.
구성요건	• 파이프 시스템에서 밸브와 부속품은 흐름을 전환, 조작, 조절과 정지하기 위해 사용된다. • 파이프 시스템의 기본구성에는 펌프, 필터, 파이프, 부속품(엘보우, t's, 리듀서), 밸브 이덕터 또는 배출기가 있다. • 파이프 시스템은 제품 점도, 유속 등을 고려하여야 한다. • 교차오염의 가능성을 최소화하고 역류를 방지하도록 설계되어야 한다. • 파이프 시스템에는 플랜지(이음새)를 붙이거나 용접된 유형의 위생처리 파이프 시스템이 존재한다.

재질	• 스테인리스 스틸 #304 또는 #316, 구리, 알루미늄 등으로 구성된다. • 어떤 것들은 개스킷, 파이프 도료, 용접봉 등을 사용하기도 한다. • 이것들은 물질의 적용 가능성을 위하여 평가되어야 한다. • #304 스테인리스 스틸이나 #316 스테인리스 스틸에 추가하여서, 유리, 플라스틱, 표면이 코팅된 폴리머가 제품에 접촉하는 표면에 사용한다.
특성	• 파이프 시스템 설계는 생성되는 최고의 압력을 고려하여야 한다. • 사용 전, 시스템은 정수압으로 시험되어야 한다. • 전기화학반응이 일어날 수 있기 때문에 주의하여야 한다.

7) 칭량 장치

• 칭량(秤量)의 개념

칭량은 말 그대로 '저울(秤)로 양을 재는(量) 것'이다. 공학이나 산업에서는 '원료나 성분의 함량을 정밀한 장치로 측정하는 것'으로 해석한다. 화장품은 원료나 성분의 함량에 따라 인체가 반응을 달리하기 때문에 칭량장치와 칭량의 과정이 매우 중요하다고 할 수 있다.

• 칭량 장치의 개념과 특성

개념	원료, 제조과정 재료 그리고 완제품을 요구되는 성분표 양과 기준을 만족하는지를 보증하기 위해 중량적으로 측정하기 위하여 사용되는 장치이다.
구성요건	• 추가적으로 칭량장치들은 재고 관리 같은 다른 작업에도 사용한다. • 칭량 장치의 유형에는 기계식, 광선타입, 진자타입, 전자식 그리고 로드 셀(Load Cell)과 같은 것들이 있는데, 작업의 조건과 요구되는 성과, 사용되는 무게 단위에 따라 적절히 선택하여야 한다. • 칭량 장치의 오차 허용도는 칭량에서 허락된 오차 허용도보다 커서는 안 된다. • 칭량장치는 그들의 정확성과 정밀성의 유지관리를 확인하기 위하여 조사되어야 하고 일상적으로 검정되어야 한다.
재질	• 계량적 눈금의 노출된 부분들은 칭량 작업에 간섭하지 않는다면 보호적인 피복제로 사용될 수 있다. • 계량적 눈금 레버 시스템은 동봉물을 깨끗한 공기와 동봉하고 제거함으로써 부식과 먼지로부터 효과적으로 보호할 수 있다.
특성	• 칭량장치들은 제재의 칭량이 쉽게 이루어질 수 있고 교차 오염의 가능성이 최소화된 위치에 설치되어야 한다. • 민감한 기구이기 때문에, 부식성 환경과 과도한 먼지로부터 적절하게 보호되지 않는다면 기능의 저하를 초래할 수 있다.

8) 게이지와 미터

개념	온도, 압력, 흐름, pH, 점도, 속도, 부피 그리고 다른 화장품의 특성을 측정 또는 기록하기 위해 사용되는 장치이다.
재질	• 제품과 직접 접하는 게이지와 미터의 적절한 기능에 영향을 주지 않아야 한다. • 대부분의 제조자들은 기구들과 제품과 원료의 직접 접하지 않도록 분리 장치를 제공한다.
특성	전기 구성품들은 설비 지역에 있을 수 있는 폭발 위험물로부터 안전한 곳에 보관하여야 한다.

9) 제품 충전기

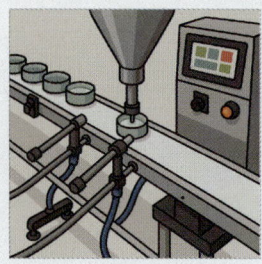
제품 충전기

개념	제품을 1차 용기에 담는 장치이다.
구성요건	• 제품의 물리적 및 심미적인 성질이 충전기에 의하여 영향을 받을 수 있다. • 설비 선택 시 제품에 대한 영향을 고려하여야 한다. • 변경을 용이하게 할 수 있도록 설계하여야 한다.
재질	• 조작중의 온도 및 압력이 제품에 영향을 끼치지 않아야 한다. • 제품에 나쁜 영향을 끼치지 않아야 한다. • 제품에 의하여나 어떠한 청소 또는 위생처리작업에 의하여 부식되거나, 분해되거나 스며들게 하여서는 안 된다. • 용접, 볼트, 나사, 부속품 등의 설비구성요소 사이에 전기화학적 반응을 피하도록 구축되어야 한다. • 제품과 접촉되는 표면물질로 #300시리즈 스테인리스 스틸을 널리 사용한다. • #304나 부식에 더욱 강한 #316 스테인리스 스틸을 널리 사용한다.
특성	• 제품 충전기는 특별한 용기와 충전 제품에 대해 요구되는 정확성과 조절이 용이하도록 설계되어야 한다. • 장치는 정해진 속도에서 지정된 허용 오차 내에서 원하는 수의 제품의 충전이 가능하여야 한다.

KEYWORD 04 | 설비 · 기구의 점검과 관리

1) 정비 계획에 따른 점검 · 정비

절차	• 설비 대장의 점검 · 정비 주기가 포함된 연간 정비 계획을 수립한다. • 정비 업무 계획표에 따라 점검과 정비를 실시한다. • 설비 점검은 설비별 점검 기준서를 기초로 한다.
점검기준서	• 담당자명 • 작업 내용 • 설비 기본 정보 • 점검 부위명 • 점검 기준 · 방법 · 주기 • 명칭, 기능, 취급 방법 • 조치 방법 • 설비 구조도면 • 설비 사진 · 도면 • 기계요소 및 내구 수명 ※ 설비 기본 정보에는 설비 번호, 설비명, 설치 연월, 설치 장소가 포함된다. ※ 설비 사진 또는 도면에는 '일련번호와 함께 점검과 정비 대상인 기계요소의 번호, 명칭, 기능을 기재한다.
점검	• 설비의 일상점검 : 일간 또는 주간 주기로 실시, 결과를 설비 점검표에 기록 • 설비의 정기점검 : 연간 정비 계획서에 따라 점검 · 정비와 같이 실시, 설비 점검표에 점검 결과를 기재하고 기록 보관

+ 더 알기 TIP

설비의 점검 예시 – 저울의 검정과 관리

- 개요
  - 저울의 점검에는 저울의 검사·측정 및 시험 장비의 정밀도의 유지·관리 등이 포함된다.
  - 저울의 관리에는 저울의 측정 부위와 외관의 방청, 방진 등이 포함된다.
- 점검법

구분	주기와 시기	방법	판정 기준	이상 시 조치 사항
영점 (Zero Point)	매일, 가동 전	영점 설정을 확인한다.	'0' 설정을 확인한다.	수리를 의뢰하고 필요한 조처를 한다.
수평	매일, 가동 전	육안으로 확인한다.	수평임을 확인한다.	• 자가로 조절한다. • 수리를 의뢰하고, 필요한 조처를 한다.
점검	1개월	표준 분동으로 실시한다.	• 직선성 : ±0.5% 이내 • 정밀성 : ±0.5% 이내 • 편심오차 : ±0.1% 이내	수리를 의뢰하고 필요한 조처를 한다.

2) 설비·기구의 이력 관리 및 폐기

항목	• 사용 조건과 설비 관리의 적절성에 따라 내구연한이 단축 또는 연장된다. • 설비 이력 관리를 통한 설비 가동률과 고장률을 파악한다. • 점검·정비 주기의 단축 또는 연장 여부를 결정한다. • 부품 교체 시기, 설비의 정밀 진단과 폐기 시점을 결정한다. • 내구연한이 종료되면 설비를 폐기한다.
설비 가동 일지	• 설비 번호　　　　　　　• 조업 시간 • 설비명　　　　　　　　• 정지 시간 • 설치 장소　　　　　　• 부하 시간 • 설치 연월　　　　　　• 가동 시간 • 생산일자와 시간　　　• 가동률★
설비 이력 카드	• 설비 상세 명세 구성 항목 　– 설비 번호　　　　　　– 제조 연월 　– 설비명　　　　　　　– 구입처 　– 설치 장소　　　　　– 설치 연월 　– 제작 번호　　　　　– 설비 사진과 주요 기계요소 명칭 　– 제작사　　　　　　– 일련번호와 주요 부속품 및 장치명 • 유지·보수 이력 구성 항목 　– 작업자　　　　　　– 유지·보수 내용 　– 유지·보수 일시　　– 조치 사항 　– 유지·보수 항목　　– 조치 결과 • 부품 교체 이력 구성 항목 　– 작업자　　　　　　– 수량 　– 부품 교체 일시　　– 이전 교체일 　– 부품명　　　　　　– 구입처 　– 교체 방법

★ 가동률 및 설비효율을 저해하는 요인
- 고장 로스
- 작업 준비·조정 로스
- 일시 정체 로스
- 속도 로스
- 불량·수정 로스
- 초기 수율 로스

개념 체크

다음 중 설비 상세 명세 구성 항목이 **아닌** 것은?
① 구입처
② 설치 연월
③ 제작사
④ 설비 중량

④

▶ 선생님의 노하우

설비 이력카드 양식의 구성은 육하원칙(누가, 언제, 어디서, 무엇을, 어떻게, 왜)을 생각해 보면 기억하기 쉬워요.

3) 결함과 부품의 교체

결함	• 고장의 원인이 되는 설비 손상, 설비 효율이나 생산 효율을 저해하는 요인이다. • 수시로 점검과 정비를 통해 설비 결함의 발생 빈도를 감소시켜야 한다.
부품의 교체	• 다음의 서류에 따라 정해진 기간에 실시하고 예비품을 관리하고, 대장에 기록하여야 한다. – 부품 교체 주기표 – 유지·보수 계획서 – 장기 보전 계획표

4) 폐기 처리

처리의 원칙	• 품질에 문제가 있거나 회수·반품된 제품의 폐기 또는 재작업 여부는 품질보증 책임자에 의해 승인되어야 한다. • 폐기대상은 따로 보관하며 규정에 따라 신속하게 폐기하여야 한다.
책임자의 업무	• 품질에 관련된 모든 문서와 절차의 검토 및 승인 • 품질검사가 규정된 절차에 따라 진행되는지의 확인 • 일탈이 있는 경우 이의 조사 및 기록 • 적합 판정한 원자재 및 제품의 출고 여부 결정 • 부적합품이 규정된 절차대로 처리되고 있는지의 확인 • 불만처리과 제품회수에 관한 사항의 주관

> **개념 체크**
>
> 설비 기구의 폐기 처리 과정에서 품질보증 책임자의 업무가 **아닌** 것은?
> ① 일탈이 있는 경우 담당자를 색출하여 징계한다.
> ② 부적합품이 규정된 절차대로 처리되고 있는지를 확인한다.
> ③ 적합 판정한 원자재 및 제품의 출고 여부를 결정한다.
> ④ 불만처리과 제품회수에 관한 사항을 주관한다.
>
> ①

5) 불용(不用) 처리

- 부품 수급이 불가능한 경우
- 설비 수리·교체의 비용이 신규 설비 도입 비용을 초과하는 경우
- 정기점검 결과 작동 및 오작동에 대한 설비의 신뢰성이 지속적인 경우

필수용어.Zip SECTION 03 설비 및 기구관리

주요 설비	제조 및 품질 관련 문서에 명시된 설비로, 제품의 품질에 필수적으로 영향을 미치는 설비
CFU	(= Colony-forming Unit) • 미생물학에서 사용하는 집락형성단위 • 눈에 보이는 박테이라나 균류의 집락 숫자를 확인하고 희석배수와 집락수를 계산하여 단위 부피 또는 무게당 집락수를 측정
HPLC	(= High Pressure Liquid Chromatograghy, 고성능 액체 크로마토그래피) 용매 내 유기화합물을 성분별로 분석하여 함유량을 측정하는 기법
TLC	(= 박층 크로마토그래피) 고정상으로 제작된 박층을 이용하여 혼합물을 이동상으로 전개하여 각 성분을 분석하는 방법
TOC	(= Total Organic Carbon, 총유기탄소) 유기물질 측정 지표 중 하나로, 유기적으로 결합된 탄소의 총량을 측정하는 방법
회수	판매된 제품 중 품질 결함이나 안전성 문제가 발생한 제품을 제조소로 회수하는 활동

SECTION 04 내용물 및 원료관리

출제빈도 상 중 하
반복학습 1 2 3

빈출 태그 ▶ #허용한도 #미생물한도 #내용량기준 #기준일탈 #폐기관리

KEYWORD 01 내용물 및 원료의 입고 기준

1) 입고관리 기준

- 제조업자는 원자재 공급자에 대한 관리·감독을 적절히 수행하여 입고 관리가 철저히 이루어지도록 한다.
- 원자재 입고 시 구매요구서, 원자재 공급업체 성적서 및 현품이 서로 일치하여야 한다(필요한 경우 운송 관련 자료 추가 확인 가능).
- 원자재 용기에 제조번호가 없는 경우 관리번호를 부여하여 보관하여야 한다.
- 입고 절차 중 육안으로 물품에 결함이 있을 경우 입고를 보류하고 격리보관 및 폐기 또는 원자재 공급업자에게 반송하여야 한다.
- 입고된 원자재는 '적합', '부적합', '검사 중' 등으로 상태를 표기하여야 한다(동일 수준의 보증이 가능한 다른 시스템이 있다면 대체 가능).
- 원자재 용기 및 시험기록서의 필수적인 기재사항(입고 시 확인)
  - 원자재 공급자가 정한 제품명
  - 원자재 공급자명
  - 수령일자
  - 공급자가 부여한 제조번호 또는 관리번호

> **선생님의 노하우**
>
> 공통 안전관리 기준은 꼭 외우세요. 특히 미생물 한도 수치는 출제가 많이 돼요.

2) 입고 내용물 및 원료 처리 순서

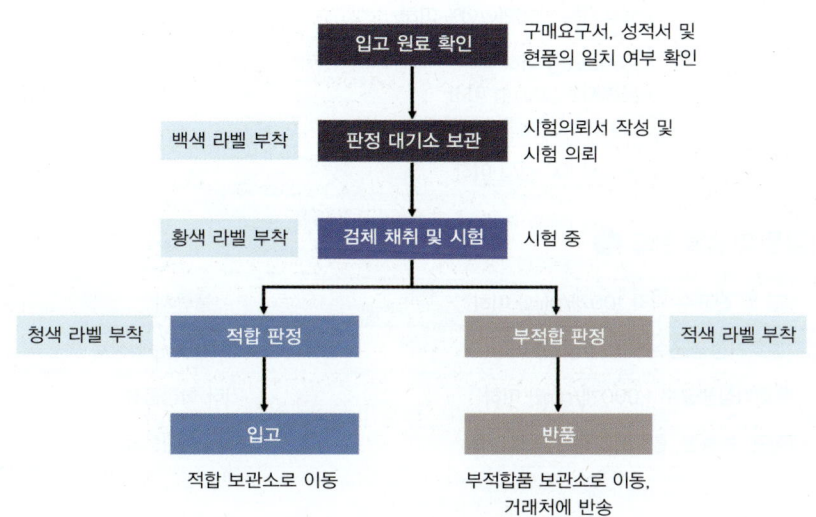

> **개념 체크**
>
> 입고 내용물 및 원료 처리 내용 중 옳지 않은 것은?
> ① 부적합 판정은 황색 라벨을 부착한다.
> ② 적합 판정은 청색 라벨을 부착한다.
> ③ 적합 판정을 받으면 적합 보관소로 이동한다.
> ④ 부적합 판정을 받으면 거래처에 반송한다.
>
> ①

KEYWORD 02 유통화장품의 안전관리 기준

1) 공통 안전관리 기준

① 완전 제거가 불가능한 성분의 검출 허용한도

- 화장품 제조 시 아래 물질을 인위적으로 첨가하지 않았으나, 제조 또는 보관 과정 중 비의도적으로 유래된 사실이 객관적인 자료로 확인되고 기술적으로 해당 물질을 완전히 제거할 수 없는 경우 각 물질의 검출 허용한도는 다음과 같다.
- 사용할 수 없는 원료로 고시된 원료가 다음의 내용과 같이 비의도적으로 검출되었으나 검출 허용한도가 명시되지 않은 경우, 위해 평가를 진행하여 위해 여부를 확인한다.

종류	검출 허용한도
납	• 점토를 원료로 사용한 분말 제품 50㎍/g 이하 • 그 밖의 제품은 20㎍/g 이하
니켈	• 눈화장용제품 35㎍/g 이하 • 색조화장용제품 30㎍/g 이하 • 그 밖의 제품은 10㎍/g 이하
비소	10㎍/g 이하
안티모니	10㎍/g 이하
카드뮴	5㎍/g 이하
수은	1㎍/g 이하
디옥산	100㎍/g 이하
메탄올	• 0.2(v/v)% 이하 • 물휴지는 0.002(v/v)% 이하
폼알데하이드	• 2,000㎍/g 이하 • 물휴지는 20㎍/g 이하
프탈레이트류	디뷰틸프탈레이트, 뷰틸벤질프탈레이트 및 디에틸헥실프탈레이트에 한하여 총합으로서 100㎍/g 이하

② 화장품 미생물 한도

세균 및 진균수 각각 100개/g(㎖) 이하	물휴지
총호기성생균수 500개/g(㎖) 이하	영유아용 제품류 및 눈화장용 제품류
총호기성생균수 1,000개/g(㎖) 이하	기타 화장품류
대장균, 녹농균, 황색포도상구균 불검출	모든 화장품류

개념 체크

완전 제거가 불가능한 성분과 미생물 검출 허용한도 수치로 적절한 것은?

① 안티모니 5㎍/g 이하
② 비소 10㎍/g 이하
③ 수은 2㎍/g 이하
④ 디옥산 50㎍/g 이하

②

선생님의 노하우

총호기성생균수는 살아있는 세균과 진균의 수를 측정한 값이에요.

개념 체크

유통화장품의 미생물 한도가 적절한 것은?

① 모든 화장품류 – 대장균 100개/g(㎖) 이하
② 물휴지 – 세균 및 진균수 각각 500개/g(㎖) 이하
③ 기타 화장품류 – 총호기성생균수 1,000개/g(㎖) 이하
④ 영유아용 제품류 – 총호기성생균수 100개/g(㎖) 이하

③

③ 내용량 기준
- 제품 3개를 가지고 시험할 때 그 평균 내용량이 표기량에 대하여 97% 이상이어야 하며, 화장비누의 경우 건조중량을 내용량으로 한다.
- 위의 기준치를 벗어날 경우, 6개를 더 취하여 시험할 때 9개의 평균 내용량이 표기량에 대하여 97% 이상이어야 한다.

2) 유형별 추가 안전관리 기준
- 액상 제품은 pH 기준이 3.0~9.0이어야 하는데, 물을 포함하지 않는 제품과 사용한 후 곧바로 물로 씻어내는 제품은 제외한다.

> **더 알기 TIP**
>
> **액상제품의 목록**
> - 영유아용 제품류(샴푸, 린스, 인체 세정용 제품, 목욕용 제품 제외)
> - 기초화장용 제품류(클렌징 워터, 클렌징 오일, 클렌징 로션, 클렌징 크림 등 메이크업 리무버 제품 제외) 중 로션, 크림 및 이와 유사한 제형의 액상 제품
> - 눈화장용 제품류, 색조화장용 제품류
> - 두발용 제품류(샴푸, 린스 제외)
> - 면도용 제품류(셰이빙 크림, 셰이빙 폼 제외)

- 화장비누의 유리알칼리는 0.1% 이하여야 한다.
- 기능성화장품은 기능성을 나타나게 하는 주원료의 함량이 심사 또는 보고한 기준에 적합하여야 한다.

3) 퍼머넌트 웨이브용 및 헤어 스트레이트너 제품

① 제1제
- 공통 : 품질을 유지하고 유용성을 높이기 위해 적절한 알칼리제, 침투제, 습윤제, 착색제, 유화제, 향료 등을 추가할 수 있음
  - 중금속 : 20㎍/g 이하   - 비소 : 5㎍/g 이하   - 철 : 2㎍/g 이하
- 티오글라이콜릭애시드 또는 그 염류를 주성분으로 하는 냉2욕식·가온2욕식 퍼머넌트 웨이브용 및 헤어 스트레이트너 제품
  - pH : 4.5~9.6
  - 철 : 2㎍/g 이하
  - 비소 : 5㎍/g 이하
  - 중금속 : 20㎍/g 이하
  - 산성에서 끓인 후의 환원성 물질(티오글라이콜릭애시드) : 2.0~11.0%
  - 알칼리 : 0.1N염산의 소비량은 검체 1mℓ에 대하여 7mℓ 이하
- 시스테인, 시스테인염류 또는 아세틸시스테인을 주성분으로 하는 냉2욕식·가온2욕식 퍼머넌트 웨이브용 제품
  - pH : 8.0~9.5
  - 철 : 2㎍/g 이하
  - 시스테인 : 3.0~7.5%
  - 비소 : 5㎍/g 이하
  - 중금속 : 20㎍/g 이하
  - 환원 후의 환원성 물질(시스틴) : 0.65% 이하
  - 알칼리 : 0.1N 염산의 소비량은 검체 1mℓ에 대하여 12mℓ 이하

② 제2제 공통

- 브로민산나트륨 함유 제제 : 브로민산나트륨에 그 품질을 유지하거나 유용성을 높이기 위하여 적당한 용해제, 침투제, 습윤제, 착색제, 유화제, 향료 등을 첨가한 것
  - 용해 상태 : 명확한 불용성 이물이 없을 것
  - 중금속 : 20μg/g 이하
  - pH : 4.0~10.5
  - 산화력 : 1인 1회 분량의 산화력이 3.5 이상
- 과산화수소수 함유 제제 : 과산화수소수 또는 과산화수소수에 그 품질을 유지하거나 유용성을 높이기 위하여 적당한 침투제, 안정제, 습윤제, 착색제, 유화제, 향료 등을 첨가한 것
  - pH : 2.5~4.5
  - 중금속 : 20μg/g 이하
  - 산화력 : 1인 1회 분량의 산화력이 0.8~3.0

③ 퍼머넌트·염색 시술 원료

암모니아	• 모표피를 손상시켜 염료와 과산화수소가 속으로 잘 스며들 수 있도록 한다. • 퍼머넌트 염색에서 색소는 산화제로 활성화되며, 암모니아는 산화제를 효율적으로 활성화시켜 색소가 모발 내부에서 발색할 수 있도록 한다. • 색소가 모발에 더 깊게 자리 잡을 수 있게 도와 염색 결과가 오랜 시간 지속될 수 있도록 한다.
과산화수소	• 머리카락 속의 멜라닌 색소를 파괴하여 두발 원래의 색을 지운다. • 염색 후 색소가 모발에 잘 고정될 수 있도록 돕는 역할을 한다.

> **개념 체크**
>
> 퍼머넌트·염색 시술 원료 중에서 머리카락 속의 멜라닌 색소를 파괴하는 기능을 가진 원료는?
>
> 과산화수소

4) 유통화장품 안전관리 시험 방법

성분	시험 방법
납	• 디티존법 • 원자흡광광도법 • 유도결합플라즈마분광기(ICP) • 유도결합플라즈마-질량분석기(ICP-MS)
비소	• 비색법 • 원자흡광광도법 • 유도결합플라즈마분광기(ICP) • 유도결합플라즈마-질량분석기(ICP-MS)
수은	• 수은분해장치 • 수은분석기
니켈, 안티모니, 카드뮴	• 유도결합플라즈마-질량분석기(ICP-MS) • 원자흡광분광기(ASS) • 유도결합플라즈마분광기(ICP)
디옥산	기체크로마토그래피법-절대검량선법

메탄올	• 푹신아황산법
	• 기체크로마토그래피법
	   – 물휴지 외 제품 : 증류법, 희석법, 기체크로마토그래피 분석
	   – 물휴지 : 기체크로마토그래피-헤드스페이스법
	• 기체크로마토그래피-질량분석기법

폼알데하이드	액체크로마토그래피법-절대검량선법
프탈레이트류 (디부틸프탈레이트, 부틸벤질프탈레이트 및 디에칠헥실프탈레이트)	• 기체크로마토그래피-수소염이온화검출기를 이용한 방법 • 기체크로마토그래피-질량분석기를 이용한 방법
유리알칼리 시험법	• 에탄올법(나트륨 비누) • 염화바륨법(모든 연성 칼륨 비누 또는 나트륨과 칼륨이 혼합된 비누)
pH 시험법	• 검체 약 2g 또는 2㎖를 취하여 100㎖ 비커에 넣고 물 30㎖를 넣어 수상에서 가온하여 지방분을 녹이고 흔들어 섞은 다음 냉장고에서 지방분을 응결시켜 여과한다(이때 지방층과 물층이 분리되지 않을 때는 그대로 사용). • 여액을 가지고 「기능성화장품 기준 및 시험방법(식품의약품안전처 고시)」의 일반시험법 1. 원료의 47. pH 측정법"에 따라 시험한다(다만, 성상에 따라 투명한 액상인 경우에는 그대로 측정).

5) 인체 세포 · 조직 배양액 안전 기준

인체 세포 · 조직 배양액	인체에서 유래된 세포나 조직을 배양 후 세포와 조직을 제거하고 남은 액이다.
공여자	배양액에 사용되는 세포나 조직을 제공하는 사람이다.
공여자 적격성검사	공여자에 대해 문진, 검사 등에 의한 진단을 실시하여 해당 공여자가 세포배양액에 사용되는 세포나 조직을 제공하는 것에 대해 적격성이 있는지를 판정하는 검사이다.
윈도우 피리어드	감염 초기에 세균, 진균, 바이러스 및 그 항원, 항체, 유전자 등을 검출할 수 없는 기간이다.
청정등급	부유입자 및 미생물이 유입되거나 잔류하는 것을 통제하여 일정 수준 이하로 유지되도록 관리하는 구역의 관리 수준을 정한 등급이다.
일반 사항	• 누구든지 세포나 조직을 주고받으면서 금전 또는 재산상의 이익을 취할 수 없다. • 누구든지 공여자에 관한 정보를 제공하거나 광고 등을 통해 특정인의 세포 또는 조직을 사용하였다는 내용의 광고를 할 수 없다. • 인체 세포 조직 배양액을 제조하는 데 필요한 세포 · 조직은 채취 혹은 보존에 필요한 위생상의 관리가 가능한 의료기관에서 채취된 것만을 사용한다. • 세포 · 조직을 채취하는 의료기관 및 인체 세포 조직 배양액을 제조하는 자는 업무 수행에 필요한 문서화된 절차를 수립하고 유지하여야 하며 그에 따른 기록을 보존하여야 한다. • 화장품책임판매업자는 세포 · 조직의 채취, 검사, 배양액 제조 등을 실시한 기관에 대해 안전하고 품질이 균일한 인체 세포 · 조직 배양액이 제조될 수 있도록 관리 · 감독을 철저히 하여야 한다.

KEYWORD 03 물의 품질

1) 물의 품질
- 물의 품질 적합 기준은 사용 목적에 맞게 규정할 것
- 물의 품질은 정기적으로 검사하고 필요시 미생물학적 검사를 실시할 것
- 물 공급 설비는 물의 정체와 오염을 피할 수 있도록 설치할 것
- 물 공급 설비는 물의 품질에 영향이 없을 것
- 물 공급 설비는 살균처리가 가능할 것

2) 화장품 제조 용수의 고려할 점
- 사용 목적별로 수질을 달리하여야 한다.
  - 제조설비 세척 : 정제수, 상수
  - 손 씻기 : 상수
  - 제품 용수 : 화장품 제조시 적합한 정제수
- 사용수의 품질을 주기별로 시험 항목을 설정·시험하여야 한다.
- 제조 용수 배관에는 정체 방지와 오염방지 대책을 수립하여야 한다.

KEYWORD 04 입고된 원료 및 내용물 관리 기준

1) 보관관리

- 보관 조건은 각각의 원료와 포장재에 적합하여야 하고, 과도한 열기, 추위(예) 냉장, 냉동), 햇빛 또는 습기에 노출되어 변질되는 것을 방지할 수 있어야 한다.
- 원료의 샘플링은 조도 540ℓx 이상의 별도 공간에서 실시하여야 한다.
- 내용물에 따라 보관 온도를 냉동(영하 5℃), 3~5℃, 상온(15~25℃), 고온(40℃) 등으로 나누어서 보관하여야 한다.
- 물질의 특징 및 특성에 맞도록 보관, 취급되어야 한다.
- 특수한 보관 조건은 적절하게 준수, 모니터링되어야 한다.
- 원료와 포장재의 용기는 밀폐되어, 청소와 검사가 용이하도록 충분한 간격으로, 바닥과 떨어진 곳에 보관되어야 한다.
- 원료와 포장재가 재포장될 경우 원래의 용기와 동일하게 표시되어야 한다.
- 원료 및 포장재의 관리는 허가되지 않거나, 불합격 판정을 받거나, 아니면 의심스러운 물질의 허가되지 않은 사용을 물리적 격리나 수동 컴퓨터 위치 제어 등의 방법으로 방지할 수 있어야 한다.
- 관리 시 필요한 항목★을 설정하여야 한다.
- 안정성 시험 결과·제품표준서 등을 토대로 제품마다 설정하여야 한다.
- 특별한 경우를 제외하고, 가장 오래된 재고가 제일 먼저 불출되도록 선입선출하여야 한다.

선생님의 노하우
원료의 보관 환경과 포장재의 보관환경은 같아요.

★ 원료보관관리 항목
- 보관
- 검체채취
- 보관용검체
- 제품시험
- 합격·출하 판정
- 출하
- 재고관리
- 반품

- 재고의 신뢰성을 보증하고, 모든 중대한 모순을 조사하기 위하여 주기적인 재고조사가 시행되어야 한다.
- 원료 및 포장재는 정기적으로 재고조사를 실시하여야 한다.
- 장기 재고품의 처분 및 선입선출 규칙 확인이 목적이다.
- 중대한 위반품이 발견되었을 때에는 일탈처리를 한다.
- 원료의 보관 환경
  - 출입제한 : 원료 및 포장재 보관소의 출입 제한
  - 오염방지 : 시설대응, 동선관리 필수
  - 방충·방서★ 대책
  - 온·습도, 차광

★ 방충과 방서
- 방충(防蟲) : 곤충(昆蟲)과 해충(害蟲)의 출입을 방지(防止)하는 것
- 방서(防鼠) : 쥐(鼠)의 출입을 방지(防止)하는 것

2) 벌크제품의 보관 기준
- 남은 벌크는 재보관·재사용할 수 있으며, 다음 제조 시 우선 사용하여야 한다.
- 남은 벌크는 적합한 용기를 사용하여 밀폐하여야 한다.
- 재보관 시에는 재보관임을 표시한 라벨을 부착해야 하며, 원래 보관 환경에서 보관하여야 한다.
- 변질, 오염의 우려가 있으므로 변질되기 쉬운 벌크는 재사용하지 않아야 하며, 여러 번 재보관하는 벌크는 조금씩 나누어서 보관하여야 한다.

3) 반제품의 보관 기준
- 반제품은 품질이 변하지 않도록 적당한 용기에 넣어 지정된 장소에서 보관하고 용기에 다음 사항을 표시하여야 한다.
  - 명칭 또는 확인코드
  - 제조번호
  - 완료된 공정명
  - 필요한 경우에는 보관조건
- 최대 보관기한을 설정하여야 하며, 최대 보관기한이 가까워진 반제품은 완제품 제조 전에 품질 이상, 변질(변색, 변취) 여부 등을 확인하여야 한다.

🔷 개념 체크

반제품 보관용기에 기재하는 사항이 **아닌** 것은?
① 명칭 또는 확인코드
② 제조일자
③ 완료된 공정명
④ 필요한 경우에는 보관조건

②

4) 완제품 보관 검체
- 제품을 사용기한 중에 재검토(재시험 등)할 때에 대비한다.
- 제품을 그대로 보관한다.
- 각 뱃치를 대표하는 검체를 보관한다.
- 일반적으로는 각 뱃치별로 제품 시험을 2번 실시할 수 있는 양을 보관한다.
- 제품이 가장 안정한 조건에서 보관한다.
- 사용기한 경과 후 1년간 또는 개봉 후 사용기간을 기재하는 경우에는 제조일로부터 3년간 보관한다.

5) 검체의 채취 및 보관
① 시험용 검체의 채취 및 보관의 원칙
시험용 검체는 오염되거나 변질되지 않도록 채취하고, 채취한 후에는 원상태에 준하는 포장을 하여야 하며, 검체가 채취되었음을 표시하여야 한다.

개념 체크

시험용 검체의 용기 기재사항이 **아닌** 것은?

① 명칭 또는 확인 코드
② 제조번호 또는 제조단위
③ 검체 채취 담당자
④ 가능한 경우 검체 채취 지점

③

② 시험용 검체의 용기 기재사항
- 명칭 또는 확인 코드
- 제조번호 또는 제조단위
- 검체 채취 일자 또는 기타 적당한 날짜
- 가능한 경우 검체 채취 지점

③ 보관용 검체 조건
- 제조단위를 대표하여야 한다.
- 적절한 용기·마개로 포장하거나 제조단위가 표시된 동일한 용기·마개의 완제품 용기에 포장하여야 한다.
- 제조단위 번호(또는 코드) 그리고 날짜로 확인되어야 한다.

6) 완제품 보관 검체의 주요사항 〔빈출〕
- 제품을 그대로 보관한다.
- 각 뱃치를 대표하는 검체를 보관한다.
- 각 뱃치별로 제품 시험을 2번 실시할 수 있는 양을 보관한다.
- 제품이 가장 안정한 조건에서 보관한다.
- 사용기한 경과 후 1년간 보관 또는 개봉 후 사용기간을 기재하는 경우 제조일로부터 3년간 보관한다.

KEYWORD 05 보관 중인 원료 및 내용물 출고 기준

- 뱃치는 뱃치에서 취한 검체가 모두 합격 기준에 부합할 때 불출될 수 있다.
- 완제품은 적절한 조건하의 정해진 장소에서 보관되고 주기적으로 완제품의 재고 점검이 수행되어야 한다.
- 완제품은 시험 결과 적합으로 판정되고 품질보증부서 책임자가 출고 승인한 것만을 출고하여야 한다.
- 출고할 제품은 원자재, 부적합 및 반품된 제품과 구획된 장소에서 보관하여야 한다(단, 서로 혼동을 일으킬 우려가 없는 시스템에 의해 보관되는 경우에는 그러지 않을 수 있음).
- 출고는 선입선출 방식으로 진행하여야 한다(단, 타당한 사유가 있는 경우 그러지 않을 수 있음).
- 원자재 및 반제품은 바닥과 벽에 닿지 않도록 보관한다.

KEYWORD 06 내용물 및 원료의 폐기 기준 및 절차

1) 폐기 처리 〔빈출〕
- 품질에 문제가 있거나 회수·반품된 제품의 폐기 또는 재작업 여부는 품질보증 책임자에 의하여 승인되어야 한다.

선생님의 노하우

기준 일탈 제품 처리 과정을 꼭 숙지해 두세요.

- 다음의 경우를 모두 만족하는 경우에만 재작업을 할 수 있다.
  - 변질·변패 또는 병원미생물에 오염되지 않은 경우
  - 제조일로부터 1년이 경과하지 않았거나 사용기한이 1년 이상 남아 있는 경우
- 재입고를 할 수 없는 제품의 폐기 처리 규정을 작성하여야 하며, 폐기 대상은 따로 보관하고 규정에 따라 신속하게 폐기하여야 한다.
- 원료와 포장재, 벌크제품과 완제품이 적합판정기준을 만족시키지 못할 경우 '기준일탈 제품'으로 지정한다.

2) 기준일탈 제품 처리

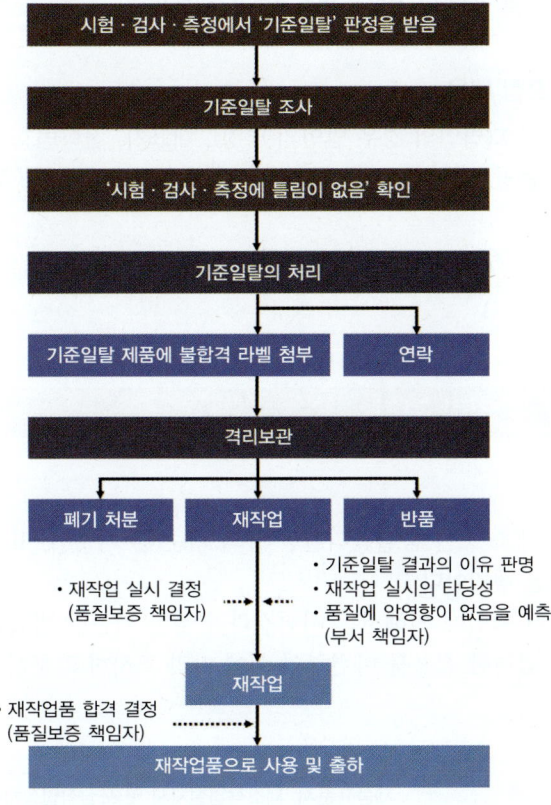

3) 불만 처리

- 소비자로부터 문서화되거나 구두로 표현된 불만에 대한 접수부터 조치까지의 일련의 절차가 확립되어야 하며 불만처리 담당자는 제품에 대한 모든 불만을 취합한다.
- 제기된 불만에 대해 신속하게 조사하고 그에 대한 적절한 조치를 취하여야 하며, 다음 사항을 기록·유지하여야 한다.
  - 불만 접수연월일
  - 불만 제기자의 이름과 연락처
  - 제품명, 제조번호 등을 포함한 불만내용
  - 불만조사 및 추적조사 내용, 처리결과 및 향후 대책
  - 다른 제조번호의 제품에도 영향이 없는지 점검

개념 체크

소비자 불만 처리 시 기록하고 유지하여야 하는 사항이 **아닌** 것은?

① 불만 접수연월일
② 제품명, 제조번호 등을 포함한 불만내용
③ 불만 제기자의 이름과 연락처
④ 불만 제기자의 나이와 인상착의

④

4) 재작업 처리

재작업의 개념	적합판정 기준을 벗어난 완제품 또는 벌크제품을 재처리하여 품질이 적합한 범위에 들어오도록 하는 작업이다.
재작업 절차	① 품질보증 책임자가 규격에 부적합이 된 원인의 조사를 지시한다. ② 재작업 전의 품질이나 재작업 공정의 적절함 등을 고려하여 제품 품질에 악영향을 미치지 않는 것을 재작업 실시 전에 예측한다. ③ 재작업 처리 실시의 결정은 품질보증 책임자가 실시한다. ④ 승인이 끝난 재작업 절차서 및 기록서에 따라 실시한다. ⑤ 재작업한 최종 제품 또는 벌크제품의 제조기록, 시험기록을 충분히 남긴다. ⑥ 품질이 확인되고 품질보증 책임자의 승인을 얻을 수 있을 때까지 재작업품은 다음 공정에 사용할 수 없고 출하할 수 없다.

5) 폐기확인서의 포함 내용

① 폐기 의뢰자 : 상호(법인의 경우 법인의 명칭), 대표자, 전화번호
② 폐기 현황 : 제품명, 제조번호 및 제조일자, 사용기한 또는 개봉 후 사용기간, 포장단위, 폐기량
③ 폐기 사유 등 : 폐기 사유, 폐기 일자, 폐기 장소, 폐기 방법

개념 체크
폐기확인서의 포함 내용이 **아닌** 것은?
① 제품명
② 포장단위
③ 폐기 사유
④ 구매일자

④

KEYWORD 07 일탈 관리

1) 일탈의 개념
- 일탈은 규정된 제조 또는 품질관리활동 등의 기준(예 기준서, 표준작업지침 등)을 벗어나 이루어진 행위이다.
- 기준일탈은 어떤 원인에 의해서든 시험결과가 정한 기준값 범위를 벗어난 경우로서 기준일탈은 엄격한 절차를 마련하여 이에 따라 조사하고 문서화하여야 한다.

개념 체크
규정된 합격 판정 기준에 일치하지 **않는** 검사 측정 또는 시험 결과를 일컫는 용어는?

기준일탈

선생님의 노하우
중대한 일탈은 생산 공정상, 품질검사, 유틸리티 세 종류이고요. 중대하지 않은 일탈은 생산 공정상, 품질검사 두 종류예요.

2) 일탈의 종류

중대한 일탈	생산 공정상의 일탈	• 제품표준서, 제조작업절차서 및 포장작업절차서의 기재내용과 다른 방법으로 작업이 실시되었을 경우 • 공정관리기준에서 두드러지게 벗어나 품질 결함이 예상될 경우 • 관리 규정에 의한 관리 항목(생산 시의 관리 대상 파라미터의 설정치 등)에서 두드러지게 설정치를 벗어났을 경우 • 생산 작업 중에 설비 · 기기의 고장, 정전 등의 이상이 발생하였을 경우 • 벌크제품과 제품의 이동 · 보관 시 보관 상태에 이상이 발생하고 품질에 영향을 미친다고 판단될 경우
	품질검사에서의 일탈	절차서 등의 기재된 방법과 다른 시험방법을 사용했을 경우
	유틸리티에 관한 일탈	작업 환경이 생산 환경 관리에 관련된 문서에 제시하는 기준치를 벗어났을 경우

중대하지 않은 일탈	생산 공정상의 일탈	• 관리 규정에 의한 관리 항목(생산 시의 관리 대상 파라미터의 설정치 등)에서 설정된 기준치로부터 벗어난 정도가 10% 이하이고 품질에 영향을 미치지 않는 것이 확인되어 있을 경우 • 관리 규정에 의한 관리 항목(생산 시의 관리 대상 파라미터의 설정치 등)보다도 상위 설정(범위를 좁힘)의 관리 기준에 의거하여 작업이 이루어진 경우 • 제조 공정 중 원료 투입 시 동일 온도 설정하에서의 투입 순서에서 벗어났을 경우 • 생산에 관한 시간제한을 벗어날 경우 : 필요에 따라 제품 품질을 보증하기 위하여 각 생산 공정 완료에는 시간 설정이 되어 있어야 하나, 그러한 설정된 시간제한에서의 일탈에 대하여 정당한 이유에 의거한 설명이 가능할 경우 • 합격 판정된 원료, 포장재의 사용 : 사용해도 된다고 합격 판정된 원료, 포장재에 대해서는 선입선출 방식으로 사용하여야 하나, 이 요건에서의 일탈이 일시적이고 타당하다고 인정될 경우 • 출하배송 절차 : 합격 판정된 오래된 제품 재고부터 차례대로 선입선출되어야 하나, 이 요건에서의 일탈이 일시적이고 타당하다고 인정될 경우
	품질검사에서의 일탈	검정기한을 초과한 설비의 사용에 있어서 설비보증이 표준품 등에서 확인할 수 있는 경우

3) 일탈의 조치

- 일탈의 정의, 순위 매기기, 제품의 처리 방법 등을 절차서에 정해 둔다.
- 제품의 처리법 결정부터 재발방지대책의 실행까지는 발생 부서의 책임자가 책임을 지고 실행한다.
- 품질관리부서에 의한 내용의 조사·승인이나 진척 상황의 확인이 필요하며, 필요하면 절차서 등의 문서를 개정한다.
- 제품 처리와 병행하여 실시하는 일탈 원인을 조사한다.

4) 일탈처리의 흐름

일탈의 발견 및 초기 평가
- 일탈 발견자는 의심되는 사항을 확인한다.
- 발견자는 해당 책임자에게 통보하고 해당책임자는 해당 일탈이 어떤 일탈에 해당되는지를 확인한다.

즉각적인 수정조치
- 각 부서 책임자는 일탈에 의해 영향을 받은 모든 제품이 회사의 통제하에 있는지를 확인한다.
- 해당책임자는 의심가는 제품, 원료 등을 격리하고 제품출하담당에게 일탈조사내용을 통보한다.

SOP에 따른 조사, 원인분석 및 예방조치
- 각 부서 책임자는 조사를 실시한다.
- 각 부서는 일탈이 언제, 어디서, 어떻게 발생했는지를 파악한다.
- 각 부서는 일탈의 원인을 분석하며 책임자는 가능성 있는 원인이 도출되었는지를 확인한다.
- 각 부서는 일탈의 재발방지를 위한 필요한 조치를 도출한다.

후속조치/종결
- 각 부서 책임자는 실행사항에 대한 평가에 필요한 유효성 확인사항을 도출한다.
- 각 부서 책임자는 조사, 원인분석 및 예방조치 등에 대해 검토하고 승인한다.
- 각 부서 책임자는 예방조치를 실시한다.

문서작성/문서추적 및 경향분석
- 각 부서 및 QA 책임자는 관련된 문서를 검토하고 필요한 경우 지정된 절차에 따라 SOP를 보완한다.
- 각 부서 및 QA 책임자는 해당일탈의 트래킹 로그를 관리하고 경향을 분석한다.

표준 운영 절차(SOP ; Standard Operating Procedure)
- 기업이 업무의 일관성을 확보하기 위한 문서화된 프로세스이다.
- 특정 업무 상황에서 무엇을 해야 하는지 알 수 있도록 단계별 지침을 매뉴얼로 만든 것으로, 직원들이 일관성 있고 효율적인 업무 처리를 할 수 있도록 도와준다.

개념 체크

일탈의 조치가 **아닌** 것은?
① 일탈의 정의, 순위 매기기, 제품의 처리 방법 등을 구매요구서에 정해 둔다.
② 제품의 처리법 결정부터 재발방지대책의 실행까지는 발생 부서의 책임자가 책임을 지고 실행한다.
③ 품질관리부서에 의한 내용의 조사·승인이나 진척 상황의 확인이 필요하며, 필요하면 절차서 등의 문서 개정을 한다.
④ 제품 처리와 병행하여 실시하는 일탈 원인을 조사한다.

①

5) 폐기확인서의 포함 내용

① 폐기 의뢰자 : 상호(법인의 경우 법인의 명칭), 대표자, 전화번호
② 폐기 현황 : 제품명, 제조번호 및 제조일자, 사용기한 또는 개봉 후 사용기간, 포장 단위, 폐기량
③ 폐기 사유 등 : 폐기 사유, 폐기 일자, 폐기 장소, 폐기 방법

KEYWORD 08 내용물 및 원료의 개봉 후 사용기간 확인·판정

- 표준품을 기준으로 작성된 시험기준서와 시험성적서에 작성된 개봉 후 사용기간을 확인 후 유효기간 내이면 사용 적합 판정을 받는다.
- 표준품을 기준으로 작성된 시험기준서와 시험성적서를 대조하여 시험 결과가 유효범위 내일 경우 사용 적합 판정을 받는다.
- 사용기한이 정해지지 않은 원료(색소 등)는 자체적으로 사용기한을 정한다.

필수용어.Zip SECTION 04 내용물 및 원료관리

뱃치	하나의 공정 또는 일련의 공정을 통해 제조되어 균질성을 가지는 일정 분량의 화장품
제조번호 (뱃치번호)	배치의 제조 및 출하와 관련된 모든 사항을 확인할 수 있도록 부여된 번호로, 숫자, 문자, 기호 또는 이들의 특정 조합으로 표시됨
일탈	제조 또는 품질 관리 활동에서 규정된 기준(예 기준서, 표준작업지침 등)을 벗어나 이루어진 행위
기준 일탈	규정된 합격 판정 기준에 부합하지 않는 검사, 측정 또는 시험 결과
재작업	적합 판정 기준을 벗어난 완제품 또는 벌크 제품을 재처리하여 품질이 적합한 범위에 들도록 하는 작업

SECTION 05 포장재의 관리

빈출 태그 ▶ #안전용기 #포장기준 #포장지시서내용 #포장용기종류 #1차포장 #2차포장

KEYWORD 01 포장재의 입고

1) 포장재 입고 과정
- 화장품의 제조와 포장에 사용되는 모든 원료 및 포장재는 부적절한 사용, 혼합 또는 오염을 방지하기 위하여 철저하게 관리되어야 한다.
- 이를 위하여 원료와 포장재의 검증, 확인, 취급 및 사용을 보장하는 절차를 수립하여야 한다.
- 또한, 외부에서 공급된 원료 및 포장재는 규정된 완제품 품질 합격 기준을 충족하여야 한다.
- 포장재는 1차 · 2차 포장재, 각종 라벨과 봉함 라벨까지 포장재에 포함된다.

2) 포장재 관리에 필요한 사항
- 중요도 분류 공급자 결정
- 보관 환경 설정
- 사용기한 설정
- 정기적 재고관리
- 재평가
- 재보관
- 발주, 입고
- 식별 · 표시
- 합격 · 불합격 판정
- 보관, 불출

3) 포장재의 선정 절차

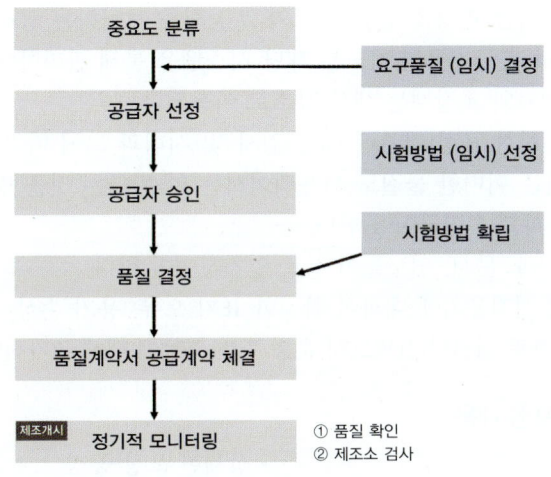

> **선생님의 노하우**
> 포장재의 선정, 입고, 출고, 폐기에 이르는 전 과정을 순서대로 머릿속에 그려 보면 좀 쉬워요.

> **포장재**
> - 화장품의 포장에 사용되는 모든 재료로서 1차 포장재, 2차 포장재, 각종 라벨, 봉함 라벨이 이에 해당한다.
> - 운송을 위해 사용되는 외부 포장재는 제외한다.

> **선생님의 노하우**
> 포장재의 전체적인 선정 절차는 '선정 → 승인'이라는 점을 생각하면 기억하기 수월해요.

> **선생님의 노하우**
> 시험법에서 적합 판정이 나왔다 해도 입고 시에 확인을 해서 인도물이 서로 일치해야 해요.

4) 안전용기·포장 기준

① 안전용기·포장을 사용하여야 하는 품목
- 아세톤을 함유하는 네일 에나멜 리무버 및 네일 폴리시 리무버
- 어린이용 오일 등 개별 포장당 탄화수소류를 10% 이상 함유하고 운동점도가 21cst(센티스톡스)(40℃ 기준) 이하인 비에멀전 타입의 액체 상태의 제품
- 개별 포장당 메틸살리실레이트를 5.0% 이상 함유하는 액체 상태의 제품

② 안전용기·포장 대상 기준
- 안전용기·포장은 성인이 개봉하기는 어렵지 않고, 5세 미만의 어린이는 개봉하기 어렵게 되어야 한다.
- 일회용 제품, 용기 입구 부분이 펌프 또는 방아쇠로 작동되는 분무용기 제품, 압축 분무용기 제품(에어로졸 제품 등)은 대상에서 제외된다.

KEYWORD 02 포장재의 관리

1) 보관 장소
① 포장재 보관소 : 적합 판정된 포장재만을 지정된 장소에 보관함
② 부적합 자재 보관소 : 부적합 판정된 자재는 폐기 등의 조치가 이루어지기 전까지 보관함

2) 보관 방법
- 입고된 원료와 포장재는 '검사 중', '적합', '부적합'에 따라 각각의 구분된 공간에 별도로 보관되어야 한다.
- 필요한 경우 부적합 판정을 받은 원료와 포장재를 보관하는 공간에 잠금 장치를 추가하여야 한다. 단, 자동화 창고는 해당 시스템을 통해 관리한다.
- 적합 판정 시 원료와 포장재는 생산 장소로 이동된다.
- 확인·½ 검체 채취 규정 기준에 대한 검사 및 시험과 그에 따라 승인된 자에 의한 불출 전까지는 어떠한 물질도 사용되어서는 안 된다는 것을 명시하는 원료 수령에 대한 절차서를 수립하여야 한다.
- 구매요구서와 인도 문서, 인도물이 서로 일치하여야 한다.
- 원료 및 포장재 선적용기에 대하여 확실한 표기 오류, 용기 손상, 봉인 파손, 오염 등에 대해 육안으로 검사한다(필요시 운송 관련 자료에 대해 추가적인 검사도 수행).

3) 포장지시서의 포함 내용
- 제품명
- 포장 설비명
- 포장재 리스트
- 상세한 포장 공정
- 포장 생산 수량

4) 화장품 용기 특성

- 품질 유지성으로 내용물 보호 기능, 내용물과의 재료 적합성 및 용기 소재의 안전성이 요구된다.
- 기능성으로 사용상의 기능, 사용상의 안전성(특히 어린이 용기 등)이 요구된다.
- 경제성 및 디자인 등 상품성 및 실용성의 판매 촉진성이 요구된다.

5) 포장용기 종류

① 밀폐용기 : 외부로부터 고형의 이물질이 들어가는 것을 방지하고 고형의 내용물 손실되지 않도록 보호할 수 있는 용기
② 기밀용기 : 액상 또는 고형의 이물 또는 수분이 침입하지 않고, 내용물을 손실, 풍화, 조해 또는 증발로부터 보호할 수 있는 용기
③ 밀봉용기 : 기체 또는 미생물의 침입을 방지하는 용기
④ 차광용기 : 광선의 투과를 방지하는 용기 또는 투과를 방지하는 포장을 한 용기

6) 포장 및 용기에 관한 시험 방법

내용물 감량시험	• 화장품 용기에 충전된 내용물의 건조 감량을 측정한다. 　– 전자저울(측정 시료 무게의 0.01% 정밀도)을 이용하여 측정한다. 　– 항온조에서 1일, 7일이 지난 후 시료용기를 꺼내어 2시간 실온 방치 후 중량을 측정한다. 　– 필요 시 시험기간을 14일, 21일, 28일까지 연장하여 측정한다. • 마스카라, 아이라이너 또는 내용물 일부가 쉽게 휘발되는 제품에 적용한다.
내용물에 의한 용기 마찰시험	• 내용물에 따른 인쇄문자, 핫스탬핑, 증착 또는 코팅막 등의 내용물에 의한 용기 마찰을 측정한다. • 내용물이 용기와의 마찰로 인해 변형, 박리 용출 및 묻어남을 확인한다.
내용물에 의한 용기 변형시험	• 용기와 내용물의 장기 접촉에 따른 용기의 수축, 팽창, 탈색, 균열 등을 측정한다. • 사용 중 내용물과 접촉하는 시료를 내용물에 침적시켜 시료 용기의 물성 변화, 내용물과 용기 간의 색상 전이 등을 확인한다. 　– 시료의 변화 상태를 육안으로 관찰한다. 　– 코팅막, 인쇄문자의 경우 지압으로 문질러 보아 물성 변화상태를 확인한다.
감압 누설시험	• 스킨, 로션, 오일 등의 액상 내용물을 담는 용기의 마개, 펌프, 패킹 등의 밀폐성을 측정한다. • 정상조립 상태에서 용기, 캡, 펌프, 패킹 등 접촉부위의 밀착상태를 감압시 대용액 유출 여부를 확인한다.
용기의 내열성 및 내한성 시험	• 용기나 용기를 구성하는 각종 소재의 내열성 및 내한성을 측정한다. • 온도 및 날씨 등 유통환경에 따른 제품의 변질을 방지하기 위해 실시한다. • 보관 조건 　– 냉동고 : −12∼−5℃　　　– 실온 : 20∼26℃ 　– 냉장고 : −4∼5℃　　　　– 항온조 : 42∼48℃ • 재료의 열변형, 균열, 파열, 변색, 박리, 이취, 내용물의 유출 및 작동 불량 등의 변화가 없어야 한다.
색소용출 시험방법	• 착색된 수지류의 색소용출 시험에 대하여 적용한다(단, 외장제외). • 착색 제품은 포장 재료 및 착색제의 종류에 따라서 내용물에 접촉 시 착색제가 우러나올 수 있어 LP, Et-OH(내용물 대용액)에 침적하여 확인한다.

유리병 표면
알칼리 용출량 시험
	• 황산과의 중화반응 원리를 이용하여 유리병 내부에 존재하는 알칼리를 측정한다.
	• 고온다습한 환경에 유리병 용기를 방치 시 발생하는 표면의 알칼리화 변화량을 측정한다.
	  – 색상이 변하는 시점의 황산 소비량(알칼리도)을 측정한다.
	  – 색상이 변하는 시점에서 황산 소모량이 1㎖가 넘지 않아야 한다.

유리병 내부 압력시험	• 유리 소재의 화장품 용기의 내압 강도를 측정한다. • 유리병이 파손될 때까지 물을 단계가압 투입하여 유리병의 내압강도를 측정한다. • 병의 중량과 두께가 동일할 때 타원형일수록, 모서리가 예리할수록 내압 강도가 낮다. • 디자인이 화려하고 독특한 용기는 내부압력에 취약하여 파손사고를 예방하기 위한 시험이다.

유리병
열충격 시험
	• 유리병 제조 시 열처리 과정에서 발생하는 불량을 방지하기 위해 온도 변화에 따른 내구력을 측정한다.
	  – 냉수조 온도는 20±5℃로, 온수조 온도는 냉수 온도의 +50℃로 설정한다.
	  – 시료를 온수조에 집어넣고 5분±10초간 유지한다.
	  – 다음에 시료를 꺼내어 15초 이상 20초 이내에 냉수조로 옮겨 넣고 30초 후에 꺼낸다.
	  – 시료를 관찰하여 시료의 파손, 균열이 없어야 한다.

펌프 누름 강도시험	• 펌프 용기의 화장품을 펌핑 시 버튼의 누름 강도를 측정한다. • 펌프 용기를 사용한 제품의 사용 편리성을 확인하기 위해 시험한다. • 압축시험기(Push-Pull Gauge 또는 만능시험기)를 이용한다.
펌프 분사 형태시험	• 스프레이 펌프의 분사 형태를 측정한다. • 스프레이 펌프의 분사 형태는 액추에이터 디자인과 내용물 성질에 따라 다르다. • 종이에 분사된 염료용액의 반경과 거리를 이용하여 분사 형태와 분사각을 확인한다.
낙하시험	• 플라스틱 용기, 조립 용기, 접착 용기에 대한 낙하에 따른 파손, 분리 및 작용 여부를 측정한다. • 다양한 형태의 조립 포장재료가 부착된 화장품 용기에 적용한다.
크로스커트 시험 빈출	• 화장품 용기의 포장재료인 유리, 금속, 플라스틱의 유·무기 코팅막 및 도금의 밀착력 측정한다. • 규정된 점착테이프와 압착 장치를 이용하여 압착 및 방치한 후 떼어내어 코팅막, 도금의 박리 여부를 확인한다.
접착력 시험	• 포장이나 용기에 인쇄된 문자, 코팅막, 라미네이팅의 밀착성을 측정한다. • 용기 표면의 인쇄문자, 코팅막 및 필름을 점착 테이프로 박리 여부를 확인한다.
라벨 접착력 시험	포장의 라벨이나 스티커 등의 종이 또는 수지 지지체로 한 인쇄용 접착지의 접착력을 측정한다.

KEYWORD 03 포장재의 출고

1) 보관 중인 포장재 출고 기준
- 원자재는 시험 결과 적합 판정된 것만을 선입선출 방식으로 출고하여야 하며, 이를 확인할 수 있는 체계가 확립되어야 한다.
- 승인된 자만이 원료 및 포장재의 불출 절차를 수행한다.
- 뱃치에서 취한 검체가 모든 합격 기준에 부합될 때 뱃치가 불출될 수 있다.
- 불출되기 전까지 사용을 금지하는 격리를 위하여 특별한 절차가 이행된다.
- 모든 물품은 선입선출 방법으로 출고하는 것이 원칙이다. 다만, 나중에 입고된 물품의 사용(유효)기한이 짧은 경우 먼저 입고된 물품보다 먼저 출고(선한선출)할 수 있으며, 특별한 사유가 있는 경우 적절하게 문서화된 절차에 따라 나중에 입고된 물품을 먼저 출고할 수 있다.

2) 포장재 출고 시 유의 사항
- 포장 재료 출고의 경우 포장 단위의 묶음 단위를 풀어 적격 여부와 매수를 확인한다.
- 그 외 포장재는 포장 단위로 출고한다.
- 낱개 출고는 계수 및 계량하여 출고한다.
- 출고 자재가 선입선출 순서로 출고되는지 확인한다.
- 시험 번호순으로 출고되는지 확인한다.
- 문안 변경이나 규격 변경 자재인지 확인한다.
- 포장재 수령 시 포장재 출고 의뢰서와 포장재명, 포장재 코드 번호, 규격, 수량, '적합' 라벨 부착 여부, 시험 번호, 포장 상태 등을 확인한다.

KEYWORD 04 포장재의 사용

1) 포장재의 사용기간 확인 · 판정
- 문서화된 시스템을 마련하고, 보관 기한이 규정되어 있지 않은 포장재는 적절한 보관 기한을 설정한다.
- 최대 보관 기한을 설정하고 준수한다.
- 원칙적으로 포장의 사용 기한을 준수하는 보관 기한을 설정한다.
- 사용 기한 내에 자체적인 재시험 기간을 설정하고 준수한다.
- 보관 기한이 지났을 경우 재평가하여 사용의 적합성을 결정한다.

2) 포장재의 개봉 후 사용기간 확인 · 판정
① 사용기간의 표기 원칙
- 사용 기한은 '사용 기한' 또는 '까지' 등의 문자와 '연월일'을 소비자가 알기 쉽도록 기재 · 표시하여야 한다(다만, '연월'로 표시하는 경우 사용 기한을 넘지 않는 범위에서 기재 · 표시함).
- 개봉 후 사용 기간은 '개봉 후 사용 기간'이라는 문자와 'OO월 또는 OO개월'을 조합하여 기재 · 표시하거나, 개봉 후 사용 기간을 나타내는 심벌과 기간을 기재 · 표시할 수 있다.

② 심벌과 기간 표시(개봉 후 사용기간이 12개월 이내인 제품)

12M

12월(개월)

3) 포장재의 변질 상태 확인
- 시험용 검체는 오염되거나 변질되지 않도록 채취하고, 채취한 후에는 원상태에 준하는 포장을 하여야 하며, 검체가 채취되었음을 표시한다.
- 검체 채취는 자격을 갖춘 담당자에 의하여 특별한 장비를 사용하는 입증 방법에 따라 수행되어야 하며, 검체 채취는 품질관리부서가 실시하는 것이 일반적이다.

개념 체크

포장재의 사용기한 확인 및 판정 방법에 대한 설명으로 옳지 **않은** 것은?
① 포장재의 보관기간을 최소로 설정하여야 한다.
② 문서화된 시스템을 마련하여야 한다.
③ 사용기간 내에 자체적인 재시험 기간을 설정하고 준수하여야 한다.
④ 보관기간이 지났을 경우, 재평가하여 사용의 적합성을 결정하여야 한다.

①

개념 체크

포장재의 사용기간 확인 · 판정으로 옳은 것은?
① 사용 기한 내에 외부 업체를 통하여 재시험 기간을 설정하고 준수한다.
② 보관 기한이 지나기 5일 전 재평가하여 사용의 적합성을 결정한다.
③ 최대 보관 기한을 설정하고 준수한다.
④ 반드시 전자 시스템을 구축하고 관리한다.

③

KEYWORD 05 포장재의 폐기

1) 포장재의 폐기
- 포장재의 허용 가능한 사용기한을 결정하기 위하여 문서화된 시스템을 확립하여야 한다.
- 사용기한이 규정되어 있지 않은 포장재는 품질부분에서 적절한 사용기한을 정할 수 있다.
- 문서화된 시스템을 통하여 정해진 사용기한이 지나면 해당 물질을 재평가하여 사용 적합성을 결정하는 단계들을 포함하여야 한다.
- 원료 및 포장재의 재평가
  - 재평가 방법을 확립하여 두면 사용기한이 지난 원료 및 포장재를 재평가하여서 사용할 수 있다.
  - 재평가 방법에는 원료 등 화장품 제조의 장기 안정성 데이터의 뒷받침이 필요하다.

2) 포장재의 폐기 기준
포장재는 정기적으로 재고조사를 실시하여야 하며 중대한 위반품이 발견되었을 경우에는 일탈 처리를 한다.

기준일탈의 발생 → 기준일탈의 조사 → 기준일탈의 처리 → 폐기 처분

3) 폐기 순서

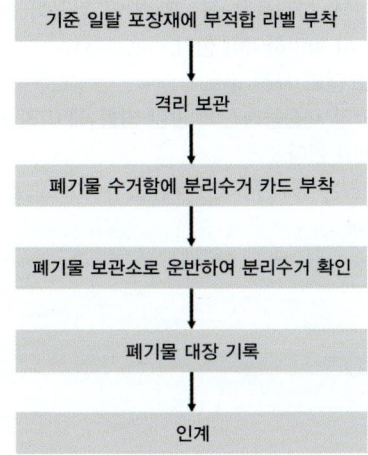

기준 일탈 포장재에 부적합 라벨 부착
↓
격리 보관
↓
폐기물 수거함에 분리수거 카드 부착
↓
폐기물 보관소로 운반하여 분리수거 확인
↓
폐기물 대장 기록
↓
인계

필수용어.Zip SECTION 05 포장재의 관리

포장재	• 화장품 포장에 사용되는 모든 재료로, 1차 포장재, 2차 포장재, 각종 라벨 및 봉함 라벨 등을 포함함 • 운송을 위한 외부 포장재는 포함되지 않음
1차 포장	화장품 제조 시 내용물과 직접 접촉하는 포장
2차 포장	1차 포장을 보호하거나 수용하는 하나 이상의 포장으로, 보호재 및 표시 목적의 포장을 포함하며, 첨부 문서 등을 포함할 수 있음

더 알기 TIP

화장품 포장재 선정 시 이것만은 꼭!

① 내용물의 성질 먼저 파악하기
- 수분 기반인지, 유분 기반인지, 알코올이 함유되었는지에 따라 용기 재질이 달라진다.
  - 예) 고함량 알코올 → PP, PE보다 유리나 알루미늄이 적합

② '내약품성' 확인은 기본!
- 내용물과의 화학 반응 여부를 반드시 확인하여야 한다.
- 장기 보관 안정성 테스트는 필수적으로 거쳐야 한다.
  - 예) 산성 내용물 + PET → 장기 보관 시 변색·취화 위험

③ 디스펜서류는 펌프 복원력·내점도 테스트가 필요
- 점도가 높으면 펌프가 막히거나 복원력이 떨어질 수 있으므로 실제 내용물로 사전 테스트를 하여야 한다.
- 묽은 제형은 록캡보다 디스펜서형이 낫고, 고점도 제형은 튜브나 에어리스 펌프를 고려하여야 한다.

④ 디자인보다 '밀폐력'을 우선적으로 고려
- 특히 기능성(미백·주름개선) 화장품은 공기와 빛의 차단이 중요하므로 차광용기·이중캡·실링처리 여부를 반드시 확인하여야 한다.

⑤ 분리배출 표시 등 법적 요건도 사전 검토
- 「화장품법」과 「자원의 절약과 재활용촉진에 관한 법률」에 따라 재질표시 및 분리배출 마크가 용기·포장에 기재되어야 한다.
- 라벨이 잘 안 떨어지면 재활용 불가 용기로 분류될 수 있으므로 '이형성 라벨'의 사용 여부도 반드시 확인하여야 한다.

CHAPTER 04

맞춤형화장품의 이해

학습 목표

- 맞춤형화장품과 일반 화장품의 차이 및 관련 법령과 용어를 이해하고 설명할 수 있다.
- 유효성, 기능성, 안정성 및 안전성 평가 방법을 이해하고 적용할 수 있다.
- 피부·모발의 구조와 기능을 이해하고 화장품과의 연관성을 설명할 수 있다.
- 피부 및 모발 상태를 분석하고 부작용과 피부 질환의 원인과 대처 방법을 설명할 수 있다.
- 원료의 특성과 사용 제한 사항을 이해하고 구분할 수 있다.
- 혼합·소분, 위생관리, 장비 관리 등을 수행할 수 있다.
- 제품의 충진 및 포장 방법을 적용하고 사용법과 주의사항을 안내할 수 있다.

SECTION 01 맞춤형화장품 개요
SECTION 02 피부 및 모발의 생리구조
SECTION 03 관능평가
SECTION 04 제품 상담
SECTION 05 제품 안내
SECTION 06 혼합 및 소분
SECTION 07 충진 및 포장
SECTION 08 재고 관리

SECTION 01 맞춤형화장품 개요

빈출 태그 ▶ #맞춤형화장품의정의 #안전성 #유효성 #안정성

> **선생님의 노하우**
> 맞춤형화장품은 혼합과 소분이라는 두 키워드를 꼭 기억해 주세요.

KEYWORD 01 맞춤형화장품 정의와 특징

1) 맞춤형화장품의 정의

- 맞춤형화장품판매업으로 신고한 판매장에서 고객 개인별 피부 특성, 색, 향 등의 기호 및 요구를 반영하여 맞춤형화장품조제관리사 자격증을 가진 자가 아래 내용으로 만든 화장품이다.
  - 제조 또는 수입된 화장품의 내용물에 다른 화장품의 내용물이나 식품의약품안전처장이 정하여 고시하는 원료를 추가하여 혼합한 화장품

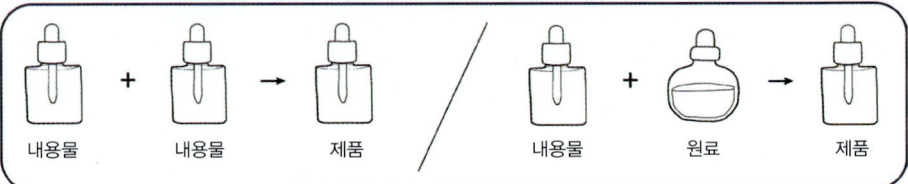

  - 제조 또는 수입된 화장품의 내용물을 소분한 화장품(고형비누 등 화장품의 내용물을 단순 소분한 화장품은 제외)

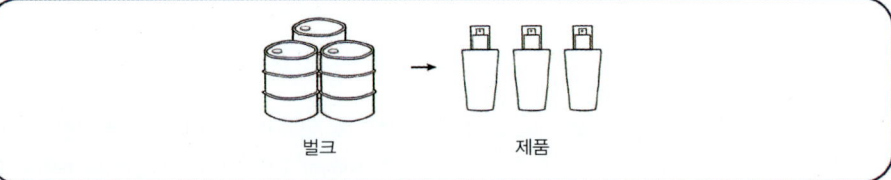

- 소비자의 개성과 다양한 취향을 반영하기 위하여 제품을 맞춤형으로 혼합, 소분(소량 생산 방식)하여 판매한다.

2) 맞춤형화장품에 사용 가능한 원료

- 아래의 원료를 제외한 원료는 맞춤형화장품에 사용할 수 있다.
  - 화장품에 사용할 수 없는 원료
  - 화장품에 사용상의 제한이 필요한 원료
- 사전심사를 받지 않았거나 보고서를 제출하지 않은 기능성화장품 고시 원료(맞춤형화장품을 기능성화장품으로 판매할 때, 최종 맞춤형화장품은 이미 심사를 받은 것이거나 보고한 기능성화장품이어야 함)

3) 맞춤형화장품의 특징

장점	• 개인의 가치가 강조되는 사회적·문화적 변화에 따라 소비자의 다양한 욕구를 충족시킨다. • 맞춤형화장품조제관리사라는 전문가의 조언을 통해 사용자의 기호와 특성에 맞는 화장품과 원료를 선택할 수 있다. • 자신의 피부 상태에 적합한 화장품을 사용하므로 심리적 만족을 느낄 수 있다. • 개인별 피부 특성이나 색·향 등의 취향에 따라 제조·수입한 화장품을 혼합 및 소분하여 판매할 수 있다.
단점	• 동일 제품에 대한 사용 후기나 평가 등을 확인하기 어렵다. • 피부 분석 후 제품을 제작하기 때문에 일반 화장품보다 시간이 더 걸릴 수 있다. • 한정된 사람에게만 제공되므로 대량 생산이 어려워 유통망 확장이 어렵다. • 혼합 조건에 따라 제품의 안정성이 변화될 수 있다.

개념 체크

다음 중 맞춤형화장품의 장점이 **아닌** 것은?
① 사용자의 다양한 소비 욕구를 충족시킨다.
② 사용자의 피부에 적합한 화장품을 사용할 수 있다.
③ 혼합 조건에 따라 제품의 안정성이 변화될 수 있다.
④ 개인의 취향에 따라 화장품을 혼합 및 소분하여 판매할 수 있다.

③

KEYWORD 02) 맞춤형화장품 주요 규정(관련 법령)

1) 화장품법

① 맞춤형화장품판매업의 신고(제3조의2)
• 총리령에 따라 식품의약품안전처장에게 신고하고 변경 시에도 신고하여야 한다.
• 총리령으로 정하는 시설기준을 갖추어야 한다.
• 총리령에 따라 맞춤형화장품조제관리사를 두어야 한다.

선생님의 노하우

맞춤형화장품 주요 규정은 주관식보다는 객관식으로 출제되는 경우가 많아요.

② 결격 사유(제3조의3)
• 다음의 어느 하나에 해당하는 자는 맞춤형화장품판매업의 신고를 할 수 없다.
  – 피성년후견인 또는 파산 선고를 받고 복권되지 않은 자
  – 이 법 또는 「보건범죄 단속에 관한 특별조치법」을 위반하여 금고 이상의 실형을 선고받고 그 집행이 끝나거나(집행이 끝난 것으로 보는 경우를 포함) 집행이 면제되지 아니한 자
  – 이 법 또는 「보건범죄 단속에 관한 특별조치법」을 위반하여 금고 이상의 형의 집행유예를 선고받고 그 유예기간 중에 있는 자
  – 등록 취소 또는 영업소가 폐쇄된 날부터 1년이 지나지 않은 자

③ 맞춤형화장품조제관리사 자격시험(제3조의4)
• 식품의약품안전처장이 실시하는 자격시험에 합격하여야 한다.
• 거짓이나 부정한 방법으로 자격시험에 응시한 사람 또는 자격시험에서 부정행위를 한 사람은 그 자격시험을 정지시키거나 합격을 무효로 하고, 그 처분이 있은 날부터 3년간 자격시험 응시할 수 없다.
• 효과적인 시험 업무 수행을 위해 전문인력과 시설을 갖춘 기관이나 단체를 시험운영기관으로 지정하여 위탁 운영할 수 있다.
• 자격시험에 필요한 사항(시기, 절차, 방법, 시험과목, 발급, 시험운영기관의 지정 등)은 총리령으로 정한다.

개념 체크

맞춤형화장품판매업 결격 사유(화장품법 제3조의 3)가 **아닌** 것은?
① 피성년후견인 또는 파산 선고를 받고 복권되지 않은 자
② 금고 이상의 형을 선고받고 집행이 끝나지 않았거나 집행을 받지 않기로 확정되지 않은 자
③ 영업 정지 처분을 12개월 이상 받은 자
④ 등록 취소 또는 영업소가 폐쇄된 날부터 1년이 지나지 않은 자

③

④ 맞춤형화장품조제관리사의 결격사유(제3조의5)
- 다음의 어느 하나에 해당하는 자는 맞춤형화장품조제관리사가 될 수 없다.
  - 「정신건강증진 및 정신질환자 복지서비스 지원에 관한 법률」 제3조 제1호에 따른 정신질환자(망상, 환각, 사고나 기분의 장애 등으로 인하여 독립적인 일상생활을 영위하는 데 중대한 제약이 있는 자 중 전문의가 맞춤형화장품조제관리사로서 적합하다고 인정하는 자는 제외)
  - 피성년후견인
  - 「마약류 관리에 관한 법률」 제2조 제1호에 따른 마약류의 중독자(마약, 향정신성 의약품 및 대마)
  - 이 법 또는 「보건범죄 단속에 관한 특별조치법」을 위반하여 금고 이상의 실형을 선고받고 그 집행이 끝나거나(집행이 끝난 것으로 보는 경우를 포함) 집행이 면제되지 아니한 자
  - 이 법 또는 「보건범죄 단속에 관한 특별조치법」을 위반하여 금고 이상의 형의 집행유예를 선고받고 그 유예기간 중에 있는 자
  - 맞춤형화장품조제관리사의 자격이 취소된 날부터 3년이 지나지 아니한 자

⑤ 자격증 대여 등의 금지(제3조의6)
- 맞춤형화장품조제관리사는 다른 사람에게 자기의 성명을 사용하여 맞춤형화장품조제관리사 업무를 하게 하거나 자기의 맞춤형화장품조제관리사자격증을 양도 또는 대여하여서는 아니 된다.
- 누구든지 다른 사람의 맞춤형화장품조제관리사자격증을 양수하거나 대여받아 이를 사용하여서는 아니 된다.

⑥ 유사명칭의 사용금지(제3조의7)
맞춤형화장품조제관리사가 아닌 자는 맞춤형화장품조제관리사 또는 이와 유사한 명칭을 사용하지 못한다.

⑦ 맞춤형화장품조제관리사 자격의 취소(제3조의8)
- 식품의약품안전처장은 맞춤형화장품조제관리사가 다음의 어느 하나에 해당하는 경우에는 그 자격을 취소하여야 한다.
  - 거짓이나 그 밖의 부정한 방법으로 맞춤형화장품조제관리사의 자격을 취득한 경우
  - 맞춤형화장품조제관리사의 결격사유 중 어느 하나에 해당하는 경우
  - 다른 사람에게 자기의 성명을 사용하여 맞춤형화장품조제관리사 업무를 하게 하거나 맞춤형화장품조제관리사자격증을 양도 또는 대여한 경우

⑧ 영업자의 의무(제5조) 빈출
- 화장품제조업자는 화장품의 제조와 관련된 기록·시설·기구 등 관리방법, 원료·자재·완제품 등에 대한 시험·검사·검정 실시 방법 및 의무 등에 관하여 총리령으로 정하는 사항을 준수하여야 한다.
- 화장품책임판매업자는 화장품의 품질관리 기준, 책임판매 후 안전관리기준, 품질검사 방법 및 실시 의무, 안정성·유효성 관련 정보사항 등의 보고 및 안전대책 마련 의무 등에 관하여 총리령으로 정하는 사항을 준수하여야 한다.

- 화장품책임판매업자는 총리령으로 정하는 바에 따라 화장품의 생산실적 또는 수입실적, 화장품의 제조과정에 사용된 원료의 목록 등을 식품의약품안전처장에게 보고하여야 하는데, 이 경우 원료의 목록에 관한 보고는 화장품의 유통·판매 전에 하여야 한다.
- 맞춤형화장품판매업자는 소비자에게 유통·판매되는 화장품을 임의로 혼합·소분하여서는 안 된다.
- 맞춤형화장품판매업자는 다음에 관하여 총리령으로 정하는 사항을 준수하여야 한다.
  - 맞춤형화장품 판매장 시설·기구의 관리 방법, 혼합·소분 안전관리기준의 준수 의무
  - 혼합·소분되는 내용물 및 원료에 대한 설명 의무
  - 안전성 관련 사항 보고 의무
- 맞춤형화장품판매업자는 총리령으로 정하는 바에 따라 맞춤형화장품에 사용된 모든 원료의 목록을 매년 1회 식품의약품안전처장에게 보고하여야 한다.
- 책임판매관리자 및 맞춤형화장품조제관리사는 화장품의 안전성 확보 및 품질관리에 관한 교육을 매년 받아야 한다.
- 식품의약품안전처장은 국민 건강상 위해를 방지하기 위해 필요하다고 인정하면 화장품제조업자, 화장품책임판매업자 및 맞춤형화장품판매업자에게 화장품 관련 법령 및 제도(화장품의 안전성 확보 및 품질관리에 관한 내용을 포함)에 관한 교육을 받을 것을 명할 수 있다.
- 교육을 받아야 하는 자가 둘 이상의 장소에서 화장품제조업, 화장품책임판매업 또는 맞춤형화장품판매업을 하는 경우에는 종업원 중에서 총리령으로 정하는 자를 책임자로 지정하여 교육을 받게 할 수 있다.
- 교육의 실시 기관, 내용, 대상 및 교육비 등에 관하여 필요한 사항을 총리령으로 정한다.

⑨ 안전용기·포장(제9조)

어린이가 화장품을 잘못 사용하여 인체에 위해를 끼치지 않도록 안전용기·포장을 사용하여야 한다.

⑩ 판매 등의 금지(제16조)

- 누구든지 다음의 어느 하나에 해당하는 화장품을 판매하거나 판매할 목적으로 보관 또는 진열하여서는 아니 된다.
  - 판매업 신고를 하지 않은 자가 판매한 맞춤형화장품
  - 맞춤형화장품조제관리사를 두지 않고 판매한 맞춤형화장품
  - 의약품으로 잘못 인식할 우려가 있게 기재·표시한 화장품
  - 판매 목적이 아닌 제품의 홍보, 판매 촉진을 위해 미리 소비자가 시험·사용하도록 제조 또는 수입된 화장품(소비자에게 판매하는 화장품에 한함)
- 맞춤형화장품조제관리사를 통하여 판매하는 맞춤형화장품판매업자 및 화장품 중 소분 판매를 목적으로 제조된 화장품의 판매자가 아닌 자는 화장품의 용기에 담은 내용물을 나누어 판매하여서는 아니 된다.

2) 화장품법 시행규칙

① 맞춤형화장품판매업의 신고(제8조의2)
- 소재지 관할 지방식품의약품안전청장에게 아래 2가지 서류를 제출한다.
  - 맞춤형화장품판매업 신고서(전자문서로 된 신고서 포함)
  - 맞춤형화장품조제관리사자격증 사본과 시설의 명세서
  ※ 맞춤형화장품판매업자가 판매업소로 신고한 소재지 외의 장소에서 1개월 범위에서 한시적으로 같은 영업을 하려는 경우에는 위의 2가지 서류와 맞춤형화장품판매업 신고필증 사본을 첨부하여 제출하여야 한다.
- 법인일 경우 지방식품의약품안전청장은 행정정보의 공동이용을 통하여 법인 등기사항 증명서를 확인하여야 한다.
- 지방식품의약품안전청장은 신고가 요건을 갖춘 경우, 맞춤형화장품판매업 신고대장에 다음 내용을 적고 맞춤형화장품판매업 신고필증을 발급하여야 한다.
  - 신고번호 및 신고연월일
  - 맞춤형화장품판매업자의 성명 및 생년월일(법인인 경우에는 대표자의 성명 및 생년월일)
  - 맞춤형화장품판매업자의 상호 및 소재지
  - 맞춤형화장품판매업소의 상호 및 소재지
  - 맞춤형화장품조제관리사의 성명, 생년월일 및 자격증 번호
  - 영업의 기한(한시적으로 맞춤형화장품판매업을 하려는 경우에 해당)

② 맞춤형화장품판매업의 변경신고(제8조의3)
- 맞춤형화장품판매업자가 변경신고를 하여야 하는 경우
  - 맞춤형화장품판매업자를 변경하는 경우
  - 맞춤형화장품판매업소의 상호 또는 소재지를 변경하는 경우
  - 맞춤형화장품조제관리사를 변경하는 경우
- 맞춤형화장품판매업 변경신고서(전자문서로 된 신고서를 포함)를 제출하여야 한다.
  - 신고서의 처리기한은 7일이다(단, 타 자격·업종의 변경신고는 10일).

③ 맞춤형화장품판매업의 시설기준(제8조의4)
- 맞춤형화장품판매업을 신고하려는 자는 맞춤형화장품의 혼합·소분 공간을 그 외의 용도로 사용되는 공간과 분리 또는 구획하여 갖추어야 한다.
- 다만, 혼합·소분 과정에서 맞춤형화장품의 품질 안전 등 보건위생상 위해가 발생할 우려가 없다고 인정되는 경우에는 혼합·소분 공간을 분리 또는 구획하여 갖추지 않아도 된다.

④ 맞춤형화장품판매업과 관련한 주요 행정처분

위반 사항 \ 횟수	1차	2차	3차	4차 이상
맞춤형화장품판매업자의 변경 신고를 하지 않은 경우	시정명령	판매업무정지 5일	판매업무정지 15일	판매업무정지 1개월
맞춤형화장품판매업소 상호의 변경신고를 하지 않은 경우	시정명령	판매업무정지 5일	판매업무정지 15일	판매업무정지 1개월
맞춤형화장품조제관리사의 변경 신고를 하지 않은 경우	시정명령	판매업무정지 5일	판매업무정지 15일	판매업무정지 1개월
맞춤형화장품판매업소 소재지의 변경신고를 하지 않은 경우	판매업무정지 1개월	판매업무정지 2개월	판매업무정지 3개월	판매업무정지 4개월
맞춤형화장품판매업자가 시설 기준을 갖추지 않게 된 경우	시정명령	판매업무정지 1개월	판매업무정지 3개월	영업소 폐쇄

⑤ 맞춤형화장품조제관리사 자격시험(제8조의4)
- 식품의약품안전처장은 매년 1회 이상 자격시험을 실시하여야 한다.
- 자격시험 시행계획은 시험 실시 90일 전까지 식약처 인터넷 홈페이지에 공고하여야 한다.
- 전 과목 총점의 60% 이상, 매 과목 만점의 40% 이상을 모두 득점한 사람을 합격자로 한다.
- 시험위원은 시험과목에 대한 전문지식을 갖추거나 화장품에 관한 업무 경험이 풍부한 사람으로 위촉한다.

⑥ 맞춤형화장품조제관리사 자격증의 발급 신청 등(제8조의6)
- 맞춤형화장품조제관리사 자격증 발급 신청서에 다음의 서류를 첨부하여 식품의약품안전처장에게 제출하여야 한다.
  - 최근 6개월 이내의 의사의 진단서 또는 맞춤형화장품조제관리사 결격사유인 정신질환자이지만, 전문의가 맞춤형화장품조제관리사로서 적합하다고 인정하는 경우 최근 6개월 이내의 전문의의 진단서
  - 마약류의 중독자에 해당되지 않음을 증명하는 최근 6개월 이내의 의사의 진단서
- 자격증을 잃어버리거나 못 쓰게 된 경우
  - 자격증을 잃어버린 경우 : 분실 사유서
  - 자격증이 헐어서 못 쓰게 된 경우 : 자격증 원본

⑦ 맞춤형화장품판매업자의 준수사항
- 맞춤형화장품 판매장 시설·기구를 정기적으로 점검하여 보건위생상 위해가 없도록 관리하여야 한다.
- 다음의 혼합·소분 안전관리기준을 준수하여야 한다.
  - 혼합·소분 전에 혼합·소분에 사용되는 내용물 또는 원료에 대한 품질성적서를 확인하여야 한다.
  - 혼합·소분 전에 손을 소독하거나 세정하여야 한다(다만, 혼합·소분 시 일회용 장갑을 착용하는 경우에는 그렇지 않음).

- 혼합·소분 전에 혼합·소분된 제품을 담을 포장용기의 오염 여부를 확인하여야 한다.
- 혼합·소분에 사용되는 장비 또는 기구 등은 사용 전에 그 위생 상태를 점검하고, 사용 후에는 오염이 없도록 세척하여야 한다.
- 그 밖에 위의 내용들과 유사한 것으로서 혼합 소분의 안전을 위하여 식품의약품안전처장이 정하여 고시하는 사항을 준수하여야 한다.
- 아래 내용이 포함된 맞춤형화장품판매내역서(전자문서로 된 판매내역서를 포함)를 작성·보관하여야 한다.
  - 제조번호
  - 사용기한 또는 개봉 후 사용기간
  - 판매일자 및 판매량
- 맞춤형화장품 판매 시 다음 내용을 소비자에게 설명하여야 한다.
  - 혼합·소분에 사용된 내용물·원료의 내용 및 특성
  - 맞춤형화장품 사용 시의 주의사항
- 맞춤형화장품 사용과 관련된 부작용 발생사례에 대하여서는 식품의약품안전처장이 정하여 고시하는 바에 따라 지체없이 식품의약품안전처장에게 보고하여야 한다.

⑧ 책임판매관리자 등의 교육(제14조)

- 최초 교육 : 종사한 날부터 6개월 이내(단, 자격시험에 합격한 날이 종사한 날 이전 1년 이내이면 최초 교육을 받은 것으로 봄)
- 보수 교육 : 최초 교육을 받은 날을 기준으로 매년 1회(단, 자격시험에 합격한 날이 종사한 날 이전 1년 이내여서 교육을 생략한 경우, 자격시험에 합격한 날부터 1년이 되는 날을 기준으로 매년 1회 보수 교육을 받아야 함)
- 참여시간 : 4시간 이상, 8시간 이하
- 교육실시기관 : 대한화장품협회, 한국의약품수출입협회, 대한화장품산업연구원

⑨ 폐업 등의 신고(제15조)

- 영업자가 폐업 또는 휴업하거나 휴업 후 그 업을 재개하려는 경우에는 폐업·휴업 또는 재개 신고서(전자문서로 된 신고서를 포함)에 화장품제조업 등록필증, 화장품책임판매업 등록필증 또는 맞춤형화장품판매업 신고필증(폐업 또는 휴업만 해당)을 첨부하여 지방식품의약품안전청장에게 제출하여야 한다.
- 「화장품법」에 따른 폐업 또는 휴업신고를 하려는 자는 「부가가치세법 시행규칙」 별지 제11호의 폐업·휴업신고서를 지방식품의약품안전청장에게 송부하여야 한다.
- 「부가가치세법」에 따른 폐업 또는 휴업신고를 같이 하려는 자는 관할 세무서장에게 「부가가치세법 시행규칙」 별지 제9호 폐업·휴업신고서를 송부하여야 한다.
- 영업자가 「화장품법」에 따른 폐업·휴업신고와 「부가가치세법」에 따른 폐업 또는 휴업신고를 같이 하려는 경우에는 「부가가치세법 시행규칙」 별지 제11호와 「부가가치세법 시행규칙」 별지 제9호를 함께 제출하여야 하는데, 영업자가 이 신고서들을 지방식품의약품안전청장과 관할 세무서장 중 한 곳에 제출할 경우, 지방식품의약품안전청장과 관할 세무서장은 즉시 서로에게 송부하여야 한다.

KEYWORD 03   맞춤형화장품의 안전성

1) 맞춤형화장품 안전성 정보 고시의 의의

- 화장품의 취급·사용 시 인지되는 안전성과 관련된 정보를 체계적·효율적으로 수집·검토·평가하여 적절한 안전대책을 강구함으로써 국민 보건상 위해를 방지하기 위하여 「화장품 안전성 정보관리 규정」을 고시하고 있다.
- 식품의약품안전처장은 안전하고 올바른 화장품의 사용을 위하여 화장품 안전성 정보의 평가 결과를 화장품책임판매업자 등에게 전파하고 필요한 경우 이를 소비자에게 제공할 수 있다.
- 식품의약품안전처장은 수집된 안전성 정보, 평가결과 또는 후속조치 등에 대하여 필요한 경우 국제기구나 관련국 정부 등에 통보하는 등 국제적 정보교환체계를 활성화하고 상호협력 관계를 긴밀하게 유지함으로써 화장품으로 인한 범국가적 위해의 방지에 적극 노력하여야 한다.

> **선생님의 노하우**
> 안전과 관련된 사항은 화장품에서 정말 중요해서 시험에 아주 많이 나와요.

2) 안전성 정보의 보고

① 보고의 유형과 주체

구분	주체	내용
보고	• 의사, 약사, 간호사 • 판매자, 소비자 • 관련 단체의 장	화장품의 사용 중 발생하였거나 알게 된 유해사례 등 안전성 정보의 경우 식품의약품안전처장 또는 화장품책임판매업자에게 보고하여야 한다.
신속보고	화장품 책임판매업자	중대한 유해사례, 판매중지나 회수에 준하는 외국정부의 조치 또는 이와 관련해 식품의약품안전처장이 보고를 지시한 경우 안전성 정보를 알게 된 날부터 15일 이내 식품의약품안전처장에게 보고하여야 한다.
정기보고		• 신속보고 되지 않은 화장품의 경우 안전성 정보를 매 반기 종료 후 1개월 이내 (7월 또는 1월)에 식품의약품안전처장에게 보고하여야 한다. • 상시근로자 수가 2인 이하로서 직접 제조한 화장비누만을 판매하는 화장품책임판매업자는 해당 안전성 정보를 보고하지 아니할 수 있다.

② 보고방법

- 식품의약품안전처 홈페이지를 통해 보고한다.
- 우편, 팩스, 정보통신망 등으로 보고한다(정기보고의 경우 전자파일과 함께 보고).
  - 정기보고의 경우, 상시근로자수가 2인 이하로서 직접 제조한 화장비누만을 판매하는 화장품책임판매업자는 해당 안전성 정보를 보고하지 아니할 수 있다.
  - 식품의약품안전처장은 안전성 정보의 보고가 규정에 적합하지 않거나 추가 자료가 필요하다고 판단하는 경우 일정 기한을 정하여 자료의 보완을 요구할 수 있다.

3) 안전성 시험

> **선생님의 노하우**
> 단회투여시험은 시험물질을 실험동물에 단회투여했을 때 단기간 내에 나타나는 독성을 질적·양적으로 검사하는 시험이예요. 두 종(설치류, 비설치류) 이상의 동물을 사용해요.

단회투여 독성시험	• 동물에 1회 투여하였을 때 LD 50값(반수 치사량)을 산출하여 위험성을 예측한다. • 주로 급성 독성을 확인하기 위하여 수행한다. • 물질의 안전성을 초기 단계에서 파악하고 위험성을 조기에 예방하는 것이 목표이다.
1차 피부 자극시험	• 피부에 1회 투여하였을 때 자극성을 평가한다. • 물질을 도포한 후 24시간 또는 48시간 동안 피부 자극을 관찰한다. • 이후 72시간까지도 피부 반응이 지속되는지 확인한다.
연속 피부 자극시험	• 피부에 반복적으로 투여하였을 때 나타나는 자극성을 평가하는 것이다. • 동물에 2주간 반복 투여한다. • 장기적인 자극이나 누적효과를 파악하는 데 사용된다.
안점막자극시험 (빈출)	동물이나 대체시험(단백질 구조 변화)을 통해 눈에 들어갔을 때 위험성을 예측하는 것이다.
피부 감작성시험	피부에 투여했을 때 접촉으로 인한 감작(알레르기)반응과 과민반응을 평가하는 것이다.
인체첩포시험 (인체패치테스트) (빈출)	• 등, 팔 안쪽에 폐쇄 첩포하여 피부 자극성이나 감작성(알레르기)을 평가하는 시험이다. • 국내외 대학 또는 전문 연구기관에서 실시하며, 관련 분야 전문의사, 연구소, 병원 등 관련 기관에서 5년 이상 경력을 가진 자의 지도 및 감독하에 수행·평가되어야 한다.
광독성시험	자외선에 의해 생기는 자극성을 평가하기 위해 UV램프를 조사하는 시험이다.
광감작성시험	자외선에 의해 생기는 접촉 감작성(접촉 알레르기)을 평가하기 위해 빛을 조사하는 시험이다.
유전 독성시험	• 박테리아를 이용한 돌연변이 시험이다. • 염색체 이상을 유발하는지 설치류를 통해 시험하고 안전성을 평가한다.

> **선생님의 노하우**
> 인체첩포시험은 안전성에 관한 자료이고 인체적용시험은 유효성 또는 기능에 관한 자료예요.

4) 영유아 또는 어린이 사용 화장품 안전성 자료의 작성·보관

주체	화장품책임판매업자
작성	문서 및 기록의 관리 절차에 따라 작성·개정·승인 등을 관리한다.
보관 및 절차	• 인쇄본 또는 전자매체를 이용하여 제품별 안전성 자료를 안전하게 보관해야 한다. • 자료의 훼손 또는 소실에 대비하여 사본, 백업자료 등을 생성·유지할 수 있다. • 보관기간이 만료된 문서는 책임판매관리자의 책임하에 폐기하여야 한다.

KEYWORD 04 맞춤형화장품의 유효성

1) 유효성 또는 기능에 관한 자료

① 효력시험 자료와 유효성 평가시험
- 시험 자료의 요건
  - 심사 대상 효능을 포함한 효력을 뒷받침하는 비임상시험자료이며, 효과 발현의 작용기전이 포함되어야 한다.
  - 국내외 대학 또는 전문 연구기관에서 시험한 것으로서 당해 기관의 장이 발급한 자료(시험시설 개요, 주요설비, 연구인력의 구성, 시험자의 연구경력에 관한 사항 포함)
  - 당해 기능성화장품이 개발국 정부에 제출되어 평가된 모든 효력시험 자료로서 개발국 정부(허가 또는 등록기관)가 제출받았거나 승인하였음을 확인한 것 또는 이를 증명한 자료
  - 과학논문인용색인(Science Citation Index 또는 Science Citation Index Expanded)이 등재된 전문학회지에 게재된 자료
- 시험 자료의 종류

구분	유효성 평가시험 및 근거자료의 종류
피부 미백 기능 제품	• In Vitro Tyrosinase 활성 저해시험(In Vitro Tyrosinase Inhibition Assay) • In Vitro DOPA 산화반응 저해시험(In Vitro DOPA Oxidation Inhibition Assay) • 멜라닌 생성 저해시험(Melanogenesis Inhibition Assay)
피부 주름 개선 기능 제품	• 세포 내 콜라겐 생성시험(Collagen Synthesis Assay) • 세포 내 콜라게나제 활성 억제시험(Collagenase Inhibition Assay) • 엘라스타제 활성 억제시험(Elastase Inhibition Assay)
자외선 차단 기능 제품	• 자외선 차단지수(SPF) 설정 근거 자료 • 내수성 자외선 차단지수(SPF) 설정 근거 자료 • 자외선 A 차단등급(PA) 설정 근거 자료

> **개념 체크**
>
> 다음 중 피부 미백 기능 제품의 유효성 평가시험이 **아닌** 것은?
> ① 엘라스타제 활성 억제시험
> ② 멜라닌 생성 저해시험
> ③ In Vitro Tyrosinase 활성 저해시험
> ④ In Vitro DOPA 산화반응 저해시험
>
> ①

② 인체적용시험 자료
- 개념 : 사람을 대상으로 실시하는 효능 · 효과시험 또는 연구에 관한 자료
- 인체적용시험 수행 기준
  - 관련 분야 전문의 또는 병원, 국내외 대학, 화장품 관련 전문 연구기관에서 5년 이상 화장품 인체적용시험 분야의 시험 경력을 가진 자의 지도 및 감독하에 수행 · 평가되어야 한다.
  - 헬싱키 선언에 근거한 윤리적 원칙에 따라 수행되어야 한다.
  - 과학적으로 타당하여야 하며, 시험 자료는 명확하고 상세히 기술하여야 한다.
  - 피험자에 대한 의학적 처치나 결정은 의사 또는 한의사의 책임하에 이루어져야 한다.
  - 모든 피험자로부터 자발적인 시험 참가 동의(문서로 된 동의서 서식)를 받은 후 실시되어야 한다.

- 피험자에게 동의를 얻기 위한 동의서 서식은 시험에 관한 모든 정보(시험의 목적, 피험자에게 예상되는 위험이나 불편, 피험자가 피해를 입었을 경우 주어질 보상이나 치료 방법, 피험자가 시험에 참여함으로써 받게 될 금전적 보상이 있는 경우 예상 금액 등)를 포함하여야 한다.
- 인체적용시험용 화장품은 안전성이 충분히 확보되어야 한다.
- 피험자의 인체적용시험 참여 이유가 타당한지 검토·평가하는 등 피험자의 권리·안전·복지를 보호할 수 있도록 실시되어야 한다.
- 피험자의 선정·탈락 기준을 정하고 그 기준에 따라 피험자를 선정하고 시험을 진행하여야 한다.

• 최종시험 결과보고서 내용
  - 시험의 종류(시험 제목)
  - 코드 또는 명칭에 의한 시험 물질의 식별
  - 화학 물질명 등에 의한 대조 물질의 식별(대조 물질이 있는 경우에 한함)
  - 시험의뢰자 및 시험기관 관련 정보
  - 시험 개시 및 종료일
  - 시험 점검의 종류, 점검 날짜, 점검 시험단계, 점검 결과 등이 기록된 신뢰성보증확인서
  - 피험자 선정, 제외 기준 및 수
  - 시험방법

  > • 시험 및 대조 물질 적용 방법(대조 물질이 있는 경우에 한함)
  > • 적용량 또는 농도, 적용 횟수, 시간 및 범위, 사용제한
  > • 사용장비 및 시약
  > • 시험의 순서, 모든 방법, 검사 및 관찰, 사용된 통계학적 방법
  > • 평가 방법과 시험 목적 사이 연관성, 새로운 방법일 경우 이 연관성을 확인할 수 있는 근거자료

  - 시험결과
  - 부작용 발생 및 조치내역

③ 인체외시험 ✅
실험실의 배양접시, 인체로부터 분리한 모발 및 피부, 인공피부 등 인위적 환경에서 시험 물질과 대조 물질 처리 후 결과를 측정하는 것이다.

④ 염모효력시험자료
인체 모발을 대상으로 효능·효과에서 표시한 색상을 입증하는 자료이다.

2) 안정성 자료의 관리

관리 방법	• 화장품법 규정에 따라 작성·보관한다. • 제품별로 안전과 품질을 입증할 수 있는 자료를 작성·보관한다. - 제품 및 제조방법에 대한 설명 자료 : 제조관리 기준서, 제품표준서 - 화장품의 안전성 평가자료 : 제조시 사용된 원료의 독성평가 등 안전성 평가 보고서, 사용 후 이상사례 정보의 수집, 검토, 평가, 조치 관련자료 - 제품의 효능, 효과에 대한 증명 자료 : 제품의 표시, 광고와 관련된 효능, 효과에 대한 실증자료

	• 인체첩포시험은안전성에 관한 자료, 인체적용시험은 유효성 또는 기능에 관한 자료를 작성·보관한다.
보관 기간	• 사용기한을 표시한 경우 : 사용기한 만료일 이후 1년까지 • 개봉 후 사용기한을 표시한 경우 : 제조연월일 이후 3년까지

3) 제출자료의 면제

- 인체적용시험 자료를 제출하는 경우 효력시험 자료 제출을 면제할 수 있다.
- 다만, 효력 시험 자료의 제출을 면제받은 성분에 대해서는 효능, 효과를 기재, 표시할 수 없다.

KEYWORD 05 맞춤형화장품의 안정성

1) 안정성 시험의 개요

- 화장품을 제조한 날부터 적절한 보관 조건에서 성상·품질의 변화 없이 최적의 품질로 사용할 수 있는 최소한의 기한과 저장법을 설정하기 위해 안정성시험 가이드라인을 제시하는 시험이다.
- 시험 기준 및 시험 방법은 규격을 바탕으로 하되, 제조업체별로 경험을 근거로 제재별로 관련 방법이 있다면 과학적이고 합리적이라는 전제하에 수행이 가능하다.
- 안정성 시험에서 다루는 화장품의 대표적인 물리적 변화로는 분리, 합일, 응집이 있다.

2) 안정성 시험의 종류와 시험 기간

종류	장기보존시험	가속시험	가혹시험	개봉 후 안정성시험
의미	저장 조건에서의 사용기한 설정을 위하여 장기간에 걸쳐 물리적·화학적·미생물학적 안정성 및 용기 적합성을 확인하는 시험이다.	장기보존시험의 저장 조건을 벗어난 단기간의 가속 조건이 물리적·화학적·미생물학적 안정성 및 용기 적합성에 미치는 영향을 평가하기 위한 시험이다.	• 가혹 조건에서 화장품의 분해 과정 및 분해산물 등을 확인하기 위한 시험이다. • 개별 화장품의 취약성, 운반, 보관, 진열, 사용 과정에서 의도치 않게 일어날 수 있는 가혹 조건에서의 품질 변화를 검토하기 위하여 수행한다.	화장품 사용 시 일어날 수 있는 오염 등을 고려한 사용기한을 설정하기 위하여 장기간에 걸쳐 물리적·화학적·미생물학적 안정성 및 용기 적합성을 확인하는 시험이다.
시험 기간	6개월 이상	6개월 이상 (조정 가능)	검체의 특성 및 시험 조건에 따라 적절히 설정한다.	6개월 이상 (특성에 따라 조정)

> **개념 체크**
>
> 저장 조건에서의 사용기한 설정을 위해 장기간에 걸쳐 물리적·화학적·미생물학적 안정성 및 용기 적합성을 확인하는 시험은?
> ① 가속시험
> ② 가혹시험
> ③ 장기보존시험
> ④ 개봉 후 안정성 시험
>
> ③

시험 항목	• 일반시험 : 균등성, 향취, 색상, 사용감, 액상, 유화형, 내온성시험 • 물리적 시험 : 비중, 융점, 경도, pH, 유화상태, 점도 등 • 화학적 시험 : 시험물 가용성 성분, 에테르 불용 및 에탄올 가용성 성분, 에테르 및 에탄올 가용성 불검화물 등 • 미생물학적 시험 : 정상적 제품 사용 시 미생물 증식 억제 능력이 있음을 증명하는 미생물학적 시험 및 필요시 기타 특이적 시험을 통해 미생물에 대한 안정성 평가 • 용기적합성 시험 : 제품과 용기의 상호작용(용기의 제품 흡수, 부식, 화학적 반응)에 대한 적합성		• 보존 기간 중 제품의 안정성이나 기능성에 영향을 확인할 수 있는 품질관리상 중요한 항목 및 분해산물의 생성 여부를 확인한다. – 온도 사이클링 또는 동결~해동시험을 통해 현탁, 크림제 안정성, 포장 파손, 알루미늄 튜브 내부래커의 부식을 관찰한다. – 진동시험으로 분말, 과립제품이 깨지거나 분리 여부 판단, 운반 중 손상 여부 등을 조사한다. – 제품이 빛에 노출될 수 있을 때 실시한다.	개봉 전 시험 항목과 미생물 한도시험, 살균보존제성분시험, 유효성분시험을 수행한다(단, 개봉 불가한 스프레이, 일회용 제품은 제외).
시험 조건	• 3로트 이상으로 선정한다. • 시중 유통 제품과 동일 처방, 제형, 포장용기를 사용한다. • 유통 조건과 유사한 조건으로 보존한다.	• 3로트 이상으로 선정한다. • 시중 유통 제품과 동일 처방, 제형, 포장용기를 사용한다. • 장기보존시험 온도보다 15℃ 이상 높은 온도에서 시험한다.	• 검체의 특성, 조건에 따라 로트를 선택해야 한다. – 온도 편차 및 극한 조건 : –15~45℃ – 기계 · 물리적 시험 : 광안정성	• 3로트 이상으로 선정한다. • 시중 유통 제품과 동일 처방, 제형, 포장용기를 사용한다. • 사용 조건과 유사한 조건으로 보존한다.
측정 시기	• 1년간 : 3개월마다 • 그 후 2년 : 6개월마다 • 2년 이후 : 1년마다	시험 개시 때를 포함하여 최소 3번 측정한다.		• 1년간 : 3개월마다 • 그 후 2년 : 6개월마다 • 2년 이후 : 1년마다

SECTION 02 피부 및 모발의 생리구조

출제빈도 상 중 하
반복학습 1 2 3

빈출 태그 ▶ #피부의구조 #모발의구조 #성장주기

▶ 합격 강의

KEYWORD 01 피부의 생리와 구조

1) 피부의 개념과 특징

- 개념 : 신체 표면을 덮어 내부를 보호하고 체온을 조절하며 감각을 느끼는 기능을 하는 인체 기관
- 특징

| 무게★ | 약 5.0kg 이상 | 넓이 | 1.5~2.0㎡ | 부피 | 2.4ℓ |
| 산도 | pH 4.5~6.5 | 두께★ | 평균 1~2mm | 경도★ | 1~2 |

2) 피부의 기능

보호	• 물리적 마찰·외부 충격, 압력 등으로부터 신체를 보호한다. • 화학 물질로부터 피부를 보호한다. • 산성막과 랑게르한스 세포의 면역반응으로 병원체를 차단한다. • 멜라닌세포의 작용으로 자외선으로부터 피부를 보호한다. • 피지로써 피부 속의 수분과 전해질의 유출을 방지한다.
감각	• 진피에 위치한 감각신경으로 외부 자극을 감각하여 반사 작용을 한다. • 감각의 종류에는 촉각, 통각, 냉각, 온각, 압각 등이 있다. – 촉각 : 무언가가 닿음을 느끼는 감각으로, 손가락·혀끝·입술에 많이 분포하는 촉점으로 감지 – 통각 : 아픔을 느끼는 감각으로, 피부에 가장 많이 분포하는 통점으로 감지 – 온도감각 : 차가움과 뜨거움을 느끼는 감각으로, 온점과 냉점으로 감지 – 압각 : 무언가에 짓눌렸을 때 느끼는 감각으로, 압점으로 감지

체온조절	• 모세혈관을 수축하거나 확장하고, 털을 세우거나 눕힘으로써 혈류를 조절하여 열 발산량을 조절하여 체온을 조절한다.
	 – 체온 하강 : 모세혈관 확장 → 혈류 증가 → 열 발산량 증가
	   입모근 이완 → 털이 누움 → 모공으로의 열 발산량 증가
	 – 체온 상승 : 모세혈관 수축 → 혈류 감소 → 열 발산량 감소
	   입모근 수축 → 털이 섬 → 모공으로의 열 발산량 감소
	• 땀을 분비하고 분비한 땀이 증발하면서 체온을 낮춘다.

면역	• 미생물 침입 시 사이토카인을 분비하거나 염증 반응을 유발하여 보호한다. • 외부 침입자에 대한 첫 번째 방어선 역할을 한다.
합성	• 자외선을 일정하게 받으면 비타민 D를 합성하며, 이때 콜레스테롤(지질의 일종)은 합성에 중요한 역할을 한다. • 비타민 D는 칼슘 흡수를 촉진하고 뼈 건강을 유지하는 데 중요한 역할을 한다.
흡수	• 반투과성을 띠며, 피부와 유사한 일부 성분을 흡수한다. • 주요 흡수 경로는 표피와 모낭의 피지선이다.

개념 체크

신체에서 가장 큰 기관은?
① 피부
② 대장
③ 뇌
④ 간

①

★ 피부의 무게
전체 몸무게의 약 15% 정도를 차지한다.

선생님의 노하우

사람 키가 보통 1.5~2m 사이죠? 그런 키를 가진 사람의 몸을 덮으려면 면적도 1.5~2㎡ 정도라고 외워 주세요. 부피는 2.4ℓ, 마트에 가면 1.2ℓ 생수병도 있는데 두 병 정도입니다.

★ 피부의 두께
발바닥은 5~6mm로 가장 두껍고, 눈꺼풀은 0.5mm, 입술은 0.2mm로 가장 얇다.

★ 피부의 경도
피부의 경도는 모스경도계로 1~2이다. 워낙에 부드럽고 유연해서 손톱이나 종이처럼 낮은 경도의 물질에도 상처가 잘 난다.

감각점의 분포
감각점의 분포밀도는 종류별로 다른데, '통점 > 압점 > 촉점 > 냉점 > 온점' 순으로 분포한다.

땀과 피지의 1일 분비량
• 땀 : 0.5~2.5ℓ /일
• 피지 : 1.0~2.0g/일

> **선생님의 노하우**
> 피부, 모발 관련 내용은 주관식으로 출제가 많이 나오니 단어를 정확하게 암기해야 해요.

분비 · 배설	땀샘(에크린 한선, 아포크린 한선)에서 땀과 피지를 분비하여 노폐물을 배설한다.
호흡	전체 호흡의 0.6~1.0%는 피부를 통해 이루어진다.
저장	지질과 수분을 저장한다.
재생	• 손상된 피부 조직을 복구하므로 상처가 나면 새살이 돋아난다. • 표피는 일정한 주기로 각질이 탈락되고 새로운 세포로 교체된다.
표출 (거울)	• 신체 내부의 변화가 피부로 표출되는 경우, 조기에 질병을 관리할 수 있다. • 신체 내부의 변화에는 건강 상태, 영양 상태, 호르몬 변화, 면역력, 감정 상태 등이 있다. 예 간에 이상이 생기면 황달로 얼굴 색이 누렇게 된다. 예 귤이나 오렌지를 많이 먹으면 베타카로틴이 축적되어 일시적으로 피부 전체가 누렇게 변한다. 예 혈액 순환에 문제가 생기면 피부가 창백해지거나 검붉어진다.
사회적 상호작용	• 건강한 피부는 개인의 이미지를 형성 · 표출하여 사회적 상호작용에 영향을 준다. 예 구릿빛 피부는 건강하고 스포티한 느낌을 준다. 예 대다수의 사람들은 하얗고 매끈한 피부를 선호한다.

3) 피부의 색상

① 피부 색상의 결정 (빈출)

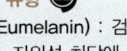
★ 멜라닌의 유형 (빈출)
• 유멜라닌(Eumelanin) : 검은색 또는 갈색, 자외선 차단에 중요한 역할
• 페오멜라닌(Pheomelanin) : 노란색 또는 빨간색

멜라닌 색소	• 특성 – 피부, 홍채, 모발의 색상을 결정하는 가장 중요한 인자이다. – 갈색, 흑색을 띤다. • 작용 – 인종에 따라 멜라닌 형성세포의 양적인 차이는 없으나, 멜라닌 생성량 및 합성된 멜라닌의 유형★에 따라 신체의 색상에 차이가 난다. – 인체를 자외선으로부터 보호하지만, 과다하게 생성되면 색소침착(기미, 주근깨, 노인성 반점, 흑색증 등)과 피부노화, 피부암 등을 일으킨다. • 생성과정 (빈출) – '티로신(아미노산) → 티로시나아제(약 0.2%의 구리를 함유하는 구리단백질)에 의해 산화 → 도파 → 티로시나아제 효소에 의해 산화 → 도파 퀴논 → 유멜라닌 또는 페오멜라닌 생성'의 수순을 밟는다.
헤모글로빈	• 적혈구에 있는 단백질로, 혈액과 피부를 붉게 보이게 하는 색소이다. • 산소와 결합하면 붉은색을 나타내고, 산소와 결합하지 못하면 푸른색을 나타낸다.
카로틴	• 카로티노이드 색소라고도 한다. • 비타민 A의 전구물질로 피부에 황색을 띠게 하며 황인종에게 많이 분포한다.

피츠패트릭(Thomas B. Fitzpatrick)
미국의 피부과 의사이자 의학 연구자로, 피부색과 자외선 반응에 대한 연구로 유명하다. 그는 피부를 색상, 태양의 자외선에 의한 화상(색소침착)의 양상에 따라 6가지 유형으로 분류했다.

② 피츠패트릭(Fitzpatrick)의 피부색상 분류(1975)

| 유형 | 색상 | | 자외선에 의한 화상 및 색소침착의 양상 | MED |
	피부	모발		
제1형	창백한 색	노랑~빨강색	• 쉽게 화상을 입으나 색소침착은 없다. • 항상 쉽게(매우 심하게) 붉어지고, 거의 검어지지 않는다.	2~30
제2형	하얀색	노랑~빨강색	• 쉽게 화상을 입고 약간의 색소침착이 있다. • 쉽게(심하게) 붉어지고, 약간 검어진다.	25~35

제3형	크림색	다양함	• 가끔 화상을 입으며 점진적인 색소침착이 있다. • 보통으로 붉어지고, 중간 정도로 검어진다.	30~50
제4형	연갈색	갈색	• 약간의 화상을 입으나 대부분 색소침착이 있다. • 그다지 붉어지지 않고, 쉽게 검어진다.	45~60
제5형	짙은 갈색	갈색 또는 검은색	• 화상은 거의 입지 않고 색소침착이 심하다. • 거의 붉게 되지 않고, 매우 검어진다.	60~80
제6형	어두운 갈색	검은색	• 화상은 입지 않으나 색소침착이 있다. • 전혀 붉게 되지 않고 매우 검어진다.	85~200

4) 피부의 층상 구조

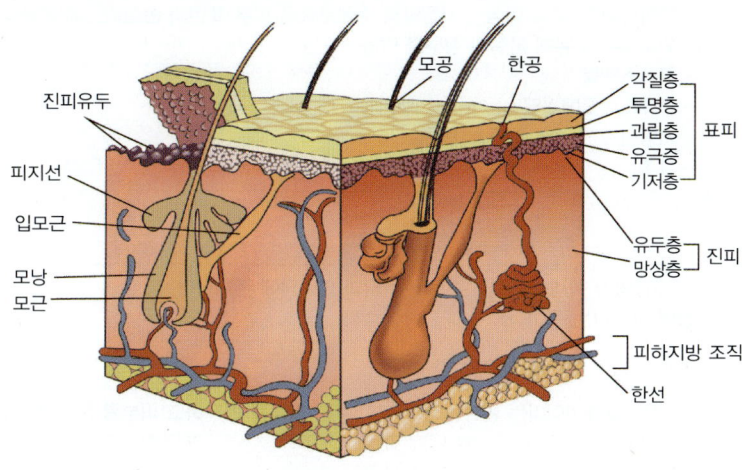

① 표피

• 각질층

특징	• 약 10~20겹의 납작한 무핵세포가 층을 이루고 있다. • pH 4.5~5.5 정도로 약산성을 띤다. • 각질과 세포간지질이 벽돌 구조인 라멜라 구조이다. • 각질층은 케라틴 약 58%, 천연보습인자(NMF) 약 31%, 세포간지질 약 11%로 구성된다.

작용	• 피부의 가장 바깥에 위치해 수분 손실을 막고, 피부장벽 역할을 하여 피부를 보호하고 세균 침입을 방어한다.
	  – 각질층 구조의 이상은 피부장벽 기능의 약화를 초래하여 다양한 피부 질환 및 피부 노화를 유발할 수 있다.
	• 각화과정과 각화주기(각질형성주기)
	  – 기저층에서 생성된 각질형성세포가 유극층, 과립층을 거쳐 각질층으로 밀려나와 떨어져 나가는 과정이다.
	  – 인체의 피부 표면에서 노화된 각질세포가 계속 떨어져 나가고 있으며 노화된 피부에서는 각질층이 떨어지는 데 더 많은 시간이 걸리므로 각질층이 두꺼워진다.
	  – 기저층에서 만들어진 세포가 모양이 변하며 각질층까지 올라와 일정 기간 머무르다 탈락되는 주기로 보통 25~31일로 본다.
	  – '기저세포 분열과정 → 유극세포에서의 합성·정비과정 → 과립세포에서의 자기분해 과정 → 각질세포에서의 재구축 과정'의 수순을 밟는다.

> **선생님의 노하우**
> 세라마이드는 보습제 성분으로 처방하여 피부장벽 기능의 유지와 회복에 관여함으로 피부 보습력 유지를 향상시킬 때 사용하기도 해요.

| 구성 | • 사멸한 각질(형성)세포
• 케라틴
  – 표피·모발·손발톱 등의 주성분인 경질(硬質) 단백질을 가리키는 것이다.
  – 필라그린으로 인해 잘 결합될 수 있다.
• 필라그린(Filaggrin)
  – 각질층 형성에 중요한 역할을 하는 단백질이다.
  – 천연보습인자(NMF)를 구성하는 수용성의 아미노산은 필라그린이 각질층세포의 하층으로부터 표층으로 이동함에 따라 각질층 내의 단백질 분해효소(아미노펩티데이스, 카복시펩티데이스)에 의해 분해된 것이다.
• 천연보습인자(NMF) 구성 성분
  – 아미노산 40%   – 염소 6%
  – PCA(피롤리돈카르복시산) 12%   – 나트륨 5%
  – 젖산염 12%   – 그 외 18%
  – 요소 7%
• 세포간지질 구성 성분
  – 세라마이드(50% 이상) : 지질막의 주성분으로 피부 표면의 손실되는 수분을 방어하고 외부로부터 유해 물질의 침투를 막음
  – 콜레스테롤
  – 콜레스테롤에스터
  – 지방산
  – 그 외 |

• 투명층

특징	• 2~3겹의 무핵세포층으로 주로 손바닥과 발바닥에 존재한다. • 생명력이 없는 층이다.
작용	유분과 수분의 침투를 막는다.
구성	엘라이딘(Elaidin)이라는 반유동성 물질이 수분 침투를 방지하고 피부를 윤기있게 한다.

> **선생님의 노하우**
> 목욕탕이나 수영장에서 물 속에 오래 있으면 다른 피부는 괜찮은데 손발이 쪼글쪼글해지잖아요. 그게 투명층이에요.

• 과립층

특징	• 2~5겹의 편평형세포 또는 방추형세포층이다. • 각(질)화 과정이 시작되는 곳이다
작용	• 수분저지막이 있어 외부 이물질을 방어하고 수분 증발을 방지한다. • 빛을 산란시켜 자외선을 흡수한다.
구성	케라토하이알린 과립이 존재한다.

• 유극층

특징	• 5~10겹의 다각형 유핵세포층으로 표피에서 가장 두꺼운 층이다. • 세포의 표면에 가시모양의 돌기가 있어서 인접세포와 다리모양으로 연결되며 가시층이라고도 불린다.
작용	• 림프액이 흘러 림프순환을 통하여 영양 공급 및 노폐물을 배출한다. • 피부의 면역기능을 담당한다.

구성	• 랑게르한스 세포
	  – 별 모양으로, 나뭇가지 모양의 돌기가 여러 방향으로 뻗어나가면서 항원(병원체나 이물질)을 탐지하고 면역반응을 유도한다.
	  – 외부 이물질인 항원을 면역담당세포 T– 림프구에 전달한다.
	  – 16일 주기를 가지고 있고, 표피세포의 약 5% 정도를 차지한다.

- 기저층

특징	· 표피의 가장 아래에 위치한다. · 진피와 경계를 이루는 단층의 원뿔모양 유핵세포층이다. · 상처를 입게 되면 재생되기 어렵다. · 각질형성세포(케라티노사이트), 멜라닌형성세포(멜라노사이트), 머켈세포가 존재하는데, 각질형성세포와 멜라닌형성세포의 구성비는 4:1~10:1로 다양하다.
작용	진피의 모세혈관으로부터 영양분과 산소를 공급받아 세포분열을 촉진한다.

구성	· 각질형성세포(케라티노사이트)
	  – 각질층을 구성하는 각질세포를 만드는 세포이다.
	  – 케라틴이라는 단백질을 생성하여 피부의 물리적 방어막을 형성한다.
	  – 피부에 상처가 있을 때 빠르게 이동하여 새로운 피부 세포를 형성한다.
	· 멜라닌형성세포(멜라노사이트) 빈출
	  – 멜라닌을 합성하여 각질형성세포에 멜라닌이 축적된 멜라노솜을 공급하는 세포이다.
	  – 피부색과 모발색을 결정한다.
	  – 표피의 5~25%를 차지하며, 세포 내에 확산하면 검게 보인다.
	· 머켈세포(촉각세포) 빈출
	  – 신경말단과 연결되어 촉각을 감지하는 세포이다.
	  – 손가락 끝, 입술 등처럼 감각이 예민한 부위에 다량으로 분포한다.

② 진피
- 진피의 구조와 특징

특징	· 피부구조 중 가장 두껍다(표피 두께의 약 10~40배). · 피부구조 중 가장 많은 비중을 차지한다(피부의 약 90% 이상).

작용
빈출
	· 피부 탄력과 관련이 있으며, 이 부분의 변화는 피부노화에 지대한 영향을 끼친다.
	  – 콜라겐의 감소 – 기질 탄수화물의 감소
	  – 탄력섬유의 변성 – 피부혈관의 면적 감소

구성	· 유두층
	  – 표피의 기저층과 접하고 있으며 유두(물결 모양)를 형성한다.
	  – 유두 모양의 돌기들은 표피와의 접촉을 강화하며 피부의 구조적 안정성을 제공한다.
	  – 모세혈관과 신경말단이 분포하여 각질형성세포에 산소와 영양을 공급한다.
	  – 미세한 교원섬유(콜라겐)와 수분을 포함하며, 감각점(촉점과 통점)이 분포한다.
	· 망상층 빈출
	  – 진피의 대부분을 차지하는 그물 모양(망상구조)의 결합조직이다.
	  – 교원섬유(콜라겐) 90%, 탄력섬유(엘라스틴) 1.5~4.7%, 기질로 구성된다.
	  – 콜라겐 섬유, 엘라스틴 섬유가 복잡하게 엮여 있어 피부의 유연성과 강도를 유지하는 데 중요한 역할을 한다.
	  – 모세혈관은 거의 없으며 림프관, 한선, 피지선, 신경 등이 분포한다.

- 진피의 부속기관

대식
세포
	· 면역(선천적, 후천적 모두)을 담당하는 백혈구의 한 종류이다.
	· 식세포 작용(식균 작용)을 한다.
	  – 세포 찌꺼기 및 미생물, 암세포, 비정상적인 단백질 등을 소화·분해한다.
	  – 세포질에는 리소좀이 있으며 파고솜과 융합해 효소를 방출하여 이물을 소화한다.

비만 세포	· 히스타민, 세로토닌, 헤파린 등을 생성하는 백혈구의 일종이다. · 동물 결합조직에 널리 분포하며 염증 반응에 중요한 역할을 한다. · 혈액 응고 저지, 혈관의 투과성, 혈압 조절 기능과 알레르기 반응에 관여한다.

> **선생님의 노하우**
>
> 대식세포는 잘 먹고 소화력 좋고 건강하고 면역력이 좋은 대식가를 떠올려 보세요.

리소좀과 파고좀

- 리소좀
  - 세포 안에 있는 작은 주머니이다.
  - 주머니 안에 단백질 분해 효소가 있다.
  - 리소좀이 파소좀과 만나 효소를 내보내고 오래돼서 못 쓰는 세포 소기관을 파괴하기도 하고 바이러스나 박테리아 같은 외부 물질을 파괴하기도 한다.
- 파고좀
  - 포식소체라고도 불린다.
  - 세포 내부에 존재하는 미세한 소기관이다.
  - 일종의 감염력을 갖고 병원체를 파괴하는 면역기능이다.

섬유 아세포	· 전체적으로 편형하고 모양이 불규칙하다. · 세포 안에는 타원형의 핵과 세포질, 미토콘드리아 · 골지체 · 중심체 · 소지방체 등이 있다. · 결합조직세포로 콜라겐과 엘라스틴을 생성한다. · 세포간지질의 기질인 다당류 생산에도 관여한다. · 피브로넥틴, 피브릴린, 프로테오글리칸, 글리코사미노글루칸(기질탄수화물) 등은 섬유 아세포에 의해 생성된다.
피지선	· 얼굴, 두피, 가슴에 많으며, 손바닥, 발바닥을 제외한 전신에 분포한다. 　- 피부와 모발이 윤이 나게 하고, 유연성을 띠게 하여 손상으로부터 보호한다. 　- **남성호르몬(안드로겐계 테스토스테론)**이 피지선을 자극하면 **피지**가 분비된다. 　- 사춘기나 호르몬 변화 시 피지 분비가 증가할 수 있다. 　- 과도한 피지 분비는 여드름, 지성 피부 등의 원인이 된다. · 피지의 구성 성분 　- 트리글리세라이드 41%　　- 스쿠알렌 12% 　- 왁스에스터 25%　　　　- 그 외 6% 　- 지방산 16%
한선 (땀샘)	아포크린선 (대한선)	· 겨드랑이, 서혜부, 항문 · 유두 주위, 배꼽 등 특정 부위에 분포한다. · 감정적 자극(예 스트레스, 긴장), 신경계와 내분비계의 자극에 의해 활성화되어 모공으로 분비된다. · 이곳에서 분비되는 땀은 pH 5.5~6.5의 산도로 끈적하고 특유의 냄새가 난다. · 이 땀으로 인해 성별, 인종별, 개인별로 체취가 다르다.
	에크린선 (소한선)	· 입술, 음부, 손톱을 제외한 전신(특히 손바닥, 발바닥, 이마 등)에 분포한다. · 표피로 직접, 다량으로 배출한다. · 이곳에서 분비되는 땀은 pH 3.8~5.6로, 색과 냄새가 없다. · 이 땀으로 체온을 조절한다.

③ 피하조직

특징	· 진피에서 내려온 섬유가 엉성하게 결합되어 형성된 망상조직이다. · 진피와 근육, 뼈 사이에 위치한다. · 신체 부위, 성별, 나이, 영양 상태에 따라 두께가 다르다.
작용	· 체온조절 : 보온 기능을 제공하여 외부 온도 변화로부터 체온 유지를 도움 · 보호 : 피부와 골격 및 장기 사이의 완충역할을 하여 외부 충격으로부터 보호함 · 저장 : 주로 지방으로 구성되어 에너지, 영양소를 저장함
구성	· 벌집모양의 수많은 지방세포들이 자리잡고 있다. · 섬유성 단백질인 결함 조직과 혈관, 신경이 풍부하게 분포한다.

KEYWORD 02 | 모발의 생리와 구조

1) 모발의 개념과 특징
① 개념 : 사람의 몸에 난 모든 털
② 특징
- 1일에 0.3~0.5㎜ 정도 자라며, 나이·성별·환경 등에 따라 자라는 속도가 조금씩 다르다.
- 1일에 50~100가닥의 모발이 빠지며 봄·가을에 자연 탈모가 증가한다.
- 모발은 약산성을 띠어 산에는 강하나 알칼리에는 취약하므로, 이를 모발 관련 시술에 고려한다.
- 모피질이 친수성이라 흡수성과 흡습성이 있다.

2) 모발의 4대 화학적 결합
- 시스틴 결합
- 수소 결합
- 이온(염) 결합
- 펩타이드(펩티드) 결합

> **펩타이드(펩티드) 결합**
> 시스틴 결합, 이온(염)결합, 수소 결합

3) 모발의 종류

연모 (솜털)	· 모수질이 없으며 멜라닌 색소가 적어 갈색을 띤다. · 생성주기의 90%를 휴지기로 보내어 길이가 길지 않다. · 태어났을 때부터 보유하고 있다. · 경모로 자라지 않은 곳에 분포한다.
경모	· 일반적인 모발로, 모수질이 있고 멜라닌 색소가 많다. · 연모는 성장과 함께 생후 5~6개월 후 경모로 성장한다. · 출생 후 모발 기관은 추가로 생성되지 않고 연모가 경모로 성장한다. · 3~6년을 생성주기 중 성장기로 보낸다.

> **개념 체크**
> 경모에 대한 설명이 **아닌** 것은?
> ① 3~6년을 성장기로 보낸다.
> ② 모수질이 없으며 멜라닌 색소가 적어 갈색을 띤다.
> ③ 일반적인 모발이다.
> ④ 연모는 성장과 함께 생후 5~6개월 후 경모로 바뀐다.
>
> ②

4) 모발의 구조

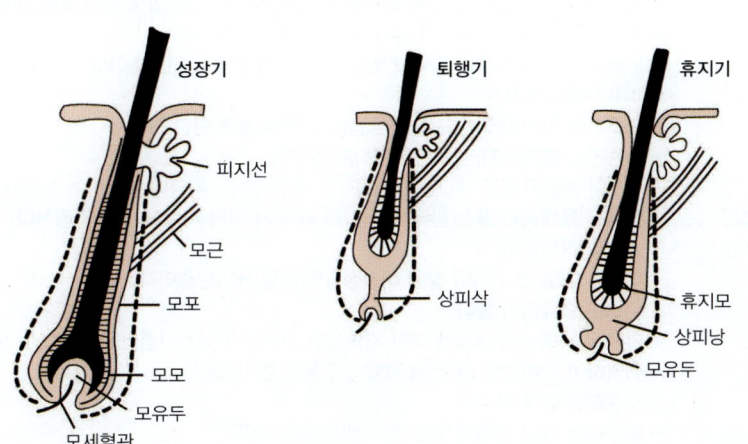

① 모근

특징	모발의 조직 중 피부에 박혀 있는 부분이다.
작용	모모세포(모발을 만들어 내는 세포)와 멜라닌세포가 존재하며 세포분열이 일어난다.
구성	• 모낭 　– 모근을 둘러싸고 있는 조직으로, 피지선과 연결된다. 　– 외모근초와 내모근초로 구성된다. 　– 외모근초와 내모근초는 모구부에서 생성된 두발을 완전히 각화가 될 때까지 보호하고, 표피에서 탈락할 때까지 보호한다. • 외모근초 　– 모구 부위에서 세포 분열하여 피부 표면 방향으로 이동한다. 　– 표피층의 가장 안쪽인 기저층에 접한다. 　– 모발성장이 휴지기가 되면 외모근초는 입모근의 ⅓ 지점까지 위로 밀려 올라간다. • 내모근초 　– 유극층의 헨레층, 과립층의 헉슬리층, 각질층의 모근초소피(초표피)로 구성된다. 　– 휴지기가 되면 내모근초는 두발을 표피까지 밀어 보낸 후에는 비듬이 되어 두피에서 탈락된다. • 모구 · 모유두 · 모모세포 　– 모구 : 모근의 아래쪽에 위치한 둥근 조직으로, 모유두와 모모세포를 총칭함 　– 모유두 : 모구의 중앙에 위치하여, 모발에 영양을 공급함 　– 모모세포 : 모유두를 덮고 있으며, 모유두로부터 영양을 공급받아 끊임없이 세포분열함

② 모간

• 특징과 작용

특징	모발의 조직 중 피부밖으로 나와 있는 부분이다.
작용	모발의 실질적인 역할(피부 보호, 체온 조절, 장식 등)을 한다.

• 구성

모표피 (모소피)	• 특징 　– 모발 가장 바깥쪽 5~15겹의 조직이다. 　– 비늘 모양의 구조로 겹쳐져 있으며 각 세포 사이에 수분과 지방이 포함되어 있다. 　– 멜라닌이 없어 무색투명한 케라틴 단백질로 구성된다. 　– 두발 내부의 모피질을 감싸고 있는 화학적 저항성이 강한 층이다. • 에피큐티클(최외표피) 　– 모소피의 가장 바깥층으로 다른 층에 비하여 매우 단단하다. 　– 수증기는 통과하지만 물은 통과하지 못한다. 　– 시스틴 함량이 많은 케라틴 단백질로 인해 물리적인 자극에 취약하여 부서지기 쉽다. 　– 단백질 용해성의 물질(친유성, 알칼리 용액)에 대한 저항성이 가장 강하다. • 엑소큐티클(외표피) 　– 이황화결합(–S–S–)이 많은 비결정질의 연한 케라틴층이다. 　– 시스틴 함유량이 높다. 　– 단백질 용해성의 물질에 대한 저항성이 강하지만 시스틴결합을 절단하는 물질에는 취약하여 퍼머넌트 및 염색 약제의 작용을 받기 쉽다. • 엔도큐티클(내표피) 　– 모소피의 가장 안쪽에 있는 친수성의 내표피이다. 　– 시스틴 함유량이 적고 알칼리에 대한 저항성이 낮다. 　– 내측면은 접착력이 있는 세포막복합체★로 인접한 모표피를 밀착시켜 모표피와 모피질 안의 내용물들이 빠져나가지 않게 잡아 준다.

개념 체크

모표피에 해당하는 설명이 아닌 것은?
① 두발 내부의 모피질을 감싸고 있는 화학적 저항성이 강한 층이다.
② 모발 가장 바깥쪽 3~4층의 비늘 모양을 한 구조이다.
③ 멜라닌이 없어 무색투명한 케라틴 단백질로 구성된다.
④ 에피큐티클, 엑소큐티클, 엔도큐티클로 구성된다.

②

★ 세포막복합체(CMC ; Cell Membrane Complex)
모표피와 모피질 안의 내용물들이 빠져 나가지 않게 잡아 주는 역할을 하며, 부족 시 모발 손상의 주요 원인이 된다.

모피질	• 모발의 중간에 위치하며 대부분(80~90%)을 차지한다. • 모발의 두께와 강도를 결정하며 모발이 두꺼운 경우 이 층이 더 두꺼워진다. • 피질세포(케라틴 단백질)와 세포 간 결합물질(말단결합·펩티드)로 구성된다. • 멜라닌을 함유하므로 모발의 색(예 검은색, 갈색, 금발 등)을 결정한다. • 퍼머넌트·염색 시술 시 모피질의 결합이 약해져 모발이 잘 손상된다. • 물과 친하여 흡수성, 흡습성을 띤다.
모수질	• 두발의 중심 부근에 공동부(속이 빈 곳)이다. • 죽은 세포들이 머리카락의 길이 방향으로 불규칙하게 배열된 다각형의 세포들이다. • 배냇머리, 솜털에는 없다.

5) 모발의 성장주기

성장기 (3~6년)	• 전체 모발의 80~90%가 이 시기에 해당한다. • 모모세포의 활발하게 활동하는 시기이다. • 모발이 길게 자라며, 영양소를 공급받아 머리카락이 튼튼해진다. • 성장주기는 사람마다 다르지만 일반적으로 여자가 남자에 비해 성장주기가 길다.
퇴행기 (약 3주)	• 전체 모발의 1~2%가 이 시기에 해당한다. • 모모세포의 분열이 감소하는 시기이다. • 모근이 축소되고 모낭이 위축된다. • 모발의 성장이 멈추는 시기이다.
휴지기 (3~4개월)	• 전체 모발의 10~15%가 이 시기에 해당한다. • 모낭과 모유두의 완전한 분리가 일어나는 시기이다. • 모발의 탈락이 시작된다.

> **개념 체크**
>
> 모발의 휴지기에 해당하는 설명이 **아닌** 것은?
> ① 모모세포의 분열이 감소하는 시기이다.
> ② 전체 모발의 10~15%가 이 시기에 해당한다.
> ③ 모낭과 모유두의 완전한 분리가 일어난다.
> ④ 모발의 탈락이 시작된다.
>
> ①

6) 두피

① 두피의 개념

개념	모발 중 '두발(머리카락)'이 심긴 피부이다.
특징	• 특징과 기능이 일반적인 피부와 유사나 아래와 같은 차이점이 있다. 　- 피지선, 혈관, 모낭이 다른 피부에 비해 많다. 　- 진피층의 조밀한 신경분포를 통해 감각을 느낀다. 　- 통각 수용체가 있어서 상처나 자극으로 인한 통증을 감지한다. 　- 진동이나 움직임을 감지한다. 　　예 머리카락이 바람에 휘날릴 때 머리카락의 움직임과 바람의 방향과 온도를 느낀다.
구성	• 외피 : 동맥, 정맥, 신경들이 분포함 • 두개피 : 두개골을 둘러싼 근육과 연결된 신경조직 • 피하조직 : 얇고 지방층이 없는 이완된 조직

② 두피의 기능

보호	• 표피에서 생성된 멜라닌 색소는 자외선을 흡수하거나 반사시켜 피부 손상을 예방한다. • 표면이 산성막으로 되어 있어 감염과 미생물의 침입으로부터 두피를 보호한다. • 피지와 땀은 천연 방어물질로 작용한다. • 외부 마찰에 대항하여 외부 환경으로부터 두피 내부를 보호한다.

호흡	• 사람의 호흡은 대부분이 폐에서 이루어지지만, 1~3% 정도는 피부에서도 이루어진다. • 두피에 각질이나 노폐물이 쌓이면 두피의 모공을 막아 피부의 호흡을 저해할 수 있다.
분비와 배설	• 한선 : 땀을 배출함 • 피지선 : 피지를 배출하여 모발을 윤기 있게 함
체온 유지	• 입모근 : 수축과 이완을 통해 모공을 개폐하여 체온을 유지함 • 모세혈관 : 혈류량을 조절하여 체온을 조절함

KEYWORD 03 피부와 모발의 상태 분석

1) 피부 상태 분석

① 피부 유형별 특징

정상 (중성)	• 가장 이상적인 피부로 유·수분 밸런스가 좋다. • 톤이 균일하고, 잡티 없이 건강하고 깨끗하다. • 혈관과 림프관의 분포가 일정하여 순환과 물질대사가 원활하다. • 계절, 연령, 생활습관 등에 따라 피부 상태가 변한다. • 피지선과 한선의 활동이 과도하지 않다.
건성	• 각질층 수분 함량이 10% 미만이고, 피지 분비량이 현저히 줄어 있다. • 건조하여 당기거나 갈라지는 느낌이 들 수 있다. • 톤이 불균형하고, 모공이 조밀하다. • 노화, 아토피 피부로 악화할 수 있다.
지성	• 과도한 피지 분비로 모공이 확장되어 눈에 띄게 보인다. • 특히 T존(이마, 코, 턱 부위)에 기름기가 많고 번들거린다. • 여드름 피부로 악화할 수 있다.
복합성	• 한 부위의 피부 유형이 둘 이상으로 나뉜다. • T존은 지성, U존은 건성이다. • T존은 피지가 쌓여 모공이 커지고, 블랙헤드나 여드름이 발생하기 쉽다. • 호르몬, 외부 환경의 영향을 많이 받는다.
민감성	• 내외부 요인에 의해 피부가 쉽게 붉어지거나 민감하게 반응한다. • 외부 환경(온도 등), 스트레스, 특정 성분(화장품, 음식 등) 등에 민감하게 반응하여 붉어지거나 가려움이 생길 수 있다. • 노화가 빠르게 진행되거나 쉽게 염증이 발생할 수 있다.

노화성	• 광노화, 자연노화로 나뉜다.
	• 피부의 구조가 약해져서 얼굴이 처지거나 피부가 늘어져 있다.
	• 노화로 인해 피부는 다양한 양상으로 변화한다.
	  – 구성요소의 변화 : 콜라겐(교원섬유)·기질 탄수화물의 감소, 엘라스틴(탄력섬유)의 변성
	  – 조직의 감소 : 피부혈관의 면적 감소
	  – 대사의 저하 : 보습 능력의 저하, 피지 분비의 저하

여드름성	• 피지선의 과도한 활동으로 인한 피지와 각질이 모공을 막아 염증 반응이 나타난다.
	• 피지 분비 증가, 세균 증식, 스트레스 등의 원인으로 여드름이 발생한다.
	• 여드름성 피부에서 발견되는 여드름의 양상은 다양하다.
	  – 면포 : 좁쌀 모양의 비염증성 여드름으로 방치하면 염증성 여드름으로 악화될 수 있으며, 개방면포(블랙헤드)와 폐쇄면포(화이트헤드)로 나뉨
	  – 구진 : 모낭이 세균에 감염되어 부어 있는데, 피지까지 분비되어 모낭벽이 허물어 진 상태의 여드름으로 보통 붉거나 살짝 부풀어 올라 있으며 크기가 작고 단단함
	  – 농포 : 피부에 노란색 고름이 차 있는 염증성 여드름
	  – 결절 : 농포가 발전해 단단한 덩어리가 피부 안에서 딱딱해진 상태의 여드름
	  – 낭종 : 화농 상태가 가장 심각한 단계로 모낭벽이 완전히 파괴된 상태의 여드름

색소침착성	• 멜라닌이 비정상적으로 과잉 생성되면서 색소침착이 과도하게 일어난 피부이다. • 피부톤이 어두워지거나 불균형하게 변하는 것도 이에 해당한다. • 자외선, 스트레스, 여성호르몬, 내장 장애 등이 주요 원인이다.

➕ 더 알기 TIP

자외선의 개념과 유형
- 개념 : 파장이 엑스선보다 길고, 가시광선보다 짧은 전자기파로, 화학 작용이나 생리적 작용이 강하고 살균 작용을 하는 광선
- 유형과 작용
  - UVA(장파장) : 320~400㎚, 광노화의 원인
  - UVB(중파장) : 290~320㎚, 일광화상과 홍반의 원인
  - UVC(단파장) : 200~290㎚, 피부암의 원인, 살균·소독작용

> **개념 체크**
> 장파장으로 광노화의 원인이 되는 자외선의 범위는?
> UVA 320~400㎚

② 피지분비량에 따른 피부 타입

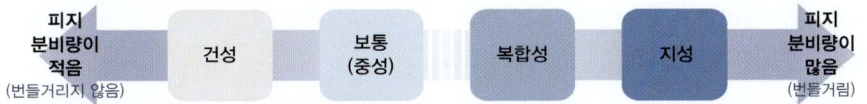

③ 피부 분석 방법

문진법	• 설문지나 대면 질문으로써 피부 상태를 분석하는 방법이다. • 식사, 생활습관, 수면 정도, 피로도, 성격, 생활환경, 피부관리법 등에 대해 질문한다.
견진법	• 육안으로 피부 상태를 분석하는 방법이다. • 피부결, 각질, 모공 크기, 색소침착, 안색, 주름, 여드름, 발진 등의 상태를 관찰한다.
촉진법	• 깨끗이 씻은 손으로 눌러 보거나 만져서 피부 상태를 분석하는 방법이다. • 각질 상태, 피지 분비량, 수분량, 탄력, 피부 두께, 질감 등의 상태를 관찰한다.

기기를 이용한 판독법	• 세안 후 일정 시간이 지난 후에 측정하여 판독한다.
	• 피부를 분석할 수 있는 기기의 종류는 매우 다양하다.
	  – 유·수분 측정기 – 확대경
	  – 우드램프 – 스킨스코프
	  – pH 측정기

> **개념 체크**
> 피부 분석 방법이 <u>아닌</u> 것은?
> ① 문진법
> ② 조직검사
> ③ 견진법
> ④ 촉진법
>
>

④ 피부 상태 요소별 측정법

수분 (빈출)	• 전기전도도를 이용하여 피부 각질층의 수분량을 측정한다.
	• 이때, 피부수분증발량인 경피수분손실량(TEWL)을 측정하여야 한다.
	  - TEWL 수치가 높을수록 피부 장벽 기능이 약화된 것으로 해석된다.
	  - 건조한 피부나 손상된 피부는 정상(중성) 피부에 비해 그 값이 크다.

pH	피부의 산성도를 측정한다.
유분	카트리지 필름을 피부에 밀착시킨 후 유분량을 측정한다.
표면	피부 표면을 확대하여 촬영한다. 확대경으로 주름, 각질, 모공 크기, 색소침착 등을 관찰한다.
피부색	피부 색소 측정기와 UV광선으로 피부 색소침착의 정도를 평가한다.
탄력	탄력 측정기로 음압을 가한 후 피부가 원래 상태로 회복되는 정도를 측정한다.
홍반	헤모글로빈 수치를 통해 피부의 붉은 기를 측정한다.
주름	• 레플리카(실리콘으로 피부 표면 상태를 그대로 복제)기법을 이용하여 피부 주름을 분석한다. • 피부 표면 형태를 관찰한다.

2) 모발 상태 분석

① 두피와 모발의 상태

• 정상
- 두피가 투명하고 각질과 피지가 적정한 수준으로 깨끗하다.
- 모공 1개당 2~3개의 모발이 존재하며, 모발의 굵기가 일정하다.
- 유수분 밸런스가 적절하게 유지된다.

• 탈모

특징		• 하루에 약 120~200개의 모발이 지속적으로 빠지는 증상이다. • 새로 성장하는 모발의 수보다 빠지는 모발의 수가 더 많아지는 현상으로 모발의 수가 점점 줄어든다. • 모모세포의 생장활동이 중지되고 성장기는 짧아지고 휴지기가 길어진다. • 탈모에 도움이 되는 기능성 성분으로는 덱스판테놀, 비오틴, L-멘톨, 징크피리치온, 징크피리티온액50%, 살리실릭애시드, 나이아신아마이드 등이 있다.
종류	남성형 (빈출)	• 특징 - 빠르면 20대, 보편적으로는 30대 후반부터 진행되기 시작한다. - 두피의 헤어라인 경계선이 점점 뒤로 진행되어 이마가 넓어지고 대머리로 진행된다. • 기전 - 남성호르몬인 테스토스테론이 5알파-환원효소에 의해 디하이드로테스토스테론(DHT)로 전환된다. - DHT는 모낭을 위축시키며 탈모의 원인이 되는데, 피나스테리드는 DHT 생성을 억제하여 탈모 진행을 늦춘다.

	여성형	• 특징 – 남성형 탈모와 달리 헤어라인이 유지된다. – 머리카락이 가늘어지고 정수리 중심부에서 점차 확산된다. • 기전 – 모낭세포가 안드로겐(남성호르몬)에 민감하게 반응하여 부신, 난소에서 비정상적으로 안드로겐이 과다분비된다. – 남성호르몬제를 과다 복용하면 발생할 수 있다.
	원형	• 하나 혹은 여러 개의 원형, 타원형의 탈모가 일어난다. • 크기는 다양하며 작은 동전 크기에서부터 넓게 확산될 수도 있다. • 대부분은 스트레스에 의한 것이다. • 유전적 소인, 알레르기, 자가 면역성 소인을 포함하는 복합적인 요인들에 의하여서도 발생한다.
	기타	지루성 탈모증, 산후 휴지기 탈모증, 노인성 탈모증, 약물성 탈모증 등
원인	유전	• 탈모를 일으키는 유전자로서 가족력이 있는 경우 발병 확률이 높다. • 안드로겐계 호르몬의 이상으로 탈모가 발생하는 경우도 있다.
	호르몬	뇌하수체, 갑상선, 부신피질, 난소나 고환에서 분비되는 호르몬은 모발의 성장과 밀접한 관련이 있으며, 그 중 남성호르몬에 의해 발생하는 탈모가 일반적이다.
	스트레스	• 스트레스가 쌓이면 자율신경 부조화로 모발의 발육이 저해된다. • 스트레스 호르몬(코르티솔) 분비 증가로 인해 모발 성장 주기를 방해한다. • 만성 스트레스는 두피 혈액순환을 방해한다.
	식습관	• 다이어트로 인한 단백질, 철분, 아연, 비오틴 등의 영양소가 결핍되어서 발생한다. • 동물성 지방의 과다섭취로 혈중 콜레스테롤이 증가하면 모근의 영양 공급이 악화된다.
	모발 공해	• 열과 알칼리에 약한 모발이 손상되어 발생한다. • 잦은 화학적 시술(염색, 탈색, 펌, 스트레이트 파마 등)과 열 처리(고데기, 드라이기, 헤어아이론 등)가 주요 원인이다.
	기타	염증성 질환, 약물 부작용, 건선, 아토피, 항암제 치료, 방사선 요법 등

> **개념 체크**
>
> ㉠에 들어갈 말을 쓰시오.
>
> (㉠)은(는) 대부분 스트레스에 의해 발생하며, 하나 혹은 여러 부분에서 특정 모양의 탈모가 일어난다.
>
> 원형 탈모증

• 비듬

특징	• 표피세포의 각질화에 의해 떨어진 쌀겨 모양의 탈락물이다. • 가려움증 유발, 탈모의 원인이 되기도 한다. • 지루성 피부염의 증상이 발생하기도 한다. • 함유된 피지의 비율에 따라 건성 비듬과 지성비듬으로 나뉜다.
원인	• 두피 자체의 문제 : 피지의 과다 분비, 과도한 각질 형성, 건조함 • 내분비계의 문제 : 호르몬의 불균형, 질병 • 생활습관 : 스트레스, 과도한 다이어트 등 • 감염 : **말라세지아(진균류)**가 방출하는 분비물이 표피층을 자극

> **개념 체크**
>
> 모주기 검사에 대한 설명으로 옳은 것은?
> ① 모발을 두 손가락으로 집어 당겨 탈모 증상을 판단한다.
> ② 모발에 붙어있는 피부를 모아 염색 후 현미경으로 모근과 모구를 관찰한다.
> ③ 4㎜ 펀치를 이용해 모유두가 포함된 조직을 채취하여 모발 상태를 분석한다.
> ④ 포토트리코그람(Phototrichogram)을 통해 모발의 성장 속도와 밀도를 종합적으로 모발 상태를 분석한다.
>
> ④

② 모발진단 방법

모발 당김 검사	두 손가락으로 모발을 잡아당겨 탈락 여부를 확인함으로써 탈모 증상을 판단한다.
모주기 검사	포토트리코그람(Phototrichogram)을 활용하여 모발의 성장 속도와 밀도를 측정함으로써 전반적인 모발 상태를 분석한다.
모간검사	모발에 부착된 피부를 모아 염색한 후, 현미경으로 모근과 모구를 관찰한다.
조직검사	4㎜ 펀치를 이용해 모유두가 포함된 조직을 채취하여 모발의 상태를 분석한다.
모발 분석	모발의 전반적 상태를 종합적으로 판단한다.

필수용어.Zip SECTION 02 피부 및 모발의 생리구조

멜라노솜	멜라닌세포 내에 존재하는 세포소기관으로, 멜라닌이 표피 기저층의 멜라노사이트에서 생성되어 멜라노솜 형태로 합성됨
교원섬유 (콜라겐)	피부 건조 중량의 75%를 차지하며, 장력을 담당하는 단백질. 약 1,000개의 아미노산이 결합된 나선형 구조로, 아미노산 한 분자당 약 1,000개의 물 분자를 함유하여 피부의 수분 저장 기능을 담당
탄력섬유 (엘라스틴)	원래 형태로 복원되는 회복 기능과 탄력성을 가진 단백질로, 피부 내 함량은 약 1.5~4.8%
기질	교원섬유와 탄력섬유를 채워 주는 물질로, 하이알루론산, 콘드로이틴황산, 헤파린황산염 등으로 구성된 뮤코다당체
천연보습인자 (NMF)	각질층에 존재하는 수용성 보습 성분들의 총칭
교소체	층판소체 내부의 물질로, 각질형성세포 사이를 연결하는 단백질
층판소체	과립층에 존재하는 지질 과립으로, 각질층으로 이동하여 세라마이드, 콜레스테롤, 지방산으로 이루어진 세포간 지질이 되어 수분 손실을 방지하는 장벽 역할 수행
레플리카	실리콘을 이용하여 피부 표면 상태를 그대로 복제한 것

SECTION 03 관능평가

빈출 태그 ▶ #관능평가정의 #관능평가요소 #자가평가

KEYWORD 01 관능평가의 개념

1) 관능평가의 개념
- 화장품의 품질을 인간의 관능★(시각, 후각, 미각, 촉각, 청각)에 의하여 측정하고 분석하여 평가하는 방법이다.
- 외관, 색상, 향, 사용감 등 기호에 따른 평가가 제품에 영향을 미친다.
- 관능평가를 통해 얻은 결과를 통계처리 한 후 종합적 평가에 사용한다.
- 관능평가는 화장품의 유효성 평가 방법 중의 하나이다.

★ 관능(官能, Sensor)
관능은 다섯 가지 감각 기관(오관, 눈·귀·코·혀·피부)의 기능과 능력을 이르는 말이다. 이로써 화장품을 평가하는 것이 바로 관능평가(官能評價, Sensory Analasis)이다.

2) 관능평가 요소

탁도(침전)	10㎖ 바이알에 액체 형태의 화장품을 담아 탁도계(Turbidity Meter)를 사용하여 탁도를 측정한다.
변취	적당량을 손등에 도포한 후, 원료의 베이스 냄새를 기준으로 표준품(최종제품)과 비교하여 냄새 변화를 확인한다.
분리(성상)	육안과 현미경을 활용하여 기포, 응고, 분리, 겔화, 빙결 등 유화 상태를 확인한다.
점도, 경도	• 실온에 방치 후, 용기에 담아 점도, 경도 범위에 적합한 회전봉(Spindle)을 사용하여 점도를 측정한다. • 점도가 높을 경우에는 경도를 측정한다.
증발, 표면 굳음	• 건조감량, 무게 측정을 통하여 증발과 표면 굳음을 측정한다. - 건조감량 : 시험품 표면에서 일정량을 채취한 후, 장원기 일반시험법에 따라 시험함 - 무게 측정 : 시료를 실온으로 식힌 후 시료 보관 전후 무게 변화를 측정함

🔍 개념 체크

로션, 에센스의 관능평가 방법이 아닌 것은?
① 변취
② 탁도
③ 점도
④ 경도

②

➕ 더 알기 TIP

제품별 관능평가 요소

스킨, 토너	탁도, 변취
로션, 에센스	변취, 분리(성상), 점도, 경도
크림	변취, 분리(성상), 점도, 경도, 증발, 표면 굳음
메이크업 베이스 / 파운데이션	변취, 점도, 경도, 증발, 표면 굳음
립스틱	변취, 분리(성상), 점도, 경도

KEYWORD 02 관능평가의 절차와 방법

1) 관능평가의 절차
① 외관·색상을 검사하기 위한 표준품을 선정한다.
② 원자재시험 검체와 제품의 공정 단계별 시험 검체를 채취하고 각각의 기준과 평가 척도를 마련한다.
③ 외관·색상시험 방법에 따라 시험한다.
④ 시험 결과에 따라 적합 유무를 판정하고 기록·관리한다.

2) 관능평가의 방법
① 관능평가의 갈래

기호형	좋고 싫음을 주관적으로 판단한다.
분석형	기준(표준품 및 한도품 등)과 비교하여 합격·불량을 객관적으로 평가·선별하거나 사람의 식별력 등을 조사한다.

② 외관·색상시험 방법

성상 및 색상의 판별	• 유화제품 : 표준 견본과 대조하여 내용물 표면의 매끄러움, 내용물의 점성, 내용물의 색을 육안으로 확인함 • 색조제품 : 표준 견본과 내용물을 슬라이드 글라스에 각각 소량으로 묻힌 후 슬라이드 글라스로 눌러서 대조되는 색상을 육안으로 확인, 손등이나 실제 사용 부위에 직접 발라서 색상 확인함
향취 평가	비커에 내용물을 담고 코를 비커에 대고 향취를 맡거나 손등에 발라 향취를 맡아 확인한다.
사용감 평가	내용물을 손등에 문질러서 느껴지는 사용감을 확인한다.

③ 관능 용어에 따른 물리화학적 평가법
• 물리적 관능요소

관능 용어	물리화학적 평가법
• 촉촉함 ↔ 보송보송함 • 부들부들함 • 뽀드득함 ↔ 매끄러움 • 가볍게 발림 ↔ 뻑뻑하게 발림 • 빠르게 스며듦 ↔ 느리게 스며듦 • 부드러움 ↔ 딱딱함(화장품)	• 마찰감 테스트 • 점탄성 측정(Rheometer)
• 탄력이 있음(피부) • 부드러워짐(피부)	유연성 측정(Cutometer)
끈적임 ↔ 끈적이지 않음	핸디압축시험법

개념 체크

관능평가 절차로 **틀린** 것은?
① 외관·색상을 검사하기 위한 표준품을 선정한다.
② 원자재시험 검체와 제품의 공정 단계별 시험 검체를 채취하고 각각의 기준과 평가척도를 마련한다.
③ 외관·색상시험 방법에 따라 시험한다.
④ 시험 결과에 따라 판매 여부를 결정하고 진열한다.

④

- 광학적 관능요소

관능 용어	물리화학적 평가법
• 투명감이 있음 ↔ 불투명함 • 윤기가 있음 ↔ 윤기가 없음	• 변색분광측정계(고니오스펙트럼포토미터) • 광택계(Glossmeter)
• 화장 지속력이 좋음 ↔ 화장이 지워짐 • 균일하게 도포할 수 있음 ↔ 뭉침, 번짐	• 색채 측정(분광측색계를 통한 명도 측정) • 확대 비디오 관찰(비디오마이크로스코프)
번들거림 ↔ 번들거리지 않음	광택계(Glossmeter)

개념 체크

다음 중 광학적 관능 용어가 아닌 것은?
① 투명감이 있음 ↔ 불투명함
② 윤기가 있음 ↔ 윤기가 없음
③ 부드러워짐(피부)
④ 번들거림 ↔ 번들거리지 않음

③

④ 자가평가
- 소비자에 의한 사용시험 : 소비자들이 관찰하거나 느낄 수 있는 변수들에 기초하여 제품 효능과 화장품 특성에 대한 소비자의 인식을 평가함(충분한 수의 사람들을 대상으로 실시)

맹검 사용 시험 (Blind Use Test)	소비자의 판단에 영향을 미칠 수 있는 상품명, 디자인, 표시사항 등의 정보를 제공하지 않고 제품을 사용하여 시험하는 것이다.
비맹검 사용시험 (Concept Use Test)	상품명, 표기사항 등을 알려 주고 제품에 대한 인식 및 효능 등이 일치하는지를 시험하는 것이다.

개념 체크

상품명, 디자인, 표시사항 등의 정보를 제공하지 않고 제품을 사용하여 시험하는 것은?

맹검 사용 시험

- 훈련된 전문가 패널에 의한 관능평가 : 명확히 규정된 시험계획서에 따라 정확한 관능기준을 가지고 교육을 받은 전문가 패널의 도움을 얻어 실시함

⑤ 전문가에 의한 평가

의사의 감독하에서 실시하는 시험	• 의사의 관리하에서 화장품의 효능에 대하여 실시하며 변수들은 임상 관찰 결과 또는 평점에 의해 평가된다. • 초기값이나 미처리 대조군, 위약 또는 표준품과 비교하여 정량화될 수 있다.
그 외 전문가의 관리하에 실시되는 시험	준의료진, 미용사 또는 기타 직업적 전문가 등이 이미 확립된 기준과 비교하여 촉각, 시각 등에 의한 감각에 의해 제품의 효능을 평가한다.

SECTION 04 제품 상담

빈출 태그 ▶ #부작용 #배합금지 #사용제한

KEYWORD 01 맞춤형화장품의 작용과 부작용

1) 맞춤형화장품의 작용(효과)
- 맞춤형 화장품은 개인의 취향을 중시하는 개인화 트렌드에 맞춰 다양한 소비자의 요구를 충족할 수 있다.
- 맞춤형화장품조제관리사를 통해 정확한 피부 측정과 테스트를 받아 자신의 피부와 요구에 맞는 제품을 사용할 수 있다.
- 고객이 원하는 제품의 혼합 및 소분이 가능하다.

2) 맞춤형화장품의 부작용
- 맞춤형화장품으로 인한 부작용 사례가 발생하면 식품의약품안전처장에게 즉시 보고해야 한다.
- 문제 발생 시 대처하기 위한 표준작업지침서(SOP ; Standard Operating Procedures)를 마련하고 이에 따라 대응한다.
- 맞춤형화장품의 부작용에는 소양감(가려움), 발진, 부종(부어오름), 염증, 인설, 자통(따끔거림), 작열감(화끈거림), 홍반이 있다.

가려움	• 참을 수 없이 피부를 긁고 싶은 충동이다. • 소양감이라고도 한다.
발진	피부 점막에 돋아난 종기이다.
부종	피부나 피하조직이 부은 상태로, 세포 간에 수분이 비정상적으로 축적된 상태이다.
염증	• 생체 조직이 세균 감염에 반응하여 나타나는 방어 반응으로 주로 붉어지고 고름이 생기는 현상이다. 예 뾰루지, 트러블, 알레르기 등
인설	• 표피의 각질이 은백색의 부스러기처럼 탈락하는 현상이다. • 건선에 많이 발생한다.
자통	(바늘로) 찌르고 따끔거리는 것과 같은 아픔이다.
작열감	피부가 화끈거리거나 쓰린 느낌이다.
홍반	• 모세혈관이 확장되거나 충혈되어 피부가 국소적으로 붉게 변하는 현상이다. 예 발적, 붉은 반점 등

개념 체크

다음 중 맞춤형화장품의 부작용 종류와 현상의 연결로 맞지 않는 것은?
① 발진 : 피부 점막에 돋아난 종기
② 가려움 : 참을 수 없이 피부를 긁고 싶은 충동
③ 부종 : 소양감이라고도 함
④ 인설 : 표피의 각질이 은백색의 부스러기처럼 탈락하는 현상

③

선생님의 노하우

피지 분비량이 감소하여 피부의 건조함을 유발하는 것은 화장품의 부작용이 아니예요.

KEYWORD 02 맞춤형화장품에 대한 법적 안전장치

1) 배합 금지 사항
- 「화장품 안전 기준 등에 관한 규정」 중 [별표1 사용할 수 없는 원료로 고시된 원료]는 맞춤형 화장품에 배합을 금지한다.
- 화장품 배합 금지 원료를 사용하지 않음을 안내하여야 한다.

2) 사용 제한 사항
- 화장품에 사용상의 제한이 필요한 원료
  - 「화장품 안전 기준 등에 관한 규정」 중 [별표2 사용상의 제한이 필요한 원료]로 고시된 원료
  - 주로 자외선 차단제와 보존제
- 식품의약품안전처장이 고시한 기능성 화장품의 효능·효과를 나타내는 원료(화장품책임판매업자가 해당 원료를 포함하여 기능성화장품에 대한 심사를 받은 경우는 제외)

필수용어.Zip SECTION 04 제품 상담

표준작업지침서 (SOP)	• 특정 업무를 일정한 기준과 절차에 따라 일관되게 수행하기 위해 작성된 문서로, 업무의 절차와 방법을 상세히 기술한 것 • 고객 관리에서 발생할 수 있는 문제를 효과적으로 해결하고, 품질 관리를 요하는 모든 업무에서 필수적인 역할을 수행함
알레르기	피부 감작성은 모든 사람에게 나타나는 것이 아니라, 면역 기전이 과민하게 반응하는 특정 경우에만 발생하는 증상

SECTION 05 제품 안내

빈출 태그 ▶ #표시사항 #행정처분 #안전기준

KEYWORD 01 맞춤형화장품 표시사항

1) 맞춤형화장품 표시 · 기재사항

① 맞춤형화장품

- 1차 포장만으로 구성되는 화장품의 외부 포장 필수 기재사항

> 다음 사항은 1차 포장만으로 구성되는 화장품의 외부 포장에 반드시 표시하여야 한다(다만, 소비자가 화장품의 1차 포장을 제거하고 사용하는 고형비누 등 총리령으로 정하는 화장품의 경우에는 그러하지 아니함).

– 화장품의 명칭
– 영업자(화장품제조업자, 화장품책임판매업자, 맞춤형화장품판매업자)의 상호
– 제조번호
– 사용기한 또는 개봉 후 사용기간(개봉 후 사용기간의 경우 제조연월일 병기)

- 1차 포장만으로 구성되는 화장품의 외부 포장 또는 1차 포장에 2차 포장을 추가한 화장품의 외부 포장
  – 화장품의 명칭
  – 영업자(화장품제조업자, 화장품책임판매업자, 맞춤형화장품판매업자)의 상호 및 주소
  – 해당 화장품 제조에 사용된 모든 성분(인체에 무해한 소량 함유 성분 등 총리령으로 정하는 성분은 제외)
  – 내용물의 용량 또는 중량
  – 제조번호(식별번호)
  – 사용기한 또는 개봉 후 사용기간(개봉 후 사용기간의 경우 제조연월일 병기)
  – 가격
  – 기능성화장품의 경우 '기능성화장품'이라는 글자 또는 기능성화장품을 나타내는 도안으로서 식품의약품안전처장이 정하는 도안
  – 사용할 때의 주의사항
  – 그 밖에 총리령으로 정하는 사항

> - 기능성화장품의 경우 심사받거나 보고한 효능 · 효과, 용법 · 용량
> - 성분명을 제품 명칭의 일부로 사용한 경우 그 성분명과 함량(방향용 제품은 제외)
> - 인체세포 · 조직 배양액이 들어 있는 경우 그 함량
> - 화장품에 천연 또는 유기농으로 표시 · 광고하려는 경우에는 원료의 함량
> - 제2조 제8호부터 제11호까지에 해당하는 기능성화장품의 경우에는 '질병의 예방 및 치료를 위한 의약품이 아님'이라는 문구

선생님의 노하우

1차 포장 필수 기재사항 4가지를 꼭 외우세요.

식별번호

원료의 제조번호와 혼합 · 소분 등의 기록을 추적할 수 있도록 맞춤형화장품판매업자가 부여한 번호이다.

개념 체크

원료의 제조번호와 혼합 · 소분 등의 기록을 추적할 수 있도록 맞춤형화장품판매업자가 숫자 · 문자 · 기호 또는 이들의 특징적인 조합으로 부여한 번호는?
① 제조번호
② 식별번호
③ 관리번호
④ 고유번호

②

개념 체크

1차 포장 필수 기재사항이 아닌 것은?
① 화장품의 명칭
② 제조번호
③ 사용기한 또는 개봉 후 사용기간
④ 가격

④

- 제2조 제8호부터 제11호까지에 해당하는 기능성화장품
  - 탈모 증상의 완화에 도움을 주는 화장품(코팅 등 물리적으로 모발을 굵게 보이게 하는 제품 제외)
  - 여드름성 피부를 완화하는 데 도움을 주는 화장품(인체 세정용 제품류로 한정)
  - 피부장벽(피부의 가장 바깥쪽에 존재하는 각질층의 표피)의 기능을 회복하여 가려움 등의 개선에 도움을 주는 화장품
  - 튼살로 인한 붉은 선을 엷게 하는 데 도움을 주는 화장품
- 다음의 어느 하나에 해당하는 경우 법 제8조 제2항에 따라 사용기준이 지정·고시된 원료 중 보존제의 함량
  - 별표 3 제1호 가목에 따른 3세 이하의 영유아용 제품류인 경우
  - 4세 이상부터 13세 이하까지의 어린이가 사용할 수 있는 제품임을 특정하여 표시·광고하려는 경우

② 소용량 또는 비매품
- 1차 포장 또는 2차 포장
  - 화장품의 명칭
  - 화장품책임판매업자 및 맞춤형화장품판매업자의 상호
  - 가격(비매품인 경우 견본품이나 비매품 표시)
  - 제조번호 또는 식별번호, 사용기한 또는 개봉 후 사용기간(개봉 후 사용기간의 경우 제조연월일 병기)

비매품 및 견본품

내용량 10㎖ 이하 또는 10g 이하의 화장품(소비자가 사용할 때 특별한 주의가 필요하다고 식품의약품안전처장이 정하여 고시하는 화장품은 제외한다)이거나 판매 목적이 아닌 소비자 시험을 위한 제품

선생님의 노하우

소용량 또는 비매품 기재사항은 맞춤형화장품 1차 포장 필수기재사항과 헷갈려요. 소용량 비매품은 맞춤형화장품 1차 포장 필수기재사항에 더해 가격을 기재해야 해요.

2) 화장품 가격 표시제 실시 요령

목적	「화장품법」 화장품의 가격표시 및 「물가안정에 관한 법률」 가격의 표시의 규정에 의거 화장품을 판매하는 자에게 당해 품목의 실제 거래가격을 표시하도록 함으로써 소비자의 보호와 공정한 거래를 도모한다.
표시의무자	• 화장품을 일반소비자에게 소매 점포에서 판매하는 경우 : 소매업자(직매장 포함) • 방문판매업·후원방문판매업, 통신판매업 : 그 판매업자 • 다단계판매업 : 그 판매자
표시 대상	국내에서 제조되거나 수입되어 국내에서 판매되는 모든 화장품이 해당한다.
판매가격	화장품을 일반 소비자에게 판매하는 실제 가격이다.
가격표시	일반소비자에게 판매되는 실제 거래가격을 표시하여야 한다.
표시 방법	• 판매가격의 표시는 유통단계에서 쉽게 훼손되거나 지워지지 않으며 분리되지 않도록 스티커 또는 꼬리표를 표시하여야 한다. • 판매가격이 변경되었을 경우에는 기존의 가격표시가 보이지 않도록 변경 표시하여야 한다(다만, 판매자가 기간을 특정하여 판매가격을 변경하기 위해 그 기간을 소비자에게 알리고, 소비자가 판매가격을 기존가격과 오인·혼동할 우려가 없도록 명확히 구분하여 표시하는 경우는 제외). • 판매가격은 개별 제품에 스티커 등을 부착하여야 한다(다만, 개별 제품으로 구성된 종합제품으로서 분리하여 판매하지 않는 경우에는 그 종합제품에 일괄하여 표시할 수 있음). • 판매자는 업태, 취급제품의 종류 및 내부 진열상태 등에 따라 개별 제품에 가격을 표시하는 것이 곤란한 경우에는 소비자가 가장 쉽게 알아볼 수 있도록 제품명, 가격이 포함된 정보를 제시하는 방법으로 판매가격을 별도로 표시할 수 있다(단, 이 경우 화장품 개별 제품에는 판매가격을 표시하지 아니할 수 있음). • 판매가격의 표시는 「판매가 ○○원」 등으로 소비자가 알아보기 쉽도록 선명하게 표시하여야 한다.

가격관리 기본 지침	• 시·도지사(특별시장, 광역시장, 특별자치시장, 도지사 또는 제주특별자치도지사)는 매년 식품의약품안전처장이 시달하는 가격관리 기본지침에 따라 화장품 가격표시제도 실시현황을 지도·감독하여야 한다. • 기본 지침에는 다음 사항이 포함되어야 한다. 　- 가격표시 사후 관리 및 감독에 관한 사항 　- 가격표시 정착을 위한 교육 및 홍보에 관한 사항 　- 기타 가격표시제 실시에 관하여 필요한 사항 • 시·도지사는 시달된 기본지침에 따라 그 관할 구역안의 실정에 맞는 세부시행지침을 수립하여 시행하여야 한다.
모범업소 우대조치	• 지방자치단체는 화장품 판매가격을 성실히 이행하는 화장품 판매업소를 모범업소로 지정할 수 있다. • 모범업소에 대하여 국가 또는 지방자치단체는 다른 법률이 정하는 바에 따라 세제지원, 금융지원, 표창 등의 우대조치를 부여할 수 있다.
홍보·계몽	식품의약품안전처장은 관련단체장을 통하여 화장품 가격표시가 적정하게 이루어지고 건전한 화장품 가격질서가 확립될 수 있도록 홍보·계몽할 수 있다.
보고	시·도지사는 가격표시제 운영에 관한 연간 추진실적을 다음 연도 1월 말까지 식품의약품안전처장에게 보고하여야 한다.
재검토 기한	식품의약품안전처장은 「훈령 예규 등의 발령 및 관리에 관한 규정」에 따라 이 고시에 대하여 2016년 7월 1일 기준으로 매 3년이 되는 시점(매 3년째의 6월 30일까지)마다 그 타당성을 검토하여 개선 등의 조치하여야 한다.

3) 화장품의 가격 기재·표시상 주의사항

- 화장품을 소비자에게 직접 판매하는 자는 제품의 가격을 일반 소비자가 알기 쉽도록 표기하여야 한다.
- 한글로 읽기 쉽도록 기재·표시하여야 한다(한자 또는 한국어를 함께 적을 수 있고, 수출용의 경우 그 수출 대상국의 언어로 표기 가능).
- 화장품의 성분은 표준화된 일반명을 사용하여야 한다.

4) 포장의 표시 기준 및 표시 방법

- 화장품의 명칭은 다른 제품과 구별할 수 있도록 표시된 것으로서 같은 화장품책임판매업자 또는 맞춤형화장품판매업자의 여러 제품에서 공통으로 사용하는 명칭을 포함한다.
- 화장품제조업자, 화장품책임판매업자 및 맞춤형화장품판매업자의 주소는 등록필증 또는 신고필증에 적힌 소재지 또는 반품·교환 업무를 대표하는 소재지를 기재·표시하여야 한다.
- 화장품제조업자, 화장품책임판매업자 또는 맞춤형화장품판매업자는 각각 구분하여 기재·표시하여야 한다(단, 화장품제조업자, 화장품책임판매업자 또는 맞춤형화장품판매업자가 다른 영업을 함께 영위하고 있는 경우는 한꺼번에 기재·표시할 수 있음).
- 공정별로 2개 이상의 제조소에서 생산된 화장품의 경우에는 일부 공정을 수탁한 화장품제조업자의 상호 및 주소의 기재·표시를 생략할 수 있다.
- 수입화장품의 경우에는 추가로 기재·표시하는 제조국의 명칭, 제조회사명 및 그 소재지를 국내 화장품제조업자와 구분하여 기재·표시하여야 한다.

- 화장품의 1차 포장 또는 2차 포장의 무게가 포함되지 않은 용량 또는 중량을 기재·표시하여야 한다. 단, 화장비누(고체 형태의 세안용 비누를 말함)의 경우에는 수분을 포함한 중량과 건조 중량을 함께 기재·표시한다.
- 제조번호는 사용기한(또는 개봉 후 사용기간)과 쉽게 구별되도록 기재·표시하여야 하며, 개봉 후 사용기간을 표시하는 경우에는 병행 표기하여야 하는 제조연월일(맞춤형화장품의 경우에는 혼합·소분일)도 각각 구별이 가능하도록 기재·표시하여야 한다.
- 일부 기능성화장품의 경우 '질병의 예방 및 치료를 위한 의약품이 아님'이라는 문구는 식품의약품안전처장이 정하는 도안에 따른 '기능성화장품' 글자 바로 아래에 이와 동일한 글자 크기 이상으로 기재·표시하여야 한다.

5) 표시·광고에 따른 실증 범위
- 화장품제조업자, 화장품책임판매업자 또는 판매자가 제출하여야 하는 실증 자료의 범위 및 요건

시험 결과	인체적용시험 자료, 인체외시험 자료 또는 같은 수준 이상의 조사자료
조사 결과	표본 설정, 질문사항, 질문 방법이 그 조사의 목적이나 통계상의 방법과 일치할 것
실증 방법	실증에 사용되는 시험 또는 조사의 방법은 학술적으로 널리 알려져 있거나 관련 산업 분야에서 일반적으로 인정되는 방법 등으로서 과학적이고 객관적인 방법일 것

- 자료는 요청일로부터 15일 이내 제출하여야 한다.

6) 표시·광고에 따른 실증의 원칙
- 제조업자, 책임판매업자, 맞춤형화장품판매업자는 표시·광고 중 사실과 관련한 사항에 대하여 실증할 수 있어야 한다.
- 식품의약품안전처장은 표시·광고가 실증이 필요한 경우 내용을 구체적으로 명시하여 관련 자료 제출을 요청할 수 있다.

7) 표시·광고의 금지 표현
① 질병의 진단·치료·경감·처치 또는 예방, 의학적 효능·효과 관련

금지 표현		비고
• 아토피 • 찰과상 치료·회복 • 화상 치료·회복 • 모낭충 • 건선 • 노인소양증 • 항염, 진통 • 항진균, 항바이러스 • 살균·소독 • 면역 강화 • 항알레르기 • 기저귀 발진	• 심신피로 회복 • 이뇨 • 통증 경감 • 해독 • 항암 • 근육 이완 • 관절, 림프선 등 피부 이외의 신체 특정 부위에 사용하여 의학적 효능, 효과 표방	–

금지 표현	비고
여드름	단, 기능성화장품의 심사(보고)된 '효능·효과' 또는 실증 대상 표현은 제외한다.
기미, 주근깨(과색소침착증)	단, 실증 대상 표현은 제외한다.
항균	단, 인체세정용 제품에 한해 인체적용시험 자료로 입증되면 제외하되, 액체비누에 대해 트리클로산 또는 트리클로카반 함유로 인해 항균 효과가 '더 뛰어나다', '더 좋다' 등의 비교 표시·광고는 금지한다.

② 피부 관련

금지 표현	비고
임신선, 튼살	단, 기능성 화장품의 심사(보고)된 '효능·효과' 표현은 제외한다.
• 피부 독소 제거(디톡스) • 상처로 인한 반흔 제거 또는 완화	–
가려움 완화	단, '보습을 통해 피부건조에서 기인한 가려움의 일시적 완화에 도움을 준다'는 표현은 제외한다.
• ○○○의 흔적을 없애 줌(예 여드름, 흉터의 흔적 제거) • 홍조, 홍반 개선, 제거 • 뾰루지 개선	단, (색조 화장용 제품류 등으로서) '가려준다'는 표현은 제외한다.
피부의 상처나 질병으로 인산 손상을 치료하거나 회복 또는 복구	일부 단어만 사용하는 경우도 포함한다(단, 실증 대상 표현은 제외).
• 피부노화 • 셀룰라이트 • 부기·다크서클 • 피부구성 물질(예 효소, 콜라겐 등) 증가·감소 또는 활성화	단, 실증 대상 표현은 제외한다.

③ 모발 관련

금지 표현	비고
• 발모·육모·양모 • 탈모 방지, 탈모 치료 • 모발 등의 성장을 촉진 또는 억제 • 모발의 두께 증가 • 속눈썹, 눈썹이 자람	단, 기능성화장품의 심사(보고)된 '효능·효과' 표현은 제외한다.

④ 생리활성 관련

금지 표현	비고
• 혈액순환 • 피부 재생, 세포 재생 • 호르몬 분비 촉진 등 내분비 작용 • 유익균의 균형 보호 • 질내 산도 유지, 질염 예방 • 땀 발생 억제 • 세포 성장 촉진 • 세포 활력(증가), 세포 또는 유전자 활성화	-

⑤ 신체 개선

금지 표현	비고
• 다이어트, 체중 감량 • 피아지방 분해 • 체형 변화 • 몸매 개선, 신체 일부를 날씬하게 함 • 가슴에 탄력을 주거나 확대시킴 • 얼굴 크기가 작아짐 • 얼굴 윤곽 개선, V라인	단, (색조 화장용 제품류 등으로서) '연출한다'는 의미의 표현을 함께 나타내는 경우 제외한다.

⑥ 원료 관련

금지 표현	비고
• 원료 관련 설명 시 의약품 오인 우려 표현 사용 (논문 등을 통한 간접적인 의약품 오인 정보 제공 포함) • 기능성화장품으로 심사(보고)하지 아니한 제품에 '식약처 미백 고시 성분 ○○ 함유' 등의 표현 • 기능성 효능·효과 성분이 아닌 다른 성분으로 기능성을 표방하는 표현 • 원료 관련 설명 시 기능성 오인 우려 표현(주름 개선 효과가 있는 ○○ 원료) • 원료 관련 설명 시 완제품에 대한 효능·효과로 오인될 수 있는 표현	-

⑦ 기능성 관련

금지 표현	비고
• 기능성화장품으로 심사(보고)하지 아니한 제품에 미백, 화이트닝, 주름(링클) 개선, 자외선 차단 등 기능성 관련 표현 • 기능성화장품 심사(보고) 결과와 다른 내용의 표시·광고 또는 기능성화장품 안전성·유효성에 관한 심사를 받은 범위를 벗어나는 표시·광고	-

⑧ 천연 · 유기농 화장품 관련

금지 표현	비고
• 식품의약품안전처장이 정한 천연화장품, 유기농화장품 기준에 적합하지 않은 제품 • '천연 화장품', '유기농 화장품' 관련 표현	• 제품에 천연, 유기농 표현을 사용하려면 「천연화장품 및 유기농화장품의 기준에 관한 규정」에 적합하여야 한다(이 경우 적합함을 입증하는 자료 구비). • 단, ISO 천연 · 유기농 지수 표시 · 광고에 관한 표현은 제외한다.

⑨ 특정인 또는 기관의 지정, 공인 관련

금지 표현	비고
• ○○ 아토피 협회 인증화장품 • ○○ 의료기관의 첨단기술의 정수가 탄생시킨 화장품 • ○○ 대학교 출신 의사가 공동 개발한 화장품 • ○○ 의사가 개발한 화장품 • ○○ 병원에서 추천하는 안전한 화장품	-

⑩ 화장품의 범위를 벗어나는 광고

금지 표현	비고
• 배합금지 원료를 사용하지 않았다는 표현(무첨가, Free 포함) 예 무(無) 스테로이드, 무(無) 벤조피렌 등 • 부작용이 전혀 없음 • 먹을 수 있음 • 일시적 악화(명현현상)가 있을 수 있음 • 지방볼륨 생성 • 보톡스 • 레이저, 카복시 등 시술 관련 표현	-
체내 노폐물 제거	단, 피부 · 모공 노폐물 제거 관련 표현은 제외한다.
필러(Filler)	단, (색조 화장용 제품류 등으로서) '채워 준다', '연출한다'는 의미의 표현을 함께 나타내는 경우는 제외한다.

⑪ 줄기세포 관련

금지 표현	비고
• 특정인의 '인체 세포 · 조직 배양액' 기원 표현 • 줄기세포가 들어 있는 것으로 오인할 수 있는 표현(다만, 식물 줄기세포 함유 화장품의 경우에는 제외) 예 줄기세포 화장품, Stem Cell, ○억 세포 등	「화장품 안전 기준 등에 관한 규정」 별표 3에 적합한 원료를 사용한 경우에만 불특정인의 '인체세포 · 조직 배양액'을 표현할 수 있다.

⑫ 저속하거나 혐오감을 줄 수 있는 표현

금지 표현	비고

• 성생활에 도움을 줄 수 있음을 암시하는 표현
  – 여성크림, 성 윤활 작용
  – 쾌감 증대
  – 질 보습, 질 수축 작용
• 저속하거나 혐오감을 주는 표시 및 광고
  – 성기 사진 등의 여과 없는 게시
  – 남녀의 성행위를 묘사하는 표시 또는 광고
	–

⑬ 그 밖의 기타 표현

금지 표현	비고
메디슨(Medicine), 드럭(Drug), 코스메슈티컬(Cosmeceutial) 등을 사용한 의약품 오인 우려 표현	–
동 제품은 식품의약품안전처 허가, 인증을 받은 제품임	단, 기능성화장품으로 심사(보고)된 '효능·효과' 표현, 천연·유기농화장품 인증 표현은 제외한다.
원료 관련 설명 시 완제품에 대한 효능·효과로 오인될 수 있는 표현	–

8) 표시·광고 주요 실증대상

① 「화장품 표시 모발의 손상을 개선 광고 실증에 관한 규정」에 따른 표현

실증 대상	비고
• 여드름성 피부에 사용에 적합 • 항균(인체세정용 제품에 한함) • 일시적 셀룰라이트 감소 • 부기 완화 • 다크서클 완화 • 피부 혈행 개선 • 피부장벽 손상의 개선에 도움 • 피부 피지분비 조절 • 미세먼지 차단, 흡착 방지	인체적용시험 자료로 입증한다.
모발의 손상을 개선	인체적용시험 자료, 인체 외 시험 자료로 입증한다.
피부노화 완화, 안티에이징, 피부노화 징후 감소	인체적용시험 자료, 인체 외 시험 자료로 입증한다[단, 자외선 차단 주름 개선 등 기능성 효능·효과를 통한 피부노화 완화 표현의 경우 기능성화장품 심사(보고) 자료를 근거자료로 활용 가능].
• 콜라겐 증가, 감소 또는 활성화 • 효소 증가, 감소 또는 활성화	주름 완화 또는 개선 기능성화장품으로서 이미 심사받은 자료에 포함되어 있거나 해당 기능을 별도로 실증한 자료로 입증한다.
기미, 주근깨 완화에 도움	미백 기능성화장품 심사(보고) 자료로 입증한다.
빠지는 모발을 감소시킴	탈모 증상 완화에 도움을 주는 기능성화장품으로서 이미 심사받은 자료에 근거가 포함되어 있거나 해당 기능을 별도로 실증한 자료로 입증한다.

 개념 체크

다음 실증대상 중 필요한 실증 자료가 **다른** 하나는?
① 여드름성 피부에 사용 적합
② 일시적 셀룰라이트 감소
③ 항균(인체 세정용 제품에 한함)
④ 기미·주근깨 완화에 도움

③

② 효능 · 효과 품질에 관한 내용

실증 대상	비고
화장품의 효능 · 효과에 관한 내용 예 수분감 30% 개선 효과, 피부결 20% 개선, 2주 경과 후 피부톤 개선	인체적용시험 자료 또는 인체 외 시험 자료로 입증한다.
시험 · 검사와 관련된 표현 예 피부과 테스트 완료, ○○시험검사기관의 ○○ 효과 입증	
타 제품과 비교하는 내용의 표시 · 광고 예 '○○보다 지속력이 5배 높음'	
제품에 특정 성분이 들어 있지 않다는 '무(無) ○○' 표현	시험 분석 자료로 입증한다(단, 특정 성분이 타 물질로의 변환 가능성이 없으면서 시험으로 해당 성분 함유 여부에 대한 입증이 불가능한 특별한 사정이 있는 경우에는 예외적으로 제조관리기록서나 원료시험성적서 등 활용).

③ ISO 천연 · 유기농 지수 표시 · 광고에 관한 내용

실증 대상	비고
ISO 천연 · 유기농 지수 표시 · 광고 예 천연지수 ○○%, 천연유래지수 ○○%, 유기농지수 ○○%, 유기농유래지수 ○○%(SO 16128 계산 적용)	해당 완제품 관련 실증 자료로 입증한다[이 경우 ISO 16128(가이드라인)에 따른 계산이라는 것과 소비자 오인을 방지하기 위한 문구도 함께 안내 필요].

9) 표시 · 광고 관련 행정처분 빈출

위반행위가 둘 이상인 경우에는 그 중 무거운 처분 기준에 따른다. 다만, 둘 이상의 처분 기준이 영업정지인 경우에는 무거운 처분의 영업정지 기간에 가벼운 처분의 영업정지 기간의 2분의 1까지 더하여 처분할 수 있으며, 이 경우 그 최대기간을 12개월로 한다.

위반 내용		1차 위반	2차 위반	3차 위반	4차 위반
화장품의 명칭, 영업자의 상호 및 주소 기재사항(가격은 제외)의 전부를 기재하지 않은 경우		해당 품목 판매 업무 정지 3개월	해당 품목 판매 업무 정지 6개월	해당 품목 판매 업무 정지 12개월	
화장품의 명칭, 영업자의 상호 및 주소 기재사항(가격은 제외)을 거짓으로 기재한 경우		해당 품목 판매 업무 정지 1개월	해당 품목 판매 업무 정지 3개월	해당 품목 판매 업무 정지 6개월	해당 품목 판매 업무 정지 12개월
화장품의 명칭, 영업자의 상호 및 주소 기재사항(가격은 제외)의 일부를 기재하지 않은 경우		해당 품목 판매 업무 정지 15일	해당 품목 판매 업무 정지 1개월	해당 품목 판매 업무 정지 3개월	해당 품목 판매 업무 정지 6개월
• 의약품으로 잘못 인식할 우려가 있는 경우 • 기능성화장품, 천연화장품 또는 유기농화장품으로 잘못 인식할 우려가 있는 경우	표시 위반	해당 품목 판매 업무 정지 3개월	해당 품목 판매 업무 정지 6개월	해당 품목 판매 업무 정지 9개월	

> **선생님의 노하우**
>
> • 화장품을 만들고 기재사항을 쓰는 건 숙제 같은 거예요. 숙제가 있는데 아예 안한 경우, 거짓말로 한 경우, 일부 안한 경우 어느 경우가 가장 혼날까요? 아예 안한 경우입니다.
> • 전부 기재하지 않으면 1,2,3차 위반이 3,6,12개월 해당 품목 판매업무 정지, 거짓말은 1,3,6,12개월, 일부 기재하지 않은 경우 15일, 1,3,6개월입니다.

• 사실 여부와 관계없이 다른 제품을 비방하거나 비방한다고 의심이 되는 경우 • 화장품의 표시·광고 시 준수사항을 위반한 경우	광고 위반	해당 품목 광고 업무 정지 3개월	해당 품목 광고 업무 정지 6개월	해당 품목 광고 업무 정지 9개월	
• 의사·치과의사·한의사·약사·의료기관 또는 그 밖의 자(할랄화장품, 천연화장품 또는 유기농화장품 등을 인증·보증하는 기관으로서 식품의약품안전처장이 정하는 기관은 제외)가 이를 지정·공인·추천·지도·연구·개발 또는 사용하고 있다는 내용이나 이를 암시하는 등의 경우(다만, 인체 적용시험 결과가 관련 학회 발표 등을 통하여 공인된 경우에는 그 범위에서 관련 문헌을 인용가능) • 외국제품을 국내제품으로 또는 국내제품을 외국제품으로 잘못 인식할 우려가 있는 경우 • 외국과의 기술제휴를 하지 않고 외국과의 기술제휴 등을 표현한 경우	표시 위반	해당 품목 판매 업무 정지 2개월	해당 품목 판매 업무 정지 4개월	해당 품목 판매 업무 정지 6개월	해당 품목 판매 업무 정지 12개월
• 경쟁상품과 비교하는 객관적으로 확인될 수 있는 사항만을 표시·광고하여야 하며, 배타성을 띤 '최고' 또는 '최상' 등의 절대적 표현의 표시·광고의 경우 • 소비자가 잘못 인식할 우려가 있거나 소비자를 속이거나 소비자가 속을 우려가 있는 표시·광고의 경우 • 화장품의 범위를 벗어나는 표시·광고를 하는 경우 • 저속하거나 혐오감을 주는 표현·도안·사진 등을 이용하는 표시·광고의 경우 • 국제적 멸종위기종의 가공품이 함유된 화장품임을 표현하거나 암시하는 표시·광고의 경우	광고 위반	해당 품목 광고 업무 정지 2개월	해당 품목 광고 업무 정지 4개월	해당 품목 광고 업무 정지 6개월	해당 품목 광고 업무 정지 12개월
실증 자료 제출 명령을 어겨 표시·광고 행위 중지명령을 받았으나 이를 위반하여 표시·광고한 경우		해당 품목 판매 업무 정지 3개월	해당 품목 판매 업무 정지 6개월	해당 품목 판매 업무 정지 12개월	

> **선생님의 노하우**
>
> 기능성, 천연, 유기농 화장품이요. 이름을 함부로 붙일 수 없어요. 그런데 일반 화장품이면서 기능성, 천연, 유기농처럼 보이게 하거나 심지어 의약품처럼 보이게 하면요. 사실이 어떻든 다른 제품을 깎아내리거나 비방한다고 의심이 되는 경우 1, 2, 3차 모두 3, 6, 9개월입니다.

> **선생님의 노하우**
>
> 다음 항목은 핵심 단어 중심으로 외워 주세요. 외국, 의사, 소비자, 최고, 저속, 멸종 등 특정한 단어가 문장에 들어가요.

10) 기타 표시 · 광고 관련 사항

- 「천연화장품 및 유기농화장품의 기준에 관한 규정」에 부합하는 경우 천연화장품 또는 유기농화장품으로 인증 로고 등을 표시 · 광고할 수 있다.
- 「화장품 사용 시의 주의사항 및 알레르기 유발 성분 표시에 관한 규정」에 따라 착향제 성분 중 알레르기 유발 물질 25종은 의무적으로 표시하여야 한다.
- 영유아용, 어린이용 제품(13세 이하)은 보존제 함량을 의무적으로 표시하여야 한다.
- 영유아용, 어린이용 제품(13세 이하)으로 표시 · 광고 시 안전성 자료 작성 및 보관하여야 한다.
- 추출물을 원료로 하는 화장품에서 추출물 함량을 표시 · 광고할 때에는 소비자 오인을 줄이기 위하여 「화장품 표시 · 광고 관리 지침」을 참고하여 표시 · 기재하여야 한다.

> **➕ 더 알기 TIP**
>
> **추출물과 용매 등 함량의 표기**
> - 화장품 완제품을 기준으로 희석용매 등의 함량을 제외한 추출된 물질의 함량을 기재 · 표시하여야 한다.
> - 추출물의 함량은 추출된 물질(○○추출물)과 희석용매(정제수) 등을 분리하여 작성된 원료의 성분 정보를 제공하는 자료와 제품에서 해당 원료의 사용량을 확인할 수 있는 자료로 입증하여야 한다.
>
> | 완제품 조성비 | |
> |---|---|
> | 정제수 | 60% |
> | A 원료 | 10% |
> | B 원료 | 20% |
> | C 보존제 | 3% |
> | D 보존제 | 1% |
> | E 첨가제 | 1% |
> | 향료 | 5% |
>
> | B원료 조성비 | |
> |---|---|
> | 정제수 | 80% |
> | ○○추출물 | 10% |
> | C 보존제 | 5% |
> | E 첨가제 | 5% |
>
> 완제품 조성비에서 B원료는 20%이다. 20% 중에서 10%가 ○○추출물이다.
>
> $20\% \times \dfrac{10}{100} = 2\%$
>
> ∴ 2% ○○추출물

11) 영유아 또는 어린이 사용 화장품의 표시 · 광고 관련

위의 두 경우에는 제품별로 안전과 품질을 입증할 수 있는 제품별 안전성 자료를 작성 및 보관하여야 하며, 보존제 함량을 의무적으로 표시하여야 한다.

① 표시의 경우

화장품의 1차 포장 또는 2차 포장에 영유아 또는 어린이가 사용할 수 있는 화장품임을 특정하여 표시(화장품의 용기 · 포장에 기재하는 문자 · 숫자 · 도형 · 또는 그림 등)하는 경우(화장품의 명칭에 영유아 또는 어린이에 관한 표현이 표시되는 경우를 포함함)

② 광고의 경우
아래 규정에 따른 매체 수단 또는 해당 매체 수단과 유사하다고 식품의약품안전처장이 정하여 고시하는 매체·수단에 영유아 또는 어린이가 사용할 수 있는 화장품임을 특정하여 광고하는 경우

- 신문
- 잡지
- 포스터
- 전단·팸플릿·리플릿본
- 입장권
- 서적 및 간행물
- 방송
- 인터넷 또는 컴퓨터통신
- 비디오물
- 음반
- 영화 또는 연극
- 간판
- 전광판
- 네온사인·애드벌룬
- 방문광고 또는 실연에 의한 광고(어린이 사용 화장품의 경우에는 제외)

12) 제품별 안전성 자료의 보관기간

화장품의 1차 포장에 사용기한을 표시하는 경우	영유아 또는 어린이가 사용할 수 있는 화장품임을 표시·광고한 날부터 마지막으로 제조·수입된 제품의 사용기한 만료일 이후 1년까지의 기간
화장품의 1차 포장에 개봉 후 사용기간을 표시하는 경우	영유아 또는 어린이가 사용할 수 있는 화장품임을 표시 광고한 날부터 마지막으로 제조·수입된 제품의 제조연월일 이후 3년까지의 기간 동안 보관

※제조는 화장품의 제조번호에 따른 제조일자를 기준으로 하며, 수입은 통관일자를 기준으로 함

KEYWORD 02 맞춤형화장품 안전 기준의 주요사항

1) 판매장의 안전관리 기준
- 맞춤형화장품 판매장 시설·기구를 정기적으로 점검하여 보건위생상 위해가 없도록 관리할 것

2) 혼합·소분 안전관리 기준
- 맞춤형화장품 조제에 사용하는 내용물 및 원료의 혼합·소분 범위에 대해 사전에 품질 및 안전성을 확보하여야 한다.
- 내용물 및 원료를 공급하는 화장품책임판매업자가 혼합 또는 소분의 범위를 검토하여 정하고 있는 경우 그 범위 내에서 혼합 또는 소분하여야 한다.
- 혼합·소분에 사용되는 내용물 및 원료는 「화장품법」 제8조의 화장품 안전 기준 등에 적합한 것을 확인하여 사용하여야 한다.
- 혼합·소분 전에 손을 소독하거나 세정하여야 한다(다만, 혼합·소분 시 일회용 장갑을 착용하는 경우 예외).
- 혼합·소분 전에 혼합·소분된 제품을 담을 포장용기의 오염 여부를 확인하여야 한다.

- 혼합·소분에 사용되는 장비 또는 기구 등은 사용 전에 그 위생 상태를 점검하고, 사용 후에는 오염이 없도록 세척한다.
- 혼합·소분 전에 내용물 및 원료의 사용기한 또는 개봉 후 사용기간을 확인하고, 사용기한 또는 개봉 후 사용기간이 지난 것은 사용하지 않는다.
- 혼합·소분에 사용되는 내용물의 사용기한 또는 개봉 후 사용기간을 초과하여 맞춤형화장품의 사용기한 또는 개봉 후 사용기간을 정하지 않는다.
- 맞춤형화장품 조제에 사용하고 남은 내용물 및 원료는 밀폐를 위한 마개를 사용하는 등 비의도적인 오염을 방지한다.
- 소비자의 피부 상태나 선호도 등을 확인하지 아니하고 맞춤형화장품을 미리 혼합·소분하여 보관하거나 판매하지 않는다.
- 최종 혼합·소분된 맞춤형화장품은 유통화장품의 안전관리 기준을 준수하여야 한다. 특히, 판매장에서 제공되는 맞춤형화장품에 대한 미생물 오염관리를 철저히 하여야 한다. (예 주기적 미생물 샘플링 검사)
- 맞춤형화장품판매내역서를 작성·보관하여야 한다(전자문서로 된 판매내역을 포함).
    - 제조번호(맞춤형화장품의 경우 식별번호를 제조번호로 함)
    - 사용기한 또는 개봉 후 사용기간
    - 판매일자 및 판매량
- 원료 및 내용물의 입고, 사용, 폐기 내역 등에 대하여 기록·관리하여야 한다.
- 맞춤형화장품 판매 시 다음의 사항을 소비자에게 설명하여야 한다.
    - 혼합·소분에 사용되는 내용물 또는 원료의 특성
    - 맞춤형화장품 사용 시의 주의사항
- 맞춤형화장품 사용과 관련된 부작용 발생사례에 대하여서는 지체없이 식품의약품안전처장에게 보고하여야 한다.

필수용어.Zip SECTION 05 제품 안내

식별번호	원료의 제조번호 및 혼합·소분 등의 기록을 추적할 수 있도록 맞춤형 화장품 판매업자가 부여한 번호
소용량 및 견본품 (빈출)	내용량이 10㎖ 이하 또는 10g 이하인 화장품이거나, 판매 목적이 아닌 소비자 시험용으로 제공되는 제품

SECTION 06 혼합 및 소분

출제빈도 상 중 하
반복학습 1 2 3

빈출 태그 ▶ #원료의특성 #효력시험 #인체적용시험 #혼합소분도구 #원료규격서

▶ 합격 강의

KEYWORD 01 원료 및 제형의 물리적 특성

1) 원료의 특성

수성원료	• 물에 잘 녹는다. 예 정제수, 알코올, 보습제(폴리올) 등
유성원료	• 물에 녹지 않고 기름에 녹는다. • 피부 수분 증발 억제, 화장품의 흡수력에 도움을 준다. 예 유지(식물성 오일, 동물성 오일), 왁스, 탄화수소, 고급 지방산, 고급 알코올, 에스텔, 실리콘 오일 등
계면활성제	• 계면에 흡착하여 계면의 성질을 변화시키고, 계면의 자유에너지를 낮추어 물과 기름이 잘 섞이게 한다. • 습윤, 세정, 대전 방지 등의 기능을 한다. 예 음이온성, 양이온성, 양쪽성, 비이온성 계면활성제
고분자화합물 (폴리머)	점증제	• 점도를 조절하여 사용감을 높인다. 예 천연, 반합성, 합성 고분자, 무기물 등
	피막형성제 (밀폐제)	• 고분자 필름막을 화장품에 이용하기 위하여 사용되는 물질이다. • 일정 시간이 경과하면 굳는다. • 수분 증발 억제, 광택 및 갈라짐 방지 등의 기능이 있다. 예 폴리비닐알코올, 고분자 실리콘 등
색소	• 색상을 부여하는 물질이다. • 안료(물 또는 오일에 녹지 않는 것)와 염료(물 또는 오일에 녹는 것)으로 나뉜다. 예 타르색소, 무기안료, 천연색소, 진주광택안료 등
향료	• 향을 내기 위해 사용한다. • 알레르기 유발 25종 중 씻어내는 제품은 0.01%, 씻어내지 않는 제품은 0.001% 초과 시 해당 성분 명칭을 기재하여야 한다.
보존제	미생물의 성장을 억제 또는 감소시켜 준다.
산화방지제	유지의 산화를 막고 화장품 품질을 일정하게 유지하기 위하여 사용한다.
금속이온봉쇄제	금속이온으로 인한 산화 촉진, 변색, 변취를 막기 위하여 사용한다.

> **개념 체크**
> 계면활성제의 특성에 대한 설명으로 옳은 것은?
> ① 점도 조절, 사용감을 높인다.
> ② 색상을 부여하는 물질이다.
> ③ 물과 기름이 혼합되게 한다.
> ④ 향을 내기 위해 사용한다.
>
> ③

2) 제형의 특성

로션제	유화제 등을 넣어 유성성분과 수성성분을 균질화하여 점액상으로 만든 것이다.
액제	화장품에 사용되는 성분을 용제 등에 녹여서 액상으로 만든 것이다.
크림제	유화제 등을 넣어 유성성분과 수성성분을 균질화하여 반고형상으로 만든 것이다.
침적마스크제	액제, 로션제, 크림제, 겔제 등을 부직포 등의 지지체에 침적하여 만든 것이다.

> **개념 체크**
> 액제, 로션제, 크림제, 겔제 등을 부직포 등의 지지체에 침적하여 만든 것을 무엇이라고 하는가?
>
> 침적마스크제

겔제	액체를 침투시킨 분자량이 큰 유기분자로 이루어진 반고형상의 제형이다.
에어로졸제	원액을 같은 용기 또는 다른 용기에 충전한 분사제의 압력을 이용하여 안개 모양, 거품상 등으로 분출하도록 만든 것이다.
분말제	균질하게 분말상 또는 미립상으로 만든 것이다.

3) 혼합 시 제형의 안정성을 감소시키는 요인들 빈출

원료투입순서	• 원료 투입 순서가 달라지면 용해 상태 불량, 침전, 부유물 등이 발생하고 제품의 물성 및 안정성에 심각한 영향을 미치는 경우도 있다. • 휘발성 원료는 유화 공정 시 혼합 직전에 투입하여야 한다. • 고온에서 안정성이 떨어지는 원료(알코올, 첨가제, 향료 등)는 냉각 공정 중에 별도로 투입하여야 한다.
가용화 공정	제조 온도가 설정된 온도보다 지나치게 높을 경우 HLB가 바뀌면서 운점(Cloud Point) 이상의 온도에서 가용화가 깨져 안정성에 문제가 발생한다.
유화 공정	제조 온도가 설정된 온도보다 지나치게 높을 경우, HLB가 바뀌면서 전상 온도(PIT ; Phase Inversion Temperature) 이상의 온도에서는 상이 서로 바뀌어 유화 안정성에 문제가 생길 수 있다.
회전속도	• 믹서의 회전 속도가 느린 경우 원료 용해 시간이 길어지고 폴리머 분산 시 덩어리가 생겨 필터를 막아 이송을 어렵게 할 수 있다. • 유화 입자가 커지면서 외관 성상 또는 점도가 달라지거나 안정성에 영향을 미칠 수 있다.
진공세기	유화 제품 제조 시에 미세한 기포가 발생하고 이를 제거하지 않으면 제품의 점도, 비중, 안정성 등에 영향을 미친다.

KEYWORD 02 원료 및 내용물의 유효성

1) 효력시험 자료

• 심사 대상 효능을 뒷받침하는 성분의 효력에 대한 비임상시험자료서 효과 발현의 작용기전이 포함되어야 하며, 아래 3가지 중 하나에 해당하여야 한다.
 – 국내외 대학 또는 전문 연구기관에서 시험한 것으로서 당해 기관의 장이 발급한 자료(시험시설 개요, 주요설비, 연구인력의 구성, 시험자의 연구경력에 관한 사항 포함)
 – 당해 기능성화장품이 개발국 정부에 제출되어 평가된 모든 효력시험 자료로서 개발국 정부(허가 또는 등록기관)가 제출받았거나 승인하였음을 확인한 것 또는 이를 증명한 자료
 – 과학논문인용색인(Science Citation Index 또는 Science Citation Index Expanded)이 등재된 전문학회지에 게재된 자료

개념 체크

다음 중 유효성 시험 자료는?
① 단회투여 독성시험
② 염모효력시험
③ 유전 독성 시험
④ 광감작성 시험

②

2) 인체적용시험 자료

- 사람에게 적용 시 효능, 효과 등 기능을 입증할 수 있는 자료로 효력시험에 관한 자료 1 및 2에 해당할 것
- 인체 적용시험의 실시 기준 및 자료의 작성 방법은 「화장품 표시, 광고 실증에 관한 규정」을 준용할 것

3) 염모효력시험자료

- 인체 모발을 대상으로 효능·효과에서 표시한 색상을 입증하는 자료이다.
- 모발의 색상을 변화(탈염·탈색 포함)시키는 기능을 가진 화장품은 심사 시 염모효력시험 자료만 제출한다.

4) 기준 및 시험 방법에 관한 자료

- 품질관리를 위해 적절한 시험 항목과 각 시험 항목에 대한 시험 방법의 밸리데이션, 기준치 설정의 근거가 되는 자료이다.
- 이 경우 시험 방법은 공정서, 국제표준화기구(ISO) 등의 공인된 방법에 의해 검증되어야 한다.

KEYWORD 03 원료와 내용물의 규격

1) 제품의 규격을 구성하는 요소

원료 규격	• 원료의 전반적인 성질에 관한 것 예) 원료의 성상, 색상, 냄새, pH, 보관 조건, 유통기한, 포장 단위, INCI명, 굴절률, 성상과 관련된 시험 항목(중금속, 비소, 미생물 등)과 시험 방법
내용물의 규격	• 내용물의 전반적인 품질, 성질에 관한 것 예) 성상과 품질에 관련된 항목 및 규격 기재, 보관 조건, 사용기한, 포장 단위, 전성분

2) 원료 기준 및 시험 방법에 기재할 항목

① 원칙 : 기준 및 시험 방법의 형식, 용어, 단위, 기호 등은 화장품 원료 기준(장원기)에 따르며, 원료 및 제제(제형)에 따라 불필요한 항목은 생략할 수 있다.
② 범례 : ○(원칙적으로 기재), △(필요에 따라 기재), ×(원칙적으로는 기재할 필요 없음)
③ 항목과 작성법

항목	작성 방법	필요성
명칭	일반 명칭을 기재하며, 영문명, 화학명, 별명 등도 기재한다.	○
구조식 또는 시성식	「기능성화장품 기준 및 시험 방법」의 구조식 또는 시성식의 표기 방법에 따른다.	△

> **개념 체크**
>
> 원료 기준 및 시험 방법에 기재할 항목 중 원칙적으로 반드시 작성하여야 하는 것은?
> ① 기원
> ② 구조식 또는 시성식
> ③ 명칭
> ④ 시성치
>
>

항목	내용	
분자식 및 분자량	「기능성화장품 기준 및 시험 방법」의 분자식 및 분자량의 표기 방법에 따른다.	○
기원	• 합성 원료로 화학구조가 결정되어 있는 것은 기재할 필요가 없다. • 천연 추출물, 효소 등은 그 원료 성분의 기원을 기재한다. • 고분자화학물 등 유사 화합물 2가지 이상 함유로 분리, 정제가 곤란한 경우 비율을 기재한다.	△
함량기준	• 백분율(%)로 표시한 후 분자식을 기재한다. • 함량 표시가 어려운 경우 화학적 순물질의 함량으로 표시할 수 있다. • 불안정한 원료 성분은 분해물의 안전성에 관한 정보에 따라 기준치 폭을 설정한다. • 함량 기준 설정이 불가능한 이유가 명백한 때에는 생략할 수 있지만, 이유를 구체적으로 기재한다.	○
제조방법	제조방법 생약 동물 추출물 등에 있어 함량기준 및 정량법을 규정할 수 없는 경우에도 제조 방법을 구체적으로 기재한다.	○
성상	색, 형상, 냄새, 맛, 용해성 등을 구체적으로 기재한다.	○
확인시험	원료 성분을 확인할 수 있는 화학적시험방법을 기재한다(다만, 자외부, 가시부, 적외부흡수스펙트럼측정법 또는 크로마토그래피 등을 기재할 수 있음).	○
시성치	• 검화가, 굴절률, 비선광도, 비점, 비중, 산가, 수산기가, 알코올수, 에스터가, 요오드가, 융점, 응고점, 점도, pH, 흡광도 등 물리·화학적 방법으로 측정되는 정수를 말한다. • 원료성분의 본질 및 순도를 나타내기 위해 작성하며 「기능성 화장품 기준 및 시험 방법」의 [별표10 일반시험법]에 따르고, 그 이외의 경우에는 시험방법을 기재한다.	△
순도시험	• 색, 냄새, 용해 상태, 액성, 산, 알칼리, 염화물, 황산염, 중금속, 비소, 황산에 대한 정색물, 동, 주석, 수은, 아연, 알루미늄, 철, 알칼리토류금속, 일반이물(제조공정으로부터 혼입, 잔류, 생성 또는 첨가될 수 있는 불순물), 유연 물질 및 분해생성물, 잔류 용매 중 필요한 항목을 설정한다. • 용해 상태는 원료의 순도 파악이 가능한 경우에 설정한다	○
건조감량, 강열감량 또는 수분	「기능성화장품 기분 및 시험 방법」의 [별표10 일반시험법]의 각 해당 시험법에 따라 설정한다.	○
강열잔분, 회분 또는 산불용성회분	「기능성화장품 기분 및 시험 방법」 [별표10 일반시험법]의 'Ⅰ. 원료 – 3. 강열잔분시험법'에 따라 설정한다.	△
기타시험	품질평가, 안전성·유효성 확보와 직접 관련이 되는 시험 항목이 있는 경우에 설정한다.	△
정량법 (제제는 함량시험)	그 물질의 함량·함유단위 등을 물리적 또는 화학적 방법에 의해 측정하는 시험법으로, 정확도·정밀도 및 특이성이 높은 시험법을 설정한다(단, 순도시험항에서 혼재물의 한도가 규제되어 있는 경우 특이성이 낮은 시험법이라도 인정함).	○

표준품 및 시약·시액	• 「기능성화장품 기준 및 시험 방법」수재 이외의 표준품은 사용목적에 맞는 규격을 설정하며, 수재 이외의 시약, 시액은 그 조제법을 기재한다. • 표준품은 필요에 따라 정제법을 기재한다. • 정량용 표준품은 원칙적으로 순도시험에 따라 불순물을 규제한 절대량을 측정할 수 있는 시험 방법으로 함량을 측정한다. • 표준품의 함량은 99.0% 이상으로 한다.	△

3) pH 기준

① pH의 측정
- 일반적으로 pH 측정에는 유리전극을 단 pH미터를 쓴다.
- 액성을 산성, 알칼리성(염기성) 또는 중성으로 나타낸 것은 따로 규정이 없는 한 리트머스지를 써서 검사한다.

② pH의 표현
- 액성을 구체적으로 표시할 때는 pH값을 쓴다.
- 미산성, 약산성, 강산성, 미알칼리성, 약알칼리성, 강알칼리성 등으로 기재한 것은 산성 또는 알칼리성의 정도를 개략적으로 표현한 것으로 pH의 범위는 다음과 같다.

강산성	약산성	미산성	중성	미알칼리성	약알칼리성	강알칼리성
약 3 이하	약 3~5	약 5~6.5	7	약 7.5~9	약 9~11	약 11 이상

🟢 더 알기 TIP

pH미터

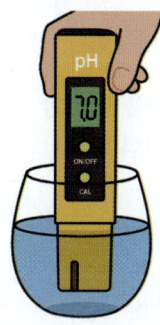

- 정의 : 용액의 액성(수소이온농도)을 측정하는 기기
- 특징
  - 지시약이나 리트머스 종이와는 달리 전기로 구동하는 기계이다.
  - 한 손에 들어올 정도로 작은 pH 미터도 있지만 비싸고 예민하다.
  - 배지를 직접 만들어 쓰는 연구실이나 식품공학계열에서 자주 쓰인다.
- 작동원리 : pH 미터에 사용되는 전극은 기준전극(Reference Electrode)과 지시전극(Indicator Electrode)으로 구성되는데, 이 두 전극을 용액 속에 담갔을 때 이들 전극 사이에 발생하는 전위차로 인한 전류를 증폭장치로 증폭시켜 수소이온농도를 측정한다.

4) 점도 기준

① 점성(粘性)
- 사전적으로는 물질이 차지고 끈끈하여(粘) 어떠한 표면에 들러붙는 성질(性)을 뜻한다.
- 물리적으로는 유체(액체 또는 기체)가 일정방향으로 운동할 때 그 흐름에 평행한 평면의 양측에 내부마찰력이 일어나는 성질을 뜻한다.

개념 체크

pH 기준에 대한 설명으로 틀린 것은?
① pH 측정에는 유리전극을 단 pH미터를 쓴다.
② 액성을 구체적으로 표시할 때는 pH값을 쓴다.
③ 약산성 pH 범위는 약 3~5이다.
④ 강알칼리성 pH 범위는 약 10 이상이다.

④

개념 체크

점성에 대한 설명으로 옳지 않은 것은?
① 점성은 부피에 비례한다.
② 절대점도는 단위로 포아스를 쓴다.
③ 운동점도는 단위로 스톡스를 쓴다.
④ 액체가 일정한 방향으로 운동할 때 그 흐름에 평행한 평면의 양측에 내부마찰력이 일어나는 성질이다.

①

② **절대점도**와 운동점도

절대점도	• 점성은 면의 넓이 및 그 면에 대하여 수직방향의 속도기울기에 비례하고 그 비례정수를 절대점도라고 한다. • 점도의 정도를 나타내며 그 단위로서는 포아스(P) 또는 센티포아스(cP)를 쓴다. $- 1P = 1g/cm \cdot s = 100cP$ $- 1P = \dfrac{1g/cm^2 \cdot s}{g/cm^2} = 1cm^2/s$
운동점도	• 절대점도를 같은 온도의 그 액체의 밀도로 나눈 값이다. $- 1cSt = 0.01St = 0.00001m^2/s = 1mm^2/s$ • 그 단위로는 **스토크스(St)** 또는 **센티스토크스(cSt)**를 쓴다.

> **선생님의 노하우**
>
> 점도의 단위를 일상생활에서는 볼 일이 없어서 생소하셨을 거예요. 굳이 설명을 드리면, 포아스와 스토크스는 각각 프랑스의 과학자, 영국의 과학자의 이름에서 따온 단위랍니다.

5) 색상 기준

① 백색과 무색
- 백색 : 백색 또는 거의 백색을 나타냄
- 무색 : 무색 또는 거의 무색을 나타냄

② 시험 방법
- 색조를 시험하는 데는 따로 규정이 없는 한 고체의 화장품 원료는 1g을 백지 위 또는 백지 위에 놓은 시계접시에 취하여 관찰한다.
- 액상의 화장품원료는 안지름 15mm의 무색시험관에 넣고 백색의 배경을 써서 액층을 30mm로 하여 관찰한다.
- 액상의 화장품원료의 맑은 것을 시험할 때는 흑색 또는 백색의 배경을 써서 앞의 방법을 따른다.
- 액상의 화장품원료의 형광을 관찰할 때에는 흑색의 배경을 쓰고 백색의 배경은 쓰지 않는다.

6) 냄새 기준
- '냄새가 없다'의 정의 : 냄새가 아예 안 나든가, 거의 냄새가 없는 것을 나타냄
- 시험방법 : 따로 규정이 없는 한 원료 1g을 100㎖ 비커에 취하여 시험함

7) 농도 기준

① 화장품에서의 농도
- 용액의 농도를 (1 → 5), (1 → 10), (1 → 100) 등으로 기재한 것이다.
- 고체물질 1g 또는 액상물질 1㎖을 용제에 녹여 전체량을 각각 5㎖, 10㎖, 100㎖ 등으로 하는 비율을 나타낸다.
- 혼합액을 (1:10) 또는 (5:3:1) 등으로 나타낸 것은 액상물질의 1용량과 10용량과의 혼합액, 5용량과 3용량과 1용량과의 혼합액을 나타낸다.

② 단위의 표기
- % : 질량백분율
- w/V% : 질량 대 용량백분율
- V/V% : 용량 대 용량백분율
- V/w% : 용량 대 질량백분율
- ppm : 질량백만분율

> **기호의 의미**
> - w : 질량(Weigt)
> - V : 부피, 용량, 체적(Volume)

8) 온도 기준

① 표시 : 셀시우스★법에 따라 아라비아 숫자 뒤에 ℃를 붙임
② 온도의 구분
- 주변의 온도

냉소	실온	표준온도	상온	미온
15℃ 이하	1~30℃	20℃	15~25℃	30~40℃

- 물의 온도

냉수	미온탕	온탕	열탕
10℃	30~40℃	60~70℃	약 100℃

③ 시험방법
- '가열한 용매' 또는 '열용매'는 그 용매의 비점 부근의 온도로 가열한 것을 뜻하며 '가온한 용매' 또는 '온용매'는 보통 60~70℃로 가온한 것을 의미한다.
- '수욕상 또는 수욕중에서 가열한다'라 함은 따로 규정이 없는 한 끓인 수욕 또는 100℃의 증기욕을 써서 가열하는 것을 의미한다.
- 냉침은 15~25℃, 온침은 35~45℃에서 실시한다.
- 따로 규정이 없는 한 상온에서 실시하고 조작 직후 그 결과를 관찰한다(단, 온도의 영향이 있는 것의 판정은 표준온도에서의 상태를 기준으로 함).

9) 기타

- 용질명 다음에 용액이라 기재하고, 그 용제를 밝히지 않은 것은 수용액이라고 한다.
- 따로 규정이 없는 한 일반시험법에 규정되어 있는 시약을 쓰고 시험에 쓰는 물은 정제수이다.
- 시험조작을 할 때 '직후' 또는 '곧'이란 보통 앞의 조작이 종료된 다음 30초 이내에 다음 조작을 시작하는 것을 말한다.
- 검체의 채취량에 있어 약이라고 붙인 것은 기재된 양의 ±10%의 범위를 의미한다.

★ 섭씨와 화씨
- 섭씨(℃) : 스웨덴의 천문학자 '셀시우스(Celsius)'의 음역어 '섭이사'의 '섭'에서 따온 것
- 화씨(℉) : 네덜란드의 물리학자 '파렌하이트(Fahrenheit)'의 음역어 '화륜해특'의 '화'에서 따온 것

개념 체크

셀시우스법에 따른 온도 범위가 옳은 것은?
① 표준온도 25℃
② 미온 30~40℃
③ 상온 20~30℃
④ 냉소 10℃ 이하

②

KEYWORD 04 혼합·소분에 필요한 도구·기기·기구

구분		도구	
칭량	전자저울		물체의 질량과 무게를 잴 때 사용한다.
	메스 실린더		액체의 부피를 측정할 때 사용한다.

구분	기구명		용도
계량·소분	냉각통		내용물 및 특정성분을 냉각할 때 사용한다.
	디스펜서		내용물을 자동으로 소분해 주는 기기이다.
	디지털발란스		내용물 및 원료 소분 시 무게를 측정할 때 사용한다.
	비커		• 유리와 플라스틱 비커를 사용한다. • 내용물 및 원료를 혼합 및 소분 시 사용한다.
	스패출러		내용물 및 특정성분의 소분 시 무게를 측정하고 위생적으로 덜어낼 때 사용한다.
	헤라		실리콘 재질의 주걱으로, 내용물 및 특정 성분을 비커에서 깨끗하게 덜어낼 때 사용한다.
	시약스푼		약품 따위를 다른 곳에 옮겨 담거나 양을 헤아릴 때 사용한다.
	피펫(스포이트)		작은 양의 액체를 옮길 때 사용한다.
특성 분석	pH미터		원료 및 내용물의 pH(산도)를 측정한다.
	경도계		액체 및 반고형제품의 경도를 측정할 때 사용한다.
	광학현미경		유화된 내용물의 유화입자의 크기를 관찰할 때 사용한다.
	점도계		내용물 및 특정성분의 점도 측정 시 사용한다.
	융점 측정기		녹는점을 측정할 때 사용한다.

혼합	스틱성형기		립스틱 및 선스틱 등 스틱 타입 내용물을 성형할 때 사용한다.
	오버헤드스터러		• 아지믹서, 프로펠러믹서, 분산기(디스퍼)라고도 하며, 봉의 끝부분에 다양한 모양의 회전 날개가 붙어 있다. • 내용물에 내용물을 또는 내용물에 특정 성분을 혼합 및 분산 시 사용하며 점증제를 물에 분산 시 사용한다.
	온도계		내용물 및 특정성분 온도를 측정할 때 사용한다.
	핫플레이트		랩히터라고도 하며, 내용물 및 특정성분 온도를 올릴 때 사용한다.
	호모게나이저 (호모믹서) 빈출		• 호모게나이저 또는 균질화기라고도 하며, 터빈형의 회전 날개가 원통으로 둘러싸인 형태로 내용물에 내용물을 또는 내용물에 특정 성분을 혼합 및 분산 시 사용한다. • 회전 날개의 고속 회전으로 오버헤드스터러보다 강한 에너지를 준다(일반적으로 유화할 때 사용함).
	마그네틱바		• 흰색 알약 모양의 작은 자석이다. • 교반기 내부에 자석이 있고 전원을 켜면 이 자석이 돌아가면서 용액을 섞는다.
	핸드블렌더		핸드 타입 호모게나이저라고도 하며, 기계적으로 조직이나 세포를 파괴하여 마쇄물을 만들거나 유화하는 장치나 기구이다.
살균·소독	자외선 살균기		살균이 필요한 기구를 살균하는 데 사용한다.
가열	항온수조		일정한 온도를 유지시킬 때 사용한다.
건조 감량 시험	드라이오븐 (Dry Oven)		습기와 수분을 말리기 위해 사용한다.
표준품 보관	데시케이터		습기에 민감한 품목을 보존하는 데 사용한다.

디스퍼
• 가용화제품이나 간단한 물질을 혼합할 때 사용하는 교반기이다.
• 고속 교반에 의해 균질하게 분산시킬 때 사용한다.

호모믹서
• 물과 기름을 유화시켜 안정한 상태로 유지하기 위해 사용하는 교반기이다.
• 분산상의 크기를 작고 균일하게 혼합시킬 때 사용한다.
• 불균질한 혼합물의 각 성분을 미세한 입자상 혹은 분자상으로까지 분산시켜 전체를 균질하게 하는 것이다.
• 기계적 분산과 초음파분산 등의 물리적 방법 외에 계면활성제를 가하여 유화분산하는 방법도 있다.
• 분자 분산까지 하지 않고 외견상 균질하게 하는 것을 지칭하는 경우도 있다.

KEYWORD 05 맞춤형화장품판매업 준수사항에 맞는 혼합·소분 활동

1) 맞춤형화장품조제관리사를 채용하여 맞춤형화장품 혼합·소분 활동을 할 것

2) 혼합·소분 안전관리 기준
- 혼합·소분 전에 혼합, 소분에 사용되는 내용물 또는 원료에 대한 품질성적서를 확인할 것
- 혼합·소분 전에 손을 소독하거나 세정할 것(단, 혼합, 소분시 일회용 장갑을 착용하는 경우에는 그렇지 않음)
- 혼합·소분 전에 혼합, 소분된 제품을 담을 포장용기의 오염 여부를 확인할 것
- 혼합·소분에 사용되는 장비 또는 기구 등은 사용 전에 그 위생 상태를 점검하고, 사용 후에는 오염이 없도록 세척할 것
- 그 밖에 위와 유사한 것으로서 혼합·소분의 안전을 위해 식품의약품안전처장이 정하여 고시하는 사항을 준수할 것

> **개념 체크**
>
> 맞춤형화장품 혼합·소분 안전관리 기준으로 **틀린** 것은?
> ① 혼합·소분 전에 사용되는 내용물 또는 원료에 대한 구매내역서를 확인해야 한다.
> ② 혼합·소분에 사용되는 장비 또는 기구 등은 사용 전에 그 위생 상태를 점검해야 한다.
> ③ 혼합·소분 전에 손을 소독하거나 세정해야 한다.
> ④ 혼합·소분 전에 제품을 담을 포장 용기의 오염여부를 확인해야 한다.
>
> ①

3) 맞춤형화장품 판매내역(전자문서로 된 판매내역서를 포함)을 작성·보관할 것

4) 소비자에게 설명할 사항
- 해당 제품의 혼합 또는 소분에 사용된 내용물·원료의 내용 및 특성
- 사용 시 주의사항

5) 시설 기준
- 맞춤형화장품의 혼합·소분 공간은 다른 공간과 구분 또는 구획할 것(단, 혼합·소분 과정에서 맞춤형화장품의 품질 안전 등 보건위생상 위해가 발생할 우려가 없다고 인정되는 경우에는 혼합·소분 공간을 분리 또는 구획하여 갖추지 않아도 됨)
- 맞춤형화장품 간 혼입이나 미생물 오염 등을 방지할 수 있는 시설 또는 설비 등을 확보할 것
- 맞춤형화장품의 품질유지 등을 위하여 시설 또는 설비 등에 대해 주기적으로 점검·관리할 것

6) 작업자의 위생관리
- 혼합·소분 시 위생복 및 마스크(필요시)를 착용할 것
- 피부 외상 및 증상이 있는 직원은 건강 회복 전까지 혼합·소분행위를 금할 것
- 혼합 전후 손을 소독하고 세척할 것

7) 맞춤형화장품 작업장의 위생관리
- 맞춤형화장품 혼합·소분 장소와 판매 장소는 구분·구획하여 관리할 것
- 적절한 환기시설을 구비할 것
- 작업대, 바닥, 벽, 천장 및 창문의 청결을 유지할 것
- 혼합 전후 작업자의 손 세척 및 장비 세척을 위한 세척시설을 구비할 것
- 방충·방서 대책 마련 및 정기적 점검·확인할 것

8) 맞춤형화장품 혼합·소분 장비 및 도구의 위생관리

- 사용 전·후 세척 등을 통해 오염을 방지할 것
- 작업 장비 및 도구 세척 시에 사용되는 세제, 세척제는 잔류하거나 표면 이상을 초래하지 않는 것을 사용할 것
- 세척한 작업 장비 및 도구는 잘 건조하여 다음 사용 시까지 오염을 방지할 것
- 자외선살균기 이용 시
  - 충분한 자외선 노출을 위해 적당한 간격을 두고 장비 및 도구가 서로 겹치지 않게 한 층으로 보관할 것
  - 살균기 내 자외선램프의 청결 상태를 확인 후 사용할 것

9) 혼합·소분 장소, 장비·도구 등 위생 환경 모니터링

- 맞춤형화장품 혼합·소분 장소가 위생적으로 유지될 수 있도록 맞춤형화장품판매업자는 주기를 정하여 판매장 등의 특성에 맞도록 위생관리를 하여야 한다.
- 맞춤형화장품 판매업소에서는 위생 점검표를 활용하여 작업자 위생, 작업환경위생, 장비·도구 관리 등 맞춤형화장품 판매업소에 대한 위생 환경 모니터링 후 그 결과를 기록하고 판매업소의 위생 환경 상태를 관리하여야 한다.

➕ 더 알기 TIP

시험에 나오는, 실제로도 일어나는 '맞춤형화장품판매업 준수사항' 위반 사례 모음

- 맞춤형화장품조제관리사가 아닌(자격이 없거나, 자격 시험을 준비중이거나, 자격증을 발부 받지 않은 자) A씨를 맞춤형화장품조제관리사로 사용하였다.
- 판매업자는 새로운 장비를 도입한 뒤, 사용 전 외관만 점검하고 실제 세척 없이 사용하였다. 이후 고객이 내용물에서 침전물이 보이고 냄새가 난다고 신고하였다.
- 혼합 작업을 담당한 B씨는 감기 기운이 있고 손등에 약간의 습진이 있는 상태였으나, 마스크와 위생복을 착용하였기 때문에 문제없다고 생각하고 작업을 계속하였다.
- 판매업소는 혼합·소분 작업 공간을 별도로 마련하지 않고, 판매대 바로 옆 공간에서 간이 책상만 두고 작업하였다.
- 혼합에 사용한 유리 비커를 작업 후 흐르는 물로 간단히 헹군 뒤, 바로 자외선 살균기에 넣고 재사용하였다.
- C업체는 맞춤형화장품을 소분할 때, 혼합·소분에 사용된 원료에 대한 품질성적서를 보관하지 않고, 구두 설명만 듣고 사용하였다.
- D업체는 맞춤형화장품 판매 후, 판매내역서를 작성하지 않고 카드 매출 전표로만 기록을 남겼다.
- 혼합 과정에서 제품이 묽게 느껴져 현장에서 즉석으로 정제수를 더 추가하였으나, 이에 대한 기록이나 조제 내역 수정은 따로 하지 않았다.
- 혼합·소분이 끝난 후, 사용한 스테인리스 기구를 닦은 후 젖은 상태로 바로 서랍에 보관하였다.
- 에어컨을 틀어 놓고 작업을 계속하던 E업체는, 혼합·소분 공간에 환기창이 없어 자연환기가 되지 않았으며, 별도의 환기 시설도 갖추지 않았다.
- 작업에 사용되는 계량스푼에 라벨이 붙은 채로 세척 없이 반복 사용하였고, 해당 라벨은 세척 과정에서 젖어 찢겨 떨어지기도 하였다.

SECTION 07 충진 및 포장

빈출 태그 ▶ #충진 #포장재 #용기기재사항 #포장공간기준

KEYWORD 01 제품에 맞는 충진 방법

1) 충진★의 개념
- 충진(충전) 사전적인 의미는 '채워서 메움' 즉, 빈 곳을 채우거나 빈 곳에 집어 넣어서 채운다는 것이다.
- 화장품 조제에서의 충진은 일정한 규격의 용기에 내용물을 넣어 채우는 작업이다.

★ 충진과 충전
'충전(充塡, Filling)'은 빈 곳을 채운다는 뜻으로, 표준국어대사전에 등재된 올바른 표현이다. 가스 충전소, 요금 충전, 화장품 내용물을 용기에 넣는 과정도 정확히는 '충전'이라 한다. 그러나 산업 현장과 수험 교재에서는 '충진'이 널리 쓰이며, 시험에서는 '충진'이 정답인 경우가 많으므로 유의해야 한다.

2) 충진기 종류

피스톤 방식 충진기	대용량의 액상 타입의 제품을 충진할 때 사용한다.
파우치 방식 충진기	견본품, 파우치 타입의 제품을 충진할 때 사용한다.
파우더 충진기	파우더 타입의 제품을 충진할 때 사용한다.
액체 충진기	액상 타입의 제품을 충진할 때 사용한다.
튜브 충진기	폼클렌징, 자외선 차단제 등 튜브 제품을 충진할 때 사용한다.
카톤 충진기	박스를 테이핑할 때 사용한다.

피스톤 방식의 충진기
- 점도가 있는 오일이나 샴프, 린스, 세제, 크림 등을 충진하고자 할 때 사용한다.
- 크림충진기, 린스충진기, 세제충진기로 널리 사용한다.

3) 충진 시 확인해야 할 사항
- 충진기의 타입
- 충진 용량(g, ㎖ 등)
- 포장 기기의 포장 능력과 포장 가능 크기
- 전원 및 전압의 종류
- 필요한 적정 에어 압력
- 단위 시간당 가능 포장 개수
- 스티커 부착기의 경우 부착 위치
- 로트번호, 포장일자, 유통기한, 바코드를 인쇄할 경우 인쇄 위치 및 문구
- 필요 시 온·습도

🔔 선생님의 노하우

충진은 화장품뿐만 아니라 식품에도 한다는 거 아시죠? 매실청 같은 청제품에도 많이 사용되는 충진기는 피스톤형이에요. 청제품이니 점도가 어느 정도인지 느낌이 오시죠? 작아 보이지만 기능이 복잡하고 비싸요. 피스톤 충진기는 다용도로 사용되기 때문에 세척을 잘 해 주어야 기능에 문제없이 사용할 수 있어요.

➕ 더 알기 TIP

충진 시 용량과 온·습도 확인이 필요한 이유
온도와 습도처럼 환경에 영향을 받지 않는 제품과 용기가 있다면 참 좋겠지만, 대부분 조금씩은 영향을 받으므로 반드시 확인하여야 하며, 용기에 어느 정도 공간을 두고 충진을 하여야 한다. 기존 환경에서 용기의 100%로 충진을 하면, 뚜껑의 종류 또는 변화한 환경에 따라 용기가 늘고 줄어서 내용물이 넘치는 경우가 발생할 수 있으므로 용량을 제품별로 확인하여야 한다.

KEYWORD 02) 제품에 맞는 포장 방법

1) 포장재의 조건

내용물 보호	용기의 안전성, 사용기능, 내용물의 품질 보장 및 제품 수명을 유지하여야 한다.
경제성	제품의 품질보증과 용기 가격의 경제적 균형이 맞아야 한다.
대량화	생산 설비와 생산 방식 제품을 효율적으로 대량으로 생산할 수 있어야 한다.
판매촉진성	소비자의 구매 의욕을 만족시키는 디자인이어야 한다.
적정 포장	자원 재활용과 폐기 처리 문제를 감안하여 과대포장이 되어선 안 된다.
정보 전달 및 사용자 배려	내용물에 대한 제품 정보를 적절하게 표시하고, 어린이가 쉽게 열 수 없도록 설계하여야 한다.

2) 포장재의 종류와 특성

구분	명칭	특성	사용 부분
플라스틱	저밀도 폴리에틸렌 (LDPE)	• 반투명, 광택성, 유연성이 우수하다. • 밀도가 낮고 가볍다. • 수분 흡수율이 낮아 습기에 강하다. • 내외부 응력이 걸린 상태에서 알코올, 계면활성제와 접촉하면 균열이 발생한다.	튜브, 마개, 패킹
	고밀도 폴리에틸렌 (HDPE)	• 유백색을 띠고 광택이 있는 재질이다. • 가격이 저렴하다. • 밀도가 높고 강도와 내구성이 뛰어나다. • 수분이 잘 투과하지 못한다.	화장수·샴푸·린스 용기 및 튜브
	폴리프로필렌 (PP)	• 반투명하고 광택이 있는 재질이다. • 내약품성·내충격성이 우수하다. • 가공이 용이하고, 잘 부러지지 않는다. • 경제적이다.	원터치 캡
	폴리스티렌 (PS)	• 투명하고 광택이 있는, 단단한 재질이다. • 높은 온도에서 변형되기 쉬워 성형가공성이 좋다. • 치수 안정성이 우수하다. • 화학약품에 잘 견디지 못한다.	팩트·스틱 용기, 캡
	AS수지	• 투명하고 광택이 있는, 가벼운 재질이다. • 유지와 충격에 강하다.	크림·팩트·스틱류 용기, 캡
	ABS수지	• AS수지의 내충격성을 향상시킨 소재이다. • 향료, 알코올에 취약하다. • 금속 느낌을 주기 위한 소재이다.	팩트 용기
	폴리염화비닐 (PVC)	• 투명한 재질이다. • 견고하고 내구성이 뛰어나다. • 성형 가공성이 우수하다. • 저렴하고 생산공정이 효율적이라, 대량 생산에 적합하다.	샴푸·린스 용기, 리필 용기

> **선생님의 노하우**
> 주변에서 볼 수 있는 화장품들의 용기 뒷면 혹은 아랫면을 살펴보세요. 포장재의 종류가 무엇인지 적혀 있어요.

> **개념 체크**
> 투명하고 광택이 나며 성형가공성과 치수 안전성이 우수하나 내약품성이 나쁜 플라스틱은?
> ① 폴리염화비닐(PVC)
> ② 폴리스티렌(PS)
> ③ 저밀도 폴리에틸렌(LDPE)
> ④ 폴리프로필렌(PP)
>
> ②

유리	폴리에틸렌 테레 프탈레이트 (PET)	• 투명하고 광택이 있는, 단단한 재질이다. • 내수성과 내약품성(산성, 알칼리성 물질)이 우수하다. • 고온에는 약해, 60℃ 이상에서는 변형될 수 있다.	화장수 · 유액 · 샴푸 · 린스 용기
	소다석회 유리	• 대표적인 투명유리 용기이다. • 화학물질에 강하지만, 충격에 약하다. • 산화규소, 산화칼슘, 산화나트륨에 소량의 마그네슘, 알루미늄 등의 산화물이 함유되어 있다.	화장수 · 유액 용기
	칼리납 유리	• 산화 납이 다량 함유된 크리스털 유리이다. • 소다석회유리보다 내화학성이 우수하다. • 칼리 성분이 유리의 내구성을 향상한다. • 굴절률이 매우 높다.	고급 향수병
	유백 유리	• 유백색의 용기이다. • 표면이 매끄럽고 세련된 광택이 있어 고급스러운 느낌을 낼 때 사용한다.	크림 · 세럼 용기
금속	알루미늄	• 가볍고 가공성이 우수하다. • 표면 장식이나 산화 방지 목적으로 사용한다. • 100% 재활용이 가능한 환경 친화적인 재료이다. • 가격이 저렴하다.	에어로졸 관, 립스틱 · 마스카라 · 콤팩트 용기
	놋쇠, 황동	• 구리와 아연을 주성분으로 하는 합금이다. • 금과 유사한 색상으로 코팅 · 도금 · 도장 작업 시 첨가한다.	팩트 · 립스틱 용기, 코팅용 소재
	스테인리스 스틸	• 금속성 광택이 우수하다. • 부식이 잘 되지 않는다.	에어로졸 관, 광택 용기
	철	녹슬기 쉬우나 저렴한 재질이다.	스프레이 용기

3) 형태별 용기의 종류

세구(細口) 용기	병 입구의 지름이 몸체에 비하여 작은 용기(액상의 내용물)
광구(廣口) 용기	병 입구의 지름이 몸체의 지름과 비슷한 용기(핸드크림, 영양크림)
튜브 용기	비비크림, 파운데이션, 헤어트리트먼트 등
에어로졸 용기	내용물을 압축가스나 액화가스의 압력에 의하여 분출되도록 만든 용기(헤어스프레이 등)
원통형 용기	마스카라, 아이라이너 등
파우더 용기	페이스 파우더, 베이비 파우더 등

4) 제품별 포장공간 기준

제품 구분		포장공간 비율	포장 횟수
단위제품	인체 및 두발 세정용 제품류	15% 이하	2차 이내
	그 밖의 화장품류 (방향제 포함)	10% 이하(향수 제외)	2차 이내
종합제품 화장품류		25% 이하	2차 이내

단위제품과 종합제품
• 단위제품 : 1회 이상 포장한 최소 판매단위 제품
• 종합제품 : 같은 종류 또는 다른 최소 판매단위의 제품을 2개 이상 함께 포장한 제품

➕ 더 알기 TIP

포장횟수를 적용하지 않는 경우
2차 포장 외부에 붙인 필름, 종이 등의 포장과 재사용이 가능한 파우치, 에코백, 틴 케이스는 포장횟수에 적용하지 않는다. 다만, 복합합성수지재질·폴리비닐클로라이드재질·합성섬유 재질로 제조된 받침 접시 또는 포장용 완충재를 사용한 제품의 포장공간 비율은 20% 이하로 한다.

5) 제품별 포장용기 재사용 가능 비율

제품 구분	비율
화장품 중 색조화장품(메이크업)류	10% 이상
두발용 화장품 중 샴푸·린스류	25% 이상
합성수지 용기를 사용한 액체 세제류·분말 세제류	50% 이상
위생용 종이 제품 중 물티슈(물휴지)류	60% 이상

6) 맞춤형화장품 라벨링

소분	새로운 용기에 기재사항을 표시한 스티커를 붙인다.
혼합	내용물에 원료를 혼합하는 경우 내용물 용기에 기존 라벨을 제거한 후 라벨을 붙이거나 오버라벨링(제품정보 덧붙이기)을 한다.

➕ 더 알기 TIP

최근에 주목받는 화장품 용기 재질 및 특성

재질/형식	주요 특성	사용 예시
에어리스 용기	• 외기를 차단하여 산화 방지하므로, 보존제를 최소한도로 넣는다. • 위생적이고 잔량 없이 사용할 수 있다.	기능성 화장품, 고농축 세럼
바이오 플라스틱	• 식물성 원료를 기반으로 하여 생분해 가능성이 있다. • 내열성, 내습성이 떨어진다.	친환경 화장품 패키징
리필 파우치	• 본품을 재사용하고, 내용물만 충전하여 쓴다. • 충진 시 위생을 확보하는 것이 중요하다.	샴푸, 로션, 클렌저 등 리필형
유연 포장	• 얇고 가볍다. • 기밀성이 높다. • 복합소재이므로 재활용하기 어렵다.	마스크팩, 앰플 파우치, 1회용
수용성 필름 포장	• 물에 녹는 친환경 포장재이다. • 아직 시험 단계에 있어 가격이 매우 비싸다.	고체 세정제, 비누, 파우더
코스메틱 스틱	• 고형화된 내용물이 손 안에 들어오는 크기의 회전식 구조의 용기에 담겨 있어, 휴대하기 편리하다. • 내용물을 고형화할 방부제나 플라스틱 사용을 최소화할 수 있어 친환경적이다.	선스틱, 샴푸바, 퍼퓸스틱

🎯 **개념 체크**

화장품 중 색조화장품(메이크업)류 포장 용기 재사용 가능 비율은?

① 100분의 10 이상
② 100분의 25 이상
③ 100분의 50 이상
④ 100분의 60 이상

①

KEYWORD 03 | 용기 기재 사항

1) 포장의 표시 기준 및 표시 방법

- 화장품제조업자, 화장품판매업자 및 맞춤형화장품판매업자의 주소는 등록필증 및 신고필증에 적힌 소재지 또는 반품·교환 업무를 대표하는 소재지를 기재·표시하여야 한다.
- 화장품제조업자, 화장품책임판매업자 또는 맞춤형화장품판매업자는 각각 구분하여 기재·표시하여야 한다. 다만, 화장품제조업자, 화장품책임판매업자 또는 맞춤형화장품판매업자가 다른 영업을 함께 영위하고 있는 경우는 한꺼번에 기재·표시할 수 있다.
- 공정별로 2개 이상의 제조소에서 생산된 화장품의 경우에는 일부 공정을 수탁한 화장품제조업자의 상호 및 주소의 기재·표시를 생략할 수 있다.
- 수입화장품의 경우에는 추가로 기재·표시하는 제조국의 명칭, 제조회사명 및 그 소재지를 국내"화장품제조업자"와 구분하여 기재·표시하여야 한다.
- 화장품의 1차 포장 또는 2차 포장의 무게가 포함되지 않은 용량 또는 중량을 기재·표시해야 한다. 화장비누(고체 형태의 세안용 비누를 말함)의 경우에는 수분을 포함한 중량과 건조중량을 함께 기재·표시한다.

2) 화장품 가격 표시제

목적	소비자를 보호하고 공정한 거래를 도모한다.
표시 대상	국내에서 제조되거나 수입되어 국내에서 판매되는 모든 화장품을 대상으로 한다.
표시 의무자	• 소매점포에서 판매하는 경우 소매업자 • 방문 판매업, 후원 방문 판매업, 통신판매업의 경우에는 판매업자 • 다단계 판매업의 경우에는 판매자 ※ 표시 의무자는 가격표시를 하지 않고 판매하거나 판매할 목적으로 진열·전시하여서는 안 된다. ※ 표시 의무자 이외의 화장품책임판매업자, 화장품제조업자는 화장품의 판매가격을 표시하여서는 안 된다.
표시방법	• 유통단계에서 훼손되거나 지워지거나 분리되지 않도록 스티커 또는 꼬리표로 표시하여야 한다. • 가격이 변경되었을 시 기존 가격표시가 보이지 않도록 변경 표시를 하여야 한다. • 개별 제품의 스티커를 부착하여야 한다(단, 개별제품으로 구성된 종합제품으로 분리하여 판매하지 않는 경우 종합제품에 일괄하여 표시할 수 있음).

➕ 더 알기 TIP

시험에 나오는, 실제로도 일어나는 '용기 기재 사항' 위반 사례 모음
- 화장품회사 A는 제품에 화장품책임판매업자의 상호와 주소를 기재하면서, 화장품제조업자 정보는 생략하고 판매하였다.
- 소매점포 B는 입구 매대에 제품을 진열하면서 가격표를 붙이지 않고 판매하였다.
- 수입화장품을 판매하는 업체 C는 제품 겉면에 제조국만 표시하고, 수입제조회사의 명칭과 소재지는 기재하지 않았다.

- D업체는 고체 화장비누를 판매하면서 중량만 표시하고 건조중량은 생략하였다.
- 화장품제조업자 E는 자사 화장품에 소매가격을 직접 표시한 라벨을 부착하였다.
- 판매점 F는 가격을 할인한 뒤, 기존 가격표 위에 스티커를 덧붙였지만, 기존 가격이 그대로 비쳐 보였다.
- 종합세트 제품의 구성품에 각각 가격 스티커를 부착한 뒤 판매하였다.

필수용어.Zip SECTION 07 충진 및 포장

충진	빈 공간을 채우거나 빈 곳에 집어넣는다는 의미로, 화장품 용기에 내용물을 넣어 채우는 작업
내약품성	화학 반응이나 용매 작용에 의한 손상을 견디는 고체 물질의 성질
내충격성	외부 충격에 의해 변형되지 않고 잘 견디는 성질
단위제품	한 번 이상 포장된 최소 판매 단위의 제품
종합제품	동일하거나 다른 최소 판매 단위의 제품을 2개 이상 함께 포장한 제품
표시의무자	화장품을 일반 소비자에게 판매하는 자
판매가격	화장품을 일반 소비자에게 판매하는 실제 가격

더 알기 TIP

영문 표기는 같은데 우리말 표기가 다른 것들

아래의 표는 실제 화장품 표기와 광고, 도서 등에서 혼용하고 있는 표기들을 정리한 것이다. 틀린 것은 없으니, 가볍게 읽어보면 수험과 실무에 도움이 될 것이다.

영문 표기	우리말 표기1	우리말 표기2
Iso–	이소	아이소
Hydro–	히드로	하이드로
Buta–	부타	뷰타
Glycol–	글리콜	글라이콜
Methyl–	메칠	메틸
Dehydro–	데하이드로, 데히드로	디하이드로
–Acid	애씨드	애시드, –산(酸)
Iodine	요드	아이오딘
Bromine	브롬	브로민
Chromium	크롬	크로뮴
Zinc	아연	징크
Titanium	티타늄	타이타늄
Pyrithione	피리치온	피리티온
Sorbitol	솔비톨, 소비톨	소르비톨
Formaldehyde	포름알데히드	폼알데하이드
Hyaluronic Acid	히알루론산	하이알루론산

안티몬과 안티모니
- 원소 Sb는 '안티몬(Antimon)'과 '안티모니(Antimony)'로 불리며, 둘 다 표준국어대사전에 등재된 표현이다. '안티몬'은 법령 및 규정에서, '안티모니'는 대한화학회의 개정 용어로 교과서와 학술 자료에서 주로 사용된다. 본 교재는 학습 편의상 '안티모니'를 썼으나, 시험에서는 '안티몬'이 정답으로 더 적합하다.
- 요오드–아이오딘, 브롬–브로민, 플루오르/불소–플루오린, 나트륨–소듐, 칼륨–포타슘도 혼용해서 사용하니, 짝으로 알아 두면 실무에서 많은 도움이 된다.

SECTION 08 재고 관리

출제빈도 상 중 하
반복학습 1 2 3

빈출 태그 ▶ #선입선출 #선한선출

📌 **개념 체크**

재고관리의 원칙으로 **틀린** 것은?
① 원료 및 포장재는 정기적으로 재고조사를 한다.
② 중대한 위반품이 발견되면 일탈처리를 한다.
③ 장기 재고품을 처분하고 선입선출 규칙을 확인하는 것이 목적이다.
④ 특별한 경우를 제외하고 선한선출한다.

④

KEYWORD 01 원료 및 내용물의 재고 파악

1) 재고관리의 개념과 목적

개념	• 재고(在庫) : 상점에 아직 내놓지 않았거나, 팔다가 남아서 창고에 쌓아 둔 상품
	• 재고 관리 : 기업이 제품의 주문, 보관, 생산, 판매, 재입고 등의 주기를 통합적으로 관리하는 과정
	  – 재고 추적 : 공급 루트 전체에서 재고가 어디에 있는지 파악하는 것
	  – 주문 관리 : 가격, 견적, 주문, 반품을 관리하는 것
	  – 출고 관리 : 가치가 가장 크게 책정되는 곳으로 제품을 옮기는 것
	  – 보고 및 분석 : 재고 관련 데이터를 분석하는 것

목표	수요에 신속히 대응하고 비용을 최소화하는 것이다.

2) 재고관리의 원칙

- 원료 및 내용물은 선입선출 및 선한선출 방식에 입각해 불용재고가 없도록 관리하는 것이 매우 중요하다.

선입선출 (先入先出, First In First Out)	선한선출 (先限先出, First Expired First Out)
먼저 들어온 것부터 사용하는 것	유효기간에 도달하는 것부터 먼저 사용하는 것

  – 재고의 회전을 보증하기 위한 방법이 확립되어야 하므로, 특별한 경우를 제외하고 가장 오래된 재고가 제일 먼저 불출되도록 한다.
- 재고의 신뢰성을 보증하고, 모든 중대한 모순을 조사하기 위하여 재고조사를 주기적으로 시행하여야 한다.
  – 원료 및 포장재는 정기적으로 재고조사를 실시한다.
  – 장기 재고품의 처분 및 선입선출 규칙의 확인이 목적이다.
  – 중대한 위반품이 발견되었을 때에는 일탈처리를 한다.

3) 적정 재고 수준 결정

① 화장품 원료 사용량 예측
- 혼합·소분 계획서에 의거하여 제품 각각의 원료 사용량에 따라 재고를 관리하여야 한다.

② 화장품 원료 거래처 관리
- 원료의 수급 기간을 고려하여 최소 발주량을 선정해 원료 발주 공문(구매 요청서)으로 발주하여야 한다.

KEYWORD 02 | 적정 재고를 유지하기 위한 발주

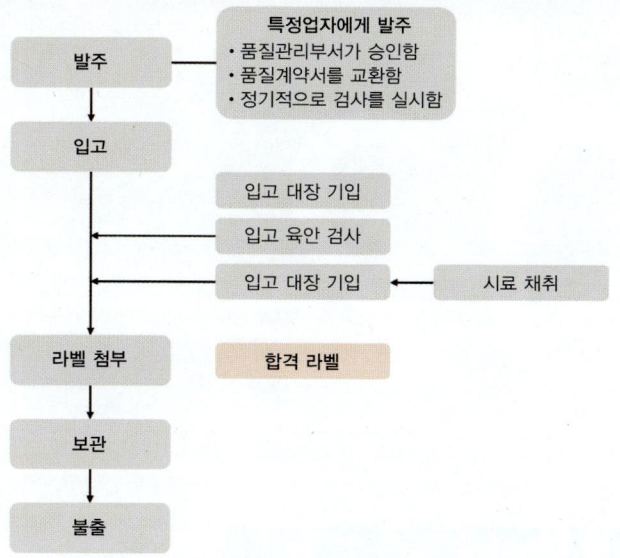

 개념 체크

적정 재고를 유지하기 위한 발주 순서로 옳은 것은?
① 발주 – 보관 – 입고 – 라벨 첨부 – 불출
② 발주 – 보관 – 라벨 첨부 – 입고 – 불출
③ 발주 – 불출 – 입고 – 보관 – 라벨 첨부
④ 발주 – 입고 – 라벨 첨부 – 보관 – 불출

④

더 알기 TIP

참고한 법령
- 화장품법 · 화장품법 시행령 · 화장품법 시행규칙
- 우수화장품 제조 및 품질관리기준(CGMP) 및 해설서
- 기능성화장품 기준 및 시험방법
- 기능성화장품 심사에 관한 규정
- 천연화장품 및 유기농화장품의 기준에 관한 규정
- 화장품 안전기준 등에 관한 규정
- 화장품 안전성 정보관리 규정
- 화장품 원료 사용기준 지정 및 변경 심사에 관한 규정
- 화장품의 색소 종류와 기준 및 시험방법
- 화장품 사용할 때의 주의사항 및 알레르기 유발성분 표시에 관한 규정
- 화장품의 색소 종류 및 기준
- 화장품 위해평가 가이드라인
- 화장품 안정성시험 가이드라인
- 인체적용제품의 위해성평가에 관한 규정
- 인체적용제품의 위해성평가에 관한 법률
- 맞춤형화장품판매업자의 준수사항에 관한 규정
- 영·유아 또는 어린이 사용 화장품 안전성 자료의 작성·보관에 관한 규정
- 개인정보보호법 · 개인정보보호법 시행규칙
- 정보통신망법

PART 02

최신 기출문제

차례

최신 기출문제 01회 ·· 232
최신 기출문제 02회 ·· 273
최신 기출문제 03회 ·· 299
최신 기출문제 04회 ·· 333
최신 기출문제 05회 ·· 365

2025년도 1회 시험 경향 분석

총평

- 경향 : 실무형+사례형 문제 비중 높고, 암기+이해+응용력 요구
- 주요 키워드 : CGMP, 제조, 회수, 피부, 기능성, 시험, 오염 등
- 출제 주요 영역 : 제조/품질관리, 법규/자격, 피부과학
- 난이도 분포 : 고난도(60%) 〉 중난도(10%) 〉 저난도(30%)

키워드 요약 분석

- 시험은 화장품법(1단원), 제조·품질관리(3단원), 피부·모발·기초이론(4단원)을 중심으로 출제됨
- CGMP(우수화장품 제조 및 품질관리기준) 관련 문제가 다수 등장하며, '시험항목, 공정관리, 품질기준, 시설요건' 등 실무형 문제가 집중 출제됨
- 미생물/위생관리도 주요 출제 영역이며, '부유균, 낙하균, 항균활성' 등의 키워드가 빈번히 출제됨
- 피부 구조, 멜라닌, 모발, 세포 등의 기초 개념과 기능성화장품(미백, 주름, 자외선 차단) 관련 문항도 높은 비중 차지
- 법규/제도 영역에서는 '조제관리사 자격, 책임판매업자 등록, 회수·보고 의무'와 관련한 실무 법령 지식이 주로 출제됨
- 원료 및 화학 파트는 pH, 보존제, 계면활성제, 점도 등 제품의 물리·화학적 특성에 관한 문제가 자주 등장함

출제 경향 분석 (분야별 비중)

- 출제의 비중은 이론 30% + 실무 70% 정도
- 특히 제조 및 품질관리(CGMP 포함) 관련 출제량이 압도적임
- 법규 및 자격관리도 여전히 주요 출제 축으로 유지되고 있음
- 피부/원료/기능성 등은 실무형 문제로 구성된 고난도 문항의 소재로 활용됨

난이도 분석

- 전체적으로 고난도 문제의 비중이 매우 높음
- 보기 길이, 다지문형 구성, '옳은 것/틀린 것', '모두 고르시오' 등 복합 요소가 다수 포함됨
- 중난도 문제는 거의 없음. 사실상 기초와 심화의 양극화 구조
- 문제풀이 스킬 + 이론 암기력 + 실무 개념 모두 요구되는 시험

최신 기출문제 01회

소요 시간	문항 수
총 120분	총 100문항

수험번호 : _____
성   명 : _____

객관식(선다형, 01~80번)

01 맞춤형화장품판매업의 준수 사항이 <u>아닌</u> 것은?

① 맞춤형화장품조제관리사는 고객에게 혼합한 내용물 및 원료의 특성을 상세히 설명하였다.
② 매년 안전 및 품질 관리 교육을 빠짐없이 이수하였다.
③ 국가시험을 통해 맞춤형화장품조제관리사 자격을 취득한 사람이 소분 업무를 담당하였다.
④ 기능성화장품의 내용물을 소분하여 판매하였다.
⑤ 원료목록을 식약처에 매년 2월 말까지 보고하였다.

기능성화장품은 식약처 인증 품목으로, 개별 허가 없이 소분·판매할 수 없다.

02 표시·광고 실증의 원칙에 해당하지 <u>않는</u> 것은?

① 식품의약품안전처장은 표시·광고에 대한 실증이 필요하다고 인정하는 경우에는 그 내용을 구체적으로 명시하여 관련 자료의 제출을 요청할 수 있다.
② 조사 결과는 표본설정, 질문방법이 그 조사의 목적이나 통계상의 방법과 일치하여야 한다.
③ 시험 결과는 인체적용시험 자료, 인체외시험 자료 또는 같은 수준 이상의 조사 자료여야 한다.
④ 실증에 사용되는 시험 또는 조사의 방법은 관련 산업 분야에서 일반적으로 인정되는 방법으로 과학적이고 객관적이어야 한다.
⑤ 실증 자료의 제출을 요청받아 제출할 때에는 요청받은 날부터 10일 이내에 제출하여야 한다.

표시·광고 내용의 실증(「화장품법」 제14조 제2항)
실증자료의 제출을 요청받은 영업자 또는 판매자는 요청받은 날부터 15일 이내에 그 실증자료를 식품의약품안전처장에게 제출하여야 한다. 다만, 식품의약품안전처장은 정당한 사유가 있다고 인정하는 경우에는 그 제출기간을 연장할 수 있다.

정답 01 ④ 02 ⑤

03 다음 중 회수 대상 화장품의 회수 및 처리에 대한 설명으로 옳은 것은?

① 회수대상 화장품을 판매한 자는 식품의약품안전처에 직접 회수확인서를 제출하여야 한다.
② 화장품책임판매업자는 회수 사실을 통보한 자료를 6개월간 보관하여야 한다.
③ 맞춤형화장품조제관리사는 회수 대상 화장품에 대하여 즉시 판매중지 등 필요한 조치를 하여야 한다.
④ 회수의무자는 회수계획서를 해당 제품의 제조업자에게 제출하여야 한다.
⑤ 회수된 제품을 폐기한 경우에는 반드시 지방식품의약품안전청장에게 폐기확인서를 제출하여야 한다.

오답 피하기
① 회수확인서는 회수의무자에게 제출하여야 한다.
② 통보자료는 2년간 보관하여야 한다.
④ 회수계획서는 지방식약청장에게 제출하여야 한다.
⑤ 폐기 신청서는 지방청에 제출하지만, 폐기확인서는 2년간 보관하여야 한다.

04 화장품제조업 등의 변경등록에 관한 설명으로 옳지 않은 것은?

① 화장품제조업자는 화장품제조업자의 변경 시 변경등록을 하여야 한다.
② 변경등록에 필요한 서류를 구비하여 제출할 때, 전자문서는 사용할 수 없다.
③ 화장품제조업자는 제조소의 소재지 변경 시 30일 내에 변경등록을 하여야 한다.
④ 화장품책임판매업자는 제조소의 소재지가 행정구역 개편으로 인해 변경된 경우 90일 내에 변경등록을 하여야 한다.
⑤ 화장품책임판매업자는 책임관리자 또는 책임판매 유형이 변경될 경우 90일 내에 변경등록을 하여야 한다.

구비서류는 실물과 전자문서 모두 사용할 수 있다.

05 다음 중 「개인정보보호법」의 개인정보의 처리 제한에 대한 설명으로 옳지 않은 것은?

① 범죄 예방 및 수사를 위해 필요한 경우라도 개인의 허락 없이 공개된 장소에서 영상정보처리기기를 설치·운영하여서는 안 된다.
② 특별한 경우를 제외하고, 개인정보처리자가 사상, 노동조합, 정당의 가입 및 탈퇴, 사생활을 현저히 침해할 우려가 있는 민감정보는 처리하여서는 안 된다.
③ 개인정보보호위원회는 처리하는 개인정보의 종류·규모, 종업원 수 및 매출액 규모 등을 고려하여 대통령령으로 정하는 기준에 해당하는 개인정보처리자가 안전성 확보에 필요한 조치를 하였는지 정기적으로 실태를 조사하여야 한다.
④ 개인정보처리자는 정보주체가 인터넷 홈페이지에서 회원가입을 하는 단계에서 주민번호를 사용하지 않고도 회원으로 가입할 수 있는 방법을 제공하여야 한다.
⑤ 개인정보처리자가 고유식별정보를 처리하는 경우에는 고유식별번호가 분실·도난·유출·위조·변조되지 않도록 대통령령으로 정하는 바에 따라 암호화 등의 안전조치를 취하여야 한다.

범죄 예방 및 수사를 위해 필요한 경우에는 예외적으로 공개된 장소에 영상정보처리기기를 설치 운영할 수 있다. 이외에도 법령에서 구체적으로 허용하는 경우, 시설안전 및 화재 예방, 교통단속, 교통정보의 수집·분석을 위해 제공하는 경우에도 예외적으로 설치·운영할 수 있다.

선생님의 노하우
설치를 해도 '소리'가 녹음되어서는 안 됩니다!

06 아파트 내 설치된 CCTV 안내판에 대한 설명이다. 아래의 CCTV 안내판에서 추가되어 할 항목은 무엇인가?

> **CCTV 설치 안내**
> - 설치목적 : 방범, 화재예방, 시설안전관리
> - 장소 : 주요 출입구 및 통로, 승강기 내
> - 촬영시간 : 24시간 연속촬영 / 녹화
> - 촬영범위 : 주차장, 승강기, 단지 내 주요시설
> - 관리책임자 : ◇◇아파트 관리소장 김민수
> - 운영기관 : ◇◇아파트 5단지 관리사무소

① 영상정보 보관 장소와 보관 방법
② 영상정보처리기기 설치일
③ 안내판 설치 장소에 대한 약도
④ 관리책임자의 연락처
⑤ CCTV 녹화 장비의 기종 및 성능

고정형 영상정보처리기기의 설치·운영 제한(「개인정보보호법」 제25조 제4항)
고정형 영상정보처리기기를 설치·운영하는 자는 정보주체가 쉽게 인식할 수 있도록 다음의 사항이 포함된 안내판을 설치하는 등 필요한 조치를 하여야 한다.
- 설치 목적 및 장소
- 촬영 범위 및 촬영 시간
- 관리책임자의 성명 및 연락처
- 운영기관명 등 필요한 사항

07 다음 중 개인정보 유출 통지 및 신고에 대한 설명으로 옳지 <u>않은</u> 것은?

① 1천 명 이상의 정보 유출 시 정보주체에게 유출 내용 등을 서면으로 통지하여야 하며, 인터넷 홈페이지에 3일 이상 게재하여야 한다.
② 개인정보가 유출되었을 때에는 지체 없이 유출 사실을 알리고, 피해 확산 방지를 위한 노력을 하여야 한다.
③ 개인정보가 유출되었을 개인정보처리자는 유출된 시점과 경위를 알려야 한다.
④ 개인정보가 유출되었을 때 개인정보처리자는 유출된 개인정보의 항목을 알려야 한다.
⑤ 개인정보가 유출되었을 때 개인정보처리자는 유출 시점 및 경위, 피해를 최소화를 위해 정보주체가 할 수 있는 방법에 대하여 알려야 한다.

개인정보 유출 등의 통지(「개인정보보호법 시행령」 제39조 및 제40조)
1천 명 이상의 정보 유출 시 3일(72시간)이내에 정보주체에게 유출 내용 등을 서면으로 통지하여야 하며, 인터넷 홈페이지에 30일 이상 게재하여야 한다. 또한 조치 결과를 지체 없이 보호위원회 또는 대통령령으로 정하는 전문기관에 통지하여야 한다.

08 다음 중 맞춤형화장품판매업에 대한 설명으로 옳은 것은?

① 지난 달에 처방받은 미백 크림에 대한 고객의 만족도가 높고, 모공 수축을 원한다고 하여 맞춤형화장품조제관리사가 기존 미백 크림에 수축 토너를 혼합하여 세럼 제형의 제품을 조제하여 판매하였다.
② 맞춤형화장품조제관리사가 직접 일본에서 수입한 고형 비누를 소분하여 판매하였다.
③ 맞춤형화장품조제관리사가 피부가 건성인 고객에게 보습 성분인 우레아, 시어버터, 하이알루론산 등 혼합하여 만든 건성피부용 보습 크림을 조제하여 판매하였다.
④ 맞춤형화장품조제관리사가 디갈로일트리올에이트를 10% 혼합한 제품을 판매하였다.
⑤ 맞춤형화장품조제관리사는 책임판매업자가 벨기에서 수입한 스킨토너에 보습 성분인 알로에 베라를 배합한 제품을 판매하였다.

> 맞춤형화장품판매업은 제조 또는 수입된 화장품의 내용물에 다른 화장품의 내용물이나 식품의약품안전처장이 정하여 고시하는 원료를 추가하여 혼합한 화장품, 제조 또는 수입된 화장품의 내용물을 소분한 화장품을 판매하는 영업에 한한다.
>
> **오답 피하기**
> ① 맞춤형화장품은 제형의 변화가 없는 범위 내에서 혼합이 이루어져야 한다.
> ② 화장품책임판매업자만 직접 수입한 화장품을 판매할 수 있다. 또한 고형 비누를 단순 소분하는 것은 맞춤형화장품판매업에 해당되지 않는다.
> ③ 원료와 원료를 혼합하는 것은 화장품제조업에 해당한다.
> ④ 디갈로일트리올에이트는 사용상의 제한이 필요한 원료로 사용한도가 5.0%인 성분이다.

09 화장품에 사용되는 원료 중 사용상의 제한이 필요한 원료에 대해 사용 기준이 지정·고시된 원료는?

① 보존제, 색소, 자외선차단제
② 색소, 보존제, 유화제
③ 자외선차단제, 보존제, 유화제
④ 유화제, 색소, 자외선차단제
⑤ 자외선차단제, 색소, 산화제

> 유화제와 산화제는 고시 대상이 아니다.

10 자외선 차단 화장품 성분 중 물리적 자외선차단제로 자외선을 산란시키는 성분은 무엇인가?

① 징크옥사이드
② 뷰틸메톡시디벤조일메탄
③ 벤조페논-3
④ 벤조페논-8
⑤ 에틸헥실메톡시신나메이트

> **오답 피하기**
> ②·③·④·⑤ 모두 화학적 자외선차단제이다. 해당 물질들은 물리적으로 자외선을 반사·산란하는 것이 아니라 흡수하여 자외선이 피부로 도달하는 것을 막는다.

11 다음의 설명에 해당하는 원료는?

- 고급 지방산과 고급 1, 2가 알코올이 결합된 에스터화합물이다.
- 제품의 점도 및 강도를 높인다.
- 피부나 모발에 광택을 낸다.

① 왁스류
② 탄화수소류
③ 동물성 오일
④ 실리콘 오일
⑤ 고분자화합물

오답 피하기
② 탄화수소류는 광택과 보습은 있지만 에스터 구조를 띠지 않는다.
③ 동물성 오일 지방산과 글리세롤로 구성된다.
④ 실리콘 오일은 에스터가 아닌 실록산 결합 구조를 띤다.
⑤ 고분자화합물은 필름 형성제나 증점제 계열을 가리키는 것으로, 지방산과 기능과 개념이 아예 다르다.

12 다음 중 분산계에 대한 설명으로 옳지 않은 것은?

① 기체, 액체, 고체 등 하나의 상에 다른 상을 균일하게 혼합하는 것이다.
② 가용화나 유화로는 만들 수 없는 다양한 제형의 화장품을 만들 수 있다.
③ 주로 색상이나 질감을 표현하는 화장품에 쓰인다.
④ 액체에 고체가 분산된 것에는 파우더와 선크림이 있다.
⑤ 기체에 액체가 분산된 것에는 면도크림과 헤어스프레이가 있다.

면도크림과 헤어스프레이 같은 폼제는 액체에 기체가 분산된 것이다.

13 계면활성이론에 대한 설명으로 옳지 않은 것은?

① 계면은 두 개의 서로 다른 상이 접하고 있는 경계면(접촉면)이다.
② 계면활성제는 계면에 흡착하여 계면의 성질을 바꾸거나 계면의 자유에너지를 높여 표면장력을 높이는 물질이다.
③ 성질이 다른 두 물질을 잘 섞이게 하므로 재료의 특성과 용도에 따라 유화제, 가용화제(용해보조제), 분산제, 세정제 등의 다양한 이름으로 불린다.
④ 친수성기는 물과 친한 성질을 띤 부분으로, 극성을 띠는 물질과 잘 섞인다.
⑤ 친유성기(소수성기)는 기름과는 친하지만 물과는 소원한 성질을 띠는 부분으로 비극성을 띠는 물질과 잘 섞인다.

계면활성제는 계면에 흡착하여 계면의 자유에너지를 낮추고, 표면장력을 낮추는 물질이다.

14 화장품의 분류와 그 종류를 짝지은 것으로 옳지 않은 것은?

① 인체세정용 제품류 - 폼 클렌저, 바디 클렌저
② 두발용 제품류 - 헤어틴트, 흑채
③ 기초화장용 제품류 - 메이크업 리무버, 바디 제품
④ 면도용 제품류 - 셰이빙 크림, 셰이빙 폼
⑤ 눈 화장용 제품류 - 아이브로, 아이라이너

헤어틴트는 두발염색용 제품이다.

정답 11 ① 12 ⑤ 13 ② 14 ②

15 화장품 전성분 표시제에 대해 옳은 설명은?

① 색조 화장용 제품류에서 호수별로 착색제가 다르게 사용된 경우 ± 또는 +/-의 표시 다음에 사용된 모든 착색제 성분을 각각 기재·표시할 수 있다.
② 착향제는 모두 각 성분명으로 기재·표시하여야 한다.
③ 산성도(pH) 조절 목적으로 사용되는 성분은 그 성분을 표시하는 대신 중화반응에 따른 생성물로 기재·표시할 수 있고, 비누화반응을 거치는 성분은 비누화반응에 따른 생성물로 기재·표시할 수 있다.
④ 혼합원료는 혼합된 개별 성분을 기재·표시하지 않아도 된다.
⑤ 화장품에 사용된 모든 재료를 기재·표시하지 않아도 된다.

오답 피하기
① '각각'이 아니라 '함께' 기재할 수 있다.
② '향료'로 표시 가능하나, 알레르기 유발 성분 포함 시 개별 성분명을 표기하여야 한다.
④ 혼합원료는 혼합된 성분 각각을 표시하여야 한다.
⑤ 일정한 함량 기준을 미달하는 특수한 경우를 제외하고 전성분을 기재·표시하여야 한다.

16 다음 중 '프탈레이트류(Phthalates)'에 대한 설명으로 옳지 않은 것은?

① 프탈레이트류는 향료의 지속성을 높이기 위해 사용하는 가소제이다.
② 프탈레이트류는 인체에 내분비계 교란을 일으킬 수 있어 일부 화장품에서 사용이 금지된다.
③ 화장품법에 따라 프탈레이트계 성분은 어린이용 화장품에서도 제한 없이 사용할 수 있다.
④ 디부틸프탈레이트(DBP), 디에틸헥실프탈레이트(DEHP), 디이소부틸프탈레이트(DiBP) 등은 금지 원료에 해당한다.
⑤ 사용이 금지된 프탈레이트류가 검출된 화장품은 회수 대상이 될 수 있다.

프탈레이트는 어린이용 화장품에 사용하여서는 안 된다. 특히 만 13세 이하 어린이 제품에는 더 엄격한 규정이 적용된다.

17 다음 중 향료에 대한 설명으로 옳지 않은 것은?

① 향료는 제품의 향을 부여하고 특이취를 억제하기 위해 사용되는 원료이다.
② 향료는 화장품에서 제품 이미지와 원료 특이취 억제를 위하여 제형에 따라 0.1~1.0%까지 사용되기도 한다.
③ 부향률은 향수에서 중요한 역할을 하는 향료의 '원액'에 매겨진 비율이다.
④ 향료는 일반적으로 천연향료, 합성향료, 조합향료로 분류된다.
⑤ 향수의 노트는 톱노트, 미들노트, 바텀노트로 구분한다.

향수의 노트는 톱노트, 미들노트, 베이스노트로 구분한다. 이 중 톱노트의 휘발성이 가장 높고, 베이스노트의 휘발성이 가장 낮다.

18 다음 중 「우수화장품 제조 및 품질관리기준(CGMP) 해설서」에 따른 '재작업(Reprocessing)'의 정의와 실시 요건에 대한 설명으로 적절하지 <u>않은</u> 것을 모두 고른 것은?

> ㉠ 재작업이란, 제조 과정 중 품질 부적합 판정을 받은 완제품을 동일한 제조공정을 반복함으로써 정해진 품질기준을 충족하도록 처리하는 활동을 의미한다.
> ㉡ 시험결과 기준에 부적합한 원자재는 외부 반품 처리 외의 어떠한 절차도 허용되지 않으며, 내부 재처리는 CGMP 원칙상 금지되어 있다.
> ㉢ 재작업을 수행하기 위하여서는 품질보증부서의 검토 및 승인하에, 사전에 작성된 표준작업지침서(SOP)에 근거한 세부 재작업 절차서를 반드시 갖추어야 한다.
> ㉣ 재작업 시 발생한 모든 이력은 제조기록서와는 별개로 보관 가능하며, 별도의 관리대장 기록은 선택 사항이다.
> ㉤ 재작업의 시행 여부는 품질 보증 담당자가 결정한다.

① ㉠, ㉢
② ㉡, ㉣
③ ㉠, ㉤
④ ㉢, ㉣
⑤ ㉡, ㉤

㉡ 원자재도 상태에 따라 재작업 또는 보완 조치를 할 수 있다.
㉣ 재작업 시 발생한 기록은 별도 관리대장에 반드시 기재하여야 하며, 선택사항이 아니다.

19 다음 중 인체첩포시험에 대한 설명으로 옳지 <u>않</u>은 것은?

① 패치 테스트는 제품을 피부에 소량 도포하여 피부 자극이나 알레르기 반응 여부를 확인하는 시험이다.
② 일반적으로 팔의 안쪽이나 등 부위에 시험 제품을 부착하고 일정 시간 경과 후 피부 반응을 확인한다.
③ 경미한 발적이나 따가움은 일시적인 반응일 수 있<u>으므로, 테스트 후 사용을 지속해</u>도 괜찮다.
④ 패치 테스트는 민감성 피부를 가진 사람에게 특히 권장된다.
⑤ 패치 테스트는 사용 전 간단하게 할 수 있는 자가 피부 반응 예측 방법이다.

인체첩포시험 중 조금이라도 이상 반응이 나타나면 즉시 사용을 중단하고 전문의와 상담하여야 한다.

20 다음 중 화장품 표시 사항에 대해 <u>잘못</u> 설명한 것은?

① 영유아는 3세 이하를 의미하며, 어린이는 4세 이상 13세 이하를 뜻한다.
② 10㎖ 초과 50㎖ 이하의 소용량 화장품은 1차 포장에 전성분을 생략할 수 있다.
③ 인체에 무해한 소량 함유 성분 등 총리령으로 정한 성분은 표시에서 제외된다.
④ 화장품에 천연 또는 유기농을 표시하거나 광고할 경우, 전성분을 반드시 기재하고 표시하여야 한다.
⑤ 한글로 표시하여야 하며, 한자나 외국어를 함께 적을 수 있으며, 수출용 제품은 해당 국가 언어로 기재할 수 있다.

전성분 생략 가능 기준은 10㎖ 이하이다. 따라서 10㎖ 초과 50㎖ 이하로 함유된 성분은 전성분의 표시를 생략할 수 없다.

21 다음은 「유통화장품의 안전관리 기준」 중 내용물의 용량 기준에 대한 설명이다. ㉠~㉢에 들어갈 숫자 또는 용어로 적절한 것끼리 짝지은 것은?

- (㉠)의 경우, 건조중량을 내용량으로 한다.
- 기준시험은 제품 3개를 가지고 시험할 때, 그 평균 내용량의 표기에 대하여 (㉡)% 이상이 나와야 한다.
- 이때 기준치를 벗어날 경우 6개를 더 취하여 시험하며, 9개의 평균 내용량이 (㉢)% 이상 나와야 한다.

	㉠	㉡	㉢
①	화장비누	95	98
②	화장비누	97	95
③	유화크림	95	90
④	색조화장품	90	85
⑤	고체향수	97	97

㉠ 화장비누는 '건조중량' 기준, 그 외 제품은 전부 내용량 기준이다.
㉡ 모든 화장품은 표시된 내용량(중량/용량)의 **95%** 이상이어야 한다(시험 편 3개 기준).
㉢ 기준 미달 시 6개 제품을 추가로 시험해(총 9개) 평균 **98%** 이상이 되어야 한다.

22 우수화장품 제조 및 품질관리기준(CGMP)에 따라 작업장 위생 유지를 위한 세정제(세제) 사용 시 고려하여야 할 요건으로 적절한 것은?

① 세정 후 항균력을 위하여 표면에 세제 성분이 일정 시간 잔류하도록 설계되어야 한다.
② 세정제는 인체에 대한 자극이 강하여도 세정력이 충분하면 사용하여도 무방하다.
③ 세정 효과가 우수하고, 인체와 환경에 대한 안전성이 확보되어야 한다.
④ 계면활성제는 반드시 양이온성 성분으로만 구성되어야 한다.
⑤ 고형 세제일수록 잔류 위험이 적어 작업장 세척용으로 권장된다.

오답 피하기
① 세정 후 잔류하면 안 된다. 표면에 남지 않아야 안전하다.
② 인체에 자극이 강하면 안 된다. 안전성 확보가 중요하다.
④ 음이온성, 비이온성이 일반적으로 사용된다. 양이온성은 소독제 쪽에 가깝고 피부 자극이 크다.
⑤ 고형 세제는 잔류 위험이 더 클 수도 있다. 작업장에는 액상 희석형이 보통 적합하다.

23 우수화장품 제조 및 품질관리기준(CGMP)에 따른 직원 위생관리 기준에 대한 설명으로 옳은 것은?

① 질병이 있는 직원이라도 자가 판단으로 증상이 경미하다고 판단되면 제한 없이 작업에 참여할 수 있다.
② 의약품을 포함한 개인 물품은 지정된 보관소에 두고, 보관소가 없는 경우 작업 구역 내 책상 위에 비치할 수 있다.
③ 방문객은 안내자 없이도 작업복만 착용하면 제조 구역에 들어갈 수 있으며, 입실 기록은 생략 가능하다.
④ 신규 직원에게는 위생 교육이 면제되며, 기존 직원은 연 2회 이상 정기 교육을 받아야 한다.
⑤ 작업자와 방문객은 작업소 출입 시 위생교육 및 복장 규정을 준수하여야 하며, 방문객은 반드시 안내자와 동행하여야 한다.

> **오답 피하기**
> ① 질병이 있는 직원은 의사의 소견 없이는 작업에 참여할 수 없다.
> ② 개인 물품(특히 의약품)은 별도의 장소에 보관하여야 하며, 작업 공간 내 보관하여서는 안 된다.
> ③ 방문객은 반드시 안내자 동행하여야 하고 입실 사실을 기록하여야 한다.
> ④ 신규 직원은 반드시 위생 교육을 받아야 함과 기존 직원도 정기 교육을 필수적으로 이수하여야 함이 명시되어 있으나, 정확한 횟수까지는 명시되어 있지 않다.

24 다음 우수화장품 제조 및 품질관리 기준에서 기준 일탈 제품의 폐기처리 순서이다. 바르게 나열한 것은?

> 1. 폐기 처분 또는 재작업 또는 반품
> 2. 기준 일탈의 처리
> 3. 기준 일탈 조사
> 4. 시험·검사·측정에 틀림이 없음을 확인
> 5. 격리 보관
> 6. 시험, 검사, 측정에서 기준 일탈 결과가 나옴
> 7. 기준 일탈 제품에 불합격라벨 첨부

① 3 - 2 - 6 - 7 - 4 - 1 - 5
② 4 - 2 - 6 - 3 - 7 - 1 - 5
③ 6 - 3 - 4 - 2 - 7 - 5 - 1
④ 6 - 2 - 7 - 3 - 5 - 4 - 1
⑤ 6 - 2 - 4 - 3 - 5 - 7 - 1

> **선생님의 노하우**
> 어렵게 생각하지 말고 상식적으로 생각하면 쉽습니다.
> 6. 내가 취급하는 제품에 무슨 일이 생기면
> 3. 왜 그러는지 조사를 하는 것이 먼저겠습니다.
> 4. 원인이 밝혀지면, 어디에서 원인이 발생했는지 알아보는 것이 다음의 순서가 되겠습니다.
> 2. 원인과 그 위치를 알아냈다? 그렇다면 그것을 해결해야겠죠?
> 7. 해결 과정의 첫걸음이 '이건 문제가 있어서 못 씁니다'하는 표시를 하고
> 5. 다른 데다가 구별해 놓는 것입니다.
> 1. 못 쓰는 제품은 버리거나, 보완하거나, 사들여 온 곳으로 돌려 보내서 처리를 하는 것이 마지막 수순이 되겠네요.

정답 23 ⑤ 24 ③

25 다음 중 화장품 작업장 위생관리 기준에 대한 설명으로 옳은 것은?

① 칭량실의 월 1회 정기 청소 시에는 상수만 사용하며, 중성세제는 사용하지 않는다.
② 원료창고는 작업 후마다 반드시 70% 에탄올을 사용하여 청소하여야 하며, 육안 점검을 생략할 수 있다.
③ 연마 세제는 pH 중성에서 약알칼리성의 범용 세제로, 린스 없이 바로 건조시켜 사용한다.
④ 계면활성제를 사용한 후, UV 멸균된 마른 수건으로 물기를 제거한 뒤 pH 페이퍼로 잔류 여부를 확인한다.
⑤ 모든 세제는 용도별로 명확한 세제명이 붙지 않아도 되며, 사용 기구나 시간 등의 기록은 선택 사항이다.

오답 피하기
① 칭량실은 월 1회 중성세제와 70% 에탄올로 청소한다.
② 원료창고는 작업 후 상수를 사용해 세척한 다음 육안으로 점검한다. 70% 에탄올은 사용하지 않는다.
③ 연마세제는 약산성~중성을 띠며, 물로 희석하지 않고 사용한다. 연마성분이 잔류하여서는 안 되므로, 깨끗이 행궈야 한다.
⑤ 세제명, 사용 기구, 날짜, 시간, 담당자명 모두 기록하여야 한다.

26 장기보존시험에 대한 다음 설명 중 옳은 것을 모두 고른 것은?

> ㉠ 장기보존시험은 제품의 저장 안정성을 확인하기 위한 시험으로, 최소 12개월 이상 진행되어야 한다.
> ㉡ 시험은 제품 1개 로트를 기준으로, 유통 조건과 동일한 제형·포장으로 수행한다.
> ㉢ 시험항목에는 제품과 용기의 상호작용을 평가하는 시험이 포함된다.
> ㉣ 장기보존시험에는 일반시험, 물리적시험, 화학적시험, 미생물학적시험, 용기적합성시험이 포함된다.
> ㉤ 측정 주기는 시험 시작 1년까지는 3개월마다, 그 후 2년은 1년마다 측정한다.
> ㉥ 시중 유통 제품과 동일한 포장 용기를 사용하는 것이 원칙이다.

① ㉠, ㉢, ㉤
② ㉠, ㉡, ㉤
③ ㉡, ㉢, ㉤
④ ㉡, ㉣, ㉥
⑤ ㉢, ㉣, ㉥

오답 피하기
㉠ 장기보존시험은 최소 6개월 이상 진행되어야 한다.
㉡ 시험은 제품 3개 로트를 기준으로 한다.
㉤ 측정 주기는 시험 시작 1년까지는 3개월마다, 그 후 2년은 6개월마다 측정한다.

27 다음은 화장품제조소의 위생관리 담당자 '민수'가 설비 세척 후 위생 상태를 점검한 사례이다. 이에 대한 설명으로 적절하지 않은 것을 모두 고르면?

> 민수는 탱크와 충전기 등 주요 설비의 세척 작업 후, 위생 상태 판정을 위해 다음의 방법을 활용했다.
> - A 설비는 희석된 생리식염수에 담근 면봉으로 일정 면적을 문지른 뒤, 이를 배지에 배양하여 미생물 수를 계산했다.
> - B 설비는 100㎖의 린스액을 고성능 액체 크로마토그래피(HPLC)를 이용해 분석했다.
> - C 설비는 흰색 무진포로 닦은 후, 천에 묻은 이물의 존재 여부를 육안으로 확인했다.
> - D 설비는 접촉배지를 사용하지 않고, 맨눈으로 표면을 살펴보고 이상 유무를 기록하였다.
> - E 설비는 세척 후 표면의 광택이 돌아왔기 때문에 세정이 완료된 것으로 간주하였다.

> ㉠ A 설비의 점검 방법은 미생물 오염을 정량적으로 확인할 수 있는 유효한 방법이다.
> ㉡ B 설비의 점검 방법은 잔류 세제를 검출하기 위한 정량적 분석법에 해당한다.
> ㉢ C 설비의 점검은 닦아낸 천에 잔류물이 관찰되지 않으면 세척이 적절한 것으로 본다.
> ㉣ D 설비의 점검 방법은 육안 판정으로 허용되며, 오염이 없음을 전제로 합격 처리한다.
> ㉤ E 설비의 판정 기준은 시각적으로 깨끗해 보이므로 정량적 시험을 생략할 수 있다.

① ㉡, ㉣ ② ㉢, ㉤
③ ㉠, ㉣ ④ ㉣, ㉤
⑤ ㉠, ㉤

오답 피하기
㉣ D처럼 육안 판정은 반드시 '기록된 기준'에 따라야 하며, 무조건 오염이 없다고 판단해선 안 된다. 즉, 시각적으로만 보고 "괜찮다"는 식이면 위험하다.
㉤ E는 광택만 보고 통과 판정을 내리는 것은 공식적인 방법이 아니다. 표면의 세제 잔류 여부를 반드시 확인하여야 한다.

28 다음은 우수화장품 제조 및 품질관리기준(CGMP)의 제조 및 품질관리에 필요한 설비와 부속기구의 관리에 대한 설명이다. 이 중 CGMP 기준에 부합하지 않는 설명만을 모두 고른 것은?

> ㉠ 설비 및 기구는 외부 노출을 최소화하기 위해 천장 덕트, 대들보, 배관 등을 가급적 밀폐하거나 덮개로 감싸야 한다.
> ㉡ 제품 품질에 영향을 줄 수 있는 소모품은 사용 빈도에 따라 교체하며, 세척 여부는 별도로 고려하지 않아도 된다.
> ㉢ 설비 주변의 동선은 작업자 편의 중심으로 배치하고, 위생상의 고려는 자율 기준에 맡긴다.
> ㉣ 사용하지 않는 연결 호스 및 부속품은 위생상 건조 상태를 유지하여야 하며, 보관 시 별도 용기를 사용해 구분 관리한다.
> ㉤ 충전용 용기는 내용물이 먼지나 수분에 노출되지 않도록 밀폐 가능한 구조여야 한다.

① ㉠, ㉢ ② ㉡, ㉢
③ ㉢, ㉤ ④ ㉡, ㉣
⑤ ㉠, ㉤

오답 피하기
㉡ 소모품은 제품 품질에 직접 영향을 줄 수 있으므로 세척, 보관, 교체 주기 등 위생 상태 관리가 매우 중요하므로 세척을 고려하여야 한다.
㉢ 작업자의 동선은 편의성보다 위생과 품질에의 영향 여부가 우선적인 기준이다. 자율 기준으로만 둘 수 없다.

정답 27 ④ 28 ②

29 다음 중 청정도 작업실과 관리 기준으로 올바른 것은?

① 제조실 : 부유균 20개/㎥ 또는 낙하균 10개/hr
② 칭량실 : 부유균 20개/㎥ 또는 낙하균 10개/hr
③ 충전실 : 부유균 200개/㎥ 또는 낙하균 30개/hr
④ 포장실 : 부유균 200개/㎥ 또는 낙하균 30개/hr
⑤ 원료보관실 : 부유균 200개/㎥ 또는 낙하균 30개/hr

> **오답 피하기**
> • Clean Bench : 낙하균 10개/hr 또는 부유균 20개/㎥
> • 제조실, 성형실, 충전실, 내용물보관소, 원료칭량실, 미생물시험실 : 낙하균 30개/hr 또는 부유균 200개/㎥

30 다음은 화장품 제조공정 중 용기 적합성 평가에 대한 설명이다. 이 시험은 어떤 평가를 위한 것이며, 가장 적절한 시험 방법은 무엇인가?

> 화장품 제조소 A사는 신제품 앰플 용기의 외부 인쇄가 유통 중 벗겨졌다는 민원을 접수받고, 포장재에 사용된 유리 및 금속 재질의 도장막·도금 상태를 점검하였다. 담당 직원은 용기 표면의 코팅막이 잘 밀착되었는지 확인하기 위해 일정 간격으로 절개선을 만들고, 접착 테이프를 부착 후 벗겨내는 시험을 시행하였다.

① 낙하시험
② 라벨 접착력 시험
③ 내열·내한성 시험
④ 크로스커트 시험
⑤ 알칼리 용출량 시험

> **오답 피하기**
> ① 낙하시험은 낙하 시 물리적 충격에 대한 내구성 검사이다.
> ② 라벨 접착력 시험은 용기 표면에 부착된 인쇄 라벨의 탈락 정도를 보는 검사이다.
> ③ 내열성/내한성 시험은 극온 환경에서 용기의 물리적 변형 여부를 판단하는 검사이다.
> ⑤ 유리병 알칼리 용출량 시험은 화장품 내용물이 용기와 반응하여 알칼리 성분이 용출되는지를 확인하는 화학적 안정성 시험이다.

정답 29 ③ 30 ④

31 다음은 화장품 제조업체에서 신제품의 포장재를 기획하면서 회의 중 주고받은 의견이다. 포장재 선정에서 고려된 조건들에 대한 설명으로 옳지 <u>않은</u> 것은?

> 개발팀과 협업부서가 신제품 화장품을 출시하며 포장재를 선정하는 회의를 진행하고 있다.
> - 마케팅팀은 이번에는 소비자의 눈길을 사로잡을 수 있는 포장 디자인에 더 투자하자고 제안했다.
> - 생산팀은 기존 설비와 생산 흐름에 맞는 구조여야 낭비가 없다고 강조했다.
> - 품질관리팀은 내용물의 안정성과 유통기한 보존에 영향을 미치지 않아야 한다고 주장했다.
> - 환경윤리팀은 과대포장은 규제의 대상이 될 수 있으니 반드시 지양하여야 한다고 말했다.
> - 고객상담팀은 영유아용 제품이 아니니 안전 포장을 적용하고 내용물에 대한 제품 정보를 표기할 때 굵은 글씨로 기재하여야 한다고 주장했다.

① 마케팅팀의 의견은 '판매촉진성'을 염두에 둔 것이다.
② 생산팀의 의견은 '경제성'에 초점이 가 있다.
③ 품질관리팀의 의견에 따라 '내용물 보호성'을 고려하여야 한다.
④ 환경윤리팀의 의견은 '적정성'의 조건을 기반으로 한 것이다.
⑤ 고객상담팀의 의견은 '정보 전달 및 사용자 배려'의 조건과 맥이 닿아 있다.

'경제성'은 제품의 품질을 유지하면서도 포장재 비용을 합리화하는 것이다. 생산팀이 주장하는 의견은 생산 설비와 생산 방식 제품을 효율적으로 대량으로 생산함을 주장하는 '대량화'를 염두에 둔 것이다.

32 다음은 화장품 품질검사팀의 관능평가 중 일부 장면이다. 평가에 사용된 요소들에 대한 설명으로 옳지 <u>않은</u> 것은?

> 신제품 립크림에 대한 관능평가가 진행되었다. 품질관리팀은 10㎖ 바이알에 제품을 담아 기기를 통해 탁도를 측정했고, 또 다른 제품은 실온에서 방치한 후 점도계를 이용하여 점도를 측정하였다. 일부 제품은 냄새가 약간 변질된 것 같아 손등에 도포하여 표준품과 비교하며 확인하였다.

① 탁도 평가는 기계적 측정 방법을 통해 제품의 혼탁도나 침전 여부를 판단한다.
② 변취 평가는 후각을 이용한 비교 평가로, 제품에서 나는 냄새의 변질 여부를 판별한다.
③ 분리(성상) 평가는 유화 상태를 확인하며, 주로 육안과 촉각을 통해 점검한다.
④ 점도 평가는 제품을 실온에 방치한 후 적합한 회전봉을 사용하여 측정한다.
⑤ 증발 및 표면 굳음 평가는 건조감량과 무게 변화를 통해 파악한다.

증발 및 표면 굳음 평가는 제품 도포 후의 표면 변화(예 굳음, 끈적임 등)를 육안과 촉각으로 평가하는 항목이다. 건조감량이나 무게 변화 측정은 관능평가가 아니라 기기 분석에 해당되므로 틀린 설명이다.

33 화장품 제조 설비 중 원료 및 재료를 한 위치에서 다른 위치로 전달하기 위해 사용하는 설비는?

① 탱크
② 호스
③ 게이지와 미터
④ 필터와 여과기
⑤ 호모믹서

오답 피하기
① 탱크는 내용물을 보관하거나 혼합하는 용도로 사용되는 대형 용기이다.
③ 게이지와 미터는 압력, 온도, 유량, pH 등을 측정하는 계측기이다.
④ 필터와 여과기는 내용물 내의 불순물이나 이물질을 제거하는 장치이다.
⑤ 호모믹서는 고속 회전 날개를 사용해서 원료를 균일하게 혼합하는 기계이다.

34 다음 중 우수화장품 제조 및 품질관리 기준 (CGMP)에서 원자재 입고관리 관련 설명으로 옳지 않은 것은?

① 원자재 입고절차 중 육안 확인 시 물품에 결함이 있을 경우, 입고를 보류하고 격리 보관 및 폐기하거나 원자재 공급업자에게 반송하여야 한다.
② 입고된 원자재는 '입고', '입고 보류', '반송' 등으로 상태를 표시하여야 한다.
③ 원자재 용기에 제조번호가 없는 경우에는 원자재 공급업체로 반송하여야 한다.
④ 화장품책임판매업자는 원자재 공급자에 대한 관리감독을 적절히 수행하여 입고관리가 철저히 이루어지도록 하여야 한다.
⑤ 원자재의 입고 시 구매 요구서, 원자재 공급업체 성적서 및 현품이 서로 일치하여야 하며, 반드시 운송 관련 자료를 추가적으로 확인하여야 한다.

입고 시에는 구매요구서, 성적서, 현품의 일치 여부를 반드시 확인하여야 하는 사항으로 명시되어 있으나, 운송 관련 자료는 필수 확인 사항으로 규정되어 있지 않다.

▶ **선생님의 노하우**
'무조건, 반드시' 반송이라는 표현이 나오면 의심해 보세요. CGMP에서는 대안적 관리 가능 여부도 중요하게 봅니다.

35 다음은 중 화장품 제조소의 구역별 청정도 등급 및 미생물 관리 기준을 짝지은 것으로 올바르지 않은 것은?

① 제조실 - 2등급 - 부유균 20개/㎥ 또는 낙하균 10개/hr
② 충전실 - 2등급 - 부유균 200개/㎥ 또는 낙하균 30개/hr
③ 성형실 - 2등급 - 부유균 200개/㎥ 또는 낙하균 30개/hr
④ 미생물 실험실 - 2등급 - 부유균 200개/㎥ 또는 낙하균 30개/hr
⑤ 칭량실 - 2등급 - 부유균 200개/㎥ 또는 낙하균 30개/hr

제조실은 2등급 - 부유균 200개/㎥ 또는 낙하균 30개/hr이다. Clean Bench가 1등급 - 부유균 20개/㎥ 또는 낙하균 10개/hr이다.

정답 34 ⑤ 35 ①

36 화장품 제조소에서 포장재 입고 및 관리에 대한 내부 점검을 수행한 결과, 아래와 같은 사항이 적발되었다. 이 중 포장재 관리 절차에 따라 적절하지 <u>않은</u> 항목을 모두 고르면?

포장재 관리 실태 점검 결과

㉠ 포장재는 외부에서 납품되었으며, 공급자 검증 없이 바로 입고하였다.
㉡ 입고된 포장재는 1차 용기만 포함하고 라벨류는 제외되었다.
㉢ 포장재 보관 중, 적정 보관 환경이 정해져 있지 않았다.
㉣ 입고 시 품질 검사 없이 바로 사용공정에 투입되었다.
㉤ 납품서 기준으로 재고를 관리하고, 별도의 사용기한은 설정하지 않았다.
㉥ 불합격 포장재는 다른 원료와 함께 공용 창고에 임시 보관하였다.

---

① ㉠, ㉢, ㉥
② ㉡, ㉣, ㉤
③ ㉠, ㉡, ㉣, ㉥
④ ㉢, ㉤
⑤ ㉠, ㉡, ㉢, ㉣, ㉤, ㉥

㉠ 공급자는 반드시 중요도 분류 및 평가 과정을 거쳐야 하므로 바로 입고는 부적절하다.
㉡ 포장재에는 1차/2차 용기뿐 아니라 라벨류도 포함된다.
㉢ 포장재는 적절한 보관 환경 설정이 필수적이다.
㉣ 입고 후 반드시 합격 판정 후 사용하여야 한다.
㉤ 포장재도 사용기한을 설정하고 관리하여야 한다.
㉥ 불합격 포장재는 공용 보관이 아닌 격리 보관되어야 한다.

37 다음 중 우수화장품 제조 및 품질관리 기준에서 직원의 위생에 대한 설명으로 옳은 것은?

① 작업소 내의 모든 직원은 화장품의 오염을 방지하기 위해 규정된 작업복을 착용하여야 한다. 단, 보관소 내의 직원은 예외이다.
② 피부에 외상이 있는 직원은 화장품의 품질에 영향을 주지 않는다는 의사의 소견이 있기 전까지는 화장품과 직접적으로 접촉되지 않도록 격리되어야 한다.
③ 방문객은 사전에 교육을 받지 않아도 복장 규정에 따라 복장만 갖추면 제조구역에 출입할 수 있다.
④ 적절한 위생관리 기준 및 절차를 마련하고 제조소 내의 제조부서 직원만 이를 준수하여야 한다.
⑤ 제조 구역별 접근권한이 없는 작업원은 제조, 관리 및 보관구역 내에 절대 들어가지 않아야 한다.

오답 피하기
① 보관소 내의 직원도 작업복을 착용하여야 한다.
③ 방문객도 위생 교육을 받아야 하며, 제조구역의 출입 시 관리자의 승인을 받아야 한다.
④ 위생 절차는 전 직원(관리·보관·생산 포함)이 준수하여야 한다.
⑤ 원칙적으로는 안 되지만, 업무상으로 관리자의 승인을 받으면, 일정한 복장을 갖춘 후에 출입할 수 있다.

38 다음 중 우수화장품 제조 및 품질관리기준(CGMP)에 따른 제품 보관 기준에 대한 설명으로 가장 적절한 것은?

① 반제품은 품질에 영향을 미치지 않으므로, 별도의 보관조건 없이 제조 구역 내 보관이 원칙이다.
② 벌크제품은 재사용하지 않는 것이 원칙이며, 재보관을 위해 밀폐용기를 사용하는 것은 권장되지 않는다.
③ 원료와 포장재의 보관은 바닥에 직접 두어 청소를 용이하게 하여야 하며, 햇빛 노출을 막을 필요는 없다.
④ 보관 중인 원료 및 포장재는 선입선출 원칙에 따라 출고되며, 장기 보관품은 주기적 재고조사 대상이다.
⑤ 내용물 특성과 관계없이 모든 원료는 상온(15~25℃)에서 보관하여야 하며, 특수한 온도 조절은 불필요하다.

① 반제품은 반드시 보관 구역을 별도로 지정해 적절한 용기에 보관하고, 보관 조건과 확인코드 등을 표시하여야 한다.
② 벌크는 재사용 가능하고(다음 제조 시 우선 사용), 적절한 용기에 밀폐하여 재보관하여야 하며, 보관 환경도 준수하여야 한다.
③ 원료와 포장재를 바닥에 직접 두면 오염·습기의 유입 가능성 높아지므로 바닥에서 떨어진 곳에 보관하고, 햇빛, 습기, 열기로의 노출을 막아야 한다.
⑤ 내용물의 특성에 맞는 보관온도를 준수하여야 한다.

39 다음 표는 화장품 제조 환경의 공기 정화 설비에 사용하는 필터 3종에 대한 사양과 특징을 정리한 것이다. 이 정보를 바탕으로, 올바르게 추론한 설명을 고르시오.

종류	입자 크기 (μm)	압력 손실 (mmAq 이하)	용도 및 특징
P/F	5	9	• 전처리용 • 10~30μm 입자 제거 • 세척 후 재사용 가능
M/F	0.5	16	• HEPA 전처리용 • 공장/무균실에 사용 • 포집효율 95%
H/F	0.3	24	• 최종 필터 • 병원/식품공장 • 포집효율 99.97% • 고온에서 사용 가능

① HEPA 필터보다 큰 입자만 제거 가능하며, 반복 사용이 가능한 필터는 H/F이다.
② 압력 손실이 가장 적으면서도 산업 현장에서 전처리 필터로 사용되는 것은 P/F이다.
③ M/F는 P/F보다 입자가 크고 압력 손실도 적으므로, 일반적으로 H/F 다음 단계에서 사용된다.
④ 병원용 필터로는 P/F와 M/F가 모두 적합하며, 둘 다 고온에서의 안정성이 보장된다.
⑤ 공기 중 초미세먼지를 고효율로 제거하여야 하는 경우, P/F 단독으로 사용하는 것이 바람직하다.

오답 피하기
① H/F는 재사용이 불가하고, 가장 작은 입자 제거용으로 사용한다. 재사용 가능한 것은 P/F이다.
③ M/F는 P/F보다 입자가 더 작아 더 미세한 입자를 걸러낼 수 있어 H/F보다 이전 단계에서 사용된다.
④ 병원용은 H/F에 해당한다. 고온 안정성은 H/F만 보장된다.
⑤ P/F는 크기가 10~30μm의 이물질을 제거하므로 그보다 작은 초미세먼지(0.3μm 이하)는 제거하지 못한다.

40 다음 중 작업자가 사용하는 손 소독제의 특징 및 사용 방법에 대한 설명으로 옳지 않은 것은?

① 클로르헥시딘은 양이온성 항균제로 세포질막을 파괴하여 살균하며, 0.5% 이상 농도로 사용된다.
② 아이오도퍼는 세포 단백질 합성을 저해하고 세포막을 변성시켜 작용하며, 0.5~10% 농도로 사용된다.
③ 헥사클로로펜은 단백질을 응고시켜 살균 효과를 나타내며, 3% 농도로 사용된다.
④ 알코올은 단백질을 변성시켜 살균하며, 70~80% 농도에서 가장 효과적이다.
⑤ 트리클로산은 세포막을 교란하고 특정 효소 작용을 억제하여 항균 작용을 하며, 낮은 농도에서도 효과가 있다.

> 헥사클로로펜은 세포벽을 파괴하여 소독 작용을 한다. 단백질 응고가 주 작용 기전은 아니다.

41 다음 중 제조설비 관리책임자의 업무로 옳지 않은 것은?

① 설비 이력 관리를 통해 설비 가동률과 고장률을 파악하고, 점검 주기 조정 여부를 판단한다.
② 설비의 부품 교체 주기표를 바탕으로 예비 부품을 관리하고 교체 시기를 기록한다.
③ 회수되거나 품질에 문제가 있는 제품의 폐기 또는 재작업 여부를 승인한다.
④ 설비의 정기 점검 결과를 점검표에 기재하고 연간 정비 계획에 따라 정비를 실시한다.
⑤ 설비의 내구연한 종료 여부에 따라 불용 결정을 내리고 해당 설비를 폐기한다.

> 제품의 폐기 또는 재작업 여부를 승인하는 것은 제품의 품질 적합 여부 및 폐기/재작업 승인과 관련된 업무로, 품질보증 책임자의 권한에 해당한다.

42 다음 중 화장품 제조 설비에 대한 설명으로 옳지 않은 것은?

① 탱크는 공정 중인 원료뿐만 아니라 완제품의 저장용으로도 사용되며, 포뮬레이션 과정 전체에 사용될 수 있다.
② 펌프는 점도와 관계없이 모든 액체를 동일한 방식으로 이송할 수 있으며, 혼합 기능은 별도로 갖추지 않는다.
③ 혼합 및 교반 장치는 균일한 제품과 원하는 물리적 성상을 얻기 위해 필수적인 장비이다.
④ 필터, 여과기, 체는 불순물 제거뿐만 아니라 원료나 제품 내 입자의 크기를 조절하는 역할도 한다.
⑤ 게이지와 미터는 점도, 온도, 압력 등의 물리적 특성을 측정하거나 기록하는 데 사용된다.

> 펌프가 점도와 관계없이 동일한 방식으로 원료를 이송할 수 있다는 것은 옳지 않다. 펌프는 재순환 및 균질화 기능이 있기 때문에, 실제로 점도에 따라 펌프 방식이 다르고, 이 때문에 혼합 기능을 겸하는 펌프도 있다.

43 다음 중 우수화장품 제조 및 품질관리기준 (CGMP)상의 출고 관리에 대한 설명으로 옳은 것은?

① 원료 및 포장재는 사용 승인 전에라도 긴급 제조가 필요한 경우, 작업자가 판단하여 선 출고할 수 있다.
② 시험 결과가 미확인된 뱃치라도 외관상 이상이 없을 경우 출고가 가능하다.
③ 원료 및 포장재의 불출은 승인된 자만이 수행할 수 있으며, 선입선출을 원칙으로 한다.
④ 모든 물품은 적재일 기준 후입선출(FIFO) 방식으로 출고하는 것이 원칙이다.
⑤ 제품의 품질에 문제가 없다고 판단되면 별도의 검체 시험 없이 출고할 수 있다.

> **오답 피하기**
> ① 출고는 반드시 시험 후 적합 판정을 받은 뒤, 승인된 자에 의해서만 가능하다. 긴급 제조 시에도 내부 규정 절차가 필요하다.
> ② 시험 결과가 없으면 출고할 수 없다. 외관상으로는 문제가 없더라도 시험을 거쳤을 때 문제가 발생할 수 있기 때문이다.
> ④ CGMP는 선입선출(FIFO) 원칙을 따른다.
> ⑤ 검체 시험은 출고 전 필수 절차이다. 시험 없이 출고는 품질 보증 기준에 위반된다.

44 다음 중 우수화장품 제조 및 품질관리기준 (CGMP)에서 정한 4대 기준서에 포함되지 <u>않는</u> 것은 무엇인가?

① 제품표준서
② 제조관리기준서
③ 품질관리기준서
④ 안전사용기준서
⑤ 제조위생관리기준서

> 안전사용기준서는 화장품법이나 기능성 화장품 심사기준 등에서 다루는 개념이지, CGMP 4대 기준서에 포함되지 않는다.

45 다음 중 제조관리기준서의 주요 내용으로 가장 적절한 것은?

① 작업장 및 설비의 청결 유지, 작업자 복장 및 위생 관리에 대한 기준을 명시한다.
② 제품별 원료 구성, 제조방법, 품질기준 등의 항목을 문서화하여 관리한다.
③ 제조 공정에 따라 작업 지시, 공정 조건, 제조 순서 등을 표준화하여 기록한다.
④ 품질 시험의 항목, 시험 방법, 판정 기준 등을 문서로 정리하고 관리한다.
⑤ 제품 사용 시의 주의사항, 유통기한, 소비자에게 고지할 정보 등을 포함한다.

> **오답 피하기**
> ① 위생, 복장 등은 제조위생관리기준서에 해당한다.
> ② 제품 원료, 제조방법 등은 제품표준서에 해당한다.
> ④ 시험 방법과 기준은 품질관리기준서에 해당한다.
> ⑤ 소비자 고지 정보 등은 표시광고 규정에 가깝다.

46 화장품의 폐기처리 및 재작업에 대한 우수화장품 제조 및 품질관리 기준(CGMP) 설명으로 옳지 <u>않은</u> 것은?

① 제조일로부터 1년이 경과하지 않은 변질, 변패 또는 병원미생물에 오염되지 않은 화장품은 재작업을 할 수 있다.
② 변질, 변패 또는 병원미생물에 오염되지 않고 사용기한이 18개월 남아있는 화장품은 재작업을 할 수 있다.
③ 재작업의 여부는 제조부서 책임자에 의해 승인되어야 한다.
④ 변질, 변패 또는 병원미생물에 오염되지 않고 사용기한이 1년 남아있는 화장품은 재작업을 할 수 있다.
⑤ 변질, 변패 또는 병원미생물에 오염되지 않고 제조일로부터 10개월이 경과하지 않은 화장품은 재작업을 할 수 있다.

> 재작업 승인 권한이 '제조부서 책임자'가 아니라 '품질보증부서 책임자'에게 있다.

47 다음은 유통화장품 안전 관리 기준에 따른 내용량 기준에 대한 설명이다. ㉠과 ㉡에 적합한 수치끼리 짝지은 것으로 옳은 것은?

> 제품 (㉠)개를 시험할 때, 그 평균 내용량은 표기량의 97% 이상이어야 한다. 기준치를 벗어날 경우, 6개를 추가로 취하여 시험하고, 9개의 평균 내용량이 (㉡)% 이상이어야 한다.

	㉠	㉡
①	3	95
②	3	97
③	3	98
④	6	95
⑤	6	97

유통화장품의 안전관리 기준("화장품 안전기준 등에 관한 규정" 제6조 제5항)
내용량의 기준은 다음과 같다.
1. 제품 3개를 가지고 시험할 때 그 평균 내용량이 표기량에 대하여 97% 이상(다만, 화장 비누의 경우 건조중량을 내용량으로 함)
2. 제1호의 기준치를 벗어날 경우 : 6개를 더 취하여 시험할 때 9개의 평균 내용량이 제1호의 기준치 이상

48 화장품 안정성시험 종류와 특징에 대한 설명이 옳지 않은 것은?

① 개봉 후 안정성 시험은 제품 사용 중 외부 오염 등의 가능성을 고려하여, 개봉 후 짧은 기간 동안 물리적·화학적·미생물학적 안정성과 용기와의 상호작용을 확인하는 시험이다.
② 내열성 시험, 색상 변화, 향기 유지 여부, 사용감 등은 장기 보존 시험과 가속 시험 모두에서 일반 시험 항목으로 포함된다.
③ 유통기한 설정을 목적으로 실제 보관 조건 하에서 장기간에 걸쳐 품질의 변화를 평가하는 시험은 장기보존시험이다.
④ 급격한 온도 변화나 극단적인 보관 조건 등을 적용하여 분해 가능성과 그 부산물까지 살펴보는 시험은 가혹시험이다.
⑤ 일정 시간 내에 제품이 미생물 등에 의해 변질되지 않고 내용물과 용기의 물리적 안정성이 유지되는지를 살펴보는 시험은 가속시험이다.

⑤은 시험은 가속시험이 아니라 '개봉 후 안정성 시험'에 대한 설명이다.

49 다음은 A 화장품 제조업체에서 진행된 공정 중 일부 상황이다. 각각의 상황에서 참조하여야 할 서류를 올바르게 연결한 경우를 모두 고르면?

> A사에서 비타민 C 유도체가 함유된 미백 앰플을 제조 중이다. 원료 입고 후 품질팀은 내용물의 순도, 이물, pH, 점도 등을 검사하고, 검사 결과를 관련 부서에 공유하였다. 이후 생산팀은 제품에 대한 기준 성상과 허용 오차, 시험방법을 확인하고자 했다.
> - 검사 결과에 대한 공식적인 근거는 (㉠)를 통해 확인할 수 있다.
> - 생산팀이 시험 기준과 항목을 참고하려면 (㉡)를 확인하여야 한다.

	㉠	㉡
①	품질성적서	제품표준서
②	제조관리기준서	제조지시서
③	구매요구서	제품표준서
④	제품표준서	제조관리기준서
⑤	품질성적서	제조관리기준서

㉠ 품질성적서 : 내용물 또는 원료에 대해 검사 후 기록된 시험 결과를 공식적으로 문서화한 서류
→ 시험 결과의 증거 역할을 하며, 출고 승인 등의 근거 자료가 된다.
㉡ 제품표준서 : 특정 제품의 성분 기준, 시험 방법, 허용 오차 등을 구체적으로 기술한 문서
→ 생산 및 품질 부서가 제품 제조 및 시험 기준을 파악할 때 사용한다.

50 다음은 화장품 제조업체가 용기 적합성 시험을 진행하는 장면이다. 대화 내용을 참고하여, 이들이 시행하려는 시험으로 가장 적절한 것을 고르시오.

> A사는 새로 개발한 아이라이너 제품을 고온·다습한 환경에서 장기간 유통할 경우 용기의 팽창, 코팅 벗겨짐, 인쇄박리 등의 문제가 보고된 사례를 참고하여, 유사한 상황을 재현해 적절한 용기인지 검토하려고 한다. 또한 내용물이 휘발성이 강하여 일정 시간 후 감량 여부도 함께 확인하고자 한다.

① 유리병 내부 알칼리 용출량 시험과 열충격 시험
② 펌프 분사 형태 시험과 라벨 접착력 시험
③ 내용물 감량 시험과 내용물에 의한 용기 마찰 시험
④ 내용물에 의한 용기 마찰 시험과 접착력 시험
⑤ 감압 누설 시험과 펌프 누름 강도 시험

오답 피하기
① 유리병 관련 시험이므로 아이라이너 용기와 무관하다.
② 스프레이 형태나 라벨 접착 관련 시험으로, 감량·용기 팽창과는 무관하다.
④ 인쇄의 박리 측면은 보지만, 감량 확인이 빠져 있다.
⑤ 밀폐성 및 사용 강도는 확인하지만, 휘발성과 변형 문제에는 적합하지 않다.

51 다음은 맞춤형화장품조제관리사가 책임판매업자로부터 받은 화장품의 품질성적서이다. 유통화장품 안전관리 기준에 적합한 것을 모두 고른 것은?

> ㄱ. 대장균 불검출
> ㄴ. 안티모니 10㎍/g 검출
> ㄷ. 비소 1㎍/g 검출
> ㄹ. 디옥산 50㎍/g 검출
> ㅁ. 녹농균 불검출

① ㄱ, ㄴ, ㄷ
② ㄴ, ㄷ, ㄹ
③ ㄱ, ㄷ, ㅁ
④ ㄱ, ㄴ, ㅁ
⑤ ㄱ, ㄴ, ㄷ, ㄹ, ㅁ

유통화장품의 안전관리 기준(「화장품 안전기준 등에 관한 규정」 제6조 제2항·제4항)
• 대장균(ㄱ) 및 녹농균(ㅁ) : 불검출
• 안티모니(ㄴ) : 10㎍/g 이하
• 비소(ㄷ) : 10㎍/g 이하
• 디옥산(ㄹ) : 100㎍/g 이하

52 다음 중 「우수화장품 제조 및 품질관리기준(CGMP)」에 따른 서류관리 규정에 대한 설명으로 옳지 않은 것은 무엇인가?

① 모든 기록은 자필 또는 전자 서명 등으로 작성하고, 해당 기록자는 서명 또는 식별 가능한 표기를 하여야 한다.
② 문서의 수정은 원칙적으로 불가능하나, 불가피한 경우에는 선을 긋고 수정 후 서명과 날짜를 기재하여야 한다.
③ 서류는 보존기간 동안 쉽게 열람이 가능하도록 보관하며, 훼손이나 유실이 발생하지 않도록 관리하여야 한다.
④ 품질관리 기록은 최소 2년 이상, 제조관리 기록은 3년 이상 보관하며, 보존기간은 회사 내부 기준에 따라 임의로 단축 가능하다.
⑤ 제조·품질 관련 문서는 승인된 양식과 버전으로 사용하며, 변경 시에는 변경 이력 및 승인 내역을 반드시 기록하여야 한다.

보관기간은 법령과 기준을 따라야 하며 임의로 조정할 수 없다. 제조관리기록은 최소 3년, 품질관리기록은 제조일로부터 최소 2년이다.

53 다음 중 「우수화장품 제조 및 품질관리기준(CGMP)」에서 규정한 제품 회수 책임자의 역할에 대한 설명으로 옳지 않은 것은?

① 회수 대상 제품이 발생했을 경우, 회수의 범위와 등급을 결정하고 신속한 조치를 취할 책임이 있다.
② 회수 조치 시, 관련된 부서와의 협의를 통해 회수 계획을 수립하고, 해당 제품의 출하를 즉시 중단시킬 수 있어야 한다.
③ 회수 완료 후에는 회수된 제품의 처리 결과와 원인 분석을 문서화하여 보관하여야 한다.
④ 회수는 일반적으로 외부 전문기관이 주도하여 시행하며, 책임자는 문서 정리와 행정 업무만 담당한다.
⑤ 제품 회수 기록은 추후 유사 상황 발생 시 대응력을 높이기 위해 보관하며, 관계 기관의 요청이 있을 경우 즉시 제출할 수 있어야 한다.

회수는 회사 내부에서 직접 주관하고, 회수 책임자가 전반적인 절차를 지휘한다.

54 다음은 맞춤형화장품 판매장에서 일하는 맞춤형화장품조제관리사들의 업무 사례이다. 이 중 「화장품법」 및 관련 규정상 맞춤형화장품조제관리사의 조제 범위를 벗어난 업무를 수행한 사람은 누구인가?

① 한나는 피부 건조를 호소하는 고객의 요청에 따라, 기존 판매 중인 일반 로션에 식약처장이 고시한 보습 원료를 추가로 혼합하여 제공하였다.
② 연두는 자외선차단 기능성 화장품을 구매하러 온 고객에게, 기존 자외선차단제를 고객의 편의를 위해 200㎖ 완제품에서 50㎖씩 소분하여 별도의 용기에 담아 판매하였다.
③ 세영은 향에 민감한 고객을 위해 기존 판매되고 있는 일반 크림에 방향 성분인 라벤더오일을 소량 혼합하여 고객에게 판매하였다.
④ 사훈은 기능성 심사 완료된 미백 화장품에 미백 기능이 있는 다른 성분을 추가로 배합한 후, 심사 없이 고객에게 개별 조제 화장품으로 제공하였다.
⑤ 태오는 피부진정 효과를 원하는 고객의 요청으로, 판매 중인 일반 앰플 제품에 식약처 고시원료인 병풀추출물을 정해진 한도 내에서 추가하여 조제하여 제공하였다.

사훈은 이미 기능성 심사를 완료한 기능성 화장품에 추가적인 기능성 성분을 임의로 추가하여 조제하였다. 맞춤형화장품조제관리사는 이미 심사 완료된 기능성 화장품에 대해 기능성에 영향을 줄 수 있는 성분을 임의로 추가하여 혼합·조제할 수 없을뿐더러, 추가적인 심사 없이 기능성 화장품을 조제할 수 없다. 따라서 이는 「화장품법」 및 관련 규정상 조제 범위를 벗어난 행위이다.

55 맞춤형화장품조제관리사가 법령상 판매할 수 있는 경우는?

> ㄱ. 소비자가 요청한 색소를 조제용 화장품 내용물에 소량 추가하여 혼합한 후 판매
> ㄴ. 기능성 화장품 심사를 받은 조제용 내용물을 그대로 판매
> ㄷ. 소비자가 가져온 포장용기에 일반 화장품을 소분하여 판매
> ㄹ. 정제수와 토너를 조제용 내용물에 섞어 현장에서 용기에 충전한 후 판매
> ㅁ. 기능성 원료를 기능성 심사를 받지 않은 선크림에 추가하여 판매

① ㄱ, ㄴ
② ㄱ, ㄹ
③ ㄷ, ㄹ
④ ㄴ, ㅁ
⑤ ㄷ, ㅁ

오답 피하기
ㄴ. 단순 판매는 불가하다. 조제(혼합 또는 소분) 전제가 있어야 한다.
ㄷ. 소비자 제공 용기라도, 일반 화장품 소분 판매는 맞춤형장품의 조제가 아닌 단순 유통으로 불가하다.
ㅁ. 원료는 심사를 받은 조제용 내용물에만 추가할 수 있다.

56 다음 중 피부 상태 분석 방법에 대한 설명으로 옳지 않은 것은?

① 경피수분손실량(TEWL)의 수치가 높을수록 피부의 수분 유지력이 낮아졌음을 의미하며, 이로써 장벽 기능 저하 여부를 판단할 수 있다.
② 색소침착이나 홍반 정도는 멜라닌 및 혈색소(헤모글로빈)의 광학적 흡수율을 기반으로 분석기기를 통하여 측정 가능하다.
③ 피부의 유수분 밸런스는 세안 직후보다 피부 표면에 피지막이 안정화된 상태에서 측정하여야 보다 신뢰도 높은 결과를 얻을 수 있다.
④ 촉진법은 손끝의 촉각을 활용하여 피부의 탄력성, 각질 상태, 피부 두께 등을 분석하는 감별법 중 하나이다.
⑤ 문진법은 피부 표면 상태에 대한 직접적인 관찰이나 계측 없이, 피부과 전문 진단에 준하는 과학적 분석 결과를 얻는 방식이다.

문진법은 비계측적 주관 문답 방식일 뿐 전문 진단에 준하는 분석은 불가능하다. 과학적 분석을 보완하는 참고적 방법에 불과하다.

정답 55 ② 56 ⑤

57 다음은 화장품의 가혹시험에 대한 대화이다. 이 중 틀린 내용을 말한 사람은 누구인가?

① 가윤 : 가혹시험은 운반이나 보관 중 발생할 수 있는 극단적 환경에서 화장품의 품질 변화 여부를 보는 시험이야. 예를 들어 온도 변화에 따른 안정성 확인 같은 거지.
② 나림 : 맞아. 동결과 해동을 반복하는 시험을 통해서 크림 제형의 유화 안정성이나 포장재 부식 여부도 볼 수 있대.
③ 다빈 : 그리고 가혹시험에서는 무조건 -20℃ 이하의 냉동 조건에서 시험을 해야 돼. 그래야 제품의 한계가 정확히 드러나거든.
④ 라희 : 나는 진동시험이 운반 중 파손 가능성이나 입자 제품의 분리 여부 같은 걸 확인하는 데 쓰인다고 들었어.
⑤ 마준 : 광안정성 시험은 제품이 빛에 노출될 수 있는 경우, 변색이나 성분 분해 같은 문제가 있는지 확인하는 거야.

가혹시험의 온도 조건은 -15~45℃의 범위에서 설정되며, 검체의 특성에 따라 적절한 조건을 선택하여야 한다.

58 다음 중 피부의 구성에 대한 설명으로 가장 옳은 것은?

① 표피세포는 수분을 저장하는 역할을 한다.
② 콜라겐은 각질층에 가장 많이 존재하며, 피부의 수분 손실을 방지한다.
③ 세포간지질은 주로 세라마이드, 콜레스테롤, 지방산 등으로 구성되어 있으며, 피부 장벽 유지에 관여한다.
④ 엘라스틴은 피부색을 결정하는 색소이며, 멜라닌세포에서 합성된다.
⑤ 피지선에서 분비되는 피지는 피부 수분을 조절하며, 수용성 보호막을 형성한다.

오답 피하기
① 표피세포의 주된 기능은 수분 저장보다 보호이다.
② 콜라겐은 진피에 존재하며, 수분 보유보다 피부의 탄력과 구조 유지에 관여한다.
④ 엘라스틴은 탄력섬유 단백질로, 피부색과는 무관. 피부색은 멜라닌이 결정한다.
⑤ 피지는 지용성 보호막을 형성하며, 수분 증발을 지연시키지만 수용성 보호막은 아니다.

59 「화장품법」 제3조의3 및 제37조에 따른 맞춤형 화장품판매업 등록 시, 결격사유에 해당하지 <u>않</u>는 것은?

① 마약류 중독자
② 화장품법을 위반하여 벌금형을 선고받고 1년이 지나지 아니한 자
③ 파산선고를 받고 복권되지 아니한 자
④ 금고형의 집행이 종료되지 않은 자
⑤ 등록이 취소된 날로부터 6개월이 경과되지 않은 자

'금고 이상의 형'이라고 명시되어 있다. 금고 이상의 형에는 금고, 징역, 사형이 있다.

60 다음 중 맞춤형화장품조제관리사의 영업장 내 배치에 관한 설명으로 옳지 <u>않은</u> 것은?

① 맞춤형화장품조제관리사는 조제관리 업무가 이루어지는 동안 영업장에 상주하여야 한다.
② 영업자는 맞춤형화장품조제관리사가 조제관리 업무를 수행한 내용을 기록·관리하여야 한다.
③ 맞춤형화장품조제관리사는 동일 시간대에 두 개 이상의 영업장에서 근무할 수 있다.
④ 맞춤형화장품조제관리사는 화장품법에서 정한 자격기준을 충족한 사람이어야 한다.
⑤ 맞춤형화장품조제관리사는 조제관리 업무 수행 중 소비자의 질문에 응대할 수 있다.

맞춤형화장품조제관리사는 동일 시간대에 하나의 영업장에서만 상주·근무 가능하며, 두 곳 이상을 동시에 담당하는 것은 불가능하다.

61 다음 중 멜라닌세포 및 피부색의 결정요소에 대한 설명으로 가장 옳은 것은?

① 멜라닌세포의 수는 인종 간 피부색 차이를 결정짓는 주요 요인이다.
② 멜라닌은 각질형성세포 내에서 합성되어 피부색을 결정한다.
③ 멜라닌의 양과 유형, 분포 방식 등이 피부색의 차이에 영향을 미친다.
④ 멜라닌세포는 표피의 과립층에 위치하며 자외선 흡수를 통해 피부색을 어둡게 만든다.
⑤ 유멜라닌은 적갈색 색소이며, 주로 밝은 피부색을 가진 사람에게 많이 존재한다.

오답 피하기
① 인종 간 피부색 차이는 멜라닌세포의 수가 아니라, 멜라닌의 양, 유형(유멜라닌/페오멜라닌), 분포 방식에 의해 결정된다. 멜라닌세포의 수는 인종 간 큰 차이가 없다.
② 멜라닌은 멜라닌세포 내 멜라노좀에서 합성되며, 이후 각질형성세포(케라티노사이트)로 전달된다.
④ 멜라닌세포는 표피의 기저층에 위치하며, 과립층에는 존재하지 않는다.
⑤ 유멜라닌은 흑갈색 색소로 어두운 피부에 많이 존재하며, 페오멜라닌은 적갈색 색소로 밝은 피부색을 가진 사람에게 많다.

62 맞춤형화장품의 혼합과 소분에 사용되는 내용물 및 원료에 대한 품질검사결과를 확인할 수 있는 서류는 무엇인가?

① 품질성적서
② 칭량지시서
③ 포장지시서
④ 품질규격서
⑤ 제조공정도

오답 피하기
② 원료를 얼마나 계량(칭량)할지 구체적으로 지시하는 문서이다.
③ 제품을 어떻게 포장할 것인지에 대한 구체적인 지침이다.
④ 완제품, 원료, 자재 등이 어떤 기준을 만족하여야 하는지 명시한 문서이다.
⑤ 제품이 어떻게 만들어지는지 전체 공정을 시각화한 도식이다.

정답 59 ② 60 ③ 61 ③ 62 ①

63 다음은 맞춤형화장품업체 A사가 맞춤형화장품 판매업을 운영하는 중, 사업장 주소를 다른 지역으로 이전하는 사례에 관한 설명이다. 이와 관련하여 옳은 내용을 모두 고른 것은?

※상황
A사는 서울 강남구에 위치한 사업장을 경기 수원시로 이전하려 한다. 이에 따라 맞춤형화장품조제관리사도 변경되며, 영업신고 시 기재한 주소 외에 변경되는 사항이 일부 있다.

※보기
ㄱ. 기존 사업장에서 철수하고 새로운 주소로 이전하는 경우, 관할 지방식품의약품안전청에 변경 신고를 하여야 한다.
ㄴ. 이전된 주소지에서 영업을 시작하기 전에 변경 신고 수리 및 확인증 발급을 받아야 한다.
ㄷ. 조제관리사가 변경된 경우, 변경 신고 없이 구두 보고만으로도 적법하다.
ㄹ. 사업장 이전은 신규 신고 대상이므로, 기존 신고는 말소되고 새로운 신고 절차를 밟아야 한다.
ㅁ. 조제관리사 정보가 바뀌는 경우, 변경 신고서에 관련 자격증 사본을 첨부하여야 한다.
ㅂ. 주소만 변경되었을 경우에는 지방자치단체에 별도로 보고하지 않아도 된다.

① ㄱ, ㄴ, ㅁ
② ㄴ, ㄷ, ㅂ
③ ㄱ, ㄹ, ㅁ
④ ㄴ, ㄹ, ㅂ
⑤ ㄱ, ㄷ, ㅁ

> **오답 피하기**
> ㄷ. 조제관리사가 변경된 경우에도 반드시 변경 신고를 하여야 하며, 구두 보고만으로는 불충분하다.
> ㄹ. 사업장 이전은 변경 신고 대상이지 신규 신고 대상이 아니다. 기존 신고를 유지한 채 주소만 변경 신고하면 된다.
> ㅂ. 주소가 변경된 경우, 반드시 관할 행정기관(지방식약청)에 변경 신고를 하여야 하며, 별도 보고를 생략할 수 없다.

64 다음 중 모발에 대한 설명으로 옳은 것을 모두 고른 것은?

ㄱ. 모발은 케라틴 단백질로 구성되며, 이 중 시스틴 결합은 퍼머넌트 시 화학적 구조를 변화시키는 핵심 요소이다.
ㄴ. 모발의 성장 주기는 휴지기 → 퇴행기 → 성장기의 순서이며, 일반적으로 퇴행기에 있는 모발이 가장 많다.
ㄷ. 산화염색에서 1제는 염모제와 알칼리제를 포함하고, 2제는 산화제인 과산화수소를 포함한다.
ㄹ. 탈색은 산화제를 통해 멜라닌 색소를 환원시켜 색을 밝히는 방식이다.
ㅁ. 파마는 수소결합을 끊고 다시 연결하는 과정을 통해 반영구적인 모양을 만든다.
ㅂ. 모발의 성장기 동안 모근에서 활발한 세포 분열이 일어나며, 이 시기에 가장 많은 모발이 존재한다.

① ㄱ, ㄷ, ㅂ
② ㄱ, ㄹ, ㅁ
③ ㄴ, ㄷ, ㅂ
④ ㄱ, ㄷ, ㄹ
⑤ ㄴ, ㅁ, ㅂ

> **오답 피하기**
> ㄴ. 모발은 '성장기 → 퇴행기 → 휴지기'의 수순을 밟는다. 또한, 성장기 모발이 가장 많으며 전체의 약 85~90%를 차지한다.
> ㄹ. 탈색은 산화제를 통해 멜라닌을 산화시켜 분해하는 방식이며, 환원시키는 것이 아니다.
> ㅁ. 파마는 수소결합이 아닌 시스틴 결합(이황화결합)을 끊었다가 재결합하는 방식으로 반영구적 모양을 만든다.

65 다음은 피부의 부속기에 대한 설명이다. 옳은 것을 모두 고른 것은?

> ㄱ. 에크린샘은 체온 조절에 관여하며, 손바닥과 발바닥에도 분포한다.
> ㄴ. 아포크린샘은 주로 얼굴과 두피에 분포하며 피지를 다량 분비하여 피부 유분기를 조절한다.
> ㄷ. 피지샘은 피지를 분비하여 피부와 모발을 유연하게 하고 수분 증발을 억제한다.
> ㄹ. 피지샘은 손바닥과 발바닥에 풍부하게 분포하여 체취 형성에 중요한 역할을 한다.
> ㅁ. 아포크린샘은 사춘기 이후 활성화되며, 분비물은 피부 상재균에 의해 분해되어 특유의 냄새를 유발할 수 있다.
> ㅂ. 에크린샘은 모낭과 연결되어 있으며, 호르몬의 영향을 강하게 받아 사춘기 이후 활동이 증가한다.

① ㄱ, ㄷ, ㅁ
② ㄴ, ㄷ, ㅂ
③ ㄱ, ㄹ, ㅁ
④ ㄷ, ㅁ, ㅂ
⑤ ㄴ, ㄹ, ㅂ

오답 피하기
ㄴ. 아포크린샘은 겨드랑이, 외이도, 유두, 생식기 주위에 주로 분포한다. 얼굴이나 두피의 피지 분비와는 무관하며, 피지는 피지샘에서 분비된다.
ㄹ. 피지샘은 손바닥과 발바닥에는 존재하지 않는다. 따라서 이 부위에서는 피지에 의한 체취 형성이 일어나지 않는다.
ㅂ. 에크린샘은 모낭과 연결되지 않으며, 단독으로 존재한다. 또한, 호르몬보다는 체온 변화에 더 민감하게 반응한다. 사춘기 영향은 아포크린샘과 피지샘에 더 관련 있다.

66 다음은 화장품의 안정성 시험 자료 제출과 관련한 사례이다. 다음 중 이 제품의 특성을 고려할 때 가장 우선적으로 제출하여야 할 추가 시험 자료는?

> A사는 여름철 야외 활동용으로 사용할 수 있는 기능성 자외선차단제를 개발하였다. 이 제품에는 천연 식물 유래 성분이 함유되어 있으며, 소비자 대상 광고 문구에는 '강한 햇빛 아래에서도 안심 사용'이라는 문구가 포함되어 있다. 회사는 현재까지 가혹시험, 보존시험, 1차 피부 자극 시험 자료를 확보한 상태이다. 그러나, 식약처로부터 추가적인 안정성 시험 자료가 필요할 수 있다는 사전 검토 의견을 받았다.

① 단회 투여 독성 시험 자료
② 안점막 또는 그 밖의 점막 자극 시험 자료
③ 광감작성 시험 자료
④ 인체 첩포 시험 자료
⑤ 피부 감작성 시험 자료

광감작성 시험 자료는 자외선 차단 화장품처럼 햇빛에 노출되는 부위에 장시간 사용되는 제품에서 광감작 반응(Photosensitization)을 유발할 가능성이 있는 성분이 포함된 경우, 제출이 권장되는 핵심 자료이다. 특히 식물 유래 성분은 광감작성 가능성이 높기 때문에, 해당 제품은 이 시험자료를 우선적으로 고려하여야 한다.

오답 피하기
① 단회 투여 독성은 경구나 전신 노출 경로와 관련 있으며, 통상 화장품에서는 일반적 제출 대상이 아니다.
② 점막 자극 시험은 제품이 눈, 입술, 생식기 등 점막 부위에 사용될 경우 고려 대상이다.
④ 인체 첩포 시험, ⑤ 피부 감작성 시험도 중요한 항목이지만, 광감작성보다 제품 특성과의 직접 관련성은 낮다.

정답 65 ① 66 ③

67 다음 중 점성 및 점도에 대한 설명으로 옳은 것은?

① 점성은 유체가 흐를 때 그 흐름의 반대 방향으로 작용하는 외부 압력의 정도를 의미한다.
② 절대점도는 점성에 면적과 속도의 곱을 나눈 값으로, 단위는 스토크스(St) 또는 센티스토크스(cSt)이다.
③ 점도가 높은 내용물의 경우 점도계보다 경도계를 사용하는 것이 일반적이다.
④ 피스톤 방식의 충진기는 낮은 점도의 액상 제품에만 적합하며 크림류에는 적절하지 않다.
⑤ 운동점도는 절대점도를 동일 온도에서의 액체 밀도로 나눈 값이며, 단위는 센티스토크스(cSt)이다.

오답 피하기
① 점성은 내부 마찰력에 관한 개념이지 외부 압력과는 직접적인 관련이 없다.
② 절대점도의 단위는 포아스(P) 또는 센티포아스(cP)이다. 스토크스(St)는 운동점도의 단위이다.
③ 부분적으로만 옳은 설명이다. 보통은 점도가 매우 높을 경우 경도 측정하지만, 점도계 사용이 전제된다. 표현이 부정확하여 오답이다.
④ 피스톤 방식 충진기는 점도가 있는 샴푸, 린스, 크림류 등 점성이 높은 제품에 적합하다.

68 다음 중 가속시험에 대한 설명으로 옳지 않은 것은?

① 가속시험은 장기보존시험 조건보다 더 엄격한 조건에서 제품의 안정성과 용기 적합성을 단기간에 평가하는 시험이다.
② 가속시험은 화장품의 유화 상태, 향취, 점도, 미생물 증식 여부 등을 포함한 항목을 종합적으로 평가한다.
③ 가속시험은 동일한 제형이나 포장재가 아니더라도 유사한 조건이라면 시험의 대표성 확보에 문제가 없다.
④ 시험은 3개 이상의 로트로 구성된 시료를 대상으로 하며, 시험 개시 시점을 포함하여 최소 3회 이상 측정한다.
⑤ 시험 조건은 일반적으로 장기보존시험 조건보다 15℃ 이상 높은 온도에서 설정하며, 시험 기간은 6개월 이상 진행한다.

가속시험은 반드시 시중 유통 제품과 동일한 처방, 제형, 포장용기를 사용하여야 하며, 이를 준수하지 않으면 시험의 대표성과 신뢰성이 확보되지 않는다.

69 다음 중 혼합용 기기로만 짝지어진 것은?

① 오버헤드스터러, 비커, 마그네틱바
② 핸드블렌더, 디스펜서, 시약스푼
③ 메스실린더, 디지털발란스, 호모게나이저
④ 오버헤드스터러, 호모게나이저, 마그네틱바
⑤ 스패출러, 피펫, 핸드블렌더

오답 피하기
혼합·소분에 필요한 도구·기기·기구
• 칭량 : 전자저울, 메스실린더
• 계량 및 소분 : 냉각통, 디스펜서, 디지털발란스, 비커, 스패출러, 헤라, 시약스푼, 피펫
• 혼합 : 오버헤드스터러, 호모게나이저, 마그네틱바, 핸드블렌더

70 다음은 색소침착에 대한 상담 사례이다. 이 사례를 바탕으로 설명한 내용 중 옳은 것을 모두 고르시오.

※상황
30대 여성인 현선은 평소 자외선 차단을 꼼꼼히 하지 않고 외출하며, 최근 들어 양쪽 광대뼈 주변에 짙은 갈색의 반점이 생겼다. 피부과에서는 이를 색소침착으로 진단하고, 멜라닌 생성 억제 성분이 포함된 미백 기능성 화장품 사용을 권유했다. 상담 중 현선은 "내가 요즘 피곤해서 그런가 봐요, 기미는 무조건 간 때문이라던데요?"라고 말했다.

※보기
ㄱ. 자외선은 멜라노사이트 내 티로시나아제 효소 활성을 증가시켜 멜라닌 생합성을 저해한다.
ㄴ. 구리 이온(Cu^{2+})은 티로시나아제 효소 작용에 관여하므로, 이를 봉쇄하는 킬레이트제는 멜라닌 생성을 억제하는 데 사용될 수 있다.
ㄷ. 색소침착은 자외선뿐만 아니라 호르몬 변화, 피부 염증 후 회복 과정 등 다양한 원인에 의해 발생할 수 있다.
ㄹ. DOPA-quinone은 멜라닌 생합성 중간물질이며, 이 물질이 축적되면 피부색이 옅어지는 경향을 보인다.
ㅁ. 멜라닌 억제 성분으로는 알부틴, 코직산, 나이아신아마이드 등이 있으며, 이는 기전이 서로 다르다.

① ㄱ, ㄷ, ㅁ
② ㄴ, ㄷ, ㅁ
③ ㄱ, ㄴ, ㄹ
④ ㄴ, ㄹ, ㅁ
⑤ ㄱ, ㄴ, ㅁ

오답 피하기
ㄱ. 자외선은 티로시나아제 발현을 증가시키지만, 티로시나아제의 활성을 직접 증가시키는 것은 아니다. 표현이 부정확하다.
ㄹ. DOPA-quinone은 멜라닌 합성의 중간단계 물질이며, 축적될 경우 오히려 피부색이 진해지는 방향으로 작용한다.

71 다음 중 주름개선용 화장품에 사용할 수 없는 원료가 포함된 제품은?

① A사의 '리프팅 크림' : 아세틸헥사펩타이드-8, 팔미토일트리펩타이드-5 함유
② B사의 '탄력 에센스' : 레티놀, 비타민 C 유도체 함유
③ C사의 '주름 개선 세럼' : 하이드로퀴논, 알부틴 함유
④ D사의 '안티에이징 로션' : 코엔자임 Q10, 녹차 추출물 함유
⑤ E사의 '링클 케어 크림' : 아데노신, 나이아신아마이드 함유

C사의 '주름 개선 세럼'에는 의약품인 '하이드로퀴논'이 포함되어 있다. 화장품에는 의약품에 사용되는 성분을 사용할 수 없다.

72 다음 중 기능성화장품의 유효성 평가 및 관련 자료에 대한 설명으로 옳지 않은 것은?

① 인체적용시험은 사람을 대상으로 효능·효과를 검증하는 시험이며, 윤리적 기준인 헬싱키 선언을 준수하여야 한다.
② 인체적용시험 자료가 제출된 경우, 해당 기능성 내용에 대하여 효력시험 자료는 제출하지 않아도 된다.
③ 미백 기능 제품의 유효성은 인체적용시험 외에도 멜라닌 생성 저해시험, DOPA 산화 억제시험 등의 비임상시험자료로도 평가될 수 있다.
④ 인체적용시험은 안전성이 확보되지 않은 신물질을 대상으로도 가능하며, 피험자의 동의만 있다면 윤리적으로 문제가 되지 않는다.
⑤ 인체 외 시험은 인공피부나 인체 조직에서 유래한 모발, 피부 등을 활용한 실험으로서 시험 물질과 대조 물질의 반응 차이를 평가한다.

인체적용시험은 안전성이 사전에 확보된 화장품에 대해서만 수행 가능하다. 단순한 피험자 동의로 윤리적 기준을 회피할 수 없다.

정답 70 ② 71 ③ 72 ④

73 다음 중 탈모에 대한 설명으로 옳지 <u>않은</u> 것은?

① 남성형 탈모는 5알파-환원효소에 의해 생성된 DHT(디하이드로테스토스테론)가 모낭을 위축시켜 발생하며, 피나스테리드는 이를 억제하여 탈모 진행을 늦춘다.
② 여성형 탈모는 보통 헤어라인이 유지되며, 정수리에서 모발이 가늘어지고 서서히 퍼지는 양상을 보인다.
③ 덱스판테놀, 징크피리티온, 살리실릭애시드, 나이아신아마이드는 탈모에 도움을 줄 수 있는 기능성 성분으로 인정된다.
④ 원형 탈모증은 주로 영양 결핍으로 인해 발생하며, 과도한 동물성 지방 섭취가 직접적 원인이 되기도 한다.
⑤ 스트레스는 자율신경계와 호르몬 균형을 무너뜨려 탈모를 유발할 수 있으며, 특히 만성 스트레스는 두피로의 혈류 공급을 방해한다.

원형 탈모증은 주로 스트레스, 자가면역 반응, 유전적 요인 등에 의해 발생한다. 영양 결핍이나 식습관 문제는 원형 탈모의 직접적인 원인은 아니다.

74 다음 중 피부의 체온 조절 기전에 대한 설명으로 옳지 <u>않은</u> 것은?

① 피부는 땀샘을 통해 수분을 증발시켜 체온을 낮추며, 이를 증발열을 이용한 냉각 매커니즘이라고 한다.
② 피부의 혈관은 더운 환경에서 수축하여 중심부의 체온을 보존하고, 추운 환경에서는 확장하여 열의 발산을 돕는다.
③ 교감신경은 땀샘의 활동을 조절하여 열이 과다하게 발생할 때 땀 분비를 증가시킨다.
④ 모세혈관의 확장과 수축은 피부의 혈류량을 변화시켜 열의 방출 또는 보존을 조절하는 데 관여한다.
⑤ 털세움근의 수축은 털을 세우고 공기층을 형성하여 체온 손실을 줄이려는 반응으로, 주로 추운 환경에서 나타난다.

더운 환경에서는 피부의 혈관이 확장되어 열을 발산하고, 추운 환경에서는 혈관이 수축되어 열 손실을 줄인다. 설명이 완전히 반대다.

75 다음 중 모발의 구조에 대한 설명으로 옳은 것은?

① 모근의 외모근초는 유극층과 헉슬리층, 모근초소피로 구성되며, 각질화가 끝나면 비듬이 되어 탈락된다.
② 모피질은 모근 내부에 존재하며, 대부분 케라틴이 없는 수분층으로 구성되어 모발의 강도와 색에 영향을 주지 않는다.
③ 모유두는 모간의 표피층에 위치하여 모표피의 단단함을 유지하며, 모유두세포는 엘라스틴을 생성한다.
④ 엑소큐티클은 시스틴 결합을 다량 함유하고 있으며, 퍼머넌트나 염색 시술의 영향에 민감한 층이다.
⑤ 모수질은 모든 종류의 모발에 공통으로 존재하는 케라틴 단백질 중심층이며, 모발의 탄성과 유연성을 담당한다.

> **오답 피하기**
> ① 외모근초가 아니라 내모근초가 헨레층, 헉슬리층, 모근초소피(초표피)로 구성되며, 휴지기 후 비듬처럼 탈락된다.
> ② 모피질은 모간 내부에 있으며 케라틴 단백질과 멜라닌을 함유하여 모발의 두께, 강도, 색을 결정한다.
> ③ 모유두는 모근의 모구 내부 중앙에 위치하며, 모간의 표피층과는 무관하다. 엘라스틴은 모유두세포가 아닌 섬유 아세포가 생성한다.
> ⑤ 모수질은 모발 중심에 존재하는 공동부이며, 케라틴이 거의 없고 죽은 세포로 구성된다. 모든 모발에 존재하지는 않으며, 탄성과 유연성은 주로 모피질에서 담당한다.

76 맞춤형화장품조제관리사 호은은 매장을 방문한 고객 규호와 다음과 같은 대화를 나누었다. 대화 후에 고객에게 혼합하여 추천할 제품으로 다음 중 가장 적절한 조합은 무엇인가?

> 규호 : 최근에 야외활동을 많이 해서 그런지 얼굴 피부가 검어지고 칙칙하고 건조해졌어요.
> 호은 : 아, 그러신가요? 먼저 고객님 피부 상태를 측정해 보도록 할까요?
> 규호 : 그럴까요? 지난번과 비교해 주시면 좋겠네요.
>
> **피부 측정**
>
> 호은 : 고객님은 한 달 전 측정 시보다 얼굴에 색소침착도가 35% 가량 증가하였고 피부 보습도도 약 40% 감소하셨습니다.
> 규호 : 음. 그럼 어떤 제품을 쓰는 것이 좋을지 추천 부탁드려요.

> ㉠ 타이타늄디옥사이드 함유 제품
> ㉡ 나이아신아마이드 함유 제품
> ㉢ 카페인 함유 제품
> ㉣ 소듐하이알루로네이트 함유 제품
> ㉤ 아데노신 함유 제품

① ㉠, ㉡
② ㉡, ㉣
③ ㉢, ㉤
④ ㉢, ㉣
⑤ ㉠, ㉤

미백 기능성 원료인 나이아신아마이드와 보습 성분인 소듐하이알루로네이트를 혼합한 제품은 색소침착과 피부건조를 해결할 수 있다.

> **오답 피하기**
> ㉠ 착색제와 자외선차단제에 쓰인다.
> ㉢ 혈액순환을 촉진하여 발모나 노화 지연의 효과가 있을뿐더러 다크서클과 부기제거, 탄력, 피부 질감개선 등의 효과가 있다.
> ㉤ 민감성 피부나 여드름성 피부에 진정과 재생의 효과를 보인다.

정답 75 ④ 76 ②

77 다음은 모발의 주성분인 케라틴에 대한 설명이다. ㉠과 ㉡에 들어갈 말로 적합한 것은?

> (㉠) 결합의 시스틴을 환원하고 산화시켜 모발에 웨이브를 형성한다. 시스틴은 2분자의 (㉡)이(가) (㉠) 결합으로 연결되어 있다.

	㉠	㉡
①	펩타이드	엘라스틴
②	이산화	시스테인
③	펩타이드	케라틴
④	이황화	시스테인
⑤	펩타이드	시스테인

파마의 원리와 시스테인 결합
모발의 주성분인 케라틴에는 '시스틴(Cystine)'이라는 아미노산이 중요한 역할을 한다. 이 시스틴은 '시스테인(Cysteine)'이라는 아미노산 2개가 '-S-S-결합(이황화 결합, Disulfide bond)'으로 연결된 것이다. 파마약 1제(환원제)가 이황화 결합을 끊어 웨이브를 형성할 수 있게 하고, 파마약 2제(산화제)가 새로운 형태로 이황화 결합을 다시 만들어 물리적으로 변형한 웨이브를 그 형태로 고정한다.

78 다음 중 피부장벽에 대한 설명으로 옳은 것은?

① 각질층은 pH 7.0 전후의 중성 환경을 유지하여 세균의 침입을 억제하고 피부 장벽 기능을 유지한다.
② 천연보습인자(NMF)는 주로 세라마이드, 콜레스테롤, 지방산으로 구성되어 있으며, 수분 유지 및 장벽 보호에 기여한다.
③ 각질층은 케라틴 단백질, 천연보습인자, 세포간지질로 구성되며, 이 중 세포간지질은 라멜라 구조를 이루어 수분 증발을 막는다.
④ 필라그린은 각질층의 세포막을 구성하는 지질단백질로, 기저층에서 합성되어 각질층 상단까지 수직으로 이동하며 구조를 유지한다.
⑤ 각질형성세포는 유극층에서 만들어져 과립층과 기저층을 거쳐 각질층으로 이동한 뒤 탈락되는 순서를 따른다.

오답 피하기
① 각질층의 pH는 약산성(4.5~5.5)이며, 이 산성 환경이 외부 병원체의 침입을 방어한다.
② 세라마이드, 콜레스테롤, 지방산은 세포간지질의 구성 요소이지, 천연보습인자(NMF)가 아니다. NMF는 아미노산, PCA, 요소 등 수용성 성분으로 구성된다.
④ 필라그린은 단백질이며, 각질형성세포 내에서 분해되어 NMF로 전환된다. 세포막을 구성하거나 수직 이동하는 구조 단백질이 아니다.
⑤ 각질형성세포는 기저층에서 생성되어 → 유극층 → 과립층 → 각질층 → 탈락의 순서를 따른다. 유극층에서 생성되는 것이 아니다.

79 다음 설명에 해당하는 용어로 적절한 것은?

> 생산된 3로트 이상의 제품을 계절별로 연평균 온도와 습도 등을 고려하여 6개월 이상 시험하는 조건에 해당하는 안정성 시험으로 화장품 사용 시에 발생할 수 있는 오염 등을 고려하는 시험이다.

① 가속시험
② 장기보존시험
③ 보관조건 시험
④ 개봉 후 안정성시험
⑤ 가혹 시험

오답 피하기
① 고온·다습 등 과도한 조건으로 짧은 기간 내의 안정성을 예측한다.
② 미개봉 상태로 12개월 이상 보관하며 안정성을 확인한다.
③ 특정 온도 조건에서 제품을 보관해 상태 변화를 확인한다.
⑤ 극한 조건에서 제품에 영향을 주는 한계를 시험한다.

80 다음 중 교원섬유(콜라겐)에 대한 설명으로 옳은 것은?

① 교원섬유는 유두층보다 표피층에 더 많이 분포하며, 각질세포에 직접적으로 수분을 공급한다.
② 진피층의 망상층에 다량 존재하는 교원섬유는 피부의 장력 유지와 구조적 강도에 기여한다.
③ 교원섬유는 피부 중량의 약 30%를 차지하며, 표피의 pH 유지를 담당하는 주요 요소이다.
④ 교원섬유는 단백질이 아닌 당질 기반의 결합조직이며, 탄력섬유보다 수분 저장 능력이 떨어진다.
⑤ 교원섬유는 모세혈관과 림프관 내벽을 구성하며, 피부 면역 반응과 직접적으로 관여한다.

오답 피하기
① 교원섬유는 표피가 아니라 진피에 분포하며, 특히 망상층에 많다. 각질세포에 직접 수분을 공급하지 않는다.
③ 교원섬유는 피부 건조 중량의 약 75%를 차지하고, pH 조절이 아닌 물리적 구조 유지에 기여한다.
④ 교원섬유는 단백질로 이루어진 결합조직이며, 수분 저장 기능도 매우 우수하다(아미노산 1개당 1,000개의 물 분자 보유 가능).
⑤ 교원섬유는 피부 구조 유지에 관여하지만, 혈관의 내벽을 구성하거나 면역 반응에 직접 관여하지는 않는다.

정답 79 ④ 80 ②

주관식(단답형, 81~100번)

81 다음은 화장품법의 제정 목적에 대한 내용이다. ㉠과 ㉡에 들어갈 알맞은 용어를 차례대로 쓰시오.

> 화장품법은 화장품의 제조·수입·판매 및 수출 등에 관한 사항을 규정함으로써 (㉠) 향상과 (㉡)의 발전에 기여함을 목적으로 한다.

㉠ :
㉡ :

화장품법의 제정 목적(「화장품법」 제1조)
화장품법은 화장품의 제조·수입·판매 및 수출 등에 관한 사항을 규정함으로써 국민보건의 향상과 화장품 산업의 발전에 기여함을 목적으로 한다.

82 다음은 기초화장용 제품류의 유형이다. ㉠~㉢에 들어갈 알맞은 용어를 차례대로 쓰시오.

> - 수렴·유연·영양 화장수
> - (㉠) 크림
> - 에센스, 오일
> - 파우더
> - 바디 제품
> - 팩, 마스크
> - (㉡) 주위 제품
> - 로션, 크림
> - 손·발의 피부연화 제품
> - 클렌징 워터, 클렌징 오일, 클렌징 로션, 클렌징 크림 등 (㉢)
> - 그 밖의 기초화장용 제품류

㉠ :
㉡ :
㉢ :

클렌징 제품들인 메이크업 리무버는 인체 세정용 제품이 아니다.

정답 81 ㉠ 국민보건, ㉡ 화장품 산업 82 ㉠ 마사지, ㉡ 눈, ㉢ 메이크업 리무버

83 다음 설명 중 「화장품법 시행규칙」에서 정한 기능성화장품에 대한 설명이다. ㉠~㉢에 들어갈 말로 알맞은 말을 쓰시오.

> 총리령으로 정하는 화장품이란 다음의 화장품을 말한다.
> 1. 피부에 멜라닌색소가 침착하는 것을 방지하여 기미·주근깨 등의 생성을 억제함으로써 피부의 미백에 도움을 주는 기능을 가진 화장품
> 2. 피부에 침착된 멜라닌색소의 색을 엷게 하여 피부의 미백에 도움을 주는 기능을 가진 화장품
> 3. 피부에 탄력을 주어 피부의 주름을 완화 또는 개선하는 기능을 가진 화장품
> 4. 강한 햇볕을 방지하여 피부를 곱게 태워 주는 기능을 가진 화장품
> 5. 자외선을 차단 또는 산란시켜 자외선으로부터 피부를 보호하는 기능을 가진 화장품
> 6. 모발의 색상을 변화(탈염과 탈색 포함)시키는 기능을 가진 화장품. 다만, (㉠)으로 모발의 색상을 변화시키는 제품은 제외한다.
> 7. 체모를 제거하는 기능을 가진 화장품. 다만, 물리적으로 체모를 제거하는 제품은 제외한다.
> 8. 탈모 증상의 완화에 도움을 주는 화장품. 다만, 코팅 등 (㉡)(으)로 모발을 굵게 보이게 하는 제품은 제외한다.
> 9. 여드름성 피부를 완화하는 데 도움을 주는 화장품. 다만, (㉢) 제품류로 한정한다.
> 10. 피부장벽의 기능을 회복하여 가려움 등의 개선에 도움을 주는 화장품
> 11. 튼살로 인한 붉은 선을 엷게 하는 데 도움을 주는 화장품

㉠:
㉡:
㉢:

기능성화장품의 범위(「화장품법 시행규칙」 제2조)

84 다음은 맞춤형화장품의 법적 정의이다. ㉠~㉢에 들어갈 알맞은 용어를 차례대로 쓰시오.

> 맞춤형화장품이란 다음의 화장품을 말한다.
> • 제조 또는 수입된 화장품의 내용물에 다른 화장품의 (㉠)이나 식품의약품안전처장이 정하는 (㉡)(을)를 추가하여 혼합한 화장품
> • 제조 또는 수입된 화장품의 내용물을 (㉢)한 화장품. 다만, 고형 비누 등 총리령으로 정하는 화장품의 내용물을 단순 소분한 화장품은 제외한다.

㉠:
㉡:
㉢:

맞춤형화장품의 정의(「화장품법 시행규칙」 제2조 제3호의2)
"맞춤형화장품"이란 다음의 화장품을 말한다.
가. 제조 또는 수입된 화장품의 **내용물**에 다른 화장품의 내용물이나 식품의약품안전처장이 정하는 **원료**를 추가하여 혼합한 화장품
나. 제조 또는 수입된 화장품의 내용물을 **소분**한 화장품. 다만, 고형 비누 등 총리령으로 정하는 화장품의 내용물을 단순 소분한 화장품은 제외한다.

정답 83 ㉠ 일시적, ㉡ 물리적, ㉢ 인체세정용 84 ㉠ 내용물, ㉡ 원료, ㉢ 소분

85 다음에서 보존제 성분을 모두 골라 쓰시오.

> BHT, 뷰틸프로필파라벤, BHA, 소듐시트레이트, 이소뷰틸파라벤, 시녹세이트, 이소프로필파라벤, 알부틴, 아데노신

BHT와 BHA는 항산화제, 소듐시트레이트와 시녹세이트는 킬레이트제, 알부틴과 아데노신은 각각 미백 및 주름 개선 기능성 성분이다.

86 다음 설명에 해당하는 화장품의 제형을 쓰시오.

> • 고분자 화합물의 삼차원 망상 구조 내에 액체 성분이 함유되어 있으며, 반고형 또는 점성이 높은 액체 형태를 띤다.
> • 수분을 많이 포함하면서도 형태를 유지하며, 피부에 바를 경우 상쾌한 사용감을 준다.
> • 수용성 또는 알코올성 성분을 기제로 하며, 대표적으로 헤어 스타일링제, 알로에 수딩젤, 클렌징 젤 등이 있다.

겔제는 크림이나 로션과 달리 투명하고 끈적임이 적다.

87 다음을 읽고, 밑줄 친 이 성분의 이름을 한글로 쓰시오.

> 피부 보습제에 사용되는 성분 중에는 자신의 무게보다 수십 배에서 수백 배 이상의 수분을 끌어당겨 보유하는 능력이 있는 고분자 성분이 있다. **이 성분**은 표피에 수분막을 형성하여 수분 손실을 줄이고, 피부를 촉촉하게 하는 용도로 널리 사용된다.

수백 배 이상의 수분을 끌어당기는 고분자는 하이알루론산이다.

88 다음에서 식물성 향료를 모두 골라 쓰시오.

> 벤질살리실레이트, 영묘향, 제라니올, 벤질알코올, 리날룰, 사향, 알파-아이소메틸아이오논

영묘향은 합성 머스크 향료, 벤질살리실레이트와 알파-아이소메틸아이오논은 합성 향료, 사향은 동물성 향료이다. 벤질알코올은 주로 합성 향료로 분류된다.

정답 85 뷰틸프로필파라벤, 이소뷰틸파라벤, 이소프로필파라벤 86 겔(제) 87 하이알루론산 88 제라니올, 리날룰(순서 무관)

89 다음은 우수화장품 제조 및 품질관리기준에서 사용하는 일부 용어 뜻을 나열한 것이다. ㉠~㉢에 들어갈 말로 알맞은 말을 쓰시오.

- (㉠)(이)란 제품에서 화학적, 물리적, 미생물학적 문제 또는 이들이 조합되어 나타내는 바람직하지 않은 문제의 발생을 말한다.
- (㉡)(이)란 화학적인 방법, 기계적인 방법, 온도, 적용시간과 이러한 복합적인 요인에 의해 청정도를 유지하고 일반적으로 표면에서 눈에 보이는 먼지를 분리, 제거하여 외관을 유지하는 모든 작업을 말한다.
- 유지관리란 적절한 작업 환경에서 건물과 설비가 유지되도록 이루어지는 정기적·비정기적인 지원 및 검증 작업을 말한다.
- 주요 설비란 제조 및 품질 관련 문서에 명기된 설비로 제품의 품질에 영향을 미치는 필수적인 설비를 말한다.
- (㉢)(이)란 규정된 조건하에서 측정기기나 측정 시스템에 의해 표시되는 값과 표준기기의 참값을 비교하여 이들의 오차가 허용범위 내에 있음을 확인하고, 허용범위를 벗어나는 경우 허용범위 내에 들도록 조정하는 것을 말한다.

㉠:
㉡:
㉢:

제시문은 CGMP의 정의에 해당하는 내용으로, 「우수화장품 제조 및 품질관리기준(CGMP)」에서 제조 및 품질관리의 기초가 되는 개념이다.

90 다음은 피부의 층상구조에 대한 설명이다. ㉠~㉢에 알맞은 말을 한 단어로 쓰시오.

피부는 표피, 진피, 피하지방으로 구성되어 있으며 그 중 표피는 총 5개의 층으로 구성된다.
- 가장 바깥층인 각질층은 무핵의 납작한 세포들로 이루어져 외부 자극과 수분 손실을 막아주는 역할을 한다.
- 그 아래의 (㉠)은 각질세포로의 분화를 위해 케라토하이알린과 라멜라 소체를 형성하는 과립이 특징이다.
- (㉡)은 여러 개의 다면체 세포가 가시돌기 형태로 결합되어 있는 구조로, 랑게르한스 세포가 분포한다.
- 표피의 가장 안쪽인 기저층은 단일 세포층으로 구성되어 있으며, 멜라닌세포 및 표피 줄기세포가 존재해 분열을 통해 새로운 세포를 만든다.
- 또한, 기저층과 각질층 사이에는 일시적으로 존재하며, 손바닥·발바닥에만 뚜렷하게 구분되는 (㉢)이 있다.

㉠:
㉡:
㉢:

표피는 아래에서부터 기저층 → 유극층 → 과립층 → 투명층(특수 부위만 존재) → 각질층의 순서로 층을 이룬다.

정답 89 ㉠ 오염, ㉡ 청소, ㉢ 검교정 90 ㉠ 과립층, ㉡ 유극층, ㉢ 투명층

91 다음 괄호에 들어갈 숫자를 쓰시오.

> 화장품 원료는 일반적으로 피부에 자극을 주지 않는 pH 범위 내에서 사용되어야 하며, 제품의 안정성과 보존력에도 영향을 미친다. 화장품에서 가장 흔히 사용되는 pH 범위는 약산성 구간으로, pH (㉠)~(㉡) 정도가 권장된다. 이는 피부의 각질층이 유지하는 천연 보호막(유수분막)의 pH와 유사하며, 외부 세균이나 진균으로부터 피부를 방어하는 데 도움이 된다.

㉠ :
㉡ :

산도가 과도한 산성(pH 4.0 미만)이거나 염기성(pH 7.0 초과)인 화장품은 약산성인 피부의 pH 밸런스를 어그러뜨려 자극을 일으킬 가능성이 높아지므로 피부 친화적이지 않다.

92 다음에서 여드름 완화에 도움을 주는 기능성 성분을 찾아 쓰시오.

> 티오글리콜산, 나이아신아마이드, 살리실릭애시드, 레조시놀, 덱스판테놀, 아데노신, 타이타늄옥사이드, 로즈마리추출물, 세라마이드, 알란토인, 소르비톨

살리실릭애시드는 식품의약품안전처에서 여드름성 피부 완화 기능성화장품의 유효 성분으로 고시된 성분이다.

93 다음은 유통화장품 안전 기준에 따른 원료의 검출 허용 한도를 나열한 것이다. ㉠~㉢에 알맞은 숫자를 모두 합한 값은?

> - 수은 : (㉠)μg/g 이하
> - 니켈 : 눈화장용 제품은 (㉡)μg/g 이하, 색조 화장용 제품은 30μg/g 이하, 그 밖의 제품은 10μg/g 이하
> - 비소 : 10μg/g 이하
> - 안티모니 : (㉢)μg/g 이하
> - 프탈레이트류 : 총합으로서 200μg/g 이하
> - 메탄올 : 0.2%(v/v) 이하(물휴지는 0.002% (v/v) 이하)
> - 폼알데하이드 : 디뷰틸프탈레이트, 뷰틸벤질프탈레이트 및 디에틸헥실프탈레이트에 한하여 총합으로서 100μg/g 이하
> - 납 : 20μg/g 이하(점토를 원료로 사용한 분말 제품 50μg/g 이하)

㉠ 수은 : 1μg/g 이하
㉡ 니켈(눈화장용) : 35μg/g 이하
㉢ 안티모니 : 10μg/g 이하
따라서, 1 + 35 + 10 = 46

94 다음은 화장품법상 화장품의 정의이다. ㉠과 ㉡에 들어갈 알맞은 말을 차례대로 쓰시오.

> 화장품이란 인체를 청결·미화하여 매력을 더하고 용모를 밝게 변화시키거나 피부·모발의 건강을 유지 또는 증진하기 위하여 인체에 바르고 문지르거나 뿌리는 등 이와 유사한 방법으로 사용되는 물품으로서 인체에 대한 작용이 (㉠)한 것을 말한다. 다만, 「약사법」에서의 (㉡)에 해당하는 물품은 제외한다.

㉠ :
㉡ :

화장품의 정의(「화장품법」 제2조 제1호)
「약사법」에서의 의약품은 화장품으로 사용할 수 없다.

95 다음 괄호에 들어갈 숫자를 쓰시오.

> 화장품 시험 및 저장 조건에서 사용하는 온도 표현은 일정한 기준에 따라 구분된다. 예를 들어, '가열한 용매'는 그 용매의 끓는점 부근의 온도로 가열한 것이고, '가온한 용매'는 일반적으로 (㉠)~(㉡)℃ 범위에서 가온한 것을 의미한다. 이러한 온도 기준은 실험의 정확성과 재현성을 위해 엄격히 적용된다.

㉠ :
㉡ :

가온한 용매는 가열한 용매보다 낮은 온도로 가온된 상태를 말한다. 30~40℃는 '미온'의 온도를 말한다.

96 다음은 제품 충진 시 확인하여야 할 사항을 나열한 것이다. 빈칸에 공통으로 들어갈 말을 한 단어로 쓰시오.

> • 충전기의 타입
> • 충전 용량(g, ㎖)
> • 전원 및 전압의 종류
> • 충전에 적합한 공기의 압력
> • 단위 시간당 가능 ( ) 개수
> • ( ) 기기의 포장 능력과 ( ) 가능 크기
> • 스티커 부착기의 경우 부착 위치
> • 로트 번호, ( )일자, 유통기한, 바코드를 인쇄할 경우 인쇄 위치 및 문구
> • 필요시 온·습도

'포장'은 충진 후 제품의 최종 형태를 완성하는 작업이다.

정답 94 ㉠ 경미, ㉡ 의약품 95 ㉠ 60, ㉡ 70 96 포장

97 다음은 맞춤형화장품조제관리사 자격시험에 관한 설명이다. ㉠과 ㉡에 들어갈 알맞은 용어를 차례대로 쓰시오.

> 맞춤형화장품조제관리사 자격시험(「화장품법 시행규칙」 제8조의5)
> - (㉠)은(는) 매년 1회 이상 자격시험을 실시하여야 한다.
> - 자격시험 시행계획은 시험 실시 90일 전까지 (㉡) 인터넷 홈페이지에 공고하여야 한다.
> - 전 과목 총점의 60% 이상, 매 과목 만점의 40% 이상을 모두 득점한 사람을 합격자로 한다.
> - 자격시험에서 부정행위를 한 사람에 대하여서는 그 시험을 정지시키거나 그 합격을 무효로 한다.
> - 시험위원은 시험과목에 대한 전문지식을 갖추거나 화장품에 관한 업무 경험이 풍부한 사람으로 위촉한다.

㉠ :
㉡ :

맞춤형화장품조제관리사 자격시험은 식품의약품안전처장이 매년 1회 이상 실시하여야 하며 자격시험 시행계획은 시험 실시 90일 전까지 식품의약품안전처의 인터넷 홈페이지에 공고하여야 한다.

98 다음 보기에서 ㉠과 ㉡에 해당하는 단어를 한글로 쓰시오.

> 영업자는 아래의 성분을 0.5% 이상 함유하는 제품에 대해 반드시 안정성 시험 자료를 보존하여야 한다.
> - 레티놀 및 그 유도체
> - 아스코빅애시드 및 그 유도체
> - (㉠)
> - 토코페롤
> - (㉡)

㉠ :
㉡ :

보기의 성분들은 화장품 내에서 산화반응이나 변질 위험이 높아, 제품의 안정성 확보를 위해 관리가 필요하다.

정답 97 ㉠ 식품의약품안전처장, ㉡ 식품의약품안전처 98 ㉠ 과산화화합물, ㉡ 효소

99 다음은 「기능성화장품 기준 및 시험방법」에 따라 탈모 증상 완화에 도움을 주는 기능성 화장품의 고시형 성분에 대한 설명이다. 제시된 정보를 바탕으로, 해당 성분의 명칭을 정확하게 한글로 쓰시오.

- 분자식 : $C_{10}H_{20}O$
- 분자량 : 156.27g/mol
- 성상
  - 무색의 결정이다.
  - 특이하고 상쾌한 향이 나며, 처음에는 자극적이나 뒤에는 시원한 느낌을 주는 맛이 난다.
  - 에탄올이나 에테르에는 잘 녹지만, 물에는 거의 녹지 않는다.
  - 화장품에서는 주로 두피에 청량감을 부여하여 탈모 증상 완화에 도움을 주는 성분으로 사용된다.

엘-멘톨은 상쾌하고 청량한 향과 피부 자극 완화 효과가 뛰어나 두피에 청량감을 부여하고 탈모 증상 완화 기능성 화장품에 사용된다.

100 다음은 화장품법에 따른 교육에 관한 설명이다. ⊙과 ⓒ에 들어갈 알맞은 용어를 차례대로 쓰시오.

책임판매관리자 등의 교육(「화장품법 시행규칙」 제14조)
- 책임판매관리자 및 맞춤형화장품조제관리사는 법에 따른 교육을 다음의 구분에 따라 받아야 한다.
  - 최초 교육 : 종사한 날부터 (⊙) 이내. 다만, 자격시험에 합격한 날이 종사한 날 이전 1년 이내이면 최초 교육을 받은 것으로 본다.
  - 보수 교육 : 교육을 받은 날을 기준으로 (ⓒ) 1회. 다만, 자격시험에 합격한 날이 종사한 날 이전 1년 이내이면 자격시험에 합격한 날부터 1년이 되는 날을 기준으로 매년 1회
- 교육실시기관은 매년 교육의 대상, 내용 및 시간을 포함한 교육계획을 수립하여 교육을 시행할 해의 전년도 11월 30일까지 식품의약품안전처장에게 제출하여야 한다.
- 교육시간은 4시간 이상, 8시간 이하로 한다.

⊙ :
ⓒ :

책임판매관리자 및 맞춤형화장품조제관리사는 최초 교육을 종사한 날부터 6개월 이내에 받아야 하며 또한, 보수 교육은 교육을 받은 날을 기준으로 매년 1회 받아야 한다.

정답 99 엘-멘톨 100 ⊙ 6개월, ⓒ 매년

최신 기출문제 02회

소요 시간	문항 수
총 120분	총 100문항

수험번호 : _____

성   명 : _____

객관식(선다형, 01~80번)

01 총리령으로 정하는 기능성 화장품에 대한 설명으로 <u>틀린</u> 것은?

① 피부에 탄력을 부여하여 주름을 완화하거나 개선하는 기능이 있는 화장품
② 피부에 침착된 멜라닌색소를 옅게 하여 미백에 기여하는 화장품
③ 자외선을 차단하거나 산란시켜 피부를 보호하는 기능이 있는 화장품
④ 일시적으로 모발의 색을 변화시키는 기능이 있는 화장품
⑤ 탈모 증상의 완화에 도움을 주는 기능이 있는 화장품

> 모발의 색상을 변화(탈염·탈색)시키는 기능이 있는 화장품 중 일시적으로 모발의 색상을 변화시키는 제품은 제외한다.

02 다음 중 화장품제조업 등록을 할 수 없는 자에 해당하지 <u>않는</u> 것은?

① 피성년후견인이거나 파산선고를 받고 복권되지 않은 사람
② 마약류에 중독된 사람
③ 화장품법 또는 보건범죄 단속에 관한 특별법을 위반하여 금고 이상의 형을 선고받고, 그 집행이 끝나지 않았거나 집행유예 기간 중인 사람
④ 등록이 취소되었거나 영업소가 폐쇄된 날부터 1년이 지나지 않은 사람
⑤ 정신질환자

> 전문의가 화장품제조업자로서 적절하다고 인정하지 않는 정신질환자는 등록이 제한된다.

03 다음은 벌칙에 관한 설명이다. 200만 원 이하의 벌금에 해당하는 항목을 모두 고른 것은?

> 가. 1차 포장에 표시 사항을 위반한 자
> 나. 인증의 유효기간이 경과한 화장품에 인증 표시를 한 자
> 다. 명령을 위반하거나 관계 공무원의 검사·수거 또는 처분을 거부·방해하거나 기피한 자
> 라. 자격증 대여 등의 금지를 위반한 자
> 마. 영유아 또는 어린이 사용 화장품의 안전과 품질을 입증할 수 있는 자료를 작성하지 않은 자

① 가, 나, 마
② 다, 라, 마
③ 가, 나, 다
④ 가, 라, 마
⑤ 전부 해당

오답 피하기
라. 1년 이하의 징역 또는 1천만 원 이하의 벌금
마. 1년 이하의 징역 또는 1천만 원 이하의 벌금, 행정처분(판매 및 판매업무 정지)

04 다음은 변경서류 제출에 관한 설명이다. 빈칸에 들어갈 숫자로 알맞은 것은?

> 화장품 제조업자 또는 화장품책임판매업자는 변경 사유가 발생한 날부터 ( )일 이내(다만 행정구역 개편에 따른 소재지 변경의 경우에는 90일 이내)에 화장품제조업 변경등록신청서 또는 화장품 책임판매업 변경등록 신청서에 화장품 제조업 등록필증 또는 화장품 책임판매업 등록필증과 해당 서류를 첨부하여 지방식품의약품안전청장에게 제출하여야 한다.

① 20
② 30
③ 50
④ 60
⑤ 80

일반 변경은 30일, 행정구역 개편의 경우 90일이내에 제출하여야 한다.

05 다음은 유기농화장품의 식품의약품안전처 고시 규정에 대한 설명이다. 빈칸에 들어갈 말로 알맞은 것은?

> 유기농 함량이 전체 제품에서 (㉠)% 이상이어야 하며, 유기농 함량을 포함한 천연함량이 전체 제품에서 (㉡)% 이상으로 구성되어야 한다.

	㉠	㉡
①	2	95
②	6	90
③	10	95
④	4	95
⑤	8	90

원료조성(「천연화장품 및 유기농화장품의 기준에 관한 규정」 제8조 제2항) 중량 기준으로 유기농 함량이 전체 제품에서 10% 이상이어야 하며, 유기농 함량을 포함한 천연 함량이 전체 제품에서 95% 이상으로 구성되어야 한다.

06 다음 중 색조 화장용 제품류에 해당하는 것을 모두 고른 것은?

> ㄱ. 프리셰이브 로션
> ㄴ. 바디페인팅
> ㄷ. 립라이너
> ㄹ. 메이크업 픽서
> ㅁ. 애프터셰이브 로션

① ㄱ, ㄷ, ㅁ
② ㄴ, ㄷ, ㄹ
③ ㄱ, ㄴ, ㄷ
④ ㄴ, ㄷ, ㅁ
⑤ ㄹ, ㅁ, ㄴ

화장품 유형(「화장품법 시행규칙 별표3」 제1호 사목, 차목)
사. 색조화장용 제품류 : 볼연지, 페이스 파우더, 페이스 케이크, 리퀴드·크림·케이크 파운데이션, 메이크업 베이스, **메이크업 픽서티브(ㄹ)**, 립스틱·**립라이너(ㄷ)**·립글로스·립밤, **바디페인팅(ㄴ)**·페이스페인팅, 분장용 제품, 기타
차. 면도용 제품류 : **애프터셰이브 로션(ㅁ)**, 남성용 면도용 파우더, **프리셰이브 로션(ㄱ)**, 셰이빙 크림, 셰이빙 폼, 기타

정답 03 ③ 04 ② 05 ③ 06 ②

07 화장품책임판매업자는 화장품 사용 중 발생하였거나 인지한 유해사례 등 안전성 정보를 매 반기 종료 후 몇 개월 이내에 식품의약품안전처장에게 보고하여야 하는가?

① 5
② 4
③ 3
④ 2
⑤ 1

안전성 정보의 정기보고(「화장품 안전성 정보관리 규정」,제6조 제1항)
화장품책임판매업자 및 맞춤형화장품판매업자는 이 규정에 따라 신속보고되지 아니한 화장품의 안전성 정보를 '화장품 안전성 정보 일람표'를 작성한 후 매 반기 종료 후 **1월 이내**에 식품의약품안전처장에게 보고하여야 한다.

08 다음은 무엇을 평가하기 위한 방법인가?

> 혈액의 단백질이 응고되는 정도를 관찰하여 평가한다.

① 수렴효과
② 보습효과
③ 미백효과 평가
④ 주름개선 효과평가
⑤ 자외선 차단지수(SPF) 평가

수렴작용(내지 수렴효과)은 피부나 점막의 단백질을 응고시켜 조직을 수축시키는 작용이다. 이러한 효과를 평가하기 위해 실험적으로 단백질 용액에 특정 물질을 첨가하고, 그로 인한 단백질의 응고 정도를 관찰한다. 이는 해당 물질의 수렴 작용을 간접적으로 측정하는 방법이다.

09 화장품책임판매업자 준수사항으로 옳지 않은 것은?

① 원료의 목록에 관한 보고는 화장품의 유통·판매 후에 한다.
② 화장품의 생산실적 또는 수입실적을 식품의약품안전처장에게 보고하여야 한다.
③ 화장품의 사용 중 발생하였거나 알게 된 유해사례 등 안전성 정보에 대해 매 반기 종료 후 1개월 이내에 식품의약품안전처장에게 보고하여야 한다.
④ 책임판매관리자는 화장품의 안정성 확보 및 품질관리에 관한 교육을 매년 받아야 한다.
⑤ 제조번호별 품질검사를 철저히 한 후 유통시켜야 한다.

영업자의 의무 등(「화장품법」,제5조 제5항)
화장품책임판매업자는 총리령으로 정하는 바에 따라 화장품의 생산실적 또는 수입실적, 화장품의 제조과정에 사용된 원료의 목록 등을 식품의약품안전처장에게 보고하여야 한다. 이 경우 원료의 목록에 관한 보고는 화장품의 유통·판매 전에 하여야 한다.

10 다음 중 책임판매관리자의 자격기준으로 옳지 않은 것은?

① 의사 또는 약사
② 관련 전공 학사 학위 소지자로 관련 과목 20학점 이상 이수한 자
③ 화장품 제조 또는 품질관리 업무에 2년 이상 종사한 자
④ 전문대학 졸업 후 관련 분야에서 2년 이상 경력 있는 자
⑤ 화장품 제조 또는 품질관리 업무에 1년 이상 종사한 자

책임판매 관리자의 자격기준은 화장품 제조 또는 품질관리 업무에 2년 이상 종사한 경력이 있는 사람이다.

11 화장품 제조업자의 변경 등록 시 제출하여야 할 서류가 아닌 것은?

① 상속의 경우 가족관계증명서
② 시설의 명세서
③ 정신질환자가 아님을 증명하는 의사진단서
④ 양도·양수의 경우 이를 증명하는 서류
⑤ 마약류의 중독자가 아님을 증명하는 의사진단서

변경 등록 시 필요한 서류에는 양도·양수 증명서, 가족관계증명서, 의사진단서(정신질환, 마약중독 등) 등이 명시되어 있으나, '시설의 명세서'는 신규 등록 시, 제조소의 소재지가 변경된 경우 제출서류에 해당한다.

12 화장품 안전에 관한 일반적인 사항으로 옳지 않은 것은?

① 화장품은 소비자뿐만 아니라 화장품을 직업적으로 사용하는 전문가에게도 안전하여야 한다.
② 제품에 대한 위해평가는 개별 제품에 따라 다를 수 있지만, 일반적으로 화장품의 위험성은 각 원료 성분의 독성 자료에 기초하므로, 과학적 관점에서 모든 원료 성분에 대한 독성 자료가 필요하다.
③ 화장품은 제품설명서와 표시사항 등에 따라 정상적으로 사용하거나 예측 가능한 사용 조건에 따라 사용하였을 때 인체에 안전하여야 한다.
④ 화장품 제조업자는 사용하는 성분에 대한 안전성 자료를 확보하기 위해 최대한 노력하여야 하며, 또한 이를 최대한 활용하도록 하여야 한다.
⑤ 화장품 안전의 확인은 화장품 원료 선정부터 사용 기한까지 화장품의 전 주기에 대해 전반적인 접근이 필요하다.

제품에 대한 위해평가는 개개 제품에 따라 다를 수 있으나, 일반적으로 화장품의 위험성은 각 원료성분의 독성자료에 기초하며, 과학적 관점에서 모든 원료성분에 대해 독성자료가 필요한 것은 아니다. 현재 활용 가능한 자료가 우선적으로 검토될 수 있다.

13 화장품의 안정성 시험 중 장기보존시험과 가속시험의 공통 대상 시험의 종류가 아닌 것은?

① 용기적합성 시험
② 물리적 시험
③ 화학적 시험
④ 미생물 한도 시험
⑤ 살균보존제 시험

살균보존제 시험은 개봉 후 안정성시험에 해당한다.

선생님의 노하우
안정성 시험은 성분·물리·미생물·용기를 봅니다. 보존제 유효성 평가는 별도 시험으로 분리된다는 사실을 기억하면 좋아요.

14 다음 중 기능성 화장품의 효능·효과와 관련이 없는 것은?

① 피부에 탄력을 주어 피부의 주름을 완화 또는 개선하는 기능이 있는 화장품
② 피부색의 보정 및 결점을 커버하며, 모발 세정 및 모발 컨디셔닝 등에 도움을 주는 기능이 있는 화장품
③ 탈모 증상의 완화에 도움을 주는 화장품
④ 모발의 색상을 변화시키는 기능이 있는 화장품 중 일시적으로 색상을 변화시키는 제품은 제외
⑤ 피부에 멜라닌 색소가 침착하는 것을 방지하며 기미·주근깨 등의 생성을 억제함으로써 피부의 미백에 도움을 주는 기능이 있는 화장품

피부색 보정 및 결점 커버, 모발 세정 및 모발 컨디셔닝과 같은 단순한 외관 개선이나 청결에 관한 사항은 일반 화장품의 미용적 기능에 해당한다. 일시적 효과는 기능성으로 분류되지 않는다.

15 다음 중 주름 개선에 효과적인 유효성 평가 방법은?

① 콜라겐, 엘라스틴을 생성하는 섬유 아세포의 증식 정도 평가
② 자외선차단제 도포 후의 최소홍반량을 도포 전의 최소홍반량으로 나눈 값으로 평가
③ 티로시나제 활성억제 평가
④ 도파 (DOPA)의 산화억제 평가
⑤ 멜라노좀 이동 방해 정도 평가

오답 피하기
② 자외선차단 기능을 평가하는 방법이다.
③·④·⑤ 미백 기능을 평가하는 방법이다.

선생님의 노하우
무조건적으로 평가 방법을 외우기보다는 각 키워드로 선지를 판별하는 것도 좋은 방법이랍니다.
- 주름개선 : 콜라겐, 엘라스틴, 섬유 아세포, 교원섬유
- 미백 : 멜라닌, 도파, 멜라노좀, 티로시나제
- 자외선차단 : 홍반량, 흑화량, 산란, 반사, 흡수

16 다음 중 안정성 시험자료를 최종 제조된 제품의 사용기한이 만료되는 날부터 1년간 보존하여야 하는 0.5% 이상 함유하는 화장품 성분에 해당하지 않는 것은?

① 아스코르빅 애시드 및 그 유도체
② 레티놀 및 그 유도체
③ 과산화화합물 또는 효소
④ 토코페롤
⑤ 천연보습인자 및 그 유사 원료

천연보습인자는 0.5% 이상이어도 안정성 시험자료를 보존할 의무가 없다.

17 기능성화장품의 안전성 확보를 위한 인체 사용시험에 대한 설명 중 옳지 않은 것은?

① 인체 첩포시험은 관련 전문 지도를 받아 수행하여야 한다.
② 사용시험 대상자는 최소 30명 이상이어야 한다.
③ 시험 대상자는 연령과 성별을 고려하여 선정한다.
④ 사용 농도를 기준으로 다양한 농도별 시험이 권장된다.
⑤ 도포 부위는 손등이나 전완부 등 적절한 부위에 폐쇄 첩포한다.

「기능성화장품 심사 자료 작성 가이드」에 따르면 사용시험은 대상자가 20명 이상이면 가능하다.

18 화장품법령상 1년 이하의 징역 또는 1천만 원 이하의 벌금에 해당하는 경우가 아닌 것은?

① 자격증 대여 등의 금지를 위반한 자
② 영유아 또는 어린이 사용 화장품의 안전과 품질을 입증할 수 있는 자료를 보관하지 않은 자
③ 부당한 표시·광고 행위 등의 금지 행위를 위반한 자
④ 안전용기·포장 등에 관한 기준을 준수하지 않은 자
⑤ 유기농화장품의 품질에 관해 식품의약품안전처장의 인증을 받지 아니한 화장품에 대하여 인증표시나 이와 유사한 표시를 한 자

품질인증에 관한 규정을 위반하면 3년 이하의 징역 또는 3천만 원 이하의 벌금에 처한다.

선생님의 노하우
화장품법 위반 시에는 경고, 제조 및 판매 영업 정지, 등록 취소와 같은 행정 처분뿐만 아니라, 징역 또는 벌금형, 그리고 과태료가 부과될 수 있어요. 관련 내용 모두 숙지하시는 게 좋아요.

정답 15 ① 16 ⑤ 17 ② 18 ⑤

19 다음 중 화장품 안정성 시험에 대한 설명으로 가장 적절하지 않은 것은?

① 가혹시험 조건은 광선, 온도, 습도 3가지 조건을 검체의 특성을 고려하여 결정한다.
② 장기보존시험은 3로트 이상으로 하여야 한다.
③ 기능성 화장품의 시험 항목은 기준 및 시험 방법에 설정된 전 항목을 반드시 하여야 한다.
④ 시험의 종류로는 장기보존시험, 가속시험, 가혹시험, 개봉 후 안정성 시험 등이 있다.
⑤ 제품의 유통 조건을 고려하여 적절한 온도, 습도, 시험 기간 및 측정 시기를 설정하여 시험한다.

> 기능성 화장품의 시험 항목은 제품의 특성에 따라 다를 수 있으므로 모든 항목을 반드시 수행하여야 하는 것은 아니다. 제품의 특성과 용도에 따라 필요한 시험 항목을 선택하여 수행하는 것이 일반적이다.

20 다음 중 화장품제조업 등록대장에 기록할 필요가 없는 항목은?

① 화장품 제조업자의 성명
② 화장품 성분 기호 및 함량
③ 화장품 제조업자의 상호
④ 등록번호 및 등록 연월일
⑤ 제조소의 소재지

> 화장품제조업 등록대장의 기재사항(「화장품법 시행규칙」 제3조 제4항)
> • 등록번호 및 등록연월일(④)
> • 화장품 제조업자의 성명 및 생년월일(법인인 경우에는 대표자의 성명 및 생년월일)(①)
> • 화장품 제조업자의 상호(법인인 경우에는 법인의 명칭)(③)
> • 제조소의 소재지(⑤)
> • 제조유형

21 다음 중 화장품법상 용어의 해설로 **틀린** 것은?

① 1차 포장이란 화장품 제조 시 내용물과 직접 접촉하는 포장용기를 말한다.
② 사용기한이란 화장품이 제조된 날부터 적절한 보관 상태에서 제품이 고유의 특성을 간직한 채 소비자가 안정적으로 사용할 수 있는 최소한의 기한을 말한다.
③ 사용기한이란 화장품이 출고된 날부터 적절한 보관 상태에서 제품이 고유의 특성을 간직한 채 소비자가 안정적으로 사용할 수 있는 최소한의 기한을 말한다.
④ 안전용기 · 포장이란 만 5세 미만의 어린이가 개봉하기 어렵게 설계 · 고안된 용기나 포장을 말한다.
⑤ 광고란 라디오 · 텔레비전 · 신문 · 잡지 · 음성 · 음향 · 영상 · 인터넷 · 인쇄물 · 간판, 그 밖의 방법에 의하여 화장품에 대한 정보를 나타내거나 알리는 행위를 말한다.

> 사용기한은 화장품이 **제조**된 날을 기준으로 한다.

22 다음 중 「개인정보보호법」에 근거한 정보주체의 서면 동의 시 중요한 내용을 표시하는 방법으로 옳지 않은 것은?

① 글씨의 크기는 다른 내용보다 20% 이상 크게 하여 알아보기 쉽게 한다.
② 글씨의 크기는 최소한 9포인트 이상으로 한다.
③ 글씨의 색깔, 굵기 또는 밑줄을 통하여 그 내용이 명확히 표시되도록 한다.
④ 동의사항이 많아 중요한 내용이 명확히 구분되기 어려운 경우 구분하여 표시한다.
⑤ 글씨는 반드시 정자(正字)로 하며, 가급적이면 한자나 영문표기는 금한다.

'동의 내용'은 9포인트 이상, 정자 사용, 중요한 사항은 색·굵기·밑줄 등으로 강조하여야 하지만, 한자나 영문표기 금지 관련 규정은 없다.
※ 본디 개인정보보호법 시행규칙 제4조에 명시되어 있었으나, 시행규칙이 폐지되고 개인정보보호위원회 개인정보보호지침 제13조로 해당 내용이 이관되면서 내용이 많이 단순화되었다.

서면 동의 시 중요한 내용의 표시 방법(「개인정보보호법」 제4조)
법 제22조 제2항에서 '행정안전부령으로 정하는 방법'이란 다음의 방법을 말한다.
1. 글씨의 크기는 최소한 9포인트 이상으로서 다른 내용보다 20% 이상 크게 하여 알아보기 쉽게 할 것
2. 글씨의 색깔, 굵기 또는 밑줄 등을 통하여 그 내용이 명확히 표시되도록 할 것
3. 동의 사항이 많아 중요한 내용이 명확히 구분되기 어려운 경우에는 중요한 내용이 쉽게 확인될 수 있도록 그 밖의 내용과 별도로 구분하여 표시할 것

동의를 받는 방법(「개인정보보호법」 제13조)
⑩ 개인정보처리자는 서면 동의 시 제9항의 중요한 내용의 표시 방법은 다음의 방법을 말한다.
1. 글씨의 색깔, 굵기 또는 밑줄 등을 통하여 그 내용이 명확히 표시되도록 할 것
2. 동의 사항이 많아 중요한 내용이 명확히 구분되기 어려운 경우에는 중요한 내용이 쉽게 확인될 수 있도록 그 밖의 내용과 별도로 구분하여 표시할 것

23 다음 중 개인정보 처리 제한 항목을 모두 고르면?

ㄱ. 고유식별정보의 처리제한
ㄴ. 등기번호 및 허가번호의 처리제한
ㄷ. 민감정보의 처리제한
ㄹ. 주민등록번호 처리의 제한

① ㄱ
② ㄱ, ㄴ
③ ㄱ, ㄴ, ㄷ
④ ㄱ, ㄷ, ㄹ
⑤ ㄱ, ㄴ, ㄷ, ㄹ

등기번호, 허가번호는 처리 제한 항목에 속하지 않는다.

24 개인정보보호법상 벌칙이 가장 무거운 것은?

① 거짓이나 그 밖의 부정한 수단이나 방법으로 다른 사람이 처리하고 있는 개인정보를 취득한 후 이를 영리 또는 부정한 목적으로 제3자에게 제공한 자와 이를 교사·알선한 자
② 민감정보 또는 고유식별정보를 처리한 자
③ 정보주체의 동의를 받지 아니하고 개인정보를 제3자에게 제공한 자 및 그 사정을 알고 개인정보를 제공받은 자
④ 개인정보를 이용하거나 제3자에게 제공한 자 및 그 사정을 알면서도 영리 또는 부정한 목적으로 개인정보를 제공받은 자
⑤ 업무상 알게 된 개인정보를 누설하거나 권한 없이 다른 사람이 이용하도록 제공한 자 및 그 사정을 알면서도 영리 또는 부정한 목적으로 개인정보를 제공받은 자

거짓이나 그 밖의 부정한 수단이나 방법으로 다른 사람이 처리하고 있는 개인정보를 취득한 후 이를 영리 또는 부정한 목적으로 제3자에게 제공한 자와 이를 교사·알선하면 10년 이하의 징역 또는 1억 원 이하의 벌금에 처한다.

오답 피하기
나머지는 모두 5년 이하의 징역 또는 5천만 원 이하의 벌금에 처한다.

25 다음 중 비이온 계면활성제의 종류가 <u>아닌</u> 것은?

① 소프비탄 계열
② 알카놀아마이드
③ 폴리소르베이트 계열
④ 글리세릴모노스테아케이트
⑤ 트라이에탄올아민라우릴설페이트

라우릴설페이트(Lauryl Sulfate)는 대표적인 음이온 계면활성제이다.

선생님의 노하우
설페이트(Sulfate), 카복실레이트, 설포네이트 등은 보통 음이온성, 소르비탄, 폴리소르베이트, 글리세릴 계열은 비이온성 계면활성제이다.

26 다음 중 계면활성제의 유형과 적용 제품의 연결이 <u>잘못된</u> 것은?

① 비이온 계면활성제 − 기초화장품, 색조화장품
② 음이온 계면활성제 − 샴푸, 바디워시, 손세척제 등 세정제품
③ 양이온 계면활성제 − 파운데이션 비비크림 등
④ 양쪽성 계면활성제 − 베이비샴푸, 저자극 샴푸 등
⑤ 천연 계면활성제 − 기초화장품

양이온 계면활성제는 정전기를 방지하는 특성이 있어 주로 헤어컨디셔너, 린스에 사용된다.

27 다음 중 피부 자극이 적고 세정 작용이 있어 베이비샴푸나 저자극 샴푸 등에 이용되는 양쪽성 계면활성제의 종류는?

① 코카미도프로필베타인
② 세테아디모늄클로라이드
③ 소듐라우릴설페이트
④ 폴리소르베이트
⑤ 다이메티콘코폴리올

오답 피하기
② 양이온성 계면활성제로, 정전기 방지 효과가 있어 컨디셔너에 쓰인다.
③ 음이온성 계면활성제로, 세정력이 강해 피부 자극이 크다.
④ 비이온성 계면활성제로, 유화제로서의 성질이 강해 세정보다는 유화제로 많이 쓴다.
⑤ 실리콘계 고분자 화합물이자 비이온성 계면활성제로, 피부 보호·코팅 목적으로 사용한다.

28 다음 중 화장품 원료로 사용되는 색소에 대한 설명으로 틀린 것은?

① 염료는 물이나 기름, 알코올 등에 용해되어 기초용 및 방향용 화장품에서 제품에 색상을 나타내고자 할 때 사용되며, 색조 화장품에서는 립틴트에 주로 사용된다.
② 색소는 구성 물질에 따라 무기 안료와 유기 안료로도 분류되며, 무기 안료의 대표적인 것은 탄소·산소·질소이다.
③ 색소는 일반적으로 염료, 레이크, 안료, 천연색소로 분류된다.
④ 안료는 물과 오일 등에 녹지 않는 불용성 색소로 색상이 화려하지 않으나 빛·산·알칼리에 안정한 무기 안료와 색상이 화려하고 생생하지만 빛·산·알칼리에 불안정한 유기 안료, 고분자 안료로 구분할 수 있다.
⑤ 레이크는 물에 녹기 쉬운 염료를 알루미늄 등의 염이나 황산 알루미늄, 황산 지르코늄 등을 가해 물에 녹지 않도록 불용화한 유기 안료로 색상과 안정성이 안료와 염료의 중간 정도이다.

무기물과 유기물의 차이를 묻는 것이다. 유기물은 골격이 탄소로 이루어져 있으면서 생명체와 관계가 있는 물질이며, 무기물은 그렇지 않은 물질이다. 따라서 마그네슘·알루미늄·철·크로뮴 등의 무기물을 포함하는 안료는 무기안료이고, 탄소·산소·질소와 같이 유기물을 포함하는 안료는 유기안료이다.

선생님의 노하우

다만, 해당 원소들이 포함된다고 칼로 무 자르듯이 유기안료와 무기안료로 명확히 나뉘는 것은 아닙니다. 마그네슘·알루미늄·철·크로뮴·탄소·산소·질소 등은 물질을 구성하는 원소일 뿐이지, 유기물과 무기물을 구분하는 절대적인 기준이 아니기 때문입니다.

29 색조화장품에 사용되는 안료로서 파우더의 사용감과 제형을 구성하는 기능을 하지 않는 체질 안료는?

① 마이카
② 칼슘카보네이트
③ 구아닌
④ 탈크, 카올린
⑤ 세리사이트

구아닌(Guanine)은 물고기 비늘에서 추출한 색조 첨가제, 광택제이다. 립스틱, 네일, 샴푸 등에 첨가하여 진주광택을 낸다.

30 다음 중 향료에 대한 설명으로 옳지 않은 것은?

① 향료는 화장품에서 제품 이미지와 원료 특이취 억제를 위해 제형에 따라 0.1~1.0%까지 사용되기도 한다.
② 천연향료에는 식물의 꽃, 열매, 씨, 가지, 껍질, 뿌리 등에서 추출한 식물성 향료가 있다.
③ 향료는 일반적으로 천연향료, 합성향료, 조합향료로 분류된다.
④ 사향, 해리향, 시베트 등은 동물 유래 향료이며, 현재는 대부분 합성향료로 대체되어 사용된다.
⑤ 수증기 증류법은 동물 유래 향료의 대표적인 추출법으로 널리 사용된다.

수증기 증류법은 식물 유래 향료를 추출할 때 주로 사용되는 방법이다. 반면, 동물 유래 향료는 동물의 특정 분비물을 직접 채취하거나 수집하는 방식이 일반적이다.

정답 28 ② 29 ③ 30 ⑤

31 다음 중 자외선 차단효과 관련 설명으로 적절하지 않은 것은?

① 자외선 차단지수는 자외선차단제가 UVB를 차단하는 정도를 나타내는 지수이다.
② 자외선 차단효과는 피부에 인공 태양광선을 비추어 최소홍반량을 결정하고, 피부에 자외선차단제를 도포한 후 같은 방법으로 인공 태양광선을 비추어 최소홍반량을 결정하여 평가한다.
③ 자외선 차단지수는 제품을 바르지 않은 피부의 최소홍반량을 제품을 바른 피부의 최소홍반량으로 나눈 값이다.
④ 자외선 산란제에는 징크옥사이드, 타이타늄다이옥사이드 등이 있다.
⑤ 자외선 차단지수란 도포 후의 최소홍반량을 도포 전의 최소홍반량으로 나눈 값으로 자외선 차단지수가 높을수록 자외선 차단 효과가 작다.

> 자외선 차단지수(SPF)는 제품을 도포한 후의 최소홍반량을 도포하지 않은 피부의 최소홍반량으로 나눈 값이며, SPF 값이 높을수록 자외선 차단 효과가 크다.

32 다음 중 여드름 치유효과가 있는 화장품 성분은?

① 나이아신마이드
② 징크옥사이드
③ 알부틴
④ 살리실릭애시드
⑤ 알파–비사보롤

오답 피하기
① 미백과 주름 개선에 도움을 주며, 항염 효과도 있지만 여드름 치료 성분으로 직접적인 성분은 아니다.
② 자외선차단제 성분으로 피부 진정 효과는 있으나 여드름 치료 성분으로는 한계가 있다.
③ 멜라닌 생성을 억제해 피부를 희게 한다.
⑤ 진정과 항염 효과는 있지만, 여드름 치료에는 보조적으로 이용된다.

선생님의 노하우
살리실릭애시드(Salicylic Acid)는 대표적인 β-하이드록시산(BHA) 성분으로, 각질 제거와 모공 속 피지 제거에 효과적입니다. 이로 인해 여드름 치료 및 예방에 널리 사용됩니다. 모공을 막는 죽은 세포를 제거해 여드름의 원인을 줄여 주고, 염증 완화에도 도움을 줍니다.

33 다음 중 유성 원료의 종류와 그 특징의 연결이 옳지 않은 것은?

① 식물성 오일 – 수분 증발을 억제하고 사용감을 향상시킨다.
② 실리콘 오일 – 화학적으로 고급 지방산에 고급 알코올이 결합된 에스터 화합물이다.
③ 동물성 오일 – 생리 활성은 우수하지만, 색상이나 냄새가 좋지 않고, 쉽게 산화되어 변질되므로 화장품 원료로 널리 이용되지는 않는다.
④ 광물성 오일 – 원유에서 추출한 고급 탄화수소로 무색투명하고 냄새가 없으며 산패나 변질의 문제가 없다.
⑤ 고급 지방산 – 동물성 유지의 주성분이며 일반적으로 R-COOH 등으로 표시되는 화합물로 천연의 유지와 밀랍 등에 에스터류로 함유되어 있다.

> 고급 지방산과 알코올의 결합체는 에스터 오일이다. 실리콘은 실록산 결합을 가지는 유기 규소 화합물의 총칭이다. 실리콘 오일은 우수한 발림성, 끈적임 방지, 피부 보호막 형성 등의 특징이 있다.

34 다음 중 피부를 곱게 태우거나 자외선으로부터 피부를 보호하는 데 도움을 주는 성분이면서 그 최대 함량이 가장 큰 것은?

① 시녹세이트
② 타이타늄디옥사이드
③ 드로메트리졸트리실록산
④ 드로메트리졸
⑤ 호모살레이트

> 위 성분들을 최대 함량 순으로 배열하면 아래와 같다.
> ② 타이타늄디옥사이드(25%) > ③ 드로메트리졸트리실록산(15%) > ① 시녹세이트(10%) = ⑤ 호모살레이트(10%) > ④ 드로메트리졸(1%)

선생님의 노하우
드로메트리졸(Drometrizole) 자체는 자외선차단 성분이긴 하지만, 국내 화장품법상 자외선 차단 기능성 성분 목록에는 '단독 성분'으로 고시되어 있지 않습니다. 드로메트리졸 트리실록산(Drometrizole Trisiloxane)으로 고시되어 있습니다.

정답 31 ⑤ 32 ④ 33 ② 34 ②

35. 다음 중 화장품 전성분 표시지침에 따른 표시 생략 가능 성분에 대한 설명으로 옳지 <u>않은</u> 것은?

① 원료 내에 극미량 포함된 불순물이나 부수 성분으로서 제품에서 효과를 발휘하지 않는 경우에는 표시하지 않을 수 있다.
② 제조공정 중 제거되어 최종 제품에 존재하지 않는 성분은 전성분에서 생략할 수 있다.
③ 착향제의 구성 성분 중 알레르기 유발 성분은 소비자 보호 차원에서 일정 농도 이상 함유 시 별도로 표시하여야 한다.
④ 메이크업·눈화장·염모·매니큐어용 제품은 ± 기호로 모든 착색제를 공동 기재할 수 있다.
⑤ 실질적 기능이 있는 원료는 포함량과 관계없이 전성분에서 생략할 수 있다.

> 실질적 기능이 있는 원료는 포함량과 관계없이 전성분에서 생략할 수 없다. 포함량과 관계없이 표시하여야 한다.

36. 다음 중 전성분 표시 대상에서 제외될 수 있는 기준으로 옳은 것은?

① 내용량이 50g 또는 50㎖ 이하인 제품
② 내용량이 10g 또는 10㎖ 이하인 제품
③ 내용량이 100g 또는 100㎖ 이하인 제품
④ 내용량이 15g 또는 15㎖ 이하인 제품
⑤ 내용량이 20g 또는 20㎖ 이하인 제품

> 화장품 포장의 기재·표시 등(「화장품법 시행규칙」 제19조 제2항 제3호)
> 내용량이 10㎖ 초과 50㎖ 이하 또는 중량이 10g 초과 50g 이하 화장품(소비자가 사용할 때 특별한 주의가 필요하다고 식품의약품안전처장이 정하여 고시하는 화장품은 제외)의 포장인 경우에는 다음의 성분을 제외한 성분
> • 타르색소
> • 금박
> • 샴푸와 린스에 들어 있는 인산염의 종류
> • 과일산(AHA)
> • 기능성화장품의 경우 그 효능·효과가 나타나게 하는 원료
> • 식품의약품안전처장이 사용 한도를 고시한 화장품의 원료

37. 다음 중 「화장품 안전기준 등에 관한 규정」에서 화장품에 사용할 수 없는 원료에 해당하지 <u>않는</u> 것은?

① 벤조일퍼옥사이드를 1% 이상 함유한 혼합물
② 소듐라우로일사코시네이트를 사용 후 씻어내는 제품
③ 헥산을 6% 이상 함유한 혼합물
④ 헥사클로로시클로헥산 및 이를 1.5% 이상 함유한 혼합물
⑤ 펜피록시메이트 및 이를 20% 이상 함유한 혼합물

> 소듐라우로일사코시네이트는 [별표 2]의 제한 원료로, 사용 후 씻어내는 제품에 한해 사용 가능하다. 따라서 '화장품에 사용할 수 없는 원료'에는 해당하지 않는다.

38. 다음 중 착향제의 구성 성분 중 알레르기 유발 성분 25개에 속하지 <u>않는</u> 것은?

① 벤조아민
② 파네솔
③ 벤질알코올
④ 제라니올
⑤ 쿠마린

> 벤조아민은 화장품 착향제 알레르기 유발물질 목록에 없다.
>
> **선생님의 노하우**
> 향료인데 이름이 익숙하다면, 표시 성분일 확률 높아요. 단, 벤조아민 정도는 예외로 기억해 두면 좋아요.

39 다음 중 우수화장품 제조 및 품질관리기준(CGMP) 상의 보관관리에 관한 설명으로 **틀린** 것은?

① 보관기한이 지나면 사용의 적절성을 재평가하는 시스템을 확립하여야 하며, 보관기한이 경과한 경우 사용하지 않도록 규정하여야 한다.
② 원자재, 반제품 및 벌크제품은 품질에 나쁜 영향을 미치지 않는 조건에서 보관하며, 보관 기한을 설정하여야 한다.
③ 원자재, 반제품 및 벌크제품은 바닥과 벽에 닿지 않도록 보관하고, 선입선출 방식으로 출고할 수 있도록 보관하여야 한다.
④ 원자재, 시험 중인 제품 및 부적합품은 각각 구획된 장소에서 보관하여야 한다. 다만, 서로 혼동을 일으킬 우려가 없는 시스템에 의해 보관될 경우에는 그렇지 않다.
⑤ 보관 조건은 각 원료와 포장재에 적합하여야 하며, 원료와 포장재가 재포장될 때 새로운 용기에는 새로운 내용과 형태의 라벨을 부착하여야 한다.

원료와 포장재가 재포장될 때, 새로운 용기에는 원래와 동일한 라벨링이 있어야 한다.

40 다음 중 회수대상 화장품과 거리가 먼 것은?

① 등록을 하지 아니한 자가 제조한 화장품
② 안전용기·포장 등에 위반되는 화장품
③ 적정가격, 적정용량에 위반되는 화장품
④ 맞춤형화장품조제관리사를 두지 아니하고 판매한 맞춤형화장품
⑤ 전부 또는 일부가 변패되거나 병원미생물에 오염된 화장품

가격이나 용량의 문제는 위해성과 무관하여 회수할 수 없다.

오답 피하기
①·④·⑤ 위해성 다등급에 해당하므로 회수하여야 한다.
② 위해성 나등급에 해당하므로 회수하여야 한다.

41 '나'등급에 해당하는 위해성 화장품으로 올바른 것은?

① 정해진 원료를 사용한도를 초과하여 포함한 화장품
② 전부 또는 일부가 변패된 화장품
③ 병원성 미생물에 오염된 화장품
④ 이물이 혼입되었거나 부착된 화장품 중 보건위생상 위해를 발생할 우려가 있는 화장품
⑤ 유통화장품 안전관리기준에 적합하지 않은 화장품(내용량 기준 및 기능성 화장품의 주요 원료 함량 기준 부적합 제외)

오답 피하기
나머지는 모두 다등급에 해당한다.

42 화장품법 제16조에서 규정하는 판매하거나 판매 목적으로 보관 또는 진열할 수 없는 화장품이 **아닌** 것은?

① 맞춤형화장품조제관리사가 화장품 용기에 담은 내용물을 나누어 판매하는 경우
② 등록하지 않은 자가 제조하거나 수입하여 유통·판매한 화장품
③ 화장품의 포장 및 기재·표시 사항을 훼손하거나 위조·변조한 화장품
④ 맞춤형화장품조제관리사를 두지 않고 판매한 맞춤형화장품
⑤ 화장품 기재 사항을 위반하거나 의약품으로 오인될 우려가 있는 기재·표시가 된 화장품

누구든지(맞춤형화장품조제관리사를 통하여 판매하는 맞춤형화장품판매업자는 제외) 화장품의 용기에 담은 내용물을 나누어서 판매하여서는 안 된다.

정답 39 ⑤ 40 ③ 41 ⑤ 42 ①

43 작업소의 기준으로 적절하지 않은 것은?

① 환기가 잘 되도록 외부와의 창문은 개방되어야 한다.
② 화장품의 종류와 제형에 따라 구분·구획되어야 한다.
③ 바닥, 벽, 천장은 청소하기 쉽게 표면이 매끄러워야 한다.
④ 세척실과 화장실은 접근이 쉬우면서도 생산 구역과 분리되어야 한다.
⑤ 제품의 오염을 방지하고 적절한 온도 및 습도를 유지하여야 한다.

> 작업소는 외부 오염을 방지하기 위해 창문을 개방하지 않아야 하며, 환기는 적절한 공조 시스템을 통해 이루어져야 한다.

44 화장품 제조 시 보관 관리에 대한 설명으로 적절하지 않은 것은?

① 원자재, 시험 중인 제품 및 부적합품은 각각 구획된 장소에서 반드시 보관하여야 한다.
② 원자재, 반제품 및 벌크제품은 품질에 나쁜 영향을 미치지 않는 조건에서 보관하여야 한다.
③ 원자재, 반제품 및 벌크제품은 바닥과 벽에 닿지 않도록 보관하고, 선입선출 방식으로 출고할 수 있도록 하여야 한다.
④ 설정된 보관기한이 지나면 사용의 적절성을 결정하기 위해 재평가 시스템을 확립하고, 보관기한이 경과한 경우 사용하지 않도록 규정하여야 한다.
⑤ 원자재, 반제품 및 벌크제품은 보관기한을 설정하여야 한다.

> 원자재 시험 중인 제품 및 부적합품은 각각 구획된 장소에서 보관하여야 한다. **다만, 서로 혼동을 일으킬 우려가 없는 시스템에 의하여 보관되는 경우에는 그러하지 아니하다.**

45 원료 및 자재의 보관·관리 방법으로 가장 적절한 것은?

① 바닥에 직접 적재하지 않고 팔레트 위에 보관한다.
② 원료 보관소의 온도는 상온으로 유지한다.
③ 보관소 공간 확보를 위해 벽에 최대한 붙여서 보관한다.
④ 원료는 공간 확보를 위해 팔레트 위에 여러 로트를 함께 보관한다.
⑤ 햇빛이 직접 들어오도록 창문을 차광하지 않는다.

> ② 보관 온도는 무조건 '상온'이 아니라, 각 원료별 지정된 조건에 따라야 한다.
> ③ 벽에서 간격을 두고 보관하여야 공기가 순환되고, 오염 여부와 해충와 쥐의 침입을 확인하기 쉽다.
> ④ 각 로트는 식별 및 추적할 수 있어야 하므로 혼합해서 보관하면 안 된다.
> ⑤ 햇빛(직사광선)은 내용물의 변질을 유발할 수 있어 차광하거나 암실에 보관하여야 한다.

46 화장품 보관 방법에 대한 설명으로 적절하지 않은 것은?

① 보관 장소는 항상 청결하고 정리·정돈되어 있어야 하며, 출고는 별도 지시가 없는 한 선입선출 방식을 원칙으로 한다.
② 누구나 명확히 구분할 수 있도록 구분하여 보관한다.
③ 제품명 및 시험 전·후에 부여된 시험번호별로 명확히 구분하여 보관한다.
④ 방서·방충 시설을 갖춘 곳에서 보관한다.
⑤ 단위 포장을 해체하여 출고하는 것이 보관상 더 유리하므로 개별 포장으로 출고한다.

> 단위 포장을 임의로 해체하는 것은 불필요한 오염 위험을 유발하고, 제품을 추적하거나 제품의 품질을 유지하는 데 불리하다. 출고 시 단위포장을 해체하고, 잔량은 재포장하여 수량 표시 후 보관한다.

정답 43 ① 44 ① 45 ① 46 ⑤

47 다음 중 품질관리기준서의 지침서와 해당 기록 양식의 연결이 잘못된 것은?

① 미생물 시험 지침서 – 시액 및 시약 라벨 등
② 낙하균 측정 지침서 – 낙하균 시험 기록서 등
③ 검체의 채취 및 보관 절차서 – 관리품 라벨 등
④ 표준품 관리 지침서 – 표준품 관리 대장, 표준품 라벨 등
⑤ 안정성 시험 지침서 – 안정성 시험 관리 대장, 안정성 시험 표시 라벨 등

'관리품 라벨'은 주로 반제품·완제품의 품질관리용 표시이며, 검체 채취와 직접적인 연관성은 없다.

48 다음 중 맞춤형화장품 작업장의 권장 시설 기준으로 적절하지 않은 것은?

① 시험기구 및 도구를 비치하고 시험실을 별도로 구획하여야 한다.
② 맞춤형화장품의 소분·혼합 장소와 판매·상담 장소는 구분·구획이 권장된다.
③ 적절한 환기 시설이 권장된다.
④ 작업대, 바닥, 벽, 천장 및 창문은 청결하게 유지되어야 한다.
⑤ 소분·혼합 전·후 작업의 손 세척 및 장비 세척을 위한 세척 시설의 설치가 권장된다.

제품 분석·시험은 책임판매업자나 외부 검사기관이 수행하므로, 맞춤형화장품 작업장에서는 별도의 시험실을 필수적으로 확보할 필요는 없다.

49 다음 중 세척제에 대한 설명으로 옳지 않은 것은?

① 세제는 접촉면에서 바람직하지 않은 오염 물질을 제거하기 위해 사용하는 화학물질이다.
② 세제는 환경문제와 작업자의 건강문제로 인해 지용성 세정제가 많이 사용된다.
③ 세제용 화학물질 혼합액으로 용매, 산, 염기, 세제 등이 주로 사용된다.
④ 세척제는 안전성이 높아야 하고 세정력이 우수하며 헹굼이 용이하여야 한다.
⑤ 세척제는 기구 및 장치의 재질에 부식성이 없고 가격이 저렴하여야 한다.

세척제는 환경문제와 작업자의 건강문제로 인해 수용성 세정제가 많이 사용된다.

50 소독제를 선택할 때 고려하여야 할 사항으로 적절하지 않은 것은?

① 대상 표면의 재질 및 상태
② 소독제의 향이나 색상이 쾌적한지 여부
③ 소독제가 작용하는 시간과 온도 조건
④ 소독 대상 미생물의 종류와 특성
⑤ 소독 후 잔류물에 의한 위해 가능성

소독제의 향이나 색상은 감각적 요소로, 실제 소독 효과나 안전성과 무관하다.

정답 47 ③ 48 ① 49 ② 50 ②

51 맞춤형화장품 작업장에서 직원의 위생에 대한 설명으로 잘못된 것은?

① 소분·혼합 전에 손을 세척하고 필요시 소독한다.
② 소분·혼합할 때는 위생복과 위생 모자를 착용하며 필요시 일회용 마스크를 착용한다.
③ 피부에 상처가 있는 직원은 소분·혼합작업을 하지 않는다.
④ 소분·혼합하는 직원은 이물이 생길 수 있는 베이스메이크업을 반드시 하지 않는다.
⑤ 질병이 있는 직원은 소분·혼합작업을 하지 않는다.

소분·혼합하는 직원은 이물이 발생할 수 있는 '포인트 메이크업'을 하지 않는 것이 권장된다.

52 청소와 세척의 원칙으로 옳지 않은 것은?

① 심한 오염에 대한 대처 방법을 기록하여 둔다.
② 사용 기구를 지정하여 둔다.
③ 구체적인 절차를 정하지 않고 유연하게 대응한다.
④ 판정 기준을 설정한다.
⑤ 책임 소재를 명확히 한다.

청소·세척은 반드시 표준 절차(SOP)를 기반으로 수행되어야 하며, '구체적 절차 없이 유연하게 대응'한다는 설명은 원칙에 위배 되는 사항이다.

53 설비 및 기구의 세척과 관련된 설명 중 옳지 않은 것은?

① 화장품 제조에 필요한 설비의 세척과 소독은 문서화된 절차에 따라 진행된다.
② 세척은 오염된 미생물의 수를 허용된 수준 이하로 줄이기 위해 수행하는 절차이다.
③ 세척 기록은 철저히 보관하며, 세척 및 소독된 모든 장비는 건조 후 보관하여 오염을 방지할 수 있다.
④ 세척과 소독의 주기는 수행된 작업의 종류에 따라 결정된다.
⑤ 세척이 완료된 후에는 세척 상태를 평가하고, 세척 완료 라벨을 설비에 부착한다.

해당 설명은 '소독'에 대한 설명이다. 세척은 제품잔류물과 흙, 먼지, 기름때 등의 오염물을 제거하는 과정이다.

54 교반기 설치 시 고려하여야 할 사항으로 적절하지 않은 것은?

① 혼합상태
② 점도
③ 혼합시간
④ 교반의 목적
⑤ 혼합량

혼합시간은 교반기 설치 자체보다는 설치 후 사용 시 정하는 변수이다.

📔 **선생님**의 노하우

교반기의 설치의 초점은 '어떻게 잘 섞을(교반할) 것인가'에 가 있습니다. 혼합 방식, 용제의 점도, 목적 등이 핵심 요소이고, 혼합량은 부차적 요소입니다.

55 다음 중 제조설비에서 널리 사용되는 분쇄기에 해당하지 <u>않는</u> 것은?

① 아지믹서
② 아토마이저
③ 제트밀
④ 비드밀
⑤ 헨셀믹서

아지믹서는 교반기의 하나이다.

56 다음 중 제조설비와 기구의 관리 및 폐기와 관련된 내용으로 적절하지 <u>않은</u> 것은?

① 설비 점검 시 누유, 누수, 밸브 미작동 등이 발견되면 해당 설비의 사용을 중지하고 '점검 중' 표시를 한다.
② 오염되거나 파손된 기구는 폐기한다.
③ 정밀 점검 결과 수리가 불가능하다고 판단되는 경우에는 폐기하고, 폐기 전까지 '폐기 예정' 표시를 하여 설비 사용을 방지한다.
④ 플라스틱 재질의 기구는 주기적으로 교체하는 것을 권장한다.
⑤ 제조설비는 정기적으로 점검하고 그 기록을 보관하며, 수리 내역과 부품 교체 이력을 설비이력대장에 기록한다.

기구의 교체는 재질이 아니라 상태(위생, 파손 등)에 따라 결정하여야 한다.

57 입고 관리와 관련된 우수화장품 제조 및 품질관리기준(CGMP)상의 설명으로 옳지 <u>않은</u> 것은?

① 외부에서 반입된 모든 원료와 포장재는 관리를 위해 반드시 표시하여야 한다.
② 입고된 원료와 포장재는 적합, 부적합, 검사 중에 따라 각각 구분된 공간에 보관하여야 한다.
③ 원료 및 포장재의 용기는 물질과 배치 정보를 확인할 수 있는 표시를 부착하여야 한다.
④ 제품을 정확히 식별하고 혼동을 방지하기 위해 라벨링을 하여야 한다.
⑤ 제품의 품질에 영향을 줄 수 있는 결함이 있는 원료와 포장재는 즉시 폐기하거나 반품하여야 한다.

제품의 품질에 영향을 줄 수 있는 결함을 보이는 원료와 포장재는 결정이 완료될 때까지 보류상태로 있어야 한다.

58 다음 중 검체 보관 시 적절한 보관을 위한 고려사항으로 옳지 <u>않은</u> 것은?

① 재시험을 위해 사용할 수 있는 충분한 양의 검체를 원료에 맞는 보관 조건에서 보관한다.
② 과도한 열기나 추위에 노출되지 않도록 한다.
③ 특수 보관 조건을 요하는 검체는 보관조건을 적절히 준수하고 모니터링한다.
④ 용기는 밀폐하여 보관하며, 청소와 검사가 용이하도록 바닥과 충분한 간격을 두고 보관한다.
⑤ 원료 재포장 시 기존 검체는 사용하지 않고 새롭게 검체를 채취하여 새로운 관리 번호를 부여한다.

원료가 재포장될 경우 원래의 용기와 동일하게 표시한다.

정답 55 ① 56 ④ 57 ⑤ 58 ⑤

59 다음 중 우수화장품 제조 및 품질관리기준 (CGMP)상의 출고관리와 관련하여 틀린 설명은?

① 원자재는 시험 결과 적합 판정을 받은 것만 선입선출 방식으로 출고하여야 한다.
② 오직 승인된 자만이 원료 및 포장재의 불출 절차를 수행할 수 있다.
③ 모든 물품은 원칙적으로 선입선출법으로 출고하며, 이는 반드시 지켜야 한다.
④ 원료와 포장재는 불출되기 전까지 사용을 금지하고, 이를 격리하기 위한 특별한 절차가 필요하다.
⑤ 뱃치에서 취한 검체가 모든 합격 기준에 부합할 때만 해당 뱃치가 출고될 수 있다.

모든 물품은 원칙적으로 선입선출방법으로 출고를 한다. 다만, 나중에 입고된 물품이 사용기한이 짧은 경우 먼저 입고된 물품보다 먼저 출고할 수 있다. 또한 선입선출을 하지 못하는 특별한 사유가 있을 경우, 적절하게 문서화된 절차에 따라 나중에 입고된 물품을 먼저 출고할 수 있다.

60 완제품의 입고, 보관 및 출하 절차를 올바른 순서대로 나열한 것은?

가. 포장공정	나. 검사 중 라벨 부착
다. 입고대기구역 보관	라. 완제품 시험 합격
마. 합격라벨 부착	바. 보관 및 출하

① 가 - 다 - 나 - 라 - 마 - 바
② 가 - 마 - 다 - 라 - 나 - 바
③ 가 - 나 - 다 - 라 - 마 - 바
④ 바 - 가 - 나 - 다 - 라 - 마
⑤ 바 - 가 - 다 - 나 - 라 - 마

가. 포장을 먼저 한 다음에
나. 검사를 위한 식별용 라벨을 부착한다.
다. 검사 전, 임시 보관 장소(대기 구역)로 이동해서
라. 완제품의 품질 검사를 실시하고, 합격 여부를 판단한다.
마. 합격된 제품에 '합격' 라벨을 부착한다.
바. 합격 제품은 보관 후 출하한다.

선생님의 노하우
일반적으로 검사를 다 한 다음에 포장을 딱 한다고 생각하잖아요. 그런데 아닙니다. 포장 전에 검사를 하면 포장 과정 중 오염되거나 양이 부족하게 들어갈 수도 있고, 라벨이 잘못 붙는 등 출하 불량 요인이 발생할 수 있거든요. 그래서 포장을 한 다음에 검사를 하는 거랍니다.

61 다음 중 화장품 안전기준 등에 관한 규정에 따라 비의도적으로 유래된 물질의 검출 허용 한도로 적절하지 않은 것은?

① 수은 $1\mu g/g$ 이하
② 카드뮴 $5\mu g/g$ 이하
③ 비소 $5\mu g/g$ 이하
④ 안티모니 $10\mu g/g$ 이하
⑤ 디옥산 $100\mu g/g$ 이하

비소의 검출 허용 기준은 $10\mu g/g$ 이하이다.

62 다음 중 화장품 안전기준 등에 관한 규정상 미생물이 검출되어서는 안 되는 항목을 모두 고르면?

가. 대장균	나. 세균 및 진균
다. 총호기성생균	라. 녹농균
마. 황색포도상구균	

① 가, 다, 라
② 가, 나, 다
③ 가, 라, 마
④ 나, 다, 라
⑤ 다, 라, 마

대장균(병원성 유해균), 녹농균(병원성 유해균), 황색포도상구균(화농성 감염 유발균)은 검출되어서는 안 되는 미생물이다. 총호기성생균과 세균·진균은 허용 기준이 있으며, 경우에 따라 허용된다.

63 다음 중 화장품 안전기준에 따른 내용량 기준으로 올바른 것은?

① 제품 3개를 시험할 때, 그 평균 내용량이 표기량에 대해 95% 이상이어야 한다.
② 제품 3개를 시험할 때, 그 평균 내용량이 표기량에 대해 90% 이상이어야 한다.
③ 제품 3개를 시험할 때, 그 평균 내용량이 표기량에 대해 93% 이상이어야 한다.
④ 제품 3개를 시험할 때, 그 평균 내용량이 표기량에 대해 97% 이상이어야 한다.
⑤ 제품 3개를 시험할 때, 그 평균 내용량이 표기량에 대해 85% 이상이어야 한다.

제품 3개를 가지고 시험할 때 그 평균 내용량이 표기량에 대하여 97% 이상이어야 한다. 기준치를 벗어날 경우, 즉 97% 미만일 경우에는 6개를 더 취하여 시험할 때 9개의 평균 내용량이 97% 이상이어야 한다.

64 다음 중 화장품 안전기준에 따른 pH 기준으로 적합한 범위는?

① pH 3.0~7.0
② pH 2.5~7.0
③ pH 2.0~9.0
④ pH 3.0~9.0
⑤ pH 2.0~5.0

액, 로션, 크림 및 이와 유사한 제형의 액상제품은 pH가 3.0~9.0이어야 한다. 다만, 물을 포함하지 않는 제품과 사용한 후 곧바로 물로 씻어 내는 제품은 제외한다.

65 다음 중 화장품 안전기준 등에 관한 규정상 비의도적으로 유래된 물질의 검출 허용한도 시험방법과 해당 검출물질의 연결이 올바르지 않은 것은?

① 폼알데하이드 – 액체크로마토그래피법의 절대검량선법
② 디옥산 – 기체크로마토그래피법의 절대검량선법
③ 카드뮴 – 비색법
④ 디뷰틸프탈레이트 – 기체크로마토그래피 – 수소염이온화검출기를 이용한 방법
⑤ 납 – 디티존법

카드뮴 검출 시험 방법
- 원자흡광광도법(ASS)
- 유도 결합플라즈마분광기를 이용하는 방법 (ICP)
- 유도결합플 라즈마–질량분석기를 이용한 방법(ICP–MS)

66 다음 중 안전용기 및 포장대상이 아닌 것은?

① 아세톤을 함유하는 네일 폴리시 리무버
② 어린이용 오일 등 개별 포장당 탄화수소류를 10% 이상 함유하고 운동점도가 21cSt 이하인 에멀전 타입의 액상 제품
③ 개별포장당 메틸 살리실레이트를 5% 이상 함유하는 액상 제품
④ 아세톤을 함유하는 네일 에나멜 리무버
⑤ 어린이용 오일 등 개별 포장당 탄화수소류를 10% 이상 함유하고 운동점도가 21cSt 이하인 비에멀전 타입의 액상 제품

어린이용 오일 등 개별 포장당 탄화수소류를 10% 이상 함유하고 운동점도가 21cSt 이하인 액체상태의 제품 중 에멀전 타입이 아닌 제품이 이에 해당한다.

67 안전용기·포장대상에서 제외되는 경우로 옳지 않은 것은?

① 안전검사를 필한 제품
② 일회용 제품
③ 용기 입구 부분이 펌프로 작동되는 분무용기 제품
④ 용기 입구 부분이 방아쇠로 작동되는 분무용기 제품
⑤ 압축분무기 제품

안전검사를 필하였다(마쳤다)는 이유만으로 아무 용기나 안전용기·포장 대상에서 제외할 수는 없다.

68 화장품 용기의 포장재료인 유리, 금속 및 플라스틱의 유기 및 무기 코팅막 및 도금의 밀착성을 시험하는 방법은?

① 낙하시험 방법
② 크로스커트 시험방법
③ 유리병 표면 알칼리 용출량 시험방법
④ 용기의 내열성 및 내한성 시험방법
⑤ 라벨 접착력 시험방법

오답 피하기
① 물리적 충격에 대한 내구성을 평가하는 방법이다.
③ 알칼리 성분의 누출 여부를 확인하는 방법이다.
④ 온도 변화에 대한 내구성을 평가하는 방법이다.
⑤ 라벨이 잘 붙어 있는지를 평가하는 방법이다.

69 다음 중 우수화장품 제조 및 품질관리기준(CGMP)의 청정도 등급 및 관리기준이 다른 것은?

① 원료 칭량실
② 성형실
③ 포장실
④ 미생물 실험실
⑤ 제조실

포장실은 청정도 3급 대상 시설이다. 나머지는 청정도 2급 대상 시설로, 제조실·성형실·충전실·내용물 보관소·원료 칭량실·미생물 실험실 등이다. 이곳은 화장품 내용물이 노출되는 작업실이기 때문에 포장실보다 등급이 높다.

70 작업장 소독을 위한 물리적 소독 방법 중 온수에 의한 소독의 특징으로 적절하지 않은 것은?

① 소독 효과가 뛰어나며 제품과의 적합성이 우수하다.
② 긴 파이프에서의 사용이 가능하다.
③ 많은 양의 물을 소모하지만 부식성이 없다.
④ 출구 모니터링이 복잡하다.
⑤ 고에너지를 소모하며 소요 시간이 길어지는 단점이 있다.

온수 소독은 출구 모니터링이 간단하다는 장점이 있다.

71 화학적 소독제와 그 농도를 잘못 연결한 것은?

① 알코올 – 70% 에탄올 수용액
② 페놀수 – 7% 수용액
③ 승홍수 – 0.1% 수용액
④ 포르말린수 – 36% 수용액
⑤ 크레졸 – 3% 수용액

페놀(석탄산)계 소독제는 1~5% 농도로 사용하는 것이 일반적인데, 주로 3% 수용액을 사용한다.

선생님의 노하우
페놀이 석탄에서 추출되어서 '석탄산'이라고도 합니다.

72 설비 및 기구 중 탱크의 구성 재질에 대한 설명으로 잘못된 것은?

① 다른 물질이 스며들어서는 안 된다.
② 온도 및 압력 범위가 모든 공정 단계의 제품에 적합하여야 한다.
③ 설비 부품들 사이에 전기화학 반응을 최대화할 수 있다.
④ 제품에 해로운 영향을 미쳐서는 안 된다.
⑤ 제품과의 반응으로 부식되거나 분해를 초래하는 반응이 없어야 한다.

> 서로 다른 금속 재질이 접촉되면 부식 유발되므로 금속 간 전기화학 반응(갈바닉 부식)은 반드시 방지하여야 한다.

73 다음은 특정 세척제의 특징이다. 이에 해당하는 세척제의 유형은?

- 독성과 부식성에 주의하여야 한다.
- 오염물의 가수분해 시 효과가 좋다.
- 찌든 기름을 제거하는 데 효과적이다.

① 부식성 알칼리 세척제
② 무기산 세척제
③ 약산성 세척제
④ 중성 세척제
⑤ 알칼리 세척제

> 부식성 알칼리 세척제는 pH 12.5~14로 찌든 기름을 제거하는 데 효과적이다. 해당 세척제의 재료로 수산화나트륨, 수산화칼륨, 규산나트륨 등이 있다.

74 다음 설명에 해당하는 소독제로 알맞은 것은?

- 효과가 좋으며 스테인리스에 활용하기 좋다.
- 가격이 저렴하고 접촉 시간이 짧다.
- 낮은 온도에서도 사용할 수 있다.
- 산성 환경에서도 효과적으로 작용한다.
- 피부 보호가 필요하다.

① 인산
② 솔
③ 알칼리
④ 아이오도퍼
⑤ 과산화수소

> **오답 피하기**
> ① 인산 자체는 소독제로 사용되지 않으며, pH 조절제 또는 금속 세정제로 사용된다. 소독 효과보다는 스케일 제거에 초점이 가 있다.
> ② 솔은 락스(차아염소산나트륨)로 강력한 소독제지만, 금속(스테인리스)을 부식시키고 산성과 반응 시 독성가스를 발생시킬 위험이 있다.
> ③ 주로 기름때 제거용 세척제로 쓰인다. 소독 효과는 낮고, 피부 자극이 매우 강해 소독제보단 세척제로 많이 쓰인다.
> ⑤ 강력한 산화 소독제지만, 금속에 손상을 줄 수 있고, 낮은 온도에서 반응성이 낮다는 단점이 있다.

75 다음에서 소독제 선택 시 고려하여야 할 사항으로 적절한 것을 모두 고른 것은?

가. 항균 스펙트럼
나. 적용 방법
다. 미생물 사멸에 필요한 작용 시간 및 작용의 지속성
라. 물에 대한 용해성 및 사용 방법의 간편성
마. 대상 미생물의 종류와 수

① 가, 나, 마
② 가, 다, 마
③ 가, 라, 마
④ 가, 나, 다, 라
⑤ 가, 나, 다, 라, 마

> 소독제 선택 시 고려하여야 할 사항으로 위의 내용 외에도 부식성, 적용 장치의 종류, 설치장소 및 사용하는 표면의 상태, 내성균의 출현빈도, pH, 온도, 사용하는 물리적 환경 요인의 약제에 미치는 영향, 잔류성 및 잔류하여 제품에 혼입될 가능성, 종업원의 안전성 고려, 법 규제 및 소요비용 등이 있다.

정답 72 ③ 73 ① 74 ④ 75 ⑤

76 설비의 유지 관리 시 주요 사항으로 잘못된 것은?

① 유지하는 기준을 절차서에 포함한다.
② 책임 내용을 명확히 한다.
③ 사후적 실시가 원칙이다.
④ 설비마다 절차서를 작성한다.
⑤ 계획을 가지고 실행한다.

> 유지 관리는 사후 처방단계를 넘어 사전 예방의 성격을 띤다. 설비의 유지 관리는 사후 조치는 물론이고, 사전적 조치를 함으로써 비상 상황을 예방하는 방향으로 진행되어야 한다.

77 다음의 유통 화장품 안전 관리상 성분별 시험 방법 중 유도 결합 플라즈마 분광기(ICP)를 이용하여 시험이 가능한 성분을 모두 고른 것은?

가. 수은	나. 비소
다. 안티모니	라. 납
마. 니켈	

① 가, 나, 다
② 가, 나, 라
③ 가, 나, 마
④ 가, 나, 다, 라
⑤ 가, 나, 다, 라, 마

> ICP는 다양한 금속과 비금속의 함유량을 정밀하게 측정하는 기술로, 화장품 성분의 안정성과 안전성을 검증하는 데 사용된다. 일반적으로 납, 니켈, 수은, 비소, 안티모니와 같은 중금속을 분석·검출하는 데 활용된다.

78 화장품 안전기준 등에 관한 규정상 화장비누의 유리 알칼리 성분 한도로 올바른 것은?

① 유리 알칼리 0.3% 이하
② 유리 알칼리 0.1% 이하
③ 유리 알칼리 1.0% 이하
④ 유리 알칼리 0.5% 이하
⑤ 유리 알칼리 3.0% 이하

> 화장품안전기준 등에 관한 규정에서 정하고 있는 유통화장품 안전관리기준에 따라 화장비누의 경우 유리알칼리 성분은 0.1% 이하이어야 한다.

79 퍼머넌트 웨이브용 및 헤어 스트레이트너 제품의 제2제 시험 항목으로 잘못된 것은?

① 중금속
② 용해 상태
③ 산화력
④ pH
⑤ 알칼리

> 제2제는 산화제(브로민산염 등)이므로 알칼리 항목을 시험할 수 없다. 알칼리 항목은 제1제 환원제의 평가 항목이다.

80 우수 화장품 제조 및 품질 관리 기준(CGMP)에 따른 폐기 처리에서 '재작업'에 대한 설명 중 올바르지 않은 것은?

① 재작업은 전체 또는 일부 제품에 대해 추가적인 처리를 통해 불합격 제품을 합격 제품으로 전환하는 과정이다.
② 기준에서 벗어난 완제품이나 원자재는 재작업이 불가능하다.
③ 재작업을 진행할 때는 발생한 모든 사항을 재작업 기록부에 기록하여야 한다.
④ 재작업 절차를 상세히 기술한 문서를 준비하여 실시한다.
⑤ 재작업의 시행 여부는 품질 보증 담당자가 결정한다.

> 정해진 절차와 승인하에 재작업을 할 수 있다. 단, 무분별한 재작업은 금지되고, 기록 및 품질평가가 필수적으로 이루어져야 한다.

주관식(단답형, 81~100번)

81 화장품에 사용되는 착색 성분 중, 용해성 여부에 따라 구분되는 두 가지 유형이 있다. 다음 설명을 읽고 ㉠과 ㉡에 들어갈 가장 적절한 용어를 각각 한 단어로 쓰시오.

- (㉠) : 물이나 알코올, 기름 등에 녹아 용해된 상태로 색을 부여하는 성분
- (㉡) : 물이나 기름에 녹지 않으며, 고체 입자로 분산되어 착색력을 나타내는 성분

㉠ :
㉡ :

염료와 안료의 차이를 정확히 이해하는 것이 화장품 제조 및 안전관리에 중요하다.

선생님의 노하우
염료는 스며들어서, 안료는 표면에 붙어서 제 색깔을 냅니다.

82 다음은 무기 안료의 종류에 대한 설명이다. 빈칸에 들어갈 적절한 안료의 이름을 쓰시오.

- 가. (㉠) : 이산화타이타늄, 산화아연과 같은 안료로, 주로 화장품에서 색을 내는 데 사용됨
- 나. (㉡) : 황색, 흑색, 적색 등의 색상을 띠는 안료로, 다양한 색상을 내는 데 사용됨

㉠ :
㉡ :

백색안료는 주로 하얀색을 내는 무기 안료이고, 착색안료는 황색, 흑색, 적색 등 다양한 색상을 가진 무기 안료로, 화장품의 색조 표현에 활용된다.

83 다음의 특징이 있는 비타민의 명칭을 쓰시오.

화장품에 사용되는 이것은 피부 세포의 대사를 촉진하고, 피지 분비를 조절하는 효과가 있다. 그뿐만 아니라 자외선에 의한 손상을 완화하고, 피부 세포의 분화를 촉진하는 데도 효과가 있는 것으로 알려져 있다.

비타민 A는 주로 레티놀 또는 그 유도체 형태로 사용되며, 미백 및 주름 개선 기능성 화장품에도 포함된다.

84 다음은 우수 화장품 제조 및 품질 관리 기준에 따른 보관 관리의 설명이다. 빈칸에 들어갈 적절한 용어를 쓰시오.

원자재와 반제품, 벌크 제품은 바닥이나 벽에 직접 닿지 않도록 보관하고, ( ) 방식으로 출고할 수 있도록 하여야 한다.

선입선출 방식은 먼저 입고된 자재를 먼저 사용하여 품질 저하와 유통기한 경과를 방지하는 기본 원칙이다.

정답 81 ㉠ 염료, ㉡ 안료 82 ㉠ 백색안료, ㉡ 착색안료 83 비타민 A(레티놀) 84 선입선출

85 다음은 안전성 관련 용어에 대한 설명이다. 빈칸에 들어갈 적절한 용어를 쓰시오.

( )은(는) 유해 사례와 화장품 간의 인과관계 가능성이 있다고 보고된 정보로, 그 인과관계가 확실하지 않거나 입증하기 어려운 것을 말한다.

안전성 평가에서 실마리 정보는 잠재적 위험 신호로 활용되어 추가 조사나 관찰의 근거가 되며 화장품 안전관리 및 위해성 평가에 중요한 개념이다.

86 다음은 개인정보보호법령상 개인정보의 처리제한 항목에 대한 설명이다. 빈칸에 들어갈 적절한 단어를 쓰시오.

개인정보보호법에서 개인정보의 처리제한 항목으로 고객의 민감정보, 고유식별정보, ( )의 처리를 제한하고 있다.

주민등록번호는 개인을 특정할 수 있는 고유식별정보로, 개인정보 보호를 위해 엄격한 관리가 필요하고, 법령에서는 주민등록번호를 포함한 고유식별정보의 수집, 이용, 제공 등에 대해 제한을 두고 있다.

87 다음 설명에 해당하는 성분을 한글로 쓰시오.

피부의 각질층에는 수분을 유지하고 증발을 막기 위해 내부에서 생성되는 저분자 보습 성분이 존재한다. 이 성분은 아미노산, 유리아미노산, 요소, 젖산, 무기염류 등으로 구성되어 있으며, 외부 환경에 따라 각질층의 수분량을 일정하게 유지하는 역할을 한다.

천연보습인자(Natural Moisturizing Factor, NMF)는 외부 환경 변화에 따라 각질층의 수분량을 조절하며, 피부 보습과 보호에 중요한 역할을 한다.

88 이 설명에 해당하는 표피층 내부 구조의 명칭을 한글로 쓰시오.

표피는 여러 층으로 구성되며, 그중 하나의 층은 각질형성과정이 시작되는 층으로 알려져 있다. 이 층은 케라토하이알린 과립이 분포하며, 평균 두께가 20~60㎛ 정도이다.

과립층은 피부 보호와 수분 유지에 필수적인 표피 구조 중 하나이다.

정답 85 실마리 정보 86 주민등록번호 87 천연보습인자 88 과립층

89 다음은 인체에 존재하는 특정 땀샘에 대한 설명이다. 이 설명에 해당하는 땀샘의 명칭을 한글로 쓰시오.

> - 분비물의 대부분이 수분으로 구성되어 있으며, 그 외에 무기염류, 젖산, 요소계 대사산물 등이 소량 포함된다.
> - 단백질과 지질 성분이 풍부하여, 세균에 의해 분해되면 특유의 체취를 유발한다.
> - 모낭과 연결되어 있으며, 주로 겨드랑이, 외이도, 생식기 주변 등 특정 부위에 분포한다.

대한선은 체취를 결정하는 땀샘으로, 피부 미용, 화장품, 향수 관련 분야에서도 초점이 가 있는 땀샘이다.

90 화장품 제조 방식 중, 서로 섞이지 않는 두 액체를 섞을 때 계면활성제로써 한 액체가 미세한 입자로 다른 액체로 분산되게 하는 것은 무엇인가?

유화 과정으로 만들어진 혼합물을 유화제(계면활성제)가 안정화하여 크림, 로션 등 다양한 화장품 제형을 만든다.

91 모발의 구조를 가장 바깥쪽에서부터 내부까지의 위치 순서대로 나열하시오.

모표피는 외부 자극으로부터 모발을 보호하는 역할을 하며, 모피질은 모발의 강도와 색을 결정하는 중심 구조이고, 모수질은 수분 유지와 탄력에 관여하는 중심부의 부드러운 조직이다.

92 다음은 표피를 구성하는 층 중 하나에 대한 설명이다. 아래 설명에 해당하는 표피층 내부 구조의 명칭을 한글로 쓰시오.

> - 이 층에는 면역 감시 기능을 수행하는 랑게르한스 세포가 분포한다.
> - 진피에서 전달된 영양분이 표피에 공급되는 통로 역할을 한다.
> - 수분 함량이 높아 표피 전체 두께의 대부분을 차지하며, 평균적으로 그 두께가 20~60㎛ 정도이다.

유극층은 피부 방어와 재생에 중요한 역할을 하는 표피층이다.

정답: 89 대한선(아포크린선) 90 유화 91 모표피, 모피질, 모수질 92 유극층

93 맞춤형 화장품 판매업자의 준수사항 중 맞춤형 화장품의 내용물 및 원료의 입고 시 품질관리 여부를 확인하고, 책임 판매업자가 제공하는 무엇을 구비하여야 하는가?

품질성적서는 원료 및 제품의 안전성과 품질을 입증하는 중요한 문서이다.

94 맞춤형 화장품의 혼합 또는 소분에 사용되는 내용물 및 원료의 제조 번호와 혼합·소분 기록을 포함하여, 맞춤형화장품 판매업자가 부여한 번호는 무엇인가?

식별번호는 맞춤형화장품의 추적관리와 품질보증에 중요한 역할을 하며 투명한 관리와 소비자 안전 확보를 위한 필수 요소이다.

95 다음을 읽고, ㉠과 ㉡에 들어갈 숫자를 차례대로 쓰시오.

> 맞춤형화장품 판매업자는 변경 사유가 발생한 날부터 (㉠)일 이내에 신고하여야 한다. 다만, 행정구역 개편에 따른 소재지 변경의 경우에는 (㉡)일 이내에 신고한다.

㉠ :
㉡ :

화장품제조업 등의 변경등록(「화장품법 시행규칙」 제5조 제2항)
화장품제조업자 또는 화장품책임판매업자는 변경등록을 하는 경우에는 **변경 사유가 발생한 날부터 30일(행정구역 개편에 따른 소재지 변경의 경우에는 90일)** 이내에 신청서(전자문서로 된 신청서를 포함한다)와 화장품제조업 등록필증 또는 화장품책임판매업 등록필증과 해당 서류(전자문서 포함)를 첨부(전자문서로 발급받은 경우에는 각각 제외)하여 지방식품의약품안전청장에게 제출하여야 한다.

96 다음을 읽고, 빈칸에 들어갈 숫자를 쓰시오.

> 화장품 제조판매업자가 다음의 화장품 안전성 정보를 알게 된 때에는 ( )일 이내에 식품의약품안전처장에게 신속히 보고하여야 한다.
> • 중대한 유해사례 또는 이와 관련하여 식품의약품안전처장이 보고를 지시한 경우
> • 판매 중지나 회수에 준하는 외국 정부의 조치 또는 이와 관련하여 식품의약품안전처장이 보고를 지시한 경우

안전성 정보의 신속보고(「화장품 안전성 정보관리 규정」 제5조 제1항)
화장품책임판매업자 및 맞춤형화장품판매업자는 화장품 안전성 정보를 알게 된 때에는 그 정보를 알게 된 날로부터 **15일 이내에 식품의약품안전처장에게** 신속히 보고하여야 한다.

97 다음은 화장품 바코드 표시를 생략할 수 있는 기준을 인용한 것이다. ㉠과 ㉡에 들어갈 숫자를 차례대로 쓰시오.

> 내용량이 (㉠)㎖ 이하 또는 (㉡)g 이하인 제품의 용기나 포장

㉠ :
㉡ :

표시대상(「화장품 바코드 표시 및 관리요령」 제3조)
① 화장품바코드 표시대상품목은 국내에서 제조되거나 수입되어 국내에 유통되는 모든 화장품(기능성화장품 포함)을 대상으로 한다.
② 제1항 규정에 불구하고 **내용량이 15㎖ 이하 또는 15g 이하인** 제품의 용기 또는 포장이나 견본품, 시공품 등 비매품에 대하여는 화장품바코드 표시를 생략할 수 있다.

정답 93 품질성적서 94 식별번호 95 ㉠ 30, ㉡ 90 96 15 97 ㉠ 15, ㉡ 15

98 다음은 여드름의 유형에 대한 설명이다. ㉠과 ㉡에 들어갈 가장 적절한 용어를 각각 한 단어로 쓰시오.

> 여드름은 비염증성 여드름과 염증성 여드름으로 구분할 수 있다.
> (㉠)형 여드름은 피지가 모공에 쌓여 흑색 또는 백색으로 보이는 것이며, (㉡)형 여드름은 세균 증식 및 면역 반응으로 인한 염증이 동반되는 것이다.

㉠ :
㉡ :

면포형 여드름은 비염증성 여드름이고, 농포형 여드름은 염증성 여드름이라 고름이 차 있다.

99 다음 설명에 해당하는 용기의 이름은?

> 일상의 취급 또는 보통 보존 상태에서 액상 또는 고형의 이물 또는 수분이 침입하지 않고 내용물을 손실, 풍화, 조해 또는 증발로부터 보호할 수 있는 용기이다.

기밀용기는 외부의 공기, 수분, 이물질이 침투하지 못하도록 밀폐되어 내용물을 보호하는 용기이다.

100 화학물질의 안전성과 위해성 평가에 대한 다음 설명을 읽고, ㉠과 ㉡에 들어갈 가장 적절한 용어를 각각 한 단어로 쓰시오.

> • (㉠) : 어떤 물질이 인체나 환경에 유해한 영향을 끼칠 수 있는 본래의 특성
> • (㉡) : 해당 물질에 실제로 사람이나 환경이 노출되었을 때 발생 가능한 건강상의 영향 수준

㉠ :
㉡ :

위해성 평가는 유해성뿐만 아니라 노출 정도까지 고려하여 이루어진다.

정답 98 ㉠ 면포, ㉡ 농포 99 기밀용기 100 ㉠ 유해성, ㉡ 위해성

최신 기출문제 03회

소요 시간	문항 수
총 120분	총 100문항

수험번호: _____
성   명: _____

객관식(선다형, 01~80번)

01 다음 중 화장품법의 목적이 <u>아닌</u> 것은?
① 국민보건향상에 기여한다.
② 화장품의 제조·수입·판매에 관한 사항을 규정한다.
③ 화장품의 무역 진흥에 관한 사항을 규정한다.
④ 인체를 청결하게 하고 미화하여 용모 변화를 증진한다.
⑤ 화장품 산업의 보호 및 발전에 기여한다.

'인체를 청결하게 하고 미화하여 용모 변화를 증진'하는 것은 화장품을 사용하는 목적이다.

오답 피하기
화장품법의 목적(「화장품법」 제1조)
이 법은 화장품의 제조·수입·판매 및 수출 등에 관한 사항을 규정함(②·③)으로써 국민보건향상(①)과 화장품 산업의 발전에 기여함(⑤)을 목적으로 한다.

02 화장품법에 따른 벌칙에서 개별기준의 과태료 금액이 <u>다른</u> 항목은?
① 기능성 화장품을 판매하기 위해 화장품 제조업자나 책임판매업자로 등록하지 않은 경우
② 사용이 금지된 원료를 포함하거나, 유통 화장품의 안전 관리 기준을 위반하여 판매된 경우
③ 코뿔소 뿔이나 호랑이 뼈 및 그 추출물을 사용하여 제조 및 판매한 경우
④ 동물실험을 진행한 화장품이나 동물실험을 시행한 원료로 제조 또는 수입된 화장품을 유통한 경우
⑤ 화장품의 포장 및 기재·표시 사항을 훼손하거나 위조·변조한 경우

동물실험을 진행한 화장품이나 동물실험을 시행한 원료로 제조 또는 수입된 화장품을 유통한 경우, 100만 원 이하의 과태료에 처한다.

오답 피하기
나머지는 3년 이하의 징역 또는 3천만 원 이하의 벌금에 처한다.

정답 01 ④ 02 ④

03 다음 중 「화장품법」에 따른 용어의 정의로 올바른 것은?

① 맞춤형화장품 : 미백 또는 주름개선을 목적으로 제조된 화장품
② 안전용기·포장 : 누구나 쉽게 개봉할 수 있도록 설계된 포장재
③ 기능성화장품 : 피부 또는 모발의 기능 개선을 위해 총리령으로 정한 화장품
④ 유기농화장품 : 원료의 100%가 유기농 원료로만 구성된 화장품
⑤ 천연화장품 : 천연원료가 주성분이 아닌 경우에도 표시할 수 있는 화장품

오답 피하기
① 미백 또는 주름개선뿐만 아니라 피부나 모발에 영향을 줄 목적으로 제조된 화장품이다.
② 만 5세 미만의 어린이가 개봉하기 어렵게 설계·고안된 용기나 포장이다.
④ 원료의 10% 이상이 유기농 원료로만 구성된 화장품이다.
⑤ 천연원료(동식물 및 그 유래 원료 등)가 주성분이어야 한다.
※ 개정 화장품법(25.8.1)에는 천연화장품과 유기농화장품에 대한 내용이 삭제되었습니다.

04 다음 빈칸에 들어갈 알맞은 내용은 무엇인가?

(㉠)으로 인정받아 판매 등을 하려는 화장품제조업자, 화장품책임판매업자 또는 총리령으로 정하는 대학·연구소 등은 품목별로 안전성 및 유효성에 관하여 (㉡)의 심사를 받거나 (㉡)에게 보고서를 제출하여야 한다. 제출한 보고서나 심사받은 사항을 변경할 때에도 또한 같다.

	㉠	㉡
①	맞춤형화장품	식품의약품안전처장
②	기능성화장품	보건복지부장관
③	천연화장품	식품의약품안전평가원장
④	유기농화장품	식품의약품안전처장
⑤	기능성화장품	식품의약품안전처장

기능성화장품의 심사 등(「화장품법」 제4조 제1항)
㉠ **기능성화장품**으로 인정받아 판매 등을 하려는 화장품제조업자, 화장품책임판매업자 또는 총리령으로 정하는 대학·연구소 등은 품목별로 안전성 및 유효성에 관하여 ㉡ **식품의약품안전처장**의 심사를 받거나 ㉡ **식품의약품안전처장**에게 보고서를 제출하여야 한다. 제출한 보고서나 심사받은 사항을 변경할 때에도 또한 같다.

05 다음 중 「화장품법」 제14조의2에 따른 천연화장품 및 유기농화장품 인증 제도에 대한 설명으로 옳지 않은 것은?

① 인증 유효기간은 3년이다.
② 인증 연장은 인증 만료 30일 전까지 신청하여야 한다.
③ 인증은 책임판매업자 또는 맞춤형화장품판매업자만 신청할 수 있다.
④ 식품의약품안전처장은 인증 기준에 부합하지 않으면 인증을 취소할 수 있다.
⑤ 식품의약품안전처장은 인증업무를 외부 기관에 위탁할 수 없다.

천연화장품 및 유기농화장품에 대한 인증(「화장품법」 제14조2 제4조)
식품의약품안전처장은 인증업무를 효과적으로 수행하기 위하여 필요한 전문 인력과 시설을 갖춘 기관 또는 단체를 인증기관으로 지정하여 인증업무를 위탁할 수 있다.

06 다음 중 화장품책임판매업자의 변경 등록에 대한 행정처분 및 벌칙의 기준으로 옳지 않은 것은?

① 소재지 변경 등록을 하지 않으면 1차 위반 시 시정명령을 받는다.
② 상호 변경 등록을 하지 않으면 2차 위반 시 판매업무정지 5일의 처분을 받는다.
③ 폐업 후 미신고 시 100만 원 이하의 과태료가 부과된다.
④ 책임판매관리자의 변경 등록을 하지 않으면 2차 위반 시 판매업무정지 7일의 처분을 받는다.
⑤ 소재지 변경 등록을 하지 않으면 4차 위반 시 등록이 취소된다.

화장품책임판매업자가 소재지 변경 등록을 하지 않을 경우, 1차 위반 시 판매업무정지 1개월의 처분을 받는다.

정답 03 ③ 04 ⑤ 05 ⑤ 06 ①

07 화장품책임판매업체에서 근무하는 민호와 맞춤형화장품판매업체에서 일하는 지훈의 다음 대화 상황에 대한 행정처분 기준으로 옳은 것은?

> 민호 : 우리 회사가 광주에서 부산으로 이전한 지 꽤 됐는데, 전임자가 퇴사하면서 소재지 변경 등록을 안 해 둔 걸 이제야 알았어.
> 지훈 : 우리도 최근에 이사했는데, 아직 변경 신고 안 한 것 같아. 담당자한테 빨리 확인하라고 해야겠네.

① 민호의 회사는 소재지 변경 등록을 하지 않아 등록이 취소될 수 있다.
② 지훈의 회사는 소재지 변경 신고를 하지 않아 판매업무 정지 4개월의 처분을 받는다.
③ 민호의 회사는 소재지 변경 등록을 하지 않아 3천만 원 이하의 과태료를 부과받는다.
④ 지훈의 회사는 소재지 변경 신고를 하지 않아 판매업무 정지 1개월의 처분을 받는다.
⑤ 민호의 회사는 소재지 변경 등록을 하지 않아 시정명령을 받는다.

- 민호의 회사(화장품책임판매업체)는 소재지 변경 등록을 하지 않아 판매업무 정지 1개월의 처분을 받을 수 있다.
- 지훈의 회사(맞춤형화장품판매업체)는 소재지 변경 신고를 하지 않아 판매업무 정지 1개월의 처분을 받을 수 있다.

08 일부 살균제 및 보존제 성분(예 디아졸리디닐우레아, DMDM 하이단토인 등)에서 방출될 수 있어, 「유통화장품 안전기준 등에 관한 규정」에서 유해물질로 관리되는 것은?

① 카드뮴
② 디옥산
③ 폼알데하이드
④ 수은
⑤ 메탄올

「유통화장품 안전기준 등에 관한 규정」에서는 폼알데하이드를 유해물질로 규정하며, 일정 함량 이상 검출되면 판매 중단, 회수 등의 행정조치 대상으로 규정한다. 폼알데하이드는 특정 보존제에서 자연적으로 방출될 수 있는 화학물질로, 인체에 유해할 수 있어 화장품 내 허용 한도를 설정하고 있으며, 초과 검출 시 부적합으로 판정된다.

선생님의 노하우
DMDM 하이단토인은 폼알데하이드를 방출할 가능성이 있어서 유해물질로 관리돼요.

09 영유아용 샴푸에는 피부 자극이 적고 세정력이 적절한 계면활성제를 사용하는 것이 중요하다. 다음 중 계면활성제의 종류와 예시 성분의 연결이 올바른 것은?

① 음이온성계면활성제 – 염화벤잘코늄
② 양이온성계면활성제 – 폴리옥시에틸렌 소르비탄 모노올리에이트
③ 비이온성 계면활성제 – 라우릴황산나트륨
④ 양쪽성 계면활성제 – 소듐메틸라우로일타우레이트
⑤ 음이온성 계면활성제 – 세틸알코올

오답 피하기
① 염화벤잘코늄 – 양이온성 계면활성제
② 폴리옥시에틸렌 소르비탄 모노올리에이트 – 비이온성 계면활성제
③ 라우릴황산나트륨 – 음이온성 계면활성제
⑤ 세틸알코올 – 비이온성 계면활성제

10 다음 중 자외선을 흡수하는 작용을 하는 자외선 차단 성분의 조합으로 옳은 것은?

① 징크옥사이드, 타이타늄디옥사이드
② p-클로로-m-크레졸, 징크피리티온
③ 드로메트리졸, 징크피리티온
④ 에틸헥실메톡시신나메이트, 벤조페논-4
⑤ 클로로펜, 호모살레이트

- 징크옥사이드와 타이타늄디옥사이드는 무기 원료로, 자외선 반사제에 쓰인다.
- 벤조페논, 메톡시신나메이트 등은 유기 원료로 자외선 흡수제에 쓰인다.

11 「화장품 안전기준 등에 관한 규정」 제6조에 따르면, 냉2욕식 퍼머넌트웨이브용 제품은 시스테인 또는 그 유도체를 주성분으로 한 제1제와 산화제를 포함한 제2제로 구성된다. 이 경우, 산화제 역할을 하는 성분으로 알맞은 것은?

① 디티오글라이콜릭애시드
② 브로민산나트륨 함유제제
③ 티오글라이콜릭애시드 또는 그 염류
④ 티오황산나트륨액
⑤ 과산화수소수 함유제제

오답 피하기
① 디티오글라이콜릭애시드는 환원제여서 시스테인 성분을 대체할 수 없다.
② 브로민산나트륨은 산화제로 작용할 수 있으나, 주로 고온식 웨이브에 사용한다.
③ 티오글라이콜릭애시드 및 염류는 대표적인 환원제이다.
④ 티오황산나트륨은 산화제와 반응할 수 있는 물질이지만, 퍼머넌트 산화제용도로 사용하기는 어렵다.

12 다음 중 「화장품 안전기준 등에 관한 규정」 별표 2에 따라 기초화장품에 혼합 가능한 성분으로 가장 적절한 것은?

① 살리실릭애시드 및 그 염류 – 인체 세정용 제품 2%
② 레조시놀 2%
③ 자몽씨추출물 2%
④ 비타민 C 유도체 30%
⑤ 살리실릭애시드 및 그 염류 – 두발용 제품 3%

살리실릭애시드는 인체 세정용 화장품에 2% 이하까지 사용할 수 있다.

오답 피하기
② 염모제에 한정해서 사용할 수 있다.
③ · ④ 사용상의 제한이 필요한 원료가 아니다.
⑤ 사용 후 씻어내는 두발용 제품에 3%까지 사용할 수 있다.

13 꽃에서 추출한 아로마오일은 증류 또는 압착 방식으로 얻어지며, 이 과정에서 꽃향기를 지닌 특유의 성분이 생성되기도 한다. 다음 중 이러한 성분으로, 독특한 향과 함께 알레르기 유발 물질로 분류되는 화합물은 무엇인가?

① 시트랄
② 플라보노이드
③ 브로폴리스
④ 클로로펜
⑤ 폴리페놀

시트랄(Citral)은 레몬그라스, 레몬 껍질, 제라늄, 레몬버베나 등에서 추출되는 방향 성분으로, 상큼한 향을 지니지만 알레르기 유발 가능성이 있어 특정 농도 이상 함유 시 표기 의무가 있는 알레르기 유발 물질로 지정되어 있다.

14 다음 중 ㉠과 ㉡에 가장 알맞은 것은?

> 계면활성제는 친유기와 친수기를 동시에 갖는 분자로, 물과 기름을 혼합하는 데 사용된다. HLB 값이 10 이상인 경우, 이 계면활성제는 (㉠) 성질을 가지며 주로 O/W형 유화제로 쓰인다. 물속에서 이 계면활성제가 작용하면 (㉡) 구조를 형성하여 물의 표면장력을 약화하는 효과를 낸다.

	㉠	㉡
①	친유성	파장
②	친수성	미셀
③	친수성	라멜라
④	친유성	미셀
⑤	친수성	이온

오답 피하기
- 파장 : 파동을 구성하는 물리량
- 라멜라(Lamella) : 다층구조지만 이 맥락에서는 부적절함
- 친유성 : HLB 10 이상은 친수성으로 판별함
- 이온 : 계면활성제의 화학적 특성이며 구조 형성과는 직접적인 관련이 없음

15 다음 중 인체 세포·조직 배양액을 원료로 사용한 화장품의 안전성 평가자료로 요구되지 않는 항목은?

① 반복투여독성시험
② 유전독성시험
③ 인체첩포시험
④ 피부감작성시험
⑤ 2차 피부자극시험

2차 피부자극시험 자료가 아니라 1차 피부자극시험 자료를 요구한다.

선생님의 노하우
인체 유래 성분 사용할 때는 고위험군 시험 항목 중심으로 평가합니다. 2차 자극 시험은 상대적으로 단순한 시험이라 제외되는 경우가 많아요.

16 화장품의 표시·광고 내용과 관련하여 식품의약품안전처장이 실증자료 제출을 요청한 경우, 화장품책임판매업자가 따라야 할 조치 기준으로 옳은 것은?

① 요청을 받은 날로부터 30일 이내에 지방식품의약품안전청장에게 제출하여야 한다.
② 요청을 받은 날로부터 15일 이내에 식품의약품안전처장에게 제출하여야 한다.
③ 요청을 받은 날로부터 15일 이내에 소비자보호감시원에게 제출하여야 한다.
④ 요청을 받은 날로부터 20일 이내에 식품의약품안전처장에게 제출하여야 한다.
⑤ 요청을 받은 날로부터 30일 이내에 식품의약품안전처장에게 제출하여야 한다.

표시·광고내용의 실증 등(「화장품법」 제14조 제3항)
실증자료의 제출을 요청받은 영업자 또는 판매자는 요청받은 날부터 **15일 이내에** 그 실증자료를 식품의약품안전처장에게 제출하여야 한다. 다만, 식품의약품안전처장은 정당한 사유가 있다고 인정하는 경우에는 그 제출기간을 연장할 수 있다.

17 다음 중 화장품 제조업자 또는 화장품책임판매업자가 변경 사유 발생 후 변경 서류를 제출하여야 하는 기간은?

① 90일
② 60일
③ 30일
④ 15일
⑤ 10일

화장품 제조업자 또는 화장품책임판매업자는 변경사유가 발생한 날부터 30일 이내(다만, 행정구역 개편에 따른 소재지 변경의 경우에는 90일 이내)에 지방식품의약품안전청장에게 제출하여야 한다.

18 기능성화장품의 미백 효능 평가를 위한 인체적용시험에 대한 설명으로 옳은 것은?

① 자외선 조사 후 홍반 판정은 24~48시간 내 실시한다.
② 조사 부위는 반드시 등 상부 내측이어야 한다.
③ 미백제 도포는 시험 기간 중 매일 3회 반복한다.
④ 시료는 의약품 수준의 제조 기준으로 만들어야 한다.
⑤ 시험 대상자는 반드시 50명 이상이어야 한다.

오답 피하기
② 시험 부위는 등 상부 내측이 일반적이나, 반드시 해당 부위만 사용하는 것은 아니다.
③ 시료는 매일 1회 도포한다.
④ 약사법에 의해 금지되어 있다.
⑤ 시험 대상자 수는 최소 20명 이상이면 충분하다.

19 다음 중 자외선 흡수제로 쓰이는 성분과 사용 제한 농도를 바르게 짝지은 것은?

① 징크옥사이드-25%, 타이타늄디옥사이드-25%
② 드로메트리졸-10%, 옥토크릴렌-10%
③ 벤조페논-8-5%, 옥시벤존-3%
④ 산화아연-20%, 이산화타이타늄-20%
⑤ 에틸헥실메톡시신나메이트-7.5%, 에틸헥실살리실레이트-5%

산화아연(징크옥사이드)과 이산화타이타늄(타이타늄디옥사이드)은 자외선 산란제로 쓰이는 반면, 에틸헥실메톡시신나메이트·벤조페논류·살리실레이트류는 자외선 흡수제로 쓰인다.

20 다음은 「화장품 안전기준 등에 관한 규정」 제6조에 따른 회수대상화장품에 대한 설명이다. 다른 보기와 등급 기준이 다른 것은?

① 사용기한 또는 개봉 후 사용기간(병행 표기된 제조연월일 포함)을 위조·변조한 화장품
② 전부 또는 일부가 변패되었거나 병원미생물에 오염된 화장품
③ 식약처장이 사용을 금지한 원료 또는 사용 제한 원료를 사용한 화장품
④ 포장 또는 기재·표시사항을 훼손하거나 위조·변조한 화장품
⑤ 맞춤형화장품조제관리사를 두지 않고 판매한 맞춤형화장품

식약처장이 사용을 금지한 원료 또는 사용 제한 원료를 사용한 화장품은 '가등급' 회수대상으로 국민 건강에 심각한 위해 우려가 있는 화장품이므로, 반드시 즉시 회수하여야 한다.

오답 피하기
나머지는 모두 '다등급'이다.

21 다음 중 에스터 구조(R-COO-R)를 갖지 않는 유성 화장품 원료는?

① 라놀린
② 실리콘 오일
③ 세틸에틸헥사노이에이트
④ 카나우바 왁스
⑤ 이소스테아린산

이소스테아린산은 에스터가 아니라 불포화지방산. -COOH기만 존재하는 카복실산이다.

선생님의 노하우
'~산'으로 끝나는 것은 에스터화 전의 원료, 즉 R-COOH(산 구조)인 경우가 많아요. 그래서 이소스테아린산은 에스터 구조를 갖지 않아요!

22 다음 중 「화장품 제조 및 품질관리 기준(CGMP)」에 따라 제조위생관리 기준서에 포함되어야 하는 항목으로 알맞은 것은?

① 시험검체 채취 시 주의사항과 오염방지에 관한 내용
② 세척 시 사용하는 약품 및 기구에 대한 방법
③ 제조번호, 제조연월일 등 제조기록의 세부 항목
④ 사용 원자재의 적합성 판정 기준
⑤ 주요 설비에 대한 정기 점검 방법

제조위생관리 기준서
작업장 청결, 작업자 개인위생, 세척·소독에 사용하는 약품 및 기구, 위생점검 사항 등이 포함되어야 한다.
- 제조관리 기준서
- 제조공정, 설비 점검, 원자재 적합 판정, 제조기록 관리 등
- 품질관리 기준서
- 품질 시험, 검체 채취, 표시사항 기록, 시험 중 오염방지 대책 등

23 ㉠에 들어갈 용어로 가장 알맞은 것은?

> 「화장품법」제4조 및 동 시행규칙 제9조에 따라 기능성화장품으로 인정받기 위해 심사를 받고자 하는 경우, 다음 서류들을 첨부하여 (㉠)의 심사를 받아야 한다.
>
> ① 법 제4조 제1항에 따라 기능성화장품으로 인정받아 판매 등을 하려는 화장품제조업자, 화장품책임판매업자 또는 대학·연구기관·연구소(이하 '연구기관 등')는 기능성화장품 심사 의뢰서(전자문서로 된 심사의뢰서를 포함)에 다음의 서류(전자문서를 포함)를 첨부하여 (㉠)의 심사를 받아야 한다.
>   1. 안전성, 유효성 또는 기능을 입증하는 자료
>   가. 기원 및 개발경위에 관한 자료
>   나. 안전성에 관한 자료
>   다. 유효성 또는 기능에 관한 자료
>   라. 자외선차단지수(SPF), 내수성자외선차단지수(SPF, 내수성 또는 지속내수성) 및 자외선A 차단등급(PA) 설정의 근거 자료
>   2. 기준 및 시험방법에 관한 자료(검체 포함)
>   법 제1항에 따라 심사를 받은 사항을 변경하려는 자는 기능성화장품 변경심사 의뢰서(전자문서로 된 의뢰서를 포함)에 다음의 서류(전자문서를 포함)를 첨부하여 (㉠)에게 제출하여야 한다.

① 지방식품의약품안전청장
② 식품의약품안전평가원장
③ 소비자화장품안전관리감시원
④ 식품의약품안전처장
⑤ 보건복지부장관

기능성화장품 심사의 관할 기관은 '식품의약품안전처' 전체가 아닌, 그 산하 기관인 '식품의약품안전평가원'이다.

24 다음은 미생물의 허용한도를 시험하기 위해 수행하는 방법을 설명한 것이다. ㉠~㉣에 들어갈 말을 짝지은 것으로 옳은 것은?

> **Ⅰ. 세균수 시험**
> ㉮ 한천평판도말법 직경 9~10cm 페트리 접시 내에 미리 굳힌 세균 시험용 배지 표면에 전처리 검액 0.1㎖ 이상 도말한다.
> ㉯ 한천평판희석법 검액 1㎖를 같은 크기의 페트리접시에 넣고 그 위에 멸균 후 45℃로 식힌 15㎖의 세균시험용 배지를 넣어 잘 혼합한다.
> ㉰ 검체당 최소 2개의 평판을 준비하고 (㉠)에서 적어도 (㉡) 배양하는데 최대 균집락 수를 갖는 평판을 사용하되 평판당 300개 이하의 균집락을 최대치로 하여 총 세균수를 측정한다.
>
> **Ⅱ. 진균수 시험**
> 'Ⅰ. 세균수 시험'에 따라 시험을 실시하되 배지는 진균수시험용 배지를 사용하여 배양온도 (㉢)에서 적어도 (㉣) 배양한 후 100개 이하의 균집락이 나타나는 평판을 세어 총 진균수를 측정한다.

	㉠	㉡	㉢	㉣
①	10~15℃	24시간	20~25℃	3일간
②	30~35℃	24시간	20~25℃	3일간
③	30~35℃	48시간	20~25℃	5일간
④	20~25℃	48시간	20~25℃	5일간
⑤	10~15℃	48시간	20~25℃	5일간

세균수 시험
- 배양온도 : 30~35℃
- 배양시간 : 적어도 48시간
- 최대 집락 수 : 평판당 300개 이하

진균수 시험
- 배양온도 : 20~25℃
- 배양시간 : 적어도 5일간
- 최대 집락 수 : 평판당 100개 이하

25 화장품 제조업체에서 회수되거나 품질에 문제가 있어 반품된 제품에 대해 재작업을 수행할 수 있는 조건으로 올바른 것은?

① 제품이 병원미생물에 오염된 경우에도 비활성화 처리 후 재작업이 가능하다.
② 제조일로부터 6개월이 경과하고 사용기한이 1년 이상 남아 있는 경우에 재작업이 가능하다.
③ 품질에 문제가 있는 제품의 재작업 여부는 품질보증책임자의 승인 없이도 가능하다.
④ 제조일로부터 1년이 지나지 않았거나 사용기한이 1년 이상 남아 있는 경우에 한해 재작업할 수 있다.
⑤ 적합 판정 기준을 벗어난 제품은 어떤 경우에도 재작업할 수 없다.

회수·반품된 제품은 오염되지 않았고, 제조일로부터 1년이 지나지 않았거나 사용기한이 1년 이상 남아 있는 경우, 품질보증책임자의 승인을 받아 재작업할 수 있다.

오답 피하기
⑤ 적합 판정 기준을 벗어난 제품이라도, 변질·변패 또는 병원미생물에 오염되지 않았고, 제조일로부터 1년이 경과하지 않았거나 사용기한이 1년 이상 남아 있는 경우에는 재작업할 수 있다.

선생님의 노하우
①·②·③은 너무 당연한 내용이라 별도로 해설하지 않았습니다.

정답 24 ③ 25 ④

26 다음 중 「유통화장품 안전기준 등에 관한 규정」 또는 「우수화장품 제조 및 품질관리 기준 해설서」에서 설명하는 용어 정의로 올바른 것은?

① 벌크제품은 충전(1차 포장) 이전 단계까지 제조가 완료된 제품을 말한다.
② 반제품은 최종 포장까지 완료된 화장품으로 바로 출하 가능한 상태를 말한다.
③ 감사는 제조공정에서 기준을 충족시키기 위해 공정을 조정하거나 모니터링하는 활동이다.
④ 재작업은 적합 판정 기준을 벗어난 제품을 회수·폐기하는 행위 전반을 의미한다.
⑤ 완제품은 아직 충전 및 표시 공정이 이루어지지 않은 상태의 화장품을 말한다.

오답 피하기
② 반제품은 최종 포장까지 완료된 화장품으로 바로 출하 가능한 상태를 말한다.
③ 감사는 제조공정에서 기준을 충족시키기 위해 공정을 조정하거나 모니터링하는 활동이다.
④ 재작업은 적합 판정 기준을 벗어난 제품을 회수·폐기하는 행위 전반을 의미한다.
⑤ 완제품은 아직 충전 및 표시 공정이 이루어지지 않은 상태의 화장품을 말한다.

27 다음 중 설비 세척 후 잔류물 확인 방법으로 적절하지 않은 것은?

① 디티존법
② 닦아내기 방법
③ 린스정량법
④ HPLC 분석
⑤ 박층크로마토그래피(TLC)

디티존법은 중금속 분석에 사용되는 방법이며, 설비 세척 후 잔류물 확인 방법으로 사용되지 않는다.

28 「우수화장품 제조 및 품질관리 기준」에 따라 원자재, 반제품, 벌크제품 등의 보관과 작업소에 대한 설명 중 옳지 않은 것은?

① 시험 중인 제품과 부적합품은 혼동을 피할 수 있도록 구획된 장소에서 보관하며, 별도 시스템이 있다면 동일한 장소에 보관하는 것도 가능하다.
② 원자재, 반제품 및 완제품은 반드시 적합 판정을 받은 경우에만 사용하거나 출고하여야 한다.
③ 보관기한이 지난 원자재는 재평가 후라도 사용할 수 있다.
④ 원자재, 반제품 및 벌크제품은 보관 시 바닥이나 벽에 직접 닿지 않도록 하고 선입선출 방식으로 관리한다.
⑤ 원자재, 반제품 및 벌크제품은 품질에 영향을 미치지 않는 조건에서 보관하고, 보관기한을 설정하여야 한다.

CGMP 기준은 보관기한이 지난 원자재는 재평가하더라도 사용하지 않도록 규정하고 있다.

29 「우수화장품 제조 및 품질관리 기준」에 따라 원자재 보관 방법에 대한 설명 중 적절하지 않은 것은?

① 여름철에는 고온다습하지 않도록 온·습도를 조절하여 보관한다.
② 원료는 혼동되지 않도록 구분된 장소나 전용 보관소에 보관하여야 한다.
③ 원료 보관창고는 규정된 조건에 맞게 시설을 갖추고 관리하여야 한다.
④ 원료는 바닥에서 10㎝ 이상, 벽에서 20㎝ 이상 거리를 두고 적재한다.
⑤ 원료 보관소는 벌레나 설치류의 침입을 막기 위한 방충·방서 시설은 선택적 설치가 가능하다.

CGMP 기준에 방충 및 방서 시설은 필수 항목이다. 벌레, 설치류 등의 오염 유입을 막기 위해 구조적 설계 및 장비를 갖출 것을 명시하고 있다.

30 「우수화장품 제조 및 품질관리 기준」에 따라 검체의 채취 및 보관 방법에 대한 설명 중 기준에 맞지 않는 것은?

① 시험용 검체는 제조단위를 대표할 수 있도록 무작위로 채취하여야 한다.
② 시험용 검체는 오염을 방지하여 채취하고, 채취된 검체는 포장 및 표시를 정확히 하여야 한다.
③ 완제품의 보관용 검체는 사용기한 경과 후 1년간 보관한다.
④ 장기 보관된 반제품은 최대 6개월 이내 보관 가능하며, 초과 시 충전 전 시험이 아닌 별도 조치를 취하여야 한다.
⑤ 원료 검체는 품질보증 담당자가 단독으로 채취하여야 한다.

원료 검체는 반드시 품질보증부서의 시험 담당자와 원료관리 담당자의 입회하에 채취하여야 한다. 담당자의 단독 채취는 금지되어 있다.

31 화장품 제조 시 사용되는 포장용기(병, 캔 등)의 청결성을 확보하기 위해 적용되는 조치 중 기준에 부합하는 설명은 어느 것인가?

① 자사에서 용기를 세척할 경우, 세척 방법은 별도로 절차화하지 않아도 된다.
② 용기 세척과 건조, 확인 방법은 어떤 종류의 용기이든 동일하게 적용된다.
③ 자사에서 세척을 시작한 이후에도 세척 방법의 유효성은 주기적으로 확인하여야 한다.
④ 용기를 외부 공급업체로부터 받는 경우, 공급자의 제조 신뢰 여부를 별도로 확인을 하지 않고 계약한다.
⑤ 포장용기는 입고될 때마다 무작위로 추출해 육안검사를 시행하지만, 별도의 기록은 필요 없다.

오답 피하기
① 일관성 및 품질 유지를 위해, 자사에서 세척하는 경우에는 세척 절차를 반드시 문서화(절차서 작성)하여야 한다.
② 용기 재질이나 구조에 따라 적절한 방법이 다르게 적용되어야 한다.
④ 외부 공급자의 적격성 평가 및 신뢰성 검증으로써 제조이력과 위생상태 등을 사전에, 필수적으로 확인하여야 한다.
⑤ 품질 감사나 추후 문제 발생 시 근거 자료로 활용할 수 있으므로, 모든 검사 결과는 반드시 기록으로 남겨야 한다.

32 맞춤형화장품판매업자가 화장품책임판매업자로부터 제공받은 원료의 사용기한이 2024년 7월 20일인 경우, 이 원료를 사용해 고객 맞춤형으로 혼합·판매할 때, 제품에 표시하여야 할 사용기한으로 알맞은 것은?

① 2025년 7월 20일
② 2024년 7월 19일
③ 2024년 7월 20일
④ 2026년 7월 19일
⑤ 2027년 7월 19일

맞춤형화장품의 사용기한은 혼합에 사용된 각 원료의 사용기한 중 가장 이른 날의 전날로 한다.

33 다음은 맞춤형화장품조제관리사(갑)과 고객(을)의 대화이다. 대화를 읽고 물음에 답하시오.

> 을 : 안녕하세요. 혹시 제가 필요한 제품을 만들어 소분해 주실 수 있는지요?
> 갑 : 필요한 제품이 무엇인지 말씀해 주세요.
> 을 : 그럼, ( ) 제품을 150㎖씩 2개로 소분해서 구매할 수 있을까요?
> 갑 : 네, 그럼 잠시만 기다려 주세요.

고객이 요청한 제품이 유통화장품 안전관리 기준에 따라 pH 3.0~9.0 범위 내에 해당하여야 소분이 가능한 제형인 경우, 다음 중 해당 기준을 만족하여 맞춤형화장품으로 소분이 가능한 제품은 무엇인가?

① 염모제
② 클렌징 폼
③ 흑채
④ 제모 왁스
⑤ 로션

액, 로션, 크림 및 이와 유사한 제형의 액상제품은 pH 기준이 3.0~9.0이어야 한다. 다만, 물을 포함하지 않는 제품과 사용한 후 곧바로 물로 씻어 내는 제품은 제외한다.

34 맞춤형화장품을 혼합하거나 소분할 때, 사용된 원료나 내용물의 제조정보와 혼합·소분 기록을 추적할 수 있도록 숫자, 문자, 기호 또는 이들의 조합으로 맞춤형화장품판매업자가 부여한 고유한 번호를 무엇이라 하는가?

① 바코드
② 제조번호
③ 사용기한
④ 관리번호
⑤ 제조단위

오답 피하기
① 제품 식별을 위한 일반적인 코드로, 맞춤형화장품의 혼합·소분 기록 추적과는 직접적인 관련이 없다.
② 제조번호는 완제품 제조 시 부여하는 번호이지 혼합·소분 과정 시 사용하는 번호가 아니다.
③ 제품의 사용 가능 기간을 나타내는 것으로, 혼합·소분 기록 추적과는 관련이 없다.
⑤ 제조단위는 일반 화장품의 생산 단위를 의미하며, 맞춤형화장품의 혼합·소분 기록 추적을 위한 고유한 번호와는 다르게 사용된다.

35 다음의 상황에서 취할 수 있는 행동으로 적법한 것은?

> 맞춤형화장품판매업장에서 근무 중인 김하늘 씨는 2024년 3월에 맞춤형화장품조제관리사 자격증을 취득하였고, 이서준 씨는 현재 자격시험을 준비 중이다. 같은 해 5월, 이전에 구매 이력이 있는 고객이 다시 방문하여 상담을 요청하였고, 김하늘 씨는 고객의 피부 상태를 분석한 뒤 미백 및 보습 기능이 강화된 제품을 추천하였다.

① 이서준 씨는 고객의 피부 상태에 따라 하이알루론산과 알파-비사보롤을 조합하여 조제하였다.
② 김하늘 씨는 나이아신아마이드와 알파-비사보롤을 직접 배합하여 판매하고, 주의사항을 충분히 안내하였다.
③ 이서준 씨는 김하늘 씨의 지시에 따라 조제 업무를 대신 수행하였다.
④ 김하늘 씨는 고객의 피부 상태를 분석하고, 기능성 조제를 포함한 제품 조제를 진행하였다.
⑤ 고객은 제품을 구매하면서 성분표를 확인하고, 유통기한은 확인하지 않았다.

오답 피하기
①·③ 맞춤형화장품조제관리사 자격이 없는 자는 어떠한 조제행위도 할 수 없다.
② 맞춤형화장품의 범위인 '원료와 제품의 혼합, 제품과 제품의 혼합, 제품의 소분'에서 벗어난 제품을 만든 것이다.
⑤ 맞춤형화장품조제사뿐만 아니라 고객도 원료와 유통기한을 확인하여야 한다.

정답 33 ⑤ 34 ④ 35 ④

36 다음 중 맞춤형화장품을 사용한 고객에게 부작용이 발생한 경우, 보고 대상과 보고 기한에 대한 설명으로 옳은 것은?

① 부작용 발생 시에는 즉시 보건복지부장관에게 보고하고, 중대한 유해사례는 15일 이내로 보고한다.
② 중대한 부작용 발생 시에는 즉시 지방식품의약품안전청장에게 보고하고, 15일 이내로 서면으로 제출한다.
③ 부작용을 인지한 즉시 식품의약품안전처장에게 보고하고, 중대한 유해사례는 5일 이내로 제출한다.
④ 부작용을 알게 된 경우에는 지체 없이 식품의약품안전처장에게 보고하고, 중대한 유해사례는 15일 이내로 보고한다.
⑤ 맞춤형화장품판매자는 부작용을 화장품책임판매업자에게 보고하고, 중대한 유해사례는 5일 이내로 보고한다.

맞춤형화장품 사용 중 부작용 발생 시 보고 대상은 식품의약품안전처장이다. 중대한 유해사례에 해당하는 경우에는 이를 인지한 날부터 15일 이내로, 식약처 홈페이지·우편·팩스·정보통신망 등을 통해 보고하여야 한다.

37 다음이 설명하는 효소로 적절한 것은?

- 테스토스테론은 탈모 관련 효소와 결합하여 강력한 남성호르몬인 DHT로 전환된다.
- 전환된 DHT는 모근의 안드로겐 수용체에 작용하여 단백질 합성을 억제하고, 모낭 세포를 위축시켜 탈모를 유도한다.
- 이러한 작용은 모발의 성장기를 단축시키고, 휴지기 모낭의 비율을 증가시켜 탈모를 촉진한다.

① 폴리머라아제(Polymerase)
② 징크피리티온(Zinc Pyrithione)
③ 티로시나아제(Tyrosinase)
④ 5-알파-리덕타아제(5α-reductase)
⑤ 카탈라아제(Catalase)

오답 피하기
① DNA의 복제·전사 과정에 관여하는 효소이다.
② 항균·항비듬 성분으로 샴푸 등에 쓰인다.
③ 멜라닌 합성에 관여하는 효소이다.
⑤ 과산화수소(H_2O_2)를 물과 산소로 분해하는 효소로, 항산화 작용에 관여한다.

38 다음 중 피부에 존재하는 주요 세포들 가운데 분화 과정이 가장 적게 일어나는 것은?

① 각질 세포
② 소포체
③ 머켈 세포
④ 리보솜
⑤ 멜라닌 세포

머켈 세포는 감각을 담당하는 세포로 표피의 기저층에 위치하며, 분화 및 증식 활동이 거의 일어나지 않는 세포이다.

오답 피하기
① 표피의 주된 세포로, 기저층에서 생성되어 점차 분화하며 각질층까지 이동한다.
②·④ 세포 소기관이므로 '세포'로 분류되지 않는다.
⑤ 멜라닌 색소를 생성하는 역할을 하지만 분화보다는 기능 수행이 중심이다.

39 맞춤형화장품판매업자가 맞춤형화장품조제관리사를 고용하여 소비자에게 제품을 제공하는 경우, 혼합·소분 시 준수하여야 할 안전관리 조치에 대한 설명 중 옳지 않은 것은?

① 혼합·소분 전에 사용하는 포장용기의 오염 여부를 반드시 확인하여야 한다.
② 혼합·소분에 사용하는 내용물이나 원료는 사용기한 또는 개봉 후 사용기간을 초과한 경우에도 사용이 가능하다.
③ 소비자의 피부 상태나 선호도를 확인하지 않고 미리 혼합·소분한 제품은 판매하거나 보관할 수 없다.
④ 혼합·소분에 사용하는 기구는 위생 상태를 사전에 점검하고, 사용 후에는 세척하여 오염을 방지하여야 한다.
⑤ 혼합·소분 전에는 사용되는 원료와 내용물의 품질을 확보하고, 품질성적서로 확인할 수 있다.

원료의 변질·변패 등으로, 사용 중 사고가 발생할 수 있으므로 사용기한 또는 개봉 후 사용기간이 지난 원료나 내용물은 절대 사용하여서는 안 된다.

40 공개된 장소에 설치된 CCTV 안내판의 필수 기재 항목에 대한 설명이다. 아래의 CCTV 안내판 예시에서 추가로 반드시 포함되어야 할 항목은 무엇인가?

> **CCTV 설치 안내**
> • 설치목적 : 시민의 안전
> • 장소 : ㅁㅁ초등학교 주변 놀이터
> • 관리책임자의 이름 : 홍길동
> • 연락처 : 010-0000-1234
> • 운영기관 : 종로구 ㅇㅇ경찰서

① 영상정보 촬영 범위 및 촬영 시간
② 영상정보 보관 장소와 보관 방법
③ 영상정보처리기기 설치일
④ 안내판 설치 장소에 대한 약도
⑤ CCTV 녹화 장비의 기종 및 성능

고정형 영상정보처리기기의 설치·운영 제한(「개인정보보호법」 제25조 제4항)
고정형 영상정보처리기기를 설치·운영하는 자는 정보주체가 쉽게 인식할 수 있도록 다음의 사항이 포함된 안내판을 설치하는 등 필요한 조치를 하여야 한다.
• 설치 목적 및 장소
• 촬영 범위 및 촬영 시간
• 관리책임자의 성명 및 연락처
• 운영기관명 등 필요한 사항

41 화장품책임판매업자가 「화장품법」 제5조 제2항에 따라 제품의 품질관리를 위해 준수하여야 하는 사항으로 옳은 것은?

① 제조단위별로 품질검사를 실시한 후 유통하여야 한다.
② 제조업자에게 품질검사를 위탁한 경우, 완제품의 품질관리만 철저히 시행하면 된다.
③ 제품 표준서와 품질관리기록서를 받아 보관하여야 한다.
④ 책임판매 후 안전 관리 기준을 참고자료로만 활용하여도 무방하다.
⑤ 제조업자가 마련한 자체 기준을 따르기 때문에 별도의 품질기준을 준수하지 않아도 된다.

오답 피하기
① 제조번호별로 품질검사를 실시한 후 유통하여야 한다.
② 품질검사를 위탁하더라도, 제조 또는 품질검사가 적절하게 이루어지고 있는지 수탁자에 대한 관리·감독을 철저히 하여야 한다. 또한 제조 및 품질관리에 관한 기록을 받아 유지·관리하고, 최종 제품의 품질관리를 철저히 하여야 한다.
④ 화장품법 시행규칙 별표 2의 책임판매 후 안전관리기준을 준수하여야 한다.
⑤ 화장품법 시행규칙 별표 1의 품질관리기준을 준수하여야 한다.

42 화장품 책임판매관리자 및 맞춤형화장품조제관리사의 연간 교육이수 의무에 관한 설명 중 옳지 <u>않은</u> 것은?

① 조제관리사로 선임된 경우, 자격시험에 합격한 날이 종사한 날 이전 1년 이내인 경우 최초교육을 면제받을 수 있다.
② 맞춤형화장품조제관리사의 보수교육은 종사한 날을 기준으로 매년 1회 이수하여야 한다.
③ 보수교육은 최초 교육을 이수한 날로부터 매년 1회 받아야 한다.
④ 책임판매관리자는 선임된 날부터 6개월 이내에 최초교육을 이수하여야 한다.
⑤ 맞춤형화장품조제관리사의 최초교육은 종사한 해가 끝나기 전까지 받아야 한다.

화장품책임판매관리자 및 맞춤형화장품조제관리사는 「화장품법」 제5조 제7항과 시행규칙 제14조 제1항에 따라 교육을 받은 날을 기준으로 매년 1회 이수하여야 한다.

43 다음 중 「화장품법」 제3조 제3항에 따라 화장품책임판매업자가 두어야 할 책임판매관리자의 자격기준으로 틀린 것은?

① 이공계열 또는 향장학·화장품과학·한약학 전공으로 학사 이상의 학위를 취득한 사람
② 의사 또는 약사, 혹은 화장품 제조·품질관리 업무에 2년 이상 종사한 경력이 있는 사람
③ 전문학사로서 간호학을 전공하고 관련 전공과목 20학점 이상 이수 후 1년 이상 화장품 제조·품질관리 업무에 종사한 사람
④ 맞춤형화장품조제관리사 자격을 보유한 사람으로 화장품 유통업무에 2년 이상 종사한 사람
⑤ 학사 이상의 학위를 취득하고 간호학을 전공하였으며, 관련 전공과목 20학점 이상 이수한 사람

화장품 '유통업무' 종사 경력은 인정되지 않는다. 반드시 '제조 또는 품질관리 업무' 경력 2년 이상이 있어야 한다.

정답 41 ③ 42 ② 43 ④

44 다음 중 「화장품 사용할 때의 주의사항 및 알레르기 유발성분 표시에 관한 규정」[별표 1]에 따른 화장품의 종류별 포장 표시 주의사항 중 옳은 것은?

① 체취방지용 제품은 눈 주위 또는 점막, 손상된 피부에는 사용하지 말아야 하며, 만 3세 이하의 영유아에게는 사용하지 않아야 한다.
② 헤어 퍼머넌트 웨이브 제품은 개봉 후 12개월 이내에 사용하여야 하며, 환기가 어려운 실내에서는 사용을 피할 것
③ 외음부 세정제는 5세 이하의 유아에게는 사용하지 말아야 한다.
④ 팩 제품은 눈과 코, 입 주위에는 사용하지 말고, 사용 중 알갱이가 눈에 들어간 경우에는 즉시 냉찜질 후 병원을 방문하여야 한다.
⑤ 두발염색용 제품은 눈에 들어간 경우 즉시 씻어내야 한다.

오답 피하기
① 체취방지용 제품 : 털을 제거한 직후에는 사용하지 말 것
② 헤어 퍼머넌트 웨이브 제품 : 개봉한 제품은 7일 이내에 사용할 것
③ 외음부 세정제 : 3세 이하의 영유아에게는 사용하지 말 것
④ 팩 제품 : 눈 주위를 피하여 사용할 것

45 다음 중 화장품의 보관 및 취급과 관련된 주의사항으로서 법령 및 가이드라인에 부합하는 설명은 무엇인가?

① 혼합한 제품의 잔액은 반드시 밀폐하지 않은 용기에 보관하여 자연산화되도록 한다.
② 용기를 폐기할 때는 잔여물이 남아 있더라도 바로 폐기하여도 무방하다.
③ 제품은 직사광선 및 고온 환경에 노출되지 않도록 개방된 장소에 보관한다.
④ 혼합한 제품은 사용 후 잔액을 밀폐된 용기에 담아 보관하지 말고 즉시 폐기하여야 한다.
⑤ 혼합한 제품의 잔량은 밀폐된 용기에 담아 공기와의 접촉을 최소화하고 직사광선을 피해 보관하여야 한다.

오답 피하기
① 산화는 화장품 품질에 악영향을 주므로 '밀폐'가 기본 원칙이다.
② 잔여물은 환경오염 및 사고 위험이 있으므로, 반드시 제거 후 폐기하는 것이 원칙이다.
③ 개방된 장소에 두면 먼지·오염에 노출될 위험 있으므로 반드시 밀폐되고 건조한, 냉암소에서 보관하여야 한다.
④ 일부 맞춤형화장품은 잔액을 보관할 수 있으며, 조건에 따라 일정 기간 재사용도 가능하다.

정답 44 ⑤ 45 ⑤

46 다음 중 화장품 원료의 특성에 따른 취급 및 보관 방법에 대한 설명으로 틀린 것은?

① 항산화 기능이 있는 성분은 유성 원료의 산화를 방지하기 위해 함께 배합되기도 한다.
② 휘발성과 인화성을 띠는 알코올류는 반드시 밀폐하여 화기에서 멀리 보관하여야 한다.
③ 정제수는 무색·무취·무오염 상태를 유지하여야 하며, 미생물에 오염되지 않아야 한다.
④ 화장품 원료는 제조사로부터 받은 품질성적서를 통해 품질 확인이 가능하다.
⑤ 비타민 A는 바람이 잘 통하고 햇빛이 드는 서늘한 곳에 두어야 안정성이 높아진다.

비타민 A(레티놀 계열)는 빛·열·산소에 매우 민감한 성분이므로, 보관 시 반드시 직사광선과 공기를 차단하고 차광용기 및 저온 조건(예 냉장보관)에서 보관하여야 품질을 유지할 수 있다.

선생님의 노하우
'빛에 약하다'라는 특성을 떠올리기 위해서 레티놀 함유 화장품은 밤에 써야 한다는 것을 기억해 두면 좋겠죠?

---

47 거친 피부와 여드름으로 고민하는 고객에게 AHA(알파-하이드록시산) 5%가 함유된 필링에센스를 맞춤형화장품으로 조제하여 권장하였다. 아래 〈전성분〉을 참고하여 해당 제품을 사용할 고객에게 안내하여야 할 사용상 주의사항만을 〈보기〉 중에서 고른 것은?

전성분
정제수, 에탄올, 알파-하이드록시산, PEG-60 수소화 피마자유, 세테아레스-30, 1,2-헥산다이올, 뷰틸렌글라이콜, 파파야열매추출물, 로즈마리잎추출물, 살리실산, 카보머, 트리에탄올아민, 알란토인, 판테놀, 향료

보기
ㄱ. 이 제품은 3세 미만 유아에게는 사용하지 않도록 한다.
ㄴ. 제품 사용 후 햇빛 노출 시 피부가 민감해질 수 있으므로 자외선차단제를 함께 사용해야 한다.
ㄷ. 제품을 개봉한 후에는 가능한 한 15℃ 이하의 냉암소에 보관해야 한다.
ㄹ. 직사광선에 의해 피부에 붉어짐, 가려움 등이 나타날 경우 사용을 중지하고 전문가와 상담해야 한다.
ㅁ. 이 제품은 입자형 필링 제품이므로 알갱이가 눈에 들어갔을 경우 즉시 씻어내야 한다.

① ㄱ, ㄷ, ㅁ ② ㄴ, ㄷ, ㄹ
③ ㄷ, ㄹ, ㅁ ④ ㄱ, ㄴ, ㄹ
⑤ ㄴ, ㄹ, ㅁ

오답 피하기
ㄷ. 보통 의약품 또는 고안정성 제품에 해당하는 사항이며, 일반 화장품은 실온 보관 기준이 원칙이다.
ㅁ. 전성분에 입자형 필링제 성분이 없으면 안내하지 않아도 된다.

48 다음 중 화장품에 널리 사용되는 수성 원료인 정제수에 대한 설명으로 옳지 않은 것은?

① 정제 과정에서 이온교환법과 역삼투법을 이용하고, 이후 자외선 살균을 통해 미생물 오염을 방지한다.
② 제품 내 정제수에 금속이온이 남아 있을 경우, 이를 제거하지 않고 그대로 두어 항산화 작용을 유도할 수 있다.
③ 대부분의 화장품에 사용되며, 메이크업 제품 일부를 제외하면 주요한 기초 성분으로 활용된다.
④ 정제수는 화학적으로 안정하여야 하며, 제품 내 다른 원료의 품질을 해치지 않도록 금속이온 봉쇄제를 사용할 수 있다.
⑤ 소수성 성분과 친수성 성분을 함께 포함한 물질의 추출이나 용해에 정제수가 활용될 수 있다.

정제수(물)는 화장품에서 가장 흔하게 사용되는 원료로, 그 자체로는 안전하지만 불순물, 특히 금속이온(칼슘, 철, 마그네슘 등)이 포함되어 있을 경우 산화 반응, 변색, 변취를 유발할 수 있어 제거 또는 봉쇄 처리가 필요하다.

49 「인체적용제품의 위해성 평가에 관한 규정」에 따라 화장품 위해성 평가가 필요하게 되는 경우에 대한 설명 중 적절하지 않은 것은?

① 불법적으로 유해물질이 화장품에 혼입된 사례가 확인된 경우
② 특정 유해물질의 안전역(MoS)을 산정하여 사용 한도를 설정하는 경우
③ 비의도적 오염물질에 대한 기준을 설정하기 위해 위해성 평가가 필요한 경우
④ 안전성 확인을 위한 참고 자료가 부족한 경우
⑤ 사회적으로 안전성 문제가 제기된 특정 화장품 성분에 대해 위해성을 평가하는 경우

MoS 산정은 위해성 평가 결과를 바탕으로 하는 후속 조치지, 평가의 필요 사유가 아니다. 평가가 이미 수행된 후에 사용 한도를 설정하는 단계이다.

50 화장품에 사용되는 비타민 성분과 그에 해당하는 학명을 바르게 짝지은 것은?

① 비타민 B12 – 아스코르브산
② 비타민 E – 레티놀
③ 비타민 C – 코발라민
④ 비타민 B2 – 리보플라빈
⑤ 비타민 A – 토코페롤

오답 피하기
① 비타민 B12 – 코발라민
② 비타민 E – 토코페롤
③ 비타민 C – 아스코르브산
⑤ 비타민 A – 레티놀

51 pH 조절제는 화장품 수용액의 산도(수소이온농도)를 적절히 유지하여 제품의 안정성과 사용감을 확보하는 데 중요한 역할을 한다. 다음 중 화장품에 흔히 사용되는 중화제(염기성 pH 조절제)에 해당하는 성분은 무엇인가?

① 트라이에탄올아민
② 폴리에톡실레이티드 레틴아마이드
③ 에틸아스코빌에터
④ 테트라소듐 이디티에이
⑤ 아스코빌글루코사이드

오답 피하기
② 비타민 A 유도체로 유화 안정제, 보습제로 쓰인다.
③·⑤ 비타민 C 유도체로, 산성을 띠는 항산화제이다.
④ 킬레이트제(금속이온 봉쇄)의 하나이다.

선생님의 노하우
pH 조절제는 화장품의 수소이온 농도를 조절하여, 피부에 자극을 줄이고 제품의 기능과 보존성을 유지하는 데 중요한 역할을 하는 원료입니다.

정답 48 ② 49 ② 50 ④ 51 ①

52 다음 중 「화장품법 시행규칙」 제19조 제7항 [별표 4]에 따른 화장품 성분 표시 기준에 대한 설명으로 바르지 않은 것은?

① pH 조절용이나 비누화 과정에서 사용된 성분은 최종 생성물로 기재할 수 있다.
② 향료의 경우, 식약처장이 정한 알레르기 유발 성분이 포함되어 있지 않다면 '향료'로 표시할 수 있다.
③ 착색제가 제품에 따라 다르게 사용되는 경우, '±' 기호 뒤에 관련 착색제를 일괄 기재할 수 있다.
④ 기능성화장품은 모든 성분에 대해 식약처장에게 사전 등록 후 허가를 받아야 한다.
⑤ 1% 이하로 사용된 성분과 향료, 착색제는 함량 순서와 무관하게 기재할 수 있다.

> 기능성화장품은 사전 보고 또는 심사 대상이지만, 모든 성분을 등록하거나 허가받는 제도는 아니다. 일부 기능성(예 : 자외선 차단, 주름개선, 미백 등)은 보고나 심사 대상이지만, 성분 전체에 대해 허가받는 건 아니다.

53 「화장품법 시행규칙」 제18조 및 「어린이보호포장 대상공산품의 안전기준」에 따른 안전용기 또는 포장을 사용하여야 하는 화장품의 기준에 대한 설명 중 옳지 않은 것은?

① 개별포장 제품에 메틸살리실레이트가 5% 이상 함유된 액상 화장품은 안전포장을 적용하여야 한다.
② 일회용 제품이나 펌프형·분사형 포장(에어로졸 포함)은 안전포장 대상에서 제외된다.
③ 안전포장은 성인은 개봉할 수 있어야 하며, 13세 미만 어린이는 쉽게 열 수 없어야 한다.
④ 아세톤을 함유한 모든 네일에나멜 리무버는 농도에 관계없이 안전포장을 적용하여야 한다.
⑤ 탄화수소류가 10% 이상 들어 있고, 운동점도가 21cSt 이하인 어린이용 액상제품은 안전용기 대상이다.

> 안전포장은 성인은 개봉할 수 있어야 하며, 5세 미만 어린이는 쉽게 열 수 없어야 한다.

54 다음은 고객(병)과 맞춤형화장품조제관리사(정) 간의 상담 내용이다. 고객의 피부 고민과 원료 선호도를 고려하여, 조제관리사가 제안할 수 있는 적절한 성분은 무엇인가?

> 병 : 광고에서 본 화장품을 써 봤는데, 너무 끈적이고 잘 발리지도 않고, 윤기도 전혀 없어서 불편했어요. 동물 유래 성분은 사용하고 싶지 않아요. 그런 점을 개선할 수 있는 맞춤형 제품이 있을까요?
> 정 : 말씀하신 점을 고려해 끈적임 없이 부드럽게 발리고 윤기를 줄 수 있는 식물성 성분으로 조제해 드리겠습니다.

① 라다넘오일(Cistus Ladaniferus Oil)
② 밍크오일(Mink Oil)
③ 라놀린(Lanolin)
④ 식물성 스쿠알란(Squalane)
⑤ 에뮤오일(Emu Oil)

유지의 특성

구분	성질	질감	사용목적
라다넘 오일	식물성 (꽃과 수지)	질감이 다소 무거움	향료
밍크 오일	동물성 (밍크의 지방)	유연함	윤기
라놀린	동물성 (양의 피지)	유연하지만 끈적임 있음	윤기
식물성 스쿠알란	식물성 (올리브 등)	가볍고 끈적임 없이 부드럽게 발림	윤기
에뮤 오일	동물성 (에뮤의 지방)	흡수가 빠름	윤기

55 다음은 「우수화장품 제조 및 품질관리기준(CGMP)」에서 제시한 3대 핵심 요소에 관한 설명이다. 괄호 안에 들어갈 적절한 용어는?

> CGMP의 3대 요소
> 1. 인위적인 과오를 줄이기 위한 관리
> 2. (　　) 및 교차오염을 방지하여 품질 저하를 막기 위한 조치
> 3. 고도의 품질보증체계를 갖춘 관리시스템 확립

① 제품함량　② 미생물오염
③ 실내오염　④ 위생관리
⑤ 환경오염

CGMP의 3대 요소
- 인위적 과오의 최소화 : 사람의 실수로 인한 품질 문제 예방
- 미생물오염 및 교차오염 방지 : 청정환경 유지, 오염 방지로 제품 안정성 확보
- 고도의 품질보증체계 확립 : 공정 전반의 과학적이고 체계적인 품질관리 시스템 운영

56 다음 중 「화장품법」에 따라 회수 대상이 아닌 화장품에 해당하는 것은?

① 맞춤형화장품을 판매하면서 조제관리사를 두지 않고 판매한 경우
② 화장품을 제조하거나 판매하면서 등록 또는 신고를 하지 않은 경우
③ 유통 중 포장이나 표시기재 사항이 일부 훼손된 맞춤형화장품
④ 사용할 수 없는 원료가 포함되었거나 안전기준에 부적합한 화장품
⑤ 책임판매업 등록 없이 수입하여 유통한 화장품

단순히 포장이나 표시기재가 일부 훼손된 경우는 제품의 품질이나 안전성에 직접적인 영향을 주지 않으므로 회수 대상에 해당하지 않는다. 다만, 「화장품법」 제15조 제9호, 제16조 제1항 제4호 의거하여 위조·변조된 경우에는 회수 대상이 될 수 있다.

57 우수화장품 제조 및 품질관리기준(CGMP)에 따라, 작업장 구역별 시설 관리에 관한 설명 중 틀린 것은?

① 탈의실, 세면시설 및 화장실은 직원에게 제공되어야 하며, 작업구역과는 분리되어 접근이 용이하여야 한다.
② 원료를 취급하는 구역은 원료보관소와 칭량실이 분리된 상태로 운영되어야 한다.
③ 제품을 포장하는 구역은 교차오염 발생 가능성이 없도록 구조적으로 설계되어야 한다.
④ 통로는 사람과 물건이 이동하는 구역으로서 사람과 물건의 이동에 불편함을 초래하거나, 교차오염의 위험이 없어야 한다.
⑤ 제조 중 발생한 폐기물은 일정 기간 보관하며 주기적으로 한 번에 폐기하는 것이 바람직하다.

폐기물은 주기적으로 버려야 하며 장기간 모아 놓거나 쌓아 두어서는 안 된다. 또한, 장기간 방치하거나 모아 두는 행위는 위생 및 교차오염 위험이 있으므로 폐기물은 발생 즉시 처리해야 한다.

58 다음 중 작업장 구역에 따른 청정공기 순환 및 공기청정 관리 기준으로 올바른 설명은 무엇인가?

① 제조실은 시간당 20회 이상의 공기교환이 이뤄지거나 차압을 유지할 수 있도록 관리되어야 한다.
② 포장 구역은 작업 시 외부와 완전히 밀폐되어야 하며, 청정등급이 유지되지 않으면 사용 불가하다.
③ 성형실은 20회/hr 이상 공기교환이 필수이며, 이를 대신하는 차압 관리는 인정되지 않는다.
④ 완제품 보관소는 실내 공기 질을 유지하기 위해 차압설비를 갖추어야 한다.
⑤ 클린벤치는 시간당 10회 이상의 공기교환을 유지하여야 하며, 공기순환이 불가능한 경우에도 사용 가능하다.

오답 피하기
② 포장 구역은 제품의 오염을 방지할 수 있도록 적절한 청정도를 유지하는 수준으로 관리하여야 한다.
③ 성형실은 시간당 20회 이상의 공기교환이 이루어지거나, 차압을 유지할 수 있도록 관리되어야 한다. 즉, 공기교환이나 차압을 선택적으로 시행할 수 있다.
④ 차압설비는 주로 제조실이나 성형실 등 오염을 방지하여야 하는 구역에 적용되는 것이다.
⑤ 클린벤치는 공기순환이 불가능한 경우에는 사용하여서는 안 된다.

59 작업장 청결 유지 및 위생 관리를 위해 사용하는 세정제(세제)의 조건에 대한 설명 중 적절하지 않은 것은?

① 인체와 환경에 대한 안전성이 확보되어야 한다.
② 세정 효과가 충분히 우수하여야 한다.
③ 세척 후 표면에 잔류물이 남아 일정 시간 유지되어야 한다.
④ 사용 및 계량이 간편하여야 한다.
⑤ 음이온성 또는 비이온성 계면활성제를 주성분으로 사용할 수 있다.

미생물 번식, 오염, 제품 품질 저하를 방지하기 위해 세척 후 표면에 잔류물이 없는 세제를 사용해야 한다.

60 「맞춤형화장품판매업 가이드라인」에 따라 맞춤형화장품 조제 시 준수하여야 할 혼합·소분의 안전관리 기준 중 옳지 않은 내용은 무엇인가?

① 내용물 및 원료를 공급한 화장품책임판매업자가 혼합 또는 소분 범위를 정한 경우, 그 범위 내에서 조제한다.
② 혼합 또는 소분을 수행하기 전에는 손을 소독하거나 세정하여야 한다.
③ 혼합 또는 소분을 위한 포장용기는 사전에 오염 여부를 확인하여야 한다.
④ 사용기한 또는 개봉 후 사용기간이 지난 원료는 사용하지 않아야 한다.
⑤ 조제에 사용하고 남은 원료나 내용물은 비의도적인 오염을 방지하기 위해 폐기한다.

남은 원료는 폐기하는 것이 아니라 '밀폐가 가능한 마개 등으로 오염을 방지할 수 있도록 보관'하여야 한다.

61 다음은 맞춤형화장품 혼합·소분 시 준수하여야 하는 기록 관리 기준에 관한 설명이다. ㉠과 ㉡에 들어갈 용어로 가장 알맞은 것은?

> 1. 맞춤형화장품 (㉠)를 작성하여 보관하여야 하며, 전자문서로 작성된 형태도 가능하다. (㉠)에는 다음 항목이 포함된다.
> - 제조번호[맞춤형화장품의 경우, (㉡)를 제조번호로 봄]
> - 사용기한 또는 개봉 후 사용기간
> - 판매일자 및 판매량 등
> 2. 원료와 내용물의 입고, 사용, 폐기 내역 등을 기록으로 관리하여야 한다.
> 3. 소비자에게 혼합·소분에 사용한 원료의 특성과 사용 시 주의사항을 설명하여야 한다.
> 4. 부작용 발생 시에는 식품의약품안전처장에게 즉시 보고하여야 한다.

	㉠	㉡
①	제품표준서	제품관리 기준서
②	제품관리 기준서	관리번호
③	판매내역서	식별번호
④	판매내역서	식별번호
⑤	제품표준서	식별번호

맞춤형화장품판매업자의 준수사항(「화장품법 시행규칙」 제12조의2 제3·4·5호)

법 제5조 제4항에 따라 맞춤형화장품판매업자가 준수하여야 할 사항은 다음과 같다.

3. 다음의 사항이 포함된 맞춤형화장품 판매내역서(전자문서로 된 판매내역서를 포함)를 작성·보관할 것
   가. 제조번호(맞춤형화장품의 경우, 식별번호를 제조번호로 봄)
   나. 사용기한 또는 개봉 후 사용기간
   다. 판매일자 및 판매량
4. 맞춤형화장품 판매 시 다음의 사항을 소비자에게 설명할 것
   가. 혼합·소분에 사용된 내용물·원료의 내용 및 특성
   나. 맞춤형화장품 사용 시의 주의사항
5. 맞춤형화장품 사용과 관련된 부작용 발생사례에 대해서는 식품의약품안전처장이 정하여 고시하는 바에 따라 식품의약품안전처장에게 보고할 것
※ 조제번호의 대체(식별번호)에 관한 사항은 맞춤형화장품판매업 가이드라인(민원인 안내서)에 규정되어 있다.

62 화장품 제조에 사용되는 설비별 세척 및 위생 관리에 대한 설명 중 틀린 것은?

① 탱크 : 제품과 접촉하는 모든 표면은 청소와 점검을 위한 접근이 가능하도록 설계되어야 함
② 호스 : 해체하기 어려운 구조로 설계되는 것이 바람직하며, 직경이 작은 부속품은 세척이 어렵기 때문에 가능한 한 피하여야 함
③ 칭량장치 : 기능에 손상을 주지 않도록 부드러운 브러시 등을 사용하여 먼지를 제거하는 방식으로 관리하여야 함
④ 펌프 : 허용된 사용 범위를 확인하고, 정기적인 세척과 유지관리를 실시하여야 함
⑤ 혼합·교반장치 : 자주 세척이 필요한 경우, 분해가 쉬운 구조로 되어 있는 것이 바람직함

호스는 가능하면 쉽게 분리(해체)하여서 청소 및 소독하기 쉬운 구조로 이루어져 있어야 한다. 직경이 작은 부속품이나 복잡한 연결 구조는 미생물 오염 또는 교차오염 위험이 높고, 세척이 어려우므로 사용을 최소화하여야 한다.

63 다음은 「우수화장품 제조 및 품질관리기준(CGMP)」 제3장 제2조, 제7절 원자재의 관리, 제11조(입고관리)의 내용이다. ㉠과 ㉡에 들어갈 용어로 가장 알맞은 것은?

> 제조업자는 원자재의 입고 시 다음 사항을 철저히 관리하여야 한다.
> - 원자재 입고 시에는 (㉠) 등 관련 자료와 실제 제품이 일치하는지 확인하고, 필요한 경우 운송 중 이상 유무도 검토하여야 한다.
> - 원료 용기에 제조번호가 없으면 자체 관리번호를 부여해 추적이 가능하도록 하여야 한다.
> - 육안 확인에서 문제가 발견된 원료는 입고를 중단하고 별도 보관하거나 폐기 또는 반품 조치를 한다.
> - 입고된 원료는 상태에 따라 '적합', '부적합', '(㉡)' 등의 식별 표시를 하여야 하며, 대체 가능한 시스템이 있을 경우 이를 사용할 수 있다.

	㉠	㉡
①	시험기록서	검사 중
②	구매확인서	기준 일탈
③	제품표준서	검사 중
④	품질성적서	검사 중
⑤	원료규격서	적합 대기

입고관리(「우수화장품 제조 및 품질관리기준(CGMP)」 제11조)
② 원자재의 입고 시 구매 요구서, 원자재 공급업체 성적서 및 현품이 서로 일치하여야 한다.
⑤ 입고된 원자재는 '적합', '부적합', '검사 중' 등으로 상태를 표시해야 한다.

선생님의 노하우
문서들의 이름과 용도를 구분해서 암기해 두세요. 나올 때마다 구분지어서 표를 만들어 놓으시는 게 도움이 되실 거예요.

64 보관 중인 원료 또는 내용물이 변질되었는지를 확인하기 위해 시험용 검체를 채취하고 검사하는 절차에 대한 설명 중 옳지 <u>않은</u> 것은?

① 시험용 검체는 오염이나 변질을 방지하여 채취하고, 채취 후에는 원상태에 가까운 포장 상태로 다시 밀봉하여 보관한다.
② 검체의 변질 여부는 외관, 냄새, 상태 등 기본적인 관능검사를 통해 확인하고 필요 시 이화학적 시험을 실시할 수 있다.
③ 검체를 채취한 후에는 해당 원자재가 시험 검체로 사용되었음을 알 수 있도록 표시를 하여야 한다.
④ 시험용 검체의 용기에는 검체의 이름 또는 확인 가능한 식별 코드가 부착되어야 한다.
⑤ 시험의 정확성을 높이기 위해 동일한 검체를 여러 번 재사용하며 보관 상태를 유지하는 것이 권장된다.

위생 및 신뢰도 확보 차원에서 시험용 검체는 1회 사용 후 폐기하는 것이 원칙이며, 재사용 또는 재보관하여서는 안 된다.

65 다음은 맞춤형화장품을 조제·판매하는 과정에 대한 설명이다. 이 중 올바르게 시행되지 <u>않은</u> 경우를 모두 고른 것은?

> ㄱ. 맞춤형화장품판매업으로 신고한 매장에서 맞춤형화장품조제관리사가 100㎖의 샤워코오롱을 50㎖씩 소분하여 조제하였다.
> ㄴ. 메틸살리실레이트(Methyl Salicylate)를 7% 이상 함유한 액체상 맞춤형화장품을 일반 용기에 포장하여 소비자에게 판매하였다.
> ㄷ. 맞춤형화장품조제관리사가 고객에게 맞춤형화장품이 아닌 일반 완제화장품을 판매하였다.
> ㄹ. 화장품책임판매업자가 기능성화장품에 대한 보고 또는 심사를 마친 원료를 공급한 경우, 그 기능성 내용물을 혼합하여 맞춤형화장품으로 조제할 수 있다.
> ㅁ. 기미 방지를 위해 맞춤형화장품조제관리사가 에틸헥실메톡시신나메이트를 10% 추가하여 조제하였다.

① ㄱ, ㄴ, ㄹ
② ㄱ, ㄷ, ㄹ
③ ㄱ, ㄷ, ㅁ
④ ㄴ, ㄷ, ㅁ
⑤ ㄴ, ㄹ, ㅁ

ㄴ. 메틸살리실레이트를 5% 이상 함유한 액상 제품은 어린이 보호를 위한 안전용기·포장 대상이다.
ㄷ. 맞춤형화장품조제관리사가 고객에게 맞춤형화장품이 아닌 일반 완제화장품을 판매하였다.
ㅁ. 에틸헥실메톡시신나메이트는 7.5% 한도로 사용할 수 있다.

66 밑줄 친 '이것'에 대한 설명으로 옳지 <u>않은</u> 것은?

> 자외선에 노출되면 피부 기저층에 위치한 멜라노사이트에서 멜라닌 생성이 활성화되어 기미, 색소침착 등의 현상이 나타난다. 멜라닌 색소 생성은 티로신이 티로시나아제(Tyrosinase)의 작용으로 DOPA – DOPA-quinone을 거쳐 멜라닌으로 합성된다. 이때, **이것**이 티로시나아제 효소의 활성에 필수적인 영향을 미친다.

① 화장품에서 피부 탄력, 항노화, 항균 성분으로 쓰인다.
② 이것을 봉쇄하는 킬레이트제로는 EDTA(에틸렌디아민테트라아세트산)가 있다.
③ 이것이 물에 녹아 있을 때는 붉은 색을 띤다.
④ 일반적으로 2가 양이온 상태로 존재한다.
⑤ 단백질 구조와 잘 결합해서 효소의 보조인자로도 작용한다.

밑줄 친 이것은 '구리 이온'이다. 구리이온이 물에 녹아 있을 때는 푸른색 또는 청록색을 띤다.

선생님의 노하우
티로시나아제는 구리 이온(Cu^{2+})을 보조 인자로 갖는 구리 함유 효소입니다. 구리 이온이 없으면 효소의 활성도가 떨어지고, 멜라닌 생성이 억제됩니다. 이는 기능성 미백화장품의 작용기전(예: 티로시나아제 억제)을 이해하는 핵심 포인트입니다.

67 모발의 성장 주기에 따라 모발의 생리적 상태는 달라진다. 다음 중 성장기(Anagen)에 대한 설명으로 가장 적절한 것은?

① 모발의 성장 활동이 정지하고 모유두가 위축되는 시기로, 전체 모발의 약 12%를 차지한다.
② 이 시기에는 대사가 느려지고 세포분열이 멈추며, 일정 기간 후 자연 탈락이 일어난다.
③ 새롭게 발생한 모발이 짧은 기간 동안 빠르게 성장한 뒤 활동을 멈추는 이행기이다.
④ 모유두로부터 영양을 공급받으며 모낭 세포가 활발하게 분열하고 모발이 길어지는 시기이다.
⑤ 탈락한 모발이 다시 생겨나기 시작하는 회복기이며, 일반적으로 2~3개월 정도 지속된다.

오답 피하기
① · ② 휴지기에 대한 설명이다.
③ 퇴행기에 대한 설명이다.
⑤ 성장기는 보통 수년간(3~5년간) 지속된다.

68 「화장품법」 제8조 및 시행규칙 제6조의2에 따라, 맞춤형화장품판매업자가 판매한 제품으로 인해 부작용이 발생한 경우 보고하여야 할 내용 중 옳지 <u>않은</u> 것은?

① 맞춤형화장품을 사용 후 중대한 유해사례가 발생하거나, 식약처장이 보고를 지시한 경우에는 알게 된 날부터 15일 이내에 식품의약품안전처 홈페이지를 통해 보고하여야 한다.
② 부작용 발생 사실을 인지한 즉시, 지체 없이 식품의약품안전처장에게 보고하여야 한다.
③ 판매중지나 회수에 준하는 외국 정부의 조치가 있거나, 이에 대해 식약처장이 보고를 지시한 경우에는 15일 이내 보고 대상이다.
④ 중대한 유해사례에 해당하더라도, 30일 이내에만 보고하면 된다.
⑤ 보고 방법에는 우편 · 팩스 · 정보통신망 등을 사용할 수 있으며, 전자보고가 일반적이다.

안전성 정보의 신속보고(「화장품 안전성 정보관리 규정」 제5조)
① 화장품책임판매업자 및 맞춤형화장품판매업자는 다음의 화장품 안전성 정보를 알게 된 때에는 보고서를 그 정보를 알게 된 날로부터 15일 이내에 식품의약품안전처장에게 신속히 보고하여야 한다.
　1. 중대한 유해사례 또는 이와 관련하여 식품의약품안전처장이 보고를 지시한 경우
　2. 판매중지나 회수에 준하는 외국정부의 조치 또는 이와 관련하여 식품의약품안전처장이 보고를 지시한 경우
② 제1항에 따른 안전성 정보의 신속보고는 식품의약품안전처 홈페이지를 통해 보고하거나 우편 · 팩스 · 정보통신망 등의 방법으로 할 수 있다.

69 다음 중 아래의 설명과 관련된 자외선의 종류와 파장대를 연결한 것으로 올바른 것은?

> 피부의 약 90%를 차지하는 진피층은 교원섬유(콜라겐), 탄력섬유(엘라스틴), 그리고 기질(기초물질)로 구성되어 있으며, 이곳까지 침투하는 자외선에 의해 교원섬유와 탄력섬유가 손상되면 피부 탄력이 저하되고 주름 형성이 유도된다.

① UVA – 320~400nm
② UVB – 200~290nm
③ UVC – 290~320nm
④ UVB – 320~400nm
⑤ UVA – 200~290nm

제시문이 설명하는 것은 UVA이다. UVA는 파장이 가장 길어 피부 깊숙한 진피층까지 도달하여, 탄력섬유와 교원섬유를 손상시킨다. 따라서 피부 노화(광노화)의 가장 큰 원인 중 하나로 꼽힌다.

70 한 고객이 만 13세 이하 어린이가 사용할 보습크림을 요청하였다. 이에 따라 맞춤형화장품조제관리사가 원료를 선정하려고 한다. 다음 중 맞춤형화장품에 부적합한 원료는 무엇인가?

① 살리실릭애시드 및 그 염류
② 비즈왁스(Beeswax)
③ 레시틴(Lecithin)
④ 아스코르브산(Ascorbic Acid)
⑤ 글리세린(Glycerin)

「화장품 안전기준 등에 관한 규정」에 따라, 13세 이하의 어린이에게는 살리실릭애시드 및 그 염류를 함유한 제품 사용이 제한된다. 특히 체취방지용 제품, 보습 제품, 화장수, 바디로션 등 일반 화장품에 만 13세 이하 사용금지 문구가 포함된다.

71 피부의 표면을 덮고 있는 표피는 여러 층으로 구성되며, 각 층에는 특수한 세포들이 존재한다. 다음 중 표피의 층별 구조와 그에 분포하는 주요 세포의 연결이 잘못된 것은?

① 유극층(가시층) – 랑게르한스 세포(Langerhans Cell)
② 기저층(바닥층) – 각질형성 세포(Keratinocyte)
③ 유극층(가시층) – 머켈 세포(Merkel Cell)
④ 기저층(바닥층) – 멜라닌형성 세포(Melanocyte)
⑤ 기저층(바닥층) – 머켈 세포(Merkel Cell)

머켈 세포는 유극층이 아닌 기저층에 분포한다.

72. 「기능성화장품 기준 및 시험방법」에 따른 용기의 구분 및 정의에 대한 설명으로 옳은 것은?

① 차광용기 : 일상의 취급 또는 보통 보존상태에서 외부로부터 고형의 이물이 들어가는 것을 방지하고, 고형의 내용물이 손실되지 않도록 보호하는 용기
② 밀폐용기 : 일상의 취급 또는 보통 보존상태에서 액상 또는 고형의 이물 또는 수분이 침입하지 않으며, 내용물의 손실·풍화·조해 또는 증발로부터 보호할 수 있는 용기
③ 밀봉용기 : 일상의 취급 또는 보통 보존상태에서 기체 또는 고형의 이물이 침입하지 않도록 막는 용기
④ 기밀용기 : 외부 광선을 차단할 수 있도록 처리한 용기 또는 포장이 된 용기
⑤ 밀폐용기 : 광선 투과를 방지하는 포장이 된 용기 또는 불투명 용기

오답 피하기
① 차광용기 : 광선의 투과를 방지하기 위한 용기 또는 그런 포장을 한 용기
③ 밀봉용기 : 일상 취급 및 보통 보존 상태에서 기체 또는 미생물이 침입할 염려가 없는 용기
④ 기밀용기 : 일상 취급 및 보통 보존 상태에서 기체, 고형의 이물 또는 수분이 침입하지 않고, 내용물이 손실·풍화·조해·증발되는 것을 방지하는 용기
⑤ 밀폐용기 : 기밀용기와 유사하나 기밀의 정도는 다소 낮은 용기로, 기체·수분·이물로부터 내용물 보호하는 용기

73. 맞춤형화장품 조제 과정 중 내용물과 원료를 고르게 섞기 위하여 사용하는 기구로 가장 적절한 것은?

① 디스펜서(Dispenser)
② pH 측정기(pH Meter)
③ 점도계(Viscometer)
④ 균질화기(Homogenizer)
⑤ 경도계(Rheometer)

균질화기(Homogenizer)는 화장품 조제 과정에서 내용물과 원료를 빠르고 균일하게 혼합하는 데 사용되는 대표적인 조제 기기이다. 특히 유상 성분과 수상 성분의 분산이 필요한 크림·로션·에센스 등의 조제 시 유용하며, 혼합 균일성을 확보하는 데 매우 중요한 역할을 한다.

74. 화장품 실증은 제조업자·책임판매업자 또는 판매자가 자사가 실시한 표시·광고의 진위 여부를 입증하여야 하는 경우에 적용된다. ㉠과 ㉡에 들어갈 용어를 짝지은 것으로 옳은 것은?

- 실증자료 : 표시·광고에서 주장한 사실의 진위를 입증하기 위해 작성된 문서 자료
- 실증방법 : 표시·광고에서 주장한 내용 중 사실과 관련된 부분이 진실임을 증명하는 데 사용되는 방법
- (㉠) : 화장품의 표시·광고 내용을 증명할 목적으로, 해당 화장품의 효과 및 안전성을 확인하기 위해 사람을 대상으로 실시하는 시험 또는 연구
- 인체 외 시험 : 실험실의 배양접시 또는 인체로부터 분리한 (㉡), 피부 또는 인공피부 등에서 시험물질과 대조물질을 처리하여 비교하는 시험 방법

	㉠	㉡
①	기능성화장품시험	피부조직
②	인체적용시험	모발
③	효력시험	조갑
④	인체적용시험	조갑
⑤	인체외 시험	모발

인체적용시험
- 정의 : 사람을 대상으로 제품의 효과 및 안전성을 평가하는 시험
- 목적 : 표시·광고의 진위를 입증하거나, 기능성화장품 심사 시 요구되는 시험
- 인체 외 시험에 사용되는 조직의 예 : 모발, 피부조직, 인공피부, 조갑(손발톱) 등

정답 72 ② 73 ④ 74 ④

75 우수화장품 제조 및 품질관리기준(CGMP)에 따른 작업장 설비 및 구조에 대한 설명으로 <u>틀린</u> 것은?

① 생산 시설에 설치된 창문은 외부 오염 유입을 방지하기 위해 개방하지 않는 것이 원칙이다.
② 제조 구역은 제품 간 오염을 막기 위해 제형별로 구획하여 운영하여야 한다.
③ 세면대와 화장실은 작업자가 쉽게 접근할 수 있도록 작업 구역 내에 설치하는 것이 바람직하다.
④ 바닥과 벽은 세척이 용이하고 오염에 강한 재질로 마감하는 것이 적절하다.
⑤ 작업실의 표면 마감재는 소독제에 의해 손상되지 않고, 청소가 쉽도록 매끄러워야 한다.

> 세면실, 탈의실, 화장실 등은 제조 작업 구역과는 반드시 분리되어야 하며, 작업 구역 내에 설치하는 것은 금지된다. 이는 미생물 및 교차오염을 예방하기 위한 필수적인 공간 설계 기준이다.

76 「화장품법 시행규칙」 제8조의3에 따른 맞춤형화장품판매업자의 변경신고에 관한 설명 중 <u>틀린</u> 것은?

① 조제관리사가 퇴직하여 새로운 조제관리사로 교체된 경우, 관할 행정기관에 변경신고를 하여야 한다.
② 영업장이 다른 장소로 이전된 경우에는 변경신고 대상에 해당한다.
③ 변경신고 시에는 변경된 내용을 입증할 수 있는 서류를 첨부하여 제출하여야 한다.
④ 사업자가 개인이든 법인이든 관계없이, 법인등기사항증명서를 함께 제출하여야 한다.
⑤ 변경신고가 수리되면, 해당 변경 내용은 기존 신고필증의 뒷면에 기재된다.

> 개인사업자의 경우에는 등기사항증명서 확인 대상이 아니며, 법인인 경우에만 등기사항증명서 확인이 필요하다.

77 다음 중 섬유 아세포가 생성하는 주요 성분만으로 올바르게 짝지어진 것은?

① 교소체, 멜라닌, 각질
② 피브린, 지질, 카로틴
③ 콜라겐, 엘라스틴, 프로테오글리칸
④ 데스모좀, 섬유질, 층판소체
⑤ 림프액, 멜라닌, 세라마이드

> 섬유 아세포는 진피층의 주요 구성 세포로, 다음과 같은 세포외기질(ECM) 성분을 생성한다.
> • 콜라겐(Collagen) : 피부 지지 구조 형성
> • 엘라스틴(Elastin) : 탄력성 유지
> • 프로테오글리칸(Proteoglycan) : 수분 유지 및 기질 형성

78 다음은 주름 개선 기능성화장품으로 신고된 제품의 전성분 목록이다. 이 제품은 식품의약품안전처에 자료 제출이 생략 가능한 고시형 기능성 성분을 포함하고 있으며, 감초뿌리추출물은 사용상 제한이 있는 원료로서 최대 허용 농도로 배합되었다. 이 성분의 함량 범위로 적절한 것은?

> 정제수, 글리세린, 다이메티콘, 아데노신, 호호바씨오일, 토코페릴아세테이트, 소듐하이알루로네이트, 감초뿌리추출물, 사이클로펜타실록세인, 올리브오일, 알란토인, 벤질알코올, 스쿠알란

① 5~10%
② 4~7%
③ 0.04~1%
④ 1~2%
⑤ 0.5~1%

> 감초뿌리추출물의 함유 범위는 0.04~1% 이내로 사용상의 제한이 존재하며, 최대 사용 농도는 1% 이하이다. 해당 범위 내에서 제조된 경우에는 자료 제출 생략이 가능한 고시형 성분의 요건을 충족한다.

79 「개인정보보호법」 및 「정보통신망법」에 따라 개인정보를 제3자에게 제공할 수 있는 경우에 해당하지 않는 것은?

① 법령에 특별한 규정이 있거나, 법령상 의무 이행을 위해 불가피한 경우
② 공공기관이 법령 등에서 정한 업무를 수행하기 위해 불가피한 경우
③ 개인정보처리자의 정당한 이익을 달성하기 위한 경우로, 정보주체의 권리보다 명백히 우선하는 경우
④ 정보주체 또는 법정대리인의 동의를 받을 수 없는 상황에서, 생명 · 신체 · 재산에 긴급한 위험이 있을 경우
⑤ 정보주체의 동의를 받은 경우

개인정보의 제공(「개인정보보호법」제 17조 제1항)
개인정보처리자는 다음의 어느 하나에 해당되는 경우에는 정보주체의 개인정보를 제3자에게 제공(공유를 포함)할 수 있다.
- 정보주체의 동의를 받은 경우(⑤)
- 법률에 특별한 규정이 있거나 법령상 의무를 준수하기 위하여 불가피한 경우(①)
- 공공기관이 법령 등에서 정하는 소관 업무의 수행을 위하여 불가피한 경우(②)
- 명백히 정보주체 또는 제3자의 급박한 생명, 신체, 재산의 이익을 위하여 필요하다고 인정되는 경우(④)
- 개인정보처리자의 정당한 이익을 달성하기 위하여 필요한 경우로서 명백하게 정보주체의 권리보다 우선하는 경우. 이 경우 개인정보처리자의 정당한 이익과 상당한 관련이 있고 합리적인 범위를 초과하지 아니하는 경우에 한한다.
- 공중위생 등 공공의 안전과 안녕을 위하여 긴급히 필요한 경우

80 다음 중 화장품에서 물에 녹지 않는 성분을 녹이기 위한 유성 원료에 대한 설명으로 **틀린** 내용은 무엇인가?

① 계면활성제는 친수성과 소수성 구조를 동시에 지니며, 유화 또는 세정 작용을 한다.
② 실리콘은 -Si-O-Si- 구조를 갖는 유기 규소 화합물로, 피부에 부드러운 사용감을 부여한다.
③ 고급알코올은 일반적으로 탄소수가 3개 이상인 지방족 알코올을 통칭한다.
④ 지방산은 카복실기(-COOH)를 가진 직쇄형 탄화수소 사슬 구조이며, 대부분 물에 잘 녹는다.
⑤ 왁스는 고급지방산과 고급알코올이 결합한 에스터 구조로, 상온에서 고체 형태로 존재한다.

지방산은 긴 탄소 사슬을 가지며, 소수성이 강하기 때문에 물에 잘 녹지 않는다. 이는 지질계 성분의 대표적인 특징으로, 일반적으로 유용성을 띤다.

주관식(단답형, 81~100번)

81 「기능성화장품 기준 및 시험방법」에서 정한 고시형 성분 중, 탈모 증상 완화에 도움을 주는 원료로 사용되는 다음 성분의 명칭을 한글로 쓰시오.

> **성분 정보**
> - 분자식 : $(C_6H_4ONS)_2Zn$
> - 분자량 : 317.70
> - 성상

징크피리티온은 탈모 증상 완화에 도움을 주는 기능성화장품 고시형 성분으로, 항균 및 항진균 작용이 뛰어나 두피 건강을 개선한다.

82 피부의 색소 형성과 관련하여, 멜라닌 세포 내부에 존재하는 막성 구조물로 멜라닌 색소를 포함하며, 수지상돌기를 따라 표피 세포로 이동하는 역할을 하는 과립 구조의 명칭을 한 단어로 쓰시오.

멜라노좀은 피부의 색소 생성 과정에서 핵심적인 기능을 하는 세포 소기관이다.

83 다음 빈칸에 들어갈 적절한 단어를 쓰시오.

> 기능성화장품의 경우에는 '질병의 (㉠)을(를) 위한 (㉡)이(가) 아님'이라는 문구를 1차 포장에 기재하여야 한다.

㉠ :
㉡ :

기능성화장품은 질병의 예방을 위한 의약품이 아니므로, 이를 명확히 하기 위해 1차 포장에 '질병의 예방을 위한 의약품이 아님'이라는 문구를 반드시 기재하여야 한다.

84 다음은 「화장품법 시행규칙」 별표 3 제2호에 따른 화장품 사용 시 주의사항이다. 표시 문구에서 ㉠과 ㉡에 들어갈 성분명을 각각 쓰시오.

대상 제품	표시 문구
(㉠) 함유 제품(기초화장용 제품류 중 파우더 제품에 한함)	사용 시 흡입되지 않도록 주의할 것
(㉡)이(가) 0.05% 이상 함유된 제품	(㉡) 성분에 과민한 사람은 신중히 사용할 것

㉠ :
㉡ :

㉠ 스테아린산아연은 파우더 제품의 밀착력과 부드러움을 높이는 분말상의 재료로, 흡입 시 주의가 필요하다.
㉡ 폼알데하이드는 0.05% 이상 함유 시 알레르기 유발 가능성이 있다.

정답 81 징크피리티온 82 멜라노좀 83 ㉠ 예방, ㉡ 의약품 84 ㉠ 스테아린산아연, ㉡ 폼알데하이드

85 화장품 용기의 재질은 사용 목적에 따라 다양하게 선택되며, 각 재질은 고유한 물리·화학적 특성을 가진다. 다음 설명에 해당하는 포장재 재질을 한글로 쓰시오.

> - 딱딱한 성질을 가지며 투명하고 광택이 우수하다.
> - 내약품성이 뛰어나 화장품 내용물 보호에 적합하다.

폴리스티렌은 일반적으로 투명하고 단단한 재질로, 주로 크림 용기, 로션 용기 등에 사용된다.

86 「화장품법 시행규칙」 제10조의3에 따라, 영·유아 및 어린이 사용 화장품의 안전관리를 위한 규정 중 ㉠과 ㉡에 들어갈 내용을 각각 쓰시오.

> - 표시 기준
> 화장품의 1차 또는 2차 포장에 '영·유아용' 또는 '어린이용' 등의 표현이 표시된 경우, 해당 제품은 영·유아 또는 어린이 사용 화장품으로 관리된다.
> - 제품별 안전성 자료 보관 기간
>   - 1차 포장에 사용기한을 표시한 경우 : 영유아 또는 어린이용으로 표시·광고한 날부터 마지막으로 제조·수입된 제품의 (㉠) 이후 1년까지
>   - 1차 포장에 개봉 후 사용기간을 표시한 경우 : 표시·광고한 날부터 마지막으로 제조·수입된 제품의 (㉡) 이후 3년까지

㉠ :
㉡ :

영·유아 및 어린이 사용 화장품은 포장에 '영·유아용' 또는 '어린이용' 표시가 있어야 하며, 이에 따른 안전성 자료 보관 기간도 별도로 규정된다.

87 착향제에 포함된 알레르기 유발 성분은 일정 농도 이상 함유될 경우, 화장품에 해당 성분명을 표시하여야 한다. 다음은 해당 기준에 따른 표시 의무 조건을 나타낸 것이다. ㉠과 ㉡에 들어갈 수치를 각각 쓰시오.

> - 사용 후 씻어내는 제품 : (㉠)% 초과 시 표시
> - 사용 후 씻어내지 않는 제품 : (㉡)% 초과 시 표시

㉠ :
㉡ :

착향제의 구성 성분 중 알레르기 유발성분 (「화장품 사용할 때의 주의사항 및 알레르기 유발성분 표시에 관한 규정」 별표 2)
사용 후 씻어내는 제품에는 0.01% 초과, 사용 후 씻어내지 않는 제품에는 0.001% 초과 함유하는 경우에 한한다.

88 다음을 읽고 ㉠과 ㉡에 들어갈 알맞은 말을 쓰시오.

> 사람의 피부는 햇빛에 포함된 자외선을 받으면, 표피층에서 특정 비타민을 생성하는 기능을 수행한다. 자외선은 피부 기저층에 존재하는 비타민 전구체, 즉 (㉡)을(를) 자극하여 (㉠)을(를) 생성하게 된다.

㉠ :
㉡ :

피부의 경우, 자외선(UVB)을 쬐면 프로비타민 D3(7-디하이드로콜레스테롤)가 비타민 D3(콜레칼시페롤)로 전환되고, 이후 간과 신장을 거쳐 활성형 비타민 D로 바뀐다.

정답 85 폴리스티렌 86 ㉠ 사용기한, ㉡ 개봉 후 사용기간 87 ㉠ 0.01, ㉡ 0.001
88 ㉠ 비타민 D, ㉡ 프로비타민(7-디하이드로콜레스테롤)

89 화장품에 사용하는 색소는 「화장품법」에 따라 종류와 기준이 정해져 있으며, 특히 영유아 및 어린이용 제품에는 사용이 제한되는 색소가 존재한다. 내용을 참고하여 빈칸에 알맞은 색소명 2가지를 쓰시오.

> 영·유아용 제품 또는 만 13세 이하 어린이가 사용할 수 있는 화장품에는 (　) 등 일부 색소의 사용이 금지되어 있다.

적색2호, 적색102호는 어린이 피부의 민감성과 색소의 안전성 문제를 고려하여 사용을 금지한다.

90 다음은 자외선 차단 기능성 화장품에 사용되는 자외선 차단 성분과 관련한 설명이다. 내용을 참고하여 ㉠과 ㉡에 들어갈 용어와 숫자를 각각 쓰시오.

> 자외선 차단 성분의 유무를 확인할 때에는 (㉠)측정법을 사용하며, 이 방법은 자외선 영역에서의 광 흡수 정도를 수치로 나타내는 분석법이다. 또한 일부 자외선 차단 성분(예 에틸헥실트리아존, 옥토크릴렌, 호모실레이트 등)은 화장품 안전기준에 따라 최대 (㉡)%까지만 사용할 수 있다.

㉠ :
㉡ :

B광도법은 UVB 영역을 측정하는 특정 조건의 흡광도 측정법이다.

91 다음은 「기능성화장품 기준 및 시험방법 통칙」에 따른 화장품 제형의 정의이다. ㉠과 ㉡에 들어갈 알맞은 용어를 각각 쓰시오.

> · 로션제 : (㉠) 등을 넣어 유성성분과 수성성분을 균질화하여 점액상으로 만든 것
> · 액제 : 화장품에 사용되는 성분을 (㉡) 등에 녹여서 액상으로 만든 것
> · 크림제 : (㉠) 등을 넣어 유성성분과 수성성분을 균질화하여 반고형상으로 만든 것
> · 침적마스크제 : 액제, 로션제, 겔제 등을 부직포 등의 지지체에 침적하여 만든 것

㉠ :
㉡ :

㉠ 계면활성제는 로션제와 크림제 모두 유성 성분과 수성 성분을 균질화(유화)하기 위하여 필요하다.
㉡ 액제의 기본 용매는 정제수(물)이다.

정답 89 적색 2호, 적색 102호 90 ㉠ B광도, ㉡ 10 91 ㉠ 계면활성제, ㉡ 정제수

92 「화장품법 시행규칙」 제10조의3에 따르면, 화장품책임판매업자는 제품별 안전성 자료를 미리 작성하고 일정 기간 보관하여야 한다. 다음 문장에서 ㉠과 ㉡에 들어갈 알맞은 숫자를 각각 쓰시오.

- 화장품의 1차 포장에 사용기한을 표시하는 경우 : 영유아 또는 어린이가 사용할 수 있는 화장품임을 표시·광고한 날부터, 마지막으로 제조·수입된 제품의 사용기한 만료일 이후 (㉠)년까지 보관
- 화장품의 1차 포장에 개봉 후 사용기간을 표시하는 경우 : 표시·광고한 날부터, 마지막으로 제조·수입된 제품의 제조연월일 이후 (㉡)년까지 보관

㉠ :
㉡ :

㉠ 유통기한 만료 후의 안전성 확인을 위하여 1년간 추가 보관을 의무화하였다.
㉡ '개봉 후 사용기간'은 실제 개봉 후 일정 기간까지 품질이 유지된다는 의미이며, 제조연월일을 기준으로 계산하며, 안전성 확보를 위해 3년간 보관하여야 한다.

93 기능성화장품 심사를 위해 제출하는 자료 중에는 해당 제품의 효능이나 작용을 입증하는 시험결과가 포함되어야 한다. 빈칸에 들어갈 용어를 한 단어로 쓰시오.

심사에 필요한 자료 중 하나는 (   )에 관한 자료이며, 이에는 효력시험자료, 인체적용시험자료, 염모효력시험자료 등이 포함된다.

제출자료의 범위(「기능성화장품 심사에 관한 규정」 제4조 제1호 다목)
- **유효성 또는 기능**에 관한 자료
  - 효력시험자료
  - 인체적용시험자료
  - 염모효력시험자료

정답 92 ㉠ 1, ㉡ 3   93 유효성

94 영유아 또는 어린이 사용 화장품 중, 특정 성분을 일정 농도 이상 포함하는 제품은 안전용기·포장을 사용하여야 하며, 이 기준은 총리령으로 정한다. ⑤과 ⓒ에 들어갈 알맞은 숫자를 각각 쓰시오.

> **안전용기·포장 대상 품목 및 기준**
> 다음에 해당하는 제품은 어린이가 쉽게 열 수 없도록 설계된 안전용기·포장을 사용하여야 한다(단, 일회용 제품, 펌프형·방아쇠형·압축분무용기 제품은 제외).
> 가. 아세톤을 함유하는 네일 에나멜 리무버 및 네일 폴리시 리무버
> 나. 어린이용 오일 등 개별포장당 탄화수소류를 (⑤)% 이상 함유하고, 운동점도가 40℃에서 21cSt 이하인 비에멀전 타입의 액체 상태 제품
> 다. 개별포장당 메틸살리실레이트를 (ⓒ)% 이상 함유하는 액체상태 제품

안전용기·포장 대상 품목 및 기준('화장품법 시행규칙」 제18조 제1항)
• 아세톤을 함유하는 네일 에나멜 리무버 및 네일 폴리시 리무버
• 어린이용 오일 등 개별포장 당 탄화수소류를 **10%** 이상 함유하고 운동점도가 21센티스톡스(40℃ 기준) 이하인 에멀전 형태가 아닌 액체상태의 제품
• 개별포장당 메틸살리실레이트를 **5%** 이상 함유하는 액체상태의 제품

95 맞춤형화장품판매업자는 판매 시 소비자에게 제품에 대한 정보를 설명할 의무가 있다. 다음 문장에서 빈칸에 들어갈 알맞은 용어를 쓰시오.

> 「화장품법 시행규칙」 제12조의2 제4항에 따르면, 맞춤형화장품을 판매할 때 다음 사항을 소비자에게 설명하여야 한다.
> 가. 혼합·소분에 사용된 ( )의 내용 및 특성
> 나. 맞춤형화장품 사용 시의 주의사항

소비자가 어떤 성분이 포함되어 있는지 알 수 있도록 하여 안전한 사용을 돕고, 알레르기 등 부작용을 예방하는 데 중요하다.

96 다음 중 「화장품 안전기준 등에 관한 규정」에 따라 사용상 제한이 있거나 사용대상이 정해진 원료에 해당하는 성분을 2가지를 한글로 쓰시오.

> 판테놀, 세라마이드 NP, 트레할로스, 황색 201호, 토코페롤, 알란토인

판테놀, 세라마이드 NP, 트레할로스, 알란토인은 일반적으로 사용 제한이 없거나 기준 내에서 자유롭게 사용 가능한 성분이다.

정답 94 ⑤ 10, ⓒ 5 95 원료 96 토코페롤, 황색201호

97 다음은 화장품에 사용되는 특정 원료에 대한 설명이다. 이 성분의 명칭을 한글로 쓰시오.

> - 식물(콩) 또는 동물성 원료(계란 노른자)에서 유래되는 인지질 성분이다.
> - 리포좀 구조 형성에 사용되며, 피부에 대한 보습 및 유연화 작용이 있다.

레시틴은 안정화제 역할도 수행하며 피부 친화적인 원료로 널리 활용된다.

98 다음을 읽고 ㉠과 ㉡에 들어갈 알맞은 말을 쓰시오.

> 표피는 가장 아래층인 (㉠)부터 시작하여, 유극층, 과립층, 투명층을 거쳐 (㉡)(으)로 이어진다.

㉠ :
㉡ :

기저층에서 세포가 생성되어 점차 위쪽으로 올라가면서 유극층, 과립층, 투명층을 거친 후 최종적으로 각질층을 형성한다.

99 화장품이 소비자에게 유통·보관되는 동안 안정적으로 유지될 수 있도록, 온도, 습도, 빛 등의 외부 환경 조건에 따른 품질 변화를 단기간에 모사하여 예측하고자 수행하는 실험은 무엇인가?

가속시험은 제품의 변질, 변색, 분리 등의 품질 저하 가능성을 예측하고, 적정 유통기한을 산출할 수 있다.

100 다음을 읽고 빈칸에 들어갈 가장 적절한 숫자를 쓰시오.

> 화장품 제조에 사용된 함량이 많은 것부터 기재·표시하여야 한다. 다만 (   )% 미만으로 함유된 성분, 착향제 또는 착색제는 순서에 상관없이 기재·표시할 수 있다.

화장품 포장의 표시기준 및 표시방법(「화장품법 시행규칙」, 별표 4 제3호 나목) 화장품 제조에 사용된 함량이 많은 것부터 기재·표시한다. 다만, **1% 이하**로 사용된 성분, 착향제 또는 착색제는 순서에 상관없이 기재·표시할 수 있다.

정답 97 레시틴 98 ㉠ 기저층, ㉡ 각질층 99 가속시험 100 1

최신 기출문제 04회

소요 시간	문항 수
총 120분	총 100문항

수험번호 : _____

성   명 : _____

객관식(선다형, 01~80번)

01 다음 중 「화장품법」 위반 시 다른 보기와 적용되는 처벌 기준이 다른 하나는 무엇인가?

① 화장품에 사용할 수 없는 원료를 사용하거나, 안전관리 기준에 적합하지 않은 화장품을 판매한 경우
② 식품의 형태·냄새·색깔·크기·용기 및 포장 등을 모방하여 섭취 등 식품으로 오용될 우려가 있는 화장품을 판매한 경우
③ 맞춤형화장품조제관리사가 아닌 자가 화장품의 내용물을 용기에서 덜어 나누어 판매한 경우
④ 판매를 목적으로 제조된 제품이 아닌, 홍보나 사용 시험용으로 제조된 화장품을 소비자에게 판매한 경우
⑤ 실증자료 제출을 요구받았음에도 제출하지 않고 계속해서 광고를 하며 이에 대한 광고 중지 명령을 따르지 않은 경우

실증자료 제출을 요구받았음에도 제출하지 않고 계속해서 광고를 하며 이에 대한 광고 중지 명령을 따르지 않은 경우, 1년 이하의 징역 또는 1천만 원 이하의 벌금에 처한다.

오답 피하기
나머지는 3년 이하의 징역 또는 3천만 원 이하의 벌금에 처한다.

02 다음 중 화장품 판매업의 준수사항에 대한 설명으로 옳지 않은 것은?

① 화장품책임판매업자는 화장품의 품질관리 기준, 책임판매 후 안전관리 기준, 품질검사 방법, 안전성·유효성과 관련한 정보의 보고 및 안전대책 마련 등에 관한 사항을 준수하여야 한다.
② 맞춤형화장품판매업자는 판매장 시설 및 기구를 정기적으로 점검하여 보건위생상 위해가 없도록 유지·관리하여야 한다.
③ 화장품제조업자는 책임판매업자의 품질관리 요청에 따라야 하며, 제조에 필요한 시설 및 기구를 정기적으로 점검하여 작업에 지장이 없도록 유지·관리하여야 한다.
④ 맞춤형화장품판매업자는 맞춤형화장품 사용과 관련된 부작용 발생사례를 식품의약품안전처장에게 지체 없이 보고하여야 한다.
⑤ 화장품책임판매업자는 혼합·소분의 안전을 위하여 판매시설의 구조 및 설비기준에 대한 자율지침을 수립하여야 한다.

해당 업무는 맞춤형화장품판매업자가 지켜야 할 시설 및 위생관리 기준에 포함되는 사항이다.

정답 01 ⑤ 02 ⑤

03 다음 중 처벌이 가장 무거운 자는?

① 친한 언니에게 자신의 맞춤형화장품조제관리사 자격증을 빌려 준 아영
② 판촉용으로 마련해 둔 특제 주름 세럼이 남아서 판매한 연재
③ 1차 포장으로만 구성된 화장품에 제조번호를 기재하지 않은 미진
④ 25년도 화장품의 안전성 확보 및 품질관리에 관한 교육을 받지 않은 책임판매관리자 유란
⑤ 자격증 없이 맞춤형화장품제조관리사로 활동하는 성미

① 1년 이하의 징역 또는 1천만 원 이하의 벌금에 처한다.
② 3년 이하의 징역 또는 3천만 원 이하의 벌금에 처한다.
③ 200만 원 이하의 벌금에 처한다.
④ · ⑤ 100만 원 이하의 벌금에 처한다.

04 다음 중 화장품 원료의 특성에 대한 설명으로 옳은 것은?

① 보습제는 피부에 적절한 수분함량을 유지하는 작용을 하기 위해 사용되며, 디메티콘이 이에 해당한다.
② 고급지방산(R-COOH)은 탄소수가 20~25개인 물질이며, 팔미틱애시드가 이에 해당된다.
③ 금속이온봉쇄제는 원료 중에 혼입되어 있는 이온을 제거하기 위해 사용되며, EDTA가 이에 해당된다.
④ 알코올(R-OH)은 탄소수가 13개인 물질이며, 스테아릴알코올이 이에 해당한다.
⑤ 왁스는 고급지방산과 고급알코올의 에스터 결합으로 이루어져 있으며, 스테아릴알코올이 이에 해당한다.

오답 피하기
① 디메치콘은 피막형성제이지, 전형적인 보습제가 아니다.
② 팔미틱애시드는 탄소수가 16개이다.
④ 스테아릴알코올은 탄소수가 18개이다.
⑤ 스테아릴알코올 자체는 왁스가 아니다.

05 다음 중 화장품 원료로 사용 시 사용상 제한이 필요한 보존제에 해당하며, 기준에 맞게 사용된 경우로 옳은 것은?

① 디메틸옥시졸리딘 : 0.1%
② 메틸이소티아졸리논 : 사용 후 씻어내는 제품에 0.0015%
③ 클로로펜 : 0.05%
④ p-클로로-m-크레졸 : 0.2%
⑤ 프로피오닉애시드 및 그 염류 : 2%

오답 피하기
① 디메틸옥시졸리딘 : 0.05% 이내로 사용해야 함
③ 클로로펜 : 0.05% 이내로 사용해야 함
④ p-클로로-m-크레졸 : 0.04% 이내로 사용해야 함
⑤ 프로피오닉애시드 및 그 염류 : 0.9% 이내로 사용해야 함

06 다음 중 영·유아용 화장품에는 사용할 수 없는 색소는?

① 적색 104호
② 적색 207호
③ 적색 106호
④ 적색 206호
⑤ 적색 102호

적색 102호는 영·유아용 제품에 사용할 수 없는 색소로 명시되어 있다.

07 피붓결이 거칠어 고민하는 고객 윤지에게, 책임판매업체 직원 소민은 글라이콜릭애시드(Glycolic Acid) 5.0%가 함유된 필링에센스를 맞춤형화장품으로 추천하였다. 다음은 해당 제품의 전성분과 고객에게 안내하여야 할 주의사항이다. 이 중 해당 화장품에 대하여 고객에게 반드시 안내하여야 할 사항으로 적절한 것만을 모두 고른 것은?

> **전성분**
> 정제수, 에탄올, 글라이콜릭애시드, 피이지-60 하이드로제네이티드캐스터오일, 버지니아풍년화수, 세테아레스-30, 1,2-헥산다이올, 뷰틸렌글라이콜, 파파야열매추출물, 로즈마리잎추출물, 살리실릭애시드, 카보머, 트리에탄올아민, 알란토인, 판테놀, 향료
>
> **주의사항**
> ㄱ. 화장품을 사용 시 또는 사용 후 직사광선에 의하여 사용 부위가 붉은 반점, 부어오름 또는 가려움증 등의 이상 증상이나 부작용이 있는 경우 전문의 등과 상담할 것
> ㄴ. 알갱이가 눈에 들어갔을 때에는 물로 씻어내고 이상이 있는 경우에는 전문의와 상담할 것
> ㄷ. 햇빛에 대한 피부의 감수성을 증가시킬 수 있으므로 자외선차단제를 함께 사용할 것
> ㄹ. 만 3세 이하 어린이에게는 사용하지 말 것
> ㅁ. 사용 시 흡입하지 않도록 주의할 것
> ㅂ. 신장 질환이 있는 사람은 사용 전에 의사, 약사, 한의사와 상의할 것

① ㄱ, ㄷ, ㄹ　　② ㄱ, ㄴ, ㄷ
③ ㄱ, ㄴ, ㄹ　　④ ㄴ, ㄹ, ㅁ
⑤ ㄷ, ㅁ, ㅂ

오답 피하기
ㄴ. 이 제품은 입자형 필링(스크럽) 제품이 아니라 에센스형 필링이라 알갱이가 없다.
ㅁ. 흡입 주의는 주로 분사형 제품(스프레이 타입)이나 파우더 제품에 해당하므로, 액상형 에센스는 해당 없다.
ㅂ. 이것은 '살리실산' 고농도 제품(특히 의약품 성격 제품)일 때 주의사항이다. 5% 글라이콜릭에센스 수준에서는 적용되지 않는다.

08 「화장품법 시행규칙」 제14조의2에 따른 회수 대상 화장품의 위해성 등급과 그 내용을 짝지은 것으로 옳지 <u>않은</u> 것은?

① 나등급 - 어린이가 화장품을 잘못 사용하여 인체에 위해를 끼치는 사고가 발생하지 아니하도록 안전 용기·포장을 사용하여야 함을 위반한 화장품
② 가등급 - 식품의약품안전처장이 지정 고시한 화장품에 사용할 수 없는 원료 또는 사용상의 제한을 필요로 하는 특별한 원료(예 보존제, 색소, 자외선차단제 등)를 사용한 화장품
③ 가등급 - 사용기한 또는 개봉 후 사용기간(병행 표기된 제조연월일을 포함)을 위조·변조한 화장품
④ 다등급 - 전부 또는 일부가 변패(變敗)된 화장품 또는 병원미생물에 오염된 화장품
⑤ 다등급 - 화장품제조업 혹은 화장품책임판매업 등록을 하지 아니한 자가 제조한 화장품 또는 제조·수입하여 유통·판매한 화장품

사용기한 또는 개봉 후 사용기간을 위조·변조한 화장품은 소비자에게 직접 위해를 초래할 수 있는 '다등급'의 회수 사유에 해당한다.

선생님의 노하우
위해성 등급은 개수가 적은 것부터 외우는 거 아시죠?

09 다음의 ㉠과 ㉡에 알맞은 계면활성제의 종류는 무엇인가?

> 세정작용과 기포형성 작용이 우수하여 탈지력이 너무 강해 피부가 거칠어지는 원인이 되며 비누, 샴푸 등에 사용하는 (㉠) 계면활성제이다. 모발에 흡착하여 대전방지 효과가 있어 헤어린스에 이용되는 (㉡) 계면활성제이다.

	㉠	㉡
①	양쪽성	양이온성
②	양이온성	음이온성
③	음이온성	양이온성
④	음이온성	양쪽성
⑤	양이온성	비이온성

㉠ 음이온성 계면활성제
일반적으로 세정력과 기포력이 우수하지만, 탈지력 또한 강하여 피부 자극을 유발할 수 있다. 주로 비누, 샴푸 등 클렌징 제품에 사용된다.
예 라우릴황산나트륨
㉡ 양이온성 계면활성제
음전하를 띠는 모발 표면에 흡착하여 정전기를 줄인다. 대전방지 효과가 있어 헤어린스나 트리트먼트 제품에 주로 사용된다.
예 세틸트리메틸암모늄클로라이드 등

10 다음 중 자외선으로부터 피부를 보호하는 자외선 차단제 중 자외선 산란작용을 하는 무기계 원료와 그 허용 함량 기준이 바르게 짝지어진 것은?

① 에틸헥실살리실레이트(1.0%)
② 타이타늄옥사이드(10%)
③ 에틸헥실디메틸파바(15%)
④ 뷰틸메톡시디벤조일메탄(5%)
⑤ 벤조페논-4(1.5%)

타이타늄옥사이드는 무기계 자외선차단제이며, 보기에서 제시된 10%는 허용기준(25%) 이내이므로 바르게 제시된 조합이다.

11 다음 중 합성에스터계 원료에 대한 설명으로 옳지 않은 것은?

① 세틸팔미테이트는 수분증발차단제로 사용된다.
② 에틸렌글라이콜 모노에틸에테르는 두발용 화장품에 사용된다.
③ 세틸에틸헥사노이에이트는 피부컨디셔닝제로 사용된다.
④ 이소프로필 미리스테이트는 용해성이 우수하고 유분감이 낮다.
⑤ 이소프로필 팔미테이트는 샴푸나 린스에 사용된다.

에틸렌글라이콜 모노에틸에테르
• 글라이콜계 용매로 분류되며, 합성에스터가 아니다.
• 화장품 조제 이외의 용도(산업용 용제 또는 페인트 용제 등)로 쓰이는 경우가 일반적이다.
• 합성에스터에 해당하지 않으며, 화장품용 원료로도 적합하지 않다.

12 다음은 어떤 미백 기능성화장품의 전성분표시를 「화장품법」 제10조에 따른 기준에 맞게 표시한 것이다. 해당 제품은 식품의약품안전처에 자료 제출이 생략되는 고시형 미백 기능성화장품 성분과, 사용상의 제한이 필요한 원료를 최대 허용 농도로 배합하여 제조되었다. 이때, 유추 가능한 녹차추출물의 함유 범위(%)는?

> **전성분**
> 정제수, 사이클로펜타실록세인, 글리세린, 닥나무추출물, 소듐하이알루로네이트, 녹차추출물, 다이메티콘, 다이메티콘/비닐다이메티콘크로스폴리머, 세테아피지/피피지-10/1다이메티콘, 호호바오일, 토코페릴아세테이트, 페녹시에탄올, 스쿠알란, 소르비탄세스퀴올리에이트, 알란토인

① 5~7 ② 7~10
③ 1~2 ④ 0.5~1
⑤ 3~5

닥나무추출물의 농도는 ≈2%(최대 농도로 사용)이다. 녹차추출물은 닥나무추출물보다 표기 순서가 뒤이므로, 2%보다 낮다. 보통 이런 경우 녹차추출물은 1~2% 범위로 본다.

정답 09 ③ 10 ② 11 ② 12 ③

13 다음 중 「우수화장품 제조 및 품질관리 기준」에서 정의한 용어의 설명으로 옳은 것은?

① 재작업은 적절한 작업환경에서 건물과 설비가 유지되도록 정기적·비정기적인 지원 및 점검 작업을 말한다.
② 제조단위는 제조공정 중 적합 판정 기준의 충족을 보증하기 위하여 공정을 모니터링 하거나 조정하는 모든 작업을 말한다.
③ 출하는 주문 준비와 관련된 일련의 작업과 운송 수단에 적재하는 활동으로 제조소 외로 제품을 운반하는 것을 말한다.
④ 일탈은 규정된 합격 판정 기준에 일치하지 않는 검사, 측정 또는 시험 결과를 말한다.
⑤ 공정관리는 하나의 공정이나 일련의 공정으로 제조되어 균질성을 갖는 화장품의 일정한 분량을 말한다.

오답 피하기
① 재작업이 아니라 시설유지에 대한 설명이다.
② 제조단위와 공정관리를 혼동하여 설명한 것이다.
④ 일탈이 아니라 부적합에 대한 설명이다.
⑤ 공정관리가 아니라 제조단위에 대한 설명이다.

14 다음 중 「우수화장품 제조 및 품질관리 기준」에 따른 설비 및 기구의 위생 관리 기준으로 옳지 <u>않은</u> 것은?

① 설비 등의 위치는 원자재나 직원의 이동으로 인해 제품의 품질에 영향을 주지 않도록 한다.
② 설비 및 기구는 제품의 오염 방지 및 배수가 용이하도록 설계되어 설치하여야 한다.
③ 설비 및 기구는 사용 목적에 적합하고, 위생 유지가 가능하며, 청소가 가능하여야 한다.
④ 사용하지 않은 부속품과 연결 호스들도 청소하고 위생 유지를 위해 건조 상태를 유지하여야 한다.
⑤ 작업소 천정 주위의 대들보, 덕트, 파이프 등은 노출되도록 설계하고, 청소가 용이하도록 파이프는 고정하여 벽에 닿게 한다.

대들보, 파이프 등은 가급적 노출되지 않도록 설계하고, 노출 시에는 먼지 축적이나 응축수를 방지하여야 한다. 파이프는 청소와 점검이 용이하도록 벽과 간격을 두고 설치하여야 하며, 벽에 직접 닿게 고정하는 것은 바람직하지 않다.

15 「화장품 제조 및 품질관리기준 해설서」에 따른 설비 세척의 원칙으로 옳지 <u>않은</u> 것은?

① 분해할 수 있는 설비는 분해하여 세밀하게 세척한다.
② 브러시 등으로 문질러 지우는 방법을 고려한다.
③ 반드시 세제를 사용해서 세척한다.
④ 세척 후에는 미리 정한 규칙에 따라 반드시 세성결과를 판정한다.
⑤ 세척의 유효기간을 정하고 유효기간 만료 시 규칙적으로 재세척한다.

뜨거운 물로 세척하는 것이 원칙이다. 오염의 성질에 따라 세제를 사용하지 않고도 충분히 세정할 수 있는 경우도 있기 때문에, 선택적으로 사용해야 한다.

16 다음은 「우수화장품 제조 및 품질관리기준 해설서」에 따른 원자재 관리에 관한 설명으로 적절하지 <u>않은</u> 것은?

① 원자재 용기에 제조번호가 없는 경우에는 관리번호를 부여하여 보관하여야 한다.
② 원자재, 시험 중인 제품 및 부적합품은 각각 구획된 장소에서 보관하여야 한다.
③ 제조업자는 원자재 공급자에 대한 관리감독을 적절히 수행하여 입고관리가 철저히 이루어지도록 하여야 한다.
④ 원자재 입고절차 중 육안 확인 시 물품에 결함이 있을 경우 즉시 폐기처분한다.
⑤ 원자재는 시험결과 적합판정된 것만을 선입선출방식으로 출고하여야 하고 이를 확인할 수 있는 체계가 확립되어 있어야 한다.

> 결함이 있으면 즉시 폐기하는 게 아니라 격리보관하거나 원인 조사 후 폐기 또는 반송 여부를 판단해야 한다.

17 「화장품의 안전기준 등에 관한 규정」에서, 비의도적으로 혼입될 수 있으나 검출되어서는 안 되는 물질로 규정되며, 아래의 기준으로 관리되어야 하는 금속 물질은 무엇인가?

> - 눈 화장용 제품은 35μg/g 이하
> - 색조 화장용 제품은 30μg/g 이하
> - 그 밖의 제품은 10μg/g 이하

① 카드뮴 ② 납
③ 디옥산 ④ 니켈
⑤ 비소

오답 피하기
① 카드뮴 : 5μg/g 이하
② 납 : 점토를 원료로 사용한 분말제품은 50μg/g 이하, 그 밖의 제품은 20μg/g 이하
③ 디옥산 : 100μg/g 이하
⑤ 비소 : 10μg/g 이하

18 「화장품 안전기준 등에 관한 규정」에 따라, 유통화장품의 안전 관리를 위한 중금속 시험에서 납, 비소, 니켈, 카드뮴에 공통적으로 적용되는 시험 방법은 무엇인가?

① 액체 크로마토그래피법
② 기체(가스) 크로마토그래피법
③ 수은 분해장치, 수은 분석기 이용법
④ 원자흡광도법
⑤ 디티존법

> 원자흡광도법은 금속원소가 포함된 시료를 불꽃이나 흑연로 등에서 원자화하여 특정 파장에서의 빛 흡수를 측정함으로써 금속 원소의 농도를 정량 분석하는 대표적인 중금속 시험법이다.

19 「화장품 안전기준 등에 관한 규정」에 따르면, 화장품에 의도적으로 첨가하지 않았지만 제조 또는 보관 과정 중 비의도적으로 유래되었고, 기술적으로 완전한 제거가 불가능한 경우, 그 허용 한도를 설정하여 안전 관리를 하고 있다. 다음 중 제조된 화장품의 검출 시험 결과로 보아 적합판정으로 보기 <u>어려운</u> 사례는?

① 카드뮴 : 5μg/g 이하
② 수은 : 1μg/g 이하
③ 폼알데하이드 : 물휴지 200μg/g 이하
④ 니켈 : 눈 화장용 제품은 35μg/g 이하
⑤ 납 : 점토를 원료로 사용한 분말제품은 50μg/g 이하

> 폼알데하이드의 허용 한도는 물휴지류에 20μg/g 이하이다.

20 완제품 포장 생산 중 이상이 발견되거나 작업 중 파손, 또는 부적합 판정이 난 포장재에 대해 회수 및 폐기 절차를 진행할 경우에, CGMP 해설서 기준에 따라 부적합 판정을 한 이후의 절차를 올바른 순서로 나열한 것은?

> ㉠ 해당 부서에 통보
> ㉡ 기준 일탈조치서 작성
> ㉢ 회수 입고된 포장재에 부적합 라벨 부착

① ㉡ - ㉢ - ㉠
② ㉢ - ㉠ - ㉡
③ ㉢ - ㉡ - ㉠
④ ㉡ - ㉠ - ㉢
⑤ ㉠ - ㉡ - ㉢

㉠ 부적합 판정 후 해당 부서에 즉시 통보하여야 한다. 문제가 생겼으면 일단 "문제 발생"을 알리는 것이 제일 먼저이기 때문이다.
㉡ 기준 일탈조치서를 작성하여야 한다. 문제가 공식적으로 발생하였다는 기록(문서)을 남겨야 한다.
㉢ 회수 입고된 포장재에 부적합 라벨을 부착한다. 이로써 실제 물품에 부적합 표시(라벨)를 붙이고, 따로 관리하여야 한다.

21 화장품 제조 중 검출된 물질이 의도적으로 첨가된 것이 아니며, 포장재로부터의 이행 등 비의도적으로 유래된 것이 객관적으로 확인되고, 기술적으로 완전한 제거가 불가능한 경우, 「화장품 안전기준 등에 관한 규정」에 따라 미생물 허용 기준에 대한 시험을 수행하게 된다. 다음은 그 시험 방법 중 일부이다. ㉠과 ㉡에 들어갈 말을 짝지은 것으로 알맞은 것은?

> **Ⅰ. 세균수 시험**
> 한천평판희석법 : 검액 1mℓ를 페트리접시에 넣고 멸균 후 45℃로 식힌 15mℓ의 세균시험용 배지를 넣어 잘 혼합한다. 검체당 최소 2개의 평판을 준비하고
> • ㉠ ( )에서 적어도 ( ) 배양한다.
> • 평판당 300개 이하의 균집락을 최대치로 하여 총 세균수를 측정한다.
>
> **Ⅱ. 진균수 시험**
> Ⅰ과 동일하게 수행하되, 진균시험용 배지를 사용하고
> • ㉡ ( )에서 적어도 ( ) 배양한다.
> • 100개 이하의 균집락이 나타나는 평판을 세어 총 진균수를 측정한다.

	㉠	㉡
①	30~35℃, 48시간	20~25℃, 5일간
②	10~15℃, 24시간	20~25℃, 3일간
③	30~35℃, 24시간	20~25℃, 3일간
④	20~25℃, 48시간	20~25℃, 5일간
⑤	10~15℃, 48시간	20~25℃, 5일간

㉠ 세균은 30~35℃에서 48시간 이상 배양하는 이유
세균은 사람 피부나 화장품에서 자라는 종들이 많다. 이 세균들은 사람 체온(약 37℃ 근처)에서 가장 활발하게 자라기 때문에, 30~35℃의 따뜻한 환경을 만들어 주는 것이다. 그리고 48시간 정도는 자랄 시간을 줘야, 숨어 있는 세균도 다 자라서 검출될 수 있다.
㉡ 진균은 20~25℃에서 5일 이상 배양하는 이유
진균(곰팡이·효모)은 세균보다 자라는 속도가 느리다. 그리고 서늘한 환경(20~25℃)을 좋아하는 종이 많다. 그래서 5일 이상 오래 기다려야, 작은 진균도 제대로 자라서 확인할 수 있다.

22 다음은 「우수화장품 제조 및 품질관리기준 (CGMP) 해설서」 중 제21조(검체의 보관)와 제22조(폐기처리)의 내용이다. 이 중 검체의 보관과 폐기처리 기준에 모두 해당하는 내용을 모두 고른 것은?

> ㄱ. 완제품의 보관용 검체는 적절한 보관조건하에 지정된 구역 내에서 제조 단위별로 사용기한 경과 후 1년간 보관하여야 한다. 다만, 개봉 후 사용기간을 기재한 경우에는 제조일로부터 1년간 보관하여야 한다.
> ㄴ. 재작업은 그 대상이 다음의 항목을 모두 만족하는 경우에 할 수 있다.
>   1. 변질이나 병원성 미생물에 오염되지 않은 경우
>   2. 제조일로부터 1년 이내이거나 사용기한이 경과되지 않은 경우
> ㄷ. 원료와 포장재, 벌크제품, 완제품이 적합 판정 기준을 만족하지 못한 경우 기준 일탈제품으로 구분하며, 기준 일탈제품이 발생하면 정해진 절차에 따라 신속하고 확실하게 폐기하고, 그 내용을 문서로 기록하여야 한다.
> ㄹ. 원자재는 판정 후 반드시 폐기하여야 하며, 보관기간의 연장은 불가능하다.
> ㅁ. 품질에 문제가 있거나 회수 또는 반품된 제품의 재작업 또는 폐기 여부는 화장품책임판매업자의 승인을 받아야 한다.

① ㄱ, ㄴ ② ㄷ, ㅁ
③ ㄷ, ㄹ ④ ㄴ, ㄷ
⑤ ㄹ, ㅁ

오답 피하기

ㄱ. 개봉 후 사용기한을 기재한 경우에는 제조일로부터 3년간 보관이 원칙이며, 보기의 1년은 잘못된 내용이다.
ㄴ. 사용기한이 1년 이상 남아 있어야 한다는 조건이 실제 기준보다 엄격하게 표현되어 오답이다.
ㄹ. 원자재의 보관은 내부 규정에 따라 보관 가능하므로 판정 후 즉시 폐기하여야 한다는 표현은 잘못되었다.

23 다음 보기 중 포장에 기재·표시할 사항으로서 법령에 명시되지 않은 내용, 즉 옳지 않은 것은?

① 성분명을 제품 명칭의 일부로 사용한 경우 그 성분명과 함량
② 인체 세포·조직 배양액이 들어있는 경우 그 함량
③ 기능성화장품의 경우 심사받거나 보고한 효능·효과, 용법·용량
④ 식품의약품안전처장이 정하는 바코드
⑤ 사용기준이 지정·고시된 원료 외의 보존제, 색소, 자외선차단제

식품의약품안전처장이 정하는 바코드는 법령상 기재사항으로 의무화되어 있지 않으며, 이는 유통 및 물류 관리를 위한 임의적 표시로 간주된다.

24. 화장품 제조 중 다음과 같은 물질이 인위적으로 첨가되지 않았으나, 제조과정 중 비의도적으로 유래된 사실이 객관적인 자료로 확인된 경우 「화장품 안전기준 등에 관한 규정」에 따라 해당 물질의 허용기준 이내인지 확인하여야 한다. 다음은 영유아용 크림과 영양크림에 대한 시험 결과이다. 이 자료를 해석한 것으로 옳은 것은?

대상 제품	영유아용 크림	영양 크림
pH	7.8	6.9
총호기성생균수 (개/g(mℓ))	200	370
납(μg/g)	9	7
비소(μg/g)	11	12
수은(μg/g)	0.8	0.5

① 두 제품 모두 pH 기준치에 적합하다.
② 두 제품 모두 비소 기준치에 적합하다.
③ 두 제품 모두 총호기성생균수 기준치에 적합하다.
④ 두 제품 모두 수은 기준치에 부적합하다.
⑤ 두 제품 모두 납 기준치에 부적합하다.

- 총호기성생균수 기준 : 500 이하이므로 영유아용으로는 부적합하나, 일반 화장품은 1000 이하이므로 모두 적합
- 비소(As) 기준 : 10μg/g 이하이므로 모두 부적합
- 수은 기준 : 1μg/g 이하이므로 모두 적합
- 납 기준 : 10μg/g 이하이므로 모두 적합
- pH : 법령상 정량 기준 없음

25. 다음은 CGMP 해설서에서 규정하고 있는 작업장의 공기청정도 기준에 관한 설명이다. 이 중 기준이 틀린 것은? (공기청정도는 낙하균 수 또는 부유균 수 기준으로 관리함)

① Clean Bench – 낙하균 10개/hr 또는 부유균 20개/m³
② 원료칭량실 – 낙하균 30개/hr 또는 부유균 200개/m³
③ 충전실 – 낙하균 30개/hr 또는 부유균 200개/m³
④ 미생물실험실 – 낙하균 30개/hr 또는 부유균 20개/m³
⑤ 완제품보관소 – 낙하균 10개/hr 또는 부유균 20개/m³

> **오답 피하기**
> 원료칭량실, 충전실, 미생물시험실, 완제품보관소 등 대부분의 제조 관련 작업장은 낙하균 30개/hr 이하 또는 부유균 200개/m³ 이하를 유지하여야 한다.

26. 「화장품 안전기준 등에 관한 규정」에 따르면, 인체 세포·조직 배양액이 함유된 화장품의 경우, 안전성 확보를 위한 자료를 작성하고 보관하여야 하며, 이는 독성 및 인체 안전에 대한 평가 자료로 구성된다. 다음 중 인체 세포·조직 배양액의 안전성 평가 자료로서 적절하지 않은 것은?

① 반복투여독성 시험자료
② 인체적용시험자료
③ 단회투여독성 시험자료
④ 유전독성 시험자료 및 점막자극 시험자료
⑤ 발암성시험자료

> 인체 세포·조직 배양액을 사용한 화장품에 대해 아래와 같은 안전성 자료를 요구한다.
> - 단회투여독성 시험자료(③)
> - 반복투여독성 시험자료(①)
> - 유전독성 시험자료(④)
> - 점막자극 또는 기타 자극성 시험자료
> - 인체적용시험자료 또는 인체첩포시험자료(②)

27 다음 중 맞춤형화장품조제관리사가 법적 기준에 따라 판매 가능한 경우만을 모두 고른 것은?

> ㄱ. 기능성 심사를 받은 자외선차단제에 자외선 차단 성분을 추가하여 조제한 후 판매하였다.
> ㄴ. 일반화장품을 별도의 조제 없이 소비자에게 판매하였다.
> ㄷ. 내용물의 기능성과 효능에 영향을 주지 않는 방향 성분(예 라벤더오일)을 혼합한 후 판매하였다.
> ㄹ. 고농도의 기능성 원료를 희석하여 사용한 후 소비자에게 제공하였다.
> ㅁ. 향수를 정해진 용량보다 작은 용기에 덜어 판매하였다.

① ㄱ, ㄴ, ㄷ
② ㄴ, ㄹ, ㅁ
③ ㄴ, ㄷ, ㅁ
④ ㄴ, ㄷ, ㄹ
⑤ ㄷ, ㄹ, ㅁ

오답 피하기
ㄱ. 기능성 성분을 임의로 추가해서는 안 된다. 별도로 심사나 보고를 받아야 한다.
ㄹ. 기능성 원료 농도를 바꾸는 것도 별도로 심사나 보고를 받아야 한다.

28 피부의 구조와 각 층의 역할에 대한 설명으로 옳지 않은 것은?

① 진피에는 콜라겐, 엘라스틴, 기질 등이 존재하며, 피부의 탄력과 주름 형성에 관여한다.
② 피하지방층은 지방조직으로 이루어져 있으며, 체온 손실을 방지하고 부위나 영양 상태에 따라 두께가 다르다.
③ 표피의 구성 세포에는 머켈 세포가 있어 면역기능을 담당하고, 세포 사이에 림프액이 존재하여 물질교환과 혈액순환을 돕는다.
④ 진피는 피부의 대부분을 차지하며, 혈관·신경·림프관이 분포되어 있어 표피에 영양을 공급한다.
⑤ 표피의 기저층은 각질형성 세포와 멜라닌 형성 세포가 위치한 층으로, 표피의 가장 아래에 있다.

머켈 세포는 감각 수용 기능(촉각 수용)에 관여하는 세포로, 면역기능과는 관련이 없다. 면역 기능을 담당하는 표피 세포는 랑게르한스 세포이다. 또한, 표피에는 림프액이나 혈관이 존재하지 않으며, 물질 교환은 진피에서 확산에 의해 이루어진다.

29 모발의 성장주기에 대한 설명으로 옳은 것은?

① 성장기의 기간은 3~6개월이며, 이 시기에는 모유두 활동이 감소한다.
② 퇴화기는 모유두 활동이 완전히 멈추며, 모발은 즉시 탈락한다.
③ 휴지기에 들어간 모발은 모유두와 분리된 상태로 머무르며 수개월 후 자연스럽게 탈락한다.
④ 성장기는 모발 성장이 멈추고 모구 세포의 분열이 느려지는 시기이다.
⑤ 퇴화기의 기간은 일반적으로 3~4개월이며, 모유두 활동이 활발해지는 시기이다.

오답 피하기
①·④ 성장기의 기간은 2~6년이며, 이 시기는 모유두 활동이 활발한 시기이다.
②·⑤ 퇴화기의 기간은 2~3주이며, 이 시기는 모유두 활동이 저하되는 시기이다.

정답 27 ③ 28 ③ 29 ③

30 「화장품법」 제8조 및 「화장품 안전기준 등에 관한 규정」에 근거하여, 맞춤형화장품 원료에 대한 설명 중 옳은 것만을 모두 고른 것은?

> ㄱ. 식품의약품안전처장은 위해평가가 완료된 경우에는 해당 화장품 원료 등을 화장품의 제조에 사용할 수 없는 원료로 지정하거나 그 사용기준을 지정하여야 한다.
> ㄴ. 식품의약품안전처장은 지정·고시된 원료의 사용기준의 안전성을 정기적으로 검토하여야 하고, 그 결과에 따라 지정·고시된 원료의 사용기준은 변경할 수 없다.
> ㄷ. 식품의약품안전처장은 화장품의 제조 등에 사용할 수 없는 원료를 지정하여 고시하여야 한다.
> ㄹ. 식품의약품안전처장은 보존제, 색소, 자외선차단제 등과 같이 특별히 사용상의 제한이 필요한 원료에 대하여는 그 사용기준을 지정하여 고시하여야 하며, 사용기준이 지정·고시된 원료 외의 보존제, 색소, 자외선차단제 등은 사용할 수 없다.

① ㄱ, ㄴ, ㄷ
② ㄱ, ㄴ, ㄹ
③ ㄱ, ㄷ, ㄹ
④ ㄴ, ㄷ, ㄹ
⑤ ㄴ, ㄹ

오답 피하기
ㄴ. 식약처는 사용기준의 안전성을 정기적으로 검토하고, 그 결과에 따라 사용기준을 변경할 수 있다.

31 다음 중 맞춤형화장품판매업자가 화장품 판매 시 기재·표시를 생략할 수 있는 항목이 아닌 것은?

① 부수 성분으로 효과가 나타나기 어려운 양의 안정화제, 보존제 등
② 제품의 바코드
③ 내용량이 10g 초과 50g 이하의 제품의 제조번호
④ 제조과정 중 제거되어 최종 제품에 존재하지 않는 성분
⑤ 내용량이 10㎖ 초과 50㎖ 이하의 샴푸에 들어 있는 인산염 성분

제조번호는 모든 화장품에 반드시 표시하여야 하며, 내용량과 관계없이 생략이 불가하다.

32 다음 중 실증자료가 있을 경우 화장품의 표시·광고에 사용할 수 있는 표현으로 옳은 것은?

① 셀룰라이트를 일시적으로 감소시켜 줍니다.
② 여드름을 치료해 줍니다.
③ 눈밑 다크서클을 제거해 줄 수 있습니다.
④ 부종을 제거해 줍니다.
⑤ 혈액순환이 잘되어 피부가 혈색이 좋아집니다.

화장품은 질병의 치료, 신체 기능의 변화, 생리적 작용 등을 표현할 수 없으며, 실증자료가 있더라도 외관상으로 '개선된다'는 표현만 가능하다.

33 맞춤형화장품조제관리사 효진이 매장을 방문한 고객 호림과 다음과 같은 대화를 나누었다. 고객에게 추천할 수 있는 제품 조합으로 옳은 것은?

> 호림 : 요즘 스트레스 때문에 머리 감을 때마다 머리가 많이 빠지고, 피부에 여드름도 나서 걱정이에요.
> 효진 : 피부 측정 후 도와드릴게요.
>
> **피부 측정**
>
> 효진 : 탈모 증상 완화와 여드름성 피부 완화에 도움을 줄 수 있는 성분이 함유된 제품을 추천해 드릴게요.

> ㄱ. 레티닐팔미테이트 함유제품
> ㄴ. 덱스판테놀 함유제품
> ㄷ. 티오글라이콜산 함유제품
> ㄹ. 살리실릭애시드 함유제품

① ㄱ, ㄷ
② ㄴ, ㄹ
③ ㄱ, ㄴ
④ ㄴ, ㄷ
⑤ ㄷ, ㄹ

- 덱스판테놀은 식약처 고시에 따라 탈모 증상 완화 기능성화장품의 유효 성분으로 인정된다.
- 살리실릭애시드는 여드름성 피부 완화 기능성화장품 성분으로 인정된다.

34 다음 중 일상적인 취급 또는 보통의 보존 상태에서 외부로부터 고형의 이물이 들어가는 것을 방지하고, 고형 상태의 내용물이 손실되지 않도록 보호할 수 있는 용기는?

① 유리용기
② 기밀용기
③ 차광용기
④ 밀폐용기
⑤ 밀봉용기

오답 피하기
① 유리용기 : 재질을 의미하며, 밀폐성은 용기의 구조에 따라 결정됨
② 기밀용기 : 기체·액체·미생물의 침입을 막고, 내용물의 손실, 오염을 방지
③ 차광용기 : 햇빛이나 자외선 차단이 필요한 내용물을 보호하기 위한 용기
⑤ 밀봉용기 : 처음 개봉 전까지 완전 밀봉된 상태를 유지하는 용기

35 다음 중 영유아용 제품류 또는 13세 이하 어린이용 화장품에 사용이 금지된 보존제는?

① 니트로메탄
② 아이오도프로피닐뷰틸카바메이트
③ 메틸렌글라이콜
④ 아트라놀
⑤ 천수국꽃추출물

오답 피하기
① 착색제 안정화용 첨가제이며, 보존제가 아니다.
③ 폼알데하이드 방출체로 사용 시 주의사항이 있다.
④ 향료 성분으로 알레르기를 유발할 수 있으며, 사용이 금지되어 있다.
⑤ 식물성 추출물로, 사용에 제한이 없다.

정답 33 ② 34 ④ 35 ②

36 맞춤형화장품판매장을 방문한 민준의 요청은 다음과 같다. 피부 상태 측정 후, 맞춤형화장품 조제관리사 정균이 고객의 요구에 따라 ㉠의 내용물에 ㉡을 혼합하여 맞춤형화장품을 조제할 때, 그 조합이 적절한 것은?

> 민준 : 여행을 자주 다녀서 피부가 타고 거칠어졌어요. 세안 후 당기고 피부가 건조한데, 피부가 하얗고 촉촉해지는 제품으로 조제해 주세요.
> 정균 : 화장품 내용물은 (㉠)에 보습성분 (㉡)을(를) 혼합하여 조제해 드리겠습니다.

	㉠	㉡
①	주름개선 기능성화장품	세라마이드
②	자외선차단제	프로필렌글라이콜
③	주름개선 기능성화장품	호호바 오일
④	주름개선 기능성화장품	소듐하이 알루로네이트
⑤	미백 기능성화장품	레티닐팔미테이트

오답 피하기
① 미백 기능이 빠졌다.
② 보습 성분이긴 하나, 자외선차단제와 섞는 것에 제한이 있다.
③ 주름개선과 보습 기능만 있으며, 미백 기능이 빠졌다.
⑤ 보습 성분 아니며, 함부로 섞을 수도 없다.

37 맞춤형화장품판매장을 방문한 나리의 요청은 다음과 같다. 피부 상태 측정 후, 맞춤형화장품조제관리사 정윤이 고객의 요구에 따라 알맞은 성분이 포함된 화장품을 조제하여 제공하였다. 고객의 요구에 부합하는 조합은?

> 나리 : 낮에 외출이 잦을 것 같아 피부에 자극이 적고 자외선 차단 효과가 있는 제품을 추천받고 싶고요. 최근에 여드름이 조금씩 생겨서 여드름 완화에 도움이 되는 성분이 있으면 좋겠어요.
> 정윤 : 자외선 차단 성분이 포함된 제품과 여드름 완화에 도움이 되는 성분이 포함된 제품을 추천해 드리겠습니다.

	㉠	㉡
①	벤조페논	티트리오일
②	타이타늄디옥사이드	살리실릭애시드
③	옥시벤존	아스코빌 글루코사이드
④	징크옥사이드	레티놀
⑤	에틸헥실메톡시 신나메이트	프로필렌글라이콜

오답 피하기
① 벤조페논 : 사용 제한 성분이며, 피부 자극 가능성 있음
③ 옥시벤존 : 피부 흡수와 환경호르몬 문제로 민감성 피부에 적합하지 않음
④ 레티놀 : 주름 개선 기능성 성분이나 자극 가능성 있음, 여드름 개선과 직접적 관련 없음
⑤ 프로필렌글라이콜 : 보습 성분이지만 여드름 기능성과 무관

38 다음 중 「개인정보보호법」에 따른 고객 상담과 정보 처리 기준에 비추어 보았을 때, 옳지 <u>않은</u> 것은?

① 고객관리 프로그램을 PC에 설치하거나 웹 서비스에 접속하여 고객정보를 관리하는 경우 고객정보 책임자를 지정하여 고객정보 보호수칙을 지키도록 한다.
② 맞춤형화장품판매장에서 판매내역서 작성 등 판매관리 등의 목적으로 고객 개인의 정보를 수집할 경우 개인정보보호법에 따라 개인정보 수집 및 이용 목적, 수집 항목 등에 관한 사항을 안내하고 동의를 받아야 한다.
③ 수집된 고객의 개인정보는 개인정보보호법에 따라 분실, 도난, 유출, 위조·변조 또는 훼손되지 않도록 취급하여야 한다.
④ 소비자 피부진단 데이터 등을 활용하여 연구·개발 등의 목적으로 사용할 경우, 소비자에게 별도의 사전 안내 및 동의를 받지 않아도 된다.
⑤ 맞춤형화장품판매장에서 수집된 고객의 개인정보는 개인정보보호법령에 따라 적법하게 관리하여야 한다.

> 소비자 피부진단 데이터는 개인을 식별할 수 있는 정보로 간주되며, 이를 연구·개발 목적 등 2차적 활용 시에는 반드시 정보주체인 고객에게 목적, 항목, 보유기간, 제3자 제공 여부 등을 고지하고 사전 동의를 받아야 한다. 따라서 동의 없이 활용하는 것은 위법이다.

39 다음은 기능성화장품 심사에 관한 규정 중 자외선차단 기능성화장품의 효능·효과 표시 기준에 대한 내용이다. 괄호 안에 들어갈 말로 알맞은 것은?

> 자외선으로부터 피부를 보호하는 데 도움을 주는 제품에 자외선차단지수(SPF)를 표시하는 경우에는 다음 기준에 따라 표시한다.
> - 자외선차단지수(SPF)는 측정결과에 근거하여 평균값(소수점 이하는 절사)으로부터 ( ) 범위 내 정수로 표시하되, 예를 들어 SPF 평균값이 23일 경우, 19~23 범위 내 정수로 표시할 수 있다.
> - 단, SPF 50 이상은 'SPF 50+'로 표시한다.

① −5% 이하 ② −10% 이하
③ −15% 이하 ④ −20% 이하
⑤ −25% 이하

> 「기능성화장품 심사에 관한 규정」 제13조(효능·효과)에 따르면, 자외선차단지수(SPF)는 측정된 SPF 평균값 기준 최대 −15% 범위 내 정수로 표시할 수 있다.

40 다음은 화장품 관련 법령에 따른 벌칙에 대한 설명이다. 이 중 옳지 <u>않은</u> 것은?

① 화장품책임판매업자로 등록하지 않고 기능성화장품을 판매하려는 자 − 3년 이하의 징역 또는 3천만 원 이하의 벌금
② 폐업 등의 신고를 하지 아니한 자 − 100만 원 이하의 과태료
③ 코뿔소 뿔의 추출물을 사용한 화장품 − 3년 이하의 징역 또는 3천만 원 이하의 벌금
④ 화장품 안전기준에 따른 명령을 위반하고 보고를 하지 않은 자 − 100만 원 이하의 과태료
⑤ 화장품의 1차 포장에 표시사항을 위반한 자 − 200만 원 이하의 벌금

> 화장품의 1차 포장에 표시사항을 위반한 자는 100만 원 이하의 과태료를 부과한다.

정답 38 ④ 39 ④ 40 ⑤

41 다음 중 화장품법에 따라 처벌받는 사람은?

① 맞춤형화장품판매장에서 맞춤형화장품조제관리사를 두고 조제한 맞춤형화장품을 판매한 가민
② 화장품책임판매업 등록 후 수입한 화장품을 판매한 나영
③ 화장품제조업 등록 후 제조한 화장품을 화장품책임판매업자에게 공급한 다은
④ 맞춤형화장품판매업자가 의약품으로 오인될 수 있는 표시를 한 화장품을 판매한 라율
⑤ 맞춤형화장품판매업 신고를 한 다음 맞춤형화장품을 조제하여 판매한 마린

화장품과 의약품은 유통과 판매가 구분되어서 이루어져야 하므로, 화장품에 의약품으로 오인될 수 있는 표시를 해서는 안 된다.

42 다음 중 「화장품법 시행규칙」 [별표 3] 제2호에 따른 화장품 세부유형별 사용 시 주의사항으로 바르게 연결된 것은?

① 팩 – 밀폐된 실내에서 사용한 후에는 반드시 환기할 것
② 퍼머넌트웨이브 제품 – 눈 주위를 피하여 사용할 것
③ 외음부 세정제 – 임신 중에는 사용하지 않는 것이 바람직하며, 분만 직전의 외음부 주위에는 사용하지 말 것
④ 고압가스를 사용하지 않는 분무형 자외선차단제 – 눈에 들어갔을 때는 즉시 씻어낼 것
⑤ 두발용, 두발염색용 – 섭씨 15도 이하의 어두운 장소에 보존하고, 색이 변하거나 침전된 경우에는 사용하지 말 것

외음부 세정제는 임신 중에는 사용하지 않는 것이 바람직할뿐더러 분만 직전에는 더더욱 사용해서는 안 된다.

43 다음 중 「화장품의 안정성 시험 가이드라인」에 따른 안정성 시험 방법에 대한 설명으로 옳지 않은 것을 고르시오.

① 장기보존시험 : 시험 기간은 6개월 이상을 원칙으로 한다.
② 개봉 후 안정성시험 : 일회용 제품 또는 개봉할 수 없는 스프레이형 제품은 시험을 수행하지 않아도 된다.
③ 가혹시험 : 시험 기간은 6개월 이상을 원칙으로 한다.
④ 장기보존시험 : 측정 시기는 시험 개시 시점, 1년까지는 3개월마다, 2년까지는 6개월마다 실시한다.
⑤ 가속시험 : 시험 기간은 6개월 이상을 원칙으로 한다.

가속시험은 고온(예 40±2℃)에서 통상 3개월간 수행한다.

44 다음은 어떤 바디로션의 일부 성분과 그 함량에 대한 설명이다. 이를 바탕으로, 알레르기 유발 성분 표시 대상 여부와 그 성분의 함량을 올바르게 짝지은 것을 고르시오.

사용 후 씻어내지 않는 바디로션(내용량 500g)에 제라니올이 0.05g 포함되어 있다.

① 성분표시 대상임, 0.25%
② 성분표시 대상이 아님, 0.0025%
③ 성분표시 대상임, 0.01%
④ 성분표시 대상이 아님, 0.01%
⑤ 성분표시 대상이 아님, 0.02%

「화장품법 시행규칙」 [별표 4]에 따라, 사용 후 씻어내지 않는 제품의 경우 알레르기 유발성분은 0.001% 이상 포함 시 표시 대상이다. 해당 제품은 500g 중 제라니올이 0.05g 포함되어 있으므로, (0.05 ÷ 500) × 100 = 0.01(%)이다. 이는 0.001% 이상이므로 성분표시 대상에 해당하며, 향료로 뭉뚱그려 표시할 수 없다. 반드시 제라니올이라는 성분명을 기재하여야 한다.

선생님의 노하우
계산 문제가 나올 때 당황하지 말고 몇 가지 공식을 잘 외워 두시면 돼요. 단순 계산문제들이 대부분이니 대입만 잘 하시면 되겠죠.

정답 41 ④ 42 ③ 43 ③ 44 ③

45 화장품의 사용 방법에 대한 설명으로 옳지 <u>않은</u> 것은?

① 화장품은 별도의 보관 조건이 있는 경우에만 직사광선을 피해 서늘한 곳에 보관한다.
② 판매장의 테스트용 제품은 일회용 도구를 사용하여 감염이나 오염을 방지한다.
③ 사용 후에는 먼지나 미생물의 유입을 막기 위해 반드시 뚜껑을 닫는다.
④ 사용기한과 사용방법을 확인한 후, 사용기한 내에 사용하여야 한다.
⑤ 깨끗한 손이나 위생적으로 관리된 도구를 이용해 화장품을 사용한다.

화장품은 직사광선을 피하고 서늘한 곳에 보관해야 한다.

46 다음은 「화장품 사용 시의 주의 사항 및 알레르기 유발성분 표시에 관한 규정」[별표 1]에 따른 주의사항 표시 문구이다. 빈칸에 해당하는 성분은?

대상 제품	표시 문구
과산화수소 및 과산화수소 생성물질 함유 제품	눈에 접촉을 피하고 눈에 들어갔을 때는 즉시 씻어낼 것
(㉠) 함유 제품	눈에 접촉을 피하고 눈에 들어갔을 때는 즉시 씻어낼 것
알부틴 2% 이상 함유 제품	알부틴은 「인체적용시험자료」에서 구진과 경미한 가려움이 보고된 예가 있음
알루미늄 또는 그 염류 함유 제품(체취방지용 제품류에 한함)	신장질환이 있는 사람은 사용 전에 의사, 약사, 한의사와 상의할 것
아이오도프로피닐부틸카바메이트(IPBC) 함유 제품(목욕용제품, 샴푸류 및 바디클렌저 제외)	3세 이하 어린이에게는 사용하지 말 것

① 벤잘코늄클로라이드, 벤잘코늄브로마이드
② 코치닐추출물
③ 뷰틸파라벤, 프로필파라벤, 이소뷰틸파라벤
④ 폴리에톡실레이티드레틴아마이드 0.2% 이상
⑤ 카민

「화장품 사용 시의 주의사항 및 알레르기 유발성분 표시에 관한 규정」 [별표 1]에 따라 벤잘코늄클로라이드 및 벤잘코늄브로마이드를 함유한 제품은 눈에 접촉을 피하고 눈에 들어갔을 때는 즉시 씻어낼 것이라는 문구를 표시하여야 한다.

47 다음 중 알파-하이드록시애시드(α-hydroxy-acid, AHA)에 대한 설명으로 옳지 않은 것은?

① 락틱애시드(Lactic Acid)는 산패한 우유에서 생성되는 AHA이다.
② AHA는 카르복실기(-COOH)의 α 위치에 하이드록시기(-OH)가 결합된 구조이다.
③ 시트릭애시드(Citric Acid)는 구연산이며, AHA에 해당하고 세 개의 카르복시기를 가진다.
④ 글라이콜릭애시드(Glycolic Acid)는 덜 익은 사과나 복숭아에서 발견되는 대표적인 AHA이다.
⑤ 타타릭애시드(Tartaric Acid)는 포도에서 발견되는 AHA이다.

오답 피하기

글라이콜릭애시드는 사탕수수나 비트 등에서 주로 유래되는 AHA로, 덜 익은 사과나 복숭아와는 관련이 없다.

선생님의 노하우

AHA는 카르복실기(-COOH)로부터 α 위치(첫 번째 탄소)에 하이드록시기(-OH)가 결합된 구조입니다.

48 「화장품법 시행규칙」 제14조의3에 따른 위해화장품 회수계획 및 회수절차에 대한 설명 중 괄호 ㉠~㉢에 들어갈 내용으로 옳은 것은?

> 1. 화장품을 회수하거나 회수하는 데에 필요한 조치를 하려는 화장품제조업 또는 화장품책임판매업(이하 '회수의무자')은 해당 화장품에 대하여 즉시 판매중지 등의 필요한 조치를 하여야 하고, 회수대상화장품이라는 사실을 안 날부터 (㉠) 이내에 회수계획서에 다음 서류를 첨부하여 지방식품의약품안전청장에게 제출하여야 한다.
> 2. 위해성 등급에 따른 회수 기간
> 가. 위해성 등급이 가등급인 화장품 : 회수를 시작한 날부터 (㉡) 이내
> 나. 위해성 등급이 나등급 또는 다등급인 화장품 : 회수를 시작한 날부터 (㉢) 이내

	㉠	㉡	㉢
①	15일	15일	30일
②	5일	15일	30일
③	5일	15일	15일
④	5일	15일	20일
⑤	15일	5일	30일

회수의무자는 회수 대상 화장품임을 안 날부터 5일 이내에 회수계획서를 지방식품의약품안전청장에게 제출하여야 한다. 회수 기간은 위해성 등급에 따라 다음과 같다.
• 가등급 : 회수 시작일부터 15일 이내
• 나등급 또는 다등급 : 회수 시작일부터 30일 이내

정답 47 ④ 48 ②

49 「화장품 안전성 정보관리 규정」에 따른 중대한 유해 사례(Serious Adverse Event)의 정의에 해당하지 <u>않는</u> 것은?

① 입원 또는 입원기간의 연장이 필요한 경우
② 화장품의 사용 중 발생한 바람직하지 않고 의도되지 아니한 징후, 증상 또는 질병
③ 선천적 기형 또는 이상을 초래하는 경우
④ 지속적 또는 중대한 불구나 기능 저하를 초래하는 경우
⑤ 사망을 초래하거나 생명을 위협하는 경우

중대한 유해 사례
- 사망을 초래하거나 생명을 위협하는 경우
- 입원 또는 입원기간의 연장이 필요한 경우
- 지속적 또는 중대한 불구나 기능 저하를 초래하는 경우
- 선천적 기형 또는 이상을 초래하는 경우

50 다음 중 화장품 유형별 제품의 효과에 대한 설명으로 옳지 <u>않은</u> 것은?

① 기초화장용 제품류는 피부 화장을 지워 주는 기능을 한다.
② 인체 세정용 제품류는 얼굴 세정을 통해 청결감과 상쾌감을 부여한다.
③ 색조화장용 제품류는 오일 성분 등으로 피부 결점이나 번들거림을 감추는 데 도움을 준다.
④ 방향용 제품류는 얼굴을 세정하고 좋은 향을 나게 한다.
⑤ 두발용 제품류는 두피와 모발을 세정해 비듬이나 가려움을 완화하는 데 도움을 준다.

방향용 제품류는 신체나 주변 환경에 향을 부여하기 위한 제품으로, 얼굴을 세정하는 기능은 없다.

51 다음은 소비자 윤정 씨가 화장품을 사용하는 장면이다. 이 중 화장품의 올바른 사용 방법에 어긋나는 것은?

윤정 씨는 ① 화장품을 사용할 때마다 손을 깨끗이 씻고, 위생적으로 스패출러를 사용한다. ② 제품을 사용한 후에는 뚜껑을 꼭 닫아 먼지가 들어가지 않도록 보관한다. ③ 제품 라벨에 사용기한이 명시되어 있는 것을 보고 기한 내에 사용하려고 한다. ④ 최근 날씨가 더워져 냉암소에 보관하여야 한다고 표시된 토너, 수딩젤은 10°C로 다이얼을 맞춰 놓은 화장품 냉장고에 보관하고 반대로, ⑤ 별도로 '냉암소 보관' 등의 보관조건이 표시되지 않은 것은 욕실 선반 위 햇볕이 드는 곳에 두고 사용하고 있다.

화장품은 보관 조건이 명시되지 않더라도 직사광선을 피하고 서늘한 곳에 보관하는 것이 원칙이다. 이는 품질 변화나 변질을 방지하기 위함이다.

52 다음 중 작업실의 청정도 등급과 미생물 관리 기준을 올바르게 연결한 것은?

① 충전실 – 3등급 – 낙하균 : 30개/hr 또는 부유균 : 200개/㎥
② Clean Bench – 1등급 – 낙하균 : 10개/hr 또는 부유균 : 20개/㎥
③ 미생물 시험실 – 1등급 – 낙하균 : 10개/hr 또는 부유균 : 30개/㎥
④ 원료 보관소 – 3등급 – 낙하균 : 30개/hr 또는 부유균 : 200개/㎥
⑤ 원료 칭량실 – 2등급 – 낙하균 : 10개/hr 또는 부유균 : 20개/㎥

오답 피하기
작업실별 청정도 등급
- 1등급(Clean Bench, 무균작업대 등) : 낙하균 ≤ 10개/hr 또는 부유균 ≤ 20개/㎥
- 2등급(원료 칭량실 등) : 낙하균 ≤ 20개/hr 또는 부유균 ≤ 100개/㎥
- 3등급(충전실, 포장실, 원료보관소) : 낙하균 ≤ 30개/hr 또는 부유균 ≤ 200개/㎥

53 다음 중 작업장의 방충 · 방서 관리에 대한 내용으로 옳지 않은 것은?

① 작업장 주변을 조사하고 해충 및 설치류 구제를 실시한다.
② 작업장 폐수구에는 해충 유입 방지를 위한 트랩을 설치한다.
③ 벌레가 좋아하는 쓰레기, 식물 등은 작업장 주변에 방치하지 않는다.
④ 외부 빛이 작업장 내부로 들어오게 하여 해충의 유입을 차단한다.
⑤ 모든 작업장은 월 1회 이상 전체 소독을 실시하여야 한다.

해충은 빛에 유인되는 특성이 있어, 작업장에서는 빛이 밖으로 새어나가지 않도록 차단하는 것이 원칙이다. ④은 오히려 빛을 유입하도록 하는 잘못된 설명이므로 방충 · 방서 관리 기준에 부합하지 않는다.

54 설비 세척 시 사용되는 세척제의 유형과 성분에 대한 설명으로 옳지 않은 것은?

① 중성 세척제 – 약한 계면활성제 용액
② 무기산과 약산성 세척제 – 황산, 염산
③ 약알칼리, 알칼리 세척제 – 수산화암모늄
④ 부식성 알칼리 세척제 – 수산화칼륨
⑤ 양이온 계면활성제 – 차아염소산나트륨

차아염소산나트륨(NaOCl)은 산화형 살균소독제로, 염소계 표백 및 살균작용을 하는 물질이다. 계면활성제가 아니며, 특히 양이온 계면활성제와도 무관하다. 양이온 계면활성제는 일반적으로 살균과 유연 작용에 사용된다. 대표적으로 염화 벤잘코늄, 염화 벤제토늄, 염화 세트리모늄, 벤잘코늄 브로마이드, 세틸트리메틸암모늄 브로마이드(CTAB) 등이 이에 해당한다.

55 다음은 CGMP 해설서에 따른 제품 보관환경에 대한 설명이다. 괄호에 들어갈 말로 알맞은 것은?

제품의 보관 환경은 다음과 같다.
ㄱ. 출입 제한
ㄴ. 오염 방지
  • 시설 대응, 동선 관리가 필요하다.
ㄷ. 방충 · 방서 대책
ㄹ. 온도 · 습도 · 차광
  • 필요한 항목을 설정한다.
  • (   ), 제품표준서 등을 토대로 제품마다 설정한다.

① 품질관리 확인서
② 안정성 시험 결과
③ 관능검사서
④ 시험기록서
⑤ 안전성 시험 결과

제품 보관 온도 · 습도는 안정성 시험 결과를 보고 결정하여야 한다.

56 화장품의 혼합방식에 대한 설명으로 옳지 <u>않은</u> 것은?

① 유화는 하나의 상에 다른 상이 미세한 입자로 분산된 상태이다.
② 유화와 가용화 시 계면활성제를 사용하지만, 분산(현탁액, 콜로이드) 시 계면활성제를 사용하지 않는다.
③ 현탁액은 현탁액은 고체 입자가 액체 속에 섞여 있는 혼합물이다.
④ 가용화는 물에 소량의 오일 성분이 계면활성제에 의해 투명하게 용해되어 있는 상태이다.
⑤ 콜로이드는 마이크로 또는 나노 크기의 미세 입자들이 다른 물질 속에 골고루 섞여 있는 것이다.

분산(특히 콜로이드)에서도 입자의 안정화나 응집 방지를 위해 계면활성제 사용하는 경우 많다.

57 다음 중 「우수화장품 제조 및 품질관리 기준(CGMP) 해설서」에 따른 용어의 정의로 옳지 <u>않은</u> 것은?

① 제조단위 : 하나의 공정이나 일련의 공정으로 제조되어 균질성을 갖는 화장품의 일정한 분량
② 출하 : 원료 물질의 칭량부터 혼합, 충전(1차 포장), 2차포장 및 표시 등의 일련의 작업
③ 원료 : 벌크 제품의 제조에 투입하거나 포함되는 물질
④ 불만 : 제품이 규정된 적합판정기준을 충족하지 못한다고 주장하는 외부 정보
⑤ 일탈 : 제조 또는 품질관리 활동 등의 미리 정해진 기준을 벗어나 이루어진 행위

'출하'가 아닌 '제조'의 정의에 해당한다. '출하'는 완제품이 모든 제조 공정을 마치고 품질 검사를 통과하여 출고되는 과정이다.

58 다음 중 「기능성화장품 기준 및 시험방법」에서 정의한 기준 온도의 범위로 옳지 <u>않은</u> 것은?

① 실온 : 10~30℃
② 냉소 : 1~15℃
③ 미온 : 30~40℃
④ 상온 : 15~25℃
⑤ 표준온도 : 20℃

냉소의 온도 범위는 1~10℃이다.

59 다음 중 화장품 제조 또는 보관 중 포장재 등에서 비의도적으로 유래될 수 있는 물질과 그 시험방법의 연결이 옳은 것은?

① 디옥산 - 유도결합 플라즈마 질량분석기 (ICP-MS)
② 카드뮴 - 액체 크로마토그래피법
③ 니켈 - 유도결합 플라즈마 분광기법 (ICP)
④ 미생물 한도 - 원자흡광도법 (AAS)
⑤ 안티모니 - 디티존법

오답 피하기
① 디옥산 : 기체 크로마토그래피법(GC) 적용
② 카드뮴(Cd), 납(Pb), 수은(Hg) 등의 중금속 : ICP 또는 AAS 사용
④ 미생물 한도 시험 : 배지법(평판배양법 등)
⑤ 안티모니(Sb) : 유도결합 플라즈마 질량분석법(ICP-MS) 또는 AAS

정답 56 ② 57 ② 58 ② 59 ③

60 완제품의 완성도를 높이고 소비자의 안전한 사용을 위하여 필요한 포장재의 폐기 절차를 순서대로 바르게 나열한 것은?

> ㄱ. 격리 보관
> ㄴ. 기준 일탈 포장재에 부적합 라벨 부착
> ㄷ. 폐기물 보관소로 운반하여 분리수거 확인
> ㄹ. 폐기물 수거함에 분리수거 카드 부착
> ㅁ. 폐기물 대장기록
> ㅂ. 인계

① ㄱ-ㄴ-ㄹ-ㅂ-ㄷ-ㅁ
② ㄴ-ㄱ-ㄷ-ㅁ-ㄹ-ㅂ
③ ㄴ-ㄱ-ㄹ-ㄷ-ㅁ-ㅂ
④ ㄱ-ㄷ-ㅁ-ㄹ-ㄴ-ㅂ
⑤ ㄷ-ㄹ-ㄴ-ㄱ-ㅁ-ㅂ

포장재 폐기 절차
ㄴ. 기준 일탈 재료가 다른 것과 섞이지 않게 먼저 표식을 해 두는 것이 먼저이다.
ㄱ. 폐기물은 즉시 격리 및 보관하여 둔다.
ㄹ. 분리배출 대상인 폐기물은 해당 수거함에 분리수거 카드를 부착해 별도로 표시하여 둔다.
ㄷ. 폐기물 보관소로 운반하여 처리를 하는지도 확인하여 보아야 한다.
ㅂ. 일련의 과정들을 담당자에게 인계한다.
ㅁ. 마지막으로 모든 과정을 폐기물 대장에 기록하여야 한다.

61 다음 중 표피층에 위치하며, 가시모양의 돌기를 통해 인접 세포와 연결되고, 면역기능을 수행하는 랑게르한스 세포가 존재하는 층은 어디인가?

① 기저층   ② 각질층
③ 유극층   ④ 투명층
⑤ 과립층

유극층(Spinosum Layer)은 표피의 두 번째 층으로, 가시 세포(가시돌기 세포)라 불리는 케라티노사이트들이 존재한다. 가시 세포들은 서로 데스모좀(Desmosome)이라는 접합부로 연결되어 있어 가시모양의 돌기처럼 보인다.

선생님의 노하우
유극층(有棘層)은 말 그대로 가시(棘)가 있는(有) 층(層)입니다. 그래서 '가시층'이라고도 한답니다.

62 모발의 85~90%를 차지하며, 과립상의 멜라닌 색소가 함유되어 있어 모발의 색과 윤기, 질감을 결정하는 중요한 부분은 어느 것인가?

① 외모근초
② 모수질
③ 모표피
④ 모피질
⑤ 입모근

오답 피하기
① 모구부에서 발생한 모발을 완전히 각화가 끝날 때까지 보호하고, 표피까지 운송하는 역할을 한다.
② 모발의 두께와 밀도를 조절한다.
③ 가장 바깥층으로, 투명한 각질 세포가 겹겹이 배열되어 있어 광택을 유지하고 모발을 보호한다.
⑤ 모발을 세우는 근육으로, 수축과 이완으로 체온을 조절한다.

63 다음 중 피부 유형을 결정하는 요인으로 옳지 않은 것은?

① 피부 탄력성
② 수분의 함량
③ 피부 관리 여부
④ 피부 조직의 상태
⑤ 피부 모공 상태

오답 피하기
① 피부 탄력성 : 나이, 수분, 조직 상태와 연관되며 부속적 기준으로 참고 가능
② 수분 함량 : 건성, 지성, 중성 등의 유형 분류에 중요한 기준
⑤ 모공 상태 : 피지 분비와 밀접하게 연결되어 피부 유형에 반영
④ 피부 조직 상태 : 각질층의 건강, 두께 등도 피부 유형에 영향을 미침

선생님의 노하우
피지 분비량은 피부의 유수분 균형에 영향을 주며, 피부 유형을 결정짓는 주요인에 해당합니다.

정답 60 ③ 61 ③ 62 ④ 63 ③

64 다음에 해당하는 효소는?

> 이 효소는 멜라닌 생성 과정의 초기 단계에 관여하며, 활성 중심에 2개의 구리 이온이 결합되어 있어 촉매 작용을 한다. 구리 이온과 결합할 수 있는 폴리페놀류나 트로폴론 유도체와 같은 물질은 이 효소의 활성을 억제할 수 있다.

① 카로틴
② 티로시나아제
③ 멜라닌
④ 도파민
⑤ 헤모글로빈

오답 피하기
① 멜라닌과 마찬가지로 피부색을 결정하지만, 식물성 색소에다 멜라닌과 무관하다.
③ 효소의 작용에 의해 생산된 결과물이다.
④ 중추 신경계에 존재하는 신경 전달 물질의 일종으로 에피네프린과 노르에피네프린의 전구체이다.
⑤ 혈색소로 카로틴, 멜라닌과 함께 피부색을 결정하지만, 멜라닌과 직접적 관련이 없다.

65 다음은 맞춤형화장품을 조제하거나 판매하는 과정에 대한 설명이다. 적절한 것만을 모두 고른 것은?

> ㄱ. 맞춤형화장품조제관리사가 맞춤형화장품판매업 매장에서, 향수 200㎖ 완제품을 50㎖씩 나누어 포장한 후 고객에게 판매하였다.
> ㄴ. 일반화장품을 구입하러 온 고객에게, 맞춤형화장품조제관리사가 일반화장품을 그대로 판매하였다.
> ㄷ. 미생물 오염 방지를 위해 조제 과정 중 페녹시에탄올을 새로 첨가하였다.
> ㄹ. 메틸살리실레이트를 5% 이상 포함한 액상 조제물을 일반 펌프용기에 담아 판매하였다.
> ㅁ. 기능성 원료에 대해 식약처 심사 또는 보고가 완료된 경우, 해당 원료를 활용한 맞춤형화장품 조제가 가능하다.

① ㄱ, ㄷ, ㅁ
② ㄴ, ㄹ, ㅁ
③ ㄱ, ㄴ, ㅁ
④ ㄷ, ㄹ, ㅁ
⑤ ㄱ, ㄴ, ㄷ

오답 피하기
ㄷ. 맞춤형화장품의 조제 시에는 화장품책임판매업자로부터 제공받은 내용물 및 원료만을 사용하여야 하며, 새로운 원료를 임의로 첨가하는 것은 허용되지 않는다.
ㄹ. 메틸살리실레이트를 5% 이상 함유한 액상 화장품은 어린이의 안전을 위해 안전포장(어린이 보호포장)을 적용하여야 한다. 일반 펌프용기는 이러한 요건을 충족하지 않으므로 부적절하다.

66 다음 중 기능성화장품의 심사 또는 보고 과정에서 표시·광고가 허용될 수 있는 표현과 제출할 실증자료의 연결이 올바른 것은?

① 여드름 피부 사용에 적합하다 – 인체 외 시험 자료
② 물휴지에 항균효과가 있다 – 기능성화장품에서 해당 기능을 실증한 자료
③ 피부의 혈행을 개선한다 – 인체 적용시험 자료
④ 눈밑 다크서클을 완화한다 – 인체 외 시험 자료
⑤ 일시적으로 셀룰라이트가 감소한다 – 인체 외 시험 자료

> **오답 피하기**
> ① 여드름 피부 적합 여부는 여드름성 피부 사용 적합이라는 특수 화장품 표시 기준에 해당하며, 인체 적용시험 자료가 필요하다. 인체 외 시험으로는 인정되지 않는다.
> ② 물휴지의 항균 효과는 화장품법이 아닌 다른 법률(예 의약외품 관련 규정)의 관리 대상일 수 있으며, 일반 화장품의 기능성 광고 범위에서 벗어난다.
> ④ 다크서클 완화 표현은 기능성화장품 효능 범위에 명시되어 있지 않으며, 인체 외 시험만으로는 광고에 사용할 수 없다.
> ⑤ 셀룰라이트 감소는 표현 자체가 체형 개선 등 의약품적 표현으로 오해될 수 있으며, 일시적 효과도 인체 적용시험을 통해 실증되어야 하므로 인체 외 시험만으로는 부족하다.

67 다음 중 「화장품법」 제4조 제1항에 따른 화장품 제형의 정의로 바르게 설명된 것은?

① 겔제 : 균질하게 분말상 또는 미립상으로 만든 제형
② 크림제 : 유화제를 사용하여 유상과 수상 성분을 균일하게 혼합한 반고형 제형
③ 로션제 : 성분을 분산시켜 젤화시킨 점조성 반고형 제형
④ 액제 : 분자량이 큰 유기 화합물로 만들어진 반고형의 액상 제형
⑤ 침적마스크제 : 유화제를 넣어 점액상으로 만든 제형

> **오답 피하기**
> ① 겔제는 액제에 고분자 물질 등을 넣어 점도를 높인 젤 형태의 반고형 제형이지, 분말상은 아니다.
> ③ 로션제는 주로 액상 형태이며, 성분을 녹여 만든 유화성 액제로, 젤화된 반고형이 아니다.
> ④ 액제는 말 그대로 액상 상태의 제형이며, 고분자 유기물로 만든 반고형 형태가 아니다.
> ⑤ 침적마스크제는 부직포나 시트에 내용물을 적셔 사용하는 형태로, 유화된 점액상 제형이 아니다.

68 다음은 맞춤형화장품조제관리사가 1차 포장에 내용물 50㎖를 소분하여 판매하려는 상황이다. 해당 화장품 용기에 표시된 내용은 아래 그림과 같다.

위와 같은 1차 포장에 대해 맞춤형화장품판매업자는 화장품법령에 따라 누락된 필수 표시사항을 확인하고 보완하여야 한다. 이 용기에 추가로 표시되어야 하는 필수 정보로 옳은 것은? (단, 이 화장품은 2차 포장이 있는 화장품이다.)

① 제조업자 주소
② 사용할 때 주의사항
③ 기능성화장품 도안
④ 가격
⑤ 추가할 것이 없음

1차 포장에 2차 포장을 추가한 화장품의 1차 포장에 기재·표시해야 하는 사항(「화장품법」 제10조 제2항, 「화장품법 시행규칙」 제19조 제6항)
1차 포장만으로 구성되는 화장품의 외부 포장과 1차 포장에 2차 포장을 추가한 화장품의 외부 포장에는 총리령으로 정하는 바에 따라 각각 다음의 사항을 기재·표시하여야 한다.
- 화장품의 명칭
- 영업자의 상호
- 제조번호
- 사용기한 또는 개봉 후 사용기간(제조연월일을 병행 표기)

69 다음은 맞춤형화장품판매장에서 있었던 대화이다. 이 중 올바르게 수행된 행동은?

> 지연 : 안녕하세요, 고객님. 무엇을 도와드릴까요?
> 세민 : 안녕하세요. 지난 여름에 야외 활동을 많이 해서 그런지 얼굴에 색소침착이 많아졌고, 피부도 많이 건조해졌어요. 저한테 맞는 화장품을 추천받고 싶어요.
> 지연 : 그럼 이쪽으로 잠시 와서 앉아 보시겠어요? 피부 상태 측정 후 안내해 드릴게요.
>
> **피부 측정**
>
> 지연 : 측정 결과, 이전보다 색소 농도가 증가하였고, 수분량은 많이 줄었네요. 미백 기능이 있는 성분과 보습 효과가 있는 성분을 혼합해서 조제해 드릴게요.
> 지연 : 이 제품은 알부틴이 포함된 미백 성분과 보습을 위한 소듐하이알루로네이트가 들어있어요. 사용 시 주의사항과 사용기한은 여기 라벨에 기재되어 있고, 제가 다시 한 번 설명해 드릴게요.
> 현우 : 지연 씨, 그럼 제가 그 성분 배합해서 충전해 드릴까요?
> 지연 : 현우 씨는 아직 자격증 없잖아요. 제가 직접 조제해서 드릴게요.

① 현우는 지연의 안내에 따라 소듐하이알루로네이트를 혼합한 제품을 조제하였다.
② 지연은 고객에게 상품명, 사용기한, 주의사항을 설명하고 제품을 판매하였다.
③ 지연은 알부틴 원료를 넣은 제품을 고객에게 조제하여 제공하였다.
④ 지연은 자격이 없는 현우에게 조제 행위를 지시하였다.
⑤ 현우는 지연의 안내에 따라 조제한 제품을 고객에게 판매하였다.

맞춤형화장품의 조제는 반드시 자격을 취득한 조제관리사만 수행할 수 있으며, 기능성 원료 사용은 식약처 심사 또는 보고를 거친 성분과 배합 범위에서만 사용할 수 있다.

70 화장품의 내용량이 10㎖ 초과 50㎖ 이하 또는 중량이 10g 초과 50g 이하인 경우, 일부 성분의 기재를 생략할 수 있다. 다음 중 생략 가능한 성분이 아닌 것은?

① 기능성화장품의 경우 그 효능·효과가 나타나게 하는 원료
② 샴푸나 린스에 포함된 인산염의 종류
③ 제조 과정에서 제거되어 최종 제품에 남아 있는 성분
④ 타르색소
⑤ 과일산(AHA)

오답 피하기

화장품 포장의 기재·표시 등(「화장품법 시행규칙」 제19조 제2항)
화장품법에 따라 기재·표시를 생략할 수 있는 성분이란 다음의 성분을 말한다.
1. 제조과정 중에 제거되어 최종 제품에는 남아 있지 않은 성분
2. 안정화제, 보존제 등 원료 자체에 들어 있는 부수 성분으로서 그 효과가 나타나게 하는 양보다 적은 양이 들어 있는 성분
3. 내용량이 10㎖ 초과 50㎖ 이하 또는 중량이 10g 초과 50g 이하 화장품의 포장인 경우에는 다음의 성분을 제외한 성분
   가. 타르색소(④)
   나. 금박
   다. 샴푸와 린스에 들어 있는 인산염의 종류(②)
   라. 과일산(AHA)(⑤)
   마. 기능성화장품의 경우 그 효능·효과가 나타나게 하는 원료(①)
   바. 식품의약품안전처장이 사용 한도를 고시한 화장품의 원료

71 피부 주름으로 고민하는 고객에게 맞춤형화장품조제관리사가 설명한 내용이다. 다음 중 법령과 기능성 고시를 따른 것으로 적절한 것은?

① 레티놀 함유제품에 알로에베라겔을 첨가한 제품이니 도움이 되실 겁니다.
② 아데노신을 두 배로 넣어서 효과가 더 좋을 겁니다.
③ 나이아신아마이드 함유 제품에 하이알루론산을 첨가한 제품이니 도움이 되실 겁니다.
④ 알부틴 함유제품에 글리세린을 첨가한 제품이라 도움이 되실 겁니다.
⑤ 아데노신 함유 제품에 징크옥사이드를 첨가한 제품이니 도움이 되실 겁니다.

오답 피하기

① 레티놀은 주름 개선에 효과적인 성분이지만, 피부 자극이 있을 수 있어 사용 시 주의가 필요하다. 알로에베라겔은 진정 효과가 있으나, 레티놀과의 조합이 반드시 안전하거나 효과적이라는 근거가 부족하다.
② 기능성화장품의 유효 성분은 식약처에서 정한 기준 함량을 준수하여야 하며, 임의로 함량을 늘리는 것은 법령을 위반하는 것이다.
④ 알부틴은 미백 기능성 성분이며, 글리세린은 보습 성분이다.
⑤ 아데노신은 주름 개선 기능성 성분이며, 징크옥사이드는 자외선 산란제 성분이다. 두 성분의 조합이 주름 개선에 직접적인 시너지를 준다는 근거가 부족하다.

72 맞춤형화장품판매업 매장에서 고객이 조제를 받아 제품을 구매하려는 경우, 맞춤형화장품조제관리사가 고객에게 반드시 설명하여야 하는 사항으로 옳은 것은?

① 원료 및 내용물의 폐기내역
② 맞춤형화장품 사용 시의 주의 사항
③ 부작용 사례 보고 의무
④ 판매된 수량 및 통계
⑤ 화장품 용기의 재질

맞춤형화장품판매업자의 준수사항(「화장품법 시행규칙」 제12조의2 제4호)
맞춤형화장품 판매 시 다음의 사항을 소비자에게 설명하여야 한다.
가. 혼합·소분에 사용된 내용물·원료의 내용 및 특성
나. 맞춤형화장품 사용 시의 주의사항

선생님의 노하우

화장품법 시행규칙에는 명시되어 있지 않지만, 아래의 요소도 설명해야 합니다.
• 제품명
• 사용기한 또는 개봉 후 사용기한
• 사용방법

73 다음 중 맞춤형화장품의 부작용 유형에 해당하지 <u>않는</u> 것은?

① 인설
② 부기·부종
③ 백반증
④ 따끔거림
⑤ 홍반

> 백반증(White Spot, Vitiligo)은 자가면역 또는 유전적 요인에 따른 색소 소실 질환으로, 화장품 부작용 분류에서 직접적으로 관리되는 일반적인 이상반응 범주에 포함되지 않는다.

74 다음 중 영유아용 제품류 또는 13세 이하 어린이 사용 화장품에 사용이 금지된 보존제로 옳은 것은?

① 메틸렌글라이콜
② 아트라놀
③ 니트로메탄
④ 살리실릭애시드 및 그 염류
⑤ 천수국꽃 추출물

> 살리실릭애시드(Salicylic Acid) 및 그 염류(예 살리실레이트)는 일반적으로 보존제 또는 각질제거 성분으로 사용 가능하나, 알레르기 유발등의 사유로 영·유아용 제품류 또는 13세 이하 어린이에게 사용될 수 있음을 표시한 제품에는 사용이 금지되어 있다.

75 다음 중 화장품 제조설비 및 기구의 위생관리 기준으로 옳지 <u>않은</u> 것은?

① 파이프는 벽에서 이격된 상태로 설치하여 청소가 용이하도록 한다.
② 설비는 내용물 및 세척·소독제와 화학반응을 일으키지 않아야 한다.
③ 설비는 사용 목적에 적합하고, 세척 및 유지관리가 가능하여야 한다.
④ 설비 주변에 사용되는 소모품은 제품 품질에 영향을 주지 않도록 관리하여야 한다.
⑤ 대들보나 배관은 천장 주위에 노출되지 않도록 밀폐하여야 한다.

> 파이프 및 배관류는 청소와 점검이 용이하도록 벽이나 천장과 적절히 이격하여(틈을 두고) 설치하는 것이 원칙이다. 완전 밀폐는 청소, 점검의 어려움으로 인해 오히려 오염의 원인이 될 수 있다.

76 화장품의 종류에 따라 포장공간비율 및 포장횟수를 준수하여야 한다. 다음 중 해당 기준에 부합하지 <u>않는</u> 설명은?

① 단위제품 중 세정용 제품류는 포장공간비율 15% 이하, 포장횟수 2차 이내를 준수한다.
② 종합제품에 포장용 완충재를 사용하는 경우, 포장공간비율은 20% 이하로 제한된다.
③ 방향제를 포함한 일반 화장품은 포장공간비율 10% 이하, 포장횟수 2차 이내로 한다.
④ 종합제품의 포장횟수는 2차 이내이며, 포장공간비율은 25% 이하이다.
⑤ 세정용 종합제품은 포장공간비율 15% 이하, 포장횟수 2차 이내를 적용받는다.

> 제품의 포장방법에 관한 기준(「제품의 포장재질·포장방법에 관한 기준 등에 관한 규칙」제4조 제2항)
> 세정용 종합제품은 포장공간비율 25% 이하, 포장횟수 2차 이내를 적용받는다.

정답 73 ③ 74 ④ 75 ⑤ 76 ⑤

77 기능성화장품 중 자외선 차단 기능이 있는 제품은 관련 고시에 따라 효능·효과를 표시하여야 한다. 다음 중 자외선차단제의 표시 기준에 대한 설명으로 옳지 않은 것은?

① SPF 지수가 50을 초과하는 경우에는 'SPF 50+'로 표시한다.
② 자외선 A 차단 등급(PA)은 시험 결과에 근거하여 표시한다.
③ SPF 측정 평균값이 23일 경우, ±20% 범위 내 정수값(19~23) 중에서 선택하여 표시할 수 있다.
④ SPF 10 이하 제품의 경우에는 SPF 및 PA 수치를 표시하지 않아도 된다.
⑤ 자외선 차단 기능이 있는 화장품은 SPF 또는 PA 중 적어도 하나 이상을 제품에 표시하여야 한다.

SPF 10 이하 제품이라 하더라도, 자외선 차단 효과를 표방하는 경우에는 SPF, PA 수치를 표시하여야 하며, SPF 수치가 낮다고 해서 표시 의무가 면제되는 것은 아니다. 다만, SPF 10 이하인 경우 기능성 심사 자료(근거자료 제출)는 면제되나, 표시는 하여야 한다.

78 다음 중 작업복의 위생 기준으로 적절하지 않은 것은?

① 작업 시 섬유잔사의 발생이 적고 먼지의 부착성이 낮으며 세탁이 용이하여야 한다.
② 임시 작업자나 외부인의 경우에도 작업실 출입 전 지정된 작업복을 착용하여야 한다.
③ 보온 기능이 있는 소재를 사용하여 추위에 대비할 수 있어야 한다.
④ 가볍고 땀 흡수 및 배출이 잘 되는 재질로 제작되어야 한다.
⑤ 청정도에 따라 적절한 작업복, 모자, 신발 등을 착용하고 필요시 장갑, 마스크 등을 착용하여야 한다.

CGMP에 보온에 대한 사항은 명시되어 있지 않다.

79 다음 중 화장품 품질보증 책임자의 역할로 적절하지 않은 것은?

① 일탈이 발생한 경우 그 사유를 조사하고 관련 기록을 작성한다.
② 소비자 불만 처리 및 제품 회수에 관한 업무를 관리한다.
③ 출하 이후에도 안전 기준에 따라 제품의 안전성을 확인한다.
④ 부적합품이 규정된 절차에 따라 처리되고 있는지를 확인한다.
⑤ 제품이 판매된 후에는 품질보증 책임자의 업무가 종료된다.

품질보증 책임자는 제품의 제조·시험·출하 전 과정뿐 아니라, 출하 이후에도 제품의 유통, 안전관리, 부작용 발생 시 대처, 회수 조치 등을 책임지는 핵심 인물이다.

80 다음은 맞춤형화장품판매업장에서 조제관리사와 고객이 나눈 상담 내용을 요약한 것이다.

> **상 담 일 지**
> - 상담자 : 이유나
> - 상담일 : 2025.04.23.
> - 상담내용
>   – 피부가 건조하다.
>   – 이전보다 주름이 늘었다.
>   – 내담자가 피부 노화를 고민하고 있다.
>   ⋮

상담결과를 바탕으로 맞춤형화장품조제관리사가 조합하여 추천할 수 있는 성분 조합으로 가장 적절한 것은?

① 1,3뷰틸렌글라이콜 – 나이아신아마이드
② 소듐하이알루로네이트 – 닥나무추출물
③ 알부틴 – 아데노신
④ 하이알루론산나트륨 – 살리실릭애시드
⑤ 프로필렌글라이콜 – 알부틴

소듐하이알루로네이트는 강력한 보습제이며, 닥나무추출물은 진정 및 항산화 작용으로 피부 보호에 효과가 있다. 따라서 건조함과 피부 노화 초기 대응에 적절한 조합이라 할 수 있다.

주관식(단답형, 81~100번)

81 다음은 「화장품법 시행규칙」 제10조의3에 따른 제품별 안전성 자료의 작성 및 보관 중, 개봉 후 사용기간 표시에 관한 기준이다. ㉠과 ㉡에 들어갈 알맞은 용어를 각각 쓰시오.

> - 영유아 또는 어린이가 사용할 수 있는 화장품임을 표시하거나 광고한 날부터, 마지막으로 제조·수입된 제품의 제조연월일 이후 (㉠)까지의 기간이다.
> - 이 경우, 제조는 화장품의 제조번호에 따른 제조일자를 기준으로 하며, 수입은 (㉡)을(를) 기준으로 한다.

㉠:
㉡:

수입 제품의 경우 수입통관일자를 기준으로 한다.

82 다음을 읽고 ㉠과 ㉡에 들어갈 알맞은 용어를 각각 쓰시오.

> 자외선차단지수(SPF)는 측정결과에 근거하여 평균값(소수점이하 절사)으로부터 (㉠) 이하 범위내 정수(예 SPF평균값이 '23'일 경우 19~23 범위정수)로 표시하되, SPF 50 이상은 (㉡)(으)로 표시한다.

㉠:
㉡:

SPF 평균값에서 20% 이하 범위 내 정수로 표시하며, 예를 들어 SPF 평균값이 23이면 약 19~23 범위 내 정수로 표기할 수 있다.

83 다음 괄호 안에 알맞은 단어를 쓰시오.

> 각질층은 케라틴 58%, 천연보습인자 31%, 각질 세포간 지질 11% 등으로 구성되어 있으며, 세포와 세포를 단단히 결합시켜 수분 증발을 억제시켜 주는 층상의 (   ) 구조로 되어 있다.

각질층의 세포간 지질은 층상으로 배열된 인지질과 지질의 다층 구조를 형성하는데, 이를 라멜라(Lamellar) 구조라고 한다.

84 다음은 화장품 제형에 대한 설명이다. 괄호 안에 알맞은 용어를 쓰시오.

> (   )은(는) 유화제 등을 넣어 유성성분과 수성성분을 균질화하여 반고형상으로 만든 것이다.

크림제는 제형이 부드럽고, 흡수력이 좋다.

선생님의 노하우

크림과 로션이 헷갈리시는 분들을 위해 심화 해설 들어갑니다!
- 유화제 사용
  - 유화제는 유성 성분(기름)과 수성 성분(물)을 섞기 위한 핵심 조건입니다. 크림 또는 로션 제형에 모두 사용되죠.
- 반고형상
  - 반고형상은 크림제로 대표되는 대표적인 상입니다. 로션은 '액상'에 가까운 유화물이지만, 반면 크림은 묽지 않은 반고형 상태를 합니다.
- 균질화
  - 크림제는 유화제로서 분산하여 유분과 수분을 균질하게 섞어 놓은 것입니다.

정답 81 ㉠ 36개월, ㉡ 국내 수입통관일 82 ㉠ 20%, ㉡ SPF50+ 83 라멜라 84 크림제

85 다음은 맞춤형화장품판매 시 소비자에게 설명해 주어야 하는 내용이다. ㉠과 ㉡에 알맞은 단어를 쓰시오.

- 혼합·소분에 사용되는 (㉠) 또는 (㉡)의 특성
- 맞춤형화장품 사용 시의 주의 사항

㉠ :
㉡ :

맞춤형화장품판매업자의 준수사항(「화장품법 시행규칙」 제12조의2 제4호)
맞춤형화장품 판매 시 다음의 사항을 소비자에게 설명할 것
 • 혼합소분에 사용된 내용물·원료의 내용 및 특성
 • 맞춤형화장품 사용 시의 주의사항

86 다음은 화장품의 함유 성분별 사용 시 주의사항에 대한 설명이다. 괄호 안에 들어갈 알맞은 숫자를 쓰시오.

- 살리실릭애시드 및 그 염류 함유 제품(샴푸 등 사용 후 바로 씻어내는 제품 제외)
- 아이오도프로피닐뷰틸카바메이트(IPBC) 함유 제품(목욕용제품, 샴푸류 및 바디클렌저 제외)은 ( )세 이하의 어린이에게는 사용하지 말 것

IPBC의 함량을 제한하는 것은 어린이의 피부가 성장 중인 데다 특히 민감하므로, 이로 인한 자극이나 알레르기 반응 가능성을 줄이기 위한 안전 조치이다.

87 괄호 안에 들어갈 용어를 쓰시오.

( ) 시험은 화장품에 사용된 원료 또는 완제품이 의도된 목적에 따라 충분한 기능을 발휘하는지를 평가하기 위한 시험으로, 주름 개선·미백·보습 등과 같은 기능성의 과학적 근거를 확보하기 위해 수행된다.

유효성 시험을 통해 기능성 화장품의 효과를 입증하여 소비자의 신뢰를 확보하고, 심사 시 중요한 근거 자료로 제출한다.

88 다음은 천연화장품 및 유기농화장품 인증에 관한 내용이다. ㉠과 ㉡에 알맞은 말을 쓰시오.

- 인증의 유효기간은 인증을 받은 날부터 (㉠)(으)로 한다.
- 인증의 유효기간을 연장받으려는 자는 유효기간 만료 (㉡) 전에 총리령으로 정하는 바에 따라 연장신청을 하여야 한다.

㉠ :
㉡ :

인증의 유효기간(「화장품법」 제14조의3)
• 인증의 유효기간은 인증을 받은 날부터 3년으로 한다.
• 인증의 유효기간을 연장받으려는 자는 유효기간 만료 90일 전에 총리령으로 정하는 바에 따라 연장신청을 하여야 한다.

천연화장품 및 유기농화장품의 인증 등(「화장품법 시행규칙」 제23조의2 제4항)
인증사업자가 인증의 유효기간을 연장받으려는 경우에는 유효기간 만료 90일 전까지 그 인증을 한 인증기관에 식품의약품안전처장이 정하여 고시하는 서류를 갖추어 제출하여야 한다.

정답 85 ㉠ 내용물, ㉡ 원료 86 3 87 유효성 88 ㉠ 3년, ㉡ 90일

89 「화장품법 시행규칙」 별표 3 제2호는 화장품 세부 유형에 따라 사용 시 주의사항을 규정하고 있다. 다음은 모발용 샴푸의 사용 시 주의사항이다. 괄호 안에 알맞는 단어를 쓰시오.

- 눈에 들어갔을 때 즉시 씻어낼 것
- 사용 후 물로 씻어내지 않으면 (　　) 또는 탈색의 원인이 될 수 있으므로 주의할 것
- 함유성분 : p-니트로-o-페닐렌디아민, 2-아미노-4-니트로페놀

p-니트로-o-페닐렌디아민, 2-아미노-4-니트로페놀과 같은 성분이 함유된 염모제와 탈색제는 피부에 착색 또는 탈색을 유발하고 자극성 화학물질을 포함하므로, 머리카락 이외 부위에 묻었을 경우 즉시 제거하고 물로 세척하여야 한다.

90 방향화장품의 세부 유형별 효과에 대한 설명이다. 빈칸에 공통으로 해당하는 단어를 쓰시오.

- (　　)은(는) 착향제가 주체인 화장품으로서, (　　)의 사용 목적은 다음과 같다.
- 인체에 좋은 냄새가 나게 한다.
- 비교적 단시간 동안 인체에 방향 효과를 주기 위해 사용한다.
- 제품의 매력을 높인다.
- 원치 않는 냄새를 마스킹(Masking)한다.

향수는 방향화장품의 대표적인 유형 중 하나로, 다양한 향기와 농도로 제조 및 판매된다.

91 다음은 남성호르몬성 탈모의 기전에 대한 설명이다. 괄호 안에 들어갈 알맞은 말을 쓰시오.

- 고환에서 생성된 테스토스테론은 모낭에서 (　　) 효소와 결합하여 디하이드로테스토스테론(DHT)이라는 강력한 남성 호르몬으로 전환된다.
- DHT는 남성형 탈모 유발 유전자를 갖고 있는 모근 조직에 작용 - 진피유두에 있는 안드로겐 수용체와 결합 - 결합 정보가 세포 DNA에 전사 - 세포 사멸 인자 생산 - 주변의 단백질 파괴 - 모주기가 퇴화기 단계로 전환된다.

DHT는 모낭의 안드로겐 수용체와 결합하여 탈모를 유발하는 세포 내 신호를 활성화한다.

92 다음은 30㎖ 맞춤형화장품의 1차 포장에 표시하여야 할 사항이다. ㉠과 ㉡에 알맞은 말을 각각 쓰시오.

- 화장품의 명칭
- 맞춤형화장품판매업자의 상호
- (㉠)
- 제조번호
- 사용기한 또는 (㉡)

㉠ :
㉡ :

화장품의 기재사항(「화장품법」 제10조 제1항 후단)
다만, 내용량이 소량인 화장품의 포장 등 총리령으로 정하는 포장에는 화장품의 명칭, 화장품책임판매업자 및 맞춤형화장품판매업자의 상호, **가격**, 제조번호와 **사용기한 또는 개봉 후 사용기간**만을 기재·표시할 수 있다.

정답　89 염색　90 향수　91 5α-환원　92 ㉠ 내용량, ㉡ 개봉 후 사용기간

93 다음 설명에 해당하는 피부 유형에 적합한 화장품 성분을 한 가지 쓰시오.

> 피지선에서 과잉 분비된 피지가 피부 표면으로 원활히 배출되지 못하고, 모공 내에 축적되어 염증 반응이 일어나는 문제성 피부이다.

살리실릭애시드는 지용성이기 때문에 피지와 잘 섞여 모공 안쪽까지 침투할 수 있고, 각질 용해 작용으로 모공 내 피지와 각질을 제거하며, 항염, 항균 작용으로 염증을 완화한다.

94 다음은 맞춤형화장품조제관리사 교육에 관한 설명이다. ㉠~㉢에 알맞은 말을 각각 쓰시오.

> 맞춤형화장품판매장의 조제관리사로 지방식품의약품안전청에 신고한 맞춤형화장품조제관리사는 매년 (㉠)회, (㉡) 시간 이상 (㉢) 시간 이하의 집합교육 또는 온라인 교육을 식약처에서 정한 교육실시기관에서 이수하여야 한다.

㉠ :
㉡ :
㉢ :

영업자의 의무 등(「화장품법」 제5조 제7항)
책임판매관리자 및 맞춤형화장품조제관리사는 화장품의 안전성 확보 및 품질관리에 관한 교육을 매년 받아야 한다.

책임판매관리자 등의 교육(「화장품법 시행규칙」 제14조)
① 책임판매관리자 및 맞춤형화장품조제관리사는 법에 따른 교육을 다음의 구분에 따라 받아야 한다.
1. 최초 교육 : 종사한 날부터 6개월 이내(다만, 자격시험에 합격한 날이 종사한 날 이전 1년 이내이면 최초 교육을 받은 것으로 봄)
2. 보수 교육 : 제1호에 따라 교육을 받은 날을 기준으로 매년 1회(다만, 제1호 단서에 해당하는 경우에는 자격시험에 합격한 날부터 1년이 되는 날을 기준으로 매년 1회)
⑨ 교육시간은 4시간 이상, 8시간 이하로 한다.
교육 내용(「화장품 법령·제도 등 교육실시기관 지정 및 교육에 관한 규정」 제6조 제2항)
교육실시기관의 장은 제1항에 따른 교육을 집합교육 또는 정보통신망을 이용한 온라인 교육 과정으로 운영할 수 있다.

95 '지훈'은 맞춤형화장품조제관리사로서 고객 맞춤형 에센스를 조제한 후, 고객 '미영'으로부터 성분에 대한 문의를 받았다. 에센스의 성분 중 페녹시에탄올이 포함되어 있으며, 사용량은 0.8%이다. ㉠과 ㉡에 알맞은 말을 각각 쓰시오.

> 미영 : 이 제품에 들어 있는 보존제 성분은 무엇인가요? 혹시 피부에 문제가 되지는 않나요?
> 지훈 : 보존제로 사용된 성분은 (㉠)입니다. 화장품법상 보존제로 사용할 수 있는 기준은 (㉡)% 이하이며, 이 제품은 그 기준을 넘지 않아 안전하게 사용할 수 있습니다.

㉠ :
㉡ :

페녹시에탄올의 최대 허용 농도는 1.0% 이하이다.

96 다음은 화장품의 혼합, 소분 과정에서 사용하는 기구에 대한 설명이다. 밑줄 친 '이것'에 해당하는 말을 쓰시오.

> <u>이것</u>은 물과 기름을 유화시켜 안정한 상태로 유지하기 위하여 분산상의 크기를 미세하게 한다.

호모믹서는 혼합 및 유화 작업에 사용되며, 미세한 분산 및 유화 안정화를 위하여 필수적인 장비이다.

정답 93 살리실릭애시드 94 ㉠ 1, ㉡ 6 95 ㉠ 페녹시에탄올, ㉡ 1.0 96 호모믹서

97 다음을 읽고 ㉠과 ㉡에 알맞은 말을 각각 쓰시오.

> 화장품 원료로 이용되는 계면활성제의 구조는 친유부와 친수부로 되어 있는데, 친수부의 종류에 따라 비이온성, 양이온성, 음이온성, 양쪽성 계면활성제로 분류된다. 이러한 계면활성제 중에서 '세트리모늄클로라이드(Cetrimonium Chloride)'는 모발에 대한 정전기 방지 효과가 있어서 린스 등에 사용되는 원료로 (㉠) 계면활성제로 분류된다. 한편 피부 자극이 적어서 기초화장품에 자주 사용되는 수크로스올리에이트(Sucrose Oleate) 혹은 글라이콜스테아레이트(Glycol Stearate)는 (㉡) 계면활성제로 분류된다.

㉠ :

㉡ :

양이온성 계면활성제는 양(+)전하를 띤 친수기를 가지며, 모발에 흡착하여 정전기를 줄이고 부드럽게 하는 효과가 있다. 비이온성 계면활성제는 전하를 띠지 않는 친수기를 가지며, 자극이 적고 안정성이 높아 기초화장품에 널리 사용된다.

98 다음을 읽고 밑줄 친 '이것'에 해당하는 말을 쓰시오.

> 이것은 맞춤형화장품의 혼합·소분에 사용되는 내용물 또는 원료의 제조번호와 혼합·소분 기록을 추적할 수 있도록, 맞춤형화장품판매업자가 숫자, 문자, 기호 또는 이들의 특징적인 조합으로 부여한 번호이다.

식별번호는 소비자에게 표시되는 제조번호와는 다르게, 맞춤형화장품판매업자 내부에서 추적 관리 목적으로 사용하는 번호이다.

99 고객이 맞춤형화장품조제관리사에게 피부가 칙칙하고 색소침착이 많아 미백에 도움을 주는 화장품을 맞춤형으로 구매하기를 상담하였다. 다음에서 미백 기능성 화장품의 주성분으로 가장 적절한 것을 찾아 쓰시오.

> 살리실릭애시드, 타이타늄디옥사이드, 아데노신, 나이아신아마이드, 레티닐팔미테이트, 하이알루론산나트륨

나이아신아마이드는 미백 기능성 성분으로 멜라닌의 이동 억제를 통해 기미, 주근깨 완화 및 미백 효과가 있으며, 권장 사용 농도는 2~5%이다.

100 다음은 맞춤형화장품판매업의 신고에 관한 규정이다. ㉠과 ㉡에 알맞은 말을 각각 쓰시오.

> - 맞춤형화장품판매업을 하려는 자는 (㉠)(으)로 정하는 바에 따라 식품의약품안전처장에게 신고하여야 하며, 신고한 사항 중 변경사항이 생긴 경우에도 같은 방식으로 신고하여야 한다.
> - 맞춤형화장품판매업을 신고한 자는 (㉠)(으)로 정하는 바에 따라, 맞춤형화장품의 혼합 및 소분 업무를 수행하는 (㉡)을(를) 두어야 한다.

㉠ :

㉡ :

맞춤형화장품조제관리사 제도에 관한 구체적인 사항은 총리령으로 정한다.

정답 97 ㉠ 양이온성, ㉡ 비이온성 98 식별번호 99 나이아신아마이드 100 ㉠ 총리령, ㉡ 맞춤형화장품조제관리사

최신 기출문제 05회

소요 시간	문항 수
총 120분	총 100문항

수험번호 : _____
성   명 : _____

객관식(선다형, 01~80번)

01 「화장품법」에 따른 화장품의 정의에 해당하지 않는 것은?

① 약사법 제2조 제4호의 의약품에 해당하는 물품
② 인체에 바르고, 문지르거나 뿌리는 등 이와 유사한 방법으로 사용하는 물품
③ 피부 또는 모발의 건강을 유지하거나 증진하는 목적의 물품
④ 인체를 청결, 미화하여 매력을 더하고 용모를 밝게 변화시키는 물품
⑤ 인체에 대한 작용이 경미한 것

> 화장품은 '인체에 바르고, 문지르거나 뿌리는 등 이와 유사한 방법으로 사용하여 청결, 미화, 매력 증진, 피부나 모발의 건강 유지, 체취 제거 또는 기초적인 보호를 위한 물품'을 말하며, 인체에 대한 작용이 경미한 것이어야 한다.
> 따라서, 의약품에 해당하는 물품은 화장품과 엄격히 구분된다.
>
> **선생님의 노하우**
> 화장품의 정의는 아주 기본적인 숙지 사항입니다. 자다가 툭 건드렸을 때 튀어나오는 수준으로 당연히 알고 있어야 합니다.

02 다음 중 기능성화장품에 대한 설명으로 옳지 않은 것은?

① 기능성화장품은 미백, 주름개선, 자외선 차단 기능이 있으며, 식약처장이 고시한 기준과 시험방법에 따라 심사 또는 보고를 거쳐야 한다.
② 기능성화장품은 맞춤형화장품처럼 소비자의 피부 상태에 따라 현장에서 조제되어 판매되는 제품을 의미한다.
③ 기능성화장품은 의약품이 아니므로 인체에 대한 작용이 경미하고, 외용으로 사용된다.
④ 기능성화장품의 효능·효과를 표시·광고하려면 과학적 근거 자료를 갖추어야 한다.
⑤ 식약처에서 기능성화장품의 범위와 효능·효과에 대한 기준 및 시험방법을 고시하고 있다.

> 맞춤형화장품은 판매 현장에서 소비자의 피부 상태나 기호에 맞추어 맞춤형화장품조제관리사가 내용물을 혼합하거나 소분하여 판매하는 화장품이다. 기능성화장품은 현장에서 조제되어 판매되는 화장품이 아니다.

03 개인정보처리자가 정보주체로부터 개인정보 수집·이용에 대한 동의를 받기 전에 알려야 할 사항이 아닌 것은?

① 수집하려는 개인정보의 항목
② 개인정보의 보유 및 이용 기간
③ 개인정보의 수집·이용 목적
④ 동의를 거부할 권리 및 거부에 따른 불이익이 있는 경우 그 내용
⑤ 개인정보를 제3자에게 제공할 경우의 손해배상 기준

동의를 받기 전에 알릴 사항
• 수집·이용 목적
• 수집하려는 개인정보 항목
• 보유 및 이용 기간
• 동의 거부 권리 및 불이익 발생 가능성

04 다음 중 화장품을 판매하거나 판매할 목적으로 제조 또는 수입해서는 안 되는 경우에 해당하지 않는 것은?

① 유통화장품 안전관리 기준에 적합하지 않은 상태로 제조된 화장품
② 사용기한 또는 제조연월일을 위조·변조한 화장품
③ 코뿔소 뿔 또는 호랑이 뼈와 그 추출물을 사용한 화장품
④ 용기나 포장이 불량하여 보건위생상 위해를 발생시킬 우려가 있는 화장품
⑤ 피부 보습에 도움이 되는 정제수, 글리세린을 함유한 일반 보습 화장품

정제수나 글리세린을 함유한 보습 화장품은 일반적인 화장품 구성 성분을 포함한 정상적인 제품이므로, 금지 사유에 해당하지 않는다.

05 다음 중 알코올계 물질 중 친수성이 뛰어나고 보습력이 우수하여 화장품에 보습제로 사용되는 성분으로 옳지 않은 것은?

① 글리세린
② 소르비톨
③ 프로필렌글라이콜
④ 에탄올
⑤ 뷰틸렌글라이콜

에탄올은 휘발성이 강하고 보습 효과보다는 수렴, 살균, 용매의 목적으로 쓰인다. 이와 더불어 휘발성이 있어 피부 건조를 유발할 수 있으므로 보습제로 적합하지 않다.

06 비중이 0.8인 내용물을 700㎖ 채웠을 때, 이 화장품 내용물의 질량(g)은 얼마인가?

① 250
② 440
③ 210
④ 560
⑤ 400

화장품의 비중
비중은 어떤 물질의 밀도를 그와 같은 부피의 4℃의 물의 밀도에 비교한 값이다.

비중을 산출하는 식은 아래와 같다.

$$비중 = 질량 \div 부피$$

이를 변형하면 '질량 = 비중 × 부피'가 되는데, 이 식에 수치를 대입하면,
x(질량) = 0.8 × 700
       = 560g
이 되어, 정답은 ④이 된다.

07 다음 중 왁스류에 대한 설명으로 <u>틀린</u> 것은?

① 왁스는 고형 유성 성분으로 화장품의 점도와 형태 유지에 활용된다.
② 석유에서 정제한 파라핀 왁스는 대표적인 광물성 왁스에 해당한다.
③ 지방산과 1가 알코올이 결합한 에스터 성분으로 구성된 것이 일반적이다.
④ 카나우바 왁스, 밀랍, 라놀린은 대표적인 천연 유래 왁스이다.
⑤ 왁스류는 주로 계면활성제의 역할을 하며 유화 안정화를 목적으로 사용된다.

왁스 자체는 계면활성제가 아니며, 유화 안정화같이 계면활성 기능이 필요한 경우는 별도의 계면활성제를 사용하여야 한다.

08 다음 중 화장품 원료에 대한 위해평가 단계별 설명으로 <u>틀린</u> 것은?

① 위해성 평가는 위해성 확인, 위해성 결정, 노출평가의 결과를 종합해 판단하는 것이다.
② 노출평가는 화장품 성분이 인체에 어느 정도 양으로 접촉되는지를 산출하는 과정이다.
③ 위해성 확인은 위해물질이 인체에 유해한 생리·생화학적 영향을 나타내는지를 조사하는 단계이다.
④ 위해성 결정은 해당 물질의 인체 노출 허용량을 수학적으로 예측하는 과정이다.
⑤ 위해도 평가는 위해성 확인과 노출량 계산만을 기반으로 단순히 비교하는 것을 의미한다.

위해도 평가는 단순 비교가 아니라, 위해성 확인, 위해성 결정, 노출평가의 결과를 종합하여 인체에 실제로 미치는 위해 가능성을 평가하는 것이다. 위해도는 정량적 위험 판단의 결과이지, 구성 일부만으로 판단하는 개념이 아니다.

09 다음 중 화장품 제조업에 해당하는 설명으로 옳은 것은?

① 화장품을 직접 제조하여 판매하거나 수출하는 영업
② 수입화장품을 국내에 유통, 판매하는 영업
③ 화장품을 위탁받아 판매 목적 없이 실험용으로만 제조하는 영업
④ 화장품을 단순히 유통하는 자가 책임판매업자의 허가 없이 수입하는 영업
⑤ 맞춤형화장품을 혼합·소분하여 판매하는 영업

오답 피하기
①·② 유통과 판매를 하는 것은 책임판매업에 해당한다.
④ 제조업하고 무관하며, 불법에 해당한다.
⑤ 맞춤형화장품판매업에 대한 설명이다.

10 다음 중 화장품의 물리적 변화에 해당하는 것으로 옳은 것은?

① 내용물에서 불쾌한 냄새가 날 때
② 내용물에 곰팡이가 피었을 때
③ 내용물의 층이 분리되었을 때
④ 내용물의 색상이 변하였을 때
⑤ 내용물에 세균이 증식하였을 때

'화장품의 물리적 변화'는 제품의 외형, 상태, 물성 등 가시적 특성이 변하는 경우를 말한다.

11 다음 중 산화방지제로 적합하지 <u>않은</u> 성분은 무엇인가?

① BHT
② EDTA
③ 에리소빅애시드(Erisobic Acid)
④ BHA
⑤ 자몽씨추출물

EDTA(EthyleneDiamineTetraacetic Acid)는 산화방지제가 아니라 킬레이트제로 분류된다. 금속이온(특히 납)을 안정화하여 미생물 증식을 억제하는 보존보조제로 사용되지만, 지방산의 산화 자체를 억제하는 성분은 아니다.

12 시험 결과의 적합 판정을 위한 수적 제한, 범위, 또는 기타 적절한 측정법을 의미하는 용어는 무엇인가?

① 기준 일탈
② 유지관리
③ 변경관리
④ 적합판정기준
⑤ 공정관리

'적합판정기준'은 품질시험, 기준서 작성, 제조지시서 등에서 적합 여부를 수치적으로 판정하기 위한 기준이다.

오답 피하기
① 정해진 기준을 벗어난 경우, 즉 기준에서 '일탈'된 상태이다.
② 설비나 시스템을 정상 상태로 관리하는 활동이다.
③ 변경이 생겼을 때 이를 통제하고 기록하는 시스템이다.
⑤ 제조 공정의 품질을 일정하게 유지하기 위한 활동이다.

13 다음 중 CGMP에서 규정한 제조관리 기준서에 포함되지 않는 사항은 무엇인가?

① 제조공정관리 기준
② 완제품 관리에 관한 사항
③ 사용기한 또는 개봉 후 사용기한에 관한 사항
④ 시설 및 기구 관리 기준
⑤ 원자재 관리에 관한 사항

사용기한 또는 개봉 후 사용기한은 품질관리기준서 항목에 해당된다.

14 다음 중 CGMP 해설서에서 규정한 작업소 근무자의 일반적인 책임으로 해당하지 않는 것은?

① 문서접근 제한 및 개인위생 규정을 준수하여야 할 의무
② 조직 내에서 맡은 지위 및 역할을 인지하여야 할 의무
③ 품질보증에 대한 전반적 책임을 질 의무
④ 교육훈련을 이수하고 책임 및 활동을 인지할 의무
⑤ 자신의 범위 내 부적합 발생 시 상급자에게 보고할 의무

'품질보증에 대한 총괄적 책임'은 품질보증부서(QA)의 책임이며, 일반 작업자의 책임이 아니다.

15 내용량이 45㎖인 화장품의 포장에 성분명을 생략할 수 있는 경우로 적절한 것은?

① 기능성화장품의 경우 그 효능·효과가 나타나게 하는 원료
② AHA(알파하이드록시산)처럼 각질 제거 기능이 있는 성분
③ 샴푸에 포함된 구리염 같은 금속염 성분
④ 금박 등 외관을 위한 미량의 착색·장식용 성분
⑤ 타르색소처럼 식약처 고시 기준에 따라 표시 대상이 정해진 색소

화장품 포장의 기재·표시 등(「화장품법 시행규칙」 제19조 제2항 제3호)
내용량이 10㎖ 초과 50㎖ 이하 또는 중량이 10g 초과 50g 이하 화장품의 포장인 경우에는 다음의 성분을 제외한 성분은 기재·표시를 생략할 수 있다.
- 타르색소(⑤)
- 금박(④)
- 샴푸와 린스에 들어 있는 **인산염**의 종류(③)
- 과일산(AHA)(②)
- 기능성화장품의 경우 그 효능·효과가 나타나게 하는 원료(①)

16 다음 중 세척대상 설비에 해당하는 것으로 가장 적절한 것은?

① 동일한 제품을 반복적으로 생산하는 설비
② 세척이 곤란한 물질 또는 구조를 가진 설비
③ 가용성 물질로 구성된 설비
④ 검출이 쉬운 고체 입자가 잔류하는 설비
⑤ 자동화된 세척 장비가 부착된 설비

세척대상 설비의 우선 선정 기준
• 세척이 곤란한 구조 또는 재질
• 제품이 쉽게 잔류하거나 부착되는 표면
• 크림, 페이스트 등 점도가 높아 오염이 남기 쉬운 물질
• 교차오염의 위험이 높은 제품 간 전환 설비

17 다음 중 티오글라이콜릭애시드 또는 그 염류를 주성분으로 하는 냉2욕식 퍼머넌트웨이브용 제품의 품질 기준으로 옳지 않은 것은?

① 중금속 : 20μg/g 이하
② pH : 3.0~8.0
③ 비소 : 5μg/g 이하
④ 철 : 2μg/g 이하
⑤ 알칼리 : 0.1N 염산의 소비량은 검체 1㎖에 대하여 7㎖ 이하

티오글라이콜릭애시드 또는 그 염류를 주성분으로 하는 냉2욕식 퍼머넌트웨이브용 제품의 품질 기준으로 pH는 4.5~9.6이 적절하다.

선생님의 노하우
선지에 쓰인 'N'이 참 거슬렸을 거라 생각이 되어 간단히 설명해 드립니다. 애써 외우지는 마시고, 마지막 항목만 이해하고 넘어가면 시험 치거나 공부를 할 때 도움이 될 겁니다.
• 노르말 농도(N) : 물 1ℓ에 들어 있는, 다른 물질과 반응할 수 있는 이온의 양(물, mol)을 기준으로 한 농도
• 0.1N 염산 : 물 1ℓ 속에 수소이온이 0.1mol 들어 있음
• 선지 ⑤의 의미 : 검체의 알칼리성은 염산 0.1N 기준으로 7㎖ 이내에서 중화되어야 함(= 알칼리의 성질이 과하지 않아야 함)

18 다음 중 맞춤형화장품의 포장에 표시 · 기재하여야 하는 사항이 아닌 것은?

① 기능성화장품인 경우, 심사받거나 보고된 효능 · 효과, 용법 · 용량
② 수입화장품인 경우, 제조국명과 제조업자 및 제조업자의 소재지
③ 인체 세포 · 조직 배양액을 함유한 경우, 그 함량
④ 성분명을 제품 명칭에 사용한 경우, 해당 성분명과 함량
⑤ 천연 또는 유기농 원료를 사용한 경우, 그 함량

천연 또는 유기농 원료는 제품에 강조 표시(예 천연화장품, 유기농 등)로 광고하려는 경우에만 기재하도록 권장되는 사항이지, 모든 맞춤형화장품 포장에 반드시 표시하여야 하는 법적 필수사항은 아니다.

19 다음 중 분산에 대한 설명으로 옳지 않은 것은?

① 기체에 액체가 분산된 제형을 폼(Foam)제라고 한다.
② 일반적으로 분산은 액상 원료에 고형 원료를 분산한 것이다.
③ 가용화나 유화로는 만들 수 없는 다양한 제형의 화장품을 만들 수 있다.
④ 색상이나 질감을 표현하는 화장품에 쓰인다.
⑤ 분산에는 현탁액 분산과 콜로이드 분산이 있다.

액체에 기체가 분산된 제형을 폼(Foam)제라고 한다. 대표적인 제품으로 헤어무스, 셰이빙폼, 폼클렌징, 거품형 염색제 등이 있다.

20 다음 중 「화장품법 시행규칙」에 따라 어린이 사고 방지를 위한 안전용기·포장을 사용하지 <u>않아도</u> 되는 품목은 무엇인가?

① 아세톤을 함유하는 네일 에나멜 리무버 및 네일 폴리시 리무버
② 일회용 제품, 에어로졸 제품, 용기입구가 펌프 혹은 방아쇠로 작동되는 분무용기 제품
③ 어린이용 오일 등 개별포장당 탄화수소류를 10% 이상 함유하는 액상 제품
④ 개별포장당 메틸 살리실레이트를 5% 이상 함유하는 액상 제품
⑤ 어린이용 오일 등 운동점도가 21cSt(40℃ 기준) 이하인 비에멀전 타입의 액상 제품

1회용 제품, 에어로졸 제품 또는 펌프나 방아쇠로 작동되는 분무용기 제품은 예외로 안전포장을 생략할 수 있다.

선생님의 노하우
안전 포장의 기준은 숫자 '5, 10, 21, 40'을 기억하세요.

21 다음 중 화장품 안전기준의 주요사항으로 옳지 <u>않은</u> 것은?

① 식품의약품안전처장은 화장품의 제조 등에 사용할 수 없는 원료를 지정하여 고시하여야 한다.
② 식품의약품안전처장은 사용기준이 지정된 보존제, 색소, 자외선차단제 외의 성분도 제한 없이 사용할 수 있도록 허용할 수 있다.
③ 위해 우려가 제기되는 화장품 원료는 위해요소를 신속히 평가하여 사용 여부를 결정할 수 있다.
④ 위해평가가 완료되면 해당 원료를 사용금지 또는 제한 원료로 지정할 수 있다.
⑤ 사용기준의 안전성은 정기적으로 검토하고, 필요시 기준을 변경할 수 있다.

보존제, 색소, 자외선차단제 등은 반드시 사용기준에 맞게 사용하여야 하며, 고시된 성분 외의 다른 성분은 해당 용도로 사용할 수 없다.

22 다음 중 모간의 구조에 대한 설명으로 옳지 <u>않은</u> 것은?

① 모표피는 외부 자극에 약하고 큐티클층으로 구성된다.
② 모피질은 모발의 색상과 굵기에 영향을 미치는 부분이다.
③ 모수질은 모간 중심에 위치하며 세포와 색소가 밀집되어 있다.
④ 모표피는 투명하고 납작한 세포가 겹겹이 쌓여 있다.
⑤ 모피질은 케라틴 단백질과 멜라닌 색소가 포함된 부분이다.

모수질은 모간의 중심부로, 공기층으로 이루어져 있어 비어 있거나 조직이 성긴 곳이다. 색소랑 세포는 모피질에 밀집되어 있다.

23 다음 중 「화장품법」 및 관련 고시에 따라 맞춤형 화장품에 혼합하여 사용할 수 있는 화장품 원료로 적절하지 <u>않은</u> 것은?

① 호모살레이트
② 토코페롤
③ 시녹세이트
④ 페녹시에탄올
⑤ 리도카인

리도카인은 의약품, 특히 마취제이므로 화장품에 절대 사용할 수 없다.

오답 피하기
① 10% 이내로 배합할 수 있다.
② 20% 이내로 배합할 수 있다.
③ 5% 이내로 배합할 수 있다.
④ 1% 이내로 배합할 수 있다.

정답 20 ② 21 ② 22 ③ 23 ⑤

24 다음 중 「맞춤형화장품판매업자의 안전관리기준」에 따라 혼합·소분 시 준수사항으로 옳지 <u>않은</u> 것은?

① 혼합·소분 전에는 손을 세정하거나 소독하여야 하며, 일회용 장갑 착용 시에는 생략할 수 있다.
② 혼합·소분 전에는 사용기한 또는 개봉 후 사용기한이 지난 내용물이나 원료는 사용해서는 안 된다.
③ 혼합·소분 전에는 내용물을 담을 용기의 오염 여부를 확인하여야 한다.
④ 소비자의 피부 상태나 선호를 확인하지 않고도 미리 혼합하여 판매용으로 보관할 수 있다.
⑤ 혼합·소분에 사용하는 기구는 사용 전 위생상태를 확인하고 사용 후 세척하여야 한다.

소비자의 피부상태, 선호, 요청 등을 반영하여 판매 현장에서 혼합·소분하여야 하며, 미리 제조하여 보관·판매하여서는 안 된다.

25 다음 중 기능성화장품 실증자료가 있는 경우에도 화장품 표시·광고 표현으로 사용할 수 <u>없는</u> 것은?

① 피부혈행 개선
② 일시적 셀룰라이트 감소
③ 콜라겐 증가 또는 활성화
④ 효소 증가 또는 활성화
⑤ 여드름 피부 치료

여드름 피부 '치료'는 의약품의 효능 범위에 해당하며, 화장품의 기능성 범위를 벗어난 표현이기 때문에 실증자료가 있더라도 표시·광고에서 사용할 수 없다.

26 피지 분비가 많고 모공이 커서 번들거리며, 뾰루지와 면포가 생기기 쉬운 피부 유형은?

① 민감성 피부
② 지성 피부
③ 복합성 피부
④ 건성 피부
⑤ 정상 피부

피지 분비가 많고 유분이 많으며, 모공이 크고 번들거린다는 설명은 지성피부의 전형적인 특징이다. 또한 면포와 여드름이 생기기 쉬운 피부이며, 화장이 잘 지워지고 유분기로 인해 광이 잘 난다는 특성 역시 지성피부에 해당한다.

27 다음 중 화장품의 표시·광고와 관련하여 부당한 행위로 금지되지 <u>않은</u> 것은?

① 일반 화장품을 기능성화장품으로 오인하게 할 우려가 있는 광고
② 유기농화장품이 아님에도 유기농이라는 용어로 소비자를 오인하게 하는 광고
③ 의약품으로 잘못 인식될 수 있는 표현을 포함한 표시
④ 소비자가 실제와 다르게 인식할 수 있는 표시 또는 광고
⑤ 표시·광고의 세부사항을 판매업자가 자율로 정하는 것

표시·광고의 세부사항 및 필요한 사항은 대통령령 또는 식품의약품안전처장이 고시로 정한 기준에 따라야 하며, 사업자의 자율 판단으로 정할 수 없다.

선생님의 노하우
「화장품법」제13조 내부의 '목'에 해당하는 ①·②·③·④를 위반 시 「화장품법」제36조에 따라 1년 이하의 징역 또는 1천만 원 이하의 벌금에 처할 수 있어요.

28 다음 중 화장품의 회수에 관한 설명으로 옳지 않은 것은?

① 회수 대상 화장품의 위해성 등급 및 회수 절차는 대통령령으로 정한다.
② 회수조치를 성실히 이행한 경우, 행정처분이 감경 또는 면제될 수 있다.
③ 회수계획은 화장품책임판매업자에게 보고할 필요 없이 자체적으로만 수립하면 된다.
④ 회수는 위해 우려가 있는 화장품이 유통 중일 경우 지체 없이 시행되어야 한다.
⑤ 회수계획에 따라 정해진 수량의 4분의 1 이상을 회수한 경우, 일부 면제 사유가 될 수 있다.

회수계획은 반드시 화장품책임판매업자에게 보고하여야 하며, 자체 수립만으로는 부족하다.

29 다음 중 고객상담 시 수집되는 개인정보 중 민감정보에 해당하는 것으로 옳은 것은?

① 출입국관리법에 따른 외국인등록번호
② 주민등록법에 따른 주민등록번호
③ 여권법에 따른 여권번호
④ 유전자검사 등을 통해 얻어진 유전정보
⑤ 도로교통법에 따른 운전면허의 면허번호

민감정보
• 사상 · 신념에 관한 정보 : 사상 · 신념, 노동조합 · 정당의 가입 · 탈퇴, 정치적 견해
• 신체와 관련된 정보 : 건강, 성생활, 유전정보, 인종이나 민족에 관한 정보, 개인의 신체적 · 생리적 · 행동적 특징에 관한 정보
• 범죄경력자료

오답 피하기
나머지는 모두 고유식별정보에 해당한다.

30 다음 중 염류에 대한 설명으로 틀린 것은?

① 음이온염에는 아세테이트, 클로라이드, 브로마이드, 설페이트 등이 있다.
② 염류는 산과 염기의 중화반응으로 생성되는 물질이다.
③ 양이온염에는 소듐, 포타슘, 마그네슘, 암모늄 등이 포함된다.
④ 산과 염기의 결합으로 수산화 화합물이 생성된다.
⑤ 염류는 무기염류와 유기염류로 나눌 수 있다.

산과 염기(알칼리)가 반응하면 일반적으로 물(Water)과 염(Salt)이 생성된다. 수산화 화합물은 금속 산화물과 물이 반응할 때 생성된다.

31 다음 중 「화장품법」에서 사용된 용어들의 정의에 대한 설명으로 틀린 것은?

① '안전용기 · 포장'이란 만 5세 미만의 어린이가 개봉하기 어렵게 설계 · 고안된 용기나 포장을 말한다.
② '표시'란 화장품의 용기 · 포장에 기재하는 문자 · 숫자 · 도형 또는 그림 등을 말한다.
③ '사용기한'이란 화장품이 출고된 날부터 적절한 보관 상태에서 제품이 고유의 특성을 간직한 채 소비자가 안정적으로 사용할 수 있는 최소한의 기한을 말한다.
④ '광고'란 라디오 · 텔레비전 · 신문 · 잡지 · 음성 · 음향 · 영상 · 인터넷 · 인쇄물 · 간판, 그 밖의 방법에 의하여 화장품에 대한 정보를 나타내거나 알리는 행위를 말한다.
⑤ '화장품의 날'이란 화장품산업의 국제 경쟁력 강화를 도모하고 화장품에 대한 국민의 이해와 관심을 높이기 위하여 매년 9월 7일로 제정한 날을 말한다.

'사용기한'은 화장품이 제조된 날을 기준으로 한다.

32 다음 중 자외선 조사 시 피부에 미치는 영향이 아닌 것은?

① 일광화상
② 색소침착
③ 피부진정
④ 진피조직 노화
⑤ 홍반 발생

> 피부진정은 자외선 조사로 인한 영향이 아니라, 자극받은 피부를 안정시키기 위한 관리에 의한 작용이다.

선생님의 노하우
자외선(UVA, UVB)은 다음과 같은 피부 변화를 일으킵니다.
- UVA : 광노화(피부 처짐, 진피조직 노화)
- UVB : 일광화상, 홍반, 색소침착 등

33 무수에탄올을 사용하여 70% 희석 알코올 2,000㎖를 만들고자 한다. 올바른 혼합 방법은?

① 무수에탄올 1,400㎖ + 정제수 600㎖
② 무수에탄올 1,500㎖ + 정제수 500㎖
③ 무수에탄올 1,600㎖ + 정제수 400㎖
④ 무수에탄올 1,300㎖ + 정제수 700㎖
⑤ 무수에탄올 1,200㎖ + 정제수 800㎖

> **용액의 희석**
> Ⅰ. 희석용액의 비
> 희석용액의 비는 아래의 공식을 이용하여 구할 수 있다.
>
> 원액의 농도(M) × 원액의 부피(V) = 희석액의 농도(M') × 희석액의 부피(V')
>
> $100\% \times V_{원액} = 70\% \times 2{,}000㎖$
> 따라서 원액의 부피는 1,400㎖이다.
>
> Ⅱ. 용액의 농도
> 용액의 농도는 아래의 공식을 이용하여 구할 수 있다.
>
> $$\frac{용질의\ 부피}{(용매의\ 부피 + 용질의\ 부피)} \times 100(\%)$$
>
> $\frac{1400㎖}{(V_{정제수} + 1400㎖)} \times 100 = \frac{1400㎖}{2000㎖} \times 100$ 이므로,
> 2,000㎖ − 1,400㎖ = 600㎖
> 정제수의 부피는 600㎖이다.

34 화장품에 첨가되는 산화방지제(Antioxidant)의 정의로 가장 적절한 것은?

① 산소와 반응을 촉진하기 위해 첨가하는 물질이다.
② 산소와의 반응을 억제하여 산화를 방지하기 위해 사용하는 물질이다.
③ 질소와 반응을 억제하여 안정성을 높이기 위한 물질이다.
④ 금속 이온과 반응하여 착화합물을 형성하는 물질이다.
⑤ 수분과의 결합을 방지하여 제품의 점성을 조절하는 물질이다.

> 산화방지제는 제품의 품질 저하를 유발하는 산화 반응을 방지하기 위하여 첨가하는 물질이다. 이는 주로 산소와의 반응을 차단하거나 지연시켜 화장품의 변색, 부패, 산패 등을 억제하는 역할을 한다. 대표적인 산화방지제로는 BHT, BHA, 토코페롤, 아스코르빅애시드 등이 있다.

오답 피하기
① 염모제의 산화제, 촉매제에 대한 설명이다.
④ 킬레이트제에 대한 설명이다.
⑤ 보습제나 습윤제에 대한 설명이다.

35 천연 화장품에 사용 가능한 산화방지제로 가장 적절한 것은?

① 프로필갈레이트(Propyl Gallate)
② BHT(Bibutylhydroxytoluene)
③ BHA(Butylhydroxyanisole)
④ 토코페롤(Tocopherol)
⑤ 베타글루칸(Beta-glucan)

> 천연 화장품에 사용 가능한 산화방지제는 천연 유래 성분으로 구성된 원료여야 하며, 합성 항산화제는 제외된다. 토코페롤(Tocopherol)은 비타민 E로서 천연 유래 성분이며, 대표적인 천연 산화방지제로 화장품에 널리 사용된다.

36 다음 중 완제품의 보관용 검체에 대한 설명으로 옳지 <u>않은</u> 것은?

① 검체는 오염이나 변질이 발생하지 않도록 채취한다.
② 검체 채취 후에는 원래 상태에 준하는 포장을 하여 보관한다.
③ 시험용 검체의 용기에는 제품명, 제조번호 등을 기재한다.
④ 완제품의 보관용 검체는 제조단위별로 1년간 보관한다.
⑤ 검체용기에는 용기가 바뀌는 것을 방지하기 위해서 검체채취 후에 라벨을 붙여 놓는 것이 바람직하다.

검체용기에는 용기가 바뀌는 것을 방지하기 위하여 검체채취 전에 라벨을 붙여 놓아야 한다.

37 다음 중 제조관리 기준서에 포함되지 <u>않아도</u> 되는 사항은?

① 제조공정관리 사항
② 원자재 관리 사항
③ 위탁제조에 관한 사항
④ 완제품 관리 사항
⑤ 보관용 검체 관리 사항

보관용 검체의 관리에 관한 사항은 제조관리 기준서가 아닌 '품질관리 기준서'에 포함되는 항목이다.

38 원료 및 포장재의 입고 시 수행하여야 할 관리기준으로 옳지 <u>않은</u> 것은?

① 구매요구서, 원자재 공급업체 성적서 및 현품이 서로 일치하는지 확인한다.
② 입고된 원자재는 적합, 부적합, 검사 중 등으로 상태를 표시한다.
③ 원자재 공급자에 대한 관리감독을 적정히 수행한다.
④ 원자재 용기에 제조번호가 없는 경우에는 관리번호를 부여하여 보관한다.
⑤ 육안 확인 시 물품에 결함이 있을 경우 재작업을 실시한다.

재작업이아니라 입고를 보류하고 격리보관 및 폐기하거나 반송하여야 한다.

39 다음 중 유통화장품의 미생물 한도 기준에 따라 올바르게 연결된 것은?

① 마스카라 - 총호기성생균수 1,000개/g(㎖) 이하
② 베이비로션 - 총호기성생균수 100개/g(㎖) 이하
③ 스킨 - 총호기성생균수 300개/g(㎖) 이하
④ 물휴지 - 총호기성생균수 100개/g(㎖) 이하
⑤ 수분크림 - 진균수 100개/g(㎖) 이하

유통화장품의 안전관리 기준(「화장품 안전기준 등에 관한 규정」 제6조 제4항) 미생물한도는 다음과 같다.
1. 총호기성생균수는 영·유아용 제품류 및 눈화장용 제품류의 경우 500개/g(㎖) 이하(① · ②)
2. 물휴지의 경우 세균 및 진균수는 각각 100개/g(㎖) 이하(④)
3. 기타 화장품의 경우 1,000개/g(㎖) 이하(③ · ⑤)
4. 대장균, 녹농균, 황색포도상구균은 불검출

40 다음 중 화장품의 표시 또는 광고에 대한 설명으로 옳지 않은 것은?

① 품질 또는 효능에 대하여 객관적인 근거 없이 표시한 경우 표시·광고가 금지된다.
② 국제기구의 특정 위기 상황에 기여하는 제품임을 암시하는 표현은 허용된다.
③ 다른 제품을 비방하는 표현은 표시·광고에 사용할 수 없다.
④ 외국제품을 국내제품으로 오인하게 하거나 그 반대로 오인하게 하는 경우도 표시·광고가 제한된다.
⑤ 의약품으로 인식될 우려가 있는 기술제휴·효능 표현은 표시·광고가 금지된다.

「화장품법」 제13조, 「화장품법 시행규칙」 별표 5에 명시되어 있지 않은 사항이지만, 「화장품법」 제13조 제1항 제4호 '그 밖에 사실과 다르게 소비자를 속이거나 소비자가 잘못 인식하도록 할 우려가 있는 표시 또는 광고'에 비추어 봤을 때 국제적 감염병·재난 등 위기 상황에서 기여·예방·보호 등으로 오인될 수 있는 표현을 사용해서는 안 된다는 것을 유추할 수 있다.

41 강열잔분 시험에 반드시 필요한 시험기기로 보기 어려운 것은?

① 내열장갑
② 도가니
③ 회화로
④ 데시케이터
⑤ pH측정기

pH측정기는 산도 측정용 기기로, 강열잔분 시험과는 무관하다.

🅟 **선생님의 노하우**

강열잔분 시험은 시료를 태운 다음 남는 무기질(재)의 양을 확인하는 실험입니다. 시료를 태우기 위한 도가니와 회화로, 화상을 방지하기 위해 끼는 장갑, 습기에 민감한 물질인 '재'를 보관하거나 건조하는 데 사용되는 데시케이터가 필요하답니다.

42 맞춤형화장품조제관리사인 강주는 매장을 방문한 소연과 다음과 같은 대화를 나누었다. 고객에게 혼합하여 추천할 제품으로 적절한 것을 〈보기〉에서 모두 고른 것은?

대화

소연 : 요즘 피부가 유독 당기고 화장이 잘 뜨네요.
강주 : 계절 변화로 피부 수분이 줄었을 수 있어요. 피부 상태 측정해 볼까요?
소연 : 네, 한번 확인해 보고 싶어요.

피부 측정

강주 : 고객님 피부는 수분함량이 많이 줄고, 탄력도도 저하되어 건조함과 주름이 동반되는 상태예요.
소연 : 아, 그럼 어떤 성분이 들어간 제품이 좋을까요?

보기

ㄱ. 나이아신아마이드 함유 제품
ㄴ. 알부틴 함유 제품
ㄷ. 에틸아스코빌에터 함유 제품
ㄹ. 레티닐팔미테이트 함유 제품
ㅁ. 세라마이드 함유 제품

① ㄱ, ㅁ
② ㄴ, ㄷ
③ ㄱ, ㄹ
④ ㄷ, ㄹ
⑤ ㄴ, ㅁ

오답 피하기

ㄴ. 미백 기능성 원료이다.
ㄷ. 비타민 C 유도체로, 항산화 및 미백 기능을 한다.
ㄹ. 비타민 A 유도체로, 주름 개선과 항노화 기능을 한다.

43 천연보습인자(NMF)에 대한 설명으로 옳지 않은 것은?

① 필라그린이 분해되어 생성된 아미노산과 그 유도체로 구성된다.
② 각질층에서 수분을 끌어당기고 유지하는 수용성 물질이다.
③ 표피의 손상을 복구하는 기능을 한다.
④ 천연보습인자가 감소하면 피부의 수분 유지력이 떨어진다.
⑤ 천연보습인자는 주로 각질층에 존재한다.

> 표피 손상 복구 기능은 세라마이드·콜레스테롤·지방산 등으로 구성된 지질 성분의 역할이며, NMF의 직접적인 기능이 아니다.

44 화장품 원료의 필수 조건으로 적절하지 않은 것은?

① 사용 목적에 부합하는 물리·화학적 성질을 띨 것
② 안전성이 확보되어 인체에 해가 없을 것
③ 사용량이 많은 원료일수록 고가일 것
④ 유효 성분이 안정적으로 유지될 것
⑤ 환경에 악영향을 주지 않을 것

> 사용량이 많은 원료는 반드시 고가여야 한다는 조건은 과학적, 경제적 근거가 없는 부적절한 조건이다. 원료의 가격은 효능과 직접 연결되지 않으며, 오히려 생산 시 경제성과 생산성을 고려하여야 한다.

45 맞춤형화장품조제관리사인 미연은 매장을 방문한 은진과 아래와 같은 대화를 나누었다. 고객에게 혼합하여 추천할 제품으로 적절한 것을 〈보기〉에서 모두 고른 것은?

대화
은진 : 요즘 외근이 잦아서 그런지 피부가 칙칙하고 거뭇해진 느낌이 들어요.
미연 : 그러시군요. 혹시 피부 상태를 한번 측정해 보시겠어요?
은진 : 네, 비교해 보면 좋을 것 같아요.

피부 측정

미연 : 고객님은 지난번보다 멜라닌 수치가 증가하고, 색소침착도 심화된 것으로 나타났습니다.
은진 : 그럼 어떤 제품을 사용하면 좋을까요?

보기
ㄱ. 살리실릭애시드 함유 제품
ㄴ. 나이아신아마이드 함유 제품
ㄷ. 레티닐팔미테이트 함유 제품
ㄹ. 아데노신 함유 제품
ㅁ. 에틸아스코빌에터 함유 제품

① ㄱ, ㄷ
② ㄱ, ㅁ
③ ㄴ, ㄹ
④ ㄴ, ㅁ
⑤ ㄷ, ㄹ

> 색소침착과 피부톤 개선이 필요한 경우, 미백 기능성 성분이 포함된 제품을 사용하는 것이 적절하다.
>
> **오답 피하기**
> ㄱ. 각질 제거와 여드름 완화에 도움이 되는 성분이다.
> ㄷ·ㄹ. 주름 완화와 탄력 증진에 도움이 되는 성분이다.

정답 43 ③ 44 ③ 45 ④

46 모발의 구조에 대한 설명으로 옳지 않은 것은?

① 모구는 모발이 생성되는 부위이다.
② 내모근초와 외모근초는 모발의 색을 결정한다.
③ 모모 세포는 모유두에 접하고 있는 세포이다.
④ 모유두는 혈관을 통해 영양을 공급받는다.
⑤ 모낭은 모근을 둘러싼 조직이다.

> 내모근초와 외모근초는 모근 주변을 둘러싸는 구조적 지지층이며, 색 결정 기능은 없다. 모발 색은 모피질에 있는 멜라닌 색소에 의해 결정된다.

47 다음 중 맞춤형화장품판매업에 대한 설명으로 옳은 것은?

① 맞춤형화장품판매업자는 화장품 내용물을 자유롭게 혼합하여 판매할 수 있다.
② 맞춤형화장품조제관리사는 화장품 제조업에 종사하는 자로 자격이 필요하지 않다.
③ 맞춤형화장품판매업을 하려는 자는 지방자치단체에 신고하여야 한다.
④ 맞춤형화장품조제관리사는 맞춤형화장품 조제·소분 업무를 수행하기 위해 국가자격시험에 합격하여야 한다.
⑤ 맞춤형화장품판매업자는 연 1회 이상 정기 검사를 의무적으로 받아야 한다.

> **오답 피하기**
> ① 맞춤형화장품판매업자라도 법적인 기준(법령, 고시 등)에 따라 화장품 내용물을 혼합하여 판매할 수 있다.
> ② 맞춤형화장품조제관리사는 화장품 제조업에 종사하는 자로 자격이 필요하지 않다.
> ③ 맞춤형화장품판매업을 하려는 자는 식품의약품안전처장에게 신고하여야 한다.
> ⑤ 맞춤형화장품판매업자는 연 1회 이상 정기 '교육'을 의무적으로 받아야 한다.

48 다음 중 안전용기·포장 대상이 아닌 것은?

① 스프레이식 메이크업 픽서티브
② 네일 에나멜 리무버로 아세톤을 0.1% 함유한 제품
③ 개별포장당 메틸 살리실레이트를 5% 이상 함유한 액체 제품
④ 개별포장당 탄화수소류를 10% 이상 함유하고 점도가 낮은 비에멀전 타입 액체 제품
⑤ 유리병에 담긴 네일 폴리시 리무버로서 아세톤을 20% 함유한 제품

> **안전용기·포장**
> • 대상인 것
> – 아세톤을 함유하는 네일 에나멜 리무버 및 네일 폴리시 리무버(② · ⑤)
> – 어린이용 오일 등 개별포장당 탄화수소류를 10% 이상 함유하고 운동점도가 21cSt(40℃ 기준) 이하인 에멀전 형태가 아닌 액체상태의 제품 (④)
> – 개별포장당 메틸 살리실레이트를 5% 이상 함유하는 액체상태의 제품 (③)
> • 대상이 아닌 것
> – 일회용 제품
> – 용기 입구 부분이 펌프인 분무용기 제품
> – 용기 입구 부분이 방아쇠인 분무용기 제품
> – 압축 분무용기 제품(에어로졸 제품 등)

49 맞춤형화장품에 사용기한 또는 개봉 후 사용기간에 대한 설명으로 옳지 않은 것은?

① 개봉 후 사용기간은 심벌 또는 문자와 기간을 함께 기재·표시할 수 있다.
② 연월만으로 사용기한을 표시할 수 있으며, 이때 반드시 사용기한을 넘지 않는 범위여야 한다.
③ 사용기한은 '사용기한' 또는 '까지' 등의 문자와 함께 연월을 기재·표시하여야 한다.
④ 개봉 후 사용기간이 있는 경우에는 반드시 제조연월일을 함께 기재하여야 한다.
⑤ 개봉 후 사용기간이라는 문구와 ○○개월을 조합하여 표시할 수 있다.

> 개봉 후 사용기간을 표시하는 경우, 제조연월일을 반드시 함께 표시할 필요는 없다.

50 다음 중 화장품의 제형에 따른 충진방법으로 적절하지 않은 것은?

① 유액상 제품은 튜브 용기에 충진한다.
② 크림상 제품은 유리병 또는 플라스틱 용기에 충진할 수 있다.
③ 화장수는 보통 병에 충진한다.
④ 분말상 제품은 종이상자나 자루에 담는다.
⑤ 에어로졸 제품은 튜브에 충진하는 것이 일반적이다.

> 에어로졸 제품은 가스를 이용하여 내용물을 분사하므로 내압성이 있는 금속 캔에 충진하여야 한다. 튜브는 압력을 견디기 어려워 적합하지 않다.

51 다음 중 「개인정보보호법」에 따른 정보주체의 권리에 해당하지 않는 것은?

① 개인정보의 처리 여부를 확인하고 열람을 요구할 권리
② 개인정보의 정정, 삭제, 처리정지를 요구할 권리
③ 개인정보의 처리로 인해 발생한 피해에 대해 구제를 요구할 권리
④ 개인정보 처리에 관한 사항을 안내받을 권리
⑤ 개인정보처리자의 업무를 관리·감독할 권리

> 개인정보처리자의 업무를 관리하거나 감독할 권한은 정보주체에게 부여되어 있지 않다. 이는 개인정보처리자나 관리책임자의 의무에 해당한다.

52 다음 중 화장품 회수계획의 행정처분 기준에 관한 설명으로 옳지 않은 것은?

① 회수계획량의 5분의 4 이상을 회수한 경우에는 위반행위에 대한 행정처분이 면제된다.
② 회수계획량의 3분의 1 이상을 회수한 때에, 행정처분의 기준이 등록취소인 경우 업무정지 2개월 이상 6개월 이하의 범위에서 처분된다.
③ 회수계획량의 4분의 1 이상 3분의 1 미만을 회수한 경우, 등록취소인 경우에는 업무정지 3개월 이상 6개월 이하 범위로 경감된다.
④ 회수계획량의 4분의 1 이상 3분의 1 미만을 회수한 경우, 품목 제조·수입·판매 업무정지인 경우 정지처분기간의 2분의 1 이하로 경감된다.
⑤ 회수계획량의 2분의 1 이상을 회수한 경우에는 행정처분이 면제된다.

> 회수계획량의 5분의 4 이상을 회수한 경우에만 행정처분이 면제된다. 회수계획량의 2분의 1 이상은 경감 대상이 될 수 있으나 면제 대상은 아니다.

53 다음 중 화장품법 위반 사항 중 과태료 부과기준이 다른 하나는?

① 화장품의 생산실적 또는 원료 목록을 보고하지 않은 경우
② 폐업 등의 신고를 하지 않은 경우
③ 화장품 안전 기준에 따른 명령을 위반하고 보고하지 않은 경우
④ 책임판매관리자 및 맞춤형화장품조제관리사가 교육을 받지 않은 경우
⑤ 화장품의 판매 가격을 표시하지 않은 경우

> 화장품 안전 기준에 따른 명령을 위반하고 보고하지 않은 경우 과태료 100만 원이 부과된다.

오답 피하기
①·②·④·⑤의 경우 과태료 50만 원이 부과된다.

정답 50 ⑤ 51 ⑤ 52 ⑤ 53 ③

54 다음 중 고형의 유성 성분으로 화장품의 굳기 정도를 높이는 데 사용되는 물질에 대한 설명으로 옳은 것은?

① 고급지방산과 고급알코올이 결합된 에스터 계열의 물질로 왁스가 있다.
② 카복실산과 알코올이 반응하여 만들어지는 스쿠알렌이 있다.
③ 고급지방산과 글리세롤이 반응하여 생성된 에스터 물질로 팜유가 있다.
④ 흡수성이 좋아 미안유로 사용되는 피마자유가 있다.
⑤ 유기산과 알코올의 에스터화 반응으로 만들어진 아세트산에틸이 있다.

오답 피하기
② 스쿠알렌은 에스터가 아니라 천연 탄화수소이다.
③ 팜유는 트라이글리세라이드(중성지방) 계열의 왁스가 아니다.
④ 피마자유는 액체성분이므로 굳기와는 관계가 없다.
⑤ 아세트산에틸은 저분자 에스터로 휘발성 용제이지, 굳히는 성분이 아니다.

선생님의 노하우
고형의 유성 성분으로는 대표적으로 왁스류가 있습니다. 왁스는 고급지방산과 고급알코올이 에스터 결합을 하여 형성된 물질로, 화장품의 제형을 단단하게 하고 굳기 정도를 증가시키는 데 많이 쓰입니다.

55 소비자가 화장품 사용 중 중대한 유해사례에 해당하지 않는 경우는?

① 입원 또는 입원 기간의 연장이 필요한 경우
② 선천적 기형 또는 불구, 기능저하를 초래하는 경우
③ 사용 후 부종 혹은 가려움 등의 증상이 있는 경우
④ 사망을 초래하거나 생명을 위협하는 경우
⑤ 의학적으로 중요한 상황이 발생한 경우

정의(「화장품 안전성 정보관리 규정」 제2조)
이 고시에서 사용하는 용어의 정의는 다음과 같다.
1. '유해사례'란 화장품의 사용 중 발생한 바람직하지 않고 의도되지 아니한 징후, 증상 또는 질병을 말하며, 당해 화장품과 반드시 인과관계를 가져야 하는 것은 아니다.
2. '중대한 유해사례'는 유해사례 중 다음의 어느 하나에 해당하는 경우를 말한다.
  가. 사망을 초래 하거나 생명을 위협하는 경우(④)
  나. 입원 또는 입원기간의 연장이 필요한 경우(①)
  다. 지속적 또는 중대한 불구나 기능저하를 초래하는 경우(②)
  라. 선천적 기형 또는 이상을 초래하는 경우(②)
  마. 기타 의학적으로 중요한 상황(⑤)

56 다음 설명에 해당하는 유성성분으로 옳은 것은?

- 기본 구조가 실록산 결합(Si-O-Si)이다.
- 끈적임이 없고 사용감이 가볍다.

① 올리브 오일
② 실리콘 오일
③ 에뮤 오일
④ 에스터 오일
⑤ 시어버터

실리콘 오일은 실록산 결합(Si-O-Si)을 기본 골격으로 하는 물질로, 무색 무취이며 사용감이 산뜻하고 끈적임이 없어 화장품의 유성 성분으로 널리 사용된다. 나머지 보기들은 모두 식물성 또는 동물성 천연유 또는 지방산 유도체로, 실록산 구조와는 무관하다.

57 화장품의 안전을 위해 사용되는 보존제로서 적절하게 사용된 것은?

① 이산화타이타늄 0.25%
② 벤조페논-4 5%
③ 벤조익애시드 0.2%
④ 폴리에이치씨엘 1.5%
⑤ p-니트로-o-페닐렌디아민 0.5%

> 벤조익애시드(Benzoic acid)는 보존제로 사용 가능한 성분이며, 일반 화장품에서는 0.5% 이하까지 사용이 허용된다.

58 세정력이 가장 강하여 샴푸나 비누, 세정제로 주로 사용되는 계면활성제에 대한 설명으로 옳은 것은?

① 양이온성 계면활성제로 피부자극이 강하다.
② 양쪽성 계면활성제로 피부자극이 적다.
③ 음이온성 계면활성제로 탈지력과 세정력이 우수하다.
④ 비이온성 계면활성제로 피부자극이 적다.
⑤ 알칼리성에서 음이온, 산성에서 양이온으로 해리된다.

> 문제에서 설명하는 계면활성제의 종류는 '음이온성 계면활성제'이다. 이는 세정력과 탈지력이 매우 강하고 거품이 잘 발생하여 샴푸나 비누, 세정제 등에 널리 사용된다. 대표적으로 라우릴황산나트륨(SLS)이 있다.

59 포장재의 폐기기준에서 충전 및 포장 시 발생한 불량자재 처리로 옳지 않은 것은?

① 품질 부서에서 적합으로 판정된 포장재는 무조건 사용한다.
② 물류팀 담당자는 부적합 포장재를 추후 반품 또는 폐기 후 해당 업체에 시정조치를 요구한다.
③ 생산팀은 발생한 불량 포장재를 정상품과 함께 반납하여 물류팀이 관리하도록 한다.
④ 생산 중 발생한 불량 포장재는 해당 업체에 시정조치를 요구한다.
⑤ 물류팀 담당자는 부적합 포장재를 자재 보관소에 따로 보관한다.

> 재사용 시 품질보증책임자의 재확인이 필요한 경우도 있다. 포장재의 적합 여부는 품질 부서의 승인 이후 사용 여부가 결정되며, 부적합 포장재는 별도 관리 및 시정 조치를 해야 한다.

60 다음 중 「우수화장품 제조 및 품질관리 기준」에서 정의한 용어와 그 의미의 연결이 바르지 않은 것은?

① 벌크제품 : 포장 및 표시까지 완료된 제품
② 포장재 : 화장품의 포장에 사용되는 모든 재료로 외부 포장재
③ 제조소 : 제품 및 원료의 수령, 보관, 제조, 출하 등을 수행하는 물리적 장소
④ 제조 : 칭량부터 포장, 표시까지의 작업 전반
⑤ 일탈 : 정해진 기준을 벗어나 수행된 제조 또는 품질관리 활동

> '벌크제품'은 포장이 되지 않거나 포장하기 전 상태의 제품이다. 포장 및 표시가 완료되면 완제품으로 판단한다.

61 유통화장품의 안전관리를 위해 사용하는 소독제의 효과에 영향을 주는 요인이 <u>아닌</u> 것은?

① 소독제의 종류, 농도, 사용 시간
② 실내 온도와 상대 습도
③ 소독 대상 미생물의 종류 및 상태
④ 소독 약액의 pH와 용해성
⑤ 소독 담당자의 위생 교육 이수 여부

소독제의 효과에 영향을 미치는 주요 요인은 약제의 특성(종류, 농도, pH 등), 미생물의 종류 및 상태, 환경적 조건(온도, 습도 등)이다. 소독을 수행하는 담당자의 숙련도나 교육 이수 여부는 소독의 절차나 정확성에 영향을 줄 수 있지만, 소독제 자체의 효과에는 직접적인 관련이 없다.

62 맞춤형화장품조제관리사는 품질성적서를 확인하던 중, 다음과 같은 검출 결과를 확인하였다. 이 중 유통화장품 안전관리 기준에 적합한 항목만을 고른 것은?

> ㄱ. 수은 0.05㎍/g 검출
> ㄴ. 카드뮴 5㎍/g 검출
> ㄷ. 디옥산 200㎍/g 검출
> ㄹ. 황색포도상구균, 녹농균 불검출
> ㅁ. 대장균 검출

① ㄱ, ㄴ, ㄷ
② ㄱ, ㄴ, ㄹ
③ ㄱ, ㄷ, ㄹ
④ ㄴ, ㄷ, ㄹ
⑤ ㄴ, ㄷ, ㅁ

ㄱ. 수은은 1㎍/g 이하로 검출되어야 한다.
ㄴ. 카드뮴은 5㎍/g 이하로 검출되어야 한다.
ㄹ. 황색포도상구균, 녹농균은 검출되어서는 안 된다.

오답 피하기
유통화장품의 안전관리 기준(「화장품 안전기준 등에 관한 규정」 제6조)
ㄷ. 디옥산은 100㎍/g 이하로 검출되어야 한다.
ㅁ. 대장균은 검출되어서는 안 된다.

63 작업소 간 오염 방지를 위해 차압을 설정할 때, 외부의 오염이 내부로 유입되지 않도록 가장 낮은 압력을 유지하여야 하는 공간은 어디인가?

① 제조 공정 구역
② 분진 또는 유해가스 발생 구역
③ 원료 보관 구역
④ 충전 작업 구역
⑤ 세척·청소 구역

공기는 압력이 높은 곳에서 낮은 곳으로 이동한다. 따라서 공기가 유출되어야 하는 곳 또는 유입을 막아야 하는 곳은 기압을 높게, 유입되어야 하는 곳 또는 유출을 막아야 하는 곳은 기압을 낮게 유지하여야 한다. 문제에서 오염된 외기가 내부로 유입되지 말아야 한다는 조건이 있으므로, 외부가 음압, 내부가 양압이어야 한다. 쉽게 말해서 깨끗하여야 하는 곳은 양압, 더러워야 하는 곳(더러운 것이 모이는 곳)은 음압을 유지하여야 한다는 것이다.

선생님의 노하우
음압은 공기 흐름이 외부로 빠져나가지 않도록 하여, 내부의 오염물질이 외부로 퍼지는 것을 방지할 수 있습니다. 따라서 악취나 유해 분진이 발생하는 공간은 오염 확산을 막기 위해 가장 낮은 압력(음압)을 유지하여야 합니다.

64 내용량이 10㎖를 초과하고 50㎖ 이하인 화장품의 용기에 반드시 표시하여야 할 사항으로 옳지 <u>않은</u> 것은?

① 기능성화장품의 경우, 그 효능과 효과가 나타나는 성분
② 타르색소
③ 계면활성제의 종류
④ 금박
⑤ 인산염이 함유된 샴푸류의 경우 인산염의 종류

화장품 포장의 기재·표시 등(「화장품법 시행규칙」 제19조 제2항 제3호)
내용량이 10㎖ 초과 50㎖ 이하 또는 중량이 10g 초과 50g 이하 화장품의 포장인 경우에는 다음의 성분을 제외한 성분은 기재·표시를 생략할 수 있다.
• 타르색소(②)
• 금박(④)
• 샴푸와 린스에 들어 있는 **인산염**의 종류(⑤)
• 과일산(AHA)
• 기능성화장품의 경우 그 효능·효과가 나타나게 하는 원료(①)
• 식품의약품안전처장이 사용 한도를 고시한 화장품의 원료

정답 61 ⑤ 62 ② 63 ② 64 ③

65 다음과 같은 특징을 가진 피부 타입은?

- 각질층의 보습력이 낮고, 피지 분비량이 적어 피부 표면이 거칠며 푸석푸석하다.
- 모공은 작고, 각질이 일어나 화장이 들뜬다.

① 복합성 피부
② 민감성 피부
③ 지성 피부
④ 건성 피부
⑤ 정상 피부

건성피부는 수분과 피지 부족으로 인해 피부가 푸석하고 각질이 잘 일어나며, 피부결이 섬세하다. 화장이 잘 들뜨는 경우도 흔하다.

66 맞춤형화장품판매업자의 준수사항으로 올바르지 않은 것은?

① 판매장 내 시설과 기구를 주기적으로 점검하고 위생적으로 유지하여야 한다.
② 판매장에 제공되는 맞춤형화장품은 미생물 오염 방지를 위해 유통화장품의 안전 기준을 적용하지 않아도 된다.
③ 맞춤형화장품 사용 중 부작용 발생 시 제조업자에게 보고하여야 한다.
④ 판매내역서는 전자문서로 작성하여 보관할 수 있다.
⑤ 원료 및 내용물의 입고와 사용, 폐기 내역을 기록·관리하여야 한다.

맞춤형화장품판매업자는 최종 혼합·소분된 제품이 유통화장품의 안전관리 기준을 준수하도록 관리하여야 한다. 특히 미생물 오염에 대한 관리가 필수이며, 주기적인 미생물 샘플링 검사 등을 통해 위해요소를 예방하여야 한다.

67 표피의 구조 중 기저층에 대한 설명으로 옳지 않은 것은?

① 감각 세포인 머켈 세포가 존재한다.
② 교소체(Desmosome)가 존재한다.
③ 피부 표면의 상태를 결정짓는 중요한 층이다.
④ 멜라닌을 만들어 내는 멜라닌 세포(Melanocyte)가 존재한다.
⑤ 면역기능을 담당하는 랑게르한스 세포(Langerhans Cell)가 존재한다.

랑게르한스 세포는 유극층에 위치한 세포이다.

68 다음 중 모발의 성장주기 중 '성장기'에 대한 설명으로 옳은 것은?

① 전체 모발의 약 14%가 해당되며, 2~3개월 내에 자연 탈락되는 시기이다.
② 대사과정이 느려지며 세포분열이 거의 일어나지 않는 시기이다.
③ 모발이 빠지고 다시 새로운 모발이 생성되는 이행기이다.
④ 모구의 활동이 멈추고 모유두만 남아 있는 시기이다.
⑤ 모발이 모세혈관을 통해 공급되는 영양분에 의해 활발히 성장하는 시기이다.

모발의 성장기
- 모유두에서 영양분을 공급한다.
- 모구세포가 활발히 분열한다.
- 모발이 길어진다.
- 수년(2~6년)간 이어진다.
- 새로 자라는 모발이 전체 대비 약 85~90%이다.

오답 피하기
①·②·③·④는 휴지기에 대한 설명이다.

정답 65 ④ 66 ② 67 ⑤ 68 ⑤

69 맞춤형화장품판매업자가 고객 맞춤형화장품의 혼합·소분에 사용할 목적으로 사용 가능한 화장품에 해당하지 <u>않는</u> 것은?

① 화장품책임판매업자가 혼합 또는 소분의 범위를 미리 정하고 있는 경우에 그 범위 내에서 혼합 또는 소분한 화장품
② 판매를 목적으로 하지 않고 미리 소비자가 시험·사용할 수 있도록 제조 또는 수입한 화장품
③ 소비자의 피부유형에 맞는 화장품에 식품의약품안전처장이 고시한 원료를 배합하여 제조한 화장품
④ 화장품조제관리사가 사용 원료가 화장품 안전기준에 적합한지 여부를 확인한 후 혼합·소분한 화장품
⑤ 소비자에게 판매할 목적으로 책임판매업자로부터 제조 또는 수입한 벌크 화장품

> 판매 목적이 아닌 시험·사용 목적의 화장품은 진열 및 판매할 수 없으므로, 사용 가능한 화장품이라 할 수 없다.

70 기질에 대한 설명으로 옳지 <u>않은</u> 것은?

① 자기 무게의 수백 배에 달하는 수분을 보유할 수 있다.
② 하이알루론산, 콘드로이틴황산 등의 천연보습인자로 이루어진다.
③ 섬유 아세포에서 생성된다.
④ 피부에 팽팽함과 탄력, 신축성을 부여한다.
⑤ 생체 내에서 강하게 결합된 생체 결합수이다.

> 기질 내 수분은 '결합수(Bound Water)'가 아닌 '자유수(Free Water)' 혹은 '흡수수' 형태로 존재하며, 생체 내에서 강하게 결합된 형태는 아니다.

⌘ 선생님의 노하우
기질은 조직 내 세포 사이를 채우는 물질로, 주로 수분과 당단백질, 다당류로 구성되어 있습니다. 이들은 수분 보유 능력이 뛰어나 피부의 탄력과 신축성을 유지하는 데 도움을 줍니다.

71 다음은 CGMP 해설서에 따른 제품 보관환경에 대한 설명이다. 괄호에 들어갈 말로 알맞은 것은?

> 제품의 보관 환경은 다음과 같다.
> ㄱ. 출입 제한
> ㄴ. 오염 방지
>   • 시설 대응, 동선 관리가 필요하다.
> ㄷ. 방충·방서 대책
> ㄹ. 온도·습도·차광
>   • 필요한 항목을 설정한다.
>   • ( ), 제품표준서 등을 토대로 제품마다 설정한다.

① 품질관리 확인서
② 안정성 시험 결과
③ 관능검사서
④ 시험기록서
⑤ 안전성 시험 결과

> 제품의 보관 조건(온도, 습도, 차광 등)은 안정성 시험 결과를 바탕으로 설정하여야 하며, 그 내용은 제품표준서에 반영된다. 이는 보관 중 품질 유지와 안전 확보를 위한 필수 조건이며, 안정성 시험을 통해 각 제품이 어떤 환경에서 보관되어야 하는지를 과학적으로 검증할 수 있다.

72 맞춤형화장품 혼합 및 소분 시 준수하여야 할 사항으로 옳지 않은 것은?

① 혼합 및 소분 작업을 시작하기 전에는 반드시 손을 세척하거나 소독하여야 한다.
② 사용한 장비와 기구 등은 오염되지 않도록 사용 직후에 세척하여야 한다.
③ 혼합 또는 소분에 사용하는 장갑은 세척하여 반복 사용할 수 있다.
④ 제품을 담을 용기의 오염 여부는 혼합 전에 반드시 확인하여야 한다.
⑤ 혼합 또는 소분에 사용하는 기구는 위생 상태를 점검한 후 사용하여야 한다.

혼합 및 소분 시 사용하는 장갑은 위생 유지를 위해 반드시 일회용 장갑을 착용하여야 하며, 재사용하지 않는다. 이는 미생물 오염 등 위생상의 위해를 방지하기 위함이다.

73 피하지방의 일반적인 기능으로 볼 수 없는 것은?

① 피하지방은 외부로부터의 충격을 흡수하고 열 손실을 방지하는 역할을 한다.
② 체온을 일정하게 유지하는 데 기여하며, 에너지원으로 활용되기도 한다.
③ 피하지방은 표피의 각질층 아래에 존재하며 피부 보호에 기여한다.
④ 위치에 따라 두께가 달라지며, 연령과 영양 상태에 따라 변화한다.
⑤ 피하지방은 여성호르몬과 직접적으로 연결되어 조절되는 기관이다.

피하지방은 호르몬 변화(예 에스트로겐 등)에 영향을 받을 수는 있으나, 직접적으로 여성호르몬의 표적 세포가 되어 조절되는 기관은 아니다.

74 다음 중 사용상 제한이 필요한 원료의 성분과 사용 한도가 적절하게 짝지어진 것은?

① 닥나무추출물 – 5%
② 시녹세이트 – 20%
③ 레티닐팔미테이트 – 1,000IU/g
④ 옥토크릴렌 – 20%
⑤ 아스코빌글루코사이드 – 10%

오답 피하기
① 미백 기능성 고시형 원료로 심사자료 생략 대상이나, 사용한도는 명시되지 않았다.
② 자외선차단 성분으로 최대 7.5%까지 허용된다.
④ 최대 10%까지 허용된다.
⑤ 미백 기능성 인정 고시형 원료지만, 화장품 안전기준상 별도로 사용 한도가 없다.

75 다음 중 내용량이 10㎖ 초과 50㎖ 이하인 맞춤형화장품의 포장지에 필수로 기재하여야 하는 사항이 아닌 것은?

① 해당 화장품의 제조에 사용된 모든 성분
② 맞춤형화장품판매업자의 상호
③ 제조번호 또는 제조일자
④ 화장품의 명칭
⑤ 판매 가격

화장품 포장의 표시기준 및 표시방법(「화장품법 시행규칙」 별표 4)
내용량이 10㎖ 초과 50㎖ 이하인 맞춤형화장품의 소용량 포장지에는 다음의 사항을 반드시 표시하여야 한다.
• 화장품의 명칭
• 맞춤형화장품판매업자의 상호 및 주소
• 제조번호 또는 제조일자
• 해당 화장품의 제조에 사용된 모든 성분

76 다음은 맞춤형화장품조제관리사 희진과 고객 이지의 대화이다. 해당 대화를 바탕으로 고객에게 추천할 제품에 포함된 성분으로 옳은 것만 〈보기〉에서 모두 고른 것은?

> **대화**
> 이지 : 요즘 날이 추워서 그런가, 피부가 많이 건조하고 잔주름이 눈에 띄게 늘었어요.
> 희진 : 실내 난방 때문일 수 있어요. 피부 수분 함량이 낮아지면 잔주름도 생기기 쉽거든요.
> 이지 : 그럼 수분도 보충하고 주름도 좀 완화해 줄 수 있는 제품이 있을까요?
> 희진 : 네, 그런 고민에는 보습과 주름 개선에 효과적인 성분이 함유된 제품을 사용하는 게 도움이 돼요.

> **보기**
> ㄱ. 타이타늄디옥사이드
> ㄴ. 나이아신아마이드
> ㄷ. 카페인
> ㄹ. 소듐하이알루로네이트
> ㅁ. 아데노신

① ㄱ, ㄷ, ㅁ
② ㄱ, ㄴ, ㄷ
③ ㄴ, ㄷ
④ ㄹ, ㅁ
⑤ ㄴ, ㄹ, ㅁ

오답 피하기
ㄱ. 자외선 차단 성분이며, 보습 및 주름 개선과 무관한 성분이다.
ㄷ. 부기를 완화하고 혈류를 촉진하기 때문에 보습 및 주름 개선과 무관한 성분이다.

77 다음 중 진피의 구성성분으로 옳은 것은?

① 콜라겐, 엘라스틴, 기질
② 엘라스틴, 림프액, 층판소체
③ 콜라겐, 림프관, 교소체
④ 콜라겐, 엘라스틴, 멜라노좀
⑤ 엘라스틴, 기질, 교소체

피부의 조성
- 림프액, 림프관 : 진피 안에 존재는 하지만, 진피 자체의 구조 성분은 아님
- 교소체 : 기저층(표피)에 존재하는 세포 간 접착장치
- 멜라노좀 : 멜라닌 색소의 운반소로, 표피의 멜라닌세포에서 유래함
- 층판소체 : 진피 하부 감각수용체지만, 진피 구성성분이라 보긴 어려움

선생님의 노하우
진피는 피부의 중간층으로, 콜라겐(Collagen), 엘라스틴(Elastin), 기질(Ground Substance)로 구성된다. 이들은 진피의 구조적 지지 및 탄력성을 담당하며, 피부의 보습 및 재생에 중요한 역할을 한다.

78 다음 중 화장품의 내용물 용량 또는 중량의 표시 기준으로 옳은 것은?

① 화장품의 1차 포장 또는 2차 포장의 무게가 포함되지 않은 용량 또는 중량을 기재·표시한다.
② 화장품의 1차 포장만의 무게를 기재한다.
③ 화장품의 2차 포장의 무게만 기재한다.
④ 화장품의 1차 포장과 2차 포장의 무게를 포함한 전체 중량을 표시한다.
⑤ 화장품의 1차 포장의 무게만 기재하고 2차 포장의 무게가 포함되지 않은 용량을 표시한다.

화장품 포장의 표시기준 및 표시방법(「화장품법 시행규칙」 별표 4)
내용물의 용량 또는 중량을 표시할 경우에는 화장품의 1차 포장 또는 2차 포장의 무게가 포함되지 않은 순수한 내용물의 용량 또는 중량을 기재·표시하여야 한다.
포장 무게를 포함할 경우 실제 내용물과 다르므로 소비자에게 오해를 줄 수 있기 때문이다.

79 피부의 주요 생리기능으로 볼 수 없는 것은?

① 체온조절
② 재생 작용
③ 곡선미 유지
④ 비타민 D 합성
⑤ 보호

피부의 피하지방이 체형을 결정하기도 하지만 피하지방뿐만 아니라 뼈와 근육도 체형을 결정한다.

80 화장품의 포장 기준 및 표시방법에 대한 설명으로 옳은 것은?

① 수입화장품의 경우에는 제조국의 명칭, 제조회사명 및 그 소재지만 표시 · 기재하여야 한다.
② 공정별로 2개 이상의 제조소에서 생산된 화장품의 경우에는 일부 공정을 수탁한 화장품제조업자의 상호 및 주소의 기재 · 표시를 반드시 하여야 한다.
③ 화장품제조업자, 화장품책임판매업자 또는 맞춤형화장품판매업자는 각각 구분하지 않고 대표적인 영업자 하나만 기재 · 표시할 수 있다.
④ 수입화장품의 경우에는 화장품의 명칭, 제조회사명과 그 소재지를 국내 화장품제조업자를 함께 기재 · 표시하여야 한다.
⑤ 영업자의 주소는 등록필증 또는 신고필증에 적힌 소재지 또는 반품 · 교환 업무를 대표하는 소재지를 기재 · 표시하여야 한다.

오답 피하기

화장품 포장의 표시기준 및 표시방법(「화장품법 시행규칙」 별표 4)
① 수입화장품의 경우에는 추가로 기재 · 표시하는 제조국의 명칭, 제조회사명 및 그 소재지를 국내 '화장품제조업자'와 구분하여 기재 · 표시하여야 한다.
② 공정별로 2개 이상의 제조소에서 생산된 화장품의 경우에는 일부 공정을 수탁한 화장품제조업자의 상호 및 주소의 기재 · 표시를 생략할 수 있다.
③ '화장품제조업자', '화장품책임판매업자' 또는 '맞춤형화장품판매업자'는 각각 구분하여 기재 · 표시하여야 한다.
④ 수입화장품의 경우에는 추가로 기재 · 표시하는 제조국의 명칭, 제조회사명 및 그 소재지를 국내 '화장품제조업자'와 구분하여 기재 · 표시하여야 한다.

주관식(단답형, 81~100번)

81 다음을 읽고 ㉠과 ㉡에 알맞은 말을 쓰시오.

> 화장품 영업자가 폐업 또는 휴업하거나 휴업 후 그 업을 재개하려는 경우에는 그 폐업, 휴업, 재개한 날부터 (㉠)일 이내에 관련 등록필증 또는 신고필증을 첨부하여 신고서를 (㉡)에 제출하여야 한다.

㉠ :
㉡ :

폐업 등의 신고(「화장품법 시행규칙」 제15조 제1항)
법에 따라 영업자가 폐업 또는 휴업하거나 휴업 후 그 업을 재개하려는 경우에는 신고서(전자문서로 된 신고서를 포함)에 화장품제조업 등록필증, 화장품책임판매업 등록필증 또는 맞춤형화장품판매업 신고필증(폐업 또는 휴업만 해당)을 첨부(전자문서로 발급받은 경우는 각각 제외)하여 지방식품의약품안전청장에게 제출하여야 한다.

82 단파장으로 가장 강한 자외선이며, 원래는 오존층에 완전 흡수되어 지표면에 도달되지 않았으나 오존층의 파괴로 인해 인체와 생태계에 많은 영향을 미치는 자외선은 무엇인가?

UVC의 파장 범위는 100~280nm로, 파장은 짧지만 진동수가 높아 투과력이 높고 에너지가 강하여, 피부 깊숙한 곳까지 영향을 줄 수 있다.

83 우수화장품 제조 및 품질관리 기준에서 청정도 1등급을 유지하여야 하는 시설은 어디인가?

무균충전실은 무균 상태를 유지하여 충전 작업을 하는 공간으로, 미생물 오염을 방지하기 위하여 가장 높은 청정도(1등급)를 요구한다.

84 다음은 유통 화장품 안전 관리 기준 중에서 내용물의 용량에 대한 기준을 설명한 것이다. ㉠~㉢에 알맞은 말을 쓰시오.

- (㉠)의 경우 건조중량을 내용량으로 한다.
- 기준시험은 제품 3개를 가지고 시험할 때, 그 평균 내용량의 표기에 대하여 (㉡)% 이상이 나와야 한다.
- 이때 기준치를 벗어날 경우 6개를 더 취하여 시험하며, 9개의 평균 내용량이 (㉢)% 이상이 나와야 한다.

㉠ :
㉡ :
㉢ :

유통화장품의 안전관리 기준(「화장품 안전기준 등에 관한 규정」 제6조 제5항)
내용량의 기준은 다음과 같다.
1. 제품 3개를 가지고 시험할 때 그 평균 내용량이 표기량에 대하여 **97%** 이상
   (다만, **화장 비누**의 경우 건조중량을 내용량으로 함)
2. 제1호의 기준치를 벗어날 경우 : 6개를 더 취하여 시험할 때 **9개의 평균 내용량이 제1호의 기준치 이상**

정답 81 ㉠ 7, ㉡ 관할 지방식품의약품안전청장 82 자외선C(UVC) 83 무균충전실 84 ㉠ 고형 화장품, ㉡ 98, ㉢ 100

85 다음에서 설명하고 있는 알맞은 단어를 쓰시오.

- 외분비선에서 분비하는 무색무취의 액체이다.
- pH 3.8~5.6의 약산성을 띠어 세균의 번식을 억제한다.
- 안정 상태에서 하루에 500cc 정도 분비된다.
- 노폐물을 배설하고 체온을 조절한다.

땀은 체온 조절, 노폐물 배설, 1차 면역반응(후천적·비특이적 면역)의 수단으로 작용한다.

86 다음 괄호 안에 들어갈 알맞은 용어를 쓰시오.

( )은(는) 인체로부터 분리한 모발 및 피부, 인공피부 등 인위적인 환경에서 시험물질과 대조물질 처리 후 결과를 측정하는 것을 말한다.

인체외시험은 실제 사람의 신체가 아닌, 실험실 내에서 인체를 모사한 환경에서 시험하는 방법이다.

87 다음을 읽고 괄호 안에 들어갈 알맞은 용어를 쓰시오.

( )은(는) 일상의 취급 또는 보통 보존 상태에서 기체 또는 미생물이 침입할 염려가 없는 용기를 말한다.

밀봉용기는 일상의 취급 또는 보통 보존 상태에서 기체 또는 미생물의 침입을 막는 용도로 사용한다. 이와 유사하지만 다른 '기밀용기'는 기체나 수증기의 침습을 막는 용기이다.

88 다음을 읽고 괄호 안에 들어갈 알맞은 용어를 쓰시오.

영유아(3세 이하) 또는 어린이(만 13세 이하)가 사용할 수 있는 화장품임을 표시·광고하려는 경우, 화장품판매업자가 ( )을(를) 제품별로 작성·보관하여야 한다.

영유아 또는 어린이 사용 화장품의 관리(「화장품법」 제4조의2 제1항)
화장품책임판매업자는 영유아 또는 어린이가 사용할 수 있는 화장품임을 표시·광고하려는 경우에는 제품별로 안전과 품질을 입증할 수 있는 제품별 안전성 자료를 작성 및 보관하여야 한다.

제품별 안전성 자료의 작성·보관(「화장품법 시행규칙」 제10조의3 제1항)
법 제4조의2(영유아 또는 어린이 사용 화장품의 관리) 및 규칙 제10조의2(영유아 또는 어린이 사용 화장품의 표시·광고)에 따라 화장품의 표시·광고를 하려는 화장품책임판매업자는 제품별 안전성 자료 모두를 미리 작성하여야 한다.

정답 85 땀 86 인체외시험 87 밀봉용기 88 제품별 안전성 자료

89 다음 전성분 중에서 주름 개선 기능성 성분과 해당 성분의 제한 함량을 쓰시오.

> **전성분**
> 정제수, 아사이팜열매추출물, 뷰틸렌글라이콜, 베타인, 카보머, 아데노신, 알란토인, 다이소듐이디티에이, 1,2-헥산다이올, 황금추출물

아데노신은 주름 개선 기능성 성분으로 화장품 내 허용 최대 함량은 0.04% 이하로 제한되어 있다.

90 화장품의 1차 또는 2차 포장에 반드시 기재하여야 하는 사항 중, 판매 목적이 아닌 화장품에 가격란에 기재할 수 있는 표시를 두 가지만 쓰시오.

판매 목적이 아닌 화장품의 가격란에는 '샘플' 또는 '시험용'이라는 표시를 할 수 있다. 이는 소비자의 오인을 방지하고, 제품의 용도 및 목적을 명확히 하기 위함이다.

91 천연화장품 및 유기농화장품의 용기와 포장에 사용할 수 없는 재질 중 하나로, 일반적으로 PVC로 불리며 환경 유해성으로 인하여 사용이 금지된 재료는 무엇인가?

PVC가 화장품 포장재로 금지된 이유
- 환경 유해성
  - 소각 시 다이옥신(Dioxin), 염화수소(HCl, 염산) 등의 유독성 가스가 발생한다.
  - 재활용이 어렵고, 분해되면 환경오염을 유발한다.
  - 폐기 과정에서 토양·수질 오염의 우려가 있다.
- 인체 유해 우려
  - PVC 자체는 비교적 안정하지만, 가소제(프탈레이트계 등), 열 안정제(납·카드뮴 등)를 첨가하여야 가공할 수 있다.
  - 이 첨가제들이 제품 보관 중에 내용물(화장품 성분)로 용출될 가능성이 있다.
  - 특히 유아용 화장품이나 자연유래 제품에는 치명적일 수 있다.

92 화장품의 품질 요소 중, 내용물의 변색·변취와 같은 화학적 변화나 미생물 오염, 분리, 침전, 응집, 부러짐, 굳음 등의 물리적 변화로 인하여 사용성이나 외관이 손상되어서는 안 됨을 의미하는 것은 무엇인가?

안정성은 어떠한 변화에도 일정한 상태를 유지해 내용물의 변질이 (잘) 일어나지 않음을 의미한다.

정답 89 아데노신, 0.04% 90 샘플, 시험용 91 폴리염화비닐수지 92 안정성

93 천연화장품 또는 유기농화장품에 대한 인증 유효기간은 인증을 받은 날부터 몇 년으로 정하는가?

유효기간 만료(3년) 전에 연장 신청(90일간)을 하여야 그 효력을 유지할 수 있다.

94 위해평가를 위한 요소 중, 하루에 화장품을 사용할 때 흡수되어 혈류로 들어가 작용할 것으로 예상되는 양을 의미하며, 위해지수 계산에도 사용되는 요소는?

일일노출추정량(Daily Exposure Dose)은 위해평가 시 위해지수 계산에 활용된다.

95 산성도(pH) 조절을 위해 제품 제조 시 산이나 염기를 첨가하였으나, 이들이 반응하여 새로운 물질이 생성된 경우, 전성분 표시에서 이들 원료를 생략하고 대신 생성물만 기재할 수 있다. 이와 같이 성분 표시가 허용되는 근거가 되는 반응은 무엇인가?

화장품 제조와 중화반응
• 중화반응의 개념
화장품 제조 시 pH 조절을 위해 산(Acid) 또는 염기(Base, 알칼리)를 첨가하는 경우가 있다. 이때 산과 염기가 반응하면 새로운 화합물(물, 염류)과 반응열이 생성된다. 이런 반응을 중화반응이라 하며, 이 경우 전성분 표시에서는 생성된 최종 물질만 기재하고 원료물질은 생략할 수 있다.
• 중화반응의 사례
 – pH 조절 : 시트릭애시드(산) + 소듐하이드록사이드(염기) → 소듐시트레이트(염)
 – 각질 및 여드름 증상 완화 : 살리실릭애시드(산) + 트로메타민(염기) → 트로메타민살리실레이트
 – 계면활성 : 라우릴황산(산) + 트리에탄올아민(염기) → TEA-라우릴설페이트
 – 내용물의 보존 : 벤조익애시드(산) + 소듐하이드록사이드(염기) → 소듐벤조에이트
 – 점증, 겔 형성 : 아크릴릭애시드(산) + 소듐하이드록사이드(염기) → 소듐폴리아크릴레이트

96 다음을 읽고 ㉠~㉢에 알맞은 말을 쓰시오.

염모제 사용 시 피부의 이상 증상을 예방하기 위해 피부의 국소 부위에 소량 점적하여 실시하는 시험을 (㉠)(이)라 하고, 이는 염색 (㉡)시간 또는 (㉢)일 전에 시행하여야 한다.

㉠ :
㉡ :
㉢ :

염모제를 사용할 때는 피부 이상 반응을 예방하기 위하여 **사용 48시간(2일) 전에 패치 테스트를 시행**하도록 규정되어 있다.

정답 93 3년 94 일일노출추정량 95 중화반응 96 ㉠ 피부반응시험, ㉡ 48, ㉢ 2

97 영유아용 제품류 또는 13세 이하 어린이가 사용할 수 있음을 특정하여 표시하는 제품에 사용이 금지된 보존제 2종을 쓰시오.

메틸파라벤, 에틸파라벤은 영유아용 제품류 또는 만 13세 이하 어린이가 사용할 수 있음을 특정하여 표시하거나 광고하는 화장품에 사용하여서는 아니 된다.

98 관능평가 절차 중 내용물을 손등에 문질러서 느껴지는 사용감(예 무거움, 가벼움, 촉촉함, 산뜻함)을 촉각으로 확인하는 방법을 무엇이라 하는가?

촉감 평가는 제품의 물리적 감각 특성을 소비자의 감각을 통해 직접 평가하는 절차로, 제품의 질감과 사용 만족도를 판단하는 데 중요하다.

99 이산화타이타늄의 경우, 제품의 변색방지 목적 등으로 사용 시 자외선차단 제품으로 인정받기 위해서는 해당 성분의 사용 농도가 어느 정도 이상이어야 하는가?

이산화타이타늄은 2% 미만 사용 시 변색 방지 등의 부수적 목적으로만 인정되며, 자외선차단 기능 성분으로는 인정되지 않는다.

100 다음 설명에 해당하는 용어를 한글로 쓰시오.

- 용액 속의 콜로이드 입자가 유동성을 잃고 약간의 탄성과 견고성을 가진 고체나 반고체의 상태로 굳어진 물질이다.
- 콜로이드 입자가 서로 이어져 입체 그물 모양을 하고, 그 공간에 물 따위의 액체가 채워져 있다.
- 분자량이 큰 유기분자로 이루어져 있다.

겔은 고분자 또는 콜로이드 분자량이 큰 유기분자로 구성되며, 화장품 제형에서 보습제나 점증제로 자주 사용된다.

정답 97 메틸파라벤, 에틸파라벤 98 촉감평가 99 2 100 겔

PART 03

최종 모의고사

차례

최종 모의고사 01회	394
최종 모의고사 02회	418
최종 모의고사 03회	449
최종 모의고사 04회	484
최종 모의고사 05회	519

최종 모의고사 5회분 출제경향 분석

출제 경향 요약

분야	비중	핵심 내용
법령 및 제도	28%	맞춤형화장품 정의, 조제관리사 요건, 판매업자 준수사항 등
화장품학 (성분/제형)	32%	보존제, 색소, 자외선차단제, 계면활성제, 유기농 인증 등
소비자 응대 및 사례형	10%	피부 측정 + 제품 추천 시나리오(성분 선택)
위생 및 공정관리	15%	소분/혼합 도구, 청정도 등급, 시험검체, 공기조절 설비
피부·모발 생리학	10%	층상 구조, 피부의 조성, 모발의 특성, 생리작용
기타(표시기준, 광고, 포장비율 등)	5%	유통기한, 청정도, 광고 허용 범위 등

고빈도 핵심 키워드

- 법령/제도 : 조제관리사, 맞춤형화장품, 판매업자, 품질관리기준(GMP), 신고서류
- 성분/기능 : 글리세린, 알부틴, 레티놀, AHA, BHA, 감초추출물, 폴리쿼터늄
- 공정/시설 : 계량, 혼합, 소분, 충진, 검체 채취, 청정도(1~4등급)
- 피부/모발 : 지성피부, 민감성, 색소침착, 트러블, 주름, 수분 부족, 모공 확대, 멜라닌, 큐티클
- 오답 유도 단어쌍 : 나이아신아마이드―아데노신, 레티놀―레티닐팔미테이트, 광독성시험―광감작성시험

실전 대비 꿀팁

- 함량 기준은 정리표로 통째로 외우기(보존제, 색소, 자외선차단제 등)
- 사례형은 '상태―성분' 연결 훈련 필수(예 색소침착 → 나이아신아마이드)
- 시험 직전 '헷갈리는 정의' 모음집 만들어 복습
- 문장 순서 바꾸는 유형 주의(특히 법조문 직역)

최종 모의고사 01회

시행기준	점수 / 풀이시간
총 100문항/120분/1000점	점 / 분

수험번호 : _____
성　　명 : _____

정답 & 해설 ▶ 550p

객관식(선다형, 01~80번)

01 유해사례와 화장품 간의 인과관계의 존재 가능성이 있다고 보고된 정보로, 그 인과관계가 알려지지 않거나 입증 자료가 불충분한 것을 일컫는 용어는?

① 중대한 유해사례
② 위해성 평가
③ 실마리 정보
④ 안전성 정보
⑤ 위해요소

02 「화장품법」에서 규정하고 있는 화장품책임판매관리자의 자격 기준에 해당하는 것을 모두 고른 것은?

> ㉠ 대학 등에서 학사 이상의 학위를 취득한 사람으로서 간호학과, 간호과학과, 건강간호학과를 전공하고 화학·생물학·생명과학·유전학·유전공학·향장학·화장품과학·의학·약학 등 관련 과목을 20학점 이상 이수한 사람
> ㉡ 전문대학을 졸업한 사람으로서 간호학과, 간호과학과, 건강간호학과를 전공하고 화학·생물학·생명과학·유전학·유전공학·향장학·화장품과학·의학·약학 등 관련 과목을 20학점 이상 이수한 후 화장품 제조나 품질관리 업무에 1년 이상 종사한 경력이 있는 사람
> ㉢ 이공계학과 또는 향장학·화장품과학·한의학·한약학·간호학·간호과학·건강간호학 등을 전공하여 학사 이상의 학위를 취득(법령에서 이와 같은 수준 이상의 학력이 있다고 인정하는 경우를 포함)한 사람
> ㉣ 맞춤형화장품조제관리사 자격시험에 합격한 사람으로서 화장품 제조 또는 품질관리 업무에 1년 이상 종사한 경력이 있는 사람
> ㉤ 화학·생물학·화학공학·생물공학·미생물학·생화학·생명과학·생명공학·유전공학·향장학·화장품과학·한의학·한약학·간호학·간호과학·건강간호학 등 화장품 관련 분야를 전공하여 전문학사 학위를 취득(법령에서 이와 같은 수준 이상의 학력이 있다고 인정하는 경우를 포함)한 후 화장품 제조 또는 품질관리 업무에 1년 이상 종사한 경력이 있는 사람

① ㉠, ㉡, ㉤
② ㉡, ㉢, ㉣
③ ㉡, ㉤
④ ㉢, ㉣, ㉤
⑤ ㉢, ㉤

03 천 명 이상의 개인정보가 유출되었을 때 조치할 내용으로 옳지 않은 것은?

① 정보주체에게 유출 시점과 경위를 통지한다.
② 정보주체에게 유출 항목과 피해 최소화 방법을 신속히 통지한다.
③ 조치 결과를 신고하지 않은 자에 대해 1천만 원 이하의 과태료가 부과되므로 조치 후 결과를 신고한다.
④ 정보주체에게 유출 내용을 통지하고 보호위원회, 대통령령으로 정하는 전문 기관에 조치 결과를 신고한다.
⑤ 서면 등의 방법과 함께 인터넷 홈페이지에 유출 내용을 7일 이상 게재한다.

04 유기농 유래 원료 및 유기농 원료에 대한 설명으로 옳지 않은 것은?

① 유기농 원료를 고시에서 허용하는 화학적 공정에 따라 가공한 원료는 유기농 유래 원료로 본다.
② 유기농 원료를 고시에서 허용하는 생물학적 공정에 따라 가공한 원료는 유기농 유래 원료로 본다.
③ 세계유기농업운동연맹(IFOAM)에 등록된 인증기관으로부터 유기농 원료로 인증받거나, 이를 고시에서 허용한 물리적 공정에 따라 가공한 것은 유기농 원료에 포함된다.
④ 외국 정부(미국, 유럽연합, 일본 등)에서 정한 기준에 따른 인증기관으로부터 유기농수산물로 인정받거나 이를 고시에 허용하는 화학적 공정에 따라 가공한 것은 유기농 원료에 포함된다.
⑤ 친환경농어업 육성 및 유기식품 등의 관리·지원에 관한 법률에 따른 유기농 수산물 또는 이를 고시에서 허용하는 물리적 공정에 따라 가공한 것은 유기농 원료에 포함된다.

05 다음의 색소 중 사용상 제한이 없는 원료로 옳은 것을 모두 고르면?

㉠ 적색 40호	㉡ 적색 102호
㉢ 적색104호	㉣ 청색1호
㉤ 녹색3호	㉥ 자색201호

① ㉠, ㉣, ㉤, ㉥
② ㉠, ㉡, ㉤, ㉥
③ ㉡, ㉣, ㉤, ㉥
④ ㉠, ㉡, ㉢, ㉣
⑤ ㉠, ㉡, ㉢, ㉥

06 금속이온의 활성을 억제하기 위하여 사용할 수 있는 원료로 옳은 것은?

① BHT
② 토코페롤
③ 1,2 헥산다이올
④ 폴리쿼터늄-18
⑤ 소듐시트레이트

07 화장품에 사용상의 제한이 필요한 원료 중 보존제 성분과 사용한도가 잘못 연결된 것은?

① 벤조익애시드 : 산으로서 0.5%
② 소듐아이오데이트 : 사용 후 씻어내는 제품에 0.5%
③ 4,4-디메틸-1,3-옥사졸리딘 : 0.05%
④ 살리실릭애시드 및 그 염류 : 살리실릭애시드로서 0.5%
⑤ 2-브로모-2-나이트로프로판-1,3-디올 : 0.1%

08 다음에서 염류의 예를 모두 고른 것은?

```
㉠ 소듐        ㉡ 뷰틸
㉢ 포타슘      ㉣ 프로필
㉤ 마그네슘    ㉥ 아이소프로필
㉦ 클로라이드
```

① ㉠, ㉣, ㉤, ㉦
② ㉡, ㉢, ㉤, ㉥
③ ㉠, ㉢, ㉤, ㉦
④ ㉠, ㉡, ㉣, ㉦
⑤ ㉢, ㉣, ㉦, ㉥

09 탈염·탈색제의 사용 시 개별 주의사항으로 옳지 않은 것은?

① 염색 1일 전(24시간 전)에는 패치테스트를 반드시 실시한 후 이상 반응이 있을 경우 사용을 금지한다.
② 탈염·탈색제의 사용 전후 1주일간은 퍼머넌트 웨이브 제품 및 헤어 스트레이트너 제품의 사용은 금지한다.
③ 첨가제로 함유된 프로필렌글라이콜에 의해 알레르기를 일으킬 수 있으므로 이 성분에 과민하거나 알레르기반응을 보였던 적이 있는 사람은 사용 전 문의 또는 약사와 상의하고 신중히 사용하여야 한다.
④ 사용 중 목욕을 하거나 머리를 적시면 내용물이 눈에 들어갈 수 있으므로 주의하여야 하며 눈에 들어갔을 경우 미지근한 물로 15분 이상 씻어내고 곧바로 안과 전문의의 진찰을 받아야 한다.
⑤ 사용 후 피부 이상 및 구역, 구토 등의 신체 이상을 느끼는 자는 피부과 전문의 또는 의사에게 진찰을 받아야 한다.

10 다음 중 원료의 특성이 동일하지 않은 것은?

① 엠디엠하이단토인, 쿼터늄-15, 헥세티딘
② 살리실릭애씨드 및 그 염류, 메틸아이소치아졸리논, 벤질알코올
③ 파라벤, 글루타랄, 페녹시에탄올
④ 소듐라우로일사코시네이트, 2-메틸레조시놀, 클로로부탄올
⑤ 벤제토늄클로라이드, 트리클로산, 5-브로모-5-나이트로-1,3-디옥산

11 내용물 및 원료에 대한 품질검사 결과를 확인할 수 있는 서류로 옳은 것은?

① 제조관리기준서
② 구매요구서
③ 제품표준서
④ 제조지시서
⑤ 품질성적서

12 다음 중 영업금지에 해당하는 경우를 모두 고른 것은?

```
㉠ 전부 또는 일부가 변패된 화장품을 판매하였다.
㉡ 코뿔소 뿔 또는 호랑이 뼈와 그 추출물을 사용한 화장품을 판매하였다.
㉢ 맞춤형화장품조제관리사를 두지 않고, 맞춤형화장품을 판매하였다.
㉣ 판매 목적이 아닌 제품의 홍보를 위하여 제조한 화장품을 판매하였다.
㉤ 사용기한 또는 개봉 후 사용기간(제조연월일을 포함)을 위조·변조한 화장품을 판매하였다.
```

① ㉠, ㉡, ㉤
② ㉠, ㉡, ㉢
③ ㉠, ㉤, ㉣
④ ㉡, ㉢, ㉤
⑤ ㉢, ㉣, ㉤

13 위해성 등급이 '가등급'인 화장품으로 옳지 않은 것은?

① 니트로스아민류가 사용된 화장품
② 돼지폐 추출물이 사용된 화장품
③ 4-니트로소페놀이 사용된 화장품
④ 천수국꽃 추출물 또는 오일이 사용된 화장품
⑤ 1,3-뷰틸렌글라이콜이 사용된 화장품

14 다음에서 설명하는 물질의 종류에 해당하는 성분은 무엇인가?

- 피부 자극이 적어 주로 기초 화장품에 사용한다.
- 광범위한 온도에서도 안정적으로 작용한다.
- 비이온성 계면활성제로, 전하를 띠지 않으며 -OH기(수산기)나 에틸렌옥사이드기를 통해 물과 수소결합을 형성하여 친수성을 나타낸다.

① 소르비탄라우레이트
② 코카미도프로필베타인
③ 세트리모늄클로라이드
④ 암모늄라우릴설페이트
⑤ 폴리쿼터늄-10

15 다음은 맞춤형화장품조제관리사 다연과 매장을 방문한 고객의 대화이다. 다연이 고객에게 추천할 제품으로 적절한 것을 다음에서 모두 고르면?

대화
고객 : 지난주에 날씨가 좋아서 한강에서 자전거를 탔는데, 그 때 선크림을 제대로 안 발라서 그런지 그 이후로 피부가 검어지고 화장도 잘 안 받아요.
다연 : 그러셨군요? 그럼 고객님의 피부 상태를 측정해 드리도록 하겠습니다.
고객 : 전에 매장에 방문했을 때와 비교해 주시면 좋겠어요.
다연 : 네, 이쪽으로 앉으시면 피부 측정기로 측정해 드리겠습니다.

피부 측정

다연 : 고객님은 한 달 전 피부 상태 측정 때보다 얼굴의 색소침착도가 30%가량 높아져 있고, 각질도 많네요.
고객 : 그럼 어떤 제품을 쓰면 좋을지 추천해 주세요.

보기
㉠ AHA 함유 제품
㉡ 레티놀 함유 제품
㉢ 콜라겐 함유 제품
㉣ 나이아신아마이드 함유 제품
㉤ 소듐하이알루로네이트 함유 제품

① ㉠, ㉡
② ㉠, ㉣
③ ㉡, ㉣
④ ㉢, ㉣
⑤ ㉢, ㉤

16 다음 중 유통화장품 관련 용어의 정의로 옳지 않은 것은?

① 공정관리 : 제조 공정 중 적합 판정 기준의 충족을 보증하기 위하여 공정을 모니터링 하거나 조정하는 모든 작업
② 예방적 활동 : 제품의 품질에 영향을 줄 수 있는 계측기에 대해 정기적 계획을 수립하여 실시하는 활동
③ 적합 판정 기준 : 시험 결과의 적합 판정을 위한 수적인 제한 범위 또는 기타 적절한 측정법
④ 출하 : 주문준비와 관련된 일련의 작업과 운송수단에 적재하는 활동으로 제조소 밖으로 제품을 운반하는 것
⑤ 불만 : 제품이 규정된 적합판정 기준을 충족하지 못한다고 주장하는 외부 정보

17 이상적인 소독제의 조건으로 옳지 않은 것은?

① 항균 스펙트럼이 넓어야 한다.
② 다른 제품이나 설비와 반응하지 않아야 한다.
③ 경제적이며, 사용농도에서 독성이 없어야 한다.
④ 소독 전에 존재하던 미생물을 최소한 90% 이상 사멸시켜야 한다.
⑤ 5분 이내의 짧은 처리에도 효과를 나타내야 한다.

18 빈칸에 들어갈 알맞은 수치끼리 짝지은 것은?

> 유통화장품 안전관리 기준에서 폼알데하이드는 (　　)µg/g 이하, 물휴지는 (　　)µg/g 이하의 검출 허용한도 기준을 규정하고 있다.

① 0.2 − 0.002
② 20 − 100
③ 100 − 20
④ 2,000 − 20
⑤ 2,000 − 10

19 화장품 품질 책임자의 업무로 옳지 않은 것은?

① 불만처리와 제품 회수에 관한 사항을 주관 부서에 전달한다.
② 일탈이 있는 경우 이에 대한 조사 및 기록을 한다.
③ 품질검사가 규정된 절차에 따라 진행되고 있는지 확인한다.
④ 품질에 관련된 모든 문서와 절차의 검토 및 승인을 한다.
⑤ 부적합품이 규정대로 처리되고 있는지 확인하고, 적합 판정한 원자재 및 제품의 출고 여부를 결정한다.

20 「우수화장품 제조 및 품질관리 기준」에 따른 작업소의 시설 적합 기준으로 옳지 않은 것은?

① 사용하는 세척제 등의 소모품은 제품의 품질에 1.0% 이내의 범위에서 영향을 주는 것이 허용된다.
② 제조하는 화장품의 종류 · 제형에 따라 충분한 간격을 두어 착오나 혼동이 일어나지 않도록 하여야 하며, 외부와 연결된 창문은 가능한 한 열지 않도록 하여야 한다.
③ 제조 구역별 청소 및 위생관리 절차에 따라 효능이 입증된 세척제 및 소독제를 사용하여야 한다.
④ 수세실과 화장실은 접근이 쉬워야 하나 생산 구역과 분리되어 있어야 한다.
⑤ 제조하는 화장품의 종류 · 제형에 따라 구획 · 구분하여 교차오염이 없어야 한다.

21 다음에서 원자재 용기 및 시험기록서의 필수 기재사항으로 옳은 것을 모두 고르면?

> ㉠ 수령일자
> ㉡ 원자재 사용기한
> ㉢ 원자재 공급자명
> ㉣ 원자재 등록주소지
> ㉤ 공급자 주의사항
> ㉥ 원자재 공급자가 정한 제품명
> ㉦ 공급자가 부여한 제조번호 또는 관리번호

① ㉠, ㉡, ㉣, ㉥
② ㉠, ㉢, ㉥, ㉦
③ ㉡, ㉢, ㉥, ㉦
④ ㉡, ㉣, ㉥, ㉦
⑤ ㉠, ㉡, ㉣, ㉦

22 물의 품질에 관한 설명으로 옳지 <u>않은</u> 것은?

① 물의 품질 적합 기준은 사용 목적에 맞게 규정되어야 한다.
② 화장품 제조 시, 제조설비 세척 시에는 정제수와 상수를 이용한다.
③ 물 공급 설비는 물의 정체와 오염을 피할 수 있도록 설치되어야 한다.
④ 물의 품질은 정기적으로 검사하여야 하며 필요시 미생물학적 검사를 실시하여야 한다.
⑤ 물 공급 설비는 물의 품질에 영향이 없어야 하고 살균 처리가 가능하여야 한다.

23 다음 중 유통화장품 안전관리 기준에서의 미생물 검출 한도가 <u>다른</u> 하나는?

① 아이섀도
② 마스카라
③ 아이라이너
④ 아이 크림
⑤ 아이메이크업 리무버

24 맞춤형화장품 조제 시 작업자의 위생관리 기준에 대한 설명으로 옳지 <u>않은</u> 것은?

① 소분·혼합 전후에는 사용한 설비에 대하여 세척하여야 한다.
② 소분·혼합 전에는 손을 세척하고 필요시 소독하여야 한다.
③ 작업 전 복장을 점검하고 적절하지 않은 경우에는 시정하여야 한다.
④ 음식, 음료수 섭취 및 흡연 등은 제조 구역 외 보관 구역에서만 할 수 있다.
⑤ 소분·혼합 시 위생복과 위생모자, 필요시 일회용 마스크를 착용하여야 한다.

25 유지관리의 주의사항과 점검 항목을 짝지은 것으로 옳은 것은?

① 청소 – 더러움, 녹
② 외관 검사 – 내·외부 표면
③ 외관 검사 – 이상 소음, 이취
④ 기능 측정 – 스위치, 연동성, 회전수
⑤ 작동 점검 – 전압, 투과율, 감도

26 다음 폐기신청서를 보고 ㉠과 ㉡에 들어갈 내용으로 옳은 것을 고르면?

폐기신청서				
접수번호	접수일		발급일	처리기간
신청인	상호(법인인 경우 법인의 명칭)			
	대표자		전화번호	
제품 정보	(㉠)			
	제조번호, 제조일자			
	(㉡)			
	폐기량			

① 제품명, 사용기한 또는 개봉 후 사용기간
② 제품용량, 폐기 사유
③ 폐기사유, 폐기량
④ 제품명, 폐기량
⑤ 제품명, 폐기 방법

27 다음 중 유통화장품 안전 기준에 따른 원료의 검출 허용 한도가 옳게 짝지어진 것을 모두 고르면?

㉠ 수은 – 1µg/g 이하
㉡ 니켈 – 50µg/g 이하
㉢ 비소 – 10µg/g 이하
㉣ 안티모니 – 10µg/g 이하
㉤ 프탈레이트류 – 총합으로서 200µg/g 이하
㉥ 메탄올 – 0.2%(v/v) 이하(물휴지는 0.002% (v/v) 이하)
㉦ 폼알데하이드 – 0.002µg/g 이하(물휴지는 20µg/g 이하)
㉧ 납 – 10µg/g 이하(점토를 원료로 사용한 분말 제품 50µg/g 이하)

① ㉡, ㉢, ㉣, ㉥
② ㉢, ㉣, ㉤, ㉧
③ ㉠, ㉡, ㉤, ㉧
④ ㉠, ㉢, ㉣, ㉥
⑤ ㉠, ㉡, ㉥, ㉦

28 다음 중 맞춤형화장품 제도에 대한 설명으로 옳은 것만을 모두 고르면?

> ㉠ 맞춤형화장품 제도 시행 이전 화장품 분야는 생산자 중심으로 미리 제품을 대량 생산하여, 일반적인 소비자에게 화장품을 판매하였다.
> ㉡ 맞춤형화장품은 소비자 중심으로 소비자의 특성 및 기호에 따라 즉석에서 제품을 혼합·소분하여 판매하는 대량 생산 방식이다.
> ㉢ 개성과 다양성을 추구하는 판매자가 증가함에 따라 제조업시설 등록이 없이도 개인의 피부타입과 취향을 반영하여 판매장에서 즉석에서 화장품을 만들어 제공하는 제도가 도입되었다.
> ㉣ 맞춤형화장품 판매의 범위, 위생상 주의사항, 소비자 안내 요령, 판매 사후관리 등에 대한 내용을 법제화하여 정함으로써 소비자의 안전관리를 확보하는 범위 내에서 맞춤형화장품 판매 행위가 이루어지도록 관리하고자 맞춤형화장품이 도입되었다.

① ㉠, ㉡
② ㉡, ㉣
③ ㉢, ㉣
④ ㉠, ㉣
⑤ ㉠, ㉢

29 동물에 1회 투여하였을 때 LD 50 값을 산출하여 위험성을 예측하는 안전성 시험법은?
① 단회 투여 독성시험
② 유전 독성시험
③ 인체 첩포시험
④ 광독성시험
⑤ 1차 피부 자극시험

30 피부의 기능에 대한 설명으로 옳은 것은?
① 호흡 기능 : 전체 호흡의 10%를 담당함
② 합성 기능 : 자외선을 흡수하여 비타민 E를 합성함
③ 체온 조절 기능 : 피지선의 확장과 수축을 통해 체온을 조절함
④ 감각 기능 : 진피에 위치한 신경을 통해 반사 작용을 함
⑤ 면역 기능 : 미생물 침입 시 염증이 생기지 않게 하기 위해 화학물질을 분비함

31 천연보습인자의 구성 성분에 해당하지 않는 것은?
① 염소
② 젖산염
③ 나트륨
④ 콜레스테롤
⑤ PCA(피롤리돈카르복시산)

32 화장품 부작용의 명칭과 특징에 대한 설명으로 옳은 것은?

① 소양감 : 찌르고 따끔거리는 것과 같은 통증
② 자통 : 참을 수 없이 피부를 긁고 싶은 충동
③ 가려움 : 표피의 각질이 은백색의 부스러기처럼 탈락하는 현상
④ 염증 : 생체조직 방어 반응의 하나로 주로 세균에 의한 감염이 많으며 붉어지거나 고름이 맺히는 현상
⑤ 작열감 : 모세혈관의 확장으로 인해 피부가 국소적으로 붉게 변하는 현상

33 관능평가에 대한 설명으로 옳지 않은 것은?

① 모든 관능평가는 소비자에 의하여 진행된다.
② 화장품의 품질을 오감을 통해 측정하고 분석하여 평가하는 방법이다.
③ 관능평가의 요소에는 탁도, 변취, 분리, 점도, 경도, 증발 등이 있다.
④ 의사의 관리하에 대조군, 위약, 표준품 등과 비교하여 정량화될 수 있다.
⑤ '번들거린다', '윤기가 있다', '투명감이 있다' 등의 관능용어로 평가될 수 있다.

34 제품 충진 시 확인하여야 할 사항으로 옳지 않은 것은?

① 충전기의 타입
② 제품 충진 담당자
③ 충전 용량(g, ㎖) 등
④ 스티커 부착기의 경우 부착 위치
⑤ 포장 기기의 포장 능력과 포장 가능 크기

35 맞춤형화장품의 안전 기준에 관한 내용으로 옳지 않은 것은?

① 판매내역서에 판매가격을 작성해 보관하여야 한다.
② 화장품판매업소의 시설·기구는 정기적으로 점검하여야 한다.
③ 부작용 발생 시 지체 없이 식품의약품안전처장에게 보고하여야 한다.
④ 혼합·소분 전후에는 꼼꼼히 세척하고 장비 및 기구의 위생 상태를 점검하여야 한다.
⑤ 판매내역서에 제조번호, 사용기한 또는 개봉 후 사용기간, 판매일자 및 판매량을 작성해 보관하여야 한다.

36 원료규격서에 원칙적으로 기재되어야 하는 사항이 아닌 것은?

① 성상
② 확인시험
③ 순도시험
④ 함량 기준
⑤ 원료의 기원

37 빈칸에 들어갈 말로 가장 적절한 것은?

> 일정 시간이 지나면 굳는 성질로 폴리비닐알코올이 '( ) 원료'에 해당한다.

① 점증제
② 계면활성제
③ 피막형성제(밀폐제)
④ 희석제
⑤ 금속이온봉쇄제

38 화장품 제조 공정 및 특성 중 분산의 특징과 형태로 옳지 않은 것은?

① 분산질을 둘러싸고 있는 액체부분을 분산매라고 하며, 액체입체가 액체 분산되어 있는 경우, 분산되어 있는 미세한 고체입자를 분산질이라고 한다.
② 분산은 넓은 의미로 분산매가 분산질에 퍼져 있는 현상을 말하며, 액체가 액체 속에 분산된 경우를 유화, 기체가 액체 속에 분산된 경우 거품이라고 한다.
③ 콜로이드란, 특정 재료를 매우 작은 입자(1nm~1㎛ 정도)로 만들어 용제에 분산시킨 상태를 말한다.
④ 분산제는 벤토나이트, 폴리하이드로시스테아릭애시드 등의 종류가 해당된다.
⑤ 고체성분을 분산시키는 목적으로 사용되는 계면활성제를 분산제라고 한다.

39 다음 중 화장품 안정성시험의 종류와 특징에 대한 설명으로 옳지 않은 것은?

① 장기보존시험과 가속시험의 일반시험 항목은 균등성, 향취, 색상, 사용감, 액상, 유화형, 내온성시험 등이다.
② 장기보존시험은 화장품의 사용기한을 설정하고자 장기간에 걸쳐 물리적·화학적·미생물학적 안정성 및 용기 적합성에 미치는 영향을 평가하기 위한 시험이다.
③ 가속시험은 단기간의 가속조건이 물리적·화학적·미생물학적 안정성 및 용기 적합성에 미치는 영향을 평가하기 위한 시험이다.
④ 가혹시험은 온도의 편차, 극한의 조건에서 화장품 용기 적합성을 평가하기 위한 시험이다.
⑤ 개봉 후 안정성시험은 화장품 사용 시 일어날 수 있는 오염 등을 고려하여 사용기한을 설정하고자 장기간에 걸쳐 물리적·화학적·미생물학적 안정성 및 용기 적합성에 미치는 영향을 평가하기 위한 시험 방법이다.

40 영유아용 제품류에 대한 설명으로 옳은 것은?

① 화장품책임판매업자는 소비자가 영유아 사용 화장품을 쉽게 사용할 수 있도록 포장하여야 한다.
② 3세 미만의 어린이가 사용하는 제품이다.
③ 화장품에 영유아 사용 화장품임을 표시·광고할 때에 안전성 평가 자료를 1회에 한해 생략할 수 있다.
④ 영유아 로션·크림·오일은 영유아용 제품에 해당되나 영유아용 샴푸·린스는 두발용 제품류에 속한다.
⑤ 영유아 사용 화장품임을 표시·광고하기 위한 안전과 품질 입증 자료 작성 및 보관에 대한 규정을 위반한 자는 1년 이하의 징역 또는 1천만 원 이하의 벌금형에 처한다.

41 개인정보 수집의 동의를 받을 경우 정보주체에게 고지하여야 하는 사항에 해당되지 않는 것은?

① 수집하려는 개인정보 항목
② 개인정보를 제공받는 자
③ 개인정보의 수집·이용목적
④ 개인정보의 보유 및 이용 기간
⑤ 동의를 거부할 권리 및 동의 거부 시 받을 불이익에 대한 내용

42 다음에서 천연화장품 및 유기농화장품에 사용할 수 없는 포장재를 모두 고른 것은?

> ㉠ 저밀도 폴리에틸렌 ㉡ 고밀도 폴리에틸렌
> ㉢ 폴리염화비닐 ㉣ 폴리스티렌폼
> ㉤ 소다석회유리

① ㉢, ㉣
② ㉢, ㉤
③ ㉡, ㉣
④ ㉡, ㉢
⑤ ㉠, ㉤

43 화장품 원료의 종류와 특성에 대한 설명으로 옳지 <u>않은</u> 것은?

① 에탄올(알코올)은 유기용매로 물에 녹지 않는 향료, 색소, 유기안료와 같은 무극성 물질을 녹인다.
② 글리세린은 탄소수가 3이고, -OH기를 3개 가지고 있는 3가 알코올이며, 대기 중의 수분을 흡수하는 성질이 있다.
③ 실리콘 오일은 실록산 결합(Si-O-Si)을 가지는 유기규소화합물의 총칭으로 실크(Silk)처럼 가볍고 매끄러운 감촉을 부여하며 밀폐제로 사용된다.
④ 왁스류는 고급 지방산과 고급 1,2가 알코올이 결합된 에스터로 제품의 안정성이나 기능성 향상에 도움을 주며, 상온에서 고체 상태로 존재한다.
⑤ 고급 지방산은 R-OH로 표시되는 화합물로 탄소수가 6개 이상이며, 화장품의 점도 조절, 유화를 안정화하기 위한 유화보조제로 첨가한다.

44 식품 모방 화장품을 판매 및 판매 목적의 제조·수입 등을 금지하는 규정에 따라 식품 모방 화장품 위반에 해당하지 <u>않는</u> 제품을 모두 고른 것은?

> ㉠ 망고와 색상 및 모양이 같은 입욕제
> ㉡ 뚜껑에 식품 상표를 사용한 색조화장용 제품
> ㉢ 떡과 색상 및 모양이 같은 화장비누
> ㉣ 복숭아 모양 케이스에 담긴 핸드크림
> ㉤ 우유팩 포장재에 담긴 로션
> ㉥ 디자인이 꿀병과 같은 용기에 담긴 노란색을 띤 투명 앰플
> ㉦ 와인병 모양의 립스틱
> ㉧ 디자인이 요거트 통과 같은 용기에 담긴 마스크 팩

① ㉠, ㉡, ㉦, ㉧
② ㉠, ㉡, ㉢, ㉥
③ ㉡, ㉣, ㉦
④ ㉢, ㉣, ㉤
⑤ ㉢, ㉥, ㉧

45 다음은 맞춤형화장품조제관리사인 윤경이 매장을 방문한 고객과 나눈 대화이다. 윤경이 고객에게 추천할 제품으로 옳은 것을 보기에서 모두 고르면?

대화
고객 : 거울을 보니 얼굴에 주름도 많이 생기고, 피부 탄력도 떨어진 것 같아요. 제게 맞는 좋은 제품을 구매하고 싶어요.
윤경 : 그러시군요. 그럼 고객님의 피부 상태를 측정해 드리도록 하겠습니다.
고객 : 지난달에 방문했을 때와 비교해 주시겠어요?
윤경 : 네, 이쪽으로 앉으시면 피부 측정기로 측정해 드리겠습니다.

피부 측정

윤경 : 고객님, 피부 측정 결과를 보니 지난달보다 얼굴의 탄력도가 25%나 감소했고, 피부의 색소침착도는 15%가량 높아진 상태입니다.
고객 : 그럼 어떤 제품을 쓰면 좋을지 추천해 주세요.

보기
㉠ 알부틴 함유 제품
㉡ 콜라겐 함유 제품
㉢ 글리세린 함유 제품
㉣ 알로에베라 함유 제품
㉤ 세라마이드 함유 제품

① ㉠, ㉢
② ㉠, ㉡
③ ㉡, ㉣
④ ㉢, ㉤
⑤ ㉣, ㉤

46 다음 중 제모제의 개별 주의사항에 해당하지 않는 것을 모두 고르면?

㉠ 면도 직후에는 사용하지 말 것
㉡ 3세 이하의 영유아에게는 사용하지 말 것
㉢ 제품을 10분 이상 피부에 방치하거나 피부에서 건조시키지 말 것
㉣ 땀 발생 억제제, 향수, 수렴 로션은 이 제품 사용 후 24시간 후에 사용할 것
㉤ 눈 또는 점막에 닿았을 경우 미지근한 물로 씻어내고 붕산수(농도 약 2.0%)로 헹구어 낼 것

① ㉠, ㉢, ㉤
② ㉠, ㉢, ㉣
③ ㉡, ㉣, ㉤
④ ㉠, ㉡, ㉤
⑤ ㉡, ㉢, ㉣

47 주름 개선에 도움을 주는 성분과 자료 제출이 생략되는 함량을 적절하게 연결한 것은?

① 아데노신 0.04%
② 살리실릭애시드 0.6%
③ 레티놀 5,000IU/g
④ 레티닐팔미테이트 1,000IU/g
⑤ 폴리에톡실레이티드레틴아마이드 0.5~2.0%

48 다음 중 화장품의 감시를 통한 사후관리에 대한 내용으로 옳지 <u>않은</u> 것은?

① 기획감시는 사전예방적 안전관리를 위한 대응감시로 연중 이루어진다.
② 수거 감시는 품질감시라고도 하며 연간으로 이루어진다.
③ 정기감시는 연 2회 분기별로 정기적인 지도 및 점검에 의하여 이루어진다.
④ 수시감시는 연중 시행되며 필요하다고 판단되는 경우 즉시 점검한다.
⑤ 품질감시는 지속적으로 수거를 통한 검사를 말한다.

49 다음 중 화장품의 취급 방법으로 옳은 것은?

① 제품의 출고는 선한선출 방식이 원칙이며, 타당한 사유가 있는 경우 그러하지 않을 수 있다.
② 원자재, 반제품 및 벌크 제품은 벽에 닿지 않고 바닥에 보관하여야 한다.
③ 설정된 보관기한이 지나면 사용의 적절성을 위하여 품질부서 책임자가 폐기 처리를 진행하여야 한다.
④ 원자재, 반제품 및 벌크제품은 품질에 나쁜 영향을 미치지 않는 조건에서 보관하여야 한다.
⑤ 원자재, 시험 중인 제품 및 부적합품은 효율적인 작업을 위해 한 곳에 보관하여야 한다.

50 자외선 차단 성분 중 최대 함량의 한도가 <u>다른</u> 하나는?

① 디갈로일트리올리에이트
② 옥토크릴렌
③ 벤조페논-3
④ 에틸헥실살리실레이트
⑤ 뷰틸메톡시디벤조일메탄

51 다음에서 티로신의 산화를 억제하는 성분을 모두 고른 것은?

> ㉠ 알부틴
> ㉡ 나이아신아마이드
> ㉢ 아스코빌글루코사이드
> ㉣ 알파-비사보롤
> ㉤ 유용성 감초 추출물
> ㉥ 아스코빌테트라아이소팔미테이트

① ㉢, ㉥ ② ㉡, ㉢
③ ㉠, ㉥ ④ ㉠, ㉣
⑤ ㉣, ㉤

52 향수의 부향률이 낮은 순서부터 나열된 것은?

① 샤워 콜롱 - 오 드 콜롱 - 오 드 투왈레트 - 퍼퓸 - 오 드 퍼퓸
② 샤워 콜롱 - 오 드 콜롱 - 오 드 투왈레트 - 오 드 퍼퓸 - 퍼퓸
③ 샤워 콜롱 - 오 드 투왈레트 - 오 드 콜롱 - 오 드 퍼퓸 - 퍼퓸
④ 오 드 콜롱 - 샤워 콜롱 - 오 드 투왈레트 - 오 드 퍼퓸 - 퍼퓸
⑤ 오 드 콜롱 - 오 드 투왈레트 - 샤워 콜롱 - 오 드 퍼퓸 - 퍼퓸

53 작업소의 위생을 위한 방충·방서 대책으로 옳지 <u>않은</u> 것은?

① 벽, 천장, 창문, 파이프 구멍에 틈이 없도록 한다.
② 문 하부에는 스커트를 설치한다.
③ 골판지, 나무 부스러기를 방치하지 않아야 한다.
④ 가능하면 개방할 수 있는 창문을 만들지 않는다.
⑤ 실내압을 외부보다 낮게 하여야 한다.

54 다음 중 청정도 등급 관리 기준에 적합하지 않은 것은?

① Clean Bench는 1등급의 청정도를 유지하기 위해 엄격한 관리가 필요한 곳으로, 20회/hr 이상 또는 차압관리로 공기 순환이 진행되어야 하며, 부유균 10개/m³ 또는 낙하균 20개/hr의 관리 기준에 적합하여야 한다.
② 칭량실, 제조실, 미생물 실험실은 청정도 등급 중 2등급에 해당하며, 부유균 200개/m³ 또는 낙하균 30개/hr의 관리 기준에 적합해야 한다.
③ 일반적으로 '4등급 〈 3등급 〈 2등급' 시설 순으로 기압을 높여 외부의 먼지가 작업장으로 유입되지 못하게 한다.
④ 포장재 · 완제품 · 관리품 · 원료 보관소, 탈의실, 일반 실험실은 청정도 4등급에 해당하며, 환기장치를 통해 청정 공기순환이 이루어져야 한다.
⑤ 1 · 2 · 3등급 시설에서 작업할 경우, 작업복 · 작업모 · 작업화를 착용하여야 한다.

55 다음은 원료 입고 및 내용물에 대한 처리 순서를 무작위로 나열한 것이다. 올바른 순서대로 나열한 것은?

> ㉠ 검체 채취 및 시험라벨 부착(시험 중 – 황색)
> ㉡ 시험의 판정 결과에 따라 라벨 부착(적합 – 청색, 부적합 – 적색)
> ㉢ 시험 의뢰를 위해 판정 대기소에 보관
> ㉣ 입고된 원료 확인
> ㉤ 입고되어 적합 보관소로 이동

① ㉡ – ㉠ – ㉣ – ㉢ – ㉤
② ㉠ – ㉣ – ㉡ – ㉢ – ㉤
③ ㉣ – ㉠ – ㉡ – ㉢ – ㉤
④ ㉣ – ㉢ – ㉠ – ㉡ – ㉤
⑤ ㉣ – ㉠ – ㉢ – ㉡ – ㉤

56 다음 중 인체 세포 · 조직 배양액 안전 기준과 관련한 내용으로 옳지 않은 것은?

① 인체 세포 · 조직 배양액은 인체에서 유래된 세포 또는 조직을 배양한 후 세포와 조직을 제거하고 남은 액을 가리킨다.
② 청정등급은 부유 입자와 미생물의 유입 및 잔류를 통제하여, 일정 기준 이하로 유지되도록 관리하는 구역의 청정도를 구분하는 등급을 의미한다.
③ 윈도 피리어드(Window Period)는 감염 초기에 세균, 진균, 바이러스 및 그 항원 · 항체 · 유전자 등을 검출할 수 없는 기간을 말한다.
④ 공여자 적격성검사는 공여자에 대하여 문진, 검사 등에 의한 진단을 실시하여 해당 공여자가 세포배양액에 사용되는 세포 또는 조직을 제공하는 것에 대해 적격성이 있는지를 판정하는 것을 말한다.
⑤ 공여자는 배양액에 사용되는 세포 또는 조직을 제공하는 단체나 기관을 가리킨다.

57 다음 중 검체의 채취 및 보관 방법으로 옳지 않은 것은?

① 시험용 검체는 오염되거나 변질되지 않도록 채취하여야 한다.
② 완제품의 보관용 검체는 적절한 보관조건 하에 지정된 구역 내에서 제조단위별로 사용기한까지 보관한다.
③ 완제품 보관 검체는 개봉 후 사용기간을 기재하는 경우 제조일로부터 1년간 보관하여야 한다.
④ 시험용 검체의 용기에는 명칭 또는 확인코드, 제조번호, 검체 채취 일자, 가능한 경우 검체 채취 지점을 기재한다.
⑤ 시험용 검체는 채취한 후 원상태에 준하는 포장을 하여야 한다.

58 다음은 포장재의 선정 절차를 나열한 것이다. ㉠~㉢에 들어갈 내용을 순서대로 짝지은 것은?

> 중요도 분류 → 공급자 선정 → (㉠) 승인 →
> (㉡) 결정 → 품질계약서 공급계약 체결 → 정기
> 적 (㉢)

	㉠	㉡	㉢
①	공급자	품질	모니터링
②	공급자	품질	계약
③	구매자	판매자	모니터링
④	판매자	구매자	모니터링
⑤	공급자	구매자	계약

59 작업장 공기조절의 4대 요소와 대응 설비가 바르게 연결된 것은?

① 습도 – 열교환기
② 기류 – 송풍기
③ 실내온도 – 가습기
④ 청정도 – 제습기
⑤ 정화 – 송풍기

60 불만처리 시 기록을 유지하여야 하는 사항으로 옳지 않은 것은?

① 불만 접수연월일
② 다른 제조번호의 제품에도 영향이 없는지 점검한 기록
③ 불만제기자의 이름과 연락처
④ 불만접수 담당자
⑤ 제품명, 제조번호 등을 포함한 불만내용

61 다음 중 맞춤형화장품으로 볼 수 없는 것은?

① 수입된 화장품의 내용물을 소분한 로션
② 맞춤형화장품조제관리사에 의해 소분된 토너
③ 제조된 화장품의 내용물에 다른 화장품의 내용물을 혼합한 에센스
④ 글리세린과 세라마이드를 혼합하여 제조한 크림
⑤ 사전심사를 받은 기능성화장품 원료에 다른 화장품의 내용물을 혼합한 크림

62 다음에서 설명하는 시험의 명칭으로 옳은 것은?

> 약액이나 화장품을 천조각에 칠하여 피부의 부드러운 부분(등, 위팔 안쪽)에 붙이고 24~72시간 정도 방치하여 감작반응(가려움, 물집, 발진 등)이 없었는가를 조사하는 안정성 시험법이다.

① 광독성시험
② 인체 첩포시험
③ 유전 독성시험
④ 광감작성시험
⑤ 단회 투여 독성시험

63 교원섬유와 탄력섬유를 만드는 결합조직 세포는 무엇인가?

① 섬유 아세포
② 대식 세포
③ 머켈 세포
④ 비만 세포
⑤ 랑게르한스 세포

64 다음 중 모발의 특징으로 옳지 않은 것은?

① 모피질은 친수성이라 흡수성, 흡습성이 우수하다.
② 배냇머리와 연모에는 모수질이 존재하지 않는다.
③ 모발은 약산성을 띠고 있어 알칼리에 약하며, 이를 모발 관련 시술에 이용한다.
④ 모피질은 퍼머넌트, 염색 시술 시 결합이 약해져 모발 손상이 발생한다.
⑤ 하루에 120~200가닥의 모발이 빠지는 경우, 정상 모발로 판단한다.

65 다음 중 화장품 전체에서 사용이 금지된 원료로 옳은 것은?

① 살리실릭애시드
② 적색 102호
③ 적색 103호
④ 메탄올
⑤ 메틸아이소치아졸리논

66 다음 중 원료와 사용제한 함량이 올바르게 연결된 것은?

① 우레아 – 20% 이하
② 토코페롤 – 20% 이하
③ 페녹시에탄올 – 1.5% 이하
④ 톨루엔 – 손발톱용 제품류에 20% 이하
⑤ 벤질알코올 – 두발염색용 제품류의 용제로 사용되는 것이 아닐 경우 2.0% 이하

67 다음 중 맞춤형화장품조제관리사의 업무 범위 내에서 진행한 업무로 옳은 것은?

① 맞춤형화장품조제관리사가 수분 크림에 하이드롤라이즈드밀단백질을 0.05%를 추가 혼합하여 판매하였다.
② 맞춤형화장품조제관리사가 수입화장품의 내용물에 글리세린을 추가 혼합하여 판매하였다.
③ 고객의 피부 측정 후 지난달에 비해 색소 침착이 심해진 것을 바탕으로 맞춤형화장품조제관리사가 매장 조제실에서 식약처 고시 기능 성분에 맞게 직접 조제하여 전달하였다.
④ 맞춤형화장품을 인터넷을 통해 구매한 고객에게 맞춤형화장품조제관리사가 직접 제조실에서 조제하여 제품을 택배로 배송하였다.
⑤ 맞춤형화장품조제관리사가 수분 앰풀에 잔탄검 9%를 배합하여 고객이 원하는 점도에 맞춰 조제하여 판매하였다.

68 다음은 맞춤형화장품조제관리사인 혜영이 매장을 방문한 고객과 나눈 대화이다. 혜영이 고객에게 추천할 성분으로 옳은 것을 보기에서 모두 고르면?

대화

고객 : 50대가 되니 피부가 너무 건조하고 쉽게 붉어져서 아무 화장품이나 못 쓰겠어요.
혜영 : 네, 그러시군요. 피부 상태부터 측정해 볼게요.

피부 측정

혜영 : 측정해 보니 고객님이 느끼시는 것처럼 피부에 수분이 매우 적네요. 피부 민감도도 높고요. 이 상태였다면 일반 화장품을 쓰는 게 많이 불편하셨을 것 같아요.
고객 : 저에게 맞는 맞춤형화장품을 구매하고 싶어요. 화장품 내용물에 어떤 성분을 넣으면 좋을지 추천해 주세요.

보기

㉠ 아데노신
㉡ 비타민 E
㉢ 소르비톨
㉣ 글리세린
㉤ 세라마이드

① ㉠, ㉣, ㉤
② ㉠, ㉡, ㉤
③ ㉢, ㉣, ㉤
④ ㉠, ㉡, ㉣
⑤ ㉠, ㉡, ㉢

69 다음 중 립스틱의 관능평가 요소가 아닌 것은?
① 변취
② 점도
③ 탁도
④ 경도
⑤ 분리(성상)

70 다음 중 표시·광고 관련 기준을 1차로 위반할 경우의 행정처분 결과가 다른 하나는?
① 외국과 기술을 제휴하지 않고 기술 제휴 등의 표현 사용
② 의약품으로 잘못 인식할 우려가 있는 표시·광고
③ 배타성을 띤 '최고, 최상' 등 절대적 표현 사용
④ 화장품의 범위를 벗어나는 표시·광고
⑤ 의사, 약사, 의료기관, 그 밖의 자 등이 지정, 추천, 공인, 개발, 사용 등을 하고 있다는 표시·광고

71 원료규격서의 항목 중 함량 기준에 대한 설명으로 옳지 않은 것은?
① 원료규격서에 원칙적으로 기재하여야 하는 항목이다.
② 함량 기준은 백분율(%)로 표시한다.
③ 함량 기준을 설정할 수 없는 경우, 사유를 구체적으로 기재한다.
④ 함량 표시가 어려운 경우 화학적 순물질의 함량으로 표시할 수 있다.
⑤ 불안정한 원료 성분은 분해물의 유효성에 관한 정보에 따라 기준치의 폭을 설정한다.

72 다음 중 맞춤형화장품의 혼합·소분에 필요한 도구·기기와 목적이 바르게 연결된 것은?

① 칭량 – 메스실린더
② 소분 – 디스퍼
③ 계량 – 호모게나이저
④ 교반 – 피펫
⑤ 살균 소독 – 데시케이터

73 포장재의 종류와 특성을 바르게 연결한 것은?

	종류	특성
①	스테인리스스틸	광택 우수, 부식이 잘 안 됨
②	소다석회유리	산화납 다량 함유, 굴절률이 매우 높음
③	고밀도 폴리에틸렌	반투명, 광택성, 유연성 우수
④	저밀도 폴리에틸렌	유백색, 무광택, 수분 투과 적음
⑤	AS수지	가볍고 가공성이 우수, 표면 장식이나 산화 방지 목적 사용

74 맞춤형화장품판매업 신고 시 필요한 서류로 옳은 것은?

① 등록필증
② 책임판매관리자의 자격 확인 서류
③ 맞춤형화장품판매업 등록신청서
④ 시설명세서
⑤ 대표자의 건강진단서

75 맞춤형화장품판매업자가 「화장품법」 제3조의2(맞춤형화장품판매업의 신고) 제2항에 따른 시설을 갖추지 않게 된 경우의 행정처분으로 적절한 것은?

	1차 위반	2차 위반	3차 위반	4차 이상 위반
①	판매업무 정지 1개월	판매업무 정지 2개월	판매업무 정지 3개월	판매업무 정지 4개월
②	판매업무 정지 2개월	판매업무 정지 3개월	판매업무 정지 6개월	판매업무 정지 12개월
③	시정명령	판매업무 정지 5일	판매업무 정지 15일	판매업무 정지 1개월
④	시정명령	판매업무 정지 1개월	판매업무 정지 3개월	영업소 폐쇄
⑤	시정명령	판매업무 정지 3개월	판매업무 정지 9개월	영업소 폐쇄

76 다음 중 「개인정보보호법」 위반에 따른 부과 과태료가 다른 하나는?

① 1천 명 이상의 개인정보 유출 시 조치 결과를 신고하지 않은 자
② 개인정보의 이용내역을 주기적으로 이용자에게 통지하지 않은 자
③ 민감정보, 고유식별정보 등을 처리할 때 안전성 확보에 필요한 조치를 하지 않은 자
④ 정보주체가 필요한 최소한의 정보 외 수집 동의를 하지 않아 서비스 제공을 거부한 자
⑤ 14세 미만 아동의 개인정보 처리를 위하여 법정대리인의 동의를 받지 않은 자

77 소비자화장품안전관리감시원에 대한 설명으로 옳은 것은?

① 관계 공무원이 하는 출입 · 검사 · 질문 · 수거 역할을 대행한다.
② 해당 소비자화장품안전관리감시원을 추천한 단체에서 퇴직하거나 해임된 경우 해촉된다.
③ 화장품 안전관리에 관한 사항으로서 대통령령으로 정하는 사항을 직무로 수행한다.
④ 소비자화장품안전관리감시원을 추천한 단체의 장이 소비자화장품안전관리감시원에게 직무 수행에 필요한 교육을 실시한다.
⑤ 유통 중인 화장품이 표시 기준에 맞지 않거나 부당한 표시 또는 광고를 한 화장품인 경우 관할 행정관청을 대신하여 행정처분을 내린다.

78 「개인정보보호법」과 관련한 용어에 대한 설명으로 옳지 않은 것은?

① 개인을 구별하기 위해 부여한 식별정보를 고유식별정보라고 한다.
② 정보주체는 처리되는 정보에 의하여 알아볼 수 있는 사람을 말한다.
③ 개인정보를 쉽게 검색할 수 있도록 체계적으로 구성한 집합물을 정보파일이라고 한다.
④ 신념 · 사상, 노동조합 · 정당의 가입 · 탈퇴 등에 관한 정보, 사생활을 현저히 침해할 우려가 있는 정보를 민감정보라고 한다.
⑤ 업무를 목적으로 개인정보파일을 운용하기 위하여 스스로 또는 다른 사람을 통하여 개인정보를 처리하는 공공기관, 법인, 단체 및 개인을 개인정보취급자라고 한다.

79 화장품 위해성과 관련된 내용의 설명으로 옳지 않은 것은?

① 위해성 평가란 인체적용 제품에 존재하는 위해요소가 인체의 건강을 해치거나 해칠 우려가 있는지와 있을 경우 위해의 정도를 전문가의 견해를 통해 평가하는 것을 말한다.
② 독성이란 인체적용 제품에 존재하는 위해요소가 인체에 유해한 영향을 미치는 고유의 성질을 말한다.
③ 위해요소란 인체의 건강을 해치거나 해칠 우려가 있는 화학적 · 물리적 · 생물학적 요인을 말한다.
④ 위해성이란 인체적용 제품에 존재하는 위해요소에 노출되는 경우 인체의 건강을 해칠 수 있는 성질을 말한다.
⑤ 노출 평가란 위해요소가 인체에 노출된 양을 산출하는 것이다.

80 다음 중 원료의 특성이 다른 하나는?

① 미네랄 오일
② 파라핀
③ 아아이소알케인
④ 사이클로테트라실록세인
⑤ 스쿠알렌

주관식(단답형, 81~100번)

81 다음은 투명층에 관한 설명이다. 빈칸에 들어갈 알맞은 말을 쓰시오.

- 2~3층의 무핵 세포층으로 손바닥과 발바닥에 분포한다.
- ( )(이)라는 반유동성 물질이 수분 침투를 방지한다.

82 다음은 포장공간에 대한 설명이다. ㉠~㉢에 들어갈 알맞은 숫자를 각각 쓰시오.

인체 및 두발 세정용 제품류의 포장공간 비율은 (㉠)% 이하, 향수를 제외한 그 외 화장품류의 포장공간 비율은 (㉡)% 이하이며, 둘 다 최대 (㉢)차 포장까지 할 수 있다.

㉠ :
㉡ :
㉢ :

83 다음은 업무정지에 관한 내용이다. 빈칸에 들어갈 알맞은 말을 쓰시오.

식품의약품안전처장은 자격의 취소, 인증의 취소, 인증기관 지정의 취소 또는 업무의 전부에 관한 정지를 명하거나 등록의 취소, 영업소의 폐쇄, 품목의 제조·수입 및 판매의 금지 또는 업무의 전부에 대한 정지를 명하고자 할 때 ( )을(를) 하여야 한다.

84 빈칸에 들어갈 용어를 쓰시오.

사상·신념, 노동조합·정당의 가입과 탈퇴, 정치적 견해, 건강, 성생활 등에 관한 정보, 그 밖에 사생활을 현저히 침해할 우려가 있는 정보를 ( )(이)라고 한다.

85 사용 시 주의사항으로 다음의 문구가 들어가야 하는 제품은 무엇인지 쓰시오.

- 온도가 40℃ 이상 되는 장소에 보관하지 말 것
- 눈 주위 또는 점막 등에 분사하지 말 것. 다만, 자외선 차단제의 경우 얼굴에 직접 분사하지 말고 손에 덜어 얼굴에 바를 것
- 사용 후 잔여 가스가 없도록 하여 버리며, 밀폐된 장소에 보관하지 말 것

86 다음을 읽고 빈칸에 들어갈 알맞은 말을 쓰시오.

3세 이하의 영유아용 제품류 또는 4세 이상부터 13세 이하까지의 어린이가 사용할 수 있는 제품임을 특정하여 표시·광고하려는 경우 화장품 안전 기준 등에 따라 사용 기준이 지정·고시된 원료 중 ( )의 함량은 의무적으로 화장품의 포장에 기재·표시하여야 한다.

87 다음을 읽고 빈칸에 들어갈 알맞은 말을 쓰시오.

( )은(는) UV 램프를 조사하여 자외선으로 인한 자극성을 평가하는 안전성 시험법이다.

88 다음을 읽고 빈칸에 들어갈 알맞은 말을 쓰시오.

( )은(는) 표피에서 가장 두꺼운 층으로, 림프액이 흘러 림프순환으로써 영양 공급 및 노폐물 배출이 이루어지며 랑게르한스 세포가 존재하는 층이다.

89 다음을 읽고 빈칸에 들어갈 알맞은 말을 쓰시오.

( )은(는) 모발의 탈락이 시작되며 모낭과 모유두의 완전한 분리가 이뤄지는 시기이다.

90 다음을 읽고 빈칸에 들어갈 알맞은 말을 쓰시오.

( )은(는) 화장품의 품질을 인간의 오감(시각, 후각, 미각, 촉각, 청각)으로써 측정하고 분석하여 평가하는 방법이다.

91 다음을 읽고 ㉠과 ㉡에 들어갈 알맞은 말을 쓰시오.

제조업자, 책임판매업자, 맞춤형화장품판매업자는 표시·광고 중 사실과 관련한 사항에 대해 실증할 수 있어야 하며, (㉠)은(는) 표시·광고 (㉡)이(가) 필요한 경우 내용을 구체적으로 명시하여 관련 자료 제출을 요청할 수 있다.

㉠ :
㉡ :

92 다음을 읽고 빈칸에 들어갈 알맞은 말을 쓰시오.

( ) 방식은 원료 및 내용물은 불용재고가 발생하지 않기 위해 먼저 입고된 순서대로 사용하여야 한다는 것이다.

93 다음은 자외선 차단제의 전성분이다. 자외선 차단 효능이 있는 원료명을 찾고 사용한도를 쓰시오.

정제수, 다이뷰틸아디페이트, 옥토크릴렌, 메틸프로판다이올, 다이카프릴릴카보네이트, 세테아릴알코올, C20-22알코올, 1,2 헥산다이올, 펜틸렌글라이콜, 베헤닐알코올, 글리세릴스테아레이트, 트로메타민, 카보머, 폴리아이소부텐, 에틸헥실글리세린, 글리세린, 뷰틸렌글라이콜

94 다음을 읽고, 다음을 읽고, ㉠~㉢에 들어갈 알맞은 말을 각각 쓰시오.

> 징크옥사이드, 타이타늄디옥사이드가 대표적 성분이며 자외선 차단 성분이 자외선을 반사시켜 피부를 보호하는 것을 (㉠)(이)라고 한다. 자외선 산란제로서 징크옥사이드는 (㉡)%, 자외선 산란제로서 타이타늄옥사이드는 (㉢)%까지 사용 기준이 지정·고시된 원료이다.

㉠ :
㉡ :
㉢ :

95 다음은 화장품 용기에 대한 설명이다. 설명을 읽고, 어떤 종류의 용기인지 쓰시오.

> • 병 입구의 외경이 몸체 외경과 비슷하다.
> • 대표적으로 핸드크림, 영양크림 등에 사용된다.

96 다음은 화장품 안전성 정보의 정기보고에 대한 설명이다. ㉠~㉢에 들어갈 알맞은 숫자를 각각 쓰시오.

> 화장품 안전성 정기보고는 매 반기 종료 후 (㉠)개월 내에 즉, (㉡)월 말, (㉢)월 말까지 식품의약품안전처장에게 하여야 한다.

㉠ :
㉡ :
㉢ :

97 사용상의 제한이 필요한 보존제 성분 중 다음의 특징이 있는 것은 무엇인지 쓰시오.

> • 사용 후 씻어내는 제품에 0.02% 한도로 사용을 허용한다.
> • 데오도런트에 배합할 경우에는 0.0075% 한도로 사용을 허용한다.
> • 사용 후 씻어내지 않는 제품에는 0.001% 한도로 사용을 허용한다.
> • 입술에 사용되는 제품, 에어로졸 제품(스프레이에 한함), 보디 로션 및 보디 크림에는 사용이 금지된다.
> • 영유아용 제품류 또는 13세 이하 어린이가 사용할 수 있다고 특정하여 표시하는 제품에 사용이 금지된다(목욕용 제품, 샤워젤류 및 샴푸류 제외).

98 다음과 같은 주의사항이 기재되어야 하는 제품은 무엇인지 쓰시오.

> - 햇빛에 대한 피부 감수성을 증가시킬 수 있으므로 자외선 차단제를 함께 사용할 것(씻어내는 제품 및 두발용 제품은 제외)
> - 일부에 시험 사용하여 피부 이상을 확인할 것
> - 고농도의 AHA 성분이 들어 있어 부작용이 발생할 우려가 있으므로 전문의 등에게 상담할 것

99 다음을 읽고 빈칸에 공통으로 들어갈 말을 쓰시오.

> 소비자나 전문가가 오감을 활용하여 화장품의 사용감, 질감, 향, 색상 등의 특성을 평가하는 방법을 (　　)(이)라고 한다. 크림의 (　　) 요소는 변취, 분리, 점도, 증발이다.

100 맞춤형화장품조제관리사 현아는 매장을 방문한 고객의 상담 및 피부 측정을 진행한 후 맞춤형 화장품 로션을 제조하였다. 다음에 제시된 대화와 전성분을 참고하여 ㉠~㉢에 들어갈 알맞은 말을 각각 쓰시오.

> **전성분**
> 정제수 : 80%
> 글리세린 : 5.1%
> 브틸렌글라이콜 : 7.0%
> 병풀 추출물 : 3.0%
> 소듐하이알루로네이트 : 2.0%
> 카보머 : 0.2%
> 다이메치콘 : 0.1%
> 올리브오일 : 2.0%
> 세틸알코올 : 0.5%
> 비즈 왁스 : 0.1%
> 벤질알코올 : 0.1%
> 다이소듐이디티에이 : 0.01%

> **대화**
> 고객 : 제품에 사용된 보존제로는 어떤 성분이 있나요? 사용하는 데 문제는 없을까요?
> 현아 : 네, 제품에 사용된 보존제는 (㉠)입니다. 해당 성분은 「화장품법」에 따라 보존제로 사용될 경우 (㉡)% 이하로 사용 가능합니다. 두발 염색용 제품류에는 용제로 (㉢)% 사용할 수 있습니다. 고객님 로션에는 해당 성분이 한도 내로 사용되어서, 사용하시는 데 문제는 없습니다.

> ㉠ :
> ㉡ :
> ㉢ :

최종 모의고사 02회

시행기준	점수 / 풀이시간
총 100문항/120분/1000점	점 / 분

수험번호 : _____
성　　명 : _____

정답 & 해설 ▶ 556p

객관식(선다형, 01~80번)

01 천연화장품 및 유기농화장품의 자료 보존 기간으로 옳은 것은?

① 제조일(수입일 경우 통관일)로부터 3년 또는 사용기한 경과 후 1년 중 긴 기간 동안 보존
② 제조일(수입일 경우 통관일)로부터 1년 또는 사용기한 경과 후 3년 중 긴 기간 동안 보존
③ 제조일(수입일 경우 통관일)로부터 1년 또는 사용기한 경과 후 1년 중 긴 기간 동안 보존
④ 제조일(수입일 경우 통관일)로부터 3년 또는 사용기한 경과 후 3년 중 긴 기간 동안 보존
⑤ 제조일(수입일 경우 통관일)로부터 3년 또는 사용기한 경과 후 4년 중 긴 기간 동안 보존

02 다음에서 음이온성 계면활성제를 주로 사용하는 제품을 모두 고른 것은?

㉠ 샴푸	㉡ 헤어 오일
㉢ 헤어 린스	㉣ 헤어 트리트먼트
㉤ 비누	㉥ 폼 클렌저
㉦ 섬유유연제	

① ㉡, ㉢, ㉣
② ㉠, ㉣, ㉥
③ ㉠, ㉢, ㉥
④ ㉡, ㉤, ㉦
⑤ ㉠, ㉤, ㉥

03 다음 중 화장품의 기타 사용제한 원료와 그 사용한도를 연결한 것으로 옳지 않은 것은?

① 암모니아 - 6.0%
② 3-메틸논-2-엔니트릴 - 0.2%
③ 라우레스-8,9 및 10 - 0.2%
④ 징크피리티온(샴푸 제품에 사용) - 1.0%
⑤ 소합향나무 발삼 오일 및 추출물 - 0.6%

04 사용상의 제한이 필요한 기타 성분으로서 톨루엔의 사용한도를 옳게 설명한 것은?

① 두발용 제품에 10% 한도로 사용한다.
② 사용 후 씻어내는 제품에 0.01% 한도로 사용한다.
③ 인체 세정용 제품류에 10% 한도로 사용한다.
④ 손발톱용 제품류에 25% 한도로 사용한다.
⑤ 속눈썹 및 눈썹 착색용도의 제품에 5.0% 한도로 사용한다.

05 화장품의 품질관리에 관한 설명으로 옳지 <u>않은</u> 것은?

① 화장품의 시장 출하에 관한 관리를 실시한다.
② 제조에 관계된 업무에 대한 관리 · 감독을 실시한다.
③ 화장품제조업자에 대한 관리 · 감독은 제외한다.
④ 화장품의 책임판매 시 필요한 제품의 품질을 확보하기 위하여 실시한다.
⑤ 화장품의 시험 · 검사등의 업무에 대한 관리 · 감독을 실시한다.

06 다음에서 화장품에 미량으로 존재하는 금속이온(철, 구리, 마그네슘 등)이 제품의 변질을 유발하는 것을 방지하기 위하여 사용되는 원료를 모두 고르면?

㉠ BHA	㉡ 다이메티콘
㉢ 소듐시트레이트	㉣ 토코페롤
㉤ 오조케라이트	㉥ 다이소듐이디티에이

① ㉠, ㉢
② ㉤, ㉥
③ ㉢, ㉥
④ ㉡, ㉤
⑤ ㉠, ㉣

07 사용 후 씻어내는 두발용 제품류에 살리실릭애시드로서 사용할 수 있는 함량으로 옳은 것은?

① 0.5%
② 1.0%
③ 1.5%
④ 2.0%
⑤ 3.0%

08 다음을 읽고 외음부 세정제에 사용할 수 있는 기타 사용상의 제한이 필요한 원료에 대한 설명으로 올바른 것을 모두 고르면?

㉠ 이 혼합물의 사용한도는 외음부 세정제를 포함한 인체 세정용 제품에는 3.0%, 사용 후 씻어내는 두발용 제품에는 4.0%이다.
㉡ 외음부 세정제에 사용할 수 있는 기타 사용상의 제한이 필요한 원료의 혼합물은 4 : 1 : 1 비율의 혼합물이다.
㉢ 외음부 세정제에 사용할 수 있는 기타 사용상의 제한이 필요한 원료는 에탄올, 붕사, 라우릴황산나트륨 혼합물이다.
㉣ 이 혼합물을 외음부 세정제에 사용할 경우 사용한도는 10%이다.
㉤ 외음부 세정제에 사용할 수 있는 기타 사용상의 제한이 필요한 원료는 정제수, 붕사, 라우릴황산나트륨 혼합물이다.
㉥ 이 혼합물은 외음부 세정제를 제외한 기타 제품에는 사용을 금한다.

① ㉠, ㉡, ㉣
② ㉠, ㉡, ㉢
③ ㉠, ㉢, ㉤
④ ㉡, ㉢, ㉥
⑤ ㉣, ㉤, ㉥

09 「화장품 사용할 때의 주의사항 및 알레르기 유발 성분 표시에 대한 규정」에 대한 설명으로 옳지 <u>않은</u> 것은?

① 소용량의 화장품은 표시 면적이 충분하더라도 해당 알레르기 유발 성분을 생략할 수 있다.
② 사용 후 씻어내는 제품에는 0.01% 초과, 사용 후 씻어내지 않는 제품에는 0.001% 초과 함유하는 경우에만 알레르기 유발 성분을 표시한다.
③ 30㎖(g) 화장품의 경우 표시·기재의 면적이 부족할 경우 생략이할 수 있다.
④ 착향제는 '향료'로 표기할 수 있다. 단, 식품의약품안전처장이 고시한 알레르기 유발 성분의 경우 해당 성분의 명칭을 기재하여야 한다.
⑤ 1.0% 미만의 성분은 함량 순서에 상관없이 기재할 수 있다.

10 다음은 설비 세척제에 대한 설명이다. 이 세척제 유형은 무엇인가?

- 오염물의 가수분해 시 효과가 좋으나 독성이나 부식성에 주의하여야 한다.
- 산도는 pH 12.5~14이며, 주로 단백질, 찌든 기름때 등의 유기물을 효과적으로 세척한다.
- 대표적으로 수산화나트륨(NaOH), 수산화칼륨(KOH), 규산나트륨(Na_2SiO_3)이 있다.

① 부식성 알칼리 세척제
② 약알칼리 세척제
③ 중성 세척제
④ 약산성 세척제
⑤ 무기산 세척제

11 인체 세포·조직 배양액의 품질을 확보하기 위하여 다음의 항목을 포함한 인체 세포·조직 배양액 품질관리 기준서를 작성하여야 한다. 다음의 빈칸에 들어갈 말로 적절한 것은?

- 성상
- (   )
- 마이코플라스마 부정시험
- 외래성 바이러스 부정시험
- 확인시험
- 순도시험

① 안전성시험
② 인체적용시험
③ 안정성시험
④ 유효성시험
⑤ 무균시험

12 다음을 읽고, 작업장의 낙하균 측정 방법으로 옳지 <u>않은</u> 것은?

> ㉠ 코흐법(Koch법)이라고도 하며, 실내 공기 중에 존재하는 오염된 부유 미생물을 직접 평판배지 위에 일정 시간 자연적으로 낙하시켜 측정하는 방법이다.
> ㉡ 특별한 기기를 사용하지 않고 언제, 어디서나 쉽게 수행할 수 있는 간편한 방법이지만 공기 중의 모든 미생물을 측정할 수 없다는 단점이 있다.
> ㉢ 진균용은 대두카제인 소화한천배지를 사용하며 배지 100㎖당 클로람페니콜 50㎎을 넣는다.
> ㉣ 특히 측정 대상 공간의 크기와 구조를 고려하여야 하며, 측정 지점이 5개 이하일 경우 정확한 평가가 어렵다. 또한, 측정 위치는 벽에서 20㎝ 이상 떨어진 곳이 적절하다.
> ㉤ 측정 시 바닥에서 측정하는 것이 원칙이지만 부득이한 경우 바닥으로부터 20~30㎝ 높은 위치에서 측정하는 경우가 있다.
> ㉥ 위치별로 정해진 노출시간이 지나면, 배양접시의 뚜껑을 닫아 배양기에서 배양한다. 일반적으로 세균용 배지는 30~35℃, 48시간 이상, 진균용 배지는 20~25℃, 5일 이상 배양한다. 배양 과정에서 확산균의 증식으로 균수 측정이 어려울 수 있으므로, 매일 관찰하여 균수의 변화를 기록한다.

① ㉡, ㉢, ㉤
② ㉠, ㉡, ㉥
③ ㉠, ㉤, ㉥
④ ㉠, ㉢, ㉣
⑤ ㉡, ㉣, ㉤

13 티오글라이콜릭애시드 또는 그 염류를 주성분으로 하는 냉2욕식 퍼머넌트 웨이브용 제품의 내용물 기준으로 옳지 <u>않은</u> 것은?

① pH – 3.5~7.5
② 철 – 2㎍/g 이하
③ 비소 – 5㎍/g 이하
④ 중금속 – 20㎍/g 이하
⑤ 시스테인 – 해당 없음

14 세척 후에는 설비 및 기구의 위생 상태 판정 방법으로 적절하지 <u>않은</u> 것은?

① 콘택트 플레이트법은 콘택트 플레이트에 검체를 채취하여 배양한 후 CFU수를 측정하여 기록한다.
② 닦아내기 판정은 흰 천이나 검은 천으로 설비 내부의 표면을 닦아내고, 천 표면의 잔류물 유무로 세척 결과를 판정한다.
③ 린스 정량법은 탱크의 세척 판정에 적합하며, 고성능 액체 크로마토그래피, 박층크로마토그래피, 총유기탄소 등을 이용하여 측정한다.
④ 면봉 시험법은 면봉으로 검체 구역을 문지른 후 희석액에 담가 채취된 미생물을 희석하여 배양한 후 검출된 미생물 수를 계산한다.
⑤ 육안 판정은 장소를 미리 정하여 놓고, 육안으로 판정하여 판정 결과를 기록서에 기재한다.

15 다음은 원료 및 포장재에 대한 선정 절차를 무작위로 나열한 것이다. 옳은 순서대로 나열한 것은?

> ㉠ 품질 결정
> ㉡ 공급자 선정
> ㉢ 정기적 모니터링
> ㉣ 중요도 분류
> ㉤ 공급자 승인
> ㉥ 품질계약서 공급계약 체결

① ㉠ – ㉡ – ㉤ – ㉣ – ㉥ – ㉢
② ㉣ – ㉡ – ㉤ – ㉠ – ㉢ – ㉥
③ ㉣ – ㉠ – ㉡ – ㉤ – ㉥ – ㉢
④ ㉣ – ㉤ – ㉡ – ㉠ – ㉥ – ㉢
⑤ ㉣ – ㉡ – ㉤ – ㉠ – ㉥ – ㉢

16 다음 중 맞춤형화장품의 원료로 사용할 수 있는 것은?

① 사전심사를 받지 않은 기능성화장품의 효과를 나타내는 고시 원료를 첨가한 제품
② 개봉 후 1개월이 지난 원료를 직접 첨가한 제품
③ 자외선 차단제를 직접 첨가하여 제조한 제품
④ 화장품에 사용할 수 없는 원료를 첨가하여 제조한 제품
⑤ 보존제를 직접 첨가하여 제조한 제품

17 다음 중 제조과정에서 원료, 재료, 완제품이 요구되는 성분표의 양과 기준을 만족하는지 보증하기 위해 중량을 측정할 때 사용되는 설비는 무엇인가?

① 호스   ② 펌프
③ 탱크   ④ 칭량장치
⑤ 게이지와 미터

18 다음 중 맞춤형화장품에 해당하는 사례로 적절한 것은?

① 제조 또는 수입된 화장품의 내용물에 식품의약품안전처장이 정하는 원료를 추가하여 혼합한 화장품
② 제조된 내용물에 점증제를 혼합해서 제형에 변화를 주고 소비자의 사용감을 높인 화장품
③ 알레르기가 심한 소비자를 위해 비건 원료를 이용해 제조한 화장품
④ 사용제한 원료와 사용금지 원료가 들어가지 않은 제조 또는 수입된 화장품의 내용물을 그대로 사용한 화장품
⑤ 제조 또는 수입된 화장품의 내용물에 등색 201호 색소를 첨가·혼합하여 소비자의 피부톤에 맞게 조절한 아이 크림

19 피부의 감각기능에 대한 설명으로 옳지 <u>않은</u> 것은?

① 압점은 진피의 망상층에 위치한다.
② 통점과 촉점은 진피의 유두층에 위치한다.
③ 온점과 냉점은 표피의 기저층에 위치한다.
④ 촉점은 손가락과 입술에 많이 분포한다.
⑤ 피부에 가장 많이 분포하는 감각점은 통점이다.

20 모발의 성장주기에 대한 설명으로 옳지 <u>않은</u> 것은?

① 남자가 여자에 비해 성장주기가 짧다.
② 퇴행기에는 모발이 탈락하기 시작한다.
③ 퇴행기에는 모모 세포의 분열이 저하된다.
④ 전체 모발의 80~90%가 성장기에 해당한다.
⑤ 휴지기에는 모낭과 모유두가 완전히 분리된다.

21 다음 중 여드름에 대한 설명으로 옳은 것만을 있는 대로 고른 것은?

> ㉠ 모낭벽이 완전히 파괴된 상태의 여드름을 낭종이라고 한다.
> ㉡ 노란색 고름이 발생한 염증성 여드름을 농포라고 한다.
> ㉢ 피지 분비 증가, 모공 폐쇄, 세균 증식이 원인이다.
> ㉣ 단단한 덩어리가 피부 안에서 딱딱해진 염증성 여드름을 결절이라고 한다.
> ㉤ 개방면포와 폐쇄면포로 구분되는 좁쌀 모양의 염증성 여드름을 면포라고 한다.
> ㉥ 폐쇄면포인 블랙헤드는 T존(코와 이마)에 많이 발생한다.

① ㉠, ㉢, ㉤, ㉥
② ㉠, ㉡, ㉢, ㉣
③ ㉡, ㉢, ㉤, ㉥
④ ㉡, ㉢, ㉣, ㉤
⑤ ㉠, ㉣, ㉤, ㉥

22 도연이는 외국 제품이 아님에도 불구하고, 의도적으로 외국어 표기와 외국 국기를 사용하여 소비자가 외국 제품으로 착각하도록 표시하였다. 이번이 1차 위반이었다면 도연이가 받는 행정처분으로 적절한 것은?

① 영업정지
② 해당 품목 판매 또는 광고 업무정지 15일
③ 해당 품목 판매 또는 광고 업무정지 1개월
④ 해당 품목 판매 또는 광고 업무정지 2개월
⑤ 해당 품목 판매 또는 광고 업무정지 3개월

23 영업자의 의무사항으로 옳지 <u>않은</u> 것은?

① 맞춤형화장품조제관리사는 화장품 안전성 확보 및 품질관리 교육을 매년 이수하여야 한다.
② 맞춤형화장품판매업자는 판매장 시설·기구의 관리 방법, 혼합·소분 안전관리기준의 준수 의무, 혼합·소분되는 내용물 및 원료에 대한 설명 의무에 관한 사항을 준수하여야 한다.
③ 화장품책임판매업자는 품질관리 기준, 책임판매 전 안전관리 기준, 품질검사 방법 및 실시 의무, 안전성·안정성 관련 정보사항 등의 보고 및 안전대책 마련 의무에 관한 사항을 준수하여야 한다.
④ 화장품책임판매업자는 생산실적 또는 수입실적, 화장품의 제조과정에 사용된 원료의 목록 등을 유통·판매 전에 식품의약품안전처장에게 보고하여야 한다.
⑤ 화장품제조업자는 제조와 관련된 기록·시설·기구 등의 관리 방법, 원료·자재·완제품 등에 대한 시험·검사·검정 실시 방법 및 의무에 관한 사항을 준수하여야 한다.

24 실태조사의 포함사항으로 옳지 <u>않은</u> 것은?

① 제품별 안정성 자료의 작성 및 보관 현황
② 영유아 또는 어린이 사용 화장품에 대한 표시·광고의 현황 및 추세
③ 소비자의 사용실태
④ 영유아 또는 어린이의 사용 화장품의 유통 현황 및 추세
⑤ 사용 후 이상 사례의 현황 및 조치 결과

25 왁스에 대한 설명으로 옳지 않은 것은?

① 라놀린 : 양의 털에서 얻어지며 녹는점이 36~42℃로, 피부 친화성, 부착성, 윤택성이 우수하나, 알레르기 반응을 유발할 수 있음
② 칸델릴라 왁스 : 68~72℃의 녹는점으로 립스틱의 부서짐을 예방하고 광택효과가 있음
③ 카나우바 왁스 : 87~92℃의 녹는점으로 광택성이 뛰어나 립스틱, 탈모제 등에 사용함
④ 비즈 왁스 : 벌집에서 추출된 성분으로 수분 증발을 방지하며 피부에 부드러운 감촉을 제공함
⑤ 호호바 오일 : 피지 성분과 유사한 구조로 피부에 대한 친화성과 퍼짐성이 우수하여 부드러운 감촉이 있음

26 다음 중 위해화장품 공표 결과 지방식품의약품안전청장에게 통보하여야 하는 사항으로 옳은 것만을 있는 대로 고른 것은?

> ㉠ 공표일
> ㉡ 공표 횟수
> ㉢ 공표문 사본 또는 내용
> ㉣ 공표 매체
> ㉤ 공표에 사용된 비용
> ㉥ 공표대상의 제조번호

① ㉡, ㉢, ㉣, ㉤
② ㉠, ㉡, ㉣, ㉥
③ ㉠, ㉡, ㉤, ㉥
④ ㉠, ㉡, ㉢, ㉣
⑤ ㉠, ㉢, ㉤, ㉥

27 다음은 위해성 등급이 가등급인 위해화장품을 회수할 때 작성하는 공표문이다. 공표문의 작성 방법에 대한 내용으로 옳은 것은?

> **위해화장품 회수**
> 「화장품법」 제5조의2에 따라 아래의 화장품을 회수합니다.
> 가. 회수제품명 :
> 나. (㉠) :
> 다. 사용기한 또는 개봉 후 사용기간 :
> 라. 회수 사유 :
> 마. 회수 방법 :
> 바. (㉡) :
> 사. 영업자 주소 :
> 아. 연락처 :
> 자. 그 밖의 사항 : 위해화장품 회수 관련 협조 요청
>   1) 해당 회수 대상 화장품을 보유한 판매자는 판매를 중지하고 회수 영업자에게 반품하여 주시기 바랍니다.
>   2) 해당 제품을 구입한 소비자는 구입한 매장에 되돌려 주시는 등 위해 화장품 회수에 적극 협조하여 주시기 바랍니다.

① 일반일간신문 게재용은 2단 10㎝ 이상이어야 하며, ㉠은 제조번호, ㉡은 회수 영업자이다.
② 일반일간신문 게재용은 3단 10㎝ 이상이어야 하며, ㉠은 제조번호, ㉡은 회수 영업자이다.
③ 일반일간신문 게재용은 2단 10㎝ 이상이어야 하며, ㉠은 제조일자, ㉡은 병행 표기된 제조연월일이다.
④ 인터넷 홈페이지 게재용은 회수문의 내용이 10㎝ 이상되어야 하며, ㉠은 제조번호, ㉡은 회수 영업자이다.
⑤ 인터넷 홈페이지 게재용은 회수문의 내용이 잘 보이도록 크기 조정이 가능하며, ㉠은 제조일자, ㉡은 병행 표기된 제조연월일이다.

28 자료 제출이 생략되는 피부 미백에 도움을 주는 성분과 최대 허용 함량이 잘못 연결된 것은?

① 알부틴 – 2.0 ~5.0%
② 에틸아스코빌에터 – 1.0~2.0%
③ 알파–비사보롤 – 0.5%
④ 닥나무 추출물 – 1.5%
⑤ 마그네슘아스코빌포스페이트 – 3.0%

29 퍼머넌트 웨이브 제품 및 헤어 스트레이트너 제품의 사용 시 개별 주의사항으로 옳은 것은?

① 두피·얼굴·눈·목·손 등에 약액이 묻지 않도록 유의하고 얼굴 등에 묻었을 경우 즉시 세안제로 씻어낼 것
② 25℃ 이하의 어두운 장소에 보존하고, 색이 변하거나 침전된 경우 사용하지 말 것
③ 특이체질, 신장질환, 혈액질환이 있는 사람들은 사용을 피할 것
④ 제2단계 퍼머액 중 주성분이 과산화수소인 제품은 검은 머리카락이 갈색으로 변할 수 있으므로 주의할 것
⑤ 사용 후 남은 제품은 다음 사용 시까지 다른 제품과 혼용되지 않도록 따로 보관할 것

30 양쪽성 계면활성제 특징으로 옳지 않은 것은?

① 양이온성을 띠는 쪽은 살균 및 소독 작용의 효과가 있다.
② 산성일 때 음이온성, 알칼리성일 때 양이온성으로 활성화된다.
③ 한 분자 내에 음이온과 양이온의 활성기를 모두 가지고 있다.
④ 다른 계면활성제에 비하여 피부 자극이 적어 어린이용 제품이나 저자극성 샴푸에 널리 활용된다.
⑤ 음이온성을 띠는 쪽은 세정력과 기포 형성력이 우수하다.

31 원료의 특성에 대한 설명으로 옳지 않은 것은?

① 글리세린은 탄소와 –OH기를 각각 4개씩 가지고 있는 4가 알코올로 주로 보습제에 사용된다.
② 왁스류는 고급 지방산과 고급 1, 2가 알코올이 결합된 에스터류로 피부 또는 모발의 광택을 부여한다.
③ 알코올은 무색의 유기 용매로 특유의 냄새와 휘발성을 가지며 화장품에서는 살균, 수렴, 가용화제 등의 역할을 한다.
④ 고급 알코올은 R–OH로 표시되는 화합물로 탄소수가 6개 이상이며, 화장품의 점도를 조절하거나 유화를 안정시킬 때 사용한다.
⑤ 에스터는 지방산(R–COOH)과 알코올(R–OH)이 결합하면서 탈수 반응을 통해 생성되며, 화장품에서는 피부를 부드럽게 하고 산뜻한 사용감을 위해 사용한다.

32 「화장품 사용할 때의 주의사항 및 알레르기 유발 성분 표시에 관한 규정」별표 1 화장품의 유형과 유형별·함유 성분별 사용할 때의 주의사항 표시에 따른 문구로 옳지 않은 것은?

① 아이소뷰틸파라벤 – 3세 이하 어린이의 기저귀가 닿는 부위에는 사용하지 말 것
② 스테아린산아연 – 사용 시 흡입되지 않도록 주의할 것
③ 과산화수소 – 피부에 접촉을 피하고 피부에 닿았을 때는 즉시 씻어낼 것
④ 실버나이트레이트 – 눈에 접촉을 피하고 눈에 들어갔을 때는 즉시 씻어낼 것
⑤ 코치닐 추출물 – 코치닐 추출물 성분에 과민하거나 알레르기가 있는 사람은 신중히 사용할 것

33 검체의 채취 및 보관에 대한 사항으로 옳지 않은 것은?

① 개봉 후 사용기간에 대해 기재하는 경우 제조일로부터 3년간 보관하여야 한다.
② 시험용 검체 용기에는 명칭 또는 확인코드를 기재하여야 한다.
③ 일반적으로 뱃치별로 세 번 실험할 수 있는 정도의 양을 적합한 보관 조건에 따라 보관한다.
④ 시험용 검체 용기에는 검체 채취 일자를 기재하여야 한다.
⑤ 완제품 보관용 검체는 사용기한까지 보관한다.

34 포장 및 용기에 관한 시험 방법으로 옳지 않은 것은?

① 크로스커트시험 방법
② 내용물 감량시험 방법
③ 펌프 분사 형태시험 방법
④ 유리병 내부 알칼리 용출량시험 방법
⑤ 내용물에 의한 용기의 변형시험 방법

35 작업자가 위생모를 착용하지 않아도 되는 장소는?

① 칭량실
② 실험실
③ 제조실
④ 충진실
⑤ 포장실

36 유통화장품 안전관리 기준 중 물을 포함하지 않은 제품과 사용한 후 곧바로 물로 씻어내는 제품을 제외한 액상 제품의 pH 기준으로 옳은 것은?

① 3.0~6.0
② 4.5~9.5
③ 3.0~9.0
④ 5.0~9.0
⑤ 5.5~6.5

37 다음에서 설명하는 소독제로 옳은 것은?

- 고온에서 효과가 좋고 살균력이 강하다는 장점이 있다.
- 독성과 금속 부식성이 있다는 단점이 있다.
- 조제 후 1주일 이내에 사용하여야 한다.

① 글루콘산클로르헥시딘
② 차아염소산나트륨액
③ 벤잘코늄클로라이드
④ 크레졸 3% 수용액
⑤ 석탄산 3% 수용액

38 인체적용시험의 최종시험 결과보고서 내용에 해당하지 않는 것은?

① 피험자 선정, 제외 기준 및 수
② 인체적용시험 분야의 시험 경력이 있는 담당자의 이력확인서
③ 코드 또는 명칭에 의한 시험물질의 식별
④ 화학물질명 등에 의한 대조물질의 식별(대조물질이 있는 경우에 한함)
⑤ 시험 의뢰자 및 시험 기관 관련 정보

39 이온교환수지를 통하여 물에 함유되어 있는 이온, 고체 입자, 미생물 등 모든 불순물을 제거하는 여과 과정을 거친 물은?

① 이온수
② 산소수
③ 알칼리수
④ 탄소수
⑤ 정제수

40 다음의 대화를 읽고, ㉠에 해당하는 등록·신고 영업으로 옳은 것을 고르시오.

> 수애 : 다들 오랜만이다. 요즘 어떻게 지내?
> 형우 : 나는 올해 경기도에 화장품 제조 회사를 차렸어.
> 수애 : 그렇구나. 그럼 영업 등록까지 다 끝났어?
> 형우 : 응.
> 동욱 : ㉠ 나는 이번에 외국 여행을 갔다가 국내에 없는 화장품을 발견했어. 써보니깐 너무 좋아서 내가 직접 국내에서 판매하려고 준비 중이야.
> 수애 : 잘 됐으면 좋겠다. 그런데 수입된 화장품만 판매하려고?
> 동욱 : 그건 아니고, 고객이 방문하면 피부를 기기로 측정해 주고 고객 피부에 맞춰 판매하는 맞춤형화장품도 같이 판매할 예정이야.
> 수애 : 우와. 그러면 맞춤형화장품도 직접 만들어서 판매하는 거야?
> 동욱 : 그럼!

① 화장품제조업
② 화장품판매업
③ 화장품유통업
④ 화장품책임판매업
⑤ 맞춤형화장품판매업

41 가볍고 가공성이 좋아 에어로졸관, 립스틱, 마스카라 용기 등으로 이용되는 포장재 소재로 옳은 것은?

① 황동
② 칼리납유리
③ 스테인리스스틸
④ 알루미늄
⑤ 소다석회유리

42 다음 중 기기 중 표준품을 보관하기 위하여 사용하는 것은?

① 자외선 살균기
② 메스실린더
③ 융점 측정기
④ 데시케이터
⑤ 항온수조

43 자외선 차단지수(SPF) 측정 결과 그 값이 60일 때 표시 방법으로 옳은 것은?

① SPF 35 +
② SPF 40 +
③ SPF 45 +
④ SPF 50 +
⑤ SPF 60 +

44 화장품의 가격 표시에 대한 설명으로 옳지 않은 것은?

① 화장품의 가격은 해당 화장품을 소비자에게 직접 판매하는 자가 표시한다.
② 판매자는 가격을 일반소비자가 알기 쉽도록 표시하여야 하며, 세부적인 표시 방법은 총리령으로 정한다.
③ 판매자는 화장품의 가격 표시가 유통단계에서 쉽게 훼손되지 않도록 스티커 또는 꼬리표로 표시하여야 한다.
④ 판매 가격이 변경되었을 경우에는 기존의 가격이 보이지 않도록 변경하여 표시하여야 한다. 다만, 판매자가 기간을 특정하여 판매가격을 변경하기 위해 그 기간을 소비자에게 알리고, 소비자가 판매가격을 기존 가격과 오인·혼동할 우려가 없도록 명확히 구분하여 표시하는 경우는 제외한다.
⑤ 판매하려고 하는 제품이 개별 제품인 경우 개별 제품에 스티커 등을 부착하여야 한다. 다만, 개별 제품으로 구성된 종합 제품으로서 분리하여 판매하지 않는 경우에는 그 종합 제품에 일괄하여 표시할 수 있다.

45 A 회사는 다음의 상황으로 인해 「화장품법」 제6장 벌칙에 따른 벌칙을 받게 되었다. 만약 1차 위반일 경우 받게 될 벌칙은 무엇인가?

> **상황의 관계자**
> A : 충청도 소재의 맞춤형화장품판매업 회사
> B : 맞춤형화장품조제관리사 자격이 있는 직원
> C : 맞춤형화장품조제관리사 자격증 취득 준비 중인 일반 직원
>
> **상황**
> B는 A 회사의 맞춤형화장품 조제 업무를 담당하며, A 회사는 맞춤형 로션을 판매하고 있다. B의 맞춤형 로션이 인기를 얻어 A 회사는 서울로 소재지를 옮기기로 하였다. 그러나 그 시기에 직원 B는 다른 곳에 스카우트되어 퇴사를 하였다. 서울로 소재지를 옮긴 A 회사는 이사 및 기타 서류정리로 인해 20일간 소재지 변경신고를 하지 못하였으며, 새로운 맞춤형화장품조제관리사도 채용하지 못하였다. 따라서 기존의 직원인 C가 B의 조제법을 모방하여 고객의 피부를 진단하고 맞춤형 로션을 조제한 후 고객에게 판매하였다.

① A 회사는 소재지 변경 미신고 및 부자격자에 의한 맞춤형화장품 판매로 인해 1년 이하의 징역 또는 1천만 원 이하의 벌금에 처한다.
② A 회사는 소재지 변경 미신고 및 부자격자에 의한 맞춤형화장품 판매가 60일 미만이므로 시정명령 처분을 받는다.
③ A 회사는 소재지 변경 미신고 및 부자격자에 의한 맞춤형화장품 판매로 인해 5년 이하의 징역 또는 5천만 원 이하의 벌금에 처한다.
④ A 회사는 소재지 변경 미신고로 인해 업무정지 1개월에 처한다.
⑤ A 회사는 부자격자에 의한 맞춤형화장품 판매로 인해 3년 이하의 징역 또는 3천만 원 이하의 벌금에 처한다.

46 다음 중 원료 및 제품의 성분 표기방식을 바르게 설명한 사람은?

① 나리 : 전성분을 화장품 포장에 표시할 때는 누구나 잘 볼 수 있도록 글자 크기는 6 포인트 이상이어야 해.
② 유나 : 안정화제, 보존제 등 원료 자체에 들어 있는 부수 성분으로 그 효과가 나타나게 하는 양이 아주 적은 경우에도 전성분 기준에 맞춰 함량 순서대로 꼭 표기해야 해.
③ 민욱 : 내용량이 30㎖ 또는 30g 이하인 화장품이라도 법적으로 전성분은 반드시 표기해야 돼.
④ 현진 : 혼합원료는 개별 성분의 명칭으로 기재해야 하고, 제조 과정 중 제거되어 최종 제품에 남아 있지 않은 성분은 표기를 생략할 수 있어.
⑤ 진경 : 산성도(pH)조절 목적으로 사용된 성분은 그 성분을 표시하는 대신 중화 반응에 따른 생성물로 기재·표시할 수 있지만 비누화 반응에 거치는 성분은 비누화 반응에 따른 생성물로 기재·표시할 수 없어.

47 「개인정보보호법」 제21조(개인정보의 파기)에 대한 내용 중 적절하지 않은 것은?

① 2025년 3월에 맞춤형화장품판매업을 폐업하게 된 갑은 개인정보의 보유기간이 1년 이상 남은 고객의 개인정보도 영구 파기하였다.
② 갑이 폐업하는 영업장에 다른 맞춤형화장품판매업체 을이 개업할 예정이다. 갑은 을의 부탁으로 기존에 관리하던 고객의 전화번호를 을에게 제공하고 다른 정보는 모두 파기하였다.
③ 맞춤형화장품판매업자 갑은 폐업할 때, 개인정보의 파기 방법 및 절차를 대통령령에서 규정한 방식에 따라 수행하였다.
④ 고객 방문이 줄어들어 맞춤형화장품판매업을 폐업하게 된 갑은 PC에 저장된 고객의 자료를 복구 또는 재생이 불가능하도록 영구적으로 파기하였다.
⑤ 갑은 고객의 개인정보를 파기할 때 이름과 전화번호가 적힌 종이들을 따로 분리·배출하였다.

48 다음 중 「화장품법 시행규칙」 별표 7 행정처분의 기준에 대한 내용으로 옳은 것을 모두 고른 것은?

㉠ 식품의약품안전처에 심사를 받지 않고 미백 및 주름 개선 기능성화장품이라고 판매하다 2차까지 위반하여 등록이 취소되었다.
㉡ 화장품제조업의 소재지 변경을 4차까지 위반하여 등록이 취소되었다.
㉢ 화장품에 들어가면 안 되는 성분이 혼입되었다는 이유로 회수 명령을 받았으나 회수계획을 보고하지 않다가 3차까지 위반하여 등록이 취소되었다.
㉣ 판매 업무정지 기간에 소비자의 요구에 의해 판매를 진행하다 처음 적발되어 등록이 취소되었다.
㉤ 품질관리 업무 절차서를 작성하지 않고 있다가 4차 위반하여 등록이 취소되었다.

① ㉡, ㉣, ㉤
② ㉠, ㉡, ㉣
③ ㉠, ㉣, ㉤
④ ㉡, ㉢, ㉤
⑤ ㉢, ㉣, ㉤

49 다음의 대화는 맞춤형화장품판매업소에 일하는 영현과 고객이 나눈 것이다. 다음 중 피부 측정 후 조제한 화장품에 대해 설명한 것으로 옳지 않은 것은?

대화
고객 : 안녕하세요. 요즘은 날씨가 좋아서 야외에서 운동을 많이 했더니 피부가 칙칙하고 건조해진 것 같아요. 제 피부 상태 확인 좀 하고 싶어 방문했어요.
영현 : 그러시군요. 그럼 피부를 측정해 드릴게요.

피부 측정
영현 : 고객님, 피부를 측정해 보니 정말 1개월 전에 비해 피부 수분 함량이 10%가량 떨어졌네요. 그런데 고민하셨던 색소는 1개월 전과 유사해요. 아마도 수분과 각질 상태가 좋지 않아서 피부가 어두워 보였던 거 같아요. 오히려 색소보다는 피부 탄력도가 문제예요. 탄력도가 전에 비해 20%나 떨어져 있어요. 잔주름도 늘었네요. 아무래도 자외선으로 인한 영향으로 보여요.
고객 : 아, 그래요? 지금 사용하고 있는 로션을 다 써서 이번에 새로 사려는데 저한테 맞는 제품 좀 추천해 주세요.
영현 : 고객님 피부에 맞는 제품으로 상담 및 조제 진행할게요.

성분	
화장품 베이스의 전성분	EXP
정제수, 소듐하이알루로네이트, 글리세린, 1,2-헥산다이올, 벤잘코늄클로라이드, 유제놀, 베타글루칸, 세틸알코올, 로즈힙오일, 석류 추출물, 아보카도오일, 카보머, 다이소듐이디티에이	2026. 03.05

효능 성분	비고	EXP
아데노신, 알파-비사보롤, 나이아신아마이드, 폴리에톡실레이티드레틴아마이드	식품의약품안전처에 기능성 성분으로 보고 완료	2026. 03.05

① 보습력이 3개월 전에 비해 떨어져 있어서 Base에 보습 성분을 사용하였고, 어두운 피부톤을 개선하기 위해 알파-비사보롤과 나이아신아마이드를 첨가하여 조제하였습니다.

② 본 제품에는 벤잘코늄클로라이드가 함유되어 있으니 피부에 접촉을 피하고 피부에 닿았을 때는 즉시 씻어내셔야 합니다.

③ 화장품 베이스에 폴리에톡실레이티드레틴아마이드 0.05%를 함유한 제품을 추천해 드립니다. 화장품 베이스의 유통기한인 2026.03.05까지 사용하시기 바랍니다.

④ 알레르기 유발 성분인 유제놀 성분이 0.0001% 들어가 있습니다. 표시의무기준에 해당하지 않아 표시하지 않겠습니다.

⑤ 주름이 늘어서 화장품 베이스에 아데노신, 폴리에톡실레이티드레틴아마이드를 혼합하여 효과를 보실 수 있게 조제하였습니다.

50 A 화장품 회사의 직원인 유라는 신제품 광고 내용을 작성하고 있다. 다음 중 「화장품법 시행규칙」의 별표 5 화장품의 표시·광고의 범위 및 준수사항에 적합하지 <u>않은</u> 내용을 모두 고른 것은?

> **폼알데하이드 불검출**
> **A사 화장품 수석 연구원 분석 결과**
> ㉠ TV출연 피부과 전문의 ○○○이 추천하여 믿을 수 있는 제품
> ㉡ B사의 제품보다 아데노신 함량이 많아 5배 빠른 피부 주름 개선 효과
> ㉢ 주름이 걱정인 분들에게 추천할 수 있는 최상의 제품
> ㉣ 폼알데하이드를 사용하지 않은 제품
> ㉤ 주름 개선에 효과가 있는 폴리에톡실레이티드레틴아마이드 성분 함유

① ㉠, ㉢, ㉣
② ㉠, ㉣, ㉤
③ ㉡, ㉢, ㉤
④ ㉠, ㉡, ㉢
⑤ ㉠, ㉣, ㉤

51 다음 사례에서 판매 또는 유통된 화장품의 위해성 등급이 다른 하나는 무엇인가?

① 화장품판매업자 갑은 원활한 유통을 위하여 화장품의 사용기한, 개봉 후 사용 기간(병행표시한 화장품 제조일자)을 조작한 화장품을 고객에게 판매하였다.
② 미국에 사는 갑은 한국에서 화장품제조업과 화장품책임판매업을 동시에 등록하려고 하였으며 이를 11월 1일에 완료할 계획이었다. 그런데 갑의 지인이 10월 30일 화장품을 미리 받아보고 싶어 하여, 등록 절차가 진행 중인 상태에서 화장품을 제조·수입하여 지인에게 유통·판매하였다.
③ 맞춤형화장품조제관리사 갑은 고객의 피부를 측정한 결과 심각한 문제성 피부임을 확인하고, 효과적인 피부 개선을 위해 식품의약품안전처장이 고시한 항생 물질을 포함한 화장품을 조제하였다.
④ 맞춤형화장품판매업자 갑은 병원미생물에 오염된 화장품을 고객에게 제공하였다.
⑤ 맞춤형화장품판매업자 갑은 맞춤형화장품조제관리사 을이 퇴사한 후, 새로운 맞춤형화장품조제관리사를 채용할 때까지 직접 고객의 피부에 맞춰 맞춤형화장품을 판매하였다.

52 화장품 관련 법령에서 규정하고 있는 내용이 아닌 것은?

① 천연화장품은 동식물 및 그 유래 원료 등을 함유한 화장품이며, 유기농화장품은 유기농 원료, 동식물 및 그 유래 원료 등을 함유한 화장품을 말한다. 천연화장품 및 유기농화장품을 판매하려고 하는 자는 식품의약품안전처장이 정한 인증기관에 인증을 받아야 한다.
② 화장품의 책임판매업자는 천연화장품 또는 유기농화장품으로 표시·광고하여 제조, 수입 및 판매할 경우「천연화장품 및 유기농화장품의 기준에 관한 규정」에 적합함을 인증하는 자료를 구비하고, 제조일(수입일 경우 통관일)로부터 3년 또는 사용기한 경과 후 1년 중 긴 기간 동안 보존하여야 한다.
③ 「화장품법」제14조의2 제1항에 따라 천연화장품 및 유기농화장품에 대한 인증을 받으면 총리령으로 정하는 인증 표시를 할 수 있다.
④ 「천연화장품 및 유기농화장품의 기준에 관한 규정」은 천연화장품 및 유기농화장품의 기준을 정함으로써 화장품 업계, 소비자 등에게 정확한 정보를 제공하고 관련 산업을 지원하는 것을 목적으로 한다.
⑤ 천연화장품 및 유기농화장품 인증의 유효기간을 연장하려고 하는 자는 유효기간이 끝나기 60일 전에 연장 신청을 하여야 한다.

53 맞춤형화장품조제관리사 은혜는 고객과 다음의 대화를 나누었다. 내용을 읽고 빈칸에 해당하지 <u>않는</u> 제품은 무엇인지 고르시오.

> 은혜 : 어서오세요. 고객님
> 고객 : 안녕하세요? 제가 지난번 여기서 구입한 맞춤형화장품이 너무 좋아서 또 왔어요.
> 은혜 : 네, 감사합니다. 필요한 화장품 있으세요?
> 고객 : 다름이 아니라 이번에는 출장을 가게 되어서요. 좀 작은 용기에 제품을 담고 싶어서요. 여행 중에 사용할 수 있도록 10mℓ 용기로 5개 담아 주세요. (　　)를 소분하고 싶어요.
> 은혜 : 네, 잠시만 기다려 주세요.

① 흑채　　　　② 데오도런트
③ 손소독제　　④ 제모왁스
⑤ 외음부 세정제

54 다음은 갑은 고객, 을은 화장품책임판매업자가 나눈 대화이다. 아래에 제시된 전성분과 성분 분석 결과를 참고하여 ㉠과 ㉡에 들어갈 성분이 바르게 짝지어진 것을 고르시오.

> 갑 : 안녕하세요, 제가 요새 피부에 문제가 생겨서 고생하고 있어요. 아무래도 이 크림을 사용하면서부터 그런 거 같아요. 이 성분이 괜찮은지 좀 봐 주시겠어요?
> 을 : 네, 그러셨군요. 성분을 분석해 볼게요.
> **전성분 확인**
> 을 : 「화장품 안전 기준」에 따르면, 제조나 보관 과정에서 의도치 않게 생긴 성분이라도 객관적으로 확인되고 완전히 제거할 수 없다면 정해진 기준 내에서 허용돼요. 성분 분석도 함께 진행해 볼게요!
> **성분 분석**
> 을 : 성분 분석 결과, (㉠)과(와) (㉡)은(는) 검출 허용한도가 넘은 것으로 확인됩니다. C 에센스는 바로 회수 처리 진행하겠습니다.
> 갑 : 네, 알겠습니다.

크림의 전성분
정제수, 뷰틸렌글라이콜, 글리세린, 호호바씨오일, 포도씨오일, 세틸알코올, 미네랄오일, 아데노신, 1,2-헥산디올, 나이아신아마이드, 카보머, 다이소듐 EDTA

성분 분석 결과

시험항목	시험결과
아데노신	0.04%
비소	15㎍/g
디옥산	80㎍/g
안티몬	8㎍/g
나이아신아마이드	2.00%
메탄올	0.01(v/v)%
수은	2㎍/g
폼알데하이드	2,500㎍/g

① 비소, 수은
② 비소, 안티모니
③ 안티모니, 수은
④ 디옥산, 메탄올
⑤ 메탄올, 폼알데하이드

55 다음은 「화장품 바코드 표시 및 관리요령」의 별표 1 화장품 바코드의 구성체계에 관한 내용이다. ㉠과 ㉡에 들어갈 단어로 올바른 것은?

① 물류식별, 품목코드
② 업체식별코드, 품목코드
③ 품목코드, 업체식별코드
④ 업체식별코드, 물류식별
⑤ 제조번호, 물류식별

56 다음은 맞춤형화장품조제관리사가 고객의 요구에 맞는 기능성화장품의 성분을 기록지에 기재한 것이다. 상담 내용과 성분이 옳게 짝지어진 것은?

상담 내용	첨가할 성분
① 여드름, 뾰루지가 많이 나서 고민이다.	아스코빌글루코사이드, 알부틴
② 자외선차단 효과가 좋은 선크림을 찾는다.	옥토크릴렌, 폴리에톡실레이티드레틴아마이드
③ 색소 침착이 눈에 띄게 심해졌다.	살리실릭애시드
④ 얼굴이 자주 붉어져서 고민이다.	덱스판테놀, 티오글라이콜산
⑤ 칙칙한 피부를 개선하고 싶다.	알파-비사보롤, 나이아신아마이드

57 화장품에 사용되는 원료는 수용성과 지용성으로 구분한다. 다음의 원료 중 수용성 원료로만 나열된 것은?

> 토코페롤, 비오틴, 세틸알코올, 아이소프로필알코올, 스테아릭산, 아미노산

① 토코페롤, 세틸알코올, 아미노산
② 비오틴, 아이소프로필알코올, 스테아릭산
③ 비오틴, 아아이소프로필알코올, 아미노산
④ 토코페롤, 세틸알코올, 스테아릭산
⑤ 비오틴, 세틸알코올, 아미노산

58 다음은 화장품책임판매업을 하려는 갑과 지방식품의약품안전청 직원 을의 대화이다. 대화에서 옳지 <u>않은</u> 것을 고르시오.

> 갑 : 안녕하세요, 이번 달까지 화장품책임판매업을 등록하고 싶어요.
> 을 : 그럼 등록신청서를 포함한 필요한 서류를 가지고 방문해 주세요.
> 갑 : 감사합니다. 화장품책임판매업자가 준수해야 하는 사항이 있을까요?
> 을 : 네, 제조업체와 책임판매업체가 같은가요?
> 갑 : 네, 같습니다.
> 을 : ① 그렇더라도 제조업체와 책임판매업체를 반드시 구분해서 명시해 주세요.
> 갑 : 제조업체와 책임판매업체를 반드시 구분해서 명시해야 하는군요.
> 을 : 화장품 유통·판매 후 ② 제품 사용과 관련된 부작용이 있으면 식품의약품안전처장이나 화장품책임판매업자에게 즉시 보고하셔야 하고요. ③ 제조업자로부터 받은 제품표준서 및 품질관리기록서를 보관하시는 것도 화장품책임판매업자의 준수사항입니다. 또한 ④ 특정 성분을 0.5% 이상 함유하는 제품은 안전성시험 자료를 최종 제조된 제품의 사용기한이 만료되는 날부터 1년간 보존해야 합니다.
> 갑 : 특정 성분에는 무엇이 있나요?
> 을 : ⑤ 레티놀(비타민 A) 및 그 유도체, 아스코빅애시드(비타민 C) 및 그 유도체, 토코페롤(비타민 E), 과산화화합물, 효소가 있습니다.
> 갑 : 네, 감사합니다.

59 「우수화장품 제조 및 품질관리 기준(CGMP)」 제8조와 관련하여 청정도 등급과 관리 기준에 대한 내용이 옳지 <u>않은</u> 것을 다음에서 모두 고른 것은?

> ㈀ 청정도 1등급
> • 청정 공기순환 – 10회/hr 이상 또는 차압 관리
> • 관리 기준 – 낙하균 30개/hr 또는 부유균 200개/㎥
> ㈁ 청정도 2등급
> • 청정 공기순환 – 20회/hr 이상 또는 차압 관리
> • 관리 기준 – 낙하균 10개/hr 또는 부유균 20개/㎥
> ㈂ 청정도 3등급
> • 청정 공기순환 – 차압 관리
> • 관리 기준 – 탈의
> • 포장재의 외부 청소 후 반입
> ㈃ 청정도 4등급
> • 청정 공기순환 – 환기장치
> • 관리 기준 – 해당 없음

① ㈀, ㈂
② ㈀, ㈁
③ ㈀, ㈃
④ ㈁, ㈃
⑤ ㈂, ㈃

60 다음은 「인체적용제품의 위해성 평가 등에 관한 규정」 제13조 독성시험의 실시에 대한 내용을 나열한 것이다. 이 중 옳지 <u>않은</u> 것을 모두 고른 것은?

> ㉠ 독성시험 절차는 「비임상시험관리기준」에 따라 수행되어야 한다.
> ㉡ 독성시험 대상물질의 특성, 노출경로 등을 고려하여 독성시험 항목 및 방법 등을 선정한다.
> ㉢ 독성시험 결과에 대한 화장품제조업자의 검증을 수행한다.
> ㉣ 독성시험은 「의약품 등 독성시험기준」 또는 경제협력개발기구(OECD)에서 정하고 있는 독성시험 방법에 따라야 한다.
> ㉤ 식품의약품안전처장은 위해성 평가에 필요한 자료를 확보하기 위하여 독성의 정도를 인체실험 등을 통하여 과학적으로 평가하는 독성시험을 실시할 수 있다.

① ㉠, ㉡
② ㉣, ㉤
③ ㉡, ㉢
④ ㉢, ㉤
⑤ ㉠, ㉣

61 다음 중 원료의 효능에 대한 설명으로 옳은 것은?

① 피부를 곱게 태워 주거나 자외선으로부터 피부를 보호하는 데 도움을 주는 제품의 성분으로는 디갈로일트리올리에이트, P-페닐렌디아민이 있다.
② 체모를 제거하는 기능이 있는 제품의 성분으로는 벤질알코올, 소듐아이오데이트, 클로로펜이 있다.
③ 피부의 미백에 도움을 주는 제품의 성분으로는 닥나무 추출물, 알파-비사보롤, 에틸아스코빌에텔, 나이아신아마이드가 있다.
④ 모발의 색상을 변화시키는 기능이 있는 제품의 성분으로는 티오글라이콜산 80%, 비오틴, 피크라민산, 나트륨이 있다.
⑤ 피부의 주름 개선에 도움을 주는 제품의 성분으로는 레티놀, 폴리에톡실레이티드레틴아마이드, 호모살레이트가 있다.

62 다음은 화장품 안정성시험에 대한 내용이다. 이 중 올바른 것을 모두 고른 것은?

⊙ 개봉 후 안정성시험은 화장품 사용 시에 일어날 수 있는 오염 등을 고려한 사용기한을 설정하기 위하여 장기간에 걸쳐 물리·화학적, 미생물학적 안정성 및 용기 적합성을 확인하는 시험을 말한다.
ⓒ 화장품 안정성시험은 화장품의 제조 방법을 설정하기 위하여 경시변화에 따른 품질의 안정성을 평가하는 시험이다.
ⓒ 화장품의 안정성은 화장품 제형(액, 로션, 크림, 립스틱, 파우더 등)의 특성, 성분의 특성(경시변화가 쉬운 성분의 함유 여부 등), 보관용기 및 보관조건 등 다양한 변수에 대한 예측과 이미 평가된 자료 및 경험을 바탕으로 전문가의 오감을 활용하여 평가되어야 한다.
② 장기보존시험은 화장품의 저장조건에서 사용기한을 설정하기 위하여 장기간에 걸쳐 물리·화학적, 미생물학적 안정성 및 용기 적합성을 확인하는 시험으로 3개월 이상 시험하는 것을 원칙으로 한다.
⑩ 가속시험은 일반적으로 장기보존시험의 지정 저장온도보다 15℃ 이상 높은 온도에서 시험한다. 예를 들어 실온보관 화장품의 경우에는 온도 40±2℃/상대습도 75±5%로, 냉장보관 화장품의 경우에는 온도 25±2℃/상대 습도 60±5%로 한다.
ⓑ 장기보존시험은 시험개시 때와 첫 1년간은 3개월마다, 그 후 2년까지는 6개월마다, 2년 이후부터 연 1회 시험한다.

① ㉠, ㉢, ㉤
② ㉠, ㉣, ㉤
③ ㉡, ㉢, ㉥
④ ㉡, ㉣, ㉥
⑤ ㉠, ㉤, ㉥

63 세 사람의 정보를 참고하여 대화를 읽고 갑, 을, 병이 취한 행동으로 옳은 것을 고르면?

갑	• 1월 1일부터 맞춤형화장품판매장에서 직원으로 일하고 있다. • 5월 20일에 맞춤형화장품조제관리사 자격증을 취득하였다. • 취업 후 맞춤형화장품조제 업무를 시작하였다.
을	• 2월 14일에 채용되어 갑의 업무를 지원하고 화장품을 광고하는 업무를 맡았다. • 10월에 있을 맞춤형화장품조제관리사 시험을 준비하고 있다.
병	갑이 운영하는 매장의 고객으로 맞춤형화장품을 구입하여 사용 중이다.

갑 : 안녕하세요, 고객님. 3월 5일에 방문하셔서 크림을 구매하셨네요. ① 제가 그날 정성껏 로션을 조제해 드렸는데 사용해 보니 어떠셨어요?
병 : 네, 제가 피부가 칙칙했는데, 많이 밝아졌어요. 만족스러워서 또 방문했어요.
갑 : 피부를 측정해 보니, 색소 침착도 많이 나아네요. 그럼 이전에 사용하셨던 똑같은 제품으로 조제해 드릴까요?
병 : 네.
갑 : ② 을 씨, 병 고객님 맞춤형화장품 조제해 주세요. 여기 피부 측정결과지와 제가 작성한 성분함량표예요.
을 : 네, 조제해 드릴게요.
병 : 을 씨, 여기 있는 수분 크림도 구매하고 싶은데, 용기가 너무 크네요. 을 씨가 소분해 주실 수 있을까요?
을 : 네, ③ 제가 수분 크림도 사용하기 좋게 소분해 드릴게요.
병 : 고객님, ④ 여기 제가 맞춤형화장품으로 조제한 로션, 을 씨가 소분한 수분 크림 제품이에요.
병 : 네, 감사합니다. ⑤ 화장품의 제조연월, 사용기한이 언제인지 볼게요.

64 「화장품법」 제8조(화장품 안전기준 등)와 관련하여 고시된 「화장품 안전 기준 등에 관한 규정」 별표 4 유통 화장품 안전관리 시험 방법 중 티오글라이콜릭애시드 또는 그 염류를 주성분으로 하는 냉2욕식 퍼머넌트웨이브용 제품 제1제에 대한 설명으로 옳지 <u>않은</u> 것은?

① pH 4.5~9.6에 적합하여야 한다.
② 철은 2μg/g 이하여야 한다.
③ 비소가 5μg/g 이하여야 한다.
④ 환원 후의 환원성 물질(티오글라이콜릭애시드로서)은 2.0~11.0%여야 한다.
⑤ 알칼리의 경우 0.1N 염산의 소비량은 검체 1㎖에 대하여 12㎖ 이하여야 한다.

65 유통 화장품은 「화장품법」 제8조 및 「화장품 안전 기준 등에 관한 규정」 제4장 제6조(유통화장품의 안전관리 기준)를 준수하여야 한다. 다음을 보고 분석할 때, 제품 A~C에 대한 설명으로 옳지 <u>않은</u> 것은?

탄력 크림 A의 물질 검출 결과

물질	검출량
안티모니	50μg/g
카드뮴	7μg/g
메탄올	0.002(v/v)%
프탈레이트류	50μg/g
대장균	불검출

물휴지 B의 물질 검출 결과

물질	검출량
안티모니	5μg/g
카드뮴	5μg/g
메탄올	0.002(v/v)%
프탈레이트류	100μg/g
디옥산	300μg/g
세균 및 진균수	100개/g(㎖)

아이섀도 C의 물질 검출 결과

물질	검출량
니켈	34μg/g
카드뮴	0.5μg/g
프탈레이트류	50μg/g
디옥산	불검출
총호기성생균수	600개/g(㎖)

① 제품 A는 안티모니의 허용량인 10㎍/g을 초과하였다.
② 제품 A는 카드뮴의 허용량인 5㎍/g을 초과하였다.
③ 제품 B는 디옥산의 허용량인 100㎍/g을 초과하였다.
④ 제품 C는 색조화장용 제품으로 니켈의 허용량인 30㎍/g을 초과하였다.
⑤ 제품 C는 총호기성생균수 허용량인 500개/g(㎖)를 초과하였다.

66 다음 중 염모제 성분끼리 짝지어진 것은?

① 피크라민산 나트륨, 파라벤, 6-히드록시인돌
② 테트라브로모-o-크레솔, m-아미노페놀, 톨루엔-2,5-디아민
③ p페닐렌디아민, 피크라민산, 레조시놀
④ 염산 2,4-디아미노페놀, 황산 톨루엔-2,5-디아민, BHA
⑤ 황산 5-아미노-o-크레솔, 소듐시트레이트, 황산 p-아미노페놀

67 다음 중 중량이 50g 또는 내용량이 50㎖가 넘는 크림에 기재·표시하여야 하는 사항으로 옳지 않은 것은?

① 나이아신아마이드가 함유된 미백 기능성화장품의 경우 효능·효과, 용법, 용량에 대하여 기재·표시하여야 한다.
② 천연화장품이나 유기농화장품으로 표시·광고할 경우, 해당 원료의 함량을 반드시 기재·표시하여야 한다.
③ 성분명을 제품 명칭의 일부로 사용한 경우 그 성분명과 함량을 기재·표시하여야 한다.
④ 화장품 제조 과정 중 제거되어 최종 제품에 남아 있지 않은 원료는 제조에 사용되었다는 것을 사용자가 알 수 있도록 반드시 기재·표시하여야 한다.
⑤ 영유아용 또는 어린이용 제품으로 표시·광고할 경우, 보존제로 사용된 벤질알코올 함량을 기재하여 표시하여야 한다.

68 다음 중 화장품의 외관·색상시험 방법으로 옳은 것은?

① 외관·색상을 검사하기 위한 표준품을 선정하여 외관·색상시험 방법에 따라 시험한다.
② 성상 및 색상의 판별 시 색조 제품은 내용물 표면의 매끄러움, 내용물의 점성. 내용물의 색을 육안으로 확인한다.
③ 사용감 평가 시 내용물을 손바닥에 문질러서 느껴지는 사용감을 확인한다.
④ 클렌징 제품은 성상 및 색상의 판별 시 슬라이드 글라스에 표준품과 내용물을 각각 소량으로 묻힌 후 슬라이드 글라스로 눌러서 대조되는 부분을 육안으로 확인, 손등이나 실제 사용 부위에 직접 발라서 확인한다.
⑤ 향취 평가 시 비커에 내용물을 담고 코를 비커에 대고 향취를 맡거나 손바닥에 발라 향취를 맡아 확인한다.

69 다음의 대화에서 피부 구조에 대한 설명을 올바르게 한 사람을 모두 고른 것은?

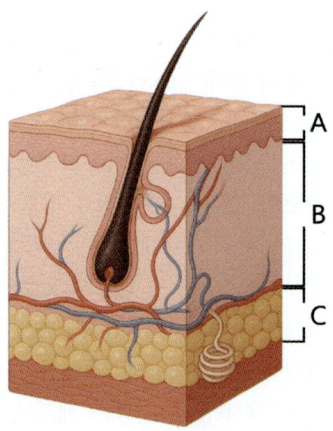

> 화연 : 피부는 표피, 진피, 피하조직으로 이루어져 있어. 특히 표피는 바깥쪽부터 각질층, 투명층, 과립층, 유극층, 기저층으로 구성되어 있지.
> 예슬 : A는 피부 바깥쪽에 위치해서 피부노화에 영향을 줘. A에서 콜라겐의 감소, 탄력섬유의 변성, 기질 탄수화물의 감소, 피부혈관 면적의 감소로 인해 피부가 노화 현상이 일어나.
> 미아 : B는 유두층과 망상층으로 된 진피야. 진피에는 대식 세포, 비만 세포, 섬유 아세포가 있어.
> 용준 : C에는 멜라노솜이 있어. 멜라노솜은 멜라닌 세포 속에 들어 있는 세포소기관이야.
> 충재 : B는 유두층과 망상층으로 이루어져 있고, C에는 랑게르한스 세포와 머켈 세포가 존재해.

① 화연, 예슬
② 화연, 미아
③ 미아, 용준
④ 예슬, 충재
⑤ 용준, 충재

70 맞춤형화장품조제관리사 시험을 준비하는 학생들이 '자연적 피부 노화로 인한 피부 변화'에 대해 토론 중이다. 다음의 대화에서 자연적 피부 노화에 대해 올바르게 설명한 학생을 모두 고른 것은?

> 동욱 : 노화된 피부는 표피의 각질층이 두꺼워지고, 탄력도 떨어져.
> 윤애 : GAG(Glycosaminoglycan)의 합성이 감소되어 피부가 건조해지고 탄력이 떨어져.
> 지은 : 표피층과 진피층의 경계가 평평해지고 층 사이의 간격이 좁아지는 것도 특징이야.
> 원모 : 표피에서 멜라노사이트 세포 수가 증가하고, 기미, 검버섯, 색소 침착이 발생해. 진피에서는 콜라겐과 엘라스틴이 감소해.
> 윤화 : 랑게르한스 세포 수가 감소하고 피부에서의 면역기능이 저하되어 외부 자극에 대한 방어력이 낮아져.

① 윤애, 동욱, 지은
② 동욱, 지은, 원모
③ 지은, 원모, 윤화
④ 윤애, 지은, 윤화
⑤ 동욱, 지은, 윤화

71 다음은 화장품과 원료의 액성을 표로 정리한 것이다. ㉠과 ㉡에 들어갈 알맞은 수치끼리 짝지은 것은?

강산성	약 3.0 이하
약산성	약 3.0~(㉠)
미산성	약 (㉠)~6.5
미알칼리성	약 7.5~(㉡)
약알칼리성	약 (㉡)~11.0
강알칼리성	약 11.0 이상

	㉠	㉡
①	4.0	8.0
②	5.0	9.0
③	5.5	9.5
④	6.0	10.0
⑤	6.0	10.5

72 향장학과 학생들이 '모발의 구조'에 대한 과제를 준비하고 있다. 바르게 설명한 사람을 모두 고른 것은?

> 인형 : 모표피(모소피)는 모발의 중간에 위치하고 멜라닌을 함유하고 있어서 모발의 색을 결정해.
> 은석 : 모피질은 모발 가장 바깥쪽에 5~15겹의 비늘 모양의 구조물의 화학적 저항성이 강한 층이야.
> 제이 : 모수질은 모발의 중심 부근에 위치하며, 배냇머리, 연모에는 없어.
> 동욱 : 모낭은 외근모초와 내근모초로 구성되며, 내근모초는 헨레층, 헉슬리층, 모근초소피로 구성되어 있어.
> 현아 : 모모 세포는 모구의 중심에 위치해서 모발의 영양 공급을 관장해.

① 제이, 인형 ② 인형, 은석
③ 제이, 동욱 ④ 은석, 현아
⑤ 동욱, 현아

73 「화장품 표시·광고 실증에 관한 규정」에서는 인체적용시험과 인체외시험의 최종 결과보고서에 포함하여야 할 사항을 규정하고 있다. 다음에서 인체외시험 결과보고서에만 해당하는 자료를 모두 고른 것은?

> ㉠ 시험의 종류
> ㉡ 시험개시 및 종료일
> ㉢ 신뢰성보증확인서
> ㉣ 시험 재료
> ㉤ 시험 방법
> ㉥ 피험자
> ㉦ 코드 또는 명칭에 의한 시험물질의 식별
> ㉧ 최종보고서 작성에 기여한 외부전문가의 성명

① ㉣, ㉧
② ㉠, ㉡
③ ㉢, ㉥
④ ㉤, ㉦
⑤ ㉦, ㉧

74. 다음은 「천연화장품 및 유기농화장품의 기준에 관한 규정」 제1장 제2조(용어의 정의)에서 발췌한 내용이다. ㉠~㉢에 들어갈 용어를 순서대로 나열한 것은?

1. '(㉠)'란 다음 각 목의 어느 하나에 해당하는 화장품 원료를 말한다.
   가. 「친환경농어업 육성 및 유기식품 등의 관리·지원에 관한 법률」에 따른 유기농수산물 또는 이를 이 고시에서 허용하는 (㉡) 공정에 따라 가공한 것
   나. 외국 정부(미국, 유럽연합, 일본 등)에서 정한 기준에 따른 인증기관으로부터 유기농수산물로 인정받거나 이를 이 고시에서 허용하는 (㉡) 공정에 따라 가공한 것
   다. 국제유기농업운동연맹(IFOAM)에 등록된 인증기관으로부터 유기농 원료로 인증받거나 이를 이 고시에서 허용하는 (㉡) 공정에 따라 가공한 것
2. '식물 원료'란 식물(해조류와 같은 해양식물, 버섯과 같은 균사체를 포함) 그 자체로서 가공하지 않거나, 이 식물을 가지고 이 고시에서 허용하는 (㉡) 공정에 따라 가공한 화장품 원료를 말한다.
3. '동물에서 생산된 원료(동물성 원료)'란 동물 그 자체(세포, 조직, 장기)는 제외하고, 동물로부터 자연적으로 생산되는 것으로서 가공하지 않거나, 이 동물로부터 자연적으로 생산되는 것을 가지고 이 고시에서 허용하는 (㉡) 공정에 따라 가공한 계란, 우유, 우유단백질 등의 화장품 원료를 말한다.
4. '미네랄 원료'란 지질학적 작용에 의해 자연적으로 생성된 물질을 가지고 이 고시에서 허용하는 (㉡) 공정에 따라 가공한 화장품 원료를 말한다. 다만, (㉢)로부터 기원한 물질은 제외한다.
5. '유기농 유래 원료'란 유기농 원료를 이 고시에서 허용하는 화학적 또는 생물학적 공정에 따라 가공한 원료를 말한다.

	㉠	㉡	㉢
①	천연원료	물리적	화석원료
②	천연원료	생화학적	자연유래 원료
③	천연원료	화학적	천연유래 원료
④	유기농 원료	물리적	화석원료
⑤	유기농 원료	생물학적	화석원료

75. 개인정보 유출 통지 및 신고와 관련하여, 개인정보 유출이 발생한 경우 개인정보처리자는 피해 확산을 방지하기 위해 적절한 조치를 취하여야 한다. 다음에서 <u>잘못된</u> 내용을 모두 고른 것은?

㉠ 1만 명 이상의 개인정보가 유출된 경우 인터넷 홈페이지에 7일 이상 게재하여야 한다.
㉡ 1명 이상의 정보 유출 시 정보주체에게 유출 내용을 지체 없이 통지하여야 한다.
㉢ 1천 명 이상의 개인정보가 유출되었으나 사업장의 인터넷 홈페이지가 없어 유출사실을 게재할 수 없는 경우 사업장 등의 보기 쉬운 장소에 7일 이상 게재하여야 한다.
㉣ 1천 명 이상의 정보 유출 시 유출 내용에 따른 통지 및 조치 결과를 지체 없이 보호위원회 또는 총리령으로 정하는 전문기관에 신고하여야 한다.
㉤ 개인정보 유출과 관련하여 정보주체에게 피해가 발생한 경우 신고 접수 및 수사 가능한 검찰기관 전화번호를 기재하여야 한다.

① ㉠, ㉡, ㉣
② ㉠, ㉣, ㉤
③ ㉠, ㉢, ㉤
④ ㉡, ㉢, ㉣
⑤ ㉡, ㉢, ㉤

76 다음 중 자료 제출이 생략되는 기능성화장품의 종류 중 피부를 곱게 태워 주거나 자외선으로부터 피부를 보호하는 데 도움을 주는 제품의 성분 및 함량의 조합이 옳지 않은 것은?

	성분	함량
①	시녹세이트, 에틸헥실살리실레이트	5%
②	에틸헥실메톡시신나메이트, 에틸헥실디메틸파바	8%
③	벤조페논-3, 벤조페논-4	5%
④	4-메틸벤질리덴캠퍼, 페닐벤즈이미다졸설포닉애시드	4%
⑤	옥토크릴렌, 호모살레이트	10%

77 「화장품 안전 기준 등에 관한 규정」 중 퍼머넌트 웨이브용 및 헤어 스트레이트너 제품에 대한 내용이다. ③과 ⓒ에 들어갈 말을 올바르게 나열한 것은?

> 티오글라이콜릭애시드 또는 그 염류를 주성분으로 하는 제1제 및 산화제를 함유하는 제2제로 구성된다.
>
> **제2제**
> - (③) 함유제제 : (③)에 그 품질을 유지하거나 유용성을 높이기 위하여 적당한 용해제, 침투제, 습윤제, 착색제, 유화제, 향료 등을 첨가한 것이다.
>   - 용해 상태 : 명확한 불용성 이물이 없을 것
>   - pH : 4.0~10.5
>   - 중금속 : 20㎍/g 이하
>   - 산화력 : 1인 1회 분량의 산화력이 3.5 이상
> - (ⓒ) 함유제제 : (ⓒ) 또는 (ⓒ)에 그 품질을 유지하거나 유용성을 높이기 위하여 적당한 침투제, 안정제, 습윤제, 착색제, 유화제, 향료 등을 첨가한 것이다.
>   - pH : 2.5~4.5
>   - 중금속 : 20㎍/g 이하
>   - 산화력 : 1인 1회 분량의 산화력이 0.8~3.0

① 암모니아, 과산화수소
② 레조시놀, 과산화수소
③ 과산화수소, 브로민산나트륨
④ 브로민산나트륨, 과산화수소
⑤ 브로민산나트륨, 레조시놀

78 다음에서 「화장품 안전 기준 등에 관한 규정」 중 별표 2의 사용상의 제한이 필요한 원료를 모두 고른 것은?

> 금염, 갈란타민, 트리클로산, 디페닐아민, 페닐살리실레이트, 토코페롤, 클로로부탄올, 프로필렌글라이콜, 아이소프로필알코올, 글리세린, 소르빅애시드 및 그 염류

① 갈란타민, 금염, 디페닐아민, 페닐살리실레이트
② 프로필렌글라이콜, 아이소프로필알코올
③ 토코페롤, 클로로부탄올, 아이소프로필알코올
④ 토코페롤, 소르빅애시드 및 그 염류, 클로로부탄올, 트리클로산
⑤ 갈란타민, 트리클로산, 아이소프로필알코올

79 다음 중 고시 외 기타 성분에 대한 설명으로 옳지 않은 것은?

① 사자발쑥 추출물은 약쑥으로도 알려져 있으며, 항산화 작용, 항균 활성이 우수하다.
② 세라마이드는 표피 각질층의 지질막 성분 중 하나로 수분 증발을 억제한다.
③ 아젤라익애시드는 여드름에 도움을 주는 성분으로 알려져 있으며, 각질 제거, 미백 등 기능성화장품에서도 사용한다.
④ 소르비톨은 고분자 보습제로 자신의 무게보다 1,000배 이상의 수분을 흡수한다.
⑤ AHA(Alpha-Hydroxy Acid)는 화학적 각질 제거 성분으로 각질 세포들 간의 연결을 끊어 주어 자연스럽게 각질이 떨어지도록 돕는다.

80 다음의 대화에서 천연화장품 및 유기농화장품에 대한 내용으로 옳지 않은 것을 말한 사람은?

① 영우 : 천연에서 얻을 수 있는 계면활성제로는 알킬메틸글루카미드, 레시틴, 콜레스테롤, 라우릴글루코사이드, 데실글루코사이드가 있어요.
② 재욱 : 천연화장품 및 유기농화장품의 허용 기타 원료 중 앱솔루트, 콘크리트, 레지노이드는 천연화장품에만 허용되는 원료예요.
③ 은우 : 천연화장품 및 유기농화장품의 원료 기준 중 자연에서 대체하기 곤란한 기타 원료 및 합성 원료는 5% 이내에서 사용이 가능하고, 석유화학 부분은 2%를 초과 사용해서는 안 돼요.
④ 제훈 : 천연화장품 및 유기농화장품의 용기와 포장에는 폴리염화비닐과 폴리스티렌폼을 사용할 수 없어요.
⑤ 기용 : 맞춤형화장품판매업자는 천연화장품 및 유기농화장품 인증을 받을 수 없어요. 하지만 실증 자료를 제출하면 천연화장품 및 유기농화장품으로 표시·광고는 가능해요.

주관식(단답형, 81~100번)

81 다음은 품질관리 기준에 따른 회수 처리에 대한 내용이다. ㉠과 ㉡에 들어갈 알맞은 말을 쓰시오.

> (㉠)은(는) 품질관리 업무 절차서에 따라 (㉡)에게 다음과 같이 회수 업무를 수행하도록 하여야 한다.
> - 회수한 화장품은 구분하여 일정 기간 보관한 후 폐기 등 적정한 방법으로 처리할 것
> - 회수 내용을 적은 기록을 작성하고 (㉠)에게 문서로 보고할 것

㉠ :
㉡ :

82 다음을 읽고 빈칸에 적절한 과태료 금액을 쓰시오.

> 14세 미만 아동의 개인정보 처리를 위하여 법정대리인에게 동의받지 않은 경우 (   )만 원 이하 과태료에 처한다.

83 다음의 항목이 모두 포함되어야 하는 기준서의 이름을 쓰시오.

> - 작업원의 건강관리 및 건강상태의 파악·조치 방법
> - 작업원의 수세, 소독 방법 등 위생에 관한 사항
> - 작업복장의 규격, 세탁 방법 및 착용 규정
> - 작업실 등의 청소(필요한 경우 소독 포함)방법 및 청소 주기
> - 청소 상태의 평가 방법
> - 제조 시설의 세척 및 평가

84 다음을 읽고, ㉠~㉢에 들어갈 적절한 용어와 숫자를 쓰시오.

> 메틸클로로아이소치아졸리논과 (㉠) 혼합물은 사용 후 씻어내는 제품에 (㉡)%이며, 메틸클로로아이소치아졸리논 : (㉠) = (㉢) : 1 혼합물로서의 사용한도가 있다.

㉠ :
㉡ :
㉢ :

85 다음을 읽고, ㉠과 ㉡에 들어갈 알맞은 말을 쓰시오.

> 위해성 등급이 가등급인 화장품은 회수를 시작한 날부터 (㉠)일 이내이며 나등급 또는 다등급인 화장품은 회수를 시작한 날부터 (㉡)일 이내에 회수하여야 한다.

㉠:
㉡:

86 다음을 읽고, 빈칸에 들어갈 알맞은 말을 쓰시오.

> ( )은(는) 타르색소를 기질에 흡착, 공침 또는 단순한 혼합이 아닌 화학적 결합에 의하여 확산시킨 색소이다.

87 다음은 어느 피부의 부속기관에 대한 설명이다. 이 기관의 이름을 쓰시오.

> 입술·음부·손톱을 제외한 전신에 분포하며, 특히 손바닥, 발바닥, 이마에 많이 분포되어 있다. 표피로 직접 무색무취의 분비물이 나오는데, 분비물의 산도는 pH 3.8~5.6이다.

88 다음을 읽고, ㉠~㉢에 들어갈 알맞은 말을 쓰시오.

> 대표적으로 진균류인 (㉠)이(가) 방출하는 분비물이 표피층을 자극하여 생긴다. 표피 세포의 각질화에 의해 (㉡) 모양으로 떨어지며, 가려움증을 유발하며 탈모의 원인이 되는 것을 (㉢)(이)라고 한다.

㉠:
㉡:
㉢:

89 다음을 읽고, ㉠과 ㉡에 들어갈 알맞은 숫자를 쓰시오.

> 화장품 제조에 사용된 전성분을 표기할 때는 글자 크기를 (㉠)포인트 이상으로 하며 화장품 제조에 사용된 함량이 많은 것부터 기재·표시한다. 다만, (㉡)% 이하로 사용된 성분, 착향제 또는 착색제는 순서에 상관없이 기재·표기할 수 있다.

㉠:
㉡:

90 다음을 읽고, 빈칸에 공통으로 들어갈 알맞은 말을 쓰시오.

> (   )은(는) 빈 곳을 채우거나 빈 곳에 집어넣어서 채운다는 뜻이 있다. 화장품용기에 내용물을 넣어 채우는 작업을 (   )(이)라고 한다.

91 다음을 읽고, ㉠과 ㉡에 들어갈 알맞은 말을 쓰시오.

> 화장품에서 검출이 허용되지 않는 병원성 미생물은 (㉠), (㉡), 대장균이다.

㉠ :
㉡ :

92 다음을 읽고, 빈칸에 들어갈 알맞은 말을 쓰시오.

> 화장품의 유효성 평가 시 사용되는 자료로, 과학 논문인용 색인에 등재된 전문 학회지에 게재된 자료같이 심사 대상의 효능을 뒷받침하는 비임상시험 자료를 (   ) 자료라고 한다.

93 다음을 읽고, 빈칸에 들어갈 알맞은 말을 쓰시오.

> (   )은(는) 투명층에 존재하는 반유동성 물질이다. 수분 침투를 방지하는 특성이 있으며 오랜 시간 피부가 물에 노출되면 손바닥과 발바닥에 쭈글쭈글한 주름이 일시적으로 나타난다.

94 다음을 읽고, ㉠과 ㉡에 들어갈 알맞은 말을 쓰시오.

> 식품의약품안전처장은 보존제, (㉠), (㉡) 등과 같은 특별히 사용상의 제한이 필요한 원료에 대하여 그 사용 기준을 지정하여 고시하였으며, 맞춤형화장품에는 사용이 지정·고시된 원료 외에 보존제, (㉠), (㉡)은(는) 사용할 수 없다.

㉠ :
㉡ :

95 다음을 읽고, 빈칸에 들어갈 알맞은 말을 쓰시오.

> (   )은(는) 피막을 형성할 때 이용되는 화합물로서 폴리비닐피롤리돈, 폴리비닐알코올, 나이트로셀룰로스가 이에 해당한다.

96 다음을 읽고, ㉠~㉢에 들어갈 알맞은 색상을 쓰시오.

> 품질관리부서에서 입고된 원료에 대해 검체 채취를 하고 적합 여부를 의뢰하여야 한다. 검체 채취 전에는 (㉠)라벨, 적합 판정 시 (㉡)라벨, 부적합 판정 시 (㉢)라벨을 부착한다.

㉠ :
㉡ :
㉢ :

97 다음을 읽고, 빈칸에 들어갈 알맞은 말을 쓰시오.

> ( )은(는) 하나의 공정이나 일련의 공정으로 제조되어 균질성을 갖는 화장품의 일정한 분량을 표현하는 용어이다.

98 다음은 자료의 보존에 대한 내용이다. ㉠과 ㉡에 들어갈 알맞은 숫자를 쓰시오.

> 화장품의 책임판매업자는 천연화장품 또는 유기농화장품으로 표시·광고하여 제조, 수입 및 판매할 경우 이에 적합함을 입증하는 자료를 구비하고 제조일로부터 (㉠)년 또는 사용기한 경과후(㉡)년 중 긴 기간 동안 보존하여야 한다.

㉠ :
㉡ :

99 다음을 읽고, 빈칸에 들어갈 알맞은 말을 쓰시오.

> ( )은(는) 사용 후 씻어내는 인체 세정용 제품류와 데오도런트(스프레이 제품 제외), 페이스 파우더, 국소적으로 피부 결점을 가리는 파운데이션에는 0.3%까지 허용되나 그 외 제품에는 사용이 금지된 성분이다.

100 다음을 읽고, 빈칸에 들어갈 알맞은 말을 쓰시오.

> ( )은(는) 화장품 원료의 안전관리 및 품질관리 능력을 향상시키기 위해 필요한 자료로, 해당 자료에는 명칭, 분자식, 함량 기준, 성상, 확인시험 등의 내용이 기재된다.

최종 모의고사 03회

시행기준	점수 / 풀이시간
총 100문항/120분/1000점	점 / 분

수험번호 : _____
성　　명 : _____

정답 & 해설 ▶ 564p

객관식(선다형, 01~80번)

01 다음 중 천연 및 유기농 함량에 대한 내용으로 옳은 것은?

① 유기농 인증 원료 중 물과 미네랄은 유기농 함량 비율 계산에 포함한다.
② 수용성 추출물 원료의 경우 비율(%)은 {신선한 유기농 원물/(추출물-용매)}이며, 비율이 1 이상인 경우 1로 계산한다.
③ 물로만 추출한 원료의 경우 유기농 함량 비율(%)은 (신선한 유기농 원물/ 추출물) × 1000이다.
④ 비수용성 원료인 경우 유기농 함량 비율(%)은 (신선 또는 건조 원물 + 사용하는 총 용매)/(신선 또는 건조 유기농 원물 + 사용하는 유기농 용매) × 100으로 계산한다.
⑤ 화학적으로 가공한 원료의 경우 유기농 함량 비율(%)은 {(투입되는 유기농 원물-회수 또는 제거되는 유기농 원물)/(회수 또는 제거되는 원료 - 투입되는 총원료)} × 100으로 계산한다.

02 다음에 제시된 제품을 화장품 유형별로 분류한 것으로 옳지 않은 것은?

> 손·발의 피부 연화 제품, 보디 클렌저, 흑채, 외음부 세정제, 화장비누, 헤어 틴트, 헤어 컬러스프레이, 클렌징 워터, 네일 크림·로션, 데오도런트, 향수, 폼 클렌저, 콜롱

① 인체 세정용 제품류 : 외음부 세정제, 폼 클렌저, 보디 클렌저
② 기초화장용 제품류 : 클렌징 워터, 손·발의 피부 연화 제품
③ 손발톱용 제품류 : 네일 크림·로션
④ 두발용 제품류 : 헤어 틴트, 헤어 컬러 스프레이, 흑채
⑤ 방향용 제품류 : 향수, 콜롱

03 피부가 민감한 지영이는 기존에 사용하던 미백, 자외선 차단 기능이 있는 화장품을 대신할 제품을 찾고 있다. 기존 화장품의 원료는 다음과 같다. 원료 중 ㉠~㉢을 대신할 수 있는 원료는 무엇인가?

> 정세수, 뷰틸렌글라이콜, ㉠ 사이클로메티콘, 아이소프로필알코올, ㉡ 타이타늄옥사이드, 로즈힙 오일, 스위트 아몬드 오일, 라놀린, 스테아릴애시드, 아스코르빅애시드, ㉢ 유용성 감초 추출물, 소르비톨, 미네랄 오일, 병풀 추출물, 세라마이드, 다이소듐이디티에이

	㉠	㉡	㉢
①	글리세린	토코페롤	알파-비사보롤
②	글리세린	징크옥사이드	알파-비사보롤
③	다이메티콘	세라마이드	뮤신
④	다이메티콘	레티놀	알로에베라 추출물
⑤	다이메티콘	징크옥사이드	마그네슘 아스코빌 포스페이트

04 「화장품 안전성 정보관리 규정」의 제2조의 정의와 제4조~제6조의 보고에 관한 내용으로 옳은 것을 다음에서 모두 고른 것은?

> ㉠ 실마리 정보는 유해사례와 화장품 간의 인과관계 가능성이 있다고 보고된 정보로서 그 인과관계가 알려지지 아니하거나 입증자료가 불충분한 것을 말한다.
> ㉡ 정기보고의 경우, 상시근로자 수가 2인 이하로서 직접 제조한 화장비누만을 판매하는 화장품책임판매업자는 해당 안전성 정보를 보고하지 아니할 수 있다.
> ㉢ 사망을 초래하거나 생명을 위협하는 경우는 중대한 유해사례에 해당하지 않는다.
> ㉣ 화장품책임판매업자는 신속보고되지 않은 화장품의 안전성 정보를 매 반기 종료 후 1개월 이내에 식품의약품안전처장에게 보고하여야 한다.
> ㉤ 화장품 사용 중 발생한 부작용 사례에 대해서는 제조업체 또는 화장품책임판매업자에게 보고할 수 있다.
> ㉥ 입원 또는 입원 기간의 연장이 필요한 경우는 중대한 유해사례에 해당하지 않는다.

① ㉢, ㉣, ㉤
② ㉡, ㉢, ㉤
③ ㉠, ㉣, ㉤
④ ㉠, ㉡, ㉥
⑤ ㉠, ㉡, ㉣

05 다음 중 화장품에 사용될 수 있는 계면활성제의 특징과 종류로 옳지 않은 것은?

구분		사용 제품	종류
㉠	양쪽성 계면활성제	페이셜 클렌저	아이소스테아라미도프로필베타인, 하이드로제네이티드레시틴
㉡	양이온성 계면활성제	대전 방지제	소듐라우릴설페이트, 폴리쿼터늄-10, 알킬디메틸암모늄클로라이드
㉢	음이온성 계면활성제	샴푸	소듐라우레스-3카복실레이트, 세트리모늄클로라이드
㉣	비이온성 계면활성제	저자극 샴푸	소르비탄팔미테이트
㉤	비이온성 계면활성제	에센스	폴리소르베이트20, 소르비탄라우레이트

① ㉠, ㉤
② ㉡, ㉢
③ ㉡, ㉢
④ ㉠, ㉣
⑤ ㉣, ㉤

06 다음은 「화장품 안전 기준 등에 관한 규정」별표 2의 사용상의 제한이 필요한 원료와 사용한도가 정해져 있는 원료에 대한 내용이다. ㉠~㉢에 들어갈 수치를 올바르게 나열한 것은?

- 만수국꽃 추출물 또는 오일 : 원료 중 알파 테르티에닐(테르티오펜) 함량은 (㉠)% 이하이어야 하며, 만수국아재비꽃 추출물 또는 오일과 혼합 사용 시 사용 후 씻어내는 제품에 0.1%, 사용 후 씻어내지 않는 제품에 (㉡)%를 초과하지 않아야 한다.
- 하이드롤라이즈드밀단백질 : 원료 중 펩타이드의 최대 평균분자량은 (㉢)kDa 이하여야 한다.

	㉠	㉡	㉢
①	0.3	0.05	1.0
②	0.3	0.01	3.5
③	0.35	0.01	3.5
④	0.35	0.2	5.0
⑤	0.5	0.2	5.5

07 다음 중 「화장품의 색소의 종류와 기준 및 시험방법」의 별표 1 화장품 색소 중 화장품 성분으로 사용상의 제한이 없는 색소로만 연결된 것은?

① 카민류, 카라멜, 녹색 204호
② 치자청색소, 베타카로틴, 헤모글로빈
③ 울트라마린, 베타카로틴, 안토시아닌류
④ 벤지딘 오렌지 G, 카민류, 안토시아닌류
⑤ 아이언옥사이드옐로우, 베타카로틴, 나프톨블루블랙

08 다음 대화에서 화장품에 사용되는 원료의 종류와 특성에 대해 옳지 <u>않은</u> 것을 모두 고른 것은?

> 유미 : 화장품 원료 중 수성 원료는 정제수를 의미하는 건가요?
> 연정 : 아니요, ㉠ <u>수성 원료 중 가장 많이 사용되는 것이 정제수이기는 하지만 정제수만을 의미하지는 않아요. 수성 원료는 물에 녹는 특성이 있는 원료들을 가리키는 말입니다. 대표적으로 정제수, 에탄올, 아이소프로필 알코올 등이 있어요.</u> 참고로 말씀드리면 정제수는 물에 함유된 이온, 고체 입자, 미생물, 유기물 및 기체 등을 여과한 물입니다.
> 유미 : 그렇군요. 그러면 유성 원료는 어떤 건가요?
> 연정 : ㉡ <u>유성 원료는 물에 녹지 않거나(소수성) 기름에 녹는 특성(친유성)이 있는 원료예요. 유지류는 식물의 씨, 잎, 열매 등에서 추출한 식물성 오일과 동물의 내장이나 피하조직에서 추출한 동물성 오일이 포함되고요. 유성 원료의 장점은 피부 친화성이에요. 하지만 산패나 변질이 쉬워서 유효성이 좋지 않아요. 동물성 오일의 경우는 특이취와 가벼운 사용감이 특징이죠.</u>
> 유미 : 그렇다면 유성 원료에는 유지류만 있는 건가요?
> 연정 : 아뇨, ㉢ <u>유성 원료에는 탄화수소류, 실리콘 오일, 왁스류 등도 있어요. 대표적으로 탄화수소류부터 설명드리면 주로 실록산 결합(Si-O-Si)을 가지는 유기규소화합물로서 미네랄 오일, 파라핀, 바세린(페트롤라툼), 스쿠알렌, 아이소알케인, 아이소헥사데칸 등이 있어요.</u>
> 유미 : 왁스류는 무엇인가요?
> 연정 : ㉣ <u>왁스류는 고급 지방산과 고급 1,2가 알코올이 결합된 에스터예요. 융점이 높아 상온에서 고체 상태를 유지한다는 특성이 있습니다. 대표적으로 카나우바 왁스, 라놀린, 옥틸도데칸올 등이 있어요.</u>
> 유미 : 고급 지방산은 화장품에서 어떤 역할을 하나요?
> 연정 : ㉤ <u>왁스류는 크림의 사용감 향상이나 립스틱의 경도 조절용으로 사용해요. 제품의 안정성이나 기능성 향상에도 도움이 되고요. 피부나 모발에는 광택을 주죠.</u>
> 유미 : 실리콘 오일도 광택에 도움이 되지 않나요?
> 연정 : 맞아요. ㉥ <u>실리콘 오일도 피부의 유연성, 매끄러움, 광택에 도움이 돼요. 실크처럼 가볍고 매끄러운 감촉을 주죠.</u>

① ㉠, ㉣, ㉤
② ㉠, ㉤, ㉥
③ ㉡, ㉢, ㉣
④ ㉡, ㉣, ㉥
⑤ ㉢, ㉣, ㉤

09 다음은 맞춤형화장품조제관리사 찬희과 고객 윤성의 대화이다. 맥락상 빈칸에 들어갈 말로 옳지 <u>않은</u> 것은?

> 윤성 : 요즘 피부에 여드름이 많이 생기고 피부가 당기고 건조한데, 제가 사용하고 있는 제품들의 성분 중에 제 피부에 맞지 않는 게 있는 거 같아요.
> 찬희 : 네, 고객님. 같이 성분을 보면서 말씀드릴게요.
> (   )
> 윤성 : 우와, 상세히 설명해 주셔서 감사합니다.

① 'A' 제품은 피부에 수분을 공급하고 진정 효과가 있는 로션입니다. 하지만 폼알데하이드가 0.06% 이상 포함되어 있기 때문에, 이 성분에 민감한 사람은 사용에 주의가 필요합니다.

② 'B' 제품은 나이아신아마이드와 알부틴이 들어가서 미백 기능성을 인증받은 제품으로, 피부 미백에 도움이 되어요. 그런데 이 제품에는 알부틴이 3% 함유되어 있네요. 알부틴이 2% 이상 함유된 제품에는 「인체적용시험 자료」에서 구진과 경미한 가려움이 보고된 예가 있어요.

③ 'C' 제품은 메이크업 파우더예요. 이 메이크업 파우더 제품은 병풀 추출물이 함유되어 있어서 피부 진정 효과가 있습니다. 그런데, 제품에 실버나이트레이트 성분이 함유되어 있기 때문에 눈에 접촉을 피하고 눈에 들어갔을 때는 즉시 씻어내셔야 해요.

④ 'D' 제품은 파우더 제품인데 스테아린산아연이 들어 있네요. 기초화장용 제품 중 파우더 제품에 스테아린산아연이 함유되어 있으면 3세 이하 어린이의 피부에 닿지 않게 조심하셔야 해요.

⑤ 'E' 제품은 카민이 함유되어 있으니 카민 성분에 과민하거나 알레르기가 있는 사람은 신중하게 사용하셔야 해요.

10 다음에서 위해 평가가 필요한 경우를 모두 고른 것은?

> ㉠ 비의도적 오염 물질의 기준을 설정할 경우
> ㉡ 위험에 대한 충분한 정보가 부족한 경우
> ㉢ 안전 구역을 근거로 사용한도를 설정할 경우 (살균보존 성분 등)
> ㉣ 안전성, 유효성이 입증되어 기허가된 기능성 화장품인 경우
> ㉤ 불법으로 유해 물질을 화장품에 혼입한 경우
> ㉥ 현 사용한도 성분의 기준 적절성을 확인할 경우

① ㉠, ㉣, ㉤
② ㉠, ㉢, ㉥
③ ㉡, ㉢, ㉤
④ ㉡, ㉣, ㉥
⑤ ㉢, ㉤, ㉥

11 다음 중 「화장품 안전 기준 등에 관한 규정」의 별표 3 인체 세포·조직 배양액 안전 기준에 관한 설명으로 옳지 <u>않은</u> 것은?

① 공여자는 건강한 성인으로서 B형간염바이러스(HBV), C형간염바이러스(HCV), 인체면역결핍바이러스(HIV), 인체T림프영양성바이러스(HTLV), 파보바이러스B19, 사이토메가로바이러스(CMV), 엡스타인-바 바이러스(EBV) 감염증과 같은 감염증이 진단되지 않아야 한다.
② 화장품책임판매업자는 화장품 안전 기준과 관련한 모든 기준, 기록 및 성적서에 관한 서류를 받아 완제품의 제조연월일로부터 1년이 경과한 날까지 보존하여야 한다.
③ 공여자는 세포·조직의 영향을 미칠 수 있는 선천성 또는 만성질환이 진단되지 않아야 하며, 의료기관에서는 윈도 피리어드를 감안한 관찰기간 설정 등 공여자 적격성검사에 필요한 기준서를 작성하고 이에 따라야 한다.
④ 인체 세포·조직 배양액의 안전성 확보를 위하여 단회 투여 독성시험 자료, 1차 피부자극시험자료, 인체 세포·조직 배양액의 구성 성분에 관한 자료 등의 안전성시험 자료를 작성·보존하여야 한다.
⑤ 인체 세포·조직 배양액을 제조하는 배양시설은 청정등급 1B(Class 10,000) 이상의 구역에 설치하여야 한다.

12 다음은 각질형성세포의 분화과정을 설명한 것이다. ㉠과 ㉡에 들어갈 말을 올바르게 짝지은 것은?

> 각질형성 세포에서의 분화 과정은 아래와 같이 4단계에 걸쳐서 일어난다. 분화의 마지막 단계로 각질층이 형성되고 이와 같은 과정을 각화 과정이라고 한다.
> (1) 세포의 (㉠) 과정
> (2) 유극 세포에서의 (㉡)·정비 과정
> (3) 과립 세포에서의 자기분해 과정
> (4) 각질 세포에서의 재구축 과정

	㉠	㉡
①	합성	분열
②	분열	합성
③	재생	분열
④	재생	수정
⑤	분열	증식

13 세포 또는 조직에 대한 품질 및 안전성 확보에 필요한 정보를 확인할 수 있도록 세포·조직 채취 및 검사기록서를 작성·보존하여야 한다. 다음에서 검사기록서에 포함되어야 하는 내용을 모두 고른 것은?

> ㉠ 채취한 의료기관 명칭
> ㉡ 사용된 배지의 조성, 배양조건, 배양기간, 수율
> ㉢ 공여자 식별번호
> ㉣ 각 단계별 처리 및 취급과정
> ㉤ 채취연월일
> ㉥ 세포 또는 조직의 종류, 채취량, 채취 방법
> ㉦ 공여자의 적격성 평가 결과

① ㉠, ㉡, ㉢, ㉣, ㉤
② ㉡, ㉢, ㉣, ㉤, ㉥
③ ㉡, ㉣, ㉤, ㉥, ㉦
④ ㉠, ㉢, ㉣, ㉥, ㉦
⑤ ㉠, ㉢, ㉤, ㉥, ㉦

14 다음은 「우수화장품 제조 및 품질관리 기준」에 따른 기준일탈 제품의 처리 과정을 나열한 것이다. ㉠~㉢에 들어갈 내용을 순서대로 나열한 것은?

- 시험, 검사, 측정에서 기준일탈 결과가 나옴
  ↓
- (㉠)
  ↓
- '시험, 검사, 측정이 틀림 없음'을 확인
  ↓
- (㉡)
  ↓
- 기준일탈 제품에 불합격라벨을 첨부
  ↓
- 격리 보관
  ↓
- (㉢) 또는 재작업 또는 반품

	㉠	㉡	㉢
①	기준일탈 처리	폐기 처리	기준일탈 조사
②	기준일탈 조사	기준일탈 처리	폐기 처리
③	기준일탈 조사	폐기 처리	기준일탈 처리
④	폐기 처리	기준일탈 조사	기준일탈 처리
⑤	폐기 처리	기준일탈 처리	기준일탈 조사

15 다음을 읽고 ㉠~㉢에 들어갈 용어로 적절한 것은?

- (㉠)은(는) 시험계획서나 시험지침에 구체적으로 명시되지 않은 특정 업무를 표준화된 방식으로 일관되게 수행하기 위해, 해당 절차와 수행 방법 등을 상세히 정리한 문서이다.
- (㉡)은(는) 실험실의 배양접시 등 인위적 환경에서 시험물질과 대조물질 처리 후 결과를 측정하는 것을 말한다. 이 시험은 실제 화장품 사용에 따른 상관관계나 작용기전을 설명하는 자료로 이용될 수 있다.
- (㉢)은(는) 검사나 분석 또는 보관을 위해 시험계로부터 얻어진 것을 말한다.

	㉠	㉡	㉢
①	시험기록서	효력시험	In Vivo
②	표준작업지침서	안정성시험	검체
③	표준작업지침서	효력시험	검체
④	표준작업지침서	In Vivo	부형제
⑤	시험기록서	대조물질	부형제

16 다음에서 작업장 위생 유지 시 사용되는 세제의 살균 성분으로만 묶인 것은?

> 4급 암모늄 화합물, 알코올류, 금속이온봉쇄제, 연마제, 알데하이드류 및 페놀 유도체, 유기폴리머, 음이온성 계면활성제, 양이온성 계면활성제, 유기폴리머

① 금속이온봉쇄제, 연마제, 알데하이드류 및 페놀 유도체
② 금속이온봉쇄제, 유기폴리머, 양이온성 계면활성제류
③ 4급 암모늄 화합물, 음이온성 계면활성제, 유기폴리머
④ 4급 암모늄 화합물, 연마제, 유기폴리머
⑤ 4급 암모늄 화합류, 알코올류, 알데하이드류 및 페놀 유도체

17 다음은 맞춤형화장품조제관리사가 책임판매업자로부터 받은 내용물의 품질성적서이다. 유해한 검출물질에 대해 반품요청을 하려고 한다. 다음에서 반품요청을 하는 이유로 적절한 것을 모두 고른 것은?

> ㉠ 디옥산 99㎍/g 검출
> ㉡ 황색포도상구균 10개/g(㎖) 검출
> ㉢ 녹농균, 대장균 불검출
> ㉣ 안티모니 20㎍/g 검출
> ㉤ 수은 5㎍/g 검출
> ㉥ 납 15㎍/g 검출
> ㉦ 비소 5㎍/g 검출
> ㉧ 카드뮴 1㎍/g 검출

① ㉠, ㉢, ㉥
② ㉡, ㉣, ㉤
③ ㉠, ㉣, ㉦
④ ㉡, ㉤, ㉧
⑤ ㉡, ㉥, ㉦

18 표피층에 대한 설명으로 옳지 않은 것을 다음에서 모두 고른 것은?

> ㉠ 각질층에서는 자연보습인자와 피지를 통하여 피부장벽을 유지한다.
> ㉡ 노화가 진행되면 각질형성 세포의 분열 능력이 감소해서 표피층은 두꺼워진다.
> ㉢ 각질층의 pH는 7.0~9.0이다.
> ㉣ 표피층의 세포간지질의 주성분은 세라마이드, 콜레스테롤, 콜레스테롤에스터, 지방산 등이다.
> ㉤ 기저층은 각질형성 세포와 멜라닌형성 세포가 1:4~1:10의 비율로 존재한다.
> ㉥ 과립층에는 케라토하이알린이라는 과립이 존재한다.
> ㉦ 투명층은 엘라이딘이라는 반유동성 물질이 수분 침투를 방지한다.

① ㉠, ㉢, ㉤
② ㉠, ㉣, ㉥
③ ㉡, ㉣, ㉦
④ ㉡, ㉢, ㉤
⑤ ㉢, ㉤, ㉥

19 다음 중 멜라닌 합성에 관여하는 주요 효소는?

① 아미노펩티데이스
② 카복시펩티데이스
③ 콜라게나제
④ 티로시나아제
⑤ 5α-환원 효소(리덕타아제)

20 다음은 원료품질성적서 인정 기준에 대한 대화이다. 맥락상 빈칸에 들어갈 말로 옳지 <u>않은</u> 것을 고르면?

> 현재 : 이번에 미네랄 오일에 대한 품질성적서를 받으려고 하는데 인정 기준이 어떻게 되나요?
> 미래 : 네, 원료품질성적서 인정 기준을 말씀드릴게요.
> (　　　　　　　)
> 현재 : 감사합니다.

① 제조업체의 원료에 대한 자가품질검사 또는 공인검사기관 성적서
② 원료업체의 원료에 대한 공인검사기관 성적서
③ 제조판매업체의 원료에 대한 자가품질검사 또는 공인검사기간 성적서
④ 원료업체의 원료에 대한 자가품질검사 시험성적서 중 대한화장품협회의 원료공급자의 검사결과 신뢰 기준 자율규약 기준에 적합한 것
⑤ 식품의약품안전처의 원료에 대한 자가품질검사 시험 성적서 중 한국제약바이오협회(KPBMA)의 원료공급자의 검사결과 기준에 적합한 것

21 다음은 맞춤형화장품조제관리사 A와 고객 B의 대화이다. 내용 중 옳지 <u>않은</u> 설명은 무엇인가?

> 윤진 : 제가 피부관리에 소홀했더니 피부톤이 균일하지 않고 어두워져서요. 밝은 피부로 다시 되돌리고 싶은데 제게 맞는 좋은 제품 있을까요?
> 성호 : 네, 우선 피부를 측정해보고 적합한 원료가 들어 있는 제품을 추천해 드릴게요.
>
> 　　　　　　　피부 측정
>
> 성호 : ① <u>고객님의 피부 상태를 확인해 보니 수분이 부족하고 피부 톤이 다소 어두운 편이에요. 보습 성분이 포함된 제품과 미백 효과가 있는 기능성 제품을 사용하시는 것이 좋겠어요.</u>
> 윤진 : 네, 그럼 어떤 제품이 좋을까요?
> 성호 : ② <u>피부의 수분 손실을 방지하고 보습 효과를 높이는 글리세린과 피부 미백에 도움이 되는 나이아신아마이드 성분이 포함된 ○○제품을 써 보세요.</u> ③ <u>○○제품은 나이아신아마이드가 3% 함유되어 있는 미백 기능성화장품이에요.</u> ④ <u>나이아신아마이드 0.2% 이상 함유된 제품은 「인체적용시험 자료」에서 경미한 발적, 피부건조, 작열감, 가려움, 구진이 보고된 예가 있어요.</u>
> 윤진 : 네, 전에도 사용해본 성분이라 괜찮을 것 같아요. 하루 두 번 세안 후에 사용해도 되는데 괜찮을까요?
> 성호 : ⑤ <u>네, 아침저녁 모두 사용하셔도 돼요.</u>

22 맞춤형화장품판매업자가 변경신고를 하여야 하는 경우가 아닌 것을 다음에서 모두 고른 것은?

> ㉠ 맞춤형화장품판매업자를 변경하는 경우
> ㉡ 맞춤형화장품관리자의 교육방식을 변경하는 경우
> ㉢ 맞춤형화장품판매업소의 소재지를 변경하는 경우
> ㉣ 맞춤형화장품판매업소의 상호를 변경하는 경우
> ㉤ 맞춤형화장품조제관리사의 등록지를 변경하는 경우
> ㉥ 맞춤형화장품조제관리사를 변경하는 경우

① ㉠, ㉥
② ㉠, ㉣
③ ㉡, ㉢
④ ㉡, ㉥
⑤ ㉡, ㉤

23 화장품제조업을 등록하려는 사람이 반드시 갖추어야 하는 시설 및 기구에 해당하지 않는 것은?

① 샘플 제품의 품질검사를 위해 필요한 시험실
② 쥐·해충 및 먼지 등을 막을 수 있는 시설
③ 원료·자재 및 제품을 보관하는 보관소
④ 가루가 날리는 작업실은 가루를 제거하는 시설
⑤ 품질검사에 필요한 시설 및 기구

24 맞춤형화장품조제관리사 윤선은 맞춤형화장품 조제를 위해 고객에게 개인정보 수집·이용 및 민감정보 제공 동의서를 받았다. 다음 중 개인정보와 민감정보 항목을 적절하게 나열한 것은?

	개인정보 이용 항목	민감정보 이용 항목
①	성명, 생년월일, 연락처	피부질환, 피부과 진료 내역
②	성명, 생년월일, 연락처	사용 중인 화장품, 알레르기 유발 성분, 종교
③	성명, 나이, 여권번호	피부과 진료 내역
④	성명, 주소, 직업, 종교	피부질환, 피부과 진료 내역
⑤	성명, 생년월일, 성별	사용 중인 화장품, 정치 성향

25 다음에서 「화장품법」 제9조 제2항에 따른 안전용기·포장 대상 품목에 해당하는 것을 모두 고른 것은?

> ㉠ 메틸살리실레이트를 15% 이상 함유한 토너
> ㉡ 페트롤라툼이 30% 함유된 일회용 립밤
> ㉢ 에어로졸 타입의 데오드란트
> ㉣ 아세톤 함량이 7%인 네일 에나멜 리무버
> ㉤ 미네랄 오일 10%, 아이소알케인 5%를 함유하고 운동점도가 21cSt(40℃ 기준) 이하인 어린이용 오일

① ㉠, ㉢, ㉣
② ㉠, ㉡, ㉣
③ ㉠, ㉣, ㉤
④ ㉡, ㉢, ㉤
⑤ ㉡, ㉣, ㉤

26 다음은 화장품 위해 평가 단계를 나타낸 것이다. ㉠과 ㉡에 들어갈 말로 적절한 것은?

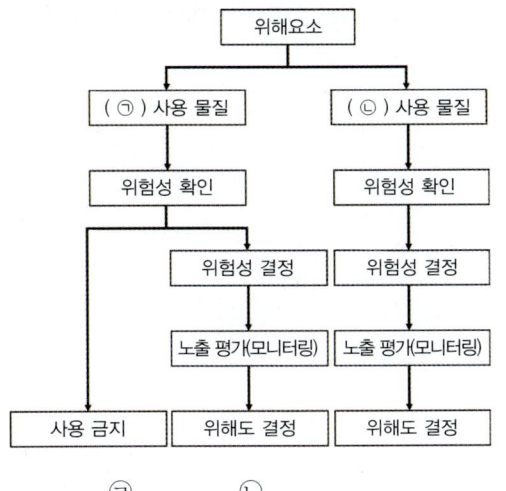

	㉠	㉡
①	의도적	비의도적
②	비의도적	의도적
③	비위험성	위험성
④	위험성	비위험성
⑤	위해성	비위해성

27 보건환경연구원의 직원인 수연은 알부틴 함유 피부미백 기능성화장품을 검사하였다. 그 결과 특정 성분의 함량 기준(0.002%)을 초과한 것을 발견하고 해당 회사의 제품이 행정처분을 받도록 조치하였다. 함량 기준을 초과한 이 성분은 무엇인가?

① 감광소
② 레조시놀
③ 소르빅애시드 및 그 염류
④ 글리세린
⑤ 벤질알코올

28 다음의 대화는 갑과 을 두 사람이 제품의 포장재를 선정하기 위해 토의한 내용이다. ㉠과 ㉡에 들어갈 포장재 종류로 알맞은 것은?

> 갑 : 이번에 출시하는 팩트에는 (㉠)을(를) 사용하는 것이 좋겠어요. 투명성, 광택성, 내유성, 내충격성이 우수하니까요. 일반적으로 화장품의 크림, 팩트, 스틱류 용기나 캡에 포장재 (㉠)을(를) 사용하잖아요.
> 을 : 좋은 생각이에요. 그러면 원터치 캡 제품에는 (㉡)을(를) 사용하기로 해요. (㉡)은(는) 반투명, 광택성, 내약품성, 충격성이 우수해서 원터치 캡 제품이 제격이에요.

	㉠	㉡
①	폴리프로필렌	고밀도 폴리에틸렌
②	ABS수지	알루미늄
③	AS수지	폴리염화비닐
④	AS수지	폴리프로필렌
⑤	AS수지	고밀도 폴리에틸렌

29 다음을 보고 사용기한이 가장 적게 남은 순서대로 나열한 것은?

> ㉠ EXP 20260305, 제조일로부터 2년
> ㉡ 개봉일 25.03.30, 개봉후 12M
> ㉢ MFG 2025.05.20., 개봉일 25.07.24, 개봉후 6M
> ㉣ MFG 2025.03.15., 제조일로부터 1년
> ㉤ 개봉일 25.06.01, 개봉 후 6개월까지

① ㉠ - ㉢ - ㉤ - ㉣ - ㉡
② ㉤ - ㉢ - ㉠ - ㉡ - ㉣
③ ㉤ - ㉢ - ㉣ - ㉠ - ㉡
④ ㉤ - ㉠ - ㉢ - ㉣ - ㉡
⑤ ㉤ - ㉢ - ㉠ - ㉣ - ㉡

30 「화장품법」 제14조 제1항 및 「화장품법 시행규칙」 제9조 제1항에 따라 기능성화장품으로 인정받아 판매하려는 자는 기능성화장품 심사를 받기 위하여 자료를 제출하여야 한다. 다음 중 기준 및 시험 방법에 관한 자료 제출이 면제될 수 있는 품목은?

① 피부의 미백에 도움을 주는 기능성화장품 중 유용성 감초 추출물을 주성분으로 사용하였을 때 70.0% 글라브리딘을 함유한 침적 마스크
② 피부의 미백에 도움을 주는 기능성화장품 중 닥나무 추출물은 기능성 시험을 할 때의 타이로시네이즈 억제율이 30.5~84.1%
③ 피부의 미백에 도움을 주는 기능성화장품 중 나이아신아마이드를 주성분으로 사용하였을 때 75.0% 이상에 해당하는 나이아신아마이드($C_6H_6N_2O$: 122.13)를 함유한 나이아신아마이드 크림제
④ 피부의 주름 개선에 도움을 주는 기능성화장품 중 아데노신액(0.4%)은 아데노신($C_{10}H_{13}N_5O_4$: 267.2) 1.90~2.10%를 함유하고 90.0% 이상에 해당하는 아데노신($C_{10}H_{13}N_5O_4$: 267.24)을 함유한 로션제
⑤ 체모를 제거하는 데 도움을 주는 기능성화장품 중 90.0~110.0%에 해당하는 티오글라이콜산($C_2H_4O_2S$: 92.12)을 함유한 티오글라이콜산 크림제

31 다음에서 「화장품법」 제8조 제2항에 따라 화장품에 사용할 수 있는 화장품의 색소 종류 중 '안토시아닌류'에 해당하지 않는 것을 모두 고른 것은?

㉠ 시아니딘 ㉡ 페오니딘
㉢ 페투니딘 ㉣ 비트루트레드
㉤ 안나토   ㉥ 페릭페로시아나이드
㉦ 말비딘   ㉧ 델피니딘
㉨ 페라고니딘 ㉩ 안토시아닌

① ㉤, ㉥, ㉣
② ㉠, ㉣, ㉧
③ ㉠, ㉤, ㉨
④ ㉡, ㉥, ㉩
⑤ ㉢, ㉣, ㉦

32 다음에서 화장품에 필수로 기재·표시하여야 하는 사항으로 올바른 것을 모두 고른 것은?

> ㉠ 내용량이 30g인 '매끈 미백 로션'에 글라이콜릭애시드를 5% 첨가하여 사용한 경우
> ㉡ '아쿠아 라벤더 크림'에 라벤더 원액을 10% 첨가하여 사용한 경우
> ㉢ 내용량이 100g인 '자몽 토너'의 전성분으로 정제수, 글리세린, 뷰틸렌글라이콜, 사과 추출물, 자몽 추출물을 사용하였으며 자몽 추출물 안에 페녹시에탄올이 0.5% 함유되어 있는 경우
> ㉣ 내용량이 200g인 '촉촉 보디워시'에 라벤더 추출물이 0.5%, 제라니올이 0.01g이 포함되어 있는 경우
> ㉤ 내용량이 500g인 '보디 로션'에 리모넨 0.05g이 포함되어 있는 경우
> ㉥ 내용량이 300g인 '촉촉 사과 베이비 로션'에 메틸파라벤이 0.1%가 포함되어 있는 경우

① ㉠, ㉡, ㉣, ㉤
② ㉠, ㉡, ㉤, ㉥
③ ㉠, ㉣, ㉤, ㉥
④ ㉡, ㉣, ㉤, ㉥
⑤ ㉡, ㉢, ㉣, ㉤

33 세포·조직에 대한 품질 및 안전성 확보에 필요한 정보를 확인하기 위해서는 다음의 내용을 포함한 세포·조직 채취 및 검사기록서를 작성·보존하여야 한다. ㉠과 ㉡에 들어갈 말로 적절한 것은?

> • 채취한 의료기관 명칭
> • 채취 연월일
> • 공여자 (㉠)
> • 공여자 적격성 평가 결과
> • 동의서
> • 세포 또는 조직의 종류, 채취 방법, (㉡), 사용한 재료 등의 정보

	㉠	㉡
①	여권번호	채취 장소
②	식별번호	채취량
③	식별번호	채취 순서
④	주민등록번호	채취량
⑤	주민등록번호	채취 장소

34 다음 중 「기능성화장품 기준 및 시험 방법」 별표 1의 통칙에 대한 내용으로 옳지 않은 것은?

① 보통 냉침은 15~25℃, 온침은 35~45℃에서 실시한다.
② 냉수는 10℃ 이하, 미온탕은 30~40℃, 온탕은 60~70℃, 열탕은 약 100℃의 물을 뜻한다.
③ '수욕상' 또는 '수욕중에서 가열한다'라 함은 따로 규정이 없는 한 끓인 수욕 또는 100℃의 증기욕으로써 가열하는 것이다.
④ 표준온도는 20℃, 상온은 10~20℃, 실온은 1~30℃, 미온은 35~45℃로 한다. 냉소는 따로 규정이 없는 한 1~15℃ 이하의 곳을 뜻한다.
⑤ 가열한 용매 또는 열용매라 함은 그 용매의 비점 부근의 온도로 가열한 것을 뜻하며 가온한 용매 또는 온용매라 함은 보통 60~70℃로 가온한 것을 뜻한다.

35 다음 중 위해성 등급과 회수 기간을 연결한 것으로 옳지 않은 것을 모두 고른 것은?

> ㉠ 맞춤형화장품판매업자가 조제한 맞춤형화장품 – 다등급, 회수 시작일부터 30일 이내
> ㉡ 화장품의 전부 또는 일부가 변패되거나 병원미생물에 오염된 경우 – 가등급, 회수 시작일부터 15일 이내
> ㉢ 카드뮴 15㎍/g이 검출된 맞춤형화장품 – 가등급, 회수 시작일부터 15일 이내
> ㉣ 페닐파라벤을 0.002% 함유한 화장품 – 가등급, 회수 시작일부터 15일 이내
> ㉤ 에탄올을 함유하는 네일 에나멜 리무버 및 네일 폴리시 리무버 안전 용기·포장을 위반한 화장품 – 가등급, 회수 시작일부터 15일 이내
> ㉥ 씻어내는 제품에 메틸렌글라이콜을 0.0015% 함유하였으나 기재·표시를 하지 않은 화장품 – 가등급, 회수 시작일부터 15일 이내

① ㉡, ㉤   ② ㉠, ㉡
③ ㉠, ㉣   ④ ㉢, ㉤
⑤ ㉢, ㉥

36 「우수화장품 제조 및 품질관리 기준」에서 일컫는 수탁자는 제조 및 품질관리와 관련하여 공정 또는 시험의 일부를 위탁할 수 있으며, 시험기관은 「화장품법 시행규칙」제6조 제2항 제2호에 해당되어야 한다. 다음 중 해당 시험기관이 아닌 것은?

① 원료·자재 및 제품의 품질검사를 위하여 필요한 시험실을 갖춘 제조업자
② 「보건환경연구원법」에 따른 보건환경연구원
③ 「식품·의약품분야 시험·검사 등에 관한 법률」에 따른 화장품 시험·검사기관
④ 「약사법」에 따라 조직된 (사) 한국의약품수출입협회
⑤ 식품의약품안전처장이 정하여 고시하고 있는 (사)대한화장품협회

37 다음은 화장품책임판매업자로부터 받은 맞춤형화장품의 품질성적서이다. 다음은 기능성화장품의 전성분 표시이다. 이를 바탕으로 맞춤형화장품조제관리사 갑이 고객 을에게 할 수 있는 말로 적절하지 않은 것은?

품질성적서

시험항목	시험결과
나이아신아마이드	85.00%
레티놀	90.00%
비소	5㎍/g
수은	불검출
폼알데하이드	0.1㎍/g

전성분
정제수, 프로필렌글라이콜, 글리세린, 디메티콘, 스테아릴알코올, 세틸알코올, 나이아신아마이드, 카보머, 하이알루닉애시드, 레티놀, 메틸파라벤, 호호바 오일, 포도씨 오일, 다이소듐이디티에이

① 을 : 요즘 피부가 칙칙하고 잔주름이 많이 생기네요. 이 제품이 도움이 될까요?
   갑 : 네, 미백 기능성 성분과 주름 기능성이 함유되어 있어요. 레티놀 성분 때문에 밤에 바르셔야 해요. 레티놀이 빛에 약해서요.
② 을 : 이 제품은 보존제가 없는 거 같네요. 금방 변질되는 거 아닌가요?
   갑 : 이 제품에는 보존제가 사용되었어요. 사용제한 원료로 지정된 메틸파라벤이 전성분으로 표시되어 있어요.
③ 을 : 이 제품에서 비소가 검출되었는데, 비소는 사용할 수 없는 원료 아닌가요?
   갑 : 네. 화장품 제조 시 일부러 넣은 건 아닌데, 외부적인 요인으로 이렇게 검출되는 경우가 있어요. 완전히 제거하는 건 기술적으로 어렵답니다. 이러한

경우 비소의 검출 한도는 10μg/g인데 이 제품은 5μg/g이 들어 있어서 안심하셔도 돼요. 그리 높은 수치는 아니니 염려하지 마세요.

④ 을 : 이 제품은 어떤 기능이 있는 제품인가요?

갑 : 이 제품은 미백 기능성 원료인 레티놀과 주름 기능성 원료인 나이아신아마이드가 들어가 있는 미백과 주름 이중 기능성화장품이에요. 좋은 제품입니다.

⑤ 을 : 이 제품에는 폼알데하이드가 0.1μg/g 정도 검출된 것인가요?

갑 : 네, 이것도 비소처럼 의도하지 않았지만 검출되는 경우가 있어요. 폼알데하이드는 원래 인위적으로 넣을 수 없는 사용금지 원료예요. 이렇게 비의도적으로 검출되는 경우 폼알데하이드는 유통화장품 안전관리 기준에 2,000μg/g까지 검출 허용한도를 두고 있어요.

38 「우수화장품 제조 및 품질관리 기준」 제20조(시험관리)에 따른 표준품과 주요시약의 용기에 반드시 표기하여야 하는 사항을 다음에서 모두 고르면?

> ㉠ 사용기한
> ㉡ 개봉일
> ㉢ 식별번호
> ㉣ 보관조건
> ㉤ 제조번호
> ㉥ 역가, 제조자의 성명 또는 서명(직접 제조한 경우에 한함)

① ㉠, ㉡, ㉢, ㉥
② ㉠, ㉡, ㉣, ㉥
③ ㉡, ㉢, ㉤, ㉥
④ ㉠, ㉢, ㉣, ㉤
⑤ ㉡, ㉢, ㉣, ㉤

39 다음의 다음을 읽고 「우수화장품 제조 및 품질관리 기준(CGMP)」에 관한 내용으로 옳은 것을 모두 고른 것은?

> ㉠ 화장품의 생산, 관리, 보관 구역에는 방문객이나 안전·위생 교육을 받지 않은 직원의 출입을 제한하여야 한다. 그러나 영업상의 이유, 신입 사원 교육 등을 위하여 안전 위생의 교육훈련을 받지 않은 사람들이 제조, 관리, 보관구역으로 출입하는 경우에는 안전 위생의 교육훈련 자료를 미리 작성하여 두고 출입 전에 '교육훈련'을 실시한다. 교육 내용에는 직원용 안전 대책, 작업 위생 규칙, 작업복 등의 착용, 손 씻는 절차 등이 포함된다.
> ㉡ 직원은 작업 중 위생 관리에 지장이 없도록 작업복, 모자, 신발을 갖추고, 마스크와 장갑을 착용하여야 한다.
> ㉢ 건강 상태가 제품의 품질과 안전성에 악영향을 미칠지도 모르는 직원은 원료, 포장, 제품 또는 제품 표면에 직접 접촉하지 말아야 한다. 명백한 질병 또는 노출된 피부에 상처가 있는 직원은 증상이 회복되거나 의사가 제품 품질에 영향을 끼치지 않을 것이라고 진단할 때까지 제품과 직접적인 접촉을 하여서는 안 된다.
> ㉣ 작업복 등은 모두 수거하여 전문 업소에 의뢰하여 철저히 소독한다.
> ㉤ 직원의 위생관리 기준 및 절차에는 직원의 작업 시 복장, 직원 건강상태 확인, 직원에 의한 제품의 오염방지에 관한 사항, 직원의 손 씻는 방법, 직원의 작업 전 주의사항, 방문객 및 교육훈련을 받은 직원의 복장 규정 등이 포함되어야 한다.

① ㉠, ㉢
② ㉠, ㉡
③ ㉠, ㉣
④ ㉡, ㉢
⑤ ㉢, ㉤

40 다음은 세척 후 설비 및 기구의 위생 상태를 판정하는 방법 중 면봉 시험법(Swab Test)에 관한 내용이다. ㉠과 ㉡에 들어갈 말로 적절한 것은?

면봉 시험법(Swab Test)
- 포일로 싼 면봉과 멸균액을 고압 멸균기에 멸균한다(㉠).
- 검증하고자 하는 설비를 선택한다.
- 면봉으로 일정 크기의 면적 표면을 문지른다 (㉡).
- 검체 채취 후 검체가 묻어 있는 면봉을 적절한 희석액(멸균된 생리 식염수 또는 완충 용액)에 담가 채취된 미생물을 희석한다.
- 미생물이 희석된 희석액 1㎖를 취하여 한천 평판 배지에 도말하거나 배지를 부어 미생물 배양 조건에 맞춰 배양한다.
- 배양 후 검출된 집락 수를 세어 희석 배율을 곱하여 면봉 1개당 검출되는 미생물 수를 계산(CFU/면봉)한다.

	㉠	㉡
①	81℃, 10분	보통 10~15㎠
②	81℃, 20분	보통 15~20㎠
③	111℃, 20분	보통 20~23㎠
④	121℃, 10분	보통 23~27㎠
⑤	121℃, 20분	보통 24~30㎠

41 다음은 설비 및 기구의 유지관리와 폐기기준 중 전자저울의 점검 주기 및 방법에 관한 내용이다. 이에 관한 설명 중 <u>틀린</u> 내용을 모두 고른 것은?

㉠ 전자저울의 편심오차는 ±0.1% 이내여야 한다.
㉡ 영점은 매일 점검하고, 가동 전 '0' 설정을 확인하여야 한다.
㉢ 전자저울의 점검 주기는 1주에 한 번으로 직선성과 정밀성은 ±0.3% 이내여야 한다.
㉣ 매일 가동 전 수평을 육안으로 확인하여야 한다.
㉤ 저울의 검사, 측정 및 시험 장비의 정밀도를 유지·보존하여야 하며, 전자 저울은 사용 전, 후 영점을 조정하고, 1주에 한 번씩 정기 점검을 실시하여야 한다.

---

① ㉠, ㉢
② ㉢, ㉤
③ ㉠, ㉣
④ ㉡, ㉤
⑤ ㉡, ㉣

42 다음에서 「유통화장품 안전관리 기준 등에 관한 규정」 중 퍼머넌트웨이브용 및 헤어스트레이트너 제품에 대한 내용으로 옳지 않은 것은?

> ㉠ 티오글라이콜릭애시드 또는 그 염류를 주성분으로 하는 제제 사용 시 조제하는 발열2욕식 퍼머넌트웨이브용 제품은 티오글라이콜릭애시드 또는 그 염류를 주성분으로 하는 제1제의 1과 제1제의 1중의 티오글라이콜릭애시드 또는 그 염류의 대응량 이하의 과산화수소를 함유한 제제의 2, 암모니아를 산화제로 함유하는 제2제로 구성되며, 사용 시 제1제의 1 및 제1제의 2를 혼합하면 약 65℃로 발열되어 사용하는 것이다.
> ㉡ 시스테인, 시스테인염류 또는 아세틸시스테인을 주성분으로 하는 냉2욕식 퍼머넌트웨이브용 제품의 제1제는 시스테인, 시스테인염류 또는 아세틸시스테인을 주성분으로 하며 비휘발성 무기알칼리 성분을 포함하지 않는 액제이다.
> ㉢ 티오글라이콜릭애시드 또는 그 염류를 주성분으로 하는 냉2욕식 헤어스트레이트너용 제품의 제1제의 제품은 티오글라이콜릭애시드 또는 그 염류를 주요 성분으로 하며, 비휘발성 무기알칼리 성분의 총량이 티오글라이콜릭애시드의 대응량 이하인 제제이다.
> ㉣ 티오글라이콜릭애시드 또는 그 염류를 주성분으로 하는 가온2욕식 헤어스트레이트너 제품은 시험할 때 약 40℃ 이하로 가온 조작하여 사용하는 것으로서 티오글라이콜릭애시드 또는 그 염류를 주성분으로 하는 제1제 및 산화제를 함유하는 제2제로 구성된다.

① ㉠, ㉢
② ㉢, ㉣
③ ㉡, ㉢
④ ㉠, ㉣
⑤ ㉡, ㉣

43 다음에서 세제의 주요 구성 성분과 특성에 대한 내용으로 옳지 않은 것을 모두 고르면?

> ㉠ 유기 폴리머는 세정 효과를 향상시키는 역할을 하는데, 대표적인 성분으로 셀룰로스 유도체와 폴리올이 있다.
> ㉡ 용제는 계면활성제의 세정 능력을 강화하는 역할을 하는데, 대표적인 성분으로 알코올, 글라이콜, 벤질알코올 등이 있다.
> ㉢ 연마제는 기계적 작용에 의한 세정 효과를 높이는데, 대표적인 성분으로 칼슘카보네이트, 클레이, 석영 등이 있다.
> ㉣ 계면활성제는 음이온, 양쪽성, 비이온성 계면활성제로 나뉜다. 다양한 세정 작용을 통하여 이물질을 제거하는 특성이 있다. 대표적인 성분으로는 소듐트리포스페이트, 소듐시트레이트, 소듐글루코네이트 등이 있다.
> ㉤ 금속이온봉쇄제는 세정 효과를 향상하고, 입자 오염을 제거하는 효과가 있다. 대표적인 성분으로는 알킬벤젠설포네이트, 알킬설페이트, 비누 등이 있다.

① ㉣, ㉤
② ㉢, ㉤
③ ㉡, ㉣
④ ㉠, ㉤
⑤ ㉠, ㉣

44 다음은 맞춤형화장품조제관리사 원필과 고객 도운의 대화이다. ㉠~㉢에 들어갈 말로 적절한 것은?

> 도운 : 안녕하세요. 요즘 환절기라 피부가 당기고 건조한 느낌이 들어요.
> 원필 : 네, 그러시군요. 피부를 먼저 측정해 보고 상태가 어떤지 말씀 드릴게요.
>
> **피부 측정**
>
> 원필 : 고객님이 느끼시는 대로 피부가 건조해지고 있어요. 피부 측정 결과 피부에서 수분이 빠져나가는 정도가 정상 수준보다 심한 편이에요. 여기 보면 (㉠) 수치가 보이시죠? 이 수치가 좀 높네요. (㉠)은(는) 피부 표면에서 수분이 증발하는 양을 나타내는 지표로, 피부가 건조하거나 손상되었을 때 수치가 높게 나타나요.
> 도운 : 제 피부에 왜 이런 일이 일어나는 거죠?
> 원필 : (㉡)의 피부 장벽 기능이 약해진 상태예요. 원래 (㉡)은(는) 피부 속 수분이 빠져나가는 걸 막고, 외부의 유해 물질이 들어오는 것도 차단하는 역할을 해요. 피부는 각질 세포 사이에 있는 지질층과 피지선에서 나오는 피지를 통해 수분을 유지하는데, 특히 세포 사이 지질의 주요 성분인 세라마이드가 약 50%를 차지해요. 이 지질은 (㉡)의 보호 기능을 회복하고 유지하는 데 중요한 역할을 합니다.
> 도운 : 그럼, 어떤 제품을 사용해야 하나요?
> 원필 : (㉢)이(가) 들어 있는 제품을 추천해 드리고 싶어요. 밀폐제는 피부에 오일막을 형성해서 수분이 증발을 억제하는 물질이라 고객님 피부에 사용하시면 도움이 될 거예요.
> 도운 : 네, 감사합니다.

	㉠	㉡	㉢
①	경피수분손실량	피하조직	분산제
②	pH	기저층	분산제
③	pH	기저층	밀폐제
④	경피수분손실량	각질층	밀폐제
⑤	경피수분손실량	각질층	금속이온봉쇄제

45 다음 중 맞춤형화장품에 관하여 바르게 설명한 것은?

① 기초 화장품이 아닌 체취방지용 제품 등의 화장품은 맞춤형화장품으로 판매할 수 없다.
② 매장에서 맞춤형화장품을 판매하려면, 맞춤형화장품판매업자는 각 판매장에 '맞춤형화장품조제관리사' 자격증이 있는 사람을 고용하여야 하며, 관할 지방식품의약품안전청장에게 '맞춤형화장품판매업' 신고를 하여야 한다.
③ 맞춤형화장품판매업소에서는 소비자가 직접 자신이 사용할 제품을 혼합하거나 소분할 수 있다.
④ 고객이 시중에서 구매한 화장품을 가져온 경우, 해당 제품을 맞춤형화장품의 혼합이나 소분에 활용할 수 있다.
⑤ 의원이나 약국에서는 맞춤형화장품판매업을 운영할 수 없다.

46 「화장품 안전 기준 등에 관한 규정」 별표 3에 명시된 인체 세포·조직 배양액의 안전 기준에 따르면, 공여자는 세포 또는 조직 제공의 적격성을 판단하기 위한 검사를 받아야 한다. 이때, 공여자 적격성 검사 결과에 영향을 미치지 <u>않는</u> 질병은 무엇인가?

① B형 간염
② 패혈증
③ 임질
④ 엡스타인-바 바이러스(EBV) 감염증
⑤ 근막동통 증후군

47 다음은 모발의 구조에 대한 설명이다. 다음에서 올바른 설명을 모두 고른 것은?

> ㉠ 모표피는 모발의 색을 나타낸다.
> ㉡ 에피큐티클은 수증기는 통과하지만 물은 차단하는 단단한 막이다.
> ㉢ 엑소큐티클은 비교적 연한 케라틴층으로, 시스틴이 많이 포함되어 있어 퍼머넌트 웨이브와 같은 화학 약품에 의하여 시스틴 결합이 쉽게 끊어질 수 있다.
> ㉣ 모수질이 적은 머리카락은 웨이브나 펌이 잘 되며, 모수질이 많은 머리카락은 웨이브 형성이 어려운 경향이 있다.
> ㉤ 모피질은 물과 잘 반응하는 친유성을 띤다.

① ㉡, ㉢
② ㉠, ㉡
③ ㉠, ㉢
④ ㉡, ㉤
⑤ ㉣, ㉤

48 다음 중 「기능성화장품 기준 및 시험 방법」에 따른 계량 단위에 대한 내용으로 옳지 <u>않은</u> 것은?

① ppm : 질량백만분율
② vol% : 용량백분율
③ % : 질량백분율
④ cs : 센티포아스
⑤ v/w% : 용량대질량백분율

49 다음은 제품별 포장에 대한 내용이다. ㉠~㉢ 안에 들어갈 알맞은 숫자를 나열한 것은?

> • 1회 이상 포장한 최소 판매단위의 제품으로 화장수, 에센스, 오일의 포장공간의 비율은 (㉠)% 이하이다.
> • 1회 이상 포장한 최소 판매단위의 제품으로 화장비누, 샴푸, 린스, 보디워시의 포장공간 비율은 (㉡)% 이하, 포장 횟수는 (㉢)차 이내이다.

	㉠	㉡	㉢
①	10	15	1
②	15	15	1
③	15	10	2
④	10	15	2
⑤	10	10	3

50 다음은 비누에 관한 내용이다. ㉠~㉢에 들어갈 알맞은 말을 나열한 것을 고르면?

- 비누의 제조 방법 중 (㉠)은(는) 유지를 알칼리로 가수분해, 중화과정을 거쳐 비누와 글리세린을 얻는 방법이다.
- 비누의 제조 방법 중 (㉡)은(는) 지방산과 알칼리를 직접 반응시켜 비누를 얻는 방법이다.
- 화장비누의 유리알칼리 시험법 중 염화바륨법은 염화바륨(제2수화물) 10g을 이산화탄소를 제거한 증류수 90㎖에 용해시키고, 지시약을 사용하여 0.1N 수산화칼륨 용액으로 (㉢)색이 나타날 때까지 중화시킨다.
- 대부분의 화장 비누 pH는 약산성 또는 중성을 유지하여야 피부에 자극을 덜 주고 건강한 상태를 유지할 수 있다. pH미터를 사용해서 물에 녹인 비누 용액 pH값을 측정한다. 보통 pH 4.5~7.5에 있다.

	㉠	㉡	㉢
①	검화법	중화법	보라
②	검화법	중화법	빨강
③	중화법	검화법	보라
④	중화법	검화법	빨강
⑤	중화법	검화법	푸른

51 다음을 읽고 ㉠~㉣에 들어갈 알맞은 말을 나열한 것은?

- 기능성화장품 기준 및 시험 방법에 따르면, 제제를 만들 때 별도의 규정이 없는 경우, 보존 중 성상 및 품질의 기준을 확보하고 그 유용성을 높이기 위하여 부형제, 안정제, 보존제, 완충제 등 적당한 (㉠)을(를) 넣을 수 있다.
- 검체의 채취량에 '약'이라고 붙인 것은 기재된 양의 ±(㉡)%의 범위를 뜻한다.
- 용질명 다음에 (㉢)이라 기재하고, 그 용제를 밝히지 않은 것은 (㉣)이라 말한다.

	㉠	㉡	㉢	㉣
①	유화제	10	용액	수용액
②	분산제	15	수용액	용액
③	분산제	10	용액	수용액
④	첨가제	15	수용액	용액
⑤	첨가제	10	용액	수용액

52 다음은 탈염과 탈색의 원리에 대한 내용이다. ㉠~㉢에 들어갈 올바른 말을 순서대로 나열한 것은?

(㉠)는 모표피를 손상시켜 염료와 (㉡)가 모발 내부로 쉽게 침투할 수 있도록 돕는 역할을 하며, (㉡)는 (㉢)을(를) 분해하거나 파괴하여 머리카락 본래의 색을 제거하는 기능을 수행한다.

	㉠	㉡	㉢
①	과산화수소	암모니아	멜라닌 색소
②	암모니아	과산화수소	멜라닌 색소
③	암모니아	과산화수소	에피큐티클
④	과산화수소	암모니아	에피큐티클
⑤	암모니아	과산화수소	엔도큐티클

53 다음은 「화장품 가격표시제 실시 요령」에 대한 내용이다. 다음에서 화장품 가격표시제에 대한 내용으로 옳지 <u>않은</u> 것을 모두 고른 것은?

> ㉠ 종합제품은 판매가격을 일괄하여 표시할 수 있다.
> ㉡ 판매가격은 훼손되거나 지워지지 않도록 표시하여야 한다.
> ㉢ 판매가격은 소비자에게 판매하는 실제 가격을 말한다.
> ㉣ 판매가격 표시 대상은 국내에서 제조되는 모든 화장품이다. 수입되어 판매되는 화장품은 판매가격을 생략할 수 있다.
> ㉤ 화장품을 일반 소비자에게 판매하는 자를 화장품 가격 '표시의무자'라고 한다.
> ㉥ 판매가격 표시의무자는 1인 운영의 소규모 점포인 경우 가격표시를 하지 않고 판매하거나 판매할 목적으로 진열·전시할 수 있다.
> ㉦ 표시의무자 이외의 화장품책임판매업자, 화장품제조업자는 그 판매가격을 표시하여서는 안 된다.

① ㉠, ㉣
② ㉡, ㉣
③ ㉣, ㉥
④ ㉢, ㉤
⑤ ㉥, ㉦

54 맞춤형화장품 혼합 시 제형의 안정성에 대한 설명으로 옳지 <u>않은</u> 것은?

① 제조 온도가 설정된 온도보다 지나치게 높아 HLB가 바뀌면 가용화에 문제가 된다.
② 에탄올은 유화 공정 첫 단계에 투입하고, 고온에서 안정성이 떨어지는 원료는 별도 투입한다.
③ 원료 투입 순서는 제품의 물성에 영향을 미치므로 순서를 지켜야 한다.
④ 유화 제조 시 발생한 기포를 제거하지 않을 경우 점도, 비중에 영향을 줄 수 있다.
⑤ 유화입자가 커지면서 외관, 성상 또는 점도가 달라지거나 영향을 미칠 수 있다.

55 맞춤형화장품에 관한 내용으로 옳지 <u>않은</u> 것은?

① 맞춤형화장품이 「화장품 안전 기준 등에 관한 규정」의 유통화장품 안전관리 기준에 부적합한 경우(예 비의도적 성분이 기준치 초과하여 검출) 책임은 책임판매업자에게 있다.
② 소비자에게 판매하기 전에 둘 이상의 화장품책임판매업자로부터 제공받은 내용물 및 원료를 혼합하여 품질 등을 미리 확인 및 검증할 수 있다.
③ 맞춤형화장품판매업자는 내용물과 원료에 대한 품질관리를 직접 실시할 수 있으며, 직접 품질관리를 실시하기 어려운 경우에는 내용물과 원료를 제공하는 화장품책임판매업자 등의 품질성적서를 통하여 품질이 적절함을 확인하여야 한다.
④ 소비자가 맞춤형화장품을 사용한 후 부작용이 발생하였음을 알게 된 경우 책임판매업자가 부작용을 보고하여야 하며, 맞춤형화장품 사용과 관련된 부작용 발생사례를 알게 된 경우에는 지체없이 식품의약품안전처장에게 보고하여야 한다.
⑤ 맞춤형화장품책임판매업자가 혼합·소분 전에 혼합·소분에 사용되는 내용물과 원료에 대한 품질성적서를 확인하도록 규정하고 있다.

56 다음 중 맞춤형화장품의 표시·광고에 관한 내용 중 옳은 것은?

① 맞춤형화장품판매업자 갑은 천연화장품 또는 유기농화장품 인증을 받아 맞춤형화장품에 천연 또는 유기농 표시·광고를 하였다.
② 화장품제조업자 을은 천연화장품 또는 유기농화장품의 인증기관으로부터 인증을 받은 맞춤형화장품에 천연 또는 유기농 표시·광고를 하였다.
③ 화장품책임판매업자 병은 소비자로 하여금 해당 제품이 '맞춤형화장품'이라는 오인을 하게 할 우려가 없다고 판단하였지만, 식약처 인증을 받지 않아 '맞춤형'이라는 표현을 사용하지 못하였다.
④ 화장품책임판매업자 정은 사전에 맞춤형화장품을 기능성화장품으로 심사받거나 보고하고 맞춤형화장품 판매장에서 소비자에게 판매하였는데, 제품명이 심사받거나 보고한 내용과 달라졌다. 그로부터 1년 이내인 경우에는 변경·심사 없이 해당 제품명으로 화장품 판매할 수 있게 되었다.
⑤ 화장품책임판매업자 무는 사전에 효능·효과 등에 대한 심사를 받지 않고 기능성화장품에 '기능성화장품'이라는 글자로 표시·광고를 하였다.

57 맞춤형화장품과 관련된 내용으로 옳지 않은 것은?

① 화장품책임판매관리자와 맞춤형화장품조제관리사의 업무는 다르므로 겸직할 수 없다.
② 맞춤형화장품조제관리사 보수교육의 대상은 맞춤형화장품판매업자에게 고용되어 맞춤형화장품의 혼합·소분 업무에 종사하고 있는 자로 한정된다.
③ 맞춤형화장품판매업자는 두 명 이상의 맞춤형화장품제조관리사를 고용하는 경우 모두 신고할 수 있으며, 신고가 되어 있는 맞춤형화장품조제관리사가 변경되는 경우에는 변경신고를 하여야 한다.
④ 소비자가 포장용기를 가져와서 맞춤형화장품을 구매하고자 하는 경우 맞춤형화장품판매업자는 소비자가 가져온 포장용기의 오염여부를 철저히 확인한 후 맞춤형화장품을 제공하여야 한다. 소비자가 가져온 용기에 맞춤형화장품을 담아 제공하는 경우라 하더라도 「화장품법 시행규칙」 제19조에 따른 표시·기재사항이 반드시 포함되어야 한다.
⑤ 맞춤형화장품판매업자는 천연화장품·유기농화장품의 인증을 신청할 수 없지만 인증받은 제품에 대해서는 표시·광고할 수 있다.

58 맞춤형화장품의 품질 및 안전확보를 위해 권장하는 시설 기준으로 옳지 않은 것은?

① 맞춤형화장품 간의 혼입을 방지하고 미생물 오염을 예방할 수 있도록 적절한 시설이나 설비를 갖추어야 한다.
② 맞춤형화장품의 품질을 유지하기 위해 시설 및 설비를 정기적으로 점검하고 철저히 관리하여야 한다.
③ 판매장과 혼합·소분하는 장소를 구분·구획하여 관리하여야 한다.
④ 맞춤형화장품 시설과 그 외의 일반화장품 시설과 공간은 구분·구획하여 교차 오염을 방지하여야 한다.
⑤ 맞춤형화장품 판매장은 위생관리 표준 절차가 필요하다.

59 다음에서 1차 포장에 필수로 기재하여야 하는 사항이 아닌 것은? (단, 1차 포장을 제거하고 사용하는 고형비누는 제외함)

㉠ 영업자의 상호
㉡ 제조번호
㉢ 내용물의 용량 또는 중량
㉣ 식품의약품안전처장이 규정하는 바코드
㉤ 사용기한 또는 개봉 후 사용기간
㉥ 가격
㉦ 화장품의 명칭

① ㉠, ㉣, ㉥
② ㉠, ㉢, ㉤
③ ㉡, ㉥, ㉦
④ ㉢, ㉣, ㉥
⑤ ㉣, ㉤, ㉦

60 다음 중 화장품책임판매업자가 화장품 표시·광고를 옳지 않은 것은?

① 화장품책임판매업자는 폼클렌징 제품의 항균 효과에 대한 기능성화장품 심사(보고) 자료로 입증한 후 표시·광고하였다.
② 화장품에는 부기 완화, 피부 혈행 개선에 효과가 있음을 인체적용시험 자료로 입증하고 표시·광고하였다.
③ 화장품책임판매업자는 미세먼지 차단, 미세먼지 흡착 방지에 효과가 있음을 인체적용시험 자료로 입증한 후 표시·광고하였다.
④ 화장품책임판매업자는 제품을 지속적으로 사용할 경우 콜라겐 증가에 효과가 있다고 표시·광고하기 위하여, 기능성화장품에 해당 기능을 실증한 자료를 준비하여 입증하였다.
⑤ 화장품책임판매업자는 해당 화장품이 피부과 의사가 연구·개발에 참여한 제품이지만, 표시·광고가 불가능한 내용이므로 이를 제외하였다.

61 「화장품법 시행규칙」 제12조 화장품책임판매업자의 준수사항에 따라 화장품책임판매업자가 안정성시험 자료를 최종 제조된 사용기한이 만료되는 날부터 1년간 보존하여야 하는 제품을 모두 고른 것은?

㉠ 과산화수소를 2% 함유한 제품
㉡ 나이아신아마이드를 0.7% 함유한 제품
㉢ 레티놀 0.6%를 함유한 제품
㉣ AHA를 0.5% 함유한 제품
㉤ 메틸파라벤을 함유한 제품
㉥ 토코페롤을 0.7% 함유한 제품
㉦ 과산화화합물을 0.65% 함유한 제품

① ㉠, ㉡, ㉥
② ㉢, ㉥, ㉦
③ ㉠, ㉢, ㉥
④ ㉡, ㉣, ㉦
⑤ ㉡, ㉢, ㉤

62 「우수화장품 제조 및 품질관리 기준(CGMP)」에 따른 검체 채취 및 보관, 벌크제품 및 포장재 관리에 관한 설명으로 옳지 않은 것은?

① 시험용 검체의 용기에는 명칭 또는 확인코드, 제조번호, 검체채취 담당자의 사항을 기재하여야 한다.
② 포장재는 관능검사로 변질 상태를 확인하며 필요할 경우, 이학적·화학적 검사를 실시하여야 한다.
③ 벌크제품은 개봉마다 변질 및 오염이 발생할 가능성이 있기 때문에 여러 번 재보관과 재사용을 반복하는 것은 피하여야 한다.
④ 시험용 검체는 오염되거나 변질되지 아니하도록 채취하고, 채취한 후에는 원상태에 준하는 포장을 하여야 하며, 검체가 채취되었음을 표시하여야 한다.
⑤ 완제품의 보관용 검체는 적절한 보관조건 하에 지정된 구역 내에서 제조단위별로 사용기한 경과 후 1년간 보관하여야 하며, 개봉 후 사용기간을 기재하는 경우에는 제조일로부터 3년간 보관하여야 한다.

63 유통화장품 안전관리 시험 방법 중 폼알데하이드의 시험법으로 옳은 것은?

① 염화바륨법
② 액체크로마토그래피 – 절대검량선법
③ 에탄올법(나트륨 비누)
④ 유도결합플라즈마 – 질량분석기를 이용하는 방법
⑤ 디티존법

64 다음 중 포장재의 선정 절차로 옳은 것은?

① 중요도 분류 – 공급자 승인 – 공급자 선정 – 품질 결정 – 품질계약서 공급계약 체결 – 정기적 모니터링
② 중요도 분류 – 공급자 선정 – 품질 결정 – 공급자 승인 – 품질계약서 공급계약 체결 – 정기적 모니터링
③ 중요도 분류 – 품질 결정 – 공급자 승인 – 공급자 선정 – 품질계약서 공급계약 체결 – 정기적 모니터링
④ 중요도 분류 – 공급자 선정 – 공급자 승인 – 품질 결정 – 품질계약서 공급계약 체결 – 정기적 모니터링
⑤ 중요도 분류 – 품질계약서 공급계약 체결 – 공급자 승인 – 품질 결정 – 공급자 선정 – 정기적 모니터링

65 다음은 입고된 원료 및 내용물관리 기준에 대한 대화이다. 대화 내용 중 옳지 않은 것은?

> 동욱 : ① 입고된 원료와 포장재는 물질의 특징 및 특성에 맞게 보관하고 취급해야 한다고 배웠는데요. 실제로 안 해 봐서 어떻게 해야 할지 모르겠어요. 좀 알려 주세요.
> 윤희 : 네, 처음에는 좀 어려울 수 있어요. ② 상온의 경우는 15~25℃로 설정하고 보관하면 돼요.
> 동욱 : 네, 그러면 냉동은 영하 5℃인가요?
> 윤희 : 네, 잘 공부하고 오셨네요. 그렇다면 원료의 샘플링 환경은 어떻게 설정해야 할까요?
> 동욱 : 원료의 ③ 샘플링 환경은 조도 540㏓ 이상의 별도의 공간에서 실시해야 해요.
> 윤희 : 그렇죠. 지금 여기 보이는 원료는 다시 재포장이 필요한데, 도와주시겠어요? ④ 원료와 포장재를 재포장할 경우 재포장이라는 것을 다른 작업자들이 알 수 있도록 원래의 용기와 다르게 표기하고 '재포장'이라고 오버라벨링해야 해요.
> 동욱 : 알겠습니다. 우선 ⑤ 청소와 검사가 쉽도록 충분한 간격으로 바닥과 떨어진 곳에 보관할 수 있게 용기와 포장재를 옮길게요.

66 다음은 기준 일탈 제품 처리 과정을 순서 없이 나열한 것이다. 올바른 순서대로 나열한 것은?

> ㉠ 격리보관
> ㉡ 폐기처분
> ㉢ 시험, 검사, 측정에서 기준일탈 결과 나옴
> ㉣ 기준일탈 제품에 불합격 라벨 첨부
> ㉤ 기준 일탈의 처리
> ㉥ 기준일탈 조사
> ㉦ '시험, 검사, 측정이 틀림 없음'을 확인

① ㉢ - ㉦ - ㉥ - ㉤ - ㉣ - ㉠ - ㉡
② ㉢ - ㉥ - ㉤ - ㉦ - ㉣ - ㉠ - ㉡
③ ㉢ - ㉥ - ㉦ - ㉣ - ㉤ - ㉠ - ㉡
④ ㉢ - ㉥ - ㉦ - ㉤ - ㉠ - ㉣ - ㉡
⑤ ㉢ - ㉥ - ㉦ - ㉤ - ㉣ - ㉠ - ㉡

67 다음에서 「우수화장품 제조 및 품질관리 기준」 제2조(용어의 정의)에 관한 내용으로 옳은 것을 모두 고른 것은?

> ㉠ '품질보증'이란 적절한 작업 환경에서 건물과 설비가 유지되도록 이루어지는 정기적·비정기적인 지원 및 검증 작업을 말한다.
> ㉡ '일탈'이란 규정된 합격 판정 기준에 일치하지 않는 검사, 측정 또는 시험결과를 말한다.
> ㉢ '기준일탈(Out-of-specification)'이란 제조 또는 품질관리 활동 등의 미리 정하여진 우수화장품제조 및 품질관리기준을 벗어나 이루어진 행위를 말한다.
> ㉣ '오염'이란 제품에서 화학적, 물리적, 미생물학적 문제 또는 이들이 조합되어 나타내는 바람직하지 않은 문제의 발생을 말한다.
> ㉤ '유지관리'란 제품이 적합 판정 기준에 충족될 것이라는 신뢰를 제공하는 데 필수적인 모든 계획되고 체계적인 활동을 말한다.
> ㉥ '주요 설비'란 제조 및 품질 관련 문서에 명기된 설비로 제품의 품질에 영향을 미치는 필수적인 설비를 말한다.
> ㉦ '회수'란 판매한 제품 가운데 품질 결함이나 안전성 문제 등으로 나타난 제조번호의 제품(필요시 여타 제조번호 포함)을 제조소로 거두어들이는 활동을 말한다.

① ㉠, ㉡, ㉤
② ㉠, ㉢, ㉣
③ ㉡, ㉥, ㉦
④ ㉣, ㉥, ㉦
⑤ ㉣, ㉤, ㉥

68 다음 중 작업장의 위생 상태에 따른 청정도 등급과 그에 해당하는 관리 기준으로 옳은 것은?

① Clean Bench는 1등급에 해당하며, 관리 기준은 낙하균 10개/hr 또는 부유균 20개/m^3이다.
② 미생물 실험실은 3등급에 해당하며, 차압 관리가 진행되어야 한다.
③ 원료 보관소는 2등급에 해당하며 관리 기준은 낙하균 30개/hr 또는 부유균 200개/m^3이다.
④ 제조실은 1등급에 해당하며, 관리 기준은 낙하균 10개/hr 또는 부유균 30개/m^3이다.
⑤ 포장재, 완제품은 3등급에 해당하며 차압 관리가 진행되어야 한다.

69 설비·기구의 위생에 대한 올바른 내용을 다음에서 모두 고른 것은?

> ㉠ 증기 세척은 항균력이 떨어지므로 세제가 없는 경우에만 사용한다.
> ㉡ 유화기 등의 일반적인 제조설비는 물 + 양이온성 계면활성제 세척이 제1선택지이다.
> ㉢ 닦아내기 판정은 흰 천이나 검은 천으로 설비 내부의 표면을 닦아내고, 천 표면의 잔유물 유무로 세척 결과를 판정하는 방법이다.
> ㉣ 린스 정량법은 호스나 틈새기의 세척 판정에 적합하며, 이동상으로 만든 박층을 이용하여 혼합물을 고정상으로 전개해서 각각의 성분을 분석하는 TLC(박층크로마토그래피) 방법을 실시한다.
> ㉤ 콘택트 플레이트법은 콘택트 플레이트에 검체를 채취하여 배양한 후 CFU 수를 측정하여 기록하는 방법이다.

① ㉠, ㉣
② ㉡, ㉢
③ ㉢, ㉤
④ ㉠, ㉤
⑤ ㉣, ㉤

70 「화장품 안전 기준 등에 관한 규정」에 의거하여 화장품에 사용할 수 없는 원료를 다음에서 모두 고른 것은?

> ㉠ 메틸렌글라이콜
> ㉡ 클로로펜
> ㉢ 소듐아이오데이트
> ㉣ 헥산
> ㉤ 아트라놀
> ㉥ 글루타랄
> ㉦ 하이드록시아이소헥실 3-사이클로헥센 카보스알데히드(HICC)
> ㉧ 폴리아크릴아마이드류

① ㉠, ㉣, ㉤, ㉦
② ㉠, ㉡, ㉤, ㉦
③ ㉡, ㉢, ㉣, ㉥
④ ㉡, ㉤, ㉥, ㉧
⑤ ㉢, ㉣, ㉦, ㉧

71 「위해 평가 방법 및 절차 등에 관한 규정」의 제2조 용어의 정의에 대한 내용으로 옳은 것은?

① '위해도 결정'이란 동물 실험결과 등으로부터 독성기준값을 결정하는 과정이다.
② '위험성 결정'이란 위해요소 및 이를 함유한 화장품의 사용에 따른 건강상 영향을 인체노출허용량(독성기준값) 및 노출수준을 고려하여 사람에게 미칠 수 있는 위해의 정도와 발생빈도 등을 정량적으로 예측하는 과정이다.
③ '위험성 확인'이란 인체가 화장품에 존재하는 위해요소에 노출되었을 때 발생할 수 있는 유해영향과 발생확률을 과학적으로 예측하는 일련의 과정으로 위험성 확인, 위험성 결정, 노출평가, 위해도 결정 등 일련의 단계이다.
④ '노출평가'란 화장품의 사용 등을 통하여 노출된 위해요소의 정량적 또는 정성적 분석자료를 근거로 인체노출 수준을 산출하는 과정이다.
⑤ '위해 평가'란 위해요소에 노출됨에 따라 발생할 수 있는 독성의 정도와 영향의 종류 등을 파악하는 과정이다.

72 영희는 맞춤형화장품판매업을 준비하던 중 맞춤형화장품판매업을 하고 있던 가게를 인수하면서 이전 가게의 고객정보도 함께 제공받기로 하였다. 다음을 보고 영희가 고객에게 고지하여야 할 사항으로 옳지 않은 것만을 모두 고르면?

> ㉠ 개인정보 보유 및 이용기간
> ㉡ 동의를 거부할 권리가 있다는 사실과 동의 시 이익의 내용
> ㉢ 개인정보의 이용 목적
> ㉣ 이용하려는 개인정보 항목
> ㉤ 개인정보를 제공하는 자

① ㉠, ㉢
② ㉠, ㉣
③ ㉡, ㉤
④ ㉡, ㉣
⑤ ㉢, ㉤

73 다음은 화장품의 표시·광고 내용 실증에 관한 대화이다. 대화에서 잘못된 부분을 고르면?

> 도연 : ① 화장품의 표시·광고 실증 대상은 해당 소재지의 식품의약품안전처장에게 그 실증 자료를 제출해야 해.
> 윤애 : 만일 천연화장품이라고 광고를 하고 싶어서 거짓으로 천연화장품 인증을 받으면 어떻게 되는 거야?
> 도연 : ② 거짓으로 천연화장품 인증을 받고 표시·광고를 하면 인증기관의 지정이 취소되지.
> 윤애 : 그렇구나. 그런데 ③ 유기농 화장품 인증은 3년간이지? 연장받으려면 어떻게 해야 해?
> 도연 : ④ 인증 연장을 받으려면 유효기간 만료 60일 전에 연장 신청을 하면 돼.
> 윤애 : ⑤ 총리령에 따라 연장 신청하러 가야겠다.

74 다음 중 멜라닌에 대한 설명으로 옳지 않은 것은?

① 티로신은 티로시나아제에 의해 도파가 되고 티로시나아제에 의해 도파퀴논이 된다.
② 멜라닌의 종류는 유멜라닌, 페오멜라닌으로 구분된다.
③ 멜라닌형성 세포는 인종이 다른 경우 양적 차이가 있다.
④ 피부의 색상은 멜라닌색소, 카로티노이드, 헤모글로빈의 영향을 받는다.
⑤ 멜라닌의 종류는 유멜라닌, 페오멜라닌으로 구분된다.

75 다음 중 화장품 제형의 특성을 잘못 설명한 것은?

① 로션제 : 유화제 등을 넣어 유성성분과 수성성분을 균질화하여 점액상으로 만든 것
② 침적마스크제 : 액제, 로션제, 크림제, 겔제 등을 부직포 등의 지지체에 침적하여 만든 것
③ 액제 : 화장품에 사용되는 성분을 용제 등에 녹여서 액상으로 만든 것
④ 겔제 : 유화제 등을 넣어 유성성분과 수성성분을 균질화하여 반고형상으로 만든 것
⑤ 분말제 : 균질하게 분말상 또는 미립상으로 만든 것

76 각질층이 수분을 유지하고 건강한 장벽을 만들기 위해 관여하는 단백질 분해 효소를 다음에서 모두 고른 것은?

> ㉠ 티로시나아제
> ㉡ 콜라게나제
> ㉢ 카복시펩티데이스
> ㉣ 5α-환원 효소(리덕타아제)
> ㉤ 아미노펩티데이스
> ㉥ 엘라스타제

① ㉠, ㉣
② ㉠, ㉤
③ ㉡, ㉢
④ ㉢, ㉥
⑤ ㉢, ㉤

77 모발의 단백질을 구성하는 아미노산 중 구성 비율이 가장 높은 것은?

① 트립토판
② 시스틴
③ 히스티딘
④ 글루타민산
⑤ 알라닌

78 「우수화장품 제조 및 품질관리 기준」 제2조(용어의 정의)에 대한 내용으로 옳지 않은 것은?

① '제조'란 원료 물질의 칭량부터 혼합, 충전(1차 포장), 2차 포장 및 표시 등의 일련의 작업이다.
② '유지관리'란 제품에서 화학적, 물리적, 미생물학적 문제 또는 이들이 조합되어 나타내는 바람직하지 않은 문제를 정기적으로 제거하는 것이다.
③ '교정'이란 규정된 조건하에서 측정 기기나 측정 시스템에 의해 표시되는 값과 표준 기기의 참값을 비교하여 이들의 오차가 허용 범위 내에 있음을 확인하고, 허용 범위를 벗어나는 경우 허용 범위 내에 들도록 조정하는 것이다.
④ '내부감사'란 제조 및 품질과 관련한 결과가 계획된 사항과 일치하는지의 여부와 제조 및 품질관리가 효과적으로 실행되고 목적 달성에 적합한지 여부를 결정하기 위해 회사 내 자격이 있는 직원에 의해 행해지는 체계적이고 독립적인 조사이다.
⑤ '제조단위' 또는 '뱃치'란 하나의 공정이나 일련의 공정으로 제조되어 균질성을 갖는 화장품의 일정한 분량이다.

79 화장품 포장재의 폐기 절차와 관련하여 부적절한 내용은?

① 재작업 실시 시에는 발생한 모든 일들을 재작업 제조기록서에 보관하고, 재작업을 해도 품질에 영향을 미치지 않는 것을 예측하여야 한다.
② 재작업 실시를 제안하는 것은 품질 책임자이고, 재작업 실시를 결정하는 것은 제조 책임자이다.
③ 재작업 여부는 품질 책임자가 결정하며, 그 결과에 대한 책임도 품질 책임자가 진다.
④ 기준일탈인 포장재는 재작업이 가능하며, 기준일탈 제품은 폐기하는 것이 가장 바람직하다.
⑤ 일단 부적합 제품의 재작업을 쉽게 허락할 수는 없으나 폐기하면 큰 손해가 되므로 재작업을 고려할 수 있다.

80 다음은 화장품 중 미생물 발육저지 물질과 항균성을 중화할 수 있는 중화제를 연결한 것이다. 다음 중 그 연결이 옳지 <u>않은</u> 것을 모두 고르면?

	미생물 발육 저지 물질	중화제
㉠	아이소치아졸리논, 이미다졸	레시틴, 폴리소르베이트80
㉡	4급 암모늄 화합물, 양이온성 계면활성제	레시틴, 도데실 황산나트륨
㉢	알데하이드, 폼알데하이드-유리제제	글라이신, 히스티딘
㉣	파라벤, 페녹시에탄올, 페닐에탄올 등 아닐리드	아민, 황산염, 메르캅탄, 아황산수소나트륨
㉤	금속염(Cu, Zn, Hg), 유기 수은 화합물	아황산수소나트륨, L-시스테인-SH 화합물, 티오글라이콜산

① ㉠, ㉣
② ㉠, ㉢
③ ㉡, ㉤
④ ㉡, ㉣
⑤ ㉢, ㉤

주관식(단답형, 81~100번)

81 다음을 읽고, 빈칸에 들어갈 알맞은 색상을 쓰시오.

> ( )은(는) 보습제, 용제, 점도감소제의 역할을 하는 성분이다. 외음부 세정제에 포함될 경우 해당 성분에 과민 반응이나 알레르기 병력이 있는 사람은 신중히 사용하여야 한다. 염모제 및 탈염·탈색제에 함유될 경우 알레르기 반응을 유발할 수 있으므로 주의가 필요하다.

82 만수국아재비꽃 추출물 또는 오일을 화장품 성분으로 사용할 때 사용 한도는 아래와 같다. ㉠과 ㉡에 들어갈 알맞은 숫자를 쓰시오.

> - 사용 후 씻어내는 제품으로 샤워젤과 보디 워시에는 (㉠)%
> - 사용 후 씻어내지 않는 제품으로 에센스, 영양 크림에는 (㉡)%
> - 자외선 차단제 또는 자외선을 이용한 태닝 제품에는 사용금지

㉠:
㉡:

83 다음은 고압가스를 사용하는 인체용 에어로졸 제품을 사용할 때의 주의사항이다. ㉠과 ㉡에 들어갈 알맞은 숫자를 쓰시오.

> - 눈 주위 또는 점막 등에 분사하지 말아야 한다.
> - 가능하면 인체에서 (㉠)cm 이상 떨어져서 사용하여야 한다.
> - 사용 후 남은 가스가 없도록 하여야 하며 불속에 버리지 말아야 한다.
> - (㉡)℃ 이상의 장소 또는 밀폐된 장소에서 보관하지 않아야 한다.
> - 자외선 차단제의 경우 얼굴에 직접 분사하지 말고, 손에 덜어서 사용하여야 한다.

㉠:
㉡:

84 다음을 읽고, 빈칸에 들어갈 알맞은 말을 쓰시오.

> 개인정보를 수집, 생성, 연계, 연동, 기록, 저장, 복구, 공개, 파기, 그 밖에 이와 유사한 행위를 ( )(이)라고 말한다.

85 다음에서 민감정보에 해당하는 것을 모두 골라 쓰시오.

- 주민등록번호
- 정치적 견해
- 정당의 가입·탈퇴 정보
- 여권번호
- 운전면허번호
- 외국인등록번호
- 핸드폰 번호

86 다음을 읽고 ㉠과 ㉡에 들어갈 알맞은 말을 쓰시오.

인체 및 두발세정용 제품류의 적정 포장공간 비율은 (㉠)% 이하이다. 포장횟수는 (㉡)차 이내이다.

㉠ :
㉡ :

87 다음을 읽고 ㉠과 ㉡에 들어갈 알맞은 말을 쓰시오.

(㉠), (㉡), 레지노이드는 천연화장품에만 허용되는 석유화학 용제로서 유기농화장품에서는 사용할 수 없는 원료이다.

㉠ :
㉡ :

88 다음에서 천연화장품의 용기에 사용할 수 없는 재질 2가지를 골라 쓰시오.

- 알루미늄
- AS 수지
- 스테인리스 스틸
- 폴리염화비닐(PVC)
- 폴리스티렌폼

89 「화장품 사용할 때의 주의사항 및 알레르기 유발 성분 표시에 관한 규정」에 따라 다음의 문구를 표기하여야 하는 제품은 무엇인지 쓰시오.

털을 제거한 직후에는 사용하지 말 것

90 다음을 읽고 ㉠~㉢에 들어갈 알맞은 말을 쓰시오.

(㉠) 함유 제품에만 개별주의사항 문구를 표시하며, 땀발생억제제, 향수, 수렴로션은 (㉡) 제품 사용 후 (㉢)시간 후에 사용하여야 한다.

㉠ :
㉡ :
㉢ :

91 다음은 살리실릭애시드 및 그 염류에 관한 설명이다. ㉠과 ㉡에 들어갈 알맞은 숫자를 쓰시오.

> 살리실릭애시드 및 그 염류는 영유아 제품류 또는 13세 어린이가 사용할 수 있음을 특정하여 표시하는 제품에는 사용할 수 없는 원료이며, 인체 세정용 제품류는 (㉠)%, 사용 후 씻어내는 두발용 제품류는 (㉡)%를 한도로 사용이 허용된다.

㉠ :
㉡ :

92 다음은 위해화장품의 폐기 처리에 관한 내용이다. 빈칸에 들어갈 알맞은 숫자를 쓰시오.

> 위해화장품은 사용 시 인체에 유해할 가능성이 있는 화장품으로 정부(식품의약품안전처 등)의 회수, 폐기 명령이 내려진 제품이다. 폐기를 한 회수자는 폐기확인서를 작성하여 ( )년간 보관하여야 한다.

93 다음 대화는 「화장품법 시행규칙」 제19조(화장품 포장의 기재·표시 등)에 관한 내용이다. ㉠과 ㉡에 들어갈 말로 알맞은 말을 쓰시오.

> 혜원 : 이번에 우리 회사에서 새로운 화장품을 출시하는데 화장품의 포장에 기재·표시해야 하는 사항은 무엇이 있는지 헷갈리네.
> 유진 : 우선 원칙은 화장품의 1차 포장 또는 2차 포장에 총리령으로 정하는 바에 따라 화장품의 명칭, 영업자의 상호 및 주소, 가격, 제조번호, 사용기한 또는 개봉 후 사용기간 등을 기재·표시할 수 있어.
> 혜원 : 그렇구나. 고마워. 그런데 이번 제품 명칭의 일부로 성분명을 사용해 보려고 하는데, 기재·표시해야 하는 의무 사항이 있니?
> 유진 : 성분명을 제품 명칭의 일부로 사용한 경우에는 (㉠)과(와) (㉡)이(가) 포함되어 있어야 해.
> 혜원 : 방향용 제품은 아니라고 들었던 것 같은데, 방향용 제품도 (㉠)과(와) (㉡)을(를) 기재·표시해야 하니?
> 유진 : 아니, 잘 기억하고 있네. 방향용 제품은 예외야.

㉠ :
㉡ :

94 다음은 동물대체시험법 중 어느 한 시험법에 대한 내용이다. 빈칸에 들어갈 알맞은 말을 쓰시오.

> In Vitro 3T3 NRU ( ) 시험은 시험물질 노출 여부에 따른 세포독성을 비교하는 방법으로, 처리 24시간 후 Neutral Red 축적량을 측정하여 평가하며, 자외선 조사 전후의 IC_{50} 값을 비교해 ( ) 가능성을 예측한다.

95 다음 보기는 화장품의 안전성 확보를 위해 시행하는 시험과 그 시험 방법을 연결한 것이다. ㉠과 ㉡에 들어갈 말로 알맞은 말을 쓰시오.

> - (㉠) – ICE 시험법
> - (㉡) – Draise 시험법, 인체 첩포시험
> - 피부 감작성시험 – ARE-Nrf2 루시퍼라아제 LuSens 시험법
> - 광독성시험 – In Vitro 3T3 NRU 시험법
> - 단회 투여 독성시험 – 독성등급법 Acute Toxic Class Method(ATC)

㉠ :
㉡ :

96 다음은 탈모 원인에 관한 설명이다. 빈칸에 들어갈 적절한 용어를 쓰시오.

> 남성 탈모는 주로 남성호르몬과 밀접한 관련이 있다. 테스토스테론이 모낭 내 5α-환원효소(5α-리덕타아제)와 반응하면 (㉠)이 생성되는데, 이 물질은 모낭을 위축시켜 모발을 점점 가늘게(연모화) 만든다. 이 과정이 탈모의 시작이다. (㉠) 생성을 억제하면 탈모 진행을 늦추는 데 도움이 된다.

㉠ :
㉡ :

97 다음은 「화장품 안전기준 등에 관한 규정」 별표 3의 인체 세포·조직 배양액 안전기준에 대한 용어의 정의이다. ㉠과 ㉡에 들어갈 말을 쓰시오.

> 가. '인체 세포·조직 배양액'은 인체에서 얻은 세포 또는 조직을 배양한 뒤, 세포와 조직을 제거한 후 남은 액체를 의미한다.
> 나. '(㉠)'(이)란 배양액에 사용되는 세포 또는 조직을 제공하는 사람을 말한다.
> 다. '공여자 적격성 검사'는 공여자의 문진 및 검사를 통해 세포 배양액에 사용할 세포 또는 조직을 제공할 적격성이 있는지 판정하는 것이다.
> 라. '(㉡)'(이)란 감염 초기에 세균, 진균, 바이러스 및 그 항원·항체·유전자 등을 검출할 수 없는 기간을 말한다.
> 마. '청정등급'은 부유입자와 미생물의 유입 및 잔류를 통제하여 일정 기준 이하로 유지되도록 관리하는 구역의 청정도를 나타내는 등급이다.

㉠ :
㉡ :

98 다음을 읽고, ㉠과 ㉡에 들어갈 알맞은 말을 쓰시오.

> 유은: 요즘 피부가 말썽이에요. (㉠), (㉡)이(가) 부쩍 늘어서 사용하는 화장품을 바꿔볼까 피부과에 가볼까 고민하고 있어요.
> 미선: 그래요? 어디 한 번 볼게요. 이건 (㉠), (㉡)이네요.
> 유은: 왜 생기는 거죠?
> 미선: 요즘 화학물질에 대한 노출이 많았나 봐요. 화학물질이 각질층을 뚫고 들어가면 피부 세포를 손상시키고 염증을 유발할 수 있어요. 이 과정에서 염증 물질이 분비되며, 혈관과 피부 깊은 층까지 영향을 미칠 수 있습니다. 이 반응은 진피층의 세포, 특히 혈관의 기질 세포와 내피 세포에 작용해요. 내피 세포의 확장과 투과성의 증가는 (㉠)과(와) (㉡)을(를) 일으켜요.
> 유은: 그렇군요. 궁금한 점을 알려 주셔서 고맙습니다.

㉠:
㉡:

99 다음은 「화장품 사용할 때의 주의사항 및 알레르기 유발 성분 표시에 관한 규정」 별표 1에 따라 작성된 내용이다. ㉠~㉢에 들어갈 알맞은 말을 쓰시오.

> **티오글라이콜릭애시드가 함유된 제모제**
> • 땀발생 억제제, (㉠), (㉡)은(는) 제모제 사용 후 24시간 후에 사용할 것
> • 눈 또는 점막에 닿았을 경우 미지근한 물로 씻어내고 붕산수(농도 약 2%)로 헹굴 것
> • 제품을 (㉢)분 이상 피부에 방치하거나 피부에서 건조하지 말 것

㉠:
㉡:
㉢:

100 다음은 멜라닌 형성과 관련된 설명이다. 빈칸에 공통으로 들어갈 알맞은 말을 쓰시오.

> 주근깨와 기미는 피부의 색소침착 현상으로, 이는 멜라닌과 밀접한 관련이 있다. 멜라닌은 기저층에 위치한 멜라닌형성 세포(멜라노사이트)에서 생성되며, 그 합성 과정은 티로신(Tyrosine)이라는 아미노산으로부터 시작된다. 이때 (   )은(는) 멜라닌 생성에 필수적인 역할을 하는 효소로, 구리 이온을 포함한 산화 효소의 일종이다. 따라서, (   )의 활성을 억제하면 멜라닌 합성이 감소하여 색소침착을 완화하는 데 도움을 줄 수 있다.

최종 모의고사 04회

시행기준	점수 / 풀이시간
총 100문항/120분/1000점	점 / 분

수험번호 : _____
성   명 : _____

정답 & 해설 ▶ 572p

객관식(선다형, 01~80번)

01 「영유아 또는 어린이 사용 화장품 안전성 자료의 작성·보관에 관한 규정」에 관한 내용으로 옳지 않은 것은?

① 영유아 또는 어린이용 화장품책임판매업자는 제품별 안전성 자료를 인쇄본이나 전자매체를 이용하여 보관하고, 이를 안전하게 관리하여야 한다.
② 영유아 또는 어린이가 사용하는 화장품임을 특정하여 표시·광고하는 화장품을 대상으로 한다.
③ 보관된 안전성 자료 문서는 「화장품법 시행규칙」 제10조의3 제2항에서 정한 기간 동안 보관한 후, 「화장품법」 제3조 제3항에 따른 책임판매관리자의 책임하에 폐기할 수 있다.
④ 식품의약품안전처장은 「훈령·예규 등의 발령 및 관리에 관한 규정」에 따라 2020년 7월 1일을 기준으로 2년마다(매 2년째의 6월 30일까지) 그 타당성을 검토하여 개선 등의 조치를 하여야 한다.
⑤ 영유아 또는 어린이 사용 화장품책임판매업자는 제품별 안전성 자료의 훼손 또는 소실에 대비하기 위해 사본, 백업자료 등을 생성·유지할 수 있다.

02 색소와 그 종류에 대한 내용이 올바른 것을 다음에서 모두 고른 것은?

> ㉠ 색소는 화장품이나 피부에 색을 띠게 하는 것을 주요 목적으로 하며 눈 주위는 눈썹, 눈썹 아래쪽 피부, 눈꺼풀, 속눈썹 및 눈(안구, 결막낭, 윤문상조직 포함)을 둘러싼 뼈의 능선 주위를 말한다.
> ㉡ 색소의 사용 기준에 따른 분류 중 사용상 제한이 있는 적색 색소는 40호, 201호, 202호, 220호, 226호, 227호, 228호, 230호가 있다.
> ㉢ 색소의 사용 기준에 따른 분류 중 화장비누 외 사용금지 색소에는 피그먼트 적색 5호, 피그먼트 자색 23호, 피그먼트 녹색 7호가 있다.
> ㉣ 유기합성색소 중 레이크는 천연색소의 마그네슘, 철, 구리, 아연, 니켈, 코발트 또는 타이타늄염을 기질에 흡착시켜 만든 색소이다.
> ㉤ 무기안료는 백색안료, 착색안료, 체질안료 등이 있는데, 체질안료는 점토 광물을 희석제로 사용하는 안료로 타이타늄다이옥사이드, 징크옥사이드 등이 있다.

① ㉠, ㉡
② ㉠, ㉢
③ ㉡, ㉢
④ ㉢, ㉣
⑤ ㉣, ㉤

03 다음은 피부의 장벽구조에 대한 설명이다. ㉠~㉢에 들어갈 말로 알맞은 것끼리 짝지은 것은?

- 피부 최외각 표면을 구성하는 주요 성분은 거친 섬유성 단백질인 (㉠)이고, 이 성분은 털과 손톱에도 포함되어 있다.
- 방수기능을 가진 (㉡)은(는) 땀과 결합하여 피부를 유연하게 한다.
- 피부장벽 기능을 담당하는 주요 성분인 세라마이드를 포함한 (㉢)이(가) 각질층에 존재한다.

	㉠	㉡	㉢
①	엘라스틴	피지	세포간지질 또는 지질
②	시스틴	오일	콜레스테롤
③	시스틴	피지	세포간지질 또는 지질
④	케라틴	오일	콜레스테롤
⑤	케라틴	피지	세포간지질 또는 지질

04 다음은 진피에 대한 설명이다. ㉠~㉢에 들어갈 말로 알맞은 것끼리 짝지은 것은?

- (㉠)와(과) 피하지방층 사이에 위치하며 피부의 90% 이상을 차지한다.
- 점탄성을 가지며 탄력적인 조직으로 무정형의 기질(Ground Substance)와 교원섬유(Collagen Fiber), 탄력섬유(Elastic Fiber)등의 섬유성 (㉡)(으)로 구성된다.
- 혈관계와 림프계 등이 복잡하게 얽혀 있으며, 표피에 영양을 공급하고 지지하여 강인성에 의해 다른 피부 조직들을 유지하고 보호하는 역할을 한다.
- 콜라겐, 엘라스틴을 생성하는 (㉢) 외에 대식세포(Macrophage), 비만 세포(Mast Cell)등 다양한 면역 세포가 존재한다.

	㉠	㉡	㉢
①	유두층	단백질	섬유 아세포
②	망상층	단백질	섬유 아세포
③	망상층	콜라겐	랑게르한스 세포
④	표피	단백질	섬유 아세포
⑤	표피	콜라겐	랑게르한스 세포

05 다음의 내용은 자료제출이 생략되는 미백·기능성화장품의 효능·효과를 나타내는 성분이다. 빈칸에 들어갈 원료로 알맞은 것은?

> - 칸델릴라 나무의 가지와 잎을 증류하여 추출한 에센셜 오일이다.
> - 색이 없고 매우 연한 플로럴 향이 난다.
> - 피부 진정, 항염증, 보습 효과가 뛰어나 로션제, 액제, 크림제, 침적마스크제에 사용할 수 있다.
> - 이 원료는 칭량 시 그 함량이 97% 이상이며, 칭량 시 표시된 양의 90.0% 이상에 해당하는 (   )을(를) 함유한다.

① 알파-비사보롤
② 카모마일 추출물
③ 라벤더 오일
④ 알로에 베라
⑤ 센텔라 아시아티카

06 다음은 기능성화장품, 천연화장품 및 유기농화장품에 대한 설명이다. ㉠~㉢을 바르게 나열한 것은 고르면?

> 가. 제제를 만들 경우에는 따로 규정이 없는 한 그 보존 중 성상 및 품질의 기준을 확보하고 그 유용성을 높이기 위하여 부형제, 안정제, 보존제, 완충제 등 적당한 (㉠)를 넣을 수 있다. 다만, (㉠)는 해당 제제의 안정성에 영향을 주지 않아야 하며, 또한 기능을 변하게 하거나 시험에 영향을 주어서는 아니된다.
> 나. 유기농화장품은 유기농 함량이 전체 제품에서 (㉡)% 이상이어야 하며, 유기농 함량을 포함한 천연 함량이 전체 제품에서 (㉢)% 이상으로 구성되어야 한다.

	㉠	㉡	㉢
①	첨가제	15	95
②	첨가제	10	95
③	첨가제	10	90
④	유화제	10	95
⑤	유화제	15	90

07 다음의 내용은 화장품 제조업자가 시설이나 품질 관리 기준을 위반할 경우, 식품의약품안전처장이 부과할 수 있는 명령과 위반에 대한 처벌 규정이다. 빈칸에 맞는 답을 바르게 연결한 것은?

> - 1차 위반 시 (㉠)명령
> 식품의약품안전처장은 화장품제조업자가 갖추고 있는 시설 중 작업소, 보관소 또는 시험실 중 어느 하나가 없는 경우, 해당 품목의 제조 또는 품질검사에 필요한 시설 및 기구 중 일부가 없는 경우, 화장품을 제조하기 위한 작업대 등 제조에 필요한 시설 및 기구와 가루가 날리는 작업실은 가루를 제거하는 시설 기준을 위반한 경우
> - 1차 위반 시 (㉡)명령
> 식품의약품안전처장은 화장품제조업자가 갖추고 있는 시설 중 쥐·해충 및 먼지 등을 막을 수 있는 시설의 작업소 기준을 위반한 경우 그리고 영업자의 준수사항을 이행하지 않은 경우, 품질관리기준을 준수하지 않은 경우, 실제 내용량이 표시된 내용량의 90% 이상 97% 미만인 화장품, 광고의 업무정지기간 중에 광고 업무를 한 경우와 맞춤형화장품판매업자의 경우 판매내역서를 작성 및 보관하지 않은 경우, 맞춤형화장품 판매 시 소비자에게 설명 의무를 준수하지 않은 경우, 맞춤형화장품 사용과 관련된 부작용 사례에 대해서 지체없이 식품의약품안전처장에게 보고하지 않은 경우

	㉠	㉡
①	영업정지	판매금지
②	판매금지	영업정지
③	철거	폐업
④	시정	개수
⑤	개수	시정

08 피부장벽구조에 대한 설명으로 옳지 않은 것은?

① 딥클렌징을 하면 피부 장벽 구조가 일시적으로 약해질 수 있다.
② 여드름은 피부 장벽이 지나치게 강하거나 반대로 약해졌을 때 모두 생길 수 있다.
③ 경피수분손실량(TEWL) 수치가 높게 나오는 피부는 피부장벽이 건강하여 수분이 적게 손실된다.
④ 피지막은 피부장벽구조 중 최상단에서 역할을 수행하는 부위이다.
⑤ 세라마이드 성분은 피부장벽구조에서 중요한 역할을 수행한다.

09 다음 중 고객 갑과 맞춤형화장품조제관리사 을의 대화로 적절하지 않은 것은?

① 갑 : 요즘 미세먼지가 심해서 마스크를 쓰고 다녔더니, 얼굴에 닿는 부분에 여드름이 나네요. 마스크 안쪽도 계속 답답하고 찝찝한 느낌이에요.
  을 : 네, 그렇다면 아침저녁으로 세안을 좀 더 꼼꼼히 해 보시는 게 좋겠어요. 살리실릭애시드 0.4%가 들어간 C 폼클렌징을 사용해 보세요.
② 갑 : 피부가 건조하니까 입술까지 거칠어지네요. 각질이 자꾸 일어나고 까칠한 느낌이에요. 괜찮은 제품 추천해 주실 수 있을까요?
  을 : 입술 보습에는 시어버터나 꿀 추출물이 들어간 립밤이 좋아요. 이런 성분이 함유된 제품을 사용해 보세요.
③ 갑 : 출산 후 피부가 칙칙해지고 기미랑 주근깨가 늘었어요.
  을 : 식품의약품안전처에서 미백 기능성 성분으로 인정한 알부틴이 3.0% 들어간 앰풀을 사용해 보시는 걸 추천해 드려요.
④ 갑 : 저는 향이 좋은 보디워시를 좋아하는데, 향 때문에 알레르기 반응이 생겨서 자꾸 트러블이 나요.
  을 : 향을 내는 성분 중 알레르기를 유발하는 성분에 피부가 예민하신 것 같아요. 그런 경우에는 무향 제품이나 저자극 제품을 선택하는 게 좋고, 티트리 오일 같은 에센셜 오일도 개별적으로 테스트해 보면서 사용해 보는 것이 좋아요.
⑤ 갑 : 세일하는 자외선차단제를 아무거나 샀더니 바르고 나서 피부가 가려워요. 어떻게 해야 할까요?
  을 : 사용하신 제품에 화학적 자외선 차단제가 들어있을 가능성이 있어요. 민감한 피부에는 무기 자외선 차단제 성분인 드로메트리졸이나 시녹세이트가 더 적합할 수 있어요. 이런 성분이 들어간 순한 크림 베이스 제품을 사용해 보세요. 원하시면 그런 성분을 적절히 배합해서 조제해 드릴 수 있어요.

10 다음의 대화는 고객 수경과 맞춤형조제관리사 지윤의 대화이다. 고객이 구매할 제품의 전성분을 표기한 것으로 알맞은 것은?

대화

수경 : 요즘 날씨 때문인지 피부가 건조하고 거칠어서 고민이에요. 계속 발라도 금방 당기고 푸석해져요.

지윤 : 피부가 많이 건조하신 것 같아요. 영양감이 풍부한 크림에 수분을 충분히 공급하는 에센스를 섞어서 맞춤형으로 준비해 드릴게요.

수경 : 촉촉함은 좋은데 너무 번들거리지 않고 끈적임이 덜 했으면 좋겠어요.

지윤 : 네, 그러면 '크림'을 70%, '에센스'를 30% 비율로 혼합해 드릴게요. 이렇게 하면 보습력은 유지하면서도 가볍고 산뜻한 느낌으로 사용하실 수 있을 거예요.

성분

크림성분		에센스성분	
정제수	79.4	정제수	49
알로에베라잎추출물	10	뷰틸렌글라이콜	6
세틸알코올	2	판테놀	2
스테아릴알코올	1	소듐하이알루로네이트	4
잔탄검	0.5	미네랄워터	22
아보카도오일	5	캐모마일꽃추출물	10
베타인	0.1	프로판다이올	5
1,2-헥산다이올	2	뷰틸렌글라이콜	2
합계	100	합계	100

① 정제수, 알로에베라잎추출물, 미네랄워터, 아보카도오일, 캐모마일꽃추출물, 소듐하이알루로네이트, 뷰틸렌글라이콜, 프로판다이올, 세틸알코올, 1,2-헥산다이올, 스테아릴알코올, 판테놀, 잔탄검, 베타인

② 정제수, 미네랄워터, 알로에베라잎추출물, 아보카도오일, 캐모마일꽃추출물, 1,2-헥산다이올, 뷰틸렌글라이콜, 프로판다이올, 세틸알코올, 소듐하이알루로네이트, 스테아릴알코올, 판테놀, 잔탄검, 베타인

③ 정제수, 알로에베라잎추출물, 미네랄워터, 캐모마일꽃추출물, 아보카도오일, 1,2-헥산다이올, 뷰틸렌글라이콜, 프로판다이올, 세틸알코올, 소듐하이알루로네이트, 스테아릴알코올, 판테놀, 잔탄검, 베타인

④ 정제수, 알로에베라잎추출물, 미네랄워터, 아보카도오일, 캐모마일꽃추출물, 1,2-헥산다이올, 뷰틸렌글라이콜, 세틸알코올, 프로판다이올, 소듐하이알루로네이트, 스테아릴알코올, 판테놀, 잔탄검, 베타인

⑤ 정제수, 알로에베라잎추출물, 미네랄워터, 아보카도오일, 캐모마일꽃추출물, 1,2-헥산다이올, 뷰틸렌글라이콜, 프로판다이올, 세틸알코올, 소듐하이알루로네이트, 스테아릴알코올, 판테놀, 잔탄검, 베타인

11 다음 대화는 미용학과를 졸업한 학생들이 동창회에 모여 나누는 내용의 일부이다. 대화를 읽고 민수가 받게 되는 처벌 규정이 무엇인지 고르면?

> 아라 : 너 소식 들었어? 우리 과에서 1등으로 졸업한 민수말이야.
> 수애 : 민수가 왜? A기업 들어가서 맞춤형화장품조제관리사 자격증도 취득하고 승진도 했다던데.
> 아라 : 맞아. 그런데 민수가 자기 맞춤형화장품조제관리사 자격증을 남한테 빌려줬대.
> 수애 : 진짜? 그러면 자격증 취소될 텐데 괜찮으려나?
> 아라 : 그러게 말이야! 걱정이다. 진짜!

① 자격 취소, 3년 이하의 징역 또는 3천만 원 이하의 벌금
② 자격 취소, 1년 이하의 징역 또는 1천만 원 이하의 벌금
③ 자격 취소, 200만 원 이하의 벌금
④ 자격 취소, 100만 원 이하의 과태료
⑤ 자격 취소, 50만 원 이하의 과태료

12 맞춤형화장품판매업자가 소비자에게 안내하여야 하는 사항으로 옳은 것을 모두 고르면?

> ㉠ 소비자가 가져온 용기의 상태가 위생적이지 않거나 재사용에 부적합한 소재 또는 구조일 경우, 제품을 판매할 수 없다는 점을 소비자에게 명확하게 안내하여야 한다.
> ㉡ 화장품책임판매업체에서 제공한 제품별 '사용 시 주의하여야 할 사항'을 소비자에게 전달하여야 한다.
> ㉢ 제품의 '사용 시 주의사항'은 꼭 구두로 설명하여야 하며, 별도의 안내문이나 전자적 방식(모바일, 이메일 등)으로 제공할 수 없다.
> ㉣ 소비자가 구매하려는 화장품의 구성 성분과 올바른 사용법을 이해하기 쉽게 설명하고, 사용 후 부작용이나 이상 반응이 발생할 경우 판매처로 연락하도록 안내하여야 한다.
> ㉤ 맞춤형화장품에서 사용하는 각종 원료의 특성을 설명하는 경우 제한된 사용범위를 설명하고 안내하지 않아도 된다.

① ㉠, ㉡
② ㉡, ㉣
③ ㉠, ㉢
④ ㉢, ㉣
⑤ ㉣, ㉤

13 다음 위해화장품 회수에 대한 설명으로 옳은 것은?

① 메탄올, 클로로아트라놀 성분이 함유된 경우는 30일 이내에 회수하여야 한다.
② 회수의무자는 회수대상화장품이라는 사실을 안 날부터 7일 이내에 회수계획서 및 첨부서류를 지방식품의약품안전청장에게 제출하여야 하며 통보 사실을 입증할 수 있는 자료를 회수종료일부터 1년간 보관한다.
③ 회수의무자는 회수대상화장품의 회수 완료 시, 회수종료신고서 및 첨부 서류를 지방식품의약품안전청장에게 제출한다.
④ 위해성 등급에 따른 회수 기간은 가등급인 경우 회수를 시작한 날부터 15일 이내, 나등급인 경우 30일 이내, 다 등급이 경우 45일 이내이다.
⑤ 위해화장품에 대해 회수하지 않거나 회수하는 데에 필요한 조치를 하지 않은 경우는 광고업무정지 3개월의 행정처분을 받는다.

14 다음 중 화장품의 정의 및 범위에 대한 설명으로 틀린 것은?

① 피부 질환의 치료나 완화를 위해 사용하는 제품은 사용 목적이 화장품과 유사할 수 있지만, 실제로는 약리 효과가 인정된 의약품으로 구분된다.
② 치약은 피부나 모발이 아니라 치아 관리 용품으로, 화장품이 아닌 의약외품으로 분류된다.
③ 대한민국약전 수록된 품목 가운데 의약외품이 아니면 모두 화장품으로 분류된다.
④ 미용을 목적으로 하더라도 피부에 바르거나 뿌리는 방식이 아니라 인체에 주사하는 방식 또는 의약품과 동일한 효능이 있으면 화장품으로 볼 수 없다.
⑤ 반려동물 전용 샴푸는 사용 대상이 사람이 아니므로 화장품의 범위에 포함되지 않는다.

15 다음 중 천연화장품 및 유기농화장품에 대한 인증 내용 중 틀린 것은?

① 인증의 유효기간은 인증을 받은 날로부터 3년이다.
② 인증의 유효기간을 연장받으려는 자는 유효기간 만료 90일 전에 연장 신청을 하여야 한다.
③ 거짓 또는 부정한 방법으로 인증을 받았거나, 인증 기준에 부적합한 것으로 확인된 경우에는 인증 효력이 즉시 중단되며, 1회에 한하여 보완서류 제출을 통해 다시 인증 받을 수 있다.
④ 화장품제조업자, 화장품책임판매업자 또는 총리령으로 정하는 대학·연구소 등은 식품의약품안전처장에게 인증을 신청한다.
⑤ 유기농화장품이란 유기농 원료, 동식물 및 그 유래 원료 등을 함유한 화장품으로 식품의약품안전처장이 정하는 기준에 맞는 화장품이다.

16 다음 중 「화장품법」과 관련 법령의 목적 및 체계에 관한 설명으로 옳지 않은 것은?

① 「화장품법 시행규칙」은 「화장품법」과 「화장품법 시행령」에서 위임된 세부적인 사항과 그 시행에 필수적인 사항을 정하기 위한 것이다.
② 「화장품법」은 화장품의 제조, 판매 및 수출입 등에 필요한 사항을 정하여 국민 보건 증진과 화장품 산업 발전을 목적으로 한다.
③ 「화장품법」은 독립적인 법령으로 제정된 것이 아니라, 처음부터 약사법 내에서 의약품 등과 함께 통합 관리되도록 제정된 것이다.
④ 「화장품법 시행령」은 「화장품법」에서 위임한 사항과 그 시행에 반드시 필요한 세부적인 사항을 규정하는 것을 목적으로 한다.
⑤ 「화장품법」은 법률에 해당하며, 「화장품법」 시행령은 대통령령으로, 「화장품법 시행규칙」은 총리령으로 정해져 있다.

17 다음은 화장품책임판매업 회사에 근무하는 직원들이 나눈 대화이다. 이 중 <u>잘못된</u> 내용을 말한 것만을 모두 고른 것은?

> 민아 : 안녕하세요. 이번에 새로 화장품책임판매관리자로 오신 분 맞으시죠? 환영합니다.
> 지수 : 안녕하세요. 네 맞습니다. ㉠ 올해 맞춤형화장품조제관리사 자격을 취득하고, 화장품책임판매관리자로 입사하게 되었습니다. 잘 부탁드립니다.
> 민아 : 축하드려요. ㉡ 저희 회사가 작년까지는 상시 직원 수가 5명 이하라서 대표님이 화장품책임판매관리자를 겸임했었거든요. ㉢ 올해부터 직원이 10명으로 늘어나 대표님이 겸직할 수 없어서 지수 씨를 따로 채용하게 되었어요. 이제 업무에 대해 간단히 안내해 드릴게요.
> 지수 : 네, 감사합니다. ㉣ 화장품책임판매관리자는 절차서에 따라 품질관리와 제품의 안전 확보 업무를 총괄하고 업무가 적정하고 원활하게 수행되는 것을 확인하고 기록·보관하는 일을 한다고 공부했어요.
> 민아 : 맞아요. ㉤ 품질관리 업무 중 필요하신 경우에는 화장품 제조업자, 맞춤형화장품판매업자 등 그 밖의 관계자에게 문서로 연락하거나 지시할 수 있어요. 그리고 ㉥ 품질관리와 관련된 기록물은 제조일이나 수입일로부터 2년 동안 보관하셔야 해요.

① ㉠, ㉡
② ㉢, ㉥
③ ㉠, ㉢
④ ㉡, ㉣
⑤ ㉤, ㉥

18 다음 중 화장품책임판매업의 등록 및 의무사항에 대한 설명으로 옳지 <u>않은</u> 것은?

① 화장품책임판매업자는 제품의 품질관리를 위한 기준과 판매 이후의 안전성 관리에 대한 기준을 갖추어야 한다.
② 책임판매관리자, 책임판매 방식, 영업소의 소재지 변경이 있을 때는 변경신고만으로 가능하며 별도의 등록절차는 불필요하다.
③ 화장품책임판매업의 등록대장에는 책임판매업자의 성명과 주민등록번호 정보가 반드시 기록되어야 한다.
④ 책임판매관리자 선임은 화장품책임판매업자가 반드시 수행하여야 하는 의무사항이다.
⑤ 화장품책임판매업자는 등록신청 시 등록신청서 및 필요한 서류를 구비하여 관할 지방식품의약품안전청장에게 제출하여야 한다.

19 다음 대화를 읽고 벌금 및 과태료의 범위가 작은 것부터 바르게 나열한 것을 고르면?

등장인물
- 갑 : 맞춤형화장품 판매점의 대표
- 을 : 맞춤형화장품조제관리사
- 병 : 일반 판매 직원

대화
갑 : 이 제품은 고객들이 매장에서 체험만 해볼 수 있도록 만들어진 테스트용 샘플이거든요. 그런데 지금 본품 재고가 없으니까 임시로 이걸 판매해도 괜찮겠죠?
병 : 알겠습니다. ㉠ 이 제품 찾던 고객님 오시면 이 샘플 보여드리고 판매할게요.
갑 : 을 씨, 지금 매장 상황이 너무 바빠서 품질관리하고 안전 관련 교육에 참석하기 어렵겠어요. ㉡ 올해는 승우씨 교육을 건너뛰고 내년에 받으세요.
을 : 네, 대표님. 일정이 빠듯하니까 어쩔 수 없죠.

을 씨 퇴사 후의 대화
갑 : 을 씨가 퇴사한 이후로 맞춤형화장품조제관리사를 새로 찾기가 쉽지 않네요. 병 씨가 당분간 혼합이나 소분 같은 조제 업무 좀 맡아줄 수 있겠어요?
병 : 네, ㉢ 성분 자료를 찾아보니 저도 충분히 할 수 있을 것 같아요. 해 보겠습니다. 어렵지 않을 것 같습니다.
갑 : ㉣ 이번에 새로 들어온 원료는 동물실험으로 피부 안전성과 효과가 검증되었으니 맞춤형화장품을 만들 때 이 원료를 추가해서 고객에게 제공하도록 해요.
을 : 네, 그럼 동물실험으로 검증된 성분이라고 고객분들께 안내하고, 안전성을 강조해서 제공하면 좋겠네요. 그렇게 준비하겠습니다.

① ㉣ - ㉡ - ㉠ - ㉢
② ㉡ - ㉣ - ㉠ - ㉢
③ ㉣ - ㉠ - ㉡ - ㉢
④ ㉣ - ㉡ - ㉢ - ㉠
⑤ ㉣ - ㉢ - ㉠ - ㉡

20 다음 대화를 읽고 벌금 및 처벌의 범위가 가장 큰 경우를 고르면?

동욱 : 저희는 ① 새롭게 기능성화장품 판매를 준비 중인데 심사 기간이 오래 걸려서, 심사 결과 나오기 전에 미리 판매해도 괜찮을까요?
윤경 : 안돼요. 그러다가 판매업무 정지 처분을 받을 수 있어요.
동욱 : 아, 그렇군요! 큰일 날 뻔했어요. 알려줘서 고마워요.
현아 : 저는 ② 이번에 광고 정지 기간인데도 계속 광고를 하고 있는데, 처벌받을까 걱정이에요.
윤경 : 얼른 광고를 정지하는 게 좋을 거 같아요. ③ 저는 지난달 천연·유기농 화장품 인증 유효기간(3년)이 지났는데 인증표시를 계속 표시해서 벌금이 나왔어요.
현아 : 그뿐이 아니에요. ④ 두 달 전에 제조공장이 이사했는데, 너무 바빠서 변경 신고를 아직 못했어요.
윤경 : 그러다 업무정지 처분을 받게 돼요. 얼른 다녀오세요.
동욱 : 최근에 모양이나 냄새, 크기, 포장 등을 식품과 유사하게 만들어서 소비자들이 먹는 것으로 착각할 수 있는 화장품이 회수 대상이라고 하던데, 정말이에요?
윤경 : 맞아요. ⑤ 식품으로 잘못 인식될 수 있는 화장품을 판매하면, 적발 시 처벌을 받을 수 있으니 조심해야 합니다.

21 다음 중 화장품 조제 시 보존제를 여러 가지 혼합하여 사용할 때의 효과로 옳지 않은 것은?

① 미생물의 내성 발생을 억제할 수 있다.
② 특정 미생물에 대해서만 선택적인 항균 효과를 나타낸다.
③ 서로 다른 보존제 간의 작용으로 항균 효과가 상승할 수 있다.
④ 개별 보존제의 사용량을 줄일 수 있다.
⑤ 내성을 가진 미생물을 사멸시키거나 그 성장을 효과적으로 억제할 수 있다.

22 다음 중 화장품 원료의 분류와 해당 성분을 연결한 것으로 옳은 것끼리 짝지은 것은?

> ㉠ 탄화수소 : 미네랄 오일, 페트롤라튬, 아이소알케인
> ㉡ 왁스 : 비즈 왁스, 오조케라이트, 파라핀
> ㉢ 고급 지방산 : 스테아릭애시드, 올레익애시드, 미리스틱애시드
> ㉣ 실리콘 오일 : 사이클로메티콘, 다이메티콘, 아이소헥사데칸
> ㉤ 고급 알코올 : 세틸알코올, 스테아릴알코올, 코치닐
> ㉥ 식물성 오일 : 올리브 오일, 로즈힙 오일, 난황오일

① ㉠, ㉢
② ㉠, ㉣
③ ㉡, ㉥
④ ㉢, ㉥
⑤ ㉣, ㉤

23 다음 중 화장품에 사용되는 원료로서 기능이 이질적인 것은?

① 보존제
② 유성원료
③ 색제
④ 용제
⑤ 정제수

24 다음 중 「개인정보보호법」의 내용으로 적절하지 않은 것은?

① 정보주체는 본인의 개인정보 처리에 동의하였더라도, 이후 처리의 중단이나 삭제를 요청할 수 있는 권리를 가진다.
② 개인정보처리자는 수집한 정보가 정확하고 최신 상태를 유지할 수 있도록 필요한 조치를 취하여야 한다.
③ 개인정보처리자의 지시에 따라 업무상 개인정보를 다루는 근로자는 '개인정보취급자'로 분류되며, 독립적인 개인정보처리자라고 볼 수는 없다.
④ 단순히 지인에게 행사 초대장을 보내기 위해 전화번호를 수집한 경우에는 '개인정보처리자'에 해당하지 않는다.
⑤ 우편물에 포함된 개인정보를 수령자에게 전달하는 우체국 직원의 행위는 '개인정보처리'로 간주된다.

25 다음 중 「개인정보보호법」에 따른 고객 정보의 관리 및 상담 응대 기준으로 적절하지 <u>않은</u> 것은?

① 개인정보가 외부로 유출된 경우, 개인정보처리자는 유출된 항목과 유출 시점, 경위, 피해 최소화를 위하여 정보주체가 할 수 있는 방법, 개인정보처리자의 대응 조치 및 피해 구제 절차 등을 지체없이 정보주체에게 알려야 한다.
② 개인정보의 처리를 제3자에 맡기는 경우, 위탁 내용을 명시한 문서를 작성하여야 한다.
③ 개인정보를 폐기할 때에는 재사용되거나 복구될 수 없도록 적절한 방법으로 처리하여야 한다.
④ 기업이 영업을 양도하면서 보유한 개인정보를 이전하는 경우, 정보주체에게 사전 고지만 하면 이전된 정보를 본래 수집 목적 외에도 활용할 수 있다.
⑤ 영상정보처리기기를 설치·운영하는 자는 정보주체가 이를 쉽게 알아볼 수 있도록 설치 목적 및 장소, 촬영 범위 및 시간, 관리책임자 성명 및 연락처가 적힌 안내판을 설치하여야 한다.

26 다음 중 화장품 원료의 특성에 따른 취급 및 보관 방법에 대한 설명으로 적절하지 <u>않은</u> 것은?

① 원료는 미생물 오염을 줄이기 위해 가급적 습기가 많은 곳에 보관하는 것이 바람직하다.
② 유성 성분이 포함된 제형에는 산화를 방지하기 위한 항산화제를 함께 사용하는 것이 일반적이다.
③ 정제수는 금속이온이 제거된 순수한 물을 사용하는 것이 원칙이며, 제품의 안정성을 높이기 위해 금속이온을 억제하는 성분을 함께 넣기도 한다.
④ 비타민 A는 구조적으로 불안정하며, 빛과 열에 쉽게 영향을 받기 때문에 이를 보호할 수 있는 용기에 담아 보관하는 것이 좋다.
⑤ 인화성 물질은 반드시 화기와 거리를 두고 밀폐하거나 정해진 전용 보관함에 보관하여야 한다.

27 다음 중 「천연화장품 및 유기농화장품의 기준에 관한 규정」 별표 1(미네랄 유래 원료) 및 별표 6(세정제에 사용 가능한 원료)에 모두 해당하는 성분끼리 짝지은 것은?

㉠ 과산화수소	㉡ 포타슘하이드록사이드
㉢ 소듐카보네이트	㉣ 아세틱애시드
㉤ 시트릭애시드	㉥ 무기산과 알칼리
㉦ 소듐하이드록사이드	㉧ 석회장석유
㉨ 소듐클로라이드	

① ㉡, ㉢, ㉨
② ㉡, ㉢, ㉦
③ ㉡, ㉢, ㉦, ㉨
④ ㉠, ㉣, ㉤, ㉥
⑤ ㉣, ㉤, ㉥, ㉧

28 다음 중 「천연화장품 및 유기농화장품의 기준에 관한 규정」에 대한 설명으로 옳지 않은 것은?

① 원료의 제조공정은 간단하고 원료 고유의 품질이 유지될 수 있어야 하므로 공기, 산소, 질소, 이산화탄소, 아르곤 기체 외의 분사제 사용은 금지되는 공정이다.
② 품질 또는 안전을 위해 필요하나 따로 자연에서 대체하기 곤란한 합성원료는 5% 이내에서 사용할 수 있으며, 이 경우에도 석유화학 부분은 2%를 초과할 수 없다.
③ 물리적 공정 시 물이나 자연에서 유래한 천연 용매로 추출하여야 한다.
④ 석유화학 용제의 사용 시 반드시 최종적으로 모두 회수되거나 제거되어야 하며, 방향족, 알콕실레이트화, 할로겐화, 질소 또는 황(DMSO 예외) 유래 용제를 사용하는 것이 좋다.
⑤ 베타인, 카라기난, 레시틴 및 그 유도체는 천연원료에서 석유화학 용제를 이용하여 추출할 수 있다.

29 다음은 한 보디워시 제품의 전성분 목록이다. 「화장품 사용할 때의 주의사항 및 알레르기 유발성분 표시에 관한 규정」 중 별표 2에 따라, 향료에 포함된 알레르기 유발 물질로서 별도로 표시하여야 하는 성분은 총 몇 개인가?

- 제품명 : 보디워시
- 용량 : 200g
- 전성분

성분명	함량(g)
정제수	36
포타슘코코일글리시네이트	24
소듐라우로일글루타메이트	18
스위트아몬드오일	5.5
뷰틸렌글라이콜	4.5
1,2-헥산디올	2.5
파네솔	0.05
잔탄검	0.1
리날룰	0.08
알로에베라추출물	0.7
녹차 추출물	0.6
병풀추출물	0.6
티트리오일	0.1
레몬오일	0.3
로즈마리추출물	0.01
파인애플추출물	0.8
헥세티딘	0.2
시트로넬올	0.08
제라니올	0.006
락틱애시드	0.05
다이소듐이디티에이	0.014

① 1개　② 2개
③ 3개　④ 4개
⑤ 5개

30 다음 중 「화장품 안전기준 등에 관한 규정」 별표 2에 따른 보존제의 사용 기준에 대한 설명으로 틀린 것은?

① 벤제토늄클로라이드는 점막에 사용되는 화장품에는 사용할 수 없다.
② 아이오도프로피닐뷰틸카바메이트(IPBC)는 입술에 사용하는 화장품, 분무형 스프레이 제품, 보디로션 또는 보디크림에 사용이 금지되어 있다.
③ 메틸아이소치아졸리논 혹은 메틸클로로아이소치아졸리논과 메틸아이소치아졸리논 혼합물은 사용상 제한이 필요한 보존제로서 사용 후 씻어내는 제품에만 허용되며, 그 외 제품에는 사용할 수 없다.
④ 글루타랄 및 클로로부탄올은 사용한도 내에서는 사용 가능하나, 스프레이 형태의 화장품에는 사용할 수 있다.
⑤ 벤잘코늄클로라이드 계열 물질은 '씻어내는 제품'과 '그 외 제품'에 따라 각각 다른 사용한도가 적용된다.

31 다음은 「화장품 안전 기준 등에 관한 규정」 별표 1(금지된 원료), 별표 2(사용상의 제한이 필요한 원료)와 관련된 내용이다. 이 중 사용상의 제한이 필요한 원료끼리 짝지어진 것은?

> ㉠ 아트라놀, 4,4-디메틸-1,3-옥사졸리딘(디메틸옥사졸리딘), 붕산, 니트로스아민류
> ㉡ 아세타마이드, 무기설파이트 및 하이드로젠설파이트류, 갈란타민
> ㉢ 2-브로모-2-나이트로프로판-1,3-디올(브로노폴), 1,7-나프탈렌디올, 니켈 디하이드록사이드

	㉠	㉡	㉢
①	4,4-디메틸-1,3-옥사졸리딘(디메틸옥사졸리딘)	무기설파이트 및 하이드로젠설파이트류	2-브로모-2-나이트로프로판-1,3-디올(브로노폴)
②	4,4-디메틸-1,3-옥사졸리딘(디메틸옥사졸리딘)	아세타마이드	1,7-나프탈렌디올
③	아트라놀	무기설파이트 및 하이드로젠설파이트류	2-브로모-2-나이트로프로판-1,3-디올(브로노폴)
④	니트로스아민류	갈란타민	니켈 디하이드록사이드
⑤	붕산	갈란타민	2-브로모-2-나이트로프로판-1,3-디올(브로노폴)

32 다음의 설명에 해당하는 성분 중, 수용성인 것만 올바르게 연결한 것은?

> ㉠ 자외선으로부터 피부를 보호하는 데 도움을 주는 성분 : 드로메트리졸트리실록산, 페닐벤즈이미다졸설포닉애시드, 에틸헥실트리아존
> ㉡ 피부미백에 도움을 주는 성분 : 알파-비사보롤, 마그네슘아스코빌포스페이트, 아스코빌테트라이소팔미테이트
> ㉢ 피부의 주름 개선에 도움을 주는 성분 : 아데노신, 레티닐팔미테이트, 레티놀

	㉠	㉡	㉢
①	드로메트리졸트리실록산	알파-비사보롤	마그네슘아스코빌포스페이트
②	페닐벤즈이미다졸설포닉애시드	마그네슘아스코빌포스페이트	아데노신
③	페닐벤즈이미다졸설포닉애시드	마그네슘아스코빌포스페이트	레티닐팔미테이트
④	에틸헥실트리아존	아스코빌테트라이소팔미테이트	레티닐팔미테이트
⑤	에틸헥실트리아존	아스코빌테트라이소팔미테이트	레티놀

33 「기능성화장품 심사에 관한 규정」 별표 4 자료 제출이 생략되는 기능성화장품의 종류와 관련한 설명으로 틀린 것은?

① 자외선 차단제는 영·유아 제품류 중 로션, 크림 및 오일, 기초화장용 제품류, 색조화장용 제품류가 해당된다.
② 피부 주름 개선에 도움을 주는 제품의 제형은 로션제, 액제, 크림제 및 침적 마스크가 해당한다.
③ 체모를 제거하는 기능을 가진 제품의 제형은 액제, 크림제, 로션제에 한하며 에어로졸제품은 제외한다.
④ 여드름성 피부를 완화하는 데 도움을 주는 제품의 유형은 인체 세정용 제품류로 제형은 액제, 로션제, 크림제에 한하며 부직포 등에 침적된 상태는 제외한다.
⑤ 피부 미백에 도움을 주는 제품의 제형은 로션제, 액제, 크림제 및 침적 마스크가 해당한다.

34 다음 중 화장품의 위해성 평가가 일반적으로 필요하지 않은 상황은?

① 위해 우려가 없다는 사실을 입증하기 위한 검증 작업을 수행할 경우
② 위해요소에 대한 안전역을 바탕으로 사용 가능 기준을 마련하고자 하는 경우
③ 일부 원료 또는 제품에서 인체 안전성 논란이 제기된 경우
④ 유해한 성분을 고의로 제품에 혼합한 사례가 발생한 경우
⑤ 제조 과정 중 예기치 않게 혼입된 유해 물질의 기준을 설정하려는 경우

35 다음은 어느 화장품의 전성분이다. 이 중 ㉠~㉢을 대체할 수 있는 성분끼리 바르게 짝지은 것은?

> **전성분**
> 로즈워터, ㉠ 뷰틸렌글라이콜, 아르간오일, 소듐하이알루로네이트, 아이소프로필미리스테이트, ㉡ 사이클로펜타실록세인, 비즈왁스(밀랍), 로즈마리 추출물, 옥틸도데칸올, 레시틴, ㉢ 구아검, 마데카소사이드, 알로에베라 추출물, ㉣ 알부틴, 페녹시에탄올, 리날룰, 다이소듐이디티에이

	㉠	㉡	㉢	㉣
①	정제수	사이클로메티콘	에틸아스코빌에터	카복시비닐폴리머
②	소르비톨	레티놀	벤질알코올	오이 추출물
③	소르비톨	나이아신아마이드	잔탄검	유용성 감초 추출물
④	글리세린	사이클로메티콘	알파-비사보롤	아라비아검
⑤	글리세린	사이클로메티콘	잔탄검	닥나무 추출물

36 다음은 「화장품 안전 기준 등에 관한 규정」의 별표 2의 사용상의 제한이 필요한 원료 중 염모제 성분에 대한 내용이다. 이 중 화장품에 사용할 수 <u>없는</u> 염모제 성분을 모두 고른 것은?

> ㉠ o-아미노페놀
> ㉡ 염산 2,4-디아미노페녹시에탄올
> ㉢ m-아미노페놀
> ㉣ 몰식자산
> ㉤ 염산 p-페닐렌디아민
> ㉥ 염산 m-페닐렌디아민
> ㉦ 6-히드록시인돌
> ㉧ p-페닐렌디아민
> ㉨ m-페닐렌디아민
> ㉩ 염산 톨루엔-2,5-디아민
> ㉪ 레조시놀
> ㉫ 카테콜(피로카테콜)
> ㉬ 피로갈롤

① ㉠, ㉢, ㉤, ㉧, ㉪
② ㉠, ㉣, ㉥, ㉧, ㉫
③ ㉡, ㉢, ㉦, ㉨, ㉬
④ ㉠, ㉥, ㉦, ㉫, ㉬
⑤ ㉡, ㉣, ㉦, ㉨, ㉬

37 화장품 원료 또는 내용물의 입고 후 보관에 관한 설명 중 적절하지 <u>않은</u> 것은?

① 공급자로부터 받은 원료는 구매 요구서, 성적서, 현품을 비교해 확인 후 입출고관리대장에 기록하여야 한다.
② 입고된 원료의 포장이 손상되었는지 확인하고, 외부에 표기된 주의사항을 살펴야 한다.
③ 원료는 바닥과 벽에 직접 닿지 않도록 적절한 방법으로 보관하여야 한다.
④ 보관 시에는 품질 확보를 위해 지정된 공간 없이 자유롭게 보관해도 무방하다.
⑤ 위험물인 경우 위험물 보관 방법에 따라 옥외 위험물 취급 장소에 보관하여야 한다.

38 다음은 「우수화장품 제조 및 품질관리 기준(CGMP)」에 따른 청정구역의 등급과 관리 기준에 관한 대화이다. 이 중 옳지 <u>않은</u> 내용은?

> 한진: 화장품 내용물이 직접적으로 노출되는 ① 제조 구역이라서, 중간 수준의 성능을 가진 필터를 설치하려고 해요.
> 규화: 좋은 판단이에요. ② 어떤 분들은 최고 수준의 필터를 써야 한다고 생각하던데, 그런 초고성능 필터는 일반적인 환경에서 쓰면 쉽게 막혀서 오히려 공기 흐름이 나빠질 수 있어요. 그래서 사용하는 환경에 맞춰 필터를 선택하는 게 정말 중요하죠.
> 혜나: 맞아요. 일반적인 ③ 화장품 생산이라면 중성능 필터를 사용하는 게 적절하고, 더 엄격한 청정 관리가 필요할 땐 HEPA필터와 같은 고성능 필터를 고려하는 게 좋습니다.
> 한진: 아, 그런 이유가 있었군요. 알려 주셔서 감사합니다.
> 규화: 참고로, ④ 1등급 청정도가 요구되는 공간은 공기가 한 시간에 10번 이상 순환되도록 하거나, 구역 간 압력 차를 이용한 관리가 필요해요. 또 낙하균은 시간당 30개 이하, 부유균은 1m³당 200개 이하로 유지하여야 하고요.
> 혜나: 네, 이해됐어요. ⑤ 3등급 구역은 압력 차를 이용한 관리 외에도, 프리필터를 설치하고 온도 조절, 직원 탈의 절차, 외부에서 들어오는 포장재의 청소 등이 이뤄져야 하죠.
> 한진: 잘 알겠습니다. 고맙습니다!

39 다음 중 화장품 제조 시 사용하는 물에 대한 설명으로 옳지 <u>않은</u> 것은?

① 정제수는 일단 생산된 후 밀봉된 용기에 담아 1년 이내에는 품질 변화 없이 사용할 수 있기 때문에 별도의 품질검사를 생략할 수 있다.
② 일반적으로 정제수는 상수를 이온교환수지 통과, 증류 또는 역삼투압(RO) 방식으로 제조한다.
③ 물 공급 설비는 물의 정체와 오염을 방지할 수 있도록 설계되어야 하며, 물의 품질에 영향을 미치지 않고 살균처리가 가능하여야 한다.
④ 물의 품질은 정기적으로 검사하고, 필요시 미생물학적 검사도 실시하여야 한다.
⑤ 물의 품질 적합기준은 사용 목적에 맞게 규정하여야 하며, 정제수를 사용할 때에는 수돗물과 달리 염소이온 등의 살균 성분이 없어 미생물 번식이 쉬우므로 재사용하거나 장기간 보존한 정제수를 사용하여서는 안 된다.

40 다음 중 세정제(세제)의 구성 성분에 대한 설명으로 적절하지 않은 것은?

① 연마제는 고형 입자를 이용하여 물리적으로 오염물(때, 얼룩 등)을 제거하는데, 주로, 석영, 칼슘카보네이트 등이 활용된다.
② 계면활성제는 세정, 유화, 분산 등의 작용을 통해 이물질을 제거하는데, 알킬설페이트, 비누 등이 대표적이다.
③ 살균제는 미생물 제거 효과가 있으며, 일반적으로 음이온성 계면활성제 성질을 띠는 물질이 사용된다.
④ 금속이온봉쇄제는 물속의 금속이온을 제거하여 계면활성제의 성능을 유지시킨다. 소듐글루코네이트, 소듐트리폴리포스페이트 등이 이에 속한다.
⑤ 용제는 오염 물질을 녹이거나 분산시켜 세정 효과를 돕는 재료로, 일반적으로 알코올류, 글라이콜류 등이 이에 해당한다.

41 다음 중 린스 정량법에 사용되는 분석 방법으로 가장 적절한 것은?

① HPLC, TOC, TLC, UV 분석법
② 콘택트 플레이트법, 면봉 시험법
③ 육안 검사, 비접촉 배양법
④ CFU 측정, 표면 세균도말법
⑤ 에어샘플링, 가우징법

42 다음은 안전용기·포장 기준에 대한 내용이다. 옳은 것을 고르면?

① 에탄올을 함유하는 네일 에나멜 리무버 및 네일 폴리시 리무버
② 어린이용 오일 등 개별 포장당 탄화수소류를 10% 이상 함유하고 운동점도가 21cSt(30℃ 기준) 이하인 에멀전 타입의 액체 상태의 제품
③ 개별 포장당 메틸살리실레이트를 5.0% 이상 함유하는 액체 상태의 제품
④ 안전용기·포장은 성인이 개봉하기는 어렵지 않고 3세 미만의 어린이는 개봉하기 어렵게 설계·고안되어야 함
⑤ 일회용 제품, 용기 입구 부분이 펌프 또는 방아쇠로 작동되는 분무용기 제품, 압축 분무 용기제품(에어로졸 제품 등)을 대상으로 함

43 다음 중 화장품 제조 과정에서 교차오염을 방지하기 위한 방법으로 적절하지 않은 것은?

① 칭량 시 사용하는 기구는 원료에 따라 세척 후 공동으로 사용해도 무방하다.
② 파우더 원료는 비산 가능성이 있으므로 칭량 시 국소 배기 장치를 작동시켜야 한다.
③ 원료 보관 장소와 칭량 구역은 명확히 구획하여 분리되어야 한다.
④ 각 원료는 개별적으로 칭량하여 혼합 시 혼동이 없도록 한다.
⑤ 칭량 또는 운반 전, 드럼 용기의 상단은 청결 상태를 점검한다.

44 다음 중 완제품 보관 검체에 대한 설명으로 옳지 않은 것은?

① 보관 검체는 각 제조 번호(뱃치)를 대표할 수 있는 것으로 보관한다.
② 일반적으로 각 뱃치별로 시험을 2회 수행할 수 있을 만큼의 양을 확보하여 보관한다.
③ 제품은 실사용 조건과 동일한 환경에서 보관하는 것이 바람직하다.
④ 사용기한이 표시된 경우에는 기한이 지난 후 1년간 보관하고, 개봉 후 사용기한이 있는 경우에는 제조일로부터 3년까지 보관할 수 있다.
⑤ 원래의 제품 상태를 그대로 유지한 채 보관 검체로 보존한다.

45 미백 크림 100g에 대한 품질보증서이다. 다음의 유통화장품의 안전관리 기준에 따른 분석 중 옳은 것을 모두 고른 것은?

시험 항목	시험 결과
pH	5
세균수	400개/g(mL)
진균수	300개/g(mL)
수은	0.2μg/g 검출
안티모니	불검출
비소	20μg/g 검출
카드뮴	8μg/g 검출
폼알데하이드	1,200μg/g 검출
녹농균	불검출
대장균	불검출
황색포도상구균	검출
알부틴	2.5g
히드로퀴논	0.1ppm 검출

㉠ 액상 제품은 pH 3.0~9.0이어야 하는데 이 제품은 pH 5.0이므로 적합하다.
㉡ 화장품 미생물 허용한도는 총호기성생균수 300개/g(mL)이하로 관리되어야 하기 때문에 부적합하다.
㉢ 알부틴은 피부 미백에 도움을 주는 기능성화장품 성분 함량인 2.0~5.0% 범위 내에서 분석되었기 때문에 적합하다.
㉣ 수은의 허용 한도는 0.01μg/g 이하인데, 측정 결과 0.1μg/g로 검출되어 적합하다.
㉤ 폼알데하이드는 검출 허용한도 1,000μg/g 이하로 관리되기 때문에 부적합하다.
㉥ 알부틴을 2% 이상 함유하고 있기 때문에 「인체적용시험 자료」에서 구진과 경미한 가려움이 보고된 예가 있음의 주의사항 문구가 표시되어야 한다.
㉦ 히드로퀴논이 0.1ppm 검출되었기 때문에 위해성 등급은 '가'이며, 회수를 시작한 날부터 15일 이내에 회수되어야 한다.
㉧ 비소의 허용 한도는 10μg/g 이하인데, 20μg/g이 검출되어 부적합하다.
㉨ 카드뮴의 허용 한도는 10μg/g 이하이므로 측정 결과 8μg/g로 검출되어 적합하다.
㉩ 녹농균, 대장균, 황색포도상구균은 모두 검출되어서는 안 되는 병원성 미생물인데, 이 중 황색포도상구균만 소량 검출되어 해당 제품은 적합하다.

① ㉠, ㉢, ㉤, ㉧, ㉩
② ㉠, ㉣, ㉤, ㉨, ㉩
③ ㉡, ㉢, ㉥, ㉦, ㉩
④ ㉠, ㉢, ㉥, ㉧, ㉨
⑤ ㉡, ㉣, ㉥, ㉨, ㉩

46 맞춤형화장품판매업소의 위치를 이전하는 경우, 관할 기관에 제출할 필요가 <u>없는</u> 서류는 무엇인가?

① 맞춤형화장품조제관리사 자격증 사본
② 맞춤형화장품판매업 신고필증
③ 사업자등록증
④ 혼합·소분 장소·시설 등을 확인할 수 있는 세부 평면도 및 상세 사진
⑤ 건축물관리대장

47 다음 중 영업 금지 처분에 해당하지 <u>않는</u> 것은?

① 단골 손님의 부탁으로 호랑이 뼈 추출물을 사용한 화장품을 판매하였다.
② 판매를 위해 유통기한은 남았지만 병원성 미생물에 오염된 화장품을 진열하였다.
③ 제품의 포장이 유행이 지나 사람들의 관심을 끌기 위해 최신 스타일의 포장 방식을 도입하여 기존 포장지 위에 덧붙여 판매하였다.
④ 기능성화장품 심사를 받기 위해 서류를 작성한 후에 기능성화장품으로 판매하였다.
⑤ 고형비누의 판매를 촉진하기 위해 아이들이 좋아하는 사탕과 유사한 모형과 크기로 만들어 판매하였다.

48 다음 중 화장품 표시·광고의 표현 범위 및 기준과 관련하여 금지된 표현끼리 짝지어진 것은?

① 일시적 셀룰라이트 감소, 모낭충
② 아토피, 건선
③ 통증 경감, 모발의 손상을 개선
④ 빠지는 모발을 감소시킴, 항염·진통
⑤ 해독, 제품에 특정 성분이 들어 있지 않다는 '무(無)○○' 표현

49 다음 중 맞춤형화장품으로 판매 가능한 경우는?

① 여드름 피부로 고민하는 고객을 위해, 맞춤형화장품조제관리사가 병풀추출물을 비누 베이스에 넣어 고형 제품으로 조제하고 소분하였다.
② 기능성 성분인 나이아신아마이드 2%가 포함된 제품이 심사받은 후, 화장품책임판매업자가 해당 제품에 글리세린 0.3%를 추가하여 맞춤형화장품판매업자에게 제공하였다.
③ 고객이 향을 시향한 뒤, 맞춤형화장품조제관리사가 B사의 향수 원액 8% 중 머스크 자일렌을 0.5%로 조정하여 조제하였다.
④ 피부 수분 상태가 낮은 고객을 위해, 맞춤형화장품조제관리사가 A사의 보습크림 베이스에 디에틸렌글라이콜 1%를 추가하였다.
⑤ 각질이 신경 쓰인다는 고객을 위해, 고체 플라스틱 입자(직경 5㎜)가 포함된 스크럽제를 소분하여 제공하였다.

50 다음의 맞춤형화장품 혼합 및 소분과 관련한 내용 중 옳지 <u>않은</u> 것을 모두 고른 것은?

> ㉠ '%'는 질량백분율을 나타내고, 'ppm'은 질량백만분율을 나타낸다.
> ㉡ '냄새 없음'이라고 표시된 원료는 실제로 냄새가 나지 않거나 거의 나지 않아야 한다.
> ㉢ 액체의 밀도를 같은 온도의 절대점도로 나눈 값을 운동점도라고 한다.
> ㉣ 제품의 pH는 보통 유리전극이 부착된 pH 측정기를 사용하여 측정한다.
> ㉤ 시험에 사용하는 온도는 셀시우스법(℃)을 따르며, 특별한 규정이 없는 한 20~30℃에서 시험을 진행한다.

① ㉠, ㉤
② ㉠, ㉡
③ ㉡, ㉣
④ ㉢, ㉣
⑤ ㉢, ㉤

51 어린이 사용 제품의 표시·광고와 관련한 내용으로 옳지 않은 것?

① 표시는 1차 또는 2차 포장에 '어린이용 화장품'임을 명확히 하여 기재하여야 하며, 이때 화장품의 명칭에 어린이를 나타내는 표현이 포함된 경우도 이에 해당한다.
② 제품의 효능·효과를 입증할 수 있는 자료를 작성하고 이를 보관하는 것이 필요하다.
③ 방문판매나 실연 형태의 광고에서도 어린이 화장품임을 명시한 경우, 표시에 관한 기준이 동일하게 적용된다.
④ 화장품의 안전성 평가 자료는 작성하여 보관하여야 하며, 안전성 자료는 1차 포장에 사용기한을 표시하는 경우, 마지막으로 제조·수입된 제품의 사용기한 만료일 이후 1년까지의 기간을 말한다.
⑤ 제품 및 제조방법에 대한 설명 자료의 작성 및 보관이 필요하다.

52 기능성화장품 심사에 관한 규정 중 독성시험 방법과 특징이 바르게 연결되지 않은 것은?

① 단회 투여 독성 평가 : 쥐나 생쥐를 대상으로 단 한 번 시험물질을 투여한 뒤, 나타나는 독성 증상의 종류, 강도, 발생 시점과 경과, 회복 가능성 등을 관찰하고 기록함
② 일차 피부 자극 반응 시험 : 흰 토끼나 기니피그를 세 마리 이상 사용하여, 시험물질을 1회 도포한 후 24시간, 48시간, 72시간이 지난 시점에서 피부 상태를 육안으로 살핌
③ 피부 감작성 평가 : 기니피그를 대상으로 하며, 일반적으로 드레이즈(Draize) 피부 자극 시험을 적용하여 시험물질을 바른 뒤, 붉어짐과 부기의 정도를 시간 경과에 따라 평가함
④ 광민감 반응 시험 : 기니피그를 주로 이용하며, 시험물질이 빛에 의해 민감 반응을 유도하는지를 확인한다. 필요시 감작성 유도를 높이기 위해 면역 증강제(Adjuvant)를 사용할 수 있음
⑤ 유전 독성 평가 : 박테리아를 활용한 복귀 돌연변이 시험, 포유류 세포를 이용한 시험관 내 염색체 이상 시험, 설치류의 골수 세포를 이용한 생체 내 소핵 시험 등이 이에 포함됨

53 다음 맞춤형화장품에 관한 내용으로 옳은 것은?

① 맞춤형화장품을 취급하는 판매장은 위생 상태에 대한 점검을 실시한 후, 그 결과를 기록하여 관리하여야 한다.
② 맞춤형화장품은 조제 방식이나 조건이 달라져도 항상 동일한 수준의 안전성이 확보된다.
③ 맞춤형화장품은 개인의 피부 상태에 맞춰 제조되므로, 부작용이 생길 가능성은 없다.
④ 개인의 취향을 중시하는 사회 분위기 속에서, 화장품도 맞춤형 서비스 개념이 도입되어 내용물의 혼합 없이 제조되는 방식으로 발전하였다.
⑤ 맞춤형화장품은 소비자의 피부 상태에 따라 조제 방식이 달라지므로 가격표를 부착할 수 없고, 구입 시 구두로만 설명한다.

54 혼합 시 제형의 안정성을 감소시키는 요인에 대한 설명으로 옳지 않은 것은?

① 유화 입자의 크기가 균일하지 않으면, 외관이나 점도에 변화가 생길 수 있으며, 원료의 산화로 인해 색상이나 냄새 등의 제품 특성에 이상이 생길 수 있다.
② W/O 타입의 유화 제품을 만들 때, 수상 재료를 너무 빠르게 넣으면 유화가 제대로 되지 않거나, 제품의 안정성이 크게 떨어질 위험이 있다.
③ 제조 온도가 설정값보다 과도하게 높아지면, 가용화제의 친수성과 친유성 균형(HLB 값)이 변할 수 있으며, 특정 온도를 초과하면 가용화 상태가 불안정해져 제품의 안정성에 영향을 줄 수 있다.
④ 휘발성이 강한 원료는 유화 과정 중 혼합 직전에 넣는 것이 바람직하다.
⑤ 믹서의 회전 속도가 느릴수록 원료가 더 빠르게 용해되고, 폴리머도 쉽게 분산되어 수화가 잘 이루어지며 덩어리 형성 없이 메인 믹서로의 이송이 원활해진다.

55 다음 중 맞춤형화장품조제관리사 자격시험에 대한 설명으로 틀린 것은?

① 맞춤형화장품조제관리사의 결격사유는 정신질환이 있는 사람, 피성년후견인, 마약류에 중독된 자, 금고 이상의 형을 받고 아직 집행이 종료되지 않았거나 면제되지 않은 사람, 그리고 자격이 취소된 날로부터 3년이 경과하지 않은 경우이다.
② 맞춤형화장품조제관리사 자격시험에서 부정행위를 하거나 부정한 방법으로 시험을 치른 경우, 해당 시험의 응시가 중단되거나 합격이 취소되며, 이러한 조치를 받은 사람은 처분일로부터 3년 동안 시험에 다시 응시할 수 없다.
③ 맞춤형화장품조제관리사는 매년 4시간 이상 8시간 이하의 화장품 안전 및 품질 관련 교육을 필수로 이수하여야 한다.
④ 맞춤형화장품조제관리사가 아닌 사람은 이 명칭이나 혼동을 줄 수 있는 비슷한 표현을 사용할 수 없으며, 이를 위반할 경우 50만 원 이하의 과태료가 부과될 수 있다.
⑤ 자격증을 다른 사람에게 빌려주거나, 자신의 이름을 이용해 타인이 맞춤형화장품조제관리사의 직무를 수행하게 할 경우, 해당 자격이 취소될 수 있다.

56 다음 중 맞춤형화장품의 원료 혼합·교반 장치끼리 짝지은 것은?

① 디스펜서, 디지털발란스, 비커
② 항온수조, 온도계, 핫플레이트
③ 시약스푼, 스패출러, 헤라
④ 호모게나이저, 디스퍼, 핸드블렌더
⑤ 융점 측정기, pH 미터, 점도계

57 맞춤형화장품판매업자의 준수사항으로 옳지 않은 것은?

① 맞춤형화장품판매업자는 원료 및 내용물의 입고, 사용량, 폐기 내역 등에 대해 철저히 문서로 작성하고 관리하여야 한다.
② 맞춤형화장품판매업자는 제품의 제조번호, 사용기한 또는 개봉 후 사용기간, 판매 일시 및 수량 등을 기재한 판매내역서를 작성하고 이를 보관하여야 한다.
③ 사용된 원료의 목록과 제품 생산과 관련된 실적 자료는 체계적으로 기록하고 이를 보관하여 관리하여야 한다.
④ 원료 혼합이나 소분 작업 시 일회용 장갑을 착용하면 손 소독이나 세정은 하지 않아도 무방하다.
⑤ 맞춤형화장품을 판매한 후 소비자에게 이상 사례가 발생하였음을 알게 된 경우, 이를 확인한 날로부터 10일 이내에 식품의약품안전처에 지체없이 신고하여야 한다.

58 물과 기름처럼 섞이지 않는 두 액체 중 하나가 다른 액체 속에 작은 입자 형태로 고르게 퍼지는 경우가 있다. 다음 중 이러한 현상이 발생할 수 있는 화장품 제조 공정 설비로 적절하지 <u>않</u>은 것은?

① 냉각기
② 열교환기
③ 여과 장치
④ 패들 믹서
⑤ 용해 탱크

59 화장품 원료의 안전성과 관련된 일반적인 설명 중 적절하지 <u>않은</u> 것은?

① 사용하는 원료는 식품의약품안전처장이 사용금지 성분으로 지정하지 않은 것이어야 하며, 정해진 사용 기준을 충족하여야 한다.
② 화장품의 원료는 하나의 성분으로 이루어질 수도 있고 복합적으로 조합된 형태일 수도 있으며, 최종 제품이 안전하다면 개별 성분 중 일부에 안전성 우려가 있더라도 사용할 수 있다.
③ 혼입된 불순물 간의 상호작용으로 인해 생물학적 유해성이 발생할 가능성이 있으므로 주의가 필요하다.
④ 성분의 안전성은 사용 환경이나 노출 방식 등에 따라 달라질 수 있다.
⑤ 화장품 성분이 피부를 통과하면 국소적인 작용뿐 아니라 전신적인 반응에도 영향을 줄 수 있으며, 함께 사용되는 다른 성분들이 이러한 흡수에 영향을 미칠 수 있다.

60 다음 중 피부노화에 악영향을 주는 것으로 적절하지 <u>않은</u> 것은?

① 당아미노글라이칸의 감소
② 멜라닌 세포의 기능 이상
③ 피부혈관의 면적 감소
④ 콜라겐의 감소 및 분해 증가
⑤ 진피 두께 증가

61 다음 중 탈모에 대한 설명으로 <u>틀린</u> 것은?

① 지루성 피부염이나 건선 등의 피부 질환은 탈모와 관계 없다.
② 동물성 지방을 많이 섭취하면 혈행이 나빠지고 피지와 염증이 증가해 탈모에 영향을 줄 수 있다.
③ 모발 상태는 뇌하수체, 갑상선, 부신피질, 그리고 생식선에서 분비되는 호르몬의 영향을 받을 수 있다.
④ 스트레스는 자율신경계를 자극해 혈류를 줄이고 모발 성장뿐 아니라 탈모, 피부염 등 다양한 피부 문제를 유발할 수 있다.
⑤ 탈모 유전자는 부모 양쪽으로부터 영향을 받을 수 있으나, 일반적으로 모계 유전자의 영향을 더 크게 받는 경향이 있다.

62 다음의 설명에 해당하는 시험 방법으로 옳은 것은?

> 가. 일반적으로 기니피그를 사용하는 시험법을 사용한다.
> 다. 시험 동물 : 각 시험법에 정한 바에 따른다.
> 라. 동물수 : 원칙적으로 1군당 5마리 이상
> 마. 시험군 : 원칙적으로 시험 물질투여군 및 적절한 대조군을 둔다.
> 바. 광원 : UVA 영역의 램프 단독, 혹은 UVA와 UVB 영역의 각 램프를 겸용해서 사용한다.
> 사. 시험 실시 요령 : 자항의 시험 방법 중에서 적절하다고 판단되는 방법을 사용한다.
> 아. 시험 결과의 평가 : 동물의 피부 반응을 각각의 시험법에 의거한 판정 기준에 따라 평가한다.
> 자. 대표적인 방법으로 다음과 같은 방법이 있다.
>   (1) Ison법
>   (2) Ljunggren법
>   (3) Morikawa법
>   (4) Sams법
>   (5) Stott법

① 광감작성시험
② 광독성시험
③ 유전독성시험
④ 피부감작성시험
⑤ 1차피부자극시험

63 화장품 가격 표시제도와 관련된 다음 설명 중 사실과 다른 것은?

① 일반 소비자에게 소매점이나 직매장을 통해 화장품을 판매할 때는 해당 소매업자가 가격 표시를 하여야 한다.
② 다단계 판매 방식으로 화장품을 유통하는 경우, 실제로 제품을 판매하는 사람이 가격을 표시할 의무가 있다.
③ 방문판매, 후원방문판매, 통신판매 방식으로 화장품을 판매하는 경우에도 판매자는 가격을 표시하여야 한다.
④ 화장품의 가격을 표시하여야 할 의무는 제조업자에게 있다.
⑤ 가격 표시 대상이 되는 화장품은 국내에서 제조되었거나 수입되어 국내 시장에서 판매되는 모든 제품이다.

64 다음은 피부 내의 생리작용에 대한 설명이다. ㉠~㉢에 들어갈 말로 알맞은 것끼리 짝지은 것은?

> 각질층은 피부의 수분을 유지하고 외부 유해 물질의 침입을 막는 피부 장벽으로서의 기능을 한다. (㉠)은 이러한 각질층이 형성되는 데 중요한 역할을 하는 단백질이며, 각질층 내의 다양한 단백질 분해 효소에 의해 분해된다. 이 과정에서 (㉠)은 (㉡)나 카복시펩티데이스와 같은 효소들의 작용을 받아, 결국 (㉢)을(를) 구성하는 아미노산으로 분해된다.

	㉠	㉡	㉢
①	멜라닌	아미노펩티데이스	지질
②	케라틴	리파아제	지질
③	케라틴	아미노펩티데이스	피지
④	필라그린	아미노펩티데이스	천연보습인자
⑤	필라그린	리파아제	피지

65 다음 중 피부의 생리적 구조에 대한 설명 중에서, 나머지와는 다른 조직적 특성이 있는 부분을 설명한 것은?

① 혈관이 없어 산소와 영양분을 주변 층에서 확산되는 방식으로 공급받는다.
② 섬유 단백질과 형태가 일정하지 않은 기질로 이루어져 있다.
③ 최외각층은 pH 4.5~5.5의 약산성 상태를 유지한다.
④ 이 층은 5개의 층으로 나뉘며, 세포의 대부분은 각질형성 세포(케라티노사이트)로 구성되어 있다.
⑤ 두께는 부위에 따라 차이가 있으며, 눈꺼풀은 약 0.04㎜로 가장 얇고, 손바닥은 약 1.6㎜로 가장 두껍다.

66 다음 중 ㉠~㉢에 들어갈 말로 알맞은 것끼리 짝지은 것은?

> 식품의약품안전처장은 (㉠) 평가가 완료되지 않았더라도, 국민의 건강과 안전을 지키기 위해 선제적인 조치가 필요하다고 판단되는 경우, 위원회의 심의를 거쳐 해당 (㉡)의 제조나 유통 등을 일시적으로 중단하도록 명령할 수 있다.
> 또한 이러한 일시 중단 조치가 내려진 (㉡)을 계속해서 제조하거나 판매한 사람은 (㉢)년 이하의 징역 또는 (㉢)천만 원 이하의 벌금형을 받을 수 있다.

	㉠	㉡	㉢
①	관능	인체적용제품	1
②	안전성	두발용 제품	1
③	안전성	인체적용제품	3
④	위해성	인체적용제품	3
⑤	위해성	두발용 제품	1

67 다음 중 UVA 차단용 유기 자외선 흡수제에 해당하는 성분은?

① 징크옥사이드
② 아이소아밀 p-메톡시신나메이트
③ 뷰틸렌글라이콜
④ 메톡시프로필아미노사이클로헥시닐리덴에톡시에틸사이아노아세테이트
⑤ 에틸헥실메톡시크릴렌

68 다음 중 책임판매관리자의 자격 기준이 아닌 것은?

① 이공계 학과 또는 향장학·화장품과학·의학·한약학·간호학·간호과학·건강간호학 등을 전공하여 학사 이상의 학위를 취득(법령에서 이와 같은 수준 이상의 학력이 있다고 인정하는 경우를 포함)한 사람
② 대학 등에서 학사 이상의 학위를 취득한 사람으로서 간호학과, 간호과학과, 건강간호학과를 전공하고 화학·생물학·생명과학·유전학·유전공학·향장학·화장품과학·의학·약학 등 관련 과목을 20학점 이상 이수한 사람
③ 맞춤형화장품조제관리사 자격시험에 합격한 사람
④ 식품의약품안전처장이 정하여 고시하는 전문 교육과정을 이수한 사람(식품의약품안전처장이 고시한 품목만 해당)
⑤ 향장학·화장품과학·한의학·한약학·간호학·간호과학 건강간호학 등 화장품 관련 분야를 전공하여 전문학사 학위를 취득(법령에서 이와 같은 수준 이상의 학력이 있다고 인정하는 경우를 포함)한 후 화장품 제조 또는 품질관리 업무에 2년 이상 종사한 경력이 있는 사람

69 다음을 읽고 행정처분의 일반 기준이 아닌 것을 모두 고른 것은?

> ㉠ 화장품제조업자가 등록한 소재지에 그 시설이 전혀 없는 경우 등록을 취소한다.
> ㉡ 행정처분 절차가 진행되는 기간 중에 반복하여 같은 위반행위를 한 경우 진행 중인 사항의 행정처분 기준의 2분의 1씩을 더하여 처분하며, 그 최대 기간은 24개월로 한다.
> ㉢ 위반행위의 횟수에 따른 행정처분의 기준은 최근 1년간 같은 위반행위로 행정처분을 받은 경우 적용한다. 기준의 적용일은 최근에 실제 행정처분을 받은 날(업무정지 처분을 갈음하여 과징금을 부과하는 경우에는 최근에 과징금 처분을 통보받은 날)과 다시 같은 위반행위를 적발한 날을 기준으로 하되, 품목 업무정지의 경우 품목이 다를 때에는 이 기준을 적용하지 않는다.
> ㉣ 위반행위가 둘 이상인 경우로서 업무정지와 품목 업무정지에 해당하는 경우, 그 업무정지 기간이 품목업무정지 기간보다 길거나 같을 때에는 업무정지 처분을 하고, 업무정지 기간이 품목업무정지 기간보다 짧을 때에는 업무정지 처분과 품목 업무정지 처분을 병과한다.
> ㉤ 같은 위반행위의 횟수가 4차 이상인 경우에는 과징금 부과 대상에서 제외한다.
> ㉥ 위반행위가 둘 이상인 경우로서 각각의 처분 기준이 다른 경우에는 그중 무거운 처분 기준을 따른다. 다만, 둘 이상의 처분 기준이 업무정지인 경우에는 가장 무거운 처분의 업무정지 기간에 나머지 각각의 업무정지 기간의 2분의 1을 더하여 처분하며, 이 경우 그 최대 기간은 12개월로 한다.

① ㉠, ㉣
② ㉡, ㉤
③ ㉡, ㉣
④ ㉢, ㉤
⑤ ㉢, ㉥

70 다음 중 개인정보를 목적 외로 이용하거나 제3자에게 제공할 수 있는 경우 중, 공공기관에만 해당되는 경우가 아닌 것은 무엇인가?

① 범죄의 수사와 공소의 제기 및 유지를 위하여 필요한 경우
② 조약, 국제협정 이행을 위해 외국 정보, 국제기구에 제공이 필요한 경우
③ 형 및 감호, 보호처분 집행에 필요한 경우
④ 공중위생 등 공공의 안전과 안녕을 위하여 긴급히 필요한 경우
⑤ 법원의 재판 업무 수행에 필요한 경우

71 다음 중 향수의 부향률이 높은 순서대로 나열한 것은?

① 오 드 퍼퓸 - 퍼퓸 - 오 드 투왈레트 - 오 드 콜롱 - 샤워 콜롱
② 퍼퓸 - 오 드 투왈레트 - 오 드 퍼퓸 - 오 드 콜롱 - 샤워 콜롱
③ 퍼퓸 - 오 드 퍼퓸 - 오 드 투왈레트 - 오 드 콜롱 - 샤워 콜롱
④ 퍼퓸 - 오 드 퍼퓸 - 오 드 콜롱 - 오 드 투왈레트 - 샤워 콜롱
⑤ 퍼퓸 - 오 드 퍼퓸 - 오 드 투왈레트 - 샤워 콜롱 - 오 드 콜롱

72 다음 중 수용성 비타민과 학명을 연결한 것으로 옳은 것은?

① 비타민 B1 - 리보플라빈
② 비타민 B2 - 티아민
③ 비타민 B3 - 피리독신
④ 비타민 C - 아스코빅애시드
⑤ 비타민 P - 비오틴

73 다음 중 작업자 위생 유지를 위한 손소독제에 관한 설명으로 옳지 않은 것은?

① 1차 에탄올이 함유되어 세정 효과가 있다.
② 물 없이도 손 소독이 가능하며 의약품으로 분류된다.
③ 알코올, 클로르헥시딘, 헥사클로로펜, 아이오도퍼 등이 있다.
④ 손소독제는 병원균의 전파를 줄이기 위한 위생 관리 수단 중 하나이다.
⑤ 손소독제는 사용 후 헹굴 필요가 없어 간편하게 사용할 수 있다.

74 다음은 설비 세척을 담당하는 두 직원의 대화이다. 대화의 내용으로 적절하지 않은 것은?

> 수진 : 이번에 설비 세척제를 구매해야 하는데 ① 기름때와 작은 입자를 제거하는 데 효과적인 중성 세척제를 사야겠어요.
> 경희 : 네, 좋은 생각이에요. ② 중성세척제는 약한 계면활성제 용액이지만 낮은 독성과 약한 부식성으로 장점이 많지요.
> 수진 : 경희 씨는 설비 세척제로 염두에 둔 부분이 있나요?
> 경희 : 저는 ③ 찌든 기름이 보여서 부식성 알칼리 세척제를 구매해야 한다고 생각해요.
> 수진 : ④ 찌든 기름에는 무기산, 약산성 세척제 효과적이에요. 독성, 환경, 취급 문제가 있지만 찌든 기름에는 그만한 제품이 없죠.
> 경희 : 네, 그렇군요. 그리고 ⑤ 기름이나 지방입자를 제거하기 위해 수산화 암모늄, 탄산나트륨, 인산나트륨이 더 필요해요.
> 수진 : 네, 그러면 제가 주문해 놓을게요.

75 다음 중 내용물 및 원료관리와 관련된 용어의 정의로 옳지 않은 것은?

① 출하 : 주문 준비와 관련된 일련의 작업과 운송 수단에 적재하는 활동으로 제조소 내의 다른 장소로 제품을 운반하는 것
② 수탁자 : 직원, 회사 또는 조직을 대신하여 작업을 수행하는 사람, 회사 또는 외부 조직
③ 일탈 : 제조 또는 품질관리 활동 등의 미리 정해진 기준을 벗어나 이루어진 행위
④ 기준일탈 : 규정된 합격 판정 기준에 일치하지 않는 검사, 측정 또는 시험 결과
⑤ 불만 : 제품이 규정된 적합 판정 기준을 충족하지 못한다고 주장하는 외부 정보

76 다음에서 '인체 세포·조직 배양액'의 기록서에 작성하지 않는 내용끼리 짝지은 것은?

> ㉠ 채취(보관 표함)한 기관 명칭
> ㉡ 검사 등의 결과
> ㉢ 채취한 세포의 목록, 양, 규격
> ㉣ 공여자 식별번호
> ㉤ 채취 연월일
> ㉥ 세포 또는 조직의 처리 취급 과정
> ㉦ 채취 동의서
> ㉧ 사람에게 감염성 및 병원성을 나타낼 가능성이 있는 바이러스 존재 여부 확인 결과

① ㉢, ㉧
② ㉠, ㉥
③ ㉡, ㉦
④ ㉣, ㉧
⑤ ㉢, ㉤

77 다음 중 폐업 신고와 관련된 내용이 아닌 것은?

① 영업자가 폐업 또는 휴업하거나 휴업 후 그 업을 재개하려는 경우 폐업, 휴업 또는 재개 신고서를 제출하여야 한다. 이 경우 신고서는 현장 방문하여 제출하여야 하며 전자문서로 된 신고서는 포함되지 않는다.
② 신고서에 화장품제조업 등록필증, 화장품책임판매업 등록필증 또는 맞춤형화장품판매업 신고필증(폐업 또는 휴업만 해당함)을 첨부하여 지방식품의약품안전청장에게 제출하여야 한다.
③ 「부가가치세법」에 따른 폐업 또는 휴업신고를 같이 하려는 자는 관할 세무서장에게 「부가가치세법 시행규칙」 별지 제9호 폐업·휴업신고서를 송부하여야 한다.
④ 「화장품법」에 따른 폐업 또는 휴업 신고를 하려는 자는 「부가가치세법 시행규칙」 별지 제11호의 폐업·휴업신고서를 지방식품의약품안전청장에게 송부하여야 한다.
⑤ 영업자가 「화장품법」에 따른 폐업·휴업신고와 「부가가치세법」에 따른 폐업 또는 휴업신고를 같이 하려는 경우에는 「부가가치세법 시행규칙」 별지 제11호와 「부가가치세법 시행규칙」 별지 제9호를 함께 제출하여야 하는데, 영업자가 이 신고서들을 지방식품의약품안전청장과 관할 세무서장 중 한 곳에 제출할 경우, 지방식품의약품안전청장과 관할 세무서장은 즉시 서로에게 송부하여야 한다.

78 뷰티학과 학생들이 모여서 맞춤형화장품으로 인한 부작용에 대해 토론하고 있다. 옳지 않은 부분은?

> 호림 : 이번주 과제 발표 준비 많이 했어?
> 정경 : 응, 도서관에서 자료도 많이 찾았고 내일까지 정리해서 내용 프린트하면 될 것 같아.
> 진만 : 나는 부작용 발생 시 절차까지 자세히 공부해 보고 있어. ① 맞춤형화장품으로 인해 부작용 사례가 발생하면 식품의약품안전처장에게 즉시 보고해야 해.
> 호림 : 나는 부작용 종류에 대해 알아보았어. ② 자통은 찌르고 따끔거리는 것과 같은 통증이고, ③ 따끔거림은 피부가 화끈거리거나 쓰린 느낌이야.
> 정경 : 나도 종류에 대해 알아봤는데 ④ 염증은 생체조직의 방어반응으로 주로 세균에 의한 감염이 많고 붉어지거나 고름이 맺히는 현상이야.
> 진만 : 다들 조사를 많이 했네. ⑤ 이런 문제가 발생하면 대처하기 위한 표준작업지침서(SOP)를 마련하고 그에 따라 대응해야 해.

79 다음 중 제2조 제8호부터 제11호까지에 해당하는 기능성화장품이 아닌 것은?

① 튼살로 인한 붉은 선을 엷게 하는 데 도움을 주는 화장품
② 피부장벽(피부의 가장 바깥쪽에 존재하는 각질층의 표피)의 기능을 회복하여 가려움 등의 개선에 도움을 주는 화장품
③ 탈모 증상의 완화에 도움을 주는 화장품(코팅 등 물리적으로 모발을 굵게 보이게 하는 제품은 제외함)
④ 피부 잔주름 개선과 깊은 주름 완화에 도움을 주는 화장품
⑤ 여드름성 피부를 완화하는데 도움을 주는 화장품(인체 세정용 제품류로 한정함)

80 다음 중 인체적용시험 자료로 입증하는 실증 대상인 것을 모두 고르면?

㉠ 여드름성 피부에 사용 적합
㉡ 콜라겐 증가·감소 또는 활성화
㉢ 항균(인체 세정용 제품에 한함)
㉣ 일시적 셀룰라이트 감소
㉤ 효소 증가·감소 또는 활성화
㉥ 피부 피지분비 조절
㉦ 빠지는 모발을 감소
㉧ 기미·주근깨 완화에 도움

① ㉠, ㉣, ㉤, ㉥
② ㉠, ㉢, ㉣, ㉥
③ ㉠, ㉤, ㉥, ㉧
④ ㉡, ㉢, ㉣, ㉦
⑤ ㉡, ㉣, ㉦, ㉧

주관식(단답형, 81~100번)

81 다음은 기능성화장품 심사를 위해 자료를 제출할 때, 시험 또는 저장 온도에 대한 기준을 설명하는 내용이다. ㉠~㉢에 들어갈 적절한 말을 쓰시오.

> 시험 또는 저장할 때의 온도는 원칙적으로 구체적인 수치를 기재한다. 다만, 표준온도는 (㉠)℃, 상온은 (㉡)~25℃, 실온은 1~(㉢)℃, 미온은 (㉢)~40℃로 한다.

㉠ :
㉡ :
㉢ :

82 수경이의 맞춤형화장품판매업소는 개인정보 수집과 관련하여 CCTV를 설치·운영 중이다. 아래의 다음은 CCTV 안내판에 적힌 내용의 일부이다. ㉠과 ㉡에 들어갈 알맞은 말을 쓰시오.

> **CCTV 설치 안내**
> • 설치목적 : 방범, 화재예방, 시설안전관리
> • 장소 : 주요 출입구 및 통로, 승강기 내
> • 촬영시간 : 24시간 연속촬영 / 녹화
> • (㉠) : 주차장, 승강기, 빌딩 내 주요시설
> • (㉡) 성명 : △△빌딩 관리소장 한영희
> • (㉡) 연락처 : 010-○○○○-○○○○
> • 운영기관 : △△빌딩 관리사무소

㉠ :
㉡ :

83 다음을 읽고 빈칸에 공통으로 들어갈 숫자를 쓰시오.

- A 회사는 5년 전 경기도 성남에서 화장품제조업을 등록하였다. 2년 전 용인으로 회사를 옮겼다. 하지만 직원의 실수로 변경 등록을 신청하지 않아서, 아직 회사 소재지가 성남으로 되어 있다.
  - 1차 위반 시 행정처분 : 제조업무정지 (   )개월
- B 회사는 화장품책임판매관리자가 퇴사를 하였다. 회사 사정상 책임판매관리자를 채용하지 못하고 화장품을 수입하여서 판매하고 있다.
  - 1차 위반 시 행정처분 : 판매 또는 해당 품목 판매업무정지 (   )개월

84 다음은 「화장품법 시행규칙」 별표 4에서 규정한 화장품 포장의 표시 기준 및 표시 방법, 그리고 화장품 사용 시 주의사항 및 알레르기 유발 성분 표시 기준에 관한 내용이다. ㉠~㉢에 들어갈 적절한 성분을 목록에서 골라 쓰시오.

화장품 제조에 사용된 성분 중 (㉠)은(는) 향료로 표시할 수 있다. 다만, (㉠)의 구성 성분 중 식품의약품안전처장이 정하여 고시한 알레르기 유발 성분이 있는 경우에는 향료로 표시할 수 없고, 해당 성분의 명칭을 기재·표시하여야 한다. 다음에서 (㉡)과(와) (㉢)은(는) (㉠)의 구성 성분 중 알레르기 유발 성분에 해당하지 않는다.

성분의 목록
- 벤질벤조에이트
- 신나밀알코올
- 아이소프로필알코올
- 쿠마린
- 신남알
- 유제놀
- 헥실신남알
- 다이소듐이디티에이
- 하이드록시시트로넬알

㉠ :
㉡ :
㉢ :

85 다음은 퍼머넌트·염색 시술 원료에 대한 설명이다. ㉠과 ㉡에 들어갈 원료의 이름을 쓰시오.

(㉠)
- 산화제로서 머리카락 속의 멜라닌색소를 파괴하여 두발 원래의 색을 지우는 역할을 하는 원료이다.
- 머리카락의 큐티클을 열어 염색약 속의 색소가 잘 침투된 후에 머리카락에 고정되도록 돕는다.
- 두발용 제품에는 3.0%의 사용한도가 있다.

(㉡)
- pH를 높여 모표피를 손상시켜 염료와 과산화수소가 머리카락 속으로 잘 스며들 수 있도록 하는 성분이다.
- 염색 과정에서 발생할 수 있는 냄새를 발생시키기도 한다.
- 6.0%의 사용한도가 있다.

㉠ :
㉡ :

86 다음은 「화장품법 시행규칙」에 의한 위해화장품 회수계획서 내용 중 일부이다. ㉠과 ㉡에 들어가야 할 항목을 쓰시오.

회수계획서
※ 여백이 부족한 경우 별지에 추가 작성할 수 있습니다.

제출인	상호 (법인인 경우 법인의 명칭)		등록번호 또는 신고번호
	소재지 (우편번호 :)		전화번호 (팩스번호)
	대표자		생년월일
회수대상제품정보	제품명		유형 (「화장품업 시행규칙」 별표 3에 따른 유형을 적습니다)
	화장품 제조업자	화장품 책임판매업자	맞춤형화장품 판매업자
	제품성상 ('색상' 및 로션, 크림 등 의 '제형'을 표기합니다)		사용기한 또는 개봉 후 사용기간
	수입화장품의 경우 제조국의 명칭, 제조회사명 및 그 소재지		
	포장단위, 포장형태 ('개', '박스' 등으로 표기합니다)		
	제품 사진 (첨부하여 제출합니다)		
	(㉠)		(㉡)
회수이유	회수결정경위 (제품결함 발생경위 및 발생일 등을 적습니다)		
	위해성 등급 (가등급, 나등급 또는 다등급의 위해성 등급 분류 를 적습니다)		
	제품결함내용 (결함종류, 결함원인, 결함이 안전성 등에 미치는 영향 등을 적습니다)		

㉠ :
㉡ :

87 다음을 참고하여 평판희석법을 사용하여 총호기성생균수를 계산하고, 수분 크림일 경우의 총호기성생균수의 적합 여부를 평가한 후, ㉠과 ㉡에 들어갈 적절한 말을 쓰시오.

- 검액 1㎖를 각 배지에 접종한 경우
  $$\{(X_1+X_2+\cdots+X_n)\div n\}\times d$$
  *n : 배지(평판)의 개수
  *X : 각 배지(평판)에서 검출된 집락수
  *d : 검액의 희석배수
- 10배 희석 검액 1㎖씩 2회 반복

구분	각 배지에서 검출된 집락수	
	평판 1	평판 2
세균용 배지	64	50
진균용 배지	20	32
세균수 (CFU/g 또는 ㎖)	{(64+50)÷2}×10	
진균수 (CFU/g 또는 ㎖)	{(20+32)÷2}×10	
총호기성생균수 (CFU/g 또는 ㎖)	(㉠)	

- 적합 여부 : (㉡)

㉠ :
㉡ :

88 다음은 「화장품법」 제2조(정의)의 기능성화장품 내용 중 일부이다. ㉠~㉢에 들어갈 알맞은 말을 쓰시오.

2. '기능성화장품'이란 화장품 중에서 다음의 어느 하나에 해당되는 것으로서 (㉠)(으)로 정하는 화장품을 말한다.
  가. 피부의 미백에 도움을 주는 제품
  나. 피부의 (㉡) 개선에 도움을 주는 제품
  다. 피부를 곱게 태워주거나 자외선으로부터 피부를 보호하는 데에 도움을 주는 제품
  라. 모발의 색상 변화·제거 또는 영양 공급에 도움을 주는 제품
  마. 피부나 모발의 기능 약화로 인한 건조함, 갈라짐, 빠짐, (㉢) 등을 방지하거나 개선하는 데에 도움을 주는 제품

㉠ :
㉡ :
㉢ :

89 다음은 완제품 보관 검체의 주요 사항을 나열한 것이다. ㉠~㉢에 들어갈 알맞은 말을 쓰시오.

- 제품을 그대로 보관하여야 한다.
- 각 (㉠)을(를) 대표하는 검체를 보관한다.
- (㉠)별로 제품 시험을 (㉡)번 실시할 수 있는 양을 보관한다.
- 제품이 가장 안정한 조건에서 보관한다.
- 적절한 보관조건하에 지정된 구역 내에서 제조단위별로 사용기한까지 또는 개봉 후 사용기간을 기재하는 경우 제조일로부터 (㉢)년간 보관한다.

㉠ :
㉡ :
㉢ :

90 다음은 멜라닌 합성 과정을 설명한 것이다. ㉠~㉢에 들어갈 알맞은 말을 쓰시오.

> 멜라닌은 (㉠)에서 합성되며, 티로신을 시작 물질로 하여 티로시나아제 효소에 의해 산화되며, 최종적으로 갈색, 검은색을 나타내는 (㉡)과 노란색, 붉은색을 나타내는 (㉢)으로 만들어진다.

㉠ :
㉡ :
㉢ :

91 다음을 읽고, ㉠~㉢에 들어갈 알맞은 말을 쓰시오.

> 각질층은 피부의 수분을 유지하고 외부 물질이 침투하는 것을 막는 장벽 역할을 한다. 각질층에는 다양한 수용성 물질이 포함되어 있으며, 이를 (㉠)(이)라고 한다. 천연보습인자를 구성하는 수용성 아미노산은 필라그린이 각질층 세포의 아래쪽에서 위쪽으로 이동하는 동안 (㉡)의 작용에 의해 분해되어 형성된다. 필라그린은 각질층의 상층에 도달하는 과정에서 아미노펩티데이스, (㉢) 등의 효소 작용을 받아 최종적으로 아미노산으로 변환된다.

㉠ :
㉡ :
㉢ :

92 다음은 「화장품 안전 기준 등에 관한 규정」 중 미생물 한도를 검출하기 위한 검체의 전처리에 관한 내용이다. ㉠과 ㉡에 들어갈 내용을 쓰시오.

> (㉠) : 검체 1g에 적당한 분산제를 1㎖ 넣고 충분히 균질화시킨 후 변형레틴액체배지 또는 검증된 배지 및 희석액 8㎖를 넣어 10배 희석액을 만들고 희석이 더 필요할 때에는 같은 희석액으로 조제한다. 분산제만으로 균질화가 되지 않을 경우 적당량의 지용성 용매를 첨가한 상태에서 멸균된 마쇄기를 이용하여 검체를 잘게 부수어 반죽 형태로 만든 뒤 적당한 분산제 1㎖를 넣어 균질화시킨다. 추가적으로 40℃에서 (㉡)분 동안 가온한 후 멸균한 유리구슬을 넣어 균질화시킨다.

㉠ :
㉡ :

93 다음은 보존제를 나열한 것이다. 이 중 「화장품 안전 기준 등에 관한 규정」에 따라 사용상의 제한이 필요한 보존제를 쓰시오.

> 판테놀, 뷰틸렌글라이콜, 트리클로산, 프로필렌글라이콜, 카보머

94 다음은 화장품을 무작위로 나열한 것이다. 이 중 성질이 다른 하나를 쓰시오.

> 메이크업 베이스, 볼연지, 페이스 파우더, 보디페인팅, 페이스페인팅, 아이섀도, 분장용 제품, 립스틱, 립밤

95 다음에서 설명하는 성분의 이름을 쓰시오.

> - 물과 알코올에 잘 녹는 무색무취의 지방족 알코올($C_3H_8O_3$)이다.
> - 공기 중의 수분을 끌어당기는 흡습성이 있어 보습 효과가 있다.
> - 착향제, 보습제, 용제, 점도감소제로 쓰이며, 핸드크림이나 염모제 등에 흔히 포함된다.
> - 해당 성분이 함유된 핸드크림을 사용할 때, 이 성분에 민감하거나 알레르기 병력이 있는 경우 주의하여 사용하여야 한다.
> - 해당 성분이 함유된 염모제를 사용할 때, 이 성분에 알레르기가 있는 사람은 사용 전에 의사 또는 약사와 상담하는 것이 필요하다.

96 다음에 제시된 계면활성제 성분을 보고 세정력이 강한 순서대로 빈칸에 들어갈 기호를 쓰시오.

> ㉠ 암모늄라우릴설페이트(ALS)
> ㉡ 하이드로제네이티드레시틴
> ㉢ 소르비탄팔미테이트
> ㉣ 폴리쿼터늄-10

(㉠) > (   ) > (   ) > (   )

97 다음에서 설명하는 시험법의 이름을 쓰시오.

> 원료규격서에 포함하여야 하는 항목인 색, 냄새, 용해 상태, 액성(pH), 산, 알칼리, 염화물, 황산염, 중금속, 비소, 황산에 대한 정색물, 구리, 주석, 수은, 아연, 알루미늄, 철, 알칼리토금속, 일반 이물, 유연 물질 및 분해 생성물, 잔류용매 등에 대한 필요한 항목을 설정하는 방법이다.

98 다음에서 설명하는 규정의 이름을 쓰시오.

( )은(는) 화장품을 취급하고 사용할 때 발생할 수 있는 안전성 관련 정보를 체계적이고 효율적으로 수집·검토·평가하여 적절한 안전대책을 마련하고 국민 보건상의 위해를 방지함을 목적으로 하는 규정이다. 화장품 책임판매업자가 중대한 유해사례를 알았거나 외국 정부의 판매중지나 회수 조치를 알게 된 경우, 정보를 알게 된 날부터 15일 이내, 정기보고는 매 반기 종료 후 1개월 이내에 진행되어야 한다고 규정되어 있다.

99 다음의 포장재 중 내약품성이 우수한 포장재를 모두 골라 쓰시오.

폴리스티렌, 고밀도 폴리에틸렌, 폴리에틸렌테레프탈레이트, 폴리프로필렌, 알루미늄, ABS 수지, 폴리염화비닐(PVC)

100 다음을 읽고 공통으로 빈칸에 들어갈 알맞은 말을 쓰시오.

- 대부분의 경우, 면역계는 외부에서 세균, 이물질 등이 들어오면 우리 몸을 보호하기 위해 면역반응을 일으킨다. 그러나 이러한 반응이 지나쳐 과민반응을 일으키는 증상을 ( )(이)라고 한다.
- ( ) 반응을 유발하는 착향제로는 리날룰, 쿠마린, 파네솔, 시트랄 등이 있다.

최종 모의고사 05회

시행기준	점수 / 풀이시간
총 100문항/120분/1000점	점 / 분

수험번호 : _____
성　　명 : _____

정답 & 해설 ▶ 582p

객관식(선다형, 01~80번)

01 다음 중 원료의 특성에 관한 설명으로 옳은 것은?
① 수성 원료는 피부 수분 증발을 억제하고 화장품의 흡수력에 도움을 준다.
② 유성 원료에는 유지(식물성 오일, 동물성 오일), 왁스, 탄화수소, 고급 지방산, 고급 알코올, 에스터, 보습제(폴리올) 등이 있다.
③ 고분자화합물(폴리머)에는 점증제와 피막형성제(밀폐제)가 있다.
④ 산화방지제는 미생물로부터의 변질을 막기 위해 사용한다.
⑤ 피막형성제(밀폐제)는 점도를 조절하고 천연・반합성・합성 고분자, 무기물 등이 있다.

02 다음을 보고 원료 기준 및 시험 방법을 작성할 때 원칙적으로 기재하여야 하는 사항이 <u>아닌</u> 것을 모두 고른 것은?

㉠ 명칭	㉡ 함량기준
㉢ 구조식 또는 시성식	㉣ 제조 방법
㉤ 시성치	㉥ 순도시험
㉦ 표준품 및 시약・시액	㉧ 기원

① ㉠, ㉡, ㉣, ㉤
② ㉠, ㉤, ㉦, ㉧
③ ㉡, ㉣, ㉤, ㉧
④ ㉢, ㉥, ㉤, ㉦
⑤ ㉢, ㉤, ㉦, ㉧

03 다음 중 제품별 포장 방법에 관한 기준이 <u>아닌</u> 것은?
① 단위제품은 1회 이상 포장한 최소 판매단위의 제품이다.
② 복합합성수지재질・폴리비닐클로라이드재질 또는 합성섬유재질로 제조된 받침접시 또는 포장용 완충재를 사용한 제품의 포장공간 비율은 15% 이하로 한다.
③ 단위제품 중 인체 및 두발 세정용 제품류의 포장공간 비율은 15% 이하이고 포장횟수는 2차 이내이다.
④ 단위제품 중 그 밖의 화장품류(방향제 포함)는 포장공간 비율은 10% 이하(향수 제외)이고 포장횟수는 2차 이내이다.
⑤ 2차 포장 외부에 붙인 필름, 종이 등의 포장과 재사용이 가능한 파우치, 에코백, 틴케이스는 포장횟수에 적용하지 않는다.

04 화장품의 색소에 대한 설명으로 옳지 않은 것은?

① 레이크를 제조할 때 사용하는 기질은 순색소를 확산시키는 역할을 한다.
② 순색소는 중간체, 희석제, 기질 등을 포함하여 제조된 복합 색소를 말한다.
③ 색소는 화장품이나 피부에 색을 띠게 하는 것을 주된 목적으로 사용된다.
④ 타르색소는 제1호의 색소 중 콜타르, 그 중간생성물에서 유래되었거나 유기 합성하여 얻은 색소 및 그 레이크, 염, 희석제와의 혼합물이다.
⑤ 레이크는 타르색소를 기질에 흡착, 공침 또는 단순한 혼합이 아닌 화학적 결합에 의하여 확산시킨 색소이다.

05 다음 중 자외선차단에 대한 설명으로 옳은 것은?

① SPF는 UVA를 차단하는 정도를 나타내는 지수이며, SPF 1은 약 10~15분 정도의 자외선 차단 효과가 있다는 의미이다.
② 자외선 차단지수(SPF)는 제품을 바르지 않은 피부의 최소홍반량을 제품을 바른 피부의 최소 홍반량으로 나눈 값이다.
③ SPF15는 150~225분 정도의 UVB 차단 효과를 의미한다.
④ PA는 자외선 B(UVB)의 차단 지수를 나타내는 표기로 'Protection Grade of UVB'의 약자이다.
⑤ PA+++은 PA+보다 낮은 자외선 차단효과를 나타낸다.

06 내용물 및 원료에 대한 품질검사 결과를 확인할 수 있는 서류는 무엇인가?

① 제품표준서
② 품질성적서
③ 제조위생관리기준서
④ 판매내역서
⑤ 제조지시서

07 다음 중 유통화장품 관련 용어의 정의로 옳지 않은 것은?

① 정기 검·교정 : 제품의 품질에 영향을 미칠 수 있는 측정 장비에 대해 정기적 계획을 수립해 실시하는 활동
② 예방적 활동 : 주요 설비나 시험 장비에 사용되는 부속품 중 정기적으로 교체가 필요한 항목에 대해 연간 계획을 수립하고, 고장이 발생하기 전에 미리 조치를 취하는 것
③ 공정관리 : 모든 제조 공정을 자동화하여 별도의 기준 없이도 품질이 일정하게 유지되도록 하는 작업
④ 불만 : 제품이 규정된 적합 판정 기준을 충족하지 못한다고 주장하는 외부 정보
⑤ 적합 판정 기준 : 시험 결과의 적합 판정을 위한 수적인 제한, 범위 또는 기타 적절한 측정법

08 표시된 용량이 300g인 제품의 실제 내용물을 검사할 때, 내용물이 최소 몇 퍼센트 이상이어야 기준을 충족하는가?

① 94%
② 95%
③ 96%
④ 97%
⑤ 98%

09 다음 중 유통 중인 화장품의 미생물 기준에서 다른 기준이 적용되는 것은?

① 아이메이크업 리무버
② 마스카라
③ 아이라이너
④ 아이크림
⑤ 아이브로

10 다음은 「화장품법」 별표 4 '화장품 포장의 표시 기준 및 표시 방법'에 관한 내용이다. 영업자의 상호 및 주소 표기, 화장품의 명칭에 대한 설명으로 옳지 않은 것은?

① 영업자의 주소는 등록필증 또는 신고필증에 적힌 소재지 또는 반품·교환 업무를 대표하는 소재지를 기재·표시하여야 한다.
② '화장품제조업자', '화장품책임판매업자' 또는 '맞춤형화장품판매업자'는 각각 구분하여 표시하여야 한다. 화장품제조업자, 화장품책임판매업자 또는 맞춤형화장품판매업자가 다른 영업을 함께 영위하고 있는 경우도 마찬가지이다.
③ 공정별로 2개 이상의 제조소에서 생산된 화장품의 경우에는 일부 공정을 수탁한 화장품제조업자의 상호 및 주소의 기재·표시를 생략할 수 있다.
④ 수입화장품의 경우에는 추가로 기재·표시하는 제조국의 명칭, 제조회사명 및 그 소재지를 국내 '화장품제조업자'와 구분하여 기재·표시하여야 한다.
⑤ 화장품의 명칭은 다른 제품과 구별할 수 있도록 표시된 것으로서 같은 화장품책임판매업자 또는 맞춤형화장품판매업자의 여러 제품에서 공통으로 사용하는 명칭을 포함한다.

11 3년 이하의 징역 또는 3천만 원 이하의 벌금형에 처하는 사항으로 옳지 않은 것은?

① 천연화장품 또는 유기농화장품의 인증을 허위 또는 부정한 방법으로 받은 경우
② 맞춤형화장품판매업을 하면서 관할 기관에 신고하지 않은 경우
③ 맞춤형화장품조제관리사를 두지 않고 영업한 경우
④ 기능성화장품에 대해 심사를 받지 않거나, 관련 보고서를 제출하지 않고 판매한 경우
⑤ 소비자에게 판매의 목적이 아닌 제품의 홍보·판매촉진을 위해 제조·수입된 화장품을 판매한 경우

12 화장품을 판매하거나 판매할 목적으로 제조·수입·보관 또는 진열하여서는 안 되는 것으로 옳지 않은 것은?

① 사용기한 또는 개봉 후 사용기간(병행 표기된 제조년월일을 포함)을 위조·변조한 화장품
② 전부 또는 일부가 변패된 화장품
③ 코뿔소 뿔 또는 호랑이 뼈와 그 추출물을 사용한 화장품
④ 맞춤형화장품에 사용 가능한 원료로 혼합한 화장품
⑤ 심사를 받지 않거나 보고서를 제출하지 않은 기능성화장품

13 화장품책임판매업자가 영유아 또는 어린이용 화장품임을 표시하거나 광고할 때, 확보하여야 하는 자료에 해당하지 않는 것은?

① 화장품의 안전성 평가 자료
② 제품 및 제조방법에 대한 설명 자료
③ 안전과 품질을 입증할 수 있는 자료
④ 제조설비의 위생검사 결과서
⑤ 제품의 효능 효과에 대한 증명 자료

14 판매 가능한 맞춤형 화장품에 대한 설명으로 틀린 것은?

① 식품의약품안전처장이 고시한 기능성화장품의 효능·효과를 나타내는 원료배합
② 제조 또는 수입된 화장품의 내용물에 다른 화장품의 내용물을 추가한 화장품
③ 제조 또는 수입된 화장품의 내용물을 소분한 화장품
④ 제조 또는 수입된 화장품의 내용물에 식품의약품안전처장이 정한 원료를 추가한 화장품
⑤ 책임판매업자가 기능성화장품으로 심사 또는 보고를 완료한 제품을 소분한 화장품

15 외부 방문객과 관련 교육을 받지 않은 직원이 제조, 관리, 보관구역으로 출입할 경우, 안내자와 반드시 동행하여야 한다. 이때 방문 기록서에 기재하지 않아도 되는 항목은 무엇인가?

① 소속
② 회사 동행자 이름
③ 입퇴장 시간
④ 방문자의 전화번호
⑤ 방문목적

16 유통화장품 안전 관리 기준에서 비의도적인 미생물한도를 검출하는 시험방법으로 옳은 것은?

① 액체 크로마토그래피법
② 자외선 분광광도법
③ 한천평판도말법
④ 수은분석기이용법
⑤ 유도결합플라즈마-질량분석기

17 다음 중 탈모증상 완화에 도움을 주는 성분은?

① 레티놀
② 나이아신아마이드
③ 에틸아스코빌에터
④ 징크피리티온
⑤ 살리실릭애시드

18 피부의 표피를 구성하고 있는 층을 아래쪽부터 순서대로 나열한 것으로 옳은 것은?

① 기저층, 유극층, 과립층, 각질층
② 기저층, 유두층, 과립층, 각질층
③ 기저층, 유극층, 망상층, 각질층
④ 기저층, 망상층, 유두층, 각질층
⑤ 기저층, 유극층, 유두층, 각질층

19 기초화장용 제품류 중 액상제품(액, 로션, 크림 및 이와 유사한 제형의 제품)의 pH 범위로 옳은 것은?

① pH 3.0~4.5
② pH 3.0~5.5
③ pH 3.0~9.0
④ pH 9.0~11.0
⑤ pH 11.0~14.0

20 맞춤형화장품판매업의 신고에 필요한 사항으로 옳지 않은 것은?

① 혼합·소분의 장소·시설 등을 확인할 수 있는 세부 평면도 및 상세 사진
② 임대차계약서(임대의 경우에 한함)
③ 건축물관리대장
④ 맞춤형화장품조제관리사의 변경
⑤ 사업자등록증 및 법인등기부등본(법인에 포함)

21 다음의 괄호 안에 들어갈 가장 알맞은 말은?

> 혼합이나 소분을 하기 전에, 사용될 내용물이나 원료는 반드시 품질관리가 선행되어야 한다. 단, 내용물과 원료를 모두 책임판매업자가 제공한 경우에는 책임판매업자의 ( )로 대체할 수 있다.

① 제조번호
② 성분확인서
③ 품질검사성적서
④ 책임서약서
⑤ 유통기한확인서

22 다음은 모간부에 대한 설명이다. 괄호 안에 공통으로 들어갈 알맞은 말은?

> • ( )은 피부의 가장 바깥층으로, 두께가 약 100mm 정도의 매우 얇은 막이다. 이 층은 아미노산 중 시스틴이 가장 많이 포함되어 있으며, 각질이나 단백질을 용해하는 약물(친유성 또는 알칼리 용액)에 대해 높은 저항성을 보인다.
> • ( )은 피부뿐만 아니라 모발에도 존재한다. 피부나 모발의 수분이 외부로 빠져나가는 것을 방지하여 수분을 유지하는 데 중요한 역할을 한다.

① 큐티클
② 코르티칼
③ 모수질
④ 에피큐티클
⑤ 피지층

23 다음은 특정 유형의 탈모에 대한 설명이다. ㉠과 ㉡에 들어갈 알맞은 말을 짝지은 것은?

> • (㉠) 탈모증은 초기에는 이마의 헤어라인이 점점 뒤로 진행되어 이마가 넓고 점점 대머리가 되는 것이 특징이다.
> • 주로 유전적 요인과 호르몬 변화로 인해 발생하는 만성적인 탈모 질환이다.
> • 탈모가 진행되면서 모발이 점점 가늘어지고 최종적으로 전체적으로 머리카락이 빠지게 된다. 모근이 소실되어 새 머리카락이 나오는 것이 어렵다.
> • 남성호르몬의 일종인 (㉡)이라는 호르몬이 원인이 되어 나타난다.

	㉠	㉡
①	원형형	에스트로겐
②	휴지기	테스토스테론
③	여성형	인슐린
④	남성형	디하이드로테스토스테론
⑤	지루성	프로게스테론

24 다음은 피부의 생리작용에 관한 글이다. ㉠과 ㉡에 들어갈 알맞은 말을 짝지은 것은?

> (㉠)(이)란 외부 물질에 대하여 인체의 면역 시스템이 일반적인 경우보다 과민하게 반응할 때 유발되는 증상을 말하며, 이것을 일으키는 것을 (㉡)(이)라고 한다.

	㉠	㉡
①	사이토카인	알레르기
②	트러블	발진
③	알레르기	항원
④	오염 물질	항체
⑤	항체	구진

25 다음은 「우수화장품 제조 및 품질관리 기준」 제2조(용어의 정의)에 대한 설명이다. ㉠과 ㉡에 들어갈 알맞은 말을 짝지은 것은?

> - (㉠)이란 적합 판정 기준을 벗어난 완제품, 벌크제품 또는 반제품을 재처리하여 품질이 적합한 범위에 들어오도록 하는 작업을 말한다.
> - (㉡)이란 규정된 조건하에서 측정기기나 측정 시스템에 의해 표시되는 값과 표준기기의 값을 비교하여 이들의 오차가 허용범위 내에 있음을 확인하고, 허용범위를 벗어나는 경우 허용범위 내에 들도록 조정하는 것을 말한다.

	㉠	㉡
①	재포장	확인
②	재작업	교정
③	반품	보정
④	재가공	검증
⑤	보완	측정

26 다음은 계면활성제의 특성에 대한 설명이다. ㉠과 ㉡에 들어갈 알맞은 말을 짝지은 것은?

> - (㉠)는 물에 잘 녹지 않는 물질을 물에 용해시키기 위한 목적으로 사용되며, 계면활성제의 한 종류이다.
> - 수용액 내에 계면활성제의 농도가 증가하면, 분자 간 집합체인 (㉡)이(가) 형성된다.

	㉠	㉡
①	유화제	서스펜션
②	분산제	젤라틴
③	가용화제	미셀
④	계면활성제	입자
⑤	보습제	에멀전

27 다음은 맞춤형화장품의 혼합과 소분에 사용되는 도구 및 기기에 대한 설명이다. ㉠과 ㉡에 들어갈 알맞은 말을 짝지은 것은?

> - (㉠) : 액체 및 반고형 제품의 경도를 측정할 때 사용함
> - 광학현미경 : 유화된 내용물의 유화입자의 크기를 관찰할 때 사용함
> - (㉡) : 혼합 및 소분 시 화장품을 위생적으로 덜어내거나 계량할 때 사용함
> - 디스펜서 : 내용물을 자동으로 소분하고자 할 때 사용함
> - 디스퍼 : 가용화 제품이나 간단한 물질을 혼합할 때 사용함

	㉠	㉡
①	점도계	스패츌러
②	경도계	계량컵
③	점도계	비커
④	경도계	스패츌러
⑤	점도계	디스펜서

28 다음은 A 화장품사의 관능평가 상황에 관한 대화이다. 두 사람이 나눈 대화의 내용과 관련된 검사방법으로 옳은 것은?

> 김 대리 : 대리점에 조사해 보니 보습 제품을 찾는 고객이 점점 늘고 있다고 해요. 40~60대 여성들이 많이 구매한다고 하는데, 우리 신제품에 대한 반응이 어떨지 조사가 필요해요.
> 이 사원 : 아하, 그럼 기존 제품 중에서 1년간 가장 인기가 많은 B크림과 C크림, 몇 달 전 출시된 D크림 그리고 이번에 개발한 OK 크림을 똑같은 용기에 담아 40~60대 여성 30명을 대상으로 선호도를 알아보면 어떨까요?

① 비맹검 사용시험
② 전문가 패널 평가
③ 인체적용시험
④ 효능평가시험
⑤ 맹검 사용시험

29 다음은 「우수화장품 제조 및 품질관리 기준(CGMP)」에 따른 내용물 및 원료의 폐기 기준에 관한 설명이다. ㉠과 ㉡에 들어갈 알맞은 말을 짝지은 것은?

> • 원료나 내용물의 품질에 문제가 있거나 회수·반품된 제품의 폐기 여부는 제조업자가 아닌 (㉠)에 의해 승인되어야 한다.
> • 변질·변패 또는 병원미생물에 오염되지 않은 경우와 제조일부터 (㉡)년이 경과하지 않았거나 사용기한이 (㉡)년 이상 남아 있는 경우에는 뱃치 전체 또는 일부에 추가 처리를 하여 부적합품을 적합품으로 다시 가공하는 재작업을 할 수 있다.
> • 기준일탈 제품은 원료와 포장재, 벌크제품과 완제품이 적합 판정 기준을 만족시키지 못하는 경우에 해당된다.

	㉠	㉡
①	품질관리인	2
②	제조책임자	1
③	품질책임자	1
④	제조관리자	2
⑤	안전관리자	2

30 다음의 시험 방법들을 모두 사용할 수 있는 성분은?

> • 비색법
> • 원자흡광광도법
> • 유도결합플라즈마분광기(ICP)를 이용하는 방법
> • 유도결합플라즈마질량분석기(ICP-MS)를 이용하는 방법

① 납
② 수은
③ 카드뮴
④ 비소
⑤ 안티모니

31 다음은 「기능성화장품 기준 및 시험 방법」 별표 1 통칙에 따른 용액의 농도 기재에 대한 설명이다. ㉠과 ㉡에 들어갈 알맞은 말을 짝지은 것은?

> 용액의 농도를 (1 → 5), (1 → 10), (1 → 100) 등으로 기재한 것은 고체물질 (㉠)g 또는 액상물질 (㉠)mℓ를 용제에 녹여 전체량을 각각 5mℓ, (㉡)mℓ, 100mℓ 등으로 하는 비율을 나타낸 것이다. 또 혼합액을 (1:10) 또는 (5:3:1) 등으로 나타낸 것은 액상물질의 1용량과 10용량과의 혼합액, 5용량과 3용량과 1용량과의 혼합액을 나타낸다.

	㉠	㉡
①	1	5
②	5	10
③	10	1
④	1	10
⑤	0.1	10

32 다음은 「화장품 사용할 때의 주의사항 및 알레르기 유발 성분 표시에 관한 규정」 별표 1에 따른 AHA 함유 제품의 주의사항 표시 기준이다. ㉠과 ㉡에 들어갈 알맞은 말을 짝지은 것은?

> **제품 사용 시 주의사항**
> - (㉠)% 이하의 제품은 제외
> - 고농도의 AHA는 부작용 발생 우려가 있으므로 전문의 등에게 상담하여야 한다. 단, 10%를 초과하여 함유되어 있거나 산도가 (㉡) 미만인 제품만 표시한다.

	㉠	㉡
①	0.1	3
②	0.5	3.5
③	1	4
④	0.5	4
⑤	1	3.5

33 다음은 특정 위해성 등급에 해당하는 화장품 회수 사유들이다. 이와 같은 위해성 등급을 가진 제품은 회수 시작일로부터 며칠 이내에 회수하여야 하는가?

> - 이물이 혼입되었거나 부착되어 보건위생상 위해를 발생할 우려가 있는 경우
> - 기능성화장품의 주원료 함량이 부적합한 경우
> - 화장품의 포장 및 기재·표시사항을 훼손(맞춤형화장품 판매를 위해 필요한 경우는 제외함) 또는 위조·변조한 경우
> - 의약품으로 잘못 인식할 우려가 있게 기재한 화장품
> - 화장품제조업 또는 화장품책임판매업 신고를 하지 아니한 자가 판매한 맞춤형화장품

① 7일
② 15일
③ 30일
④ 60일
⑤ 90일

34 다음은 화장품 표시·광고 실증에 관한 규정 내용이다. ㉠과 ㉡에 들어갈 알맞은 말을 짝지은 것은?

> - 「화장품법」 제14조 및 같은 법 시행규칙 제23조에 따라 소비자를 허위·과장 광고로부터 보호하기 위함을 목적으로 하며, (㉠)은(는) 표시·광고에서 주장한 내용 중에서 사실과 관련한 사항이 진실임을 증명하기 위해 작성된 자료를 말한다.
> - (㉠)의 내용은 광고에서 주장하는 내용과 직접적인 관계가 있어야 하며, 표시·광고 실증을 위한 시험은 과학적이고 객관적인 방법에 의한 자료로서 신뢰성과 (㉡)이(가) 확보되어야 한다.

	㉠	㉡
①	검토 결과	객관성
②	광고 자료	신뢰도
③	실증 자료	재현성
④	과학적 문서	타당성
⑤	시험 보고서	반복성

35 다음은 「인체적용제품의 위해성 평가 등에 관한 규정」 제2조(정의)의 일부이다. ㉠과 ㉡에 들어갈 알맞은 말을 짝지은 것은?

> - 위해성 : 인체적용제품에 존재하는 위해요소에 노출되는 경우 인체의 건강을 해칠 수 있는 정도를 말한다.
> - 위해성 평가 : 인체적용제품에 존재하는 위해요소가 인체의 건강을 해치거나 해칠 우려가 있는지 여부와 그 정도를 과학적으로 평가하는 것을 말한다.
> - (㉠) : 인체적용제품에 존재하는 위해요소가 다양한 매체와 경로를 통하여 인체에 미치는 영향을 종합적으로 평가하는 것을 말한다.
> - 위해요소 : 인체의 건강을 해치거나 해칠 우려가 있는 화학적·생물학적·물리적 요인을 말한다.
> - (㉡) : 인체적용제품에 존재하는 위해요소가 인체에 유해한 영향을 미치는 고유의 성질을 말한다.

	㉠	㉡
①	정성위해성 평가	알레르기
②	통합위해성 평가	독성
③	잠재위해성 평가	부작용
④	유해성 평가	감작성
⑤	통계위해성 평가	자극성

36 다음은 「인체적용제품의 위해성 평가 등에 관한 규정」 제13조의 일부이다. ㉠과 ㉡에 들어갈 알맞은 말을 짝지은 것은?

> ① (㉠)은 위해성 평가에 필요한 자료를 확보하기 위하여 (㉡)의 정도를 동물실험 등을 통하여 과학적으로 평가하는 (㉡)시험을 실시할 수 있다.
> ② (㉡)시험은 「의약품 (㉡)시험 기준」 또는 경제협력개발기구(OECD)에서 정하고 있는 (㉡)시험 방법에 따라 각 호와 같이 실시한다. 다만 필요한 경우 위원회의 자문을 거쳐 (㉡)시험의 절차·방법을 다르게 정할 수 있다.
> 1. (㉡)시험 대상물질의 특성, 노출경로 등을 고려하여 (㉡)시험항목 및 방법 등을 선정한다.
> 2. (㉡)시험 절차는 「비임상시험관리기준」에 따라 수행한다.
> 3. (㉡)시험 결과에 대한 (㉡) 병리 전문가 등의 검증을 수행한다.

	㉠	㉡
①	식품의약품안전처장	독성
②	보건복지부장관	위해성
③	식품의약품안전처장	감작성
④	질병관리청장	자극성
⑤	식품의약품안전평가원장	안정성

37 다음은 표면균 측정법에 대한 설명이다. 빈칸에 들어갈 말로 알맞은 것은?

> 가. ( )에 직접 또는 부착된 라벨에 표면 균, 검체 채취 날짜, 검체 채취 위치, 검체 채취자에 대한 정보를 기록한다.
> 나. 한 손으로 ( ) 뚜껑을 열고 다른 한 손으로 표면 균을 채취하고자 하는 위치에 배지가 고르게 접촉하도록 가볍게 눌렀다가 떼어낸 후 뚜껑을 덮는다.
> 다. 검체 채취가 완료된 ( )을(를) 테이프로 봉하여 열리지 않도록 하여 오염을 방지한다.
> 라. 검체 채취가 완료된 표면을 70% 에탄올로 소독과 함께 배지의 잔류물이 남지 않도록 한다.
> 마. 미생물 배양 조건에 맞추어 배양한다.
> 바. 배양 후 CFU 수를 측정한다.

① 슬라이드 글라스
② 스왑
③ 콘택트 플레이트
④ 페트리 필름
⑤ 멸균 필터지

38 다음은 작업장의 낙하균 측정법 중 '측정 위치'에 관한 설명이다. ㉠~㉢에 들어갈 숫자의 조합으로 가장 알맞은 것은?

- 일반적으로 작은 방을 측정하는 경우에는 약 (㉠)개소를 측정한다.
- 비교적 큰 방일 경우에는 측정소의 수가 증가한다.
- 방 이외의 격벽구획이 명확하지 않은 장소(복도, 통로 등)에서는 공기의 진입, 유통, 정체 등의 상태를 고려하여 전체 환경을 대표한다고 생각되는 장소를 선택한다.
- 측정하려는 방의 크기와 구조에 더 유의하여야 하나, (㉡)개소 이하로 측정하면 올바른 평가를 얻기가 어려우며 측정 위치도 벽에서 (㉢)cm 떨어진 곳이 좋다.
- 측정 높이는 바닥에서 측정하는 것이 원칙이지만 부득이한 경우 바닥으로부터 20~30cm 높은 위치에서 측정하는 경우가 있다.

	㉠	㉡	㉢
①	3	3	20
②	4	5	20
③	5	5	30
④	5	6	50
⑤	6	5	30

39 다음은 「화장품 안전성 정보관리 규정」에 관한 설명이다. ㉠과 ㉡에 들어갈 알맞은 말을 짝지은 것은?

화장품책임판매업자는 화장품의 사용 중 지속적 또는 중대한 불구나 기능저하를 초래하거나, 선천적 기형 또는 이상을 초래하는 경우와 같은 (㉠)를 알게 된 때에는 그 정보를 알게 된 날로부터 (㉡)일 이내 식품의약품안전처장에게 보고하여야 한다.

	㉠	㉡
①	일반적인 유해사례	15
②	중대한 유해사례	15
③	일반적인 유해사례	10
④	안전성 정보	30
⑤	중대한 유해사례	10

40 다음 중 멜라닌 합성과정에 대한 설명으로 옳지 <u>않은</u> 것은?

① 멜라닌은 멜라노솜에서 생성된다.
② 멜라닌은 티로신을 시작 물질로 하여 티로시나아제의 작용을 통해 산화 과정을 거친다.
③ 멜라닌의 산화 과정에서 생성되는 멜라닌은 크게 유멜라닌과 페오멜라닌으로 나뉜다.
④ 멜라닌의 산화 과정의 결과로 생성되는 유멜라닌은 노란색과 붉은색을 띤다.
⑤ 페오멜라닌은 노란색 또는 붉은색을 띠는 멜라닌이다.

41 다음 대화는 맞춤형화장품조제관리사 재희와 고객 인주의 대화이다. ㉠과 ㉡에 들어갈 알맞은 말을 짝지은 것은?

> 재희 : 어머, 고객님 안녕하세요? 지난번에 구매하신 아이크림은 어떠셨어요?
> 인주 : 네, 아주 좋았어요.
> 재희 : 오늘 보니 지난번과 머리스타일이 바뀌셨네요. 미용실 다녀오셨어요?
> 인주 : 아. 제 머리요? 알아봐주셔서 고맙습니다. 그런데 사실 이번 머리스타일은 마음에 들지 않아요. 얼마 전에 미용실에서 펌을 했는데 웨이브가 제대로 안 나오더라고요. 왜 그런지 모르겠어요.
> 재희 : 아. 그 부분이 궁금하셨군요. 펌은 보통 (㉠)에서 이루어지는데요. (㉠)이(가) 얇거나 약해지면 펌을 해도 웨이브가 잘 안 나오는 경우가 많아요.
> 인주 : 그렇군요. 역시 전문가시네요. 그러면 제가 탈색을 하였을 때 색이 제대로 빠지지 않는 이유는 뭘까요?
> 재희 : 네, 탈색 원리를 이해하시면 이유를 알기 쉬울 거예요. 탈색은 암모니아가 산화제가 침투하기 쉽도록 (㉡)을(를) 느슨하게 하고 팽창시켜요. 그리고 과산화수소를 (㉡)에 침투되게 해서 멜라닌 색소나 인공색소를 파괴하죠.

	㉠	㉡
①	모수질	모표피
②	모피질	모수질
③	모표피	모피질
④	큐티클	모표피
⑤	모피질	큐티클

42 다음은 화장품 안전기준 등에 대한 설명이다. ㉠과 ㉡에 들어갈 알맞은 말을 짝지은 것은?

> 식품의약품안전처장은 (㉠), 색소, 자외선차단제 등과 같이 특별히 사용상의 (㉡)이 필요한 원료에 대하여는 그 사용기준을 지정하여 고시하여야 하며, 사용기준이 지정·고시된 원료 외의 (㉠), 색소, 자외선차단제 등은 사용할 수 없다.

	㉠	㉡
①	계면활성제	효과
②	보존제	제한
③	향료	주의
④	기능성성분	효능
⑤	안정제	규제

43 다음은 자외선차단지수(SPF) 측정과 관련된 설명이다. 빈칸에 들어갈 말로 가장 알맞은 것은?

> ( ) 피부 유형은 독일의 피부과 전문의가 제시한 개념으로, 인간 피부의 홍반과 흑화 반응을 6단계로 나눈다. 자외선차단지수(SPF) 측정 시, 시험 전 최소홍반량을 확인할 때 피부 유형을 ( )의 분류 기준표를 이용한 설문을 통해 조사하여 예상되는 최소홍반량을 결정한다.

① 바우만
② 피츠패트릭
③ 피지분비형
④ 멜라닌지수
⑤ 수분손실지수

44 다음은 화장품 포장에 기재·표시하여야 하는 사항 중 총리령이 정한 내용을 설명한 것이다. 이에 대한 설명으로 옳지 <u>않은</u> 것은?

① 성분명을 제품 명칭의 일부로 사용한 경우, 해당 성분명과 함량을 함께 표시하여야 한다.
② 인체 세포·조직 배양액이 함유된 경우, 해당 성분의 함량을 표시하여야 한다.
③ 피부 미백, 주름 개선, 자외선 차단의 기능을 가진 제품은 제품 포장에 해당 제품의 효능을 표시하여야 한다.
④ 인체 세포·조직 배양액이 들어 있는 경우, 해당 성분의 효능을 표시하여야 한다.
⑤ 성분명을 제품명에 사용한 경우, 해당 성분과 함량을 함께 표시하여야 한다.

45 다음은 화장품에 사용되는 안료에 대한 설명이다. ㉠과 ㉡에 들어갈 알맞은 말을 짝지은 것은?

> 화장품에 사용되는 (㉠)안료는 주로 색을 입히기 위해 사용되며, 내구성이 뛰어나고 자극이 적고, 안전성이 보장된 성분들이다. 화장품의 색을 고정하거나 자외선 차단, 피부 보호 등 다양한 기능을 제공한다.
> (㉠)안료 중 (㉡)은(는) 피부를 우수하게 커버하는 역할을 부여하며 빛, 열, 약품 등에 안정성이 높아 화장품에 많이 사용하는 타이타늄다이옥사이드, 징크옥사이드 종류를 말한다.

	㉠	㉡
①	유기	적색
②	무기	백색
③	유기	백색
④	광물성	청색
⑤	무기	적색

46 다음은 계면활성제의 특성과 관련된 설명이다. 빈칸에 들어갈 말로 알맞은 것은?

> 계면활성제를 이용한 화장품에서, 물에 계면활성제를 첨가하면 계면활성제가 용해되면서 소수성기가 물과의 접촉을 최소화하려고 하며, 이로 인해 계면활성제의 농도가 증가하게 된다. 결과적으로 계면활성제의 소수성기끼리 서로 모여 집합체를 이루는데, 이를 (   )(이)라고 부른다.

① 마이카
② 유화액
③ 미셀
④ 리포좀
⑤ 에멀전

47 다음은 과징금 미납자에 대한 행정처분 관련 설명이다. ㉠과 ㉡에 들어갈 알맞은 말을 짝지은 것은?

> 과징금 납부의 의무자가 납부기한까지 과징금을 내지 않으면, 기한이 지난 후 (㉠)일 이내에 독촉장을 발급하여야 하며, 납부기한은 독촉장을 발급하는 날부터 (㉡)일 이내로 한다.

	㉠	㉡
①	10	10
②	15	10
③	15	7
④	10	5
⑤	20	10

48 다음은 「화장품 사용할 때의 주의사항 및 알레르기 유발 성분 표시에 관한 규정」 별표 1에 따라 표기해야 하는 문구이다. 빈칸에 들어갈 말로 가장 알맞은 것은?

> ( ) 성분에 과민하거나 알레르기가 있는 사람은 신중히 사용하여야 한다.

① 카민, 코치닐추출물
② 알부틴 2% 이상 함유 제품, 카민
③ 코치닐추출물, 실버나이트레이트 함유제품
④ 카민, 아이오도프로피닐뷰틸카바메이트(IPBC) 함유제품
⑤ 알부틴 2% 이상 함유 제품, 코치닐추출물

49 다음은 색소의 종류에 따른 화장품용 안료에 대한 설명이다. ㉠~㉢에 들어갈 가장 알맞은 말을 짝지은 것은?

> - (㉠)는 색상에는 영향을 주지 않으며, 착색 안료와 함께 사용할 경우 색조를 부드럽게 조정할 수 있는 역할을 한다. 또한 제품의 제형을 안정화시키고 사용감 개선에도 도움을 준다. 점토광물을 주성분으로 하며, 대표적인 예로는 마이카, 탈크, 카올린이 있다.
> - (㉡)는 진주나 금속성 광택을 부여할 수 있는 안료로, 제품의 시각적 효과를 높이는 데 사용된다. 메이크업 제품에서 광택 표현에 주로 활용된다.
> - (㉢)는 자연계 식물에서 유래한 색소 성분으로, 화장품에 천연 이미지를 부여할 수 있는 착색 원료에 해당한다.

	㉠	㉡	㉢
①	착색 안료	광택 안료	유기 색소
②	체질 안료	진주광택 안료	천연 색소
③	광물 안료	금속 안료	식물성 안료
④	무기 안료	펄 안료	유기 색소
⑤	제형보조 안료	반사 안료	자연유래 안료

50 다음은 화장품의 제조 및 품질관리를 위한 「우수화장품 제조 및 품질관리기준(CGMP)」에 포함되는 4대 기준서 중 하나에 관한 설명이다. 빈칸에 공통으로 들어갈 말로 가장 알맞은 것은?

> - 화장품제조업자는 ( )를 작성 및 보관하여야 하며, 화장품책임판매업자는 ( )를 보관하여야 한다.
> - ( )는 원료, 반제품 및 완제품의 품질관리를 위한 시험항목, 검체의 채취 방법, 보관 조건, 품질관리에 요구되는 표준품과 시약의 관리 등 제조 공정 중에서 불량품을 발생시키는 원인을 가능한 한 미연에 방지·제거함으로써 품질의 유지와 향상을 위한 기준서이다.

① 제조관리기준서
② 위생관리기준서
③ 작업장관리기준서
④ 품질관리기준서
⑤ 제품표준서

51 「화장품 안전 기준 등에 관한 규정」 별표 2 '사용상의 제한이 필요한 원료' 중 기타 사용제한이 있는 원료에 대한 내용이다. ㉠~㉤에 들어갈 알맞은 수치로 옳지 않은 것은?

- 성분명 : 티오글라이콜릭애시드, 그 염류 및 에스터류
- 사용한도
  - 퍼머넌트웨이브용 및 헤어스트레이트너 제품에 티오글라이콜릭애시드로서 (㉠)% [다만, 가온2욕식 헤어 스트레이트너 제품의 경우에는 티오글라이콜릭애시드로서 (㉡)%, 티오글라이콜릭애시드 및 그 염류를 주성분으로 하고 제1제 사용 시 조제하는 발열 2욕식 퍼머넌트웨이브용 제품의 경우 티오글라이콜릭애시드로서 19%에 해당하는 양]
  - 제모용 제품에 티오글라이콜릭애시드로서 (㉢)%
  - 염모제에 티오글리이콜릭애시드로서 (㉣)%
  - 사용 후 씻어내는 두발용 제품류에 (㉤)%

① ㉠ – 11
② ㉡ – 14
③ ㉢ – 5
④ ㉣ – 1
⑤ ㉤ – 2

52 다음이 설명하는 것은?

일정한 제조단위분에 대하여 제조관리 및 출하에 관한 모든 사항을 확인할 수 있도록 표시된 번호로서 숫자 · 문자 · 기호 또는 이들의 특징적인 조합을 말한다.

① 유통기한
② 품질관리기준서
③ 제조번호(뱃치번호)
④ 제품표준서
⑤ 시험성적서

53 「우수화장품 제조 및 품질관리기준(CGMP)」에 따라 건물은 제품의 제형, 현재 상황 및 청소 등을 고려하여 설계되어야 한다. ㉠과 ㉡에 들어갈 알맞은 말을 짝지은 것은?

- 인동선과 물동선의 흐름 경로를 교차오염의 우려가 없도록 적절히 설정한다.
- 교차가 불가피할 경우 작업에 (㉠)을(를) 둔(한)다.
- 사람과 대차가 교차하는 경우 (㉡)을(를) 충분히 확보한다.
- 공기의 흐름을 고려한다.

	㉠	㉡
①	동선 분리	환기 장치
②	시간차	유효폭
③	구획 설정	이동 경로
④	시간차	환기 장치
⑤	작업 분리	이동 경로

54 다음은 「우수화장품 제조 및 품질관리기준(CGMP)」에 따라 반제품 보관 용기에 표시하여야 하는 사항에 대한 설명이다. 빈칸에 들어갈 말로 가장 알맞은 것은?

반제품은 품질이 변하지 아니하도록 적당한 용기에 넣어 지정된 장소에서 보관하여야 하며 용기에 다음 사항을 표시하여야 한다.
- 명칭 또는 확인코드
- 제조번호
- ( )
- 필요한 경우에는 보관 조건(최대 보관기한을 설정)

① 제조자의 성명
② 사용기한
③ 완료된 공정명
④ 품질책임자의 서명
⑤ 내용물 중량

55 다음 표는 화장품 성분 중 미생물 발육저지물질과 그 항균성을 중화할 수 있는 중화제의 연결한 것이다. ㉠과 ㉡에 들어갈 알맞은 말을 짝지은 것은?

미생물 발육저지물질	중화제
4급 암모늄 화합물, 양이온성 계면활성제	(㉡), 사포닌, 폴리소르베이트80, 도데실황산나트륨, 지방알코올의 에틸렌옥사이드 축합물
알데하이드, 폼알데하이드-유리 제제	글라이신, 히스티딘
금속염(Cu, Zn, Hg), 유기-수은 화합물	아황산수소나트륨, L-시스테인-SH-화합물, 티오글라이콜산
(㉠)	(㉡), 사포닌, 폴리소르베이트80
페놀 화합물	(㉡), 폴리소르베이트 80, 지방알코올의 에틸렌 옥사이드 축합물, 비이온성 계면활성제
아이소티아졸리논, 이미다졸	(㉡), 사포닌, 아민, 황산염, 메르캅탄, 아황산수소나트륨, 티오글라이콜산나트륨

	㉠	㉡
①	클로르헥시딘	레시틴
②	비구아니드	레시틴
③	이미다졸	글라이신
④	비구아니드	글라이신
⑤	클로르헥시딘	히스티딘

56 다음은 용기 또는 용기에 부착된 라벨에 기재하여야 하는 사항에 대한 설명이다. 이러한 기재 사항이 포함되어야 하는 검체의 종류로 가장 알맞은 것은?

- 명칭 또는 확인 코드
- 제조번호 또는 제조단위
- 검체 채취 일자 또는 기타 적당한 날짜
- 가능한 경우 검체 채취 지점

① 반제품
② 완제품
③ 시험용 검체
④ 표준품
⑤ 회수제품

57 다음은 피부 상태를 진단하고 측정하는 한 가지 방법에 대한 설명이다. 이 방법의 명칭으로 가장 알맞은 것은?

피부의 주름을 측정하는 방법 중 하나로, 실리콘을 이용하여 피부 표면의 상태를 그대로 복제하여 분석하는 기술이 있다. 이 방법은 피부의 미세한 구조와 주름 패턴을 정확하게 재현할 수 있어, 피부 상태를 세밀하게 평가하는 데 활용된다. 또한, 복제된 실리콘 모형은 주름의 깊이와 밀도를 측정하는 데 사용되어, 노화 정도나 피부 탄력성을 평가하는 데 유용하다.

① 피부 당김법
② 초음파 진단법
③ 레플리카
④ 각질 수분 측정법
⑤ 피부 색소 측정법

58 다음은 화장품 원료 사용 제도에 대한 설명이다. 빈칸에 들어갈 말로 가장 알맞은 것은?

> 원료의 ( ) 시스템이란, 식품의약품안전처장이 정한 보존제, 색소, 자외선 차단제 등 사용 제한 원료나 금지 원료를 제외한 나머지 원료를 업자의 책임하에 사용할 수 있도록 한 제도이다. 이 제도는 유럽, 미국, 일본 등에서 채택된 글로벌 기준이며, 우리나라는 2009년 「화장품법」 개정으로 이를 도입하였다. ( ) 시스템 도입 이후 신원료 심사 절차가 간소화되어 신제품 개발이 활발해졌고, 화장품 산업 발전에 기여하고 있다.

① 폐쇄형
② 허가제
③ 네거티브
④ 포지티브
⑤ 등록제

59 다음 중 화장품제조업 및 책임판매업과 관련된 지방식품의약품안전청의 직접적인 행정업무로 옳지 않은 것은?

① 화장품제조업 또는 화장품책임판매업의 등록 및 변경등록
② 영업자의 폐업, 휴업 등의 신고 수리
③ 과징금 및 과태료 부과·징수
④ 화장품 표시·광고에 대한 사전 심의
⑤ 위해 화장품 공표 명령

60 다음은 천연화장품 및 유기농화장품의 제조 공정에 관한 설명이다. ㉠과 ㉡에 들어갈 알맞은 말을 짝지은 것은?

> 천연화장품과 유기농화장품에서 허용되는 물리적 공정에는 증기나 자연 유래 용매를 사용하는 방법이 있으며, 이를 (㉠) 공정이라 한다. 또한 비활성 지지체를 이용한 (㉡)은(는) 물리적 공정으로 인정되지만, 동물성 원료를 활용한 (㉡)은(는) 허용되지 않는 제조 공정에 포함된다.

	㉠	㉡
①	탈테르펜	분별추출
②	탈테르펜	탈색 및 탈취
③	증기압축	분별추출
④	용해	탈색 및 탈취
⑤	용해	분별추출

61 다음은 글리세린 원료규격서의 일부이다. 빈칸에 들어갈 말로 가장 알맞은 것은?

항목	규격	시험방법
색상	무색~연한 황색의 투명한 액상	육안관찰
pH (25℃)	5.0~7.5	pH meter 측정 (10% 수용액 기준)
굴절률 (20℃)	1.4700~1.4750	굴절률 측정기 사용
중금속	총 중금속 10ppm 이하(납 기준)	중금속 시험법 (KMFDS 고시 기준)
(㉠)	2ppm 이하	아르세노몰리브데넘산법 또는 원자흡광도법
미생물	총호기성생균수 100CFU/g 이하, 대장균 불검출	식약처 고시 미생물 시험법
순도 (글리세린 함량)	95.0% 이상	GC 또는 HPLC 정량 분석
수분함량	5.0% 이하	Karl Fischer 적정법

① 세균성분
② 독성물질
③ 비소(As)
④ 발암물질
⑤ 농약

62 다음은 피부 질환 중 하나에 대한 설명이다. 빈칸에 들어갈 말로 가장 알맞은 것은?

( )은(는) 특정 화학물질이나 물리적 자극물질에 일정 농도 이상, 일정 시간 이상 피부가 노출될 때 누구에게나 생길 수 있는 염증성 피부 질환이다. 이는 반복적인 자극으로 피부 장벽이 손상되면서 염증 반응이 유발되는 것이 주요 원인이다. 자극 물질에 처음 노출된 후 바로 증상이 나타나기도 하지만, 경우에 따라서는 수일 내에 점진적으로 발생할 수도 있다. 증상으로는 홍반, 가려움, 부종, 물집 등이 나타나며, 노출이 지속될 경우 만성적인 피부 변화로 이어질 수 있다.

① 아토피 피부염
② 알레르기성 비염
③ 지루성 피부염
④ 접촉 피부염
⑤ 건선

63 다음은 특정 기능성 화장품에 공통으로 표시하여야 하는 문구에 대한 설명이다. ㉠과 ㉡에 들어갈 알맞은 말을 짝지은 것은?

> 기능성 화장품에 다음과 같은 문구를 표시하여야 한다.
> - 탈모 증상 완화에 도움을 주는 화장품
> - 여드름성 피부 완화에 도움을 주는 화장품
> - 튼살로 인한 붉은 선을 엷게 하는 데 도움을 주는 화장품
> - (㉠)의 기능을 회복하여 가려움 등의 개선에 도움을 주는 화장품
>
> 표시 문구
> '질병의 예방 및 (㉡)을(를) 위한 의약품이 아님'

	㉠	㉡
①	피부장벽	치료
②	피지선	완화
③	피부장벽	개선
④	면역체계	치료
⑤	각질층	개선

64 다음은 기능성화장품 성분에 대한 설명이다. 빈칸에 들어갈 말로 가장 알맞은 것은?

> ( )은(는) 비타민 A의 안정된 유도체로, 레티놀과 팔미트산이 결합된 형태이다. 피부에 도포되면 레티놀로 전환된 후 레티노산으로 변환되어 피부에 작용한다. 콜라겐과 엘라스틴 합성을 촉진하여 주름 개선에 도움을 줄 수 있다. 빛과 열에 노출되면 분해될 수 있으므로 해당 성분이 포함된 제품은 밤에 사용하는 것이 좋다.

① 아스코빌글루코사이드
② 레티닐팔미테이트
③ 나이아신아마이드
④ 아데노신
⑤ 판테놀

65 다음은 특정 세균의 시험법에 대한 설명이다. 빈칸에 들어갈 말로 가장 알맞은 것은?

> 검체 1g 또는 1㎖를 유당액체배지를 사용하여 10㎖로 하여 30~35℃에서 24~72시간 배양한다. 배양액을 가볍게 흔든 다음 백금이 등으로 취하여 맥콘키한천배지 위에 도말하고 30~35℃에서 18~24시간 배양한다. 주위에 적색의 침강선띠를 갖는 적갈색의 그람음성균의 집락이 검출되지 않으면 ( ) 음성으로 판정한다. 위의 특정을 나타내는 집락이 검출되는 경우에는 에오신메틸렌블루한천배지에서 각각의 집락을 도말하고 30~35℃에서 18~24시간 배양한다. 에오신메틸렌블루한천배지에서 금속 광택을 나타내는 집락 또는 투과광선하에서 흑청색을 나타내는 집락이 검출되면 백금이 등으로 취하여 발효시험관이 든 유당액체배지에 넣어 44.3~44.7℃의 항온수조 중에서 22~26시간 배양한다. 가스 발생이 나타나는 경우에는 ( ) 양성으로 의심하고 동정 시험으로 확인한다.

① 황색포도상구균
② 녹농균
③ 대장균
④ 살모넬라
⑤ 리스테리아

66 다음이 설명하는 평가 방법으로 가장 알맞은 것은?

> 제품 표준견본, 원료 표준견본, 충진 위치견본, 색소원료 표준견본, 향료 표준견본, 라벨 부착 위치견본, 벌크제품 표준견본, 용기·포장재 표준견본, 사용감 표준견본, 외관 표준견본

① 기기 분석
② 미생물 시험
③ 관능평가
④ 정량분석
⑤ 물성 측정

67 다음은 화장품의 기능성과 관련된 시험 자료에 대한 설명이다. ㉠과 ㉡에 들어갈 알맞은 말을 짝지은 것은?

> (㉠) 자료는 화장품의 유효성 또는 기능과 관련된 자료 중 하나로, 인체 모발을 사용하여 제품에 표시된 (㉡)의 구현 여부를 확인하는 데 사용된다.

	㉠	㉡
①	모발 인장력 시험	강도
②	염모 효력 시험	색상
③	두피 자극 시험	함량
④	탈모 완화 시험	점도
⑤	모근 활성 시험	윤기

68 사람마다 피부색이 다른 이유는 다양한 생리적 요인에 의해 결정된다. 다음 중 피부색을 결정하는 주요한 요인이 아닌 것은?

① 멜라닌의 양과 종류
② 혈액 내 헤모글로빈의 양과 분포
③ 카로티노이드의 축적 정도
④ 피부 각질층의 두께
⑤ 피부 표면의 수분 함량

69 다음은 어떤 화장품 제품의 전성분 구성과 용량을 표시한 것이다. 이 제품에 대해 '전성분 표기 시 반드시 명시하여야 하는 성분명'이 아닌 것은?

- 제품명 : 키즈 로즈마리 크림
- 용량 : 200g
- 전성분

성분명	함량(%)
로즈마리잎수	44.5
정제수	32.7
글리세린	9.9
비헤닐알코올	4.95
1,2-헥산다이올	2.97
베타글루칸	1.98
판테놀	0.99
락틱 애시드	0.03
베타인	0.5
글라이콜릭애시드	0.03
병풀 추출물	0.59
로즈힙 추출물	0.1
벤질알코올	0.1
카보머	0.05
잔탄검	0.59
향료	0.001
징크옥사이드	0.014
다이소듐디티에이	0.005

① 로즈마리잎수
② 락틱애시드
③ 글라이콜릭애시드
④ 벤질알코올
⑤ 징크옥사이드

70 다음은 특정 성분이 포함된 화장품의 안정성 시험 자료 보존 기준에 관한 설명이다. ㉠과 ㉡에 들어갈 알맞은 말을 짝지은 것은?

> 다음의 성분을 (㉠)% 이상 함유하는 제품은 안정성시험 자료를 최종 제조된 제품의 사용기한이 만료되는 날부터 1년간 보존하여야 한다.
> - 레티놀(비타민A) 및 그 유도체
> - 아스코빅애시드(비타민C) 및 그 유도체
> - 토코페롤(비타민E)
> - (㉡)
> - 효소

	㉠	㉡
①	0.1	글루타치온
②	0.3	콜라겐
③	0.5	효소
④	0.5	하이알루론산
⑤	0.3	효소

71 다음은 계면활성제의 특성을 수치로 표현한 개념에 대한 설명이다. 빈칸에 공통으로 들어갈 말로 가장 알맞은 것은?

> ( ) 값은 계면활성제의 친수성(물에 잘 섞이는 성질)과 친유성(기름에 잘 섞이는 성질)의 비율을 수치로 나타낸 것이다. 이 값은 계면활성제가 물과 기름 중 어느 쪽에 더 잘 작용하는지를 판단하는 기준이 된다. 일반적으로 ( ) 값이 높을수록 친수성이 강하고, ( ) 값이 낮을수록 친유성이 강하다. ( )값은 보통 0에서 20 사이로 나타내며, 계면활성제의 용도에 따라 적절한 ( ) 범위가 달라진다. 이러한 특성은 화장품뿐 아니라 식품, 의약품, 세제 등 다양한 산업 분야에서 유화제의 선택과 배합에 중요한 기준이 된다. 또한, 원하는 ( ) 값을 얻기 위해 여러 계면활성제를 조합하는 방식으로 제형을 조절할 수도 있다.

① HLB
② pH
③ SPF
④ CFU
⑤ K

72 다음은 여드름 완화 및 색소 침착 개선에 사용되는 고시 외 기타 성분에 대한 설명이다. 이에 해당하는 성분명으로 옳은 것은?

> 이 성분은 주로 밀, 보리, 호밀 등의 곡물에서 유래된 포화 디카르복실산으로, 항염 및 항균 작용을 통해 여드름의 주요 원인균인 Propionibacterium Acnes의 증식을 억제하고, 모공 막힘을 개선하여 여드름 발생을 줄이는 데 도움을 준다. 또한 멜라닌 생성을 촉진하는 효소인 티로시나아제(Tyrosinase)의 작용을 저해함으로써 색소 침착을 완화하고, 기미, 잡티, 여드름 자국 등의 개선에도 효과적이다. 더불어 장미 여드름(Rosacea)과 같은 만성 염증성 피부 질환의 증상 완화에도 사용되며, 최근에는 피부 톤 개선 및 피붓결 정돈을 위한 기능성화장품 성분으로도 주목받고 있다.

① 알부틴
② 나이아신아마이드
③ 아젤라익애시드
④ 레티놀
⑤ 트라넥사믹애시드

73 다음은 화장품 제조소에서 작업자 및 제조 환경의 위생관리에 대해 규정한 기준서의 일부이다. 이 기준서의 명칭으로 가장 알맞은 것은?

> - 작업원의 건강관리 및 건강상태의 파악·조치 방법
> - 작업원의 수세, 소독 방법 등 위생에 관한 사항
> - 작업복장의 규격, 세탁 방법 및 착용 규정
> - 작업실 등의 청소(필요한 경우 소독 포함) 방법 및 청소 주기
> - 청소 상태의 평가 방법
> - 제조 시설의 세척 및 평가
> - 그 밖의 필요한 사항

① 품질관리기준서
② 제조관리기준서
③ 작업장관리기준서
④ 제조위생관리기준서
⑤ 표준작업지침서(SOP)

74 다음은 화장품 제조에 사용되는 설비 또는 기구에 대한 설명이다. 이 설명에 해당하는 기구는?

> 원료나 반제품을 다른 설비로 이동시킬 때 사용하는 유연한 관으로, 유연성과 내열성, 내화학성이 요구된다. 주로 강화된 식품등급의 고무, Tygon, 강화된 Tygon, 나일론, 폴리프로필렌, 폴리에틸렌, 네오프렌 등의 재질이 사용되며, 이들은 내용물과 반응하지 않고 내구성이 뛰어난 비활성 소재이다. 위생적인 사용을 위해 내부는 매끄럽고 세척 및 살균이 용이한 구조로 되어 있어야 한다.

① 이송 펌프
② 유량계
③ 호스
④ 배관 밸브
⑤ 혼합탱크

75 다음은 화장품 포장 및 용기 시험 방법에 대한 설명이다. 이 시험 방법의 명칭으로 가장 알맞은 것은?

> - 스킨, 로션, 오일 등의 액상 내용물을 담는 용기의 마개, 패킹 등의 밀폐성을 측정한다.
> - 시험 대상(용기 또는 포장재)을 밀폐된 챔버에 넣고 내부를 감압시켜 외부보다 낮은 압력 상태를 만든다.
> - 내부 압력이 일정하게 유지되지 않고 상승하거나, 용기 내부에서 기포나 누출 흔적이 발견되면 누설이 있다고 판단한다.
> - 제품의 보존성, 안정성, 위생성 확보를 위해 실시한다.

① 내압시험
② 밀폐력시험
③ 감압 누설시험
④ 파열시험
⑤ 압착강도시험

76 화장품을 일반 소비자에게 소매점을 통해 판매할 경우, 판매 가격을 표시하여야 하는 주체로 가장 알맞은 것은?

① 제조업자
② 책임판매업자
③ 유통업자
④ 소매업자
⑤ 소비자

77 소비자화장품안전관리감시원에 대한 설명으로 옳은 것은?

① 관계 공무원이 하는 출입·검사·질문·수거 역할을 대행한다.
② 유통 중인 화장품이 표시 기준에 맞지 않거나 부당한 표시 또는 광고를 한 화장품인 경우 관할 행정관청을 대신하여 행정처분을 내린다.
③ 화장품 안전관리에 관한 사항으로서 대통령령으로 정하는 사항을 직무로 수행한다.
④ 소비자화장품안전관리감시원을 추천한 단체의 장이 소비자화장품안전관리감시원에게 직무 수행에 필요한 교육을 실시한다.
⑤ 해당 소비자화장품안전관리감시원을 추천한 단체에서 퇴직하거나 해임된 경우 해촉된다.

78 다음 중 화장품의 기타 사용제한 원료와 그 사용한도가 바르게 연결되지 않은 것은?

① 3-메틸논-2-엔니트릴 - 0.2%
② 암모니아 - 6.0%
③ 징크피리티온(샴푸 제품에 사용) - 1.0%
④ 라우레스-8,9 및 10 - 0.2%
⑤ 소합향나무 발삼 오일 및 추출물 - 0.6%

79 다음을 읽고, 작업장의 낙하균 측정 방법으로 옳지 <u>않은</u> 것은?

> ㉠ Koch법이라고도 하며, 실내 공기 중에 존재하는 오염된 부유 미생물을 직접 평판배지 위에 일정 시간 자연적으로 낙하시켜 측정하는 방법이다.
> ㉡ 특별한 기기를 사용하지 않고 언제, 어디서나 쉽게 수행할 수 있는 간편한 방법이지만 공기 중의 모든 미생물을 측정할 수 없다는 단점이 있다.
> ㉢ 진균용은 대두카제인 소화한천배지를 사용하며 배지 100㎖당 클로람페니콜 50㎎을 넣는다.
> ㉣ 측정 대상 공간의 크기와 구조를 특히 고려하여야 하며, 측정 지점이 5개 이하일 경우 정확한 평가가 어렵다. 또한, 측정 위치는 벽에서 20㎝ 이상 떨어진 곳이 적절하다.
> ㉤ 측정높이는 바닥에서 측정하는 것이 원칙이지만 부득이한 경우 바닥으로부터 20~30㎝ 높은 위치에서 측정하는 경우가 있다.
> ㉥ 위치별로 정해진 노출시간이 지나면, 배양접시의 뚜껑을 닫아 배양기에서 배양한다. 일반적으로 세균용 배지는 30~35℃, 48시간 이상, 진균용 배지는 20~25℃, 5일 이상 배양한다. 배양 과정에서 확산균의 증식으로 균수 측정이 어려울 수 있으므로, 매일 관찰하여 균수의 변화를 기록한다.

① ㉡, ㉢, ㉤
② ㉠, ㉡, ㉥
③ ㉠, ㉤, ㉥
④ ㉢, ㉣, ㉤
⑤ ㉡, ㉣, ㉤

80 다음 중 맞춤형화장품에 해당하는 사례로 적절한 것은?

① 제조 또는 수입된 화장품의 내용물에 등색 201호 색소를 첨가·혼합하여 소비자의 피부톤에 맞게 조절한 아이 크림
② 사용제한 원료와 사용금지 원료가 들어가지 않은 제조 또는 수입된 화장품의 내용물을 그대로 사용한 화장품
③ 알레르기가 심한 소비자를 위해 비건 원료를 이용해 제조한 화장품
④ 제조된 내용물에 점증제를 혼합해서 제형에 변화를 주고 소비자의 사용감을 높인 화장품
⑤ 제조 또는 수입된 화장품의 내용물에 식품의약품안전처장이 정하는 원료를 추가하여 혼합한 화장품

주관식(단답형, 81~100번)

81 다음은 「화장품법」에서 표시·광고 관련된 법령과 이와 관련된 행정처분을 나열한 것이다. ㉠~㉢에 들어갈 알맞은 숫자를 쓰시오.

> **법령의 일부**
> - 의약품으로 잘못 인식할 우려가 있는 경우
> - 기능성화장품, 천연화장품 또는 유기농화장품으로 잘못 인식할 우려가 있는 경우
> - 사실 여부와 관계없이 다른 제품을 비방하거나 비방한다고 의심이 되는 경우
> - 화장품의 표시·광고 시 준수사항을 위반한 경우

> **별표의 일부**
> 1차 위반시에는 해당품목 판매 업무정지 (㉠)개월 또는 해당 품목 광고 업무정지 (㉠)개월이다. 2차 위반시에는 해당품목 판매 업무정지 (㉡)개월 또는 해당 품목 광고 업무정지 (㉡)개월이다. 3차 위반시에는 해당품목 판매 업무정지 (㉢)개월 또는 해당 품목 광고 업무정지 (㉢)개월이다.

> ㉠ :
> ㉡ :
> ㉢ :

82 다음은 제품별 안전성 자료의 보관 기간에 관한 내용이다. ㉠~㉢에 들어갈 알맞은 말을 쓰시오.

> - 화장품의 1차 포장에 사용기한을 표시하는 경우 : 영유아 또는 어린이가 사용할 수 있는 화장품임을 표시·광고한 날부터 마지막으로 제조·수입된 제품의 사용기한 만료일 이후 (㉠)년까지의 기간
> - 화장품의 1차 포장에 개봉 후 사용기간을 표시하는 경우 : 영유아 또는 어린이가 사용할 수 있는 화장품임을 표시·광고한 날부터 마지막으로 제조·수입된 제품의 제조연월일 이후 (㉡)년까지의 기간 동안 보관
> - 제조는 화장품의 제조번호에 따른 제조일자를 기준으로 하며, 수입은 (㉢)을(를) 기준으로 함

> ㉠ :
> ㉡ :
> ㉢ :

83 다음을 읽고 빈칸에 들어갈 알맞은 말을 쓰시오.

> 화장품을 일반 소비자에게 소매점을 통해 판매할 때에는, 판매 가격은 (   )이(가) 표시하여야 한다.

84 다음은 제품별 포장용기 재사용 가능 비율에 대한 표이다. ㉠과 ㉡에 들어갈 적절한 내용을 쓰시오.

제품 구분	비율
화장품 중 색조화장품(메이크업)류	100분의 10 이상
(㉠) 화장품 중 샴푸 · 린스류	100분의 25 이상
합성수지 용기를 사용한 액체 세제류 · 분말 세제류	100분의 (㉡) 이상
위생용 종이 제품 중 물티슈(물휴지)류	100분의 60 이상

㉠ :
㉡ :

85 다음을 읽고 ㉠과 ㉡에 들어갈 알맞은 말을 쓰시오.

- (㉠)의 예 : 소듐, 포타슘, 칼슘, 마그네슘, 암모늄, 에탄올아민, 클로라이드, 브로마이드, 설페이트, 아세테이트, 베타인 등
- (㉡)의 예 : 메틸, 에틸, 프로필, 아이소프로필, 뷰틸, 아이소뷰틸, 페닐

㉠ :
㉡ :

86 다음은 원자재 용기 및 시험기록서의 필수적인 기재사항이다. ㉠과 ㉡에 들어갈 알맞은 말을 쓰시오.

- 원자재 공급자가 정한 제품명
- 원자재 공급자명
- (㉠)
- 공급자가 부여한 제조번호 또는 (㉡)

㉠ :
㉡ :

87 다음은 「화장품법 시행규칙」 별표 3의 화장품 사용 시 주의사항 중 공통사항을 나열한 것이다. ㉠과 ㉡에 들어갈 알맞은 말을 쓰시오.

공통사항
가. 화장품 사용 시 또는 사용 후 (㉠)에 의하여 사용부위가 붉은 반점, 부어오름 또는 가려움증 등의 이상 증상이나 부작용이 있는 경우에는 전문의 등과 상담할 것
나. 상처가 있는 부위 등에는 사용을 자제할 것
다. 보관 및 취급 시 주의사항
  1) (㉡)의 손이 닿지 않는 곳에 보관할 것
  2) (㉠)을(를) 피해서 보관할 것

㉠ :
㉡ :

88 모든 제조, 관리 및 보관된 제품이 규정된 적합 판정기준에 부합하도록 보장하기 위하여 우수 화장품 및 품질관리 기준이 적용되는 모든 활동을 내부 조직의 책임하에 계획하여 변경하는 절차를 무엇이라고 하는가?

89 문서와 절차를 점검하고 승인하며, 절차의 이행 여부를 확인하고, 기준에서 벗어난 사항을 조사하여 기록하며, 원자재나 완제품의 출고를 결정하는 역할을 담당하는 사람은 누구인가?

90 다음의 다음은 포장재 출고에 대한 내용이다. ㉠과 ㉡에 들어갈 알맞은 말을 쓰시오.

- 포장 자재 담당자는 생산 일정에 맞추어 자재를 제공한다.
- 자재에 (㉠)이 부착되어 있는지 점검한다.
- 자재는 (㉡) 원칙으로 제공하되, 정당한 사유가 있을 경우에는 예외로 한다.
- 제공된 부자재는 WMS 시스템을 이용하여 공급 기록을 관리한다.

㉠ :
㉡ :

91 다음은 「유통화장품 안전관리 시험방법」 제6조에 따른 미생물 한도 시험 중 총 호기성 생균 검출 시험의 검체 전처리 과정을 설명한 것이다. ㉠과 ㉡에 들어갈 알맞은 말을 쓰시오.

- 검체조작은 (㉠) 조건하에서 실시하여야 하며, 검체는 충분하게 무작위로 선별한다.
- 모든 검체 내용물은 (㉡)배 희석액을 만들어 사용한다.
- 크림제·오일제 : 균질화되지 않은 경우 분산제를 추가하여 균질화하여 사용한다.
- 파우더 및 고형제 : 검체 1g에 적당한 분산제 1mL를 넣고 충분히 균질화한 후 변형레틴액체배지 또는 검증된 배지 및 희석액 8mL를 넣어 (㉡)배 희석액을 만들어 사용한다.

㉠ :
㉡ :

92 다음을 읽고, 빈칸에 해당하는 제품은 무엇인지 쓰시오.

( )에는 사용할 수 없는 보존제가 있다. 글루타랄, 디하이드로아세틱애시드 및 그 염류, 에틸라우로일알지네이트하이드로클로라이드, 클로로부탄올, 폴리에이치시엘은 사용상 제한이 있는 원료로 보존제로 사용될 수 있지만, ( )에는 공통적으로 사용할 수 없다.

93 다음을 읽고, ㉠과 ㉡에 들어갈 알맞은 말을 쓰시오.

> SPF는 UVB를 차단하는 정도를 나타내는 자외선 차단지수이다. 제품을 사용하였을 때와 사용하지 않았을 때의 피부의 (㉠)을(를) 계산하여 표현하는데, SPF 1은 약 10~15분 정도의 UVB 차단 효과를 지시한다. 한편, PA는 UVA를 차단하는 정도를 나타내는 자외선 차단지수이다. 이는 제품 사용 여부에 따른 피부의 (㉡)을(를) 계산하여 +, ++, +++, ++++로 표시한다.

㉠:
㉡:

94 다음은 염모제 사용 전 패치테스트에 대한 설명이다. ㉠~㉢에 들어갈 숫자를 쓰시오.

> Ⅰ. 팔의 안쪽 또는 귀 뒤쪽 머리카락이 난 부분 주변의 피부를 비눗물로 잘 씻고 탈지면으로 가볍게 닦는다.
> Ⅱ. 실험액을 준비하고 세척한 부위에 동전 크기로 바르고 자연건조한 후 그대로 (㉠)시간 방치한다.
> Ⅲ. 테스트 부위의 관찰은 테스트액을 바른 후 (㉡)분 그리고 (㉠)시간 후 총 (㉢)회를 반드시 행하고, 이상이 있을 경우 염모를 중지한다.
> Ⅳ. (㉠)시간 이내 이상이 발생하지 않으면 바로 염모를 진행한다.

㉠:
㉡:
㉢:

95 다음을 읽고, ㉠과 ㉡에 들어갈 알맞은 말을 쓰시오.

> • 「화장품법」 제5조(영업자의 의무 등)에 따라 (㉠)은(는) 판매장 시설·기구의 관리 방법, 혼합·소분 안전 관리 기준의 준수 의무, 혼합·소분되는 내용물 및 원료에 대한 설명 의무, 안전성 관련 사항 보고 의무 등에 관하여 총리령으로 정하는 사항을 준수하여야 한다.
> • 화장품책임판매업자는 지난해의 생산실적 또는 수입실적을 매년 2월 말까지 식품의약품안전처장이 정하여 고시하는 바에 따라 대한화장품협회 등을 통하여 식품의약품안전처장에게 보고하여야 한다. 또한, 영업자의 의무 따라 화장품책임판매업자는 화장품의 제조과정에 사용된 (㉡)을(를) 화장품의 유통·판매 전까지 보고하여야 한다.

㉠:
㉡:

96 다음을 읽고, 빈칸에 공통으로 들어갈 말을 쓰시오.

> 화장품 ( )은(는) 화장품이 제조, 보관, 유통 및 사용 과정에서 품질이 유지되고 소비자에게 안전하게 사용할 수 있도록 성분, 물리적, 화학적 및 미생물학적 특성이 변화하지 않는 상태를 의미한다.
> - 열( ) : 다양한 온도 변화 조건에서 화장품 성분이 일정한 상태를 유지하는 성질
> - 산화( ) : 산소 및 기타 화학물질과의 반응으로 화장품 성분이 변하지 않고 일정한 상태를 유지하는 특성
> - 미생물( ) : 미생물 증식으로 인한 오염으로부터 화장품 성분이 일정한 상태를 유지하는 성질
> - 광( ) : 다양한 광 조건(햇빛, 인공조명)에서 화장품 성분이 일정한 상태를 유지하는 성질

97 다음을 읽고, ㉠과 ㉡에 들어갈 알맞은 숫자를 쓰시오.

> 보디로션 500g에 리모넨을 0.01g을 첨가한 제품인 경우, 리모넨은 제품에 (㉠)% 함유되었으며, 씻어내지 않는 제품에는 (㉡)% 초과 함유하는 경우에만 알레르기 유발 물질을 표기하여야 하기 때문에, 해당 제품은 알레르기 유발 표시 대상에 해당된다.

㉠ :
㉡ :

98 주어진 정보를 읽고 해당하는 성분이 무엇인지 다음에서 골라 쓰시오.

> 정보
> - 화학식은 $C_2H_2O_2S$이다.
> - 글라이콜릭애시드에서 수소 원자 대신 황(S)을 포함한 -SH가 결합된 구조를 가진다.
> - 산화방지제, 제모제, 퍼머넌트웨이브용제, 헤어스트레이트너용제, 환원제 등으로 사용한다.
>
> 성분
> 아이오도프로피닐뷰틸카바메이트(IPBC), 암모니아, 알루미늄, 에틸헥실메톡시신나메이트, 올레익애시드, 과산화수소, 메틸렌글라이콜, 프로필렌글라이콜, 레티놀, 티오글라이콜릭애시드, 살리실릭애시드

99 화장품 품질관리에 필요한 모든 업무에서, 특정 업무를 표준화된 절차에 따라 일관되게 수행하기 위해 해당 방법과 절차를 구체적으로 규정한 문서는 무엇인지 쓰시오.

100 다음은 피부의 기능 중 하나를 설명한 것이다. 빈칸에 공통으로 들어갈 알맞은 말을 쓰시오.

- 피부는 외부의 물리적 마찰과 충격으로부터 (　　)하는 기능을 한다.
- 멜라닌 세포를 통해 자외선으로부터 피부를 (　　)하는 기능을 한다.
- 일정한 pH를 유지하여 유해한 화학물질이나 세균으로부터 (　　)하는 역할을 한다.

최종 모의고사
정답 & 해설

최종 모의고사 정답 & 해설

최종 모의고사 01회   394p

객관식 (선다형, 01~80번)

01	③	02	⑤	03	③	04	④	05	①
06	⑤	07	②	08	③	09	①	10	④
11	⑤	12	①	13	⑤	14	①	15	②
16	②	17	④	18	④	19	①	20	①
21	②	22	②	23	④	24	①	25	③
26	①	27	④	28	④	29	②	30	④
31	④	32	⑤	33	①	34	②	35	①
36	⑤	37	⑤	38	②	39	④	40	⑤
41	②	42	①	43	④	44	③	45	②
46	④	47	①	48	④	49	④	50	②
51	①	52	②	53	⑤	54	①	55	④
56	⑤	57	③	58	①	59	②	60	⑤
61	④	62	③	63	①	64	⑤	65	④
66	②	67	②	68	③	69	③	70	②
71	⑤	72	①	73	①	74	④	75	④
76	⑤	77	②	78	⑤	79	①	80	④

주관식 (단답형, 81~100번)

81 엘라이딘
82 ㉠ 15, ㉡ 10, ㉢ 2
83 청문
84 민감정보
85 고압가스를 사용하는 에어로졸 제품
86 보존제
87 광독성시험
88 유극층
89 휴지기
90 관능평가
91 ㉠ 식품의약품안전처장, ㉡ 실증
92 선입선출
93 옥토크릴렌 10%
94 ㉠ 물리적 차단제, ㉡ 25, ㉢ 25
95 광구용기
96 ㉠ 1, ㉡ 1, ㉢ 7
97 아이오도프로피닐뷰틸카바메이트(IPBC)
98 알파-하이드록시애시드 함유 제품
99 관능평가
100 ㉠ 벤질알코올, ㉡ 1.0, ㉢ 10

객관식 (선다형, 01~80번)

01 ③

오답 피하기
① 중대한 유해사례 : 사망을 초래하거나 생명을 위협하는 등의 유해사례
② 위해성 평가 : 인체적용제품에 존재하는 위해요소가 인체의 건강을 해치거나 해칠 우려가 있는지 여부와 그 정도를 과학적으로 평가하는 일련의 과정
④ 안전성 정보 : 화장품과 관련해 국민 보건에 직접 영향을 미칠 수 있는 안전성·유효성에 관한 새로운 자료, 유해사례 정보 등
⑤ 위해요소 : 인체의 건강을 해치거나 해칠 우려가 있는 화학적·생물학적·물리적 요인

02 ⑤

오답 피하기
㉣ 맞춤형화장품조제관리사 자격시험에 합격한 사람은 경력이 없어도 화장품책임판매관리자가 될 수 있다.

선생님의 노하우
법 개정 이후에는 맞춤형화장품조제관리사 자격증만으로도 책임판매관리자가 될 수 있어요. 자격증의 가치가 이전보다 높아진 셈이죠. 덕분에 자격증을 꼭 취득하고 싶다는 의욕이 생기네요.
※ 화장품법이 개정(2023.6.22. 시행)되면서 ㉠과 ㉡이 삭제되었다.

03 ③

조치 결과를 신고하지 않은 자에 대해 3천만 원 이하의 과태료가 부과되므로 조치 후 결과를 신고하여야 한다.

04 ④

외국 정부(미국, 유럽연합, 일본 등)에서 정한 기준에 따른 인증기관으로부터 유기농수산물로 인정받거나 이를 고시에 허용하는 물리적 공정에 따라 가공한 것은 유기농 원료에 포함된다.

05 ①

오답 피하기
㉡ 적색 102호 : 영유아용 제품 13세 이하 어린이용 제품에 사용금지 색소
㉢ 적색 104호 : 눈 주위 사용금지 색소

선생님의 노하우
사용금지 색소는 일단 주요한 색소 위주로 외워 두고, 문제를 풀 때마다 다시 찾아보면서 익히는 게 좋아요. 지문에 처음 보는 색소가 나오더라도, 이미 알고 있는 색소를 바탕으로 정답을 유추할 수 있어요.

06 ⑤

금속이온봉쇄제로는 다이소듐이디티에이, 소듐시트레이트가 있다.

오답 피하기
①·②은 산화방지제, ③은 방부제 대체제 ④은 양이온성 계면활성제이다.

07 ②

소듐아이오데이트는 사용 후 씻어내는 제품에 0.1% 한도로 사용할 수 있다.

> 📌 **선생님의 노하우**
> 보존제 성분과 사용한도는 매번 시험에 출제될 정도로 정말 중요한 내용이에요. 그래서 반복해서 읽고 반드시 암기해야 해요. 외울 땐 함량이 적은 순서부터 많은 순서대로 정리해서 외우면 더 기억하기 쉬워요.

08 ③

- 염류 : 나트륨(소듐), 칼슘(포타슘), 마그네슘, 클로라이드(염화 이온), 브로마이드(브로민화 이온), 설페이트(황산이온·황산염), 암모늄, 에탄올아민, 아세테이트, 베타인 등
- 에스터류 : 메틸, 에틸, 프로필, 아이소프로필, 뷰틸, 아이소뷰틸, 페닐

09 ①

염색 2일 전(48시간 전)에는 패치테스트를 반드시 행하여야 한다. 테스트액을 바른 후 30분 그리고 48시간 후 총 2회를 실시한다.

10 ④

2-메틸레조시놀은 염모제 성분이고, 소듐라우로일사코시네이트와 클로로부탄올은 보존제 성분이다.

> **오답 피하기**
> ①·②·③·⑤는 모두 보존제 성분이다.

11 ⑤

맞춤형화장품판매업자는 혼합·소분 전에 사용되는 내용물 또는 원료에 대한 품질성적서를 확인하여야 한다.

12 ①

ⓒ, ⓔ은 판매금지에 해당한다.

> 📌 **선생님의 노하우**
> 영업금지와 판매금지를 섞어서 문항을 만들고, 그중에서 어떤 조치에 해당하는지 묻는 문제가 자주 나와요. 전부 다 외우기 어렵다면, 상대적으로 양이 적은 영업금지 항목을 확실히 외워 두고, 그 외 나머지는 판매금지라고 생각하면 정리하기 훨씬 쉬워요.

13 ⑤

①·②·③·④은 사용할 수 없는 원료로 고시된 성분이다. 화장품 제조 등에 사용할 수 없는 원료를 사용하거나 사용상의 제한이 필요한 원료로 고시된 원료 외의 보존제, 색소, 자외선 차단제 등을 사용한 화장품의 위해성 등급은 '가등급'이다.

14 ①

비이온성 계면활성제에 대한 설명이다. 비이온성 계면활성제로는 소르비탄라우레이트, 폴리소르베이트 20, 세틸알코올 등이 있다.

> **오답 피하기**
> ①·③은 양이온성 계면활성제, ②은 양쪽성 계면활성제, ④은 음이온성 계면활성제이다.

15 ②

> **오답 피하기**
> ⓒ은 주름 개선, ⓒ은 피부 탄력, ⓜ은 피부 보습을 위한 제품이다.

> 📌 **선생님의 노하우**
> 고객과의 대화 문제는 굳이 지문 전체를 꼼꼼히 읽을 필요는 없어요. 먼저 고객의 피부 고민이나 원하는 효과가 어떤 건지 빨리 파악한 다음, 거기에 맞는 원료를 연결하면 돼요. 이런 문제는 보통 미백, 주름 개선, 수분 공급 관련 내용이 대부분이고, 가끔 여드름에 대한 것도 나와요. 그래서 미백, 주름, 수분, 여드름에 효과적인 원료는 꼭 외워 두는 게 좋아요.

16 ②

②은 정기 검·교정에 대한 내용이다. 예방적 활동은 주요 설비 및 시험장비에 대하여 정기적으로 교체하여야 하는 부속에 대한 연간계획을 세워 시정 실시(망가진 후 수리)를 하지 않는 것이 원칙이다.

17 ④

소독 전에 존재하던 미생물을 최소한 99.9% 이상 사멸시켜야 한다.

18 ④

폼알데하이드의 검출 허용한도는 2,000㎍/g 이하 물휴지는 20㎍/g 이하이다.

19 ①

불만처리와 제품 회수에 관한 사항은 품질 책임자가 주관한다.

20 ①

사용하는 세제 또는 소독제는 효과가 입증된 것을 사용하여야 한다. 그와 더불어 잔류하여 제품에 영양을 주거나 기기 표면에 이상을 초래하여서는 안 된다.

21 ②

> **오답 피하기**
> **원자재 용기 및 시험기록서의 필수적인 기재사항**
> - 원자재 공급자가 정한 제품명
> - 원자재 공급자명
> - 수령일자
> - 공급자가 부여한 제조번호 또는 관리번호

22 ②

화장품 제조 시에는 정제수만 사용하여야 한다.

23 ④

아이크림은 기타 화장품류로서 총호기성세균수가 1,000개/g(㎖) 이하이다.

> **오답 피하기**
> ①·②·③·⑤은 눈화장용 제품류로서 미생물 검출 한도는 총호기성생균수 500개/g(㎖) 이하이다.

24 ④

음식, 음료수 섭취 및 흡연 등은 제조 및 보관 구역과 분리된 구역에서만 하여야 한다.

25 ③

> **오답 피하기**
> **유지관리의 주요사항 중 점검 항목**
> - 외관 검사 : 더러움, 녹, 이상 소음 이취(②·③)
> - 작동 점검 : 스위치, 연동성(⑤)
> - 기능 측정 : 회전수, 전압 투과율, 감도(④)
> - 청소 : 내·외부 표면(①)
> - 부품교환 및 개선 : 제품 품질에 영향을 미치지 않는 일이 확인되면 적극적으로 개선

26 ①

> **오답 피하기** | **폐기신청서의 구성**
> - 폐기 의뢰자 : 상호(법인의 경우 법인의 명칭), 대표자, 전화번호
> - 폐기 현황 : 제품명 제조번호 및 제조 일자, 사용기한 또는 개봉 후 사용 기간, 포장단위, 폐기량
> - 폐기 사유 : 폐기일자, 폐기 장소, 폐기 방법

27 ④

오답 피하기
ⓒ 니켈 : 눈화장용 제품은 35㎍/g 이하, 색조화장용 제품은 30㎍/g 이하, 그 밖의 제품은 10㎍/g 이하
ⓔ 프탈레이트류 : 디부틸프탈레이트, 부틸벤질프탈레이트 및 디에틸헥실프 탈레이트에 한하여 총합으로서 100㎍/g 이하
Ⓐ 폼알데하이드 : 2,000㎍/g 이하(물 휴지는 20㎍/g 이하)
ⓞ 납 : 20㎍/g 이하(점토를 원료로 사용한 분말 제품 50㎍/g 이하)

선생님의 노하우
유통화장품 안전관리에서 비의도적 물질 검출 관련 내용은 매번 시험에 출제돼요. 그래서 한 글자도 빠뜨리지 말고 정확하게 외워야 해요. 그만큼 중요하니까 꼭 꼼꼼하게 암기해 두세요.

28 ④

오답 피하기
ⓒ 맞춤형화장품은 소비자 중심으로 소비자의 특성 및 기호에 따라 즉석에서 제품을 혼합·소분하여 판매하는 (소품종) 소량 생산 방식이다.
ⓒ 맞춤형화장품 제도는 개성과 다양성을 추구하는 소비자가 증가함에 따라 도입되었다.

29 ①

단회 투여 독성시험은 단회 투여(24시간 이내의 분할 투여도 포함)하였을 때 전체 동물 수의 절반이 죽게 되는 투여량(Lethal Dose 50%, 반수 치사량)을 보는 시험으로 안전성 시험용으로 사용된다.

선생님의 노하우
시험법 관련 내용은 처음 접할 때 너무 낯설고 어렵게 느껴지죠. 그래서 먼저 각 시험법의 정의를 꼼꼼히 외우고, 시험 방법은 하나하나 정독하면서 익혀 두세요. 생각보다 의외로 간단한 문제들도 자주 출제되니까 너무 겁먹지 않아도 돼요.

30 ④

오답 피하기
① 전체 호흡의 0.6~1.0%는 피부를 통하여 호흡한다.
② 비타민 D를 합성한다.
③ 모세혈관의 확장과 수축을 통하여 체온을 조절한다.
⑤ 미생물 침입 시 염증 반응을 유발하여 보호한다.

31 ①

천연보습인자의 구성 성분으로는 아미노산, PCA(피롤리돈카르복시산), 젖산염, 요소, 염소, 나트륨 등이 있다.

선생님의 노하우
천연보습인자의 구성 성분은 함량이 많은 순서로 외우세요.

32 ④

오답 피하기
①은 자통, ②은 가려움(소양감), ③은 인설, ⑤은 홍반에 대한 설명이다.

선생님의 노하우
피부 부작용은 누구나 한 번쯤 겪어본 경험이 있잖아요. 그런 상황을 떠올리면서 공부하면 훨씬 더 기억에 오래 남고, 이해하기도 쉬워요.

33 ①

소비자 외에 전문가에 의한 평가도 관능평가에 해당한다.

34 ②

제품 충진 시 확인하여야 할 사항
- 충전기의 타입(①)
- 충전 용량(g, ㎖)(③)
- 전원 및 전압의 종류
- 필요한 적정 에어 압력
- 단위 시간당 가능 포장 개수
- 포장 기기의 포장 능력과 포장 가능 크기(⑤)
- 스티커 부착기의 경우 부착 위치(④)
- 로트 번호, 포장일자, 유통기한, 바코드를 인쇄할 경우 인쇄 위치 및 문구
- 필요시 온·습도

35 ①

맞춤형화장품 판매내역서 포함 사항
- 제조번호
- 사용기한 또는 개봉 후 사용기간
- 판매일자 및 판매량

36 ⑤

원료의 기원은 필요에 따라 기재할 수 있다.

37 ③

제시문은 피막형성제(밀폐제)에 대한 설명이다.

오답 피하기
① 점증제는 화장품의 점도를 높이는 원료이다.
② 계면활성제는 유성과 수성의 경계면에 흡착해 성질을 변화시키는 특징이 있다.
④ 희석제는 색소를 사용하기 편하게 하기 위하여 혼합되는 성분이다.
⑤ 금속이온봉쇄제는 품질 저하의 원인이 될 수 있는 금속이온의 활성을 억제한다.

38 ②

분산은 넓은 의미로 분산질(분산상)이 분산매에 퍼져 있는 현상을 말하며, 액체가 액체 속에 분산된 경우를 유화, 기체가 액체 속에 분산된 경우 거품이라고 한다. 고체가 액체 속에 분산된 상태는 솔(Sol), 고체 또는 액체가 기체 속에 분산된 상태는 에어로졸(Aerosol)이라 한다.

39 ④

가혹시험은 온도의 편차, 극한의 조건에서 화장품의 분해과정 및 분해산물 등을 확인하기 위한 시험이다.

40 ⑤

오답 피하기
① 영유아가 화장품을 사용할 때 인체에 해가 되지 않도록 안전용기·포장을 하여야 한다.
② 3세 이하 어린이가 사용하는 제품이다.
③ 화장품에 영유아 사용 화장품임을 표시·광고하려면 안전성 평가 자료를 작성 및 보관하여야 한다.
④ 영유아용 샴푸·린스도 영유아용 제품에 해당한다.

선생님의 노하우
영유아용이나 어린이용과 관련된 내용은 어느 단원에서 나오든 항상 중요하게 다뤄져요. 표시사항, 안전 기준, 사용 원료, 처벌 규정 등 꼭 짚고 넘어가야 할 내용이 많으니까, 시험 보기 직전에 꼭 정리해서 시험장에 들어가기로 해요.

41 ②

개인정보의 수집 동의를 받을 경우 개인정보를 제공받는 자에 대해 정보주체에게 고지하지 않아도 된다.

> 오답 피하기

그러나 제3자에게 개인정보를 제공할 경우에는 ①·③·④·⑤의 내용과 함께 개인정보를 제공받는 자를 추가로 고지하여야 한다.

42 ①

천연화장품 및 유기농화장품의 용기와 포장에 폴리염화비닐(PVC)과 폴리스티렌폼은 사용할 수 없다.

43 ⑤

⑤은 고급 알코올에 대한 설명이다. 고급 지방산은 'R-COOH'로 표시되는 화합물로 지방을 가수분해하여 얻어지며, 탄소수가 12개 이상인 것을 말한다. 화장품에서 세정용 계면활성제, 유화제, 분산제, 경도·점도 조절용, 연화제 목적으로 사용되고 있다.

44 ③

ⓒ 단순히 특정 식품의 상표, 브랜드명 또는 디자인만을 활용한 경우에는 해당 식품과 협업할 수 있다.
ⓔ·ⓐ 제품의 용기 및 포장이 식품의 형태를 모방하였더라도, 사용 방법이 다르고 섭취가 불가능한 경우에는 위반에 해당하지 않는다.

> 오답 피하기

㉠·ⓒ 실제 식품과 유사하며 일반적으로 소비자들이 식품으로 인식할 수 있다.
ⓑ·ⓞ 외관과 여는 방법 등의 사용 방법이 유사하여 식품 오인의 우려가 있다.
ⓜ 식품 음료와 동일한 방식으로 섭취할 우려가 있다.

45 ②

> 오답 피하기

글리세린(ⓒ)은 피부 보습, 알로에베라(ⓔ)는 피부 진정, 세라마이드(ⓞ)는 피부 보습, 피부장벽 강화 기능이 있는 제품이다.

46 ④

㉠ 탈염·탈색제의 주의사항이다.
ⓒ 외음부 세정제의 주의사항이다.
ⓞ 퍼머넌트 웨이브 제품 및 헤어스트레이트너 제품의 주의사항이다.

47 ①

> 오답 피하기

② 살리실릭애씨드 : 여드름성 피부를 완화하는 데 도움을 주는 제품의 경우에 한해 0.5%
③ 레티놀 : 2,500IU/g
④ 레티닐팔미테이트 : 10,000IU/g
⑤ 폴리에톡실레이티드레틴아마이드 : 0.05~0.2%

48 ③

정기감사는 연 1회 정기적인 지도 및 점검에 의하여 이루어진다.

> 선생님의 노하우

틀린 문항을 만들 때 숫자만 살짝 바꿔 놓는 경우가 많아요. 그래서 맞춤형화장품조제관리사 시험은 수치에 특히 민감하게 공부하는 게 중요해요. 숫자 하나 차이로 정답이 갈릴 수 있거든요.

49 ④

> 오답 피하기

① 제품의 출고는 선입선출 방식으로 진행하여야 하며, 타당한 사유가 있는 경우 그러지 않을 수 있다.
② 원자재, 반제품 및 벌크 제품은 바닥과 벽에 닿지 않도록 보관하여야 한다.
③ 설정된 보관기한이 지나면 사용의 적절성을 결정하기 위하여 재평가 시스템을 확립하여야 한다.
⑤ 원자재, 시험 중인 제품 및 부적합품은 각각 벽, 칸막이, 에어커튼 등으로 나누어진 장소에서 보관하여야 한다. 설정된 보관기한이 지나면 사용의 적절성을 결정하기 위하여 재평가 시스템을 확립하여야 한다.

50 ②

옥토크릴렌의 최대 함량은 10%이다.

> 오답 피하기

①·③·④·⑤의 최대 함량은 5.0%이다.

51 ①

> 오답 피하기

㉠·ⓒ·ⓞ 및 닥나무 추출물은 티로시나아제의 활성을 억제한다.
ⓒ 멜라닌의 이동을 억제한다.

52 ②

향수를 부향률이 낮은 순서부터 나열하면 샤워 콜롱(0.5~2%) - 오 드 콜롱(2~5%) - 오 드 투알레트(5~10%) - 오 드 퍼퓸(10~15%) - 퍼퓸(15% 이상)이다.

53 ⑤

실내압을 외부보다 높게 하여야 오염물질이 실내에서 실외로 배출된다.

54 ①

청정도 등급 중 1등급의 관리 기준은 낙하균 10개/hr 또는 부유균 20개/㎥이다.

55 ④

> 선생님의 노하우

어렵게 생각하지 말고 상식적으로 생각하면 쉽습니다.
ⓐ 먼저, 입고된 원료가 어떤 것인지 확인합니다.
ⓞ 입고되어야 할 원료가 들어 왔으면, 적합한 원료인지 시험 의뢰를 위해 판정 대기소에 보관합니다.
㉠ 검사를 하기 위해 검체를 채취하고, 시험 중임을 표하는 황색 라벨을 부착합니다.
ⓒ 시험이 끝나 판정이 되면, 그 결과에 따라 적합하면 청색, 부적합하면 적색 라벨을 부착합니다.
ⓜ 원료가 적합하다는 전제하에, 입고되어 적합 보관소로 옮겨 놓으면 올바른 수순이 되겠네요.

56 ⑤

공여자란 배양액에 사용되는 세포 또는 조직을 제공하는 사람을 말한다.

57 ③

완제품 보관 검체는 개봉 후 사용기간을 기재하는 경우 제조일로부터 3년간 보관하여야 한다.

58 ①

포장재의 선정 절차는 중요도 분류 → 공급자 선정 → 공급자 승인 → 품질 결정 → 품질계약서 공급계약 체결 → (제조개시)정기적 모니터링이다.

선생님의 노하우
절차와 관련된 내용은 순서를 묻는 문제가 나올 수 있어요. 내가 포장재를 담당하는 직원이라고 생각하고, 실제 작업 흐름을 머릿속으로 그려보면 단계가 훨씬 쉽게 떠오를 거예요.

59 ②

오답 피하기 공기조절의 4대 요소
- 청정도 : 공기정화기
- 실내온도 : 열교환기
- 습도 : 가습기
- 기류 : 송풍기

60 ④

불만처리 시 기록 및 유지하여야 하는 사항
- 불만 접수연월일(①)
- 불만제기자의 이름과 연락처(③)
- 제품명, 제조번호 등을 포함한 불만내용(⑤)
- 불만조사 및 추적조사 내용, 처리결과 및 향후 대책
- 다른 제조번호의 제품에도 영향이 없는지 점검(②)

61 ④

원료와 원료를 혼합하는 것은 화장품 제조에 해당한다.

62 ②

오답 피하기
① 광독성시험 : UV램프를 조사하여 자외선으로 인한 자극성을 평가함
③ 유전 독성시험 : 박테리아를 이용한 돌연변이시험으로, 염색체 이상을 유발하는지 설치류에 시험함
④ 광감작성시험 : 광조사로써 자외선으로 인한 접촉 감작성(접촉 알레르기)을 평가함
⑤ 단회 투여 독성시험 : 동물에 1회 투여하였을 때 LD 50의 값(반수 치사량)을 산출하여 위험성을 예측함

선생님의 노하우
시험법은 핵심 키워드 중심으로 기억하는 게 좋아요. 예를 들어 단회 투여 독성시험은 LD 50, 유전 독성시험은 염색체 이상처럼요. 이렇게 연결해 두면 시험장에서 훨씬 쉽게 떠올릴 수 있어요.

63 ①

섬유 아세포는 콜라겐(교원섬유)와 엘라스틴(탄력섬유)를 만드는 결합조직 세포이다.

64 ⑤

하루에 50~100가닥의 모발이 빠지는 것은 정상모발이다.

65 ④

오답 피하기
①·③ 눈주위에 사용을 금한다.
② 영유아 제품 또는 13세 이하 어린이용 사용 제품에 사용을 금한다.
⑤ 메틸아이소치아졸리논은 씻어내는 제품에 0.0015%를 허용하고 기타 제품에는 사용을 금한다.

선생님의 노하우
성분별 금지 대상과 사용 제한 조건을 짝지어 외우는 게 핵심이에요. 눈, 어린이, 함량 기준처럼 금지 사유 중심으로 분류해서 반복하면 효과적이에요.

66 ②

오답 피하기
① 우레아 : 10% 이하로 사용
③ 페녹시에탄올 : 1.0% 이하로사용
④ 톨루엔 : 손발톱용 제품류에 25% 이하로 사용
⑤ 벤질알코올 : 두발염색용 제품류의 용제로 사용되는 것이 아닐 경우 1.0% 이하로 사용

67 ③

오답 피하기
① 맞춤형화장품조제관리사는 식품의약품안전처장이 고시한 사용상의 제한이 필요한 원료를 사용할 수 없다.
② 맞춤형화장품조제관리사는 식품의약품안전처장이 고시한 기능성 화장품의 효능, 효과를 나타내는 원료는 사용할 수 없다.
④ 인터넷 주문 및 구매는 맞춤형화장품의 취지와 맞지 않다.
⑤ 맞춤형화장품조제관리사는 화장품의 기본 제형의 변화가 없는 범위 내에서 특정 성분을 혼합할 수 있다.

68 ③

오답 피하기
㉠ 아데노신은 주름 개선 효과가 있다. 하지만 기능성 고시 원료라서 화장품책임판매업자의 심사를 받거나 보고서를 제출한 기능성화장품이 아니면 사용할 수 없다.
㉢ 비타민 E는 사용상의 제한 원료라 사용할 수 없다.

69 ③

탁도는 스킨, 토너 등의 관능평가 요소이다.

70 ②

②은 해당 품목 판매 또는 광고 업무정지 3개월이다.

오답 피하기
①·③·④·⑤는 해당 품목 판매 또는 광고 업무정지 2개월이다.

71 ⑤

불안정한 원료 성분은 분해물의 안전성에 관한 정보에 따라 기준치의 폭을 설정한다.

72 ①

오답 피하기
② 디스퍼는 혼합·교반에 사용한다.
③ 호모게나이저는 물과 기름을 유화시켜 안정상태로 유지하기 위하여 사용하는 교반기이다.
④ 피펫은 계량에 사용한다.
⑤ 데시케이터는 표준품을 보관하는 데 사용한다.
도구의 살균, 소독에 사용하는 도구는 자외선 살균기이다.

선생님의 노하우
도구는 용도별로 키워드 하나씩 떠올리며 외우는 게 좋아요. 헷갈릴 땐 실제 사용하는 장면을 머릿속으로 그려 보면서 연결하면 더 오래 기억돼요.

73 ①

오답 피하기
②은 칼리납유리, ③은 저밀도 폴리에틸렌, ④은 고밀도 폴리에틸렌, ⑤은 알루미늄에 대한 설명이다.

74 ④

오답 피하기

맞춤형화장품판매업의 신고를 위한 서류
- 맞춤형화장품판매업 신고서
- 맞춤형화장품조제관리사 자격증 사본
- 시설명세서
- 법인의 경우 등기사항증명서

75 ④

「화장품법 시행규칙」 [별표 7] 행정처분의 기준에 의거하여 1차 위반 시 시정명령, 2차 위반 시 판매업무 정지 1개월, 3차 위반 시 판매업무 정지 3개월, 4차 이상 위반 시 영업소 폐쇄의 처분이 내려진다.

76 ⑤

⑤은 5천만 원 이하의 과태료 부과 대상이다.

오답 피하기

①·②·③·④은 3천만 원 이하의 과태료 부과 대상이다.

선생님의 노하우

아동과 관련된 과태료는 다른 항목에 비해 금액이 큰 편이에요.

77 ②

오답 피하기

① 역할 대행이 아닌 지원의 직무를 수행한다.
③ 총리령으로 정하는 사항을 직무로 수행한다.
④ 식품의약품안전처장 또는 지방식품의약품안전청장이 소비자화장품안전관리감시원에게 직무 수행에 필요한 교육을 실시한다.
⑤ 행정관청에 신고하거나 그에 관한 자료를 제공하는 직무를 수행한다.

78 ⑤

⑤은 개인정보처리자에 대한 설명이다.

선생님의 노하우

용어와 관련된 정의는 표현이 조금씩 다르게 나올 수 있어서, 단순히 외우기보다는 의미를 제대로 이해하는 것이 중요해요. 그래야 문제에서 다른 말로 바뀌어 나와도 쉽게 파악할 수 있어요.

79 ①

위해성 평가란 인체적용 제품에 존재하는 위해요소가 인체의 건강을 해치거나 해칠 우려가 있는지와 있을 경우 위해의 정도를 과학적으로 평가하는 것을 말한다.

80 ④

사이클로데트라실록세인은 실리콘 오일이다.

오답 피하기

①·②·③·⑤는 탄화수소류이다.

주관식(단답형, 81~100번)

81 엘라이딘

투명층에는 엘라이딘(Elaidin)이라는 반유동성 물질이 수분 침투를 방지한다.

82 ㉠ 15, ㉡ 10, ㉢ 2

제품별 포장공간 기준
- 인체 및 두발 세정용 제품류 : 15% 이하(포장 최대 2차)
- 그 외 화장품류 : 10% 이하(향수 제외) (포장 최대 2차)
- 종합 화장품류 : 25% 이하(포장 최대 2차)
- 최소 판매단위 제품 2개 이상을 함께 포장 구성할 경우 : 40% 이하(포장 최대 3차)

83 청문

'청문'은 중대한 불이익 처분 전에 당사자의 의견을 듣는 절차로 헌법상 절차적 권리 보장을 위하여 필요하다. 따라서 식약처장이 자격 취소·인증 취소·등록 취소나 영업소 폐쇄 등의 중대한 처분을 할 때는 반드시 청문을 실시하여야 한다.

84 민감정보

'민감정보'란 사상·신념·정치적 견해·노동조합 및 정당 가입 여부·건강·성생활 등과 같이 개인의 내밀한 정보로, 사생활 침해 위험이 커서 법적으로 특별 보호가 필요한 정보이다. 개인정보보호법에서는 이러한 정보를 민감정보로 정의하고 엄격히 제한하여 처리하도록 하고 있다.

85 고압가스를 사용하는 에어로졸 제품

문제의 문구는 고압가스를 사용하는 에어로졸 제품의 주의사항이다. 기체는 열에너지를 흡수하게 되면 부피가 팽창하기 때문에, 압축가스나 가연성 기체가 화기 근처에 가면 '폭발'하게 된다.

선생님의 노하우

'분사', '고온 보관 금지', '잔여 가스', '밀폐된 장소' 같은 키워드는 고압가스를 사용하는 에어로졸 제품에서 자주 등장해요. 특히 폭발 위험과 안전 사용법이 강조되는 경우는 대부분 이 제품과 관련이 있어요.

86 보존제

영유아나 어린이용 화장품은 민감하거나 여린 피부에 사용되므로 보존제와 같은 원료의 안전성이 매우 중요하다. 특히 보존제는 자극 우려가 있어 함량을 반드시 포장에 표시하여야 한다.

87 광독성시험

광독성시험은 자외선(UV)에 노출된 후 일어나는 피부 자극 여부를 확인하는 안전성 시험이다. 화장품 원료나 제품이 햇빛에 노출될 때 피부에 독성을 유발하는지를 평가하는 데 사용된다.

선생님의 노하우

안전성 시험 중에서 광독성시험과 광감작성시험을 반드시 구별해 주세요. 광감작성은 광조사를 하여 자외선에 의해 생기는 접촉 감작성, 알레르기, 면역계 반응을 평가하는 거예요.

88 유극층

표피 구조 중 면역과 관련된 랑게르한스 세포가 위치한 층은 유극층이다.

선생님의 노하우

'표피에서 가장 두꺼운 층', '림프액 순환', '랑게르한스 세포'가 나오면 곧바로 유극층을 떠올려야 해요.

89 휴지기

모발 주기는 성장기-퇴행기-휴지기이다. 휴지기는 모낭과 모유두가 분리되고 더 이상 성장하지 않으며, 모발이 자연스럽게 빠지는 시기이다. 이후 다시 성장기로 전환되며 새로운 모발이 자라기 시작한다.

90 관능평가

관능평가는 화장품의 색, 향, 질감, 사용감 등을 사람의 오감을 활용해 평가하는 방법이다. 제품의 소비자 만족도, 사용 경험, 품질 특성을 확인하는 데 활용된다.

91 ⓐ 식품의약품안전처장, ⓑ 실증

화장품 표시·광고와 관련해 사실 여부를 검증하려면 실증이 필요하다. 이런 실증을 요구하거나 자료 제출을 명령할 수 있는 주체는 식품의약품안전처장이다.

92 선입선출

선입선출(FIFO ; First-In First-Out)은 먼저 입고된 원료나 내용물을 먼저 사용하는 방식이다.

93 옥토크릴렌 10%

옥토크릴렌은 UVB로부터 피부를 보호하고 UVA도 일부 차단한다. 「화장품 안전기준 등에 관한 규정」에 따라 최대 10%까지 사용할 수 있도록 제한되어 있다.

94 ⓐ 물리적 차단제, ⓑ 25, ⓒ 25

물리적 차단제는 자외선을 흡수하지 않고 산란·반사시켜 차단하는 방식이다. 징크옥사이드와 타이타늄디옥사이드는 「화장품 안전기준 등에 관한 규정」에 따라 각각 최대 25%까지 사용 가능한 자외선 산란제이다.

95 광구용기

광구용기는 병 입구가 넓어 내용물을 손이나 스패출러로 덜어 쓰는 타입의 용기로, 크림류 제품에 주로 사용된다. 입구와 몸통 지름이 비슷해 내용물 취급이 편리한 것이 특징이다.

96 ⓐ 1, ⓑ 1, ⓒ 7

[해설] 신속보고 되지 않은 화장품의 경우 화장품책임판매업자가 정기보고를 한다. 상시근로자 수가 2인 이하로서 직접 제조한 화장비누만을 판매하는 화장품책임판매업자는 해당 안전성 정보를 보고하지 않을 수 있다.

97 아이오도프로피닐뷰카바메이트(IPBC)

아이오도프로피닐뷰카바메이트에 특징을 나열한 것이다. 이 보존제를 함유한 경우 "3세 이하 영유아에게 사용하지 말 것"이라는 주의 문구를 반드시 표시하여야 한다.

98 알파-하이드록시애시드 함유 제품

AHA 성분은 각질 제거와 피부 개선 효과가 있지만, 피부 자극과 자외선 민감도 증가 등 부작용이 있을 수 있다. 그래서 고농도로 포함된 경우에는 위와 같은 주의 문구를 표시하도록 「화장품법」 및 관련 고시에 명시되어 있다.

99 관능평가

관능은 사람의 시각, 후각, 미각, 촉각, 청각 등 오감을 이용하여 제품의 특성을 평가하는 방법이다. 화장품에서는 주로 사용감, 향, 색 등을 확인할 때 관능평가 요소로 평가한다.

100 ⓐ 벤질알코올, ⓑ 1.0, ⓒ 10

벤질알코올은 대표적인 보존제 성분으로, 화장품법상 사용 한도가 일반 화장품에서는 최대 1.0%까지, 두발 염색용 제품류에서는 용제로 10%까지 허용된다. 제시된 전성분에서 벤질알코올이 0.1% 함유되어 있으므로, 사용 기준 내에 있어 안전하다.

최종 모의고사 02회

418p

객관식(선다형, 01~80번)

01 ①	02 ⑤	03 ③	04 ④	05 ③
06 ③	07 ⑤	08 ②	09 ①	10 ①
11 ⑤	12 ④	13 ①	14 ③	15 ⑤
16 ②	17 ④	18 ①	19 ③	20 ②
21 ②	22 ④	23 ③	24 ①	25 ③
26 ④	27 ②	28 ④	29 ④	30 ②
31 ①	32 ③	33 ③	34 ④	35 ②
36 ③	37 ⑤	38 ②	39 ⑤	40 ④
41 ④	42 ④	43 ④	44 ②	45 ③
46 ②	47 ②	48 ①	49 ②	50 ②
51 ②	52 ⑤	53 ③	54 ①	55 ⑤
56 ⑤	57 ③	58 ①	59 ②	60 ⑤
61 ②	62 ⑤	63 ⑤	64 ⑤	65 ④
66 ③	67 ④	68 ①	69 ②	70 ④
71 ②	72 ④	73 ①	74 ④	75 ②
76 ②	77 ④	78 ④	79 ④	80 ①

주관식(단답형, 81~100번)

81 ⓐ 화장품책임판매업자, ⓑ 책임판매관리자
82 5,000(오천, 5천)
83 제조위생관리기준서
84 ⓐ 메틸아이소치아졸리논, ⓑ 0.0015, ⓒ 3
85 ⓐ 15, ⓑ 30
86 레이크
87 에크린선(소한선)
88 ⓐ 말라세지아, ⓑ 쌀겨, ⓒ 비듬
89 ⓐ 5, ⓑ 1.0
90 충진
91 ⓐ 황색포도상구균, ⓑ 녹농균(순서 무관)
92 효력시험
93 엘라이딘
94 ⓐ 색소, ⓑ 자외선 차단제
95 피막형성제 또는 밀폐제
96 ⓐ 백색, ⓑ 청색, ⓒ 적색
97 제조단위 또는 뱃치
98 ⓐ 3, ⓑ 1
99 트리클로산
100 원료규격서

객관식(선다형, 01~80번)

01 ①

오답 피하기

화장품책임판매업자는 천연화장품 및 유기농화장품으로 표시·광고하여 제조·수입·판매 시 이 고시에 적합함을 입증하는 자료를 구비하고 제조일(통관일)로부터 3년 또는 사용기한 경과 후 1년 중 긴 기간 동안 보존하여야 한다.

02 ⑤
음이온성 계면활성제는 세정 작용, 기포 형성 작용이 우수하다. 따라서 비누, 샴푸, 폼 클렌저 등에 주로 사용되는 원료이다.

03 ③
라우레스-8,9 및 10의 최대한도는 2.0%이다.

04 ④
오답 피하기
톨루엔은 손발톱용 제품으로 25% 한도로 사용 가능하며, 기타 제품에는 사용을 금한다.

05 ③
품질관리에는 화장품제조업자에 대한 관리·감독이 포함된다.

06 ③
문제의 설명은 금속이온봉쇄제를 가리키며, 보기에서 금속이온봉쇄제는 소듐시트레이트, 다이소듐이디티에이이다.

오답 피하기
토코페롤(ⓔ), BHT, BHA(ⓐ)는 화장품 유지의 산화를 방지하고 화장품의 품질을 일정하게 유지하기 위하여 첨가한다. 다이메티콘(ⓒ)은 실리콘 오일, 오조케라이트(ⓓ)는 왁스류이다.

07 ⑤
오답 피하기
살리실릭애시드는 인체 세정용 제품류에는 2.0% 한도, 사용 후 씻어내는 두발용 제품류에는 3.0% 한도로 사용할 수 있다.

08 ②
오답 피하기
외음부 세정제에 사용할 수 있는 기타 사용상의 제한이 필요한 원료는 정제수, 붕사, 라우릴황산나트륨 혼합물이다. 에탄올, 붕사, 라우릴황산나트륨(4:1:1) 혼합물은 외음부 세정제에 12% 사용한도가 있으며, 기타 제품에는 사용을 금한다.

09 ①
소용량의 화장품이라도 표시 면적이 충분하다면 해당 알레르기 유발 성분을 표시하여야 한다.

10 ①
오답 피하기
② 약알칼리 세척제는 기름, 지방입자 세척에 주로 사용되며, 산도는 pH 8.5~12.5이다.
③ 중성 세척제는 기름때 작은 입자에 주로 사용되며, 산도는 pH 5.5~8.5이다.
④·⑤는 무기염, 수용성 금속 혼합물 세척에 주로 사용되며, 산도는 pH 0.2~5.5이다.

11 ⑤
인체 세포·조직 배양액의 품질관리 기준서 항목
- 성상
- 무균시험
- 확인시험
- 순도시험
- 마이코플라스마 부정시험
- 외래성 바이러스 부정시험

12 ④
ⓐ Koch법이라고도 하며, 실내 공기 중에 존재하는 오염된 부유 미생물을 직접 평판배지 위에 일정 시간 자연적으로 낙하시켜 측정하는 방법이다.
ⓒ 진균용은 사부로포도당 한천배지 또는 포테이토텍스트로즈한천배지에 배지 100mL당 클로람페니콜 50mg을 넣는다.
ⓓ 측정 위치는 벽에서 30cm 이상 떨어진 곳이 적절하다.

선생님의 노하우
시험에 자주 나오는 공기 중 미생물 시험법은 이름, 원리, 조건을 함께 묶어서 외우는 게 좋아요. 특히 배지 종류나 위치 조건 같은 디테일은 키워드 중심으로 반복해서 익히는 게 효과적이에요.

13 ①
pH는 4.5~9.6가 적절하다.

14 ③
린스 정량법은 호스나 틈새기의 세척 판정에 적합하다.

15 ⑤
원료 및 포장재의 선정은 '중요도 분류 → 공급자 선정 → 공급자 승인 → 품질 결정 → 품질계약서 공급계약 체결 → 정기적 모니터링' 순으로 진행된다.

선생님의 노하우
절차는 실제 업무 흐름처럼 단계별 이미지로 떠올리며 순서를 외우는 게 효과적이에요. 특히 '중요도 분류부터 계약, 모니터링까지' 흐름을 자연스럽게 연결해 두면 기억에 오래 남아요.

16 ②
①·③·④·⑤은 맞춤형화장품조제관리사가 사용할 수 없는 원료이다.

17 ④
① 호스는 한 위치에서 다른 위치로 제품을 전달하기 위해 사용한다.
② 펌프는 다양한 점도의 액체를 다른 지점으로 이동시키기 위해 사용한다.
③ 탱크는 공정 중인 또는 보관용 원료를 저장하기 위해 사용한다.
⑤ 게이지와 미터기는 화장품의 온도, 흐름, 압력, 점도, pH 등 화장품의 특성을 측정하고 기록하기 위하여 사용하는 설비이다.

선생님의 노하우
설비는 기능 중심으로 역할 연결해서 외우는 게 좋아요. 호스·펌프는 이동, 탱크는 저장, 게이지·미터기는 측정으로 묶어서 기억하면 쉬워요.

18 ①
오답 피하기
② 맞춤형화장품은 제형의 변화가 없는 범위 내에서 혼합하여야 한다.
③ 제조하는 것은 맞춤형화장품이 아니다.
④ 맞춤형화장품은 내용물을 그대로 사용하는 것이 아니라 혼합이나 소분을 해서 판매하는 화장품이다.
⑤ 등색 201호는 눈 주위 사용금지 원료이다.

선생님의 노하우
맞춤형화장품은 제조가 아닌 혼합·소분이라는 개념을 정확히 구분해서 기억하는 게 중요해요. 혼동하기 쉬운 색소 규정은 사용 부위와 함께 짝지어 외우는 방식이 효과적이에요.

19 ③
온점과 냉점은 진피의 망상층에 위치한다.

20 ②
퇴행기가 아니라 휴지기에 모발이 탈락하기 시작한다.

21 ②

오답 피하기
ⓒ 면포는 비염증성 여드름이다.
ⓔ 폐쇄면포는 화이트헤드이다. 화이트헤드는 모공이 막혀 피지와 각질이 피부 속에 갇혀 하얗게 보인다. 공기와 접촉하지 않으므로 산화되지 않는다. 블랙헤드는 개방성 면포로서 T존에 많이 발생한다.

22 ④

오답 피하기
1차 위반 시 해당 품목 판매 또는 광고 업무정지 2개월에 해당한다.

23 ③

화장품책임판매업자는 품질관리 기준, 책임판매 후 안전관리 기준, 품질검사 방법 및 실시 의무, 안전성·안정성 관련 정보사항 등의 보고 및 안전대책 마련 의무에 관한 사항을 준수하여야 한다.

24 ①

실태조사는 5년마다 실시한다.

25 ③

카나우바 왁스는 80~86℃의 녹는점으로 광택성이 뛰어나 립스틱, 탈모제 등에 사용한다.

선생님의 노하우
위의 다섯 가지 외에도 왁스에는 오조케라이트가 있습니다. 오조케라이트는 미네랄 왁스의 일종으로 백색 또는 황색을 띠며, 피부를 보호하고 윤이 나게 합니다. 또한 피부 표면이 부드러워지게 하기도 하죠.

26 ④

위해화장품 공표를 한 영업자가 지체 없이 지방식품의약품안전청장에게 통보하여야 하는 내용
- 공표일
- 공표 매체
- 공표 횟수
- 공표문 또는 내용이 포함된 공표 결과

27 ②

오답 피하기 공표문 작성방법
- 일반일간신문 게재용 : 3단 10㎝ 이상
- 인터넷 홈페이지 게재용 : 회수문의 내용이 잘 보이도록 크기 조정 가능
- 위해화장품의 회수 공표문의 구성
  - 화장품을 회수한다는 내용의 표제
  - 제품명
  - 회수 대상 화장품의 제조번호
  - 사용기한 또는 개봉 후 사용기간(병행 표기된 제조연월일을 포함)
  - 회수 사유
  - 회수 방법
  - 회수하는 영업자의 명칭
  - 회수하는 영업자의 주소
  - 회수하는 영업자의 전화번호
  - 그 밖에 회수에 필요한 사항

선생님의 노하우
공표문은 매체별(신문, 인터넷) 게재 방식의 차이를 먼저 구분하고, 회수 항목은 '무엇을, 왜, 어떻게, 누구에게'의 흐름으로 묶어 외우면 기억하기 쉬워요.

28 ④

닥나무 추출물은 최대 2.0% 함량까지 자료 제출이 생략될 수 있다.

29 ④

오답 피하기
① 두피·얼굴·눈·목·손 등에 약액이 묻지 않도록 유의하고 얼굴 등에 묻었을 경우 즉시 물로 씻어낼 것
② 15℃ 이하의 어두운 장소에 보존하고, 색이 변하거나 침전된 경우 사용하지 말 것
③ 염모제의 개별 주의사항
⑤ 개봉한 제품은 7일 이내 사용할 것

선생님의 노하우
염모제는 사용 전후 주의사항 위주로 묶어서 외우면 쉬워요. 피부 접촉 주의, 보관 온도, 사용기한 중심으로 정리하면 헷갈리지 않아요.

30 ②

양쪽성 계면활성제는 산성일 때 양이온성, 알칼리성일 때 음이온성으로 활성화된다.

31 ①

글리세린은 탄수소가 3이고, -OH기를 3개 가지고 있는 3가 알코올로 주로 보습제로 사용된다.

32 ③

과산화수소는 눈에 접촉을 피하고 눈에 들어갔을 때는 즉시 씻어내야 한다.

33 ③

뱃치별로 제품시험은 2번 실시할 수 있는 양을 적합한 보관 조건에 따라 보관한다.

34 ④

유리병 '외부(표면)' 알칼리 용출량시험 방법으로 고쳐야 옳다.

35 ②

작업자는 실험실에서 실험복과 슬리퍼만 착용하면 된다.

36 ③

액상 제품은 산도의 기준이 pH 3.0~9.0이어야 한다. 다만 물을 포함하지 않는 제품과 사용 후 바로 씻어내는 제품은 제외한다.

37 ⑤

오답 피하기
① 글루콘산클로르헥시딘
- 5%를 10배 희석해서 사용한다.
- 살균 효과와 항진균 효과, 소독 효과가 있다.
- 심각한 알레르기 반응을 초래할 수 있다.
② 차아염소산나트륨액
- 50ppm 락스
- 당일 조제하여 사용 후 전량 폐기해야 한다.
- 살균력, 경제성이 우수하다.
- 냄새가 강하고 잔류성, 부식성이 있다.
- 당일 조제하여 사용 후 전량 폐기해야 한다.
③ 벤잘코늄클로라이드
- 10%를 20배 희석해서 사용한다.
- 넓은 범위에 걸친 방부 효과가 있다.
- 양이온성 계면활성제로 알레르기 유발 가능성이 있다.
④ 크레졸수(3.0% 수용액)
- 실내 바닥 소독에 사용한다.
- 일반 세균에 유효하다.

- 냄새가 강하고 물에 잘 녹지 않는다.
- 원액이 피부에 닿으면 짓무름이 발생한다.

> **선생님의 노하우**
> 소독제는 성분별로 '희석 비율 + 특징 + 주의사항'을 세트로 묶어 외우는 게 효과적이에요. 특히 효과와 단점을 비교하면서 특징을 대비하면 더 오래 기억돼요.

38 ②

최종시험 결과보고서의 구성
- 시험의 종류
- 코드 또는 명칭에 의한 시험 물질의 식별(③)
- 화학물질명 등에 의한 대조물질의 식별(대조물질이 있는 경우에 한함)(④)
- 시험 의뢰자 및 시험 기관 관련 정보(⑤)
- 시험 개시 및 종료일
- 시험 점검의 종류, 점검 날짜, 점검 시험단계, 점검 결과 등이 기록된 신뢰성보증확인서
- 피험자 선정, 제외 기준 및 수(①)
- 시험 방법 및 시험 결과

> **선생님의 노하우**
> 최종시험 결과보고서는 시험의 전 과정이 담긴 기록이므로, '시험 정보 → 시험자 정보 → 절차 → 결과' 순서로 흐름을 정리해 외우면 효과적이에요.

39 ⑤

물에 함유되어 있는 이온, 고체 입자, 미생물 등을 모두 제거한 물을 정제수라고 한다.

40 ④

> **오답 피하기**

「화장품법」에 따른 영업의 종류는 화장품제조업, 화장품책임판매업, 맞춤형화장품판매업이다. 이 중에서 수입된 화장품을 유통·판매하려는 영업은 화장품책임판매업에 해당된다.

41 ④

> **오답 피하기**

① 황동은 코팅, 도금 작업을 해서 팩트, 립스틱 용기 소재로 이용한다.
② 칼리납유리는 굴절률이 높은 크리스털 유리로서 고급 향수병 소재로 이용한다.
③ 스테인리스 스틸은 광택이 우수하고 부식이 잘되지 않아 에어로졸 관소 재로 이용한다.
⑤ 소다석회유리는 대표적인 투명유리로 화장수나 유액 용기로 이용한다.

> **선생님의 노하우**
> 용기 재료는 소재 특징 + 용도를 짝지어서 외우면 기억에 잘 남아요. 황동-립스틱, 납유리-향수, 스틸-에어로졸, 소다유리-화장수로 연결해서 외우면 쉬워요.

42 ④

> **오답 피하기**

① 자외선 살균기는 살균하고 소독할 때 이용하는 기기이다.
② 메스실린더는 칭량 시 이용하는 기기이다.
③ 융점 측정기는 녹는점(융점)을 측정할 때 이용하는 기구이다.
⑤ 항온수조는 가열 시 이용하는 기구이다.

43 ③

SPF지수는 최대 50 + 까지 표기하도록 규정하고 있다.

44 ②

화장품 가격의 세부적인 표시 방법은 식품의약품안전처장이 정하여 고시한다.

45 ⑤

맞춤형화장품조제관리사를 두지 않고 맞춤형화장품을 판매하였을 때, 맞춤형화장품판매업자는 3년 이하 징역 또는 3천만 원 벌금(징역형과 벌금형 함께 부과 가능)이다. 20일 동안 소재지 변경 신고를 하지 않은 것은 벌칙 대상이 아니다. 왜냐하면 소재지 변경은 30일(행정구역 개편에 따른 소재지 변경의 경우에는 90일) 이내에 해당 서류를 제출하면 되기 때문이다.

46 ④

> **오답 피하기**

① 나리: 글자 크기는 5포인트 이상이어야 한다.
② 유나: 원료 자체에 들어 있는 부수 성분은 효과가 나타나기에 적은 양일 경우 기재·표시를 생략할 수 있다.
③ 민욱: 내용량이 50㎖ 또는 중량이 50g 이하인 경우 전성분 기재·표시 생략할 수 있다. 다만, 내용량이 10㎖ 초과 50㎖ 이하 또는 중량이 10g 초과 50g 이하 화장품의 포장인 경우 타르색소, 금박, 샴푸와 린스에 들어 있는 인산염의 종류, 과일산(AHA), 기능성화장품의 경우 그 효능·효과가 나타나게 하는 원료, 식품의약품안전처장이 사용한도를 고시한 화장품의 원료는 생략 불가능하다.
⑤ 진경: 비누화 반응을 거치는 경우 비누화 반응에 따른 생성물로 기재·표시할 수 있다.

> **선생님의 노하우**
> 표시 기준은 '예외 조건'과 '반드시 표시하여야 하는 항목'을 구분해서 정리하는 게 중요해요. 각 문장의 조건부 표현(예 생략 가능, 반드시 기재)에 주의하면서 예외 없이 외워야 할 항목은 따로 체크해 두세요.

47 ②

수집된 개인정보는 폐업 시 법령 또는 이용자의 요청에 따라 달리 정한 경우를 제외하고는 모두 영구 파기하여야 한다. 새로 개업하는 을에게 전화번호를 제공할 수 없다.

48 ①

> **오답 피하기**

㉠ 심사를 받지 않거나 거짓으로 보고하고 기능성화장품을 판매하면 3차 위반부터 등록이 취소된다.
㉢ 화장품에 들어가면 안 되는 성분이 혼입이 되었다는 이유로 회수 명령을 받았으나 회수계획을 보고하지 않는 것을 4차까지 위반하면 등록이 취소된다.

> **선생님의 노하우**
> 취소 기준은 위반 사안별로 '몇 차 위반 시 등록 취소'인지 숫자에 집중해서 외우는 게 핵심이에요. 헷갈릴 땐 행위(거짓 보고, 회수 미보고)와 횟수(3차, 4차)를 짝지어 반복 암기하면 좋아요.

49 ②

벤잘코늄클로라이드 함유 제품은 눈에 접촉을 피하고 눈에 들어갔을 때 즉시 씻어낸다.

> **선생님의 노하우**
> 유제놀은 사용 후 씻어내는 제품에는 0.01%, 사용 후 씻어내지 않는 제품에는 0.001% 초과 함유하는 경우에만 알레르기 유발 성분을 표시합니다. 문제에 '씻어낸다'는 말이 없어서 정답이 헷갈렸을 수도 있었겠습니다만, 대화에서 '로션'을 처방해 달라고 했기 때문에 씻어내지 않는 제품으로 판단하는 것이 옳았습니다.

50 ④

⊙ 의사 · 치과의사 · 한의사 · 약사 · 의료기관 또는 그 밖의 의약 분야의 전문가가 해당 화장품을 지정 · 공인 · 추천 · 지도 · 연구 · 개발 또는 사용하고 있다는 내용이나 이를 암시하는 등의 표시 광고를 하지 말아야 한다.
⊙ 경쟁상품과 비교하는 표시 · 광고는 비교 대상 및 기준을 분명히 밝히고 객관적으로 확인될 수 있는 사항만을 표시 광고하여야 한다.
⊙ 배타성을 띤 '최고 또는 최상' 등의 절대적 표현의 표시 광고를 하지 말아야 한다.

51 ③

③은 사용할 수 없는 원료 항생 물질을 사용하여 '가 등급'에 해당한다.

오답 피하기

나머지 사례는 모두 '다 등급'이다.
① 화장품의 사용기한 또는 개봉 후 사용기간(병행표시된 경우 제조연월일 포함)을 위조 · 변조
② 화장품제조업 또는 화장품책임판매업 등록을 하지 아니한 자가 제조한 화장품 또는 제조 · 수입하여 유통 · 판매한 화장품
④ 병원 미생물에 오염된 경우
⑤ 맞춤형화장품조제관리사를 두지 아니하고 판매한 맞춤형화장품

52 ⑤

천연화장품 및 유기농화장품 인증의 유효기간을 연장하려고 하는 자는 유효기간이 끝나기 90일 전에 연장 신청을 하여야 한다.

53 ③

손소독제는 의약외품에 해당하기 때문에 맞춤형화장품조제관리사가 소분할 수 없다.

54 ①

비의도적 물질 검출 한도

- 납 : 점토를 원료로 사용한 분말 제품의 경우 50㎍/g 이하, 그 밖의 제품은 20㎍/g 이하
- 니켈 : 눈화장용 제품 35㎍/g 이하, 색조화장용 제품 30㎍/g 이하, 그 밖의 제품은 10㎍/g 이하
- 비소 : 10㎍/g 이하
- 안티모니 : 10㎍/g 이하
- 카드뮴 : 5㎍/g 이하
- 수은 : 1㎍/g 이하
- 디옥산 : 100㎍/g 이하
- 메탄올 : 0.2(v/v)% 이하, 물휴지는 0.002%(v/v) 이하
- 폼알데하이드 : 2,000㎍/g 이하, 물휴지는 20㎍/g 이하
- 프탈레이트류 : 디부틸프탈레이트, 부틸벤질프탈레이트 및 디에틸헥실프탈레이트에 한하여 총합으로서 100㎍/g 이하

선생님의 노하우

금속류와 유해물질은 성분별 기준 수치 + 예외 제품 조건을 묶어서 정리하는 게 핵심이에요. 특히 '더 엄격한 기준이 적용되는 제품(예 물휴지, 눈화장)'은 따로 표시해서 반복 학습하면 효과적이에요.

55 ②

GTN 번호 체계

자릿수	GTN-13	GTN-14
1	-	물류식별 코드
3	국가식별 코드	국가식별 코드
4~6	업체식별 코드	업체식별 코드
5~3	품목 코드	품목 코드
1	검증번호	검증번호

56 ⑤

오답 피하기

① 여드름에는 살리실릭애시드 함유 제품을 추천하여야 한다.
② 폴리에톡실레이티드레틴아미드는 주름개선 기능성제품이다.
③ 색소침착피부에는 아스코빌글루코사이드, 알부틴 함유 제품을 추천한다.
④ 덱스판테놀은 탈모 증상 완화, 티오글라이콜산은 체모 제거 기능 성분이다.

선생님의 노하우

피부 고민별로 성분 연결해서 세트처럼 외우면 쉬워요. 여드름-살리실산, 색소침착-알부틴, 주름-레틴아마이드, 탈모-덱스판테놀로 짝지어 기억해 두면 좋아요.

57 ③

- 수용성 : 비오틴, 아이소프로필알코올, 아미노산
- 지용성 : 토코페롤, 세틸알코올, 스테아릭산

58 ①

제조업체와 책임판매업체가 동일한 경우 구분하여 명시하지 않아도 된다.

59 ②

⊙ 청정도 1등급
- 청정 공기순환 : 20회/hr 이상 또는 차압 관리
- 관리 기준 : 낙하균 10개/hr 또는 부유균 20개/㎥

ⓒ 청정도 2등급
- 청정 공기순환 : 10회/hr 이상 또는 차압 관리
- 관리 기준 : 낙하균 30개/hr 또는 부유균 200개/㎥

선생님의 노하우

1등급은 수술실처럼 엄청 깨끗해야 해서 기준이 빡빡해요. 2등급은 좀 덜 깨끗해서 기준이 느슨해요.

60 ④

ⓒ 독성시험 결과에 대한 독성병리 전문가 등의 검증을 수행한다.
ⓓ 식품의약품안전처장은 위해성 평가에 필요한 자료를 확보하기 위하여 독성의 정도를 동물실험 등을 통하여 과학적으로 평가하는 독성시험을 실시할 수 있다.

61 ③

오답 피하기

① 피부를 곱게 태워주거나 피부를 보호하는 데 도움을 주는 성분 : 호모살레이트, 디갈로일트리올리에이트, 징크옥사이드, 뷰틸메톡시디벤조일메탄, 시녹세이트 등
② 체모를 제거하는 기능을 가진 성분 : 티오글라이콜산 80%
- 벤질알코올, 소듐아이오데이트, 클로로펜은 사용상의 제한이 필요한 보존제 성분이다.
④ 염모제 성분 : p-페닐렌디아민, 6-히드록시인돌, 피크라민산 나트륨
⑤ 피부의 주름 개선에 도움을 주는 성분 : 레티놀, 폴리에톡실레이티드레틴아마이드 등

62 ⑤

오답 피하기

ⓒ 화장품 안정성시험은 화장품의 저장방법 및 사용기한을 설정하기 위하여 경시변화에 따른 품질의 안정성을 평가하는 시험이다.

ⓒ 화장품의 안정성은 화장품 제형(액, 로션, 크림, 립스틱, 파우더 등)의 특성, 성분의 특성(경시변화가 쉬운 성분의 함유 여부 등), 보관용기 및 보관조건 등 다양한 변수에 대한 예측과 이미 평가된 자료 및 경험을 바탕으로 하여 과학적이고 합리적인 시험조건에서 평가되어야 한다.
ⓔ 장기보존시험은 화장품의 저장조건에서 사용기한을 설정하기 위하여 장기간에 걸쳐 물리·화학적, 미생물학적 안정성 및 용기 적합성을 확인하는 시험으로 6개월 이상 시험하는 것을 원칙으로 한다.

🚩 **선생님의 노하우**
안정성시험은 품질 변화를 보고 사용기한을 정하려는 시험이에요. 장기보존시험은 6개월 이상 걸려서 실제 보관조건에서 안전한지 확인하는 시험이에요.

63 ⑤

오답 피하기
① A는 5월 20일에 맞춤형화장품조제관리사 자격증을 취득하였기 때문에 3월 5일에 맞춤형화장품을 조제할 수 없다.
②·③·④ B는 맞춤형화장품조제관리사가 아니기 때문에 혼합, 소분 업무를 할 수 없다.

64 ⑤
⑤의 설명은 시스테인, 시스테인 염류 또는 아세틸시스테인을 주성분으로 하는 냉2욕식 퍼머넌트웨이브용 제품이다.

오답 피하기
티오글라이콜릭애시드 또는 그 염류를 주성분으로 하는 냉2욕식 퍼머넌트웨이브 제품은 알칼리의 경우 알칼리의 경우 0.1N 염산의 소비량은 검체 1mℓ에 대하여 7.0mℓ 이하여야 한다.

65 ④
④ C제품 아이쉐도는 눈화장용 제품으로 니켈의 허용량이 35μg/g 이하이다. 니켈은 색조화장용 제품에서는 30μg/g 이하, 그 밖의 제품은 10μg/g 이하가 허용한도이다.
⑤ 화장품 미생물 허용한도는 아래와 같다.

영유아용 제품류 및 눈화장용 제품류	총호기성생균수 500개/g(mℓ) 이하
물휴지	세균 및 진균수 각각 100개/g(mℓ) 이하
기타 화장품류	총호기성생균수 1,000개/g(mℓ) 이하
모든 화장품류	대장균, 녹농균, 황색포도상구균 불검출

66 ③

오답 피하기
① 파라벤은 화장품을 만들 때 사용하는 가장 대표적인 방부제이다. 페닐파라벤과 혼동하지 않도록 주의한다. 페닐파라벤와 클로로아세타마이드는 국내에서 사용이 금지된 살균, 보존제이다.
② 테트라브로모-o-크레솔은 사용상의 제한이 필요한 보존제로 배합한도(0.3%)가 있다.
④ BHA는 화장품의 산화를 방지하고 품질을 일정하게 유지하는 산화방지제이다. 열에는 안정적이나 빛에 의해 착색된다.
⑤ 소듐시트레이트는 금속이온봉쇄제(킬레이트제), pH 완충제, pH 조절제 등으로 사용된다.

🚩 **선생님의 노하우**
혼동하기 쉬운 성분⑨ 파라벤 vs 페닐파라벤은 짝지어 구분해 기억하면 실수 줄일 수 있어요.

67 ④
화장품 제조 과정 중 제거되어 최종 제품에 남아 있지 않으면 기재·표시하지 않아도 된다.

68 ①

오답 피하기
② 성상 및 색상의 판별 시 유화 제품은 내용물 표면의 매끄러움, 내용물의 점성, 내용물의 색을 육안으로 확인한다.
③ 사용감 평가 시 내용물을 손등에 문질러서 느껴지는 사용감을 확인한다.
④ 색조 제품은 성상 및 색상의 판별 시 슬라이드 글라스에 표준품과 내용물을 각각 소량으로 묻힌 후 슬라이드 글라스로 눌러서 대조되는 부분을 육안으로 확인하거나, 손등이나 실제 사용 부위에 직접 발라서 확인한다.
⑤ 향취 평가 시 비커에 내용물을 담고 코를 비커에 대고 향취를 맡거나 손등에 발라 향취를 맡아 확인한다.

69 ②
그림에서 A는 표피, B는 진피, C는 피하조직이다.
② 예슬 : 콜라겐의 감소, 탄력섬유의 변성, 기질 탄수화물의 감소, 피부혈관 면적의 감소로 인하여 피부가 노화 현상이 발생하는 곳은 B 진피이다.
② 용준 : 피부색을 결정하는 멜라닌형성 세포는 A 표피에 위치한다. 멜라닌을 합성하여 각질형성 세포에 멜라닌이 축적된 멜라노솜을 공급한다.
② 충재 : 랑게르한스 세포와 머켈 세포는 A 표피에 존재하는 4대 세포 중의 하나이다.

70 ④
동욱과 원모는 자연적 피부 노화현상이 아니라 광노화에 해당하는 내용을 설명한다.

🚩 **선생님의 노하우** GAG(Glycosaminoglycan)
• 피부의 보습과 탄력을 유지하는 다당류이다.
• 대표적인 GAG 성분으로는 하이알루론산, 콘드로이틴 황산, 덜마탄 황산 등이 있다.
• 수분을 끌어당기는 능력이 뛰어나 피부를 촉촉하고 탱탱하게 유지하는 역할을 한다.

71 ②
산도의 범위와 액성의 판정

강산성	약 3.0 이하
약산성	약 3.0~5.0
미산성	약 5.0~6.5
미알칼리성	약 7.5~9.0
약알칼리성	약 9.0~11.0
강알칼리성	약 11.0 이상

72 ③

오답 피하기
② 인형 : 모피질은 모발의 중간에 위치하고 멜라닌을 함유하고 있어서 모발 색을 결정한다.
② 은석 : 모표피(모소피)는 모발 가장 바깥쪽에 5~15층의 비늘이 켜켜이 쌓인 구조로 화학적 저항성이 강한 층이다.
② 현아 : 모유두는 모구의 중심에 위치해서 모발의 영양 공급을 관장한다.

🚩 **선생님의 노하우**
모발 구조는 위치별로 기능과 특징을 연결해 외우는 게 핵심이에요. 모유두는 영양, 모피질은 색, 모표피는 보호처럼 역할 중심으로 정리하면 헷갈리지 않아요.

73 ①

㉠ 시험의 종류, ㉡ 시험개시 및 종료일, ㉢ 신뢰성보증확인서, ㉤ 시험 방법, ㉥ 코드 또는 명칭에 의한 시험물질의 식별은 인체적용시험과 인체외 시험의 최종 결과보고서에 공통으로 들어가는 사항이다.

> 오답 피하기

㉣ 피험자는 인체적용시험에만 포함된다.

74 ④

> 오답 피하기

㉠ **천연 원료**
'다음 각 목의 하나에 해당하는 화장품 원료'라고 하며, 유기농수산물, 외국 기준 인증, IFOAM 인증 등을 모두 포함하므로, 이는 '천연 원료'의 정의에 해당한다.

㉡ **물리적**
화학적 공정은 천연·유기농 원료에서는 허용되지 않는다. 대신, 허용되는 건 물리적 또는 생물학적 공정인데, 이 경우는 가공 없이 혹은 최소한의 처리 즉, 물리적 공정이다.

㉢ **화석원료**
'미네랄 원료'의 정의에서 '다만, (㉢)(으)로부터 기원한 물질은 제외한다'고 하였으므로 이는 '화석연료 유래 성분(석유계 파생물 등)'을 배제하는 표현이다. 따라서 화석원료가 적절하다.

75 ②

㉠ 1만 명이 아니라 1천 명 이상일 때 홈페이지나 사업장에 7일 이상 게시해야 한다.
㉣ 1천 명 이상의 정보 유출 시 유출 내용에 따른 통지 및 조치 결과를 '72시간 이내에' 보호위원회 또는 총리령으로 정하는 전문기관에 신고하여야 한다.
㉤ '검찰기관의 전화번호'를 반드시 기재하라는 규정은 없다.

> 선생님의 노하우

개인정보 유출 관련 내용은 기준 인원(1천 명 이상)과 조치 내용(공지, 신고, 안내)을 세트로 정리하면 기억하기 쉬워요. 누구에게, 어떻게, 언제까지 조치하여야 하는지 흐름 중심으로 외우는 게 포인트예요.

76 ④

에틸헥실메톡시신나메이트의 함량은 7.5%이다.

77 ②

퍼머넌트 웨이브제 및 헤어 스트레이트너 제품은 제1제(환원제)와 제2제(산화제)로 구성된다. 제1제는 모발 내 이황화결합을 끊기 위한 환원 작용을 하며, 제2제는 끊어진 결합을 다시 고정시키는 산화 작용을 한다.
제1제에는 일반적으로 티오글라이콜산이나 그 염류가 사용되며, 여기에 보조 산화제로는 브로민산나트륨이 포함된다. 제2제는 산화제로서 과산화수소, 브로민산나트륨, 레조시놀 등이 사용되며, 이 중 가장 일반적인 것은 과산화수소이다.
또한 「화장품 안전기준 등에 관한 규정」에 따르면, 1제의 산화력은 1회 분량 기준 3.5 이상이어야 하며, 2제의 산화력은 0.8~3.0 범위 내여야 한다.

78 ④

- 사용금지 원료 : 갈란타민, 금염, 디페닐아민, 페닐살리실레이트
- 사용상의 제한이 없는 원료 : 프로필렌글라이콜, 아이소프로필알코올

79 ④

고분자 보습제로 자신의 무게보다 1,000배 이상의 수분을 흡수한다는 것은 소듐하이알루로네이트의 성질이다. 소르비톨은 피부를 촉촉하고 부드럽게 하는 특성이 있어 보습제, 컨디셔닝제로 배합된다.

80 ①

알킬메틸글루카마이드는 천연 유래 석유화학 성분을 포함하고 있는 원료이다.

주관식(단답형, 81~100번)

81 ㉠ 화장품책임판매업자, ㉡ 책임판매관리자

품질관리기준(「화장품법 시행규칙」 별표1)
5. 회수처리
화장품책임판매업자는 품질관리 업무 절차서에 따라 책임판매관리자에게 다음과 같이 회수 업무를 수행하도록 하여야 한다.
가. 회수한 화장품은 구분하여 일정 기간 보관한 후 폐기 등 적절한 방법으로 처리할 것
나. 회수 내용을 적은 기록을 작성하고 화장품책임판매업자에게 문서로 보고할 것

> 선생님의 노하우

- 회수업무 지시 및 총괄 책임 → 화장품책임판매업자
- 회수업무 실무 수행 → 책임판매관리자

82 5,000(오천, 5천)

벌칙(「개인정보보호법」 제71조 제3호)
다음의 어느 하나에 해당하는 자는 5년 이하의 징역 또는 5천만 원 이하의 벌금에 처한다.
- 이 법을 위반하여 법정대리인의 동의를 받지 아니하고 만 14세 미만인 아동의 개인정보를 처리한 자

83 제조위생관리기준서

문제의 항목들은 위생관리와 관련된 내용으로, 이를 모두 포괄하는 문서는 '제조위생관리기준서'이다. 이는 위생적 제조 환경 유지를 위하여 반드시 작성·운영하여야 하는 필수 기준서다.

84 ㉠ 메틸이소치아졸리논, ㉡ 0.0015, ㉢ 3

이 문제는 화장품 사용 제한 원료 중 메틸클로로이소치아졸리논(MCI)과 메틸이소치아졸리논(MI) 혼합물의 사용 조건을 묻고 있다. MCI와 MI는 보존제로 쓰이지만, 피부에 자극을 줄 우려가 있어서 사용이 엄격히 제한된다. 혼합 비율은 MCI:MI = 3:1이고 사용 후 씻어내는 화장품에 한해 최대 0.0015%까지 사용 가능하다.

85 ㉠ 15, ㉡ 30

위해화장품의 회수계획 및 회수절차 등(「화장품법 시행규칙」 제14조의3 제2항)
회수의무자가 회수계획서를 제출하는 경우에는 다음의 구분에 따른 범위에서 회수 기간을 기재하여야 한다.
- 위해성 등급이 가등급인 화장품 : 회수를 시작한 날부터 15일 이내
- 위해성 등급이 나등급 또는 다등급인 화장품 : 회수를 시작한 날부터 30일 이내

86 레이크

레이크 색소(Lake)는 타르색소(합성착색료)를 기질(예 알루미늄하이드록사이드 등)에 화학적으로 결합하여 만든 색소이다. 단순한 혼합이나 물리적 흡착이 아니라, 화학적 결합을 통해 색소가 고정되기 때문에 산화 안정성이나 색상의 지속성이 높다는 특징이 있다.

87 에크린선(소한선)

아포크린선(대한선)과 에크린선(소한선)

구분	아포크린선	에크린선
위치	겨드랑이, 서혜부, 배꼽 등 특정 부위	전신(특히 손바닥, 발바닥 등)
분비물의 특성	지방·단백질의 부산물이 함유되어 냄새(체취) 발생 가능	무색, 무취, 주로 수분
산도	pH 5.5~6.5	pH 3.8~5.6

88 ㉠ 말라세지아, ㉡ 쌀겨, ㉢ 비듬

㉠ **말라세지아**
피지 분비가 많은 부위에 주로 서식하는 진균(곰팡이류)으로 피지를 분해한다. 이 세균이 분비하는 지질 분해 효소가 피부를 자극하여 염증, 가려움, 비듬을 유발한다.

㉡ **쌀겨 모양**
표피세포의 과도한 각질화로 인해 탈락된 얇고 건조한 각질 조각은 쌀겨(쌀눈 껍질)처럼 생겼다.

㉢ **비듬**
말라세지아 등의 진균이 방출하는 물질이 각질 형성과 탈락을 촉진하면서 생기는 두피 질환의 한 형태이다. 가려움증, 염증, 탈모와도 관련이 있다.

89 ㉠ 5 ㉡ 1.0(1)

화장품 포장의 표시기준 및 표시 방법(「화장품법 시행규칙」 별표 4)
3. 화장품 제조에 사용된 성분
가. 전성분 표시 시 글자 크기는 5포인트 이상으로 한다.
나. 다만, 1% 이하로 사용된 성분, 착향제 또는 착색제는 순서에 상관없이 기재·표시할 수 있다.

90 충진

충진은 빈 공간을 내용물로 채우는 작업으로, 화장품에서는 제품을 용기에 담는 과정을 말한다.

91 ㉠ 황색포도상구균, ㉡ 녹농균(순서 무관)

「화장품 안전기준 등에 관한 규정」에서 사용자의 안전을 위하여 황색포도상구균, 녹농균, 대장균의 검출을 엄금한다.

92 효력시험

문제의 비임상시험 자료는 화장품의 효능을 입증하기 위하여 직접 수행하는 시험으로, 시험관 내 실험이나 세포 실험 등을 통해 얻는다. 이를 효력시험이라 한다.

93 엘라이딘

엘라이딘은 수분의 과도한 침투를 막는 역할을 하며, 오랜 시간 물에 손을 담그면 주름이 생기는 현상과도 관련이 있다.

94 ㉠ 색소, ㉡ 자외선차단제

보존제, 색소, 자외선차단제는 사람의 피부에 직접 영향을 줄 수 있고, 알레르기나 자극 등 부작용 우려가 있어서 「화장품 안전기준 등에 관한 규정」에 따라 사용이 엄격히 제한된다.

사용상의 제한이 필요한 원료(「화장품 안전기준 등에 관한 규정」 별표 2)
* **보존제** 성분
* **자외선** 차단 성분
* **염모제** 성분
* 기타

95 피막형성제 또는 밀폐제

피막형성제는 피부나 모발 위에 얇은 막(피막)을 형성하는 성분이다.

96 ㉠ 백색, ㉡ 청색, ㉢ 적색

화장품 제조소에서는 원료의 상태를 식별하기 위하여 **백색**(시험 전), **청색**(적합), **적색**(부적합)으로 라벨의 색상을 달리 사용한다.

97 제조단위 또는 뱃치

제조단위 또는 뱃치는 동일한 조건과 공정에서 만들어진 균질한 화장품의 일정 분량을 나타낸다. 품질관리, 생산기록, 회수, 추적관리의 기본 단위로 사용된다.

98 ㉠ 3, ㉡ 1

천연화장품 및 유기농화장품의 인증 등(「화장품법 시행규칙」 제23조의2 제1항 전단)
책임판매업자는 해당 화장품이 천연 또는 유기농 기준에 적합함을 입증하는 자료를 갖추어야 한다.

자료의 보존(「천연화장품 및 유기농화장품의 기준에 관한 규정」 제9조)
화장품의 책임판매업자는 천연화장품 또는 유기농화장품으로 표시·광고하여 제조, 수입 및 판매할 경우 이 고시에 적합함을 입증하는 자료를 구비하고, **제조일(수입일 경우 통관일)로부터 3년** 또는 **사용기한 경과 후 1년** 중 **긴 기간 동안 보존**하여야 한다.

99 트리클로산

트리클로산(Triclosan)은 항균·방부 목적으로 사용되던 성분이다. 하지만 인체 및 환경 유해성 우려로 인해 화장품에서의 사용이 엄격히 제한되고 있다.

100 원료규격서

원료규격서는 원료의 품질과 안전성을 확보하기 위한 기준 문서로, 명칭, 성상, 함량, 확인시험 등이 포함된다. 화장품 제조소는 이를 보관·관리하여야 하며, CGMP에서도 필수 자료로 규정하고 있다.

최종 모의고사 03회

449p

객관식(선다형, 01~80번)

01 ②	02 ④	03 ②	04 ⑤	05 ②
06 ③	07 ③	08 ③	09 ④	10 ④
11 ②	12 ⑤	13 ⑤	14 ③	15 ③
16 ⑤	17 ②	18 ④	19 ④	20 ⑤
21 ④	22 ⑤	23 ①	24 ①	25 ③
26 ②	27 ①	28 ④	29 ②	30 ⑤
31 ①	32 ①	33 ②	34 ④	35 ①
36 ⑤	37 ④	38 ②	39 ①	40 ⑤
41 ②	42 ④	43 ①	44 ④	45 ②
46 ⑤	47 ①	48 ④	49 ⑤	50 ②
51 ②	52 ③	53 ③	54 ②	55 ①
56 ②	57 ①	58 ④	59 ②	60 ①
61 ②	62 ①	63 ②	64 ②	65 ④
66 ②	67 ②	68 ①	69 ②	70 ①
71 ④	72 ③	73 ④	74 ②	75 ④
76 ⑤	77 ②	78 ②	79 ②	80 ①

주관식(단답형, 81~100번)

81 프로필렌글리콜 또는 프로필렌글라이콜
82 ㉠ 0.1, ㉡ 0.01
83 ㉠ 20, ㉡ 40
84 처리
85 정치적 견해, 정당의 가입 및 탈퇴 정보
86 ㉠ 15, ㉡ 2
87 ㉠ 앱솔루트, ㉡ 콘크리트(순서 무관)
88 폴리염화비닐(PVC), 폴리스티렌폼(순서 무관)
89 체취방지용 제품
90 ㉠ 티오글라이콜릭애시드, ㉡ 제모제, ㉢ 24
91 ㉠ 0.5, ㉡ 3.0
92 2
93 ㉠ 성분명, ㉡ 함량(순서 무관)
94 광독성
95 ㉠ 안점막 자극시험, ㉡ 1차 피부 자극시험
96 디하이드로테스토스테론(DHT)
97 ㉠ 공여자, ㉡ 윈도우 피리어드
98 ㉠ 홍반, ㉡ 부종(순서 무관)
99 ㉠ 향수, ㉡ 수렴 로션, ㉢ 10
100 티로시나아제(타이로시나아제)

객관식(선다형, 01~80번)

01 ②

오답 피하기
① 물, 미네랄 및 미네랄 유래 원료는 유기농 함량 비율을 계산할 때 제외된다. 물은 제품에 직접 함유되거나 혼합 원료의 구성요소일 수 있기 때문이다.

③ 물로만 추출한 원료의 경우 유기농 함량 비율(%)은 (신선한 유기농 원물/ 추출물) × 100이다.
④ 비수용성 원료인 경우 유기농 함량 비율(%)은 (신선 또는 건조 유기농 원물 + 사용하는 유기농 용매)/(신선 또는 건조 원물 + 사용하는 총용매) × 100으로 계산한다.
⑤ 화학적으로 가공한 원료의 경우 유기농 함량 비율(%)은 (투입되는 유기농 원물−회수 또는 제거되는 유기농 원물)/(투입되는 총원료−회수 또는 제거되는 원료) × 100으로 계산한다. 최종 물질이 1개 이상인 경우 분자량으로 계산한다.

02 ④

- 기초화장용 제품류 : 클렌징 워터, 손·발의 피부 연화 제품
- 손발톱용 제품류 : 네일 크림·로션
- 두발염색용 제품류 : 헤어 틴트, 헤어 컬러스프레이
- 두발용 제품류 : 흑채
- 체취방지용 제품류 : 데오도란트
- 인체 세정용 제품류 : 외음부 세정제, 폼 클렌저, 보디 클렌저
- 방향용 제품류 : 향수, 콜롱

03 ②

㉠ 다이메티콘과 사이클로메티콘은 실리콘 오일 성분이다.
㉡ 자외선 차단 기능성 고시 성분 중 자외선 산란제 성분인 징크옥사이드로 대체할 수 있다.
㉢ 유용성 감초 추출물은 피부 미백 기능성 고시 성분으로 티로시나아제의 활성을 억제하는 성분이다. 알파-비사보롤로 원료를 대체할 수 있다.

04 ⑤

오답 피하기
㉢ 사망을 초래하거나 생명을 위협하는 경우는 중대한 유해사례에 해당한다.
㉣ 화장품 사용 중 발생한 부작용 사례에 대해서는 식품의약품안전청 또는 화장품책임판매업자에게 보고할 수 있다.
㉤ 입원 또는 입원 기간의 연장이 필요한 경우는 중대한 유해사례에 해당한다.

05 ②

- 양쪽성 계면활성제 : 아이소스테아라미도프로필베타인, 하이드로제네이티드레시틴
- 양이온성 계면활성제 : 폴리쿼터늄-10, 알킬디메틸암모늄클로라이드, 세트리모늄클로라이드
- 음이온성 계면활성제 : 소듐라우레스-3카복실레이트, 소듐라우릴설페이트
- 비이온성 계면활성제 : 소르비탄팔미테이트, 폴리소르베이트20, 소르비탄라우레이트

선생님의 노하우
계면활성제는 끝나는 말에 주목해서 외워 보세요. 양이온성은 보통 클로라이드로 끝나요(알킬디메틸암모늄클로라이드, 세트리모늄클로라이드). 음이온성은 소듐~설페이트, 카복실레이트처럼 '소듐'이 들어가요. 비이온성은 소르비탄, 폴리소르베이트 등 '소르-'나 '폴리-'로 시작해요. 양쪽성은 '베타인', '레시틴'처럼 독특한 이름이 많아 따로 묶어서 기억해요. 끝말 패턴 중심으로 익히면 헷갈릴 때 빠르게 구별할 수 있어요.

06 ③

- 수국꽃 추출물 또는 오일 : 원료 중 알파 테르티에닐(테르티오펜) 함량은 (㉠ 0.35)% 이하여야 하며, 만수국아재비꽃 추출물 또는 오일과 혼합 사용 시 사용 후 씻어내는 제품에 0.1%, 사용 후 씻어내지 않는 제품에 (㉡ 0.01)%를 초과하지 않아야 함
- 하이드롤라이즈드밀단백질 : 원료 중 펩타이드의 최대 평균분자량은 (㉢ 3.5)kDa 이하여야 함

07 ③

① 녹색 204호는 눈 주위 및 입술에 사용할 수 없는 색소이다.
② 치자청색소는 「[별표 1] 화장품의 색소」로 규정되어 있지 않다. 헤모글로빈은 혈액 내 산소를 운반하는 색소단백질이다.
④ 벤지딘 오렌지 G(등색 204호)는 적용 후 바로 씻어내는 제품 및 염모용 화장품에만 사용하여야 한다.
⑤ 나프톨블루블랙(흑색 401호)은 적용 후 바로 씻어내는 제품 및 염모용 화장품에만 사용하여야 한다.

> 「화장품의 색소의 종류와 기준 및 시험 방법」의 별표 1 화장품 색소 중 화장품 성분으로 사용제한이 없는 색소
> 울트라마린, 베타카로틴, 카라멜, 안토시아닌류, 카민류, 아이런옥사이드옐로우, 코발트알루미늄옥사이드 등

08 ③

ⓒ 유성 원료는 산패나 변질이 쉬워 안정성이 나쁘다는 단점이 있고, 동물성 오일의 경우는 동물 고유의 독특한 향이 나고, 사용감이 무겁다는 단점이 있다.
ⓒ 탄화수소류는 주로 광물질 석유 등에서 추출한 것이다. 실록산 결합(Si-O-Si)을 가지는 유기규소화합물은 실리콘 오일을 가리킨다.
ⓔ 옥틸도데칸올은 고급 알코올의 한 종류이다.

09 ④

스테아린산아연 함유 제품(기초화장용 제품류 중 파우더 제품에 한함)에는 '사용 시 흡입되지 않도록 주의할 것'을 표시하여야 한다.

10 ②

위해 평가가 필요한 경우
- 현 사용한도 성분의 기준 적절성을 확인할 경우
- 위해 관리 우선순위를 설정할 경우
- 비의도적 오염 물질의 기준을 설정할 경우
- 위해성에 근거하여 사용금지를 설정할 경우
- 안전 구역을 근거로 사용한도를 설정할 경우(살균보존 성분 등)
- 화장품 안전 이슈 성분의 위해성을 확인할 경우
- 인체 위해의 유의한 증거가 없음을 검증할 경우

> **선생님의 노하우**
> 기준 정하거나 위험 확인할 땐 위해 평가!
> '확인, 설정' 등이 나오면 위해평가 떠올리기!!

11 ②

화장품책임판매업자는 화장품 안전 기준과 관련된 모든 기준, 기록 및 성적서에 관한 서류를 받아 완제품의 제조연월일로부터 3년이 경과한 날까지 보존하여야 한다.

12 ⑤

제시문의 과정을 풀어 쓰면 다음과 같다.

단계	위치	핵심 내용
(1) ⊙ 분열 과정	기저층	기저층의 각질형성세포가 분열을 시작한다.
(2) ⓒ 증식 · 정비 과정	유극층	세포 사이의 구조를 정비하고, 세포 간 연결고리를 형성한다.
(3) 자기분해 과정	과립층	세포가 스스로 핵과 세포 소기관을 분해하여 무핵세포화한다.
(4) 재구축 과정	각질층	세포막, 단백질, 지질을 재구성하여 피부장벽을 완성한다.

13 ⑤

세포 · 조직 채취 및 검사기록서의 구성
- 채취한 의료기관 명칭
- 채취연월일
- 공여자 식별번호
- 공여자의 적격성 평가 결과
- 동의서
- 세포 또는 조직의 종류
- 채취방법, 채취량, 사용한 재료 등의 정보

14 ③

⊙ **기준일탈 조사**
시험 · 검사 · 측정 결과에서 기준일탈이 발생하였을 때 가장 먼저 해야 할 일은 원인 조사이다.
ⓒ **폐기처리**
시험 · 검사 · 측정에 틀림이 없음을 확인하였을 때, 제품을 실제로 폐기할지 여부를 결정한다.
ⓒ **기준일탈처리**
기준일탈 제품에 대해 불합격 라벨을 붙여 격리 보관하고, 최종적으로는 기준일탈처리(폐기, 반품, 재작업 중 택 1)를 한다.

15 ③

- 대조물질 : 시험물질과 비교할 목적으로 시험에 사용되는 물질
- 부형제 : 시험계에 용이하게 적용되도록 시험물질 또는 대조물질을 혼합 · 분산 · 용해시키는 데 이용되는 물질
- In Vivo : 생체 내에서의 시험, 일반적으로 동물이나 인체 실험을 의미함

16 ⑤

- 세제의 주요 구성 성분 : 계면활성제, 살균제, 금속이온봉쇄제, 유기폴리머, 용제, 연마제, 표백성분 등
- 세제에 사용되는 살균 성분 : 4급 암모늄 화합물, 양이온성 계면활성제, 알코올류, 알데하이드류 및 페놀 유도체 등
- 세제에 사용되는 대표적인 계면활성제 : 음이온성 계면활성제, 비이온성 계면활성제

17 ②

맞춤형화장품에 사용할 수 없는 원료이지만 제조 또는 비의도적으로 원료가 유입되는 경우 검출을 허용하는 한도는 아래와 같다.
- 대장균, 녹농균, 황색포도상구균 : 불검출
- 납 : 점토를 원료로 사용한 분말 제품 50㎍/g 이하, 그 밖의 제품은 20㎍/g 이하
- 수 : 1㎍/g 이하
- 카드뮴 : 5㎍/g 이하
- 비소 : 10㎍/g 이하
- 안티모니 : 10㎍/g 이하
- 디옥산 : 100㎍/g 이하

18 ④

ⓒ 노화가 진행되면 각질형성 세포의 분열 능력이 감소해서 표피층은 얇아진다.
ⓒ 각질층의 산도는 pH 5.5~6.5이다.
ⓜ 기저층은 각질형성 세포와 멜라닌형성 세포가 4:1~10:1의 비율로 존재한다.

19 ④

티로시나아제
- 티로시나아제 효소는 티로신이라는 아미노산을 도파와 도파퀴논으로 산화시키는 반응을 촉진한다.
- 티로시나아제의 활성을 억제하면 멜라닌 합성이 줄어들어 미백 효과를 기대할 수 있다.

오답 피하기
- 아미노펩티데이스, 카복시펩티데이스는 각질층이 수분 유지를 위해 건강한 장벽을 형성할 때 관여하는 단백질 분해 효소이다.
- 콜라게나제는 콜라겐을 소화하는 효소이다.
- 리덕타아제는 테스토스테론을 DHT로 전환시키는 효소이다.

🚩 선생님의 노하우
성분 이름 끝에 '-아제/에이스(-ase)'가 붙으면 대부분 효소예요. 기능은 키워드로 연결해서 외우면 쉬워요. (예) 티로시나아제 - 미백, 리덕타아제 - DHT

20 ⑤
한국제약바이오협회는 국내 제약/바이오기업을 대표하는 협회이다. 화장품의 원료품질성적서와는 관련이 없다.

21 ④
④의 설명은 폴리에톡실레이티드레틴아마이드 0.2% 이상 함유 제품에 대한 표시 문구이다. 폴리에톡실레이티드레틴아마이드 0.2% 이상 함유 제품은 「인체적용시험 자료」에서 경미한 발적, 피부건조, 화끈감, 가려움 구진이 보고된 예가 있다.

22 ⑤
맞춤형화장품판매업자가 변경신고를 하여야 하는 경우
- 맞춤형화장품판매업자를 변경하는 경우(㉠)
- 맞춤형화장품판매업소의 상호 또는 소재지를 변경하는 경우(㉢, ㉣)
- 맞춤형화장품조제관리사를 변경하는 경우(㉤)

23 ①
샘플(견본) 제품이 아니라 원료, 자재의 품질검사를 위해 필요한 시험실을 갖추어야 한다.

24 ①

개인정보	민감정보
• 성명, 주민등록번호, 영상을 통해 개인을 알아볼 수 있는 정보 • 이름, 전화번호와 같이 다른 정보와 쉽게 결합해 개인을 알아볼 수 있는 정보	• 건강, 신념 등 사생활 침해 우려 정보 • 피부질환, 알레르기 유발 성분, 피부과 진료 내역 등 건강과 관련된 항목

25 ③
㉡ 페트롤라툼이 30% 함유된 일회용 립밤은 안전용기·포장 대상 품목이 아니다. 페트롤라툼은 흔히 생각하는 바셀린이다.
㉢ 에어로졸 제품은 안전용기·포장 대상 예외 품목이다.

안전용기·포장을 사용하여야 하는 품목
- 일회용 제품, 용기 입구 부분이 펌프 또는 방아쇠로 작동되는 분무용기 제품, 압축 분무용기 제품(에어로졸 제품 등)은 대상에서 제외함
- 아세톤을 함유하는 네일 에나멜 리무버 및 네일 폴리시 리무버
- 어린이용 오일 등 개별 포장 탄화수소류를 10% 이상 함유하고 운동 점도가 21cSt(40℃ 기준) 이하인 비에멀전 타입의 액체 상태의 제품(미네랄 오일과 아이소알케인은 탄화수소에 해당함)
- 개별 포장당 메틸살리실레이트를 5.0% 이상 함유하는 액체 상태의 제품

🚩 선생님의 노하우
안전용기 대상은 '위험한 액체 + 일회용 + 어린이 노출 우려'가 핵심이에요. 에어로졸, 펌프, 페트롤라툼 립밤처럼 예외 항목도 함께 묶어서 비교하면 외우기 쉬워요.

26 ②
위해요소별 위해 평가 유형은 의도적 사용물질과 비의도적 사용물질로 구분해서 평가한다.

27 ①
알부틴은 멜라닌 색소의 생성을 억제하여 피부 미백 효과를 준다. 하지만 빛, 고온, 효소, 미생물에 의해 포도당과 히드로퀴논으로 분해될 수 있다. 히드로퀴논은 미백 효과가 뛰어나지만 피부 알레르기, 피부 자극, 백반증을 유발할 수 있어서 화장품에는 사용이 금지되어 있다. 의사의 처방을 받아 한시적으로 국소 부위에 의약품으로만 사용할 수 있다.

오답 피하기
② 레조시놀은 기타 사용상의 제한이 필요한 원료로서 함량 기준은 0.1%이다.
③ 소르빅애시드 및 그 염류는 보존제로 사용되며 소르빅애시드로서 0.6%까지 사용할 수 있다.
④ 글리세린은 일반적으로 안전하게 사용되는 원료이다. 보통 1%에서 10% 정도로 사용되고 특수한 제품이나 기능성 화장품에서는 그 농도가 더 높은 경우도 있다. 특별한 농도 제한은 없다고 볼 수 있다.
⑤ 벤질알코올은 보존제 성분으로 1.0%(두발염색용 제품류에는 용제로 사용하는 경우에 10%)이다.

🚩 선생님의 노하우
원료별 특징과 제한 기준은 키워드 + 숫자로 연결해서 외우면 기억에 잘 남아요! (예) 레조시놀 = 0.1%, 감광소 = 0.002%, 벤질알코올 = 보존제 1.0% 요렇게 정리해 두면 좋아요.

28 ④

AS수지	폴리프로필렌(PP)
• 투명, 광택성, 내유성, 내충격성이 우수하다. • 화장품의 크림, 팩트, 스틱류의 용기나 캡에 사용된다.	• 반투명, 광택성, 내약품성, 충격성이 우수하다. • 원터치 캡에 주로 사용된다.

29 ⑤
㉠ EXP는 유통기한을 의미한다. 2026.03.05.까지 사용하여야 한다.
㉡ 개봉일로부터 12개월 이내에 사용하는 것이 바람직하므로 2026.03.29.까지 사용하여야 한다.
㉢ 개봉일로부터 6개월 이내 사용하는 것이 바람직하므로, 2026.01.23.까지 사용하여야 한다.
㉣ MFG는 제조일자를 의미한다. 2026.03.14.까지 사용하여야 한다.
㉤ 개봉일로부터 6개월 이내 사용하는 것이 바람직하므로 2025.11.30.까지 사용하여야 한다.

30 ⑤

오답 피하기
① 피부의 미백에 도움을 주는 기능성화장품 중 유용성 감초 추출물을 주성분으로 사용하였을 때 제형은 로션제, 액제, 크림제, 침적 마스크가 있다. 90.0% 이상에 해당하는 글라브리딘을 함유하여야 한다.
② 피부의 미백에 도움을 주는 기능성화장품 중 닥나무 추출물은 기능성 시험을 할 때, 타이로시네이즈 억제율이 48.5~84.1%이다.
③ 피부의 미백에 도움을 주는 기능성화장품 중 나이아신아마이드를 주성분으로 사용하였을 때, 제형은 로션제, 액제, 크림제, 침적마스크가 있다. 90.0% 이상에 해당하는 나이아신아마이드($C_6H_6N_2O$)를 함유하여야 한다.

④ 피부의 주름 개선에 도움을 주는 기능성화장품 중 아데노신액(2%)은 아데노신($C_{10}H_{13}N_5O_4$) 1.90~2.10%를 함유하여야 한다. 로션제, 액제, 크림제, 침적 마스크는 90.0% 이상에 해당하는 아데노신($C_{10}H_{13}N_5O_4$)을 함유하여야 한다.

31 ①
안토시아닌류 색소는 식물성 색소로, 주로 붉은색, 보라색, 푸른색 계열을 띤다. 식약처가 고시한 「화장품에 사용할 수 있는 색소」 목록에서 '안토시아닌류'에 해당하는 성분은 일반적으로 이름 끝에 '-이딘(-idin)' 또는 '-이닌(-inin)'이 붙는다.

오답 피하기
ⓒ 안나토(Annatto) : 비카로틴 계열의 식물색소
ⓓ 비트루트레드(Beetroot Red) : 베타라인계 색소
ⓐ 페릭페로시아나이드(Ferric Ferrocyanide) : 무기안료

32 ②
ⓒ 안정화제, 보존제 등 원료 자체에 들어 있는 부수 성분으로서 그 효과가 나타나게 하는 양보다 적은 양이 들어 있는 성분은 기재·표시 생략할 수 있다. 페녹시에탄올은 보존제의 대표적인 원료이다.
ⓔ 제라니올은 씻어내는 제품에서 사용한도가 0.01%이다. '촉촉 보디워시'는 0.01g÷200g × 100 = 0.005%로서 사용한도를 넘지 않아 표기하지 않아도 된다.

오답 피하기
㉠ 내용량이 10㎖ 초과 50㎖ 이하 또는 중량이 10g 초과 50g 이하인 화장품에 들어 있는 성분은 기재·표시 생략이 가능하다. 단, 타르색소, 금박, 샴푸와 린스에 들어 있는 인산염의 종류, 과일산(AHA), 기능성화장품의 효능·효과가 나타나게 하는 원료, 식품의약품안전처장이 사용한도를 고시한 원료는 제외한다. ㉠에 있는 글라이콜릭애시드는 AHA의 한 종류이므로 표기하여야 한다.
ⓑ 성분명을 제품 명칭의 일부로 사용한 경우 그 성분명과 그 함량(방향 제품은 제외)을 필수로 기재·표시하여야 한다.
ⓓ 리모넨은 씻어내지 않는 제품에서 사용한도가 0.001%이다. 0.05÷500g × 100 = 0.01%로서 사용한도를 넘어 표기하여야 한다.
ⓕ 영유아용, 어린이용 제품에는 보존제 함량을 의무적으로 표시하여야 한다.

선생님의 노하우
성분 표시 생략 기준은 '용량, 함량, 성분의 중요성' 세 가지 기준으로 나눠서 기억하면 좋아요. AHA, 기능성 원료, 고시 성분, 제품명에 들어간 성분은 예외니까 꼭 표시하여야 한다는 것을 유념해 두세요.

33 ②
세포·조직 채취 및 검사기록서
- 채취한 의료기관 명칭
- 채취 연월일
- 공여자 식별번호
- 공여자 적격성 평가 결과
- 동의서
- 세포 또는 조직의 종류, 채취 방법, 채취량, 사용한 재료 등의 정보

34 ④
표준온도는 20℃, 상온은 15~25℃, 실온은 1~30℃, 미온은 30~40℃로 한다. 냉소는 따로 규정이 없는 한 1~15℃ 이하의 곳을 말한다.

선생님의 노하우
숫자 범위를 순서대로 정리해서 외우면 헷갈리지 않아요. '냉실상표미'처럼 앞글자만 따서 외우면 기억하기 쉬워요.

35 ①
ⓒ 화장품의 전부 또는 일부가 변패되거나 병원미생물에 오염된 경우 : 다등급, 회수 시작일부터 30일 이내
ⓔ 에탄올을 함유하는 네일 에나멜 리무버 및 네일 폴리시 리무버 안전 용기 : 포장을 위반한 화장품이므로, 나등급이며 회수 시작일부터 30일 이내

36 ⑤
대한화장품협회는 「화장품법」 제5조 제8항에 따른 화장품 관련 법령 및 제도에 관한 교육 실시 기관이다.

37 ④
주름 기능성 원료는 레티놀, 미백 기능성 원료는 나이아신아마이드이다.

38 ②
표준품과 주요시약의 용기 기재 사항
- 명칭
- 개봉일(ⓒ)
- 보관조건(ⓔ)
- 사용기한(㉠)
- 역가, 제조자의 성명 또는 서명(직접 제조한 경우에 한함)(ⓕ)

선생님의 노하우
용기 기재사항은 빈칸을 만들어서 자꾸 써 보는 것도 좋아요.

39 ①
오답 피하기
ⓒ 직원은 작업 중의 위생관리상 문제가 되지 않도록 청정도에 맞는 적절한 작업복, 모자와 신발을 착용하고 필요할 경우는 마스크, 장갑을 착용한다.
ⓔ 작업복 등은 목적과 오염도에 따라 세탁을 하고 필요에 따라 소독한다.
ⓓ 직원의 위생관리 기준 및 절차에는 직원의 작업 시 복장, 직원 건강상태 확인, 직원에 의한 제품의 오염방지에 관한 사항, 직원의 손 씻는 방법, 직원의 작업 중 주의사항, 방문객 및 교육훈련을 받지 않은 직원의 위생관리 등이 포함되어야 한다.

40 ⑤
㉠ 121℃, 20분
고압멸균의 표준 조건은 121℃에서 15~20분이다.
ⓒ 보통 24~30㎠
면봉시험법에서는 검체 채취 표면 면적이 적절히 설정되어야 미생물 수를 정량화할 수 있다. 일반적으로 표면 오염도를 평가할 때 기준 면적은 24~30㎠를 가장 많이 적용하며, 시험 지침서나 제조 위생관리 기준서에서도 해당 면적을 기준으로 한다.

41 ②
ⓒ 전자저울의 점검 주기는 1개월에 한 번으로 직선성과 정밀성은 ±0.5% 이내여야 한다.
ⓔ 저울의 검사, 측정 및 시험 장비의 정밀도를 유지·보존하여야 하며, 전자 저울은 매일 영점을 조정하고, 주기별로 점검을 실시하여야 한다.

42 ④
㉠ 티오글라이콜릭애시드 또는 그 염류를 주성분으로 하는 제1제 사용 시 조제하는 발열2욕식 퍼머넌트웨이브용 제품은 티오글라이콜릭애시드 또는 그 염류를 주성분으로 하는 제1제의 1과 제1제의 1중의 티오글라이콜릭애시드 또는 그 염류의 대응량 이하의 과산화수소를 함유한 제제의 2, 과산화수소를 산화제로 함유하는 제2제로 구성되며, 사용 시 제1제의 1 및 제1제의 2를 혼합하면 약 40℃로 발열되어 사용하는 것이다.

ⓔ 티오글라이콜릭애시드 또는 그 염류를 주성분으로 하는 가온2욕식 헤어스트레이트너 제품은 시험할 때 약 60℃ 이하로 가온 조작하여 사용하는 것으로서 티오글라이콜릭애시드 또는 그 염류를 주성분으로 하는 제1제 및 산화제를 함유하는 제2제로 구성된다. ⓔ의 과정은 퍼머넌트 웨이브 처리 시 열에 의한 반응을 활용하여 머리카락을 원하는 형태로 고정시키는 방법이다.

43 ①

ⓓ 계면활성제는 음이온, 양쪽성, 비이온성 계면활성제로 나뉜다. 다양한 세정 작용을 통해 이물질을 제거하는 특성이 있다. 대표적인 성분으로는 알킬벤젠설포네이트, 알킬설페이트, 비누 등이 있다.
ⓔ 금속이온봉쇄제는 세정 효과를 향상시키고, 입자 오염에 효과적으로 사용될 수 있다. 대표적인 성분으로는 소듐트리포스페이트, 소듐시트레이트, 소듐글루코네이트 등이 있다.

44 ④

- 경피수분손실량(TEWL) : 피부 표면에서 증발되는 수분량을 나타내는 것
- 세라마이드 : 세포간지질의 50% 정도이며 각질층의 장벽 기능을 회복시키고 유지시키는 데 중요
- 밀폐제 : 피지처럼 피부 표면에 얇은 소수성 피막을 만들어 수분 증발을 억제하는 성분으로 TWEL을 저하시키며 피막형성제라고도 불림

45 ②

> 오답 피하기

① 맞춤형화장품으로 판매될 수 있는 화장품의 유형에는 제한이 없다. 맞춤형화장품판매업자가 관련 법령을 준수할 경우, 화장품에 해당하는 모든 품목은 맞춤형화장품으로 판매할 수 있다.
③ 맞춤형화장품조제관리사가 아닌 자가 판매장에서 혼합·소분할 수 없다.
④ 시중 유통 중인 제품을 임의로 구입하여 맞춤형화장품 혼합·소분의 용도로 사용할 수 없다.
⑤ 현재 화장품 법령에서는 병·의원이나 약국 등에 대하여 맞춤형화장품판매업의 영업을 제한하는 규정이 없다.

46 ⑤

근막동통 증후군은 근육에 발생하는 통증을 지칭하는 것이다.

비적격 판정 질병
- B형간염바이러스(HBV), C형간염바이러스(HCV), 인체면역결핍바이러스(HM), 인체T림프영양성바이러스(HTLV), 파보바이러스B19, 사이토메가로바이러스(CMV), 엡스타인-바 바이러스(EBV) 감염증
- 전염성 해면상뇌증 및 전염성 해면상뇌증으로 의심되는 경우
- 매독트레포네마, 클라미디아, 임균, 결핵균 등의 세균에 의한 감염증
- 패혈증 및 패혈증으로 의심되는 경우
- 세포 조직의 영향을 미칠 수 있는 선천성 또는 만성질환

47 ①

> 오답 피하기

㉠ 모표피는 색이 없고 투명한 층이다.
㉢ 모수질이 많은 머리카락은 웨이브나 펌이 잘 되며, 모수질이 적은 머리카락은 웨이브 형성이 어려운 경향이 있다.
㉤ 모피질은 물과 잘 반응하는 친수성 특성으로 가진다.

> 🏁 선생님의 노하우

모표피-투명, 모수질-펌 잘됨, 모피질-친수성처럼 핵심 키워드만 묶어서 이미지처럼 외우면 쉬워요. 머리카락 단면 그림을 그려 놓고 각 층의 특징을 적어 두면 시각적으로 기억하기 좋아요.

48 ④

cs를 cSt(센티스톡스)로 고쳐야 옳다.

49 ④

단위제품 중 인체 및 두발 세정용 제품류의 포장공간 비율은 15% 이하, 포장횟수는 2차 이내이다. 단위제품이란 1회 이상 포장한 최소 판매단위의 제품을 의미한다. 그 밖의 화장품류(방향제 포함)의 공간 비율은 10% 이하(향수 제외)이다.

50 ①

- 검화법 : 알칼리로 유지(식물성 기름이나 동물성 지방)를 가수분해하여, 중화 과정을 거쳐 비누와 글리세린을 생성하는 방법
- 중화법 : 지방산과 알칼리를 직접 반응시켜 비누를 제조하는 방법
- 염화바륨법 : 시험 방법에 따라 진행 후 보라색이 나타날 때까지 중화 과정을 치는 방법

> 🏁 선생님의 노하우

검화법은 '기름 가수분해', 중화법은 '지방산 직접 반응'으로 구분해서 기억해요. 염화바륨법은 '보라색 나올 때까지 중화'가 핵심 포인트예요.

51 ⑤

- 제제를 만들 경우에는 따로 규정이 없는 한 그 보존 중 성상 및 품질의 기준을 확보하고 그 유용성을 높이기 위하여 부형제, 안정제, 보존제, 완충제 등 적당한 첨가제를 넣을 수 있다. 다만, 첨가제는 해당 제제의 안전성에 영향을 주지 않아야 하며, 또한 기능을 변하게 하거나 시험에 영향을 주어서는 안 된다.
- 용질명 다음에 용액이라 기재하고, 그 용제를 밝히지 않은 것은 수용액을 말한다.
- 검체의 채취량에 있어서 '약'이라고 붙인 것은 기재된 양의 ±10%의 범위를 뜻한다.

52 ②

암모니아는 모표피를 손상시켜 염료와 과산화수소가 속으로 잘 스며들게 하는 역할을 하며, 과산화수소는 멜라닌 색소를 파괴하여 두발 원래의 색을 지우는 역할을 한다.

53 ③

ⓓ 판매가격 표시 대상은 국내에서 제조 또는 수입되어 국내에서 판매되는 모든 화장품이다.
ⓔ 판매가격 표시의무자는 매장크기에 관계없이 가격표시를 하지 않고 판매하거나 판매할 목적으로 진열·전시해서는 안 된다.

54 ②

에탄올과 같은 휘발성 원료는 혼합 직전에 투입한다.

55 ①

맞춤형화장품이 「화장품 안전 기준 등에 관한 규정」의 유통화장품 안전관리 기준에 부적합한 경우(예 비의도적 성분이 기준치 초과하여 검출) 책임은 맞춤형화장품판매업자에게 있다.

56 ②

> 오답 피하기

① 천연화장품·유기농화장품 인증 신청을 할 수 있는 자로 화장품제조업자, 화장품책임판매업자 또는 총리령으로 정하는 대학·연구소가 있다.
③ 화장품책임판매업자 B는 소비자로 하여금 해당 제품이 '맞춤형화장품'이라는 오인을 하게 할 우려가 없다고 판단하는 경우 '맞춤형'이라는 표현을 사용하여 화장품을 판매할 수 있다.
④ 화장품책임판매업자 C는 사전에 맞춤형화장품을 기능성화장품으로 심사받거나 보고하고 맞춤형화장품 판매장에서 소비자에게 판매하였는데, 제품명이 심사받거나 보고한 내용과 달라졌다면 해당 제품명으로 변경 심사를 받아야 한다.

⑤ 화장품책임판매업자 D는 사전에 효능 · 효과 등에 대한 심사를 받고 기능성화장품에 '기능성화장품'이라는 글자로 표시 · 광고를 하여야 한다.

선생님의 노하우
법령이나 주체 관련 내용은 표로 정리해서 누가 뭘 할 수 있는지 비교하면서 익히면 기억에 오래 남아요.

주체	천연 · 유기농화장품 인증
화장품 제조업자	신청 가능
총리령으로 정하는 대학 · 연구소	신청 가능
화장품 책임판매업자	신청 가능

* '맞춤형' 표현은 소비자가 오인하지 않는 경우에만 사용할 수 있다.
* '기능성' 표현은 표시 · 광고 전에 반드시 심사를 받아야 한다.
* 맞춤형화장품 판매 시 제품명이 바뀌면 변경 심사를 받아야 한다.

57 ①

식품의약품안전처에서 발행한 맞춤형화장품판매업 질의응답집에 따르면 화장품책임판매관리자로서의 근무시간과 맞춤형화장품조제관리사로서의 근무시간이 명확히 구분되어 이를 증명할 수 있는 경우라면 개별적으로 검토할 수 있다.

58 ④

다른 화장품 시설과 별도로 구분될 필요는 없다.

59 ④

1차 포장 필수 기재사항
- 화장품의 명칭
- 영업자의 상호
- 제조번호
- 사용기한 또는 개봉 후 사용기간

60 ①

폼클렌징 제품의 항균 효과는 기능성화장품의 범주에 포함되지 않는다. 항균 효과(인체 세정용 제품에 한함)에 대하여서는 화장품책임판매업자가 인체적용시험 자료로 표시 · 광고에 대하여 실증할 수 있다.

61 ②

화장품책임판매업자는 레티놀(비타민 A) 및 그 유도체, 아스코빅애시드(비타민 C) 및 그 유도체, 토코페롤(비타민 E), 과산화화합물, 효소 성분을 0.5% 이상 함유하는 제품의 경우 안정성시험 자료를 최종 제조된 제품의 사용기한이 만료되는 날부터 1년간 보존하여야 한다.

62 ①

시험용 검체의 용기에는 명칭 또는 확인코드, 제조번호, 검체채취 일자의 사항을 기재하여야 한다.

63 ②

오답 피하기
① · ③ 에탄올법(나트륨 비누)은 유리알칼리 시험법이다.
④ 질량분석기를 이용하는 방법은 납, 비소, 니켈, 안티모니, 카드뮴의 시험 방법이다.
⑤ 납의 시험 방법이다.

64 ④

선생님의 노하우
어렵다 생각하지 말고 상식적으로 생각하면 쉽습니다.
먼저, 포장재의 선정에 필요한 품질기준이나 기타 요소의 중요도를 분류합니다.
→ 그 다음에 포장재를 공급받을 공급자(공급처)를 선정합니다.
→ 공급자를 선정한 다음 공급자와 담당자의 승인을 받습니다.
  (이 과정 중간 중간에 재료를 시험할 방법을 선정하고 확립하는 절차도 필요합니다.)
→ 승인을 받은 후 내용물과 유통과정을 고려하여 포장재의 품질을 결정합니다.
→ 담당자와 공급처의 협의가 마무리되면, 품질계약과 공급계약을 체결합니다.
→ 계약이 체결되어 제조가 개시됩니다.
→ 제조가 된 다음 화장품이 담겨 판매가 실시됩니다.
→ 이후 정기적으로 모니터링(품질 확인, 제조소 검사 등)을 실시합니다.
  (이 과정에서 문제가 생기면 해결하는 절차를 밟아야 하는 것이 올바른 수순입니다.)

65 ④

원료와 포장재가 재포장될 경우 원래의 용기와 동일하게 표시되어야 한다.

66 ⑤

기준 일탈 제품 처리 과정

ⓒ 시험, 검사, 측정에서 기준일탈 결과 나옴 → ⓑ 기준일탈 조사 → ⓐ '시험, 검사, 측정이 틀림 없음'을 확인 → ⓓ 기준 일탈의 처리 → ⓔ 기준일탈 제품에 불합격 라벨 첨부 → ㉠ 격리보관 → ⓛ 폐기처분

67 ④

오답 피하기
㉠ '품질보증'이란 제품이 적합 판정 기준에 충족될 것이라는 신뢰를 제공하는 데 필수적인 모든 계획되고 체계적인 활동을 말한다.
ⓛ '일탈'이란 제조 또는 품질관리 활동 등의 미리 정하여진 우수화장품제조 및 품질관리기준을 벗어나 이루어진 행위를 말한다.
ⓒ '기준일탈(Out-of-specification)'이란 규정된 합격 판정 기준에 일치하지 않는 검사, 측정 또는 시험결과를 말한다.
ⓓ '유지관리'란 적절한 작업 환경에서 건물과 설비가 유지되도록 이루어지는 정기적 · 비정기적인 지원 및 검증 작업을 말한다.

선생님의 노하우
용어는 짧은 문장으로 말하기 연습하면서 자기 말로 바꿔보면 훨씬 잘 외워져요. 헷갈리는 용어는 비슷한 개념끼리 비교표를 만들어서 차이점을 눈에 익히는 것도 좋아요.

용어	주요 개념 요약
품질보증	제품이 기준에 맞을 것이라는 신뢰를 주기 위한 계획적 활동
일탈	정해진 기준을 벗어난 모든 행위(제조 · 품질관리 등 포함)
기준일탈	시험 결과가 합격 기준과 불일치할 때(일탈 중 하나)
유지관리	건물 · 설비의 상태 유지를 위한 정기 · 비정기적 작업

68 ①

오답 피하기
② 미생물 실험실은 2등급에 해당하며, 관리 기준은 낙하균 30개/hr 또는 부유균 200개/m³이다.
③ 원료 보관소는 4등급에 해당하며 청정공기순환관리(환기장치)가 되어야 한다.
④ 제조실은 2등급에 해당하며, 관리 기준은 낙하균 30개/hr 또는 부유균 200개/m³이다.
⑤ 포장재, 완제품은 4등급에 해당하며 청정공기순환관리(환기장치)가 되어야 한다.

69 ③

오답 피하기
㉠ 증기 세척이 좋은 방법이다.
㉡ 유화기 등의 일반적인 제조설비는 '물 + 브러시 세척'이 제1선택지이다.
㉣ 린스 정량법은 호스나 틈새기의 세척 판정에 적합하며, 고정상으로 만든 박층을 이용하여 혼합물을 이동상으로 전개하여서 각각의 성분을 분석하는 TLC(박층크로마토그래피) 방법을 실시한다.

70 ①

오답 피하기
㉡ 클로로펜은 사용상의 제한이 필요한 보존제로 사용한도는 0.05%이다.
㉢ 소듐아이오데이트 사용상의 제한이 필요한 보존제로 사용한도는 사용 후 씻어내는 제품에 0.1% 이다. 기타 제품에는 사용이 금지된다.
㉥ 글루타랄은 사용상의 제한이 필요한 원료 중 보존제 성분으로 0.1%, 에어로졸(스프레이에 한함) 제품에는 사용을 금한다.
㉧ 폴리아크릴아마이드류폴리아크릴아마이드류는 기타 사용제한 원료로 사용 후 씻어내지 않는 보디화장품에 잔류 아크릴아마이드로서 0.00001%, 기타 제품에 잔류아크릴아마이드로서 0.00005%의 사용한도가 있다.

선생님의 노하우
금지 원료 vs. 사용제한 원료로 먼저 분류한 뒤, 성분명 + 수치를 세트로 암기해요. 씻어내는/씻어내지 않는 제품 기준, 스프레이 금지 여부 등 조건은 예외사항 위주로 따로 정리하면 좋아요.

71 ④

오답 피하기
① '위해도 결정'이란 위해요소 및 이를 함유한 화장품의 사용에 따른 건강상 영향을 인체노출허용량(독성기준값) 및 노출수준을 고려하여 사람에게 미칠 수 있는 위해의 정도와 발생빈도 등을 정량적으로 예측하는 과정이다.
② '위험성 결정'이란 동물 실험결과 등으로부터 독성기준값을 결정하는 과정이다.
③ '위험성 확인'이란 위해요소에 노출됨에 따라 발생할 수 있는 독성의 정도와 영향의 종류 등을 파악하는 과정이다.
⑤ '위해 평가'란 인체가 화장품에 존재하는 위해요소에 노출되었을 때 발생할 수 있는 유해영향과 발생확률을 과학적으로 예측하는 일련의 과정으로 위험성 확인, 위험성 결정, 노출평가, 위해도 결정 등 일련의 단계이다.

선생님의 노하우
위해평가 = 4단계(확인 → 결정 → 노출평가 → 위해도 결정) 흐름으로 순서 중심으로 외워요. 각 단계는 핵심 키워드(독성 정도, 기준값, 예측)만 따로 뽑아서 반복 정리하면 헷갈리지 않아요.

72 ③

㉡ 동의를 거부할 권리가 있다는 사실과 동의 거부 시 **불이익**의 내용
㉣ 개인정보를 **제공받는** 자

73 ④

인증 연장을 받으려면 유효기간 만료 90일 전에 연장신청하여야 한다.

74 ③

피부의 색상이 인종별로 다른 이유는 멜라닌형성 세포의 절대량의 차이 아니라 기능(생성능력, 분해능력)의 차이이다. 따라서 멜라닌형성 세포의 기능이 더 뛰어난 사람은 피부색이 어둡고, 멜라닌형성 세포의 기능이 덜 뛰어난(떨어지는) 사람은 피부색이 밝다.

75 ④

④의 설명은 크림제에 대한 것이다. 겔제는 액체를 침투시킨 분자량이 큰 유기분자로 이루어진 반고형상이다.

76 ⑤

오답 피하기
㉠ 티로시나아제는 멜라닌 합성 효소이다.
㉡ 콜라게나제는 콜라겐을 소화하는 효소이다.
㉢ 5α-환원 효소(리덕타아제)는 테스토스테론을 DHT로 전환하는 효소이다.
㉥ 엘라스타제는 엘라스틴 분해 효소이다.

선생님의 노하우
'효소명 = 작용 대상'으로 짝지어 외우고, 티로신-멜라닌 / 콜라겐-콜라게나제처럼 어근으로 연상해요. 효소별 기능을 한 줄 요약해서 카드처럼 자주 보며 반복하면 금방 외워져요.

77 ②

모발을 이루고 있는 아미노산은 18개이다. 비율이 높은 순서대로 나열하면 시스틴(16%), 글루타민산(14.8%), 아르기닌(9.6%)이다. ① 트립토판은 0.7%, ③ 히스티딘은 0.9%, ④ 글루타민산(14.8%), ⑤ 알라닌(4%)이다.

78 ②

- '유지관리'란 적절한 작업환경에서 건물과 설비가 유지되도록 정기적·비정기적인 지원 및 검증작업이다.
- '오염'은 제품에서 화학적, 물리적, 미생물학적 문제 또는 이들이 조합되어 나타내는 바람직하지 않은 문제이다.

79 ②

재작업 실시를 제안하는 것은 제조 책임자이고, 재작업 실시를 결정하는 것은 품질 책임자이다.

80 ①

㉢ **알데하이드류, 폼알데하이드-유리제제 & 글리신, 히스틴**
폼알데하이드를 중화하는 것은 글리신, 히스티딘이다.
㉣ **금속염(Cu, Zn, Hg), 유기 수은 화합물 & 아황산수소나트륨, L-시스테인-SH 화합물, 티오글라이콜산**
아황산수소나트륨은 금속염 중화제가 아니다. 대신 디티오트레올로 고치면 옳다. 티올류(-SH기를 가진 환원제)가 금속이온과 결합하여 킬레이트(복합체)를 형성하면서 중화 효과를 나타낸다. 디티오트레올(Dithiothreitol)이나 시스테인, 티오글라이콜산 같은 물질이 이에 해당된다.

주관식(단답형, 81~100번)

81 프로필렌글리콜 또는 프로필렌글라이콜

프로필렌글라이콜
- 보습제, 용제, 점도감소제로 다양하게 사용된다.
- 피부에 수분을 유지시켜주는 습윤제 역할도 한다.
- 외음부 세정제, 염모제, 탈염·탈색제에 포함될 경우 일부 사람에게 피부 자극 또는 알레르기 반응을 유발할 수 있다.
- 과민반응 병력이 있는 경우 사용 시 주의하여야 한다.

82 ㉠ 0.1, ㉡ 0.01

만수국아재비꽃 추출물 또는 오일의 허용 범위
- 씻어내는 제품(샤워젤, 보디워시 등) : 비교적 피부 접촉 시간이 짧기 때문에 0.1%까지 허용
- 씻어내지 않는 제품(에센스, 영양크림 등) : 피부에 장시간 남기 때문에 더 엄격하게 0.01% 이하만 허용

- 자외선차단제 및 태닝 제품 : 햇빛과의 접촉으로 광독성 우려가 커서 사용 금지

83 ㉠ 20, ㉡ 40

고압가스를 사용하는 인체용 에어로졸 제품은 내부 압력이 높아 폭발 위험이나 안전사고가 발생할 수 있으므로 사용 시 주의사항이 법적으로 고시되어 있다.

84 처리

용어의 정의(「개인정보보호법」 제2조 제2항)
"처리"란 개인정보를 수집, 생성, 기록, 저장, 보유, 가공, 편집, 검색, 출력, 정정, 복구, 이용, 제공, 공개, 파기 등 그 밖에 이와 유사한 행위를 말한다.

85 정치적 견해, 정당의 가입 및 탈퇴 정보

민감정보의 처리 제한(「개인정보보호법」 제23조 제1항), 민감정보의 범위(「개인정보보호법 시행령」 제19조)
- 사상·신념, 정치적 견해, 정당 가입·탈퇴 여부
- 유전자검사 등의 결과로 얻어진 유전정보
- 범죄경력자료
- 개인의 신체적, 생리적, 행동적 특징에 관한 정보로서 특정 개인을 알아볼 목적으로 일정한 기술적 수단을 통해 생성한 정보 → 건강 정보, 성생활·성적 지향, 생체인식정보
- 인종이나 민족에 관한 정보

고유식별정보의 범위(「개인정보보호법 시행령」 제19조)
주민등록번호, 여권번호, 운전면허번호, 외국인등록번호

86 ㉠ 15, ㉡ 2

화장품은 과대포장을 막기 위하여 포장공간 비율과 횟수가 제한된다. 인체 및 두발 세정용 제품은 포장공간 15% 이하, 최대 2차 포장까지만 허용된다.

87 ㉠ 앱솔루트, ㉡ 콘크리트(순서 무관)

앱솔루트, 콘크리트, 레지노이드는 용매추출법으로 얻은 천연 향료 성분이며, 천연화장품에는 사용할 수 있지만 유기농화장품에는 사용할 수 없다.

각 향료의 특징
- 콘크리트 : 살아 있는 식물 원료(꽃 등)에서 비극성 용매로 추출한 반고체 천연수지
- 앱솔루트 : 콘크리트를 에탄올 등의 극성 용매로 재추출하여 얻은 향료
- 레지노이드 수지 : 고무 등 죽은 식물성 원료에서 비극성 용매로 추출한 수지 형태 향료

88 폴리염화비닐(PVC), 폴리스티렌폼(순서 무관)

천연화장품의 용기 및 포장재는 환경 안전성과 인체 유해성을 고려하여 폴리염화비닐(PVC), 폴리스티렌폼의 사용이 금지된다.

각 재료의 금지 사유
- 폴리염화비닐(PVC) : 가소제로부터의 환경호르몬 유출 및 인체 유해성
- 폴리스티렌폼 : 재활용이 어렵고, 내열성·내약품성 부족, 환경 위해성

89 체취방지용 제품

체취방지용 제품(예 데오드란트, 롤온 등)은 면도·왁싱·제모 등의 행위 후에 피부가 자극을 받거나 민감해진 상태에서 제품을 사용할 경우 자극·발진·염증 등 부작용이 발생할 수 있으므로, 털을 제거한 직후에는 사용하는 것을 피하여야 한다.

화장품의 유형과 유형별·함유 성분별 사용할 때의 주의사항 표시문구(「화장품 사용할 때의 주의사항 및 알레르기 유발 성분 표시에 관한 규정」 별표 1, 제2호 가목)
8) 체취 방지용 제품
털을 제거한 직후에는 사용하지 말 것

90 ㉠ 티오글라이콜릭애시드, ㉡ 제모제, ㉢ 24

㉠ 티오글라이콜릭애시드
제모제에 사용되는 주요 성분으로, 모발을 구성하는 케라틴 단백질을 화학적으로 분해하여 모발을 녹이는 역할을 한다. 이 성분은 피부 자극 가능성이 높아, 해당 성분이 함유된 제품에 별도의 주의 문구를 표시하여야 한다.

㉡ 제모제
제모제 사용 후 피부는 일시적으로 민감해지므로, 자극을 줄 수 있는 땀억제제, 향수, 수렴로션 등을 바로 사용하여서는 안 된다.

㉢ 24시간
고시에 따르면, 제모제 사용 후 최소 24시간이 지나야 위 제품들을 사용할 수 있다. 이는 피부 자극 및 부작용 예방을 위한 조치이다.

91 ㉠ 0.5, ㉡ 3.0

살리실릭애시드(살리실산) 및 그 염류는 각질 제거, 여드름 개선 등의 목적으로 사용되는 β-하이드록시산(BHA) 성분이다. 하지만 자극 우려가 있어 사용 범위와 함량이 제한되어 있다.

㉠ 0.5
인체 세정용 제품류(예 바디워시, 클렌징폼 등)에는 최대 0.5%까지만 사용할 수 있다. 이보다 높은 농도는 피부 자극을 유발할 수 있으므로 고시상 제한된다.

㉡ 3.0
사용 후 씻어내는 두발용 제품류(예 샴푸 등)에는 최대 3.0%까지 허용된다. 두피에 일정 시간만 닿고 헹구는 제품이라 상대적으로 높은 농도가 허용된다.

92 2

위해화장품의 회수계획 및 회수절차 등(「화장품법 시행규칙」 제14조의3 제7항)
폐기를 한 회수의무자는 폐기확인서를 작성하여 2년간 보관하여야 한다.

93 ㉠ 성분명, ㉡ 함량

화장품 포장의 기재·표시 등(「화장품법 시행규칙」 제19조 제4항 제3호)
④ 화장품의 포장에 기재·표시하여야 하는 사항은 다음과 같다.
3. 성분명을 제품 명칭의 일부로 사용한 경우 그 성분명과 함량(방향용 제품은 제외)

94 광독성

In Vitro 3T3 Neutral Red Uptake Phototoxicity Test
- 시험 목적 : 자외선(UV) 노출 전후의 세포 생존율(IC_{50})을 비교하여 광독성(Phototoxicity) 여부를 평가함
- 사용 세포주 : 마우스 유래 섬유 아세포주 3T3
- 원리
  - 생존 세포는 Neutral Red 염료를 흡수하므로, 염료 축적량을 측정하여 세포 생존율을 판단한다.
  - 지표 자외선 조사 전후의 IC_{50} 값 차이를 비교하여 광독성 유무를 평가한다.

95 ㉠ 안점막 자극시험, ㉡ 1차 피부 자극시험

㉠ 안점막 자극시험 - ICE 시험법
- ICE 시험법은 닭의 각막(눈)을 사용해 눈 자극성 여부를 평가하는 시험법이다.
- 시험물질이 눈에 얼마나 자극을 주는지를 실험실 조건에서 확인한다.
- 동물실험을 대체하는 방법으로 국제적으로 인정받는다.

㉡ 1차 피부 자극시험 - Draize 시험법, 인체 첩포시험
- 1차 피부 자극시험은 시험물질을 한 번 피부에 바른 후, 붉어짐이나 부풀어 오름 등 자극 반응을 관찰한다.
- 과거에는 Draize 시험법(토끼 피부 사용)이 일반적이었으나, 최근에는 인체 첩포시험도 많이 활용된다.
- 피부 자극 가능성을 1차 접촉만으로 판단하는 것이 핵심이다.

96 디하이드로테스토스테론(DHT)

테스토스테론은 5α-환원효소와 반응하여 디하이드로테스토스테론(DHT)을 생성한다. DHT는 모낭을 위축시켜 모발을 가늘게 만들며, 탈모를 유발한다. 따라서 DHT 생성을 억제하면 탈모 진행을 늦출 수 있다.

97 ㉠ 공여자, ㉡ 윈도 피리어드

㉠ 공여자
- 배양에 쓰일 인체 유래물(세포, 조직 등)을 제공하는 사람이다.
- 혈액공여자, 장기공여자, 조직공여자 등으로 나뉜다.

㉡ 윈도 피리어드
- 감염된 이후부터 혈액·조직검사로 병원체가 검출되지 않는 시기를 말한다.
- 즉, 감염은 되었지만 검사에서는 '음성'으로 나오는 위험 구간이다.

> **선생님의 노하우**
> 화장품실험에서 공여자와 윈도 피리어드가 중요한 이유
> 공여자의 감염 여부 판정에 오차 가능성을 만드는 가장 큰 변수가 바로 '윈도 피리어드'입니다. 따라서 CGMP 및 GMP, 조직은행에서는 공여자의 병력·행동이력을 문진하고, 검사 시기 조절하여 검사를 한 다음, 보존기간을 설정하여 감염 위험을 최소화하여야 합니다.

98 ㉠ 홍반, ㉡ 부종(순서 무관)

홍반과 부종 모두 염증 반응의 전형적인 증상이며, 화학물질 자극 등에 의해 진피층의 내피세포가 반응하면서 생긴다.

홍반과 부종
- 홍반 : 피부가 붉어지는 현상으로, 혈관 확장이나 혈류 공급에 의해 발생함
- 부종 : 피부 조직에 체액이 고여 붓는 현상으로, 혈관의 투과성이 증가할 때 발생함

99 ㉠ 향수, ㉡ 수렴 로션, ㉢ 10

- 제모 후 피부는 민감해진 상태이기 때문에 향수, 수렴 로션, 땀발생억제제 등 자극이 될 수 있는 제품은 제모 후 24시간 이내 사용을 피하여야 한다.
- 장시간 방치는 피부 자극 및 화학적 화상 위험이 있기 때문에 제모제를 피부에 바를 때는 10분 이상 방치하지 말아야 한다.

100 티로시나아제(타이로시나아제)

티로시나아제(Tyrosinase)는 약 0.2%의 구리를 함유하는 구리 단백질로, 멜라닌 생성을 촉진하는 핵심 효소이다. 멜라닌형성세포(멜라노사이트)에서 티로신이 티로시나아제의 작용으로 산화되며 멜라닌이 만들어진다. 따라서 티로시나아제 활성을 억제하면 색소침착(기미, 주근깨 등)이 줄어들 수 있다.

최종 모의고사 04회

484p

객관식(선다형, 01~80번)

01 ④	02 ②	03 ⑤	04 ②	05 ①
06 ②	07 ⑤	08 ③	09 ⑤	10 ⑤
11 ②	12 ②	13 ③	14 ③	15 ③
16 ③	17 ②	18 ②	19 ①	20 ⑤
21 ②	22 ①	23 ①	24 ③	25 ④
26 ①	27 ②	28 ④	29 ③	30 ④
31 ①	32 ②	33 ③	34 ④	35 ④
36 ④	37 ④	38 ②	39 ①	40 ④
41 ①	42 ④	43 ①	44 ③	45 ④
46 ①	47 ③	48 ②	49 ①	50 ⑤
51 ②	52 ③	53 ①	54 ⑤	55 ④
56 ④	57 ⑤	58 ④	59 ②	60 ⑤
61 ①	62 ②	63 ④	64 ②	65 ②
66 ④	67 ②	68 ⑤	69 ②	70 ④
71 ③	72 ④	73 ②	74 ④	75 ①
76 ①	77 ①	78 ③	79 ④	80 ②

주관식(단답형, 81~100번)

- 81 ㉠ 20, ㉡ 15, ㉢ 30
- 82 ㉠ 촬영 범위, ㉡ 관리책임자
- 83 1
- 84 ㉠ 착향제, ㉡ 아이소프로필알코올, ㉢ 다이소듐이디티에이(㉡, ㉢은 순서 무관)
- 85 ㉠ 과산화수소, ㉡ 암모니아
- 86 ㉠ 제조번호, ㉡ 제조일자
- 87 ㉠ 830, ㉡ 적합
- 88 ㉠ 총리령, ㉡ 주름, ㉢ 각질화
- 89 ㉠ 뱃치, ㉡ 2, ㉢ 3
- 90 ㉠ 멜라노솜, ㉡ 유멜라닌, ㉢ 페오멜라닌
- 91 ㉠ 자연보습인자(NMF), ㉡ 단백분해효소, ㉢ 카복시펩티데이스
- 92 ㉠ 파우더 및 고형제, ㉡ 30
- 93 트리클로산
- 94 아이섀도
- 95 프로필렌글라이콜 또는 프로필렌글라이콜
- 96 ㉡, ㉣, ㉢
- 97 순도시험
- 98 화장품 안전성 정보관리 규정
- 99 폴리프로필렌, 폴리에틸렌테레프탈레이트(순서 무관)
- 100 알레르기

객관식(선다형, 01~80번)

01 ④

식품의약품안전처장은 「훈령·예규 등의 발령 및 관리에 관한 규정」에 따라 2020년 7월 1일 기준으로 매 3년이 되는 시점(매 3년째의 6월 30일까지)마다 그 타당성을 검토하여 개선 등의 조치를 하여야 한다.

02 ②

오답 피하기

ⓒ 색소의 사용 기준에 따른 분류 중 사용상 제한이 없는 적색 색소에는 40호, 201호, 202호, 220호, 226호, 227호, 228호, 230호가 있다.
ⓔ 유기합성소 중 레이크는 타르색소의 나트륨, 칼륨, 알루미늄, 바륨, 칼슘, 스트론튬 또는 지루코늄염을 기질에 확산시켜 만든 색소이다.
ⓜ 무기안료는 백색안료, 착색안료, 체질안료 등이 있는데, 체질안료는 점토 광물을 희석제로 사용하는 안료로 마이카, 탤크, 카올린 등이 있다.

03 ⑤

- 엘라스틴은 피부의 진피층에 존재한다. 진피층은 피부의 중간층으로, 주로 콜라겐과 엘라스틴이라는 단백질로 이루어져 있다. 엘라스틴은 피부의 탄력을 제공하며, 피부가 늘어났다가 다시 원래 상태로 돌아오게 한다. 따라서, 엘라스틴은 피부의 탄력성 유지에 중요한 역할을 하며, 나이가 들면서 감소하여 피부의 처짐과 주름을 유발할 수 있다.
- 시스틴(Cystine)은 아미노산의 한 종류로, 두 개의 시스테인(Cysteine) 분자가 결합하여 형성된 이황화 결합(Disulfide Bond)을 가진 화합물이다. 시스틴은 두 시스테인 분자가 이황화 결합으로 결합된 형태로 존재하며, 주로 단백질의 구조에서 중요한 역할을 한다. 이황화 결합은 단백질이 3차원적인 형태를 유지하는 데 중요한 역할을 하며, 특히 머리카락·손톱·발톱·피부 등에서 중요한 성분으로 작용한다. 시스틴은 머리카락의 구성에도 중요한 역할을 하며, 시스틴이 많으면 머리카락이 더 튼튼하고 강해진다. 따라서, 시스틴은 단백질의 안정성, 특히 구조적 안정성에 중요한 기여를 한다.
- 피부 속 콜레스테롤은 피부 장벽의 중요한 구성 요소로, 각질층에 존재하며 피부의 방어 기능과 수분 유지에 중요한 역할을 한다. 콜레스테롤은 주로 피부의 지질층에서 발견되며, 피부의 지질 이중층에서 다른 지방산 및 세라마이드와 함께 작용하여 수분 증발을 방지하고, 외부 자극으로부터 피부를 보호하는 역할을 한다. 또한, 피부의 유연성과 탄력성을 유지하는 데 기여하며, 피부 장벽 기능을 강화하는 데 중요한 역할을 한다. 피부에서의 콜레스테롤은 세라마이드와 함께 지질 이중층을 형성하고, 이 구조가 수분 손실을 방지하여 피부가 건조해지는 것을 막는다. 따라서 피부 건강을 유지하기 위해 콜레스테롤과 다른 지질 성분들이 균형을 이뤄야 한다.

선생님의 노하우

'엘라스틴 = 탄력, 시스틴 = 단백질 안정, 콜레스테롤 = 수분 유지 + 장벽 보호'식으로 키워드 중심으로 정리해요. 헷갈릴 땐 역할 중심으로 인물처럼 외우면 (예) 엘라스틴은 탄력 담당자) 기억에 쏙 들어와요.

04 ②

- 유두층은 표피와 가까운 진피의 얇은 층으로, 영양 공급 및 표피와의 결합을 돕고, 망상층은 진피의 두꺼운 층으로 피부의 강도와 탄력성을 제공한다.
- 랑게르한스 세포는 피부의 표피에 존재하는 면역 세포로, 외부 항원이나 병원체를 감지하고 처리하여 면역 반응을 일으키는 중요한 역할을 합니다. 이를 통해 피부는 외부 환경으로부터 보호받고, 알레르기나 감염 등 다양한 면역 반응을 조절한다.

05 ①

제시문은 알파-비사보롤에 대한 설명이다. 나머지는 알파-비사보롤과 비슷한 진정, 항염, 보습 등의 효과가 있어 민감성 피부나 자극을 받은 피부를 위한 화장품에 널리 사용된다.

오답 피하기

② 항염증, 진정, 진통 효과가 있어 민감한 피부를 진정시키는 데 도움을 준다. 피부 염증을 완화하고 피부 자극을 줄이는 효과가 있다.
③ 피부 진정, 항염, 항균 효과가 있어 피부 자극을 완화하고 트러블을 예방하는 데 도움을 준다.
④ 피부 진정, 보습, 항염 효과가 뛰어난 성분으로, 자극받은 피부를 빠르게 진정시키고 수분을 공급하는 데 탁월하다.
⑤ 피부 재생과 회복을 촉진하고 진정시키는 효과가 뛰어나며, 자극받은 피부를 빠르게 치유하는 데 도움을 준다.

06 ②

'가' 규정은 첨가되는 성분들이 제제의 안전성과 효능을 해치지 않아야 한다는 내용이다. '나' 규정은 유기농화장품이 단순히 유기농 성분만 포함된 것이 아니라, 천연 성분의 비율도 높아야 함을 규정한 것이다.

07 ⑤

개수(改修) 명령과 시정(是正) 명령

구분	개수 명령	시정 명령
특성	위반 사항에 대해 즉시 개선(改善)하거나 수정(修整)을 요구하는 명령	위반 사항을 올바르게(是) 고치기(正) 위한 조치를 요구하는 명령
사례	• 시설이나 기구가 부족할 때 그것을 갖추게 하는 명령 • 가루가 날리는 작업실에 가루 제거 시설을 갖추는 등의 명령	• 허위·과대 표시된 화장품을 바로잡는 명령 • 회수 대상 화장품에 대해 수거 및 폐기 조치를 요구하는 명령

선생님의 노하우

'개수 = 고치기', '시정 = 시스템 바로잡기'처럼 의미 연상해서 외우면 쉬워요.
개수명령 = 시설·기구 등 즉시 수정, 시정명령 = 전반적인 위반 사항 바로잡기로 구분해요.

08 ③

TEWL(Transepidermal Water Loss, 경피수분손실)
- 피부를 통해 증발하는 수분의 양을 측정하는 지표로, 피부 장벽 기능의 건강 상태를 평가하는 데 사용된다.
- TEWL 수치가 낮음 → 피부 장벽이 건강하여 수분이 적게 손실됨
- TEWL 수치가 높음 → 피부 장벽이 손상되어 수분이 많이 증발함
- TEWL이 높으면 피부가 건조해지고 민감해질 수 있어, 피부 장벽을 강화하는 보습 및 보호 관리가 필요하다.

선생님의 노하우

TEWL은 피부 장벽 상태를 수치로 보는 지표라고 이해하면 쉬워요.
TEWL↑ = 수분 손실↑ = 피부 장벽 손상 이렇게 흐름으로 기억해요.

09 ⑤

무기 자외선 차단제 성분은 징크옥사이드(이산화아연)와 타이타늄디옥사이드(이산화타이타늄)이다.

10 ⑤

크림성분과 에센스의 비율이 7:3이다. 따라서 크림성분 값에는 '×7'을 하고 에센스 성분 값에는 '×3'을 한다. 이 중에서 공통 성분인 정제수와 1,2-헥산다이올은 합산하여 계산한다. 해당 사항을 표로 다시 정리하여 보면 아래와 같다.

크림성분		에센스성분	
정제수	555.8	정제수	147
알로에베라잎 추출물	70	뷰틸렌글라이콜	18
세틸알코올	14	판테놀	6
스테아릴알코올	7	소듐하이알루로네이트	12
잔탄검	3.5	미네랄워터	66

아보카도오일	35	캐모마일꽃추출물	30
베타인	0.7	프로판다이올	15
1,2-헥산다이올	14	1,2-헥산다이올	6
합계	700	합계	300

전성분 표기 시 함량이 높은 순서대로 하여야 하므로 정제수, 알로에베라잎추출물, 미네랄워터, 아보카도오일, 캐모마일꽃추출물, 1,2-헥산다이올, 뷰틸렌글라이콜, 프로판다이올, 세틸알코올, 소듐하이알루로네이트, 스테아릴알코올, 판테놀, 잔탄검, 베타인 순이 된다.

11 ②

민수가 받을 처분은 자격 취소와 1년 이하의 징역 또는 1천만 원 이하의 벌금이다.

> **자격증 대여 등의 금지(「화장품법」 제3조의6 제1항)**
> 맞춤형화장품조제관리사는 다른 사람에게 자기의 성명을 사용하여 맞춤형화장품조제관리사 업무를 하게 하거나 자기의 맞춤형화장품조제관리사자격증을 양도 또는 대여하여서는 아니 된다.
>
> **맞춤형화장품조제관리사 자격의 취소(「화장품법」 제3조의8 제3호)**
> 식품의약품안전처장은 다른 사람에게 자기의 성명을 사용하여 맞춤형화장품조제관리사 업무를 하게 하거나 맞춤형화장품조제관리사자격증을 양도 또는 대여한 경우에는 그 자격을 취소하여야 한다.
>
> **벌칙(「화장품법」 제37조 제1항)**
> 법 제3조의6에 따르지 아니한 자는 1년 이하의 징역 또는 1천만 원 이하의 벌금에 처한다.

12 ②

오답 피하기

㉠ 「맞춤형화장품조제관리사 교수학습가이드」에 다음과 같이 명시되어 있다.
- 소비자가 제공한 용기의 경우, 가급적 원래의 내용물이 담겨 있던 용기에 동일한 내용물을 리필하여 판매하는 것을 권장한다.
- 원래의 내용물이 담겨있던 용기가 아닌 경우, 화장품책임판매업자로부터 해당 내용물에 적용 가능한 용기 재질 등 정보를 사전에 확인하여야 한다.
- 소비자가 제공한 용기는 제품 품질에 영향을 미칠 수 있다는 점을 사전에 소비자에게 안내하여야 한다.

따라서, 소비자 용기가 위생적으로 적합하지 않을 때, 무조건 판매할 수 없다고 안내하는 것이 아니라, 용기의 상태를 확인하고 소비자에게 이를 안내한 후 필요한 경우 세척이나 교체를 안내하여야 한다.

㉡ 「맞춤형화장품조제관리사 교수학습가이드」에는 맞춤형화장품 사용 시의 주의사항 안내 방법은 구두(말)로 직접 전달하는 것이 원칙이며, 첨부문서(안내문, 리플렛) 또는 전자적 방식(디지털 매체 등)을 활용하여 제공할 수도 있다고 규정하고 있다.

㉢ 안내 시 주의사항
- 원료 및 내용물 사용 제한사항 안내 : 맞춤형화장품에서 사용하는 각종 원료의 특성과 제한된 사용범위를 설명하고 안내하여야 함
- 기능성 화장품 관련 안내 : 기능성 화장품의 효능 및 효과에 대해 규정에 근거하여 소비자에게 정확히 설명하여야 함

선생님의 노하우
소비자 용기는 상태 확인 후 안내, 무조건 거절은 아님! 이 포인트가 중요해요. 주의사항은 말로 먼저, 문서·전자매체는 보조! 안내 방식 순서도 기억해 두세요.

13 ③

오답 피하기

① 메탄올, 클로로아트라놀 성분이 함유된 경우는 15일 이내에 회수하여야 한다. 메탄올과 클로로아트라놀은 중요 사용금지원료로 위해성 등급 '가등급'에 해당한다. 따라서 15일 이내 회수하여야 한다.
② 회수의무자는 회수대상화장품이라는 사실을 안 날부터 5일 이내에 회수계획서 및 첨부서류를 지방식품의약품안전청장에게 제출하여야 하며 통보 사실을 입증할 수 있는 자료를 회수종료일부터 2년간 보관한다.
④ 위해성 등급에 따른 회수 기간은 가등급인 경우 회수를 시작한 날부터 15일 이내, 나등급·다등급인 경우 회수 시작일부터 30일 이내이다.
⑤ 위해화장품을 회수하지 않거나 회수에 필요한 조치를 이행하지 않은 경우에는 아래와 같은 행정처분이 이루어진다.
- 1차 위반 : 판매업무정지 3개월
- 2차 위반 : 판매업무정지 6개월
- 3차 위반 : 등록취소

즉, '광고업무정지 3개월'이 아니라, 정확히는 '판매업무정지 3개월'의 처분을 받게 된다.

14 ③

「대한민국약전」에 수록된 품목 중 의약외품이 아닌 것은 자동으로 화장품이 되는 것이 아니다. 「대한민국약전」은 주로 의약품의 품질규격서로, 여기에 수록된 품목이 의약외품이 아니라 하여서 자동으로 화장품으로 분류되지는 않는다.

15 ③

거짓 또는 부정한 방법으로 인증을 받았거나, 인증 기준에 부적합한 것으로 확인된 경우 인증을 취소한다.

16 ③

화장품 관련 규정은 처음에는 약사법에 포함되어 관리되다가 화장품의 특성에 맞는 체계적인 관리와 경쟁력 향상을 위하여 약사법에서 분리되어 독립적인 「화장품법」으로 별도 제정되었다. 따라서 처음부터 약사법과 통합되어 제정된 것이 아니다.

17 ②

ⓒ 상시근로자 수가 10명 이하인 화장품책임판매업을 경영하는 자가 책임판매관리자 자격 기준에 해당한다면 책임판매관리자를 둔 것으로 본다. 대표의 회사는 상시근로자 수가 10명 이하로 겸직할 수 있다.
ⓔ 화장품책임판매관리자는 품질관리에 관한 기록을 작성하고, 제조일 또는 수입일로부터 3년간 보관하여야 한다.

18 ②

책임판매관리자의 변경, 책임판매 방식 변경, 화장품책임판매업소의 소재지 변경 등 주요 사항이 변경될 경우, 반드시 변경등록 절차를 거쳐야 하며, 단순히 변경신고만으로는 처리할 수 없다.

19 ①

ⓔ 동물실험을 실시한 화장품 또는 원료를 사용하여 제조(위탁 제조 포함) 또는 수입한 화장품을 유통·판매한 자 → 100만 원의 과태료
ⓛ 영업자의 의무를 위반하여 필수적으로 이수하여야 하는 법정 교육을 이수하지 않은 경우 → 200만 원 이하의 벌금(단, 책임판매관리자가 화장품 안전확보 및 품질 관련 교육을 받지 않은 경우에는 50만 원의 과태료)
㉠ 홍보용 또는 소비자의 시험·체험용으로 제공된 비매품 화장품을 판매하거나 판매를 목적으로 진열·보관한 경우 → 1년 이하의 징역 또는 1천만 원 이하의 벌금
ⓒ 맞춤형화장품조제관리사를 선임하지 않은 채 맞춤형화장품을 제조하거나, 등록 없이 제조·수입한 화장품을 유통 또는 판매한 경우 → 3년 이하의 징역 또는 3천만 원 이하의 벌금

20 ⑤

식품 모방 화장품 위반 적발 시 3년 이하의 징역 또는 3천만 원 이하의 벌금에 해당한다.

> 오답 피하기

③ 천연·유기농 화장품 인증 유효기간(3년)이 지났는데 인증표시를 계속 하면 200만 원 이하의 벌금에 처한다.
① 심사를 안 받거나 허위로 심사결과를 보고한 상태에서 기능성화장품을 판매하면, 1차 위반만으로도 판매 업무정지 6개월 처분을 받는다.
④ 변경 사유가 발생한 날로부터 30일(행정구역 개편에 따른 소재지 변경일 경우에는 90일) 이내 해당 서류를 제출하여야 한다. 제조소 소재지 변경 1차 위반 시 업무정지 1개월에 해당한다.
② 광고 정지 기간인데도 계속 광고를 하면, 1차 위반으로 시정명령 처분을 받는다.

21 ②

보존제를 여러 가지 혼합하여 사용하는 이유는 다양한 미생물에 광범위한 항균 효과를 나타내기 위함이다. 특정 미생물에만 제한적으로 작용하는 선택적인 효과를 얻기 위한 목적이 아니다.

22 ①

> 오답 피하기

ⓒ 파라핀은 탄화수소류이다.
ⓔ 아이소헥사데칸은 탄화수소류이다.
ⓘ 코치닐은 자연계에 존재하는 동식물로부터 유래한 천연색소이다.
ⓗ 난황오일은 동물성 오일이다.

23 ①

①은 첨가제, ②·③·④·⑤은 부형제로 사용된다.
- 부형제 : 유화 형태의 제형(예 : 크림, 로션 등)을 만들기 위해 사용되는 기본 성분으로, 일반적으로 정제수, 오일류, 왁스, 유화제 등이 이에 해당하며, 제품 전체에서 가장 큰 비중을 차지함
- 첨가제 : 제품의 품질을 안정적으로 유지하기 위하여 들어가는 보조 성분으로, 주로 내용물의 산화나 미생물 오염을 방지하기 위하여 사용되는데, 보존제나 항산화제 등이 여기에 포함됨

24 ⑤

단순히 개인정보가 포함된 문서를 전달만 하는 행위(예: 집배원이 우편을 배달하는 경우)는 「개인정보보호법」상 '개인정보 처리'로 보지 않는다.

25 ④

영업 양수 등으로 인해 개인정보가 이전되는 경우, 사전에 정보주체에게 고지하고 동의를 받아야 하며, 본래 수집 목적 외의 용도로 활용하여서는 안 된다.

26 ①

미생물 오염을 방지하려면 건조하고 서늘한 장소에 보관하여야 하며, 습기가 많은 환경은 오히려 오염(특히 곰팡이에 의한 오염)을 유발할 수 있다.

27 ②

항목	2등급	3등급
과산화수소(㉠)	×	○
포타슘하이드록사이드 (ⓒ 수산화칼륨)	○	○
소듐카보네이트 (ⓒ 탄산나트륨)	○	○
아세틱애시드(ⓔ 식초)	×	○
시트릭애시드(ⓘ 구연산)	×	○
무기산·알칼리(ⓗ)	×	○
소듐하이드록사이드 (ⓒ 수산화나트륨)	○	○
석회장석유(◎)	×	○
소듐클로라이드(㉣ 소금)	○	×

28 ④

「천연화장품 및 유기농화장품의 기준에 관한 규정」 별표 5 제조공정에 따르면 석유화학 용제의 사용 시 반드시 최종적으로 모두 회수되거나 제거되어야 하며, 방향족, 알콕실레이트화, 할로겐화, 질소 또는 황(DMSO 예외) 유래 용제를 사용할 수 없다.

29 ③

바디워시는 사용 후 씻어내는 제품으로 0.01% 초과 시 알레르기 성분 표시 대상이다. 다음의 제품은 알레르기 유발 성분으로 파네솔, 리날룰, 시트로넬올, 제라니올이 쓰였다.

- 파네솔= $\frac{0.05}{200} \times 100 = 0.25$로서 0.25% 사용되어 0.01% 초과하였으므로 표시 대상이다.
- 리날룰= $\frac{0.08}{200} \times 100 = 0.04$로서 0.04% 사용되었고, 0.01% 초과하였으므로 표시하여야 한다.
- 시트로넬올= $\frac{0.08}{200} \times 100 = 0.04$로서 0.01% 초과하였으므로 표시하여야 한다.
- 제라니올= $\frac{0.006}{200} \times 100 = 0.003$으로서 0.01%를 초과하지 않으므로 표시 대상이 아니다.

30 ④

폴리에이치시엘과 클로로부탄올, 글루타랄은 사용상 제한이 필요한 보존제로서 사용한도만큼 사용 가능하나 에어로졸(스프레이에 한함) 제품에는 사용을 금한다.

31 ①

㉠ 4,4-디메틸-1,3-옥사졸리딘(디메틸옥사졸리딘)은 사용한도가 0.05%다만, 제품의 pH는 6을 넘어야 함)이다.
ⓒ 무기설파이트 및 하이드로젠설파이트류는 사용한도가 유리 SO_2로 0.2%이다.
ⓒ 2-브로모-2-나이트로프로판-1,3-디올(브로노폴)는 사용한도가 0.1%이다. 아민류나 아마이드류를 함유한 제품에는 사용을 금한다.

32 ②

㉠ 자외선 차단 성분
- 드로메트리졸트리실록산(지용성)
- 페닐벤즈이미다졸설포닉애시드(수용성)
- 에틸헥실트리아존(지용성)

ⓒ 피부 미백 성분
- 알파-비사보롤(지용성)
- 아스코빌테트라아이소팔미테이트(지용성)
- 마그네슘아스코빌포스페이트(수용성)

ⓒ 주름 개선 성분
- 아데노신(수용성)
- 레티닐팔미테이트(지용성)
- 레티놀(지용성)

33 ③

체모를 제거하는 기능을 하는 제품의 제형은 액제, 크림제, 로션제, 에어로졸제로 한한다.

34 ④

위해성 평가는 일반적으로 합법적인 사용 범위 내에서의 안전성 확보를 목적으로 수행된다. 유해물질을 고의적으로 혼입한 경우는 이미 법령을 위반한 상황이므로, 평가 대상이 아니라 법적 처분 대상이다.

위해평가 대상이 되는 경우
- 비의도적 오염물질의 기준을 설정하려는 경우
- 화장품 성분의 위해성 논란 등 안전성 문제가 제기된 경우
- 사용기준을 설정하기 위해 안전역 기반으로 평가할 경우

35 ⑤

㉠ 대표적인 보습제(폴리올) : 글리세린, 뷰틸렌글라이콜, 소르비톨
㉡ 대표적인 실리콘 오일류 : 사이클로메티콘, 다이메티콘, 사이클로테트라실록세인, 사이클로펜타실록세인, 디메틸실릴레이트 등
㉢ 고분자화합물(폴리머) 중에서 대표적인 점증제 : 구아검, 아라비아검, 잔탄검, 카복시비닐폴리머(카보머), 아크릴레이트크로스폴리머
㉣ 피부 미백 기능성 고시 원료 : 유용성 감초 추출물, 알파-비사보롤, 닥나무 추출물, 알부틴, 에틸아스코빌에터, 아스코빌글루코사이드, 아스코빌테트라아이소팔미테이트, 마그네슘아스코빌포스페이트, 나이아마이드 등

📝 선생님의 노하우

보습제·실리콘·점증제·미백성분은 카테고리별로 묶어서 통째로 외우는 것이 좋아요. 미백 고시 원료는 감초·비사보롤·비타민C 유도체·나이아신 계열 중심으로 기억하면 쉬워요.

36 ④

o-아미노페놀(㉠), 염산 m-페닐렌디아민(㉡), m-페닐렌디아민(㉢), (피로)카테콜(㉣), 피로갈롤(㉤)은 유전독성 가능성을 배제할 수 없다는 평가를 받아 해당 성분이 포함된 제품은 제조·수입할 수 없다.

37 ④

CGMP에 따르면 혼동과 오염을 방지하고 품질을 유지하기 위하여 원료는 구획된 구역 또는 시스템에 따라 보관되어야 하며, 자유 보관은 허용되지 않는다.

38 ④

④의 설명은 2등급 청정도에 해당한다.

항목	1등급	2등급	3등급
적용 대상 공정	내용물 제조, 충전 등 내용물이 노출되는 작업	내용물 제조, 충전 등 내용물이 노출되는 작업	포장, 원·부자재 보관, 외부 자재 반입 등
청정도 수준	매우 높음	중간 이상	기본적인 청결 유지 수준
필터의 종류	초고성능 필터 (ULPA 등)	중성능 또는 고성능 필터 (HEPA 권장)	Pre-filter (프리필터) 사용
공기 순환 횟수	20회/hr 이상	10회/hr 이상 또는 차압관리	차압 관리 중심
부유균 기준	매우 엄격 (예 10 CFU/㎥ 이하)	200 CFU/㎥ 이하	명확한 기준 없음 (오염 방지를 위한 절차 중심 관리)
낙하균 기준	사실상 무균 상태 요구	30 CFU/hr 이하	별도 기준 없음 (외부 오염 유입 차단 목적)

39 ①

CGMP 해설서에 따르면, 정제수의 품질관리를 위하여 원칙적으로 매일 제조 작업 전에 실시하는 것이 좋다. 검사 주기를 설정하되 정기적으로 검사를 실시하여야 하며, 정제수 보관도 제한적으로 이뤄져야 한다.

40 ④

유멜라닌은 검은색 또는 갈색을 띤다. 노란색과 붉은색을 띠는 것은 페오멜라닌이다.

41 ①

린스 정량법은 세척이 완료된 설비나 기구의 표면을 린스액(헹굼액)으로 헹군 뒤, 그 액체를 수거하여 잔류 오염물질을 분석하는 방식이다. 주로 아래와 같은 분석 기법이 사용된다.
- HPLC(고성능 액체 크로마토그래피) : 잔류 성분의 정량 분석
- TLC(박층 크로마토그래피) : 정성 분석에 사용
- TOC(총 유기탄소 분석) : 유기 오염물의 양 정량
- UV(자외선 분광법) : 자외선 흡광도를 이용한 특정 물질 분석

오답 피하기

② 콘택트 플레이트법, 면봉 시험법 : 표면에 접촉하거나 문질러 미생물을 채취한 뒤 배양해 오염도를 확인하는 미생물 검사법임
③ 육안 검사, 비접촉 배양법 : 육안 검사는 오염 여부를 직접 눈으로 확인하는 방법이고, 비접촉 배양법은 공기 중 미생물을 배양판에 떨어뜨려 오염 상태를 평가하는 방법임
④ CFU 측정, 표면 세균도말법 : CFU(Colony Forming Unit)는 미생물 수를 집락 단위로 세는 방법이고, 세균도말법은 표면의 오염균을 도말하여 배양하는 방법임
⑤ 에어샘플링, 가우징법 : 에어샘플링은 공기 중 부유 미생물을 포집해 분석하는 방법이고, 가우징법은 균열이나 이음매의 이물질 상태를 물리적으로 확인하는 방법임

42 ③

오답 피하기

① 에탄올이 아니라 '아세톤'을 함유하는 네일 에나멜 리무버 및 네일 폴리시 리무버이다.
② 어린이용 오일 등 개별 포장당 탄화수소류를 10% 이상 함유하고 운동점도가 21cSt(40℃ 기준) 이하인 '비에멀전' 타입의 액체 상태의 제품이다.
④ 안전용기·포장은 성인이 개봉하기는 어렵지 않고 '5세' 미만의 어린이는 개봉하기 어렵게 설계·고안되어야 한다.
⑤ 일회용 제품, 용기 입구 부분이 펌프 또는 방아쇠로 작동되는 분무용기 제품, 압축 분무용기제품(에어로졸 제품 등)은 대상에서 제외한다.

📝 선생님의 노하우

안전용기 대상은 '아세톤' 포함 리무버, '탄화수소류' 포함 어린이용 오일 등으로 묶어 기억해요. 펌프·에어로졸·일회용 제품은 안전용기 대상 제외! 예외 항목은 따로 정리해 두면 좋아요.

43 ①

칭량 기구는 원료 간 교차오염을 방지하기 위해 원료별로 전용으로 사용하거나, 사용 후 철저히 세척 및 건조하여야 한다. 단순히 세척 후 공동 사용이 항상 허용되는 것은 아니다.

오답 피하기

② 분진이 발생할 수 있는 원료(예 파우더)는 국소 배기 장치(후드) 사용으로 확산을 방지한다.
③ 원료의 보관 구역과 칭량 구역은 명확히 구획되어 있어야 하며, 동선이 겹치지 않도록 설계하여야 한다.
④ 동일 장소에서 여러 원료를 혼합 칭량하지 않고, 각 원료를 개별 칭량하여 교차오염과 혼동을 방지한다.
⑤ 드럼이나 용기의 개봉 전에는 표면 청결 상태를 점검하여 이물 유입을 방지하여야 한다.

📝 선생님의 노하우

'교차오염 방지 = 전용기구, 개별 칭량, 구역 분리, 청결 점검!' 핵심 원칙을 흐름처럼 외워요. 파우더 원료는 반드시 후드 사용! 특이사항은 따로 체크해 두면 좋아요.

44 ③

완제품 보관 검체는 실사용 조건이 아니라, 제품이 가장 안정적으로 유지될 수 있는 환경에서 보관하여야 한다. 고온다습 등의 조건은 피하고, 품질에 영향을 미치지 않는 적절한 온도와 습도를 유지하여야 한다.

오답 피하기

① 각 뱃치를 대표할 수 있는 검체를 선별하여 보관하여야 하며, 이는 추후 시험 등에 활용될 수 있다.
② 보관 검체는 일반적으로 시험을 2회 정도 시행할 수 있는 충분한 양이 필요하다.
④ 사용기한이 명시된 경우에는 기한 경과 후 1년간, 개봉 후 사용기간을 기재한 경우에는 제조일로부터 3년간 보관하여야 한다.
⑤ 원제품의 형태와 동일한 상태로 보관하여야 하며, 변형되거나 훼손된 상태로 보관해서는 안 된다.

📝 선생님의 노하우

검체 보관은 '안정한 환경 + 충분한 양 + 원형 유지'가 기본 원칙이에요. 보관 기간은 사용기한 후 1년, 개봉 표시 제품은 제조일로부터 3년! 숫자 중심으로 외우면 쉬워요.

45 ④

ⓒ 화장품 미생물 허용한도는 총호기성생균수 1,000개/g(㎖) 이하여야 하기 때문에 적합하다.
ⓔ 수은의 허용 한도는 1㎍/g 이하인데, 측정 결과 0.1㎍/g로 검출되어 적합하다.
ⓜ 폼알데하이드는 검출 허용한도 2,000㎍/g 이하로 관리되기 때문에 적합하다.
ⓧ 카드뮴의 허용 한도는 5㎍/g 이하이지만, 측정 결과 8㎍/g로 검출되어 기준을 초과해 부적합하다.
ⓡ 녹농균, 대장균, 황색포도상구균은 모두 검출되어서는 안 되는 병원성 미생물인데, 이 중 황색포도상구균이 검출되어 해당 제품은 부적합하다.

46 ①

맞춤형화장품판매업소의 소재지를 변경할 때는 관할 지방자치단체에 변경 신고를 하여야 하며, 관련 서류로는 건축물관리대장, 사업자등록증, 기존 신고필증, 변경된 장소의 세부 평면도와 사진 등이 필요하다. 하지만 맞춤형화장품조제관리사의 자격증 사본은 소재지 변경과 직접적인 관련이 없으므로 제출 대상 서류에 포함되지 않는다. 자격증 사본은 맞춤형화장품조제관리사의 변경 시 제출하여야 한다.

47 ③

③은 화장품의 포장을 훼손 또는 위조 변조한 화장품으로 판매금지 대상이다.

영업금지 항목

「화장품법」에서는 국민 보건과 위생을 보호하기 위해, 다음에 해당하는 화장품을 판매(수입대행형 거래를 목적으로 하는 알선·수여를 포함)하거나 판매할 목적으로 제조·수입·보관 또는 진열을 금지한다.

• 코뿔소 뿔 또는 호랑이 뼈와 그 추출물을 사용한 화장품(①)
• 병원미생물에 오염된 화장품(②)
• 심사를 받지 않았거나 보고서를 제출하지 않은 기능성화장품(④)
• 식품의 형태·냄새·색깔·크기·용기 및 포장 등을 모방하여 섭취 등 식품으로 오용될 우려가 있는 화장품(⑤)
• 전부 또는 일부가 변패된 화장품
• 이물이 혼입되었거나 부착된 화장품
• 화장품에 사용할 수 없는 원료를 사용하였거나, 유통화장품 안전관리 기준에 부적합한 화장품
• 보건위생상 위해가 발생할 우려가 있는 비위생적인 조건 또는 시설 기준에 부적합한 시설에서 제조된 화장품
• 용기나 포장이 불량하여 화장품이 보건위생상 위해를 발생시킬 우려가 있는 경우
• 사용기한 또는 개봉 후 사용기간(제조연월일을 포함)을 위조·변조한 화장품

📝 선생님의 노하우

영업금지 화장품은 '오염·위해·불법·혼동 유발' 키워드로 묶어서 외우면 돼요. 특이 사례(코뿔소·호랑이 추출물, 식품 모방 화장품)는 따로 체크해 두면 헷갈리지 않아요.

48 ②

오답 피하기

① 일시적 셀룰라이트 감소 : 인체적용시험 자료로 입증함
③ 모발의 손상을 개선 : 인체적용시험 자료, 인체 외 시험 자료로 입증함
④ 빠지는 모발을 감소시킴 : 탈모 증상 완화에 도움을 주는 기능성화장품으로서 이미 심사받은 자료에 근거가 포함되어 있거나 해당 기능을 별도로 실증한 자료로 입증함
⑤ 제품에 특정 성분이 들어 있지 않다는 '무(無)○○' 표현 : 시험 분석 자료로 입증함(단, 특정 성분이 타 물질로의 변환 가능성이 없으면서 시험으로 해당 성분 함유 여부에 대한 입증이 불가능한 특별한 사정이 있는 경우에는 예외적으로 제조관리기록서나 원료시험성적서 등 활용)

49 ②

기능성화장품은 원칙적으로 심사를 받아야 하며, 맞춤형화장품으로 조제하려면 심사를 받은 성분이어야 하고, 해당 성분을 임의로 추가하거나 변경할 수 없다. 그러나 ②처럼 이미 심사 완료된 기능성화장품에 안전한 범위 내의 다른 성분(글리세린 등)을 추가하는 것은 할 수 있다. 즉, **맞춤형화장품은 고객의 피부 상태나 취향에 따라, 기허가된 또는 보고된 화장품을 기준으로 일정 범위 내에서 성분을 첨가하거나 용량을 조절하여 조제한 후 제공할 수 있다는 것이다.**

오답 피하기

① 병풀추출물은 트러블 피부에 사용될 수 있으나, 고형비누는 맞춤형화장품에 해당하지 않는다.
③ 머스크자일렌 원액 8% 이하일 경우 0.4%까지 허용되는 사용제한 원료이다.
④ 디에틸렌글라이콜(DEG)은 중추신경계와 간, 신장 등에 심각한 독성을 유발할 수 있기 때문에 화장품에 사용할 수 없는 원료이다.
⑤ 플라스틱 마이크로비즈(5㎜ 고체 플라스틱)가 포함된 제품은 환경 및 안전 문제로 금지된다.

50 ⑤

ⓒ 절대점도를 같은 온도의 액체의 밀도로 나눈 값을 운동점도라고 한다.
ⓜ 시험에 사용하는 온도는 셀시우스법(℃)을 따르며, 특별한 규정이 없는 한 상온(15~25℃)에서 시험을 진행한다.

51 ③

어린이 사용 화장품은 방문 광고 또는 실연에 의한 광고는 제외한다.

52 ③

피부 감작성 평가는 '기니피그'를 대상으로 하며, 일반적으로 맥시마이제이션 시험법(Maximization Test)을 활용한다. 시험 시 피부에 나타나는 반응을 해당 시험법의 평가 기준에 따라 판정한다.

53 ①

> 오답 피하기

② 조제 조건이 달라지면 물리적·화학적 안정성이나 피부 반응에 차이가 생길 수 있어, 조건 변화에 따라 안전성이 항상 유지된다고 볼 수 없다.
③ 맞춤형화장품이라도 개인마다 피부 반응이 다르므로 부작용이 발생할 수 있다. 따라서 사전 상담과 주의사항 안내가 필요하다.
④ 맞춤형화장품은 단순히 개인의 취향에 따라 제품을 선택하는 것이 아니라, 원료나 내용물을 직접 혼합하여 만드는 과정이 핵심이다. 참고로, 서로 다른 원료들만을 혼합하는 것은 '조제'가 아니라 '제조'에 해당한다.
⑤ 가격은 사전에 정해지거나 표시되어야 하며, 피부 상태에 따른 조제 방식이 다르더라도 가격 미표시가 허용되지는 않는다.

54 ⑤

믹서의 회전 속도가 너무 느릴 경우, 원료가 용해되는 데 시간이 오래 걸릴 수 있으며, 폴리머가 제대로 분산되지 않아 수화가 잘 이루어지지 않고 덩어리가 생겨 필터를 막아 메인 믹서로의 이동에 지장을 줄 수 있다.

55 ④

맞춤형화장품조제관리사가 아닌 사람은 이 명칭이나 혼동을 줄 수 있는 비슷한 표현을 사용할 수 없으며, 이를 위반할 경우 100만 원 이하의 과태료가 부과될 수 있다.

56 ④

> 오답 피하기

① 소분 및 계량에 사용한다.
② 원료의 가열 및 가열 시 온도 측정에 사용한다.
③ 원료를 위생적으로 덜어내거나 소분·계량 시에 사용한다.
⑤ 융점측정기는 물질의 녹는점, pH 미터는 제품의 pH, 점도계는 제품의 점도를 측정하여 제품의 특성 분석 시에 사용한다.

57 ⑤

맞춤형화장품을 판매한 후 소비자에게 이상 사례가 발생하였음을 알게 된 경우, 이를 확인한 날로부터 15일 이내에 식품의약품안전처에 지체없이 신고하여야 한다.

58 ④

문항의 설명은 '유화' 현상에 해당한다. 패들 믹서는 파우더류 화장품의 건식 원료 혼합(예 팩 파우더, 압축 파우더 전 혼합 공정) 분산 제품의 공정 설비이다.

패들 믹서

특징	• 입자가 고르지 않거나 모양이 다른 분말들도 잘 섞을 수 있다. • 섬세하거나 깨지기 쉬운 입자를 다룰 때 유리하다(리본 믹서보다 부드러운 혼합). • 분체-분체 혼합, 혹은 소량의 액체를 포함한 반건식 혼합도 할 수 있다. • 혼합 시간을 단축시키면서도 내용물을 고르게 분산시킬 수 있다.
용법	• 파우더류 화장품 조제 시 건식 원료의 혼합 • 입욕제, 스킨케어 제품 조제 시 고형분의 혼합 • 제약, 식품, 세제 산업

59 ②

화장품 원료는 단일 성분일 수도 있고 여러 성분이 혼합된 형태일 수도 있다. 최종 제품의 안전성을 위해서는 각 원료의 안전성이 확보되어야 한다.

60 ⑤

진피 두께가 감소하며 피부의 전체적인 볼륨과 탄력이 저하된다.

피부 노화에 악영향을 주는 요인들

• 당아미노글라이칸(GAGs)의 감소 : 수분 유지 기능이 저하되어 피부가 건조하고 탄력을 잃음.
• 탄력섬유(엘라스틴)의 변성 : 피부의 탄력이 줄어들고, 처짐과 주름이 생김
• 피부혈관의 밀도 및 면적 감소 : 혈액순환이 저하되어 피부 영양 공급이 원활하지 않음. 피부 톤도 칙칙해질 수 있음
• 콜라겐의 감소 및 분해 증가 : 피부 구조가 약해지고 주름 발생이 가속화됨
• 각질형성 주기의 지연으로 인한 각질층의 비후(두꺼워짐) : 피부 표면이 거칠고 칙칙해지며, 피부 재생 능력이 저하됨
• 피지 분비 감소 : 보호막 역할을 하는 피지막이 줄어들어 피부가 쉽게 건조해짐
• 멜라닌 세포의 기능 이상 : 색소 침착이 증가하거나 불균형해져 기미, 주근깨 등이 생김
• 표피 두께 감소 : 피부가 얇아지고 외부 자극에 취약해짐
• 진피 두께 감소 : 피부의 전체적인 볼륨과 탄력이 저하됨
• 항산화 효소의 감소 및 활성산소 증가 : 세포 손상이 늘어나고 노화가 촉진됨

> 선생님의 노하우

피부 노화 = 콜라겐·엘라스틴·GAGs 감소 + 혈관·표피·진피 얇아짐! 흐름으로 묶어 외워요. 건조·주름·칙칙함·재생 저하처럼 눈에 보이는 결과와 연결하면 기억하기 쉬워요.

61 ①

지루성 피부염이나 건선 등의 피부 질환으로 인해 탈모가 생길 수 있다.

62 ②

제시문은 광독성시험을 설명한 것이다. 광독성시험은 광선 노출 시 피부에 나타나는 독성 반응 여부를 확인하는 시험이다.

> 오답 피하기

① 광감작성시험 : 햇빛 등 광선에 의해 발생할 수 있는 알레르기 반응 가능성을 평가하는 시험
③ 유전독성시험 : 물질이 유전자를 손상시킬 수 있는지를 평가하는 시험
④ 피부감작성시험 : 반복 접촉 시 피부에 알레르기성 과민반응을 유발하는지 평가하는 시험
⑤ 1차피부자극시험 : 단일 접촉 후 피부에 염증이나 자극 반응을 일으키는지를 확인하는 시험

> 선생님의 노하우

시험명에 힌트가 있어요. '광 = 빛', '감작성 = 알레르기', '자극 = 염증 반응'으로 연결해 외우세요. '광→독성과 알레르기', '감작성→반복 접촉', '자극→1회 접촉'으로 구분하면 헷갈리지 않아요.

63 ④

화장품의 가격을 표시하여야 할 의무는 일반 소비자에게 제품을 판매하는 사람에 있다.

64 ④

• 필라그린(Filaggrin) : 표피의 케라틴 세포에서 만들어지는 전구체 단백질인 프로필라그린에서 유래하며, 피부의 각질 세포가 성숙하는 과정에서 활성화됨. 이 단백질은 케라틴 섬유를 응집시켜 각질 세포의 구조를 단단하게 유지하도록 도와주며, 피부 장벽 형성에 핵심적인 역할을 함. 이후 필라그린은 효소에 의해 분해되어 여러 가지 아미노산으로 전환되며, 이 아미노산들은 천연보습인자(NMF)의 구성 성분으로 작용해 피부의 수분을 유지하고 유연성을 제공함

- 멜라닌(Melanin) : 피부의 색을 결정하는 색소로, 자외선으로부터 보호하지만 각질층 형성과 직접적인 관련은 없음
- 케라틴(Keratin) : 각질 세포의 주성분이긴 하나, 필라그린처럼 분해되어 NMF를 생성하지는 않음
- 피지(Sebum) : 피부 표면을 덮는 유분, NMF와는 다른 보습 메커니즘
- 지질(Lipid) : 각질 세포 사이에 존재하지만, NMF의 구성 요소는 아님

65 ②

②은 진피에 대한 설명이다.

오답 피하기
① 표피는 혈관이 없어 산소와 영양분을 진피층에서 확산되는 방식으로 공급받는다.
③·④·⑤은 표피에 대한 옳은 설명이다.

66 ④

일시적 금지조치(「인체적용제품의 위해성평가에 관한 법률」 제13조 제1항)
식품의약품안전처장은 ㉠ 위해성평가가 끝나기 전이라도 국민의 안전과 건강을 위한 사전 예방적 조치가 필요한 경우에는 사업자에 대하여 위원회의 심의를 거쳐 해당 ㉡ 인체적용제품의 생산·판매등을 일시적으로 금지할 수 있다. 다만, 국민의 안전과 건강을 급박하게 해칠 우려가 있는 경우에는 먼저 일시적 금지조치를 한 후 위원회의 심의를 거칠 수 있다.

위해성평가 결과 등의 공개(「인체적용제품의 위해성평가에 관한 법률」 제25조)
이 법 제13조 제1항을 위반하여 일시적으로 생산·판매등이 금지된 ㉡ 인체적용제품의 생산·판매 등을 한 자는 ㉢ 3년 이하의 징역 또는 3천만 원 이하의 벌금에 처한다.

67 ④

메톡시프로필아미노사이클로헥시닐리덴에톡시에틸사이아노아세테이트 (MCE)
- 유기 자외선 흡수제이다.
- 광안정화제, 자외선 차단제로 쓰인다.
- 주로 UVA(320~400nm)의 차단을 목적으로 사용된다.
- 특히 UVA1(340~400nm) 영역까지 흡수 차단하여 광노화 예방에 탁월한 효과를 보인다.
- 최신 자외선 차단 기술에서 사용되는 고기능성 흡수제이다.
- 흡입을 통해 사용자의 폐에 노출될 수 있는 제품에는 사용하지 말아야 한다.
- 니트로화제를 함유하고 있는 제품에는 사용을 금한다.
- 사용한도는 3%이다.

오답 피하기
① 징크옥사이드 : UVA와 UVB를 모두 반사·산란시켜 차단하지만, 유기 자외선 흡수제가 아니라 무기 자외선 차단제임
② 아이소아밀 p-메톡시신나메이트 : UVB 차단용 유기 자외선 흡수제로, UVA 차단 기능은 거의 없음
③ 뷰틸렌글라이콜 : 보습제, 용매 역할을 하는 성분으로 자외선 차단 기능이 없음
⑤ 에틸헥실메톡시크릴렌 : 자외선 흡수제 자체가 아닌, 자외선 흡수제의 안정성을 높이는 보조 성분으로 사용되는 성분임

68 ⑤

책임판매관리자로 적격한 사람은 향장학·화장품과학·한의학·한약학·간호학·간호과학 건강간호학 등 화장품 관련 분야를 전공하여 전문학사 학위를 취득(법령에서 이와 같은 수준 이상의 학력이 있다고 인정하는 경우를 포함함) 후 화장품 제조 또는 품질관리 업무에 '1년' 이상 종사한 경력이 있는 사람이다.
그 외 자격 기준은 아래와 같다.
- 의사 또는 약사
- 화장품 제조 또는 품질관리 업무에 2년 이상 종사한 경력이 있는 사람

69 ②

㉡ 행정처분 절차가 진행되는 기간 중에 반복하여 같은 위반행위를 한 경우 진행 중인 사항의 행정처분 기준의 2분의 1씩을 더하여 처분하며, 그 최대 기간은 12개월로 한다.
㉣ 같이 위반행위의 횟수가 3차 이상인 경우에는 과징금 부과 대상에서 제외한다.

70 ④

개인정보처리자는 다음의 어느 하나에 해당하는 경우에는 정보주체 또는 제3자의 이익을 부당하게 침해할 우려가 있을 때를 제외하고는 개인정보를 목적 외의 용도로 이용하거나 이를 제3자에게 제공할 수 있다. 다만, 제5호부터 제9호까지에 따른 경우는 공공기관의 경우로 한정한다.
1. 정보주체로부터 별도의 동의를 받은 경우
2. 다른 법률에 특별한 규정이 있는 경우
3. 명백히 정보주체 또는 제3자의 급박한 생명, 신체, 재산의 이익을 위하여 필요하다고 인정되는 경우
5. 개인정보를 목적 외의 용도로 이용하거나 이를 제3자에게 제공하지 아니하면 다른 법률에서 정하는 소관 업무를 수행할 수 없는 경우로서 보호위원회의 심의·의결을 거친 경우
6. 조약, 그 밖의 국제협정의 이행을 위하여 외국정부 또는 국제기구에 제공하기 위하여 필요한 경우(②)
7. 범죄의 수사와 공소의 제기 및 유지를 위하여 필요한 경우(①)
8. 법원의 재판업무 수행을 위하여 필요한 경우(⑤)
9. 형(刑) 및 감호, 보호처분의 집행을 위하여 필요한 경우(③)
10. 공중위생 등 공공의 안전과 안녕을 위하여 긴급히 필요한 경우(④)

71 ③

퍼퓸(15~25%) - 오 드 퍼퓸(10~15%) - 오 드 투왈레트(5~10%) - 오 드 콜롱(3~5%) - 샤워콜롱(1~3%)

72 ④

오답 피하기
① 비타민 B1 - 티아민
② 비타민 B2 - 리보플라빈
③ 비타민 B3 - 나이아신 / 비타민 B6 - 피리독신
⑤ 비타민 P - 플라보노이드 / 비타민 B7 - 비오틴

73 ②

물 없이도 손 소독이 가능하며 의약외품으로 분류된다.

74 ④

찌든 기름에는 부식성 알칼리세척제를 사용한다. 무기산, 약산성 세척제는 무기염, 수용성 금속 혼합물을 세척할 때 사용한다.

부식성 알칼리세척제
- 성분 : 수산화나트륨, 수산화칼륨, 규산나트륨
- 산도 : pH 12.5~14
- 특성 : 오염물의 가수분해, 독성, 부식성

75 ①

출하는 주문 준비와 관련된 일련의 작업과 운송 수단에 적재하는 활동으로 제조소로 제품을 운반하는 것이다.

76 ①

동의서 자체는 제출하거나 별도 보관하여야 하는 서류일 뿐, 기록서에 반드시 작성하여야 할 항목은 아니다.

77 ①

폐업, 휴업, 재개 신고서는 전자문서로 된 신고서를 포함한다.

78 ③

따끔거림 내지 자통은 바늘로 찌르는 듯한 느낌이다. 화끈거림 내지 화끈감은 작열감에 해당한다.

79 ④

피부 잔주름 개선과 깊은 주름 완화에 도움을 주는 화장품은 제3호에 해당하는 기능성 화장품이다.

80 ②

ⓒ 콜라겐 증가·감소 또는 활성화, ⑩ 효소 증가·감소 또는 활성화, ⓐ 빠지는 모발을 감소는 기능성화장품에 해당 기능을 실증한 자료로 입증하여야 한다.
ⓔ '기미·주근깨 완화에 도움'은 미백 기능성화장품 심사(보고) 자료로 입증하여야 한다.

주관식(단답형, 81~100번)

81 ㉠ 20, ㉡ 15, ㉢ 30

온도의 범위

명칭	범위	설명
표준온도	20℃	시험의 기준이 되는 대표 온도
상온(常溫)	15~25℃	실생활에서 일반적으로 유지되는 주변 온도
실온(室溫)	1~30℃	실내외를 포함한 광범위한 범위의 일반 환경 온도
미온(微溫)	30~40℃	약간 따뜻한 온도로, 피부 접촉 제품의 안정성 평가 시 활용됨

82 ㉠ 촬영 범위, ㉡ 관리책임자

고정형 영상정보처리기기의 설치·운영 제한(「개인정보보호법」 제25조 제4항)
고정형 영상정보처리기기를 설치·운영하는 자는 정보주체가 쉽게 인식할 수 있도록 다음의 사항이 포함된 안내판을 설치하는 등 필요한 조치를 하여야 한다.
- 설치 목적
- 설치 장소
- 촬영 범위
- 촬영 시간
- 관리책임자의 연락처

83 1

구분	A 회사	B 회사
위반 사항	사업장의 소재지 변경 후 미신고	책임판매관리자 없이 제품 판매
근거 조항	•「화장품법」제3조 제1항 후단 •「화장품법 시행규칙」별표7의 제2호 가목 2	•「화장품법」제3조 제3항 •「화장품법 시행규칙」별표7의 제2호 차목 5-가

| 1차 위반 시 처분 | 제조업무정지 1개월 | 판매 또는 해당 품목 판매 업무정지 1개월 |

84 ㉠ 착향제, ㉡ 아이소프로필알코올, ㉢ 다이소듐이디티에이 (㉡, ㉢은 순서 무관)

ⓒ 아이소프로필알코올은 무색의 수성원료로서 수렴제, 보존제, 기포방지제, 점도감소제 등으로 사용한다. 점막에 자극을 줄 수 있어서 눈, 입술 주위는 피해서 사용하여야 한다.
ⓔ 다이소듐이디티에이는 백색의 결정성 분말로 금속이온봉쇄제(킬레이트제)이다. 산화 방지, 변색 방지 역할을 한다.

85 ㉠ 과산화수소, ㉡ 암모니아

과산화수소는 머리카락의 색소를 분해하고, 염료가 잘 침투되도록 돕는 산화제다. 암모니아는 알칼리제로 작용하여 모발 구조를 느슨하게 만들어, 염료와 산화제가 쉽게 스며들게 한다.

86 ㉠ 제조번호, ㉡ 제조일자

제조번호는 제품의 생산 이력을 추적하기 위한 고유 번호로, 회수 대상 제품을 식별하는 데 사용된다. 제조일자는 해당 제품이 실제로 제조된 날짜로, 회수 대상의 범위와 기간을 판단하는 기준이 된다.

87 ㉠ 830, ㉡ 적합

세균수는 {(64 + 50)÷2} × 10 = (114÷2) × 10 = 57 × 10 = 570이다.
진균수는 {(20 + 32)÷2} × 10 = (52÷2) × 10 = 26 × 10 = 260이다.
총호기성생균수는 570 + 260 = 830이다.
총호기성생균수는 화장품 미생물 한도 1,000보다 작은 값이 나왔으므로 적합하다.

88 ㉠ 총리령, ㉡ 주름, ㉢ 각질화

「화장품법」제2조 제2호
기능성화장품이란 화장품 중에서 다음의 어느 하나에 해당하는 것으로서 총리령으로 정하는 화장품을 말한다.
- 피부의 미백에 도움을 주는 제품
- 피부의 **주름**개선에 도움을 주는 제품
- 피부를 곱게 태워주거나 자외선으로부터 피부를 보호하는 데에 도움을 주는 제품
- 모발의 색상 변화·제거 또는 영양공급에 도움을 주는 제품
- 피부나 모발의 기능 약화로 인한 건조함, 갈라짐, 빠짐, **각질화** 등을 방지하거나 개선하는 데에 도움을 주는 제품

89 ㉠ 뱃치, ㉡ 2, ㉢ 3

뱃치의 정의(「우수화장품 제조 및 품질관리기준」제1조 제19호)
- 뱃치(Batch, 제조단위)는 하나의 공정이나 일련의 공정으로 제조되어 균질성을 갖는 화장품의 일정한 분량을 말한다.
- 제조·검사·보관·출하·회수 등의 품질관리의 기준이 되며, 각 뱃치는 고유번호(Batch Number)로 관리된다.
- 조제 시 뱃치별 제조기록과 검체 보관 기록을 반드시 보관하여야 한다.

대표 검체는 최소 2회 시험할 수 있는 양을 보관하여야 하는 이유
- 최초 시험 시 사용할 분량 1회분
- 품질 이상 발생 시 재시험 또는 교차검증을 위한 분량 1회분

검체의 채취 및 보관(「우수화장품 제조 및 품질관리기준」제21조 제3항)
- 제조단위별로 사용기한까지,
- 제조일로부터 3년간 보관하여야 한다.

90 ㉠ 멜라노솜, ㉡ 유멜라닌, ㉢ 페오멜라닌

멜라노솜 (Melanosome)	• 멜라닌 색소가 만들어지는 작은 구조로, 멜라닌세포(멜라노사이트) 안에 존재한다. • 멜라노솜은 멜라닌 세포에서 생성되어 케라티노사이트로 이동하여 자외선으로부터 피부를 보호하는 역할을 한다.
유멜라닌 (Eumelanin)	• 피부와 모발의 어두운 색(갈색 또는 검은색)을 나타낸다. • 생성 시 도파크롬(구리이온)이 관여한다. • 자외선 차단력이 우수하여 피부를 보호하는 효과가 있다.
페오멜라닌 (Pheomela-nin)	• 밝은 색(붉거나 노란 빛) 계열로, 유멜라닌보다 밝은 색을 띠는 색소를 만든다. • 도파퀴논이 시스테인과 결합하여 만들어진다. • 유멜라닌보다 산화 스트레스에 취약하다.

91 ㉠ 자연보습인자(NMF), ㉡ 단백분해효소, ㉢ 카복시펩티데이스

- 카복시펩티데이스 : 단백질을 가수분해하는 효소
- 아미노산 : 생물의 몸을 구성하는 단백질의 기본 구성단위
  - 알라닌분해효소 : 인체의 일부 세포 조직에 함유된 단백질 효소의 한 종류, 대부분 간과 신장의 세포에서 발견되는 효소
  - 엔도펩티데이스 : 단백질이나 펩티드 사슬 내부의 펩티드 결합을 가수분해하는 효소를 총칭함
  - 유당분해효소 : 젖당을 가수분해하여 디갈락토스를 생성하는 효소
  - 단백질 : 아미노산이 펩티드 결합하여 생긴 고분자 화합물로, 조직·효소·호르몬 등 신체를 구성하는 주성분

92 ㉠ 파우더 및 고형제, ㉡ 30

㉠ 파우더 및 고형제
- 입자가 고운 분말 또는 고형 형태의 화장품이다.
- 미생물 시험을 위하여 균질화와 희석 과정을 필요로 한다.

㉡ 30분 가온
- 건체를 더 잘 풀고 균질하게 만들기 위한 전처리 단계이다.
- 40℃에서 30분간 가열하여 분산을 돕는다.

93 트리클로산

- 트리클로산
  - 사용상 제한이 있는 보존제이다.
  - 사용 후 씻어내는 인체 세정용 제품류, 데오도런트(스프레이 제품 제외), 페이스 파우더, 피부 결점을 감추기 위하여 국소적으로 사용하는 파운데이션(블레미시컨실러)에 0.3%의 한도로 사용한다.
  - 기타 제품에는 사용을 금한다.
- 폴리올(보습제) : 뷰틸렌글라이콜, 프로필렌글라이콜
- 피부 보습 및 진정 성분 : 판테놀
- 고분자화합물 중 점도증가제 : 카보머

94 아이섀도

아이섀도는 눈화장용 제품류이다. 나머지 제품인 메이크업 베이스, 볼연지, 페이스 파우더, 보디페인팅, 페이스페인팅, 분장용 제품, 립스틱, 립밤은 색조화장용 제품류이다.

95 프로필렌글라이콜 또는 프로필렌글리콜

프로필렌글라이콜

이중 기능성 보습제	프로필렌글라이콜은 습윤제로서 공기 중 수분을 끌어당기는 기능과 동시에 피부 표면에 수분막을 형성하여 수분 손실을 막는 밀폐제의 기능을 부분적으로 수행함으로써 피부 수분을 끌어오고 지키는 이중 기능을 한다.
파라벤류보다 안전한 보존제	자극성이 상대적으로 낮고, 미생물 증식을 억제하는 효과가 있어 보존제 성분의 양을 줄이기 위한 보조 보존제로 사용된다.
식품 및 의약품 첨가물	• GRAS(Generally Recognized As Safe)로 분류되어 식품/음료/주사제(IV fluid) 등에도 사용된다. • 경구로도 섭취할 수 있지만, 고용량을 장기간 사용하면 신독성과 간독성이 발생할 수 있다.
소아 및 반려묘 주의	• 소아에게는 드물게 피부 자극, 두드러기 유발 가능성이 있다. • 고양이에게 독성이 있어 고양이를 기를 경우 사용에 주의하여야 한다.
뷰틸렌글라이콜	프로필렌글라이콜과 함께 자주 혼동되는 뷰틸렌글라이콜은 구조가 유사하지만 더 순하고 자극이 적은 성분으로 인식된다.

96 ㉡, ㉣, ㉢

- 계면활성제의 세정력은 '음이온성 〉 양쪽성 〉 양이온성 〉 비이온성' 순서대로 강하다.
- 계면활성제의 자극성은 '양이온성 〉 음이온성 〉 양쪽성 〉 비이온성' 순서대로 강하다.
- 양쪽성 계면활성제는 산성일 때 양이온성, 알칼리성일 때 음이온성으로 활성화된다.

97 순도시험

순도시험은 화장품 원료의 불순물 유무와 함량을 확인하여 품질과 안전성을 평가하는 기본 시험법이다. 원료규격서에 포함할 항목을 설정하는 데 사용된다.

98 화장품 안전성 정보관리 규정

화장품 안전성 정보관리 규정은 화장품 사용 중 발생할 수 있는 유해사례, 외국 정부의 회수·판매중지 정보 등을 체계적으로 수집·평가하고 보고하도록 규정한 식약처 고시다.
중대한 유해사례 또는 외국 조치는 15일 이내 보고
정기보고는 반기 종료 후 1개월 이내 제출
이 규정은 화장품 책임판매업자의 안전관리 의무를 명확히 하여, 국민 건강 보호를 목적으로 한다.

99 폴리프로필렌, 폴리에틸렌테레프탈레이트(순서 무관)

내약품성(耐藥品性)은 화학물질(藥品)에 의해 손상되지 않고, 안정적으로 견디는(耐) 재질의 특성(性)이다.

오답 피하기

폴리스티렌
- 내열성, 내충격성이 떨어지고 유기용제(특히 에탄올, 아세톤 등)에 쉽게 변형된다.
- 알코올이나 에센스, 향료 등의 내용물을 담기에는 부적합하다.

ABS 수지
- 내충격성은 좋지만 내약품성(특히 산, 알칼리, 유기용제)이 취약하다.
- 장기간 내용물과 접촉 시 변색, 갈라짐, 용출의 가능성이 있다.

폴리염화비닐 (PVC)
- 일반적으로 내화학성이 있다고 오해하기 쉬우나, 실제로는 가소제 등의 첨가제에 따라 내약품성이 달라진다.
- 일부 성분이 용출될 수 있어, 화장품 포장재로는 사용이 금지되거나 제한된다.
- 특히 유기용제와 접촉 시 가소제가 녹아 나올 수 있다.

100 알레르기

알레르기는 면역계가 외부 물질(알레르겐)에 과도하게 반응하여 염증이나 가려움 등의 과민 증상을 일으키는 현상을 말한다. 화장품에서는 리날룰, 쿠마린 등 일부 향료 성분이 알레르기 반응을 유발할 수 있는 물질로 분류된다.

최종 모의고사 05회
519p

객관식(선다형, 01~80번)

01 ③	02 ⑤	03 ②	04 ②	05 ③
06 ②	07 ③	08 ④	09 ④	10 ②
11 ⑤	12 ④	13 ④	14 ①	15 ④
16 ③	17 ④	18 ①	19 ③	20 ④
21 ③	22 ④	23 ④	24 ③	25 ②
26 ③	27 ④	28 ⑤	29 ③	30 ④
31 ④	32 ②	33 ③	34 ③	35 ③
36 ①	37 ③	38 ③	39 ②	40 ①
41 ④	42 ②	43 ②	44 ④	45 ②
46 ③	47 ③	48 ①	49 ⑤	50 ④
51 ②	52 ③	53 ②	54 ③	55 ⑤
56 ③	57 ③	58 ③	59 ④	60 ③
61 ③	62 ④	63 ①	64 ②	65 ③
66 ③	67 ④	68 ⑤	69 ⑤	70 ③
71 ①	72 ③	73 ④	74 ③	75 ③
76 ④	77 ⑤	78 ④	79 ④	80 ⑤

주관식(단답형, 81~100번)

81 ㉠ 3, ㉡ 6, ㉢ 9
82 ㉠ 1, ㉡ 3, ㉢ 통관일자
83 소매업자
84 ㉠ 두발용, ㉡ 50
85 ㉠ 염류, ㉡ 에스터류
86 ㉠ 수령일자, ㉡ 관리번호
87 ㉠ 직사광선, ㉡ 어린이
88 변경관리
89 품질보증책임자
90 ㉠ 적합라벨, ㉡ 선입선출
91 ㉠ 무균, ㉡ 10
92 스프레이형 에어로졸 제품 또는 에어로졸 제품(스프레이에 한함)
93 ㉠ 최소홍반량(MED), ㉡ 최소 지속형즉시흑화량(MPPD)
94 ㉠ 48, ㉡ 30, ㉢ 2
95 ㉠ 맞춤형화장품판매업자, ㉡ 원료의 목록
96 안정성
97 0.002, 0.001
98 티오글라이콜릭애시드
99 표준작업지침서(SOP)
100 보호

객관식(선다형, 01~80번)

01 ③

오답 피하기
① 유성 원료는 피부 수분 증발을 억제하고 화장품의 흡수력에 도움을 준다.
② 나열된 원료 중에서 보습제(폴리올)은 수성 원료이다.

④ 보존제는 미생물로부터의 변질을 막기 위해 사용한다.
⑤ 점증제는 점도를 조절하고 천연·반합성·합성 고분자, 무기물 등이 있다.

02 ⑤

구조식 또는 시성식(ⓒ), 시성치(ⓓ), 표준품 및 시약·시액(Ⓐ), 기원(ⓔ)은 필요에 따라 기재한다.

03 ②

복합합성수지재질·폴리비닐클로라이드재질 또는 합성섬유재질로 제조된 받침접시 또는 포장용 완충재를 사용한 제품의 포장공간 비율은 20% 이하로 한다.

04 ②

순색소는 중간체, 희석제, 기질 등을 포함하지 않은 순수한 색소이다.

05 ③

오답 피하기

① SPF는 UVB를 차단하는 정도를 나타낸다.
② 자외선 차단지수(SPF)는 제품을 바른 피부의 최소 홍반량을 제품을 바르지 않은 피부의 최소 홍반량으로 나눈 값이다.
④ PA는 자외선 A의 차단 지수를 나타내는 표기이다.
⑤ PA 등급체계는 뒤에 '+'가 여러개 붙을수록 강력한 UVA 차단 효과를 나타낸다.

06 ②

맞춤형화장품판매업자는 혼합·소분 전에 사용되는 내용물 또는 원료에 대한 품질성적서를 확인하여야 한다.

07 ③

공정관리는 제조 공정 중 적합 판정 기준의 충족을 보증하기 위하여 공정을 모니터링하거나 조정하는 모든 작업이다.

08 ④

제품 3개를 가지고 시험할 때 그 평균 내용량이 표기량에 대하여 97% 이상이어야 한다. 따라서 표시된 용량이 300g이므로 내용량은 300 × $\frac{97}{100}$ = 291, 291g 이상이어야 한다.

09 ④

유통 중인 화장품의 미생물 기준은 제품의 사용 부위 및 특성에 따라 구분되는데, 아이크림의 기준은 피부에 바르는 기초 화장품 제품류로서 총호기성생균수가 1,000(g/mℓ)이하이다.

오답 피하기

①·②·③·⑤은 눈에 직접 사용하는 눈화장용 제품류로, 미생물 검출 한도가 더 엄격하게 총 호기성 생균수 500개(g/mℓ) 이하로 적용된다.

10 ②

'화장품제조업자', '화장품책임판매업자' 또는 '맞춤형화장품판매업자'는 각각 구분하여 표시하여야 한다. 화장품제조업자, 화장품책임판매업자 또는 맞춤형화장품판매업자가 다른 영업을 함께 영위하고 있는 경우에는 한꺼번에 기재·표시할 수 있다.

11 ⑤

판매의 목적이 아닌 제품의 홍보·판매촉진 등을 위하여 미리 소비자가 시험·사용하도록 화장품을 제조 또는 수입하면 1년 이하의 징역 또는 1천만원 이하의 벌금형에 처한다.

12 ④

영업의 금지(「화장품법」 제15조)
누구든지 다음의 어느 하나에 해당하는 화장품을 판매(수입대행형 거래를 목적으로 하는 알선·수여를 포함)하거나 판매할 목적으로 제조·수입·보관 또는 진열하여서는 안된다.
• 심사를 받지 아니하거나 보고서를 제출하지 아니한 기능성화장품(⑤)
• 전부 또는 일부가 변패된 화장품(②)
• 병원미생물에 오염된 화장품
• 이물이 혼입되었거나 부착된 것
• 화장품에 사용할 수 없는 원료를 사용하였거나 유통화장품 안전 관리 기준에 적합하지 아니한 화장품
• 코뿔소 뿔 또는 호랑이 뼈와 그 추출물을 사용한 화장품(③)
• 보건위생상 위해가 발생할 우려가 있는 비위생적인 조건에서 제조되었거나 시설 기준에 적합하지 아니한 시설에서 제조된 것
• 용기나 포장이 불량하여 해당 화장품이 보건위생상 위해를 발생할 우려가 있는 것
• 사용기한 또는 개봉 후 사용기간(병행 표기된 제조년월일을 포함)을 위조·변조한 화장품(①)

13 ④

영·유아 또는 어린이 사용 화장품의 관리(「화장품법」 제4조의2 제1항)
화장품책임판매업자는 영유아 또는 어린이가 사용할 수 있는 화장품임을 표시하거나 광고하려는 경우, 제품별로 안전과 품질을 입증할 수 있는 자료를 작성하고 보관하여야 한다. 이 자료에는 다음이 포함된다.
• 제품 및 제조방법에 대한 설명 자료
• 화장품의 안전성 평가 자료
• 제품의 효능·효과에 대한 증명 자료

선생님의 노하우

어린이 화장품을 광고하려면 '제품·안전성·효능' 3가지 자료를 꼭 보관해야 해요. 광고 전에 자료 준비! 책임판매업자의 의무라는 점도 기억해 두세요.

14 ①

맞춤형화장품 조제는 단순한 '소분'이나 '혼합'만 허용되며, 기능성을 나타낼 수 있도록 원료를 새로 배합하는 행위는 허용되지 않는다. 즉, 맞춤형화장품조제관리사는 기능성화장품의 '효능·효과'에 영향을 미치는 원료를 조제 과정에서 새로 배합하여서는 안 된다. 이는 '기능성화장품 제조'로 간주될 수 있어, 별도의 심사나 보고가 필요한 행위이다.

15 ④

방문 기록서의 구성
소속, 성명, 방문목적, 입퇴장시간, 자사 동행자 이름

16 ③

미생물한도 측정을 위해 실시하는 시험방법
총 호기성 생균수 시험법, 한천평판도말법, 한천평판희석법, 특정세균시험법 등

17 ④

레티놀(①)은 주름개선, 나이아신아마이드(②)와 에틸아스코빌에터(③)는 미백, 살리실릭애시드(⑤)는 여드름에 효과가 있다.

18 ①

아래서부터 기저층-유극층-과립층-각질층이다. 투명층은 손·발바닥에만 있으므로, 손·발바닥의 표피에는 기저층-유극층-과립층-투명층-각질층의 순서로 구성된다.

오답 피하기

유두층과 망상층은 진피층에 있다.

19 ③

기초화장용 제품류(클렌징 워터, 클렌징 오일, 클렌징 로션, 클렌징 크림 등 메이크업 리무버 제품 제외) 중 액, 로션, 크림 및 이와 유사한 제형의 액상제품은 산호 기준이 pH 3.0~9.0이어야 한다. 다만, 물을 포함하지 않는 제품과 사용한 후 곧바로 물로 씻어내는 제품은 제외 한다.

20 ④

맞춤형화장품판매업의 신고에 필요한 서류
- 맞춤형화장품판매업 신고서
- 맞춤형화장품조제관리사 자격증 사본(2인 이상 신고 가능)
- 사업자등록증 및 법인등기부등본(법인에 포함)
- 건축물관리대장
- 혼합·소분의 장소·시설 등을 확인할 수 있는 세부 평면도 및 상세 사진

21 ③

혼합이나 소분을 하기 전에 내용물이나 원료의 품질관리는 소비자의 안전을 위하여 반드시 선행되어야 하는 절차이다. 이는 맞춤형화장품조제관리사가 사용하는 모든 성분이 안전하고 적합한 품질임을 확인하기 위한 중요한 단계이다.
하지만 예외적으로, 내용물과 원료를 모두 책임판매업자가 제공한 경우에는 책임판매업자가 이미 품질 관리를 거쳤다고 간주할 수 있기 때문에, 별도의 품질검사를 생략하고 책임판매업자가 제공한 '품질검사성적서'로 대체할 수 있다.
이는 불필요한 중복 검사를 줄이기 위한 규정으로, 해당 성적서가 책임판매업자에 의해 정식으로 발급되었는지 확인하는 것이 중요하다.

> **선생님의 노하우**
> 혼합·소분 전 품질검사는 원칙입니다. 단 '책임판매업자 제공'이면 성적서로 대체할 수 있어요. 예외 상황 = 성적서 확인만으로 OK! 중복 검사 줄이기 위한 규정이라는 점 기억해요.

22 ④

> **오답 피하기**
> ① 큐티클(Cuticle)은 모발의 바깥층이나, 에피큐티클보다 안쪽에 위치. 투명한 각질층으로 모발 보호 기능은 있으나, 문제 설명의 조건과는 다르다.
> ② 코르티칼(Cortical, 모피질)은 모발의 중심을 이루는 구조로, 색소와 강도를 결정하지만, 바깥층은 아니다.
> ③ 모수질(Medulla)은 모발의 가장 안쪽에 있는 부분이다. 두꺼운 모발에 주로 존재하며 문제의 설명과 일치하지 않는다.
> ⑤ 피지층은 피지선에서 분비된 피지가 피부 표면에 형성하는 보호막이지만, 모발 내부 구조가 아니다.

23 ④

> **오답 피하기**
> ① 원형 / 에스트로겐 : 면역 이상으로 인한 국소적 탈모이며, DHT와는 무관함
> ② 휴지기 / 테스토스테론 : 스트레스나 질병 후 발생 가능하지만 일반적이지 않음
> ③ 여성형 / 인슐린 : 인슐린은 탈모의 직접적인 원인이 아님
> ⑤ 지루성 / 프로게스테론 : 지루성 피부염과 연관된 탈모로, 보기와 무관함

24 ③

- 사이토카인은 면역 반응에 관여하는 신호 전달 물질이지만, 증상의 명칭은 아니다.
- 트러블·발진·구진은 피부 증상의 일부일 수는 있으나, 정의에 들어갈 용어로는 부적절하다.
- 항체는 항원에 대응하여 몸에서 생성되는 방어 단백질이므로, '유발하는 것'이 아니다.

25 ②

㉠ 재작업(Reworking) : 품질 기준에서 벗어난 제품을 재처리하여 적합한 품질 기준에 맞도록 만드는 것(예) 불량품을 다시 가공하거나 혼합하여 기준에 맞게 조정하는 것)
㉡ 교정(Calibration) : 측정 장비나 시스템이 정확한 값을 나타내는지 확인하기 위해 표준값과 비교하고 조정하는 것(예) 칭량 저울의 영점을 교정기로 조정하는 것)
이는 정확한 품질관리와 데이터 신뢰성을 위한 핵심 과정이다.

26 ③

- 가용화제는 물에 잘 녹지 않는 지용성 물질을 물에 용해시키기 위해 사용하는 계면활성제의 일종이다.
- 계면활성제가 일정 농도 이상으로 높아지면, 친수성과 소수성 부분이 모여 구조체를 이루는데, 이를 미셀(Micelle)이라고 한다. 미셀은 소수성 부분이 안쪽으로, 친수성 부분이 바깥쪽으로 향하는 구형 구조를 가지며, 이로써 지용성 물질을 안정적으로 수용액에 분산시킬 수 있다.

> **오답 피하기**
> 유화제는 두 액체를 섞이게 하고, 보습제는 수분 증발을 막는 기능이므로 해당 문장의 정의와 다르다.

27 ④

㉠ 경도계는 고체 또는 반고형 화장품의 경도(단단함)를 측정하여 제품의 물리적 강도와 압축 저항력을 평가하는 장비이다. 주로 립스틱, 스틱형 선크림, 고체 크림, 연고 등 스틱형 또는 고형 제품의 경도를 측정하는 데 사용된다.
㉡ 스패출러(Spatula)는 내용물을 혼합하거나 덜어낼 때 사용하는 위생적인 도구로, 맞춤형화장품 조제 시 정량을 덜어내는 데 유용하다.

28 ⑤

> **오답 피하기**
> ① 비맹검 사용시험 : 제품 정보를 알고 평가하는 방식
> ② 전문가 패널 평가 : 훈련된 전문가가 물성, 향, 사용감 등을 평가
> ③ 인체적용시험 : 인체에 적용하여 안전성이나 효능을 확인하는 시험
> ④ 효능평가시험 : 피부 보습, 미백 등 기능성 효과를 수치로 확인하는 시험

29 ③

㉠ 품질책임자는 제조된 화장품의 품질과 안전성을 최종적으로 판단하고 승인하는 사람으로, 폐기 여부 결정에도 관여한다. 단순히 제조자가 폐기를 결정할 수 없고, 품질과 관련된 사항은 반드시 품질책임자의 승인 하에 이루어져야 한다.
㉡ 재작업이 허용되는 조건 중 하나는 제조일부터 1년이 지나지 않았거나, 사용기한이 1년 이상 남아 있는 경우다. 이 기준은 제품이 유효하고 안정적인 범위 내에 있는지를 판단하기 위한 기준선이다.

> **선생님의 노하우**
> 품질 관련 최종 결정은 무조건 품질책임자! 폐기도 마찬가지예요. 재작업 기준은 '제조일 이후 1년 이내' 또는 '사용기한이 1년 이상 남은 경우'만 OK! 기준의 숫자들을 꼭 기억하세요.

30 ④

비소는 화장품 내 중금속 오염을 평가할 때 여러 가지 분석법으로 검출 가능한 대표적인 성분이다. 특히 비색법, 원자흡광광도법(AAS), ICP, ICP-MS 등 다양한 정성·정량 분석에 모두 적용할 수 있는 성분이다. 다른 중금속(납, 수은, 카드뮴 등)도 일부 분석법은 사용 가능하지만, 보기의 모든 방법이 공통 적용되는 성분은 비소이다.

31 ④

'(1 → 5)', '(1 → 10)' 등의 표기는 1g 또는 1mℓ의 고체 또는 액상 물질을 용제에 녹여서 최종 부피가 5mℓ, 10mℓ, 100mℓ가 되도록 만든다는 의미다.
즉, 고체나 액상 원료 1단위에 대한 희석 비율을 나타내며, '(1 → 10)'이면 1g 또는 1mℓ의 원료 + 9mℓ의 용제로 10mℓ를 만드는 방식이다. 여기서 ㉠은 항상 기준 단위인 1, ㉡은 용제를 더해 만든 최종 부피를 의미하므로 '10'이 들어간다.

32 ②

AHA(알파-하이드록시애시드)는 각질 제거 기능이 있어 피부에 자극을 줄 수 있는 성분이므로 일정 농도 이상 포함되었을 경우 주의사항 표시가 필요하다.
㉠ AHA가 0.5% 이하일 경우는 주의사항 표시 대상에서 제외된다.
㉢ 그러나 AHA 함량이 10%를 초과하거나, 산도가 pH 3.5 미만일 경우에는 산에 의한 자극 가능성이 높기 때문에 반드시 주의사항을 표시하여야 한다.

33 ③

해당 보기의 사례들은 위해성 등급 '2등급'에 해당하며, 이 등급은 보건위생상 위해를 발생시킬 우려는 있으나 인체에 직접적인 위해는 비교적 낮은 수준으로 간주된다.
「화장품 회수에 관한 기준」에 따르면 2등급에 해당하는 제품은 회수 시작일로부터 30일 이내에 회수를 완료하여야 한다.
• 1등급 : 중대한 위해 우려 → 7일
• 2등급 : 보건위생상 위해 우려 → 30일
• 3등급 : 경미한 표시 기재 오류 등 → 60일

34 ③

㉠ 화장품의 표시·광고는 사실에 근거한 내용이어야 하며, 이를 소비자에게 입증할 수 있도록 준비된 문서가 바로 '실증 자료'이다. 이는 광고의 내용과 직접적인 관련이 있어야 하며, 자료로 인정받기 위해서는 과학적이고 객관적인 시험 방법에 근거하여야 한다.
㉡ 시험 결과는 일관되어야 하므로 재현성(Reproducibility)이 필수적으로 확보되어야 하며, 이는 실험을 반복하였을 때 동일한 결과가 나와 보편적으로 적용(사용)할 수 있음을 보증한다는 의미다.

35 ②

㉠ 통합위해성 평가는 다양한 노출 경로와 노출 매체(예 피부, 호흡기 등)를 종합적으로 고려하여 실제 인체에 미치는 전체적인 위해성을 평가하는 개념이다. 단순한 노출 평가를 넘어서, 복합적인 영향을 모두 통합하여 분석하는 방식이다.
㉡ 독성은 위해요소가 인체에 해로운 영향을 미치는 고유한 성질을 의미하며, 이는 위해성 평가에서 가장 기본이 되는 개념 중 하나다.

36 ①

㉠ '식품의약품안전처장'은 「인체적용제품의 위해성 평가 등에 관한 규정」에서 위해성 평가 관련 시험을 명령하거나 실시할 권한을 가진 주체로 규정된다.
㉡ '독성'은 위해성 평가 시 중심이 되는 개념으로, 물질이 인체에 유해한 영향을 미치는 정도를 의미하며, 이를 과학적으로 평가하는 시험이 바로 독성시험이다. 해당 독성시험은 OECD 시험지침 또는 의약품 독성 시험기준에 따라 수행되며, 그 결과는 비임상시험관리기준(GLP)에 맞춰 검증된다.

37 ③

문제에서 설명하는 방식은 표면에 배지를 직접 접촉시켜 미생물을 채취하는 '접촉 배지법'(Contact Plate Method)에 해당하며, 이때 사용하는 도구가 바로 콘택트 플레이트(Contact Plate)다. 콘택트 플레이트는 표면 오염균을 직접 채취하고 배양할 수 있도록 미리 고체 배지가 주입된 용기로, 뚜껑을 열어 배지를 검사 대상 표면에 직접 눌렀다가 떼어낸 후 배양하여 CFU(Colony Forming Unit)를 측정한다. 콘택트 플레이트는 특히 의약품, 화장품 제조환경에서 표면 미생물 오염도 측정에 많이 쓰인다.

오답 피하기
① 슬라이드 글라스 : 현미경 관찰용
② 스왑 : 면봉 형태의 채취도구로, 도말법에 사용됨
④ 페트리 필름 : 필름형 배지지만 접촉 방식과는 다름
⑤ 멸균 필터지 : 여과 방식에 사용됨

38 ③

㉠ 5 : 작은 방의 낙하균 측정은 일반적으로 약 5개소에서 시행함
㉡ 5 : 5개소 이하일 경우 평가의 신뢰도가 낮아지므로 최소 5개소 이상 측정이 권장됨
㉢ 30 : 측정 위치는 벽에서 30cm 이상 떨어진 위치에서 수행하는 것이 오염 방지 및 정확한 평가를 위해 바람직함
이 기준은 의약품 및 화장품 제조 시설의 청정도 평가나 위생관리 기준의 낙하균 측정 지침에서 제시되는 권장사항이다.

39 ②

㉠ '중대한 유해사례'는 단순한 피부 트러블을 넘어서, 사용자에게 심각한 건강상의 문제(예 불구, 기능 저하, 선천성 이상 등)를 초래하는 경우를 의미한다. 이러한 중대한 유해사례는 국민의 건강에 직접적인 영향을 미칠 수 있으므로, 식품의약품안전처에 보고 의무가 부과된다.
㉡ 해당 사실을 알게 된 날로부터 15일 이내 보고하여야 하며, 이는 신속한 안전 조치와 후속 대응을 위한 기준이다.

40 ①

오답 피하기
② 멜라닌은 티로신을 전구체로 하여 티로시나아제에 의해 산화 과정을 거친다.
③ 이 과정에서 생성되는 멜라닌은 크게 유멜라닌과 페오멜라닌으로 나뉜다.
④ 유멜라닌은 갈색~검은색 색소를 나타낸다.
⑤ 페오멜라닌은 노란색~붉은색 색소를 나타낸다.

41 ③

㉠ 펌은 주로 모표피(큐티클) 부위에서 이루어진다. 모발의 가장 바깥층인 모표피는 화학적 처리 시 약해지기 쉬운 구조이며, 이 층이 얇거나 손상되면 펌제가 효과적으로 작용하지 않아 웨이브가 잘 나오지 않는 경우가 많다.
㉡ 탈색 과정에서 암모니아는 큐티클을 벌려 내부에 산화제가 침투할 수 있도록 도와주며, 모피질(코르텍스)에 도달한 과산화수소는 멜라닌 색소를 분해하여 탈색을 유도한다. 따라서 색소 파괴는 모발의 내부 구조인 모피질에서 일어난다.

🅕 선생님의 노하우
펌제는 큐티클(모표피), 탈색제는 모피질(코르텍스)에 작용합니다! 작용 부위를 구분하는 것이 핵심이에요. 암모니아는 길을 터 주고, 과산화수소는 색소를 파괴해요! 역할과 흐름을 엮어서 외우면 어느 정도 이해가 간답니다.

42 ②

화장품에 사용되는 일부 원료, 특히 보존제, 색소, 자외선차단제는 사용량이나 사용 조건에 따라 인체에 영향을 줄 수 있는 성분이기 때문에, 식품의약품안전처에서는 이들 원료에 대해 사용기준을 지정해 고시하도록 하고 있다. 따라서 지정된 목록에 없는 보존제, 색소, 자외선차단제는 사용할 수 없으며, 이는 사용상의 '제한'이 필요한 원료로 분류된다.

43 ②

피츠패트릭 피부 유형(Fitzpatrick Skin Type)은 피부의 자외선 반응(홍반과 흑화)을 기준으로 6단계로 구분한 피부 분류법이다. 자외선에 노출되었을 때 얼마나 쉽게 피부가 타거나 붉어지는지에 따라 분류하며, 자외선차단지수(SPF) 측정 전 최소홍반량(MED)을 결정하기 위한 사전 설문 조사 시 사용된다.

44 ④

화장품 포장에 기재·표시하여야 할 사항 중, 총리령으로 정한 항목에는 '성분명과 그 함량'이 포함된다. 성분명을 제품명에 사용한 경우에는 성분명과 함량을 함께 표시하여야 하며, 인체 세포·조직 배양액이 포함된 경우에도 해당 성분의 함량을 표시하여야 한다. 천연 또는 유기농 원료의 경우에도 해당 원료의 함량을 표시하여야 한다. 또한 기능성 화장품은 소비자가 해당 효능을 인지하고 구매할 수 있도록 제품 포장에 그 기능성 내용(효능·효과)을 반드시 표시하여야 한다.

45 ②

㉠ '무기 안료'는 주로 광물성 성분으로 구성되어 있으며, 내구성, 안정성, 저자극성이 뛰어나 화장품에 널리 사용된다. 대표적으로 타이타늄디옥사이드(TiO₂), 징크옥사이드(ZnO) 등이 있으며, 색을 입히는 것 외에도 자외선 차단제, 커버력 향상 등 다양한 기능을 한다.

㉡ 이 중 백색 안료는 피부 커버력 향상에 유리하며, 빛 반사율이 높아 자외선차단 기능도 겸한다. 특히 타이타늄디옥사이드와 징크옥사이드는 대표적인 백색 무기 안료로, 자외선차단 및 커버 기능에 효과적이다.

46 ③

> 오답 피하기

① 마이카 : 천연 광물성 색소
② 유화액 : 물과 기름이 섞인 상태(결과물)
④ 리포좀 : 인지질 이중층으로 구성된 입자
⑤ 에멀전 : 유화 상태의 계면 분산 시스템, 미셀과는 구분됨

47 ②

과징금 납부 의무자가 기한 내에 납부하지 않을 경우, 행정청은 기한이 지난 날부터 15일 이내에 독촉장을 발부하여야 하며, 독촉장의 발급일로부터 10일 이내의 납부기한을 지정하여야 한다.

48 ①

'카민' 또는 '코치닐추출물'은 곤충(연지벌레) 유래 색소로, 일부 민감한 사용자에게 과민 반응이나 알레르기 유발 가능성이 있어 『화장품 사용할 때의 주의사항 및 알레르기 유발 성분 표시에 관한 규정』 별표 1에 따라, '과민하거나 알레르기가 있는 사람은 신중히 사용하여야 한다'는 문구의 표시가 의무화되어 있다.

49 ②

㉠ 체질 안료는 색상을 내는 기능은 없지만, 착색 안료와 함께 사용 시 색조를 부드럽게 조정하고, 제형 안정화 및 사용감 개선에 도움을 주는 안료다. 대표적으로 마이카, 탈크, 카올린 등이 있다.

㉡ 진주광택 안료는 진주처럼 빛을 반사하는 효과를 내는 안료로, 주로 아이섀도우, 립 제품 등에 사용된다. 금속광택이나 진주광택을 내는 데 사용된다.

㉢ 천연 색소는 식물 등 자연 유래 원료에서 얻은 색소로, 화장품에 천연 이미지를 더하고자 할 때 사용된다.

50 ④

품질관리기준서는 시험항목, 검체 채취 및 보관, 품질 유지 및 향상을 위한 절차와 내용이 담긴 문서로, 제조업자가 이를 작성·보관할, 책임판매업자는 이를 보관할 의무가 있다. 보기에서 언급된 기능(시험항목, 표준품 관리 등)은 품질관리 업무에 해당한다.

51 ②

가온2욕식 헤어 스트레이트너 제품의 경우에는 티오글라이콜릭애시드로서 5%에 해당하는 양이어야 한다.

52 ③

> 오답 피하기

① 유통기한 : 제품의 사용 가능 기한을 나타내는 것
② 품질관리기준서 : 품질 관리를 위한 절차와 기준을 담은 문서
④ 제품표준서 : 제품의 원료 구성, 제조법, 품질 기준 등을 포함한 문서
⑤ 시험성적서 : 제품의 시험 결과를 기록한 문서

53 ②

㉠ 시간차 : 사람과 물건(이동선과 물동선)의 이동이 물리적으로 교차하는 경우, 작업 시점을 시간적으로 분리함으로써 오염 위험을 줄이는데 이를 '시간차를 둔다'라고 표현함

㉡ 유효폭 : 작업자와 대차(물품 운반용 수레) 등이 충분히 여유 있는 거리로 이동할 수 있도록 통로의 너비를 확보하는 것을 '유효폭 확보'라고 함

54 ③

반제품을 보관할 때에는 용기 외부에 반드시 몇 가지 항목을 표시하여야 하며, 그중 하나가 바로 완료된 공정명이다. 이는 해당 반제품이 제조 공정 중 어느 단계까지 완료되었는지를 명확히 확인하기 위한 것이다. 예를 들어, 혼합·분쇄·가온 등의 공정 중 어디까지 처리되었는지를 표시하면, 후속 공정과 품질관리에 도움이 된다.

55 ②

㉠ 비구아니드는 대표적인 항균성 물질로, 광범위한 살균 효과를 가지며 화장품이나 위생용품에 사용되며, 항균력이 강해 시험 시 중화제 사용이 필수적이다.

㉡ 레시틴은 유화제 및 계면활성제 역할도 가능하며, 여러 항균성분(특히 양이온성 계면활성제 및 비구아니드류 등)의 항균 작용을 효과적으로 중화할 수 있는 물질로 사용된다.

56 ③

제시문의 기재사항은 시험용 검체를 관리할 때 용기 또는 라벨에 반드시 기재하여야 하는 항목이다. 시험용 검체는 제조된 화장품의 품질 시험을 위해 채취된 샘플로, 추적과 품질 확인을 위해 '명칭, 제조번호, 채취일자, 채취 지점' 등의 정보가 필수적으로 기재되어야 한다.

57 ③

> 오답 피하기

① 피부 당김법 : 피부를 당겨 늘어나는 정도를 측정해 탄력성 등을 평가하는 방법
② 초음파 진단법 : 피부층의 두께나 구조를 초음파로 측정
④ 각질 수분 측정법 : 피부의 수분 함량 측정
⑤ 피부 색소 측정법 : 색소 침착이나 홍반 등을 측정하는 방법

58 ③

네거티브(Negative) 시스템은 사용이 금지된 성분 목록만 명시하고, 그 외 성분은 제한 없이 사용할 수 있도록 허용하는 방식이다. 즉, 금지·제한 원료만 규제하고, 나머지는 업자 책임하에 사용할 수 있도록 하는 제도이다. 우리나라는 2009년 「화장품법」 개정으로 이 시스템을 도입하여, 이전의 포지티브 시스템(허용된 것만 사용)을 대체하였다. 이로 인해 신원료의 사용 절차가 간소화되어, 신제품 개발 속도가 빨라지고 산업 경쟁력도 강화되었다.

59 ④

지방식품의약품안전청은 화장품제조업 및 책임판매업 등록, 과징금 부과, 위해 화장품의 공표 및 회수·폐기 명령, 소비자화장품감시원의 관리 등 현장 중심의 행정 업무를 수행한다. 그러나 화장품 표시·광고에 대한 사전 심의는 민간 자율심의기구(예 한국화장품협회 등)에서 담당하며, 이는 지방식약청의 직접적인 업무가 아니다.

60 ②

㉠ 탈(脫)테르펜 공정은 정유나 식물유에서 테르펜 성분을 물리적으로 제거하는 과정을 말하며, 주로 증기나 자연 유래 용매를 이용하여 이루어진다. 이는 천연화장품에서 허용되는 물리적 공정 중 하나이다.
㉡ 탈색 및 탈취는 불활성 지지체(예 활성탄, 규토 등)를 사용하는 경우에 한해 물리적 공정으로 인정되며, 동물성 원료를 활용한 경우에는 허용되지 않는 공정으로 분류된다.

61 ③

글리세린 원료규격서에서 언급되는 비소(As)는 유해 성분으로 분류되며, 인체에 해로운 영향을 줄 수 있기 때문에 함유량이 엄격히 관리된다. 비소의 기준치는 'NMT 2ppm (Not More Than 2 parts per million)'이다. 즉, 1kg의 글리세린 원료에 비소가 2mg을 초과하여서는 안 된다는 것이다.

62 ④

외부 자극(화학물질, 세정제, 마찰, 열 등)에 의해 피부가 반복적으로 손상되어 염증 반응이 유발되는 질환이다. 특히 누구에게나 발생할 수 있고, 자극성 접촉 피부염과 알레르기성 접촉 피부염으로 구분되기도 한다.

오답 피하기
① 아토피 피부염 : 유전적 요인과 면역반응에 의한 만성 알레르기성 피부질환
② 알레르기성 비염 : 코 점막의 알레르기 반응
③ 지루성 피부염 : 피지선 많은 부위에 나타나는 염증
⑤ 건선 : 은백색 인설이 특징인 만성 면역 질환

63 ①

㉠ 피부장벽
외부 자극이나 수분 손실로부터 피부를 보호하는 가장 바깥층 구조이며, 가려움, 건조, 민감성 등 피부 문제 개선에 중요한 역할을 한다. 기능성 화장품 중 '피부장벽 기능 회복' 관련 제품은 최근 고시 내용에 포함되어 있다.
㉡ 치료
기능성 화장품은 질병을 예방하거나 치료하는 목적이 아닌, '증상 완화' 또는 '개선에 도움'을 주는 수준의 제품이므로 '질병의 예방 및 치료를 위한 의약품이 아님'이라는 문구가 반드시 표시되어야 한다.

64 ②

오답 피하기
① 아스코빌글루코사이드 : 비타민 C 유도체(미백 관련)
③ 나이아신아마이드 : 미백 및 장벽 강화
④ 아데노신 : 주름 개선 기능성 성분이지만 비타민 A 유도체가 아님
⑤ 판테놀 : 피부 진정과 보습 효과

65 ③

보기에서 설명하는 시험 절차는 대장균(Escherichia coli)을 검출하기 위한 표준 시험법이다. 유당액체배지, 맥콘키한천배지, 에오신메틸렌블루한천배지(EMB 배지)는 모두 대장균 검출에 특화된 배지이다. EMB 배지에서 금속광택을 가진 집락은 대장균의 대표적 특징이며, 유당 발효 시 가스 발생 여부로 대장균의 존재를 의심할 수 있다. 이 시험법은 식품, 의약품, 화장품 등에서 미생물 위생 검사 시 병원성 세균 오염 여부를 확인하는 데 활용된다.

66 ③

관능평가(Sensory Analysis)는 사람의 오감(시각, 후각, 촉각, 미각, 청각)을 활용하여 제품의 특성을 평가하는 방법으로, 보기에서 제시된 항목들(외관, 색, 향, 사용감, 라벨 부착 상태 등)은 기계적 수치보다는 인간의 감각을 통해 판단하여야 하는 특성이 강하다.
제시문의 항목을 감각별로 분류하면 아래와 같다.
• 시각 : 색소 표준견본, 외관 표준견본, 라벨 부착 위치, 포장 상태
• 후각 : 향료 표준견본
• 촉각 : 사용감(촉감 및 점도)

67 ②

㉠ 염모효력시험은 염모제(염색제)의 기능성과 유효성을 확인하기 위한 시험으로, 인체 모발을 대상으로 색상의 구현 정도를 평가한다.
㉡ 색상은 염색 제품에서 가장 핵심적인 기능 표시사항으로, 실제 제품이 표시된 색상과 일치하는지를 확인하기 위해 시험이 필요하다.

68 ⑤

오답 피하기
① 멜라닌 : 피부색을 좌우하는 가장 중요한 색소로, 유멜라닌(갈색·흑색)과 페오멜라닌(노란색·붉은색)으로 나뉨
② 헤모글로빈 : 혈액 내 산소와 결합하며, 피부에 붉은 기운(혈색)을 표현함
③ 카로티노이드 : 주황빛 색소로, 섭취나 체내 축적에 따라 피부에 노란빛을 띠게 할 수 있음
④ 각질층 두께 : 각질층이 두꺼우면 피부가 더 창백하거나 노란빛을 띨 수 있음

69 ⑤

로즈마리잎수(①)
「화장품법 시행규칙」에 따라, 제품명에 성분명이 포함된 경우 해당 성분명과 함량을 함께 표시하여야 한다.
락틱애시드(②), 글라이콜릭애시드(③)
AHA 성분은 각질 제거 기능을 할 수 있어, 사용자에게 영향을 줄 수 있는 주요 성분으로 분류, 반드시 명시하여야 한다.
벤질알코올(④)
3세 이하의 영유아용 제품류 또는 4세 이상부터 13세 이하까지의 어린이가 사용할 수 있는 제품임을 특정하여 표시·광고하려는 경우 보존제의 함량을 표시하여야 한다.

70 ③

㉠ **0.5% 이상**

안정성에 민감한 주요 기능성 성분인 비타민류(A, C, E)와 효소가 해당 수치 이상 포함된 경우, 제품의 안정성 평가 자료를 의무적으로 보관하여야 한다. 이는 성분이 분해되기 쉬워 제품 품질 유지에 영향을 줄 수 있기 때문이다.

㉡ **효소**

보기에서 중복 표기되었지만, 이는 해당 기준의 핵심 성분 중 하나이며 고활성 물질로 분해 가능성이 높아 안정성 관리가 필요하다.

71 ①

HLB 값은 계면활성제의 친수성과 친유성의 균형 정도를 수치로 표현한 개념으로, 유화제 선택, 제형 설계, 안정화 등에 매우 중요한 역할을 한다. HLB가 높을수록 물에 잘 녹는(친수성) 성질이 강해 O/W형 유화제로 적합하고, HLB가 낮을수록 기름에 잘 녹는(친유성) 성질이 강해 W/O형 유화제로 적합하다.

오답 피하기

① pH(수소이온농도 지수) : 산도
③ SPF : 자외선B 차단지수
④ CFU : 균 수 측정 단위
⑤ K : 점도비

선생님의 노하우

HLB 높으면 물 좋아함 → O/W / 낮으면 기름 좋아함 → W/O! 방향만 딱 기억하면 돼요. HLB = 유화제 선택 기준! pH·SPF·CFU·K과 헷갈리지 않게 구분해요.

72 ③

아젤라익애씨드(Azelaic Acid)는 포화 디카르복실산으로, 곡물(밀, 보리 등)에서 유래한 성분이다. 여드름 치료 및 색소 침착 완화에 효과적이며, 모공 각질 제거, 티로시나아제 저해 작용 등 여러 가지 피부 문제에 대한 개선 효과를 보인다. 특히 고시 외 기타 기능성화장품 성분으로 여드름 및 피부톤 개선 기능이 인정받고 있다.

73 ④

오답 피하기

① 품질관리기준서 : 시험, 품질확인, 검체 채취 등 품질관리 중심
② 제조관리기준서 : 원료입고~출하의 전 공정 관리 기준
③ 작업장관리기준서 : 작업장의 설비 및 환경 관리
⑤ SOP : 특정 업무의 세부 작업 절차서

74 ③

오답 피하기

① 이송 펌프 : 액체를 강제로 이동시키는 장치 (호스와 함께 사용되기도 함)
② 유량계 : 액체나 가스의 흐름량을 측정하는 계기
④ 배관 밸브 : 흐름을 조절하거나 차단하는 장치
⑤ 혼합탱크 : 원료 혼합을 위한 대형 용기

75 ③

오답 피하기

① 내압시험 : 압력을 견디는 정도 측정
② 밀폐력시험 : 일정 압력 조건하의 밀폐 유지력 측정
④ 파열시험 : 용기가 터지기 직전까지의 압력을 측정
⑤ 압축강도시험 : 눌렀을 때 견디는 강도 평가

선생님의 노하우

시험의 이름에 힌트가 있어요. '내압 = 버티는 힘, 밀폐 = 새지 않음, 파열 = 터짐 시점, 압축 = 눌림 강도'예요. '무엇을 버티는지'에 따라 구분해서 외우면 헷갈리지 않아요.

76 ④

화장품의 소비자 가격은 소매점에서 최종적으로 소비자에게 판매될 때 표시되어야 하며, 이 책임은 해당 판매를 직접 수행하는 소매업자에게 있다. 즉, 판매 가격은 소매업자가 자율적으로 결정하고 표시하는 것으로, 이는 유통의 마지막 단계에서 이루어지는 행위이기 때문이다. 제조업자나 책임판매업자는 제품 표시사항(성분, 용량, 사용기한 등)을 책임지지만, 소비자 판매 가격의 표시는 소매업자의 몫이다.

77 ⑤

오답 피하기

① 역할 대행이 아닌 지원의 직무를 한다.
② 행정관청에 신고하거나 그에 관한 자료를 제공하는 직무를 수행한다.
③ 총리령으로 정하는 사항을 직무로 수행한다.
④ 식품의약품안전처장 또는 지방식품의약품안전청장이 소비자화장품안전관리감시원에게 직무 수행에 필요한 교육을 실시한다.

78 ④

라우레스-8,9 및 10는 최대 2.0%까지 사용할 수 있다.

79 ④

㉢ 진균용은 사부로포도당 한천배지 또는 포테이토덱스트로즈한천배지에 배지 100㎖당 클로람페니콜 50mg을 넣는다.
㉣ 측정 위치는 벽에서 30㎝ 이상 떨어진 곳이 적절하다.
㉤ 실제로는 바닥에서 약 1m 높이(사람 호흡 위치)가 적절하다.

선생님의 노하우

Koch(코흐)법 = 낙하균 자연 채집, 위치는 벽에서 30㎝ 이상! 핵심 조건만 콕 집어 외워요. 진균 배지 = 사부로 or 포테이토 + 클로람페니콜 50mg! 배합 비율까지 함께 기억해요.

80 ⑤

오답 피하기

① 등색 201호는 눈 주위 사용금지 원료이다.
② 맞춤형화장품은 내용물을 그대로 사용하는 것이 아니라 혼합이나 소분을 하여서 판매하는 화장품이다.
③ 제조하는 것은 맞춤형화장품이 아니다.
④ 맞춤형화장품은 제형의 변화가 없는 범위 내에서 혼합하여야 한다.

주관식(단답형, 81~100번)

81 ㉠ 3, ㉡ 6, ㉢ 9

제시문의 법령

화장품 표시·광고의 범위 및 준수사항(「화장품법 시행규칙」[별표 5] 제2호 가·나·카목)

제시문의 내용에 해당하는 표시·광고 위반 시 행정처분(「화장품법 시행규칙」[별표 7] 제2호 더목 1)

구분	1차 위반	2차 위반	3차 위반
표시 위반	해당 품목 판매업무 정지 3개월	해당 품목 판매업무 정지 6개월	해당 품목 판매업무 정지 9개월
광고 위반	해당 품목 광고업무 정지 3개월	해당 품목 광고업무 정지 6개월	해당 품목 광고업무 정지 9개월

82 ㉠ 1, ㉡ 3, ㉢ 통관일자

제품별 안정성 자료의 작성 · 보관(「화장품법 시행규칙」제10조의3)
② 제품별 안전성 자료의 보관기간은 다음의 구분에 따른다.
- 화장품의 1차 포장에 **사용기한**을 표시하는 경우
  - 영유아 또는 어린이가 사용할 수 있는 화장품임을 표시 · 광고한 날부터 마지막으로 제조 · 수입된 **제품의 사용기한 만료일 이후 1년까지의 기간**
  - 이 경우 제조는 화장품의 제조번호에 따른 제조일자를 기준으로 하며, 수입은 통관일자를 기준으로 한다.
- 화장품의 1차 포장에 **개봉 후 사용기간**을 표시하는 경우
  - 영유아 또는 어린이가 사용할 수 있는 화장품임을 표시 · 광고한 날부터 마지막으로 제조 · 수입된 **제품의 제조연월일 이후 3년까지의 기간**
  - 이 경우 제조는 화장품의 제조번호에 따른 제조일자를 기준으로 하며, 수입은 통관일자를 기준으로 한다.

83 소매자

화장품을 일반 소비자에게 소매점을 통해 판매할 경우, 판매 가격은 소매업자가 표시하여야 한다. 이는 소비자 보호와 가격 투명성을 확보하기 위한 규정이다.

84 ㉠ 두발용, ㉡ 50

색조화장품은 포장용기의 재사용 가능 비율이 10% 이상이어야 하고, 두발용 화장품(샴푸 · 린스류)은 25% 이상, 합성수지 용기를 사용하는 액체 · 분말 세제류는 재사용 가능 비율이 50% 이상이어야 한다. 이는 포장재의 자원 재활용을 촉진하고 환경 영향을 줄이기 위한 기준으로 작용한다.

85 ㉠ 염류, ㉡ 에스터류

염류는 소듐(나트륨), 포타슘(칼륨), 칼슘, 마그네슘 등의 금속이온과 산소, 염소, 브로민 등의 비금속이온이 결합한 성분으로, 제품의 안정성이나 기능성을 높이는 데 사용된다. 에스터류는 메틸, 에틸, 프로필 등의 지방산과 알코올이 반응하여 만들어지며, 피부에 부드럽게 발려 보습이나 유연 효과를 높이는 데 사용된다.

86 ㉠ 수령일자, ㉡ 관리번호

원자재 용기 및 시험기록서에는 수령일자와 공급자가 부여한 관리번호를 포함하여, 제품명, 공급자명, 제조번호 등의 필수 정보를 기재하여야 한다. 이러한 기재사항은 자재의 이력 관리와 품질 확인을 위한 기본 기준이다.

87 ㉠ 직사광선, ㉡ 어린이

화장품의 공통 주의사항에는 직사광선을 피해서 보관하고, 어린이의 손이 닿지 않는 곳에 보관할 것이라는 보관 지침과 사용 중 이상 증상이 있을 경우 전문의 상담을 권장하는 내용이 포함되어 있다. 이러한 주의사항은 소비자의 안전한 사용을 돕기 위한 법적 표기 기준이다.

88 변경관리

변경관리는 「우수화장품 제조 및 품질관리 기준」이 적용되는 활동 중 변경이 필요한 경우, 제품 품질에 미치는 영향을 사전에 검토하고, 승인된 절차에 따라 계획적으로 수행되도록 관리하는 시스템이다. 이는 제품의 안전성과 일관된 품질을 유지하기 위한 중요한 품질보증 활동 중 하나이다.

89 품질보증책임자

품질보증(QA)은 제품이 정해진 기준과 절차에 따라 제조되고 있는지를 점검하고, 문서 및 절차의 검토 · 승인, 공정 중 일탈 사항의 조사 및 기록, 그리고 제품의 출고 승인 여부를 결정하는 중요한 역할을 수행한다. 이는 제품의 안전성과 품질을 보장하기 위한 핵심 업무이다.

90 ㉠ 적합라벨, ㉡ 선입선출

㉠ 자재에 적합라벨이 부착되어 있어야 품질검사를 통과한 것으로 판단할 수 있다. 이는 부적합 자재의 사용을 방지하기 위해 필요하다.
㉡ 자재는 선입선출 원칙에 따라 먼저 입고된 것을 먼저 사용하는 것이 기본이다. 유통기한 관리와 자재의 품질 유지에 도움이 되기 때문이다.

91 ㉠ 무균, ㉡ 10

㉠ 미생물 한도 시험은 외부로부터의 오염을 방지하고 정확한 결과를 얻기 위해 무균 상태에서 검체를 조작하여야 한다. 특히 총 호기성 생균수를 측정하는 과정에서는 외부 미생물이 혼입되면 시험의 신뢰성이 떨어지므로, 무균 조건하에서 작업하는 것이 필수적이다.
㉡ 검체는 보통 일정한 비율로 희석하여 시험을 진행하는데, 유통화장품의 총 호기성 생균 시험에서는 일반적으로 10배 희석액을 만들어 사용한다. 이는 검체 1g(또는 1㎖)에 희석액 9㎖를 더하여 총 10㎖로 만드는 것으로, 미생물 수를 효과적으로 측정할 수 있도록 표준화된 희석 비율이다.

92 스프레이형 에어로졸 제품 또는 에어로졸 제품(스프레이에 한함)

글루타랄, 디하이드로아세틱애시드, 클로로뷰탄올 등 일부 보존제는 일반 화장품에는 제한적으로 사용될 수 있지만, 스프레이형 에어로졸 제품에는 공통적으로 사용이 금지되어 있다. 이는 분사 시 흡입 위험과 점막 자극 가능성 등 인체 위해 우려가 크기 때문이며, 「화장품 안전기준 등에 관한 규정」 별표 2에서 명확히 제한하고 있다.

93 ㉠ 최소홍반량(MED), ㉡ 최소 지속형 즉시 흑화량(MPPD)

SPF는 자외선B(UVB)에 의한 최소홍반량(MED)을 기준으로 피부가 붉어지는 시간을 비교하여 차단 효과를 수치로 나타낸다. PA는 자외선A(UVA)에 의한 최소 지속형 즉시 흑화량(MPPD)을 기준으로 색소 침착 정도를 평가하여 등급으로 표시한다.

94 ㉠ 48, ㉡ 30, ㉢ 2

염모제 사용 전 패치 테스트는 알레르기 반응 여부를 확인하기 위하여 48시간 동안 피부에 시험액을 부착하고 관찰한다. 첫 관찰은 바른 후 30분에 한 번, 이후 48시간 후에 한 번 더 진행하여 총 2회 확인하여야 한다. 이 기간에 이상 반응이 없다면 염모제를 사용할 수 있다.

95 ㉠ 맞춤형화장품판매업자, ㉡ 원료의 목록

영업자의 의무 등(맞춤형화장품판매업자는 「화장품법」제5조 제4항)
맞춤형화장품판매업자는 맞춤형화장품 판매장 시설 · 기구의 관리 방법, 혼합 · 소분 안전관리기준의 준수 의무, 혼합 · 소분되는 내용물 및 원료에 대한 설명 의무, 안전성 관련 사항 보고 의무 등에 관하여 총리령으로 정하는 사항을 준수하여야 한다.
화장품의 생산실적 등 보고(「화장품법 시행규칙」제13조 제2항)
화장품책임판매업자는 화장품의 제조과정에 사용된 원료의 목록을 화장품의 유통 · 판매 전까지 보고하여야 한다. 보고한 목록이 변경된 경우에도 또한 같다.

96 안정성

화장품 안정성은 제품이 제조부터 소비자 사용까지 성분과 품질이 변하지 않고 일정하게 유지되는 상태를 의미한다. 안정성이 있다는 것은 열(열안정성), 산소(산화안정성), 미생물(미생물안정성), 빛(광안정성)과 같은 환경요인에 의한 작용에도 성분의 변질 없이 유지되어야 한다.

97 0.002, 0.001

$\dfrac{0.01}{500} \times 100 = 0.002$이며, 씻어내지 않는 제품에는 0.001% 초과 함유 시 알레르기 유발 표시 대상이다.

🏁 선생님의 노하우

시험장에서는 계산기를 사용할 수 없습니다.
따라서 이해하기 쉽게, 복잡하지만 눈에는 익숙한 방식으로 풀어 보겠습니다.

Ⅰ. 소수를 없애기 위해 분자와 분모에 100을 곱한다.

$$\dfrac{0.01}{500} = \dfrac{0.01(\times 100)}{500(\times 100)} = \dfrac{1}{50000}$$

Ⅱ. 백분율(%)을 구하기 위해 100을 곱한다.

$$\dfrac{1}{50000} \times 100 = \dfrac{100}{50000}$$

$$= \dfrac{1(\times 2)}{500(\times 2)}$$

$$= \dfrac{2}{1000}$$

Ⅲ. 약분과 곱셈 이용하여 분모를 10의 거듭제곱인 1000으로 만든다.

$$\dfrac{100}{50000} = \dfrac{1}{500}$$

$$= \dfrac{1(\times 2)}{500(\times 2)}$$

$$= \dfrac{2}{1000}$$

Ⅳ. 비율로 나타내기

$$\dfrac{2}{1000} = 0.002(\%)$$

98 티오글라이콜릭애시드

주어진 정보는 티오글라이콜릭애시드에 대한 설명이다. 이 성분은 제모 크림의 주기능 성분으로 쓰인다.

99 표준작업지침서(SOP)

문제 발생 시 사전에 정해진 표준작업지침서에 따라 대응할 수 있으며, 특정 업무를 담당하는 사람에게 그 '표준작업'에 대한 구체적인 지침을 제공하여 업무를 일관되게 수행하도록 하는 문서이다.

100 보호

제시문은 피부의 여러 기능 중 '보호' 기능에 대한 설명이다. 피부는 보호 기능 이외에도 감각 기능, 체온조절 기능, 흡수 및 분비 기능, 저장 기능, 장식 기능(사회적 기능) 등을 수행한다.

MEMO

자격증은 이기적!

합격입니다.

이기적 강의는
무조건 0원!
이기적 영진닷컴

공부하다가
궁금한 사항은?
이기적 스터디 카페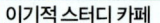